右手博弈论
左手厚黑学

做大事成大器者的必读书

左手 厚黑学 右手 博弈论

翟文明 高理铖 著

中国华侨出版社

图书在版编目(CIP)数据

左手厚黑学　右手博弈论／翟文明，高理铖著．—北京：
中国华侨出版社，2010.4

ISBN 978-7-5113-0360-8

Ⅰ.①左…　Ⅱ.①翟…　②高…　Ⅲ.①成功心理学－通俗读物
Ⅳ.①B848.4-49

中国版本图书馆CIP数据核字（2010）第063345号

左手厚黑学　右手博弈论

著　　者：翟文明　高理铖
责任编辑：文　臣
装帧设计：王明贵
文字编辑：胡宝林
美术编辑：盛小云
经　　销：新华书店
开　　本：1020mm × 1200mm　1/10　　印张：50　　字数：　850千字
印　　刷：北京中印联印务有限公司
版　　次：2010年6月第1版　　　2010年6月第1次印刷
书　　号：ISBN 978-7-5113-0360-8
定　　价：29.80元

中国华侨出版社　　北京市安定路20号院3号楼305室　　邮编：100029
法律顾问：陈鹰律师事务所
编 辑 部：(010) 64443056　64443979
发 行 部：(010) 58815874　传真：(010) 58815857
网　　址：www.oveaschin.com
E-mail：oveaschin@sina.com

下篇　右手博弈论

附录一　全本厚黑学

附录二 名人评厚黑学

上篇

左手厚黑学

翟文明 著

第一章

厚黑学智慧精髓

“厚”的含义有很多：忍一时之气，谓之“厚”；喜怒哀乐皆不发，谓之“厚”；聪明之中装糊涂，谓之“厚”；大丈夫能屈能伸，也谓之“厚”。除此之外，“厚”还有很多含义。总的来说，厚黑学中的“厚”，大多含有“表里不一”的意思，也意味着部分程度地舍弃个人的尊严和脸面。如果能将这些“厚”的智慧都融会贯通，运用到自己的实践中去，那么无论在什么领域，都可以使自己获得成功。

厚黑学的又一个重要智慧——“黑”正是我们在惨酷的竞争环境中生存、乃至胜出的强大武器。什么是黑？李宗吾说：“喜怒哀乐……发而无顾忌，谓之黑……黑也者，天下之达道也。”这几句话非常明确地揭示了厚黑学中“黑”的核心智慧。也就是说，黑就是让我们不顾仁义道德、清规戒律的束缚，通过最为狠毒而有效的手段打击敌人，从而在残酷的现实中保护和获取自己的利益。

用厚黑眼光寻找正义与光明

在很多人的眼中，所谓的“厚黑智慧”是一门专门损人利己的邪恶智慧，就是让人没有廉耻、没有温情地使用各种手段来达到生存的目的。这无疑是一种偏见。实际上，我们无法简单地判定一种智慧究竟是正面的还是负面的，是值得提倡还是应该加以消灭。作为一种人们看待和解决问题的思维工具，它本身并没有正义与邪恶的划分，完全取决于被如何使用。就像一把尖利的刀刃，用来诛杀盗贼就是善，用来屠杀良民就是恶，善和恶与刀刃本身当然没有绝对的关系。

只要把目光投放到我们的周围，就可以发现，日常生活中总有那么一些人，表面上诚实谦恭、大讲“仁义道德”，但是那些熟悉他的人则知道，他时刻不在想着如何构陷别人，为自己捞得好处；而那些大奸大恶之人，也往往是一个假仁假义之人，其手段之黑、脸皮之厚，已经到了无人可及的地步。一般而言，人们很难看清楚这些人的真实面目。厚黑学正是帮助我们打造敏锐的洞察力，对社会上可能存在的黑暗和阴险予以深刻揭露和严厉抨击。熟知厚黑学，可以让这些生活中的阴暗面原形毕露，让受厚黑之牺牲者尽可能地减少，让那些面善心恶之人，没有便宜可占，大诈大奸之徒也没有办法施展其伎俩。

和任何智慧一样，厚黑智慧本身也无所谓善恶。使用厚黑学的人，可能是坏人，也可能是好人，好坏的权衡，全在运用的目的和方法如何。厚黑学本身是一门精深巧妙的大智慧，在处处充满危险和邪恶的世界上，它告诉我们的是生存斗争中必不可少的智慧和谋略。在和那些邪恶、黑暗势力斗争的时候，我们必须要让自己足够强大，才能战胜它们。尤其在某些特殊的时候，厚黑学就是我们最好的自我保护手段，甚至可以帮助我们惩治邪恶。厚黑学教主李宗吾自己在创造厚黑学的时候也说：“我们在人事上如果能找到规律，则世界学说可以归于一致，人世的纠纷可以免除，而文明必然会取得大的进步。”由此可见，厚黑学的发明，也是为了解决人与人之间的纠纷，因此也是怀了美好的愿望的。如果我们把厚黑的智慧用于寻找人间的正义和光明，那么无疑，它就是战胜邪恶和黑暗的最佳利器。

实际上，历史上有很多代表正义和光明的人就是这么做的。西门豹是战国时期著名的政治家。魏文侯时，曾任邺县县令。初上任时，邺县人烟稀少，田地荒芜，百业萧条，一片冷清。西门豹便会集地方上年长者，询问原因，才知道邺县屡遭水患，县里的官长三老、廷掾等勾结女巫，欺骗百姓说：假如不给河伯（河神）娶媳妇，就会大水泛滥，把那些老百姓都淹死。他们每年都要向老百姓征收赋税搜刮钱财，名义上是为河伯娶媳妇，实际上是和巫婆把这些钱财中饱私囊，还要强抢民女投入江中。那些有漂亮女子的人家，因此大多带着自己的女儿远远地逃跑。因此这里的人越来越少，也就更加贫困。

西门豹心中有数，却装作信以为真，并不说穿。等到了为河伯娶媳妇的日子，便到河边来“主持仪式”。县里官员、地方父老都会集在此，想要看热闹。女巫是个已经70岁的老婆子，后面跟着女弟子十来个。西门豹说：“让我看看河伯的媳妇漂亮不漂亮。”人们马上带了那个女子到西门豹面前。西门豹看了看她，不满意地对三老、巫祝说：“这个女子不漂亮。烦请巫婆到河里去禀报河伯，我们需要找一个漂亮的女子，迟几天再送去。”然后就叫差役把大巫婆抛到河中。过了一会儿，说：“巫婆为什么去这么久？叫她弟子去催催她！”又把她的一个弟子抛到河中。这样一连抛了巫婆的3个弟子。等了一会儿，西门豹又说：“这些都是女人，可能说不清楚。还是请三老替我去说明情况。”于是又把三老抛到河里。

西门豹继续弯着腰，恭恭敬敬，面对着河站着，煞有介事地等着他们“回来”。等了很久，西门豹说：“巫婆、三老都不回来，怎么办？”那些参与搜刮百姓的廷掾吓得屁滚尿流，都在地上一个劲地叩头，额头上的血流了一地，脸色死灰。又等了一会儿，西门豹才说：“看样子河伯留客要留很久，你们都散了吧。”邺县的官吏和老百姓都非常惊恐，从此以后，没有人再敢提起为河伯娶媳妇的事了。

西门豹治邺实际上已经是人们耳熟能详的历史故事。作为一县的长官，他的职责就是维持本县的公平和正义，惩恶扬善。但很明显，这种工作实行起来是有困难的。县里的官长、巫婆等装神弄鬼，互相勾结，并且作恶多端，很明显，对这种恶人来说，如果对他们晓之以理，或者和他们争辩河伯是否存在，自然不会有什么很好的效果，最好的办法就是严厉惩罚，“以暴制暴”，只有这样，正义才能凸显。而在惩罚的整个过程中，西门豹一直在“装傻”，完全是顺应对方的逻辑在进行惩罚：既然河伯要娶媳妇，那就是说他和人一样具有感情和思想，巫婆和官长们哑巴吃黄连，有苦说不出，不得不做了自己所造谎言的牺牲品。这样的做法对于社会的惩戒效果和教育意义自然更加明显。如果没有一定的厚黑功夫，自然很难执行下去，西门豹也就不会是一个称职的地方官了。

当然，不只在治理国家的时候可以运用厚黑学，在其他任何地方也可以用到它。光明和正义，与厚黑学本身是并不相互冲突的。只要我们能够用厚黑的眼光来寻找光明和正义，那么我们的目标也就不会太遥远。

厚黑学是一种通赢的智慧

晚清名臣张之洞曾就任山西巡抚。在即将启程赴任之前，一个山西籍富商——泰裕票号的孔老板，知道张之洞为官清廉，手头并不宽裕，表示要送一万两银子给他，作为他的差旅费。张之洞知道，“天下没有白吃的午宴”，孔老板拿银子贿赂自己，无非就是想日后得到关照，于是便婉言谢绝了。可是当他来到山西、考察了当地的情况之后，决心铲除当地种植太多的罂粟，让百姓重新种植庄稼。但是改种庄稼，需要帮助百姓购买耕牛和粮种，而山西连年干旱、歉收，政府已经拿不出救济款发放给百姓了。张之洞深知世事多艰，过于坚持原则会让人办不成事，于是决定向商号老板募捐。很自然地，他第一个想到的就是孔老板。经过商谈，孔老板终于表示愿意拿出5万两银子，但他有两个要求，一是要张之洞为他弄个候补道台的官衔，二是要张之洞在他票号大门口的匾上题写“天下第一诚信票号”的名号。

一开始，张之洞觉得这两个条件都不能答应。他向来讨厌捐官，认为捐官是一桩扰乱吏治的大坏事；第二他自己连泰裕票号诚信不诚信都不知道，又怎么能说它是天下第一号诚信票号呢？孔老板的要求太过分了，放在以前，他一定会义正词严地拒绝。但是现在，如果不答应他，又到哪去弄5万两银子呢？没有这笔银子，他的行政计划只能是一句空话。这5万两银子对于张之洞的诱惑力实在太大了，他不得不改变自己的原则。经过反复思考，他认为捐官的风气由来已久，不足为怪，而孔老板即使做了道台，也不过仅仅是一个空名而已，不会去抢别人的位置，再说，朝廷规定，捐4万两就可以候补道台，而孔老板却捐了5万两，于情于理，都不为过。对于第二点，张之洞决定采用折中迂回的手段。他答应为孔老板题写“天下第一诚信”6个字，这跟孔老板所要求的那8个字相比，当然不仅仅是少了“票号”两个字的问题，在意思上也有很大的不同，因为前者可以理解为：天下第一等重要的是“诚信”二字，而不一定是说泰裕票号的诚信是天下第一。为了5万两救民解困的银子，张之洞终于说服了自己，而孔老板最终也答应了张之洞的折中方案。

而张之洞之所以做出折中的方案，也许有些无奈，但是为人处世，的确常常遇到许多困难，没有几件事情可以简单顺利地办好。那种空怀着满腔理想主义、坚持原则毫不妥协的人，往往是办不成事情的。在当时的各种现实情况之下，为了借孔老板的钱来达到改善民生、为民谋福的目的，张之洞运用灵活的原则和手段，可以说并不违反大的原则，因此也是异常明智之举。

张之洞身处官场，不得不让自己变得厚黑起来，只有这样，他才能在官场上生存和发展，才能实现自己的抱负，同样地，生活在社会上的其他人们，也不可避免地需要面对这些问题。无论在社会上的哪个角落，人们都在明争暗斗，而那些最后胜出的才是真正的强者，这就是“优胜劣汰”的生存逻辑。在通往成功的道路上，必然有很多艰难险阻，有来自各方面的阻力，一味地仁慈和谦让，只是弱者的选择；仅凭冲动或感觉，也只是愚者的行为，而等待他们的只有失败的命运。

翻开历史，我们可以看到，那些成就一番大业的，有相当一部分都是一些厚黑之辈。项羽绝对是盖世英雄，力能扛鼎，带兵打仗也天下无敌，但是他偏偏脸皮不如刘邦厚，心肠不如刘邦黑，最后落得个兵败自杀、身死乌江的悲惨下场；诸葛亮堪称天下无双的奇才，但是遇到了司马懿这样的厚黑高手，也只能多次北伐后无功而返，最后病死军中……历史给我们留下无数遗憾，许多人之所以没有成功，不是因为没有才能，而是因为不够厚黑。实际上，无论在古代还是现代，无论在哪个领域，你都需要运用厚黑的智慧和手段去将这些阻力清除，才能达到目的。正因为此，厚黑教主李宗吾说：“古今成功的英雄，没有一个不是面厚心黑的。”厚黑，正是成功者们都具有的共同特质。

厚黑是一种必要的生存和竞争的技能。成大事者，在必要的时候，就要不拘小节，不能顾虑太多，尤其不能为世俗的道德清规所束缚。历史的经验是，在每次竞争的时候，结果往往是那些脸皮厚一点、手段黑一点的人获胜。很多人在总结自己失败的原因的时候，常常后悔自己当初脸皮厚一点、心硬一点就好了，但是失败就是失败了，后悔已经来不及了。厚黑学并不是要我们学会如何去厚颜无耻、心狠手辣地干坏事，它只是现实中一种必要的手段或方式而已，对错不在于手段本身，而在于人用它来干什么。尽管有时候，厚黑和卑鄙可能很接近，但是从本质上而言，它们是两种迥然不同的概念。厚黑学是助你在各个方面都成功的智慧，而不是“小人”的可耻的标签。尤其是当你处在很多竞争者都在运用厚黑之道的环境中时，你要是不懂厚黑的话就难免成为别人前进路上的踏脚石，要想成功，你就只能比别人用得更多更好。

用厚黑学的观点来看，人生处处都是战场，我们时刻都面临着挑战。无论我们承认与否，每个人都时刻站在自己的战斗序列当中，每一件事情都处在明争暗斗之中，稍一疏忽就会被人运用权谋加以构陷、挤倒，甚至消灭。身处这样的险恶环境当中，只有抛开道德规范的束缚，充分运用厚黑智慧，才可以发挥我们自己权谋的巨大威力，让我们在竞争中处于不败之地。实际上，厚黑这种智慧如同一把利刃，它隐藏在我们每个人的手里，在必要的时候，它就亮出耀眼的刀锋。政治家可以利用它纵横捭阖，军事家可以利用它运筹帷幄，商人靠它发财致富，读书人靠它出人头地……

因此，无论我们的身份如何，厚黑学都是我们所必须知道的学问。如果你是一个领导者，你就必须妥善地处理好你所管理的事务，让自己的管理发挥最大的作用。但是，很多人都知道，要做到这一点，是何等之难。但厚黑学却能够让管理变得很轻松。你必须学会运用背靠大树、不耻下问、忍辱负重的坚忍术，杀一儆百、以毒攻毒、铁面无私、除恶务尽等立威术，以及忍与伸、捧与杀、沉与浮、赏与罚的对抗术；在未看清是非曲直之前，不妨先装装糊涂，而不可装聪明轻举妄动；在某些特定的场合，出于对全局的考虑，需要使用一点模糊的领导术；面对危难则要能屈能伸，能柔能刚，亦宽亦严，亦恩亦威，这样方显领导本色，也才能真正树立自己的权威。只有运用这些厚黑术，你管辖范围内的人才会服从你，才会更加敬重你，你也才会成为一个富有魅力的领导人。

如果你是一个商人，你就必须在经商方面有自己的一套手段，才不会在竞争激烈的商场中被对手打倒。自古商场如战场，胜者为王败者为寇。现代商战中竞争更为残忍和激烈，要想在角逐中获胜，并永远立于不败之地，就必须懂得现代商战中的经营之道、运作之术、致胜之法，而这些方法都与厚黑学有不可分割的关系。综观古今中外成功商人和企业家经营谋略，无不渗透着厚黑的辨证哲学。比如，经商要同时学会使用“软”、“硬”两手：守业、合作、谋利、分享成果时，需要“软”道；创业、投资、竞争、垄断、兼并时，则离不开“硬”术。守业需要耐心，与人合作讲求诚信，谋求利益应取放有度，赢得客户更要懂得让利于人……这些厚黑学智慧在经商方面的运用，告诉你一种崭新的经营智慧。厚黑学中的新商经，重新诠释了商界成功者的不败之秘。

即使仅仅是作为普通人，也同样需要学会用厚黑学中的学问来指导我们处世做人获得最大成功。人生在世，每时每刻都离不开与人打交道，而待人处世的方法则尤其不可忽视。然而，世事如井，我们必须先探得其中深浅，才能达到如鱼得水的境地。尤其当身处世事变迁的社会中，世事尤其纷繁、人心更加险恶，为人处世举步维艰的时候，要做到让自己的人生更为完美就越是困难。这个时候，就需要我们在必要的时候运用厚黑智慧，让自己的脸变得再厚一点，心再黑一点，真正做到“左右逢源”、“八面玲珑”，随机应变，所谓“世事洞明皆学问，人情练达即文章”，只有充分运用厚黑智慧，才能获得成功。

此外，厚黑学在我们的职场事业，甚至在情场也都大有作用，可以说，它早就是，在以后也还将是一种真正通赢的智慧。厚黑学就是这样一门精妙的智慧：它让我们真正发现并掌握自己的命运，寻找到自己的人生之路，进而实现自己的理想。

什么是“厚”，该“厚”到什么程度

与人打交道，面子问题很重要。中国人自古好面子，读书人更好面子，一事当前，面皮薄，该开口的不开口，该要求的不要求，该批评的不批评，该拒绝的不拒绝，结果失去了大好时机，牺牲了自己的利益。所以有一种说法叫“面子杀人”，意思是说，有时候为了面子，可能伤害了自己，甚至牺牲了自己。而如果为人内向腼腆，不能忍受各种在处世交往中的屈辱，过于顾及自己的虚荣心，就不能够与朋友和敌人相处，更不可能抓住机会显示自己，即使本身有出众的才智，也会淹没在芸芸众生里面。

在某种程度上，厚黑学中的“厚”就是主张我们在必要的时候，可以抛弃自己的面子。“厚”是古往今来成功人士不可缺少的基本素质之一。为人处世非有“厚”的功夫不可。在历史上的许多时候，常常是那些将自己的脸皮真正“厚”起来的人，才能获得最后的成功。

“厚”的含义有很多：忍一时之气，谓之“厚”；喜怒哀乐皆不发，谓之“厚”；聪明之中装糊涂，谓之“厚”；大丈夫能屈能伸，也谓之“厚”。除此之外，“厚”还有很多含义。总的来说，厚黑学中的“厚”，大多含有“表里不一”的意思，也意味着部分地舍弃个人的尊严和脸面。如果能将这些“厚”的智慧都融会贯通，运用到自己的实践中去，那么无论在什么领域，都可以使自己获得成功。

刘备堪称“厚”学的集大成者，在他身上可以看到“厚道”智慧在各个方面的运用。三国之中，曹操和孙权的崛起都是有一定的政治资本，而刘备尽管号称“中山靖王”之后，但是在强权争霸的时代，这些虚名已经不能带来太多的好处。因此，对几乎是白手起家的刘备来说，建立自己的势力尤其艰难。在这个过程中，刘备的“厚”发挥了极大的作用。

厚黑智慧要求人们能够根据时势的需要，能屈能伸，忍辱负重，放下身段去讨好别人，行人所不能行，成人所不能成。在创业初期，刘备曾经惶惶然如丧家之犬。他先在陶谦手中领得徐州，后来，吕布偷袭了徐州，刘备只能前往小沛。其后袁术派纪灵带大军攻小沛，吕布救了刘备。其后，张飞和吕布产生矛盾，使吕布攻小沛。刘备只能前往许都投奔曹操。曹操欲讨伐吕布，便联合刘备一起讨伐。吕布得知后立即先攻破小沛，刘备只得逃往曹操营寨。后刘备攻占徐州。曹操闻讯后大军攻城，刘备三兄弟失散，刘备只身逃往河北投袁绍。其后在延津被曹操击败，被袁绍派往汝南。刘备自以为许都空虚，便于汝南联合刘辟一同打许都。结果曹操及时赶回，刘备大败，只能前往荆州投奔刘表。刘表让其前往新野。曹操派兵前来攻打，刘备只能逃往江夏。后来经过赤壁之战，孙刘联军大破曹军，终于奠定了三足鼎立的格局，直到这时，刘备才真正安定下来。在这段时间里，刘备尽管还是扛着“皇叔”的旗号，但是在寄人篱下的时候，他就将这种尊贵的身份抛到了一边。为了生存，他总是缩着脖子，有时候明明知道对方是在利用他，他也表现得很驯服，尽管自己也有喜怒哀乐，但是却隐忍不发，逆来顺受，可以说几乎达到了恬不知耻的地步。

厚黑之人能够将自己的聪明掩藏起来，厚着脸皮装糊涂，做出一副深藏若虚、容貌若愚的样子，以防止别人心生戒备。刘备非常清楚地知道，依附过的这些老大一定会防范自己，于是他就韬光养晦，装作能力并没有那么高的样子，以免对方对自己产生戒备而不利于自己。有很多小事可以说明刘备对这方面“厚道”的掌握。在投靠曹操之后，为了防备曹操的猜忌，他就在住处后院种菜，亲自浇灌，以为韬晦之计，免得曹操怀疑，就连他部下的关羽、张飞都不知道他的用意何在。一天，曹操派人请他去赴宴，刘备不知曹操用意，心里忐忑不安。酒到半酣，曹操先用手指指刘备，又指指自己，说：“当今天下英雄，只有您和我曹操了。”刘备闻听此言，以为曹操已经看透自己的想法，心中一惊，手中的筷子掉到地上。正巧此时雷声大作，刘备灵机一动，便从容俯下身去拾起筷子，说：“一震之威，乃至于此。”曹操笑着说：“大丈夫也怕雷震吗？”刘备说：“圣人云：‘迅雷风烈必变’，怎能不怕呢？”曹操生性机敏，怎会对刘备的失态不生疑心。但是刘备却借助雷声把自己闻言失态的惊恐轻轻掩饰而过，曹操也就不再怀疑刘备有野心了。

人才是打江山的最重要资本之一。在推崇武力和智谋的时代，刘备“中山靖王之后”的招牌自然还不足以吸纳人才。于是刘备便遍行仁义，重感情，讲义气，因此广得人缘。综观刘备的一生，他手下的文臣武将无不对他忠心耿耿，誓死追随。在镇压黄巾起义的过程中，刘备结识了关羽和张飞，三人志同道合，一见倾心，友爱异常，寝则同床，亲如兄弟。赵云本是公孙瓒的手下，刘备见赵云，想要把他招来，于是待他很有情意。后来，赵云因为兄长去世，向公孙瓒请辞归乡，刘备知道赵云此去便不会再回来，因此握着赵云的手不舍得分别，甚至还伤感地大哭起来。赵云十分感动。后来，刘备依附袁绍之后，赵云果然至邺城求见刘备，二人同床眠卧。赵云从此便追随刘备，终生不离。著名谋士徐庶离开他的时候，他更是送他千里，痛哭而别，徐庶虽然走了，却给他推荐了诸葛亮。而刘备三顾茅庐的典故更是妇孺皆知，一时传为佳话。当时诸葛亮只是一个名不见经传的二十几岁的青年，而刘备却委身亲自三次前往，锲而不舍，让诸葛亮深为感动，于是“鞠躬尽瘁，死而后已”。如此等等，这些人在当时都是人中翘楚、将中奇才，之所以能为刘备所揽，正是刘备广结厚缘发挥了作用。

一个人想要有较大的成就，首先必须分清楚事情的轻重缓急、大小远近，该忍则忍，该发则发；并且，他总是能够将自己的感情深深藏起来，不让别人看出丝毫端倪，似乎没什么能够打击到他的内心，也没有明显的弱点能被对手利用。汉献帝初平四年（193年），割据兖州的曹操以为父报仇为名，发兵攻打徐州。徐州牧陶谦独力难支，刘备率军相助，与曹军交战，使久被曹军围困的徐州缓解危机。陶谦盛宴款待刘备，并主动提出将徐州让给与刘备。刘备却只是推辞，终不肯接受。曹操退兵后，陶谦再向刘备提出让徐州，刘备苦苦推辞，终不同意。不久，陶谦染病，日渐严重，劝刘备接受徐州。刘备还是辞让，陶谦便以手指心而死。陶谦死后，徐州军民极力拥戴刘备执掌州权，手下将领也再三相劝。至此，刘备才同意接受徐州大权，担任徐州牧。当然，刘备之所以三辞徐州，是出于对当时情势的清醒认识。当时的徐州正处于四战之地，野心勃勃的曹操正虎视眈眈，邻近的军阀如袁术、吕布、袁绍之辈都在觊觎。一旦接管，兵锋相向自不待言。陶谦真心相让，其部下当然未必心悦诚服，这些问题，不容刘备不顾虑。不过，具有重要战略地位的徐州，对于刘备来说，毕竟具有巨大的诱惑力，他也很想得到徐州。因而陶谦一死，在外有北海相孔融的支持、内有糜竺及徐州军民的广泛拥戴的情况下，刘备便不失时机地同意接替陶谦任徐州牧，将徐州据为己有。一切顺理成章，刘备不但博取了仁义忠厚之名，而且还赢得了民心。

任何有远大抱负想成为天下之首的人，没有一个人能够顺理成章、安安稳稳地登上皇帝的宝座，更何况是在三国争霸的时期，刘备能以平民之资最后胜出，实在不能不算是奇迹，而助他成就奇迹的正是他自己的厚黑之术。刘备的脸皮之厚度，可真是举世无双。他在寄人篱下的时候懂得韬光养晦，肯放下身段，以平等的姿态对待将领谋士，以仁义之姿欲擒故纵赢得徐州，目标只有一个，那就是建立自己的汉室政权。有人怀疑刘备的仁义道德都是装出来的。在某种程度上，刘备的"厚道"的确有时让人看来扑朔迷离，似真非真，似假非假。但这一切都不重要，重要的是他外在表现的确给人重仁义、惜人才的感觉，因此能够感动人，让人死心塌地地追随，并成为一个好的管理者。如果说三国中曹魏是以权谋、实力取胜，孙吴是以地利取胜，那么刘备所开创的蜀汉则是以"厚道"取胜。刘备的厚学功夫真是一流，如果人们能像他一样"厚"的话，那么还愁什么办不成呢？

"黑"是什么颜色，为什么需要"黑"

历史上无数志士仁人有着过人的才华、高远的理想和深广的情怀，却往往最后得不到一个好的结局。人失败的原因有很多，其中至关重要的一个就是，他们没有对自己所处环境有一个清醒的认识。在任何一个时代，生存和发展的竞争总是无所不在，而且这些竞争都是异常残酷的。事实是，优胜劣汰是竞争最为主要的规则。如果你没有认识到竞争的残酷性，没有在竞争中保持足够的清醒，就很有可能成为下一个牺牲品。

厚黑学的又一个重要智慧——"黑"，正是我们在残酷的竞争环境中生存乃至胜出的强大武器。什么是黑？李宗吾说："喜怒哀乐……发而无顾忌，谓之黑……黑也者，天下之达道也。"这几句话非常明确地揭示了厚黑学中"黑"的核心智慧。也就是说，黑就是让我们不顾仁义道德、清规戒律的束缚，通过最为狠毒而有效的手段打击敌人，从而在残酷的现实中保护和获取自己的利益。

在你的周围，总是有很多能力极强的"厚黑高手"，他们时刻对你构成威胁。所谓的"黑"，就是毫无顾忌、没有仁慈地打倒敌人，最大限度地消除障碍。那些只知道满口"仁义道德"的人，往往会被别人踩在脚下。正人君子自然是人人都想当的，但是如果对手是厚黑高手时，我们也只好以厚对厚，以黑制黑。一个最为基本的事实是，如果你想成就自己的理想，首先就要学会适应这个竞争，不至于被淘汰，并且成为能够打败那些黑暗和邪恶的强者。仁慈，在更多的时候只能是一个目标，而不能是手段。

东汉末年的曹操在历史上赫赫有名。他在诸侯割据争霸的时代里，南征北战、威风八面，令无数英雄臣服于他脚下，真可谓要风得风、要雨得雨。而他之所以能够在那样的时代生存下来、并建立一世的霸业，很大程度上在于他的心“黑”。

尽管从根本上来说，仁义道德和“黑”并不绝对冲突，但是在现实生活中，那些时时处处都要讲究仁义道德的人，到头来肯定吃亏，甚至还要被人笑话。任何一个时代都是凭实力说话的。只有强者才能生存，只有心“黑”者才能成功。心慈手软对于处于激烈竞争中的人们来说，是致命的弱点。曹操十分清醒地看到了这一点，因此，为了达到建立政权并统一天下的目的，他所运用的手段也个个“其黑无比”。从曹操的一生看，他杀吕伯奢、杀孔融、杀杨修、杀董承，又杀皇后皇子，甚至还明目张胆地说：“宁教我负天下人，不教天下人负我。”其心之黑，可谓无人能敌。但正是如此，他才能在当时残酷激烈的斗争中胜出。

身处乱世、尤其是处于争霸斗争之中，自然不免要受到别人的陷害。这时，忍让或退步没有丝毫的作用，必须要依靠更高的智慧和权谋以及更“黑”的手段，才能取胜。东吴的吕蒙袭击关羽，关羽败走麦城，为孙权所擒杀。为了避免刘备的复仇，孙权派使者把关羽之头盛入木匣中，送到曹操那里。曹操知道这是东吴嫁祸于自己的奸计，于是将计就计，召见东吴使臣，收下木匣，又命工匠迅速刻一香木躯体，与关羽头颅配在一起。一切完备后，曹操率领文武百官，大供牺牲，以王侯之礼隆重为关羽送葬。曹操还亲自在灵前拜祭，并追赠关羽为荆王，派专门官员长期守护关羽之墓。这种葬礼，在当时，可以说绝无仅有；以曹操的身份，对关羽如此尊崇礼敬，也可以说无以复加。这种做法果然奏效。刘备闻知，果然只恨东吴，发誓要倾国出动，与东吴不共戴天。由此可见，孙权本想嫁祸于曹操，做法不可谓不“黑”,但没想到曹操在“黑”上技高一筹，轻易识破，使孙权的毒计破产。

身处激烈的斗争之中，只要心肠够“黑”，就能充分利用一切有利时机，以最少的代价获取最大的战果，尽量避免己方的损失。曹操可谓深谙此种方法，凡是敌方有一点可趁之机，他便会加以利用。建安四年（199年），袁绍带领十数万精兵强将南下，妄图消灭曹操。却不料袁绍谋士许攸投靠曹操，并献上火烧粮仓之计。曹操毫不迟疑，立即执行，并趁此大败袁绍，使之在羞愤中死去。袁绍临终之时，立三子袁尚为大司马将军。其长子袁谭深为不满，欲与袁尚一争高下。曹操趁势攻打袁氏大本营黎阳，袁氏兄弟合力抵抗，但貌合神离，因此黎阳很快就被曹军攻破。袁氏兄弟只好弃城逃走。曹操引兵追赶，袁谭与袁尚退入冀州坚守；袁熙则在城外下寨，以成犄角之势。曹军连日攻打，一时难以奏效。这时，曹操并不急于进攻，反倒只留下部将贾信守黎阳，曹洪守官渡，却自率大军向荆州进兵，以作出南征的姿态。曹操撤军不久，袁谭与袁尚即大动干戈。袁谭敌不过袁尚，便派人向曹操求救。曹操乘机挥军北上，首先打败袁尚、袁熙，后又消灭掉袁谭和高干，从而一举平定了河北。袁熙、袁尚被逐出冀州后，引兵连夜奔往辽西投乌桓。曹操在白狼山大败袁氏兄弟及乌桓王冒顿。袁熙、袁尚率数千人逃向辽东投靠公孙康。曹操并不追赶，退军易州，按兵不动。众将都不解其意。然而，不久之后，公孙康却派人将袁熙、袁尚的首级送到。原来曹操早已得知，公孙康一直担心被袁氏吞并，袁熙、袁尚前去投奔，心中必然怀疑。如果曹操派军攻打，他们势必并力迎击，急切中难以得手；如果暂缓出兵，公孙康与袁氏兄弟就会互相火并。这样，曹操不费一兵一卒，只是巧妙地利用了敌人的弱点，既除掉了袁熙、袁尚，又使公孙康自动归服。真可谓一石击二鸟，巧妙而又狠毒之极。

人人都希望自己不做任何牺牲就能成功。但是在某些时候，我们却不得不有所取舍，因此那种用较小的牺牲来换取更大的牺牲的做法，在某种程度上是可以理解的。但现实中有很多人在执行的时候，却往往舍不得小的牺牲，最后导致了全盘皆输。曹操绝不是这类人。在有必要做出牺牲来换取胜利的时候，他总是会毫不犹豫地做出选择。建安二年（197年），曹操率领17万大军，南征私自称帝的袁术。袁术闭城自守，坚壁清野，想等待曹军粮尽自行退去。曹操屯兵于坚固的城墙之下，面临了进退两难的困境。由于大军远离后方，无法及时给养，而在战区却由于水旱连年，粮食奇缺，因此，饥荒的阴影笼罩在曹军的头上。曹操命令粮官王垕改用小斗发粮食，并暗中派人到军营中探听动静，结果发现将士们无不埋怨曹操。曹操唤来王垕，并向其借人头一用，以平息众怒、安定军心。就这样，曹操将没有罪过的粮官斩首示众，并出榜宣告其克扣军粮，“谨以军法从事”。于是士兵们的气愤全都转移到粮官身上，曹操也借以多撑上了一段宝贵的时间，并最终取得了战争的胜利。当然，在这件具体的事情上，粮官自然是个无辜的受害者，但是，在曹操看来，既然他的牺牲有益于整个战争的大势，那么也就是死得其所了。

当然，我们主张“黑”，绝不是鼓动人在世间行使恶，只是为了每一个人以合适的方式在一生中赢得真正属于自己的那一份幸福。“黑”也绝不能不择手段，放弃道德，只要对自己的名利有益，就毫不犹豫地使用它。这里我们所说的“黑”，不是简单的诡计多端、狡诈阴险，它更包容了睿智、谋略与高瞻远瞩的深刻内涵。谁要想充分实现自我的价值，谁就要拥有较别人更多的智慧与韬略，这是现代人要成功所必需的。曹操的做法也许并不为正义人士所取，但是，身处惨烈的权力斗争之中，不由你不运用谋略和相互厮杀。在那样的年代之中，毕竟生存和权力才是硬道理。而在现在，我们需要的是利用“黑”学有正义价值的一面，即我们在运用这种智慧的时候，只是为了能够战胜邪恶。对待那些邪恶的敌人，如果不能加以安抚或改造，最好的方法就是把他们消灭，因为对敌人的仁慈就是对自己的残忍。

厚如城墙，黑如煤炭

厚黑学是一门异常有用，同时也是非常高深的智慧。学者们研究任何学问都要循序渐进，研究厚黑学也是一样，是一个由浅入深、由低到高，渐渐领悟的过程。李宗吾将厚黑学分为三层境界，这三层境界是一个系统工程，其中第一层是“厚如城墙，黑如煤炭”。李宗吾说：“起初的脸皮就像一张纸，但由分到寸，由尺到丈，慢慢地就厚如城墙了。最初心的颜色作乳白状，由乳色到炭色再到青蓝色，再进一步就黑如煤炭了。到了这个境界只能算初步的功夫，因为城墙虽然厚，用大炮轰，还是有攻破的可能；煤炭虽黑，但颜色令人讨厌，众人都不愿靠近它，所以只能算是初步的功夫。”

对于中国人来说，面子问题十分重要，有时甚至比利益或者性命还要重要。别人的评价，是决定其价值的重要根据，有时甚至是唯一的根据。初识厚黑之术的人，往往会因为可能受到别人的责难和非议而感到很尴尬。他们运用厚黑智慧，往往是出于迫不得已的原因，并且也认为这是一种卑鄙、邪恶的行径，无法将厚黑之术融入到自己的行为价值中来。实际上，求生和追求幸福，是人类与生俱来的权利；自私是人的天性，也是社会发展的最大动力。既然如此，又何必满口仁义道德，披着道貌岸然的外衣呢？进入厚黑之门，第一步就是要扔掉面子，把别人的评价放在一边，不理睬他人的风言冷语，绝不怀疑自己的能力和价值，这样才不会因为其他的扰乱因素而改变自己的行动计划，从而步入成功人士的行列。

行使厚黑，在未能纯熟之前，不管你了解、使用了多久，终究也很难达到自己的目的。厚黑学不同于其他智慧，比如学习数学，如果基础知识不牢固，顶多学不会高级知识而已，原来打下的基础还在。但厚黑学却不一样，使用厚黑学，就好像走钢丝一样。初识厚黑之人，必须随时都小心谨慎，贸然行使厚黑，就有可能摔得粉身碎骨，无异于自掘坟墓、自毁前程。最好的方法是，随着经验的慢慢积累，逐渐认识到厚黑之术无可厚非，在实践中把脸磨厚，将心炼黑，循序渐进，才能将厚黑之术融会贯通。

厚黑学入门并不难。它的道理看起来很容易，谁都可以了解；它的做法其实也并不难。然而，厚黑学的真正精深奥妙之处，却不是随便就能了解和实行的。踏入厚黑之门后，一定要从接触厚黑学的时候就给自己一个坚定的信念，将一切为人处世的原则都用厚黑的原理加以指导和印证，对的就坚持，错的就改正，这样才能有所进步。另外，厚黑之人，其理论和行为都要用厚黑的原理解释，否则就会脱离正确的轨道。厚黑初始者很容易在一开始就碰到了一些疑惑，自己一时没有想清楚，就贸然认为厚黑学根本不起作用，于是放弃厚黑，这样半途而废，终归是要一无所得。在实行厚黑学的过程中，一定要坚定厚黑的信念，否则变得不够黑也不够厚，最终误了自己的事业就悔之晚矣。

有人自以为掌握了厚黑学的理论精髓，就达到了厚黑学的最高境界。这当然也是错误的。掌握理论并不容易，但是比起真正把它运用到实践中去，融会贯通，这还是万里长征走完了第一步。实践和理论不同，它有太复杂的因素和不断变化的形势，光靠单纯的理论自然无法胜任。历史证明，世间学问的道理其实都是如此，那些只做嘴皮子功夫、处处纸上谈兵的人，往往无异于自掘坟墓。研究厚黑学也是一样，有些人终生都在研究厚黑理论，讲起来口若悬河，然而，一旦让他到实践中加以运用，他却只会闹纸上谈兵的笑话。理论上研究厚黑学，和把它运用到实践中去是同等重要的两回事，将厚黑的理论和实践结合起来，活学活用，才是真正的厚黑智慧。

我们不妨来看一个例子。韩信被誉为西汉初“三杰”之一，是汉朝的开国功臣。韩信年轻时不好劳作，衣食无着，有时候不得不典卖东西为生。有一次，他带着家传的宝剑拿出叫卖，但是卖了很久，却卖不出去。一天，他正把宝剑挂在腰中，在街上行走，遇到一个屠夫。屠夫有意给他难堪，他站在街心，挡住了韩信的去路，并嘲笑他说：“我看你身材高大，其实十分懦弱。你有种的话，就拿剑来刺我，如果不敢刺，就从我的胯下钻过去吧。”韩信打量了一会儿屠夫，就趴在地下，径直钻了过去。别人都耻笑韩信懦弱，他却不以为耻。其实当然不是韩信不敢刺他，只因为他胸怀大志，不愿与小人多生是非。如果当时韩信为了不被众人耻笑，竟真的把屠夫刺死，他的确也能够赢得一些勇敢的名声，但是自己势必难以逃脱。所以，他审时度势，甘受胯下之辱。

韩信早年追随项羽，但是项羽并没有重视他，于是他转而投靠刘邦，并被刘邦拜为大将。韩信为刘邦立下了赫赫战功，并且逐步增大了自己的力量。汉四年（前203年）十月，韩信奉刘邦之命引兵东进，进攻支持项羽的齐国，但还未渡平原就听到刘邦谋士郦食其已经说服齐王投降。韩信听齐人蒯通之计偷袭齐国，并一举攻克齐国都城临淄，并派人向刘邦上书，要求刘邦立自己为齐王。

韩信要挟刘邦，想要成为齐王，尽管刘邦很是不悦，但是当时项羽正把刘邦紧紧围困在荥阳，情势危急，刘邦不得不答应，而且这实际上并不是很大的要求。当时，楚汉相争陷入胶着状态，占领齐地之后，韩信实际已经在楚汉相争中占有主动权，他的决策在某种程度上对整个天下大势的走向有着举足轻重的作用。齐国失利后，项羽非常恐慌，于是派人前去游说韩信反汉与楚联合，三分天下称王齐地。韩信不忍背叛刘邦，于是谢绝。蒯通知道天下大局举足轻重的关键在韩信手中，也用相人术劝说韩信，认为他虽居臣子之位，却有震主之功，名高天下，所以很危险，但韩信却终不忍，又自以为功劳大，刘邦不会来夺取自己的齐国，于是没有听从蒯通的计谋。

不过，等到危险真正解除之后，刘邦就立刻把韩信从齐王调为楚王，因为楚地对韩信来说是陌生之地，相对来说没有他做齐王时那么强大的实力。项羽兵败后，他的逃亡将领钟离眛因素来与韩信关系很好，就投奔了韩信。刘邦记恨钟离眛，听说他在楚国，就下令逮捕他。高祖六年（前201年）有人告韩信谋反。但刘邦知道自己无法战胜韩信，于是用陈平的计策，以天子出外巡视会见诸侯之名游览云梦泽，其实是想要擒获韩信。刘邦将到楚国时，韩信打算起兵谋反，但又认为自己无罪；想去谒见刘邦，又怕被擒。这时有人向韩信建议杀了钟离眛去谒见刘邦，刘邦必定高兴。韩信竟拿此事与钟离眛商议，钟离眛怒斥他说：“刘邦不攻打楚国，是因为我在你这里；你想逮捕我去讨好刘邦，你的死期也不远了。”说完之后自杀而亡。韩信持钟离眛首级去陈谒见刘邦，会见时还是被刘邦抓了起来。

回到洛阳，刘邦赦免韩信的罪，改封其为淮阴侯。韩信被贬为淮阴侯之后，常常装病不参加朝见或跟随出行。他在家中闷闷不乐，心生怨恨，对于和绛侯周勃、颖阳侯灌婴等处在同等地位感到羞耻，并且还常常表现出来。这一切的不如意让他心生造反之意，不过却已经错过最佳时机了。结果，造反不成，反倒被吕后和萧何设计杀死了。

韩信的悲剧可以算是古代大多数身为人臣者的普遍遭遇。在古代，钻人裤裆可算是奇耻大辱，可韩信却能忍辱而钻，其脸皮不可谓不厚；后来，他靠自己的实力说话，在关键时刻要挟刘邦封其为齐王，其心不可谓不黑。但是通观他这一生，不够厚黑的地方却太多了。尽管他是中国战争史上最善于灵活用兵的将领，但是在政治上却犯有严重的错误，在几次关键时候都优柔寡断，不能做出对自己最有利的选择，在权力斗争惨烈的年代，这样的失误往往就决定了其失败的下场。用厚黑学的观点看来，韩信只不过到了“厚如城墙，黑如煤炭”的境界而已，并不是一个真正的厚黑高手，这就是他失败的原因。

厚而硬，黑而亮

李宗吾说：“深于厚学的人，任你如何攻打，他一点不动，刘备就是这类人，连曹操都拿他没办法。深于黑学的人，如退光漆招牌，越是黑，买主越多，曹操就是这类人，他是著名的黑心子，然而中原名流，倾心归服，真可谓‘心子漆黑，招牌透亮’，能够到第二步，固然同第一步有天渊之别，但还露了迹象，有形有色，所以曹操的本事，我们一眼就看出来了。”

这就是厚黑学的第二层境界：脸皮厚，厚而硬；心肝黑，黑而亮。相比第一层而言，第二层境界是进阶课，已经有了很大的飞跃，掌握了一定的厚黑智慧，但是仍然犯有这样或那样的错误，不够厚黑。这类人或许能够成就一番大事业，但最终大业虽成却不能坐久。

人生贵在坚持。做任何事情都是一样，缺少了韧性，最后的结果就只能是失败。同样，在研究厚黑学的过程中，也需要持之以恒地坚持下去，才能达到理想的境界。很多人在运用厚黑学的时候有一时的激情，但是却无法保持长久的激情。像这样三天打鱼、两天晒网，是不会有收获的。而保持激情的重要方法，就是让自己始终充满欲望。就像烧瓷釉需要不断地添加柴火一样，要想将厚黑的瓷釉附着到你的全部形象上，就必须不断地用欲望来激发自己，让欲望的火焰长久地燃烧。只有这样，才能获取为我们提供源源不断智慧的厚黑精髓。

对于处于第二层境界的厚黑之士来说，无法获得成功的最根本因素往往不是外在的，反而是来自于内心的恐惧。许多人害怕将自己厚黑的一面展露给别人看，回避自己的弱点，从不敢真正面对自己内心的世界。真正的厚黑之士，会将自己的弱点改掉，或者将之隐藏起来，不给对手以可趁之机。这样做的前提是，他十分清楚自己到底害怕什么。巧妙地回避，并不代表不承认，相反，讳疾忌医正是大错特错的。李宗吾说，病了就不能对自己太仁慈，要敢于向自己开刀，敢于面对自己最害怕的问题。只有这样，让我们恐惧的弱点才能越来越少，最终接近成功。厚黑学本身是一门比较偏激的学问。很多人认为它教人不敢走正路，其实这都是他们害怕暴露自己弱点。他们害怕把自己厚黑的一面展示给人看，更加害怕遭到别人的嘲笑和讽刺，所以，虽然他们干着厚黑学所教的事情，却不敢真正面对自己的内心世界。归根结底，这都是因为他们缺乏战胜恐惧的信心。厚黑学尽管偏激，其实正是让我们认识到自己恐惧的地方，发现自己的弱点，进而找到克服它们的方法。

进入厚黑学的进阶阶段，就要非常清晰地看待，并妥善地处理世间的事物。很多人总是觉得世事不如意，经常觉得很沮丧，然后就开始诅咒这个世界，结果一辈子都沉浸在自悲自怜中，毫无作为地终老一生。其实，我们不妨将“厚黑”二字延伸开来，乐观地看待世间的事物，相信我们自己的世界是完美的，这样就可以消除日常琐事给我们带来的消极情绪，积极地做自己该做的事情。

在用厚黑之术处理各种具体事物的时候，也要有一定的技巧。世事错综复杂，险象环生，危机四伏，我们必须注意到各种事物的“潜规则”，否则到头来“赔了夫人又折兵”，就得不偿失了。在行动的时候，有时会遇到很多复杂的情况，我们必须要学会当机立断。当机立断的条件，就是能以清醒的头脑去应付各种事情，然后理清头绪，再根据情况作出方案。否则就会贻误战机，因为犹豫不决正是行动的大敌。任何事物的发展都不是一条直线，要看到直中之曲和曲中之直，并不失时机地把握事物迂回发展的规律，通过迂回应变，达到既定的目标。特别是在和强劲的对手交锋时，迂回的手段高明、精到与否，常常是决定能否由被动转为主动的关键因素。此外，我们还要注意控制自己的情绪，避免感情用事。尤其是在自己激动的时候，任何决定都不要做，先迫使自己冷静下来，然后再想一些相应的对策。简单地说，厚黑学是要真正做到知己知彼，才能“百战百胜”。

历史上有很多处于这一阶段的厚黑之士，王安石就是其中一个。王安石是北宋有名的改革家。当时，北宋朝廷外有西夏和辽的侵扰，内有沉重的财政负担，朝廷萎靡不振。面对如此境况，王安石多次向皇帝要求变法以图强。励精图治的神宗即位后第二年，就任命王安石为参知政事（副宰相），翌年升其为宰相，让其开始推行变法。

宋神宗和王安石都急于改变现状，都没有想到变法将要遇到前所未有的阻力，因此在变法措施的制定和实施上，犯了急功近利的毛病，同时触犯了部分官僚地主以及百姓的一些利益，引起了人们普遍的抵触。一般来说，改革本身容易招致非难，在面对这些非难的时候，改革者应该在坚定不移地推行改革的同时，也注意吸收不同的意见和建议。但是王安石却并不这么做。他认为只要有一个好的动机，并坚持不懈，就一定会有好的结果。在面对诘难的时候，王安石说，自然界的灾异不必畏惧，人们的议论可以不予考虑，祖宗所定下的规矩可以不遵从。这就是王安石有名的“三不主义”。他还说，“尽管今天的人可能不理解我，但是后世人一定会感谢我所做的事情”。在这样的信念支持下，他理直气壮，我行我素，无所畏惧。

凡是反对变法的人，王安石一律把他们归于敌人一类。朝中的许多大臣，有的原本是他的靠山，如韩维、吕公著；有的原本是他的推荐人，如文彦博、欧阳修；有的原本是他的领导，如富弼、韩琦；有的原本是他的朋友，如范镇、司马光等。这些人本来也都主张刷新政治，但这些人因为看到了变法的一些不便之处，才成为变法的反对派。而王安石却从不寄希望与他们沟通，与他们不加来往，而只是一味地推行改革。如反对变法的头号人物司马光，就曾经出于朋友情分，三次写信予以劝谏，希望他能听取不同的意见，但是王安石却看见一条驳一条，导致司马光最后与他分道扬镳，终身不再往来。

对变法产生的一些不良效果，王安石并不是不知道，但是他却毫不动摇。变法的第三年，即熙宁四年（1071年），开封知府韩维报告说，为了规避保甲法，开封竟然有人砍掉自己的手指，甚至切断手腕。这事在一定程度上反映了变法存在一些不合理的地方。宋神宗把这件事情跟王安石商量，王安石不屑一顾地说：“这没什么了不起！士大夫们尚且不能理解新法，更何况老百姓呢？”神宗委婉地说：“百姓的话如果真的有道理，也不可不听啊！”但王安石听了仍是不以为然。王安石如此极端看问题，难怪人们都称他为“拗相公”。

这诸多的原因，尤其是王安石独断专行、激进狂热的态度，使得新法取得的效果与他的初衷背道而驰。新法的本意是强国富民，结果却导致民怨沸腾，甚至发生了东明县一千多农民集体进京告状，在王安石住宅前闹事的事情。就连曾经被王安石提拔的看守城门的小官郑侠，也在熙宁七年（1074年）画了一张《流民图》进呈皇上，还附了一道奏疏，说自己在城门前，天天看到为变法所苦的平民百姓相互搀扶，卖妻鬻子，毁田拆屋，横死街头，实在是不忍心。因此，特请求皇上罢免这些毒害百姓的法令，挽救百姓于水火之中。最后，为了说明变法已经违背天意，郑侠发誓说如果废除新法之后10天之内不下雨，自己宁愿被斩首。据说神宗观图之后心如刀绞，一夜未眠。太皇太后和皇太后甚至声泪俱下地说：“安石使天下大乱！”加上当时天下大旱，已经整整10个月了，真可以说是“天怒人怨”。在这样的结果下，原来支持王安石变法的神宗痛下决心，废除新法。实施了五六年的王安石变法以失败而告终。

中国历史上的许多改革家都有和王安石一样的致命弱点。他们有足够的气魄去改革，但是却往往不知变通，凡事都摆出一副无法通融的厚黑模样，完全不知自己在无意之中已经为变法的推行增加了许多无形的阻碍。商鞅和王安石都是著名的改革变法的人物，可以算是厚黑学的重要人物。王安石怀着极大的决心变法，悍然推动变法，甚至到了一意孤行的地步，凡是触犯变法的人，他全都毫不留情地“处理”掉，最后把上上下下的人都得罪光了。从这方面来说，他的脸皮够厚、心肠也够黑。但是也正因为如此，变法虽然取得了一定效果，他自己却落得悲惨的结局。仔细想来，王安石失败，最为关键的原因是他对当时各种情形的复杂性把握不够，总是得罪那些可能给自己的变法带来极大阻碍的人，在变法遭到阻碍的时候又不知变通，因此，他不能算是厚黑界的高手，只是学到了厚黑学的第二层而已，这样，他的失败也就在所难免。改革是如此，其他事情自然也都是如此。

厚而无形，黑而无色

厚黑学的第三层境界是“厚而无形，黑而无色”。在描述这一层境界时，李宗吾说：“至厚至黑，天上后世，皆以为不厚不黑，这个境界，很不容易达到，只好在古之大圣大贤中去寻求。有人问：这种学问，哪有这样精深？我说：儒家的中庸，要讲到‘无声无臭’方能终止；学佛的人，要讲到‘菩提无树，明镜非台’，才算正果；何况厚黑学是千古不传之秘，当然要做到‘无形无色’，才算止境。”也就是说，一旦达到厚黑学的最高境界，就像是水一样——水无形无色，但是所有的高山都阻挡不了水流向大海，再坚硬的岩石也要被水溶解；厚黑学也在我们的为人处世中无处不在，无往不利。

在我们的生活之中，总是有人埋怨机会不等，命运不公，总觉得自己的机遇太少。但实际上，有没有机会，完全在于主观上的问题，也就是说，机会不会无缘无故地降临到一个人的头上，它具有潜在性，等待着开发；它也具有选择性，只垂青于那些始终追求的人。机会永远都是留给有准备的人的，它并不会莫名其妙地从天而降。任何一个机会的来临，往往都是自己的努力所致。厚黑之人不但了解这一点，尽力争取不错过每一个机会，而且还会去创造机会。对于那些有手腕的人来说，他们不怕办不到，就怕想不到。为了自己的目标，脸厚心黑，上下其手，阴谋阳谋，只要能给自己带来好处，维护形象，就毫不犹豫地加以采用。对于人们而言，机会本身并没有多大区别，创造机会本身也没有多大区别，用厚黑的方法为自己的创造机会，会帮助我们更快地走向成功。

东汉光武帝刘秀，是汉高祖刘邦的九世孙。刘秀堪称中国古代史上最为成功的皇帝之一，而他之所以能如此，与他高超的厚黑智慧是分不开的。

西汉末年，王莽篡汉建立新朝，托古改制，弄得天下民生鼎沸，各地起义风起云涌。刘秀很小的时候就心思缜密，与人交往时，不计小怨，喜怒不行于色。早在起事之前，尽管刘秀的兄长们蠢蠢欲动，但他却处处小心谨慎，平时只知埋头务农，与世无争，还因此被讥笑为汉高祖刘邦的一位庸庸碌碌的子孙。后来刘秀也加入起义队伍，并凭借自己超凡的才能脱颖而出，逐渐成为领袖。

为了号召天下，绿林军立刘秀的族兄刘玄为更始帝，发展迅速。刘玄是个资质平庸、甚至是有些懦弱的人。刘秀和他的哥哥刘縯才华出众，分别被封为“太常偏将军”和“大司徒”。在昆阳和宛城之战中，刘秀和刘縯立下大功，因此也获得更高的声望。刘氏兄弟日益增长的势力引起了起义军中其他将领的担忧，他们劝更始帝除掉刘縯。刘秀看出了潜藏的危险，提醒兄长注意，但是刘縯并没有放在心上。不久之后，更始帝果然在众人的怂恿下将刘縯杀害。刘秀听说兄长被杀，十分悲痛，但是他马上来到当时政权所在地——宛城谢罪，大臣们向他表示劝慰之意，但他却只说怪自己没能劝住兄长，以致其惹怒了皇帝。从此之后，他绝口不提自己在昆阳立下的功劳，也不为刘縯服丧，饮宴说笑一如平常，仿佛什么都没有发生过。他这么做反而让更始帝感到惭愧，于是任命刘秀为破虏大将军，封武信侯。

其实，刘秀本非无情之人，他非常在意哥哥被无辜杀害，以致多年之后还难以释怀，提起这件事情的时候就泪流满面，只是他从来不会在外人面前表现出来罢了。后来，起义军攻入洛阳，刘秀单独住在一间房子里，不让别人进去。他的好友冯异曾经进过这间房间一次，却发现刘秀的枕巾被泪水打湿了一大片。冯异努力劝慰刘秀，但刘秀却矢口否认。在当时艰难的处境下，他不得不忍住自己的悲伤。就是依靠自己过人的厚黑智慧，刘秀在众人眼中的威胁消除了，反而让自己的实力变得比以前更加强大。

在积累自己实力方面，刘秀不同于其他人的蛮干。刘秀从不像其他君王一样使用各种阴谋手段费尽心机去拉拢人心，仅凭自己的非凡的气度和超人的见识吸引追随者。王郎曾经冒称汉朝宗室在邯郸称帝，在攻占邯郸后，刘秀看到城中有大量公文书信，其中有许多都是各地官员与王郎的通信，其中不乏毁谤自己的内容。一般将领在面对这种情况时，多半会采取杀鸡儆猴的做法，以树立自己的威信，但是刘秀却在看了一眼之后，当着众将领的面把这些书信都付之一炬，并说："那些睡不着觉的人，从此可以安心了。"这种行为安定了人心，也让那些曾经与王郎联合起来的人对刘秀心悦诚服。后来，刘秀的势力慢慢壮大，投降他的军队也越来越多。但是有很多人忧心忡忡，担心刘秀总有一天会除掉自己。刘秀了解他们的心思，让这些降军回各自原来的军营，以示信任，而自己又轻骑简从，去各营慰问他们。这些归降的将士们十分感动，在战斗中个个奋勇争先。

做了皇帝之后的刘秀依然延续自己的执政风格。建立政权之初，刘秀减田租、释放奴婢，救济鳏、寡、孤、独，大得民心。历史上每个王朝的初期，新君对待功臣的做法大都是或杀或贬，但跟随刘秀打天下的功臣基本上都得以善终，这在历史上极为罕见。他的这种异于其他开国帝王的宽容政策的效果极佳，东汉初期基本没有出现臣下犯上作乱的事情。尤其难能可贵的是，他对那些触犯自己的官员也显出了难得的大度，忍住不对他们发作。一次他外出游猎，到夜间才回城，结果被一个守门官员关在门外，他只得绕道进城。第二天，那个闭门不开的官员还上了一道奏折，指责刘秀游猎过度、将国家社稷置于脑后。刘秀不但不生气，最后还赏赐了这个官员，并对另一个打开城门的官员给予了降职处分。洛阳令董宣严格执法，他发现一个杀人凶手是刘秀长姐湖阳公主的奴仆，于是在大街上拦住公主的车马，逮捕奴仆并把他当众处死。公主在刘秀面前哭诉，但最后刘秀的做法竟然是为董宣的严正执法给予赏赐。刘秀政权善待不与当局合作的隐士，在历史上也难得一见。如隐士严子陵始终不肯接受朝廷赐予的官职，但刘秀也大度地任他离开。上面这些大臣或子民的做法，如果换成别的皇帝，只怕早已招来杀身之祸了，也只有刘秀才能做出这些不俗的举动来。

在历史上的几百位君主中，很少有人像刘秀那样成功赢得了许多看起来很难同时得到的财富，比如拥有朋友的支持和后世的敬仰，以及事业的成功。能够让他做到这些的正是他高超的厚黑之术。在传统政治斗争中，大多数人太富有心机而且刻薄无情，其实，像刘秀这样看似软弱且毫无心机的人，其实才最聪明，因为有时柔弱待人远比机关算尽更容易得到支持。当然，这些做法都需要高超的厚黑智慧。刘秀忍常人所不能忍，以仁义兴国，跟着这样的领导，下属们当然都收获颇丰，混得不错，其实说到底，最占便宜的还是刘秀本人。通达最高权力、成功巅峰的方法有千万种，但是只有厚黑之路才最为平坦和便捷。刘秀绝对称得上是一位厚黑高手，他已经达到了"厚而无形，黑而透明"的境界了。

第二章

为人处世厚黑学

人生在世，尤其在关系复杂、利害重大的时候，总是会遇到种种不顺心的事情：不公、冷遇、误解、诋毁、陷害。这些不顺心有时候会对自己固有的原则和利益造成损害。对于如何对待这些事情，每个人有不同的做法。有人主张坚持自己的原则，宁折不屈；有人主张以其人之道，还治其人之身。而厚黑学的做法是，以忍来化解矛盾，或以忍来等待时机。

做人要多铺路少砌墙

【厚黑真经】

王安石说：不必害怕自然界的灾变运行，不要理睬人们的流言蜚语，不用效仿祖宗的现成法规。道理本来是对的，但他在当时，因为这三句话却受到很重的诽谤。即使我们今天读了这三句话，也觉得他盛气凌人，心中有些不舒服。假使我们生在当时，也未必不与他发生冲突。

【精要解读】

在危险和困难面前，厚黑者的办法似乎永远都比别人多，那只是因为，在此之前，他们已经尽量多地做了“铺路”的工作了。尽可能地多为自己想条退路，多条出路，是厚黑者最为宝贵的经验。铺路的反面是砌墙。砌墙就是堵住了一条去路。为人处世总是需要一定的生存空间，铺路就好比打通了这一空间和其他空间的连接，使我们随时可以过渡到其他空间去；而砌墙则恰好相反，它是堵住了这种联系，因此生存的空间就会越来越少。为了让我们生存的空间越来越大，而不是束缚我们，最好是多铺路少砌墙。

在现实生活中，给人恩惠，多交朋友，至少是不轻易得罪人，就是铺路；而动不动就得罪别人，从不肯原谅他人，甚至主动侵犯别人，都是砌墙的不当行为。当然，铺路是难免要付出一定的代价的，但是这些代价是值得的。当你感到自己的利益被侵害时，自己不被尊重时，不要轻易动气，这时候，你的厚黑功夫就显露出来了。

【运用之妙】

战国时，齐国孟尝君田文在薛邑，大量延揽各诸侯国的宾客以及各国犯罪逃亡的人，最盛之时，门下食客达三千余人之多。孟尝君宁肯舍弃家业也要给他们丰厚的待遇，因此使天下的贤士无不倾心向往。每当接待宾客时，孟尝君总是在屏风后安排侍史，让他记录孟尝君与宾客的谈话内容，记载所问宾客亲戚的住处。宾客刚刚离开，孟尝君就已派使者到宾客亲戚家里抚慰问候，献上礼物。有一次，孟尝君招待宾客吃晚饭，有个人遮住了灯光，那个宾客很恼火，认为饭食的质量肯定不相等，放下碗筷就要辞别而去。孟尝君马上站起来，亲自端着自己的饭食与他的相比，那个宾客惭愧得无地自容，就以刎颈自杀表示谢罪。为此，天下贤士们大都情愿归附孟尝君。而孟尝君对于来到门下的宾客都热情接纳，不挑拣，无亲疏，一律给予优厚的待遇。

当然，作为当时最为深谋远虑的政治人物之一，孟尝君这么做当然并不是因为他天生就乐善好施。他这么做，是因为门客们对他来说大有用处，在各种危难的时候，他们总是能够为他排忧解难。齐愍王二十五年（前299年），齐王派孟尝君到秦国，秦昭王把孟尝君囚禁起来，并图谋杀掉孟尝君。孟尝君派人去见昭王的宠妾请求解救。秦王宠妾答应帮助，但以得到孟尝君的白色狐皮裘为条件。孟尝君来的时候带有一件价值千金的白色狐皮裘，但却献给了昭王，天下已没有第二件。孟尝君为这件事发愁，问遍了宾客，大家都无计可施。这时，有一位能力差但会披狗皮盗东西的人毛遂自荐，当夜化装成狗，钻入了秦宫中的仓库，取出献给昭王的那件白狐裘，拿回来献给了昭王的宠妾。宠妾得到白狐裘后，替孟尝君向昭王说情，昭王便释放了孟尝君。

孟尝君获释后，立即乘快马逃出城关，夜半时分到了函谷关。昭王开始后悔放了孟尝君，于是派人驾车飞奔而去追捕他。按照秦法规定，只有鸡叫时才能放人出关。孟尝君焦急万分，这时，宾客中又有个平时能力较差的人会学鸡叫，他一学鸡叫，附近的鸡随着一齐叫了起来，孟尝君便立即逃出了函谷关。当初，孟尝君把这两个人安排在宾客中的时候，其他宾客都耻于和他俩为伍，而这时，偏偏是靠着这俩人解救了他。

就连这些“鸡鸣狗盗”之徒都被孟尝君收在门下，可以想象孟尝君构想之细。但事实证明，他们的确发挥了自己的作用。为着这样的目的，孟尝君对待那些大有才能之士自然更加器重。孟尝君门下曾有一个很有才能的门客与他的爱姬私通。有人劝孟尝君杀了此人。不料孟尝君听后毫不生气，不但没有责备惩罚那位好色的门客，反而将这名姬妾赐予门客为妻。一年后，孟尝君又对门客说：“你与我相交已非一日，但没有能做到大官，给你小官你又不要。我与卫国国君的关系甚好，现在把你介绍给他，并且给你足够的车、马、布帛、珍玩，希望你能跟随卫国国君认真办事。”门客到了卫国之后，卫国国君十分器重他。没过多久，齐、卫两国关系开始恶化，卫国国君想联合天下诸侯一起攻打齐国。那个门客听说这一消息后，连忙劝说卫国国君取消这个打算，并且对他说：“如果您不听我的劝告，认为我是一个不仁不义的人，那么我立刻撞死在您面前。”卫国国君见这人如此忠义，便听从了他的劝告，而齐国则因为孟尝君对门客的恩惠而避免了一场灾难。

冯谖是门客中较为“怪异”、但具有突出才能的一位。一开始，他在孟尝君门下一年多时间里，几乎没有任何作为。当时孟尝君正做齐相国，由于门客众多，封邑的收入已经不够奉养食客，于是派人到薛地放债收息以补不足。但是放债一年多了，还没收回息钱。有人推荐冯谖，说他好像没有其他的本事，不过看起来能言善辩，正好派去收债。孟尝君于是派冯谖去收债。冯谖在辞别孟尝君时问道：“如果收到债了，要买些什么东西回来？”孟尝君曰：“你看我家缺什么就买什么吧。”不料冯谖在薛地收息时，假传孟尝君的命令，为无力还款的老百姓免去了债务，并把债券都烧毁了，这一举动，使得孟尝君在薛地颇得民心，“民称万岁”。这样，冯谖就在薛地百姓中埋下了感恩于孟尝君的种子，换得民心，功德无量。孟尝君听到冯谖烧毁契据的消息，当时十分恼怒，但虽然心里不快，也没有责怪冯谖。

又过了一年，有人在齐愍王面前诋毁孟尝君，愍王借故罢其相位。孟尝君罢相后返回自己的封地，距离薛邑还有百里，百姓们就早已扶老携幼，在路旁迎接孟尝君。孟尝君此时才知道冯谖焚券买义收德的用意。出于孟尝君政治地位还不巩固的考虑，冯谖对孟尝君进言说，狡兔有三窟，现在您只有一窟，也就是只能做到勉强自保，并且说愿意为他“复凿二窟”。孟尝君于是给他五十辆车、五百斤黄金去游说秦国。冯谖一番游说，加上秦王也久闻孟尝君的贤名，于是立即派出使节，以千斤黄金、百乘马车去聘孟尝君来本国担任相位。秦国使者接连跑了三趟，可孟尝君坚决推辞不就。冯谖诱使秦王珍重、竞争孟尝君，引起了齐王的高度重视，抬升了孟尝君的价值。齐王连忙派遣太傅带“黄金千金、文车二驷、服剑一、封书”等物，非常隆重地向孟尝君谢罪，请孟尝君要不计前嫌，重任相位。冯谖劝孟尝君趁机索取先王的祭器，在薛地建立宗庙。这样，冯谖就为孟尝君凿好了三窟。

点评

冯谖有先见之明，知道当权者需要眼光长远，而不局限于当前，这样才能长久。他为孟尝君所凿的“三窟”，可以说为其以后铺了很多条平坦的道路。其实，这何尝不是孟尝君自己的真实写照呢？他大纳门客，善待门客，能容忍门客对自己的无礼和暂时“无用”，甚至轻易饶恕别人对自己姬妾的非礼，没有一定的厚黑功夫是办不到的。而他之所以这么做，其实就是在为自己“铺路”，只不过他所用的方法是“广施仁义”而已。要知道，没有“利润”的买卖，绝对不是厚黑者所为。事实上，他的确获得了丰厚的回报——正因为他铺路的成功，史书说，在孟尝君做齐国相国的几十年时间里，几乎没有遭遇任何真正的灾难，而这在诸侯混战的战国时期是难上加难的。

装装糊涂，世事皆通达

【厚黑真经】

他（李宗吾）自己发明了一种拳术，称其为“无极拳”。据说，他是把气功和太极拳融合为一，随意动作，师其意而不泥其迹，略略参加些黄帝内视法、天隐子存想法，并会通庄子所说“真人之息以踵”的道理而成此拳法。他说这种拳法，睡时、坐时、读书作文时、与人谈话时，都可以运用。他说将来如果把这种拳术传出来，不但为厚黑教主，而且可以称为无极祖师。及至我们会面时，我问他无极拳的详情，他笑着说：“既名无极拳，还有什么可以说的呢？无非是恍兮惚兮，玄之又玄而已。”

【精要解读】

人人都想聪明，并且急于用这种聪明来维护自己的利益。其实，聪明难，糊涂更难；聪明有益，糊涂也更有益。一个人要用足够的智慧来权衡利弊，以防失之于人，有时候不妨以静制动、守拙若愚，这种处世的方法比处处聪明更胜一筹。尤其当身处复杂莫测的险境时，“糊涂”还是精明，往往是决定个人前途甚至身家性命的关键因素。糊涂的智慧，简单来说就是把灵巧隐藏于笨拙之中。那些表面看来糊涂的聪明人，心胸似水一般沉静而深不可测，因为有不争的美德、有“糊涂”的处世方法，所以他们就永远没有过失，也不会受到别人的攻击。

在很多时候，只要不牵涉到根本利益，睁一只眼闭一只眼就过去了，根本不值得花费太多心思去计较。那些凡事都要显得聪明的人，无非是吃不了亏，在争取这一分利益的同时，却不料得罪了人，最后总是像《红楼梦》里的王熙凤一样“机关算尽太聪明，反误了卿卿性命”；而有时候装装糊涂的人，却只不过是眼前吃点小亏，他们考虑的却是长远的、更大的利益。时不时装糊涂的人，才是真正的智者，正因为看得更远，所以他们失去的更少，得到的却更多。

【运用之妙】

富弼是北宋仁宗时宰相。当时朝廷中的变法派和保守派的斗争日趋激烈，朝中官员动辄获咎，大臣们不断遭受贬谪，甚至被杀的也不在少数。富弼当然也有自己的政治见解，但是他却始终能够保全自己，成为北宋一朝为数不多的“高龄宰相”，并且被朝廷上下大小官员交口称赞其品行优良，而这一切，都跟他平时为人处世的方法是分不开的。

富弼在年轻的时候，“提笔能文”，才华出众，曾被范仲淹称为“王佐之才”，并大力提拔。才气逼人，仕途平坦，再加上年轻气盛，使得富弼常常在不经意间得罪一些人。事后，他自己也会深感不安。经过长时间的自省，他的性格渐渐变得宽厚谦和。

一次，一个穷秀才想侮辱富弼，便趁富弼外出时当街拦住他，并当着众人的面挑衅地说：

"听说你博学多识，我想请教你一个问题。"富弼当然知道来者不善，但是也不想得罪他，于是也不令随从驱赶，反而爽快地答应他了。

秀才问富弼说："如果有人骂你，你会怎样？"富弼装作不解，回答他说："我不知道。"秀才哈哈大笑，说："有人说你满腹经纶，原来也不过如此啊！"说完，大笑而去，周围的人本来认为富弼会有什么高明的见解，却不料他这么作答，于是也纷纷附和。

富弼却毫不介意，继续赶路。他的仆人埋怨他说："这么简单的问题我都可以回答，怎么您却装作不知道呢？"富弼说："此人是轻狂之士。如果你拿理由和他辩解，必定会言辞激烈，气氛紧张，无论谁把谁驳得哑口无言，都是口服心不服。更何况他心胸狭窄，必定会记仇，既然如此，有何必要争呢？"仆人听后，还是不理解，只认为富弼是胆小怕事。

几天之后，秀才又在街上拦住了富弼。富弼居然主动前去打招呼。秀才不理，扭头而走；之后，又回头大声对着富弼说："富彦同真是一乌龟！"富弼装作没有听到，毫不理会，继续向前走。有人告诉他说："他骂你呢！"富弼说："恐怕是在骂别人吧！"那人又对他说："他指名道姓地骂你，怎么是骂别人呢！"富弼说："恐怕是同名同姓吧！"富弼装糊涂，可真是装到家了。那位仆人如果还在场的话，一定还会认为富弼胆小怕事，但是富弼如果凭一时之气就和对方争吵起来，即便没有危险，麻烦总是少不了的。而将这种态度运用到政治领域，也就可以理解富弼为什么树敌那么少了。

唐太宗时，大臣张蕴曾经呈给皇帝《大宝箴》，其中有"勿没没而暗，勿察察而明"两句。意思是说，那些处于上位的人，不能事事都糊里糊涂，浑浑噩噩，但是也不能过于苛察、精明。明察秋毫是一种本事，而本可以精明却宁愿装糊涂，实际上更要智慧。历史上这样的事件数不胜数。如武则天当皇帝时，满朝大臣得到她宠信的只有狄仁杰一人。有一日，武则天对狄仁杰说，他在汝南当地方官时很有政绩，但是有人诬陷他，并问他是否想知道诬陷者的名字。狄仁杰首先感谢武则天对他的信任，接着说不愿知道。武则天听了之后，深为赞叹。

曹操也曾经"宁愿糊涂"过。200年，曹操在官渡之战大败袁绍后，在收缴袁绍的往来书信中，得到许多曹方官员及自己军中将领写给袁绍的信。在很多人看来，这是一个查明内部立场不稳者的绝好机会。但是，此时袁绍已被击败，骑墙者的希望已经被断绝，而此时又是用人之际，不能不用这些人。既然如此，进一步地彻底调查只会让自己内部不稳定，而没有其他好处。所以，曹操也宁要糊涂，他把收集到的书信全部都付之一炬，并且对部众说："袁绍当时那么强，即使我都感到不能自保，更何况是你们呢？"慷慨地原谅了他们。

东汉光武帝刘秀手下的一员战将，名为冯异，他不但英勇善战，而且对刘秀忠心耿耿。他多次帮助刘秀摆脱困境，甚至还是他首先建议刘秀称帝的。他治军有方，而且为人谦逊。每当诸将相聚、各自夸耀功劳时，他总是一人独避大树之下，因此，军中称他为"大树将军"。冯异长期转战于河北、关中，深得民心，成为刘秀政权的西北屏障。这么重要的位置，自然容易引起刘秀的猜忌。一个叫宋嵩的使臣，先后4次上书诋毁冯异，说他控制关中，擅杀官吏，威权至重，百姓归心，人称"咸阳王"。冯异对自己的久握兵权，远离朝廷，也不大自安，于是一再上书，请求回到洛阳。刘秀尽管对冯异不大放心，但是西北地区却非冯异不可。考虑再三，刘秀干脆把宋嵩的告密信全部送给了冯异。冯异看了信后，惶恐不已，连忙上书自陈忠心，刘秀回书说："我与将军，义为君臣，恩如父子，我还会对你猜忌吗？你就不必担心了！"刘秀这一招实在高明，既可解释为对冯异的信任不疑，又暗示了朝廷对他已经有了戒备。冯异心知肚明，自然就只能誓死效忠了。

点评

富弼作为一人之下万人之上的宰相，他能在政治斗争中处于不败之地，实属不易。在某种程度上，他的政治智慧已经在他平常为人处世的方法上表现了出来。也就是说，不必凡事都斤斤计较，遇事不妨装装糊涂，忍让一下退几步。对于那些没有必要争执的利益，完全可以装傻充愣，当做没有发生过。这样就可以减少不必要的损失，也可以规避潜在的风险。要知道，人生处世、尤其是身处政治漩涡之中，每一份潜在的危险都可能是致命的。

狄仁杰、曹操和刘秀则是另外一种“糊涂”，与它相对的是明白事实的真相。知道过去是谁诬陷了自己，对狄仁杰来说并没有多大的用处，而诬陷者却会因此而担心狄仁杰挟私报复，反而多事，所以狄仁杰宁愿糊涂，不愿苛察，这样就赢得了民心，也获得了武则天的肯定。而像曹操这种拒绝知道不需要知道的事情的做法，反而会使摇摆不定的人受到信任而感激，进而安定下来，也的确非常高明。刘秀明明对冯异感到不信任，却宁愿不提此事，大表信赖之意，这样，即便冯异真是怀有异心，恐怕多半也会回心转意。

坚守信念，不在意他人的评说

【厚黑真经】

“聋”就是耳聋；笑骂由他笑骂，好坏我自为之。但“聋”字中包含有瞎的意义，文字上的诋骂，闭着眼睛不看。

【精要解读】

如果一个人能不理睬他人的风言冷语，善于运用厚黑学来保护自己，那么他完全可以塑造出正面的自我形象来。那些脸皮薄、心肠软的人，在试图实现任何理想的过程中，总是对这个过程中第三方的评价心存疑虑，因此做事难免缚手缚脚、顾三顾四。这样行动起来，本来可以直接达到目标的路径，却因有所顾忌而放弃，因此就平添了许多麻烦，反而不易实现自己的理想。那些对别人的责难和非议无动于衷者最具厚黑的潜质。精通厚黑学的人，能够把别人的评价放在一旁，拒绝接受任何人试图强加于他头上的道德限制。更加重要的是，他们不会因为其他的扰乱因素而改变自己的行动计划，也从不怀疑自己的能力和价值。对待别人的讥讽、嘲笑、辱骂，以及任何其他涉及到自己尊严和脸面方面的问题皆不在意，一心一意地朝着自己心里想的去做，所以他们往往更容易步入成功人士的行列。

【运用之妙】

晏子是春秋后期一位重要的政治家，他以有政治远见和外交才能，作风朴素闻名诸侯。他爱国忧民，敢于直谏，博闻强识，善于辞令，主张以礼治国，在诸侯和百姓中享有极高的声誉。还在未做国相时，齐景公曾命晏子去治理东阿。晏子满怀热情地准备去那里大展宏图。然而，3年之后，向朝廷告状的人越来越多，景公非常恼怒，他将晏子召了回来，要罢免他的官职。

晏子知道自己饱受争议，但为了能够继续施展才能，于是非常谦卑地对齐景公说：“臣已知错，但请大王能再给臣3年的时间，那时，人们必定会说好话了。”景公见他十分诚恳，好像的确很有把握，便答应了他的请求，仍旧让他治理东阿。这样，3年很快又过去了，景公果然很少再听到对晏子不满的声音，都是一些盛赞他的话。景公十分高兴，于是召晏子入朝，打算予以嘉赏。不料晏子却诚惶诚恐地表示不敢接受。

齐景公感到很奇怪，就问晏子究竟是什么原因。晏子回答说：“第一次我去东阿的时候，让人修筑道路，还施行有利于百姓的各种措施，坏人便责备我；我主张节俭勤劳，尊老爱幼，惩治偷盗无赖，无赖便怨恨我；权贵犯法，我也严加惩治，毫不宽恕，权贵们嫉恨我；我身边的人如果有触犯法度的行为，我也惩罚他们，周围的人责骂我。这些对我的恶语中伤四处传扬，甚至有人还在背后告我的黑状。这样，您认为我的确做错了。第二次，我就改变了做法。我不让人们修路，拖延实施利民措施，坏人就高兴了；我并不再提倡节俭勤劳、尊老爱幼，还释放那些鸡鸣狗盗之徒，无赖们也开心起来；权贵们犯法，我并不依法惩治而予以偏袒，权贵们开始奉迎我了；周围的人无论有什么要求，即便是违背法度的事情，我也有求必应，因此，周围的人也满意了。于是，这些人又到处颂扬我，您也就信以为真了。3年前，您要处罚我，其实我应该受赏；现在，您要封赏我，但其实我该受罚。”

齐景公听后，恍然大悟，知道晏子是一位有德有才的良臣，于是立刻拜他为相，并把治理全国的重任都交给他。自此以后，凡是有对晏子不利的言论，齐景公一概不予理会。后来，在晏子的治理下，齐国终于实力大增，成为争霸天下的强国之一。

同样是在春秋时期，当时南方小国——越国国王的勾践，在春秋末期崛起，成为春秋五霸之一，是那一时期伟大的绝唱。越王勾践在政治上的成功，可谓得来不易。在以王为尊的古代，一个国家的命运往往系于国王一人的素质，而勾践就正好具有这样的素质。

周敬王二十三年（前497年）勾践即位，时值楚国联越制吴，吴、越冲突初起，而越国实力很弱。周敬王二十六年（前494年），勾践闻吴王夫差日夜练兵欲攻越，于是采取主动先伐吴国。吴王夫差亲率精兵击越，两军大战，越国惨败于吴，勾践不得已，纳大臣范蠡委曲求全、以退为进之谋，卑辞厚礼以求和，并向夫差请求称臣纳贡。夫差同意罢兵赦越，但要勾践夫妇到吴国为他服役。

勾践将国内事情托付给文种等大臣，只带着夫人和范蠡去吴。勾践五年（前492年）五月，勾践一行抵达吴都。吴王夫差有意羞辱他，要他住在夫差之父阖闾坟前的一个小石屋里守坟喂马，有时骑马出门时，还故意要他牵马在国人面前走过。勾践丝毫不曾反抗，却只忍辱负重，自称贱臣，对吴王执礼极恭，吃粗粮、睡马房、服苦役，任劳任怨。服役3年，无论受到什么样的羞辱，他也从来不生气，也从不表现出憎恨吴王。他始终小心伺候夫差，做到百依百顺，其忠心之程度，甚至胜过夫差手下的仆役。夫差生病的时候，勾践前去问候，甚至还掀开马桶盖观察夫差刚拉的大便，以此关心夫差的病情。3年漫长的时间终于过去，由于尽心服侍，勾践博得夫差的欢心，再加上夫差大臣伯嚭不时接受文种派人所送之礼而在夫差前为勾践说好话，使得夫差认为勾践已真心臣服，于是决定放勾践夫妇和范蠡回国。勾践七年（前490年），勾践归国后，“卧薪尝胆”，苦心焦思，发愤图强，富民兴国。在范蠡、文种辅佐下，励精图治，经“十年生聚，十年教训”，发展实力，最后终于灭掉吴国，一血前耻，并最终成为霸主。

点评

一般人以自己的尊严和荣誉为最大的利益，宁折不屈是他们的做人准则。但是真正将厚黑修炼到极致的人，却是什么低三下四的事情都能做出来，根本不会受到别人的影响，即使在面对别人的侮辱和嘲笑的时候，也能以一颗平常心对待。晏子的厚黑智慧的高明之处是，他并不急于替自己辩解，笑骂由人，而是用行动来告诉齐景公，不管是执政还是用人，都要有足够的厚黑工夫，要挡得住那一些风言冷语，也要能够分辨是非真假。在这方面，齐景公也是聪明人，一点就通，这样才能真心诚意地任用晏子为相，使齐国强大起来。勾践身为一国国君，其尊严不可谓不高，但是却要放下身段去服侍吴王，想尽一切办法取悦他，不用说国君的尊严，就连作为一个普通人的尊严也已经丧失殆尽。然而，尽管在长达3年的时间内，受尽了各种屈辱，勾践却仍然能够把尊严放一边，厚着脸皮忍辱负重，终于得到吴王的信任，最后得以完成自己的夙愿。如果他没有足够强大的信念的话，恐怕在复国之前就早已身亡灭国，更遑论成为霸主之一了。

全面塑造自己的成功形象

【厚黑真经】

厚黑的功夫有两种：一是口头上，二是文字上。口头上又分普通场所及上司的面前两种，文字上又分报章杂志及说帖条陈两种。

【精要解读】

没有人天生就比周围的人有更加耀眼的光芒，因此，我们必须学习如何让自己像一块磁铁一样，能够牢牢地吸引住众人的目光。一个人在别人心目中的形象如何，有时候并不是这个人本身怎么样，而是自己表现的结果。因此，在为人处世的过程中，我们要让自己的名字和声誉附着上一种与众不同的品质，必须全面塑造自己的成功形象。一旦这种形象确立了，我们就能在为人处世中受到别人的欢迎和尊敬，进而更加轻易地获得真正的成功。

【运用之妙】

甘茂在秦国失势，呆不下去了，自秦国逃出，准备到齐国去。出了函谷关，途中遇见苏代，当时苏代正替齐国出使秦国。甘茂对他说："您听说江上女子的故事吗？"苏代说："没有。"甘茂说："在江上的众多女子中，有一个家贫无烛的女子。其他女子一起商量，要把这位女子赶走。她准备离去，但在临行之前，还是对赶她走的女子们说：'因为没有蜡烛，所以我常常最先到达，一到之后便开始打扫屋子，铺席子。你们又何必怜惜照在四壁上的那一点蜡烛的余光呢？赐一点余光给我，对你们又有什么妨碍呢？我对你们还是有用的，为什么一定要赶我走呢？'女子们认为她说得对，就把她留下来了。现在，我也同样陷入窘境，但我同样愿意为您打扫屋子，铺席子，希望您不要把我赶走。我的妻子儿女还在秦国，也希望您拿点余光救济他们。"

苏代应承下来，出使到秦国。任务完成后，苏代趁机对秦王说："甘茂是个贤能的人，在秦国曾受到惠王、武王、昭王等几朝重用。而且，秦国的各处险阻要冲，由崤山、函谷关直至溪谷，他无不了如指掌。万一他通过齐国，联合韩、魏，反过来图谋秦国，这将对秦国很不利。"秦王说："那当如何？"苏代说："您不如备上厚礼，再以高位聘其回国。他如果来了，就把他软禁在槐谷，老死在那里，这样，秦国也就没有什么危险了。"秦王说："好。"于是给甘茂以上卿的高位，派人拿了相印到齐国去迎接他。甘茂推辞不去。

苏代回到齐国后，对齐王说："甘茂是个贤能的人，秦王许诺他上卿的高位，还派人拿相印来迎接他，但他却因为感激您的恩德而不去秦国，其实他是想做大王的臣子，因此，如果不对他加以挽留，他一定不会再感激大王。以甘茂之才，如果让他统率强秦的军队，秦国可就难以对付了。"齐王说："好。"于是，拜甘茂为上卿，让他留在齐国。

15世纪末哥伦布的远洋航行和发现新大陆，是世界历史上具有深远历史意义的事件。1451年哥伦布生于意大利的热那亚。青年时代，他就对航海和来往于地中海之上的商船发生了浓厚的兴趣，并且想要从事这种伟大的事业。于是，他开始寻找资金赞助他的航行。尽管当时的封建贵族都急于想发现和占有新的土地和财富，需要有航海家来帮助他们达到这样的目的，但是哥伦布的父亲是一个卑微的纺织匠，他在青年时代也没有受到过多少正规教育，因此他毫不具备这样的条件。不过，为了达到自己的理想，哥伦布编造出具有高贵血统的谎言，宣称自己是君士坦丁堡某位皇帝的直系子孙，并且表现得仿佛真是贵族后代一般。他在从事过一段不值一提的商人生涯之后，开始定居于里斯本，后来，他利用编造出来的高贵出身，和里斯本有头有脸，且与葡萄牙王室关系非比寻常的家族联姻。

通过联姻，哥伦布成功地让葡萄牙国王若昂二世和他会面，并且向他提出赞助他航行的请求。尽管哥伦布自己并没有完成航行的细节上的考虑，甚至可以说对航行一无所知，但是他却装出自己信心满满的样子。他表示自己愿意将自己的航行的任何发现都以国王的名义发布，同时还向国王提出了许多要求：海洋大元帅的头衔、发现之地的总督职位，还有所发现之地未来通商收益的10%，而且要求上述权力世袭，永远不可剥夺。最后，尽管国王拒绝了向他提供帮助，但是却没有嘲笑哥伦布，也没有质疑他的出身和信用。事实上，哥伦布的大胆让国王的印象相当深刻，而且很欣赏他如此自信。

几年后，哥伦布移居西班牙，并且运用他在葡萄牙的关系迅速进入了西班牙的上层圈子，接受著名金融家的津贴，与大公和亲王参加宴会。后来，他渐渐发现能够满足自己的需求的人是伊莎贝拉王后。1487年之后，哥伦布和王后经常会晤，尽管他没有说服她资助自己航行，但却完全迷倒了她，成为她王宫中的常客。

1492年，伊莎贝拉终于答应哥伦布的请求，出资提供哥伦布3艘船、航海设备、水手的薪水，同时也付给哥伦布适当的津贴。更加重要的是，除了拒绝给予他发现地收益10%的要求之外，她签署合约答应了哥伦布坚持的头衔和其他所有权利。于是，哥伦布雇佣了当时最好的航海员，并于该年年底启程。尽管第一次寻找航线的任务失败了，但是第二年，他再度请求王后资助时，王后又同意了。因为那时，她已经把哥伦布视做英雄般的人物了。

点评

人的命运有升有落，在落魄的时候，也可以改变命运，但是不仅要吃苦，还要像甘茂一样多动脑筋，跑关系，找门路，充分利用自己的积累和优势，闯出生机来。甘茂自己失势，却能够假借他人之口，让自己的身价陡然上升，创造自己的成功形象，这一招无中生有让他柳暗花明。

作为一个航海家，哥伦布充其量只是一个二流人物，他的航海知识比不上其他水手，他永远标不出发现之地的经纬度，但是在如何让别人相信自己的领域里，他却是个天才。自始至终，他始终展现出一个王者风范的权贵和杰出航海家所独有的自信和风度。他一文不名，但是却依靠自己的成功形象“空手套白狼”；他坚持自己的要求毫不退步，正让别人相信自己值得这个身价。哥伦布这个厚黑高手告诉我们，在某种程度上，我们自己塑造的成功形象最终决定了我们能够成功。

明哲保身，不要轻易得罪小人

【厚黑真经】

对人相让，以让至不妨害我之生存为止。

【精要解读】

所谓“阎王易见，小鬼难缠”，事实的确是这样。有很多小人物，看着虽然不起眼儿，但是却往往能够在关键时刻施展一下手脚，既可能让你功败垂成，也可能使你功德圆满。身处不同环境之中，如果你和他们斗，你就会付出很大的代价。所以最好的办法就是不得罪他们，必要的时候向他们做一些让步，给他们一些好处，这样，他们不但不会为难你，而且可能成为你迈向成功的一股力量。当然，此一时彼一时，此时位卑权轻的小人也有可能成长为大人物的一天，那时候，你们的实力也发生了对比，而他报复你的能力也将大大提高。

什么是“小人”？一、他们没有信仰。小人从来不信仰什么东西，他们不相信正义、真理，是一群没有正义思想和灵魂的人。二、他们没有骨气。小人的一切行为的终极目的都是为了自己能够捞到最大的好处。因此，只要谁给他好处，他就去巴结谁，对于强暴和强权，他们只是一味地歌颂；对于凌辱，他们也只是逆来顺受。他们并不是软弱，而是对待权势者的奴才嘴脸，他的目的是获得这个主子的好处。三、没有感情。他们对任何人都不感恩、不报德，而是随时准备出卖和背叛。因此，恩将仇报、落井下石是他们惯常的行为。因为小人具有这些特点，所以在政治斗争中，人们常常会把注意力放在那些有头有脸的大人物身上，常常忽视这些在政治地位上毫不起眼的小人，结果，一旦小人得志，就会使他们栽了跟头翻了船。

【运用之妙】

西汉高后八年（前180年），吕姓诸王被诛，文帝刘恒即位。此时，绛侯周勃为丞相。周勃是西汉的开国功臣，汉初定，各诸侯王的反叛不绝，周勃又成为汉初平乱的主将。在平定诸吕的过程中，他又立有大功。如此功高权重之人，自然为文帝所猜忌。后来，周勃终于被文帝罢免，返回绛县（今山西侯马）家中养老。尽管周勃已经十分谨慎，但还是有人上书诬告周勃企图谋反。文帝本来就对周勃有防范之心，见书后立即诏令廷尉，将周勃捉拿入都，下狱候审。

周勃被人构陷，被冤入狱，心中本来就有怨气。不料，狱吏还常来勒索钱财。小小狱吏竟然敢来勒索前任相国，周勃自然心中愤怒，当然不肯出钱。狱吏没有得到好处，开始虐待周勃，每天给他粗茶淡饭，还经常打骂，态度十分恶劣。周勃无奈，只得拿出钱财，分贿狱吏。狱吏们得到重金，面目立即大改，对周勃的态度转了180度。不但好茶好饭优待，还悄悄给周勃出主意，让他请公主作证。原来周勃的儿媳妇是文帝之女昌平公主，是薄太后的孙女，狱吏们是让他想办法打通薄太后这一关。周勃得到提醒之后，让狱吏帮他加紧运作，并很快让薄太后知道了。

薄太后十分了解周勃，认为他是被人诬陷的。于是她去见文帝，并对他说："周勃怎么可能谋反呢？他在当年诛诸吕时，身上挂着皇帝的玉玺，在北军统率军队，不在那时谋反，现在在一个小县里，难道却要谋反吗？"文帝尴尬地说："我已经调查过了，丞相的确没有谋反之意。"于是就将周勃释放了，并且恢复了爵位和封邑。出狱后，周勃想起此次的遭遇，不由得百感交集："我曾统兵百万，没想到狱吏对我这么重要。"

大唐诸宰相中，最丑的莫过于唐德宗时期的卢杞。据史书记载，卢杞"体陋甚，鬼貌蓝色"，就是说卢杞长得丑极了，一副鬼一样的模样，皮肤也是蓝色。这样的相貌，让人看了觉得狰狞可怖。

如此丑陋不堪的卢杞是怎样爬上相位的呢？一是他是忠烈之后。卢杞的祖父卢怀慎，也当过宰相，而且一心为国，清廉无比。他的父亲卢弈则更加值得一提。安史之乱中，安禄山攻陷东都洛阳时，卢弈手下的属吏纷纷作鸟兽散，他却身穿朝服，镇定自若地坐在衙门里。被叛军抓起来要处死时，他仍从容地数落安禄山的罪恶，骂安禄山不绝而死。卢弈因此而名列《忠义传》。不过，祖荫只是其中小部分原因，更加重要的是卢杞自己的努力。别看卢杞长得很丑，又无才学，却很有心机，又极有口才。唐德宗不知人心险恶，用人失察，只凭口才取人。因此，机缘巧合，巧言令色的卢杞才被昏聩的唐德宗相中。

如果说卢杞相貌已经极为丑陋，那么他的内心世界的丑恶则有过之而无不及。卢杞心胸极为狭窄，在政治上是一个狡诈的奸臣，在品德上则是一个十足的小人。他对于得罪过自己的人，不置之死地决不罢休。在他当副宰相的时候，宰相是杨炎。杨炎一表人才，又很有学问。杨炎心高气傲，自然会打心眼里瞧不起这个长相丑陋而且又无学术的副宰相，因此常常找借口不和卢杞一起进餐。卢杞把这件事记恨在心上，处心积虑地中伤杨炎，最后终于把杨炎从宰相的位置上拉了下来，自己当上宰相后，又千方百计地诬陷杨炎，最后把他害死才肯罢休。

在当上宰相后，卢杞开始不择手段地打击朝中的异己。张镒与卢杞同为宰相，但张镒忠直刚正。当他在朝时，常常让卢杞的各种迷惑皇帝的小伎俩难以得逞，卢杞就设法将张镒赶出朝廷。当时，卢龙节度使朱滔谋反，唐德宗因此解除了他的哥哥、时任凤翔节度使的朱泚的兵权，并物色替代人选。于是，卢杞开始发挥自己的"长才"。他自告奋勇地对皇帝说："朱泚的地位很高，驻守凤翔的将领的官阶也很高，除了派像宰相这样受皇帝信任的重臣外，其余的人谁也统领不了凤翔将士。因此，我愿前往。"见皇帝犹豫，卢杞赶紧补充："陛下一定是认为我长得太丑了，统领不了三军将士吧。那么您看着办吧。"德宗居然顺着他的思路，最后派了张镒去，从此朝上只剩下卢杞一人嚣张跋扈。

只把政敌排挤出朝廷，那还算是手下留情，事实上，卢杞更多的是把政敌往死路上送。曾经英勇抗击"安史之乱"的元老大臣颜真卿，由于敢于揭发卢杞的阴谋，令卢杞十分痛恨。适逢李希烈造反，卢杞便抓住机会。他对皇帝说："李希烈年少气盛，别的人不敢劝说他归顺朝廷。如果派像颜真卿那样名重海内的三朝元老去劝说他，他就会改过自新，朝廷也可以不动干戈。”卢杞这么做，无异于把颜真卿投于虎口。朝廷内外的人都知道卢杞这是公报私仇，但皇帝居然认可这个主意。最后，颜真卿这位忠直元老，果然被卢杞就这样假手于李希烈而杀害了。前宰相李揆很有威望，卢杞担心皇帝再用他为相，对自己不利，就劝说皇帝派他出使吐蕃。李揆当时已是七十多岁的人了，连皇帝都觉得不合适，卢杞却振振有词地说："派到吐蕃去的人，应当熟悉朝廷礼仪，因此，非李揆不可。而且，连李揆这么大年纪的人都可以出使吐蕃，日后派比李揆年纪轻的出使，他们就不敢有什么借口了。”后来，李揆果然死在从青藏高原返回的旅途中。

点评

相对于统兵百万的周勃来说，小小狱吏自然不值一提。但是，如果你得罪了他们，他们一样会利用自己手中的那点权力，以合法或不合法的理由对你造成不便。尽管周勃身份高贵，只是一时沦落至监狱，但是他如果坚持不给狱吏好处，那么他不但要继续忍受来自狱吏的各种羞辱和折磨，还会影响到他出狱的快慢，甚至影响到他是否能够出狱。而当他给了狱吏好处之后，他们转而成为一股能给周勃带来帮助的力量。

无论是依靠自己三寸不烂之舌，溜须拍马，最终取得功名利禄的手法，还是心胸狭隘、陷害仇敌的卑鄙手段，都反映了卢杞是一个不折不扣的小人。在历史上像卢杞一样的人还有很多。这说明在一定的时代条件下，小人得志不仅可能，而且很常见。而由于没有信仰、没有原则、没有感情，这些小人一旦得志之后，会比那些君子更加仇恨得罪自己的人，也会更加疯狂、不择手段地加以报复。而他们报复起来的能量一定也会很大。这一点从卢杞多次巧言令色劝说唐德宗实行自己的阴谋也可以看出来，这些决策本来是国家大事，却被他三言两语蒙混过关。综合这些理由，得出的经验是：千万不要得罪小人，小人害人真要命。

牢记“借”字诀，加法成大事

【厚黑真经】

譬如射箭，悬出一个箭垛，支支箭向同一个箭垛射去，这叫做合力。

【精要解读】

“借”，既指借助别人的智慧，也指寻找有用的社会资源，如通常所说的“利用”别人。尽管“借”的处世策略由来已久，但是人们对于这种做法的评价似乎并不高，为一些所谓的君子所不齿。但是，厚黑学的观点却认为，“借”的智慧是一种非常高明的智慧，它能够使一个人的力量变得极为强大，进而成就自己的事业。由于一个人的价值判断、社会历练、人生经验总是受到环境的影响而呈现出不足之处，因此必须从别的地方借用过来。在这个世界上生存，没有人能样样精通，也很少有人能单独完成某一件事情，尤其是一件大事，因此，我们就要大胆地借用别人的智慧，把它们转化为自己的智慧；也要在社会上寻找有用的社会资源，赢得别人的支持，建立自己的关系网。即使自己是平庸的人，只要善于运用“借”字诀，就可以让我们成功，或者更快地成功。

【运用之妙】

黄河经常决口，造成水灾，历朝历代的政府都将治理黄河、堵塞决口当做一件大事来抓。在和黄河水患的搏斗之中，锻炼出了一批有丰富经验的水工，北宋庆历年间的高超便是其中的一个。

庆历八年（1048年）六月，黄河在大名府的商胡（今河南濮阳）决口，水势异常迅猛，很长时间也没有堵住。宋仁宗命管理财政的三司度支副使郭申锡亲自去监督修河堵口工程。以往堵决口的经验是，在决口接近合龙的地方，放置一种特殊的大型的堵塞物，叫做合龙门，通常是用木、苇、竹、草等物并杂以碎石、土块捆缚做成，大约有六十步长，好像一个巨大的人工“堤坝”，它被人称为“埽”（音sào）。郭申锡到任后，依照老方法，即刻命令河工将“埽”的两头扎上大缆绳，把它置入决口之中。不料却始终无法成功，不是缆绳绷断，就是“埽”给急流冲走，否则就是压不住水的浮力，“埽”不能落到河底。一次次努力都失败了，决口却越来越大。

这时，河工中有个叫高超的年轻人，毛遂自荐，说自己有办法。郭申锡听说他识字不多，挖苦说：“肚里没几滴墨水，怎会有合龙的高超法？”高超并不管郭申锡的挖苦，说道：“六十步的‘埽’太长，所以不易将它压到河底，固定它的缆绳再粗也容易绷断，水流当然也难以截断。如果将‘埽’分为三节，三节之中用绳索联结，就会好很多。在合龙时，先放下第一节，等它压到水底，再依次放下第二、第三节。”

高超说完，郭申锡正在思考，一些经验丰富的老河工纷纷叫道：“不妥，不妥。二十步的小埽怎么挡得住河水的冲击、渗透？连用三节也断不了水，反而劳命伤财！”

高超申辩道：“第一节埽压下去，河水当然断不了，但水势必定减杀一半。将第二节埽压下去，只要动用一半的人力，这时河水自然还不能完全截断，但水流明显减缓了。到压下第三节时就等于是在地上施工，便当多了。这时，前两节埽都被浊泥淤塞了缝隙，再也不必花费人力去加工了。”

郭申锡听了双方的争论，觉得还是沿用老经验比较可靠，没有风险，于是，断然否决了高超的新建议而采用了老办法，结果埽不断被冲走，决口也越来越大。当时，河北安抚使贾昌朝认为高超的新法是可行的，便悄悄派了数千人，到黄河下游去打捞郭申锡指挥堵口工程时被流水冲下的埽。拿到了证据，贾昌朝便向朝廷奏了一本。宋仁宗将郭申锡罢了官，而贾昌朝则采纳了高超的新法，很快把决口堵塞住了。

东晋的丞相王导很善于治理国事。西晋灭亡后，东晋在南京建立时，国库空虚，银钱很是匮乏，只有几千匹不值钱的白绢。为了渡过暂时的难关，王导自己先用白绢做了一件单衣穿在身上，还动员大臣们出门上朝也都穿上这样的衣服。上行下效，江南人们都争相效仿穿起了这种白绢衣服，使得白绢一时供不应求，价格很快就上涨到了每匹一金的价格，而这时，王导就下令将国库中的白绢全部出手卖掉，因此而多了好几倍的银钱，政府的府库一下就充实了起来。

实际上，王导一直以来都擅长利用名人的影响力来办事。以前，晋元帝司马睿还只是琅琊王。王导经过判断，认为天下已乱，便有意拥戴司马睿，复兴晋室。他劝司马睿不要住在当时的都城洛阳，回到自己的封国去。但是当司马睿回到建康（今江苏南京）之后，吴地人却并不依附他，过了数月，仍然没有人肯去拜望他。王导苦苦思索，便想到了要借助当地的名人的影响力来提高司马睿的威望。

他对当时已经很大势力的堂兄王敦说：“琅琊王尽管仁德，但是名声却不大。你在此地早已很有影响，应该帮帮他。”于是他们约好在三月上巳节伴随司马睿去观看修禊仪式。到了那一天，他们让司马睿乘坐轿子，威仪齐备，他们自己则和众多名臣骁将骑马随从。江南一带的大名士纪瞻、顾荣等人见到这种场面，非常吃惊，于是相继在路上迎拜。

事后，王导又对司马睿说：“自古以来，凡能称王天下者，都虚心招揽俊杰。现在天下大乱，要成大业，当务之急便是取得人心。顾荣、贺循二人都是此地名士之首，把他们吸引过来，就不愁其他人不来了。”司马睿听了王导的建议后，就派他亲自登门拜请顾荣、贺循等人，这些人也都欣然应命前来拜见司马睿。结果，因为受他们的影响，吴地士人、百姓从此都慢慢归附了司马睿，正是在此基础上，东晋王朝最终得以建立。

点评

郭申锡因为没有采纳正确的建议而失败，贾昌朝则因为借用了高超的治水智慧而成功；失败和成功，有时候并不在于自己本身有多么高明，而在于是否能够有意识地仔细思考、并且借用别人的智慧。“三人行，必有我师”，任何人身上都有值得我们学习和借鉴的地方。借用别人的智慧来做事，不仅可以把事情做得又快又好，还可以使我们避免主观和武断，这正是无数成功人士的经验。

王导一开始利用人们崇拜名人、追慕时尚的心理，解决了政府的财政困难问题。如果他不这么做，认为自己身居高位，想要用借行政手段去销售粗布，甚至是强行募捐钱财，自然就会引起人们的反感，尤其对于一个新生的政权来说，就更是如此，正是因为名人的影响力，才能让他收到圆满的效果。他也善于借用名人的影响力，来帮助司马睿建立权威。尽管这可能并不是达到目的的唯一一个方法，但是至少是最简单、最直接的一个。

用灵活手段达到目的

【厚黑真经】

我父亲怕工人起晚了，耽搁工作，而每晨呼之起，又觉得讨厌，他就把堂屋门做得很坚实，见窗上现白色，再开启房门一看，天果然亮了，即把堂屋门砰一声打开，工人即惊醒。

【精要解读】

厚黑处世学告诉我们，人们在处理事情时需要一定的灵活性，其手法也要高明。运用灵活的手段，善于变通、迂回应变，能够排除自己举措触及各种人际关系后所产生的负效，因此也往往能够更快、更直接地达到自己的目标。

【运用之妙】

明朝清官海瑞一生清廉，正直不阿，深得百姓爱戴，不过，这并不意味着他不通世事。海瑞曾在淳安县做知县，当时，朝中大奸臣严嵩大权在握，横行天下。严嵩的干儿子鄢懋卿是严嵩最忠实的走狗和最凶恶的爪牙。鄢懋卿经常借巡察之机大肆铺张，明目张胆地敲诈勒索当地官员，单在扬州一地前后就搜刮到几百万两银子。不过，尽管骄奢淫逸，但他还是会经常做一些勤俭朴素的表面文章，为自己装装门面。

一次，在经过包括淳安县在内的严州府地界时，鄢懋卿照例表面上明文告示各县，宣称自己生性简朴，令各地官员都要俭朴节约，不要过分奢华。海瑞当然知道鄢懋卿卑鄙无耻、贪得无厌，也知道他那些用来欺世盗名的花言巧语只不过是表面功夫，不过，他决不会像其他官吏一样对他毕恭毕敬，大肆迎接。可是，毕竟鄢懋卿是严嵩的干儿子，硬碰硬自然不行。于是海瑞派人到各地探听鄢懋卿到各地搜刮的钱财，以及各地为了迎接他所花费的财物。然后将各项费用详细列出，报告给鄢懋卿，并说：“大人每到一地，各地官员无不借机大肆铺张以逢迎大人，这显然不符合大人向来简朴节俭、不喜逢迎的作风。现在大人就要驾临我县，我们深感为难，如照大人通知上所说的节俭办事，恐获简慢之罪；如像各地官员一样大肆招待，又只怕违背了大人体恤百姓的本意。请大人示下，我们该如何是好？”

鄢懋卿见了海瑞的报告，知道他这是有意和自己过不去，心里恨得咬牙切齿，但他知道海瑞清正廉明，弄不好自己难以下台，只好在海瑞的公文上愤愤批复说：“当然照正式通知办事。”后来，鄢懋卿怕自讨没趣，干脆绕道而行，没有进入严州地界。

又有一次，浙直总督胡宗宪的公子路过淳安。由于负责招待的驿吏招待得不好，胡公子大发雷霆，把驿吏倒吊了起来。海瑞接到报告，说："过去胡总督按察巡部，命令所路过的地方不要供应太铺张。现在这个人行装丰盛，一定不是胡公的儿子。"于是他将胡公子扣押，从他的行囊之中搜出了数千两银子，都没收入官库。接着，海瑞再派人报告胡总督，说有人冒充他的儿子，请示应该如何发落。结果弄得胡宗宪哑巴吃黄连，有苦说不出。

点评

海瑞是历史上有名的大清官，生性耿直，他给人们的印象是迂腐、头脑简单。不过，他对付鄢懋卿和胡公子的办法，倒也算是领悟了厚黑之术的精神，着实"厚黑"了一把，在某种程度上起到了弘扬正义的作用。

背后说人好，莫谈他人非

【厚黑真经】

达尔文讲进化不错，错在因竞争而妨害他人；斯密发达个性不错，错在因发达个性而妨害社会，我们去其害存其利就可以了。

【精要解读】

我们有许多人都有背后议论人是非的毛病，其中大多是"非"——说别人的坏话。这种攻击通常是在与自己的利益无关的前提下说的，于是说人者觉得自己不背负道德意义上的责任，也就放任自己，再加上旁人也有喜欢听的习惯，所以就对自己的这一"恶行"不加以反思和制止。有个词语叫做"流言"，就是说这话像流水一样会流动，从这张嘴巴流到那只耳朵里，再从那张嘴巴流到另一个人的耳中。你所议论人家的是非早晚会传到被议论者的耳朵。到那时候，得罪了人，就会给自己带来不断的麻烦。

厚黑学认为，为人处世最为重要的一点是不要讲人家的坏话，要学会运用赞美的技巧。在背后批评他人，说人坏话，这样的效果有时比当面批评当事人还更差，因为他会据此认为你对他的确很有意见，什么时候都在跟他过不去。最好的做法是，即使是在别人背后，也要从正面来评价他，尽可能地赞美他，这么做，有时候还会起到比当面赞美他更好的效果。

【运用之妙】

贺若弼是隋朝数一数二的名将，他和大将韩擒虎在灭陈战争中功劳最大。灭陈以后，贺若弼更加贵盛，威望隆重，家有珍玩不可胜数，婢妾数百，生活奢侈。但他仍不满足，常常为自己的官位比他人低而怨声不断。他经常肆无忌惮地在人前背后表达自己的不满，私下里经常说大臣们的坏话。后来，他官居隋朝右领大将军，但还骄傲自满，自以为功名在群臣之上，常以宰相自许。既而杨素为右仆射，他却仍然是将军，也更加不平，意见和坏话更多。隋文帝忍无可忍，终于在开皇十二年（592 年）将他罢官。没想到贺若弼不仅未加收敛，反而怨气愈甚，批评皇帝和大臣的意见越来越多，就被隋文帝逮捕下狱了。不过念在他对国有功，不多久也就放了。

后来，隋文帝听闻他还在大放厥词，就把他召来，并面责他说："我用高颎、杨素为宰相，你多次在众人面前放肆地说'这俩人只会吃饭，什么也不会干'，这是什么意思？言外之意是我这个皇帝也是废物不成？"这时，贺若弼因言语不慎，已经得罪了不少人，朝中一些公卿大臣都揭发他过去那些对朝廷不敬的话，并声称他罪当处死。贺若弼为自己极力辩解。隋文帝又愤怒地说："你当初出征陈国时，曾经对高颎说：'陈叔宝被削平，问题是我们这些功臣会不会飞鸟尽，良弓藏？'高颎对你说：'我向你保证，皇上绝不会这样。'这是事实吧？

等到你消灭了陈叔宝，你就要求当内史，当仆射。这一切的功劳过去我都已经格外开赏了，你又何必再提呢？”不过，到底是考虑到他劳苦功高，只是把他的官职给撤销了。

隋炀帝杨广做太子的时候，曾经问贺若弼说：“杨素、韩擒虎、史万岁三人，都号称良将，你觉得他们谁优谁劣？”贺若弼说：“杨素是猛将，但不擅谋略；韩擒虎是斗将，但不擅带兵；史万岁是骑将，但还称不上是大将。”杨广又说：“那么你认为谁堪称大将？”贺若弼回答说：“殿下所选择的才是。”言下之意，只有他贺若弼一人才真正优秀，杨广对他这种评价很为不满，他也更加得罪了他所臧否的这些人物。仁寿四年（604年），杨广即位，贺若弼就更加被疏远了。

《红楼梦》有这样的片段：史湘云、薛宝钗等姐妹都劝贾宝玉做官为宦，不要长期沉湎于温柔之乡，让贾宝玉大为反感，于是他对着史湘云和袭人说：“林姑娘从来没有说过这些混账话！要是她说这些混账话，我早和她生分了。”凑巧这时黛玉正来到窗外，无意中听见贾宝玉说自己的好话，“不觉又惊又喜，又悲又是叹”，结果宝、黛两人互诉肺腑，感情大增。

两种不同的处世技巧的优劣，在现实生活中也随处都体现出来。刘刚和杜宇都毕业于国内一所重点大学，同年分配到同一个单位。工作3年之后，单位要从两人中提拔一个科长。刘刚和杜宇各有所长，比较而言，刘刚的专业能力更强，但为人却清高自傲，不擅与人交往；杜宇的专业能力虽然不如刘刚，但却知道如何与人打交道，并且特别注意在各种适当的场合宣传处长的能干和成绩，故意让人把这话传到处长的耳朵里，久而久之，处长自然也都有所听闻。所以，当提拔的名额下来时，杜宇最终得到提拔。对于这样的结果，刘刚心里很不平衡，因为他对杜宇十分了解，在上大学时，自己品学兼优，而杜宇却因多门考试不及格差点让学校勒令退学回家。他万万没有想到，如今无能的杜宇却要骑在自己头上指手画脚。刘刚想不通，就到局长那里告状。不过，他哪里知道官场上的“凶险”，局长不但没有改变处长的决定，还将这件事告诉了处长。而处长自然是怀恨在心，此后便处处给刘刚穿小鞋。

点评

在人背后说坏话的原因有很多，有因为习惯问题的，也有嫉妒或高傲的原因的。贺若弼的就是觉得自己高人一等，没有达到自己期望的职位，而在背后说其他人的坏话的。要命的是，在皇权至上的封建社会，他对自己的处境有所抱怨，说皇帝任命的大臣的坏话，甚至还把目标扩大到皇帝身上，这样自然就会受到皇帝的惩罚和疏远。不过，话说回来，他也并不是不知道他所说的话会得罪被他所贬的人——包括皇帝在内，因此只是在别人背后、在私底下说说而已，不料，“天下没有不透风的墙”，官场是不会有真正的秘密的。在权力斗争的官场，要想明哲保身，升官晋级，就应该在这方面加以注意。

《红楼梦》的例子则说明在背后说人好话，是拉近和别人之间的关系的最有效方法。因为在林黛玉看来，宝玉当着众人的面，在背后赞美自己，这种好话就不但是难得的，还是无意的。如果宝玉当着黛玉的面说这番话，好猜疑、小性子的林黛玉怕还会说宝玉打趣她或想讨好她呢。刘刚和杜宇的例子也正好从两方面说明了背后“说人好”和“说人非”的巨大差别。

坦率表达和维护自己的利益

【厚黑真经】

告子说：“食、色，性也。”孩提爱亲者，食也；喜欢少女、喜欢妻子，色也。食、色为人类生存所必需，求生存是人类的天性。

【精要解读】

日常生活中常常有一些人总是一味地想着讨好别人，但却总是费力不讨好。为了面子或所谓的交情，对于别人的要求，即使为难，他们都硬撑着答应下来；即使对方做了有损于自己的事情，他们也装作大度地原谅。其实，他们这是在“死要面子活受罪”。厚黑学告诉我们，“求生存”是人的天性。追求幸福、自由是人的本性，也是天赋的权利，从生活到学习，从孩提到成人，这种天性是绝对不可能改变的。因此，厚黑学告诉我们，在争取本应该属于自己，或者是在自己的利益受到损害的时候，我们完全可以理直气壮地去争取，并堂而皇之地表现出来。千万莫当“老好人”，该黑脸时，就应该黑脸。

【运用之妙】

春秋时期，郑国是个小国，不得不在大国的夹缝中求生存。子产为郑国国相时，曾经多次出使诸侯国，却每次都能够不辱使命。子产曾陪同郑国国君到晋国拜访。晋国接待郑国君臣很不礼貌，安排给他们居住的宾馆大门低矮，围墙又矮又破。不但如此，晋国国君还推说有事，迟迟不肯接见他们。子产见晋国如此无礼，便派人把所住的宾馆围墙全部拆毁，将带来的车马礼品全都安放在宾馆里。

晋国国君听闻后十分恼怒，于是派了负责接待的官吏士文伯前去向子产问罪。子产回答说：“我们拆毁围墙，实在是迫不得已。我们郑国是小国，处在大国中间，经常要给你们进贡。这次我们征集了全国的财富前来与贵国会盟，没想到这么不巧，偏偏碰到你们国君没有时间接见，又没有告诉我们具体接见的时间，我们带来的东西，总得找个地方存储，就只能放到宾馆里了啊。”士文伯说：“那怎么不直接把东西送到我们国君那去呢？”子产说：“那样做很不妥当。我们贡奉的礼品，是要通过在庭中举行的陈列仪式才敢奉献，如果没有陈列仪式，就等于是私自馈赠。我们不敢使贵国蒙受这样的羞辱啊。但是又不能让它们在外边经受日晒雨淋。因为如果它们变坏了，到了贵国君主索要的时候，我们只能将一堆腐朽之物送上，那我们的罪过就更大了。”

士文伯无可反驳，但还是说：“以前可没有发生过这样的事情啊。”子产说：“对啊。贵国文公在位的时候，也经常接见各国使者。但那时候，尽管贵国的宫殿很低小，但接待诸侯的宾馆却修得像你们现在的宫殿一样高大。不但如此，对使者的招待也无微不至。文公也从不让宾客耽搁时间，总是及时安排时间接受诸侯的贡品。但是现在可不一样了。现在贵国国君的宫室绵延几里，但诸侯使者的宾馆却像奴隶住的屋子。宾客晋见没有一定的时候，接见的诏令也迟迟不发布。”士文伯听了这番话之后，知道自己不是子产的对手，于是回去复命。晋国国君听了后，知道子产和郑国不可辱，于是派人表示歉意。

我国现代史上伟大的文学家鲁迅先生有一句名言：“横眉冷对千夫指，俯首甘为孺子牛。”这两句诗表明，鲁迅为人处世是依照不同对象来采取对策的。尽管在更多的时候，他像牛一样“吃的是草，挤出来的是奶”，但是当自己的正当权益受到侵害的时候，他也会十分坦率地维护自己的利益的。

20 世纪 30 年代的上海有一家书局，在给作者发算稿费时，只按实际字数计算，而不算标点符号和段落空格。于是，鲁迅有一次故意给该书局寄去既没划分段落，更无一个标点的稿子。书局一点办法都没有，只得写信给鲁迅说：“请先生分一分章节和段落，加一加新式标点符号。”鲁迅回信说：“既然要作者分段落加标点，可见标点和空格还是必要的，那就得把标点和空格也算字数。”书局只好认输。

早在东京留学的时候，鲁迅曾把一部 6 万多字的书稿寄返国内，卖给一家书店，但是书商却用欺骗手段少算给了他 1 万字的稿酬。由于对世人真实面目的渐渐了解，鲁迅毫不客气地维护了自己的正当权益。为了书稿的顺利出版，他事先并不张扬，而是耐心地等了一年，等书出版之后，才仔细地核计一番，然后有根有据地去信诘问，最后终于追回了一笔十分可观的、本来就属于他的款子。

点评

许多人喜欢做烂好人，在自己的利益受到损害，尤其是对方的力量很强大的时候，总是故作慷慨地一笑置之，听之任之。但是子产却并不这么做，即使是在强大的对手面前，他也敢于表达和维护自己的正当利益。正因为此，子产所争取到的不光是自己和国家的利益，最后也得到了晋国的尊重。鲁迅也是一样。在他身上，可能我们更多的感觉是为反抗黑暗进行的英勇斗争，认为他应该不会这么“俗气”，不应该这么“斤斤计较”。其实，一方面为伟大事业而努力，一方面却不放弃自己应该得到的正当利益，这才是真正真实且伟大的鲁迅。

学会忍耐，低调做人

【厚黑真经】

张良替老人捡起鞋子，跪着替老人把鞋穿到脚上，这就是把忍用于自己；“蛲关鸿沟”，背弃盟约，置人于死地，这就是把忍用于别人。

【精要解读】

人生在世，尤其在关系复杂、利害重大的时候，总是会遇到种种不顺心的事情：不公、冷遇、误解、诋毁、陷害。这些不顺心有时候会对自己固有的原则和利益造成损害。对于如何对待这些事情，每个人有不同的做法。有人主张坚持自己的原则，宁折不屈；有人主张以其人之道，还治其人之身。而厚黑学的做法是，以忍来化解矛盾，或以忍来等待时机。

忍是一种利益的取舍。人们所争的是名利，所忍的也是名利的暂时失去。很多人在小事上和别人争个头破血流，可以算得上是得不偿失。真正聪明的人才懂得权衡利弊，他们重视大利，不夺小利，当争则争，当忍则忍，当然，这同时也说明他们也有必要的厚黑素质。能够忍受暂时的屈辱，磨炼自己的意志，寻找合适的机会，正是一个成功者所必可不少的心理素质。只有忍受自己遭遇的不公，对社会的不公，才能保全自己的名利。只有处变不惊、虚静自守、厚积薄发，才能有以静制动、后发制人、以虚应实、以退为进、以屈求伸的良好效果。正是厚黑学的“忍”，加强了我们的韧性和灵活性，使我们能够迎接和承受各种艰难险阻的挑战。

当然，还有另一种“忍”。很多拥有很卓越的才华和异于常人才能的人，总是锋芒毕露，咄咄逼人，看起来不可一世。但是实际上，这么做不但不会给他带来除了满足虚荣心之外过多的好处，相反，所谓“树大招风”，它更加会招致无法预料的坏处。厚黑学认为，低调做人，收敛锋芒，能够削弱别人对自己的提防和控制，特别是自己的处于劣势的时候，这种做法更加能够隐蔽和保护自己，讨好和麻痹敌人，这样才有可能赢得成功。

【运用之妙】

历史上因为不懂得低调和收敛而落得悲惨结局的人不计其数。杨恽是西汉宣帝时人，他重仁义轻财物，为官也清廉奉法，大公无私。这样的官员，照理来说应该是皇帝特别喜欢的，而一开始也的确如此，他也屡次被提拔，官至中山郎，而且被封为平通侯。不过，正当他官运亨通、春风得意的时候，有人却在皇帝面前告了他一状，说他对皇帝心怀不满，表现得那么出色，其实是为了笼络人心，图谋不轨。皇帝当然喜欢有称职的官员能够帮助他管理天下，但是却厌恶有人和他唱对台戏，即便是才干再高，品德再好，只要对他“图谋不轨”，便会立即招来灾祸。这样，皇帝一怒之下，就把杨恽贬为平民了。

杨恽原先做官时，为官清廉，并没有怎么添置家产。成为平民之后，就添置了很多家当。

他以置办财产为乐，每天忙得不亦乐乎。他的好朋友孙会宗听说这件事，感到可能会闹出大事来，就写了一封信给杨恽，信里说："大臣被免掉了，应该关起门来表示'心怀惶恐'，装出可怜的样子，免得人家怀疑。你不应该置办家产，更加不该大张旗鼓地宴请宾客，为自己引得美誉，这样容易引起人们的非议。让皇帝知道了，不会轻易放过你的。"不料杨恽却很不服气，他回信给老朋友说："我自己认为确实有很大的过错，德行也有很大的污点，理应一辈子做农夫。农夫很辛苦，没有什么快乐，但在过年过节杀牛宰羊，喝喝酒，唱唱歌，来慰劳自己，应该总不至于犯法吧！"

杨恽依然我行我素。有人向皇帝告发说，杨恽被免官后，不思悔改，生活高调，大有不满之意。而且，近时出现的一次不吉利的日食，也可能就是由他造成的。于是，皇帝派人立即将杨恽缉拿归案，以大逆不道的罪名把他腰斩了，还把他的妻儿子女流放到酒泉。

北齐的高洋，在当上皇帝之前，总是少言少语，显得愚钝憨厚，没有人把他看在眼里。就连他的哥哥高澄都说："我这个弟弟如果哪天大富大贵了，那么预言吉凶的相面书也就无法解释了。"轻视之意溢于言表。退朝之后，高洋也总是在家闭门静坐，对妻妾也很少说话，最激烈的举动也只不过是有时脱了鞋，光着膀子在院子里奔跳而已。高澄却和高洋截然不同。高澄从小就显得聪明无比，长大之后，也能力出众，功勋卓越，被皇帝封为相国、齐王，"赞拜不名，入朝不趋，剑履上殿"，权势至高无上。但是高澄却丝毫不满足，嚣张跋扈，甚至敢当面责骂皇帝元善见，还调戏高洋的美妾，总之从不把任何人都在眼里。

不过，"天有不测风云"，高澄后来密谋废除皇帝，却不料竟被家奴兰京刺杀身亡。高洋听闻后，神色不变，率兵赶至，立即将兰京等人一一捕杀，对外，他则称高澄只是在家奴造反时受了点伤，又向皇帝请求护送高澄回晋阳养伤。皇帝以为高澄既然已经受伤，而高洋大器难成，自己的威权可以收回来了，于是大喜，批准照行。高洋回到晋阳后，当即召集群臣布置政事，推行新法，革除弊政。不到一年，把晋阳治理得井井有条，百官见了均惊叹不已。高洋见内外安定，这才宣布高澄已经去世，为兄发丧。而皇帝见他毫无野心，便晋封他为大丞相，都督中外诸军，袭其兄封号为齐王。不料数月后，高洋却率兵抵达国都，逼皇帝禅位。皇帝毫无准备，闻知后大惊，但却不得不交出皇位。高洋就此成功建立了北齐政权。

俗话说"人在屋檐下，不得不低头"，意思是当自己的权势不如人家，或者时势不利于自己的时候，不得不低头退让。低头退让就是忍。隋炀帝杨广十分残暴，统治很不得人心，各地农民起义风起云涌，就连隋朝的许多官员也纷纷倒戈，转向农民起义军，反对朝廷。因此，杨广对朝廷大臣疑心很重，尤其是外藩的重臣，更是容易猜忌。唐国公李渊曾经多次担任中央和地方官，他每到一个地方，都诚心结识当地的英雄豪杰，广树恩德，因此声望很高，很多人都来归附。隋炀帝曾经下诏让李渊到他的行宫去晋见他，李渊因病未能前往，隋炀帝很不高兴。李渊的外甥女王氏是隋炀帝的妃子，隋炀帝向她问起李渊没有来朝见的原因，王氏回答说是因为病了，隋炀帝又问道："会死吗？"还是恼怒他没有来。王氏把这消息传给了李渊，李渊更加谨慎，他知道迟早为隋炀帝所不容，但自己过早起事又力量不足，只好忍耐等待。他故意收纳贿赂，败坏自己的名声，又表面上沉湎于声色犬马之中，而且大肆张扬。隋炀帝听到这些，果然放松了对他的警惕。等自己的实力渐渐壮大后，李渊才公开起事，终于成功，建立了唐朝。

点评

难怪杨恽做不好官，他连"欲加之罪，何患无辞"的常识也不懂，甚至连最高权威者忌惮什么都不清楚。他以过于招摇而被皇帝免官之后，本来应该学乖点，接受友人的劝告，采取"忍"的策略，装出一副堪于忍受损害与侮辱、逆来顺受的可怜样子，说不定皇帝和敌人还会放过他。但他却并没有吸取教训，还广置家产，广交朋友，这不是明摆着对自己被贬不满吗？杨恽不能用"厚"压住自己的不满情绪，不会提防皇帝和敌人抓住自己不满的把柄，终于酿成了自己被杀、家人遭流放的悲剧。

相比之下，高洋和李渊就聪明很多。他们深知低调做人、忍耐待机的奥妙。其实说起才能来，高洋未必不如他那位看不起他的哥哥，但是他却懂得将自己的实力隐蔽起来，这样才能解除对方的警惕和迫害，而且能够得到更多的机会。正因为他跟高澄不同，所以同样是要谋权篡位，高澄身首异处，他却成功了。李渊也跟高洋一样。他完全知道在必要的时候，要学会忍耐，隐藏和保存实力，这样才有机会成功。

害人之心不可有，防人之心不可无

【厚黑真经】

孔老的兵，是拿来防御自己，是维持仁慈的工具，以达到你不伤害我、我不伤害你为止。

【精要解读】

“害人之心不可有，防人之心不可无”是一句影响深远的古训，这条古训在某种程度上反映出人们看待这个世界的眼光，也演变成以后行之甚广的厚黑处世哲学。生活中难免发生一些磕磕碰碰的小事，有的人心胸不够开阔，终日疑神疑鬼，既伤神劳体，又不利于人际交往。更有甚者，有些人总是以为周围世界险恶万分，人人都在算计他，于是自己也萌生出“人不为己，天诛地灭”的念头，凡事都只考虑如何使自己的利益最大化，丝毫不考虑对别人造成的危害。这么做，有可能会得逞一时，但是最后却往往会导致四面楚歌的悲惨境地。因此，千万不要对周围的形势估计得过于险恶，更不可生出“害人之心”。

另一方面，不可否认的是，总有那么一些人，他们总是处心积虑地设计出种种圈套，骗人上当，以达到自己的目的。因此，保持应有的警惕之心，以及巧妙地识破或确定别人给自己设的圈套，也是我们应该掌握的本领。要防人，关键还要防那些看起来对你没有任何危害，甚至对你很好的人。因为，花言巧语、表里不一正是那些奸诈小人的共同特点。小人得势的主要原因，在于小人的阴险嘴脸往往藏于花言巧语之下，让人防不胜防。

【运用之妙】

西楚霸王项羽从小失去父母，由叔父项梁一手带大。到秦始皇在沙丘驾崩之时，项羽正当风华正茂，是干大事的好时候，于是他在项梁的谋划下干了一件大事。

当时会稽太守殷通，是一方豪杰。秦始皇一死，他就知道办大事的时机已经到来，所以派人请来好友项梁共商大计。项梁来到之后，殷通对他说：“秦始皇一死，群雄并起，天意要灭秦，我有意趁机起义，你看怎么样？”项梁当即表示愿意助殷通一臂之力，并提议再把当时的一个很有名的英雄桓楚找来。但是项梁说：“可惜我不知道桓楚的下落，因为他犯了罪，已经逃往他乡。不过，我的侄儿项羽应该知道，我明天把他带来，您亲自问他好了。”

第二天，项梁便嘱咐项羽带剑去见殷通，在到达之前，项梁先向项羽交待了几句，项羽唯命是听。项梁见了殷通，声称项羽已经到达，只待太守召见。殷通便要左右将项羽带进来。只见项羽昂首阔步，进入衙内，气度不凡。殷通见了十分欢喜，对项梁说：“果然是一位壮士，真不愧是项君令侄。”说着，便问起项羽关于桓楚的问题。

不料，项梁趁着殷通说话的时候，低声对项羽说：“可以行动了。”只见项羽抽出佩剑，一个箭步上前，只一下，可怜毫无防备的殷通早已身首异处了。而项梁就这样取而代之，当上了会稽太守，从此开始了起义的历程。

大唐中兴名将郭子仪是防人的典型。郭子仪在安史之乱的平定中，立下了不朽的功勋，在全国上下享有崇高的威望和声誉。他曾经被封为汾阳王，王府建在首都长安的亲仁里。汾阳王府自落成后，每天都是府门大开，任凭人们自由进进出出，而郭子仪不允许其府中的人对此给以干涉。有一天，郭子仪帐下的一名将官要调到外地任职，来王府辞行。他知道郭子仪府中百无禁忌，就一直走进了内宅。恰巧，他看见郭子仪的夫人和他的爱女正在梳妆打扮，而王爷郭子仪正在一旁侍奉她们，她们一会儿要王爷递毛巾，一会儿要他去端水，使唤王爷就好像奴仆一样。这位将官当时不敢讥笑郭子仪，回家后，他禁不住讲给大家听，于是一传十，十传百，没几天，整个京城的人都把这件事情当做笑话来谈论了。

郭子仪听到之后，完全没有在意。倒是他的几个儿子听了之后，觉得很没有面子，于是决定向父亲提出自己的意见。他们都要求父亲像别的王府一样，把汾阳王府的门关起来，不要再让闲杂人任意出入。郭子仪还是不允，几个儿子哭着跪下来恳求他，无论如何都让他按照他们的要求做。其中一个儿子还说："父亲大人功业显赫，所有人都尊敬您，可是您自己却不尊重自己。"

郭子仪听了这些话之后，对儿子们语重心长地说："我之所以敞开府门，任人出进，实在是为了自保，那些浮名虚誉，对于我们有什么用呢？"儿子们都感到十分惊讶，忙问其中的道理。郭子仪继续说："我们郭家的确有显赫的声势，但是这声势随时有丧失的危险。我现在已经贵为汾阳王了，已经没有再大的富贵可以求了，而月盈则亏，却是必然的道理。照理来说，我现在应该急流勇退，但现在朝廷正当用人之际，岂肯让我退隐。因此，我们现在是进不得退不得。在这种情况下，如果我还紧闭大门，不与外面来往，只要有一个人和我郭家有仇，就很容易诬陷我们对朝廷怀有二心，必然会有那些落井下石、妨害贤能的人从中添油加醋。皇帝高高在上，他最忌讳的也是这个，很容易制造冤案。那时，我们郭家的老小岂不是都要葬身于此了吗？"儿子们听完之后，才了解父亲的良苦用心。

点评

殷通和项梁虽是好友，但看得出来，殷通其实并不了解项梁，不知道他不能甘居人下，但是，他却对项梁叔侄非常信任，因而对他们完全没有防备，最终落得了悲惨的下场。信任人是没有错的，但是不防人往往就是一个致命的错误。在这方面，郭子仪就明智许多。即使身处高位，他也知道自己需要躲避那些可能来自四面八方的危险。尤其身处险恶的政治斗争环境之中，更加需要保持高度的警惕，这样才能处于漩涡之中而不卷入其中，明哲保身，以待时机。

冤家宜解不宜结

【厚黑真经】

我想："冤家宜解不宜结。"

【精要解读】

厚黑处世学认为，为人处世，不可树敌太多，树敌太多自己的生存空间就会变小。得罪一个人，就为自己堵住了一条去路。而得罪一个小人，就有可能是在为自己埋下了一颗不定时的地雷，随时可能会踏上去。当事情不可忍耐的时候，当正义公理不能伸张时，当然可以有必要的雷霆之怒，否则就是是非不分，黑白不明。这种做法自然也可能是为自己堵住了一条去路，但是却会开出更多的康庄大道。除了这一点之外，还是以不得罪人为好。当我们利益受损的时候，自己应该三思而行，不要轻易动怒。当然，平时也不要大大咧咧地为人处世，更不要盛气凌人，有时候自己得罪了别人还不自知。

当然，不管自己怎么小心和努力，谁也难免会和他人发生一些不愉快的事情，产生一些磨擦和矛盾。这时候，更加需要处置恰当，以防止加深鸿沟，无可挽回。善于给自己留后路的人，都知道应该使冤家重归于好，重拾双方的友谊。这么做，自然需要一定的气量，也需要舍掉一些面子，但是为了自己的前途和理想，也只有这么做，才是真正的明智之举。

【运用之妙】

战国时候，赵国的蔺相如曾经几次临危受命，出使秦国，每次都凭着自己的勇敢和智慧，挫败了骄横的秦王，为赵国和赵王赢得了利益，为此，赵王非常赏识蔺相如，一下子把蔺相如封为上卿，其职位在老将军廉颇之上。廉颇很不服气，他认为自己作为赵国的大将，攻无不克，战无不胜，有攻城野战，扩大疆土的大功，而地位低下的蔺相如只动动口舌，却位高于自己，叫人不能容忍。于是他到处宣称说："哪天我碰见蔺相如，一定要当着众人的面羞辱他！"

蔺相如听说了这话之后，就总是请病假不上朝，处处躲开廉颇。有一天，蔺相如坐车在大街上走，远远看见廉颇骑着高头大马过来了，他赶紧叫车夫把车拐进一条小巷，直到廉颇的车马走过，他才从小巷出来继续赶路。蔺相如的随从们见他对廉颇一让再让，好像十分惧怕廉颇似的，觉得十分没面子，于是问蔺相如为什么要怕廉颇呢？

蔺相如对他们说："诸位请想一想，廉将军和秦王比，谁更加厉害一些？"随从们回答说："廉颇哪能跟秦王比！"蔺相如说："这就是了。人们都知道秦王厉害，可是我连威震天下的秦王都不怕，怎么会怕廉颇将军呢？强秦之所以不敢出兵赵国，这是因为我和廉颇同在朝中为官，如果我们相斗，就如两虎相伤，没有两全之理了。我之所以避开廉将军，无非是把国家危难放在个人的恩怨之上罢了。"众人听后皆心悦诚服。这话后来传到了廉颇的耳朵里，他深受感动，于是选择蔺相如家宾客最多的一天，赤膊身背荆条来到蔺相如家中，请蔺相如治罪。从此，两人便结为刎颈之交，将相团结，生死与共，一心为国，建立了生死不渝的友情。

在郭子仪生活的唐朝中期，宦官专权、朝政黑暗、小人辈出，无数忠良遭到迫害，郭子仪自然也是被迫害的对象之一。郭子仪为防小人嫉妒，反而比以前更加小心。

有一次，郭子仪生病在家，很多朝廷大官都来探视。郭子仪总是很自然地让自己的侍妾陪在身边，招呼客人。但是只要卢杞一来，郭子仪却必定要屏退侍妾，很客气地招待他。卢杞是历史上声名狼藉的奸诈小人，他相貌奇丑，生就一副铁青脸，脸型宽短，鼻子扁平，两个鼻孔朝天，眼睛小得出奇，经常有人把他当做一个"活鬼"。正因为如此，一般妇女看到他都不免露口失笑。家人对郭子仪的做法十分好奇，问他说："卢杞的地位比你低这么多，但是你一见他来却特别客气，还把侍妾都屏退，这是为什么？"郭子仪说："卢杞这个人，心胸狭窄，性格阴险，而且人又长得奇丑无比。我怕侍妾看了他之后，会偷笑而得罪他。这个人一旦得势，势必会给我们带来灾祸。"郭子仪的识人之明果然不同凡响。卢杞后来依靠逢迎拍马、构陷出卖同僚，成为一代奸相。很多朝廷大臣都栽在他手中，但郭子仪却一直平安无事。

宦官鱼朝恩由于得到皇帝的宠幸，不但身居统率皇帝亲兵——禁军的重要职位，还以皇帝代表的身份，有权号令天下所有的将领，是一个炙手可热的幸臣。他对郭子仪位高权重十分忌恨，因此百般诋毁和刁难。但是郭子仪却能够每次从容面对，成功化解。唐代宗大历二年（767年）十二月，有人掘了郭子仪的祖坟，可是盗贼却没有抓到。郭子仪对于祖墓被毁的原因心知肚明，他知道这是鱼朝恩的卑劣伎俩。当时，他身任天下兵马大元帅，手握重兵，一举手、一投足，都关系到大唐的兴亡，连皇帝都敬他三分。当他从前线返回朝廷时，朝廷上下公卿都以为他必将有所行动。他入朝时，皇帝先提起此事，不料郭子仪却哭奏说："我多年带兵打仗，主持军务，不能完全禁止部下的残暴行为，士兵毁坏别人坟墓的事情也不少。这次我家祖坟被掘，这是臣的不忠不孝，以致招致上天的谴责，这并不是他人故意破坏。"

点评

“将相和”的故事很多人已经熟悉。廉颇居功自傲，不把文才出众、智力和胆识超群的蔺相如看在眼里，出言不逊，但是比他位高的蔺相如却知道“冤家宜解不宜结”的道理，他从国家大局出发，曲折逶迤，尽量不和廉颇发生冲突，不使两人的关系发生彻底的破裂，可谓胸襟开广。值得一提的是，廉颇也并不是一味地蛮干，当他知道蔺相如的高风亮节之后，也主动负荆请罪，以示自己请求宽恕的诚意。

聪明圆滑的郭子仪也知道“明枪易躲，暗箭难防”的道理，因此绝不招惹潜在的敌人，即使对方明明已经得罪了自己，也硬是忍耐了下来。祖坟被掘，历来被视为是奇耻大辱，但郭子仪却出人意料地忍了下来。正是因为他有如此气度，忍常人所不能忍，才能在那个战乱不已、奸佞横行、国君无能的时代，不但做到明哲保身，而且被唐玄宗以下四代皇帝倚为国家栋梁，渡过一次又一次的政治险滩，享尽荣华，最后以85岁的高龄安然辞世。史书称他“权倾天下而朝不忌，功盖天下而主不疑”，说明他既是带兵打仗好手，也是处世的里手，真是世间少有。

第三章 说话艺术厚黑学

在待人处世中，掌握了厚黑智慧的人说话都很有分寸，不管在什么地方都游刃有余。该说话的时候，他们能侃侃而谈，想尽一切办法来说服别人；而当不该说话的时候，他则一句话也不说。说话有分寸，就是要求把该说的说好，而不该说的千万不要去说。至于什么是该说的，什么是不该说的，则要根据具体说话的内容、场合、气氛，以及说话对象的情况而定。

首先做个会倾听的人

【厚黑真经】

如果我说错了，他人说得有理，我就抛弃我的主张，改而随从他人的学说也未尝不可。

【精要解读】

很多人在和人谈话时，总喜欢自卖自夸，喋喋不休，让对方在大多数时间里都听自己说，不放过任何一个表达自己意见的机会，以为这样就能说服对方。在厚黑家看来，这种做法是错误的。说话从来就是两个人的事情，我们需要通过谈话，来了解别人、说服别人，其最基本的前提是让对方也有足够的机会表达自己。在大多数时候，他对自己问题的了解比别人多很多，而且，如果你给他的印象是表现欲太强，那么他就可能会认为你对他丝毫不在意，因而也会对你所说的内容不予关注。即使对方有一些你不尽同意的观点，你也要耐心地听着，以便领会他的真实意图，寻找他观点的纰漏之处。所以，如果你想要掌握高超的厚黑说话艺术，至少就应该善于倾听，诚恳地鼓励他充分说出自己的看法。

【运用之妙】

唐太宗李世民善于用人，诚于纳谏，自然也擅长以诚恳的态度诱导臣下说出自己的真实看法。

大臣魏征既博学多才，又直言进谏，是当时朝野上下都敬佩的官员。尽管他曾是李密和李建成的谋臣，但太宗早就欣赏他的胆识才能，因此毫不怪罪，反而委以重任，时常询问政事得失。有一次，唐太宗和魏征闲聊，问道："魏爱卿，什么是明君，什么是昏君？"魏征回答说："皇帝之所以是明君，是因为善于听从各方面的意见。而之所以是昏君，则是因为只听一部分的意见。以前秦二世居住在深宫之中，不见大臣，凡事都只是听信宦官赵高的一面之词，直到天下大乱以后，自己还被蒙在鼓里；隋炀帝偏信虞世基，就连天下郡县大多已经失守了，他自己还被蒙在鼓里。"太宗对这番话深表赞同。

贞观元年（627年），魏征被升任尚书左丞。这时，有人奏告他私自提拔亲戚做官，唐太宗立即派御史大夫温彦博调查此事。结果，查无证据，纯属诬告。尽管如此，唐太宗还是派人传话告诉魏征说："今后要远避嫌疑，不要再惹出这样的麻烦了。"魏征听说后，当即面奏太宗说："我听说君臣之间，应该相互协助，义同一体。如果不讲秉公办事，只讲远避嫌疑，那么国家兴亡，恐怕就在未知之数了。"并请求太宗要让自己做良臣而不要做忠臣。听到这里，太宗饶有兴趣地问道："魏爱卿，你是忠臣还是良臣？"魏征深深地低着头说："老臣一向为国鞠躬尽瘁，以后自然也会坚守岗位，不负陛下所托。但是，还请陛下不要把老臣视为忠臣，就当做良臣吧。"太宗继续问道："忠臣和良臣，到底有什么不同呢？"魏征说："自然有所不同。所谓良臣，不仅其本身可受世人称赞，而且也可以为君主带来好名声。而忠臣不但会使自己遭受诛杀的横祸，就连君主也会为他背上暴虐无道的罪名。这样一来，国家就会灭亡，仅为忠臣留下了后世美名而已。由此可见，良臣和忠臣有如天地之别。"唐太宗听后，深为佩服，从此对魏征更加器重。

一家食品公司的推销员刘先生深知倾听的重要性。一天，他带着自己的芦荟精来到一个顾客家里。他先把芦荟精的功能和效用非常详细地告诉了这位顾客，但是无论他怎么描述，对方始终无动于衷。等刘先生正准备向对方告辞的时候，突然看到了阳台上摆着一盆美丽的盆栽，上面种着紫色的植物。刘先生灵机一动，向那位女士请教说："好漂亮的盆栽！平常似乎很难见到呢！"

"确实很罕见。它叫嘉德里亚，是兰花的一种。一般人很难见到它，它的美，在于优雅。"女士不无骄傲地解释道。

"的确如此。那会不会很贵呢？"刘先生接着问道。

"很贵。光这一盆就要800元。"女士从容地说。

"什么？要800元那么多？"刘先生故作惊讶地说。他一面又想："芦荟也是800元，大概有希望成交。"他于是慢慢地把话题转入了重点："那每天都要浇水吗？"

"是的，这么贵重的花，当然需要精心照顾。"

"那么，这盆花也算是您家中的一分子了？"刘先生还是饶有兴趣地问道。女士见刘先生这么有心，竟然开始倾囊传授关于养育兰花的学问，而刘先生也是聚精会神地听。

过了一会儿，刘先生很自然地把自己的想法提了出来："太太，您这么喜欢兰花，一定对植物有很深的研究。可以看出来 ，您是一个高雅的人。同时，您肯定也知道植物带给人类的种种好处。而我们的天然食品也正是从植物里提取的精华，是纯粹的绿色食品。太太，今天就当做买一盆兰花，把我的产品买下来吧！"

结果，女士竟然非常爽快地答应了下来。她一边打开钱包，一边还说："即使是我的丈夫，也不愿意听我唠唠叨叨地讲这么多。你却愿意听我讲，还能理解我。改天，如果你养兰花遇到什么问题，可以随时来找我。"

点评

古人说"兼听则明，偏听则暗"，不论"明"还是"暗"，其最基本的前提是要能够做到倾听。唐太宗用人不拘一格，对人才的使用及领导达到了极高的境界。他充分认识到君王如石、良臣如匠，不但对大臣的各项进步之言豁达地予以采纳，还经常主动引导臣下对自己进言。身为君上，能够做到这点殊为不易，这就是他成为千古明君的重要原因。在商业活动中，人往往急于说服别人，只顾自己大吹大擂，不顾别人的反应如何。刘先生推销的结果出人意料，但是并非在情理之外。其实，不论在和任何人讲话时，都需要你耐心地听着，抱着一种开阔的心胸，诚恳地鼓励别人说出自己的看法，这样才能使对方感受到你对他的重视。这样，他内心的戒备自然就会消除，从而更多地考虑你的感受和要求。

看人说话才能投缘

【厚黑真经】

有人读了《厚黑丛话》，说道："你何必说这些鬼话？"我说：我逢着人说人话，逢着鬼说鬼话……我这部《厚黑丛话》，人见之则为人话，鬼见之则为鬼话。

【精妙解读】

待人处世，说话是非常重要的交流手段。说话足以改变一个人的命运，而最高明的厚黑高手就是能够见机行事，见什么人说什么话。我们的说话对象在很多方面都不同，包括年龄、修养、阅历、性格等。同样一句话，有的人听得懂，有的人听不懂；有的人可能只是明白了本意，也有的人可以听出弦外之音；有的人把它理解成好事，也有人把它理解成坏事。只有对不同的人说不同的话，随机应变，才能和对方投缘，才能达到自己的目的。同样的道理，想要赢得他人的好感，就必须时刻留意对方的兴趣、爱好，明白他人的意图，理解他人的心思，这样才能投其所好，"对症下药"。如果你能做到尽量迎合他的意图，满足他的欲望，甚至还能抢先一步，将他人想说的话先说出来，让他满意，他的回报肯定也会更大。

【运用之妙】

春秋时期，孔子带着他的弟子到处讲学。一天，他们来到一个村庄，在一片树阴下休息，不料孔子的马挣脱了缰绳，跑到庄稼地里去吃了农夫的麦苗。农夫上前抓住马嚼子，将马扣下了。

子贡是孔子当时最得意的学生之一。他自告奋勇地上前，打算凭着自己不凡的口才去争取和解，说服那个农夫。子贡首先向农夫表明了他们的身份，以及他们一行的目的，然后解释为什么马会跑过去吃他的麦苗。不料，他将大道理讲了一遍又一遍，费尽了口舌，但是农夫就是听不进去，就是不肯归还马匹。最后，子贡只得垂头丧气地回来。

有一位刚刚跟随孔子不久的新学生，他的学识、才干远不如子贡。当看到子贡没有完成交涉任务时，也请求前去一试。在得到应允后，他笑盈盈地走到农夫面前。一开始，他跟农夫聊收成、劳作中的一些问题，等对方慢慢消失了敌意之后，才非常诚心地向对方道歉，并表示可以赔偿他的损失。很快地，农夫就把马还给他了。

历史上真正会说话的恐怕要数那些纵横家了，而作为纵横家的杰出代表，战国时期的苏秦正是掌握了高超的说话技巧，最终说服六国国王合纵抗秦，"玩弄天下于股掌之中"。而苏秦说服术中最重要的技巧之一，就是看人说话。

在精心研究纵横之术数年之后，满怀着建功立业理想的苏秦首先到了燕国。燕国是七国中最弱最小的国家，而且它西接强秦，南靠齐、赵两个大国，处在这样的夹缝之中，燕王自然是战战兢兢，想的就是如何自保。在见到燕王后，苏秦从燕国的艰难处境出发，分析燕国和秦、赵两国的利害关系，使燕文侯相信对燕国构成真正威胁的是秦国，而只有以六国合纵抗秦为手段，使燕、赵两国结盟，才能保住燕国。燕文侯的目的也只是想使燕国能够生存下去，于是答应合纵，并资助他前往其他国家合纵。

于是苏秦到达赵国。赵肃侯新立，没有什么政治经验。根据赵国的强大国力，苏秦陈说燕国对赵国没有什么威胁，而真正构成威胁的是秦国。而赵国在赵肃侯之前没有注意到这一点，是因为有权臣奉阳君（当时已经死了）误国。因此，此次赵国如果想要继续强大下去，且不被秦国所制，合纵是唯一的出路。赵肃侯果然十分谦虚而且坦诚地承认自己目光短浅，于是也资助苏秦前往其他国家约纵。

苏秦到达韩国，向韩宣王陈说韩国地利的优势，且韩国兵精将强，国君贤明。之后他话锋一转，以向秦国屈服给韩国带来种种屈辱，来刺激韩宣王。韩宣王果然受不了这种刺激，

"勃然作色"，按剑发誓，必定不会事秦，答应参与各国的合纵计划。

然后苏秦赶往魏国。魏襄王本来有意屈服于秦国。但是苏秦对魏王说，魏国是天下大国，魏王是天下贤王，居然想要事秦，实在是一大耻辱。魏王本身很爱面子，为了顾及魏王的颜面，苏秦把事秦的主张说成是魏王大臣们的馊主意，并且加以严厉批判，把这些大臣说成是为自己牟私利的奸人。这样，魏王也同意合纵。

接着苏秦又去说服齐国。苏秦对齐宣王说，齐国占有地利、人和的绝大优势，却想要事秦；相比而言，几乎不占优势的韩、魏两国却宁折不屈，在强秦的打击下始终不屈服。况且秦国和齐国相距甚远，因此齐国几乎没有什么危险。这样一来，齐宣王自然也同意了苏秦合纵的建议。

苏秦合纵的最后一站是楚国。论国力，楚国当时是唯一能和秦国相抗衡的国家。苏秦对楚威王说，楚国的实力本来可以称霸天下，因此，如果连楚国也西面臣服于秦的话，那么天下诸侯多半会相继效法，这样一来，秦、楚两国的实力对比就会发生极大的变化，到时，楚国必定会亡于秦国。如果楚国能够和其他五国合纵的话，那么己方的实力必定大大超过秦国。为了满足楚王的虚荣心，苏秦还为他描绘了东方五国都听从楚王号令的美好前景。楚威王权衡利弊，于是也答应合纵。

点评

对农夫来说，那些兴邦安国的大道理，丝毫不比他的切身利益和对他本人的关心来得实际；在子贡他们看来很明显的道理，他是不能理解的。在这个小故事中，新学生的口才的确要比子贡更好一些，因为他注意到了说话必须看对象。

据说苏秦曾随鬼谷子学习纵横捭阖之术多年，头悬梁、锥刺股，很有一番刻苦的决心和精神。这一番苦功，使得他的舌辩之术在合纵的活动中发挥了极为重要的作用。六国君主尽管身处同一个时代，但每个国家的各方面情况均不相同，加上君主本人的性格和发展环境的影响，使得每个君主都有不同的特点和想法。针对君主们的不同情况，苏秦分别采取有针对性的办法，或激将，或诱导，真正做到了见什么人说什么话，成功也就不在话下。可以想象，如果他只用某一套方法去说服君主们，"依葫芦画瓢"，所得到的结果就只有失败。

厚黑说话，妙在分寸

【厚黑真经】

"高明的木匠能教人按规矩做，却不能告诉你技巧。"这就要求求官的人细心体会，最要紧的是在说话的时候，要有分寸。

【精要解读】

在待人处世中，掌握了厚黑智慧的人说话都很有分寸，不管在什么地方都游刃有余。该说话的时候，他们能侃侃而谈，想尽一切办法来说服别人；而当不该说话的时候，他则一句话也不说。说话有分寸，就是要求把该说的说好，而不该说的千万不要去说。至于什么是该说的，什么是不该说的，则要根据具体说话的内容、场合、气氛，以及说话对象的情况而定。

无论是在历史上还是现实生活之中，只有这种掌握分寸的人，最能处世谋权保身。有些人却恰好相反，他们说话一点分寸都没有，在说话的时候，他们可能不说，或者信口开河、漫无边际，丝毫没有考虑到对方听了会有什么感想和反应；当他们已经出口伤人的时候，还在不知不觉之中大谈特谈。而在不需要他说话的时候，他也丝毫没有停止的意思。话说得太过头，要求太高，或者言辞太尖刻，都会让人感觉不愉快，不会讨人喜欢，也收不到说话应有的效果。当然，他们的处世谋权也很有可能是不成功的。

【运用之妙】

战国时期，晋、楚两国交恶，爆发大战，结果晋军大败，楚国俘虏了晋国大臣知罃。知罃的父亲荀首是下军大夫，率兵作战的时候，射死了楚国大夫连尹襄老，射伤了楚国公子谷臣，把他们一并带了回去，预备以后用他们来交换知罃。这样，荀首升至中军统帅，而晋军虽败，但势力并不虚弱，楚王惧怕荀首，便答应了晋国换回知罃的要求。

知罃要回晋国，楚王知道他将来一定能立下大功业，便由原来把他当做罪犯的脸孔改做对待朋友的脸孔，在把知罃送出时，他满面和气地问知罃说："关了你这么久，你应该会怨恨我吧！"知罃回答说："你我两国交战，因为我没有才能，才沦为贵国俘虏。大王不拿我的血涂在鼓上以激励将士，反而让我回晋受罪，这算是大王的恩惠，我哪里还敢怨恨您呢？"

楚王听了这话，很为满意，进而又问道："既然如此，那么你会感激我的恩德吗？"知罃正色答道："两国都是为国家利益打算，以使百姓安心度生，现在晋楚二国既已和好，都后悔当初的怨恨，就不应互相为战，应以互相宽恕为是。现在，你我两国都在力求这样做，双方互释战囚以成其好。两国之间的政事，与我私人无关，我又需要感激谁吗？"

楚王解释说："你这么说我听得有点不对了，明明是要放你回去，怎么能说与你无关呢？当然，这也毕竟是两国之间大事。那么，你回去之后如何来报答我的恩情呢？"知罃说："我既没有怨气，也没有受到恩德，无怨无德，不知道要报复还是报答什么。"楚王笑着说："这是什么意思呢？"知罃说道："如果我的国君把我杀掉，我死而无怨。假使晋公听从你的好意而免我一死，把我赐给我的父亲荀首，而他把我戮于宗庙，我也死而无怨，不过，假使轮到我担任国家大事的时候，带领军队保卫边疆，如果碰上楚国的将帅，我也是不会避而不打的，相反，我会不惜牺牲、没有二心地去为国拼杀，以此来尽我的为臣之礼，这就是我对大王的回报。"

楚王知道从知罃口中得不到什么实在的许诺，而他的话也句句入情入理，不好反驳，也就只好送知罃回去，并叹口气说："晋未可与之争。"

刘备和关羽、张飞等人肝胆相照，与诸葛亮鱼水相得，和曹操相比，的确算是比较忠厚，但是他也并非圣贤，也有治人于死地的时候。在攻取四川时，刘备曾与益州牧刘璋在涪县会见，刘璋部下从事张裕当时也在座。张裕脸上有很多胡子，酒席之间，刘备拿他开玩笑说："在我老家涿县，姓毛的人特别多，县城东西南北都是毛姓人家，县令说：'诸毛怎么都绕涿（借指'啄"，即嘴）而居呢？'"张裕见刘备取笑自己，毫不客气地回敬说："以前有人曾作上党郡潞县县长，后来迁为涿县县令，调动之际回了一趟家。正好这时，有人给他写信，不知道如何题署其称呼，如果题'潞长'，就漏了'涿令'；题"涿令'，就漏了'潞长'，最后只好署"潞涿君'三字。"这样，张裕借"潞"为"露"之谐音，讽刺刘备脸光露嘴，没有胡须。

后来，刘备攻占四川，张裕归降刘备。张裕这人才学颇多，对天文、占卜都有研究，曾经劝说刘备不要攻打汉中，说取汉中对蜀军不利。刘备不听，反而执意出兵攻取汉中，只是为了证明张裕预言不准。见刘备不听从自己，张裕又私下向人泄露机密，说魏文帝黄初元年，刘备将得益州，但九年后将失去益州。刘备不忘当年受辱，便借机杀了张裕。诸葛亮问张裕犯了什么罪，刘备说："芳兰当门而生，不得不锄去。"

点评

知罃在楚王进行盘问索要报答时，还在他人手中，然而并未故作媚态，强作欢颜，而是以礼相待楚王，这个礼，便是他应尽的臣子之礼，没有丝毫过度，也无丝毫不周。面对楚王厚颜无耻的索要人情，知罃便正色说人情是有，但我应尽的臣子之礼还须效死以尽，所以楚王不能从他这里骗走任何东西，一定大失所望了。处于他人的淫威之下，像知罃这样能够有理、有利、有节地把握说话的分寸，的确很不简单。

照理来说，刘备先井口侮辱张裕，张裕采取反击，其反击的时候也可谓随机应变，十分高明；因此，尽管刘备杀张裕时所找的说法，并不高明，但“欲加之罪，何患无词”，刘备毕竟是主子，权力大，占上风——在张裕说这话的时候，其实应该就可以预料到这样的结果。直到被杀的时候，张裕恐怕才相信了祸从口出的真实含义，可已经来不及了。既然如此，当初他又何必逞一时之快而毫无分寸地回讽将来的上司呢？他完全可以掌握“有理有节”的原则来反击刘备的讽刺。

说话委婉好处多

【厚黑真经】

凡是行使厚黑的时候，表面上一定要糊一层仁义道德，不能把它赤裸裸地表现出来。

【精要解读】

厚黑说话术认为，在待人处世的言辞说谈中，直言直语是一把伤人、进而伤己的双面利刃，把握不好，完全会带来十分消极的影响。与人交流时，我们应该多“投其所好”，多说一些好听话、顺心话。那些直言直语，一不小心就会伤人，但好听的话却是谁都不会拒绝。尽管很久以来，人们始终把做老实人、说老实话作为待人处世的一条准则，但现实生活中，那些说话直来直去的人却经常不受欢迎。说话时还是不要直来直去，要学会换种方法，婉转地表达自己的观点。在别人面前，不妨多说些好听话，听者心里舒服，对你也不会有损失，可以说是一举两得的事情。

【运用之妙】

战国时期，优孟是楚国的艺人，身材高大，富有辩才，经常用谈笑的方式委婉地向楚王劝谏。楚庄王有一匹爱马，经常给它穿上绫罗绸缎，把它安置在华丽的宫殿里，专门给它设床，还拿枣干喂养它。不料，马的生活过于优越，很少奔跑，反而因过度肥胖而死。楚庄王非常伤心，命令大臣为死马治丧，准备用棺椁装殓，按大夫的葬礼规格来安葬它。大臣争着劝谏，不同意这样做。庄王大怒，下令将再为葬马的事情进谏的人立刻处死。优孟听说了，就走进宫殿大门，仰天大哭。庄王很吃惊，问他为什么哭。优孟回答说：“宝马是大王的心爱之物，理应厚葬。堂堂楚国，地大物博，国富民强，有什么要求办不到？大王却只用大夫的规格安葬它，待它太薄了。我建议用君王的规格来安葬它。”庄王忙问：“那怎么办好呢？”优孟回答：“用雕木的美玉做棺材，用最上等的梓木做外椁，拿樟木等贵重木材作装饰，再派几千名士兵挖掘坟墓，老人和孩子背土筑坟，然后，让齐国和赵国的使节在前面陪祭，韩国和魏国的使节在后面护卫。安葬完毕之后，再为它建立祠庙，用猪、牛、羊各一千头的太牢礼来祭祀它，并且安排一个一万户的城邑进行供奉。诸侯各国如果听说大王这样厚待马匹，肯定会印象很深刻，都会知道大王把人看得很低贱，却把马看得很重。”庄王听后十分惭愧，便打消了厚葬的念头。

东汉末年，曹操想立才华横溢、文思敏捷的三子曹植为世子，问及谋臣贾诩的意见。贾诩心中是不赞成改立世子的，可是直截了当地否定曹操的心愿当然不行，这会让他在面子上挂不住。贾诩听完曹操的话后，一直默默不语。曹操见他半天不说话，十分奇怪，于是问他为什么。贾诩慢慢悠悠地说：“我在想一件事，所以没有能及时回答您的问题。”曹操问是什么事。贾诩说：“我在想袁绍、刘表父子的事啊。”袁绍和刘表都是东汉末年称霸一方的豪杰，袁绍因为喜爱小儿子袁尚，于是让他代替长子袁谭做了世子，袁绍死后，袁尚、袁谭各树一帜，相互争斗，曹操渔翁得利，把他们都一一消灭。刘表也是一样。他喜爱自己的小儿子刘琮，就废掉长子刘琦，让刘琮做接班人，最后也被曹操消灭。贾诩特意点出这两个废长立幼而最终被曹操攻灭的人来，意思当然是表明废长立幼不可取，非常巧妙地表达了自己的劝谏。曹操也是个聪明人，当然明白其中的深意，于是就再不提改立世子的事了。

古代有一位县官，喜欢附庸风雅，在政事之余常常画画老虎。但他偏偏画术不佳，“描虎不成反成猫”，更加要命的是，他每次画完一幅画之后，都要在厅堂之内展出示众，让众人评说，并且要挑毛病，但是大家却只能说好话，否则，他可能就要生气，而说实话的人就要倒霉了。

这天，县官又完成了一幅十分像猫的“虎”图，并且把它悬挂在厅堂，把全体衙役都召集起来，一起评论这幅画。他得意洋洋地说：“各位瞧瞧，本官画的虎如何。”众人都低头不语，生怕得罪县官。县官见无人附和，便点了一个新来的差役说：“你来说说看。”

那人战战兢兢地说：“老爷，我有点怕。”

县官说：“怕什么？有老爷我在此，有什么好怕的？”

差役说：“老爷，你也怕。”

县官说：“我是老爷，我怕什么？”

差役说：“怕天子。老爷是天子之臣，当然怕天子。”

县官说：“对，老爷我怕天子。那天子怕什么呢？”

差役说：“天子是天老爷的儿子，他怕天。”

县官说：“有道理。可是，天老爷又怕什么？”

差役说：“怕云啊。云会遮天。”

县官说：“云呢？”

差役说：“怕风。风一来，云就散了。”

县官说：“风又怕什么？”

差役说：“墙。因为墙会挡住风。”

县官说：“那墙呢？”

差役说：“怕老鼠。因为老鼠会打洞。”

县官说：“那么，老鼠又怕什么呢？”

差役说：“老鼠最怕它。”他指了指墙上的画。

点评

在古代，君上往往有生杀予夺的大权，如果君上有过失，做臣下的当然不能不批评，但是要注意方式，千万不要傻头傻脑、直来直去，而要像优孟、贾诩一样，为了达到劝谏的目的，以含蓄、幽默的方式让人感悟，而不是刺痛，这样就不会伤了上司的面子，最终皆大欢喜。说话拐着弯儿，能够既不伤及对方的面子，又能悟出自己应该怎么去做。为了不得罪县官，新来的差役说话拐弯可算是拐了有很远，但最后仍然委婉地表达了自己的意见。这么做，既不得罪县官，也达到了指出其缺点的目的，可谓一举两得。

交浅不言深，逢人宜说三分话

【厚黑真经】

有 10 户人家的地方，其中必定有像我一样知道厚黑的人，只是不像我那样坦率罢了。

【精要解读】

厚黑学的观点是，在待人处世之中，千万不要动不动就把自己的老底都交给对方。在任何情况之下，都应该留下七分话，不必对任何人都和盘托出。你也许以为自己和盘托出是光明磊落的行为，殊不知你的弱点和缺点都暴露出来，尤其当对方是奸诈小人时，你就很容易被别人陷害。那些老于世故的人，一般只说三分话，在很多时候，与其一下子把心全都掏出来，不如慢慢地观察对方，有了足够的了解之后，再交心也不迟。你可以不虚伪，坦坦荡荡，但决不可以把全部的感情都放进去，要留一些时间和空间以便自己思考。世界上到处充满了斗争与矛盾，社会上到处都有小人，而且易退易涨山溪水，易反易覆小人心，生活中充满了陷阱，君子又斗不过小人，说话稍有不慎，便有被套进去任人宰割的危险。如果对对方了解不够，双方关系浅薄甚至只有一面之交，我们就把自己的秘密都谈出来，是厚黑学待人处世的大忌。

【运用之妙】

清朝光绪帝载湉即位时年仅4岁，由两宫皇太后垂帘听政。西太后慈禧常常单独召见廷臣，有事也不与东太后慈安商量，慈安太后为此颇为不平。

光绪七年（1881年），慈禧太后忽然染了重病，征集中外名医治疗都没有效果。后来用产后疏导补养的方法治疗，居然痊愈。慈安太后由此知道慈禧太后失德不检，就以庆祝慈禧康复为名，在钟粹宫摆下宴席，和慈禧共饮。酒过三巡之后，慈安太后屏退左右，谈起咸丰晚年的事情。说到兴起时，她说："二十多年来，两宫相处还算好，有一件事情很早就想和妹妹说了，先请妹妹看一件东西。"她说着拿出一卷黄绫纸来。原来是咸丰帝临终之前写给慈安太后的手谕，大意是说如果此后慈禧不安分，可以出示此诏命大臣把她除掉。慈禧听后脸色大变。

慈安太后完全是出于好心告知慈禧太后此事，她本来是想借遗诏规劝慈禧太后处处须检点。为了不使慈禧猜忌，慈安太后当场把遗诏在蜡烛上烧了，并说："此纸已经没有用处，烧了更好。"慈禧表面装作感激涕零，暗中却心怀鬼胎。不久之后，年仅45岁、比慈禧还小两岁的慈安太后突然暴毙宫中，而清廷的垂帘听政由两宫并列一下子变成了慈禧一人独裁。根据种种迹象来看，慈安正是被慈禧太后所毒杀。

晚清时期，国家处于内忧外患之中，光绪帝励精图治，重用维新派人士康有为等人，施行了戊戌变法，但是由于种种原因，变法最后归于失败，成为历史上最为惨淡的印记。戊戌变法失败的直接原因就在于袁世凯的出卖。袁世凯是一个典型的两面派、阴谋家。当时，朝廷上分为维新和守旧两派势力，维新派以光绪为主，占有法理上的有利地位；守旧派则是以握有实权的慈禧太后为主。袁世凯先是趋李鸿章，得到仕途上的保障；在康有为革新派受到欢迎的时候，便到处侈谈"维新"；当看到慈禧一派保守势力依然不可动摇之时，便毫不犹豫地出卖了光绪和维新派。

在变法之前，康有为领导的"公车上书"在朝野内外引发了一场地震。经过深思熟虑，袁世凯觉得康有为所提出的变法主张很符合光绪的心意，因此其前途不可限量。于是，他便经常有意接近康有为，还在和康有为的饮酒商谈中，大谈练兵、变法，甚至称康有为为"大哥"，显得异常亲切。他还常向康吹嘘自己在朝鲜时，与日本人如何如何打过仗以及主张对日强硬等"英雄壮举"，一时间让康有为等人对他产生了由衷的敬佩之情。就这样，袁世凯很快便取得了康有为的信任。康有为曾和学生梁启超共同发起"强学会"，袁世凯慷慨解囊捐银500两，从此康有为等维新派更将袁世凯视为志同道合者，并对他寄以无限的希望。此外，光绪帝因为听闻袁世凯趋向于变法，于是召见袁世凯。袁世凯为讨光绪欢心，在他面前慷慨激昂地大讲"国政腐败，只有推行变法才能有所转机"之类的豪言壮语，让光绪也觉得自己的维新终于寻找到了有力的靠山，于是破格提拔袁世凯为候补侍郎，继续专办练兵事宜。袁世凯连连磕头，对光绪皇帝感激涕零。然而，刚刚在光绪和维新派人士面前表演完，袁世凯便摇身一变，接着就登门拜访了几乎所有的老臣，向顽固派表白自己反对"维新"的心迹。

变法派人士对这种情况毫不知情，对袁世凯深信不疑，并把重要的砝码放在他身上。1898年9月18日，变法派谭嗣同夜访袁世凯住处，表明皇上希望袁世凯可以起兵勤王，诛杀保守派头目北洋大臣、直隶总督荣禄及包围慈禧太后住的颐和园。袁世凯又一再表白"青天在上，不敢辜负天恩"，"圣主乃吾辈所共事之主"，"但能有益于君国，必当死生以之"。谭嗣同见袁世凯如此，便把“诛旧党”、“杀荣禄”的方案向他和盘托出。不料，谭嗣同前脚才离开，袁世凯后脚就去告密了，他连夜回到天津，将谭嗣同的计划向荣禄报告。9月19日，慈禧太后回宫，9月21日即临朝，宣布戒严，火车停驶；并即幽禁光绪帝，废除新政，搜捕维新党人。这就是戊戌政变，只有103天的维新就这样草草结束了。

点评

据说慈安太后为人幽闲静淑，举止端庄，口木讷不善言辞，在众妃嫔中从不争宠，很得咸丰皇帝的尊重。从这件事情上也可以看出，慈安太后绝对不是厚黑之人，因此也不知道如何防范敌人。对待比她厚黑得多的慈禧，她毫无心计，也毫无防范，居然为了赢取慈禧的好感，连自己最重要的机密都和盘托出，最后终于被毒杀，真是可悲可叹。她肯定以为慈禧太后像她自己一样，但没想到这都是她装出来的。

自古以来，两面派作为贬义词深为正人君子所不齿，但是，像袁世凯那样的两面派甚至多面派的人，却往往最能在大多数时候保护自己，有时还能取得意想不到的成功，因此，越是在局面混乱不清的时候，就越应该对别人有深刻的观察，这样才能不至于像维新派人士一样，最后落得误托于人的悲惨下场。

必要时先把假话说好

【厚黑真经】

善于批评的人，捧之中有批评，旁观的人看他在上司面前说的话，表面上句句是阿谀逢迎，其实在暗地击中要害，上司听了，汗流浃背。善于捧的人，批评之中有捧，旁观的人看他傲骨棱棱，句句话都是责备上司，其实听的人满心欢喜，骨节都酥软了。

【精要解读】

很多人喜欢一针见血地道出对方的弱点和短处，直言不讳地拒绝别人的要求，并且认为对方会因此而称赞他“有骨气”，“有性格”。但是，这种情况的出现一般要求对方是个肚里能撑船的人，这样他才不但不会生气，反而会大加赞赏，否则，这些逆耳的直言、不中听的真话将会让他对你火冒三丈，对你生厌，最后弄得大伙儿都不好受。

厚黑学认为，要想受人欢迎，就必须时刻注意给对方面子，而给人留面子就要学会说假话。不管是直言还是谏言，都必须事先考虑对方的容忍和发言的时机。在大多数情况下，“忠言”都是不给人留面子的，正是因为忠言逆耳，历史上才会有那么多忠臣良将惨死在最高统治者的刀下。说假话并不是目的本身，而是达到说真话的一种手段。只有说出先让对方觉得愉悦和舒坦的假话，他才会对你的真话不抗拒。

【运用之妙】

在德国某家电子公司的一次会议上，公司经理拿出一个筹划已久的商标图案，打算征求大家的意见。

经理胸有成竹地说：“这个商标的主题是东方升起的旭日，而日本人正号称自己是‘太阳升起的地方’，这个旭日很像日本的国徽，因此，我敢保证，日本人一定会乐于购买我们的产品。”

营业部主任和广告部主任都极力恭维经理的这个构想，不料，那位刚进公司不久的销售部主任却说：“我不同意这个商标方案。”

经理听了很吃惊，所有的人也都瞪大眼睛，充满疑惑地看着他，好像对将要发生的“战争”充满期待。

销售部主任并没有同经理争论那个带红圈圈的设计是很雅观，还是很难看，他只是轻轻地说：“我恐怕它太好了。”

经理一听到这话，感到十分得意和开心，脸上露出了笑容。但是他还是很纳闷：“你的话我难于理解，请解释一下。”

销售部主任缓缓地说：“这个设计的确和日本的国徽很相似，大部分日本人会喜欢它。但是，我们另外还有一个重要市场，那就是中国，那里的人们也会联想起日本国徽，这样就不会引起他们的好感，势必要影响我们在中国的市场。这不是同本公司要扩展对华贸易计划相抵触吗？这显然是顾此失彼了嘛！”

“天哪，你的意见高明极了。”经理叫了起来。

日本有一家关西药房，药房的老板十分善于经营。每当顾客一上门，他就会立刻起身相迎，满脸带着笑容，客气地打躬作揖，说“欢迎光临”，立刻让刚进来的顾客感到心情愉悦。接下来，老板就会针对不同的人说起不同的假话来，比如对那些年纪大的人就说：“您看起来真年轻！”对于那些爱打扮的小姐太太们则说：“您穿的衣服非常漂亮。”即使不是实情，但这些话却让顾客们一个个心花怒放，感到舒坦又温馨。

除此之外，这位老板还有一个绝招。他采取了一种看上去很奇怪的“不卖药给来买药的顾客”的经营方法。当顾客被客气地招呼过之后，想要买一瓶感冒药的时候，药房老板却绝不会像其他老板一样慌不迭地递上感冒药，而是会问他说：“您哪里不舒服？”倘若对方回答说：“喉咙痛”，老板就会立刻接着说：“如果真是这样的话，那么我建议您不要服用感冒药。”这时，顾客一定会对药房老板不卖药的行为感到十分疑惑，会问他应该如何才好。药房老板就会说：“与其吃药，还不如服用营养剂。这样可以强健身体，增强自身的免疫力，对你的身体会有更大的好处。”这样，他就能轻而易举地说服来买感冒药的顾客转而购买维生素或者蜂王浆等营养品。

点评

那些有经验的人在表示反对或拒绝的意见的时候，往往会像这位营销部主任一样，不但自己有充分的理由，而且还十分注意技巧。销售部主任先用一句“我恐怕它太好了”，抚平了经理的不快，不但使他在众人面前不失体面，而且还以充分的理由，提出反对的原因，使经理顺势就下了台阶。这位药房老板的说话方式更加让人拍案叫绝。营养剂的价格高过药品数倍，而且对于治理感冒来说，营养品肯定比不上感冒药，但是药房老板把假话说得那么诚恳，让顾客信服，因此，顾客就心甘情愿地购买了营养剂。尽管药房老板的做法并不值得提倡，但是其说假话的技巧却值得厚黑之士借鉴。

开出有人情味的逐客令

【厚黑真经】

我们心中的底线，也是喜欢人家谦让，不喜欢人家阻拦。如果领会到这个道理，那么待人接物，必定会有很大改进。

【精要解读】

下班后吃过饭，你希望能静下心来看看书或做点事，但总有些不请自来的人来打扰你的清静。他完全可能会絮絮叨叨，没完没了，一再重复你毫无兴趣的话题。你勉强敷衍，想下逐客令却又担心伤感情，难以启齿。如果你经常这样委屈自己，你的时间就会被别人这样无情地浪费掉了。还有一种情况是，对方登门拜访，有事相求，你又不能答应人家，但也不能直接拒绝，当然更不能直接把他轰出门外。厚黑学认为，我们需要将逐客令下得充满人情味。

【运用之妙】

一家夜总会新开业，老板的一个乐师朋友便找上门来，寒暄很久，老板终于明白他是想要当夜总会乐师，只是没有明说而已。夜总会是需要乐师，但是这位乐师的水平并不高，达不到聘用的要求。然而，老板以前曾经受到过这位朋友的照顾，因此不便断然加以拒绝。他便心生一计，先说了些笑话，然后一本正经地说："我相信有你的加入，夜总会的生意一定会更加兴隆。因此，我诚心诚意地邀请你屈身来我夜总会。"

此时乐师朋友自然是万分高兴，摆出一副笑脸，老板便又立刻抓紧机会板起面孔说："你觉得什么地方好笑？我知道你笑我，你看扁我，我们夜总会的档次不高，不符合你的身份。你不尊重我，那么这次协议就不用再提，再见！"说着，老板假装生气，转身便请这位乐师朋友离开。

本田宗一郎是日本著名企业家，本田汽车的创始人。一次，一位名叫金六郎的青年来拜访本田宗一郎，想把一块地产卖给他。

本田宗一郎听玩金六郎的陈述之后，并没有作出买或者不买的直接回答，而是在桌子上拿起一些看上去很像纤维的东西给金六郎看，并且问他说："你知道这是什么吗？"

"不知道。"金六郎诚实地回答。

"这是一种新发现的材料。我想用它来做本田宗一郎汽车的外壳。"本田宗一郎详细地向金六郎讲述了一遍，他饶有兴致地讲了很久，谈论了这种新型汽车制造材料的来源和特点，又讲到了他明年汽车打算采取何种新的计划。这些内容让金六郎摸不着头脑，但是他也没有机会打断本田宗一郎的讲话。一直到最后，金六郎终于明白其实本田宗一郎对他的土地并没有多大兴趣，于是只得告辞。

点评

夜总会老板出其不意地下逐客令，在对方缺乏心理准备的前提下，把对方拔高，自然比说他不符合要求的方法更加有效，也不会伤及对方的感情。这么做，尽管仍不是最好的办法，但是至少要比硬生生的拒绝，直接下逐客令要好很多。如果本田宗一郎一开始就把自己的想法告诉金六郎，那么按照业务员本性，他一定会问个究竟，并且想方设法劝说本田，让他买下这块地。这样，本田就必须拒绝金六郎的请求，直接下逐客令。

坚决避免不必要的争论

【厚黑真经】

宋朝从神宗以来，新旧两党迭掌政权，相争至数十年之久，宋室政局就如磨子一般，旋转不已，致令金人侵入，酿成南渡之祸。辛亥革命以后，各党各派，彼此争斗，其力又不足相胜，成为偶力作用，政局也如磨子般旋转，日本也就乘虚而入。

【精要解读】

人们在交往或说话的时候总是会存在一定的分歧。双方为了谋求各自的利益，就必然会在一些问题上发生争论。当双方意见出现分歧之后，厚黑之士能够保持尽量的冷静，做到避免感情用事，尽可能地避免争论。争论本身不仅于事无补，有时反而会使事情变得更加糟糕。

如果你真正想要说服别人，让别人赞同你所说的话，就应该尽量避免争论。当对方讲出你不愿意听，或者一些反驳你意见的话，不要立即打断对方，更不能立即加以反驳。反驳可能会让你获得一定的满足感，但是这么做会使对方在心理上对你产生一种抵触情绪，促使他千方百计地维护自己的利益。这样一来，你就永远也得不到对方的好感，更谈不上让他同意你的意见。避免争论最好的方法是，让对方陈述完毕之后，并不直接提出自己的意见，而是适当地承认他，并努力寻找双方的共同点，然后再提出对对方的意见进行重新讨论。

【运用之妙】

春秋时期，齐景公有一匹马，并派人养尊处优地加以饲养，不料马有一天却突然暴死了。景公十分爱马，听说这事以后，十分恼怒，操起家伙就要把马官杀掉。晏子当时在场，他料想正在气头上的景公一定听不进自己的劝谏，于是对景公说："您就这样杀了他，他连自己的罪过都没有弄清呢，死了也不明不白。我请求为您历数他的罪过。"景公不明白晏子的意图，答应了他。晏子走近马官面前，对他说："你为国君养马，却让马暴死了，这是大罪，当死；你使国君因为马死而杀掉养马的人，这罪更大，你更加应该死；你使国君因为马死而杀掉养马的人的事，传遍了四邻诸侯，使国君蒙受不仁的名声，这简直就是罪不可赦了。"晏子这话，看似针对养马的人说话，实际上却句句针对齐景公。齐景公一听，马上就放了养马的人，因为他不想因为这事损害他的仁德。

亨利先生是英国的一位经营手表店的老板。一天，他的店里来了两位客人：戴尔夫妇。戴尔先生的妻子视力不好，因此，她所使用的手表的指针，必须长短针分得非常清楚才行。这种表非常难找。他们费尽心力，总算在亨利的店里找到了一只戴尔太太能够看得十分清楚的手表。但是，那只手表的外观实在是不尽人意。实际上，也正是因为这个原因，这块手表也一直没有能够卖出去。对于那些看上它的人而言，200 元的定价似乎太贵了一些。

戴尔先生也对亨利说："这块表 200 元太贵了。"

亨利对戴尔先生说："这块表的价格是非常合理的，可能您不知道，它精确到一个月只差几秒。"

戴尔先生说："时间精确与否并不重要。"为了证明自己的观点，他还拿出他妻子的天美时表让亨利看，并说："这只 10 块钱的表她已经戴了 7 年了，但是它还一直很管用。"

亨利说："喔！经过了 7 年时间，夫人应该戴只名贵的手表了。"

戴尔先生又说："这只手表的样式实在不太好看。"

亨利说："我从来没有见过这么一款专门设计给人们容易看的手表。"

最后，戴尔先生还是以 200 元的价钱买下了这块手表。

点评

君主的威势雷霆万钧，当他盛怒之时，意志也往往是最为坚定的时候。历史上在君主暴怒之时却加以强谏、与之争辩的臣子，最后的结果是，不但谏言毫无效果，自己枉死的也不知有多少。在这种时候，只有像晏子一样，尽量避免和君上产生争论，从顺从他的意思出发，再从中慢慢劝导，这样他才会听从你的劝告。在亨利卖手表的过程中，尽管戴尔先生提出了很多异议，但是亨利每次都尽量避免在这些问题上和戴尔发生争执，而是把问题的重点放在别的地方，尽量削减对方的反对意见。这样，戴尔最后也终于被亨利说动了。

寻找亮点多多赞美

【厚黑真经】

捧就是捧场的捧字，戏台上魏忠贤出来了，那华歆的举动便是绝好的模范。

【精要解读】

有人曾经说过："人类本性上最深的渴望之一就是得到赞美、钦佩和尊重。"人人都喜欢自己被人赞美。赞美，可以说是人与人之间沟通的最为有效的"润滑剂"。任何人、任何事情都有可以赞美之处。当我们生活在社会当中，要想在善意和谐的气氛中达成自己的意图，就应该学会寻找别人或某事的价值，并用适当的方法告诉对方，让他觉得自己的价值的确是值得珍惜。这样，他才会听从我们、并会考虑我们的要求和想法。厚黑之人正是善于利用赞美别人，作为成功为人处世的利器。不过，赞美必须实事求是，措词适当，要给人以真诚的感觉。只有这样，才不会适得其反。

【运用之妙】

齐景公生性好玩，常常爬到树上捉鸟。大臣晏子想让他改变这个恶习，但又不能直接批评。一天，晏子见到齐景公又爬到树上去掏鸟了。只见他掏了一只，又放回了鸟巢之中。

晏子问道："陛下，你干什么累得满头大汗？"

景公说："我在掏鸟玩耍。"

晏子问："为何把那只鸟掏了又送回去？"

景公说："这只太小、太弱了。"

晏子称赞说："了不起啊，您具有圣人的品质呢！"

景公连忙问："这怎么说明我具有圣人的品质呢？"

晏子答道："陛下，您能把小鸟放回巢中，表明您深知长幼的大道理，又有可贵的同情心。您对禽兽尚且能这样仁爱，又何况对老百姓呢？"

景公听了晏子的话后，十分高兴，当然也听出了其劝谏之意，从此以后再也不掏鸟玩了。

一次景公喝酒，七天七夜不停，大臣们都不敢劝谏。不过有一位叫弦章的大臣还是忍不住了，他向景公进谏说："国君饮酒已经七天七夜了，希望不要继续喝了。如果您执意要喝的话，我就自杀。"晏子听说了这事以后，去见景公。景公向他说出了自己的困扰："弦章以自杀来劝谏我。如果我听他的，那么就是被臣下所牵制了；不听他的话吧，我又不忍心见他自杀。我该怎么办呢？"晏子没有正面回答景公的问题，而是感叹说："弦章多么幸运啊！假使他遇到了一般的君主，早就被杀了，哪里还等得到今天呢？"晏子的意思是弦章遇到了一位贤君，而贤君自然不会因为臣下进谏而杀人。景公乐得戴上这个高帽，既不杀弦章，也不再喝酒了。

东汉末年，许攸在官渡之战中立有大功，被曹操重赏。不过他因宠而骄，有一段时间，因不满于曹操而自拥兵将，出言侮骂，有背叛之意。曹操便想兴兵讨伐。群臣劝谏，曹操不听，横刀于胸不许群臣再谏。这时，正好杜袭从外面进来，曹操对杜袭说："许攸骂我，这事该如何处理？"杜袭说："以您看许攸是个怎样的人呢？"曹操回答说："普通人而已。"杜袭说："只有贤者才能理解贤者，只有圣人才能认识圣人，许攸既是凡人，又怎么能了解您这个圣人呢？如果您出兵伐许攸，人们就会说您只敢欺负许攸这样的凡人弱者，对其他的豪杰强侯只好退避三舍了。这样，您进兵，别人不会说勇武；退兵，别人不会说您仁慈。那么，出兵伐许攸，您能有什么好处呢？"曹操听后，沉吟良久，最后派人厚抚许攸，而许攸受到厚抚，便请罪于曹操，于是双方得以和好。

清末大太监李莲英颇受慈禧太后宠爱，其为人机灵、嘴巧，善于取悦慈禧太后，还常常用能言善辩之嘴替慈禧及其手下解围。

慈禧爱看京戏，常常以小恩小惠赏赐于艺人。一次，她看完著名京戏演员杨小楼的戏后，把他召到眼前，打算赐予其糕点。不料杨小楼叩头谢恩，却不想要糕点，便壮着胆子说："叩谢老佛爷，这些尊贵之物，奴才不敢领，望请另外恩赐点。"

慈禧心情舒畅，因此并未发怒，而只是笑问："要什么？"

杨小楼又叩头说："不知老佛爷可否赐个字给奴才？"

慈禧听了，甚是高兴，便让太监捧来笔墨，提笔写了一个"福"字。

站在一旁的一位小王爷看了慈禧写的字之后，悄悄地说："'福'字是'示'字旁，不是

‘衣’字旁！”杨小楼一看，这字写错了，若拿回去必遭人议论，岂非有欺君之罪？不拿回去也不好，慈禧一怒可能就会要了自己的命。要也不是，不要也不是，他一时急得直冒冷汗。慈禧太后也看到了自己的错误，也觉得挺不好意思，既不想让杨小楼拿去错字，但也不想承认错误，再要过来。

气氛当下变得十分紧张。这时，李莲英脑子一动，笑呵呵地说：“老佛爷之福，比世人都要多出一‘点’啊！”杨小楼一听，脑筋转过弯来，连忙叩首道：“老佛爷福多，这万人之上之福，奴才怎敢领呢？”慈禧正为下不了台而发愁，听这么一说，急忙顺水推舟，笑着说：“好吧，隔天再赐你吧！”就这样，李莲英为二人解脱了窘境。

点评

乍看之下，晏子在言谈之中似乎有假意恭维的意思，而这正是晏子的进谏方法。由于君臣关系的悬殊，臣下进谏需要采用委婉和正面的方法来达到目的，努力在景公的错误行为之中，找到合理的、值得褒奖的部分，即便是附会，也自有其妙用之处。相比弦章以死来威胁景公，晏子的办法自然高明许多。同样的，杜袭的一番话，将曹操拔高，把许攸压低，迎合了曹操的虚荣心，也给了他不出兵的台阶。就这样，一场就要发生的战争灾祸，在杜袭的三言两语之下便消弭于无形。而李莲英的应变巧在于将错就错，巧妙地恭维了慈禧。对于错误生硬地扳正或否认，都不是圆熟的做法，借力使力把错误说“圆”方见应变的机智。善于交往的人，往往都会像李莲英一样利用赞美，不动声色地让人摆脱窘境，达到和谐的目的。

巧妙提问摸清对方底牌

【厚黑真经】

我们虽不想实行厚黑，也须提防人在我们名下施行厚黑，所以他们的法术，我们不能不知道。

【精要解读】

啄木鸟在吃小虫之前，往往先以它尖长的嘴，试探一下何处有虫，再行啄食。其实，人际交往中的交谈也应如此。在还没有弄清楚对方的真正意图之前，急忙下定义，做出似是而非、不切实际的决定，是得不到最正确无误的答案的。因此，在为人处世之中，要想成功地让别人为自己所用，达成自己的目标，就要学会先摸清对方的底牌。在谈话中，利用一些有技巧的提问，诱使对方加以回答，正是摸清对方底牌的重要方法。

【运用之妙】

历史上鼎鼎大名的商鞅以力主变法而闻名，但是变法似乎并不是他最初的主张。商鞅原是卫国国君后裔，听说秦孝公雄才大略，正野心勃勃地想要重振祖先的霸业，于是就来到秦国，并通过孝公的宠臣太监景监的引见，拜谒了孝公。和秦孝公一见面，商鞅就向其大谈传说中的尧、舜等圣明君主如何与民同甘共苦，以自己的行动感化百姓，从而使天下达到大治这一套所谓的“帝道”和仁政。结果，秦孝公毫无兴趣，一直打瞌睡，一点都没听进去。事后孝公还责备景监，说他介绍的商鞅只会说一些大话来骗人，不值一用。

景监埋怨商鞅，商鞅不以为意。5天之后，商鞅又一次去见孝公。君臣见面时，商鞅把原来的那一套加以修正，向孝公推荐了夏、商、周三朝的治国之道，但秦孝公还是不满意。景监受到再一次的指责，对商鞅的怨气更大了。但商鞅要求再一次晋谒孝公。这一次，君臣相谈比较投机，但是秦孝公依旧没有表示要用商鞅的意思。他对景监说："你介绍的这个客人还行，我和他谈得来。"商鞅也胸有成竹地对景监说："我向国君谈了春秋时代以武力称霸的道理，他好像有要用我的意思了。如果能再见我一面的话，我就知道该怎么说服国君了。"当孝公再一次接见商鞅的时候，商鞅向其大谈强国之术，秦孝公听入了迷，不由得一次又一次地将座席向前移，一连谈了几天，还是意犹未尽。这样，商鞅被孝公所任用，并先后两次变法，很快使秦国强大起来。

罗伯特·苏克是美国一位顶尖的保险推销员，后来，他还和他父亲一起创办了著名的美国经理人保险公司。在推销的过程中，他非常善于运用提问来和顾客达成交易。

一次，他向一名顾客推销保险。在他介绍完他的保险计划后，顾客说："您的这套计划看起来的确不错，你可以先给我一张名片，我过几天就会打电话给你的。"

苏克说："非常感谢您对我们公司的认同。但我问您一个问题，为什么您想先等一等，要过几天才能给我电话呢？"

顾客说："因为我在做任何决定之前，都要经过详细考虑的。"

苏克说："这很正常。那么，您为什么总是事先要详细地考虑一下呢？"

顾客说："因为在10年前，有个家伙向我推销房屋的防风窗户，我想都没想就跟他签了合同。可是，以后的日子我就惨了。"

苏克说："我非常理解您的处境。那么，为什么您认为10年前与一位防风窗户的推销员打交道的惨痛经历，会使您不能在10年后立刻展开这一项您觉得不错的计划呢？"

顾客说："那一次惨痛的经历让我变成了一个相当谨慎的人。我从此养成了习惯，做任何事情都要慢慢来，这样我就不会再出错了。"

苏克说："噢。我能体会。请相信我，您现在已经经过了深思熟虑。那么除了这一点之外，您还有其他任何原因，令您不能今天就展开这一项计划吗？"

顾客说："没有了，主要就是这一点。"

就这样，在苏克的详细询问之下，顾客最后终于被说服了。

点评

商鞅先前向秦孝公所提的那一些儒家的治国之道，只是他试探孝公真实意图的一种手段而已。商鞅之所以不直接向秦孝公提出他的强国之术，是因为在拿不准孝公真实意图的情况下，轻易提出自己的主张不但可能过于突兀，甚至可能招致杀身之祸。可以想象，如果孝公会对这些儒家的"仁政"、"圣君"思想感兴趣，那么商鞅只会有两个选择：一是放弃为秦孝公服务，二是以法家思想来说服孝公改变主意。而历史却恰好使他和孝公走到了一起。商鞅一步步试探，一步步接近孝公的真实意图，并采取进一步的对策，最后把自己的强国之术提出来，才是真正的水到渠成，同时也间接地否定了其他治国的方法，从而坚定了秦孝公变法的决心。商人也需要在经商的过程中掌握这一技巧。苏克在推销保险的时候，总是通过询问，牢牢地抓住对方口中的关键词，一步步地解决对方所关注的真正问题。

朝着有利于自己的方向引导

【厚黑真经】

第一步用老子的方法，合乎自然趋势的就采用，不合的就不采用。第二步用孔子的方法，凡事先经过良心裁判，自己的心安了，然后才推行出去。

【精要解读】

在和人说话时，厚黑之人最为注意的一点是，牢牢地控制住谈话的意向、谈话内容甚至谈话速度，并始终把说话的方向和主题朝有利于自己的方向发展。要做到这一点，当然需要抓住那些使对方感兴趣的话题，让对方在不知不觉之中认同我们所说的话。这样，一开始不利于自己的局面，经过一次谈话之后，往往会化劣势为优势，使对方不得不同意自己的意见。

【运用之妙】

清代才子纪晓岚聪明机智，也能言善辩，曾经留下许多佳话。

一回，乾隆皇帝想开个玩笑，考验一下纪晓岚的辩才，便问纪晓岚说："爱卿，'忠孝'二字当作何解释？"

纪晓岚回答道："君要臣死，臣不得不死，是为忠；父要子亡，子不得不亡，是为孝。"

乾隆立刻说："那好，朕要你现在立刻去死。"

"臣领旨。"纪晓岚不假思索地答道，并准备离开。

"你打算怎么个死法？"乾隆很奇怪，问道。

"跳河。"

"好吧！"乾隆当然知道纪晓岚不会去死，于是静观其变。不一会儿，纪晓岚又回到乾隆跟前来。乾隆笑问道："纪卿为何未死？"

纪晓岚回答道："我碰到屈原了，他不让我死。"

"此话怎讲？"

"我去到河边，正要往下跳，屈原便从水中走来，对我说：'纪晓岚，你此举大谬矣！想当年，楚王昏庸，我才不得不死；可如今皇上如此英明，你为何要死？你应该先回去问问皇上是不是昏君，如果他说的跟当年的楚王一样，你再死也不迟。'于是我就回来了。"

乾隆听后，放声大笑，连连称赞道："好一个纪晓岚，真不愧为当今雄辩之才。"

西安事变发生后，周恩来率中共代表团抵达西安。当时，由于蒋介石实行不抵抗政策，东北军内"杀蒋"的呼声很高，尤其是中下层爱国军官更加如此。中国共产党从大局出发，提出不杀蒋、和平解决西安事变的主张，但是很多人却不理解，有的还扬言要闹事。

一日，周恩来刚回到寓所，王曲军官训练团便派人前来请其去王曲赴会。周恩来看了请帖之后，立即回答道："非常感谢你们的邀请，届时我一定前往。"王曲训练团里尽是些血气方刚的青年，十分冲动，到那里去可能会有危险。见周恩来接受了邀请，大家都十分着急。有人主张带一队战士保护他，但是周恩来笑着拒绝了："不，我一个人去。"

当周恩来单身一人走下汽车时，王曲军官学校门口到礼堂间的大道旁，挤满了全副武装的军官。他们一个个都怒气冲冲，横眉立目，摆出一副吵架寻事的架势。周恩来自然明白这就是一场"鸿门宴"，但他仍然从容自若地穿过两旁站满愤怒军官的通道，始终面带微笑，毫不介意。他登上礼堂讲台之后，礼貌地问候完毕，随和地说道："我今日来贵校，是打算要听听诸位意见的，希望大家不要拘束。'天下兴亡，匹夫有责'，更何况我们是爱国军人！"

台下有人大声问道："蒋介石丧权辱国，罪大恶极，为何不杀？"周恩来没有立即回答，只是接过话茬，说道："这个问题提得好！"话匣一旦打开，青年军官们便都把心里要说的话全都倒了出来："既不杀他，捉他做甚？""不杀蒋介石，后患无穷！""不杀不足以平民愤！"……等到大家都充分地表达了自己的意见之后，周恩来这才大声地说："杀他有什么困难？"这句更加出乎大家意料之外了。

接下来，周恩来没有继续讲杀还是不杀蒋介石的问题。他话锋一转，讲开了当时的国内外政治军事形势。讲完之后，周恩来继续说道："杀了一个蒋介石，就会出来一个何介石、李介石……这个何介石啊，一上台，可能会公开和日本人勾结在一起，来攻打西安，内战就会继续，中国就有灭亡的危险。如果不杀呢，现在蒋介石在我们手中，就可以逼他抗日。前一阵子何应钦不是派飞机轰炸了西安么？我们逼蒋介石写了个条子，这几天不是安宁了么？看来蒋介石还是多少有点用处的，所以还是不杀为好！"

周恩来把道理讲得明明白白，很多青年军官心里的疑团，一个个都解开了。但还是有人想不通。有人质问道："你们共产党一向主张反蒋抗日，为何现在却变了？"

"你的意思是，我们和蒋介石打了10年仗，势不两立，为何不趁机报仇，处置了他，是么？"周恩来温和地反问道。

"对。"

"我来回答你一个问题，"周恩来用深沉的语气说，"我们红军有位将军，叫徐海东。他全家36口人，除了他之外的35口全都叫蒋介石杀害了。很惨呐！他的这个仇够深了吧？可是，这次他还是主张不杀蒋介石。为什么？因为他是共产党员，而对共产党来说，民族和国家的利益是高于一切的！"

这时，全场的军人都被感动了，由衷地高呼"赞成中共主张"、"拥护张、杨的决定"。

点评

纪晓岚果然不愧是一代名闻天下的才子，聪明机智，能言善辩，面对乾隆的刁难，他自然已经看了出来，但是并没有直接点破，而是将自己处于被动的位置转换了过来，化被动为主动，"将"了乾隆一"军"。周恩来在面对群情激奋的王曲军官学校的军官们时，其气氛不可谓不激烈，如何在这样的气氛之下，使自己处于主动位置，实在是需要极大的智慧和极优秀的口才的。周恩来能始终把握住整个谈话的方向，牢牢控制住演讲的主动权，最后成功说服义愤填膺的军官们支持中国共产党，可以说是大智大勇的体现。

用"拉家常"的方式来说服

【厚黑真经】

大凡人的天性，都以"我"为本位，我与母亲相对，小孩只知道有"我"，所以从母亲嘴里将糕饼取出，放在自己嘴里。母亲是哺乳我的人，哥哥是分我食物的人，将母亲与哥哥比较，会觉得母亲与我更接近，所以小孩子就更爱母亲。稍微长大后，与邻人相遇，把哥哥与邻人比较，觉得哥哥与我更接近，自然就爱哥哥。

【精要解读】

古人在论述用兵打仗之道时说："用兵之道，攻心为上，攻城为下。"其实说服之道也是如此。由于人和人之间总是存在利益的冲突，因此厚黑学主张先"晓之以情"，从心理和情感方面拉近和对方之间的距离，然后再"晓之以理"，对方自然会听从于我。这种看似漫不经心的"拉家常"的方法，实际上是利用人性的弱点，用浓厚的人情味拉近人们心理上和感情上的距离。拉家常是一种高明的攻心术，它使对方和你在情感上产生强烈的共鸣，从陌生到熟悉，化对立为调和，不知不觉中和你归为同一立场，成为你的俘虏。

【运用之妙】

1952年，作为参议员的尼克松参加了总统艾森豪威尔的竞选团队。不料，恰逢这紧要关头，却有人揭发，说加利福尼亚的某些富商以私人捐款的方式暗中资助尼克松，而尼克松将那笔钱作为参议员所得收入。尼克松反驳说，那笔钱绝没有据为已有，它是用来支付政治活动开支的。但是，不管人们相不相信，艾森豪威尔坚决要求他的竞选伙伴必须彻底清白，不能有丝毫的嫌疑，因此他准备把尼克松从候选人名单上除去。尼克松不得不通过电视讲话来解释这些捐款的来龙去脉，为自己的清白而作辩护。

这年10月的一天晚上，10点30分，全国所有电台、电视台都将各自话筒、镜头对准了尼克松，尼克松开始为自己辩解，以清洗丑闻给他蒙上的灰尘。在一开始，他却并不单刀直入地为自己辩解，而是多次提到他的出身如何低微，以及他是如何凭借自己的勇气和勤奋才得以逐步上升的。在倡导竞争面前人人平等的美国人面前，这样的叙述正博取了许多人的同情。

说着，他话题一转，顺便提起了一件有趣的事情。他说道："在我被提为候选人的时候，的确有人给我送礼。那是在我们一家人正准备去参加竞选活动之前一天，有人说寄了个包裹给我。你们猜是什么呢？"为了提高听众的兴趣，说到这里，他故意停顿了一下，然后再继续说："我打开包裹一看，原来是一个条箱，装着一条西班牙长耳朵小狗。全身都有黑白相间的斑点，十分可爱。我那6岁的小女儿特西亚十分喜欢它，就给他取了一个名字，叫做'棋盘'。小孩子还是很喜欢小狗的。所以，无论如何，我都应该把它留下来……"

这就是历史上有名的"棋盘演说"。事后，美国的一份娱乐杂志马上把这篇"棋盘演说"嘲讽为花言巧语的产物，很多人都将其视为从未见过的政治表演，就连尼克松也担心自己会失败。不料事后事态的发展完全出乎大家的意料，成千上万封赞扬他的电报涌进了共和党全国总部，尼克松也因为表现出色最终被留在了候选者的名单之上。

日本田中角荣也经常用此方法赢得日本民众的支持。1971年3月14日，田中角荣在日本电视台对全国观众表达自己的争执观点，首先就是用拉家常的方法来拉近和民众的距离，他说："前些时候，我80岁的母亲还曾对我说：'小鬼，再努力地奋斗下去！像你这么小小的成就离成功还远得很呢，可不要妄自尊大哦！'"时年田中已经55岁，他此番谈话可以解释为：一方面，尽管现在自己在事业上取得了一定成就，但是仍然时时不忘老母亲的谆谆教诲；另一方面，对有恩于自己的母亲的音容笑貌，一刻也没有离开过自己的脑海。在另一次讲话中，田中又说："当初我离家的时候，母亲送给我一卷纸币和松叶，从此以后，我便把它们当成是自己的护身符，一刻也不曾离身。万一哪一天我失败而黯然返乡，仍然可以重返我母亲温暖的怀抱。我思念故乡，家中的老母也正在期盼我回家。"

田中角荣就是在自己的政治谈话中采用这种拉家常的方法。他在选民中的支持率一直居高不下，在民众的热情拥护下，田中执政期间也取得了不俗的政绩。

点评

尼克松的"家常"看上去似乎和他所要演讲的主题没有多大关系，但是却出人意料地取得了很好的效果，帮助他成功地达到了演讲的目的。其中最为重要的原因是，他尽管没有直接提到自己是否受贿的问题，但是他所拉的家常，却赢得了听众的欣赏和同情，使他们首先在情感上就接纳了自己，因此尽管不提，却胜似那些言之凿凿的自我辩解。田中也是一样，他所拉的家常也跟政治毫无关系。这在有些人的眼里，或许被认为是故作情感脆弱，但是无可争辩的是，正是他的这种方法感动了民众，日本绝大多数民众都将田中视为一个充满人情味、禀性善良的好人。民众不支持这样的人，还支持谁呢？

请将不如激将

【厚黑真经】

三国时马谡曾说："用兵之道，攻心为上，攻城为下；心战为上，兵战为下。"这就是心理战争。

【精要解读】

人是感情的动物，只要他被某种强烈的情绪所控制，就会失去正常的理性思维能力，从而无意识地受到操纵。因此，厚黑说服术主张，如果你的辩论对象是一位性格鲜明之人，那么你可以采取激将法，激发他的强烈反应。激将就是采用各种隐藏的手段，让对方进入激动状态。当他同情、反感或者极度悲伤之时，也就是他理智最为缺乏、防御最为脆弱的时候。然后，你再步步进逼，激他就范。在人际交往、说服他人的时候，如果能够用激将法调动感情的力量，可以极大地激发人的积极性，调动其热情和干劲儿。

【运用之妙】

小说《三国演义》中曾有这样的片段：

曹操即将进兵东吴。东吴大都督周瑜原来奉命在鄱阳湖训练水师，闻讯后，深夜赶回柴桑郡商议军机。周瑜一到，文武官员便一拨一拨地来访。东吴文武大臣中有两股截然相反的意见，有的说投降是理所当然，有的说必须尽力抵抗，双方各执一理，都希望说服周瑜。当时，被曹操势力冲溃的刘备打算联合东吴共同抗曹，派军师诸葛亮也来到东吴做说客。晚上，鲁肃领诸葛亮拜见周瑜。礼毕之后，鲁肃问周瑜的意思。周瑜说："曹操挟天子之名，势力又大，战则必败。因此我明日拜见主公，便请派人纳降。"鲁肃说："江东基业已经历三世，怎能轻弃？"周瑜说："江东六郡，生灵无限。如果惨遭兵戎之祸，必然会生灵涂炭，而我难辞其咎，所以决计请降。"鲁肃说："将军英雄，东吴险固，曹操未必得志。"

二人相互争辩，诸葛亮只袖手冷笑。周瑜发问："先生何故哂笑？"诸葛亮说："我只笑鲁子敬不识时务。"鲁肃说："先生为何反倒笑我不识时务？"诸葛亮说："周公瑾主降，甚是合理。"周瑜说："孔明果然是识时务之人。"鲁肃说："孔明，怎么你也这么说？"诸葛亮说："曹操极善用兵，过去只有吕布、袁绍等人敢与他为敌，现在这几人已经被他消灭，天下已无人能挡。只有刘豫州不识时务，逞强与曹操争衡，以至于现在孤身于江夏，存亡只在旦夕之间。周将军如能投降，既能保住妻子，又可以保全富贵。至于江东易主，又有什么好可惜的呢？"鲁肃一听，不觉勃然大怒说："你要教我主屈膝受辱于曹贼吗？"诸葛亮却十分平静地说："其实我倒有一妙计。只要派一个使者，用一叶扁舟把两人送到江北就行。曹操一得这两人，百万大军便会退回中原。"周瑜感到很奇怪，问："两个什么人？"诸葛亮说："江东少这两人，好比大树落片树叶，粮仓少颗谷子。但曹操一旦得到，必定会大喜而去。"周瑜越听越感兴趣，急切地问道："到底是哪两人？"

诸葛亮缓缓说道："我尚在隆中之时，就听说曹操在漳河新造了一座铜雀台，非常壮丽，并广置天下美女。曹操本是好色之徒，他听说江东乔公有两女，大女为大乔，二女为小乔，都有沉鱼落雁之姿。曹操曾自述生平二愿，一是扫平四海，成就帝业；二是愿得江东二乔，安置于铜雀台，以娱晚年。如能遂此二愿，死而无恨了。现今他率领百万大军，进军江南，其实就是为了这二女。周将军何不去找乔公，花上千两黄金把她们买来，派人送给曹操？曹操得此二女，如他所愿，必然班师。这是古时范蠡向吴王夫差所献之美人计。"周瑜听了之后，半信半疑，又不露声色地问道："曹操想得此二女，有什么可以证明？"诸葛亮说："曹操的小儿曹植，才思敏捷，下笔成文。曹操曾令他作过一篇《铜雀台赋》，此赋单表曹操平生两愿，一是做天子，二是娶二乔。"周瑜说："此赋你能记下来么？"诸葛亮说："我爱它文辞华美，多次吟诵，暗记在心了。请为君试诵之。"说完之后，诸葛亮果然背诵道："从明后以嬉游兮，登曾台以娱情……立双台于左右兮，有玉龙与金凤。揽'二乔'于东南兮，乐朝夕之与共……"诸葛亮才一吟完，周瑜就气得暴跳起来，离开座位，手指北面骂道："这老贼欺我太甚！"诸葛亮说："过去匈奴屡犯汉朝疆界，汉天子曾派公主去和亲。现在将军为何倒舍不得两个民间女子了。"周瑜气得一言不发，鲁肃接话道："先生有所不知，这大乔是孙伯符将军的主妇，而小乔正是都督之妻啊！"诸葛亮连忙做出诚惶诚恐的样子说："这个我实在不知道，失口乱说，死罪死罪！"周瑜咬牙切齿地说："我与那老贼势不两立！"诸葛亮又说："事虽可恼，但仍须三思。"周瑜说："我蒙孙伯符将军临终托付，岂有屈身投降之理？先前所说，只不过想试二位的态度而已。其实我自离开鄱阳湖，便有北伐之心，就是刀斧加头，也不改其志。还望孔明助我一臂之力，共破曹贼！”诸葛亮慷慨答道：“愿效犬马之劳，早晚听凭驱使。”周瑜说：“明日见了主公，便商议起兵之事。”

点评

尽管这是虚构的小说情节，有夸张之嫌，但却是极佳的激将之教材。诸葛亮所激将之人，是足智多谋的周瑜。周瑜最后自称早有北伐之心，只不过想试探二人的想法，是实话，但却不完全。是战是降，其实他也还在犹豫之中。而这场对话，完全就是一场智力的角逐。周瑜一开始处于主动，他直言不讳的投降言辞，是想诱使诸葛亮站在鲁肃一边，与自己展开争辩，如果如他所愿，那么诸葛亮便会掉入他的陷阱之中，而其游说一定会失败。谁知诸葛亮却早已识破了这一点，于是采用激将法，渐渐地把谈话引向对自己有利的方向发展。而他最为核心的武器，则是把曹操下江南说成是为了掳取二乔。不过，这只是诸葛亮处心积虑制造的假武器。他先探知了孙策、周瑜之妻是二乔，然后篡改曹植赋中句子的意思，把“览二桥”，改成“揽二乔”，然后再歪曲成是曹操命令曹植按照自己的意思写的。然而，不管是真是假，对于年轻气盛、气量狭窄的周瑜来说，这一武器无疑是致命的。诸葛亮激将成功，完全是其胆量和算度精确的结果。

轻松愉快，紧抓要害

【厚黑真经】

威尔逊提出“民族自决”的主张，与他本国的立场是矛盾的。日本是精研厚黑学的，看穿威尔逊有这个弱点，就在和会上提出“人种平等”的提案，朝着他的弱点攻击，那意思分明是“你会唱高调，那我唱个高调比你更高”。

【精要解读】

任何人际交往都是在一定的气氛下进行的。如果从心理学的角度来看，当人们的谈话处于一种轻松愉快的气氛下时，人们更加愿意听从他人的意见，考虑他人的感受。相反，如果他感到周围环境十分紧张，就会发自本能地树立起自我保护的意识，并进行相应的抵触活动。因此，厚黑说话术告诉我们，在和人谈话的时候，要尽量营造一种轻松愉快的氛围，使对方放松警惕，处于一种愉悦的状态之中，这样对谈话的效果大有裨益。

当然，放松并不代表放弃自己的目的。厚黑说话术最高的境界是，在看似轻松和愉悦的气氛中，始终牢牢抓住谈话的关键之处、对方的薄弱环节不放，直到对方同意自己为止。这就是举重若轻的谈话术。轻松的氛围和牢牢抓住关键并不矛盾，我们需要在谈话的时候，把这两者有机地联系起来，这样才能够更快、更有效地达到目的。

【运用之妙】

战国时期，赵孝成王新立，太后掌权，秦国就向赵国发起了攻击。当时，秦国兵强马壮、军队气势如虹，一连攻下赵国三座城池。

赵国岌岌可危，仅凭一国之力无法抗敌，只得向齐国求救。其实，齐国也惧怕秦国，只是赵太后苦苦相求，才决定出兵援救，但是，齐国要求赵太后把小儿子长安君送到齐国做人质，然后才发兵。偏偏赵太后最喜欢、最疼爱的就是长安君。她本人也早已按照自己的思路，帮长安君谋划好了光明远大的前途，但是现在为了赵国，她却必须让他去做人质。经过长久的思想挣扎，最终，作为一个母亲的赵太后战胜了政治家的赵太后，她拒绝了齐国的要求，因为毕竟作为人质随时有可能要冒死亡的危险。

赵国的文武大臣对于赵太后的决定极为不满。秦国大兵压境，赵国快要失去招架之力，整个国家眼看就要朝不保夕，身为一国之主的赵太后却置国家安危于不顾，只念及母爱私情，此举必然是断送了齐国的支援，让赵国面临灭亡。于是，众大臣轮流进谏，慷慨陈词，苦口婆心地向赵太后陈说利害得失关系，都想要说服太后，以求来齐国的救兵。不料他们越是慷慨激昂，赵太后就越是“意志坚定”，无论是谁，她都绝不松口。到了后来，只要谁一提及此事，她马上将他拒之门外；她并且对大臣们声言，如果有强谏此事的人，别怪我老太婆不客气。一时之间，群臣噤口不言，毫无办法。

正在众人为难之际，赵国威望甚高的左师官触龙来了。赵太后料想触龙也是为了此事而来，但是触龙毕竟是几朝元老，功勋卓著，拒绝他总不太好，于是赵太后便气冲冲地等着他。触龙来到宫中，慢慢地小跑着，到了太后跟前谢罪道：“我脚上有毛病，竟不能快步走。好久都没见您了，我还自己原谅自己哩。我怕您玉体欠安，所以想来见见您。”太后道：“我靠车子才能行动。”触龙又问：“每日饮食该没减少吧？”太后道：“不过吃点稀饭罢了。”触龙说：“我近来很不想吃什么，却勉强散散步，每天走三四里，稍稍增加了一些食欲，身体也舒畅了些。”太后说：“我做不到啊。”太后的怒色稍稍地消了些。

触龙又说：“老臣的贱子舒祺年岁最小，不成器得很，而我已经衰老了，心里很怜爱他，希望他能充当一名卫士，来保卫王宫。我特冒死来向您禀告。”太后答道：“好吧。他多大了？”触龙道：“15岁了。不过，虽然他还小，我却希望在我没死之前把他托付给您。”太后问道：“男子汉也爱他的小儿子吗？”触龙答道：“比女人还爱得很哩！”太后答道：“女人格外疼爱小儿子。”触龙说：“我私下认为您对燕后的爱怜超过了对长安君。”太后道：“您说错了，我对燕后的爱远远赶不上对长安君啊！”触龙言道：“父母疼爱自己的孩子，就必须为他考虑长远的利益。您把燕后嫁出去的时候，拉着她的脚跟，还为她哭泣，不让她走，想着她远嫁，您十分悲伤，那情景够伤心的了。燕后走了，您不是不想念她。可是祭祀时为她祝福，说：‘千万别让她回来。’您这样做难道不是为她考虑长远利益，希望她的子孙能相继为燕王吗？”太后答道：“是这样。”

左师触龙又说：“从现在的赵王上推三代，直到赵氏从大夫成为国君为止，历代赵国国君的子孙受封为侯的人，他们的后嗣继承其封爵的，还有存在的吗？”太后答道：“没有。”触龙又问：“不只是赵国，诸侯各国有这种情况吗？”太后道：“我还没听说过。”触龙说道：“这大概就叫做：近一点呢，祸患落到自己身上；远一点呢，灾祸就会累及子孙。难道是这些人君之子一定都不好吗？只是他们地位尊贵，却无功于国；俸禄优厚，却毫无功绩，而他们又持有许多珍宝异物。现在您使长安君地位尊贵，把肥沃的土地封给他，赐给他很多宝物，可是不趁现在使他有功于国，有朝一日您不在了，长安君凭什么在赵国立身呢？我觉得您为长安君考虑得太短浅了，所以认为您对他的爱不及对燕后啊！”太后答道：“行了，任凭您把他派到哪儿去。”于是赵国为长安君准备了上百辆车子，到齐国做人质。齐国于是派兵救赵。终于齐、赵联合，打退了秦军。

点评

可以想象，众大臣在义正词严地想要说服赵太后的时候，君臣两方剑拔弩张的状态。在这样的气氛之下，赵太后一定会自然而然地产生抵触情绪。恰恰相反的是，触龙的说服艺术最为明显的就是使谈话一直处于愉快的气氛之中，努力寻找和赵太后之间的共同点，解除她的戒备心理。更加重要的是，他的寒暄看似漫不经心，实际上却并没有偏离主题，自始至终，他都紧紧地抓住了这个要害，那就是既然赵太后疼爱长安君，就应该从他的长远利益加以考虑。气氛和谐，说话又入情入理，赵太后自然会被说服。

必要时得说“不”

【厚黑真经】

为“我”是人类的本性，不能说他是善，也不能说他是恶，告子性无善无不善之说最为合理。

【精要解读】

拒绝别人和被别人拒绝，是每个人生活中每天都要经历的事情。谁都有过这样的经历：朋友、同事，甚至领导都可能找自己帮忙，但是有些时候，他们所提出的要求是自己没有能力做到或者不愿意做的。而事实上，由于各种原因，那些拒绝别人的话通常很难说出口，所以就常常有那些答应别人之后自己后悔，或者因为答应别人反而使两人之间的关系恶化的事情出现。

在厚黑之人身上，就不存在这样的问题。他们知道，在这个世界上，任何一个人都无法永远做到令每一个人满意。认清这个事实，你就不必立刻改变主意以求别人的赞同，也不会因为否定别人而感到为难。在需要拒绝别人的时候，必须斩钉截铁地予以回绝，脸皮该厚则厚，心肠该黑则黑。不想拒绝是因为怕伤害人和人之间的关系，但是拖泥带水地拒绝，往往只会适得其反，造成更大的伤害和尴尬。而且，如果对方恰好是一个奸诈小人，就更会给他留下陷害你的可乘之机。千万不要勉强同意或答应他人，这样给自己带来的损失将会很大。

【运用之妙】

英国作家毛姆在小说《啼笑皆非》中写过这样一段耐人寻味的故事：一个小人物几乎一夕之间成名，成为一个畅销书作家，他的新朋老友纷纷向他道贺。在他成名之前，他曾经为自己门可罗雀的境遇而感到落寞，但是成名之后，他却不得不为另外一个问题所烦恼。

某天，一位原本早已疏远很久的朋友找上门来了。他很矛盾，不知道该不该见他。按照本意，自己实在不想见他，因为一来没有共同语言，二来浪费时间。可是，人家好心好意地来看自己，如果闭门不见，似乎说不过去，搞不好还会影响自己的名誉。于是他只好去见客人了。见面之后，对方十分热情，非得邀请他改日到他家去吃饭。尽管内心是一百个不乐意，但是盛情难却，这位作家还是不得不佯装愉悦地答应了。在朋友家的饭桌上，尽管他们之间其实并没有什么叙旧之情，但是又怕冷场，于是不得不强迫自己无话找话。处理这种窘迫的场面，让作家感觉比写出一部小说来还要困难。可是，来而不往非礼也，尽管他不愿意再和这个朋友打交道，但是他还是不得不提出要回请朋友一顿。他不会做饭，自然不能在家里请，于是还得为请朋友到哪家饭店去比较合适而苦苦盘算：去第一流的大饭店吧，他担心朋友疑心自己在他面前摆阔；而如果找个二流的饭店，却又担心朋友会觉得自己过于吝啬……这一场景，可真让人“啼笑皆非”了。

世界上有很多像这位作家这样的人。不过，当然也有很多明智之人。俄国十月革命前的某一天，植物育种家米丘林正在植物园里工作。忽然，他的一位家人跑过来说：“有位市长先生，想要见见你。”米丘林头也不抬，仍在工作。家人又大声地重复了一遍。其实，凡是接近米丘林的人都知道，他是一个非常珍惜时间的人，他常常把工具随时带在身边，为的就是用的时候不必到处找，以此节约时间。就连他的手杖上也都刻有尺寸，以方便在散步的时候也能测量树木的高矮。在他眼里，一分一秒的时间都是宝贵的。“你知道，这可是一位市长……”家人还以为他没有听清楚，继续强调说。“可是，”米丘林说，“我一分钟都不愿意白白度过！”说完，他又忙着去修理一棵果树了。

美国作家海明威曾经住在美国爱达荷州。当时，这个州的某位议员在本州竞选，他深知海明威的威望，于是想请海明威帮他写一篇文章，帮他拉选票。他见到海明威，把要求提出来之后，海明威一口答应第二天派人送过去。第二天清晨，这位议员果然收到了海明威送来的一封信，议员满心欢喜。不过，打开一看，才发现里面装的是海明威太太过去写给他的一封情书。议员以为海明威在匆忙之中装错了信，于是把信原封退回，还附了一张便条，叫海明威无论如何要帮忙。不一会儿，议员又收到海明威发来的第二封信，这回打开一看，竟是一张遗嘱。议员很是不解，亲自拿到海明威家里询问。海明威无可奈何地说："除了这两样之外，我真的拿不出什么东西来送给你，我的先生。您是要情书呢，还是要遗嘱？"议员恍然大悟，只得灰溜溜地出去了。

战国时秦国的少年甘罗，也曾用巧妙的方法替他爷爷甘茂对秦王勇敢地说"不"。甘茂当时是宰相。一天，甘罗见到爷爷在后花园中走来走去，还不停地唉声叹气。经过询问，甘罗才知道，原来秦王不知道受了谁的挑唆，硬要吃公鸡下的蛋，还命令满朝文武去找，要是3天之内找不到的话，那么大家都要受罚。甘罗知道这是秦王有意给大臣们出的难题，想了一想，就有了一个主意。第二天，他要爷爷呆在家里，自己替他上朝。等到了朝廷，他不慌不忙地走进宫殿，向秦王施礼。秦王很是奇怪，问他说："小娃娃来做什么？你爷爷呢？"甘罗回答说："回禀大王，我爷爷今天来不了了。他正在家生孩子，所以我替他来上朝了。"秦王听了哈哈大笑，说："一派胡言。男人家哪能生孩子呢？"甘罗说："既然男人不能生孩子，那么公鸡怎么能下蛋呢？"

点评

毛姆的小说中的主人公的经历是很多人都曾遇到过的。尽管米丘林的"处世方式"值得商榷，但是他珍惜时间的思想非常值得肯定。他的故事的意义在于，很多人根本不懂得自己有权拒绝别人，也应该在必要的时候拒绝别人，否则自己就要为脸皮不够厚来"买单"。当然，为了尽可能少地对他人造成伤害，让别人接受自己的拒绝，还应该采取一定的策略。海明威用情书和遗嘱，不失幽默地拒绝了那位议员的要求，同时还讽刺了议员为了竞选而不择手段的丑恶嘴脸。甘罗作为一个小小孩童，居然想到用"以子之矛，攻子之盾"的方法来拒绝秦王，十分有理有节，实在让人们叹为观止。

第四章

求人办事厚黑学

求人办事，因为是“求”，所以在大多数情况下，求人者都是处于一种被动的局面，而被求者往往是趾高气扬，不可一世。但是有些人却“脸皮薄”，放不下清高的架子，生怕自己开口就遭到别人的拒绝，没了面子，因此迟迟不肯开口；又或者好不容易开了一次口，只要对方一有为难情绪，或直接拒绝了，就会立刻感到无地自容，马上就会离开。这样做，自然很难成功。即便是身份再高贵，地位再高，要求人，也要放下架子和身段，至少不能让别人感觉到求人者还高高在上，盛气凌人。否则，绝大多数被求者都不会同意请求的。

软磨硬泡，厚脸求人要耐心

【厚黑真经】

厚黑是办事上的技术，等于打人的拳术。

【精要解读】

坚忍不拔、顽强执著的精神往往是一个人事业成功的关键所在，求人办事时也是如此。求人自然是难事，而其难往往并不是对方总是拒绝自己，而是求人的一方不知道如何厚着脸皮去求人。求人脸皮薄了不行，不放下架子不行，没有技巧更不行。厚黑学求人办事方法最重要的一点是，要有极大的耐心，去达成你的目标。软磨硬泡，即使再顽固的人也经不起你的折腾。不过，那些精通厚黑之术的人，在求人的时候，既要学会死缠烂打。又要显示出自己的真诚；既要软磨硬泡，又不让别人感到你的无赖。厚着脸皮而克服害羞和自卑，在交际处世中主动出击，不达目的誓不罢休。拿出耐心，表示诚意。这就是充满韧性的厚黑求人术。

【运用之妙】

北宋初年，“半部《论语》治天下”的赵普曾多次做过太祖、太宗两朝宰相，他不但满腹经纶，其性格也忠正耿直，坚忍不拔。在朝辅佐朝政时，只要是他认为正确的事情，就是和皇帝意见相悖，他也会坚持不懈，直到说服皇帝为止。

一次，赵普向太祖推荐一位能干的官吏，太祖没有答应。赵普并不就此放弃，第二天临朝时，又向太祖提出这项人事任命，太祖还是没有答应。赵普仍不死心，第三天上朝时又提出来。这样连续三天反复地提起，就连同僚也都感到吃惊，赵普脸皮怎么这样“厚”！皇帝见他如此执拗，动了气，将奏折当场撕碎，并扔在地上。但赵普却仍不放弃，他默默地将那些撕碎的奏折一一拾起，回家后再仔细粘好。第四天上朝时，话也不说，将粘好后的奏折举过头顶，立在太祖面前一动不动。太祖为其诚心所感动，于是长叹一声，只好准奏。

又有一次，某位官员按照政绩已经该晋职，身为宰相的赵普上奏朝廷，但是太祖平常并不喜欢这个人，所以对赵普的奏折不予理睬。但是赵普出于公心，尽管皇帝不喜欢，但他还是像先前那样软磨硬泡。太祖问他："如果我不同意，你会怎么办？"赵普正色说："有过必罚，有功必赏，这时古训。皇上应该不以自己的好恶而无视这个原则。"这话显然冲撞了皇帝，太祖便一怒之下拂袖而去。赵普却死跟其后，到后宫皇帝入寝的门外站着，垂首低头，良久不语，下决心皇帝不答应，他就不走了。太祖拗他不过，最后不得不同意了。

巴普新创办了一个剧场，却没有戏剧评论家前来光顾。巴普知道，如果没有人对他的剧场加以宣传，就不会有观众前来观看，于是，他大胆地闯进了《纽约时报》，并直接点名要见著名评论家艾金森。事有凑巧，艾金森正在伦敦访问，于是巴普就干脆呆在报社不走了，并说："我就等到艾金森先生回来！"艾金森的助理吉尔布无奈，只好先询问一下剧场的大致情况，以表示对他的请求的重视。于是巴普便大谈其剧场的演员如何优秀，观众如何热烈，最后还说："我的观众大多是从未看过真正的舞台剧的移民，因此，如果贵报不写剧评介绍的话，那我就没法继续经营了。"吉尔布见巴普的态度十分诚恳，还很坚决，有所感动，终于答应当晚就去看戏。谁知道，露天剧场的演出到中场休息时，却遇到了很少见的滂沱大雨。巴普见吉尔布想要躲雨，立即又粘了上去，说："我知道，你们剧评家通常是不会评论半场戏的。因此，无论如何也请您破一回例。"巴普的一次次游说，真诚也有，"无赖"也有了，终于感动了吉尔布。几天后，一篇关于他的剧场的简评终于见报，而巴普剧场也日益红火起来。

点评

对同样的意思，反复申请、反复渲染、反复强调，不达目的誓不罢休，面对顽固的对手，这是一种有力的武器。当然，要做到像赵普一样，需要有坚忍以及无惧的性格才行。巴普剧场之所以红火起来的原因，正是巴普步步紧逼、巧舌游说的结果。尽管人卑言微，但是通过软磨硬泡，巴普最终搬动了《纽约时报》这尊大神。当然，在运用此法时要注意要有分寸，超过限度，伤害了对方的感情，反而会起到反作用。

求人办事，先把架子放下

【厚黑真经】

他（刘备）的特长全在于脸皮厚：他依附曹操、吕布、刘表、孙权、袁绍，东窜西跑，寄人篱下，一点也不感到羞耻。

【精要解读】

求人办事，因为是"求"，所以在大多数情况下，求人者都是处于一种被动的局面，而被求者往往是趾高气扬，不可一世。但是有些人却"脸皮薄"，放不下清高的架子，生怕自己开口就遭到别人的拒绝，没了面子，因此迟迟不肯开口；又或者好不容易开了一次口，只要对方一有为难情绪，或直接拒绝了，就会立刻感到无地自容，马上就会离开。这样做，自然很难成功。即便是身份再高贵，地位再高，要求人，也要放下架子和身段，至少不能让别人感觉到求人者还高高在上，盛气凌人。否则，绝大多数被求者都不会同意请求的。

【运用之妙】

大业十一年（615年），隋炀帝任命李渊为山西、河东抚慰大使，奉命讨捕"盗贼"。尽管都被称为"盗贼"，但是对于一般的盗寇如毋端儿、敬盘陀等，李渊都能手到擒来，毫不费力，但对于北方拥有精兵铁骑的突厥，李渊却是大伤脑筋。经过多次交战，李渊是败多胜少，而突厥兵更是肆无忌惮。李渊视之为不共戴天之敌，发誓一定要把他们彻底消灭。

第二年，李渊被封为太原留守，不料突厥竟用数万兵马多次冲击太原城池，李渊遣部将王康达率千余人出战，几乎全军覆没。后来，李渊使用了疑兵之计，这才勉强吓跑了突厥兵。这时，在突厥的支持和庇护下，刘武周、郭子和、薛举等纷纷起兵闹事，李渊防不胜防，随时都有被隋炀帝借口失责而杀头的危险。

在这种情况之下，人们都以为李渊怀着刻骨仇恨，会与突厥决一死战。不料，李渊竟派遣谋士刘文静为特使，向突厥屈节称臣，并愿把“美女玉帛”统统送给始毕可汗。李渊的这种行为，就连他的儿子都深感耻辱。李世民在继承皇位之后还念念不忘，说李渊“称臣于颉利”，自己痛心疾首。

但是，李渊却有自己的考虑。原来，当时李渊根据天下大势，已断然决定起兵反隋。要起兵成大事，太原虽是一个军事重镇，但还不很理想，必须西入关中，才能号令天下。但是，西入关中，太原又是李渊不能丢失的根据地。因此，李渊只有用这种办法才能保住太原，顺利西进。当时，李渊手下兵将不过三四万人马，即使全部屯驻太原，应付突厥和四周的盗寇，已是捉襟见肘。而现在要进兵关中，显然已经无能为力。因此，在这种情况下，唯一的办法是采取和亲政策，让突厥“坐受宝货”。所以李渊不惜屈节让步，俯首称臣，且亲写手书，请求突厥发兵相助，共定京师，并约定胜利后，美女玉帛都献给可汗。

始毕可汗果然同意与李渊修好。在从太原进入长安这段最为艰难的时间里，李渊仅留下第三子李元吉率领少数人马驻扎太原，但却从未遭过突厥的侵犯，依附突厥的刘武周等也收敛了不少。这使得太原方面甚至还有能力源源不断地为前线输送人员和粮草。李渊的屈节请求，还得到了突厥的不少资助。始毕可汗一路上送给李渊不少马匹及士兵，李渊又乘机购来许多马匹，这不仅为李渊拥有一支战斗力极强的骑兵奠定了基础，而且使李渊军中有了英勇善战的突厥骑兵，就更增加了声势。等到公元619年，刘武周攻克晋阳时，李渊早已在关中建立了唐王朝。此时的李渊，已经在关中站稳了脚跟，拥有了新的幅员辽阔的根据地，刘武周再也不是他的对手了。李渊派李世民出马，不费多大力气便收复了太原。

点评

李渊屈节让步的行为，虽为不少人所不齿，但是，如果考虑当时的情况，他的举动不失为一种明智的策略，它使弱小的李家军既平安地保住后方根据地，又顺利地西行打进了关中。如果再把眼光放远一点儿看，突厥在后来又不得不向唐求和称臣，即便是在当时，突厥可汗也还在李渊的使唤下“翩翩起舞”。

别把“冷遇”当回事

【厚黑真经】

刘邦攻破咸阳，囚禁子婴，还军灞上，秋毫无犯。范增千方百计总想把他置于死地，心黑的程度也同刘邦相似。只是范增脸皮不厚，受不得气，于是刘邦使用陈平的计策，离间楚霸王项羽和范增之间的关系。范增大怒请求离去，告老还乡走到彭城，后背长疮而死。大凡做大事的人，哪有动不动就生气的道理？范增如果不离开，项羽就不会灭亡；他若能坚持忍耐一下，刘邦的破绽很多，随时都可以攻进去。他愤怒地离开，把自己的老命、项羽的江山也一齐丢掉了，因小事不能忍耐而坏了大事，苏东坡还称他是人杰，未免过誉。

【精要解读】

在求人办事的时候，受到冷遇也是最正常不过的事情。不过，有些人却因此拂袖而去，不再相求；有些人怀恨在心，伺机报复……这些都是一般人可能有的正常反应，但说到底，这种反应对于办事毫无益处，有时反而会因小失大，影响办事的效果。厚黑求人之法，当是应该对冷遇持不在乎的态度，以“厚脸皮”对待冷落，我行我素，以热报冷，以有礼对无礼，从而最终使对方改变态度。

【运用之妙】

在欧洲，自从查理大帝于公元800年被罗马教皇加冕为“罗马人的皇帝”以后，教皇们便有了和世俗政权争夺权利的资本。天主教思想家宣称，教皇的权力高于皇帝，教皇是上帝的代理人，皇帝则是从教皇的手中获得了皇权。这种思想使得罗马教廷在教皇格列高利七世的领导下，开始和皇帝争夺对西方国家的最高统治权和领导权。

1075年，26岁的德意志皇帝亨利四世上台不久，格列高利召开宗教会议，强调主教职权不得由世俗君主控制，命令亨利放弃任命德国境内各教会主教的权力，宣布教皇的地位高于一切世俗政权，教皇可以罢免皇帝。他警告皇帝不要干涉米兰大主教职位的确定和授职，否则便将其逐出教会。而亨利为了挑战教皇的行动，在1076年初召开了由德意志主教和高级贵族参加的高级宗教会议，宣布废除教皇格列高利。

格列高利毫不示弱。他立即宣布了所谓的破门律，即开除、废黜和放逐亨利。按照破门律，如果被惩罚者不在一年内得到教皇的宽恕，那么他的臣民就要对他解除效忠宣誓。一时之间，德意志和国外的大大小小封建主反对派们都立即响应格列高利，反对亨利，甚至开始策划选举一位新国王。而其他的贵族则威胁亨利，要他在一年内设法解除破门律，否则将不承认他为国王。

面对危局，亨利四世为了保住自己摇摇欲坠的皇位，被迫妥协。1077年1月，亨利放下皇帝的尊贵身段，身穿破衣，骑着毛驴，冒着严寒，翻山越岭，千里迢迢地前往教皇隐居的卡诺莎城堡，向他当面忏悔和谢罪，请求他原谅自己莽撞的行为。他赤足披毡站在寒冷的雪地里苦苦恳请教皇接见，而格列高利故意并不理睬，他紧闭城堡大门，不让亨利进来。天寒地冻之中，亨利在城堡门口整整等了3天，身体和精神上都受尽了侮辱，教皇终于出来赏赐给这个忏悔者一个赦罪的吻。

在经过短时间的平静后，德意志大封建主反对派按照教皇的指示选出鲁道夫为国王，与亨利争夺神圣罗马帝国的统治权。但这时德皇已经巩固了自己的统治基础。1080年，反对派因为鲁道夫战死而瓦解；1084年，亨利攻陷罗马，另立教皇，格列高利出逃，最后郁郁而终。

1946年4月，土光敏夫被推举为石川岛芝浦透平公司总经理。当时，日本百姓生计窘迫，企业的发展更是困难重重，其中最大的困难就是筹措资金。即便是那些著名的大企业，资金也相当紧，更何况艺浦透平这种没有什么背景的小公司，就更没有哪家银行肯痛快地借钱给它了。土光担任总经理不久，生产资金的来源就搁浅了。为了筹措资金，土光不得不每天去走访银行。

一天，土光端着盒饭来到第一银行总行，与营业部部长长谷川郎（后升为行长）商议贷款事项。土光一上来就摆出了不达目的誓不罢休的气势。长谷川郎则装出爱莫能助的无奈之态。双方你来我往，谈了半天也没谈出结果来。

时间过得飞快，一看到疲倦的长谷川郎有点像要溜走的样子，土光便慢条斯理地拿出了带来的饭盒，说：“让我们边吃边谈吧，谈到天亮也行。”硬是不让长谷川郎与营业员走开。长谷川郎只好服输，最终借给了他所希望的款项。

后来，为了使政府给机械制造业支付补助金，土光曾以同样的方式向政府开展申诉活动。于是在政府机关集中的霞关一带，就传开了说客土光的大名。

点评

贵为皇帝，亨利在自己的皇位岌岌可危的情况下，为了求得教皇的原谅，在寒冷中等了三天三夜，其所受的屈辱可以想见。无论对方怎么对待自己，他还是坚持不放弃。亨利上演了这一出感天动地的“苦肉计”，唯其如此，他才能感动教皇（或者仅仅是满足了这位教皇的欲望）。土光的行为具备了泡蘑菇战术主要的要领：脸皮要厚，不至于一见到“钉子”就缩回头；明显地表达了不达目的不罢休的决心；表面上是软磨硬泡的无理性，实际上是以真诚感动了对方。换句话说就是要设法软化被泡对象，讲究“泡法”的礼貌性、合情理。要不温不火，而不能让对方真的生气而反脸相向。

求人需执着，撞了南墙不回头

【厚黑真经】

脸厚心黑是天生的，世人又能对我怎么样？

【精要解读】

有些人脸皮太薄，自尊心太强，在求人办事的时候，没有坚持到底的精神。在他们求人的过程中，只要遇到稍微大点的阻力，就立刻放弃，认为不可能成功。其实，“事在人为”，很多事情并不是没有成功的希望，而是我们没有尽力去做。遇到困难就放弃的行为，其实是过分脆弱的表现，对事业都没有益处。因此，我们在求人的时候，一定要增强抵抗挫折和失败的能力，碰了钉子之后，我们依旧要脸不红、心不跳，不气不恼，照样微笑和人周旋，除非万不得已，不然决不放弃，只要还有一分的希望，就要尽十分的力气，全力争取，不达目的决不罢休。有这样的顽强意志，无论有多大困难，都能把事情办成。

【运用之妙】

《三国演义》中刘备“三顾茅庐”，延请诸葛亮出山的典故早已家喻户晓，也是古代礼贤下士、求才若渴的典范。东汉末年，朝廷腐败，黄巾起义，天下大乱，曹操坐据朝廷，孙权拥兵东吴，汉宗室豫州牧刘备虽然声名在外，占有一方小地，但一直苦于没有可以重用的谋臣。他听徐庶和司马徽说诸葛亮很有学识，又有才能，于是当即就和关羽、张飞二人带着礼物，亲自前去隆中（今湖北襄阳城西南）卧龙岗，想要请诸葛亮出山辅佐他。恰巧诸葛亮这天出去了，刘备三人只得失望地转回去。不久，刘备又带关羽、张飞冒着大风雪第二次去请，没想到诸葛亮又出外闲游去了。张飞本不愿意再来，见诸葛亮不在家，就催着要回去。刘备只得留下一封信，表达自己对诸葛亮的敬佩和请他出来帮助自己挽救国家危险局面的意思。过了一些时候，刘备吃了三天素，以表达自己的心意，准备再去请诸葛亮。关羽说诸葛亮也许是徒有一个虚名，未必有真才实学，不用去了。张飞却主张由他一个人去叫，如他不来，就用绳子把他捆来。刘备把张飞责备了一顿，又和他俩第三次访诸葛亮。到时，诸葛亮正在睡觉。刘备不敢惊动他，一直站到诸葛亮自己醒来，才彼此坐下谈话。诸葛亮见刘备有志替国家做事，而且诚恳地请他帮助，就同意出来全力帮助。刘备得到诸葛亮之后，势力立刻发生了巨大的变化，并在他的辅佐下建立了蜀汉政权。

王均是保险业务员。据他的同事介绍，有一家餐厅可以说是毫无希望，前前后后有很多业务员都跑了这家店，但是却都无功而返。但王钧却跟他们打赌，他一定会让店主买他的保险。

于是，他前去拜访了这家餐厅的店主。果然，店主一听是保险公司的人，刚摆起的笑脸倏地收了起来。

“保险这玩意儿，根本没用。必须要等我死了才能领钱，这算什么呢？”

“我不会浪费您太多时间。您只要挤几分钟的时间让我为您说明就行了。”

“我现在很忙，如果你的时间太多，为什么不帮帮我洗洗碗盘呢？”

店主原是以开玩笑的口吻戏谑王均的，没想到他竟然真的脱下西装外套，卷起袖子就开始洗了。老板娘吓了一跳，大喊说：

“你用不着来这一套。我们实在不需要保险。所以，不管你怎么说，怎么做，我们都绝对不会投保的，我看你还是别浪费时间和精力了。”

可是，王均每天都来洗碗盘，店主依旧是铁石心肠地告诉他：

“你再来多少次都没用。你也用不着再洗了，如果你够聪明，就赶快找别家吧！”

但是，王均却依然每天下班之后就来洗碗盘，10天、20天、30天过去了、到了第40天，这个讨厌保险的店主，终于被王钧感动了，最后终于答应投他的高额保险，还帮他介绍了不少的生意。

点评

三顾茅庐的故事尽管不尽真实，但是却反映了刘备以皇叔、豫州牧等身份礼贤下士的态度。尽管刘备是延请自己的谋臣，和诸葛亮在身份上有着巨大的差别，但是毕竟当时是刘备有求于诸葛亮，而不是诸葛亮有求于刘备。如果不是像他这样不顾自己的身份，三番五次地前去相求，以诸葛亮自视甚高、傲视权贵的性格来说，是决不会答应出山的。在商业活动中，许多从业人员之所以能够拥有突出的业绩，有时并非是因为才能上的差别，而是在于推销商品的时候，谁更加执著。如果能做到像王钧一样执著，拥有不撞南墙绝不回头的冲劲，还有什么是不能成功的呢？

见缝插针，求人要讲策略

【厚黑真经】

“贡”字的定义，是有孔必钻。我说：这错了。只说对一半，有孔才钻，无孔者其奈之何？我下的定义是：有孔必钻，无孔也要入。

【精要解读】

求人办事的时候，最厚黑无过于无孔不入之法。运用厚黑求人，要善于抓住对方空子，见缝插针，让对方的一切都为己所用。见缝插针求人法主要有两个方面的意义，一是利用对方的一切弱点和爱好，针对这些特点加以入手；二是利用和对方有亲密关系的人，让其帮助你在对方耳边“吹风”。

【运用之妙】

唐朝大奸臣李林甫是个见缝插针的能手。为了晋升官位，他因时度势，趁机捞取政治资本；不但善于巴结权贵，还善于巴结权贵夫人。

当时，“武惠妃宠倾后宫”，其子寿王、盛王也因母亲之宠而备受皇帝疼爱，皇太子李瑛反倒被冷落。朝廷中太子一党和武惠妃一党势同水火，相互倾轧。一心想要攀爬权贵的李林甫岂会错过这等好机会，于是打算从取得武惠妃欢心入手。他经过一番思谋，通过宦官对武惠妃说，自己愿意帮助寿王成为太子。这实在是一个险招，因为谋废太子，以图另立，稍有不慎便会有杀身之祸。但是李林甫却十分清楚，巧妙地利用皇宫内潜在的太子之争，利益颇大。果然，武惠妃见他对自己忠心耿耿，便经常在皇帝面前替他美言。

朝中侍中裴光度夫人，是武三思的女儿，李林甫对其暗中献媚，使得裴妻武氏对他十分感激。裴光度死后，李林甫便迫不及待地想要继其相位。对此，武氏鼎力相助，请深受皇帝宠幸的宦官高力士帮助他达此目的。高力士本就出自武三思之家，对武氏所求自然十分尽力。不过，皇帝已经决定采用韩休为相。李林甫尽管一时没有得逞，但是已经为他将来为相奠定了不可动摇的基础。

半个多世纪前，上海滩有一位鼎鼎大名的黑社会老大，名为杜月笙。不少人都知道他是一位黑道枭雄。他头脑机灵、办事老练，其厚黑功夫自然也不在话下。实际上，他当初之所以能在上海滩崛起，在很大程度是因为他善于见缝插针，最后终于得到另一大枭黄金荣赏识之故。

杜月笙一心想要飞黄腾达，不甘久为人下。后来，他投靠了黄金荣，被安排在黄府中做一名打杂的仆役，他整天和佣人混在一起，生活平淡无奇，他自己也感到很烦闷。因此，他处处谨慎，把分配给自己的任务总是一丝不苟地完成。但由于身份实在太低，因此杜月笙还拍不到黄金荣的马屁。然而，他一直在寻找机会，常常和黄金荣的贴身奴仆接触，并借此机会百般讨好，使得黄公馆上上下下的人都对他颇有好感。

一次，黄金荣当时最宠爱的老婆林桂生得病，很久不愈，只得求神占卦。江湖术士提出要年轻力壮的小伙子看护，因为可以取其阳气，以镇妖邪。通过努力活动，杜月笙终于成为被选中的人之一。

杜月笙一向善于察言观色，又善于动脑筋，很快就想到这林桂生的枕边风的威力一定极大，尽管拍不上黄金荣的马屁，或许拍林桂生的马屁会更加有效。于是，杜月笙便“衣不解带，食不甘味”，尽心尽力地侍候林桂生。别人照顾，无非就是随叫随到，或者陪坐一旁，甚至会很不耐烦，但是杜月笙却大不相同，他是一门心思全部用到了这上面，不但照顾周到，而且往往能想尽办法让林桂生摆脱烦恼，心情愉悦。往往是林桂生还没有开口，杜月笙就知道她要什么东西，而且已经送到了她手上。林桂生想到的，杜月笙也想到了；就连林桂生没有想到的，杜月笙也帮她想到了。

当然，杜月笙的功夫并没有白费。几个月下来，他把林桂生伺候得心花怒放，还把他引为贴心知己，并且把背着黄金荣在外面用“私房钱”放债等事也交给杜月笙经营。她还在黄金荣枕边帮杜月笙吹风，使黄金荣终于把当时法租界三大赌场之一的公兴俱乐部交给杜月笙经营。就这样，杜月笙开始平步青云，不久之后就成为黄金荣最为得力的助手。

点评

这两个例子都与被求的人身边的人有关。我们在求人的时候，有时候不一定非要直接找到当事人，而是可以想其他办法，旁敲侧击、迂回包抄，在不用你亲自出马的情况下，让被求之人答应你的要求。尽管李林甫和杜月笙只是为了个人利益而费尽心机，但是在求人时，我们不妨也走一走他们的路子，找到一切可以钻的空子，抓紧一切可以利用的机会，充分运用自己的智慧和资源，然后见缝插针，自然就会手到擒来。

从感情和关系入手

【厚黑真经】

假如遇到一个讲性学的朋友，你却同他讲仁义道德，岂不是自讨没趣？这个时候，则应当糊上“恋爱神圣”这四字。总之，面子上应当糊什么东西，是学习者根据具体情况顺应时势去掌握它，而里子的厚黑二字是万变不离其宗的。

【精要解读】

在现实生活中，任何人都免不了要和其他人发生关系，需要得到别人的帮助。但是，很多人却总是与周围的社会有格格不入的感觉，好像他们无论办什么事情，都会经常四处碰壁。之所以产生这种现象，其原因自然是多方面的，但是其最基本的原则则是因为社会是复杂的。简单地说，那就是我们人人都处在一定的关系网络之中，都需要和别人有情感上的关联，而要求人，要办好事情，就势必要利用这些情感和关系。情感和关系，是求人者和被求者之间的情感与关系。厚黑之士十分清楚，这些情感和关系并不是天生就有的，而是需要我们用心去经营的。因此，我们在平时就要学会经营自己的关系网，和别人多沟通情感，这样在必要的时候，就会有决定性的作用。

【运用之妙】

《三国演义》之中，关羽是个重情重义之人。曹操曾将刘备势力击溃，刘、关、张三兄弟因战乱分开。曹操爱惜关羽将才超群，优待关羽，并赠吕布名驹“赤兔马”，关羽深受其恩。不过，关羽并没有背弃当初兄弟盟约，誓不降曹，曹操只得放其北去寻兄。

赤壁之战中，孙、刘两家联合抗曹，曹操大败，数十万曹军溃散，曹操仅得数百人仓皇逃命。诸葛亮、周瑜令人一路追击、埋伏，曹操十分狼狈，逃至华容道。华容道是处“一夫当关、万夫莫开”的绝境，谁料诸葛亮早已派关羽率人在此阻击。等曹操一行数十人到后，刘军在对面有500校刀手摆开，为首大将关羽提青龙偃月刀，跨赤兔马，截住了去路。

曹军将士见了之后，亡魂丧胆，面面相觑。曹操命令将士说：“事到如今，就只有决一死战了！”众将都说：“就算人不畏惧，马也没有力气了。还怎么交战呢？”曹操谋臣程昱说：“关云长对位高者傲慢却对处下位者有礼，藐视强悍却不忍欺凌弱者。且恩怨分明，最讲信义。丞相您以前曾经有恩于他，现在最好亲自用这个来求他，就可以免脱此难。”曹操听从他的建议，立即驱马向前，向关羽抱拳说道：“将军别来无恙否？”关羽也欠身回答说：“关某我遵奉军师的命令，已经在此守候你多时了。”曹操说：“我兵败垂危，走投无路，希望将军您能够念及昔日旧情，放我等一马。”关羽说：“昔日我关羽的确曾受丞相的厚待，但是我已经先后斩杀颜良、文丑两员大将，帮助丞相解了白马之围，可以说已经回报了。而今天这件事情，我岂能以私废公呢？”曹操又说：“当初将军过五关斩六将之时，我不但未予追究，还三次派人放行，将军还记得吗？大丈夫当然应该以信义为重。将军既然熟读《春秋》，难道不知道庾公之斯义释子濯孺子之事吗？”

关羽本来就是个义重如山之人，当下想起当日曹操许多恩义，与后来五关斩将之事，怎么能不动心呢？回头又见曹军将士落败惶恐，看起来好像都要哭出来了，更加不忍心杀害他们。于是掉转马头，对将士说：“四散摆开，让出道来。”很明显是要放曹操等人走了。曹操看见关羽掉转马头，便趁机和众将士一起冲了过去。等关羽又回身时，曹操已与众将过去了。关羽想到自己已经在诸葛亮面前立下军令状，不禁悲啸一声，而曹军都吓得下马，在地上哭拜不已。关羽更加不忍心了。正在犹豫之间，素来和关羽交善的曹军大将张辽纵马过来了。关羽见了之后，不禁又想起故旧之情，于是长叹一声，到底把他们全都放了过去。

蔡文姬是东汉著名文人蔡邕的女儿，曾因为战乱流落到匈奴。曹操和蔡邕原是好友，知道情况之后，就派人带着礼物到匈奴，把蔡文姬接了回来。蔡文姬到了邺城，曹操见她孤苦伶仃，又把她再嫁给一个屯田都尉董祀。谁知时隔不久，董祀却犯了法，被曹操的手下人抓了去，判了死罪，眼看快要执行了。

蔡文姬慌忙去见曹操。当时恰好曹操正在魏王府内举行宴会，朝廷里的一些公卿大臣、名流学士都相聚在一起。侍从把蔡文姬求见的事情报告曹操。曹操知道在座的大臣名士大多和蔡邕相识，就命令侍从把蔡文姬带进来。只见蔡文姬披头散发，赤着双脚，一进来就跪倒在曹操面前，替她丈夫请罪。她的嗓音清脆，说话声中饱含悲伤之情。座上有很多人原来就是蔡邕的朋友，看到蔡文姬如此伤心，也十分感动。

曹操听完蔡文姬的申诉之后，说：“你的情形的确十分可怜，但是判罪的文书已经发出去了，有什么办法呢？”蔡文姬哭诉着说：“大王只需派出一名武士和一匹快马，就能把文书追回。”曹操终于被打动，亲自批了赦免令，派了一名骑兵追了上去，免了董祀的死罪。

点评

曹操不愧是厚黑中的高手。当年他礼遇关羽，无非是看重关羽的才能，想要关羽追随于他，说到底是一种利用的关系。但是对于他来说，目的并不重要，在他危难的时候，他礼遇关羽的行为完全就变成了可以利用的资源。偏偏关羽又是一个有情有义、知恩图报的人，因此“故人”的关系和情感，就顺理成章地产生了最为关键的作用。蔡文姬也深知仁慈心和同情心是每个人情感中最基本的组成部分，于是她巧妙用悲伤来打动曹操，又加上她父亲和曹操的好友关系，情感和关系双管齐下，终于让曹操同意了她的请求。

活学活用“捧”字诀

【厚黑真经】

恭就是卑躬折节、胁肩谄笑之类，分直接、间接两种，直接是对上司而言的，间接是指对上司的亲戚、朋友、差役及姨太太之类而言的。

【精要解读】

厚黑学认为，人人都想受到他人的承认、尊敬和赞扬，这不但是个人和整个社会进步的推动力，也是可以利用的“人性弱点”。人们在听到他人恭维自己的时候，心里就会非常高兴，产生一种莫大的优越感和满足感，自然就容易听从对方的建议。因此，我们在求人的时候，一定要学会捧别人，毕竟是有求于人，能否取得对方的好感，直接决定着求人的成功与否。会说话和求人办事是相辅相成的。话说得好听，说得到位，对方就易于接受我们提出的条件和要求，否则，即便是一件简单的事情，也容易办砸。拍拍别人的马屁，适当地恭维一番，对方的心理上满足了，才会替我们办事。当然，我们也需要掌握恭维的技巧，而且一定要掌握火候。高帽尽管好，可是尺寸也要合乎规格才行。

【运用之妙】

《三国演义》之中，诸葛亮知道关羽性格高傲，对他一向奉行“捧”的方法，屡屡奏效。

刘备入川之后，西凉马超归顺刘备。在和刘备说话时，马超常常称呼刘备“玄德”而不尊重地叫“主公”，但即便如此，刘备还是待他很优厚。为此，心高气傲的关羽很是恼火，欲与马超一比高下，但由于正在镇守荆州，不便行动，于是写信告诉刘备想要和马超比武，以灭其锐气。二虎相斗，必有一伤。为了防止这一情况的出现，诸葛亮特意写信给关羽说：“听说关将军想要跟马超比武一争高下。依我看来，马超虽然英勇，但是最多只能和张飞并驾齐驱，怎么能跟你‘美髯公’相提并论呢？再说，关将军此时担当镇守荆州的重任，如果因为你离开荆州而造成了损失，岂不负了主公之重托？”关羽看到信之后，十分满意，笑着说：“还是军师知道我的心思啊！”于是就取消了入川比武的念头。

美国鲍尔温交通公司总裁福克兰，在年轻的时候因为巧妙地处理了一项公司的业务而平步青云。当时，他只是一个机车工厂的普通员工，由于他的建议，公司买下了一块地皮，准备建造一座办公大楼。在这块土地上的100户居民，都需要迁移出去。但是居民中有一位爱尔兰的老妇人，却首先站出来和机车工厂作对。在她的带领下，许多人都拒绝搬走，他们抱成一团，决心与机车工厂一拼到底。

显然，面对这种局势，最好采用的方法是“以柔克刚”的办法，而聪明的福克兰正是采用此种选择。他对工厂领导说：“如果我们通过法律途径来解决这个问题，就要费时费钱。当然，我们更不能采用其他强硬的方法，这样我们将会增加更多的仇人。这件事还是交给我来处理吧！”

这一日，他来到了老妇人的家门前，看见她正坐在石阶上晒太阳。他便故意在老妇人面前走来走去，还装出一副忧心忡忡的样子，心里好像在盘算什么。自然，他引起了老妇人的注意。不一会儿，老妇人便问：“年轻人，有什么烦恼吗？”

福克兰趁机走上前去，不过并没有直接回答她的问题，却说：“您这时无事可做，真是天大的浪费啊！我知道您有很强的领导能力，实在是应该抓紧时间干一番大事的。听说这里要建造一座新大楼，您是不是准备发挥您的超人才能，做一件连法官、总统都难以做成的事情：劝您的邻居们，让他们找一个快乐的地方永久地居住下去？这样，大家一定会记得您的好处的呀！”

这番话说得老妇人十分高兴。第二天，这个强硬顽固的老妇人变成了全费城最忙碌的人了。她到处寻找房屋，指挥她的邻人搬走，并把一切都办得十分稳妥。办公大楼也很快破土动工，而工厂在住房搬迁过程中，不仅速度大大加快，就连所付的代价也竟只有预算的一半。

点评

依照关羽的性格，如果诸葛亮只对关羽晓以大义，甚至是用命令要求他守在荆州，他多半会抗命不尊，即便是听从了命令，多半也不会心平气和，这对他所担任的守卫荆州的工作自然不利。所以，诸葛亮才捧他，贬低马超，让他既同意取消比武，又能够安心地守在荆州，尽职尽责。福克兰对待老妇人的方法也是一样。如果采用其他的方法，硬碰硬，老妇人自然不会屈服，而且还需要一定的时间，因此，福克兰才把老太太说成是当“领导”的料，赞美她组织能力很强。听到这样的话，老太太不免飘飘然，也就顺从了福克兰的请求。

办成事的最大秘诀是投其所好

【厚黑真经】

一般来说，人性都是喜直厚而恶机巧的，而厚黑之人要达到自己的目的，没有机巧权变是绝对不行的。

【精要解读】

厚黑求人术要求我们在求人时，应该设法引起对方对这件事产生积极的兴趣，或者设法满足其某个急切的愿望，迎合他的某个爱好，这样，对方就自然会听从我们。也就是说，对方喜欢什么，我们就做什么，给什么，这样一来，他们就会感到愉悦，深信不疑，也就乐于在对待我们的事情方面投入感情、精力甚至金钱。

【运用之妙】

齐国孟尝君田文，用齐为韩、魏两国攻打楚国，又为韩、魏攻打秦国，还向西周借兵求粮。西周君主不想借兵、粮予齐国，遂派出韩庆作为使者加以拒绝。

韩庆见到孟尝君后，说：“您拿齐国为韩、魏攻打楚国，历时五年才攻取宛和叶以北地区，增强了韩、魏的实力。如今，又联合攻打秦国，又增加了韩、魏的实力。韩、魏两国南边没有对楚国侵略的担忧，西边没有对秦国的恐惧，这样地多辽阔的两国越加显得重要和尊贵，而齐国却因此而显得地位低下了。这就好像树木的树根和枝梢更迭盛衰、事物的强弱也会因时而变化一样。臣私下替您和齐国感到不安。您不如使我西周暗中和秦国和好，而您也不要真的攻打秦国，因此也不必要向我国借兵求粮。您兵临函谷关却不进攻，让我国把您的意图对秦王说明：'孟尝君肯定不会攻破秦国让韩、魏两国壮大，他之所以进兵，是企图让楚国割让东国给齐国。'这样，秦王就会放回楚王。与贵国保持和好关系，秦国得以不被攻击，他放回楚王并没有什么损失，却因此免去了一场灾难，肯定会愿意这么做的。楚王回到楚国之后，又必定会感激齐国，因此甘心献出东国。齐国得到东国之后就会更加强大，而您孟尝君立此大功，也会世代没有忧患。秦国既然解除了三国的兵患，又处于三晋（韩、赵、魏）的西邻，三晋也必然来尊事齐国了。"

孟尝君听后欣然应允，使三国停止了攻打秦国。而西周，也无需因为不借兵粮而与齐国结仇了。

唐朝贞观八年（634年），李义府被剑南道巡察大使李大亮所举荐，对策中第，补为门下典仪。从此，李义府便跻身朝廷。在此期间，又得到黄门侍郎刘洎和侍御史马周的赏识，二人又合力向唐太宗举荐。太宗亲自召见，颇爱其才，立即授予其监察御史之职，并置于晋王李治府中。李义府知道当今皇帝是个仁德之人，乃做《乘华箴》上献太子李治，文中规劝太子"勿轻小善，积小而名自闻；勿轻微行，累微而身自正"，还说"佞谀有类，邪巧多方，其萌不绝，其害必彰"，一副道貌岸然之态。事情果如所料：太子将此箴上奏，太宗很是欣赏，大加赏赐，并令其参与撰写《晋书》。

李治即位后，李义府春风得意，青云直上。朝中人士知其为人"皮里春秋"，更兼其是刘洎、马周所举荐，丞相长孙无忌极为反感，于是奏请高宗贬李义府到壁州做司马。不过，诏令尚未下达，李义府便早有所闻，于是急忙向中书舍人王德俭寻求应对的方法。王德俭向李义府建议说："皇上宠爱武昭仪（武则天），想要立为皇后，又怕宰相反对，因此没有提出来。你只需提出这个建议，就可以转祸为福了。"

于是，李义府马上行动，上表高宗，谎称立武昭仪为皇后是众望所归，请废王皇后，立武昭仪为后。高宗正愁没有人给他台阶，李义府此举正合他的心意，于是马上召见了李义府，不仅厚加赏赐，还将贬斥他的诏令按住不发，留据原职。武昭仪也秘密派人向他表示感谢。不久，李义府与其他请立武昭仪为皇后的大臣，都成为武昭仪的心腹。这年七月，李义府又被越级提拔为中书侍郎。十一月，又拜为中书门下三品，监修国史，并赐爵广平县男。

点评

生活在社会中，每个人都总是无可避免地处于非常复杂的利害关系和激烈的利益冲突之中。每个人都想维护自己的利益，最为关心的是自己利益的增加或减少，因此，如果你想要诸事顺心、得到别人的帮助，就首先要满足别人的利益。韩庆游说的根本目的，是请求齐国取消向西周借兵求粮的念头，但齐国统治者之所好者，自然是齐国目前的利益和以后的前途。而韩庆的聪明之处就在此处，他自始至终都是从对方最为关心的利益加以说明，以对方的利益为出发点，投对方之所好，终于能够让对方听从自己。李义府不愧是个厚黑大师，他本来是个佞邪之人，但是却表现得很是清高。这是因为他知道太宗皇帝是个贤明的皇帝，他希望在太子身边的是那些有才华、有道德的人。只有这样，他才能得到皇帝的赏识。而后来，他于被贬谪的关头向皇上奏请立武昭仪为皇后，正中皇帝的心意，这个建议送得正是时候。因此，不需他开口相求，皇帝早已欢喜万分，非但不再贬谪，反而得以提升。这些都是李义府深知"投上所好"的缘故。

绵里藏针求人法

【厚黑真经】

凡是当权的那些大人物，都有软处，只要找到他的要害，轻轻点一下，他就会大吃一惊，立刻把官儿送来。

【精要解读】

求人的人一般处于弱势地位。被求的一方一般不肯轻易顺从求人者的意见，甚至会显示出一种居高临下的姿态。然而，精通厚黑之人不但在求人的时候能够厚着脸皮、放下身段，而且能够反客为主，让对方不得不答应自己。这就是绵里藏针求人法。在求人办事的过程中，“哄”自然是必不可少，但是要在和颜悦色之中非常微妙地把对方最担心、最害怕的事情委婉地说出来，甚至会主动创造条件，让对方的一部分利益掌握在自己手中。当对方意识到自己的把柄掌握在你的手中，或者权衡利弊得失之后，就不得不帮你办事了。

【运用之妙】

战国时，齐国人张丑被送到燕国做人质。不久之后，齐、燕两国失和，燕王想把张丑杀掉。张丑得了消息之后，立即寻机逃走，不料尚未逃出燕国国境，又被燕国一个边境守官抓住。

张丑知道硬拼绝对不对，如果哀求于他，对方又会不为所动，于是对他说：“您知道燕王为什么要杀我吗？”

守官摇摇头。

张丑说：“因为有人向燕王报告说，我有许多财宝。但实际上，我并没有什么金银财宝，但燕王偏偏不信。”顿了一下，他又接着说：“现在我被你抓到了，你会有什么好处呢？”

守官回答说：“燕王允诺给捉到你的人奖赏一百两白银，这就是我的好处。”

“哈哈！”张丑大笑说，“你肯定是拿不到银子的！如果你把我交给燕王，我肯定会对燕王说，是你独吞了我所有的财宝。燕王听到之后，一定会暴跳如雷，到时候，你会怎么样呢？”

守官听到这里后，越发心慌，思前想后，终于把张丑给放了。

系山英太郎，是一位在日本政商界呼风唤雨的显赫人物，他在26岁时当上了前首相中曾根的秘书；30岁即拥有了几十亿的资产；32岁成为日本历史上最年轻的参议员；1996年退回商界成为日本巨富之一。这一切，都与他过人的智慧有关。

系山最初经营的事业是高尔夫球场。有一次，包括系山在内的许多人同时看上了一块地皮。无论从位置还是地形条件来看，这块地皮都可以算是上乘，但是价格也高得出奇：市价约2亿日元。

尽管绝大多数人都想得到这块地皮，但是系山决定要以更低的价格将这块土地买到手。他先放出风声，说他对这块地十分满意，将不惜一切代价买下它。这个消息很快传到了地主耳中，他很快就派经纪人找到系山。一见到系山，好像是一个纨绔子弟，便想好好地敲他一笔，开口便报价5亿日元。不料系山想都没想，便说：“这么便宜，我要定了。”

见到系山愿出高价，经纪人欣喜若狂，马上和地主签订了代理契约，并把系山的情况绘声绘色地描述了一番。碰到这样一个冤大头，地主十分高兴，于是把其他有意购买的人一概回绝了。然而，此后，当经纪人多次找系山签约的时候，系山要么不见踪影，要么借口拖延，一连9次，经纪人再也沉不住气，只得摊牌，求系山购买。

系山知道火候已到，便在经纪人面前历数那块地的缺点，说明那块地绝对不值5亿日元。经过一番讨价还价，经纪人步步退却，最后亮出底价2亿日元。但系山仍不肯罢休，对经纪人说：“如果市价是2亿，我就出2亿，那我又何必费这么多工夫和你争辩呢？”

黔驴技穷的经纪人只好找地主。地主则更伤脑筋，因为他已经回绝那些想要买这块地的人了。如果系山不买，重新找回顾客可就十分困难了，不但会被讥笑，而且他们一定会杀价，说不定结局会更惨。地主思前想后，无可奈何地让系山开价。最后，系山竟然以1.5亿日元的价格得到了这块风水宝地。

点评

张丑之所以能够逃脱，完全是因为他善于抓住守官的心理弱点，从而一击而中。可以想象，如果张丑像一般人一样在守官面前战战兢兢地苦苦求饶，贪财的守官势必不会放过他，因此张丑才反客为主，诓骗他。这就是绵里藏针求人法的过人之处：明明是对求人者大不利的事情，却反而变成了被求者的威胁。系山的绵里藏针求人法则更加高妙。他主动创造有利于自己的条件，先是"设局诱敌"，使对方陷入被动的境地，然后"抽梯断敌"，使对方退无可退，只得答应自己的条件。地主在进攻无望、后退无路的情况下，就只好任系山摆布了。

送礼有道才能好办事

【厚黑真经】

"送"就是送东西，分大小两种：大送，就是把银元钞票一包包地拿去送；小送，就是送像春茶、火腿及请上餐馆之类的东西。所送的人分两种，一是掌握用人大权的人，二是虽未掌握用人大权，但能助我一臂之力的人。

【精要解读】

中国人向来重视礼仪，而送礼恰恰是表达尊敬和重视的有效手段。送礼，可以说是求人办事最为重要的辅助手段，在此过程中，往往起到十分关键的作用。谁都明白"欲取先予"的道理。别人给你办事，自然需要给予一定的"好处"，不然他凭什么给你办事呢？因此，厚黑学十分重视送礼。暂且不管这种做法在今天是否合乎时宜，但是无论在什么时代，取舍的平衡永远是人们做人做事的永恒原则。

当然，送礼也是一门大学问。只有真正掌握了这门学问，才能利用它来帮助我们办成事情。送礼有道，才能于人于己都有利。在送礼时需要注意的问题主要有：一是选准送礼的对象，即"送给谁"的问题。在送礼之前，一定要权衡好各位"关键人物"的作用，谁是真正能起作用的人，就把礼物送给谁。二是要投其所好，即"送什么"的问题。送礼一定要投其所好，送上对方十分喜欢的礼物，他才会动心和动情，才会拿出精力为你办事。三是送礼应轻重适宜，即"送多少"的问题。礼物的轻重、多少要恰到好处，既要能达到办事的目的，又要有所节省，不至于得不偿失。四是选准时机，即"怎么送"的问题。送礼要讲究时间、地点和场合，这样，对方才可能接受。

【运用之妙】

清代巨商胡雪岩十分善于经商，也善于经营自己的关系网络，而其建立关系网的重要手段就是"送礼"。他送礼的精明之处在于善于抓住不同人的特点，投其所好，并往往是在其急需的时候送出，这样的"礼"自然会有足够大的收益。

在胡雪岩生活的晚清时代，想要经营成功，必然要在官场建立关系网；而要在官场建立关系，自然离不开银子的作用。胡雪岩深谙此道，也从不吝惜银子。比如，曾任浙江藩司的麟桂调任江宁藩司，曾在浙江亏空两万多两银子需要填补，临行之前又一时筹集不到足够的款项，便找到胡雪岩请他帮助代垫。胡雪岩二话不说，爽快地应承下来。他的“雪中送炭”，使得麟桂派去和胡雪岩相商的亲信激动不已，要他一定不要客气，趁麟桂此时还未卸任，有什么要求尽管提出来，他一定帮忙。胡雪岩没有提出任何索取回报的具体要求，只是希望麟桂到任之后，有江宁方面与浙江方面的公款往来时，能够指定由他的阜康票号代理。这一点小小的要求，对于掌管一方财政的藩司来说，自然不在话下。而事实也证明，这一行为让胡雪岩得到了意想不到的收益。

胡雪岩经商成功，主要得益于王有龄和左宗棠两人。王有龄，福建侯官人。道光年间，王有龄曾经捐了浙江盐运使，但无钱进京。胡雪岩结识他之后，认定其前途不凡，便资助了他500两银子，让他进京混个官职。此时的胡雪岩自己也并未成功，500两银子已经是很大的数目了。后来王有龄在浙江当了粮台总办，并从此平步青云。王有龄知恩图报，发迹后并未忘记当初胡雪岩解囊相助之恩，便资助胡雪岩自开阜康钱庄。之后，随着王有龄的不断高升，胡雪岩的生意也越做越大。英法联军侵华期间，胡雪岩暗中与清廷军界搭上联系，有大量的募兵经费存于胡的钱庄之中。后来，王有龄又委以胡雪岩“办粮械”、“综理漕运”等重任，使之几乎掌握了浙江一半以上的战时财经，从而为以后的发展奠定了良好的基础。

胡雪岩之所以可以迅速崛起，前期主要得益于王有龄，后期则主要得益于左宗棠。同治元年（1862年），王有龄因丧失城池而自缢身亡，左宗棠继任浙江巡抚一职。急于寻找到新靠山的胡雪岩又把目标投向了左宗棠。为了和他拉上关系，胡雪岩颇费了一番心思。不料左宗棠为人心高气傲，身居高位，又加之曾听闻一些关于胡雪岩和太平军的谣言，因此在胡雪岩第一次拜见时，左宗棠对他颇多戒备，甚至都不给他让座，很是冷落了他一把。但胡雪岩却不以为意。经过努力，胡雪岩最终得到了左宗棠的信任，甚至被左宗棠引为知己，自此以后，左宗棠成为胡雪岩在官场比王有龄更有力的靠山。也正是由于左宗棠的大力举荐，胡雪岩才得到朝廷特赐的红顶子，成为“红顶商人”。

胡雪岩得到左宗棠的信任，主要是因为送了几次及时的“大礼”。早在左宗棠继任浙江巡抚之前，他所率领的军队在安徽时，饷项就已拖欠了近5个月，饿死及战死者很多。进兵浙江之后，粮饷短缺的问题仍然让左宗棠苦恼无比。胡雪岩紧紧地抓住了这次机会，他在十分紧张且危险的战争环境下，在3天内筹齐了10万石粮食，使左宗棠的问题迎刃而解。自此之后，左宗棠对胡雪岩大为赞赏，并被委以重任。胡雪岩开始以亦官亦商的身份往来于宁波、上海等洋人聚集的通商口岸。在经办粮台转运、接济军需物资之余，胡雪岩还紧紧抓住与外国人交往的机会，联合外国军官，为左宗棠训练了约千余人、全部用洋枪洋炮装备的“常捷军”。

同治五年（1866年），左宗棠由闽浙总督调任陕甘总督，并奉命出关西征。西征军的经费虽然由各省共同筹集，但是却经常拖欠。为解决经费问题，左宗棠只好奏请借洋款救急，而具体事务则由胡雪岩来办。通过胡雪岩的精心策划和积极努力，自称中国通的英国渣打银行驻中国地区总经理被收拾得服服帖帖，借贷双方很快就利息、期限、偿还方式等细节达成一致。于是，胡雪岩为西征筹得第一笔借款。此后，他还先后6次向洋人借款，累计金额为1870万两白银，尽管利息非常高，但从当时的情况来看，这一借款举动是值得的。

点评

胡雪岩所做的事情，的确都做到了对症下药，因而能够药到病除。在麟桂和王有龄急需资助的时候，他慷慨以不菲的银两相赠，为日后自己的发展奠定了坚实的基础。而粮食、军饷，当时正是左宗棠最着急也最难办的事情。胡雪岩送出的“厚礼”，使左宗棠对于这两件让他头痛的事情迎刃而解，自然会得到他的赏识。左宗棠求事功，而胡雪岩正好给他送去能使他成就事功所必需却不易得的东西，一送之下，也就收到了意想不到的效果。胡雪岩自己也说：“送礼总要送人家求之不得的东西。”由此可知，胡雪岩也是深谙送礼之道的。胡雪岩的高明之处还在于，他送礼并不是在自己有求于人的时候进行，而是平时就注意用之来建立关系网。这样做显得功利性并不很强，因此比那些临时有需要的时候才去送礼求人更加有效。这样一来，在自己需要帮助的时候，对方也就能慷慨相助了。

央求不如婉求，劝导不如诱导

【厚黑真经】

疯狂的人，想逃走的心，与禁锢的力成正比例，禁锢得越严，越是想逃走，有时不禁锢他，他反而不想逃走了。

【精要解读】

许多人在求人的时候直来直去，这正是厚黑学所反对的。求人太直白、太僵硬，会把事情搞砸。因此，厚黑之人十分懂得机巧，认为以曲求直，委婉求人最为可取。迂回求人，是一种艺术，可以使难办的事情变得容易，办不成的事情办成，没有一定的心机，便很难懂得它的真谛。

“婉求”而不央求，就是不直接出面或直指目的，而是绕开对方本来不会应允的事情，选定另外一个临时拟定的虚假目的作幌子，从而让对方接受。而当对方进入到自己设定的圈套之后，自己的真实目的也就达到了。而所谓的“诱导”，是指用较为虚假的目的掩盖自己的真实目的，让对方无从察觉。表面上好像自己没有任何企图，让对方失去戒备和警惕，对方可能就不再有所戒备和有所顾虑，要办的事情自然要好办得多。可以看出来，“婉求”和“诱导”最大的特点都是含而不露。

【运用之妙】

孙膑和庞涓都是鬼谷子的学生。庞涓提前下了山，到魏国做了大将，他知道孙膑才能在自己之上，于是把孙膑诓来，以图控制。魏王见了孙膑，想试试他的才能。一日，魏王坐在殿上，对文武大臣说：“今天我坐在殿上，大家有没有办法让我从殿上走下来。”

有个武将惊慌失措地跑到前面，口里怪叫：“蛇！大王背后有毒蛇！”魏王面不改色，说道：“小诡小诈，怎能骗我？”这个武将只好无趣地退了下来。一会儿，一个文官出来禀报说：“大王，听说前院有棵枯树突然开花，可以前往一观。”魏王冷冷一笑，动也没动，文官也只好退下。

大臣们使尽浑身解数，但是魏王还是不为所动。这时庞涓出来说：“臣有一方，一定能叫大王走下来，只是不敢实行。”魏王说：“你先说。”庞涓说：“我叫人去后殿放一把火，大王定然走下来。”魏王听了，微微一笑，说：“好计！”随即又把脸一沉：“太放肆了！”

看到群臣皆无办法，魏王看了一眼不动声色的孙膑，问他说：“听说阁下是鬼谷子先生的高徒，想来定有妙计。”孙膑走上前去，说：“大王今天打定主意不下来了，臣等皆无办法，就是神仙也无计可施啊！”魏王听出话里的恭维之意，不禁喜上眉梢。“不过，”孙膑接着说，“换个位置可就不一样了。要是您站在殿下，我倒有办法让大王走上殿去。”

魏王摆摆手说：“那还不是一样？不过，既然你说了，我倒要看看你有什么办法。”说完，就起身走下殿。刚一走到殿下，魏王就恍然大悟，哈哈大笑，连夸孙膑才高。

意大利著名女记者奥里亚娜·法拉奇深知采访时“诱导”的效果。她以对采访对象挑战性的提问和尖锐、泼辣的言辞而著称于新闻界，有人将她的这种风格独特、富有攻击性的采访方式称为“海盗式”的采访。但是“盗亦有道”，她把这种艰难的采访进行得很出色的原因，就是她总是会用“诱导”式的提问方式。

阮文绍是前南越总理，西方评论界认为他是“南越最腐败的人”。在采访时，法拉奇并不直接问对方这个问题，而是将它分成两个有内在联系的小问题，曲折地达到采访目的。她先问：“听说您出身十分贫寒，是吗？”阮文绍听后，十分动情地描述他小时候家庭的艰难处境。在得到上面问题的肯定回答之后，法拉奇又问：“贵为总理，您现在已经富可敌国。听说您在瑞士、伦敦、巴黎和澳大利亚都有银行存款和住房，是吗？”对于这个问题，阮文绍尽管否认了，但是为了澄清这一“传言”，他不得不详细地道出他的“少许家产”。这样，阮文绍究竟是如人们传说的那般富裕和腐败，还是并不奢华，答案已经呼之欲出，而读者自然也会根据他所列的财产清单作出自己的判断。

点评

孙膑之所以能够使魏王从殿上下来，原因在于其思维和一般人大不相同，他所运用的正是求人法中的迂回之法。一般人的想法仅局限于如何直接把魏王从殿上请下来，是一般的思维逻辑；而孙膑却能够换个角度，他的请求是让魏王顺从自己，看如何使他从殿下走上去。当魏王听从了他之后，自然暂时忽视了他先前无论如何都不会做的事情，而孙膑就是在这样的迂回之中达到了目的。记者法拉奇采访所面对的都是政界要人，两人所处的位置十分悬殊，她要得到答案的方法就是迂回，诱使对方谈一些他愿意回答的问题。但是这些问题实质上和原来的问题是一样的，因此法拉奇也就能得到她所要的答案了。

第五章

职场厚黑学

职场厚黑学最为重要的经验之一是，作为下属，绝对不能跟上司抢镜头。如果你忘了自己的作为下属的身份，总是把本该属于上司的光辉硬往自己脸上贴，或者让自己的功劳或才能盖过上司的光芒，老做一些“越位”的事情，那么你的职场生涯可能就要遭遇不顺。在任何时候，都要给上司留足面子，甚至主动将自己的功劳让给上司，或者在上司面前收敛才华，以让上司感觉自己光辉耀眼。这不仅是对上司应有的尊重，而且是职场中必不可少的生存策略。

擅长领会上司的真实意图

【厚黑真经】

楚国郢地有个人给燕国的相国写信，写的时候天黑了。他便喊：“举蜡烛来。”一边喊一边就不经意地在信上也顺手写上“举烛”二字。信送到燕相国手中，他想了许久，说道：“举烛是崇尚光明的意思，崇尚光明是任用贤人的意思。”于是他根据这个想法去劝谏燕王，燕王采用他的话，国家治理得安定富强。

【精要解读】

厚黑学告诉我们，在日常生活当中，我们要学会善解人意。所谓的善解人意，就是要善察言观色，揣摩人心，“想对方之所想，急对方之所急”。在竞争激烈的职场之上，那些能得领导欢心的人，往往能够被更快地提拔，也能够得到更多的奖赏。而取悦领导最重要的一点，也是要善解领导之意，善于领会上司的意图。一个精于窥伺上司意图的下属，不只特别注意他的领导的言行，而且能够抢先一步，将领导想说而未说的话先说了，想办而未办的事情先办了，表现出极大的主动性。这样一来，领导自然会十分喜欢，从而自己也有更多被提拔和奖赏的机会。

任何人都喜欢被奉承、被吹捧。领导们也总是标榜自己好忠正、恶谄媚、近忠贤、远小人的，但是没有多少人能够真正做到。他们的一些言行可能掩藏着他们的真实想法。如果给你一个热脸，你就贴过去，可能会烫伤你自己。只有那些善于揣摩上司真实意图的人，才能有针对性地采取行动，退则保全自己，进则迎合领导的喜好，让自己得到职场上的成功。

【运用之妙】

历史上汉元帝执政时期，是西汉由盛而衰的转折点。当时，朝廷有外戚、宦官和儒家等三种势力相互对峙，明争暗斗，朝廷混乱而且腐败。汉元帝为人懦弱，始终依赖宦官，而宦官和外戚相互勾结在一起，还拉拢了一批见风使舵的儒臣，结成朋党，把持朝政，正直的大臣难以在朝廷立足。

但为了赢得天下儒士的拥戴，汉元帝却装作十分好儒，并且延揽大批当时较为著名的儒学之士入朝为官，参与政事。事情表面看来令人振奋，不过，聪明人都知道，皇帝只是拿儒生来“装点门面”、让自己得到一个爱贤的美名而已。著名儒家学者贡禹入朝后，元帝也同样向他征求意见。贡禹装作思考了很久，煞有介事地提了一条，即请皇帝注意节俭，将宫中的众多宫女放掉一批，另外最好少养一点马。这看来似乎是有益的建议。但实际上，汉元帝本来就很节俭，而且很早就已经将许多节俭的措施付诸实施了，其中就包括裁减宫中多余人员及减少御马的数量，而贡禹只不过将皇帝已经做过的事情再重复一遍。不过，对于这条几乎没有任何价值的意见，皇帝居然龙颜大悦，表示乐于接受，还对贡禹大加赏赐。

说到揣摩上司的意图，乾隆时代的和珅可谓是个中翘楚。和珅“少贫无籍，为文生员”，直到乾隆四十年（1775年）才被擢为御前侍卫。自此之后，和珅便深得乾隆的宠信，步登青云，后来任军机大臣长达20年之久。和珅的官场履历，在清代官宦史上，可谓空前绝后。这很大程度上是因为和珅总是能够准确地揣摩出皇帝的许多真实想法。他曾对乾隆皇帝进行过细心的观察和研究，从而总是能够准确地掌握乾隆的心理变化和喜怒哀乐，甚至能够从其一言一行中猜出皇帝的真实意图。

和珅知道皇帝喜爱的是什么，于是也总是能让自己的各种行为得到皇帝的认同。乾隆皇帝喜欢吟诗作赋，和珅早年就下工夫收集乾隆的诗作，并对其用典、诗（词）风、喜用的词句了解得一清二楚，有时能够加以唱和，十分讨乾隆的喜欢。乾隆是个重情义之人。乾隆的母后去世时，乾隆痛彻心扉，每日垂泪。和珅并不像其他皇亲国戚、官宦臣下那样一味地劝皇上节哀，他只是默默地陪着乾隆跪泣落泪，不思寝食，几天下来，整个人面无血色，形容枯槁，好像比皇帝更为悲戚。如此能与皇帝同感共情的人，朝中除和珅之外，别无他人。乾隆是一个非常诙谐的人，平时喜欢与臣下开玩笑。因此，和珅经常给乾隆讲一些市井俚语、乡间笑话，令皇帝龙心大悦，这也不是一般军机大臣所能做到的。

和珅长于揣摩，有时似乎能够钻到乾隆的大脑里去，准确猜出乾隆的想法。史书载，一次乾隆出游，半途中忽命停轿，但是却不说缘由，臣下都很着急。和珅闻知后，立即让人找到一个瓦盆递进轿中，结果甚合上意，皇帝溺毕便继续起驾。按照惯例，每次京城附近的科举考试，都是由皇帝自“四书”中钦命考题。他先让内阁先送来“四书”一部，出完题后归还内阁。乾隆三十年（1765年）考试时，皇帝命题后，仍旧令内监将“四书”送还内阁。和珅问起皇上出题的情况，内监不敢多言，只说皇上将《论语》第一本从头至尾翻了一遍，才微笑着欣然命笔。和珅沉思片刻，知道皇上一定是从“乙醯焉”一章中出题。因为乙醯两字含有“乙酉”二字，与这一年的干支相合。于是，和珅便通知他的弟子，有针对性地准备，结果正如和珅所料，和珅的学生全部高中。此事足以看出和珅揣摩功夫非同寻常。

乾隆做太上皇时，曾有一次共同召见嘉庆帝与和珅。两人入室之后，乾隆坐在龙座上闭着眼睛，只在口中念念有词，也不知道是哪种语言。一会，乾隆忽然问道：“这些人是什么姓名？”嘉庆不知怎么对答，和珅却高声应答：“高天德、苟文明。”（此二人都是白莲教的起义领袖）嘉庆听后莫名其妙，乾隆却满意地点点头。此后，嘉庆召和珅问起此事。和珅说：“太上皇所诵读的是西域秘密咒。被诵这种咒语的人虽在数千里外，也会无疾而死，或大祸临头。奴才听闻太上皇诵这种咒语，料想所诅咒的者必是叛匪教首，所以就知道是那二人。”嘉庆听后，恍然大悟，并自叹不如。

点评

像汉元帝一样的皇帝大摆虚心纳谏的姿态，这在古代十分常见。对于这种情况，一些正直老实的官员就会立即响应皇帝的号召，上疏直言，毫无隐瞒地表达自己的意见，有时候甚至会历数皇帝的过失。殊不知天威难测，说不定什么时候皇帝就会追究直言犯上者的责任。而那些懂得观察时势的官员则会擦亮眼睛，当他看到君主只是在作一番演出的时候，就会陪他的领导一起厚黑，三缄其口，就是提意见也会考虑是否对自己有利。贡禹对朝廷时局洞若观火，但他不愿得罪权势和皇帝，才提出这样避重就轻的意见。贡禹的建议，不仅让汉元帝博得了“纳谏”的美名，也没有得罪权贵，自己也大受其惠。

和珅善替对方着想，甚至连对方想不到的地方也能想到，和珅真可谓善解人意的楷模。和珅对乾隆皇帝的脾气、爱好、生活习惯、思考方法了如指掌，可以充分做到想乾隆之所想，为乾隆之所为。从这点来看，和珅本可以成为君臣中善解人意的楷模，无奈他利欲熏心，以至于坏事做绝，绝事做尽，最后不得善终。不过，如果能够立意良善的话，对身处下位者而言，这些都是非常有用的技巧。

忠诚比能力更重要

【厚黑真经】

胡林翼曾说：“只要对公家有利，哪怕是顽钝无耻的事，我也要干。”……所谓顽钝无耻……难道不正是厚黑家所用的技术吗？胡林翼能很好地利用它，所以就成为名臣了。

【精要解读】

对绝大多数领导而言，判断下属好坏的关键，往往在于其能够循规蹈矩，彻底奉行领导的意志，而至于能力，倒是在其次。不违背自己的意志、完全死忠于自己的人，才不会给自己造成威胁。对他们来说，忠心才是第一，能力不是问题。反过来说，从某种程度上，那些能力高而自由意志太强的下属，正是领导们的大忌。领导者们正是处于这样的两难之中：太能干的下属不敢用，用了又不敢充分授权。经过对利害关系的仔细斟酌，他们一般都会把真正的权力下放给没有什么能力，但是却绝对忠于自己的下属。因此，厚黑学告诉我们，对于一个下属来说，如果你想得到领导的欢心，赢得他的信任，最为关键的一点在于：无论你才能有多高，千万要显得对领导忠心。

【运用之妙】

卫青是西汉武帝时期的重要将领，他率军与匈奴作战，屡立战功。后来，他成为汉朝最高军事将领——大将军，并被封为长平侯。尽管如此，但卫青从不结党干预政事，从不越权。汉武帝刻薄寡恩，杀大臣如杀鸡，卫青自是在他手下战战兢兢，冷汗直流。然而，卫青却最终从容逃过大劫，无灾无难地以富贵终老。

一年，卫青率大军出击匈奴，右将军苏建率几千汉军和匈奴数万人遭遇，汉军全军覆没，只有苏建一人逃回。卫青召开会议，商讨如何处置苏建。大多数将领建议杀苏建以立军威。但卫青却认为，作为人臣，自己没有权力擅自专权，在国境之外诛杀副将。于是，最后把问题交与汉武帝处理，也借此显示自己不敢专权恣纵。武帝把苏建废为庶人，对卫青也更加宠信，而苏建对卫青的不杀之恩也感恩戴德。

光从这次卫青处理苏建事件的手腕上，就可以看出卫青的高明智慧。卫青虽立有大功，但从不恃宠而骄，从来都是谦虚谨慎，一味顺从武帝旨意，从不越权，以防武帝猜疑。一般诸侯都往往招贤纳士，但卫青深知武帝不满意诸侯王这么做，于是从不敢招贤荐士。正因为处处注意，时时小心，卫青才可以做到功盖天下而不震主，手握重兵而主不疑，最终能够富贵尊荣、寿终正寝。

南北朝时期，宋明帝刘彧因为从侄儿刘子业手上抢来江山，得位不正，难以服众，所以一上台就为应付各地造反兵马搞得焦头烂额。处于这样的危急关头，自然需要大量的军事人才。吴喜就是在这样的情况下毛遂自荐，而且一出马就为宋明帝立下了大功。

吴喜本是文人，曾任河东太守。他性情宽厚，在任期间，秉公执法，广施仁政，因此很受百姓爱戴，人们都称其为“吴河东”。由于吴喜深受百姓拥护，所以早年的流民造反，都被他打败。在平定反叛藩王率领的三千大军时，吴喜只带了数十人，经过一番诚恳的劝说，就让叛军自动归附。从这一点来看，吴喜的才能丝毫不亚于古代那些著名的文臣武将。而这次吴喜向刘彧自荐平叛，刘彧也只给他区区不足三百兵马。可没想到，吴喜一进入敌人的地盘，当地百姓一听吴河东来了，竟望风归顺。这样，吴喜不但轻易平定了叛乱，而且还生擒了 76 个士兵和叛将，除了当场斩首了 17 个首恶外，其余全部被吴喜给赦免了。

按道理说，刘彧刚即位，就得到这样一位智勇双全的大将，应该感到万幸才是，但是事实却并不如此。吴喜并没有因为建立了大功而得刘彧的宠爱，反而为自己埋下了杀机。问题出在吴喜出征时曾对刘彧说，抓到叛将，不论首从，他都将就地正法，以正纲纪。刘彧嘴上并没有说什么，但是心中却暗暗叫好，因为他也正希望吴喜这么做。不料最后，吴喜却违背了他的意志，未经他的同意就私自赦免战俘。刘彧认为，吴喜这么做，无非是想获取人情、笼络人心罢了，这种人，势必对自己造成很大的威胁，岂能容他？果然，没多久，刘彧就找了一个借口，将吴喜赐死了。

唐朝大将李勣，战功赫赫，是凌烟阁二十四功臣之一，在唐太宗武将之中的地位，仅次于李靖。不消说，这样的一位重臣，太宗自然格外器重。李勣晚年得了一种名为“心悸”的病症，太医说用龙须和药，或许能够治好。太宗便立即剪掉自己的胡须，烧成灰送去给他治病。李勣知道后，当场感激得伏地痛哭，激动到把指头咬破，流出血来。

然而，同样是那位曾为李勣断须治病的太宗，在临死之前却给太子李治留下遗言说：“现在能帮你安定天下的武将，除了李勣之外，别无二人。但是你对他没有恩，我恐怕他对你怀有贰心。我现在把他外放，如果他立即启程，你登位后，就马上把他召回，这样你就算是有恩于他了，他也必定会感激于你，为你效命。如果他有半点犹豫的话，就表明他有贰心，你必须赶紧杀了他，否则后患无穷。”幸亏李勣聪明，他很快便明白了个中奥妙，因此一接到命令，连家也不回，就立刻回马上任，这才保住了一条老命。

点评

很多人认为卫青的举止似乎过于谨慎，其实不然。汉武帝雄才大略、武功赫赫，但是也专断独行，桀骜自恃，对于那些犯了他的忌讳的人，无论才能多高，他都可以毫不手软地予以诛杀。卫青对此十分清醒，因此不管自己能力再高，权力再大，也要表现得很忠诚。正因为如此，卫青才能在这样的一位领导手下保全自己，无灾无难地以富贵终老一生。

吴喜则正好相反。他能够轻易对付战场上的敌人，但是却没有弄清楚刘彧最想要的是什么。在吴喜看来，他之所以释放叛将，完全是一片仁心，而且这么做，说不定还能为皇帝获取人心，多争取一些人才，但他万万没有想到，他的领导刘彧却是历史少见的刻薄寡恩的老大之一，只要是违背了他的意志，即使对于那些有功、有恩于他的人——不管功劳多大，他也会毫不留情地除掉，更别说委以重任了。

从李世民对待李勣的例子中，也可以看出领导者心中想的究竟是什么。李世民当初为李勣剪须治病，是为了让李勣更加忠心于自己，因此在某种程度上是一种表演。李勣一生有无数的忠义之行，然而还是遭到李世民的猜忌，这正将手握权柄的领导者们对待属下的心态表露无遗：无论在什么时候，无论下属才能有多高、功劳有多大，他们都在防备着，一旦有不忠心的行为出现，就会毫不留情地把他除掉。

永远不要盖过上司的光芒

【厚黑真经】

晋朝王导做宰相时，有一个叛贼，他不去讨伐。陶侃于是责备他，他复信说："我是在韬光养晦，来等待您。"

【精要解读】

一般来说，身为领导者，都有非常强的尊严和成就感。他们总是力图让手下的人们相信，自己永远是真理的化身和正确的象征，他们的能力超乎常人。他们希望过错罪责等都由属下去承担，而功劳则永远属于自己。也就是说，上司不但希望自己在权位方面高高在上，在功劳和能力方面也是要唯我独尊的。一旦领导认为自己下属的功劳和能力已经影响到自己的权威的时候，那么就会毫不犹豫地对他进行打压，或者干脆把他铲除。

职场厚黑学最为重要的经验之一是，作为下属，绝对不能跟上司抢镜头。如果你忘了自己的作为下属的身份，总是把本该属于上司的光辉硬往自己脸上贴，或者让自己的功劳或才能盖过上司的光芒，老做一些"越位"的事情，那么你的职场生涯可能就要遭遇不顺。在任何时候，都要给上司留足面子，甚至主动将自己的功劳让给上司，或者在上司面前收敛才华，以让上司感觉自己光辉耀眼。这不仅是对上司应有的尊重，而且是职场中必不可少的生存策略。

【运用之妙】

历史上不乏功高盖主而最终被诛的例子，韩信可以算是最为著名的一个。韩信是西汉开国重要功臣，为汉高祖第一大将。作为统帅，他率军出陈仓、定三秦、破代、灭赵、降燕、伐齐，直至垓下全歼楚军，无一败绩，天下莫敢与之相争，为高祖打下了大半个天下。刘邦正式登基为帝后，对韩信"连百万之兵，战必胜，攻必取"的军事天才，也心悦诚服，自叹弗如，将其列为"开国三杰"（张良、萧何、韩信）之一。

对于自己的不世之才，韩信自己也丝毫不加掩饰。刘邦曾与韩信谈论将领们才能的高下，刘邦问："你看我能率多少军队？"韩信说："陛下不过能率十万大兵。"刘邦问："你呢？"韩信说："我则多多益善。"刘邦笑着说："多多益善，那你怎么被我擒住了呢？"韩信说："陛下是不能率领军队，但却善于驾驭将领。"

韩信有这样杰出的军事才能，且不知道加以掩饰，让刘邦早就感到他对自己的威胁。早在韩信被拜为大将军的时候，刘邦便对其有所疑忌。但他一方面巧妙地利用韩信攻城略地，为汉王朝的开创立下战功；另一方面，待自己实力雄厚之后，便开始防范和贬低韩信。早在楚汉战争时，每当韩信大胜之后，刘邦便会抽调其精兵。虽然迫不得已封其为齐王，但当消灭项羽之后，刘邦立即夺取了韩信的兵权，后来，高祖又改封韩信为楚王，使其远离根基深厚的齐地。

天下平定之后，刘邦更加感觉韩信的存在是对自己的威胁。他发现天下之大，自己独惧韩信一人，这不仅因为他的功劳有超过自己的嫌疑，而且在军事才能上，他也远远地超过了自己。高祖六年（前201年），有人密告韩信收留了楚将钟离昧，蓄意谋反，刘邦想发兵征讨，但苦于不是韩信的对手而作罢。韩信如此棘手，越发让刘邦打定主意除掉韩信。后来，刘邦终于依陈平之计，以巡视云梦泽为名，将韩信乘机拿下。尽管查无实据，他还是将韩信降为淮阴侯，控制于京城之中。高祖十年（前197年），阳夏侯陈豨谋反，自立为王，高祖率大军征讨。韩信与陈豨秘密约定，里应外合。事泄，吕后和萧何设计骗取韩信入宫，并将其杀害，随之，将其三族捕杀殆尽。

东汉末年，杨修才思敏捷，聪颖善辩，得到曹操赏识器重，被委以"总知外内"的主簿，成为曹操身边的一位高级幕僚谋士，算得上一位重臣。照理来看，杨修可以说是前途一片光明。但是让人感到意外的是，这位重臣却过于聪明，结果聪明反被聪明误，导致了被诛杀的结局。

曹操曾经在许昌建造花园。在动工前，工匠们请曹操审阅花园工程的设计图纸，曹操看了之后，什么也没说，只在园门上写了一个“活”字。工匠们不解其意，就去问杨修。杨修说：“丞相嫌园门设计得太大了。”于是工匠们按照杨修的提示修改了方案。曹操见改造后的园门，非常高兴，问工匠们是怎么知道自己的心意的，工匠们说多亏了杨主簿的指点。曹操口中称赞杨修，心里却嫉恨杨修的才华。

一次，曹操与杨修骑马同行，路过曹娥碑，见碑上镌刻了“黄绢”、“幼妇”、“外孙”、“齑臼”8个字，曹操问杨修是否理解这八个字的意思。杨修正要回答，曹操说：“你先别讲出来，我先想想。”等走了30里路以后，曹操说：“我明白了。你说说你的理解，看我们是否所见相同。”杨修说：“黄绢，就是色丝，合起来是‘绝’字；幼妇，就是少女，合起来是‘妙’字；外孙是女儿的儿子，合起来就是‘好’字；齑臼，就是受辛（古代的那些调料主要是辛辣的东西，所以说用来盛装和研磨调味料的器具齑臼是‘受辛’），合起来就是‘辞’（‘辤’同‘辞’）字。这八个字是‘绝妙好辞’四字，是对曹娥碑碑文的赞美。”曹操惊讶地说：“你的才华和思维，比我快过三十里啊。”

曹操在平定汉中时，连连吃败仗。想要进兵，却怕蜀将马超在那拒守；想要收兵，又怕蜀兵耻笑，正在犹豫间，厨师送上来鸡汤，曹操看见碗中有鸡肋，沉思不语。这时有人进军账，禀请夜间应该行什么口令，曹操随口回答：“鸡肋！”杨修听见令传鸡肋，于是让随行军士收拾行装，准备归魏。将士们很奇怪，问杨修是怎么知道魏王要回师的，杨修说：“鸡肋这东西，吃了没什么味道，扔了又觉得可惜。现在我们继续进军不能取胜，退兵又怕人家笑，老呆在这也没有什么好处，不如早点回家。魏王班师就在这几天，可以提早准备行装，以免到时慌乱。”曹操早就忌恨杨修才能高于自己，这次又见他猜透了自己的心事，便以扰乱军心定罪，杀了杨修。杨修死时年仅34岁。

因为同样原因被杀的还有祢衡。祢衡很有才辩，很聪明，也从不掩饰自己的聪明，喜欢侮辱权贵。在评论曹操和他手下人的时候，祢衡说“大儿孔文举（孔融），小儿杨德祖（杨修）”，也就是说，他只看得起这二人，其他人，包括曹操在内都不足道。结果，承蒙他看得起的二人都被曹操给杀了，他自己也被曹操用借刀杀人之计杀了。

点评

实际上，历史上很少有人像韩信一样，在功劳和军事才能方面都真正让自己的老大感觉受到威胁，但是无数人还是因为锋芒太过，遭到上司猜忌，而招致杀身之祸。他们尚且如此，那么韩信的被诛自然也只是时间问题，更何况他碰到的是历史上难得一见的好猜疑之主。如果下属的能力超过了上司而又不加以掩饰，而所遇之上司又为嫉妒之心极其强烈之人，那么其结局往往很悲惨。这是历史的经验之一。不一定只有刘邦才会忌才，这是手握大权的上司的通病。

“善窥上意”是古代通行的为官之术，就是说要能够体会上司的意思。但是善窥上意不一定是好事，这要看你窥的是什么“上意”，以及怎么表达出来。杨修不可谓不善窥曹操的意思，次次都能猜中曹操的想法，但是最后却被杀了。这是因为，作为下属，如果你凡事都走在上司前面，却又不加以掩饰，那么为了维护自己的权威和权位，除了对你打压、甚至除掉之外，上司们也别无选择。一来，他们脸上挂不住，因为你给人的印象是你比上司还要高明。二来，上司也因此而担心你总有一天会把他们从现在的位置上拉下来。

在领导面前不妨装装“嫩”

【厚黑真经】

人的脸皮本来很薄，慢慢地磨炼，就渐渐地加厚。

【精要解读】

在一般情况下，如果上司说错话或做错事的时候，聪明的下属是不会、也不敢指出来的，否则，大多数领导一定会反过来教训一顿：“怎么！当我连这个都不知道吗？你是不是存心让我难堪？”即使他们没有这么说，也一定会心中不悦，你给他的印象自然不会好到哪里去，说不定哪天他还会找你麻烦。

尽管人们口头都说“人尽其才”，但是在很多情况下，任何上司都有获得威信、满足自己虚荣心的需要，他们不希望部属超过并取代自己。因此，职场厚黑学主张，身为下属，如果你想恭维讨好你的上司，不妨把自己表现得比上司“外行”一些或水平更低一些。聪明的部属在和上司相处时，总是会千方百计地掩饰自己的实力，以假装的愚笨来反衬上司的高明，力图以此获取上司的青睐和赏识。当上司陈述某种观点的时候，他总是会装出恍然大悟的样子，拍手称好；当他对某项工作有了好的可行之方时，不是直接阐发意见，而是在私下或用暗示等办法及时告诉上司。同时，再抛出与之相左、甚至是很“愚蠢”的意见，让好主意从上司嘴里说出来。这样的下属，上司多半倍加欣赏，对其情有独钟。当然，装“嫩”充傻也是要注意场合和时机的。

【运用之妙】

商纣王时期的箕子可以算是装“嫩”充傻的鼻祖。箕子曾任太师，辅佐朝政，不料纣王昏庸无道，没日没夜地饮酒作乐，不理朝政。箕子劝谏了很多次，他都不听。纣王白天也关窗点灯，把白天当做夜晚，最后竟然忘了日期了，问一问身边的人，他们也都陪他喝酒喝得糊里糊涂不知道。于是，纣王派人向箕子去打听，箕子心想：“身为天下之主都忘记了日期，国家就很危险了。他们所有的人都不知道，而只有我一个人知道，我就更危险了。”于是便推辞说自己也喝醉了酒，不知道日期。纣王如此昏庸，有人劝箕子离纣王而去，箕子不忍，而是披头散发装疯卖傻，常常又哭又笑。商纣以为箕子是真疯了，于是把他关了起来。而箕子也借此保全了自己。

韩擒虎是隋朝开国功臣，在平定陈国的战争中，他首先攻入陈国都城金陵，俘获陈后主。胜利后，他将自己在战争中的种种谋略、战术加以总结，写出一本书，书名题为《御授平陈七策》，意思是说这些战略、战术都是皇帝陛下教的，而平陈一战的辉煌胜利也是在皇帝的亲自指挥和部署下取得的，自己即便有功劳，也仅仅是有执行了皇帝的意旨的苦劳而已。韩擒虎把此书献给隋文帝，皇帝见到后，十分高兴，不但拒绝了韩擒虎的好意，要他留着写进自己的家史中，并且授以高官，赏以厚禄。韩擒虎此次谄媚可谓十分成功，一举两得，名利双收。

薛道衡是隋初大文豪，隋文帝时就备受皇帝信任，担任机要职务多年。当时的许多名臣如高颎、杨素等，都很敬重他；皇太子杨勇及诸王都以和他结交为荣。隋炀帝杨广虽然是个暴君，但是却也颇有文才，很喜欢作诗，即位后，延揽文人入朝，薛道衡也是其中之一。但杨广重视文人，一是因为他们跟他有同好，二是因为他想要用他们来表现自己比天下文人更有才华。隋炀帝极其自负，他曾对别人说：“别人总以为我是承接先帝而得帝位，其实论文才，帝位也该属我。”一次，杨广做了一首押“泥”韵的诗文，命大臣们相和，别人写的都很一般，只有薛道衡所和的《昔昔盐》最为出色，其中“空梁落燕泥”一句，将人去室空的冷落景象描写得细致入微，堪称传神。隋炀帝闷闷不乐，十分忌恨，后来终于忍不住，找了个理由把薛道衡杀了，在杀他时，杨广还带着几分嘲弄的语气说：“你还能再作出‘空梁落燕泥’吗？”

和薛道衡一样，鲍照是南北朝的一位有才华的诗人，他的诗才曾被“诗仙”李白、“诗圣”杜甫所仰慕，可见文才之高。鲍照曾在南朝宋孝武帝刘骏朝中担任中书舍人。刘骏也喜欢舞文弄墨，而且自以为天下第一，别人谁也比不了他。鲍照明白他的心思，于是在写诗作文时，故意写得粗俗不堪，以满足刘骏的虚荣心，以至于当时有人怀疑鲍照江郎才尽。

在中国古代无数的诗人中，诗歌产量最多的并不是李白、杜甫，也不是苏轼、陆游，而是自认为文治武功独步千古、自号“十全老人”的乾隆皇帝。身为日理万机的天子，乾隆生平竟然作诗10万余首，这种产量可算是空前绝后的世界纪录。不过，这并不代表乾隆真的有才，而是他自认为如此。为了迎合他的美梦，乾隆的臣属都想尽办法，其中就不乏有装“嫩”之臣。《二十四史》中的《明史》，原本在康熙、雍正两朝就大抵编撰成书，乾隆朝已经进入了校勘阶段。乾隆喜欢附庸风雅，除了作诗外，还经常在刊印之前，亲自参加校勘，以显示自己的学问。明史馆的人为了让他开心，便经常在明显的地方故意写错几个字，让他来改正。像《明史》这样重要的著作，在印行之前，自然已经由无数专家学者悉心校正过，这时候还有错误让乾隆校出来，无形中显示出他的学问确实超过了那些专家学者的水准，乾隆心中自然会飘飘然。龙颜既然大悦，身为他的臣属，自然也就过得平安幸福了。

点评

箕子的做法非常明白地告诉人们，无论在什么问题上都不要表现自己比君上高明，要掩藏自己的智慧，遮蔽自己的能力，才能避免遭到猜忌。韩擒虎则用实际行动给属下们上了一堂课，那就是在必要的时候，一定要学会将自己贬抑下来，将上司无限抬高。尤其在有所功劳的时候，最好能够向上司表明对方“有其成功”，而属下只是“臣有其劳”；“有功归上”，做下属的只有跑腿的功劳而已。不和上司争功，甚至主动送功于上，这样的下属，自然会受到上司的赏识，也才有可能真正得到褒奖和提拔。鲍照故意装作“江郎才尽”，因为他知道只有这样做，才能避免被皇帝加害。被人怀疑事小，成功地保全了自己，才是真正的头等大事呢！否则，像薛道衡一样给自己的领导难堪，到头来吃亏的只能是自己。《明史》本是严肃而重要的著作，负责校勘的文官们居然敢用故意的错误来取悦皇帝，而不顾被皇帝责难的危险，这就更加说明在皇帝面前装“嫩”所能收到的积极效果。

精习“求官六字真言”

【厚黑真经】

求官六字真言：“空、贡、冲、捧、恐、送。”

【精要解读】

李宗吾在《厚黑学》中详细解释了“求官六字真言”的含义：所谓的“空”，有两种意思：一是就事务而言，求官之人一定要把所有事都放下，不做工不经商，不务农不做生意，书也不读，学也不教，一心一意专门求官；二是就时间而言，指求官的人要有耐心，不能着急，今日不生效，明日再来；今年不生效，明年再来。“贡”是借用的四川俗语，其意义相当于钻营的钻字。求官要钻营；有孔必钻，无孔也要钻。有孔的要扩而大之，没有孔的，可以新开一孔。“冲”就是所谓的“吹牛”，尽量展现、甚至夸大自己的真才实学和能力，冲的功夫有两种：一是口头上，二是文字上。口头上又分普通场所及上司的面前两种，文字上又分报章杂志及说贴条陈两种。“捧”就是吹捧上司。“恐”是恐吓的意思。当然，在用恐字的时候，要有分寸。“送”就是送东西，要注意送礼的多少和对象。如果我们能将求官六字真言一一做到，就能字字发生奇效。求官到了这种境界，可以称得上是功行圆满了。

【运用之妙】

西汉武帝即位初年，大行儒政，并征召天下贤良方正和有文学才能的人，参与国事。各地士人、儒生纷纷上书应聘，竞相争夺官位。平原厌次（今山东惠民）人东方朔颇有才干，他也给汉武帝上书，想要有所作为。但是他料想，要在这群为数众多的求官者中脱颖而出，吸引皇帝的注意力，不用点特别的技巧不行，于是东方朔就写了一封加长版的“简历”，不但自我介绍，还大谈自己的治国良策。这封文书用了3000片竹简，两个人才扛得起。汉武帝读到后，饶有兴趣，读了两个月才读完。在文书中，东方朔自我推荐说：

“我东方朔少年时就失去了父母，依靠兄嫂的抚养才长大成人。我13岁才读书，勤学刻苦，仅仅3个冬天，我所读的文史书籍已够用了。15岁时学击剑，16岁学《诗》、《书》，一共读了22万字。19岁时，我学《孙吴兵法》和战阵的摆布，已经懂得各种兵器的用法，以及作战时士兵进退的钲鼓。这方面的书，我也读了总共44万字。如今我已22岁，身高9尺3寸，双目炯炯有神，像明亮的珠子；牙齿洁白整齐，像编排的贝壳；我勇敢如孟贲，敏捷如庆忌，廉俭如鲍叔，信义如尾生。我就是这样的人，够得上做天子的大臣吧！”

汉武帝读了东方朔自许自夸的推荐书后，赞赏他的气概，于是加以擢用，然而也只是让他待诏于公车署中，俸禄不多，也很少得到皇帝的召见。才高气傲的东方朔很不满意这样的处境，于是便图再求官职。一天，他出游都中，见到一个侏儒，心生一计，恐吓他说：“你的死期要到了！”那侏儒忙问他为何，他说：“像你这样的人，活在世上毫无用处，你不能耕作，也不能做官治理百姓，更不要说到前方去作战。像你这样无益于国家的人，活在世上只是糟蹋粮食，所以皇上决定把你们一律杀掉。”侏儒听后，吓得大哭起来。东方朔对他说：“你先不要哭，皇上来了之后，你去叩头求饶就是了。”

不一会儿，武帝果然乘辇车经过，那个侏儒便号泣叩首，使劲磕头求饶，甚至伤心。武帝不解其故，问他为何哭得如此悲切。侏儒回答说：“东方朔说，皇上要把我们这些矮小的人都杀掉！”武帝问东方朔为何这么说。东方朔回答道：“臣活着要说，死了也要说这些话。侏儒们身长只有三尺多，有一袋米的俸禄，钱二百四十。而我身高九尺，却也只拿到那么多。同样的俸禄，侏儒们自然能够吃饱，而我却饿得发慌。陛下您是诚心广求人才，如果您认为我讲的话是对的，是个人才，就请加以重用；如果不是，就请罢退我，不要再让我浪费粮食了。”皇上听了哈哈大笑，立即任命他为待诏金马门，这样见到皇帝的机会就多了些。自此以后，东方朔便慢慢在官场之中崭露头角。

古代官场大多十分腐败，求官历来都靠后台，走后门。那些有真才实学的人，反倒不如求人写封推荐信来得迅速。晚清时，军机大臣左宗棠刚正耿直，从来不给人写推荐信，他认为，只要一个人有真本事，自会有人用他。黄兰阶是左宗棠已故好友的儿子，曾一度在福建候补知县多年也没有候到实缺，郁闷之余，看到很多人都靠大官写信推荐，于是也找到左宗棠，希望他能写一封推荐信给福建总督。左宗棠见了故人之子，十分客气，但当黄兰阶提出自己的请求时，左宗棠立即义正词严地拒绝了他，然后几句话就把他打发走了。

求信不成，黄兰阶觉得又气又恨，但又无可奈何。离开左府，他闲踱至琉璃厂看书画散心，并思考应对之策。无意之中，他见到一人学写左宗棠字体，十分逼真，便灵机一动，想出来一条妙计。他让此人写了柄扇子，落了左宗棠的款名，然后便拿着扇子回到福州。在参见总督的那一天，黄兰阶手摇纸扇，大摇大摆地走到总督堂上。总督见了很奇怪，问：“都立秋了，老兄怎么还拿着扇子摇个不停。”

黄兰阶把扇子一晃：“不瞒大人，外边天气其实并不热，只是这柄扇，乃是父亲故交左宗棠大人亲送我的，所以舍不得放手而已。”

这位总督原本以为黄兰阶没有后台，所以候补几年也没任命他实缺，不想他却有这么个大后台。他寻思道，左宗棠天天跟皇帝见面，如果遭他的嫉恨，只消在皇上面前说上半句坏话，自己可就吃不住了。半信半疑之中，他要过黄兰阶扇子仔细察看，发现的确是左宗棠的笔迹。于是，将扇子还与黄兰阶，第二天，就给黄兰阶挂牌任了知县。

在这位总督的照顾下，再加上黄兰阶本人的确有些本事，不到几年，他就升到四品道台了。总督一次进京，见到左宗棠，讨好地说："大人故友之子黄兰阶，如今已经当了敝省的道台了。"左宗棠笑道："是嘛？我就说：'只要有本事，自有识货人。'看来，老兄就很识人才嘛！"

点评

东方朔性格诙谐，言词敏捷，滑稽多智，这是他能在众多求官者中脱颖而出，而后也被武帝加以任用的原因。他把自己的这一面淋漓尽致地表现了出来，正体现了厚黑求官真言中"冲"的妙用。而黄兰阶能够官拜道台，是因为他不着痕迹地借用左宗棠来给总督施加压力，让总督不得不"照顾"自己，实在是棋高一着的鬼点子。当然，欺世盗名，瞒天过海，是应该遭受谴责的，然而，清政府的官场腐败既是如此，处于这样的环境之中，那些想要跻身政界之人，如果不像黄兰阶一样使用一些计谋，是不会得到重用的。

与同事相处要多个心眼

【厚黑真经】

假如有人在你面前胁肩微笑，事事要好，你必须谨防他变而为黑。你一朝失势，首先坠井下石的，即是这类人。

【精要解读】

在职场之中，同事之间的关系有时候也很难处理。同事之间存在着各种合作和竞争的矛盾，十分微妙而复杂。职场厚黑学认为，要让自己在职场之中成功立足，既要与同事很好地相处，同时又要保护自己不受伤害，最为重要的是要小心谨慎，有时还要运用一些必要的厚黑之道。和同事相处，不可小心眼，但是也必须多个心眼；绝不可意气用事，必须冷静一些，理智一些。说话小心些，为人谨慎些，避开生活的误区，使自己处于进可攻、退可守的有利位置，牢牢地把握住在职场中的主动权，都是十分有益的。必须尽可能地把脸皮磨厚，利用厚脸来有效地保护自己。即使对方有意攻击和指责自己，必要时也要忍耐下来。

【运用之妙】

唐朝时，尽管很多唐朝宗室和唐室的股肱大臣都被武则天加害，但还是涌现出了不少杰出人才，且能保存自己，娄师德就是其中之一。他不但是有着"台辅之气"的文臣，而且是当时抵抗吐蕃入侵的著名将领，是不可多得的文武能臣。武则天倍加赏识，曾经将其升至宰相，又委以全权处理边境事务的重任。在当时的环境之下，娄师德不但成功明哲保身，而且还能实现自己的抱负，于国于己都算成功。

娄师德胸怀宽广，对待同僚的态度极为温和。娄师德身长八尺，方口博唇，即使冒犯他也不计较。一次，时为纳言（侍中）的娄师德和内史令（中书令）李昭德一起入朝。娄师德长得胖，所以走不快；李昭德性子急，走得快，一次又一次等娄师德，后来不耐烦了，回头对娄师德说："都是被你这个乡巴佬耽搁了。"娄师德却笑着说："我不是乡巴佬，那谁是乡巴佬啊？"

娄师德升为宰相后，一次巡察屯田。出行的日子已经定了，部下随行人员已先起程。娄师德因脚有毛病，便坐在光政门外的大木头上等马。不一会儿，有一个县令不知道他是纳言，自我介绍后，跟娄师德并坐在大木头上，娄师德也并不介意。县令的手下人远远瞧见，赶忙走过来告诉县令，说："这是宰相啊。"县令大惊，赶忙站起来赔不是。娄师德却开了个玩笑，将这件可大可小的事情一笑了之。

娄师德的忍让最为有名的是“唾面自干”的典故。娄师德的弟弟被任命为代州刺史。临行前，娄师德说：“我的才能不算高，现在做到了宰相。你现在又去做很高的地方官。这有点过分了，人家会嫉妒我们，应该怎样才能保全性命呢？”他的弟弟说：“从今以后，即使有人把口水吐到我脸上，我也不还嘴，把口水擦去就是了。以此自勉，请你放心。”娄师德说：“这恰恰是我最担心的。人家用口水唾你，是人家对你发怒了。如果你把口水擦了，说明你不满。不满而擦掉，人家就更加发怒。最好是让唾沫不擦自干。”

李义府是唐高宗和武则天时的大臣，曾经官至右相，可谓位极人臣，权倾一时。但是根据史书记载，这位当朝宰相并不是一位谦谦君子，而是一位小人。他看上去温和恭谦，和人说话时，也往往微笑平和，也常常恭维他人，但实际上却阴险诡诈。在他当权时，排斥异己，对那些稍与自己的政见不合者都进行陷害和诬构。当时人们都说李义府笑中带刀，由于他表面上柔和，背地里害人，因此人们称之为“李猫”。李义府表面一套，背后一套，大搞顺我者昌，逆我者亡，很为百官所痛恨。但是皇帝和一些大臣却始终被蒙在鼓里，还以为他是谦谦君子。

李义府之后的李林甫更是一位花言巧语、“口蜜腹剑”的高手。李林甫迎合玄宗的意旨自然不用说，他还尽力谄媚结交玄宗亲信的宦官和妃子。就是和一般人接触，李林甫也总是在外貌上表现出和人很友好，非常合作，尽说好听的、善意的话。可是实际上，他的性情和他的表面态度完全相反；他竟是一个非常狡诈阴险，常常使坏主意来害人的人。

李林甫和李适之都是唐玄宗时期的宰相，一次，李林甫对李适之说：“华山上有金矿，开采出来的话，可以富国。皇帝还不知道这件事呢！”第二天，李适之就将这件事情上奏。玄宗征求李林甫的意见，李林甫说：“这事我早就知道。不过陛下是在华山诞生的，那是王气所在之地，不能开凿，所以我也没说。”玄宗一听，认为李林甫才是真正忠爱自己的，而李适之即使不是图谋不轨，至少也是冒冒失失，因此对他极为不满。从此之后，皇帝对李适之渐渐疏远，一直到其被陷害致死。李林甫十分奸邪，且又极其工于心计，而作为一个诗人，李适之就多少有点大大咧咧。这样，谁胜谁负，自然就容易预料。

与其同时在位的张九龄，也为人耿直忠贞。一次，唐玄宗想要破例提拔大字不识几个的牛仙客，张九龄认为玄宗这样做恐怕难孚众望，于是约同是宰相的李林甫一起到玄宗面前据理力争。李林甫当面表示赞同，但在晋见玄宗之后，却哼哼哈哈，几乎不置一词，在事后又私下讨好牛仙客。当玄宗重用牛仙客的主意已定之后，李林甫一面在暗地里攻击张九龄不识大体，一面又在玄宗面前鼓吹，说：“天子用人，有什么不可以的呢？”人称“口蜜腹剑”的李林甫人前一套、背后一套的手段，可以说运用得淋漓尽致。在很长一段时间里，众人尤其是皇帝都被他所欺骗，他也一直在朝中做了19年的官。

点评

娄师德之所以能够在当时险恶的官场中安然无恙，还有所建树，就是因为他善于处理和同僚，甚至下属的各种关系。别人称他是乡巴佬，下属对他不尊，尤其是“唾面自干”的故事，都充分说明了他小心翼翼地处理着各种关系，而这当然是和他异乎常人的宽容忍耐的胸怀分不开的。在职场之中，像李林甫、李义府那样“口蜜腹剑”的人是经常有的。如果和他们相处时不多个心眼，不懂得加以提防，不懂得运用厚黑智慧去对待他们，到头来吃亏的只能是自己。

新官上任要确立自己的威严

【厚黑真经】

个人独居的时候，以自己的脑筋为脑筋，而群众动作是以首领的脑筋为脑筋的。当首领的人，只要意志坚强，就可指挥如意。史称“李光弼入军，号令一施，旌旗变色”，俗话说“强将手下无弱兵”，就是这个道理。

【精要解读】

“有权则威”，对一个领导者来说，威严是必不可少的。威严是权力最为重要的特点，领导需要依靠它来驾驭属下。身为领导者，除了必要的宽厚之外，最重要的是要有威严，以威严建信誉。对于属下要举止庄严，办事严谨，有法必依，有法必行。这样做的目的在于要精心地培养他们，使他们永远不会满足于已经掌握的知识与本领，不会因松弛懈怠而导致工作失误，更不会因虚度时光而后悔自责。为官没有威严，那么下属就会无所畏惧，无所畏惧则会乱来。这正是《厚黑学》总结出的管理经验。

威严非常重要，对于那些新来乍到的新官而言就更是如此。然而，地位和权力并不等同于威严，为了取得权威、增加权威，便不得不人为地去树立。人一当官，不苟言笑，满脸的肃杀之气，动不动吹胡子瞪眼睛，骂人训斥人，人们就害怕他。大凡初做领导的人都有“新官上任三把火”，这“三把火”无非是杀鸡儆猴，树立做领导的威严。当然，做领导除威风八面之外，还要有具体的立威措施，把威严贯于管理之中才能威得久，威得大。

【运用之妙】

齐国景公执政时期，强大的晋国出兵攻击齐国的阿、甄之地，燕国入侵河上，齐国的军队吃了败仗。为了扭转败局，急需选拔和任用智勇双全的将领。时任相国的晏婴向齐景公推荐了大军事家司马穰苴，说他“文能服众，武能威敌”。于是景公立即召见司马穰苴，请他谈论有关治军、用兵的方略和法则。司马穰苴在军事上的杰出见解，让景公深为折服，于是景公拜之为将军，带兵迎击燕、晋的军队。

尽管得到了景公的认可，手握全国兵权，司马穰苴也并没有得意忘形，他首先想到的是自己在部队中的权威问题。他对景公说：“我出身卑贱，您把我从乡里提拔上来，让我的职位在大夫之上，一时之间，士卒还不拥护我，百姓还不信任我，我实在是人微权轻。为了方便开展工作，希望您能派一个亲近的大臣，又在全国享有威望的人来做我的监军。”景公答应了他的请求，并派自己的亲信大夫庄贾前去担任监军。

司马穰苴与庄贾约定：“明日中在辕门相会。”第二天，穰苴便提前到达，并让手下人把计时的沙漏准备好。不料这庄贾平日骄纵惯了，一旦身为监军，那就更加不可一世，他想既然自己是监军，大将军自然要让自己三分，所以不急不忙。当时，亲朋好友来送他，他就和众人一起饮酒作乐，直到傍晚才来到军中。穰苴质问他：“为什么迟到？”庄贾轻描淡写地说：“亲戚和同事来送我，所以耽误了一下。”穰苴慷慨陈词道：“作为一个将领，接受了任务就要忘记小我之家，执行军法就要忘记私人感情，冲锋陷阵就要忘记个人安危。如今大敌压境，举国骚动。士卒风餐露宿于边境，国君寝食不安，百姓的命运，都操在你的手里，你怎么敢随随便便就因为个人的事情而耽误军务呢？”于是召来军法官问道：“按军法误了规定时限而迟到的，该怎么处理？”军法官说：“应该斩首。”

庄贾害怕了，急忙派人飞马急报齐景公，请景公救他。然而，还未等到他派去的人回来，穰苴就已经把他斩了，并在军中示众。全军将士都大为惊惧，无不慑服。景公得报后，急忙派遣使者来救庄贾，慌乱之中，车马奔驰进入军中。穰苴又问管军法的人：“在军中跑马，按军法该如何处置？”管军法的军官回报说：“当斩。”穰苴说：“君王之使不可杀。”于是就把使者的仆人，以及车的左驸、马的左骖也都斩了。此举一出，三军震撼，再没有人敢瞧不起新任统帅司马穰苴了。

东汉末年，东吴的黄盖曾经做过石城县县官。他听说石城县的下属官吏们特别难指挥，于是就安排两个人当主管，分别管理各部门事务，并告诉他们说：“我是靠打仗立功才当官的，不擅长管理。现在外来侵犯的敌人还没打败，我负责领兵打仗的军务，县里一切公文案卷就委托给你俩了。你们要管理好各部门，纠正并处分犯错误的人。你们各负其责，遇事最好按我交代的办。如果你们刁奸欺骗，我决不只用鞭子抽你们，而是要从严处置。希望你们都尽心尽力，不要在众人之先受处分。”两人听了，起初都勤勤恳恳地办公事。而黄盖也对这些事情从来不闻不问，时间长了，两主管认为黄盖根本不看公文案卷，就慢慢营私舞弊起来，对下面也放任自流。黄盖对此心知肚明，于是把全县所属的官吏们都请来赴宴，正当大家吃到兴头上时，黄盖把两位主管叫来，当着众人的面把一件一件违法徇私的事责问他们。两人张嘴结舌，说不出话来，磕头请罪。黄盖说：“我已经告诫过你们了，决不会用鞭子抽你们，这不是说假话。”于是就把两人的头砍了。这事震惊了全县，下属官吏们以后都战战兢兢，安分守己。

雍正元年（1723年）七月，新登帝位的雍正偶然间发现一本文书中落了一个字，此时他正急于建立自己的权威，于是把大臣们都找来，并训诫他们说：“你们不要以为小事就可以疏忽。抄写漏字虽然是文书官员的事情，但如果你们肯用心细问的话，也不会出现这样的错误。如果大学士把责任推给学士，学士推给侍读，侍读再推给中书，那么我也可以把过错都推给大学士。类似这样的小错不断，就会让天下的人都怀疑朕和大学士平时连奏折都不看，这还了得？”同年九月初五，雍正参加一次祭祀活动，无意中发现端门前新设立的更衣帐房内油气蒸熏，气味难闻，于是龙颜大怒，斥令主管工部的怡亲王允祥以及工部侍郎、郎中等人在太庙前跪了整整一夜。雍正二年（1724年）四月某一天，雍正升殿，见到刑部官员李建勋、罗檀在群臣还没有落座的时候，也不行礼就坐下了，顿时下令将李、罗二人拿交刑部问罪，并告诫百官说：“朕见这几年上朝的礼节执行得很松弛，这是个不好的苗头，必须狠抓。今后如果再有类似的失礼事情发生，我就要杀了这两个人了，到时候可别说是我要杀人，而是你们杀了他俩。”

点评

杀人以树威的方法，在古代曾被人们反复使用。像诸葛亮杀马谡，曹操杀杨修，都是为了杀人以树立自己的威风。用这种方法对付那些听不进劝告的下属，可以从根本上打掉他们的威风，从而提高工作效率。司马穰苴杀庄贾以及齐景公使者的仆人等，其实都可以算是穰苴有意为之。想想看，一个乡下的农民，突然被国君提拔成三军统帅。如何在短时间内让自己的下属信服，特别是让那些有权有势有功的将领信服，这是穰苴面临的一个巨大问题。同样地，黄盖做县官的时候，人们一定以为他身为武将，不懂政事，因此毫无威严。而能够在赤壁之战中想出苦肉计的黄盖，当然是一个聪明人。黄盖这一杀，威严就自然上来了。实际上，两个主管从被任命的那一天起，也就注定了要成为黄盖立威的牺牲品。雍正“借题发挥”，抓住下属的一个小错、一件小事大做文章，以达到震慑下属的目的，这样做可以使下属心怀畏惧，不敢轻举妄动，从而树立起自己的权威。如果仅从这些例子来看，雍正仅仅通过训斥或略施薄惩的行为来立威严，比动不动就开杀戒无疑要“文明”许多。但这些“新官”们手段多样，目的只有一个，那就是建立自己的威严，为以后打下牢固的根基。

识人在先，善用在后

【厚黑真经】

《史记》上说：“张良对别人讲兵法，那些人都不能领会，只有刘邦能很好地对待他，张良感叹地说：沛公大概是天意昭示可以传授的人啊。”可见这门学问，不但高明的老师难遇，而且就算是遇着了，自己也难以领悟。苏东坡说：“项羽虽然百战百胜，但轻易地使用他的锐气。刘邦能忍耐，养精蓄锐来等待项羽的锐气衰败下来，这正是张良教他这样做的。”

【精要解读】

人们都说“人尽其用”，但是，不会识人，又谈何用人？因此，厚黑学强调，在用人时一定要做到全面了解，识人是用人的第一步。古语有云：千里马常有，而伯乐不常有。因为各种原因，那些真正有才能的人，往往隐没在人群之中，得不到重用；即便用了，却往往没有用到合适的地方，或者大材小用。这就是不识人的结果。

春秋时期，卞和前后两次献和氏璧给楚王，但是皆被认为是以假欺君，先后被砍去双脚。人才就和和氏璧一样，之所以不被重视和重用，多半不是因为没有才华，只是用才者常常被诸多表面现象所迷惑，进而不识。厚黑学告诉我们，在识人时，不能以个人的好恶来决定其高低，因为人的兴趣、爱好、观点各有差异，以一己之见来判断某人是否为贤才，一定会失之偏颇。

【运用之妙】

东汉末年，刘备在未得诸葛亮之前，在识人标准上存在很大的问题。他往往只以个人的喜好作为识人标准，凭个人的印象和臆测来选识人才，其虽有关羽、张飞、赵云等世不二出的武将，但是文臣仅有孙乾、糜竺之辈。他也常叹自己思贤若渴，身边无人才，以至于流落天下。第一次见到“水镜先生”司马徽时，他竟无端埋怨说：“我刘备也曾只身探求深谷中的贤士，但是却没有见到什么真正的人才。司马徽批驳了刘备的观点，说：“孔子曰‘十室之邑，必有忠信’，怎么能说无人才呢？”继而又向他指出，他当时所处的荆襄一带就有奇才，应该去求访。刘备恍然大悟，这才有了后来的多次邀约诸葛亮出山相助。

刘备后期最为器重的人才，除了“卧龙”诸葛亮之外，就是道号“凤雏”的庞统。庞统早年便与诸葛亮齐名于荆州。时人评价他们的经典言语是：“卧龙凤雏，得一而可安天下。”由此可见，庞统也怀有经天纬地之才。然而在诸葛亮成为刘备的军师之时，庞统仍然怀才不遇。东吴都督周瑜帮助刘备攻取荆州时，庞统仅为掌管区区一郡人事的功曹。周瑜去世后，庞统送葬到吴地。吴人多闻其名，因此，当他要西返荆州时，众多知名人士齐会昌门，为他送行，在聚会上，庞统一针见血地品评当时人物，他说：“陆绩可以算是驽马，有逸足之力；顾劭可以算是驽牛，能负重致远。”接着，他又对全琮说：“你好施慕名，虽智力不多，也不失为一时之选。”顾劭去见庞统，并问他：“您有善于知人之名，你说说，我和您相比，怎么样？”庞统说：“讲到陶冶世俗，甄别人物，我自然比不上您，但是，如果论帝王之秘策，揽倚伏之要最，我可就比您强一点了。”

刘备占据荆州之后，庞统来投，但是刘备见他其貌不扬，并未重用，仅仅以从事守耒阳令任之。庞统在任不理县务，治绩不佳，被免官。刘备更加认为他名不副实。但吴将鲁肃写信给刘备，推荐庞统，说庞统之才不只百里，如果让他做治中、别驾等官职，才能稍微施展他的才能。诸葛亮也向刘备极力推荐庞统。于是，刘备再次召见庞统，并和他纵论上下古今，这一次深为折服，于是对他大为器重，并任命他为治中从事。此后，刘备倚重庞统的程度仅次于诸葛亮。

庞统正是实现隆中战略不可或缺的重要人才，他的加盟，为刘备集团提供了进一步飞跃的契机。在当时的情况下，进占益州和巩固荆州是同等重要的大事。要同时完成这两件大事，必须要有诸葛亮一流的人才协助刘备才行。综观刘备早期的谋臣团，糜竺、孙乾、简雍、伊籍等人，都是人才，但运筹帷幄，决胜千里实非其所长。而庞统不但学识渊博，善于鉴别人物，而且有运筹帷幄的本领，正适合协助刘备进占益州。实际上，在入川过程中，庞统也用出色的表现证明了自己的能力：他不但协助刘备作出了几次意义重大的正确决策，而且以其独有的聪明才智，使刘备摆脱了信义宽仁等观念的束缚，为日后平定西川奠定了坚实的基础。

晚清时期，李鸿章所率淮军收罗了不少猛将，一次，李鸿章想让自己的老师曾国藩给他们“相相面”，看看他们的潜力。曾国藩在李鸿章的陪同下，悄悄地来到淮军营地。淮军的将士们不知道将帅的到来，有的赌酒猜拳，有的倚案看书，有的放声高歌，有的默坐无言。其中独有一人袒着肚子坐在南窗之下，左手端《史记》，右手端酒，诵读一篇，便饮酒一杯，有时还情不自禁地长啸起身，大有旁若无人的情景。在回来的路上，曾国藩对李鸿章说：众位将领都可以立大功，任大事，但是成就最大者，就是那个裸腹读书之人。

此人就是后来成为淮军名将的刘铭传。淮军自程学启死后，刘铭传成为诸将之首，也成为曾国藩部下的主力。由于多次在和捻军战斗中的杰出表现，后来被提升为直隶提督。曾国藩离开徐州担任直隶总督之后，刘铭传最终以“河防之计”，将捻军这场轰轰烈烈的农民起义镇压下去。刘铭传战功煊赫，是这次胜利的第一功臣，朝廷下令封其为一等男爵。曾国藩去世后，刘铭传又多次担任要职，他还是中国近代提议兴修铁路的第一个政府高级官员，而他在中法战争和保卫台湾等战争中所做的贡献，也都证明了曾国藩对他的鉴别和期待。

点评

正像韩信评价刘邦“不善将兵，但善将将”那样，身为一个领导者，最为重要的就是识别并运用人才。刘备用人的一个显著特点是，一旦他认为是个人才，就必定能够人尽其用，而且用人不疑。但是，他却缺少识人之明，因此就连庞统这样不可多得的人才，他也差一点错失。而曾国藩却颇知识人之奥妙，不但如此，他还能看透这个人的潜力和前途。正因为此，他才能知人善用，让他们成为自己迈向成功的最佳帮手。

唯才是举，要猛兽不要病猫

【厚黑真经】

我平时有种见解，凡人要想成功，第一要量大，才与德尚居其次。以楚、汉而论，刘、项这两个人，德字都说不上，项羽的才能胜过刘邦，刘邦的度量却胜于项羽，韩信、陈平、黥布等，本来都是项羽方面的人，只因为项羽气量小，容纳不住这些人，才一齐走到刘邦方面来。刘邦豁达大度，把这些人一齐容纳，汉兴楚败，势所必至。

【精要解读】

世上并不是没有人才，而是用人的人不能正确使用。厚黑学主张，选人用人的正确程序应该是，正确地考察、准确地评价一个人，进而对使用这个人的风险进行评估，并使他能够发挥应有的作用。历史上任何一个成功的领导者，都有求贤若渴的胸襟。他们在考量部属的时候，唯一的标准就是是否有才干。有才干者加以重用，没有才干者则宁愿弃之不用，至于身份、出身、经验等方面的外在因素，一般都不怎么重视。人总难免会有这样那样的缺点，但真正能够为我所用才是最重要的。反过来说，那些没有才能的人，即使地位再高、出身再好，也宁愿不用。

【运用之妙】

汉高祖刘邦，给人的印象总和流氓无赖、阴诈小人分不开。他文不能文，武不能武，30多岁，还仅仅当了一个小小的泗水亭长。然而，正是他打败了天下无双的项羽，建立了汉朝。他之所以成功，在很大程度上是因为，他几乎称得上是古今中外几千年来最懂得用人的权谋家。

刘邦自己也知道这一点。在一次庆功宴上，他对群臣说：“得失天下的原因，须从用人上说。试想运筹帷幄，决胜千里，我不如张良；坐镇国家，抚养百姓，我不如萧何；统百万雄兵，战必胜，攻必取，我不如韩信。这三人都是当今英杰，我能委以任用，所以能得天下。而项羽有一个范增，尚且不知道加以运用，这就是他失败的原因。”

由于自己出身平民，刘邦用人也从来不拘身份、地位，总是能够唯才是用，甚至不顾对方原来是自己的敌人。张良原是韩国贵族，曾结交刺客狙击秦始皇于博浪沙。后来，他向刘邦提出不立六国后代，联结英布、彭越、韩信等军事力量的策略，又主张追击项羽，彻底消灭楚军，这些建议均为刘邦所采纳。萧何曾是沛县小吏，他参加辅佐刘邦起义，当起义军进入咸阳时，不但及时规劝刘邦不能贪图享乐，而且及时取出秦政府的律令图册，很快地熟悉了各种法律条文和全部山川险要、郡县隘口等情况，为以后刘邦治理关中打下坚实基础，他还举荐韩信为大将。楚汉争霸时，他以丞相身份留守关中这一战略要地，源源不断地向前线运送兵源粮草，使刘邦终于能够取胜。韩信则原是贫穷潦倒的流浪汉，他曾在项羽手下做一名管粮草的小官。投向刘邦后他才被重用，并用兵如神，屡建战功，成为刘邦战胜项羽的关键人物。

除了这最重要的3人之外，刘邦官僚集团中的其他成员，也都是来自不同社会阶层、有着不同出身和阅历。但他们有个共同点，那就是都是贤能人物。陈平出身贫寒，在做小官时曾经贪污受贿，且和嫂子曾有暧昧关系，有“盗嫂受金”的讽名。投奔刘邦之后，他为创建汉王朝作出了重大贡献。曹参曾为秦朝的狱吏，但在追随刘邦之后，“身被七十创，攻城略地，功最多”。周勃曾靠编织养蚕用的蚕箔为生，还常给办丧事的人家吹箫，后来做了一名能拉强弓的勇士，在刘邦军中，他在一系列的作战中总是能当先破敌。此外，樊哙原是宰狗的屠夫；灌婴曾是布贩；夏侯婴曾是马车夫；彭越、黥布曾是强盗；叔孙通原是秦政府的博士；张苍是秦朝掌管文书档案的御史……如此等等，不一而足。这些人有着不同的出身和经历，但刘邦却都能重用他们，这充分说明刘邦唯才是举的用人标准。

刘道怜是南朝宋武帝刘裕的同父异母兄弟，他的母亲萧氏是刘裕的继母。刘道怜曾追随刘裕南征北战，屡立战功。在还未废晋自立之前，有一年，身兼扬州、徐州、兖州三地刺史的刘裕辞去了扬州刺史的职务，而任命自己才14岁的二子刘义真担任此职位，镇守石头城。刘道怜很想担任这一职位，但又不好意思开口，便央求母亲萧氏代为说情。见到刘裕后，萧氏说：“你兄弟曾与你同甘共苦，又立有战功，可以让他担当扬州刺史。”刘裕本来对萧氏极为恭敬孝顺，后来建立南朝宋时，刘裕还尊萧氏为太妃，但他十分了解自己的这位兄弟，刘道怜尽管追随自己四处征战，立有不少战功，但是为人蠢笨，才能平庸，又非常贪婪放纵，根本没有能力担任这么重要的职位。当时，刘裕也正准备夺取晋朝江山，扬州地理又非常重要。因此，思考再三，刘裕还是对萧氏说：“扬州乃要害之地，关系到我的前途命运，要务繁多，道怜恐怕难以胜任。”萧氏一听，极为不快，问道：“五十多岁的老道怜，难道不如十几岁的小义真吗？”刘裕解释说：“我儿义真虽为刺史，但事无大小，都由我做主。道怜年纪已大，如果什么也都由我做主，恐怕不好。如果让他自己做主，又怕难以负重。无论是为国，还是为道怜着想，他都不适合担当此职。”萧氏这才无可奈何，只好作罢。

点评

在历史上，刘邦无疑是独树一帜的。他并不像曹操、李世民那样文韬武略兼而有之，也不像康熙、朱棣一样借助龙脉血统，他所凭借的，说穿了就是一门用人之术。他之所以能够打败项羽，正像他自己所说的那样，在用人方面是远远超过项羽的。而这也正是一个领导者最为重要的本领之一。明白了刘邦唯才是举的胸襟之后，我们才能够明白，他之所以能够得到天下，完全不是偶然，而是有称霸天下的足够资本的。刘裕摒弃个人感情，清醒地掌握着自己用人为官的原则和标准，要人才不要病猫，如果是个病猫，则坚决不用，正是因为他认识到用人对于他建功立业的重要性，所以原则性才会这么强。

管理是授权与控制的艺术

【厚黑真经】

要防小孩抢夺食物，不得不用专制手段，与商鞅统治秦相像，而都收到了同样的效果。

【精要解读】

领导者所面临的各种事务总是十分纷繁复杂、千头万绪，任何领导者，即使精力、智力超群，也不可能独揽一切，因此必须把一些事情交给下属执行。不会授权或不愿授权的领导者，将给自己积聚愈来愈多的工作决策事务，使自己在日常琐碎的工作细节中越陷越深，甚至成为碌碌无为的“事务主义”者。到此地步，有些事已一拖再拖，另一些事可能根本无暇顾及，而许多需要领导者处理的大事却搁置在一边。另外，下级的积极性也受到压抑，工作失去了兴趣和主动性。

厚黑学认为，作为领导者，贵在学会科学地授权。授权，其实就是指上级在下达任务时，允许下属自己决定行动方案，并能进行创造性工作。合理授权，使领导者重在管理，而非从事具体事务；重在战略，而非战术；重在统率，而非用兵。授权有利于领导者议大事、抓大事，居高临下，把握全局。合理地授权，能够使每个人感到受重视、信任，进而使他们有责任心，人人都能发挥所长。

当然，身为领导者，最为根本的权柄还是必须掌握在自己手中。授人以权柄，是为了使其发挥所长，为自己所管辖的区域内尽量多地做事，其前提仍然是为我所用。一旦授权过多，属下滥用职权，无所顾忌，则可能出现南辕北辙现象。说到底，厚黑管理学的智慧，就是保持授权和控制的微妙平衡。

【运用之妙】

周威烈王二十三年（前403年），已经瓜分了晋国的韩、赵、魏三家得到了周天子的册命，正式成为了韩、赵、魏三个新兴的国家。在魏国，促成这一历史性转变的国君是魏文侯。魏文侯在位期间，通过各种改革，魏国的经济得以迅速发展，国力逐渐强大，成为战国初期一个异常强盛的国家。而在这个改革图强的过程中，尊贤任能对魏国的繁荣起了重大作用。

魏文侯非常尊敬贤能。他对当时魏国的贤人段干木就礼遇到了无以复加的地步，被人们广为传诵。但魏文侯尊贤并不是做做样子，而是实实在在按才任用。他任人的最大特点是用其所长，充分授权，用而不疑。吴起是当时著名的军事家，但人们对他的为人颇有微辞。他曾在鲁国任将军，齐国攻打鲁国，鲁国打算任命他为抗击齐国的主帅。但由于吴起的妻子是齐国人，鲁国很是猜疑，议而不决。为求功名心切的吴起竟然杀了妻子，以此表明自己和齐国没有任何关系。于是鲁国才任命他为大将，带兵攻打齐国，“大破之”。尽管取得了战争的胜利，但杀自己的妻子毕竟太过残忍，因此也给他招来了一大堆闲话。吴起最后受不了鲁君的猜疑，就投奔到了魏国。

文侯问大臣李克说，吴起是怎样的人？李克大约也听信了关于吴起的闲言碎语，说他“贪而好色”，但也并不因此而抹煞他的军事才能，说他用兵比得上司马穰苴。于是，魏文侯以吴起为大将，统领全国军队，自己不再过问。后来吴起用事实纠正了对他的一些不公正看法。他不仅带兵伐秦之时连拔五城，在带兵上也颇为廉平，常常和底层军官同甘共苦，因此“尽能得士心”。于是魏文侯任命他为西河守的重要位置，全力对抗秦、韩两强国。

乐羊也是魏国一位能干的大将。魏文侯打算发兵征伐中山国。有人向他推荐乐羊，说他文武双全，一定能攻下中山国。可是，又有人说乐羊的儿子乐舒如今正在中山国做大官，担心乐羊因此不肯下手。而魏文侯经过调查，了解到乐羊曾经拒绝了儿子奉中山国国君之命发出的邀请，还劝儿子不要追随荒淫无道的中山国王，于是，魏文侯决定重用乐羊，并派他出兵攻打中山国。不料，乐羊攻伐中山国，攻了两年多居然未下其都城，引得朝中官员议论纷起。有的说乐羊哪里会破国毁子呢？有的甚至说乐羊与中山国暗中一定有勾结，不然以乐羊的本领哪里会连一个小小的中山国也久攻不下呢？可魏文侯认为，既然已经托付于乐羊，就应该让其自由发挥，作为主帅，他一定有自己的想法，因此对乐羊的信任始终不动摇。不久之后，乐羊果然置自己的儿子的请求于不顾，攻破了中山国。原来，乐羊久围而不攻，为的只是孤立无道的中山国国君，不忍城中百姓遭难。当乐羊凯旋回国之时，魏文侯拉出一箩筐诽谤他的书给他看。乐羊被魏文侯信己不疑的诚心所感动不已，自此更加忠诚。

正因为魏文侯尊贤任能、用人不疑，使他在当时获得了很高的声望，一大批人才都涌向魏国。在这些政治、军事人才的帮助下，魏国开创了其历史上最为辉煌的时代。

汉武帝也同样唯才是用，人尽其用，任用了韩安国、主父偃、朱买臣、卫青、霍去病、李广、桑弘羊、公孙弘、董仲舒、张骞、苏武、司马迁、司马相如等，这些人中的任何一位，都堪称绝无仅有。所以《汉书》中说："汉之得人，于兹为盛。"

不过，知道怎么识人和用人，仅仅是汉武帝一方面的人才政策，他还知道需要牢牢地把他们控制住，以免他们冒犯自己的权威。从他对待丞相的方法上就能看出来。汉初的丞相，都是开国功臣，当初和皇帝同甘苦共患难，忠心耿耿。开国后，当上丞相，位高权重，总揽朝政，大权独揽。皇帝对丞相的意见特别重视。丞相推荐的官员，可以直接任命到九卿、郡守的级别，而对于朝中群臣有过失的，丞相则可以先斩后奏。丞相的人事任免权，处理朝政大事的权力，甚至都超过了皇权。

汉武帝刘彻雄心勃勃，丞相有如此高的权力，对他来说当然不可容忍，于是采取种种措施，削弱丞相的权力，加以控制。武帝在位54年，换了13位丞相，除公孙弘、田千秋等4人外，卫绾、许昌、薛泽等都被"免相"；李蔡、庄青翟和赵周畏罪自杀；窦婴、公孙贺和刘屈牦则被诛杀。比如，卫绾精通儒学和文学。他在汉武帝7岁时就负责教授其文化知识，后来成为汉武帝的第一任丞相，由于卫绾年龄大了，因此力不从心，执政甚宽。在武帝生病期间，使一些无辜的人冤死在狱中，汉武帝很不满意，卫绾便借病辞官，汉武帝马上批准他还乡，卫绾这样就算是被客气地免掉了相位。窦婴接替相位两年就遭到了罢免。他推崇儒术，因此贬低当权者窦太后尊崇的黄老之术，窦太后大怒，罢免窦婴丞相职位。后来，窦婴又被诬告，汉武帝终于将其斩首示众。许昌是窦太后任命的丞相，事事听从窦太后的命令。窦太后去世后，汉武帝因其"治丧不力"，将其罢官。丞相李蔡爱养狗，在汉景帝陵园前大道旁的空地上盖了个狗圈，被别的大臣弹劾亵渎先帝，侵占陵园，因此犯下重罪。李蔡不愿被大理寺收审查办，无奈自杀。丞相翟青是因为跟酷吏张汤被害一案有关而自杀。张汤一向以酷刑暴虐闻名，傲慢无礼，对地位很高的"三长史"大耍淫威，又把文帝墓园失盗之事归罪丞相翟青，遭到四人痛恨，被举报出不法之事而自杀。张汤自杀后，汉武帝又感到后悔，就下令追查举报来源，结果诛杀了"三长史"：朱买臣、王朝、边通，丞相翟青也受牵连自杀。至于丞相公孙贺和刘屈牦都是因"巫蛊"之事受牵连而被斩杀，下场可怜。这些丞相被笼罩在汉武帝的强权光辉之下，尽管所犯错误都很小，有的甚至没有犯错误，但始终让皇帝感到自己受到了威胁。对于汉武帝来说，他需要严密地控制臣下。当然，汉武帝并没有像明太祖朱元璋一样废除丞相之位，只有一种人最合他的心意，比如，公孙弘七十多岁被任为丞相，他事事顺从皇帝的心意，从不决策任何政事，只用诗书礼乐来歌颂汉王朝统治，深受汉武帝喜爱。只有这样的丞相才能得到汉武帝的宠爱和信任。

点评

对于领导们来说，授权，首先要用人不疑，信任是充分授权的基础。魏文侯充分授权于臣下，可以说是冒了一定风险的。他之所以敢于授权，可能是因为对他的臣下十分信任，相信他们能够不负所望；但是也有可能是在用自己的信任来激励部属。能够得到君主这样的信任，作为臣属怎能不"鞠躬尽瘁"、尽心尽力？反过来说，如果魏文侯授权并不如此充分，那么恐怕做臣下的努力也要大打折扣了，事情说不定就不会这么完满了。汉武帝任用人才也不拘一格，他使用凭真本事的人为官，特别是起用有开拓性的人才，但是他在授权之余，还不忘对他们加以控制，使之能够在自己的掌控之中，而不至于威胁到自己的地位和权威。对他来说，授权要授得彻底，控制也不能松懈。正是因为授权和控制相得益彰，他不但巩固了自己的权力，而且使他统治的时期成为我国历史上一个辉煌时代。

既要正激励，也要负激励

【厚黑真经】

人的心理不外乎相斥、相吸两种作用，自己觉得有利的事，就吸引它使其趋近于自己，自己觉得有害的事，就会排斥它使它远离自己。

【精要解读】

厚黑学强调，领导在管理的时候，既要正激励，也要负激励，这样才能真正调动下属的积极性。所谓正激励就是领导对下属符合自己期望的行为进行正面的引导，以使这种行为更多地出现。相反，所谓负激励，是指当下属的行为不符合自己的目标或者需要时，给予惩罚或批评，使之减弱和消退，从而抑制这种行为。不管是执行正激励还是负激励，都有以下原则需要加以遵守：一、执行不能产生偏差，所谓“激励面前人人平等”，激励的时候，要全体下属一视同仁，只有毫无偏差才能让下属满意。二、领导者要以身作则，做好榜样的带头作用。三、把握激励的力度和尺度。正激励和负激励都不可滥用。四、物质负激励与精神负激励相结合。物质负激励与精神负激励都是负激励不可或缺的组成部分，相辅相成。

【运用之妙】

东汉末年的曹操深知如何激发臣属的能力。无论是正激励还是负激烈，他都十分重视以身作则。他始终认为，作为一个将帅，自己的威信是从律己中来的。曹操常说：“身不正则令不从，令不从则生变。”用通俗的话来说，那就是“榜样的力量是无穷的”。

渭水之战是东汉末年一次最大规模会战，是曹操为平定关中，与马超等关中联军的最后决战。在渭水之战中，曹操为了在战术上构成犄角之势，稳定渡河军队，亲自断后督军，结果引来了马超，险些送掉了性命。全靠许褚奋力死战，丁斐设计才被救了出来。照当时的情况看，作为几十万军队的统帅，曹操完全可以不冒此险。他之所以亲身犯险，身先士卒，是因为这样做可以稳定军心，激发将士战斗潜能，也让渡河队伍成功渡河。曹操此举尽管有很大的风险，但是从部队作战来看，是完全值得的。

曹操兵伐南阳张绣时，麦子尽管已经成熟，但是因为大兵将到，所以农夫们都逃避在外，不敢回家收割麦子。为了收取人心，曹操派人四处寻访当地父老乡亲和守境的官吏，说：“我奉天子之命出兵讨逆，与民除害。今日正当麦熟时节，不得已而起兵。大小将校，凡经过麦田时有践踏者，都一律处死。军法严明，希望你们不要惊疑。”百姓听说后，大都欢喜称颂，都在路边拜谢。官军经过麦田时，都下马用手扶着麦子，相互传递而过，都不敢践踏。一天，曹操乘马经过一块麦田，忽然惊起田中一只斑鸠，曹操坐骑受惊，蹿入麦田之中，踏坏了一大块麦田。曹操当即招行军主簿前来，追究自己踏麦之罪。主簿说：“丞相岂可议罪？”曹操却说：“我订的法，我自己却犯了，怎么能服众？”说完拿起自己的佩剑，就要自刎。众将都急忙拦住。郭嘉说：“《春秋》有言：法不加于尊。丞相统领大军，岂可自戕？”曹操沉吟良久，说：“既然如此，我姑且免死。”于是用剑割下自己的头发，摔在地上说：“暂且割发代替首级。”并派人将此事传告三军说：“丞相踏麦，本当斩首号令，暂且割发代替。”于是三军悚然，都谨遵法令。

陈国瑞是晚清名臣曾国藩手下的一员悍将。他原是蒙古王爷僧格林沁的手下大将，没读过书，也没有什么修养，行为莽撞，天不怕地不怕，不过他却异常骁勇，有次打仗时，炮弹击碎了他手中的酒杯，他不但不避，反而抓起椅子，端坐在营房外，高叫“向我开炮”，使手下都很敬畏他。

僧格林沁死后，曾国藩担任剿捻重任，与陈国瑞军打上了交道。一次，陈国瑞所部与曾国藩手下刘铭传所统率的军队发生械斗，在调解的过程中，曾国藩感到只有让陈国瑞真心地服从自己，才有可能让他在今后真正为自己所用。于是，曾国藩先以凛然不可侵犯的正气打击了陈国瑞的嚣张气焰，历数了他的劣迹暴行，让他知道自己的过错，和别人对他的评价。但当陈国瑞灰心丧气时，曾国藩话锋一转，又表扬了他的勇敢、不好色、不贪财等优点，告诉他是个大有前途的将才，切不可以因为莽撞自毁前程，使陈国瑞又振奋起来。紧接着，曾国藩又坐到他面前，对他谆谆教导，还给他订下了不扰民、不私斗、不违令三条规矩，一番话说得陈国瑞口服心服，无言可辩，只得点头退出。

但是，所谓"江山易改，秉性难移"，陈国瑞的莽性如此，所以一回营就照样不理睬曾国藩所说的话了，依旧我行我素。看到软的作用不大，曾国藩马上请到圣旨，撤去陈国瑞帮办军务之职，剥去黄马褂，责令戴罪立功，以观后效，并且告诉他再不听令就要撤职查办，发往军台效力了。一想到那无酒无肉、无权无势的生活，陈国瑞立即表示听曾大人的话，率领部队开往指定地点。曾国藩软硬兼施，终于把陈国瑞给制服了。

点评

激发部下的干劲有时候并不需要特意花费很大力气，也不一定要花大量金钱、给予优厚的待遇，而是有各种方法。领导者以身作则的激励手段，便可以使下属真诚地服从你的领导，心甘情愿地为你拼命工作。在当时的情况下，能像曹操一样，以身作则、身先士卒，在犯错的时候也能够表示自己不置身于法外，更能够在最大限度上达到这样的目的。

自古驭下有"恩威"两道。聪明的领导者擅长恩威并施、软硬兼行，曾国藩就是这样的人。他对陈国瑞的态度，既宠之，又惩之，使陈国瑞对他又敬又怕。一个有政治谋略的领导者就应该像他这样，常常能够以巧妙的手段，在各方面下手，使得臣下会更加忠心地效力于自己。

表扬不可滥用，滥用必损威严

【厚黑真经】

水的动作就是力的动作，我们取治水的方法应付群众是不会错的。两种力平衡才能稳定，万事万物以平衡为归，水不平衡则流，物不平衡则鸣。

【精要解读】

赞美是上司驾驭、激励下属的一个重要手段。必要时，领导完全可以称赞下属，然而，赞美一定要注意方式和分寸，不能滥用，否则会使赞美的价值减弱，甚至造成相反的效果，因而有损上司的权威。如果上司总是以一个老好人的姿态，不论对方表现如何都加以表扬，对方就会从赞扬者的动机上去寻找原因，因而赞美不但无益于自己的领导，而且会产生负面效应。厚黑学认为，该赞美时才赞美，该批评时批评。任何一个精明的领导者都应该巧妙、合理地运用表扬这一调动下属积极性的武器，选择赞美的有利时机和合适的内容，甚至是赞美的方式，方能产生应有之效果。

【运用之妙】

雍正帝在康熙诸子激烈残酷的皇位争夺战中胜出，顺利登上皇帝的宝座。登上皇位之后，他更感人心险恶，很少对人加以信任，也很少溢美之词，但独有他最倚重的大臣年羹尧却是例外，得到过他许多由衷的信任和表扬。这是因为，一方面，年羹尧在雍正登上皇位的斗争中居功甚伟，另一方面，刚即位的雍正有太多的事情要依靠年羹尧。

因此，在雍正批阅的奏折上，表达信任、表扬和赞美年羹尧的文字到处都是，有的甚至到了肉麻的地步。例如雍正曾在年羹尧的奏折上写道："以前君臣相合，意气相通的也有，但是像我们这么好的恐怕就少了。你庆幸，自然不必说；就连我，也感到无比欣喜。总之，我们二人要做千古君臣知遇的榜样，让天下后世都羡慕你我。我实在心旷神怡，深感天地神明的护佑之恩。"这种简直有些肉麻的表扬和称赞，可算是千古难遇，而做臣子的自然感激涕零。年羹尧不仅在涉及西部的一切问题上大权独揽，而且还一直奉命直接参与朝政，并晋升为一等公。不仅如此，雍正对年羹尧所推荐的人都大胆使用，以此表示自己的对年羹尧的信任。在有关重要官员的任免和人事安排上，雍正更是频频询问年羹尧的意见，并给予他很大的权力。在年羹尧管辖的区域内，大小文武官员一律听从他的意见来任用。雍正认为有年羹尧这样的封疆大吏是自己的幸运，如果有十来个像他这样的人的话，国家就不愁治理不好了。平定青海的叛乱后，雍正极为兴奋，把年视为自己的"恩人"，他也知道这样说有失至尊的体统，但还是情不自禁地说了。

可以说，雍正对年羹尧的宠信到了无以复加的地步。不料年羹尧恃宠而骄，擅作威福，结党营私，贪敛财富。年羹尧自恃功高，骄横跋扈日甚一日。他在官场往来中趾高气扬、气势凌人：赠送给属下官员物件，"令北向叩头谢恩"；发给总督、将军的文书，本属平行公文，却擅称"令谕"，把同官视为下属；甚至蒙古扎萨克郡王额驸阿宝见他，也要行跪拜礼。对于朝廷派来的御前侍卫，理应优待，但年把他们留在身边当做"前后导引，执鞭坠镫"的奴仆使用。按照清代的制度，凡上谕到达地方，地方大员必须迎诏，行三跪九叩大礼，跪请圣安，但雍正的恩诏两次到西宁，年羹尧竟"不行宣读晓谕"。更有甚者，他曾向雍正进呈其出资刻印的《陆宣公奏议》，雍正打算亲自撰写序言，尚未写出，年羹尧自己竟拟出一篇，并要雍正帝认可。年羹尧在雍正面前也行止失仪，"御前箕坐，无人臣礼"，雍正心中颇为不快。

此外，他还贪赃受贿、侵蚀钱粮，累计达数百万两之多。所有这一切都引起了雍正的严重不满，雍正三年（1725年），雍正削其官职，赐其狱中自裁。年羹尧父兄族中任官者俱革职，嫡亲子孙发遣边地充军，家产抄没入官，叱咤一时的年大将军以身败名裂、家破人亡告终。

乾隆皇帝曾经派兵平定准噶尔部叛乱。一天深夜，有一份紧急军文传到北京，需要及时回复。此时，军机大臣们都已回家休息，军机处只留下值班的军机章京巴延三。乾隆唤人把巴延三叫来。巴延三来到皇帝寝宫的窗前，听取指示。乾隆向巴延三讲了文书的大意和具体写作要求，随后就要他立刻起草诏令。巴延三到军机处工作虽然已有一段时间，但由于写文办事能力较差，军机处的官员平时都看不起他，也没有让他独立完成过一篇公文的起草。领到任务之后，能力低下的巴延三对乾隆刚才说过的话一句也没有记住，哪里还写得出什么诏令？

幸运的是，跟着巴延三去军机处取稿的乾隆亲信小太监鄂国里，不仅会识字能作文，而且善于揣摩乾隆心意。乾隆对巴延三面授旨意时，他就站在一旁，都听得一清二楚。他看到巴延三急得满头大汗，却写不出一个字来，就毛遂自荐，凭着自己的记忆，代巴延三起草了这份诏令，并将文稿进呈皇上。当然，他是不敢说这东西是自己写的。

这份名义为巴延三实际上却是由鄂国里代笔起草的诏令却让乾隆十分满意。几天后，乾隆见到军机大臣傅恒，大大地表扬了巴延三一番。傅恒当然清楚巴延三的底细，但多一事不如少一事，也没有将实情讲出来。不久之后，傅恒趁势把巴延三向皇帝推荐，将他外放为潼商道员。巴延三写文章的本事没有，当官那一手溜须拍马的功夫却很到家，此后，他的职务不断升迁，没几年就爬到了两广总督的高位，成了朝廷的封疆大吏。但他做了高官后，其庸劣的本性暴露无遗，既贪污腐化，又滥用权力，最终被罢官回家。

点评

年羹尧的覆亡，最主要的原因自然在他自己身上，但雍正是要负很大责任的。一个人如果受到过多赞誉，会产生自满、自傲、懒惰的心理，不思进取，容易犯错或做错事情。从历史上看，雍正帝的过多、过于亲昵的赞美，不仅没有起到激励年羹尧的效果，而且还让其因赞美而腐化，让雍正的赞美反而成为一种消极的阻力，使其威严受到了损害。当然，作为一个领导者，要善于运用奖赏和表扬，如果像乾隆一样，对像巴延三一样的无才无德之辈，不了解真实情况，就加以提拔重用，这样势必会在下属心目中造成不良的影响，最终损害的还是领导者的权威。

厚黑驭人的五大绝招

【厚黑真经】

我们做一切事，以及国家制定法令制度，定要把路线看清楚，又要把引力、离力二者支配均衡才不至发生窒碍。如果我们详细考察世人的行事和现行的法令制度，从力学规律去看，许多地方都不符合，难怪纷纷扰扰、大乱不止了。

【精要解读】

对待下属的态度经常代表了一个领导者领导水平的高低，一个精通职场厚黑学的上司，必定能够非常轻松地驾驭部属。厚黑驭人有五大绝招，领导者如能加以使用，定能成功：一是“攻心为上，积极调动下属热情”。领导应该能够以一切可能的手段，让下属的积极性达到最佳状态。二是“必要时糊涂”。位于高位之人，不能过于苛刻，在必要时要学会睁一只眼，闭一只眼，这样才不会失去人缘。三是“宁为鸡首，不为牛后”。作为一个领导者，必须有独立的自主权和充分施展的空间，因此，与其做一个徒有虚名的领导，还不如做一个有决策能力的领头人。四是“杀鸡儆猴，树立威严”。领导者必须要树立自己的不可动摇的威严，否则，必要时无法约束下属。五是“软硬兼施”。领导者要灵活运用“厚”、“黑”之术，相机而行，该“厚”则厚，该“黑”则黑。

【运用之妙】

汉代的朱博本是武将，后来调任左冯翌地方官。当地有个名叫尚方禁的官差，在年轻时曾经强奸了一位良家妇女，结果被人砍伤了面颊。如此丧失天良的恶棍，本应重重惩治，结果他不惜重金，贿赂了官府管理刑名的功曹，竟没有被革职查办，居然还被调升为守尉。

朱博上任以后，有人向他告发了此事。朱博听了大怒，当时就找了个借口召见尚方禁。尚方禁见新任长官突然召见，心中害怕，但也只好硬着头皮来见。朱博果然在尚方禁的脸上看到刀疤。但他不动声色，将左右退开，假装十分关心，问尚方禁脸上的伤痕是怎么回事。

尚方禁见已经瞒不住了，十分恐惧，连连给朱博叩头认罪。朱博严厉地逼问实情。尚方禁就如实地讲述了事情的经过，这和朱博所听到的大致相同。朱博还是严厉地逼视着尚方禁，吓得他连头也不敢抬，头如捣蒜，还一个劲地哀求。见他十分畏惧，朱博突然大笑，并说道：“人谁无过，过而能改，善莫大焉。本官想给你立功的机会，希望你能将功赎罪。”

尚方禁开始被朱博的笑声吓得浑身发抖。但听着听着，知道对方并不打算治自己的罪，终于缓过气来。等朱博刚说完，他又是“扑通”一下跪倒在地，表示对朱博一定忠心尽力。于是，朱博又用好言安慰了一番，命令尚方禁不得向任何人泄露今天的谈话情况，要他有机会就记录一些其他官员言论，及时向朱博报告。这样尚方禁就俨然成了朱博的亲信、耳目了。而自从被朱博宽释任用之后，尚方禁对朱博的大恩大德时刻铭记在心，所以，干起事来特别卖命，不久，就破获了许多起盗窃、强奸等犯罪案子，工作十分见成效，使地方治安情况大为改观。朱博遂提升他为连守县县令。

又过了一段时期，朱博突然传令召见那个当年受了尚方禁贿赂的功曹，对他进行了严厉训斥，并拿出纸和笔，要那位功曹把自己受贿的事通通写下来，不能有丝毫隐瞒。那位功曹早已吓得筛糠一般，只好提起了笔，老老实实地写下了自己的斑斑劣迹。朱博早已从尚方禁那里知道了这位功曹贪污受贿、为奸为贼的事，看了功曹所写材料之后，觉得大致不差，就对他说：“你先回去好好反省反省，听候裁决。从今后，一定要改过自新，不许再胡作非为！”说完，就拔出刀来。功曹见朱博拔刀，以为是要杀自己，吓得两腿一软，大喊“饶命”。只见朱博将刀晃了一下，抓起那位功曹写下的罪状材料，将其裁成纸屑，扔到地上。朱博接着说：“你出去吧，还是继续当功曹。”那位功曹如获大赦，一步一拜地退了出去。自此以后，这位功曹终日如履薄冰、战战兢兢，工作起来尽心尽责，不敢有丝毫懈怠。

蜀后主建兴六年（228 年），诸葛亮为实现统一大业，北伐曹魏。他亲率 10 万大军，突袭魏军据守的祁山，并任命他平生最为信任和器重的部下、参军马谡为前锋，镇守战略要地街亭（今甘肃秦安县东北）。临行前，诸葛亮再三嘱咐马谡务必小心，并具体指示他“靠山近水安营扎寨，谨慎小心”。但马谡到达街亭后，却骄傲轻敌，不顾部将王平的劝阻，自作主张地将大军部署在远离水源的街亭山上。魏王曹睿派骁勇善战、曾多次与蜀军交锋的张郃领兵抗击。张郃进军街亭，立即切断水源，掐断粮道，将马谡部围困于山上，然后纵火烧山。蜀军饥渴难忍，军心涣散，不战自乱。魏军乘势进攻，蜀军大败。街亭失守之后，战局骤变，诸葛亮不得不退回汉中。

为了严肃军纪，诸葛亮下令将马谡革职入狱，斩首示众。临刑前，马谡上书诸葛亮，说“丞相待我亲如子，我待丞相敬如父”，但自己“违背节度，招致兵败，军令难容”，自己“罪有应得，死而无怨”云云。诸葛亮看罢，百感交集。要斩掉曾为自己十分器重赏识的将领，心若刀绞，但若违背军法，免他一死，又将失去众人之心，无法实现统一天下的宏愿。最后，他收其子为义子，然后挥泪将之斩首，全军将士无不为之震惊。之后，诸葛亮将劝阻马谡的王平破格提拔为讨寇将军，又以用人不当为由，请求自贬三等，一品丞相贬为三品右将军。这样一来，蜀军将军无不对诸葛亮赏罚分明且富有人情味的做法深为钦佩，诸葛亮在军中的威信也空前提高。

点评

朱博利用巧妙的手段，不但制伏了臣下，还树立了自己的威信，这是典型的利用把柄控制下属的事例，用此手段对下有恩，对上有功，何乐而不为？“挥泪斩马谡”则是诸葛亮运用厚黑智慧管理团队中经典的一例。马谡是蜀国最为重要的人才之一，且蜀国正是用人之际；诸葛亮和马谡的关系十分亲密，再加上马谡兄弟为蜀汉立下的功劳，诸葛亮完全可以“开个后门”，让其戴罪立功也未尝不可。然而，诸葛亮还是狠下心肠，杀了马谡。这是因为，诸葛亮深知，如果他这么做，军法的威严就建立起来了，而这对治军打仗来说才是最重要的。不过，尽管马谡非杀不可，但是面子功夫还是要做足的。于是，诸葛亮用挥泪、收养马谡之遗孤的行为向蜀军将士证明自己其心本善，杀马谡只是迫不得已。从厚黑学的角度来说，马谡必须要杀，这些看似多余的举动也是必不可少的。只有恩威并举，才能最有效地管理好自己的团队。

第六章 生存竞争厚黑学

竞争中的战略意识至关重要。在很多时候，我们不可避免地要比对方弱小、比对方被动，一时陷入被动局面情有可原，但永远被动，时时受制于人，却会最终使自己落后于人，落得被动挨打的局面。先发制人，后发则制于人。厚黑竞争学认为，在竞争的过程中，最重要的是要有积极主动的意识，采取更加灵活、更有策略的方式，努力去改变不利现状和被动局面。在竞争的时候，必须以全局的眼光对形势作出正确的判断，以超前的意识作出明智的决策，才能使自己长久地拥有主动权，趋利避害，才能在竞争中不断取得胜利。如果能够事事都领先一步，在对手之前加以压制，始终牢牢控制有利局面，就必然能带来辉煌的胜利。

任何时候都不要轻视对手

【厚黑真经】

他悠闲时看上去似乎是个虚无、卑微、柔弱的人，但到紧要关头爆发出来便叫你支持不住，像张良就是这样的人。

【精要解读】

《道德经》中说“祸莫大于轻敌”，又有古语说“骄兵必败”，这都与厚黑竞争学的观点不谋而合，都是说在与人竞争的时候不要过高估计自己的实力，过于轻视敌人的力量。有信心是好事，但是过于自信就容易变成自负、轻敌。很多对手都善于隐藏自己的实力，他们为的是在关键时刻来个出其不意的致命一击。在竞争的时候，优胜劣汰的法则要求我们永远保持清醒，洞察竞争对手的一举一动，详细、深入地了解对手的实力和动向，制定出相应的对策，即便是自己有10倍于对方的力量，也要小心谨慎，以防万一。无数历史的教训告诉我们，贸然轻敌者必败无疑。

【运用之妙】

春秋时期，楚国令尹斗越椒自恃先辈有功，自己治国有方，人们信服，十分骄纵。楚庄王削弱了他的权力之后，斗越椒更是怀恨在心，起了谋反之心。后来，楚庄王出外征讨叛军，为了防止斗越椒叛乱，留下司马芀贾在朝廷。斗越椒认为时机已到，便发动本族人起来反叛，袭杀了芀贾，还带兵至蒸野之地截杀庄王。

庄王闻讯，亲自带兵前来镇压，两军隔岸对峙。斗越椒拉弓挺戟，来回驰骋，威风凛凛，楚兵见此面带惧色。楚庄王只好派出大夫苏从到斗越椒的营地讲和，赦其擅杀司马芀贾的罪行，而且答应让王子做人质，斗越椒却说：“我早就以当令尹为耻了，也并不打算求得赦免，如果你能开战就请前来。”苏从再三劝说，斗越椒还是不听。

第二天天刚亮时，楚庄王带领军队退去。斗越椒得到消息后率领众人来追，跑了一天一夜二百多里路，到了清河桥。楚军这时正在桥北埋锅做饭，看到追兵来到，就丢掉锅灶慌忙逃走。斗越椒下令说："捉住庄王，才能吃早饭。"部下负羁说："我们的士兵又困又饿，不如先吃饱了再去抓楚王吧！"斗越椒便也下令做饭。谁知饭还没有熟，楚公子侧、公子婴齐便分率两路大军杀到。斗越椒狼狈逃窜，奔到清河桥，不料桥却已被楚王拆断，没了后路。无奈之下，斗越椒正要做渡河的准备。忽听河对岸一声巨响，只听楚军在河边大喊道："乐伯在此，逆贼斗越椒快下马受擒！"斗越椒大怒，下令隔河放箭。

乐伯军中有一名校官，箭射得极好，叫养繇基，军中称他是神箭养叔。他向乐伯请求和斗越椒比箭。得到应允后，养繇基在河口大喊："河这么宽，箭怎么射得到？听说令尹善于射箭，我想和你比个高低，让我们都立在桥墩上，各射三箭，死生由命！"斗越椒问："你是什么人？"养繇基回答道："我是乐伯将军部下的小校养繇基。"斗越椒一听是个无名小辈，便轻蔑地说："你要与我比试，必须先让我射三箭。"养繇基说："别说射三箭，就是一百支箭我也不怕！躲闪的不算好汉！"于是，双方分别制止住各自的队伍，两人分别站在南北桥墩上。

斗越椒拉弓先射了一箭，恨不得一箭把对方射到河里。谁知，养繇基远远望见箭飞来，用弓稍一拨拉，那支箭就落到水中。并高叫："快射！快射！"斗越椒又把第二支箭搭上弓弦，射了出去。养繇基把身子一蹲，那支箭从头上飞了过去。斗越椒叫道："你说不许躲闪，为什么还蹲下来躲箭？这算什么大丈夫！"养繇基说："你还有一箭，我现在不躲了，要是这箭也射不中，就该我射了！"斗越椒便取出第三支箭，端端正正地射去，只见养繇基两脚站定，等箭到时，张开大口，恰好用嘴把箭咬住了。斗越椒见三箭都没射中，心中早已慌了，只是大丈夫一言既出，不好失言，便叫道："让你也射三箭，如果不中，还得我射。"养繇基笑着说："要是三箭才能射中你，那是初学箭的本事，我只射一箭，就让你命丧我手。"斗越椒心里想："哪里就能一箭射中？"谁知养繇基的箭百发百中，他虚拉一弓，然后乘斗越椒躲闪之时，迅速射出一箭，直穿斗越椒的脑袋而过。

庞涓和孙膑曾经同在魏王手下任职，庞涓深知孙膑的才能高于自己，心生妒意，便设计陷害孙膑。他捏造罪名，诬陷孙膑和齐国私通，并对他施以膑刑，脸上也刺字。自此以后，庞涓认为孙膑已然不是健全之人，他纵有天大的本事，也难以和自己较量了。

孙膑知道，即便自己如此，庞涓仍不会放过自己，于是便装成了疯魔病的样子，一会嚎啕大哭，一会嬉皮笑脸，作出各种傻相，或唾沫横飞，或颠三倒四，又把撰写的《孙子兵法》竹简翻出来烧掉。刚开始，庞涓无论如何也不相信孙膑是真疯，为了试验他，庞涓让人把孙膑拖进猪圈。孙膑躺在猪圈的烂泥之中，或在猪圈中爬行，弄得满身污秽不堪，但却毫不在意。庞涓让人送上酒食，孙膑怒目而视，骂不绝口，并随手把酒食倒在地上，说："你们想毒死我吗？"庞涓又让人送去干粪便和泥块，孙膑反倒当成好东西，吃得津津有味。

庞涓这才相信孙膑真的已经疯了，疑心便解除了。孙膑找了个机会逃至齐国。当时，齐、魏两国正在交战。公元前354年，魏国派庞涓率领大军攻打赵国都城邯郸，赵国请求齐国帮助。齐国派孙膑和大将田忌用"围魏救赵"的作战方针，不但解了邯郸之围，还在次年的桂陵之战中以逸待劳，大破魏军，庞涓仅率少数兵士仓皇逃回。

桂陵之战后13年，魏王又派庞涓攻打韩国。齐王以田忌为大将，孙膑为军师，攻魏救韩。孙膑冷静分析了敌我双方的具体情况，根据魏军情况，提出退兵减灶的方法，暂避魏军狂妄之气，诱敌深入。庞涓率领大军日夜兼程赶回魏国，传令与齐军主力决一雌雄。然而，齐军不肯交战，稍一接触即向东退去。庞涓挥师紧紧追赶不放。头一天，见齐军营地有 10万人的饭灶；第二天，还剩5万人的灶；到第三天，只剩三万人的灶了。庞涓见状高兴，得意地说道："我早知道齐国的士兵都是胆小鬼，如今不到三天就逃跑了大半！"于是，传下将令，留下步兵和笨重物资，集中骑兵轻装前进，追歼齐军。天黑之后，庞涓率兵马不停蹄地追到马陵道，但见路上横七竖八地扔着许多木头，心生狐疑，随之命人点火观看，见路旁一树上赫然写了"庞涓死于此树之下"8个大字，庞涓大惊，知道中了孙膑的计谋，急令魏军后退，但为时已晚。埋伏在山林中的齐军，万箭齐发，猝不及防的魏军死伤无数，乱成一团。庞涓身负重伤，知道败局已定，拔出佩剑自杀。齐军乘胜追杀，将魏军的后续部队一气打垮，连魏太子都给俘虏了。

点评

斗越椒之败全缘于其过于轻敌，进而低估了敌方力量，使自己没有回旋的余地，最终注定了惨败的结局。他狂妄自大，庄王和他讲和，他毫不犹豫地加以拒绝；更是视庄王为无能之辈，不加防备，遭到偷袭，吃了败仗；最后又因轻视了养繇基这个无名小辈，并最终命丧养繇基之手。和孙膑相比，庞涓不但技差一筹，而且心理素质也不如孙膑。孙膑先是装疯卖傻，以示自己对庞涓毫无威胁；在战争中又佯造溃逃迹象，让庞涓心生大意。由此可见，庞涓之败、之死，完全也是因为轻敌之故。

把握主动权，制人而不制于人

【厚黑真经】

现在的弊病是少数人争权夺利，大多数人把自己的权利听凭别人夺去，以致天下大乱。

【精要解读】

竞争中的战略意识至关重要。在很多时候，我们不可避免地要比对方弱小、比对方被动，一时陷入被动局面情有可原，但永远被动，时时受制于人，却会最终使自己落后于人，落得被动挨打的局面。先发制人，后发则制于人。厚黑竞争学认为，在竞争的过程中，最重要的是要有积极主动的意识，采取更加灵活、更有策略的方式，努力去改变不利现状和被动局面。在竞争的时候，必须以全局的眼光对形势作出正确的判断，以超前的意识作出明智的决策，才能使自己长久地拥有主动权，趋利避害，才能在竞争中不断取得胜利。如果能够事事都领先一步，在对手之前加以压制，始终牢牢控制有利局面，就必然能带来辉煌的胜利。

【运用之妙】

唐高祖李渊称帝后，按封建的宗法制，立长子李建成为太子，而在建立唐王朝中屡立战功、有智有勇有才干的李世民只被封为秦王。由于李世民战功赫赫，颇得人心，且手下人才济济，李建成对他非常不放心。于是，他与三弟李元吉结成同党，拉拢李渊宠爱的妃子们，让她们在李渊面前说李世民的坏话，使李渊逐渐疏远了李世民。他们还不罢休，想进一步谋害李世民。一天，李建成请李世民去太子宫喝酒。谁知他在酒里下了毒，李世民喝了几口就腹痛呕吐。多亏陪席的李渊弟弟、淮安王李神通救护及时，李世民才保住了性命。

李世民对此一再忍让，可李建成却步步紧逼。武德九年（626年），突厥侵犯中原，李建成向李渊建议，让李元吉出征迎战。李渊同意了，李元吉却提出要调李世民手下的大将尉迟恭、秦琼等一起出征，还要求把秦王府的兵马都划归他管。这些举动分明是想一举消灭李世民的势力。在这千钧一发、性命攸关之际，李世民考虑再三，决定先下手为强。于是，他先向李渊告发了李建成和李元吉的阴谋，李渊决定次日询问二人。李建成获知阴谋败露，决定先入皇宫，逼李渊表态。在宫城北门玄武门执行禁卫的总领常何本是太子亲信，却被李世民策反。六月四日，李世民亲自带100多人埋伏在玄武门内。李建成和李元吉一同入朝，待走到临湖殿，发觉不对头，急忙拔马往回跑。这时，李世民带领伏兵从后面喊杀而来。李元吉情急之下向李世民连射3箭，无一射中。李世民一箭就射死李建成，尉迟恭也射死李元吉。东宫的部将得到消息前来报仇，和秦王的部队在玄武门外发生激烈战斗，尉迟恭将二人的头割下示众，李建成的兵马不得已散去。之后，李世民跪见父亲，将事情经过上奏。3天后，李世民被立为皇太子，并下诏传位于太子，但李世民不受。2个月后，李渊退位，李世民登基。

武则天当上女皇之后以十分强硬的手段培植亲信、排斥异己。在唐代皇帝中，她是诛杀大臣最多的一个，就连自己的亲生儿女也敢杀敢罚，从不手软；而对自己的宗戚亲信，则往往给以一步到位的提拔重用。尤其是对与自己有暧昧关系的大臣张易之、张昌宗兄弟，则更是屡加偏袒，即便他们犯了死罪，武则天也往往把他们特赦了事。

面对武则天的强硬政策，李家宗戚都软弱退让，毫无反抗的勇气和决心，结果屡屡成为刀下之鬼。武则天的儿子李显、李旦，更是懦弱柔顺，即使已登皇帝之位，也甘愿让出权力由武则天执掌，不敢出一声为自己辩白。一批效忠于李唐的大臣们，其中虽也偶有敢于争辩的大臣，往往都死于武则天的硬手腕之下。这样，中国古代史上前无古人、后无来者的女皇武则天，在龙椅上面竟然一坐就是15年，而且稳如泰山，威权日隆。

宰相张柬之素来沉稳有谋，果断敢行，虽然已经高龄八十有余，但复唐雄心须臾不忘。早年任合州刺史时，便与荆州长史杨元琰一同泛舟，相互有约："他日你我得志，当彼此相助，同图匡复。"不久张柬之入朝为相，立即推荐杨元琰为羽林军将军，控制京城军权。同时又暗中联合一些要害部门，伺机起事。

公元705年，武则天患有重病，其宠臣张易之、张昌宗两兄弟怕武则天去世，也在居中用事，暗蓄异谋。以张柬之为首的忠直大臣，以为时机已到，决定主动出击，先发制人，以迅雷不及掩耳之势逼迫武则天让位给太子李显，重新恢复李姓天下。张柬之把同道桓彦范等都安插在羽林军中当将军，直接控制保卫皇宫的禁军。诸事安排停当之后，张柬之便率左右羽林军500余人，直入玄武门，并派人强行从东宫找来胆怯疑惧的太子李显，一起突入内殿。陪在武则天身边的张易之、张宗昌听到风声，慌忙出来探听情况，恰被张柬之碰上。张柬之毫不迟疑，即令就地处斩。然后直奔武则天的寝室长生殿，并喝退殿前侍卫，带兵闯进了武则天卧室，并逼迫武则天传位于太子。武则天当然不甘心女皇的威风就此熄灭，但是事情既然已经如此，大势已去，也无可奈何。第二天，张柬之等把异己分子或捕或杀，又让太平公主劝迫武则天传位。不多时，唐中宗李显复位，真正掌握了国政。

点评

射杀亲兄弟、逼父退位被认为是李世民一生中最大的污点，但是，在当时的情况下，如果李世民不先发制人，不发动玄武门之变，而是处处被动挨打，那么可以想象，他不但无法登基称帝，无法开创大唐盛世，甚至连身家性命是否能保住，都是个问题。显然，在当时的情况下，他必须这么做。而对于像武则天这样专权毒辣的皇帝，如果一味采用软弱退让的手法，则只能使武则天更加强硬，更加为所欲为。在这场争取皇位的权力斗争中，以张柬之为首的一帮人，一改太子等一味妥协忍让的做法，主动出击，打武则天一个措手不及，从而能够一步到位，取得了复唐的成功。应该说，张柬之"主动出击，先发制人"的做法，在当时是最为明智的。

巧施烟幕弹迷惑对方

【厚黑真经】

张良学的都是老子的一套，例如峣关一战，与秦联合了，但忽然乘秦军松懈袭击他们；鸿沟的约定，与项羽讲和了，但忽然率领部队转过头来杀项羽的军队。这就是从卑微、柔弱中爆发出来的力量，可怕！可怕！他的计策不必多，只需要这样的两三处，高祖的帝业就可建成了。

【精要解读】

竞争，有时就是信息的竞争。《孙子兵法》说“知己知彼，百战不殆”，《三十六计》中也有“瞒天过海”之计，说的都是谁掌握了更多关于对方和自己的情况，就更加能够在竞争中居于主动，采取相应的对策，从而最终获得胜利。因此，厚黑学主张，在和对方竞争的时候，从自己这方面来说，一定要掩盖自己的真实意图，以假乱真，给敌人以错觉，以掩盖住行动的真实目的和自己的真实想法。用假象搅乱对方对自己的判断，这样才能减少自己的损失，也更有成功的希望，这样才能达到出其不意、攻其不备的效果。

【运用之妙】

宋初名将李允则少年时就曾以才略而著名于世，在宋太宗时任京官，曾经奉诏巡察河东、荆湖、西川诸路（路是宋朝行政区划），均有所作为。真宗时期，李允则出任雄州知府。当时，北方契丹屡次进犯北宋边关，李允则打算修筑城池以防御契丹的突然进攻。但是，当时契丹和北宋签订了和约，如果公开修筑城墙，恐怕契丹会借故进行武装挑衅。而当时，相对于国势衰微、重文轻武的宋廷而言，契丹的实力非常强大，因此，北宋朝廷只想苟安求和，而不愿招来麻烦。前思后想，李允则最后想出了一个“明修栈道，暗渡陈仓”的方法。

为了建造一座包括雄州城北门外的瓮城的大城，李允则命令首先在城北修建东岳祠，不但购置了很多祭祀器具，还让吹鼓手们在路旁吹打，制造热闹气氛，引起当地百姓和北方契丹人的注意。几天之后，李允则又让手下人将东岳祠中的祭祀器具全都偷偷运走，并放出风说，这些器具被北方契丹人偷走了。李允则煞有介事地下令捉拿盗贼，一时间闹得满城风雨。后来，李允则又说，盗贼横行妄为，非筑城围护不可。这样，他就开始大张旗鼓地筑城，把原来瓮城居住的人，全都纳入了新修的大城之中。

为了训练士兵的水战能力，又不至于引起契丹人的注意，李允则每年在祭祀河神的时候，在两国界河进行划船比赛，并表示欢迎契丹人观看。看起来是划船比赛，但实际上却是在偷偷地练习水战。

雄州的北面原野上原布满了在战争时期挖的陷马坑，还有很多供瞭望用的土堡。李允则对人说：“大宋与契丹既然已经讲和，这些东西就没有什么用处了。”他命令把坑填平，把土堡废除，还在上面开垦菜田，并在四周修建矮墙，种植了大片的荆棘。因此，这些地方实际上是比以前更加难以行走了。接着，他又以做佛事的名义，在北部建立了一个佛塔，这样，30里方圆的景象都可以尽收眼底了。李允则还命人在边界地区种上榆树，久而久之，这些地区变得树木林立。李允则私下里对同僚解释了这些榆树林的作用：“它们是最好的障碍物，敌人的骑兵来了，将没有用武之地。”

辛亥革命之后，袁世凯窃夺了革命胜利果实，当上中华民国大总统，在北京建立了北洋军阀政权。他大权在握，仍不死心，竟做起了皇帝梦了。这一倒行逆施的行为，自然激起了全国人的强烈反对。但他仍然一意孤行，对反对者大肆镇压。他一面加紧扩大自己的武装力量，一面采取一系列暗杀手段翦除异己。一时之间，暗杀事件迭起，包括宋教仁在内的一批志士仁人一个个都倒在刺客的枪口之下。

前云南都督蔡锷，也是袁世凯所怀疑的对象之一。蔡锷从云南卸职奉调入京，其言行主张便一直为袁世凯所密切关注。袁氏表面上对他十分优待，每天都将他召入总统府中磋商“要政”，其实是有意加以考查和约束，防其生变。蔡锷深知袁世凯的险恶用心，便尽力收敛锋芒，不露声色，每次与袁交谈都装作呆钝无知。他一再表示自己年轻望浅，阅历不深，除军事上略知一二外，其余都茫然无知，不识大体。袁世凯多次向他询问意见，他要么装作失言，要么答非所问。袁世凯虽然对他极不放心，却也一时拿不定主意，于是便暂时对他实行收买政策，一次又一次给他封官。面对一大堆许多人趋之若鹜的桂冠，蔡锷尽管视为草芥，但还是不露声色，无论袁世凯封他什么官，他都悉数接受，得了一官也不表现出十分欣喜，但也从不推辞。这让袁世凯更加莫名其妙了。

袁世凯决定对蔡锷摊牌。一日，袁世凯又在总统府召见蔡锷。见面后，袁世凯开门见山便谈起了复辟帝制的事，并询问蔡锷的意见。蔡锷听了，立即离席说：“我起先是赞成共和的，但是见到南方两次兵变，才知道我国不能没有皇帝。我一直因担心别人说闲话而未便开口，今天您说了出来，我首先表示赞成！”袁世凯听了这番话，极为高兴，但他仍有些不放心，便又探问道：“既然你早有此想法，那次赣宁起事，你为何还想出面调解？”蔡锷说：“那时我还在云南，远离北京，长江一带多是民党势力，因此多少有点投鼠忌器。”袁世凯听了之后，也觉得极为合理。

蔡锷知道袁世凯并不因此就已经完全信任自己，于是他装作浪荡公子，成天寻花问柳。他扮成一个商人到云吉班寻访北京名妓小凤仙。小凤仙本是一个非同寻常的女子，她与蔡锷初次见面便一见倾心，知道蔡锷非等闲之辈，更是钦佩不已。这样，蔡锷由此更加经常和小凤仙相会，甚至连一切公务都搁置不理了。袁世凯本来就只是需要借助蔡锷的影响力，因此在听说此事后毫不介意，还笑着说：“蔡松坡果真乐此不疲，我也就高枕无忧了。”话虽这么说，他还是不放心，让他的密探继续跟踪，将蔡锷每天的言行举止都报告给他。蔡锷也觉察到了这一点，索性花天酒地，闹个不休，还故意对袁世凯的心腹梁士诒说，自己想要购置一栋公馆，以便“金屋藏娇”。接着，蔡锷又和自己的夫人商议，让夫人对蔡锷在外面胡混很为不满，成天寻着蔡锷吵闹，连家里的东西也打毁了不少。蔡锷“一气”之下，拳脚相加，把自己的夫人打得鼻青脸肿，还坚决表示要和夫人离婚；夫人不甘受辱，连夜带着佣人回了老家。

蔡锷用“苦肉计”赶走夫人，便免除了后顾之忧。有一天，他趁人不备，给云南将军唐继尧等拍去一个电报，说“帝制将成，速作准备”，要唐速作起义的准备。之后，蔡锷便在小凤仙的掩护下，秘密离开北京奔赴天津，接着以治病为名东渡日本，后经台湾、香港、越南，辗转最后抵达昆明，和唐继尧等展开了讨伐袁世凯的护国战争。

点评

李允则煞费苦心设防，制造了种种假象，使对方认为他的所作所为都不过是为了百姓能有个良好的生活环境，而绝无其他企图。在这种巧妙的烟幕弹背后，他实际上却是在筑城设防，训练军队，契丹人还没有明白他的真实意图的时候，一座和他们对峙抗衡的防御城堡就已经神不知鬼不觉地建成了。蔡锷表面上装作很支持袁世凯，还故意制造自己不关心政治、风流成性的形象，这一切都是为了麻痹袁世凯，让其疏于防范，以便自己能够在适当的机会随时逃离。在风险叵测的政治斗争中，巧妙地隐藏自己，以达到瞒天过海的目的，是非常必要的。

选择对手的薄弱环节作为突破口

【厚黑真经】

刘先帝（指刘备）连营七百里，陆逊先攻一营不利，便对众人说道：“他的虚实我已经知道了，自有攻破他的方法了。”于是他放火烧，刘先帝也就全军溃败。

【精要解读】

俗话说：“打蛇打七寸”，说的是每个人都有自己的缺点和弱点，在竞争的时候，如果能够对这些弱点加以利用，往往能够成为自己扭转局势的制胜法宝。厚黑学告诉我们，要善于避开敌人的坚实之处，攻击其虚弱的地方。从另外一个角度来说，敌人的虚弱之处容易被进攻，敌人容易失败，也只需要花费较小的代价。可以看出来，这实际上是以最小的代价获取最大的利益。在竞争的时候，无论如何要做出牺牲，我们希望这种牺牲尽可能地少，却同样能达到战胜敌人的目的。既然攻打对手的薄弱环节和空虚处消耗最小，那么就应该成为首选。

【运用之妙】

东汉末年，刘备和孙权曾经联合起来对抗曹操，并在赤壁之战中打败曹操，奠定了三足鼎立的局面。但后来，孙权背弃盟约，夺取荆州，又擒杀关羽。这对刘备是一个沉重的打击。荆州的战略位置十分重要。荆州丧失，刘备原先所拟定的两路出师，北定中原的战略方针就无法实现。因此，章武元年（221年），刘备就亲率10多万大军南下，决意用武力从孙权手中夺取荆州。当时，蜀汉方面诸葛亮、赵云等绝大多数大臣、将领都看到了大举攻吴对蜀不利，因此再三规谏刘备不要出兵攻吴；东吴南郡太守诸葛瑾也曾给刘备写信，向他陈说利害，希望刘备停止攻吴行动。但是，刘备却丝毫也听不进这些意见。

孙权任命右护军、镇西将军陆逊为大都督，统率5万吴军开赴前线，抵御蜀军。战争伊始，刘备取得了一些胜利。后来，陆逊为了避敌锋芒，实施战略退却，一直后撤到夷道、猇亭一线。蜀汉军队进入夷陵地区后，屯兵长江两岸。这时，蜀军已深入吴境二三百公里，由于开始遭到吴军的扼阻抵御，其东进的势头停顿了下来。吴军扼守要地、坚不出战，为了调动陆逊出战，刘备遣前部督张南率部分兵力围攻驻守夷道的孙桓。孙桓是孙权的侄儿，吴军诸将纷纷要求出兵救援，但陆逊深知孙桓素得士众之心，夷道城坚粮足，坚决拒绝了分兵援助夷道的建议，避免了分散和过早地消耗兵力的行为。

刘备为了迅速同吴军进行决战，曾频繁派人到阵前辱骂挑战，但是陆逊均沉住气不予理睬。这样，陆逊坚守不战，破坏了刘备倚恃优势兵力企求速战速决的战略意图。两军在夷陵一线相持达半年之久。蜀军将士逐渐斗志涣散松懈，失去了主动优势地位。拖到六月，正值酷暑时节，暑气逼人，蜀军将士不胜其苦。刘备无可奈何，只好将水军舍舟转移到陆地上，把军营设于深山密林里，依傍溪涧，屯兵休整，准备等待到秋后再发动进攻。由于蜀军是处于吴境二三百公里的崎岖山道上，远离后方，故后勤保障多有困难，且加上刘备百里连营，兵力分散，从而为陆逊实施战略反击提供了可乘之机。

陆逊见战机成熟，遂转入战略反攻。他先派遣小部队进行了一次试探性的进攻。这次进攻虽未能奏效，但却使陆逊从中寻找到了破敌之法——火攻蜀军连营的作战方法。陆逊命令吴军士卒各持茅草一把，乘夜突袭蜀军营寨，顺风放火。顿时间火势猛烈，蜀军大乱。陆逊乘势发起反攻，迫使蜀军西退。吴军进展顺利，很快就攻破蜀军营寨40余座，蜀军溃不成军，死伤无数，车、船和其他军用物资丧失殆尽，蜀将被杀、投降者甚众。刘备乘夜突围逃遁，逃至白帝城。次年四月，刘备恼羞于夷陵惨败，一病不起，亡故于白帝城。

南宋时期，金国屡次南侵。宋朝将领毕再遇和金兵经过多次交手，十分了解金兵的特点，他认为金兵强悍，骑兵尤其勇猛。如果与其正面直接交锋，很难取胜，即便取胜，也一定会给己方造成重大的伤亡。因此，他主张和金兵交战时，一定要抓住他们的致命弱点，设法加以钳制，然后再寻找好战机，一举取胜。一次，毕再遇和金兵遭遇，他命令士兵采取游击流动战术与他们交战。敌人如果前进，他就命令队伍后退；等敌人刚刚安顿下来，他就下令出击。当敌人准备反击时，他又率部逃得无影无踪了。这样，一进一退，时打时停，金兵想打打不着，想摆脱又摆脱不了，被搞得疲惫不堪。等到夜晚时，金兵人困马乏，毕再遇命人准备许多用香料煮好的黑豆，偷偷撒在阵地上。然后再进行偷袭。金兵无奈，只得尽力反击。毕再遇战了一段时间，又全军而退。金兵乘胜追击。不料金兵的战马闻到豆香，只顾抢着吃。任金兵抽打，也不肯迈步。这样，金军无法调动战马，十分混乱。毕再遇这时又调集军队，四面包抄，直杀得金兵人仰马翻，尸横遍野。

点评

刘备本来具有相当的军事才能，但夷陵之战中，他恃强冒进，犯了兵家之大忌。与此相对的是，陆逊善于正确分析敌情，为刘备辱骂却能隐忍不战，拒绝和强大的蜀军正面冲突，而是避其锋芒，后发制人，抓住刘备远征无力和布营上的弱点，采取相应的策略，加以致命一击，终于以5万劣势的吴军一举击败兵力占有优势的蜀军，创造了由防御转入反攻的成功战例，体现了高超的指挥艺术和军事才能，自然，这也表明他具有善于控制自己情绪的难得素质。毕再遇对兵法的运用，可谓深得厚黑精髓。在冷兵器时代，骑兵的杀伤力是巨大的，金军的骑兵尤其强大，如果正面交锋，自然很难取胜；即便取胜，自己损失也不会小。因此毕再遇不正面与之交锋，而是巧妙地利用骑兵的弱点，采取相应的对策，让其骑兵的特长无法发挥，这时再加以打击，自然水到渠成，容易成功。

保持饥饿感，看到机会就出手

【厚黑真经】

一旦有讲和的说法，就会进无决死之心，退有迁延之计，其气先馁，而人心遂涣然离散。所以与对方和谈的提法不予以否定，那么一件事都做不成。现如今的计策是，必须先拒绝和谈，只有这样才可以激发忠勇之气，才有恢复的可能。

【精要解读】

厚黑之人在竞争的时候，永远使自己像狼一样保持饥饿感。对狼而言，饥饿感是一种实实在在的生理感觉，使它不得不为了获取食物而时刻保持清醒，随时准备出击。在和对手竞争之时，我们也要使自己经常性地保持饥饿感，这样就能彻底消除自己身上存在的惰性，随时保持对成功的渴望，从而抓住每一个可以利用的机会，不断进取，使自己立于不败之地。竞争讲究战机和形势。在竞争中，任何一个难得的机遇是成功必不可少的条件。而当机会来临的时候，我们关键是要以猛虎下山般的速度和气魄去加以把握住，只有这样才能取胜。一旦捕捉住战机，就应毫不犹豫地下决心，进攻对手。决不能停滞不前，决不能心慈手软、优柔寡断、犹豫不前，否则便会失败。

【运用之妙】

前秦建元十九年（383年），统一了黄河流域的苻坚亲率步兵60万、骑兵27万、禁卫军3万，共90万大军从长安南下，又命梓潼太守裴元略率水师7万从巴蜀顺流东下，向建康进军，打算一举消灭东晋。苻坚亲自坐镇项城（今河南沈丘），先派其弟苻融为先锋攻打寿阳（今安徽寿县），初战告捷。苻融判断东晋兵力不多，并且军中缺粮，建议苻坚迅速进攻东晋。苻坚闻讯后，不等大军赶到，便率几千骑兵率先赶到寿阳。

苻坚一到寿阳，立即派原东晋襄阳守将朱序到晋军大营去劝降。不料朱序到晋营后，不但没有劝降，反而向晋军主帅谢石提供了秦军的情况。他说："秦军有百万之众，如果兵力集中起来，晋军将难以抵御。现在他们还在进军中，应该趁秦军没能全部抵达的有利时机，迅速发动攻击，只要能击败其前锋部队，挫其锐气，就能击破秦百万大军。"谢石听了朱序的话后，认为很有道理，决定趁敌军尚未齐集的有利时机，主动出击。

11月，东晋先锋谢玄派遣刘牢之率5000名精兵奔袭洛涧，揭开了淝水大战的序幕。秦将梁成率部5万在洛涧边上列阵迎击。刘牢之分兵一部迂回到秦军阵后，断其归路；自己率兵强渡洛水，猛攻秦阵。秦军惊慌失措，勉强抵挡一阵，就土崩瓦解，主将梁成和其弟梁云战死，官兵争先恐后渡过淮河逃命，1.5万余人丧生。洛涧大捷，极大鼓舞了晋军的士气。谢石挥军水陆并进，直抵淝水（今安徽寿县南）东岸，在八公山边扎下大营，与寿阳的秦军隔岸对峙。苻坚站在寿阳城楼上，一眼望去，只见对岸晋军布阵整齐，将士精锐，颇为惊慌。

由于秦军紧逼淝水西岸布阵，晋军无法渡河，只能隔岸对峙。谢玄派使者去见苻融，建议秦军稍退，让晋军渡河，以便决一死战。秦军诸将都表示反对，但苻坚认为可以将计就计，让军队稍向后退，待晋军半渡过河时，再以骑兵冲杀，这样就可以取得胜利。苻融对苻坚的计划也表示赞同，于是就答应了谢玄的要求，指挥秦军后撤。不料秦兵因为士气低落，一后撤就立刻失去控制，阵势大乱。谢玄率领8000多名骑兵，抓紧这一天赐良机抢渡淝水，向秦军猛攻。朱序趁机在秦军阵后大叫："秦兵败矣！秦兵败矣！"秦兵大多信以为真，转身竞相奔逃。苻融眼见大势不妙，急忙骑马前去阻止，想要稳住阵脚，不料兵败如山倒，不但没有阻止成功，他自己的战马反倒被乱兵冲倒，本人也被晋军追兵杀死。失去主将的秦兵越发混乱，彻底崩溃，结果全军溃逃，向北败退。晋军乘胜追击。秦兵人马相互践踏，死伤无数。苻坚本人也中箭负伤，逃回至洛阳时仅剩10余万人。

唐朝开元年间，契丹叛乱，多次侵犯中原。朝廷派张守珪为幽州节度使，平定契丹之乱。契丹大将可突干几次攻幽州，未能攻下。可突干想探听唐军虚实，派使者到幽州，假意表示愿意重新归顺朝廷。张守珪知道势力正旺的契丹主动求和，必定有诈。于是将计就计，客气地接待了来使，还在第二天回派部下王悔代表朝廷到可突干营中宣抚，并命王悔一定要探明契丹内部的底细。王悔在契丹营中受到热情接待，他在招待酒宴上仔细观察后发现，契丹众将在对朝廷的态度上并不一致。后来他又探听到分掌兵权的李过折一向与可突干有矛盾，两人貌合神离。王悔乘机策反李过折。李过折果然心动，表示愿意归顺朝廷。王悔任务完成，立即辞别契丹返回幽州。第二天晚上，李过折率领本部人马，突袭可突干的中军大帐。可突干在毫无防备的情况下，被李过折斩于营中，这一下契丹营大乱。忠于可突干的大将倪礼又召集人马，与李过折展开激战，斩杀李过折。张守珪探得消息，立即亲率人马赶来接应李过折的部从。唐军火速冲入契丹军营，契丹军内正在火并，混乱不堪。张守珪乘势发动猛攻，生擒倪礼，大破契丹军。从此，契丹叛乱被平息。

点评

两军对峙，最重要的是要保持高度的警惕，抓住每一个可以利用的机会，迅速而果断地出击，这样，即使暂时处于劣势，也能克敌制胜。在这一场战争中，东晋方面将领就非常善于抓住每一个有利时机。当秦军主力尚未达到时，他们果断主动出击，首先就打垮了秦军的士气。两军对峙时，他们又抓住秦军急于决战的心态，让对方主动后撤露出破绽。当对方露出破绽之时，他们更是抓紧这一千载难逢的机会，奋力追击，最后终于赢得了这场历史上著名的以少胜多的战役的胜利。在和契丹对峙的时候，张守珪也非常善于利用每一个机会。当对方派人来察看虚实的时候，他将计就计，让对方得到错误的情报，又趁机派出使者前去查探对方的虚实，当得知对方将领有矛盾的时候，又趁机加以拉拢对契丹有异心的李过折。当契丹内部发生混战的时候，他自然也是利用这一绝佳时机，最终一举平定了叛乱。

在混乱中保持冷静

【厚黑真经】

我国内政外交，处处棘手，财政军政，纷如乱丝，这就像八股家遇着了合数章书的长题目，头绪纷繁，无从着笔。如果总是为细枝末节的事情而操心，势必费力不讨好，所以我们解决时局，就该应用八股，寻出问题的中心点，埋头干去，这样，纷乱的时局自必井然就绪。

【精要解读】

在竞争的时候，随着时间的演变、敌我力量的对比，以及其他因素的改变，尤其在一些重要关头，竞争达到了一种白热化的程度，往往使局面变得十分混乱。这种混乱有时会直接影响到我们的情绪，使我们变得很焦躁、气愤或者慌乱。竞争厚黑学告诉我们，无论在什么时候，都要时刻保持足够的冷静，对形势和各种因素都有足够清醒的认识，这样才能不至于被人利用，作出错误的判断。遇事要冷静，不要自乱阵脚。局面越是混乱，我们就越要保持冷静，以防给他人以可趁之机。

【运用之妙】

官渡之战前，袁绍占有青、幽、冀、并四州之地，曹操则通过“挟天子以令诸侯”，取得政治上的优势，并控制了黄河以南，淮、汉以北大部地区，从而与袁绍形成沿黄河下游南北对峙的局面。袁绍的军事实力在当时远远胜过曹操，自然不甘屈居于曹操之下，他决心同曹操一决雌雄。建安四年（199年）六月，袁绍挑选精兵10万，战马万匹，企图南下进攻许昌，官渡之战的序幕由此拉开。

当袁绍举兵南下的消息传到许昌时，曹操部将大多认为袁军强大不可敌。曹营中军心浮动，人心惶惶，是降是战，一时之间争论四起。就连曹操自己也心存忧虑。此时谋士郭嘉和荀彧，对曹操详细分析了曹、袁之间的强弱劣势。他们指出，曹操在硬实力方面，无论是兵力、土地、资源等的确都远非袁绍的对手。但是当年楚汉争霸时，项羽实力虽强，却终究不敌刘邦的谋略，更何况现在袁绍有“十败”，曹操有“十胜”。

所谓的十胜，第一是“道胜”：袁绍礼仪繁多而杂乱，为其形式所羁，而曹操出于自然，因时因事而制宜。第二是“义胜”：袁绍割地称雄，形同叛国，而曹操拥戴天子，名正言顺。第三是“治胜”：袁绍政令松弛，所以无以御下，而曹操宽猛相济，治理合宜。第四是“度胜”：袁绍外表宽厚而内心多猜忌，任人唯亲，而曹操则唯才是用，用人无疑，在气度胸襟上胜过袁绍。第五是“谋胜”：袁绍临事无策，优柔寡断，而曹操机警果敢，随机应变。第六是“德胜”：袁绍沽名钓誉，手下都为浮夸之士，而曹操以诚待士，手下多为忠正务实之人。第七是“仁胜”：袁绍怀妇人之仁，却看不见民间疾苦，而曹操却对天下大事考虑周详，恩德施乎四海。第八是“明胜”：袁绍惑于谗言，而曹操则明辨是非。第九是“文胜”：袁绍是非不分，毫无标准，而曹操坚持是非，责罚分明。第十是“武胜”：袁绍用兵喜好虚张声势，不合兵法，而曹操则用兵如神，拥有以寡击众之能。

听了谋士们的分析，曹操继续分析说：“袁绍这个人，志向高，但智慧低；外表英勇，但胆识不足；兵多将广，但责权不明；善于猜忌，不能建立威信；将领傲慢，不听指挥。因此，他土地虽广，粮食虽多，却不过是给我们送礼物来罢了。”荀彧也认为：“袁绍手下的谋士，田丰刚直，容易犯上；许攸贪婪，操守不佳；审配专权，缺乏谋略；逢纪果决而刚愎自用。这几个人一定相互排斥内斗。至于颜良、文丑，则不过是一介武夫，不难制服。”

曹操和他的参谋们所进行的评价，准确地评估了敌我双方阵营的各方面实力。他们所说的袁绍的这些缺点，在官渡之战中一一暴露，袁绍先是为了幼儿的病情，竟然放弃渔翁得利、可乘虚出击曹操的机会，后又刚愎自用，不听田丰、沮授等人的劝告，轻率出兵。在整个战役过程中，处处表现出他应变能力不够、包容性不足的性格缺陷。而他手下的高级人才也基本没有发挥作用，重要谋士之一的许攸竟然还投降曹操，为曹操出谋划策。而曹操针对自己兵力弱小的现实，采取的集中兵力、扼守要隘、重点设防、以逸待劳、后发制人的战略方针，步步为营，充分运用自己的人才资源，对袁绍全力一击，并大败袁绍，成功扭转劣势。这样，先期得势、风云一时的袁绍，果然后劲乏力，大好江山只好拱手让给曹操。

点评

人们之所以乱，一是对全局没有完整而深刻的认识，二是对即将到来的危险感到畏惧。但真正能做大事的人，正因为胸有成竹，因此即便“泰山压顶”，也能够“临危不乱”。曹操和荀彧他们就是如此。在最紧急和最混乱的关头，他们犹能清醒地认识到敌我双方的每一项强弱之处，并对敌我力量的整体对比有一个非常客观的认识，从而作出了袁绍可以战胜的判断，作出有针对性的战略战术决策。这样的冷静和客观实在不能不令人佩服。仅从这一点来看，曹操能够在官渡之战中战败袁绍，也是情理之中的事情了。

深藏不露才能让人防不胜防

【厚黑真经】

把脸皮变厚些，深藏不露，东倒也可西歪也可，但心中时刻想着自己想得到的利益。一旦时机成熟，就果断出手。

【精要解读】

深藏不露是一项厚黑处世的真功夫。厚黑之士的脸皮都很厚，他们的喜怒不形于色，把自己的真实想法深深藏于心底，掩藏自己的实力，以一副恭顺和毫无危险的态度来麻痹对手，以得到对手的信任，使之对自己疏于防范，等到一切都已经准备妥当，抓住对己有利的时机出手，神不知、鬼不觉地展开自己的行动，往往就能很轻易地实现自己的目标。等对方发觉时，胜败已经成了定局。

【运用之妙】

春秋时期，诸侯混战，所有有实力、有抱负的君主都希望能够取得霸主地位。楚国地处南方，位置优越，是当时较有实力的诸侯国之一。但楚庄王即位之前，楚国的内政已经经历了长期的混乱。先是楚成王意图争霸中原，被晋国在城濮之战中打败；不久又祸起萧墙，宫廷斗争残酷，楚成王竟被自己的儿子商臣杀掉；又加上本身天灾连年，群蛮、百濮等不断骚扰，楚国贵族纷争不已，因此国内形势相当混乱。

楚庄王即位之初，并未像其他新君上任那样雷厉风行地干一些事情，而是不问国政，只顾纵情享乐。他有时带着卫士和姬妾去云梦等大泽游猎，有时在宫中饮酒观舞，整天浑浑噩噩，沉浸在声色犬马之中。大臣们每次进宫汇报国事，他总是不耐烦地回绝。看起来，他根本不像个负责任的国君，朝野上下也都拿他当昏君看待。看到这种情况，朝中一些正直的大臣都感到十分着急，许多人都进宫去劝谏，可楚庄王不听劝告，后来则干脆发了一道旨令：谁再来进谏，就杀无赦。

三年之后，朝中政事乱成一团，但楚庄王仍无自强之意。大夫伍举忧心如焚，冒死去觐见楚庄王。来到宫殿一看，只见纸醉金迷，钟鼓齐鸣。伍举对庄王说："我有一个谜语，猜了许久也猜不出，想请大王猜一猜。高高山上有只奇怪的鸟，身披鲜艳的五彩，美丽而又荣耀，只是一停三年，不飞也不叫，人人猜不透，实在不知是只什么鸟？"楚庄王听完后，知道他的用意，说："三年不飞，一飞冲天；三年不鸣，一鸣惊人。此非凡鸟，凡人莫知。"但几个月后，楚庄王仍一如既往。大夫苏从见状，闯进宫来继续进谏。楚庄王立刻斥退舞姬妃子，与苏从交谈。苏从惊异地发现，楚庄王虽三年不理朝政，但对国内外事无巨细都非常关心，对朝中大事及诸侯国的情势都了如指掌，对于各种情况也都想好了对策。

奋发图强的楚庄王的确"一鸣惊人"。在他开始着手治理楚国之时，楚国正遇上了大灾荒，四周边境又遭进攻。他在极其困难的条件下，击败了庸人的进攻，争取了群蛮及巴、蜀等小国部族的归附。尔后整顿内政，国家开始富强。他善于纳谏，重视用人的一技之长，改革政令制度，尤其是改革兵役制，使楚国逐渐成为一个军事强国。后来，楚庄王平定了国内的若敖氏叛乱，对外进行了长期的战争，终于成为春秋五霸之一。

明朝宣宗时，尽管朝政还算清明，但地方上却吏治混乱，贪官横行，尤其苏州等几个大府，更是难于治理。宣宗皇帝知道情况后，特派况钟为苏州知府，并赐给他手谕，可以见机行事，先斩后奏。宣德五年（1430年）秋，况钟到苏州府正式上任。来到苏州府之后，他发现这里的情况比料想的还要糟糕。一群达官酷吏，把持诉讼，巧取豪夺，胡作非为，繁重的赋役都压在了百姓的头上。

况钟决心拿这些横行不轨的豪吏开刀，为民除害，但也知道，要想彻底治理好这个地方决非一件易事。第一天坐堂，他并不正襟危坐，而是装做一副木讷的样子，随意和官吏们闲扯。环立两旁的大小官吏，刚开始还显得毕恭毕敬，有问必答，后来看见况钟懵懂可欺，似乎对官场上的事一窍不通，就心中窃喜，放下心来。有的官员竟然走到公案前，替他批阅公文，审理案子。况钟佯装不以为意，还一个劲儿地点头称是。一位通判更是放肆无礼，公然拿况钟插科打诨，况钟也毫不介意，只是呵笑两声而已。

这样一连过了几天，群吏已经把对这个新来的州官的警惕之心完全抛到了脑后。他们不仅不收敛自己的恶行，反而变本加厉，愈加嚣张。实际上，况钟心里对这一切都十分清楚，已经在暗中里进行周密调查和寻访，几天之后就已经摸清了府里的底细。一天，况钟忽然召集所有的属吏前来议事，刚一落座，况钟马上摆出一副威严的面孔，目光炯炯逼人。那些平日里从不把他当回事的官员，见状不觉一惊。况钟严厉地说："诸位中的一些人，徇私舞弊，中饱私囊，罪当惩处。"属吏们连忙称自己清白。况钟厉声喝问，群吏还是抵赖。况钟便拿出一张事先记好他们罪行的纸来，当众一一宣布，各人在何时何地，分别收取了多少贿赂，全都记录在案，不容抵赖。一眨眼的工夫，那些劣迹昭彰但却气焰嚣张的官吏们，个个都垂下头，再不敢声辩。

况钟当下便下令处死了几个罪大恶极的贪官污吏，并在闹市陈尸示众，同时还罢免了一些贪污暴虐的官吏和平庸懦弱之辈。大小官吏无不被况钟的明断秋毫深深震服，一个个都恪尽职守，再也不敢贪赃枉法。苏州百姓更是欢呼雀跃，称况钟为"况青天"。

点评

楚庄王的隐藏实力，是为了更好地掌握未来而主动进行的。楚庄王当时的敌人，有来自国内和国外两个方面。他隐忍不发，采取了自污以掩人耳目的做法，通过数年的暗中观察摸索，他弄清了朝中大臣的真实心理和才干，也锻炼了自己，增长了才干，为以后成就霸业奠定了基础，这样，当他发起改革的时候，国内已经没有人能够反对他了。而对外而言，等到他开始显露实力、敢于问鼎之后，无论他自身的实力，还是楚国的实力，已经没有人能改变他的霸主地位了。况钟的竞争对手则是那些不法之徒。可以想象，如果况钟一上任就大动干戈，这些贪官污吏的本性自然难以改变，而且势必会让这些家伙隐藏起本来面目，对况钟加以防范。因此不如让他们尽情地表演，一旦等况钟掌握了确凿的证据，就可以加以惩罚。

苦练内功，增厚自己实力

【厚黑真经】

假如有人在面前肆意凌侮，诸多不情，你也无须怨恨，你若一朝得志，他自然会变而为厚，在你面前，事事要好。

【精要解读】

如何才能在激烈的竞争中立于不败之地？这是竞争者必须要解决的一个重要问题。厚黑之士认为，巧妙地借助外力、运用各种策略自然必不可少，但最重要的乃是从自身出发，加强自身的实力，让自己成为竞争中当之无愧的主宰者。如果没有一定的实力，那些原本千载难逢的机会，将变得不再是机会。再好的智谋，也不如实力能给人以安全感，也没有实力稳定可靠。要取胜，就必须使自己足够强大，毕竟，在残酷的竞争中，实力才是硬道理。

【运用之妙】

东汉末年，群雄争霸，到后期，本来势力很弱的曹操却变成最强。通观曹操发家史，迎献帝、迁都于许和恢复农业生产，是让曹操变得更加强大的几个最重要条件。其实，早在初平三年（192年），曹操的谋士毛玠就向曹操提出了“奉天子以令不臣，修耕植，畜军资”的战略性建议，曹操深以为是。献帝自被董卓劫至长安后，一直处于颠沛流离之中。建安元年（196年）七月，献帝回到洛阳，此时的洛阳已经是一片废墟。百官没有地方居住，也没有多少粮食，群僚都饿着肚子，甚至还有活活饿死的。八月，曹操亲至洛阳朝见献帝。随即挟持汉帝迁都许县（今河南许昌东）。从此，曹操取得了“挟天子以令诸侯”的政治优势，曹操本人也被封为大将军、武平侯。把皇帝操纵在自己手里，曹操的政治实力便是天下第一了。

当然，仅仅有政治资本也还不够。汉魏之间，社会生产遭受严重破坏，各地都出现大饥荒，粮食供应更成为各军事集团最大的问题，因军粮不足而败者不可胜数。早在建安元年，曹操就采纳部下建议，用攻破黄巾所缴获的物资，在许都募民屯田，当年即大见成效，得谷百万斛。尝到甜头后的曹操立即在所辖各州郡都设置田官，兴办屯田。屯田有效地解决了曹操集团的粮食问题，所以曹操自己都说，屯田不但让他“丰足国用”，而且为他“克定天下”打下了坚实的基础。在兴置屯田的同时，曹操还采取各种措施，扶植当地农民经济。针对当时人口流失，田地荒芜的情况，曹操先后采取招怀流民、迁徙人口、劝课农桑、兴修水利、检括户籍等办法，充实编户，恢复农业生产。此外，他还陆续颁布法令，恢复正常租调制度，防止豪强兼并小农。建安五年（200年），曹操颁布新的征收制度，到建安九年（204年），又明确规定田租赋税的标准，禁止胡乱摊派。这一系列措施，使濒于崩溃的农业经济不断得到了恢复和发展。这成为曹操集团的雄厚的经济基础。

元末红巾起义发展出几支互相割据的农民军，朱元璋所领的一支一开始并不强大。到1356年攻打婺源时，朱元璋尽管已经拥有10万兵力，声势比过去大了很多，但是占有的地盘仍然很少，而且四面受敌。他听说朱升大名，几次诚心诚意地前去拜访，但朱升都刻意回避。后来，朱元璋好不容易找到了朱升，并请求安邦定国的大计。朱升胸有成竹，不慌不忙地以“高筑墙、广积粮、缓称王”三策相授，朱元璋一听，心中豁然大亮，当即拜朱升为中顺大夫。

这短短九个字的建议就是朱元璋发展壮大、最后平定天下的最基本战略思想。“高筑墙”，看似保守，实际上却有很大的好处：一是可以成功地防御敌人的进攻，保存自己的实力；二是可以使敌人望而生畏，在迫不得已的时候是不会轻易来攻打自己的，这样自然就能在城里养精蓄锐，等到有了足够的力量就能击败对手。“广积粮”，也至少有三大好处：一是能够守城。古人说“兵马未动，粮草先行”，没有粮草，战争就无法进行，守城也无法谈起。二是能够主动出击。有了粮草，军心就能稳定，将士衣食无忧，就能安心打仗，士气和军队的战斗力都会大大提高。三是能够吸引和扩充自己的势力，招募更多的将士，这样，我方的实力就会越来越大。“缓称王”，看似跟积累实力无关，实际上也大有关系。首先，不称王能够让对手轻视自己而产生骄傲自满的情绪，在战争对阵的时候就能以较小的代价取胜。其次，在当时割据势力很多，元朝还有一定实力的时候，可以转移对手的攻击目标，使各个割据势力相互争斗，而不是把朱元璋当做主要目标来攻打，而元朝廷也不会把朱元璋当做主要敌人来镇压，有时甚至还会把他当做合作的对象而加以扶持。再次，因为人人都称王，都成为别人的目标，他随时可以倚重一方打击另一方，以达到自己的目的。“缓称王”的这些好处，实际上都是在为发展自己的实力创造良好的环境。

在这一阶段，朱元璋的队伍不仅建立了牢固的根据地，而且有充裕的时间和精力用于发展生产，减少了元政权的注意力，取得了壮大队伍的实效。在以后的几年间，尽管他的实力已经很强大了，但是他却仍然奉行这九字方针。等到像陈友谅、张士诚等割据势力开始重视朱元璋的时候，已经没有任何一支力量可以阻挡朱元璋改朝换代的步伐了。

点评

和袁绍等割据势力不同的是，曹操完全可以称得上是“白手起家”。他能够异军突起，完全是因为自己的实力足够强大，而他的实力之所以强大，则是因为他充分注意到了苦练内功在竞争中的重要性。在元末并起的群雄中，朱元璋也并不算强大，其他农民军，如刘福通、徐寿辉等，无论从人力、物力、财力等方面都远远超过朱元璋，但是朱元璋却善于审时度势，依靠“高筑墙、广积粮、缓称王”的九字方针，寻找时机，发展实力，苦练内功。历史上像这类的事例十分常见。

堂堂之阵与出奇制胜

【厚黑真经】

孙子说：“作战总是用‘正’兵挡敌，用‘奇’兵取胜，作战的形式不过‘奇’和‘正’，可是‘奇’和‘正’的变化就是无穷无尽的。”

【精要解读】

中国人为人处世，自古以来就有“光明正大”和大要“阴谋诡计”两条截然不同的道路。尽管很多人都高度褒扬光明正大，但是当面临现实中残酷的竞争时，却很难有人一味地坚持自己的观点，多少都要使一点他们看不起的“阴谋诡计”。在厚黑之士看来，这两条道路看来尽管着力不同，背道而驰，实际上却是殊途同归。在实际竞争中，需要将这两种方式结合运用，灵活处理，最终走向胜利。这和《孙子兵法》所说的“以正合，以奇胜”有异曲同工之妙。无论是战争还是竞争，对敌的方法大抵都可以分为堂堂之阵和出奇制胜两种，而且一般都是以正当敌，以奇兵取胜；前者可以保证不败，并为取胜打下坚实基础，后者则能出人意料，出奇制胜。在任何一次较量中，一些光明正大的方法和措施都必不可少，且需要狠下工夫，它是为我们取胜打下坚实的基础和后盾。没有“正”的奇兵，只能是投机取巧的赌徒心态。而“奇”的精髓，则可以理解为在对方意料不到的时间和地点下手，以对手料想不到的方式和方法，又要充分发挥己方的优势，令其防不胜防。只有堂堂之阵和出奇制胜相互结合，才能真正赢得胜利。

【运用之妙】

公元前507年，楚国属国蔡和唐，请求吴国出兵攻打楚国。吴王同意出兵。孙武建议吴军兵分两路，一路正面佯攻；另一路则从唐、蔡秘密绕道前行，攻击位于楚国腹地的江汉平原。当时，有人认为绕道前行不仅耗费时日，而且将士也不堪其苦。但孙武认为那样不容易被楚国过早发现，从而具有战斗的突然性。要战胜在本土作战且十分强大的楚军是很困难的，因此只有用这样的作战计划。当时，楚国自恃有20多万军队，便排兵布阵，当面迎战。吴将伍子胥在正面攻打，孙武则率3万精兵插入楚军后方。在吴军前后夹击下，楚军阵脚大乱，孙武所率的部队出奇制胜，只遇到稍微的抵抗，一路势如破竹，五战五胜，直逼楚国都城郢。楚昭王弃国出逃，吴军遂入郢都。吴军大获全胜。

唐朝安史之乱后，朝廷软弱无能，藩镇拥兵自重、割据一方。唐宪宗元和九年（814年）闰八月，淮西节度使吴少阳去世，其子吴元济向朝廷隐瞒吴少阳死亡的消息，径自接掌军务，拥兵自立。这样的行为在当时本来司空见惯，但唐宪宗有志于削平藩镇，决定杀鸡儆猴，对淮西用兵，讨伐吴元济。唐军几路合围吴元济，其中西路打了一次大败仗。唐宪宗遂以太子詹事李愬为西路唐军统帅，继续讨伐叛军。

李愬抵达唐州后，采取了种种措施和行动，为将要进行的战争打下坚实的基础。他亲自巡视军营，慰问将士，安抚伤员，稳定新败后不稳的军心。为了增强西线的军事力量，李愬又上奏朝廷，增调步骑2000人。李愬利用淮西连年用兵、农业生产荒废、仓廪空虚、饥民逃亡的机会，设县安置淮西百姓5000余户，并派兵予以保护，争取了淮西民心，孤立和瓦解吴元济。李愬还采取了优待俘虏、大胆重用降将的政策，动摇、瓦解了淮西军的士气，并争取淮西将士为己所用。为了扫除外围，孤立吴元济所在地蔡州，李愬先后出兵攻取蔡州以西和西北的诸多据点，与北线唐军兵势相接，连成一气。他在攻克蔡州以南和西南后，又建筑了诸多城栅，切断了淮西境内诸州的联系。

在做好了上述种种准备后，李愬率领西路军主力进驻距蔡州仅65公里的文城栅。当时，淮西精兵尽在洄曲和边境，守卫蔡州的全是老弱士兵。李愬于是决定奇袭蔡州，出其不意，一举擒获叛军首领吴元济。

十月初十夜晚，风雪交加。李愬命部将李祐等率训练有素的敢死队3000人为前锋，自己和监军率3000人为中军，部将李进城率3000人殿后，开始实施奇袭战术。除了个别将领之外，全军上下没有人知道行军的目的地和部队的任务。迅速东行30公里后，唐军抵达张柴村，全歼包括负责烽燧报警士卒在内的守军。此时已是夜半，雪越下越大，李愬留下一部分人防守后，命全军急行35里，抵达蔡州城下，此时敌军尚在睡梦之中，风大雪急，守城者也没有发觉唐军已经悄然到来。李祐等在城墙上掘土为坎，登上外城城头，杀死熟睡中的守门士卒，只留下巡夜者照常击柝报更。接着，李祐打开城门，迎接唐军进入，袭取内城。鸡鸣时分，李愬所率突袭部队已经全部神不知鬼不觉地进至吴元济外宅。吴元济起床后，听到唐军传令，这才知道唐军已经到来，于是登上牙城抗拒。不过，这时的抵抗已经毫无力量，黄昏时分，吴元济被迫投降。之后，申、光二州和诸镇兵也都相继投降，淮西就此被平定。

点评

孙武不愧是“兵圣”。战场形势变幻莫测，孙武之所以舍近求远，其目的就在于要以奇制胜，以“奇”争夺天时、地利，是战争取胜的基本条件，为主动权的掌握创造条件，结果，战事的发展正如其所料。李愬奇袭蔡州的成功，也并非出于偶然。一方面，他治军有方，能得士心，长于谋略，又善于麻痹敌人，全力打造了不可撼动的堂堂之阵。另一方面，李愬又能很好地利用风雪隐晦天气，乘夜进行快速偷袭，造成烽火不接的形势，孤军深入，置全军于死地，之后终于取得奇袭的胜利。正是堂堂之阵和出奇制胜相结合，才最终决定了李愬的成功。

擒贼先擒王，釜底抽薪

【厚黑真经】

国人见国势越来越危险，于是主张保存国粹，主张读经，这算是从根本上治疗了。

【精要解读】

竞争厚黑学认为，如果竞争的对手实力过于强大，或者打倒对方需要付出很大的代价，那么就不要和他硬碰硬。在这种情况下，可以先把对方的根基挖空，或者集中全力攻其要害，这样，他的大厦自然就会崩塌。凡事都有许多方面的问题，而这许多问题中又必然有一个最为关键和核心的问题，只要能解决这个问题，其他的问题也就迎刃而解。俗话说，“打蛇打七寸”，就是说要抓住对手的要害。对此，我们可以采取擒贼先擒王和釜底抽薪的办法。在交战时，只要摧毁敌军的主力部队，捉获敌人的首脑，就能使其整体瓦解。一支军队之中，统帅是灵魂，地位举足轻重，擒得敌首，自然敌军必破。这就是擒贼先擒王。我们知道，如果我们要使锅里的水不再沸腾，方法有很多种，但最好的方法莫过于抽掉锅底的柴草，因为水靠火沸，火要薪生，便从根本上消除了水沸的基础。在和对立势力较量的时候，如果消除对立势力的生存根源，也便是釜底抽薪。无论是擒贼先擒王，还是釜底抽薪，都是抓住了问题的最根本的方面来解决问题。在竞争之时，面对诸多问题，我们需要分清事情的轻重缓急，只有善于谋断，多观察、找准对方的要害，这样才能轻易地解决问题。

【运用之妙】

公元前154年，野心勃勃的吴王刘濞串通楚、汉等7个诸侯国，联合发兵叛乱。他们首先攻打忠于朝廷的梁国，梁国派人向朝廷求援。汉景帝命令将军周亚夫带兵去解梁国之危。临行前景帝问及对策，周亚夫说，刘濞率领的吴楚大军，士气正旺，如果和他们正面交锋，势必损失很大。而他们出兵征讨，粮草供应特别困难，因此如果能断他们的粮道，叛军一定会不战自退。

荥阳是扼守东西二路的要冲，必须抢先控制。周亚夫派重兵控制荥阳，分两路袭击叛军后方：其中一支部队袭击吴、楚供应线，断其粮道；另一支则由他亲自率领，袭击叛军后方重镇冒邑，断其退路。叛军毫无防备，周亚夫轻易占据冒邑，又加固营寨，准备坚守。刘濞等闻报大惊，立即下令部队迅速往冒邑前进，想要攻下冒邑，打通粮道。刘濞数十万大军气势汹汹，扑向冒邑。周亚夫避其锋芒，坚守城池，拒不出战。敌军数次攻城，都被城上的乱箭射回。刘濞无计可施，数十万大军驻扎城外，粮草却无法供应。双方对峙了几天，周亚夫见敌军已饥饿数天，士气衰弱，已经毫无战斗力了，而自己的军队早已养精蓄锐，跃跃欲试，于是调集部队，突然对叛军发起猛攻。精疲力竭、软弱无力的叛军自然大败，刘濞落荒而逃，在混乱之中被杀。

唐朝安史之乱初期，安禄山气焰嚣张，唐军连丢无数城池。安禄山之子安庆绪曾派遣部将尹子奇率领10万大军进攻睢阳。当时，御史中丞张巡驻守睢阳，他见敌军来势凶猛，决定固守城池，坚守不战。尹子奇前后攻城20余次，均无功而返。

一天晚上，叛军白天攻城劳累一天，刚刚准备休息，忽然听到城头战鼓隆隆，喊声震天。尹子奇以为敌军来袭，慌忙命令部队准备好战斗。不过，张巡却只是“光打雷，不下雨”，一夜之间，他命令士兵不时地擂鼓，但是却一直紧闭城门。尹子奇的部队被折腾了半宿，将士们早已疲惫不堪，甚至有不少已经忍不住呼呼大睡了。这时，张巡却突然率军杀出。叛军从梦中惊醒，慌作一团，还没来得及反应，就被接连斩杀了50余名敌将、5000余名士兵，这时叛军更加慌乱。张巡暗令捉拿叛军首领尹子奇，部队便一直冲至敌军的帅旗之下。当时，尹子奇混在乱军之中，难以辨认。张巡便心生一计，命令士兵用秸秆作箭，射向敌人。不少敌军见自己中箭却毫发无损，以为张巡军中已经没有真箭了，便争先恐后地向尹子奇报告。这样，张巡立即辨出尹子奇，于是命令部将南霁云向尹子奇射箭，南霁云箭无虚发，铁箭射出，正中尹子奇左眼。只见尹子奇鲜血淋漓，抱头鼠窜，仓皇逃命而去。叛军见头领已逃，更加混乱，都大败而逃。

点评

古今战争中，粮草为部队生存之根本，为部队战斗力的本源。因此只有先解决了这个最为关键的问题，然后才能进行必要的军事打击，服叛的问题也就迎刃而解。战争问题如此复杂，但在周亚夫的眼里，却是最简单不过。这是因为他知道什么是重要的，什么是次要的，如此才能举重若轻，釜底抽薪。同样地，张巡大事张罗，只是为了射杀尹子奇。这是因为他知道尹子奇是制服叛军的关键所在。只有将其射杀，才能真正退敌解围。而事实也证明，张巡这种做法也同样起到了作用。

对竞争对手不能心慈手软

【厚黑真经】

（明朝）不知道李自成难以驯服，一意主张用平和的手段安抚，这就是妇人之仁。

【精要解读】

很多人在形势对己有利的情况下却输给了对手，原因在于他心慈手软，给了对方以喘息的机会。是人都有同情心，这可以理解，但是在竞争的时候，对敌人的仁慈，就是对自己的残忍，人心难测，农夫和蛇的故事，随时都可能发生。厚黑之人绝不会对自己的敌人心慈手软，他会把事情做彻底，不留隐患。尤其在对待坏人的时候，能够看清楚其本质，绝不姑息迁就。如果你在与他们的争斗过程中，出于仁慈或是希望和解而半途缩手，不仅会使你功亏一篑，而且会让你的对手更加坚定，更加愤恨，他们总有一天会报复你。或许目前他们会表现得极为友善，然而这只是因为你打败他们了，他们别无选择，为了等待时机而暂时采取的招术。对敌人的仁慈，就是对自己的残忍。不要手下留情，落井要下石，要彻底歼灭你的敌人。

【运用之妙】

公元前206年，沛公刘邦攻取咸阳，据说要在关中称王。西楚霸王项羽听说后，十分恼火，在谋士范增的建议下，他在鸿门设下酒宴，表面上说是为刘邦庆功，其实是想在酒宴上刺杀刘邦。项羽军中的项伯提前通知了刘邦手下张良，张良则告诉了刘邦。刘邦尽管知道鸿门宴上杀机重重，但是如果不去，便会让项羽有攻打他的理由。最后，刘邦带着谋士张良、武将樊哙以及一些卫士，赶赴鸿门宴。

入席后，刘邦开始向项羽大表忠诚之心，说自己并无称王的意图，占据关中以后一心期望项羽早日到来。自己对项羽的一片忠心，却被坏人散布谣言，不但自己大受委屈，而且破坏了项羽和自己的关系。项羽被说得心软，遂不忍下手。谋士范增屡次用眼神提醒项羽，但项羽都装作没有看见。于是范增找来武将项庄，嘱咐他借席间舞剑助兴之机刺杀刘邦。不料项伯也拔剑起舞，掩护刘邦，使项庄一时之下难于下手。在这千钧一发之际，樊哙仗剑持盾推开项羽的数十名侍卫，并向项羽陈述刘邦的劳苦功高和赤胆忠心，指责项羽听信流言蜚语。项羽被其忠诚和豪气所感动，一时无言以对，杀刘邦的决心更加动摇。

这时，刘邦趁机借口上厕所，和张良、樊哙一起出帐。在樊哙的掩护下，刘邦立即上马，一路小跑逃走了。张良估计二人已经走远，于是进帐对项羽说，沛公已经醉得不省人事，不辞而别，已经到自己军中了。范增听说后，长叹一声，说："将来夺取项王天下的，一定是刘邦。"后来，范增的话果然被历史所验证。

20世纪二三十年代，在旧天津的商埠上，有同处一条街上的两家老字号药店，一个名字叫"济世堂"，另一个名为"万寿堂"。两家药店之间本来相安无事，但到了30年代初，刘可发继承父业，执掌"万寿堂"经营。他一改其父那种保守的经商之道，从价格、品种等方面对"济世堂"药店展开了全面的攻势，一举挤垮了"济世堂"，使"万寿堂"成为独一无二的垄断药店。

刘老板大获全胜，自然趾高气扬。但他哪里知道，"济世堂"其实并未被彻底击败，也没有到非关门不可的地步。"济世堂"的老板只是不愿直对"万寿堂"的锋芒，而是避开了它的正面进攻。不久之后，"济世堂"就在远离"万寿堂"的一条街上又重新开张了，铺面已比原来的门面逊色多了，昔日大药店的气势荡然无存。刘老板知道后十分得意，并没有进一步施展杀招，而是放了"济世堂"一马。

过了一些日子，"济世堂"的又一家分号开业了，自然还是小铺面，也仍然"躲"着"万寿堂”。有人把这一消息告诉刘老板，并提醒他加以提防。刘老板仗着自己是大药店，仍然不以为然。往后的很长一段时间内，“济世堂”又频频开了几家类似的小药店，而“万寿堂”的生意也差不多，两者相安无事，以前抢夺“地盘”的恩怨，似乎已经过去。没想到，3年之后，“济世堂”老板出人意料地宣布，自己将在老店旧址重新开业。

就这样，经过一番维修、装饰的新“济世堂”在鞭炮声中重新杀回了“万寿堂”的旁边。刘老板听到这一消息后惊骇不已，他没想到“济世堂”居然这么快就卷土重来了。他想重新组织力量，再像3年前那样发动一次商战，趁“济世堂”立足未稳，把它再一次赶出去，可是他很快便发现，这已是不可能了。因为到这时，“济世堂”已经开发了一批分号，形成了一个完整的体系，而在其内部采取统一的经营方针，其竞争力已非以前可比。同时，令刘老板吃惊的是，在自己的周围，早已不知不觉地布满了“济世堂”的分号，“万寿堂”已在“济世堂”的包围之中了。自此以后，“济世堂”总店恢复之后，买卖热闹非凡，十分红火，而“万寿堂”的生意则越来越冷清了。

点评

鸿门宴的故事很多人都熟知。本来，项羽在谋士范增的劝告下，打算借此宴会除掉自己的宿敌刘邦。这本来是一个绝佳的机会，只要除掉了刘邦，天下就再也没有人能和项羽争夺江山了。但是项羽却妇人之仁，不忍心加害于刘邦，在关键时候心慈手软，结果错失良机，让刘邦溜之大吉。放虎归山终为患，最后也正是刘邦灭掉了项羽。在“万寿堂”和“济世堂”相互竞争的例子也不难看出，当初，“万寿堂”刘老板，尽管一开始心黑脸厚，在各方面针对“济世堂”展开进攻，使“济世堂”处于劣势，似“穷寇”已逃，然而在对手被打倒之后，他却心慈手软，没有紧紧地跟踪追击，再加以打击和压制，而且对于得到的一些消息，也没有正确对待，最终导致了自己在竞争中的失利。

不利形势下的生存之道

【厚黑真经】

主持国家大计的人必须看清世界趋势，顺应潮流，否则，就会遭到天然的淘汰。

【精要解读】

在相互竞争的时候，敌我双方的形势，各有各的优势和劣势，局势的发展也必然有所变化。有时候，局势会十分不利于自己这一方。这时候，一方面，我们要尽量利用自己的资源，尽可能地优化组合，达到利益的最大化；另一方面，为了渡过难关，往往需要被迫放弃一些曾经想要得到的利益。我们知道，老虎和狮子之间，才是真正的对手。当兔子碰到老虎时，一定要弄清楚双方的实力差距，兔子如果足够聪明的话，绝不是如何当个对手，而是如何避免成为食物。当我们的努力无法改变当前的局势的时候，只有在困境中想办法让自己的损失最小。暂时的妥协并不是弱者的表现，有时更加需要勇气和智慧。毕竟，生存才是硬道理。

【运用之妙】

战国时，齐国曾有使者到魏国大梁，当时遭到庞涓迫害的孙膑以刑徒的身份秘密拜见，用言辞打动齐国使者。齐国使者觉得孙膑不同凡响，就偷偷把他带回齐国。齐国将军田忌非常赏识孙膑，并且待如上宾。田忌很喜欢赛马，有一回，他和齐威王约定，要进行一场比赛。他们商量好，把各自的马分成上、中、下三等，分别比赛。由于齐威王每个等级的马都比田忌的马强得多，所以比赛了几次，田忌都失败了。孙膑对田忌说：“您只管下大赌注，我能让您取胜。”田忌于是与齐王和诸公子用千金来赌胜。比赛开始后，孙膑让田忌用自己的下等马对付齐王的上等马，拿上等马对付他们的中等马，拿中等马对付他们的下等马。三场比赛完后，田忌两胜一负，最终赢得齐王的千金赌注。于是田忌把孙膑推荐给齐威王。

汉高祖刘邦死后，惠帝刘盈继承皇位，但大权掌握在吕后手中。吕后专权独断，陷害刘氏宗亲和大臣，就连刘盈的兄弟都不能幸免。刘盈的同父异母兄刘肥在此之前被封为齐王。惠帝二年（前193年），刘肥进京朝见刘盈。刘盈以兄长之礼在吕太后面前设宴招待刘肥，并以一家的长幼之序让刘肥坐在上座。吕后见后十分不悦，暗中派人在酒中投了毒药，并令刘肥给自己祝寿，企图杀了刘肥。不料，不明真相的刘盈也一同拿起斟满了酒的杯子，起身为吕后祝福。吕后十分着急，赶忙拉着惠帝的酒杯把酒泼在地上。

刘肥对此十分奇怪，因而也不敢喝那杯酒，只是假装自己已经喝醉了离席而去。后来，他知道那是毒酒，极为恐慌，担心自己很难活着离开长安。这时，与他随行的一位内史为他谋划了一个脱险的计策。他对刘肥说：“吕太后仅仅只有惠帝这么一个儿子和鲁元公主这么一个亲生女儿。如今您作为齐国的诸侯王，拥有大小70多座城池，而鲁元公主却仅仅享有几座城池的食俸。如果您能献上一座郡城给吕太后，作为赠给公主的汤沐邑，太后一定会转怒为喜，而您也就不必担心了。”

刘肥采用了这个计策，马上派人告诉吕太后，说自己想把城阳郡送给鲁元公主，并尊公主为王太后。吕太后得知后，果然非常高兴，还在齐国驻京城的官邸里置酒款待了齐王一行，而齐王也因此安全地回到了齐国。

五代十国时期，吴越国君主钱镠占有两浙之地。当时，朱温在中原称帝，浙江以外的地区，群雄割据，逐鹿天下。钱镠知道自己实力弱小，无法在中原争霸，就全力搞好浙江，但和附近比自己的势力小的吴王杨行密之间却一直战事不断。他联合朱温，猛烈进攻杨行密，想要夺取吴王的地盘。后来，杨行密被迫向朱温称臣，钱镠为了不得罪朱温，便立即放弃了攻打吴王。不久之后，朱温就派人封钱镠为吴越王，钱镠毫不犹豫，奉旨称臣。几年之后，后唐李存勖灭后梁，李存勖才一上台，钱镠又立即派人将唐朝传国国玺送给他，并说：“这不是一个臣下应该有的东西。”李存勖让他继续当吴越王。

就这样，钱镠在两浙这弹丸之地低调地做着“老二”，平平安安地当了38年土皇帝。钱镠临死之前，嘱咐他的子孙也一定要像他一样好好侍奉中原的王朝。不管谁当皇帝，都不能疏忽作为一个臣子的礼节。外面的世界打得昏天黑地，混战最为激烈的中原地区在53年之内换了5个王朝14个皇帝，但吴越王却依旧独享太平天下。

宋太祖赵匡胤统一天下后，吴越王钱弘俶立刻北上入觐皇帝，行君臣大礼。返回的时候，钱弘俶收到皇帝交给他的一个包袱，里面全都是宋朝大臣们向皇帝奏请扣留他的奏章。钱弘俶看出了自己的艰难处境，对宋廷更加恭谨，甚至按其命令解除军队武器，拆除城堡。这样一来，吴越实质上变成了一个空壳王国。大宋帝位传至宋太宗赵光义时，除了北汉继续在契丹的支持下苟延残喘之外，就只剩下吴越在江南割据了。钱弘俶知道这时自己更加危险，于是主动上表请求撤去吴越王国封号和自己的天下兵马大元帅之职，并献出13州、86县土地、55万人口，以及11万多军队。钱弘俶这么“通时务”，宋太宗也就不再为难他，封他为有名无实的淮海国王，留在开封，钱弘俶史无前例地以一个诸侯王的身份安然度过余年。

点评

“田忌赛马”的故事已经尽人皆知，说的就是如何在不利形势下使自己的利益最大化。田忌的赛马比齐威王的差，明显处于劣势。这就好比一场牌局，孙膑因为调换了“出牌”的顺序，用同样处于劣势的牌，却得到转败为胜的结果。当然，田忌赛马的故事中，田忌是并非处于绝对的劣势，所以还有取胜的可能。对于吕后来说，刘肥毫无对峙的实力，因此，他只能舍弃自己的部分利益，以保存更大的利益。主动献出一座城池，比起丢掉全部势力、甚至是丧失性命，自然是最好的结果。对于钱镠来说也是一样，既然自己没有做“一把手”的能力和实力，又何必去和别人竞争，去迎接那可以预料的失败的结局呢？

第七章

经营厚黑学

商场上尔虞我诈，明争暗斗。一旦踏入商海，就要将自己培养成敏感、聪慧、成熟的善用计谋的人物，就必须掌握足够的厚黑智慧。同样处于竞争激烈的商场环境之中，有人步履维艰，寸步难行，有人一路凯歌，意气风发，其不同就在于如何施展自己的本领。《三十六计》是一部“谋略”大全，能够广泛运用在各个方面，其中就包括在商场中的运用。厚黑学本身是一门兼收并蓄的学问，能集众家之所长，为我所用。

做大做强的秘密是坚持和专注

【厚黑真经】

宗吾谈规划国家大计，目光至少要看到500年以后，绝不能只为数十年或一二百年计划。

【精要解读】

人一生的时光、精力都十分有限。厚黑经营学告诉我们，既然已经选择商业，要利用这有限的时光、精力，去创造商业上的最大的成就，就必须学会专注和执着。一旦选择了目标，就要实实在在地去做，不要被别人在别的行业所取得的成功而搞得三心二意，也不要为暂时的困难和挫折所动摇。不要争一时之短长，计一时之得失，更不要为眼前的蝇头小利而停步不前。越巨大的成功，越伟大的事业，就越需要人付出更多的努力和牺牲。要忍受暂时的寂寞，克服暂时的困难，一步一个脚印，脚踏实地地朝自己的目标迈进。如果没有这点思想准备和意志，就成不了大气候，永远只能对着自己远大的目标望洋兴叹。

【运用之妙】

著名华商张荣发的发迹历程，有一段相当漫长而曲折的故事。

张荣发是台湾省基隆市人。他从小生活在海边，由于家境不太好，18岁读完了商业学校后，便到社会谋生。虽然学了几年商业课程，但却找不着合适的对口工作，最后只好在日本商船上当杂工。张荣发是个胸怀壮志的青年，从小就立志要自己创一番事业。尽管水手工作十分艰苦，但他却坚持勤奋学习、努力工作，对商船的知识不断丰富，并逐步晋升为二副、大副以至船长，这为他以后自己从事海运业打下了良好的基础。

从打杂工到船长，在张荣发的奋斗过程中，足足用了23年时间。他忍受了23年艰苦单调的海上生活，终于积累了一点本钱，于1968年开始自己创业。他倾尽所有积蓄，买了一艘残旧的洋船，雇了几个人，在美国和远东之间跑生意。他既是负责谈生意的老板，又是指挥航行的船长。尽管条件仍然十分艰苦，但是毕竟经过了20多年的“卧薪尝胆”般的海上生活，他已十分了解货主的需求和市场行情，再加上自己的努力，因此，他的长荣公司总是能做到服务优良，样样令顾客满意，生意也十分兴旺，盈利可观。才过几年时间，长荣公司的货轮就已经增至3艘，并增辟了远东至波斯湾的定期航线。

到1975年，张荣发已经积累了不少资本。这时，海运业竞争日趋激烈，张荣发摒弃旧式货船，改善服务方式，逐步建立了新式快速货运船队，以快速、安全、廉价和优质服务参与市场竞争。这次装备更新和管理方式改制之后，船队的生意更加长足地发展，即使在世界航运业陷入低潮的时候，也能异军突起、屹立不摇。1982～1983年，世界航运市场整体低迷，很多航运商家不得不压缩业务以减少成本，有不少甚至被迫倒闭。但卓有远见的张荣发却认为这只是暂时现象，他反其道而行之，反而利用这个机会，以7亿美元的低价收购了24艘全箱远洋货轮，迅速壮大了自己的船队，并乘势开创了环球东西双向全箱货运定期航线。这一举措使张荣发取得了史无前例的成功。经过这一番快速而稳健的发展，到20世纪80年代末，张荣发终于成为世界有名的船王。他旗下拥有10多家规模庞大的公司，在全世界几十个国家和地区都设有分公司或办事处，属下有66艘大型货轮，总吨数达210万吨。据《福布斯》杂志介绍，他的财富当时已达21.5亿美元。

香港著名华商刘永浩也是敢于坚持和专注终获成功的典范人物。1969年，由于家庭发生了变故，年纪未满17岁的刘永浩，就被迫离开学校，步入社会，成为“近藤日本食品公司”的一名学徒工，开始了11年漫长而艰辛的学徒生涯。

刘永浩懂得“不吃苦中苦，难为人上人”的中国古训。他对企业和老板忠心耿耿，工作勤奋努力，业余时间努力学习知识，从一个人人瞧不起的“学徒”，一步步晋升，最后成为这家大公司的营业部经理。在长期的思考和实践中，他敏锐地感觉到：随着世界经济一体化格局的形成，人们的饮食习惯正发生着交融变化。人类将进入一个更加文明科学的“杂食时代”，中西方饮食的大差异间隙将会日渐缩小，日式食品必将率先风靡“港九”。

带着这种理性的科学预见，28岁的刘永浩果敢地辞去了“近藤日本食品公司”的工作，开始仔细寻觅“自树旗杆自创业”的最佳契机。最后，他终于找到两个志同道合的朋友，集3人的资本——5万港元，联合创办了专门从事日本食品代理及批发业务的“三本贸易公司”。独特的公司名号，不仅体现出3人合股创业的经营特性，而且洋溢着浓厚的日本气息。

然而，“天有不测风云”，当公司即将正式挂牌开张前夕，两位好友却突然改变主意，认为日式食品尚未流行，投资风险太大，置昔日交情于不顾，突然撤走了本金。尽管此时的刘永浩也可以抽身而退，但他已经认定了这条路，也就不管前面是险滩还是荆棘。最终，好不容易向亲朋好友借贷了5万港元，凑足了启动资金，公司开张营业了。为了最大限度地减少开支，他不得不集老板和伙计于一身，事事、时时、处处“一脚踢”，不仅听电话、接订单、送货物、收账款，而且亲自设计“三本贸易公司”的企业标识。就连公司的办公场所，也是借用好友房间的一个角落！

“功夫不负有心人”，刘永浩利用在近藤工作时培养的关系，从友人手中接下了半卖半送的一批积压日式食品，然后亲自去尖沙咀超级市场苦苦推销，竟然出人意料地赚取了一倍利润的“对本对利”。这次营销活动的意外成功，极大增强了刘永浩经营日式食品的信心和决心。之后，他的业务量日渐扩大，营销利润逐步上升，客户越来越多，刘永浩开动脑筋，认为要创新才能生存。他大胆引进纯正日本风味的“金针菇”，试图取得“中西合璧成一统”的最佳经营效果。他先将“金针菇”送到“方荣记”和“四季火锅”两大中式饭店试用，未料到食客的反应颇佳，迅即成为各大中式饭店首选的日本蔬菜，并被普通家庭看好。现在，刘永浩每月引进推销金针菇多达两吨以上，成为香港真菌类食品领域的“金牌杀手”。

于是，刘永浩乘着金针菇引进促销大获全胜的浩荡东风，接二连三地增加经营品种，先后从日本进口了解柳、八爪鱼等日式食品，并趁势扩展了销售网络，一跃而成为香港日式食品业界崭露头角的巨子。

点评

张荣发用了23年的时间打工，再用20多年的时间创业，终于成为一位世界级富豪。这一段漫长的过程的艰苦可想而知。不过，功夫不负有心人，他执著而专注，在轮船运输业中始终坚持不懈，一步一个脚印地走向成功，忍常人所不能忍，做常人所不能做，因此也成就了常人不能成就的事业。刘永浩则瞄准了食品市场中的日式产品，尽管在期间遭到很多挫折，不断地被怀疑和不信任，但是他却都能始终如一地坚持下来。正是这种执著、坚持的精神，使他不断做大做强的。

追随成功者，少走弯路

【厚黑真经】

孔子说过：三人行，必有我师焉。选择那厚黑的人去跟随学习，对那不厚不黑的地方就要加以改正。

【精要解读】

在商业经营活动中，所谓“人无我有，人有我优”，创新意识非常重要。但是还有另外一条重要的经验，那就是追随成功者的脚步，也更加容易获得成功。厚黑经营学认为，“他山之石，可以攻玉”，他人成功的经验也是自己的宝贵资源，可以大胆地加以利用。生命有涯，事业无限。人的伟大就在于能借助思维从间接经验中获得智慧。成功者的经验是宝贵的，尤其当我们的实力还不够强大，更少的失败往往就意味着成功。追随成功者，学习他们的成功经验，借别人的成功实践，防止自己没有必要的失败，是自己获得成功的捷径之一。善于学习成功者，善于从已被实践反复证明的成功典型学习，甚至向对手学习。只有站得更高，才能看得更远。

【运用之妙】

1976年以前，施乐公司一直保持着世界复印机市场垄断地位，但从那时候起，这家已经有近40年历史的公司开始遇到了全方位的挑战，一些新兴的复印机公司，特别是日本竞争者如佳能、NEC等，以施乐公司产品的成本价销售自己的产品，却还是能够从中获利；尽管它们的开发人员比施乐少50%，但它们的产品开发周期却比施乐短50%。施乐必须面临的问题是，它的市场份额从82%直线下降到35%。

面对残酷的竞争，施乐公司低下了高昂了几十年的“头”，发起向日本企业学习的运动。施乐公司让它的管理人员，通过全方位的集中分析比较，弄清这些新兴公司的运作机理，找出了施乐和这些主要对手之间的差距。在战略方面，从生产成本、周期时间、营销成本、零售价格等领域入手，全面调整经营战略、战术，改进业务流程。在运营层面，在提高交付订货的工作水平和处理低值货品浪费大的问题上，向交付速度比施乐快3倍的比恩公司学习，并选择14个经营同类产品的公司逐一考察，终于找出了问题的症结，并采取了积极措施，使仓储成本下降了10%，年节省低值品费用数千万美元。很快地，施乐公司就收到了成效，把失去的市场份额重新夺了回来。

美孚石油公司是世界上最著名的公司之一。在1992年，它的年收入高达670亿美元，这比世界上大部分的国家的收入还高，真正是富可敌国。不过，美孚的进取心很强，它还想做得更好。因此，美孚管理人员在1992年初做了一个调查，询问了服务站的4000位顾客什么对他们是重要的，结果发现：仅有20%的被调查者认为价格是最重要的，而其余的80%则想要以下3件东西：一是快捷的服务，二是能提供帮助的友好员工，三是对他们的消费忠诚予以一些认可。他们认为，这些东西比价格更加重要。

很显然，尽管自己已经很成功，但是可以发展的空间仍然很大。论综合实力，美孚在石油企业里已经首屈一指了，但是从这3个方面来看，一定还有比自己做得更好的企业。于是，美孚公司组建了速度、微笑和安抚3个小组，在全美的8000个加油站中，去寻找速度最快、微笑最甜和回头客最多的公司，学习他们的成功经验。

这次行动十分认真和务实，经过一番努力，最后3个目标都找到了。速度小组锁定了潘斯克公司。“印地500汽车大赛”使用的是美国的“F1赛车”，而潘斯克公司正是给“印地500汽车大赛”提供加油服务的。经过仔细观察，美孚的速度小组总结了潘斯克之所以能快速加油的绝招：这个团队身着统一的制服，分工细致，配合默契。而且潘斯克的成功，部分归功于电子头套耳机的使用，它使每个小组成员能及时地与同事联系。于是，速度小组提出了几个有效的改革措施：首先是在加油站的外线上修建停靠点，设立快速通道，供紧急加油使用；加油站员工佩带耳机，形成一个团队，安全岛与便利店可以保持沟通，及时为顾客提供诸如汽水一类的商品；服务人员保持统一的制服，给顾客一个专业加油站的印象。

微笑小组则锁定了丽嘉－卡尔顿酒店作为温馨服务的榜样。丽嘉－卡尔顿酒店号称全美最温馨的酒店，那里的服务人员总保持招牌般的甜蜜微笑，因此获得了不寻常的顾客满意度。美孚的微笑小组观察到，丽嘉－卡尔顿酒店对所有新员工进行了广泛的指导和培训，使员工们深深铭记：自己的使命就是照顾客人，使客人舒适。微笑小组的管理人员，也以这种表现来要求他们的员工。自此之后，他们的脸上始终充满了微笑；在顾客准备驶进的时候，美孚的工作人员早就已经为他准备好了汽水和薯片。来这里加油的顾客，因为自己受到了重视，都感到十分高兴。

安抚小组则成功学习了全美公认的回头客大王——“家庭仓库”公司的成功经验。他们从“家庭仓库”公司学到：公司中最重要的人是直接与客户打交道的人。没有致力于工作的员工，你就不可能得到终身客户。这意味着要把时间和精力投入到如何雇佣和训练员工上。过去，在美孚公司，那些销售公司产品，与客户打交道的一线员工被认为是公司里最无足轻重的人。现在，领导者认为自己最重要的工作就是支持这些一线员工，使他们能够把出色的服务和微笑传递给公司的客户，传递到公司以外，以吸引更多的回头客。

经过这一番学习之后，美孚公司的收入增长取得了前所未有的高速度，从此之后，加油站的平均年收入每年都增长了10%。

点评

追随成功者并不是一句空洞的口号，而是要学习对方的战略着重点、管理、运营等诸多方面的成功经验。在这方面，施乐公司和美孚公司都做得十分出色。它们向有着相同市场的企业学习经验，改善产品、服务和工作流程等。面对竞争者，它们并没有采取回避或退却的态度，而是明确与直接竞争者相比的相对优势和劣势，进而提出并实施改进方案。追随成功者，最终的目的是为了超过他们。

诚信是经营中的最“厚”法则

【厚黑真经】

李次青是曾国藩的得意门生，曾国藩在靖港、祁门等处打了败仗的时候，次青和他患难与共。后来，次青兵败失地，曾国藩想学孔明挥泪斩马谡，叫幕僚写奏折严办他。众人不肯写，叫李鸿章写。李鸿章说道：“老师要办次青，门生情愿以被赶走的处分来替他求情。”曾国藩说：“你如果要离开也可以，奏折我自己写就是了！”第二天曾国藩叫人给李鸿章送去

400两银子，“请李大人搬铺”。李鸿章在幕府中有多年的功劳，仅为此事就被赶出。曾国藩的奏折上去，李次青受重大处分。李鸿章出来后无所事事，只得托人在曾国藩面前疏通，仍旧回到曾的幕府。曾国藩在此等地方手段狠辣，逃不脱一个黑字，然而李次青仍然是感恩知遇，曾国藩死时，李次青写诗哭吊，非常恳挚。李鸿章晚年封爵拜相，谈到曾国藩，感激钦佩不已。这是为什么呢？因为他没有一丝一毫的私心的缘故。

【精要解读】

厚黑经营学认为，诚信是经商之本，诚可取信，信是获利之源，诚信就是经营中的利器，诚信就是财富。俗话说“无商不奸”，很大程度是指在商业经营时运用谋略和计策来击败对手，而不是指在运营生产中的欺骗手段。真正的商人是以诚信起家的。在商场竞争时，运用谋略和计策，有时的确能够取得一时的战果，但要取得根本性的“胜利”，无论是在商业中的竞争对手、合作伙伴，还是对待顾客，却都离不开“诚信”二字。一个成功的商人总是具有诚实、公正、坚毅等难能可贵的品德。因此，只有以诚信赢得人们的支持和信任，才是最大的商业“厚”道。

【运用之妙】

20世纪50年代中期，香港工业化形成热潮，港产工业品源源不断打入国际市场，越来越引起国际商界的重视。李嘉诚经营的长江塑胶厂经历过濒临倒闭的危机后，生机焕发。李嘉诚的信誉有口皆碑，银行不断放宽对他的贷款限额；原料商许可他赊购原料；客户乐意接受他的产品，派送大笔订单给他。订单如雪片飞来，工厂通宵达旦生产，营业额呈几何级数增长。

1957年年末，长江塑胶改名为长江工业有限公司，李嘉诚任董事长兼总经理。李嘉诚的事业又上了一个台阶，他并不因此而满足。当时，香港的对外贸易基本上为洋行垄断，而华人商行的优势，是在中国内地与东南亚的华人社会。20世纪50年代，西方国家对华实行禁运，香港华人商行的出口途径，基本限于东南亚。但是，世界最大的消费市场却仍在欧美。因此，李嘉诚无时不渴望将产品打入欧美市场。

就在此时，一个意想不到的机遇来到李嘉诚面前。有位欧洲的批发商慕名前来长江公司。该批发商的销售网遍及西欧、北欧，那是欧洲最主要的市场。他对长江公司的塑胶花赞不绝口，认为他们的款式齐全、质优美观。在参观完长江公司的工厂后，他对能在这样简陋的工厂生产出这么漂亮的塑胶花甚感惊奇。这位批发商对李嘉诚说：“香港的塑胶花，品质、品种，都处于世界先进水平，而价格却不到欧洲产品的一半。我是打定主意要大量订购香港的塑胶花。但你们现在的规模，满足不了我的数量。李先生，我知道你的资金发生问题，我可以先做生意，条件是你必须尽快就找到有实力雄厚的公司或个人担保。”

尽管根据塑胶花的市场前景，以及李嘉诚的信用和能力来说，担保的风险微乎其微，然而，一天的时间之内，李嘉诚却无法找到合适的担保。无奈之下，李嘉诚只有去见批发商。他拿出九款样品，放在批发商面前。他实在太想做成这笔交易。为此，他和设计师通宵达旦，连夜赶出九款样品，期望用样品打动批发商。若他产生浓厚的兴趣，看看能否宽容一点儿，双方寻找变通方法；若不成，就送给他做留念，争取下一次合作的机会。

批发商全神贯注，对着这些样品足足看了10多分钟，尤其对那串紫红色葡萄爱不释手。看得出来，批发商对这些样品十分满意。同时。他更欣赏李嘉诚的办事作风及效率。他当时只表露出想订购3种产品的意向，结果，在不到一天时间，李嘉诚就拿出9款别具一格的极佳样品。但是，欣赏归欣赏，更重要的问题是，谈生意就必须拿出担保人亲笔签字的信誉担保书。李嘉诚只能直率地告诉批发商：“承蒙您对本公司样品的厚爱，我和我的设计师，花费的精力和时间总算没有白费。我非常希望能与先生做生意。可我又不得不坦诚地告诉您，我实在找不到殷实的厂商为我担保，十分抱歉。”

批发商听到消息后，未表示出吃惊和失望。他说道：“李先生，我这次来香港，就是要寻找诚实可靠的长期合作伙伴，互利互惠。我知道你最担心的是担保人。我坦诚地告诉你，你不必为此事担心，我已经为你找好了一个担保人。”李嘉诚愣住了，哪里有由对方找担保人的道理？批发商接着说道：“这个担保人就是你自己。你的真诚和信用，就是最好的担保。”听到这里，李嘉诚舒了一口气，两人会心一笑。接着，谈判在轻松的气氛中进行，很快签了第一批购销合同。按协议，批发商提前交付货款，基本解决了李嘉诚扩大再生产的资金问题。这位批发商主动提出一次付清，可见他对李嘉诚信誉及产品质量的充分信任。

经过这次本无希望、但最终如愿以偿的合作，李嘉诚对诚信经营更加坚信不移。从此之后，长江公司的塑胶花牢牢占领了欧洲市场，营业额及利润成倍增长。1958年，长江公司的营业额达1000多万港元，纯利100多万港元，李嘉诚也赢得了“塑胶花大王”的称号。

当代著名投资家索罗斯极为重视人品的高下。他认为，许多投机商，包括一些暂时很成功的投机商，其实并没有很严肃地对待自己的事业。在选用人才方面，他也喜欢聘用那些诚实的人，而那些为人自私、不够诚实的人，尽管可能很聪明，他也会把其辞退。对那些赚钱高手，如果得不到索罗斯的信任，或是他觉得这些人的人品不可靠，他就绝对不会找他们做他的合伙人。一次，垃圾债券大王麦克·米尔被起诉，垃圾债券业务出现真空。索罗斯很想进入这一黄金领域，为此还约谈了好多位曾在米尔手下做过事的人，想请他们做合伙人。但是索罗斯发现，尽管他们积极进取又聪明能干，也很有投资天分，但都有同样一个特点，那就是都忽视道德。因此，他最后放弃了这些人。他觉得他们团队有这些人参与他会感觉很不可靠。索罗斯的团队里曾经有人私自在一处债券上投资了1000万美元，结果投资虽然赢了利，最后索罗斯却解雇了这个合伙人。他认为，投资作风完全不同的人在他的团队里都可发挥用场，但诚信却是最重要的。

点评

李嘉诚从身无分文的打工仔，到最后成为世界富豪，其创业历程充满艰辛。这个过程需要勤勉和智慧，还需要诚信，唯有诚信，才能建立起信誉，才能成为“真正”的商人，因为商业，说到底是人和人之间的交往，只有得到“人”的信任，别人才会非常乐意和你合作。李嘉诚深知，信誉是生存和发展的法宝，是不能以金钱估量的。

金融投资则需要冒更大的风险。索罗斯之所以如此看重合伙人的人品，是因为对于他来说，不诚信的人让他承担了更大的风险。这样的人，即便智慧再高，才能再强，也不适宜从事高风险的投资事业。

品牌与形象是企业的灵魂

【厚黑真经】

宋朝用司马光为宰相，辽国人听到这件事，告诫他们守边的将领说：宋朝任命司马光当宰相，不要再惹事。

【精要解读】

对于一个企业来说，其品牌和形象至关重要。品牌和形象是给经营者带来溢价、产生增值的一种无形资产，增值的源泉则来自于消费者心目中形成的关于其载体的印象。在买方市场形势下，一个企业要生存和发展，就要争取广大购买者，同公众保持良好的关系，赢得他们的信赖。越是品牌过硬和形象好的企业，顾客就越会对其产生信赖感，也才会购买它的产品。因此，企业应该尽力维护自身的品牌和形象。

品牌和形象是一种具有文化内涵的概念，需要长期塑造，不可一蹴而就。因而品牌和形象的塑造需要从细节做起，日积月累，坚持不懈。只有这样，品牌才能在消费者心目中树立起牢固的形象。任何有损品牌和形象的事情，企业都不应该做。正道取财，诚信经营，质量上乘和优质服务，是经营者在激烈的市场竞争中立于不败之地的重要因素。这都是企业品牌和形象的重要构成。企业经商者无论在什么情况下都不能抛弃商业道德，去贪图一己之私利。企业与公众之间，决不能运用诡诈之术，弄虚作假。否则，不仅自己在商场不能立足，反而会遭到世人的唾骂。只有真真诚诚地做生意，树立好的品牌和形象，才会使自己的声誉日隆，财源广进。

【运用之妙】

徽商是旧徽州府籍的商人或商人集团的总称，是我国古代最成功的商人之一。明代中叶以后至清乾隆末年的300余年，是徽商发展的黄金时代，无论营业人数、活动范围、经营行业与资本，都居全国各商人集团的首位。徽商将自己企业的品牌和形象看做商品价值的一部分，认为树立起良好的形象，并以此获得顾客的充分认知和信赖才是商业兴旺发达的保证。因此，徽商大都通过长期艰苦的努力去建立起良好的企业形象，并极力维护这种正面形象。

胡雪岩是一代徽商的领军人物，在徽商之中，他是商业资本最巨、经商能力最强，覆盖商埠最多、影响作用最大的一位。在造就一份煌煌大业的同时，胡雪岩又形成一整套以正道取财、坚守信义、修合诚心、采办务真、修制务精、真不二价、顾客至上为主要内容的徽商经商“戒欺”观。胡雪岩常说，“君子爱财，取之有道”，“要从正道取财，不要有发横财的心思”。所谓的“正道”，也就是指赚钱不违背良心，不损害道义、规矩获利。这种由“戒欺”观形成的经营形象，是其他商帮难以企及的。

胡雪岩经营的品牌和形象意识贯穿了他一生的商业行为，仅以他在杭州创办的“胡庆余堂国药号”为例，就可以看出这一点。胡雪岩认为：“与人争胜，物真价实才是关键。”药店刚开张时，他先树商业信誉，在营业大厅里挂上两块大匾，对内是要求“戒欺”，对外则宣布“真不二价”。这两句话说来容易，做到却很难，但胡雪岩却说到做到。有些药尽管缺味，但可以赚取高额利润，胡雪岩宁可不制；为制利润微小的急救药品“紫雪丹”，胡雪岩却不惜工本，特别锻制了银锅、金铲。

胡庆余堂在经营上求真，不仅店员的表现真心实意，所购之材为真材实料，所制之药为真方实作，而且所卖之药也真货实价。一般来说，药店出售的如人参之类的贵重药品，多少都是含有一定水分的，但胡庆余堂出售给顾客的人参，却都在卖出时已经放入生石灰中吸过水分的，顾客购回后一称，人参因为吸收了空气中的水分，重量不但没有减少反而增多，这样顾客自然开心，药店也有了良好的口碑。

胡雪岩将胡庆余堂的店规定为“顾客乃养命之源”，并严格要求店员把顾客当做衣食父母来尊敬。从方便顾客着想，胡庆余堂专设了顾客休息场所；在酷暑热天流行病多发季节，胡庆余堂免费供应清凉解热的中草药和各种痧药；又在远近大批香客来杭赶庙烧香时节，将药品降价出售。在遇急诊病人时，不管隆冬寒夜也都热情接待，即便是在冬天半夜三更，只要病人敲门求药，值夜药工必定遵守胡庆余堂为急诊病人现熬鲜竹沥的店规，劈开新鲜的淡竹，在炭炉上文火烘烤，待竹沥慢慢渗出，再用草纸过滤，当场给病人服用。凡是顾客有不满意之处，胡庆余堂更加谨慎对待，直到顾客满意为止。有一次，一位湖州来的香客到胡庆余堂买了一盒“胡氏辟瘟丹”，打开一看后面露不满神色。胡雪岩看到后，立即上前询问情况，发现此药欠佳，就再三致歉，令店员另换新药。恰好此药刚卖完，胡雪岩便请这位远道而来的顾客留住，并向他保证3天内必能赶制出新药。3天之后，胡雪岩果然把新药送到顾客手中，履行了自己的承诺。

身为闻名朝野的“活财神”，胡雪岩在晚清商品经济尚未成熟的商业运作中，尽管有权贵、政要的支持，却不以势压人，他的定规立矩、提倡戒欺、仁义待客、服务周到的行为，为他自己的企业树立了良好的形象。胡庆余堂在民间赢得“江南药王”的美誉，曾一度和北京的同仁堂国药号相提并论。130多年过去了，“胡庆余堂”的名号至今饮誉大江南北。

1985年，由于部分职工忽视产品质量，青岛海尔有76台冰箱不合格。为了实现“质量是企业永恒的主题”这一目标，青岛海尔提出口号：“宁可损失上万元，也不给用户添麻烦。”并以此为突破口，举办了废品展览会。公司命令直接责任者自己用铁锤当众砸毁所有不合格冰箱。这一举措，使得当时在场的千余名职工目瞪口呆，并砸毁了青岛海尔的产品低劣意识，在员工中引起了强烈的震撼，使青岛海尔就此真正走上了质量管理之路。

青岛海尔制定了“向质量要效益”、“靠质量起家，靠优质名牌发展”的管理目标，处处体现“质量至上”的要求，使“下道工序就是用户”的意识深入公司员工之心。在产品检验上，青岛海尔实行严格的“三检制”，并新成立了定员人数占全公司总人数7.8%的质检处。在此基础上，青岛海尔更开始重视职工素质的提高。他们制定了5年教育计划和年度计划，组织了几十次近千人参加的培训班，经过培训，青岛员工参加全国质量管理统考，结果其中大部分都获得了合格证书。

强烈的质量意识和优秀的质量管理取得了巨大的效果。1989年12月国家轻工部主办全国最优最劣售后服务单位评选活动，青岛海尔以总投诉率全国同行业最低（仅为万分之零点四六）的优异成绩获“双龙杯”奖。1990年，海尔集团又获“国家质量管理奖”和“全国十佳企业优秀管理金马奖”。海尔冰箱曾获得冰箱行业第一枚国优金牌，是全国十大驰名商标之一，是家电行业中唯一的消费者最信得过的冰箱商标。同时，产品远销海外的海尔在国际上也获得各方面的肯定和公认。海尔在国际竞争中10次中标，是中国家电最先获得国际认证，并获得国际最权威性认证的。海尔成功塑造了质量第一的品牌形象，更是获得了巨大回报，其业务突飞猛进，终于成为国产家电的龙头企业。

点评

作为中国传统商人，包括胡雪岩在内的徽商绝大多数都注重商业道德，很多人受儒家“民无信不立”思想的影响，把商业信誉和品牌看成比金钱更宝贵的财富，往往集毕生之力来塑造品牌，十分爱惜自己的商业信誉。正是由于徽商有很好的品牌意识，注重这种无形资产的建立，因此涌现出一批徽商“老字号”，自然，这些人们耳熟能详的“老字号”为他们带来源源不断的顾客。对于企业来说，品牌和形象是生命之本，但每个企业所建立的品牌和形象的最主要特征又不尽相同，如海尔就是以“质量至上”来营造自己的品牌形象的。不管是胡雪岩注意从各个方面来打造自己的商业形象，还是像海尔一样选择一个重点突破口来建立形象，是因为他们都十分重要商业、企业形象的重要性。综观现代企业中那些在竞争中被淘汰的公司，十有八九是因为企业的声誉和形象受到了怀疑或否定所导致。所以，许多知名企业家经营之道中将企业的品牌和形象放在首位，充分显示了他们在商业竞争中所具有的远见卓识。

真正的奥秘在于满足顾客需要

【厚黑真经】

顾客手中的金钱，不必一定向某商店购买，这是离心力；但某商店的货物，足以引动顾客，又具有吸引力。店主有货物，不一定卖给顾客，这是离心力，但某顾客手中的金钱足以引动店主，又具有吸引力。由吸引力和离心力的结合，顾客出金钱，店主出货物，各人满足了自己的欲望，交易自然就成功了。

【精要解读】

商业经营作为一种营利活动，经营者能否赚到钱，有时并不以经营者的主观愿望为转移，而是取决于各种各样的社会因素，其中顾客的向背直接关系到生意的盈亏。因此，厚黑经营学认为，经营真正的奥妙在于满足顾客的需要。在竞争日趋激烈的商场中，谁能以优质的服务来争取顾客，以至诚至敬的态度，为顾客提供上乘的服务，谁就能获得广大的顾客。这就是“顾客至上”的商业黄金律。那些富有经验的经营者，在商海中经历过一番惊涛骇浪、浮沉起伏不定的奋斗后，都会有一个共同的心理，那就是深切地认识到“顾客至上”观念的重要性。为顾客着想，满足顾客的需求，就是商业成功的真正秘密。

【运用之妙】

沃尔玛公司由美国零售业的传奇人物山姆·沃尔顿先生于1962年在阿肯色州成立。经过40多年的发展，沃尔玛公司已经成为美国最大的私人雇主和世界上最大的连锁零售企业。在美国《财富》杂志公布的2007、2008年世界500强收入排行榜中，沃尔玛公司连续两年居于榜首。沃尔玛经营成功的秘诀其实非常简单，那就是不断了解顾客的需要，设身处地为顾客着想，最大程度地为顾客提供方便。沃尔顿以前常对员工说，“让我们以友善、热情对待顾客，就像在家里招待客人一样，让他们感觉到我们无时无刻不在关心他们的需要”。

从大的方面——店址选择上来说，沃尔玛就以方便顾客购物为首要考虑因素。在美国，它的触角伸向西尔斯、凯马特所不屑一顾的偏远小乡镇。从明尼苏达到密西西比，从南加州到奥克拉荷马，沃尔玛无所不在。总之，只要哪座乡镇缺乏廉价商店，沃尔玛就在哪里开业。只要你愿意，你就能去沃尔玛购买到自己想要的商品。

所有的大型连锁超市都采取低价经营策略，沃尔玛则做得更加出色。沃尔玛想尽一切办法从进货渠道、分销方式以及营销费用、行政开支等各方面节省资金，提出了“天天平价、始终如一”的口号，并努力实现价格比其他地方更便宜的承诺。沃尔顿曾说过：“我们重视每一分钱的价值，因为我们服务的宗旨之一就是帮每一名进店购物的顾客省钱。每当我们省下一块钱，就赢得了顾客的一份信任。”他要求每位采购人员在采购货品时态度要坚决，他说：“你们不是在为商店讨价还价，而是在为顾客讨价还价，我们应该为顾客争取到最好的价钱。”

当然，仅靠质优价廉的商品是不够的。沃尔玛还考虑到，顾客希望在购物的同时享受到细致热情的服务，因此，沃尔玛一直从顾客的角度出发，以其超一流的服务吸引着大批顾客。走进任何一间沃尔玛店，店员立刻就会出现在你面前，笑脸相迎。店内都贴有类似“我们争取做到，每件商品都保证让您满意”这样的标语，顾客在沃尔玛购买的任何商品，如果觉得不满意，可以在一个月内无条件退还商店，并获得全部货款。

在沃尔玛，消费者可以体验“一站式”购物的新概念，充分体验轻松快捷的购物行为。在商品结构上，沃尔玛力求富有变化和特色，以满足顾客的各种喜好。其经营项目繁多，包括食品、玩具、新款服装、化妆用品、家用电器、日用百货、肉类果菜等等。沃尔玛为方便顾客还设置了多项特殊的服务类型。其中之一是免费停车服务。比如，深圳的一家沃尔玛店营业面积12000多平方米，有近400个免费停车位。沃尔玛还将糕点房搬进了商场，设有“山姆休闲廊”，所有的风味美食、新鲜糕点都给顾客在购物劳顿之余以休闲的享受。店内还聘有专业人士为顾客免费咨询电脑、照相机、录像机及其相关用品的有关情况，有助于减少盲目购买带来的风险。一次购物满一定数额者，沃尔玛皆可提供送货服务。

点评

用户是上帝，这样的说法目前已得到了商界的普遍认同，沃尔玛则将这一原则做到了淋漓尽致。它深知满足顾客的需求是成功的最关键因素，因此想尽一切办法来达到这一目的。有一些在别的商家看来毫无必要、甚至于己不利的行为，在他们看来却是必不可少的，也正是成功的秘密所在。

弱肉强食是市场的最高法则

【厚黑真经】

达尔文认为，互相竞争是人类的天性。

【精要解读】

商场如战场，二者有着最大的共同点——仅以成败论英雄。商场，向来是争夺利益最激烈的地方。谁能技高一筹，谁就能赚钱，就能稳坐钓鱼台。在这个商业竞争越来越激烈的世界，也许你昨天还在商界叱咤风云、风光无限，一不小心、一个失误就能让你在明天黯然“下岗”、风光不再。商业竞争最后的结果必定是你死我活，弱肉强食是最高的原则。如果我们实力不如别人，手段不够高明，就会成为别人眼中的肥肉，会被别人毫不客气地吃掉。市场不相信眼泪，市场竞争与懦夫无关。即使我们暂时是弱者，在强大的对手面前，也应该做到脸厚心黑，这样，我们才会具备勇气去拼杀，才会在竞争中立于不败之地。

【运用之妙】

威廉·拉道夫·赫斯特是20世纪初世界最大的报业大王，人们给他冠以一代“报业怪杰”的称号。这是一位十分复杂，充满争议的人物。他作风大胆，能量巨大，天赋惊人，以及所创造发明的使报章打开销路的一系列怪招，都为后世人所惊叹。直到如今，熟悉新闻历史的人们仍津津乐道当年初出茅庐的赫斯特，是如何给另一位当时著名的报业巨子——普利策带来无限痛苦和烦恼的。

1887年，赫斯特的父亲乔治把经营《旧金山考察家报》的大权交给了24岁的赫斯特。当时，普利策经营的《纽约世界报》以内容丰富和新颖刺激吸引了众多读者，是纽约销量最大的报纸。初涉报业，赫斯特就开始学习和模仿普利策的办报方式，对报纸的版面设计作了大胆的改革和创新，并聘请了众多新闻好手加盟，把《旧金山考察家报》办得有声有色。

1891年，乔治病逝，赫斯特继承了大量金矿和银矿股票。为了在报业上出人头地，他卖掉部分股票，获得75万美元巨额现金。从此，赫斯特凭借强大的财力后盾，运用他惊人的胆量和才能，开始了在报界纵情驰骋的一生。1895年，赫斯特以18万美元收购了纽约的《晨报》，将它改名为《纽约日报》，并把《旧金山考察家报》的能干之士都调来纽约，全力经营这份新报纸。赫斯特此举，直接表明向普利策发起了挑战。

最好的进攻手段，就是先从敌人内部下手。《纽约世界报》的著名漫画家鲍尔斯、剧评家达尔等都先后被赫斯特高薪挖走。1896年1月，《旧金山考察家报》故意租用当时作为《纽约世界报》大本营的世界大厦作为它的东岸办事处。由于写字楼的关系，《旧金山考察家报》与《纽约世界报》的工作人员来往极为密切。赫斯特让他的工作人员在一夜之间，用高薪作“饵”诱使《纽约世界报》全体要员倒戈。于是，一场由赫斯特导演的戏剧发生了。第二天，《纽约世界报》的精英们摇身一变，全部成为《纽约日报》的人马，其中包括普利策的得意猛将默利尔·高德。正是由于高德的功劳，《世界星期报》一年内即打破45万份大关，这份每年才出版52次的世界报星期刊，其盈利和每年出版333次的世界报母版相差无几。而这么能干的高德，竟将自己在《纽约世界报》的一切资源一起带往了《纽约日报》。

这对于《纽约世界报》来说是一个致命打击。一夜之间，普利策发现人去楼空，对赫斯特这种疯狂式的、毫无职业道德的抢夺，这位素来稳重的报坛领袖大为恼火。起初，他软磨硬泡劝回了高德等人，但令人遗憾和愈加愤怒的是，他们只回来了一天，赫斯特又用更高的薪金把他们“挖”走了，这样一来，《纽约世界报》就要处于全线瘫痪状态。被逼无奈之下，普利策只好用同样的办法从《太阳报》挖来主编布拉斯本，让他重组《纽约世界报》的编辑工作，《纽约世界报》这才重振雄风，再一次超过了《纽约日报》。

20世纪90年代末，伍达德曾任美国波音商用飞机集团公司总裁。当时，世界航空业正在逐步复苏，波音也迎来了新的高峰。当时很多人相信，航空业是传统工业中的最后一个增长行业，尽管形势一片大好，但在伍达德的驾驶下，波音这架巨大的航空母舰却在航行途中遭遇了冰山。1997年财政年度，波音出现了50年来的第一次赤字，亏损额高达1.78亿美元，1998年第一季度，利润额再次下降了90%。这种糟糕的状况在股市上的反映是，波音公司的股票在一年中下跌了26%。

波音最大的挑战来自自己的竞争对手。在波音业务最繁忙的时候，英国、法国、德国及西班牙4国共同组建了空中客车公司，该公司生产的A300系列空中客车占领了相当大的世界市场份额，对波音公司的霸主地位构成了巨大挑战。为了应对挑战，1997年，波音公司与航空业的另一巨头麦道公司实现了航空业的"世纪合并"。这样，新公司在全球飞机市场上所占份额，达到了77%，这一空前的垄断优势，使所有的人，包括伍达德都认为，这一行业"巨无霸"将会稳坐航空业头把交椅，挤垮空中客车集团自然不在话下。然而，出乎人们的意料的是，一年后，波音公司手中的订单竟然首次被欧洲空中客车集团超过。

波音公司自己也有很大的主观和客观上的问题。20世纪90年代初，美国经济和世界航空业萧条，为了减少中间环节，降低成本，提高竞争力，波音削减了大量的员工和部分承包商。尽管很多行家，包括伍达德都预测到世界飞机市场将繁荣起来，但谁也没料到高潮会来得如此之快。波音的订单曾一度令人兴奋地由1994年的124架跃升到1996年的754架，但是这种欣喜很快就变成了供不应求的苦恼。波音始料不及，熟练的员工被解雇了，再也无法招回；承包商数量过少，也无法提供足够的零部件，飞机只能躺在生产线上。而新征召的新员工由于经验不足，不仅工作速度慢，还极易出错。波音推出的"波音NG777S"本来很被市场看好，加班加点生产出来之后，质量上却有大问题。已经交付使用的飞机的洗手间里，竟然忘了安装电灯。1998年7月初，两架欧洲公司的此型号的客机竟然在飞行中发生了发动机突然熄火的特大故障，美国联邦航空局强制命令美国航空公司更换这种飞机的动力系统。面对波音出现的种种情况，波音许多忠实的老客户纷纷另找空中客车集团订货。本来已经答应购买400架飞机的美国航空公司又退购了30架。失去客户不说，波音赔偿延期的损失费就高达4.37亿美元。

成本也是波音的"瓶颈"。在不景气的时候，波音曾不惜以低价格、高回扣打"价格战"，与空中客车以及当时的麦道争夺客户。比如，在1995年争夺斯堪的纳维亚航空公司55架飞机的角逐中，波音虽然赢了，也付出了高额代价。它不仅付给对方高达38%的回扣，而且从此形成了一条不成文的规定：只要是大宗订货，售价可低于标准价至少5%。这种恶性竞争方式对波音来说绝不是好事。

伍达德对于眼前的惨淡局面领导的错误也是很明显的。伍达德本身是个井然有序的人，他的谈吐中充满"接近理论上的完美"的工程科学语言。他看不起他的欧洲对手，错误地估计了形势的发展和对手的能力。在与对手进行"价格战"的同时，他力主开发新产品，并尽可能地把这一切做得更完美。但是世界航空业市场迅速变化，这种生产方式很不适应新的形势。此外，波音为客户们提供38种花样的仪表盘和109种白色机身等诸如此类的设计。这样慷慨、花哨的设计耗费了波音大量的生产时间，费时费力、加大了成本，还并不怎么讨买家喜欢。问题很多，但伍达德强烈的自尊和过分的自信使他坚信，只要工人足够、加班加点、合理安排，应付眼前产量的问题不在话下。他虽然也采取措施增加一定产量，但主要着眼点却还是在重新设计基本生产流程，因为他试图从根本上降低成本，加快制造速度，从而一劳永逸地赢得未来。

这种想法，不可谓不对，但目前的失败让他已经没有足够的时间。到1998年年初，他才充分意识到问题的严重性，转而全力投入增产，可是为时已晚。9月初，波音集团董事会撤销了伍达德的波音商用飞机集团公司总裁的职务。伍达德在他"治本"疗法还没奏效之前，就倒下了。

点评

在残酷的市场竞争中，面对对手的挑战，没有积极的应对措施和必要的厚黑手法是终归要失败的。在普利策和赫斯特的报业竞争中，赫斯特攻其不备，迫使普利策一开始处于明显的被动地位，普利策毫无防备，只知道“遗憾”和“愤怒”，但是这一切都无济于事。当他明白到这一点之后，终于采用同样的手法去应对挑战，为自己扳回一城。伍达德也很不幸地用他的亲身经历验证了商业竞争的残酷性，再次让我们知道了什么是“成者为王败者寇”。尽管客观分析原因，波音公司生产能力的不足、行业管理者出乎意料的要求等问题，并非一人之力就可扭转，但伍达德作为波音商用飞机集团的总裁，却难逃其咎。其实，不管是什么原因，面对竞争，失败者唯有低头。

赢家通吃，兼并不能留情

【厚黑真经】

刘邦天资已经很高，学历又深，把流俗的君臣、父子、兄弟、夫妇、朋友这五种人伦关系全部打破，又把礼义廉耻扫除干净，所以才能够荡平群雄，统一海内。

【精要解读】

市场竞争十分激烈，兼并则是竞争的白热化。市场兼并的目的就是以小搏大，以弱制强，优势兼并，强强联合，借势上市，打造商业“航母”，把对手击垮，吃掉对手，让自己在市场中占据绝对的优势。在兼并过程中，如果心慈手软，对弱者同情，就必定会贻误大好战机，致使对方羽翼丰满，成为自己前进路上最大的威胁。对对手任何的姑息和纵容，就相当于自寻死路。因此，厚黑学认为，在惨烈的商战中，尤其在兼并的时候，就必须让自己的心肠变得更狠一些，手段变得更辣一些，对生意上的竞争对手，痛下杀手，加以消灭和吞并，这样才能确立自己在市场上的强势地位。

【运用之妙】

1906年，林恩电气公司创始人吉姆斯·林恩决定挣更多的钱，他所想的办法是利用股市进行兼并。

林恩首先用现金购买了另一家电气工程公司，使林恩公司扩充了一倍，之后，公司的股票售价立刻扶摇直上。这时，林恩公司的股票在证券市场上稳定的声誉、日益看涨的行情，让其可以当做现金使用，而这样一来，林恩在购买其他公司时，就不必再动用现金兑现。于是，林恩又买下一家电子公司，改名为林恩电子公司，又收购了阿提克电子公司和迪姆柯电子公司。此时，这些新收购的公司的总营业额已高达1500万美元。

有了雄厚的资本作为后盾，林恩的胃口也越来越大。经过一番寻找，他的目光瞄准了休斯·福特股份有限公司。这是美国重要的飞机、导弹制造厂，因此也将是林恩一个强大的对手。一方面，林恩从证券市场公开收购；另一方面他则与公司一些股东私下议价交易，很快就取得了近40%的股权，成为休斯·福特公司（LTV公司）最大的股东。这时，华尔街开始出现“集团企业”，“集团企业”的股票也成为当时最红的一种，而LTV股票更是其中的佼佼者。

林恩继续沿用股票兼并的绝招，不断地收购新的公司。为了让自己的企业王国更为壮大，林恩开始筹划吞并威尔逊公司。威尔逊公司是个庞大的集团企业，每年的营业额高达10亿美元，这个数字是LTV公司的两倍。野心勃勃的林恩竟想收购它，看上去实在太不自量力了，但这次林恩又得手了。原来，与同行相比，威尔逊公司的股票股价偏低。这是因为威尔逊公司做法传统，它既不大做广告，也不在股市上哄抬股价。经过初步估算，林恩认为用8000万美元就足以控制该公司的股权。于是，林恩以LTV公司所持有的股票做抵押，从银行借贷8000万美元，买下了威尔逊公司的股票。从此，威尔逊成为LTV的一部分。但与此同时，LTV公司却也因此背上了8000万美元的巨额债务。于是林恩又将大部分的债务转移到威尔逊公司的账下，使威尔逊公司变成了债务人。然后，又将威尔逊公司分成3个子公司，再让这3家公司独立发行各自的股票。这3家新公司的大部分股权属于LTV，其余的向公众发售。发售新股所收到的股金，正好偿付了林恩从银行借贷的8000万美元。就这样，林恩几乎没花一分钱，就把庞大的威尔逊公司占为己有。这种令人叫绝的兼并高招令华尔街的同行自愧弗如。

英国壳牌石油公司创始人塞缪尔任伦敦市长之后，他的两个长期竞争对手——美国标准石油公司和荷兰皇家石油公司，对壳牌石油公司发动了收购攻势。

这两家公司一直对壳牌石油公司虎视眈眈。当初，标准石油公司就已经下了很大的决心，要把这个在世界各地市场都很危险的闯入者收买过来。为此，洛克菲勒标准石油公司的中间代理商和塞缪尔秘密接触，并表达了自己的想法。塞缪尔对此一笑置之。

几乎同时，荷兰皇家石油公司总裁达特汀也来找塞缪尔了，并直截了当地提出购买部分股份的要求，塞缪尔说："我是决不会出卖公司的股份的。不过，介绍您的雷恩曾提出，让我们和罗斯查联合起来，共同组成亚洲输出石油的贩卖公司，我们想邀请您参加。"达特汀一口答应下来。达特汀认为，要想对付美国的标准石油公司，必须要和英国的石油业联合起来。他先和壳牌石油公司联合，以便削弱标准石油公司的实力，然后将标准石油公司赶出欧亚市场。

但是，当塞缪尔市长任满，继续亲自经营他的公司之后，世界石油业的局面又有了很大的变化。当时，世界石油贸易开始衰退，标准石油公司和壳牌公司有了不同的境遇：标准石油公司不断削价以求生存，而壳牌公司的油轮却开始停航；标准石油公司在欧洲取得了新进展，而壳牌石油公司则被撵出了德国。事已至此，局面就不能以塞缪尔的意志为转移了。无奈之下，塞缪尔不得不以屈辱的条件，同达特汀讨论全面合并：两家合并而成为"皇家荷兰壳牌公司"，达特汀拥有新公司的60%股份，而塞缪尔只拥有40%，总经理由达特汀担任。

合并后，新的石油巨人诞生了，并开始在新的起点上与美国争夺石油王国的金矿。1912年，皇家荷兰壳牌公司在加利福尼亚等州先后设立子公司，直捣美国本土。几年以后，皇家荷兰壳牌所行销的石油，已经有一半是从美国本土上开采出来的。到了1927年，皇家荷兰壳牌公司把洛克菲勒的埃克森公司从"世界石油大王"的霸主地位上拉了下来。

点评

由起初的股市弄潮儿成长为华尔街的风云人物，林恩不愧是股票大王。他不断地收购新公司来扩充自己的公司，而公司的股票像滚雪球一样迅速膨胀。正是因为看到了兼并所能带来的巨大利润，所以他才敢于、也愿意用这种方法来扩大自己的实力。同样地，塞缪尔所面临的问题是自己的优势不够明显，因此只有通过和对方的相互合作来壮大实力，这样才能做大做强。对于处于商场竞争中的经营者来说，兼并和"被兼并"都不能手软。

三十六计乃是商战心法

【厚黑真经】

俗语说："内行不发货。"奸商最会欺骗人，唯独在同行面前不敢卖假货。

【精要解读】

商场上尔虞我诈，明争暗斗。一旦踏入商海，就要将自己培养成敏感、聪慧、成熟的善用计谋的人物，就必须掌握足够的厚黑智慧。同样处于竞争激烈的商场环境之中，有人步履维艰，寸步难行，有人一路凯歌，意气风发，其不同就在于如何施展自己的本领。《三十六计》是一部“谋略”大全，能够广泛运用在各个方面，其中就包括在商场中的运用。厚黑学本身是一门兼收并蓄的学问，能集众家之所长，为我所用。以厚黑的角度来看，《三十六计》完全就是一部商战心法，其中汇集的诸多谋略，对于处于商场之中的人们大有裨益，能够让我们在复杂多变的商战之中处于不败之地。“商战三十六计”，能使我们在商场上深谋远虑，进退自如，抓住一个个商机，成就自己的商业梦想。

【运用之妙】

约翰·皮尔庞特·摩根是美国近代金融史上最著名的金融巨头，他一生做了太多影响巨大的事情。善于把握机会趁火打劫，是其成功的最重要原因之一。

摩根迅速崛起为金融寡头，主要得益于两次经济危机。1873年，资本主义世界发生经济危机，美国深受危机的冲击，人们几乎每小时都听到公司宣布破产的消息，就连费城首屈一指、曾经在南北战争中帮助政府出售国库券而名声大震的投资银行——杰伊·库克公司也永远地关上了大门。在这样的险恶形势下，摩根却和英、美两国的其他几位大银行家联合起来，在1871年从库克手中夺过价值2亿美元的国库券，并把其中的大部分出售给外国投资者；1873年，摩根及其合伙人又以同样理由赢得33亿美元国库券的一半，在转卖的过程中，摩根大捞特捞了一把。就这样，摩根所经营的德雷克塞尔—摩根公司成为美国实力最雄厚的投资银行，控制了美国政府的债券市场，同时继续向欧洲抛出优惠证券。

1884年的金融危机又进一步巩固了摩根的地位。自当年11月以来，美国财政部的黄金开始大量外流，市场上掀起了抢购黄金的风潮。格罗弗·克利夫兰总统不得不抛售美国证券换回黄金，但却致使国库告急，以至落到了几乎无力偿清债务的地步。

为了救济金库空虚带来的经济恐慌，政府必须立即筹集到一笔高达1亿美元的巨额资金。摩根已经知道，在这股抢购黄金的风潮之中，政府已经到了无计可施的地步，于是，他同另一金融巨头贝尔蒙商定，由他们两家银行组成一个辛迪加（垄断组织形式之一），由他们来负责承办黄金公债。这样一来，他们既可以解救国家财政危机，又可以获得高额利润。但是，他们所提出的条件却过于苛刻，致使美国国会并没有通过这个建议，总统也表示难以接受。

无奈之下，当时的财政部长卡利史尔计划发行5000万美元的公债，其余半数委托美国国内银行存款。但是由于正值经济恐慌，大小银行都自顾不暇，财政部长的呼吁不得不被束之高阁。接着，他又打算以超出面额117点的价值公开募集5000万美元公债，这一计划打破了投资金融界的惯例，也欺骗了投资银行，并重创和惹恼了摩根。在摩根的操纵下，当财政部长匆忙赶赴纽约召集银行家寻求帮助时，却遭到了白眼，因为他没有接受摩根提出的谈判条件：要么认购全部公债，要么完全拒绝认购。

克利夫兰总统不得已再次召摩根进入白宫，互相摊牌。当摩根知道国库存金只剩下900万美元时，更是坚持自己的条件，并胸有成竹地说：“总统先生，除了我和罗斯查尔组成辛迪加，使伦敦的黄金重新流入国内外，似乎没有第二种办法来解救陷于破产状况的国库了。现在，我手头就有一张1200万美元的支票没有兑现，若是今天将这张支票兑现了，一切就都完了，要不要我在这里拍电报，现在立刻汇到伦敦去呢？”

在摩根的威胁下，克利夫兰总统频繁地以去洗手间为名，去和正在另一房间等候的财政部长卡利史尔商量对策。摩根很清楚，若不使出硬的一手来，白宫就不会轻易就范。因此，在接下来和总统面谈时，也就单刀直入，步步紧逼，甚至还故意吸起了总统讨厌的雪茄烟，悠闲地地等待着对方做出退步。结果，总统不得不答应摩根提出的条件，白宫在华尔街面前甘拜下风。当夜，摩根就取出大量美元借给财政部，帮助财政部渡过了难关，而他在向政府承包的公债价格与市场差价中净赚了1200万美元，并且还安排了一项国际协议，在公债发行结束前，不用美元兑换英镑，也不购买美国的黄金，这项协议大大冲击了

《夏尔反托拉斯法案》。

19世纪四五十年代，我国钢笔市场曾长期被“派克笔”占领。当时，派克公司生产的钢笔最负盛名，又有新品种“自来水笔”推出，此时正是派克公司发展的高峰期。后来，匈牙利的贝罗兄弟发明了圆珠笔，逐渐打破了派克公司一统市场的局面。由于圆珠笔实用、方便、廉价，一问世受到了广大消费者的热烈欢迎，派克钢笔生产大受打击，公司业务也一落千丈，濒临破产。

经过仔细研究，派克公司欧洲高级主管马科利认为，派克公司与圆珠笔进行市场争夺战时犯了致命的错误，不是以己之长，攻人所短，反而是以己之短，攻人所长。于是，他筹集了足够的资金，买下了濒临破产的派克公司，接着立即着手重新塑造派克钢笔的形象，突出其高雅、精美和耐用的特点，使它从一般大众化的实用品成为一种显示高贵社会地位的象征。从这样的战略思想出发，马科利采取了两项最主要的措施。首先，削减了派克钢笔的产量，同时将原来的销售价提高了30%。其次，加强宣传提高以派克钢笔作为社会地位象征物品的知名度。英国女王是英联邦的元首，其所用物品无不显示其地位的高贵。马科利深知这一点，他再三努力，让派克钢笔获得了伊丽莎白二世所用笔的资格。经过努力之后，马科利的战略目标实现了。1989年，派克钢笔又一次提高了售价，也得到了巨额利润。

1993年8月，我国某进出口公司从国外进口200万吨DW产品。对方延期交货使该公司失去几次展销良机，使公司蒙受了一定量的经济损失。但是我方考虑到该产品质优价廉，颇受消费者欢迎，各大厂家竞相订货，自己通过经营该商品也获利颇丰，因此，为了双方长久友好的贸易往来，并未对外商提出制裁。

此后不久，DW产品在国内供不应求，该公司进一步同外商洽谈。为了降低进口商品的采购成本，提高公司的盈利水平，该公司想要向对方提出降低价格10%的要求。不过，他们当然知道，国际市场并未发生变化，如果在双方谈判一开始就提出降价要求，对方肯定会加以拒绝，因此必须采用一定的谈判技巧，迫使其答应。

经过研究，该公司找到了问题的突破口。谈判刚开始，该公司就在上次那200万吨货物延期交货一事上大做文章。对方听后，以为该公司会提出索赔要求，忙不迭地对延期交货问题加以解释，诚惶诚恐地大表歉意。接着，看看时机已成熟，该公司便趁机提出削价的要求，明确指出希望上次延期交易的损失，能通过这次减价10%来弥补。对方无奈，只好表示同意。接着，我方又乘胜追击，提出由原来预定的200万吨增加到500万吨，对方也答应了。谈判圆满成功。

点评

企业经营者离不开谈判，而谈判的特征之一是对抗性，谈判双方都希望赢得胜利，千方百计争夺利益。谈判者要想达到预期目的，须真正了解对方的情况。在商战中，趁火打劫的谈判高手当首推摩根。摩根与总统谈判，探知国库存款甚少，陷入了危机，便趁火打劫，逼得总统不得不答应他的苛刻条件，从而获得谈判成功，并从中赚了大钱。

任何产品和企业都有它的成长期、成熟期和衰落期。在走向衰落期间，抓住时机，充分利用一切有利条件，进行大胆投资，借用“借尸还魂”术，产品和企业就会得以新生，往往能收到事半功倍之奇效，这一谋略，很值得企业经营者在企业投资决策中借鉴。尽管以实用为标志的派克钢笔没落了，但新的派克钢笔却以炫耀、装饰为标志的形式还魂了，派克公司也得以新生。

“围魏救赵”的“围”是手段，“救”才是目的，要达到“救”的目的，就要分散对方注意力。商业谈判中，成功地运用此计，要注意积蓄力量，等待时机，避免“明火执仗”，过早地暴露自己。老练的谈判者在谈判中常常避免就自己真正关心的问题进行强攻，而是指左趋右，绕道迂回前进，使对方顾此失彼，首尾不能相接，最终不得不妥协。我国公司谈判者正是巧妙地运用了“围魏救赵”之计，使谈判一举成功，达到了预期的目的。

咬紧对手的弱点不放

【厚黑真经】

例如打仗，先要侦探一下，才知道敌人某处虚、某处实，等已经把虚实明了了，然后才向他的弱点猛攻。

【精要解读】

商业竞争并不是简单的经济实力之间的竞争，还需要使用一定的谋略。任何人都有自己的弱点和短处，抓刀要抓刀柄，制人要拿把柄。在和对手竞争的时候，要学会在对手身上发现弱点，在对方最重要的地方下手，在对方最害怕的地方下刀，充分利用这一点来作为突破口，这样就能轻易地战胜对手。在商战中，敌我双方总是尽可能地发挥自己的长处，攻击对方的短处，谁发挥得好，攻击得准确，谁就会获胜。当然，反过来说，我们也要防止别人这么做。避开自己的短处，充分在长项上发展自己，这样才能在竞争中获胜。

【运用之妙】

诹访精工是第二次世界大战后崛起的日本制表企业。1960年5月，诹访精工合并了当地的大和工业，实力大增，他们推出的“马贝尔”牌钟表也在国内钟表行业精确度竞赛中连续3年获得优胜，并成为全日本最畅销的钟表商品之一。至此，诹访精工已在日本崛起，成为日本钟表行业的领头羊，并且开始向钟表王国——瑞士发起挑战。

瑞士是老牌的钟表王国。谈到钟表仪器，人们第一个联想到的准是瑞士。在很长时间里，瑞士是全世界钟表行业当之无愧的“大哥大”。但进入20世纪后半期，世界政局基本稳定，钟表行业发展迅速，一些新生的实力派企业不断崛起，渐渐威胁瑞士钟表王国的地位。

欧米茄是驰名全球的瑞士名牌钟表。1964年东京第18届奥运会之前的历届奥运会，都使用欧米茄计时钟表，创下了17次独占计时权的辉煌历史。在东京举办奥运会的消息传出后，野心很大的精工企业已经不能容忍欧米茄独占东京奥运会的计时权，决心要利用这次有利时机同欧米茄一比高低，使精工成为日本的骄傲。早在慕尼黑奥运会期间，精工企业为了摸清瑞士欧米茄的详情，派出考察队前往瑞士考察情况。经过考察，他们发现，瑞士表是靠钟表调整师的技术取胜。调整师谙熟机械表的性能，对调整机械表的温度差、姿势差等整合误差有着世界最高的技术水平。在这一点上，日本人的确自叹不如。但是这并不意味着他们没有弱点。欧米茄的计时装置几乎都是机械式钟表，只有几部是石英表，而且还都笨重不堪——这正是他们的致命弱点。因为从振动的正确性来说，机械表根本无法跟石英表相比。只要拥有耐震的能力，石英表计时并不受温度等变化的影响，能达到准确无误的程度。通过这次考察，精工决定针对瑞士钟表的薄弱环节——石英表加以突破。

在东京奥运会的前一年，在瑞士纽沙贴夫天文台举办的世界钟表竞赛上，精工石英表就参加了比赛，同瑞士大哥一较高下。比赛结果是，瑞士表囊括前9名，日本诹访精工舍的石英表951仅排列第10、11、12名。这个结果令瑞士人感到非常满意，他们对自己独步世界的钟表再次欢呼。然而，对于这样的比赛结果，诹访精工舍的科技人员也同样感到非常振奋，因为第一次参加比赛就有这么好的开端，这意味着他们所选择的道路是正确的。

精工企业集团在取得了东京奥运会计时权后，调集下属3家公司的20多名技术精英组成计时装置的开发队伍，派出了3000多名技术人员，耗资30亿日元，策划了日本精工走向世界的重大方案。很快地，一项旨在开发未来钟表的研究计划形成了，他们将这次研究革新命名为“59A计划”。这项计划的核心就是进行石英钟表的研究。一场威胁钟表王国地位的科技挑战正在日本的诹访精工舍秘密地进行。

精工表果然不负众望，在东京奥运会上大出风头。在东京奥运会的各个比赛项目中，都以精工表计时。当来自非洲的运动员阿贝贝在马拉松比赛中飞奔过终点时，精工瞬间数字跑表立即定格，正确地指着2、12、11、2——阿贝贝以2小时12分11秒2创造了奥运会马拉松赛的最好成绩。而那块在赛程中时刻追踪阿贝贝的数字跑表就是精工发明的、世界上最早的干电池驱动便携式石英表，平均日差仅0.2秒。如此高精确度的精工表在东京奥运会上亮相，令同行们刮目相看。精工表不仅映入百万现场观众的脑际，而且世界各地亿万观众都通过电视屏幕认识了精工表。而欧米茄未能再一展风采，悄然隐退，其气大消。

日本精工企业的崛起，使昔日的钟表王国瑞士吃惊非小。这时，瑞士国内的欧米茄、浪琴等名牌企业开始警戒。而日本精工则乘胜追击：当1968年精工表再次参加纽沙贴夫天文台的钟表比赛时，15块精工石英表的参赛成绩让世人大跌眼镜：瑞士表都排在了日本精工表之后。在这一沉重的打击下，瑞士厂商忧心忡忡，坐立不安，直到第二年才将得分表寄往日本，没有公开名次，并宣布从此停止纽沙贴夫天文台的钟表竞赛。这次精工取得大捷，同时也意味着有着百余年辉煌历史的瑞士表的黄金时代彻底结束。

纽沙贴夫天文台的失败，让瑞士人脸上无光，为了有朝一日能夺回失去的自信和荣誉，瑞士庞大的科研力量展开了提高石英钟表精确度的攻坚战。为了在来年的竞赛中重登冠军宝座，瑞士拨出了大量资金。他们的努力在日内瓦比赛中收到了成效：瑞士石英钟表独占了前3名，这使他们挽回了面子。然而，尽管他们似乎已经从惨败中逃出，但却又同时步入了另一个误区。他们制造的是越来越复杂的高水平的比赛专用石英表，是以获取竞赛胜利为唯一目标的，却离商品化却越来越远了。竞赛和商品化，在这两种截然不同的认识上所作出的抉择，将极其深刻地改变未来世界的钟表市场，并将彻底改变一国在未来国际钟表竞争的地位和力量。

这时诹访精工却在商品化这个领域进展神速，在大众化进程中取得了惊人的成功。到后来，诹访精工在这些技术上游刃有余的时候，瑞士和诹访精工的差别就决定了两者在世界市场上的竞争地位和力量对比。日本人让在大赛中获得的知名度，起到了为产品的大规模生产和走向市场鸣锣开道的作用。经过不断的技术改进和创新，诹访精工在石英表技术方面独领风骚，在市场上则所向披靡，盛销不衰。精工进入了强盛时期，在国际市场上已经势不可挡。

后来，精工表强行在瑞士表占统治地位的欧洲登陆。他们利用其质高价廉的优势，加上销售网点的支持，很快就占领了瑞典市场。紧接着，精工进军希腊和法德市场，将瑞士名牌表逼得步步后退。与此同时，精工还为欧洲的许多运动会免费提供计时钟表，以大造声势，树立威望。借助一次次的公关活动，精工表又占据了英国市场和美国市场。此时，瑞士钟表王国彻底没落了。

点评

日本诹访精工是商战的高手。他们善于避实击虚，将目标转向瑞士的薄弱环节，步步紧逼，最后导致了瑞士钟表的没落。在滚滚向前的市场大潮中，身处其中的任何一家企业都不容许自我陶醉，要想成为弄潮儿，时刻需要敏锐的市场眼光，超前的市场战略，抓紧每一个弱点，给予竞争对手致命一击。同时，也要注意自己不要有太大的弱点，瑞士钟表商就是因为没有注意到钟表市场的大趋势——石英钟表将成为钟表市场的主流，因此自然地将市场领导者的地位拱手相让。

以快打慢，先人一步占市场

【厚黑真经】

兵法说："要先立于不败之地。"又说："从前会打仗的人，先要造成不会被敌人战胜的条件，来等待可以战胜敌人的机会。”厚黑学也是像这样的。

【精要解读】

经营厚黑学认为，在商业竞争中，时间就是效率，时间就是生命，一旦落后于人，就会面临失败的危险。在商业经营中，如果能够领先一步，开发出一种新产品，就能控制住有利局面，保持垄断性的地位。主动权意味着过人一等的战略头脑，必然会带来辉煌的胜利。经营者只有紧紧跟随时代潮流，及时调整经营思路，以超前的意识作出明智的选择，才能使自己长久地在竞争中拥有主动权，趋利避害，在新的领域不断取得新的胜利。即便是那些暂时很弱小的企业，只要在一定的领域内掌握主动权，以快打慢，也能化劣势为优势，改变弱小的不利现状，让自己的经营更加灵活、更有成效。

【运用之妙】

微软创始人比尔·盖茨曾经指出，在电脑软件竞争激烈的市场中，如果你一打盹，那么成功的机会转眼即逝。因此，每当公司的若干重大危机关头，他总是能抢在别人前面，断然出击，获得了成功。

1982年，新成立的莲花软体公司推出了“莲花1–2–3”软件，将为那些不能使用电子表格的客户提供帮助，推出之后，广受市场好评。面对这一挑战，1983年9月，盖茨把微软最高决策人物和软件专家召集到西雅图的汇狮宾馆，开了整整3天的秘密会议。会议的宗旨，就是尽快推出世界上最高速的电子表格软件，这一计划称为“多元计划”。年轻的工程师克郎德主动提出负责这套软件的设计。从不论资排辈的盖茨，将机会给了克郎德。他们在会议上透彻地分析和比较了“莲花1–2–3”和“多元计划”的优劣，议定了新的电子表格软件的规格和应具备的特性。从最后确定的名字“超越”中，谁都能看出盖茨设计这套电子表格软件的意图。

但是，事实发展得出乎人们意料。1984年元旦，苹果公司推出了以独有的图形“窗口”为用户界面的个人电脑，乔布斯将其命名为“麦金塔”。相比较盖茨的IBMPC个人电脑来说，“麦金塔”具有更加友好的用户界面，因此更受市场的欢迎。而这时，克郎德和他领导的程序设计师们经过几个月的埋头苦干，已经使“超越”电子表格软件初见雏形。但是盖茨却正式通知克郎德放弃IBMPC个人电脑“超越”软件的开发，转向为苹果公司“麦金塔”开发同样的软件。

而此时的莲花公司在“莲花1–2–3”的基础上乘势推出了“交响乐”软件，拼装了文字处理和通讯、表、库、图、文，五位一体，堪称集成软件文字大全。它也正为“麦金塔”电脑开发软件，名为“爵士乐”。形势空前严峻，为了进一步抢占市场，盖茨加快了“超越”的研制步伐，抢在“爵士乐”之前吹响“超越”的号角。1985年5月的一天，盖茨一行来到纽约举行“超越”新闻发布会，乔布斯亲临现场讲话以示支持。此后，苹果公司的麦金塔电脑大量配置了“超越”软件。这无疑是一次“天作之合”，而莲花公司的“爵士乐”却慢了5个星期，正是这5个星期决定了它失败的命运。到1987年时，市场报告表明：“超越”以89%的市场份额，远远超过了“爵士乐”6%的市场份额。

金·坎普·吉列的美国公司以生产男性剃须刀为主，在世界市场上占有相当大的份额，世界上约有一半的男人在使用他的产品，使他收获了巨额利润。

但是吉列的创业之路却很不顺利。他从16岁失学开始走入社会谋生，一直到40岁为止，都是一个四处奔波的小推销员，其辛苦可想而知。他自己也一直在不断地寻找机会，后来，他发现男人使用的剃须刀很不方便，便灵机一动，想要发明一种很好使用的新型剃须刀。吉列立刻开始行动，潜心地呆在家研制起他的刀片来。经过日夜努力，他的新型剃须刀终于发明成功了。1901年，吉列终于结束了他24年推销员的生涯，创建了吉列保险剃刀公司。

1902年，吉列终于开始批量生产自己研制出来的新型剃须刀。可没想到，在一年的时间里，这种产品总共才销出刀架51个、刀片168片。对这样的销路，吉列一度百思不得其解。后来，他经过反复的思考，找到新型剃须刀滞销的症结之后，采取了两个步骤：一是把新型剃须刀作为一种“用完即扔”的产品来看待，这在当时是一种全新的思路。凡是购买新型剃须刀的，一律免费赠送刀柄。这一措施推出后，公司的销售额果然直线上升。同时，通过大量有效的广告宣传，吉列一步步打开了新型剃须刀的消费市场。经过8年的市场推销和从不间断的广告宣传，吉列的安全剃须刀终于在美国广大消费者心中占居了一席之地。

正当吉列信心倍增，准备进一步扩大生产规模和拓宽销售市场的时候，第一次世界大战爆发了，美国是参战国之一。为了向世人展示美国军队的整齐与威严，美国政府特别重视士兵的军容和仪表，而整理仪表，士兵们就需要剃须刀，而传统的剃须刀携带很不方便，还常常让人刮破脸。吉列抓住这个大好时机，和政府达成协议，以特别优惠的价格大批量向政府提供安全剃须刀，通过政府发给每一位士兵。吉列的这一抢占先机的举动不仅成倍地增加了公司产品的销售量，更重要的是固定了特定和潜在的消费群。战争期间，士兵们保持着刮胡须的习惯，战争结束后，他们将这种习惯带回国内，影响着周围的人，使用新型剃须刀的人越传越多，吉列剃须刀对人们生活产生的影响也就越来越大。

战后，美国工商业发展呈现一派繁荣的景象。各大商店为招徕顾客、引起消费者好感，纷纷向顾客赠送礼物，礼物多为一些小礼品、小饰物等。这逐渐形成一种风气。吉列又以商人特有的敏锐目光，率先抓住这一有利商机，在各报刊上大做广告，把新型剃须刀当做最佳赠品来宣传。当人们纷纷向商店询问这种赠品的时候，吉列就乘机把剃须刀以低廉的价格批发给商店，得到赠品的人们也就成为吉列的潜在顾客，因为他们还需要不断地购买刀片来替换。

此后，在吉列已经创立100多年的历史中，吉列始终注意抢占市场先机，先发制人，它们还陆续开创了许许多多的行业第一：剃须刀架（1946年）、双刀剃须刀（1971年）、旋转头剃须刀（1977年）、弹簧剃须刀（1990年）以及“锋速3”剃须刀。2004年12月，吉列公布其最新的剃刀——女用Venus Vibrance剃刀。直到今天，吉列依然在不断地推陈出新，不失时机地抢占其他市场。现在，吉列已经不单单生产剃须刀，而是生产个人家庭用品系列产品，不论男女，都是它的目标顾客，无分老幼，但作为吉列的最重要产品，剃须刀带来的赢利是无法估算的。

点评

市场瞬息万变，最具有现代产品性质的电脑软件更是一种时间性极强的产品，谁能尽快地把握形势，抢占先机，谁就是胜利者。微软之所以能够发展如此迅速，在很大程度上就是事事为人先的结果。剃须刀尽管是小产品，但是市场却很广大。吉列在世界经营剃须刀片的过程中能够坚持产品创新的决策，屡屡抢占先机，先发制人，其成功自然也是顺理成章。

攫取利润的厚黑营销法

【厚黑真经】

做饭的锅漏了，请补锅匠来补，补锅匠一面用铁片刮锅底的煤烟，一面对主人说：“请点个火来，我要吸烟。”他乘着主人转身的时候，用铁锤在锅上轻轻地敲几下，那裂痕就增长了许多，等到主人转来，就指给他看，说道：“你这锅裂痕很长。上面的油腻住了，看不见，我把锅烟刮开了，就看出来了，非多补几个钉子不可。”主人埋头一看，很惊异地说：“不错！不错！今天幸亏遇到你，否则这口锅恐怕就不能用了。”等到补好，主人与锅匠皆大欢喜而散。

【精要解读】

营销是商业经营中极为重要的一部分，也是关系到经营者成败的重要因素之一。在营销的时候，运用厚黑的方法，有时往往可以取得出人意料的好效果。当然，商场谋利，天经地义，自然也属必要。但有时候，过于厚黑也并不一定是一件好事，有时适当地吃点儿亏，让顾客得一部分便宜，这样反而能够带来更大的收益。

【运用之妙】

英国伦敦有一家没什么名气的珠宝店，开业4年以来，因经营不善，濒临倒闭。店老板走投无路，冥思苦想改善困境的对策。

1985年，查尔斯王子和黛安娜王妃举行婚礼，成为轰动英国以至全世界的新闻。黛安娜王妃容貌绝伦、气质超群，令绝大多数英国人为之仰慕、倾倒。店老板想，如果能抓住这个千载难逢的机会，利用公众对王子王妃婚礼盛典的专注心理作一次广告，必定能使自己的珠宝店摆脱困境。

于是，他四处搜寻长得像黛安娜王妃的年轻女子，最后终于重金聘用了一个相貌酷似黛安娜的时装模特。他对她从服饰、发型到神态、气质都做了煞费苦心的模仿训练。等到几乎看不出什么破绽之后，店老板便向电视台记者暗示，说明晚将有重要嘉宾光临自己的珠宝店，电视台可以前来采访，但在播出时不得加入任何解说词。

第二天晚上，珠宝店果然灯火辉煌，店老板衣冠一新，毕恭毕敬地站在店门口。不久，一辆豪华的轿车缓缓驶到珠宝店门口，店老板便立即走上前去彬彬有礼地打开了门。那位相貌酷似黛安娜王妃的模特从容地从车上走下来，嫣然一笑，还向前来围观的行人点头致意。众人以为是真的黛安娜王妃来了，争相亲睹黛安娜王妃的风采，那些挤在前面的青年还为吻上了这位“黛安娜王妃”的手而兴奋异常。电视台的记者开始并不相信，这时也急忙打开录像机频频摇动。就连当地警察也信以为真，都过来帮忙维持秩序。

店老板先是感谢“王妃”的光临，随后引她参观自己的宝石店。按老板的吩咐，店员们煞有其事地向“王妃”介绍项链、耳环、钻石等名贵饰品。“黛安娜王妃”则面露喜色，称赞之声不觉于口。因老板的要求，记者把它破天荒地拍成了“默片”，电视台第二天播出时自始至终没有一句话和一句解说词，人们只是从屏幕上看到热烈非常的场面和珠宝店的顾客。这则新闻震动了伦敦全城，人们纷纷打听这家珠宝店的地址，都想在“黛安娜王妃”来过的珠宝店里买一件首饰当做礼品送人。而那些喜欢戴安娜王妃的青年人也爱屋及乌，更是络绎不绝地来店里抢购“黛安娜”所喜爱的各种首饰。这样，原来生意清淡、门可罗雀的小小珠宝店，经过店老板的妙手导演，顿时门庭若市，生意兴隆，应接不暇。短短的一个星期，这家珠宝店就获利10万英镑，超过开业4年来的总和。

雀巢公司是全球规模最大的跨国食品公司，至今已有120多年的历史。20世纪七八十年代，这个饮誉世界的雀巢帝国，面临了一个发展的瓶颈。接任雀巢公司总经理之职的毛奇，认为雀巢在欧美等发达国家的市场已经接近饱和，于是着手开辟发展中国家的市场，并把它作为雀巢产品的最佳市场。

在开拓市场过程中，雀巢公司并不是像大多数公司的做法那样，把发展中国家单纯当做雀巢产品的市场看待。它每年用60亿瑞士法郎，从发展中国家购买原料，并拨出8000万瑞士法郎，来帮助这些国家提高农产品的质量。与此同时，雀巢还将100多名技术专家调到在这些国家举办各种职业培训班。如雀巢公司就曾进入印度旁遮普邦的莫加区，建立了一个奶品工厂。但是当地所饲养的产奶水牛，不仅营养不良，而且很多都染有疾病。大多数农民只能生产仅够自己所需的牛奶，根本没有任何剩余牛奶出售。因此雀巢公司专门在此设立了免费的兽医服务处，以批发的价格向农民供应药品，并提供低息贷款支持开掘新水井，增加用水的供应。这样一来，不但草料生长起来了，牛犊的存活率也从40%提高到75%。当然，雀巢公司也从中得到了好处。以前这里只有4460户牛奶直接供应者，而计划实施之后，这里的牛奶供应者超过了3.5万户，每年向雀巢公司售奶可达11.7万吨。同时，这个奶品工厂发展所创造的繁荣，也带来了电力、电讯、农机、交通事业的发展。昔日的贫瘠地区，因为雀巢的帮助而变得欣欣向荣。这样的活动，使雀巢公司在发展中国家里树立起了良好的形象，因而销路大增。到1984年，雀巢公司的年营业额高达311亿瑞士法郎，雄居世界食品工业之首。

点评

珠宝店老板深知黛安娜王妃在英国公众心目中的权威性，于是利用假王妃，大肆制造社会新闻大打广告，从而大大提高了他的珠宝店的知名度和美誉度，吸引来众多的顾客，实现了预期的宣传效果，扩大了销售。濒临倒闭的珠宝店也因此柳暗花明，绝处逢生。尽管这种手段，从道德上说，有愚弄公众之嫌，但是，若能正确地在商业活动中加以运用，则不失为一种巧妙的智慧。雀巢的营销方法也十分独特，实际上深得厚黑经营学的精髓。这些举动看似是公益行为，但实际上雀巢却并不是没有回报的投入。这种投入给它带来了极好的声誉，也培育了一个极佳的市场，相对于它后来持续不断地赢利来说，这部分暂时的投入可以说是无足轻重的。

商场陷阱多，要时刻提防上当受骗

【厚黑真经】

我们须知：一部《二十四史》实在有许多糊涂账，地方最高尚的，莫如圣庙；人品最高尚的，莫如程朱，但细加考察，就有种种黑幕，其他还有什么可说的？

【精要解读】

生意场上，有正人君子，当然有奸诈小人；有人光明正大地做生意，也有人喜欢耍弄阴谋诡计，骗人上当。经营者自然不能以坑蒙拐骗作为赚取利润的手段，但是也必须防止自己陷入别人的圈套。商场险恶，处处充满危险，因此，必须时时小心，保持高度的警惕，这样才能保持不败。对付那些骗人上当的奸诈小人，头脑简单必然会让自己掉入陷阱，他们往往会设定诱饵，引你上钩，因此应冷静观察，摸清门道，才能下定决心。

【运用之妙】

1988年，北国粮油贸易公司刚刚成立。公司以经销东北生产的玉米为主要业务，由于省内外经销单位很多，所以销路不畅，效益不太好。为此，张总经理十分焦急，一门心思想要扩大公司的市场。真是“皇天不负有心人”，就在此时，一位日本客户岛村一郎找上门来。

岛村是日本一家化工公司的业务经理，是为其公司订购一大批生产所需的原材料——玉米而专门来华的。而这也正是张经理急需脱手的东西。自上任以来，张经理在经营上还未有大的发展，这一次遇到一位大买主，自然不肯怠慢，他不但招待上热情周到，还表示愿意对岛村提供最优惠的条件。在与张经理交谈数次，又看了样品后，岛村表示愿意成交，并问张经理想要以何价格售出。张经理报出当时的市场价格：每吨32美元。不料岛村却一副惊讶的样子，说张经理没有诚意，之后竟然离席而去。

在以后几天里，张经理想要见岛村，对方却总是避而不见，张经理说价格可以商量，岛村却仍然推辞，弄得张经理一头雾水。正在这时，他接到大连某粮油公司销售部门打来的电话，问他日本岛村先生是否与他们公司商谈过进口玉米的事宜，还询问了价钱。张经理知道这家大连的公司，就据实告诉了他。对手听完之后就挂了电话。放下电话，张经理感到必须抓紧时间促成这笔交易，于是径直驱车赶到岛村下榻的宾馆，并表示愿意以每吨31美元的价格成交。

31美元每吨，已经低于市场价格，公司为此已经损失了一大笔利润，可岛村仍然不满意。张经理感到进退两难。在随后几天时间里，张经理又接到了另外两家公司的电话，还是询问与岛村谈判玉米的价格。张经理眼看一笔数额可观的交易就要黄，于是下定最后决心，不管怎样也要完成这笔交易。他又去找岛村，把价格压到了每吨30美元。但岛村微微一笑说："张经理，实不相瞒，我也与黑龙江、辽宁几家公司洽谈过，他们的最低报价是29.5美元一吨。"29.5美元一吨，正是盈亏分界点的价格，也就是说这笔买卖做成既不赔本也不赚。事已至此，张经理也不得不答应了岛村的要求，以29.5美元一吨成交。这时，岛村的脸上露出一丝笑意，说自己愿意和张经理做这笔生意，不过还需要回去请示老板才能最后决定，并约定第二天答复。

张经理如释重负般地松了一口气。这笔买卖基本算是做成了，尽管没有什么赚头，但毕竟在同行竞争中自己胜了，况且以后还有合作的机会。于是，他依照岛村的提议，回去准备了。不料，第三天早上，岛村并没有如约来公司签订合同，张经理又来到其下榻的宾馆，却被告知他已退房。

事情过去了数月之后，张经理在一次洽谈会上，结识了那家大连粮油公司的经理。谈起此事才明白，原来岛村在与张经理周旋的同时，其助手正在大连粮油公司那里讨价还价。因为他知道大连那家公司有现货，为了用最低价格购进，他精心设计了与数家公司联系，借助各公司之间没有什么联系来相互压价，最后坐收渔翁之利。张经理才明白自己上当了。

美国富商契斯特·洛兹白手起家，最初开了一家专门经营袜子的小店，后来与一家大制袜厂的老板贾奈认识。后来，洛兹把小店转让，也开办了一家制袜厂，并且请求贾奈通过他的销售网络帮自己销售产品。把自己的生意拱手让给别人，贾奈自然有些不大愿意，但是洛兹故意轻描淡写地说，他的产品是微不足道的，最多也只有贾奈的百分之一，不可能会对贾奈的生意造成冲击。再说，这种状况也不会维持很久，因为他的经营一旦走上正轨，就会自办销售的。

好心的贾奈只好同意，甚至还建议洛兹使用自己的商标。但洛兹却不愿意，他想生产出很有竞争力的特色产品，以自己的商标来占据市场，为日后的发展打下基础。袜子生产出来之后，洛兹又去请贾奈帮忙，请贾奈帮他做一次广告，好让人们知道贾奈将代销他的产品。贾奈帮人帮到底，又爽快地答应了。这样，洛兹的产品借着贾奈的声势，很快就在市场上打开了销路。形势大好的洛兹，立刻撇开贾奈，与其他销售商进行广泛的联系，让自己的产品更快、更广地抢占市场。一年之后，他向银行贷了一大笔款子，大大扩大了自己的生产规模。与此同时，他又吸收了几个小型的制袜厂，使自己的生产规模更进一步扩大，市场份额也越来越大。

洛兹的发展无疑对贾奈造成了影响，使他的生意更加萎缩。更加让他感到气恼的是，在洛兹吞并的小厂中，有几家原来是属于他的。贾奈怒气冲冲地去找洛兹，洛兹则假惺惺地说，自己愿意从袜业退出，转战服装业，然而，他还是将市场牢牢占据。年迈的贾奈已经没有能力重振雄风，工厂的效益无法提升，迫不得已，只好做出关闭公司的决定。洛兹听说了之后，专程前去拜访贾奈，表示自己想要收购贾奈公司，贾奈只好接受了这一残酷的现实。

点评

从张经理的遭遇之中，我们可以得出这样的经验：对付那些自己不熟悉的人，应当首先保持机智、沉着、冷静的精神状态，不要让对方牵着你的鼻子走，对自己不熟悉的情况尤其不能掉以轻心，以防止对方钻空子。耐心和勇气常能帮助我们去对付善于搅和的人，把事情一件件弄清楚，不要让对方有浑水摸鱼的机会。

洛兹首先借助贾奈的同情心，借鸡生蛋，让自己慢慢壮大起来，当他的实力足够强大的时候，他就暴露了自己的野心：那就是击垮、乃至吞并贾奈的公司。很明显，这是洛兹早就设定好的目标——或者说圈套，而贾奈偏偏就钻了这个圈套。

第八章

权力厚黑学

获得并固守权力的秘诀无非两个字：厚黑。所谓“厚”，具体而言，权力的获得是一个长期和复杂的过程，是一个培厚实力的过程，它需要谋求权力的人在个人心理、社会影响，经济基础、军事力量等种种方面的充分准备和积累。只有具有深“厚”实力，才能真正获得权力；所谓“黑”，主要是体现在权力的交接和转移过程中，这个过程是新力量崛起，旧势力消亡的过程。由于利益的争夺，整个过程必将是流血的惨烈斗争。

韬光养晦以待最佳时机

【厚黑真经】

把忍用于自己可以说他是脸皮厚，把忍用于别人可以说他心肝黑。把忍用于自己，所以悠闲时他看上去显得虚无、懦弱；把忍用于别人，所以发出来的力量叫你支持不住。

【精要解读】

同样是为了争夺政治权力，剑拔弩张、锋芒毕露者总是容易引起政敌的猜忌和不安，使人感到畏惧和威胁，从而难免树敌招怨；而与此相反的是，那些庸庸碌碌、胸无大志的人们则可以使政敌在心理上产生一种安全感，容易被轻视和忽略，因此反而能够出人意料地成功。因此，权力厚黑学认为应该适当地使用“韬晦之术”。所谓的韬晦之术，就是在激烈复杂的权力斗争中，人们从志向、才能、名望、感情、生理等各个角度和侧面加以掩饰和伪装，表面上加以收敛，解除对政敌所造成的威胁感，麻痹对方的警惕，等待合适的时机，实现自己的预料。

【运用之妙】

霍光是西汉著名将领霍去病的同父异母之弟，他跟随汉武帝近30年，是武帝时期的重要谋臣。汉武帝死后，霍光受命为汉昭帝的辅政大臣，先立后废昌邑王，选立宣帝，权倾朝野20年。宣帝即位后，十分畏惧霍光，尽管做梦都想自己揽权，但是即位之后，立即把朝政都委托给了霍光。当霍光主动归还朝政大权时，宣帝自知自己势力仍然弱小，不能没有霍光的支持，所以继续谦让，让霍光继续任原职而秉国政，朝政大事还是像往常一样先奏霍光，再奏自己。每次霍光朝见时，宣帝也总是不顾自己的身份礼遇他，以显示自己对他的尊敬。他又论定策功，褒赏以霍光为首的功臣，封邑封侯。宣帝曾沦落民间，称为平民，即位后曾立与自己相濡以沫的患难妻子许平君为皇后，霍光的小女儿霍成君未能入宫，霍光的妻子霍显心存怨恨，伺机报复。许皇后怀孕，到快分娩时，有病召女医淳于衍入宫。霍显就指使淳于衍谋害许皇后。本始三年（前71年）许皇后生产后，淳于衍趁机把事先带入宫中的附子粉末掺入丸中。许皇后服药后，就不明不白地死去了。宣帝知道这件事情的来龙去脉，但是却依旧隐忍不发，让霍成君当了新的皇后。表面上看起来，宣帝好像不知君臣伦理，也不爱好君上独权，胸无大志。不过，等霍光刚刚死去，宣帝立即采取措施，逐步收回霍氏弟子掌握的实权，后来又借故诛灭了霍氏家族。

西晋末年，朝廷微弱，幽州都督王浚实力很大。他名义上是晋臣，但一直企图谋反篡位。羯族首领石勒也怀有很大的野心，打算消灭王浚。但王浚势力强大，石勒一时难以取胜，于是决定隐忍不发，采用计策麻痹王浚。他首先派部将王子春等带了大量珍珠宝物，敬献王浚，并写信给王浚，大表自己愿意拥戴他为天子，用词十分卑恭。信中说，现在社稷衰败，中原无主，只有王浚你威震天下，有资格称帝。王子春又在一旁添油加醋，说得王浚得意忘形，信以为真。正在这时，王浚有个部下名叫游统的，伺机背叛王浚。他想找石勒做靠山，不料他兴冲冲地投奔了石勒，石勒却把他杀了，并将游统的首级送给王浚。这使得王浚对石勒更加放心了。公元314年，石勒探知幽州遭受水灾，百姓没有粮食，而王浚却不顾百姓生死，存粮百万，一点也不肯赈济灾民，非但如此，苛捐杂税有增无减，苛法酷刑使用不断，幽州一时民怨沸腾，军心浮动。石勒认为时机已经来临，于是亲自率领部队攻打幽州。当石勒的部队到了幽州城时，王浚还蒙在鼓里，以为石勒来拥戴他称帝，根本没有准备应战。等到他突然被石勒将士捉拿时，才如梦初醒，不过这时已经晚了。石勒把他抓到后，立即把斩首示众。

曹魏末年，司马懿和皇族曹爽共受遗诏辅政。后来，曹爽兄弟专擅朝政，兄弟并掌禁兵，通过多树亲党，屡改制度来排挤司马氏的势力。司马懿不能禁止，与曹爽矛盾日渐加深。为了保护自己，等待时机，年迈的司马懿伪装生病，不问政事。曹爽及其同党都担心司马懿装病。河南尹李胜要到荆州任刺史，行前去拜望他，实际上，拜访是假，主要任务是替曹爽探察真假。司马懿让两个侍婢扶持自己，要拿衣服，拿不稳，掉在地上，还指着嘴说渴。侍婢献上粥来，他用口去接，汤流满襟。李胜说："人们都说你旧病复发，没想到病得这么重啊！"司马懿故意上气不接下气地说："我老而患病，死在旦夕。先生此番到并州去，并州靠近北胡，要好好准备啊。我恐怕我们再也不能相见了，我儿子司马师、司马昭兄弟还请你日后多加照顾。"李胜说："我是回本州（李胜是荆州人），不是并州。"司马懿故意错乱其辞："你才到并州。"李胜又说："我是去荆州。"司马懿就说："我年老糊涂，不明白你的意思啊。你这次回本州，希望你能建立功勋！"一番精彩的表演，让李胜深信不疑。李胜回来对曹爽说："司马公快要死了，不足虑。"过几天，他又对曹爽说："司马太傅好不了了。"于是，曹爽等从此便不再防备司马懿。而司马懿表面装病，实际上却在暗中布置，准备消灭曹爽势力。时隔不久，司马懿趁曹爽奉魏帝朝陵之机发动兵变，曹爽及其同党都被诛杀，并夷三族。

点评

在志向方面进行掩饰，是常用的韬晦手段。石勒主动向王浚写信送礼，为的就是麻痹他的警惕，让他相信自己真心诚意地拥戴他，自己则好从容准备、等待时机。君权旁落时，也有君主韬晦以图保存自己、伺机夺权的情况。汉宣帝就是这样的情况。他并非不喜欢大权独揽，只是霍光的势力过于庞大，因此他不得不装出不通政务和不感兴趣的样子，让霍光及其同党、家族对其放松警惕。在生理方面进行掩饰，故意装作病重垂危，甚至于装疯卖傻，可以称得上是韬晦之术的至高境界。风烛残年、奄奄一息之人，即使不能令政敌产生恻隐之心，至少也能使他们稍微安心。司马懿老谋深算，自然是个中高手。其表演功夫也是一流。此外，韬晦之术还有在情感等方面加以掩饰的方法，五花八门，不一而足。

实力至上，权力不相信眼泪

【厚黑真经】

有一次我偶然想起三国时几个人物，不觉恍然大悟：得到它了，得到它了，古代许多人之所以能成为英雄豪杰，不过脸厚心黑罢了。

上天生人，给了我们一张脸，而“厚”就在其中；给我们一颗心，而“黑”就在其中。从表面上看去，广不过几寸，大不满一捧，好像完全没有什么奇异的地方。但假如精密地考察，就可以知道它的“厚”是无限的，它的“黑”是无比的。凡人世间的功名富贵、宫室妻妾、衣服车马，没有一个不是从这区区之地出来的，造物生人的奇妙真是不可思议。

【精要解读】

权力，说到底，是一种基于实力的强制力、操纵力和控制力。政治人物如果失去权力，也就等于丧失了自己的政治生命。在厚黑学看来，获得并固守权力的秘诀无非两个字：厚黑。所谓“厚”，具体而言，权力的获得是一个长期和复杂的过程，是一个培厚实力的过程，它需要谋求权力的人在个人心理、社会影响、经济基础、军事力量等种种方面的充分准备和积累。只有具有深“厚”实力，才能真正获得权力；所谓“黑”，主要是体现在权力的交接和转移过程中，这个过程是新力量崛起，旧势力消亡的过程。由于利益的争夺，整个过程必将是流血的惨烈斗争。任何参与权争的一方，如果不黑，必将失败。而这种种权谋手腕的运用，在很大程度上都和自己的实力有很大关系。在某种程度上，暴力强权决定了一切。

【运用之妙】

唐朝末年，黄巢起义，当时起义军中有一个叫朱温的士兵，十分英勇善战。朱温屡立战功，地位渐渐升迁。在黄巢军中无法混下去时，为了生存，也为了富贵前途，他听从谋士谢瞳的计策背叛黄巢而投降了唐朝廷，唐僖宗任命朱温为金吾卫大将军，兼河中行营副招讨使，并赐名全忠。

后来，朱全忠与沙陀族李克用等联兵成功镇压黄巢起义军。朱温以少胜多，击败唐蔡州黄巢的继承人秦宗权。紧接着，朱温又将兵锋指向了淮南地区。经过多年的征战，朱温扫清了一个个对手，完全控制了黄河以南淮河以北的中原大地，超过李克用成为最大的地方势力。

从光化三年（900年）十一月到天复三年（903年）正月，唐朝宫廷发生严重变乱，朱温乘机率兵7万由河中攻取同州、华州（今华县），兵临长安近郊。经过多次征战，朱温清除了多股异己势力，并成功地把唐昭宗从军阀手里解救出来。唐昭宗回到长安后，成了朱温的傀儡。不久之后，朱温杀第五可范等宦官700多人。朱温则被任命为守太尉兼中书令、宣武等军节度使、诸道兵马副元帅（正元帅是皇子），晋爵为梁王，并加赐“回天再造竭忠守正功臣”的荣誉头衔，皇帝还亲自为他做了5首《杨柳词》，以示表彰。

天祐元年（904年）正月，朱温上奏，请求皇帝迁都洛阳（今属河南），皇帝被迫同意。当昭宗的车马到达华州的时候，夹道欢迎的百姓都大喊“万岁”。皇帝边哭边对他们说：“不要再喊万岁了，我现在已经不是你们的主人了！”然后又对他的侍臣说：“我现在这样漂泊无依，不知道以后会落得个什么样的结局。”朱温把昭宗左右的200多个太监宫女全部杀死，把自己选来的形貌和年纪相似的亲信安排在皇帝身边。昭宗一开始没有看出来，后来才慢慢发现自己身边已经都是朱温的人了。

迁都洛阳后，朱温还是担心昭宗有朝一日会利用李茂贞、李克用等东山再起，就让朱友恭、氏叔琮、蒋玄晖等把昭宗杀了。然后以皇后的名义，立李柷祚为皇帝，李柷就是唐哀帝。为了掩人耳目，他在事前带兵离开洛阳到河中前线去讨伐投靠李茂贞的杨崇本。回到洛阳后，朱温演了一出戏，他听说朱友恭等人把昭宗杀了，装作十分吃惊的样子，一边趴在地上一边哭着说："这些奴才辜负了我，他们要让我背负万世恶名。"到洛阳之后，又趴在梓宫大哭了一场，在见到皇帝时，辩说这不是自己的意思。随后，他就把朱友恭和氏叔琮等人杀了灭口。天祐二年（905）二月，朱温把李柷等昭宗的9个儿子杀了。六月，又杀裴枢、独孤损等朝臣30多人，并把他们的尸体投到黄河中，说是要让这些自诩为"清流"的官员成为"浊流"。

天祐二年（905年）十一月，哀帝任命朱温为相国，划宣武等21道作为他的封国，又加封九锡。这本来是柳璨等人为朱温正式称帝铺设的一块跳板，可是朱温耐不住性子，认为柳璨他们还是为李唐朝廷考虑，有意拖延时间寻找机会，于是不接受这些封号，并先后将蒋玄晖、柳璨等人杀了，进一步加快了夺权的步伐。天祐四年（907年）四月，朱温由唐宰相张文蔚率百官劝进之后，正式称帝，更名为朱晃，改元开平，国号大梁，史称后梁。又把汴州改名为开封府（今河南开封），作为东都，把唐朝原来的东都洛阳作为西都。只有17岁的哀帝被降为济阴王，实际上是把他软禁了起来，次年二月，朱温又干脆把他给杀了。

明太祖朱元璋生前希望利用家族力量维护王朝统治，先后分封23子为亲王。这些亲王出镇地方，各立王府，设置官属，都可以统兵，拥有一支护卫军队，少的3千人，多的有近2万。在这些亲王之中，被分封在北方边塞的9位"塞王"所统率兵力最雄厚。明洪武二十五年（1392年），太子朱标病死，于是朱元璋立太子之子朱允炆为皇太孙。洪武三十一年（1398年），朱元璋去世，朱允炆即帝位，他就是建文帝。

建文帝登基之后，整个心思都放在如何消除诸王的威胁之上。他采纳大臣齐泰、黄子澄的建议，决定削藩。但建文帝想做一个符合儒家教条的完美君主，一举一动都要讲究名分。当时，诸藩之中最为危险、力量最大的，就是燕王朱棣。然而，朱棣平时举动谨慎，没有道德上可指责的地方，拿他开刀名不正言不顺。其他诸王则大都作恶多端，名声很坏。于是建文帝决定"先除枝叶，再除根本"。他利用诸王平日里的诸多劣迹，先后废黜了燕王的同母弟周王朱橚等5位藩王，并同时于北平周围部署兵力监视朱棣。一切准备妥当之后，建文元年（1399年）六月，建文帝密令逮捕朱棣，不料朱棣诱杀了前来执行监视逮捕任务的将臣，并援引《皇明祖训》，以"清君侧"，诛朝中"奸臣"齐、黄等人为名，于建文元年（1399年）七月起兵反抗朝廷。由于朱棣自称"靖难"，即平定朝廷祸难，因此史称"靖难之役"。

靖难之役一开始，由于北方的许多将领都是燕王的旧日下属，所以投降燕王的很多。建文帝先后用老将耿炳文、李景隆为统帅平叛，但是都被朱棣击败。由于燕军强大的攻势，建文帝曾想以割地分南北朝为条件同燕王议和，被拒绝。建文四年（1402年）六月，燕军自瓜洲渡江，镇江守将投降，朱棣率军进抵金陵，守卫金川门的李景隆等开门迎降。燕王进入京城，文武百官纷纷跪迎道旁，在群臣的拥戴下即皇帝位，是为明成祖，年号永乐。建文帝下落不明。历时4年的"靖难之役"以燕王朱棣的胜利而告终。

点评

朱温和朱棣夺权的过程精彩地阐释厚黑学的精髓。当实力不足时，朱温先投靠黄巢反唐；有点基础后又出卖起义军投唐；实力足够强大时起而篡唐，反复多变。在这个过程中，他的实力和脸皮越来越"厚"。而在篡唐自立的过程中，他杀宦官、灭军阀、弑君主、诛朝臣，甚至连他的亲信家人都不放过，血腥残忍，其"黑"无比。最后，他灭唐建梁，成了"太祖"。

而在朱棣和建文帝的斗争中，无论从领导者的各方面素质，还是从双方所掌握的绝对军队来说，建文帝都不是朱棣的对手。建文帝君臣基本上都是文弱书生，缺乏政治经验，用人失当，军事策略也一误再误，直到败亡。

打造尊贵与完美形象

【厚黑真经】

“绷”就是俗语所说的绷劲，是恭字的反义字，对下属及老百姓而言分为两种：一种是仪表上，赫赫然大人物，凛然不可侵犯；二是言谈上，俨然满腹经纶，很有才华。

【精要解读】

权力厚黑学强调强权和暴力的运用，但是并不一味地依赖于此。古往今来，权力觊觎者或掌握者，都致力于打造自己尊贵和完美的形象，以此来达到夺取或固守权力的目的。不管是统治万千臣民的一国之君，还是统领百万雄兵的一军之帅，都需要让自己拥有旁人不可逾越的尊贵身份，以及让人从心理上敬服的完美素质。权力集团是一个金字塔形的结构。处在上一级的掌权者，需要制造一种高不可攀的尊严、不可一世的威风或者权力承袭的正统地位，从形式上、外表上，把自己抬至下属不可逾越的高度。这就是身份上的尊贵。同时，他也需要表现出一种超凡卓绝的见识、力挽狂澜的魄力、无所不通的丰富知识，令人折服的性格魅力等，以显示自己的才能和政绩。只有这样，他才能促使自己的臣属产生尊敬、信赖、崇拜、顺从以及畏惧之感。

【运用之妙】

汉高祖五年（前202年），刘邦打败项羽，登上了皇帝的宝座，西汉建立。当时，由于王朝初建，各项礼仪制度都没有建立，在皇宫举行宴会的时候，大臣们毫无规矩可言，当着刘邦的面，大吃大喝，毫无节制。甚至有的大臣还为了比较功劳的大小，彼此之间争执不下，吵吵骂骂，甚至拳脚相加，拔刀动剑，打将起来。刘邦很厌恶这些行动，极不高兴。

当时有一个儒生，名为叔孙通。他把这种情况看在眼里，并向刘邦建议搞一套朝廷的礼法，以约束大臣的行为，树立皇帝的威严。刘邦当然十分高兴，于是当即就同意了。于是叔孙通便带领一群读书人，以及皇帝左右有学问的人，连同叔孙通的弟子100多人在野外牵绳索、树茅草，将新近制定的礼法练习了一个多月，叔孙通觉得已经差不多了，于是上报皇帝。刘邦看了看，十分满意，于是便立即颁令让大臣们学习叔孙通制定的这套礼制。

这样，汉朝的礼制就建立起来了。汉高祖七年（前200年），在原来秦离宫兴乐宫基础上改建而成的西汉第一座正规宫殿——长乐宫建成，之后为朝廷所在。当年，诸侯和大臣们进行了十月朝拜岁首的礼节：天亮之前，谒者主持典礼，指导所有人员按次序进入殿内，廷中排列着战车、骑兵、步兵和侍卫官员，佩带兵器，竖立旗帜。然后传令“快步走”。殿下郎中央夹阶而站，每阶上都有数百人。功臣列侯、众将军和军官按次序排列在西，面向东；文官从丞相以下排列在东，面向西。大行设置九个傧相，从上向下传令。这时皇帝乘坐辇车出房，众官员举着旗帜传呼警戒，带领诸侯王以下到六百石级的官员按次序朝拜皇帝。这些官员没有不震恐肃敬的。等到典礼完毕，又举行正式宴会。凡陪坐殿上的官员都俯伏着，低垂着头，按官位高低次序起立给皇上敬酒祝酒。酒过九巡，掌管宾客的谒者宣布“宴会结束”。御史严格执行纪律，把个别不遵照仪式的带走治罪。在整个朝会过程中和宴会上，没有人敢大笑大叫对皇上失礼的。汉高帝激动地说：“我今天才知道了做皇帝的尊贵。”

“封禅”就是到泰山上去祭祀天地。古人认为，只有那些建立了丰功伟绩的帝王才有资格封禅，对它极为看重。那些自以为功盖天地的帝王，如秦始皇、汉武帝、唐玄宗等，都多次举行过这种大典。

北宋真宗景德四年（1007年），大臣王钦若向皇帝建议举行封禅大典。在宋朝皇帝之中，宋真宗相对来说较为出色，但是此时，他即位才区区10年，所取得的成绩也并不是什么经天伟业，况且自他即位以来，边患迭起，灾害不断，他既未能收复失地，基本没有丰功伟业可以夸耀。尽管他也觉得自己不够格，但只是说："我听说，只有在出现了一些异乎寻常的祥瑞之后才可封禅，现在哪里有这种征兆？"

王钦若鬼鬼祟祟地对真宗说："天降神瑞，哪有那么巧的事，古代帝王不过皆是以人工制造祥瑞罢了。"

这分明是唆使皇帝制造骗局。真宗心领神会，不过，如此容易的"大功业"，不得不令人怦然心动。但是，他还有顾虑，就问王钦若："只怕宰相王旦未必赞成！"

王钦若说："只要陛下圣意已定，王旦那里，我可以去做工作，宰相明白事理，应该会同意的。"果然，王旦得知是皇帝要搞"造神运动"，也不好明确表示反对，最后勉强同意了。

但宋真宗心里还是不踏实。一天晚上，他来到到秘阁，遇见值班的大臣杜镐，便问他道："古代天降《河图》、《洛书》的事情，确有其事吗？"杜镐不知道宋真宗话外的意思，就事论事说："那些都是古代君王以神道设教罢了，应该不是真有其事。"这种说法，恰好和先前王钦若之言相合，真宗也就下定了决心。

他回宫后，马上派人召宰相王旦入宫相饮极欢，临别时还送了一把黄金壶，对王旦说："此酒味道极美，您回家后与妻儿老小一起享用吧。"王旦回府，打开酒壶一看，里面竟然是满满一樽荧光闪烁的珍珠。堂堂国君竟然向大臣行起贿来了。王旦是个明白人，自然知道皇帝的意思，于是也完全打消了反对的念头。

不久，管理皇宫的官员忽然奏报，说在承天门宫楼的屋顶上，发现一条两丈多长的黄帛。宋真宗立即派人去查看，同时煞有介事地对大臣们说："去年十一月间，有一天半夜时分，朕刚要入眠，忽然卧室闪闪发光，我十分惊讶，仔细观看，突然看到一个神人从天而降，此人星冠绛袍，让我在皇宫的正殿建一个黄箓道场，说到时会降天书三篇。朕正要起身答话，神人忽然消失。今日的黄帛，莫非就是梦中神人所讲的'天书'？"

王钦若立即回答说："陛下的诚心感动了上天，上天必然降福。"

接着，前去查看的太监回报，说黄帛上隐隐有字迹出现，真宗大喜道："看来真是天书！"说完便率群臣亲自到承天门跪接，然后把"天书"贮存到一个特制的金匣之中。然后又是斋戒，又是祭祖，又是大赦，又是改元。一时之间，祥瑞的征兆举国尽知，封禅便顺理成章了。这时，王旦率领文武百官以及和尚道士等二万多人先后五次上表朝廷，请求封禅，一场举国参与的闹剧隆重开场了。

点评

在古代，"礼"是人人遵守符合其身份和地位的行为规范，规定了贵贱、尊卑、长幼、亲疏有别的理想社会秩序，礼，同时也是等级权威的象征。在这个秩序的顶端是皇帝，没有人能够跨越这个规矩。因此，刘邦通过制定礼仪，让自己处于无人可及的尊贵地位。而宋真宗则为了树立自己的威望，自卖自夸，居然干起了封禅的大阵仗来。在这样的举动之下，即使是像王旦那样本来正直的臣属，也明白这是上司在树威，因此也不敢加以反对。

设法保持别人对你的依赖

【厚黑真经】

管仲是中国古代的大政治家，他办事用的就是这两种方法。狄人讨伐卫国，齐国先是按兵不动，等到狄人把卫国消灭了，才出来做"兴灭国、继绝世"的仗义举动，这是补锅法；召陵之战，不责备楚国冒用周天子的尊号，只责备他不向周天子进贡茅草，这用的是锯箭法。那个时候，楚国的实力远远超过齐国，管仲敢于劝齐桓公出兵讨伐楚国，可以说是把"锅"敲烂了来补。等到楚国露出反抗的态度，他立即"锯箭"了事。召陵一战，以补锅法开始，以锯箭法结束。管仲把“锅”敲烂了以后还能把它补起来，所以称为天下奇才。

【精要解读】

厚黑学认为，终极的权力就是让别人如你所愿行事的力量。在这种力量之下，你无须逼迫或者伤害他人，就可以让他非常乐意地做你想要他做的事情，这说明你已经掌握了权力的精髓。极力劝说有时能够发挥一定的作用，但是有时却是“事实胜于雄辩”，对于那些明白事理和利害关系的人来说，巧舌如簧并不一定有效。实际上，要想获得这种终极的权力，最好的办法就是创造出你们之间的依附关系。不论是上司还是下属，他们感到自己需要你分忧解难，作为他们的靠山，少了你他们什么都办不成。你的离开将要带给他们很多困难，将要失去很多利益。当然，要做到这一点，你必须想方设法创造你的“不可替代性”，也就是说，他们无法找到一个像你一样可以依赖的人，他们很多事情都“非你不行”。一旦让别人依赖你，你就在权力中占据了上风，可以让对方按照你的意愿做事了。

【运用之妙】

宋理宗过世之后，赵禥即位，是为宋度宗。度宗上台之后，曾一度亲理政事，并着手限制大奸臣贾似道的权力，倒也显得干练有为。朝野上下为之一振，觉得度宗给国家带来了希望。于是，弹劾贾似道的奏疏也越来越多。身处险境的贾似道料想这样下去自己可能会不得善终，于是便精心设计了一个巨大的阴谋。

他先主动弃官隐居。他前脚刚走，他的亲信吕文德就从湖北抗蒙前线传来消息，说忽必烈亲率数十万蒙古铁骑急攻，大有直取南宋都城临安之势头。度宗本来就软弱无能，他想要给人励精图治的印象，没想到这一当头一棒，把他的原形给打了出来。军情紧急，他却手足无措，慌忙召集群臣，商量出兵抗击蒙军的策略。不料，满朝文武竟然没有一人能够提出一言半语的御兵之策，更不用说为国慷慨赴任、领兵出征了。

度宗吓得心惊肉跳，终于想起了朝廷中唯一一位能够抗击蒙军，并曾取得过“鄂州大捷”的英雄贾似道。尽管他刚把人赶走，但是现在无可奈何，只好放下架子，以皇太后的名义，请求贾似道出山，带兵抗敌。谢太后写了手谕，派人恭恭敬敬地送给贾似道。这样，贾似道便放心了。不过，在这样“紧急”关头，他可是一点都不给皇帝面子，拿足了架子：先是搪塞不出，继而又要度宗大封其官。度宗无奈，只好给他节度使的荣誉，并尊其为太师，还加封他为魏国公。这样，贾似道才同意出来“为国视事”。

当然，忽必烈亲征南宋的军情是贾似道一手假造的，目的只在向皇帝证明：堂堂大宋朝，文武百官不计其数，可真正能够担当大任的，只有我贾似道一人而已。但是假戏需要真做，即便知道消息是假的，他也要做出慷慨赴任、万死不辞的样子。他向度宗要了节钺仪仗，即日出征。在古代，天子的节钺仪仗一旦出去，就不能返回，除非所奉的使命有了结果。贾似道领了节钺仪仗，显示了其为国慷慨赴难的决心。这让度宗感激涕零，也让百官们自惭形秽。当时，给他送行的百姓不计其数，不料贾似道为了显示威风，居然借口当日不利于出征，令节钺仪仗返回。这可大灭了度宗的志气，大长了贾似道的威风。等终于启程之后，贾似道到抗蒙前线逛了一回，才告诉度宗原来这是虚惊一场。度宗此时额手庆幸犹来不及，已然忘记了追查所报军情是否属实。通过这场考验，度宗对自己的大臣们完全失去了信心，也开始理解为什么理宗要委政于贾似道。原来满朝文武竟无一人可用，贾似道虽然奸佞，但却能在危难之际“忠勇当前”，为自己挺身而出。自此以后，度宗便失去了治理朝政的信心和热情，把大权都送给了贾似道，自己专心纵情享乐去了。

清朝末年，共和革命的浪潮风起云涌，清政府的封建统治朝不保夕。1911 年 10 月 10 日武昌起义，辛亥革命爆发，南方各省纷纷宣告独立。1912 年 1 月 1 日，孙中山在南京就任中华民国临时大总统。但是仅仅 2 个月后，革命形势突然发生转变，大军阀袁世凯取代了对共和革命建有奇功的孙中山，在北京当上了中华民国大总统。

在此之前，袁世凯的身份是清朝重臣。1901 年，李鸿章病逝，并推荐袁世凯接替自己的职位，清政府遂任命袁世凯为直隶总督、北洋大臣，从那时起，袁世凯就以宰相当国，权倾一时。尽管在1908年曾被摄政王载沣强迫退休，几乎被杀，但他在清廷的地位和作用早已无人能够撼动。当时中国国防军的主力，从小站练兵渐渐发展起来的“北洋六镇”，都抓在袁世凯的手里。军中将校只效忠于袁世凯一人，除他之外几乎无人可以随便调动。而这六镇正规军，不但器械精良，训练有素，其尤为难能的是，革命派始终未能渗透。直至武昌起义时，正规国防军将领之中，除吴禄贞一人之外，再也没有第二人与革命派有任何历史渊源；即便是吴禄贞有心革命，他的部属也都在袁世凯的遥控之下，他也很难指挥如意。辛亥革命后，北洋新军成为清室唯一可以抵抗革命的力量，于是清廷再用袁世凯，先任其为湖广总督，旋任其为内阁总理大臣。

另一方面，尽管革命成功，但是清廷毕竟还存在，革命军也需要借助袁世凯的力量来改变国体，实现共和，进而实现统一。而当时中国，除了袁世凯之外，更无人可以担当此任。袁世凯在清末，也还是个新人物，当时的立宪运动，袁世凯也是主要的推动者。各省所成立的谘议局，也都被亲袁人士所掌握。他们与逃亡海外的维新派，也有着千丝万缕的关系。事实上，孙中山当选临时大总统时的票源，立宪派与同盟会，差不多是平分秋色。当清廷任命袁世凯剿灭革命时，袁世凯一面以武力压迫南方革命，另一方面却在暗中与革命党人谈判。当时大多数同盟会高级干部，也都认为总统一职，非袁世凯莫属。于是，中华民国临时大总统孙中山也向袁世凯发出邀请，只要其赞成共和，就可以将总统之位拱手相让。对于袁世凯来说，目的也达到了。于是，1月25日，袁世凯及各北洋将领通电支持共和，之后软硬兼施，逼迫清帝退位。2月12日，清廷主事者隆裕太后接受袁世凯提出的优待条件，清室逊位，清朝对中国的统治宣告终止。清廷宰相袁世凯就这样成了共和革命的“功臣”，并“光明正大”地把辛亥革命的胜利果实抢到了自己手中。

点评

贾似道成功地创造，并且明白地展示了皇帝和大臣们对自己的依赖关系。当然，这种关系事实上是早已存在的，而且是经过他长时间的努力营造而成的。但是，当皇帝和大臣们对他产生猜忌的时候，贾似道必须向他们提示这种依赖性的存在。

说到底，袁世凯之所以能够成为中华民国的大总统，顺利窃取革命果实，完全是他将自己营造成为当时形势下必不可少的角色的结果。他觊觎一统国家的权力，却做得好像当时的形势使他迫不得已才这么做的。这么做就会更得民心，也有利于自己权力的巩固。这就是袁世凯的高明之处。

制造追随者，凝聚力量

【厚黑真经】

一般情况下，每个人彼此之间的力相等，个个独立。但本事大的人，他的力大，能够把他前后左右几个人吸引来组成一个团体。成为团体以后，由于合力作用，其力更大，又向外面吸引，越吸引越大，其势力就遍布于天下。

【精要解读】

俗话说“一个篱笆三个桩，一个好汉三个帮”，凡成大事者，都十分懂得人才的重要。对于取得权力来说，也是如此。人才数量的多少、质量的高低，从来就是一个权力集团力量大小的重要指标。为了谋取权力，就要重视人才，学会识别、培养和运用人才，让他们成为自己个人和事业的追随者，并且运用一定的手段，让其真心诚意地跟随自己。等到自己的力量慢慢地增强之后，权力的赢取也就水到渠成了。

【运用之妙】

晚清有“朝廷不能一日无湘军，湘军不能一日无曾国藩”的说法，高度评价了曾国藩及其领导的湘军集团在晚清的重要地位。而“同进士”出身的曾国藩之所以能力挽狂澜于危急之间，成为晚清中兴名臣，并且开启中国近代化的重要进程，对清廷作出巨大贡献而被封侯，还能于权力中心屹立不动，很大原因是因为他有一个始终追随其左右，在各个方面帮助其出谋划策，在关键时候对其加以援助的人才集团。

曾国藩深知人才的重要性。但他同时也知道，人才很多，但是他们很少主动前来找到自己，而且也不会主动愿意跟随自己。因此，他在寻找人才的时候，是什么手段都用，只求对方能够跟自己走就行。他根据不同的对象，或者结以交情，或者待之以诚，或者激之以情。从咸丰三年（1853年）奉旨办团练、创立湘军后，曾国藩就开始陆续延聘各类人员到自己的幕府中帮办各种事务。后来每到一地，他便广为寻访，延揽人才，王必达、程鸿诏、陈艾等人都是这样被他求来的。在和“捻军”作战时，曾国藩在所出的“告示”中还特别有“询访英雄”这一条，在说出优待政策之后，又说自己只是“借一方之人才，平一方之寇乱”，让百姓能早日有安宁之日。这样既有实质上的好处，又有大义支持，人才们便自然会跃跃欲试。薛福成就是看到上述告示，上《万言书》，进入曾国藩幕府的。物以类聚，人以群分。曾国藩求人若渴，每和人通信、交谈，都恳求对方向自己推荐人才。所以曾国藩幕府中人，经人推荐入幕的极多。他在长沙求学的时候，曾与郭嵩焘、刘蓉等人深交。在任京官时，又广交朋友，以文会友。很多人还慕名前来，主动和曾国藩结交。

为了增强对人才的吸引力，曾国藩力克用人唯亲之弊。同时，他又告诫自己，不要讨厌那些规劝之语，不要妒贤嫉能，不要排斥异己。从他的实践看，这些都做得非常好。对自己的人才，曾国藩不但以身作则，言传身教，还非常注意以诚相待，致成风气。他有一个习惯，那就是每天早上必和幕僚同桌进餐。李鸿章初来时，不习惯早起，一次想托病请假，睡个懒觉。曾国藩却坚持幕僚到齐后方能进餐。李鸿章毫无办法急忙穿衣进帐，曾国藩这才招呼大家进餐。饭后，曾国藩对李鸿章推心置腹地说：“既然来我的幕府，我有言相告，这里讲求一个‘诚’字而已。”李鸿章听后，羞愧难当，面红耳赤，从此不再贪睡。曾国藩对李鸿章悉心历练，一再提携，使李鸿章终生难忘。

曾国藩对待幕僚十分宽容大度。1861年，太平军李秀成突然率军攻打曾国藩的祁门大营。此时大营正好十分空虚，有人极为惊恐，有的甚至把行李都搬到了船上，准备随时逃跑。曾国藩知道后，并没有丝毫的愠怒，反倒传出一纸命令：“敌人势大，有想暂时离开大营者，可以支付三个月的薪金；事后如果还想来营供事，我也同样接纳。”他自己则写下遗书，决心以死相守。幕僚接到命令后，深为感动，觉得不能辜负曾国藩的仁慈宽厚之心，于是全都留了下来，抱定了死战的决心，军心稳定下来，最后居然打了胜仗。

由于曾国藩知人善用，对待幕僚诚心仁厚，再加上前途无限，利益颇丰，曾氏幕府人才越来越多，以至于当时全国人才的精华，几乎全都汇集于此。从曾国藩的这些追随者中，可以看到各种各样的人才。政治人才是曾国藩幕府的主体。他们经过了幕府的锻炼和曾国藩亲自教导，优胜劣汰，很多人迅速升迁出幕，成为朝廷大员、地方督抚或州县官吏，成为晚清政局中举足轻重的势力集团。在自强运动中，李鸿章、左宗棠、沈葆桢、薛福成、冯桂芬等，构成了洋务运动的中坚力量。左宗棠、彭玉麟、刘铭传等，都曾是手握重兵的将领。晚清地方大员中，更有三分之二的人曾出自曾氏幕府，在中央，也有不少来自曾氏幕府而担任大学士、军机大臣的。这些人才，都是曾国藩通过幕府逐渐培养和选拔的。许多外交和科技人才也成为曾国藩的追随者。其中郭嵩焘曾担任第一任中国驻英公使，曾国藩的长子曾纪泽也活跃在外交舞台上，在维护祖国的尊严和民族利益上作出了巨大贡献。此外，曾担任过驻英、法、意、比四国大使的薛福成和曾驻西班牙、德国的参赞黎庶昌，以及曾出使美国的陈兰彬等，也都是曾国藩的幕府。这些人才在承办晚清外交交涉事务的时候，都曾产生了重要作用。近代中国的数学先驱李善兰，曾在曾氏幕府先后8年之久；数学家华蘅芳、被称为中国近代化之父的徐寿，也都是曾氏幕府的成员。在文化方面，曾国藩四大弟子薛福成、张裕钊、吴汝纶、黎庶昌，在当时甚至以后的文坛上都独树一帜，而其他如俞樾、王闿运等，也是晚清文史方面著名的学者。

点评

人才到处都有，但是究竟是否能够发现人才、留住人才，让其死心塌地地跟随自己，为自己卖命更加重要。曾国藩正是懂得如何为自己抓住这些追随者的心，知道以诚待人，并和他们推心置腹。正是这些人才，曾国藩及其集团才在政治、军事、文化艺术、经济外交、科学技术等各个方面都产生了深刻影响，而这绝不是曾国藩一个人所能做到的。同时，对于清廷方面来说，人才集团所带来的巨大影响，使它不敢轻易对曾国藩下手，由此能够保证曾国藩能够在权力的漩涡中屹立不摇。

将功劳记在自己名下

【厚黑真经】

朱子想独博善人之名，把修桥补路的事，一手揽尽，不许他人染指，后来激成党案，严禁伪学，即是明令驱逐，不许他修桥，不许他补路。

【精要解读】

功劳是人们能力和贡献的象征。厚黑学告诉人们，在任何时候，都要注意尽可能多地把功劳归于自己名下，这是赢得权力的重要资本。赢得功劳的一个重要方法，是善于利用别人的智慧、知识、声望、能力等为己所用，推动自己的事业；尽管别人的帮助发挥了重要的作用，甚至是决定性的作用，但是事成之后，我们却要把功劳据为己有。人们往往只会注重事情的结果，而不是它的过程和方法。因此，帮助过自己的人将要被人遗忘，而我们却能被人牢记，成为主要功臣，从而得到自己想要的权力。

【运用之妙】

战国时期，苏秦一心想出人头地。他根据当时的形势，努力跟随鬼谷子学习各种权谋之术，准备前去游说秦惠王，以获取自己的声望和权位。到了秦国之后，他劝说秦惠王要有吞并诸侯、占有天下的雄心壮志。秦王回答得虽然客气，但是却很冷淡。秦王跟他说了一大堆理由，最后把苏秦赶了出来。苏秦接连上了十多次书，还在秦国住了一年多，秦王却始终不为所动。

苏秦游说失败，只好打道回府。他离家时曾带了很多财物，但是这时却全花光了。回到家时，他只穿着草鞋，只身背着书，担着行囊，满面落魄和憔悴。等回到家后，家人都知道他游说失败，竟然都不搭理他：妻子看他回来，连织布机都没放下，嫂子不给他做饭，父母连话都不跟他说。苏秦受了很大的刺激，更加坚定了要出人头地的决心。他头悬梁、锥刺股，发愤读书。经过一年的苦读和潜心分析揣摩，在各方面都有了很大程度的提高。这回他信心满满地说："这回确实可以游说国君了！"

苏秦决心合纵抗秦。他先到赵国，想结交赵肃侯的兄弟秦阳君，没料到碰了钉子，但他没有放弃，继续北上，来到燕国。在燕国等了一年多，后来终于见到燕昭王，于是大谈燕国之利弊，终于说服燕王答应合纵抗秦，以图自保。燕王大悦，给了苏秦许多车马黄金和从人，让他去游说其他国家。苏秦到达赵国，赵王很热情地接待了他，并同意他的合纵计划，赏赐他更多的车马黄金、宝玉绸缎，让他去约会其他各国诸侯。由于当时形势所迫，韩、魏、齐、楚等国都同意合纵抗秦，因此苏秦的游说进行得十分顺利，取得了很大的成功。6个诸侯国的国君都十分器重他，苏秦一下子就做了这6个诸侯国的宰相。秦知道这个消息后，15年不敢图谋向函谷关内进攻。

苏秦挂了六国相印从楚国返回赵国，一路上随从和百姓前呼后拥，威风凛凛。在路过洛阳自己的家时，他的父母来到路旁迎接他，他的嫂子则趴在地上，连头都不敢抬。他的妻子，则远远地躲在一边，连正眼都不敢瞧一下。苏秦问他的嫂子：“嫂子为什么以前对我十分倨傲，现在却这么恭敬呢？”嫂子说：“因为叔叔你现在权大位尊，而且又腰缠万贯！”苏秦感慨地说：“贫穷时连父母都不认你做儿子，富贵之后则亲戚也感到畏惧。人生在世，势力权位和富贵岂能忽视？”

西汉宣帝时，渤海（今河北沧州一带）及临近各郡灾害连年，百姓生活疾苦，纷纷起来造反。当地官员镇压无效，汉宣帝只能派已年过70岁的龚遂去任渤海太守。龚遂就任后，安抚百姓，鼓励农民垦田种桑，休养生息。对于那些心存戒备，依然每天带着剑的人，他劝慰道：“干吗不将剑卖了买头牛？”同时发布告令：将郡中追捕盗贼的官吏全部撤职，凡是手中拿的是锄、镰等农具的都是良民，官吏不得拿问，只有那些拿着兵器的人才是盗贼。经过几年的整治，渤海一带社会安定，百姓安居乐业，龚遂也名声大震。

于是汉宣帝召他还朝。龚遂有一个属吏王先生，请求与他一起去长安，此人经常一天到晚喝得醉醺醺的，其他属吏都反对他去，怕他坏事，但龚遂还是带他一起上了长安。一天，皇帝要召见龚遂，这位王先生问他说：“皇上如果问大人是如何整治渤海的，大人如何回答？”龚遂说：“任用贤才，使人各尽其能，严格执法，赏罚分明。”王先生连连摇头：“不好，这样说岂不是自夸其功吗？大人应该这样回答：‘这不是微臣的功劳，完全是天子的神灵威武所感化！’”龚遂恍然大悟，接受了他的建议，并按他的话回答了汉宣帝。宣帝果然非常高兴，并将龚遂留在身边，任以显要且轻闲的官职。

点评

苏秦在战国时期曾起了极为重要的历史作用，他的合纵之术成功保全了东方六国，可以说以一人之力阻挡了历史发展的脚步；而他自己也从一个连父母都不愿意认的寒酸之士，一跃而成为天下为之侧目的六国宰相，可以称得上是从古至今士人的成功典范。但是细细追究起来，苏秦的成功，尽管也有自己的努力，但最终却是借助六国的力量才能取得如此成就的。他自己没有一兵一卒，没有花一分一毫，但是最大的功劳却最终归于他的名下，他也因为这份功劳获得世人侧目的巨大权力，不能不说是一种绝妙的智慧。

龚遂之所以尝到甜头，并不是因为他劳苦功高，而是因为他没有耍“个人英雄主义”，把所有的功劳都摊到自己身上，而是巧妙地把功劳推给了皇帝。这自然符合皇帝的心意，皇帝自然十分高兴。在很多情况下，成绩并不等于功劳。在权力场上，功劳的评定总是充满玄机。有些人尽管作出了成绩，但领导者却更想把功劳记到自己门下，下属只有跑腿的“苦劳”，在这种情况下，如果那些下属不识时务，硬要和他的上司争夺功劳，那么领导一生气，他可能就落得无功却有过的下场。

以利益相诱而不是空言请求

【厚黑真经】

墨子学说，虽不完备，但确实是救世良药，其学说可以要求自己，而不可以要求别人，只有少数圣贤才做得到。当今的世界，滔滔者皆是损人利己之流……墨子之损己，是出乎自愿，若要强迫他受损，这是不行的。

【精要解读】

从某种意义上来说，追逐利益是人们的本性。因此，如果你有求于别人，不要妄图仅仅以一些大道理去打动他，这对他不会有很大的说服力；也不要不厌其烦地提醒他你曾经带给他的帮助和好处，这会让他感觉到自己受到了强迫，从而拒绝你的请求。相反，如果你能够提出一些对他有利的条件，满足他的一些需求，那么他却会作出热诚的回应。绝大部分人事实上也都是现实主义者，很少有人会采取违反自己利益的举动。

【运用之妙】

公元前433年，世界历史上有名的伯罗奔尼撒战争前夕，科西拉岛和希腊城邦科林斯相互对峙，将要触发战争。双方都派遣使者到雅典去，希望争取到他们的帮助。

当时的形势是，谁能争取到雅典的支持，谁就必定会从战争中获胜，而战败的一方必定会遭受战胜国的凌辱。首先是科西拉的使者发言。这位使者一开始就坦白承认科西拉岛在此之前从未帮过雅典人的任何忙，甚至还曾经和雅典的敌人结盟。但是，尽管他们和雅典并无任何友谊或恩义可言，这次前来也仅仅是因为科西拉担心自己的安危，他们却能保证提供给雅典的帮助：科西拉的海军规模仅次于雅典，他们愿意和雅典联手，共同打击雅典的对手斯巴达。说完之后，这位使者还很遗憾地表示，科西拉仅仅能够做到这一点，而不能帮助雅典更多。

接着发言的是科林斯的使者。和科西拉使者平实无华的诉求形成鲜明对比的是，科林斯的使者一上来就慷慨陈词、口若悬河。他首先提请雅典人注意过去科林斯曾经为雅典做过的所有事情。接着，他告诫雅典人必须审慎地作出决定，必须考虑雅典背叛盟友将会给雅典的其他盟邦所带来的极大伤害这一严重后果。他还义正词严地搬出希腊法律，说明雅典必须回报科林斯所有义举。最后，他又再三申明雅典对朋友感恩图报是十分重要的。

听完两方使者的所有演讲后，雅典人举行会议，进行商讨。结果，在第二轮投票时，赞成和科西拉结盟的票数以压倒性的优势获胜，雅典背叛了科林斯这个昔日的盟友。

在中国近代史上，湘军是一支最善战的部队。作为这支部队的最高统帅，曾国藩训练湘军可谓匠心独运。他强调训练和训话并重，尤其是主要进行思想政治工作的训话，开创了中国军事训练的先河。但是，注重经世济用之学的曾国藩也深知，利益问题最重要；光谈高调，没有饭吃，无论什么事情也办不好。湘军不靠朝廷拨饷，因此，从曾国藩留下来的文字中，可以看出，经济问题一直是他的带兵最头痛的问题。

经过深入的调查，曾国藩发现，朝廷的绿营兵之所以腐败无能，其中一个重要原因就是军饷太少。每年朝廷的军费开支不小，但是大多数都被各级军官贪污了。绿营兵所得的军饷，维持一家人的生计都很艰难，因此，绿营兵不得不走出军营谋生，军事训练自然就受到了影响，战斗力也就十分低下。有鉴于此，曾国藩在兴办团练之初就十分重视士兵的军饷问题。他根据当时的物价水平，确定了一个偏高的标准。湘军士兵的月饷几乎是绿营兵的3倍多，而各级将领的收入则更高。湘军的军饷过于优厚，就连曾国藩本人也认为“章程本过于丰厚”，但是重赏之下必有勇夫，标准一公布，湖南的农夫纷纷报名参加，这也让曾国藩能够从容筛选那些勇敢而不畏艰难的人。

这种做法自然收到了很好的效果。有了丰厚的收入，湘军士兵除了个人生活之外，还能补贴家用，没有了后顾之忧，操练起来也比较安心，战斗力也就很快提高。同时，由于各级将领的收入大大提高，克扣军饷的事情也很少发生，起到了“养廉”的作用。曾国藩对自己的做法曾经总结说，“初定湘营饷项，稍示优裕”，就是为了“养将领之廉”，“作军士之气”。而曾国藩的事业，也在这些人的冲锋陷阵中建立起来了。

作为曾国藩的弟子，李鸿章更加注重实际利益的相诱。李鸿章的淮军，刚组建的11位营官，投靠李鸿章本来就是为了功名利禄，大道理对他们来说根本没有吸引力。在这种情况下，李鸿章充分发挥了曾国藩办湘军的成功经验，用更为优厚的利益吸引这些人。李鸿章更是赤裸裸地说：“天下熙熙攘攘，皆为利耳，我无利于人，谁肯助我？”淮军刚办的时候，衣衫褴褛，饷用匮乏。等到了上海之后，李鸿章想尽千方百计搜罗军饷，充实军力。军队保障越来越好，淮军的战斗力大大增强，人数也急剧上升。原来在另一军队薛焕手下的残兵败将，被收编到了淮军之后，竟然人人都成了不怕死的“勇士”。程学启和黄翼升本是曾国藩临时拨给李鸿章加强实力的，随着淮军的壮大和自己面临形势的危急，曾国藩屡次命令李鸿章把这两人调回来。由于这两人是人才，李鸿章尽量拖延，而程学启和黄翼生则干脆说没有这回事而加以拒绝。这二人之所以不愿意回到湘军，多半是因为在淮军中油水更多。由于李鸿章的活动，曾国藩最后也不再强迫了。而这两人，为后来淮军的迅速壮大，立下了不可替代的功劳。

点评

历史上的雅典人十分高贵，但是他们同样是古希腊最注重实效的现实主义者。对于他们来说，那些修辞华丽、情感充沛的请求，看上去无懈可击的大道理，都比不上一个切乎实际的利益有力量。

人非圣贤，每个人都有自己的利益要求，曾国藩非常明白这一点，因此，他带兵时，不光用思想教育来增强凝聚力，而且想办法用“利”来争取人心。道理要讲，银子也要给，湘军之所以能成为一支强大的武装，这是一个重要原因。

权力需要神秘莫测的氛围

【厚黑真经】

有这样两句俗语：“逢人短命，遇货添钱。”各位想来都知道，假如你遇着一个人，你问他多大年纪了？他回答道：“今年50岁了。”你说：“看先生您的面貌，只像30岁的人，最多不过40岁罢了。”他听了一定会很高兴，这就是所谓的“逢人短命”。又比如你走到朋友家中，看见一张桌子，问他花多少钱买的，他答道：“花了4元。”你说：“这张桌子一般价值8元，再便宜也要6元，你真是会买。”他听了一定也很喜欢。这就是所谓的“遇货添钱”。

【精要解读】

人类是一种习惯性的好奇动物，总是希望通过别人的行为来推测出一些惯性的东西。在权力斗争中，他们一旦掌握了这些东西之后，就会采取一定手段加以应付。一般而言，下属总是会费尽心思揣摩上司的性格，或在某件事情上的用意，并且投其所好来迎合上司，掩藏自己的真实想法，以此来达到取悦上司、获取权力的目的。有鉴于此，厚黑学主张采取一些故意让人摸不着头脑的行为。那些看起来缺乏连贯或毫无目的的行为，会让别人无法揣摩到你的真实面目和真实目的，你也就处于主动地位。位居上位者，只要不轻易暴露自己的愿望，不表达自己真实的思想，保持绝对的清静不动，深深地藏起自己的喜好和厌恶之情，下属的真实思想、实际才干就会暴露无遗，也就能够更好地加以控制。正因为此，古代统治者都以保持自身神秘莫测作为驾驭臣下的方法。他们永远保持一种神秘而不可捉摸的形象，以此来增加自己的威信。

【运用之妙】

战国时期，齐威王也像楚庄王一样“三年不鸣，一鸣惊人”。在他即位之初，不理国政，沉湎于酒色之中，经常作彻夜长饮。当时，邻国不断来犯，国内的许多大臣也贪赃枉法，玩忽职守，但是齐威王却视而不见，听之任之。没有人知道这时的齐威王心里想的是什么。一些忠于国事的大臣很是忧虑，但是却谁也不敢进谏。3年后，齐威王认为时机已经成熟，随即传令将全国72个县的长官都召集到国都临淄开会。他对即墨县的大夫说：“自从你到即墨做官，每天有人说你的坏话。可是，我派人到即墨县去调查，发现那里庄稼茂盛，百姓丰足，官府办事效率很高，边境也很平安。你是一个勤政爱民的好官员。”于是当即给他以万户的重赏。接着，齐威王对阿城的大夫说：“自从你到阿城就任以后，每天都有人在我面前说你好话。可我派人到阿城去，却发现那田地荒芜，百姓贫苦，赵国进攻，你不能敌，卫国夺取了我们的土地，你竟然一无所知，你完全是靠花钱行贿替你鼓吹的。”于是下令把阿城大夫和那些替阿城大夫鼓吹的近臣一同烹杀。齐威王的举动令齐国朝野和邻国为之震惊。自此以后，齐国官员没有谁再敢弄虚作假。

秦始皇为了制造神秘感，使人不知其所居处，令人将首都咸阳200里以内的270座行宫，都以上下两层、封闭甚严的复道相连接。他乘车在密封的复道中四处巡游，每天住的地方都不一样，也绝不允许任何人向外泄露，否则便要处死。一次，他住在梁山宫，从山上看到丞相李斯的随从车骑众多，不甚高兴。在他身边侍奉的一名宦官悄悄通知了李斯，李斯便大大减少了随从车骑的数量。秦始皇发现后，认为必定是宦官泄了密，因此震怒，将当时在身边侍奉的所有宦官全部问斩。

晚唐宦官专权，皇帝多为宦官所制。唐武宗因为服丹药中毒而死，在太监仇公武扶持下，立有些愚笨的李忱为帝，是为唐宣宗。李忱的母亲出身低微，他也因此饱受歧视侮辱，变得好像痴痴呆呆，太监们立他为皇帝的目的，自然是想好加以控制。武宗长期不理政事。不料李忱刚一即位，立刻将堆积如山的政务处理得合情合理，让太监们大吃一惊。原来唐宣宗是为了避祸而装傻，实际上却一点也不糊涂。

唐宣宗因为装傻而当上皇帝，在当上皇帝之后，他也深知神秘莫测的妙用。他城府极深，用人恩威并济，臣下对他都十分畏惧。尽管贵为天子，但他平时却总是一副恭俭善良、平易近人的模样。宫中侍从凡是有和他稍有接触的，他都能叫出名字，并且知道他们的职位、差事；如果有人生病，他还会派御医前去诊治，甚至亲临慰问。古代皇帝很多，但像他这样的可是少之又少。对近身侍从如此，对朝中的大臣，唐宣宗就更加“友善”了。平时和他们谈话的时候，他也总是表现得很随和，十分尊敬臣下。但每当他们奏事的时候，他就会立刻摆出一派威严气势。等到公事谈完，他就立刻恢复和蔼可亲的一面，和大家谈笑。最后，当集会结束之后，他又会轻描淡写地说：“今天相处，朕很快乐。希望大家能好自为之。朕常担心你们辜负了我的期望，以至我们君臣不能再相见。”这种表面上看起来很随和的话，实际上却具有巨大的威力，因为臣下们根本摸不清他什么时候会翻脸。唐宣宗这种表面平易近人、实际上却不可冒犯的不测天威，让大臣们既尊敬又害怕。就连唐宣宗最宠信的宰相令狐绹都曾私下对人说：“我当了十年宰相，每次上朝，没有一次不汗流浃背的。”连他都如此，其他人就更不用说了。

清朝乾隆时的军机大臣于敏中，才智过人，且忠心耿耿，一心想帮皇帝办好事，因此极受皇帝的器重。可是于敏中却仗着皇帝的宠爱，有一次，居然向一个太监打听皇帝对某件事情裁决的朱批内容。乾隆得知后，大脸一拉，立刻将其罢官，还把他比成明代奸相严嵩。没过多久，又特赐当时专用于死人殡殓时的“陀罗尼经被”一床。身为军机大臣的于敏中自然明白皇帝的用意，于是便饮毒自尽了。

点评

齐威王的做法的聪明之处在于，表面上不露声色，行动却诡秘难测，使为官者“清者自清，浊者自浊”，从而自己能够辨别忠奸，从而惩恶扬善。秦始皇大开杀戒，证明他把这件事情看成是一件十分严重的事情。因为这不只是暴露了他的行踪，也暴露了他的喜怒哀乐和对臣下的态度，使臣下有所戒备，从而让他难以驾驭臣下。这也正好说明，神秘莫测在君主的心目中有多么重要。唐宣宗软中带硬、意在言外的不测威福，最能起到寓警告于谈笑中的效果。乾隆当然也并非喜怒无常，他像历史上的大多数皇帝一样，把神秘当成自己权位的护身符，因此不允许任何人去触碰，犯者必死无疑。既然君主们都喜欢搞“天威难测”的把戏，那么那些“善窥上意”的聪明人会有一定的危险，这就是所谓的“窥视渊中鱼者不祥”。看来，无论是齐威王、唐宣宗，还是秦始皇、乾隆，都掌握了神秘的秘诀：正因为“天威难测”，所以臣属才会兢兢业业，尽职尽责。

当谋权的道路遭遇道德与荣辱

【厚黑真经】

道学先生是厚黑的敌人，他们平时讲究忠诚老实，行为好像很廉洁，人们都喜欢他们，他们也自以为是，但现实中不能进入曹（曹操）刘（刘备）的档次。所以说，道学家这些人是厚黑的敌人。

【精要解读】

古语云："侯门一入深似海。"人人都期盼得到梦寐以求的权力，为此不惜尔虞我诈、你争我夺，相互算计。因此一旦身涉权力场，就必然处于激烈的角逐中，必然遭到各种复杂的算计，不得不战战兢兢，如履薄冰。很多人有着极高的情操和自尊，他们是抱着自己远大的理想和志向，想要通过借助权力来大施拳脚而踏上谋权之路的。但是，在这样的场景之中，如果每时每刻都将仁义道德、个人尊严摆到面前，无异于主动放弃了谋权的行为。厚黑学的观点是，想要谋取权力，有时势必要在保守道德和尊严的底线下，舍弃一时的道德和荣辱观念，做到"寡廉鲜耻"，只有这样，才有可能会成功。

【运用之妙】

唐末五代时期的冯道自号"长乐老"，活了73岁，一共为5个朝代的10个皇帝服务过，在这些皇帝手下，冯道都是身居高位，更是当过6个皇帝的宰相。而总览他所服务的皇帝中，有4个朝代都是靠阴谋与武力夺取政权的，而契丹又是趁乱入侵的；这些皇帝也大多够得上是"乱臣贼子"或昏君暴君，除了个别皇帝还像样外，其余的都有各种劣迹暴政，其中晋高祖石敬瑭更是靠出卖领土、引狼入室才当上儿皇帝的。

冯道生于唐僖宗中和二年（882年），他自幼性格敦厚，爱好学习，写文章很厉害，生活俭朴，穿破衣服、吃粗茶淡饭也很高兴。冯道的祖先并不是什么名门士族，他的成功完全是靠自己努力得来的。唐朝末年，冯道看到晋王李存勖颇有作为，就投奔了他，河东监军张承业重视他的"文章履行"，推荐他成为李存勖的亲信。这样，冯道正式踏上了仕途。

冯道起初担任的是晋王府中的书记。在李存勖和后梁在黄河两岸对峙的时候，冯道作为李存勖的亲信，却以身作则，继续过着非常简朴的生活。在李存勖灭掉后梁以后，因为出身寒门，冯道也并没有受到李存勖的重用，但也做到了户部尚书、翰林学士。当时他家里人过世，他却只能徒步奔丧，非常困窘。李存勖死后，明宗李嗣源即位。李嗣源想以文治国，于是任命冯道为宰相。李嗣源在位近10年，休养生息，年屡丰登，是五代时统治时间较长的皇帝，也是个颇有作为的皇帝。当时天下承平，政局稳定，在当宰相的7年时间内，冯道颇有一些作为，为国为民出力很多。

后来明宗去世，李从厚即位后，后唐政局突变。闵宗李从厚即位不到4个月，应顺元年（934年）四月，河东节度使李从珂起兵叛乱。尽管自己是前朝元老重臣，但冯道看到李从珂的兵力十分强大，不可战胜，便顺应时势反戈一击，率领百官迎接李从珂，并进献请李从珂当皇帝的劝进书。李从珂便顺势杀了李从厚，登基称帝。这样，冯道成了新朝的功臣。当时李从珂对这个不忠的前朝元老很不放心，不敢委以重任，就把他调到外地做官。冯道也并不怨天尤人，悠哉游哉，尽力做好自己的事情。

清泰三年（936年）闰十一月，李嗣源的女婿石敬瑭勾结契丹攻入洛阳，李从珂自杀，后唐灭亡，冯道便归顺新建立的后晋，并被任命为宰相。石敬瑭当皇帝后的第一件大事，就是要实现起兵前对契丹主耶律德光所许下的诺言。这些条件都异常苛刻，尤其是向耶律德光自称"儿皇帝"，上尊号于契丹皇帝和皇后，对国家和臣民都是一件十分丢脸的事。至于去契丹当册礼使的人，更加需要忍辱负重。石敬瑭认为只有冯道才能充当使者，但冯道是宰相，所以石敬瑭很为难，恐怕冯道拒绝。谁知他刚一开口，冯道就毫不犹豫地答应了。

冯道在契丹时，耶律德光为了试探他对自己是否忠诚，曾派人劝冯道留下，冯道厚着脸皮回答说："后晋是儿子，契丹是父亲，在两朝都是做臣下，哪里有什么分别呢？"他甚至都已经把契丹的赏赐全部卖掉，换成柴炭，并对人说："北方严寒，老年人受不了，只能备着。"居然作了在北方长住的打算。后来，耶律德光同意他返回，他又三次上表要求留下，被拒绝后还拖了一个多月才上路，路上边行边歇，两个月才出契丹境。从契丹回来之后，由于和契丹的关系处理得很好，冯道十分风光，被封为鲁国公。在石敬瑭统治时期，冯道一直备受恩宠。

后晋出帝开运三年（946年），耶律德光率领30万契丹军队灭了后晋。耶律德光进入开封后，冯道应召到达，耶律德光责问他说："你是个什么老东西？"冯道回答说："我只是一个没有才能也没有品德、既傻又痴的老头而已。"耶律德光听后居然很欢喜，于是任命他为太傅。不过，冯道认为契丹毕竟是少数民族政权，不可能维持长久，就开始为自己考虑后路问题。因此，他想方设法地保护了一批投降契丹的汉族人，为自己日后的仕途留下退路。后来，契丹果然被迫撤回，而冯道也趁契丹败退之际逃了回来。后来，石敬瑭的大将刘知远趁机夺取了政权，建立后汉，冯道因为保护汉人而得到赞誉，被拜为太师。

4年后，后汉大将郭威扯旗造反，带兵攻入都城汴京。冯道故伎重施，率领百官迎接郭威称帝，为此又当上了后周的宰相。郭威去世后，柴荣即位，是为周世宗。割据一方的后汉宗族刘崇勾结契丹，企图趁新君初立、国基未稳的大好机会一举推翻后周。柴荣打算随军亲征，以鼓舞士气。但冯道力劝皇帝不要亲征。周世宗大怒，不让他随军，让他监修周太祖陵墓。不料柴荣出征后，大败联军，而就在柴荣凯旋的时候，冯道也终于油尽灯枯，死在了自己家中。

点评

冯道称得上是历史上最为成功的官场不倒翁。这个官运亨通、百年难得一遇的冯道，同时也是历史上最受诟病的官场人物之一。欧阳修称他是没有廉耻的人，司马光也称他为自古以来奸臣中的第一名。实事求是地看，这些评价都有些过头。不过，深得厚黑学精妙的冯道本人早就对这些东西毫不在意，因为他自己的目的只有这样才能达到。

认清你的朋友和敌人

【厚黑真经】

吴的孙权、蜀的刘备，各以荆州为目的物，孙权把荆州向东拖，刘备把荆州向西拖，力线相反，故郎舅决裂，夫妇生离，关羽被杀，七百里的连营被烧，吴蜀两国，俨然成了不共戴天的仇敌。后来，诸葛亮提出以魏为目的物，约定共同伐魏，就成了方向相同的合力线，两国感情，立即融洽，合作到底，后来司马昭伐蜀，吴还起兵相救，听说刘禅降了，方才罢兵。

【精要解读】

在谋权和固权的道路上，相互打交道的往往是那些争夺同一个目的物的对手。参与竞争的对手有很多，形成一个"局"。作为竞争中的并不占绝对优势的一方，甚至是势力较弱的一方，如何在这场局中胜出，最为关键是看准自己的朋友和敌人，充分地利用你的朋友，联合起来共同对付你的敌人，这样就可能形成以多打少、以大打小的优势，从而取胜。值得注意的是，随着局势的发展，朋友和敌人都是随时发生变化的。

【运用之妙】

东晋时期，大将殷仲堪和桓玄、杨佺期形成三股势力。在这三股势力当中，桓玄实力与野心最大；杨佺期为人骄横跋扈，常常自高身价；而殷仲堪才智和实力平平。由于桓玄和杨佺期野心都很大，因此他们的之间的矛盾很深，殷仲堪正是善于把握局势，拉拢势力较弱的杨佺期，共同对付桓玄，使他不至于被桓玄吞掉；当然，他也深知权力场上没有永远的朋友和敌人，如果他帮助某一方吞并了另一方，那么这个盟友立刻就会成为自己的下一个对手，因此即使在合作的时候，也和自己的盟友保持若即若离的关系。

后来，桓玄被推为盟主，更加志得意满，不可一世。杨佺期就更加无法忍受桓玄，想要在他登坛宣誓时叫他横尸就地。殷仲堪尽管也不喜欢桓玄，但是他也对杨佺期兄弟的勇武过人心怀顾忌。他很清楚，如果杨氏兄弟杀了桓玄，那么之后自己就是他唯一的敌人了。因此，他一得到杨佺期偷袭桓玄的消息，马上就出面制止了。杨佺期也只得罢手。到晋安帝隆安年间，桓玄受命都督荆州四郡，其兄桓伟又任辅国将军和南蛮校尉，桓玄权势扶摇直上，这下，殷仲堪也担心起桓玄可能对自己不利了。他想起杨佺期和桓玄实在称得上是冤家对头，因此不如把杨佺期纳入自己的盟友体系，那样就可以确保万无一失了。于是，他以婚姻为纽带，将殷、杨两家的政治生命拴在了一起。

桓玄的胃口确实很大，不久之后就向朝廷要求为他的权力加码。他首先看中的就是杨佺期和殷仲堪两人碗中的肥肉。朝廷本来就有意让这些势力相互牵制，于是就把杨佺期所管的四个郡划到了桓玄门下。杨佺期被桓玄狠狠地咬了一口，并没有立即加以反击，而是借口援救洛京危急、击退姚兴入侵，想要一口咬断桓玄的喉咙。殷仲堪对杨佺期的阴谋了如指掌，他并不希望杨佺期能够成功，于是拒不参加这次不同寻常的会猎。没有殷仲堪的帮助，杨佺期只好暂时偃旗息鼓。此时，桓玄也如法炮制，以援救京师为名，邀殷仲堪瓜分杨佺期。只要任何一方有失，他就无法自保。因此，他毫不犹豫地警告桓玄说：你如果执意从沔水出兵，可能就不会有一个人活着进入长江。桓玄没有办法，不得不放弃了消灭杨佺期的打算。

就这样，殷仲堪使自己在当时险恶的环境之下，稳固地维持了相当长的时间。

隋朝末年，炀帝统治残暴、荒淫无度，致使百姓备受劳役之苦，怨声四起，改朝换代的暗流已然形成。大业十三年（617 年）二月开始，隋炀帝正在江都游玩，李密领导的瓦岗军先后占领了东都洛阳的各大外围粮仓，彻底阻断了隋炀帝的回京通道，东都处于岌岌可危的境地。隋炀帝滞留于江都行宫里，一晃就是一年多。他身边的士兵的老家多在关中，这种客居生涯让他们深为厌倦。为此，他们常常私下计议抛下炀帝自行回家。

当时，武贲郎将司马德戡负责统领这群士兵。他知道士兵的心理，自己也久有背叛的想法。于是，他煽惑自己的好友武贲郎将元礼和直阁裴虔通，元礼和裴虔通都表示支持。三人又辗转招引内史舍人元敏、虎牙郎将赵行枢、勋侍杨士览等人都与之同谋。于是，他们结群聚党，一时之间，宫禁内外十数名官员都站到了谋叛的行列中。这伙人以博戏名义日夜聚会，商讨对策。赵行枢和将作少监宇文智及交情甚厚，杨士览是宇文智及的外甥。二人将密谋告诉他。他们最初都只是想劫夺十二卫武马，但宇文智及认为，隋室江山风雨飘摇，要干就干一番大事业，创立帝王基业。司马德戡听后一想，反正是死罪，何妨反得更加彻底一些，于是率先拥护宇文智及的主张。

众人约同宇文智及，相偕至其兄右卫屯将军宇文化及居处，推他为帅，伺机入宫弑帝。义宁二年（618年）三月一日，司马德戡在东城内聚集了数万兵马，点火为号，城外孟秉、宇文智及等率千余人劫持侯卫武贲冯普乐，分兵把守郭下各条街巷。夜里，司马德戡等率领士兵换掉了诸门卫士，闯入成象殿，杀了措手不及的独孤盛将军。在一片呼啸声中，宿卫者纷纷逃命。至此，宫内尽成叛军天下，隋炀帝也被抓获，第二天一早就被弑于江都宫中。一夜之间，司马德戡已经全方位地控制了宫内宫外的局面，与孟秉等人共推宇文化及为丞相。

司马德戡未必不想取代宇文化及的位置，以他在叛变中所起的作用，他本来也应该有这样的想法。但是他考虑到兵变之后，必须借助望隆位重者以御众，自己毕竟只是一个小小的武贲郎将，这才将宇文化及推到前台。宇文化及之父宇文述曾是隋朝左翊卫大将军，爵封许国公，宇文化及兄弟也都担任显要职位，可谓集富贵于一门。

宇文化及入主朝堂之后，诛杀异己以及隋室外戚，另立了一位傀儡皇帝，自己加以操控。

司马德戡则被封为温国公，仍统禁兵，还加封光禄大夫。不过，宇文化及有自知之明，他知道司以德戡的才能远在自己之上，而且是“新朝”最重要的功臣，现在自己侥幸居于尊位，但这只是司马德戡的应急策略，况且他手握重兵，说不定哪天自己也落得和隋炀帝一样的下场。因此，宇文化及尽管把这些殊荣加到了司马德戡头上，但是在几天之后，就改授其为礼部尚书，还分配其他将领各统其士卒。这一招，表面上是升迁，但却实际夺取了司马德戡的兵权。

司马德戡大为怨恨，他万万没有想到自己千辛万苦创下的基业，就这么拱手让给了宇文化及享受，对方还要再对自己横加猜忌，把自己挤到一边乘凉。于是心生不满，生谋反之心，不料事情败露，反被宇文化及擒住。宇文化及责问他为何谋反，司马德戡说：“我们共推足下为主，足下竟比昏君有过之而无不及！”宇文化及恼怒地反问道：“事已至此，司马公还有什么话说？”司马德戡怒目而视：“我只恨自己谋事不周，反遭小人暗算！”此时，恐怕他所悔恨的还不只是这个，而是错信宇文化及，把他当做了自己的盟友。不过悔恨已经无益，司马德戡被缢杀，带着满腔不甘赴黄泉见隋炀帝去了。

点评

以自己微弱的实力，殷仲堪能够在当时险恶的环境之中支撑很久的原因，正是其找对了盟友，而且和盟友保持了若即若离的关系。局势中的参与者一般都是多方势力，选择谁作为自己的盟友，跟自己的势力有很大关系。作为势力较为微弱的一方，重要的不是如何吞并其他实力，而是保持微妙的均衡。

在权力斗争的时候，有时候不得不选择一些对自己有攻击的同伴，“与狼共舞”。但是这只是权宜之计，绝对不能永远与狼共舞。从厚黑权谋学的角度来说，司马德戡选择宇文化及作为自己的盟友是正确的，但这并非意味着他永远是自己的朋友。他应该注意防范，当他成为自己的敌人的时候，甚至可以想办法消除他对自己的威胁。

坚决彻底根除敌人

【厚黑真经】

历史上，项羽是“力拔山兮气盖世”的大英雄。他率领的军队声势浩大，叱咤风云，横扫万马千军，却为什么最终自刎身死，被天下人耻笑？他失败的原因，用韩信的话说就是“妇人之仁，匹夫之勇”。妇人的仁慈，表现在心里有所不忍，它的病根在于心不黑；匹夫的勇猛，表现为受不得一点气，它的病根在于脸皮不厚。

【精要解读】

有很多人必须经过惨痛的教训才会明白下面这条权力规则：所有令人生畏的对手，必须加以彻底消灭。他们想尽千方百计、历经千辛万苦，终于把对手打倒在地，但是却常常对处于下风的对手手下留情。最后，当对手一息尚存、逃过劫数之后，东山再起反咬一口，自己反倒成了他的手下败将。

厚黑权力学告诉我们，在谋权的路上，和敌人斗争时，任何出于仁慈和对和解抱有希望而中途撤手的做法，都只会让敌人更加坚定，更加愤恨，从而让他进行更加残酷的报复。也许他们会暂时地显出可怜、悲悯的样子，但是这只是他们的权宜之计，他们一直在等待机会，把你打倒在地。只有当他们被彻底打败，才是从敌人身上得到和平和安全的唯一方法。“除恶务尽”，一定要干净彻底地消灭敌人。有些人你是无法拉拢的，无论怎样都会是你的敌人。

【运用之妙】

北宋明道二年（1033年），宋仁宗开始亲政。为了摆脱皇太后执政的影响，他和宰相吕夷简商定把以前太后任用的大臣都罢免了。这时，郭皇后说："吕夷简也很会依附太后，不过仗着为人乖巧、灵机应变，自己倒躲了干净。"仁宗听后，觉得有一定道理，第二天就罢了吕夷简的相位。

仁宗与郭后的谈话正好让一个叫阎文应的太监听到了。阎文应的职位是内侍副都知，平日与吕夷简的关系很好，他担心皇帝罢了吕夷简，下一个遭殃的就会是他了，于是就想要让皇帝把郭皇后废了，这样他也就平安无事、前程似锦了。这时，仁宗又心生悔意，复了吕夷简的相位。阎文应立即把郭后劝说皇帝的话告诉了吕夷简，吕夷简恨得咬牙切齿，自此也和郭皇后有隙。

当时，在后宫之中，宫人尚氏、杨氏长得貌美可人，比郭后又多了一分妖媚风流，因此深得宋仁宗欢心。性格泼辣的郭皇后多次至尚氏、杨氏居处，对她们破口大骂。有一天，宋仁宗临幸尚氏，尚氏向宋仁宗诉说郭皇后的不是，恰逢郭皇后赶来，二人争执起来。争吵之间，郭皇后十分愤怒，举手打向尚氏，宋仁宗急忙上前救尚氏。郭皇后收势不住，刚好打在宋仁宗的脖子上，宋仁宗顿时龙颜大怒，要废郭皇后，吓得郭皇后面色苍白，坐地不起。吕夷简听说郭皇后误打宋仁宗之事，便让谏官范讽乘机进言，说："郭皇后被立已有9年，到现在还没有儿子，照理当废。"吕夷简自己则在一旁随声附和。阎文应更是劝宋仁宗把颈部被打的手印给大臣们观看。

但是废后毕竟是一件大事，大臣范仲淹等人都力谏郭后绝不可废，仁宗也犹豫不决。过了一段时间，宋仁宗在吕夷简不遗余力的劝说之下，终于打定了废后的决心。吕夷简为了达到废掉郭皇后的目的，竟然下令台谏部门不能接受谏官的奏疏。宋仁宗颁下了诏书，立刻传旨以郭后无子嗣为名废之，封为净妃、玉京冲妙仙师，居长乐宫，次年出居瑶华宫。郭皇后一废，宋仁宗就一心一意地昼夜与尚、杨两位美人厮混，上朝便神情恍惚，所答非所问。杨太后知道后大怒，逼着尚美人出家作了道姑，把杨美人安置到一个秘密的宅第。

不到一年，宫中走了3个人，仁宗顿感一片寂寥，食不甘味。他回首自己和郭氏的旧情，十分后悔，立刻想复立郭氏为皇后。阎文应听说之后，十分畏惧。因为当初如果不是他从中"美言"，郭皇后根本不会被废。如果复了郭氏为后，以郭后的性格自然不会饶了自己。郭氏在这个世上多待一日，自己的处境就危险一日，看来废了她皇后的位子还不是最好的方法，最好的办法是斩草除根，做事做绝。

恰好这时郭氏染了风寒，患了感冒。仁宗一听，十分着急，让阎文应传太医诊视。阎文应亲自去太医馆找一个平素熟识的太医。阎文应把太医带进自己的住处，把想要加害郭后的事说了出来，这位太医十分恐惧，但是阎文应软硬兼施，最后还是让他答应了，带着他去了瑶华宫。才过了几天，阎文应向仁宗禀告："郭妃不幸暴崩！"

明朝末年，农民起义风起云涌。农民军首领张献忠所向披靡，把官军打得狼狈不堪。崇祯十一年（1638年），张献忠农民军遇到了前所未有的劲敌，那就是作风硬朗的明总兵左良玉。张献忠曾冒充官军的旗号奔袭南阳，被左良玉识破，并遭大败，张献忠负伤退往湖北谷城。当时，因为过于分散，各自为战，李自成、罗汝才、马守应等几支农民军也相继失利。张献忠被官军围困于谷城，孤军奋战，外部无救兵，内部粮饷已经严重不足，处境十分恶劣。

在这样的危急关头，张献忠得知陈洪范在熊文灿手下做总兵，大喜过望。陈洪范和张献忠相识，陈还救过张献忠，而熊文灿的拿手好戏是以抚代剿。张献忠决定利用明朝高叫"招抚"的机会，将计就计，暂时投降，以待时机。他立即派人携带重金去拜见陈洪范，表示自己愿意率部下归降，以报效救命之恩。陈洪范甚是高兴，上报熊文灿，"招安"了张献忠。

此后，张献忠部队名义上已经是官军，但实际上却一直保持着独立自主的地位。熊文灿曾提出要把他的部队减为2万人，由明廷供饷，张献忠却说他的部队都是壮士，裁了可惜，他们愿意全军从征，请朝廷按10万人发饷。熊文灿无可奈何。张献忠加紧训练士兵，还把部队分屯于四郊，与老百姓混合居住在一起，借此控制了谷城全境。有人怀疑他还准备反叛，要熊文灿先下手为强，但熊文灿却一心想在“抚”字上见奇效，没有对张献忠采取行动。不料，等一切准备就绪之后，张献忠于次年就在谷城重举义旗，打得明朝官兵措手不及。

点评

阎文应作为一名小官，和贵为皇后的郭后相斗，看上去无异于以卵击石，但最后却胜出了，说到底，是因为他心狠手辣。吕夷简还只是想到废了皇后就万事大吉，但是阎文应却知道斩草必须除根，否则等哪天又长起来，自己就只能任人宰割了；想要自保，就只有彻底消灭郭后。当然，他的出发点是为了一己之利，这是不宜提倡的。

农民起义自然是正义的。如果我们单从权谋的角度来考虑时，就可以发现熊文灿，乃至整个明廷在对待“招抚”张献忠这件事情上的严重错误。从张献忠的角度来说，他暂时同意安抚，只是迫于时势的一个权宜之计而已。而从朝廷的角度来说，能够招抚那些反对朝廷的“流贼”自然是最好，但是千万不能轻信对方的承诺，在不能确信对方是真心“投诚”之前，绝对不能掉以轻心。如果对方还有反叛之心，最好的办法是彻底加以消灭，否则，到手的胜利就给丢掉了。

舆论高调和行动审慎

【厚黑真经】

一些名士在江苏新亭一面作诗一面流泪，王导便神情严肃地说：“大家应当齐心努力为王室效劳，收复中原大地，为什么要像囚犯一样面对面地哭泣？”他义形于色，很像手拿铁锤要去补锅的样子，其实只说两句漂亮话就算完事；表面看上去是怀念二帝陷在北边，其实二帝永世不返，那箭头永未取出。

【精要解读】

真正掌握了权力精髓的人，了解权力的资本来自于两方面：个人的声誉和实际的行动。一方面，权谋者需要擅长为自己赚取名誉，在仁义道德上占据优势，最好能给自己罩上高尚的光环，制造先声夺人的高调舆论，以赢取人心向背的巨大力量。另一方面，又不能过度依赖这些舆论的力量，在实际行事的过程中，依旧要小心谨慎，步步为营，稳打稳扎，在必要的时候，完全可以不按照自己表面坚持的那一套高调舆论行事。将这两方面都加以灵活运用，就能在权力的道路上走得更快更远。

【运用之妙】

在中国历史上，从权谋的角度上来说，王莽可以算是将舆论高调和注重实效两者完美结合的第一人。王莽是西汉元帝皇后王政君的侄子。他幼年时父亲去世，很快其兄也去世。王莽自幼孝母尊嫂，生活俭朴，饱读诗书，结交贤士，声名远播，被认为是王家最好的子弟。王莽对其身居大司马之位的伯父王凤极为恭顺。公元前22年，王凤生病在家休养，王莽对他侍奉得无微不至，一连几个月衣不解带地服侍，其孝道甚至超过了王凤的亲生儿女。王凤极为感动，临死之前，还刻意嘱咐王政君照顾王莽。不久，王莽就升上了射声校尉，相当于地方郡守，年仅24岁的王莽，成为了政坛上冉冉升起的一颗璀璨新星。

在做官期间，王莽礼贤下士，清廉俭朴，常把自己的俸禄分给门客和穷人，甚至卖掉马车接济穷人，深受众人爱戴，叔父王商甚至上书愿把其封地的一部分让给王莽。同时，当时的许多名士也都联名上述，赞誉王莽的人品和才德，再加上太后的举荐，汉成帝便封王莽为新都侯，晋升为骑都尉光禄大夫、侍中，才30多岁的王莽已经成为朝廷重臣。

当时，西汉贵族、官僚大都骄奢淫逸、贪残成性，政治黑暗，社会危机四伏，人们都希望能有一个比较正派的人物管理朝政。而王莽身居高位反而更加谦恭，不仅广交名士，和众大臣友好往来，还经常救济贫寒的宾客。为了博取社会的赞誉，在一次盛大的宴会上，王莽还数次离席，说是要侍奉生病的老母服药，这无异于在大庭广众之中表现自己的孝道。他还经常到他侄子的学堂去慰问老师。一时之间，王莽得到了朝野上下的交口称赞，名声之高超过了几位位高权重的叔伯。

此时王莽要想继续往上爬，最大的对手是他的表兄淳于长。他是王太后的外甥，与王莽同为政坛后起之秀。他帮助成帝，成功说服太后，同意将汉成帝的爱妃赵飞燕立为皇后，因此博得成帝的赏识，成为下一任大司马最有力的人选。淳于长虽然有计谋，但是城府不深，他得志之后便得意扬扬，不知道王莽正在他背后虎视眈眈。王莽经过密切调查，发现淳于长和被废的许皇后的姐姐私通，后来又纳她为妾，大胆包天的淳于长居然还写信调戏许皇后。王莽掌握了这些事情之后，立即向大司马王根揭发，还添油加醋地说淳于长正盼望王根早死，自己好接替。王根大怒，便向太后汇报，太后免去淳于长的所有官职。王莽又告发淳于长向自己的叔父王立行贿，成帝经过调查后，以大逆不道之罪论处，淳于长最终死于狱中。这样，王莽不但成功得达到了自己的目的，而且还博得“大义灭亲”的好名声。

在众口一词的推荐中，公元前8年，38岁的王莽出任大司马，成为朝廷一人之下、万人之上的首辅。做了大司马的王莽决心要在名声上超过他的前辈。他礼贤下士，常常把自己从朝廷上得到的赏赐都分给宾客幕僚，而他自己却分文不取。在生活上，他和自己的家人也格外节俭，穿的是破旧衣服，吃的是粗茶淡饭。汉哀帝即位后，其祖母傅太后、母亲丁太后一族外戚得势，王莽退位隐居新野。其间他对地方官极为恭敬，毫无侯爷的架子。他的儿子杀死家奴，这在当时只是小事一桩，但王莽借题发挥，竟然逼其儿子自杀偿命。由此王莽得到了大义灭亲、公而忘私的美名。3年间，官员们为王莽鸣冤的上书数以百计。

西汉元寿二年（公元前1年）六月，汉哀帝驾崩，平帝即位，太皇太后王政君任命王莽为大司马，从此王莽开始执掌朝政，成为摄皇帝。上台之前的王莽就已经深获民心，上台之后拨乱反正，罢免哀帝幸臣董贤，将哀帝外戚全部赶出京都，这些大事做罢，整个大汉天下欢声雷动。王莽赢得了全国人民的信任。这些做法还使得王太后满心欢喜，以为王莽替她出了一口恶气，其实这是王莽在为自己进一步夺权扫清道路。

当时，平帝的祖母冯氏、母亲卫氏都被王莽阻留在中山王国。王莽担心哀帝即位后的一幕重演，十分不安。朝臣中有人说平帝年幼，不应使他和生母分离，都被王莽找借口赶了出去。王莽的长子王宇担心王莽阻隔平帝母子相聚的做法给王家带来灾祸，他的老师吴章设计，让他的妻兄吕宽趁夜在王家门前洒上猪狗血，让王莽生疑，然后由吴章来趁势劝说。王莽尽管知道事情的真相，但是立即把吕宽、王宇押入牢中，随后，又将王宇的妻子吕焉、老师吴章都抓了起来。第二天，王莽就命他的儿子王宇立即自杀。吕焉和吴章也判了死罪。只有吕宽一人，被系于狱中。而后，王莽奏告太后，说王宇受吕宽诱惑，交接平帝外戚，妄发议论，已被处死。太后下诏，夸赞王莽不以父子之情损害国家之事，勉励他继续为国除害。这时，吕宽的用处就显示出来了。经过不断的审讯，吕宽的“供词”所牵涉的人越来越多，终于织成了一张大网，结果是，有许多人企图拥戴平帝的舅舅卫宝、卫玄等人夺权，谋害王莽，危害国家，其中包括梁王刘立、王莽的叔父王立、堂弟王仁，以及其他朝中大臣、地方官吏，共达数百人，或自杀，或处死。这些人都是对王莽擅权表示过不满，或对王莽进一步篡权可能不利的人。就这样，王莽杀一儿堵了天下人之口，制造了一场大冤狱，从而扫清了障碍。

王莽不断地诛灭异己，培植亲信，凡是能体会其旨意的人，就加以重用，无耻之徒纷纷平步青云，刚直之士却无以容身，朝政完全被他一手把持。平帝渐渐长大，王莽让自己女儿成为皇后。已明事理的平帝自然对这位老丈人的专权跋扈极为不满。王莽见平帝越来越不好控制，索性一杯毒酒结果了这位年仅14岁的小皇帝的性命。汉平帝死后，为了能继续专权，王莽立年仅两岁的孺子婴为皇太子，太皇太后命王莽代天子朝政，称“假皇帝”或“摄皇帝”。

在支持者的拥护下，王莽一次又一次地被加封许多尊贵已极的名号。比如一年，朝廷授王莽“安汉公”的爵位，王莽在推辞再三之后被迫接受，却将俸禄转封两万多人。元始四年（公元 4 年）加号“宰衡”，位在诸侯王公之上，当时王莽也是反复再三地加以推辞，直到磕头流泪，最后自然也是接受了。由于大力宣扬礼乐教化，王莽得到儒生的拥戴，他们提议给王莽加“九锡”的尊号，一起上书的竟然有48万人之多，这个数字几乎相当于全长安城读书人的全部数目，而几乎全部的政府高层官员也表示同意。被加九锡，实际上意味着接近了皇帝的地位。王莽名望之盛，由此可见一斑。从此以后，不断有人借各种名目对王莽劝进，让他当皇帝。王莽一方面大表诚惶诚恐之意，拒不同意；另一方面却暗中提拔这些劝进的人，甚至还亲自指使人来劝进。经过一番表演和实际暗箱操作之后，初始元年，王莽逼迫孺子婴禅让，自己称帝，改国号为新。

点评

王莽是古代历史上空前绝后“民选皇帝”，他的升迁、直至登上帝位的历程十分自然，完全是水到渠成。这是因为他的大部分行为举止完全符合儒家的伦理行为规范，他所颁布的政策方针，也完全是遵循儒家理论的，因此受到皇族、百姓的支持，是理所当然的。这是他占据道德和舆论制高点的一面。但仅仅是这一点还不足以让他最终拥有天下至尊的权力。因此，另一方面，他并不只是空谈高调，也并不完全依赖于这种力量，也有谨小慎微的政治行为。在高唱仁义道德的背后，他一步一步、处心积虑地铲除异己、培养自己的力量，为擅权篡位铺平了政治上的道路。这两个方面，对王莽来说都是真实的，他也正是凭着这两点才取得了成功。

留点缺点，不可过于完美

【厚黑真经】

我天性上有这种大缺点，难道真是古人所谓“予之齿者去其角，傅之翼者两其足”耶？

【精要解读】

每个人的天性都有追求美好的倾向。置身竞争激烈的权力场中的人们，大都有“人在江湖，身不由己”的感慨，这也说明，除了那些十足的奸佞之徒、利禄之士外，人们总还是希望自己能够尽量符合“真、善、美”的标准。但是殊不知，在很多情况下，表现得过于完美的人，很容易受到别人的猜忌。很难坦白承认己不如人，是人的天性之一。当看到那些比自己优秀的人的时候，在羡慕的同时，也会不由自主地滋生出嫉妒的心情。在权力场中，过于完美的人则更加危险，因为他们直接威胁到别人的权力和利益。那些有能力加害于人的权势者，往往不能容忍别人的表现超越自己。比如，有时候，那些深孚众望的下属往往比声名狼藉的贪官污吏更使君主不安。为了避免因为过于完美给自己带来危险，我们就不得不故意留点缺点，或者有意识地破坏自我形象，自己给自己抹黑栽赃，通过自污以求自保。

【运用之妙】

战国时期，秦国大将王翦与其子王贲在辅助秦王嬴政统一六国的战争中立有大功，六国除韩之外，其余五国均为王翦父子所灭，王翦也被认为是继白起之后的又一名将。这一军事上的名将，同时也是深谙权力奥妙的名将。

在灭楚之前，王翦坚持需要带领60万大军，才有胜算。秦王嬴政认为大将王翦既年老又胆小，就派青年将领李信及蒙恬带兵 20 万伐楚。王翦不得重任，于是托病辞官，回老家养老。不料后来，楚军大将项燕大破李信军队，秦兵大败而归。嬴政听说后大怒，这才知道王翦的确有远见，亲自向王翦谢罪，要他再次出山。王翦辞谢说：“臣下疲弱多病，还希望大王另择良将。”嬴政坚持要王翦领兵，王翦说：“如果大王一定要用老臣的话，那么还是必须给我六十万大军。”嬴政答应了。

于是王翦率60万秦军伐楚，秦王亲自送他到灞上。在临行之前，王翦多次向秦王要求赐给自己良田屋宅园地，好为子孙置业。秦王笑着答应了。等军队行至关口后，王翦又先后5次派使者回朝请求良田。有人认为王翦将军这么做，有点求赏太过分，王翦解释说：“秦王粗暴，又不信任人，现在倾尽全国兵力，把它交给我，我当然只有以多请田宅作为子孙基业的方法来打消秦王对我的怀疑。”

王翦大军在行进不到50里的时候，又遇到了秦王派来的送亲队伍，送亲官员宣布：“奉秦王诏令，将华阳公主赐婚于王将军，相遇之处，即可成婚。”当时，王翦年事已高，早已儿孙满堂。王翦虽然觉得这事很荒唐，但他明白秦王用心。于是命令大军停止前进，就地驻扎。又在大军中设一锦帐，与华阳公主行了婚礼，第二天，老夫少妻一起返回咸阳，拜见秦王。之后王翦才前行。

汉初名相萧何曾忠心辅佐刘邦夺得天下，居功臣之首；又在汉初勤力辅佐刘邦治国，深得民心。这对新立的汉朝来说，本来是好事，但是对善于猜忌的刘邦来说，却无疑会感到一种无形的压力。

黥布谋反时，刘邦亲自率兵征讨。他身在前方，每次萧何派人输送军粮到前方时，刘邦都要问：“萧相国在长安做什么？”使者回答，萧相国爱民如子，除办军需以外，无非是做些安抚、体恤百姓的事。刘邦听后，总是默不作声。萧何曾建议将皇苑改为民田，刘邦认为这是丞相收买民心、为个人邀功，大怒之下竟将萧何逮捕入狱。后来释放时，刘邦还悻悻地对萧何说：“我之所以关押相国，就是要让百姓知道你的贤能和我的过失啊！”这话很是言不由衷。

为了释去主上的疑忌，保全自己，萧何不得已违心地做些侵夺民间财物的坏事来自污名节。不久，萧何的所作所为就被人密报给了刘邦。果然，刘邦听后，像没有发生什么事一样，并不查问。当刘邦从前线凯旋归来时，百姓拦路上书，控告萧相国强夺、贱买民间田宅，价值数千万。刘邦回到长安后，萧何去见他时，刘邦笑着把百姓的上书交给萧何，意味深长地说：“你身为相国，竟然也和百姓争利！你就是这样‘利民’啊？你自己向百姓谢罪去吧！”刘邦表面上让萧何向百姓认错，补偿田价，可内心里却暗自高兴，对萧何的怀疑也逐渐消失。萧何自我贬损，果然发挥了作用。

点评

秦王的确不太厚道。王翦怎么说也算是有功之臣，但偏偏用李信代其领兵攻打楚军，这多少也有防范王翦的意思。后来不得已把全部兵力托付给王翦，就更加不放心了。但王翦早就看穿了秦王的这些花花肠子，也就顺势而下，乐得成秦王、也成自己之美。我们看到，王翦不仅是一个身经百战的老将军，而且是一个善于取消君主疑虑，以保全自己的老将。

萧何是刘邦的贫贱之交，但是在官场上没有真正的友谊和盟友。当时，萧何树大招风，是刘邦手下为数不多的位高望重之人，不能不让生性多疑的刘邦所嫉。对刘邦来说，身居高位者，什么都要强过臣下，否则就有损我堂堂天子的威严和名声。这就是他的权力逻辑。萧何广施仁政，会更加增加他的威胁性，因此就说他故意讨好百姓，将他收进监狱；萧何盘剥百姓，结怨于民，这样就影响了他的权威和名声，因此反倒加以纵容。只有顺着他的逻辑走，臣下才不至于罹祸。

第九章

情场厚黑学

任何人都有自己的薄弱点和敏感带，厚黑学一直注意这一点，并主张加以利用，更快更有效地成事。在情场也是这样。不管是男人还是女人，都有自己的特点，在心灵的某个方面容易被感动。因此，如果在情感上有求于人，可以紧紧抓住对方的这一特点，进行感情上的攻势，这样更加容易达到目的。

牢记“空”字诀，软磨硬泡

【厚黑真经】

空就是空闲的意思，分为两种：一种就事务而言，求官的人一定要把所有事都放下，不做工不经商，不务农不做生意，书也不读，学也不教，一心一意专门求官；另一种就时间而言，求官的人要有耐心，不能着急，今日不生效，明日再来，今年不生效，明年再来。

【精要解读】

男女之间的情感和婚姻，对于双方来说都是非常重要的，它直接影响到个人未来生活是否幸福。因此，一旦发现合适的对象，就应该花费心思、锲而不舍地去追求。“不经一番寒彻骨，哪得梅花扑鼻香”，不想花费精力和时间、不花费一定的代价，是很难拥有真爱的。有时候，对方可能因为没有思想准备，一时之间还很难接受你，因此加以拒绝，这就更是真正考验你的时候。你就更应该直面失败，更加顽强地展示你对对方的爱意和你的诚意。只要你有足够的耐性，能软磨硬泡，你成功的可能性就越大。

【运用之妙】

有一位香港著名的女作家，在单身的时候受到众多男士的追捧，最后和大陆的一位男士结成了情缘。令人意想不到的是，她曾经宣称这位男士是追她的男性中条件最差的。那么，这位男士是怎么得到这位女作家的青睐的呢？

事情起源于几年前，有一次，女作家第一次到上海，和出版社洽谈出版自己小说的事宜。在一次晚宴上，她和这位男士相遇。男士其貌不扬，很不出众，她对他几乎没有什么印象，更谈不上好感了。但这位男士却深为女作家的人生体验所感动，可以称得上是一见倾心。当他得知女作家还是单身之后，竟然在晚宴上告诉她一句惊人之语——“我可以追求你吗？”

当时，女作家并没有在意这句话，她已经听过很多类似的话，因此只是礼貌性地笑了笑。但是男士事后真的开始进行了猛烈的进攻。他先是打电话约女作家吃饭，但是女作家借故推掉了。不料，从第二天开始，他就带了很多朋友，一起到她下榻的酒店“站岗”。男士的这种举动，让女作家感觉如遇“恐怖分子”，连房门都不敢踏出一步。而紧盯着她的男士还不断地用电话“骚扰”女作家，甚至还“恐吓”她说，如果再不露面的话，就要通知她的所有朋友，告诉他们自己要追她。

女作家想，看来躲是躲不过来，便只得另想办法。她答应他说：“你请我喝咖啡吧，我们好好聊聊。”进了咖啡店，女作家一改往常节约的习惯，一口气点了好几杯价格贵得让人咋舌的咖啡。这是因为她知道内地收入较低，因此想通过这种办法来吓吓男士。不料，男士也跟着点了很多杯咖啡，结账时不但没有囊中羞涩，反而给了服务员一笔数目不小的小费。其实，这位男士尽管不算贫寒，但是还称不上很有钱，他之所以这么做，是因为他知道女作家这么做的目的。因此，也就忍痛装了一下“大款”，让对方的计谋无法得逞。

让女作家难以想象的、最激烈的做法还在后头。在她在上海的最后一夜，男士更是鼓起勇气，在众人面前猛烈亲吻了她。女作家霎时花容失色，久久不能言语，随后委屈得几乎落泪，对那位鲁莽的男士说：“你怎么可以这样！”而当她离开上海之后，男士更是一路穷追不舍，女作家到西安，他也到西安；她到台北，他也跟去台北。

就这样，女作家不得不放弃抵抗，同意和他结婚。她说：“看来，只要我存在于地球上一天，都无法逃过他的手掌心。”

一个女士坐在火车上，车中的乘客寥寥无几。没过多久，上来一位男士，他环视了车厢之后，发现漂亮的女士孤零零地坐在那里，便走到她身边，说：“请问，这座位有人坐吗？”

“没有人坐。”女士回答道。

于是，男士就把行李放了下来，准备坐这位女士旁边。女士向内看了看，发现还有许多空位，这位男士却选择了自己身边的位置，所以很吃惊地说：“这么多座位，为什么你单单选择了这个位子呢？”

“因为这是我能得到幸运的位子。”

“原来是这样，那么就请坐吧。”

过了一会，女士拿起行李站起来，挪到别的位子上去坐了。等她坐定之后，没想到男士也随着搬了过来。于是女士不悦地说：

“你抓住的幸运位子怎么不要了？”

“我已经抓住了幸运，所以我决定抓住不放了。”

点评

男士运用软磨硬泡的厚黑之术，终于把女作家追到。尽管在这个过程中，女士为男士的一些举动而感到反感，甚至厌恶，但是最后却终究被男士的诚心所感动了。一段即便在当事人也感到毫无可能的情感，就在软磨硬泡之中成功了，由此可见这种方法的确有很大的作用。当然，在任何时候，我们都要保持一定的分寸，在达到目的的努力之中，不会从根本上破坏你们之间的关系。火车上的男士则给我们提供了一个初次见面便紧追不舍的典型。尽管他和女士互不相识，但是他却一再寻找机会，和女士接近。值得注意的是，他两次都是巧妙地找了借口，这也是在软磨硬泡追求对象时应该要注意的：软磨硬泡，也要注意一定的方法。

甜言蜜语：永不过时的情场法宝

【厚黑真经】

世间的丈夫没有不爱他们的妻子的，积爱成怕，所以今后的文化应当建立在“怕”字上。

【精要解读】

情人之间情感的交流是多方面，但最主要的方式永远是语言交流。情场厚黑学的经验是，情人之间的甜言蜜语永远都不会过时。大文豪马克·吐温常常把写有“我爱你”、“我非常喜欢你”的小字条压在花瓶盘子等地方，给妻子一份意外的惊喜。实际上，不管是处于热恋之中的少男少女，还是同舟共济数十年的老夫老妻，对于甜言蜜语可以说都是百听不厌。几乎没有任何一种方法，比跟情人说许多甜言蜜语更加直接和有效。在大部分时候，只要爱人的一句“我爱你”，总是能激起万般柔情，千种蜜意。

【运用之妙】

刘婕结婚刚进入第二年，就决定和丈夫李刚分居了。作出这个决定之后，刘婕对她的朋友张庭说：“我们之间一直都有问题。他每天回家很少和我说话，我辛辛苦苦地做完饭，伺候他吃完，他也懒得跟我讲几句话。他一吃完饭，总是躺到沙发上看电视，再也不想起来。我有时想找他说说话，他却嫌我罗嗦。他一个人直到深夜看完电视节目，就爬上床，也不问我是否劳累，就只顾一个人呼呼大睡。

“今天之前，我本来还没有打定主意。我是想再给他一个机会。今天是我的生日。下班之后回家，我故意装作不高兴的样子。但他根本没有注意到我的表情，就只打了声招呼，然后又去看他该死的电视了。在吃饭的时候，他倒是看了我一眼，随便问了下：‘你怎么了？’我回答说：‘没什么。’其实我在想：‘只要你真关心我，我就没什么烦心事。如果你真关心我，那么就别去看电视，多问我点儿问题。’不料他却毫不在意，说了一声：‘噢。’然后转身走开，又去看电视了。

“他现在居然连我的生日都给忘了，甚至连一句多情的话都没有。那些婚前的甜言蜜语好像都已经说完了。我就好像和一个陌生人住在一起。”

张庭听完刘婕的叙述后，安慰了她几句。作为刘婕和李刚共同的好友，她很清楚李刚其实是很爱刘婕的，细细想了之后，就知道了他们之间的问题。等刘婕走了之后，她立刻打电话给李刚，并把事情告诉给他听。

李刚听到之后，大吃一惊，他根本没有想到问题的严重性。他当然很爱自己的妻子，只是以为既然两人已经结婚了，就没有必要整天甜言蜜语地说个不停，而且，他自己也不大好意思向她说这些话了。他整天为自己的事业打拼，就是他证明爱的方式之一。今天，他忘记了是刘婕的生日，原本以为刘婕心情不好，但是当他问了一声之后，她自己也说没什么，而且他当时正在想工作上的事情，因此也没有多问。

知道这件事情之后，李刚立刻采取了行动。等刘婕回到家之后，李刚早已准备好了生日蛋糕，整个房间都被他布置得充满了柔情蜜意的气氛。等刘婕还没反应过来，他突然跪倒在她面前，并牵着她的手，说：“亲爱的，对我而言，你是世界上最不平常的女子。我曾在结婚典礼上说过，我将永远爱你。现在，请相信我，我将永远遵守这个誓言。”之后，他又向她滔滔不绝地倾诉了对她的柔情和爱恋。这番热情洋溢的话，使她重新拥有了恋爱时的感觉。她原谅了自己的丈夫。

点评

有人说结婚之后就不再需要那些不切实际的甜言蜜语了，但实际上，这些话始终不会过时。李刚实际上认为自己正用实际行动表达对妻子的爱意，但他根本没有意识到，在传达这种信息给妻子的时候，他已失败了。女人最需要对她感兴趣、关心她的人来和她进行交流，那些没有什么实际意义的甜言蜜语最能赢得她的欢心，让她百听不厌。对刘婕来说，她所需要的并非什么奢侈品，而是丈夫的柔情蜜意。正因为如此，让她作出分居这样重大的决定的是缺少甜言蜜语；而让她回心转意的，也仍然是它。

舍得花钱投资，大施恩惠

【厚黑真经】

弄字与求官的送字是对照的，有了送就对应有弄。这个弄字，最要注意，是要能够在公事上通得过才成功，有时通不过，就自己垫点腰包里的钱也无妨；如果通得过，管他多少都不用客气了。

【精要解读】

情场厚黑学认为恋爱就像投资，不但需要冒风险，重要的前提是要有投入，其中就包括作为物质财富的金钱。尽管男女之间的感情本来应该是纯洁的，但不是免费的；爱情不能用钱去买，但花钱却是必不可少。同时，在其他方面也要施展慷慨大方的高姿态，如果能让对方感觉到为了爱情，自己什么都愿意牺牲，就最好不过了。作为追求者——主要是男方来说，慷慨大度，其实花的不是钱或是其他物质性的东西，而是心机，它是表达爱情的一种方式。如果不愿意在感情上付出，那么男人对女人的爱情会大打折扣。

【运用之妙】

南齐少帝萧宝卷对爱妃潘玉儿的宠爱可以算是“前无古人，后无来者”。当时，萧宝卷的后宫佳丽多达万人，但他对潘玉儿却特别宠爱。萧宝卷尤其十分喜欢潘妃的脚，更因此封她为“贵妃”，一得空就把玩她的足踝。为了讨好潘玉儿，萧宝卷在内廷之中，时常以奴仆自居，服侍潘妃，端茶送水，捏脚捶背都做得心甘情愿。每当外出时，总使潘玉儿坐卧轿中，自己则骑马相随。朝臣们都以为皇帝这么做不成体统，而萧宝卷却习以为常。为了进一步博取潘玉儿的欢心，萧宝卷先后大兴土木，建造了三座华丽巍峨的宫殿，穷极奢侈。建造“芳乐苑”，亭台楼榭，工巧绝伦，山石都涂上五彩。萧宝卷曾在宫苑之中设立市场，让太监杀猪宰羊，宫女沽酒卖肉。潘妃充当市令，自己担任潘妃的副手，遇有什么急事，就交付潘妃裁决。不过，沉溺于潘玉儿的温柔乡中的萧宝卷却把朝政弄得一塌糊涂。永元三年（501年），萧衍率大军直入建康，灭齐，萧宝卷被废为东昏侯。南齐亡后，梁武帝萧衍将潘玉儿赐给了有功的将军田安启，潘玉儿自缢而死。

徐灵和男朋友认识已经有5个月了。他男朋友高大英俊，机智幽默，平时对徐灵也很不错。过年的时候，徐灵就带他见了自己的父母，父母对他也很满意。对徐灵来说，这个男朋友算是自己交过的最满意的男朋友了，因此在心里盘算着是否嫁给他。

唯一让徐灵觉得有点不满意的是男朋友对待金钱的态度。也许是因为家庭并不富裕，自己收入也不高，因此两人交往这么长时间，他什么礼物也没有给她买过。朋友都劝她说，他会过日子，所以不愿意浪费钱。尽管听起来很有道理，但是徐灵却还是无法理解。为了不用花钱，他很少陪徐灵逛街。算起来，一共只陪她逛过两次街，两次都一分钱没花。一次，他陪徐灵逛化妆品店，徐灵买了一瓶精华素80多元，付账的时候却见他躲得远远的。当时徐灵刚参加工作不久，薪水比较低，而男朋友却已经参加工作5年多了。

男朋友这么抠门，很让徐灵怀疑他爱自己的程度。从谈对象开始，他就跟徐灵说工资卡在他妈手里，尽管徐灵能理解，但还是无法接受。他们也很少到外面吃饭，因为外面吃饭贵。有一次，他好不容易请徐灵外面吃了一顿100块钱的饭。之后不久，他竟然跟徐灵说，以后吃饭是不是实行AA制？这一点，就连她的女朋友都看不过去，对她说：“他是不是只当你是一般朋友，根本就没当你是女朋友的意思。因为AA制，无论是哪方提出都是拒绝深度发展。”听朋友说后，徐灵越想越气，逐渐疏远了他，最后两人就分手了。

点评

古代人常常把“红颜祸水”联系起来，但是如果单单从个人情感上来说，皇帝也是人，他宠爱自己的妃子原本是没有错的。萧宝卷自然是政治上的低能儿，但他在情场上却不能算是失败。只是说，宠爱女人的方式有千万种，可以奉献的东西也有千万样，但他偏偏却用了作为自己根本的政治前途去取得她欢心，这就过于愚蠢了。而我们应该学习的是他为美人敢于奉献的精神。

很多女人从男友的慷慨程度中检验他的爱情真实度。女人似乎在潜意识里认为，男人爱自己就一定舍得奉献自己，其中就包括愿意为她花钱，这其中“舍得”两字是核心。不谈金钱，尽管刚开始可能觉得没什么，但久了之后，就会慢慢觉得不对劲了。徐灵的男友过于吝啬，不管这种吝啬的原因是什么，但是终究难以被徐灵接受，她更会将这种做法和他对自己的真实感情联系起来。因此分手也就难以避免了。

花样翻新，浪漫与惊喜不断

【厚黑真经】

宋朝的陈季常就是鼎鼎有名的“怕界巨擘”，河东狮子吼的故事已传为怕界的佳话了。所以苏东坡曾以诗称赞道：“忽闻河东狮子吼，拄杖落地心茫然。”

【精要解读】

人们都喜欢惊喜和浪漫，尤其是女人。爱情，绝不是单调重复的行为，而是在花样迭出、浪漫和惊喜不断中产生、坚固。从浪漫的行为中，情人能感受到对方对自己的欣赏和崇拜，求证了自己在对方心目中的重要性。浪漫的行为把情人置于特殊的、被呵护的角色中，让女人变得更加美丽，帮助女人找回女性化的一面；也可以让男人变得更加男人。因此，营造浪漫，可以让爱情持久浓烈、幸福。无论在任何阶段，情人间的浪漫一直以来都很重要，它是使双方相互吸引、维持夫妻感情的重要条件。

【运用之妙】

卡尔·马克思和燕妮的婚姻是这个世界上最美好的结合之一。尽管马克思是一个严谨的思想家，但是在爱情上却很浪漫，一点也不呆板，常常十分让燕妮感到惊喜。他还曾经为了燕妮而去学习浪漫主义和诗歌，他的所有诗歌几乎全都是献给燕妮的。当燕妮收到诗集的时候，感动得掉下了眼泪。而马克思向燕妮表白的方法，也是浪漫爱情的典范。

燕妮和马克思最早在孩童时候就一直是朋友。燕妮有着深褐色的头发，深蓝色的眼睛，在特利尔备受注目，甚至被选为舞会女王。马克思也早就倾心于他。在一个美丽夕阳的下午，在一条幽长的小路上，马克思和燕妮并肩散步。晚霞把燕妮的头发照得金灿灿的，比往常更加美丽。在这样的诗情画意之中，马克思突然停下和燕妮所探讨的哲学问题，好像想起了一件事情似的，他深情地看着燕妮的脸庞，慢慢而坚定地对燕妮说：“燕妮小姐，告诉你一个好消息。”

“什么好消息？”燕妮十分惊喜和兴奋地问道。

“我已经有了一位心上人。”马克思说。听到之后，燕妮突然把笑容僵在了脸上，而马克思仿佛没有看到她脸上的变化。

“噢，她，她是谁？”燕妮装作镇定了下来，但是还是有些语无伦次。这太出乎她的意料了。

“嗯。你或许认识她呢！”马克思神秘地冲燕妮笑了笑，并把一个小盒子递给她，说，“这是她的相片。”

马克思好像很不经意地把这个盒子送给他的，但此时燕妮接过盒子的手，却有些冰凉。而马克思彬彬有礼地找了个借口，与燕妮分开了。

燕妮想要弄清楚到底马克思爱上了谁，于是迫不及待地打开盒子。可是，当她一打开盒子后，她的脸马上红了。因为小盒子里什么相片也没有，只有一个圆圆的小镜子，镜子里映出的正是燕妮漂亮的脸庞。

燕妮笑了。从此，便开始真正和马克思走上爱情的道路。

聪明美丽的莉莎在美国的一家旅行社工作。她和年长约20岁的男友情定一生，也算得上是一则传奇。

3年前，莉莎因公出差到巴黎。那时，她和男友才相识3个月，还处在情感的试探期。她最困扰的就是他们之间的年龄问题，这个男人尽管很稳重，但是多少有点缺乏激情。这段出差的时间，她正要好好考虑一下他们之间的感情。在机场和男人依依不舍地话别之后，她就一个人坐上了飞往巴黎的飞机。

到了巴黎之后，莉莎先去见了客户，然后到自己下榻的宾馆休息。一开房门，就见到一大盆她最喜欢的香水百合和一张来自男友的传真。她非常高兴，关上门刚看完信，电话铃声就响起来了。电话是男友打来的。两人情话绵绵地说了很多之后，莉莎对男友说：“很晚了，而且是越洋电话，电话费很贵，我们改天再聊，好吗？”那边却说：“可是，我现在就想见你。”

莉莎当然知道这是没办法的事，因此又安慰了一下男友，才好不容易挂了电话。刚挂完电话，就有人按门铃。莉莎一开门，却见男友已经站在门外，她又惊又喜。原来，他们分开之后，男友就搭了另一班飞机也到了巴黎，而且还比她早住进饭店。这份意料之外的惊喜，让本来心中对彼此年龄的差距有些疑虑的莉莎完全“缴械投降”了。

点评

不管是因为深知浪漫行为的重要性，还是因为爱情本身能够让人变得更加浪漫，马克思始终知道利用浪漫来营造爱情的甜蜜氛围。在向燕妮求爱的时候，他并没有像一般人那样，只是简单地向对方说出“我爱你”，而是采取了这种更加含蓄、也更加刺激的方式，让燕妮充分体会了从深深失望到惊喜的浪漫行为，这样的爱情有曲折的美感，自然也更容易打动她的心。

莉莎的男友也深知浪漫和惊喜对于情人的奇效。有时候，也许仅仅有花言巧语还不能打动人，如果配以浪漫的行为，则能够轻易掳获爱人的芳心。在爱情的浪漫和惊喜面前，那些现实和世俗中出现的问题，可能都不成其为问题了。

花言巧语展望美好未来

【厚黑真经】

我对世界外交史的研究进行了很多年，竟然发现了列强对外的秘诀。其方式不外乎两种：时而横不讲理，用武力掠夺，等于劫贼的明火抢劫；时而甜言蜜语，说些奉承话来讨你的欢心，缔结的盟约全不生效。

【精要解读】

有人说“婚姻是爱情的坟墓”，在现实生活中，很多人在结婚之后，夫妻之间的感情慢慢变淡，甚至导致最后不欢而散的事例也有很多。因此，对恋爱中的人们——尤其是天生安全感就不强的女人来说，她们都希望能和自己的对象天长地久、永远相爱，未来会怎样，是一个影响她们对现在的爱情进行考量的重要因素。但是，这毕竟只是人们一厢情愿的想法，因为未来的一切都会发生变化，谁也无法保证以后究竟会如何。尽管如此，未来怎么样，其实跟现在是有很大关系的。因此，为了让女人放心，厚黑学仍然鼓励男人尽可能地向女人许诺，让她对未来充满信心，这样两人才会同时在现在就开始积极地营造爱情，更加有希望达到未来的目标。

【运用之妙】

小张本来是个说话很客观的人，即使在热恋的时候，也不愿意讲一些看上去很不理智的誓言。但是，像大多数女人一样，他的妻子也很喜欢那些听来有些肉麻的情话，尤其是对未来的许诺。在结婚前，妻子就要求小张发誓会永远爱她，否则就要和他绝交。为了讨妻子开心，小张也不得不学会讲这样的话了。开了这样的先例，小张就对这些东西习以为常了：既然她听得高兴，那就索性多讲些吧，反正自己又没有什么损失。

小张本来认为，结婚之后，女人对这些东西应该有较为清醒的认识，从而不再热衷，但是没有想到妻子对誓言还是乐此不疲。稍有不同的是，妻子似乎已经认识到现在的男人普遍"花心"，因此不再要求他说"永远爱你"之类的话，而是改为"只爱你一个人"。一开始，小张还没有适应，但是时间长了，他也就脱口而出了。而每次听到他说出这样的话来，妻子的脸上就露出满意和幸福的神情，也表现得比往常更加温柔。

不久前，妻子忽然心血来潮，把自己保持了10多年的"清纯式"发型给烫了，尤其是本来小张十分喜欢的"刘海"，也被她毫不留情地"毁掉"了。妻子回来之后，小张坦诚地说"我不喜欢"，她就立刻满脸不高兴："别人说不好看没关系，你怎么也这么说？"见妻子生气了，小张立刻改口说："其实，也不是不喜欢，关键是我老婆变得比以前更加漂亮了，我一下子还真不习惯。而且，就算真不好看，只要是在你的身上，就永远是最漂亮的！"她的面容很快就展开了。不过，第二天下班回来之后，妻子看起来闷闷不乐的样子，原来周围的同事、朋友都一致认为她新换的发型不好看。小张鼓励她说："因为他们嫉妒才这么说你的呢！"妻子很是受用，但是却还是半信半疑，问道："到底是真的好看，还是假的好看？"小张认真地说："好看就是好看！"又紧接着补了一句："我发誓，我永远只爱你这种发型。"

有一天，妻子突然心血来潮，对小张过去的罗曼史发生了兴趣。她和颜悦色地对小张说："你过去交了多少女朋友？你跟我谈谈嘛！我保证既往不咎。"小张当然知道，尽管她表面上装作很不在意，但是一旦说出来，保不住她又要吃醋撒泼，于是对她说："我发誓，在认识你之前，我其实就已经预感到你的出现，就决心只爱你一个人了；而在认识你之后，这种信念就更加坚定了！"明明这是一句谎话，但是妻子听后还是高兴至极，满足地大笑。

多听了小张的山盟海誓，妻子对未来充满了信心，他们之间的感情也一直很融洽。

点评

像大多数的女人一样，小张的妻子其实并非不知道对于未来的誓言没有很大的约束作用，但是对她们自己却又有奇妙的心理暗示作用。在听到这些誓言之后，她们对未来充满信心，因此也就更加乐于在两人的感情中付出。跟女人不同的是，男人通常都会注意一些更加实际的东西，因此不愿意花言巧语去对未来许什么诺言，恰恰是这一点导致了女人们对未来没有信心，从现在就开始不满，最终导致了不好的结局。小张就是看到了这一点，所以才放下自己所谓的"原则"，将对美好未来的许诺，让妻子高兴和满足。可以看出来，这种表面上看起来带有欺骗性质的诺言，其实是有很大的积极作用的。

读透男（女）人心，击中软肋

【厚黑真经】

掌握和实行厚黑也要从对待自己的妻子和子女开始，换句话说，也就是如果不厚黑，那么连自己的妻子儿女也对付不了。

【精要解读】

任何人都有自己的薄弱点和敏感带，厚黑学一直注意这一点，并主张加以利用，更快更有效地成事。在情场也是这样。不管是男人还是女人，都有自己的特点，在心灵的某个方面容易被感动。因此，如果在情感上有求于人，可以紧紧抓住对方的这一特点，进行感情上的攻势，这样更加容易达到目的。

【运用之妙】

老舍在33岁时就已经是文坛叱咤风云的领军人物了，但是还是单身一人，尚未成婚，连女朋友都没有。当时，朋友们见他与胡絜青性格、爱好都比较接近，就轮流请他俩吃饭。赴宴3次后，老舍自然心领神会，就给胡絜青写出了第一封信："我们不能总靠吃人家饭的办法会面说话，你和我手中都有一支笔，为什么不能利用它——这完全是属于自己的小东西，把心里想说的话都写出来。"这封信写得很诚恳坦率，胡絜青看了之后，和老舍相约，每天都给对方写一封信。

胡絜青当时十分爱干净，手巧爱做衣裳，每天差不多都换一身衣裳。老舍在信中说："……我可没钱供你，看来，你跟我好，就得牺牲这衣裳。我不能像外国人似的，在外面把老婆捧得老高，回家就一顿打。我不会欺负你，更不会打你，可我也不会像有些外国男人那样，给你提着小伞，让你挺神气地在前头走，我在后头伺候你。"这些十分诚恳的信，让胡絜青慢慢对老舍加深了了解，认为他就是自己要找的那种实在、真诚且很平等的对象，就打开了情感的闸门。最后，两人终成眷属。

有位连长的妻子，农忙之后来部队探亲。在来部队之前，她想要痛痛快快地向丈夫诉苦，说她是怎么早晚不得休息地拉扯孩子的，她是怎么样带着病弱的身子在田中忙种忙收的；她是怎样细心周到地照顾公婆的，她是怎样无故地受到婆婆的责怪和小姑的谩骂的……总之，她有太多的烦恼、委屈和不平，想要对丈夫倾诉。不料，当丈夫带着训练场上的一身尘土，领她走进他们的小屋时，在她耳边轻声细语地说："没有你，我寂寞得不行。"一句话，把她说得鼻子一酸，所有的抱怨都一下飞到九霄云外，含泪的眼里立刻就闪烁着幸福甜蜜的光亮了。

点评

俗话说，"萝卜青菜，个人所爱"，胡絜青是当时的新青年，对于爱情有自己的想法，她要找的对象和老舍在信中所展示出的自我形象十分相符。因此，对于胡絜青来说，这正是她的"软肋"所在。

连长的妻子也是这样。对于她来说，没有什么比丈夫的那句"你不在，我寂寞得不行"更让她高兴的了，她所希望的也正是这个——她在丈夫心目中的位置。当她知道丈夫想她，爱她，不能没有她的时候，所有的委屈和不平立即烟消云散了。

胆大心黑，花开堪折直须折

【厚黑真经】

上天生人，给了我们一张脸，而“厚”就在其中；给我们一颗心，而“黑”就在其中。从表面上看去，广不过几寸，大不满一捧，好像完全没有什么奇异的地方。但假如精密地考察，就可以知道它的“厚”是无限的，它的“黑”是无比的。凡人世间的功名富贵、宫室妻妾、衣服车马，没有一个不是从这区区之地出来的，造物生人的奇妙真是不可思议。

【精要解读】

爱情和婚姻关系到人一辈子的幸福，因此在爱情的问题上的确需要谨慎对待，不应该鲁莽行事。但是古人说：“花开堪折直须折，莫待无花空折枝”，在对待爱情的问题上，也不能过于谨小慎微，以至错失良机。一般人在需要“折枝”的时候却停顿下来，有两个方面的顾虑：一是怕对方对自己没有好感，拒绝自己，自己下不了台，也因此起到反效果；二是周围的环境给了他很大的压力，迫使他不得不作出妥协和退步。其实，人生茫茫，遇到一个自己真心喜欢的另一半是很不容易的，应该抓紧时机好好把握。即便对方拒绝，充其量不过说明自己的判断不是很准确，也说一定对方是在考验你。至于环境的压力，就更加不用加以考虑了，因为爱情是两个人的事情。如果凡事都要瞻前顾后，缩头缩尾，想要等到事情有了百分之百的把握才敢去做，很容易失去良机。等到爱情过于“成熟”，有时时机也已经错过了。

【运用之妙】

汉代的大辞赋家司马相如，以文才闻名海内。有一年，司马相如外游之后返回自己的家乡四川，在经过临邛的时候，曾受当地富商卓王孙的邀请，在他家里做客，结识了卓王孙之女卓文君。卓王孙本是个附庸风雅之人，司马相如碍于情面，不得不前往赴宴，但也不加理睬。卓王孙一见其穿戴，也很有瞧不起之意，认为他是一个放荡无礼之辈。

但是司马相如却丝毫不顾，在宴会上，他只顾和别的客人谈笑，把宴会的主人卓王孙晾在了一边。正吃饭期间，司马相如听到内室传来凄婉的琴声，司马相如立即停止了说笑，侧耳细听起来。卓王孙本来被司马相如晾在一边，毫无意思，这时见琴声吸引了这位狂士，于是一个劲地夸耀卖弄说这是自己的爱女卓文君所奏。司马相如早已痴迷，忙向卓王孙请求，让卓文君出来相见。卓王孙本来不同意，但经不住司马相如的再三请求，就勉强同意了。

等司马相如见了卓文君之后，两眼直勾勾地愣在那里。他万万没有想到俗不可耐的卓王孙，竟然有如此美丽高雅、出尘脱俗的女儿。于是，他非常情不自禁，但有礼貌地向卓文君要过琴来，弹了一曲《凤求凰》，借琴表达自己对卓文君的爱慕之情，他弹琴唱道：“凤兮凤兮归故乡，游遨四海求其凰，有一艳女在此堂，室迩人遐毒我肠，何由交接为鸳鸯。”这种在今天看来也是直率、大胆、热烈的措辞，自然使得卓文君怦然心动，她本来也十分仰慕司马相如的才华，见面之后也见他相貌堂堂，于是两人一见钟情，并一起私奔回成都。

卓王孙知道后，气得暴跳如雷，又骂女儿不守礼教，又骂司马相如是衣冠禽兽，发誓不准他们再踏入家门。而卓文君随司马相如回到成都后才发现，原来司马相如虽然名声在外，但家里却十分贫寒，有时甚至连生计都无法维持。万般无奈之下，他们只好返回临邛，把自己的所有家当全部卖了，在离卓府不远的地方租了一间屋子，开起了一个小酒铺。司马相如穿上伙计的衣服，像个酒保一样擦桌椅、搬物件；卓文君也穿着粗布衣裙，忙里忙外地招待客人。酒铺刚一开张，就来了很多人，纷纷前来目睹这两位远近闻名的落难夫妻的“风采”。很快，临邛城里人人都在议论这件事情。卓王孙在当地很有名气，非常重视自己的脸面，十分顾忌风言风语，竟然一连好几天都没敢出门。有几个朋友劝卓王孙承认他们的关系。卓王孙虽然气得吹胡子瞪眼，但是却无可奈何，只好承认司马相如是他的女婿，还分给司马相如夫妇一大笔财富。司马相如夫妇大喜，带上钱财回成都生活去了。

英王爱德华八世与沃利斯·辛普森的爱情故事也很有名。1931年，已经结婚的沃利斯与当时还是亲王的爱德华结识，并经常参加亲王的各种活动。沃利斯外表并不太出众，因此一开始，爱德华对她并没有多大的关注，但是后来经过慢慢的了解，爱德华被这个37岁的女人深深迷住了。沃利斯解释了两人相爱的原因："唯一能说明他对我感兴趣的原因，也许在于我那美国人的独立精神、直率、幽默感，以及我对他和与他有关的每件事的乐观或好奇……他是孤独的，也许我是第一个洞察他内心深处孤独感的人。"

1936年元月，爱德华即位，成为英国国王。但王位却没有减低他对沃利斯的爱，他还是向王室宣布要和沃利斯结婚。此时，沃利斯已经与丈夫先行离婚。然而，爱德华八世的决定却遭到朝野一致的强烈反对，因为他们无论如何也接受不了一个结过两次婚的女人成为王后。顶着来自皇室、首相以及新闻界的各种压力，爱德华八世作出了一个惊人的决定：以逊位来成全自己的爱情。就这样，爱德华八世逊位而成为温莎公爵，并已经永远不能回到自己的国家。1937年，他们终于在法国成婚。爱德华对沃利斯说："我丝毫不后悔。我只知道幸福永远维系在你的身上。"

点评

一般的文人似乎都很要面子，而司马相如恰恰是个难得一见的"厚黑文人"。他在大庭广众之下，当着并不喜欢自己的卓王孙，才和卓文君见了一次面，就发出求爱的信号，可真够大胆。而且，他在处理难题时所采取的策略，恰好符合厚黑学的精髓，自己舍得丢弃脸面，不顾忌他人的议论，最后还厚着脸皮，让卓王孙同意和其女儿的结合。

爱德华的爱情故事也很浪漫。"人生得一知己足矣"；沃利斯是唯一懂得他的女人，他知道，如果他对这个也许是他一生中最爱的女人放手，那么他一定会后悔终生。正是因为意识到她在自己生命中的重要性，所以他愿意为了她，顶住强大的压力、舍弃尊贵的王位和离开熟悉的故土。

眼泪攻势与苦肉计

【厚黑真经】

刘备在遇到不能解决的事情时，对人痛哭一场，立刻转败为功，所以俗语有云："刘备的江山是哭出来的。"

【精要解读】

在现实生活中，那些喜欢哭的孩子，一般都是获得父母最多抚爱的孩子，所以说"会哭的孩子有奶吃"。哭，有时候并不是软弱的表现，厚黑学能够巧妙地把这一方法转为一种富有心机的处世办事的手段。同样地，在情场之中，用你的眼泪或其他类似的方法激发情人的同情心，进而达到自己的目的，因此有人总结女人们对付男人的方法是"一哭二闹三上吊"，这种手段尽管有些过激，但是在现实生活中的确有用。

【运用之妙】

拿破仑的妻子约瑟芬是前博阿尔内子爵夫人，一向生活不检点，对拿破仑毫无忠贞可言。拿破仑在意大利和埃及战场浴血奋战时，新婚不久的她却在与一个叫夏尔的中尉私通。她以为拿破仑会战死在阿拉伯的沙漠中，于是不再等他回来，竟然开始安排后事。

1799年10月，拿破仑从埃及回到法国，并受到人们热烈欢迎。拿破仑成了欧洲最知名的人物，法国的救星，其前程无法限量。消息传到巴黎后，约瑟芬惊呆了，并开始后悔了。为了得到拿破仑的谅解，约瑟芬坐着马车，长途跋涉，亲自去法国南部的里昂迎接拿破仑。她想在拿破仑与家人见面之前见到他，并趁着他的兴奋千方百计地蒙骗住他，不使自己的丑事暴露。

其实，拿破仑早就对妻子的不贞有所耳闻，当时，他暴跳如雷，并早已下定决心与其离婚。因此，等她好不容易到达里昂时，拿破仑已从另一条路去和巴黎的家人会合了。因此，约瑟芬不得不日夜兼程地赶回巴黎。拿破仑早已吩咐仆人不让约瑟芬再进家门。约瑟芬千方百计勉强进了门之后，壮着胆子去见丈夫。她来到拿破仑的卧室门前，轻轻敲门，没有回答。转动门把，也无济于事。她再次敲门，并温柔而哀婉地呼唤，拿破仑仍然没有理睬。她失声大哭，拿破仑还是无动于衷。她哭着，用双手捶打着门，请求他原谅，承认自己因一时的轻率、幼稚而犯下了错误，并提起他们以前的海誓山盟，说如果他不能宽恕，她就只有一死，但这仍然打动不了拿破仑。

约瑟芬哭到深夜，知道哭已经无济于事，于是不再哭了，开始想其他办法。她忽然想起孩子们。拿破仑非常疼爱她为他生的两个孩子——奥当丝和欧仁，倘若孩子们求他，他可能会改变主意的。约瑟芬认为，可能这就是打动拿破仑的最好办法。孩子们来了，天真而笨拙地哀求着。人心都是肉长的，约瑟芬这一招终于成功。拿破仑尽管已经知道约瑟芬已背叛了他，然而她的哭声在他的脑海里泛起他们相爱时的美好回忆。于是，奥当丝和欧仁的哀求声最后冲破他心中设下的防线，房门终于被打开，拿破仑终于和约瑟芬重归于好。后来拿破仑登基时，约瑟芬成了皇后，荣耀之至。

李洁和她丈夫结婚15年了，家庭生活尽管十分平淡，但也十分和睦。然而最近却出了问题。丈夫在一家效益不错的企业当经理。他的新秘书，是一位甜美的女大学生，因为工作的原因，日久生情，两人竟然相互产生好感，最后甚至发展到了相恋的程度。除了在正常的工作时间内“亲密接触”外，丈夫还常常把休息时间也搭进去了。李洁十分敏感，她观察到在丈夫身上发生的一些细微变化。经过暗地里的调查，她终于明白了事情的真相。

一个星期天，正在厨房炒菜的李洁听到丈夫关着门在房间里接手机，早已心知肚明的她悄悄到房门口。尽管丈夫的声音很小，她还是听出了“不见不散”四个字。丈夫出来后，说要出去一趟，和一个客户见面，然后穿上西服，打好领带。李洁站在丈夫的身后，静静地看着丈夫。尽管她很想从背后把丈夫抱住，但她明白，她抱得住他的身体，却抱不住他的心。

就在这时，李洁发现丈夫西服的肩上裂开了一条窄缝。她趁机让丈夫把西服脱下来，自己用针线给缝上。李洁坐在床上，一针一线地给丈夫缝西服，缝得很仔细。突然，她“哎哟”了一声，原来手指被针扎了一下，鲜血直往外冒。丈夫一阵心疼，一伸手将她的指头捏住，放到自己的嘴里，拼命吮吸。李洁紧紧地抱住丈夫，一句话也不说，泪水却无声地滑落。丈夫温柔地说：“扎得很疼吗？”李洁说：“不疼。”说完之后，她把西服给丈夫穿上，亲了丈夫一下，含着泪笑着说：“约你的人还在等你呢！快去吧！”而丈夫看着满脸泪水的李洁，真诚地说：“今天的约会我决定取消了。”

点评

为了求得拿破仑的谅解，约瑟芬可谓费尽心机。她软磨硬泡，还学会在这种蘑菇战中添加了一些眼泪，尤其是拿破仑所疼爱的孩子们的眼泪，这样就有效地软化了拿破仑。伸手不打笑脸人，对“哭成一个泪人”的恳求者，则更会容易产生同情之心。即使是坚强的拿破仑，也同样逃不过眼泪攻势。李洁对待感情上出轨的丈夫也是同样的策略。尽管明明知道事实，但是她却能够忍耐，不以强迫的方法，而是巧妙地用针刺破自己的手，再加上强大的眼泪攻势，使丈夫被自己感动，从而回心转意。

不到山穷水尽绝不撒手

【厚黑真经】

老婆有了错误，就低声下气，好言好语地劝告，如果不听，就再恭敬地劝。劝了3次还不听，就跟在她身后哭个没完。老婆一发怒打老公打出了血，也不要抱怨，更应加倍地敬畏。

【精要解读】

情场之中，有些人不怕清高或脸皮薄的人，最怕那些不到山穷水尽绝不撒手的人。因为他们善于抓住每一个机会，钻每一个空子，必须等到对方完全不给任何机会，才肯放过他（她）。其实，无论在历史上还是现实生活中，那些在情场中获得成功的人，全都具有这样的品质。他们相信，即使对方对自己的关紧了大门，总还有那么一扇窗户可以爬进他（她）的心房。

【运用之妙】

卓文君为了神圣的爱情，不顾众人非议，和司马相如私定终身之后，过了一段美好的时光。但是后来，司马相如对卓文君的情分却逐渐淡化了。尤其当自己被举荐到京城做官后，司马相如赏尽如云美女，又加上官场得意，竟然产生了弃妻纳妾之意。可怜卓文君独守空房，日复一日地过着寂寞的生活。不过，一首《白头吟》——“……闻君有二意，故来相决绝。愿得一人心，终老不相负……”——却表达了她对爱情的执着。

一天，司马相如给妻子送去了一封只有13字的信：“一二三四五六七八九十百千万。”聪明的卓文君读后，泪流满面。一行数字中少了一个“亿”，“无亿”岂不是夫君对自己“无意”的暗示？她怀着十分悲痛的心情，回了一封信：

“一别之后，二地相悬。只说是三四月，谁又知五六年。七弦琴无心弹，八行书无可传，九连环从中折断，十里长亭望眼欲穿。百相思，千系念，万般无奈把郎怨。万语千言道不完，百无聊赖十凭栏。重九登高看孤雁，八月仲秋月圆人不圆。七月半秉烛烧香问苍天，六月伏天摇扇我心寒。五月石榴红似火，偏遇阵阵冷雨浇花瓣。四月枇杷未黄，我欲对镜心意乱。忽匆匆，三月桃花随水转，飘零零，二月风筝线儿断。噫，郎呀郎，巴不得下一世，你为女来我做男。”

司马相如看完妻子的信，在惊叹妻子的才华之余，遥想昔日夫妻恩爱之情，羞愧万分，从此不再作遗妻纳妾之想。

象征派诗人戴望舒，有一段鲜为人知的罗曼史。

有个女大学生，长得相当漂亮，人也很聪明，不少男士纷纷追求她。戴望舒暗生情愫，也加入追求的队伍，可是却一直无法获得女学生的青睐。尽管碰了很多次钉子，戴望舒还是坚持把情书寄给那女学生，从不间断。一开始，女学生见是戴望舒写来的信，往往连封口也不拆，就投进了纸篓。久而久之，便偶尔拆开来看，但却从来不写回信。尽管从来收不到她的回信，戴望舒依然安之若素，把给女学生写的情书当做日常必做的功课。

那时的戴望舒在文坛已经建立了自己的地位。报刊编辑只要是收到戴望舒的寄来的稿件，总是文不加点，立即编发。有一次，戴望舒把写好的情书和一篇稿子同时发出，可是他却把它们装错了信封。女学生见收到的是一篇稿子，尽管十分欣赏戴望舒的才气，但却觉得莫名其妙，不知道对方是什么意思；而报馆编辑接到那封“情书”后，却照旧文不加点，立即发了出来。写给自己的情书被公开出版了，让女学生一方面觉得面子攸关，另一方面也被戴望舒一往情深的诚意所感动，最后终于和戴望舒结成伉俪。

点评

在夫妻感情发生危机的时候，卓文君没有心灰意冷，没有听之任之，而是巧妙借用夫君信中的13个数字，借题发挥，苦口婆心地劝自己的夫君回心转意，终于挽救濒临失败的爱情。能这么做，在古代是十分难能可贵的。戴望舒不屈不挠地给心上人写情书，期望终有一天能打动对方的心，但却始终没有成功。最后竟然是因为一次出错而使女学生同意，这多少有点偶然的味道。但是，偶然中又有必然，因为之所以出现这样的偶然状况，完全是由于戴望舒持之以恒的结果。

下篇

右手博弈论

高理铖　著

绪论

开启社会博弈之门

博弈论堪称史上最伟大的策略智慧，了解博弈论对开启我们的心智、发展我们的事业、营造我们的生活都是大有裨益的。现在，我们就来开启社会博弈的大门。

博弈就是下棋，博弈论并不神秘

“博弈”这个词听起来学术味极浓，其实简单理解，“博弈”就是“下棋”。如果拆开来理解，“博弈”的“博”是指“赌博”，而“弈”是指“对弈”。下棋遵循一定的游戏规则，双方各有策略招数，输赢待定，带有一定的赌博色彩。

而在英语里，Game与中文的“博弈”含义相当，字面意思是“游戏”，但与中文的“游戏”意义不尽相同，Game特别强调游戏规则，注重游戏的策略，这与上述博弈的含义大体相当，所以中文翻译Game时选择“博弈”更为贴切。

博弈论（Game Theory）是使用数学模型研究冲突对抗条件下最优决策问题的理论，是研究竞争的逻辑和规律的理论，严格来说是属于数学的分支学科。通俗地说，博弈论是关于竞争对决双方或多方的策略选择的学问，所以博弈论又叫对策论。也就是说，当一个主体，好比说一个人或者一个企业的选择受到其他人、其他企业选择的影响，而且反过来影响到其他人、其他企业选择时的决策问题和平衡问题。

博弈论的正式创立是在20世纪，当然此前不乏人们对博弈论的研究与应用。对博弈论的深入研究，使得不少经济学家摘取了诺贝尔经济学奖的桂冠。

1944年，博弈论由美国数学家冯·诺依曼（Von Neumann）和经济学家摩根斯坦（Morgenstern）创立。冯·诺依曼是杰出的数学大师，发明了世界上第一台计算机，因而被誉为“计算机之父”。他在博弈论上的贡献同样是巨大的。

1994年，有3位博弈论专家即数学家纳什（Nash）、经济学家即海萨尼（Harsanyi）和泽尔滕（Selten）因在博弈论及其在经济学中的应用研究上所做出巨大贡献而获得诺贝尔经济学奖。

1996年，有两位将博弈论应用于不对称信息下机制设计的经济学家即莫里斯（Mirrlees）和维克瑞（Vickrey）获得本年度诺贝尔经济学奖。

2001年，有3位经济学家即阿克洛夫（Akerlof）、斯蒂格利茨（Stiglitz）和斯宾塞（Spence），在运用博弈论研究信息经济学方面取得了很大成就，成为该年度的诺贝尔经济学奖得主。

2005年，诺贝尔经济学奖授予有以色列和美国双重国籍的罗伯特·J.奥曼（Robert J. Aumann）和美国人托马斯·C.谢林（Thomas C.Schelling），这是为了表彰他们通过博弈论分析增加了人们对合作与冲突的深刻理解。

2007年，美国明尼苏达大学的里奥尼德·赫维克兹（Leonid Hurwicz）、芝加哥大学的埃克里·S.马斯金（Eric S. Maskin）和普林斯顿高等研究中心的罗杰·B.梅尔森（Roger B. Myerson）因奠定机制设计理论基础而分享该年度诺贝尔经济学奖。

博弈论可以说是一门非常有趣的，同时理论上又颇有深度的学问。毫不夸张地说，了解博弈论对每一位现代人实在是太重要了，因为我们的生活可以说无处不在博弈之中。本书主要通过一些生动、现实的案例和故事来阐述博弈论的基本道理，让大家在相对轻松的氛围中体会博弈论的深刻，享受博弈论的思想之旅。

这里特别要说一说对博弈论发展起到至关重要作用的一个人物——约翰·纳什，他的一生是富有传奇色彩的。他21岁博士毕业，不到30岁已经名闻遐迩，曾被《财富》杂志推举为同时活跃在纯粹数学和应用数学两个领域的天才数学家中最杰出的人物。可在盛名的顶峰，纳什却得了精神分裂症，这使他在以后的30年里，长期饱受着思维与情绪错乱的困扰。往昔才华横溢的天才少年，变成了一个衣着怪异，喜欢在黑板上乱写乱画留下些稀奇古怪信息，游荡在普林斯顿校园里的满怀忧伤的幽灵。但在经历了长期病痛折磨之后，纳什竟然奇迹般地康复了，并且由于在博弈论方面的奠基性工作，走上了1994年诺贝尔经济学奖的领奖台。影片《美丽心灵》是一部以纳什的生平经历为基础而创作的人物传记片。该片荣获2001年奥斯卡金像奖，几乎包揽了2002年电影类的全球最高奖项。

最经典的博弈模型——囚徒困境

谈到博弈论，我们首先都要举出一个最为经典的博弈模型，即囚徒困境。囚徒困境，又称囚犯的两难问题、囚犯难题等，是1950年由纳什的老师塔克（A. W. Tucker）明确提出来的。通过囚徒困境，我们看到，假如每个人都从利己的角度出发，最后的结果竟然是对大家都不利，也就是谁也没有占到便宜。个人的理性导致的竟然是集体的非理性。而合作则是走出囚徒困境的好的“利己策略”。囚徒困境深刻地反应了社会中人与人的一种博弈状态，具有典型意义。

有一天，有一位富翁在家中被杀害，财物被窃取。警方在侦破这个恶性案件过程中，抓到了汤姆、杰瑞两个犯罪嫌疑人，并且从他们的住处搜出了被害人家中丢失的财物。但是，他们却矢口否认曾经杀过人，辩称是先发现富翁被杀，然后只是顺手牵羊偷了点儿东西而已。

于是，警方将汤姆、杰瑞两个犯罪嫌疑人进行隔离审讯。因为这是发生在美国的案件，根据当地的法律，在证据不足的情况下，公诉方和犯罪嫌疑人可以进行讨价还价的“交易”。如果犯罪嫌疑人自动承认了某个控诉方没有证据证明的犯罪事实，那么将“从轻发落”。①

检察官分开对汤姆与杰瑞说：“你们的盗窃罪证据确凿，所以可以判你们1年监禁。但是，我可以和你做个交易。如果你单独坦白杀人的罪行，我只判你3个月监禁，但你的同伙要被判10年监禁；如果你拒不坦白，而被同伙检举，那么你就将被判10年监禁，他只被判3个月监禁；但是，如果你们两人都坦白交代，那么你们都要被判5年监禁。”

尽管汤姆不知杰瑞是否招认，但他认为自己选招认最好，因而汤姆会选择招认，杰瑞也同样会选择招认，结果各被判刑5年；但如果两人都不招认（抵赖），结果是两人只各自被判刑1年，但这种结果通常是不会出现的。

① 这也就是所谓的“诉辩交易”(Plea Bargain)，指在法院开庭审理刑事案件之前，检察官因为掌握被告人犯罪的证据较少，而且收集证据比较困难或者代价高昂，为了避免所指控的罪名不能成立，或者为了节约诉讼成本，提高诉讼效率，以做出较轻的指控，许诺代为向法官求情为代价，换取被告人有罪的供述，而与被告人或者其辩护律师在法庭外讨价还价达成妥协的一种制度。它是美国创造的一项重要的刑事司法制度，有关数据显示，在美国被判有罪的刑事案件达90%没有经过审判，而是通过诉辩交易方式直接结案。这是适应诉讼过多，提高诉讼效率的一种行之有效的司法制度。

用博弈论术语来说，汤姆或者杰瑞可以做出的选择被称为“战略”，如“招认”或者“抵赖”都是战略，也就是策略行为。对汤姆来说，尽管他不知道杰瑞是选择了“招认”还是“抵赖”，他发现他自己选择“招认”还是比选择“抵赖”为好。也就是说，抵赖是相对于招认的劣势战略，汤姆不会选择劣势战略，他一般会选择“招认”的优势战略。

同样地，根据对称性，杰瑞也会选择“招认”。结果，汤姆、杰瑞两人都坦白交代了。

在博弈论中，汤姆和杰瑞是博弈的参与者，叫做“局中人”。当然，这是一个简单的博弈模型，在复杂的博弈中，参与者不止两个，战略也有很多。

汤姆和杰瑞作为博弈的参与者，在不同的策略组合下都会有一定的付出，用博弈论的术语来说，就是支付，也就是付出的代价。有付出就有收益，因此，考察博弈中支付的多少往往就是考察收益的多少，支付与收益是一个问题的两个方面，而博弈中的收益可能为正，也可能为负。在囚徒困境中，汤姆和杰瑞都可能有1年监禁、5年监禁、10年监禁或者当场释放几种收益，至于结果是哪种，全靠他们各自的选择了。

囚徒困境		杰瑞	
		招认	抵赖
汤姆	招认	**各获刑5年**	汤姆：获刑3个月 杰瑞：获刑10年
	抵赖	汤姆：获刑10年 杰瑞：获刑3个月	**各获刑1年**

汤姆和杰瑞所选择的战略构成的组合（招认，招认）和（抵赖，抵赖）都能实现博弈平衡。类似这种博弈平衡是1994年诺贝尔经济学奖得主纳什论证的，所以被称为“纳什平衡”，这是一种非合作博弈的平衡。但这两个战略组合存在优劣之分，前者是优势战略，后者是劣势战略。汤姆和杰瑞一般都不会选择劣势战略“抵赖”，这被称为“剔除劣势战略的占优势战略平衡”。也就是“招认”是优于“抵赖”的好的战略。

囚徒的两难选择具有广泛而深刻的现实意义。现实社会中，各人追求利己行为而导致的最终结局是一个“纳什平衡”，像囚徒困境这种“纳什平衡”就是对所有人都不利的结局。两个囚徒在招认与抵赖策略上首先想到自己，这样他们必然要服较长的刑期。只有当他们都首先替对方着想时，或者相互合谋串供时，才可以得到最短时间的监禁的结果。

“纳什平衡”对亚当·斯密的“看不见的手”（市场机制）的原理提出挑战。按照亚当·斯密的理论，在市场经济中，每一个人都从利己的目的出发，而最终全社会达到利他的效果。但从“纳什平衡”来看，“看不见的手”的原理存在一个悖论：从利己目的出发，结果损人不利己，既不利己也不利他。其实，两个囚徒的命运就是这样。

“纳什平衡”是非合作博弈的平衡，有时并不是对所有人都有利的平衡。所以，反过来更使我们看到：合作是好的“利己策略”。但合作必须符合以下黄金律：按照你愿意别人对你的方式来对别人，但只有他们也按同样方式行事才行。也就是“己所不欲，勿施于人”，但前提是“人所不欲，勿施于我”。这样的合作才能形成一个和谐的良好的社会。

博弈中的各项基本要素

博弈的要素有哪些呢？下面展开来进行说明。

参与者： 参与者是一个博弈中的决策主体，他的目的是通过选择行动（或者战略）以最大化自己的效用水平。参与者可能是自然人，也可能是团体，如企业、国家等。

战略：也叫策略，即参与者在给定信息的情况下的行动规则，它规定参与者在什么时候选择什么行动。战略与行动的关系是：战略是行动的规则而不是行动本身。在静态博弈中，战略和行动是相同的。战略必须是完备的，要给出参与者在每一种可想象得到的情况下的行动选择。

行动：参与者在博弈的某个时点的决策行为。行动的顺序对于博弈的结果非常重要。静态和动态博弈的区分就是基于行动的顺序做出的。同样的行动集合，行动的顺序不同，每个参与者的最有决策就不同，博弈的结果也不同。尤其在不完全信息博弈中，后行动者依赖观察先行动者的行动来获取信息。

信息：参与者有关博弈的知识，特别是有关自然的选择、其他参与者的特征和行动的知识。完美信息指一个参与者对其他参与者的行动选择有准确的理解，即每个信息集只包含一个值。共同知识指所有参与者知道博弈每一步的信息集。

支付或者效用：在一个特定的战略组合下参与者得到的确定效用水平，或者是指参与者得到的期望效用水平，简单来说也就是博弈的付出或者收益。

平衡：指博弈中所有参与者的策略或者行动组合的稳定状态。"纳什平衡"是博弈中的重要平衡。在一个策略组合中，所有的参与者都会面临这样的一种情况：如果其他参与者的策略固定下来不再改变，那么此时自己也不会改变相对于其他参与者来说是最好的策略。这样，每个参与者都是这种情形，没有人愿意"打破僵局"，也就达到了一种"纳什平衡"。

博弈有哪些类型呢？博弈可以从多个角度进行分类。

按照参与者的先后顺序，博弈可以划分为静态博弈和动态博弈。静态博弈是指在博弈中，参与者同时选择或者虽非同时选择但后行动者并不知道先行动者采取了什么具体行动。动态博弈是指在博弈中，参与者的行动有先后顺序，且后行动者能够观察到先行动者所选择的行动。

按照参与者对其他参与者的了解程度，博弈可以划分为完全信息博弈和不完全信息博弈。完全信息博弈是指在博弈过程中，每一位参与者对其他参与者的特征、策略空间及收益有准确的信息。如果参与者对其他参与者的特征、策略空间及收益信息了解得不够准确、或者不是对所有参与者的特征、策略空间及收益都有准确的信息，在这种情况下进行的博弈就是不完全信息博弈。

按照参与者之间是否合作，博弈可以划分为合作博弈和非合作博弈。合作博弈是指参与者之间有着一个对各方具有约束力的协议，参与者在协议范围内进行的博弈。反之，就是非合作博弈。典型的合作博弈是寡头企业之间的串谋行为，即企业之间通过公开或者暗地里签订协议，对各自的价格或者产量进行限制，以达到获取更多垄断利润的行为。因为非合作是社会中利益博弈的常态，所以非合作博弈是博弈论探讨的主要内容。

根据上述分类，非合作博弈可以得到4种不同的类型：完全信息静态博弈、完全信息动态博弈论、不完全信息静态博弈、不完全信息动态博弈。

非合作博弈		行动顺序	
		静态	动态
信息	完全信息	完全信息静态博弈	完全信息动态博弈
	不完全信息	不完全信息静态博弈	不完全信息动态博弈

现实社会中的真实游戏

在现实社会中，每个人都在试图使自己的利益最大化，但在这样的过程中，往往会产生矛盾与冲突，人们之间的非合作状态是社会常态。人们之间的利益能否实现平衡，取决于各自的策略选择行为。个体竞争和社会发展的最基本的内涵可以用两个字来概括：博弈！

博弈其实是人们社会生活中司空见惯的情形。比如，当一个房间突然起火的时候，火势很大，无法扑灭，你要选择哪一个逃生的出口呢？是随大流和其他人一样，还是选择另外一个能够逃生的门？这个抉择过程其实就是一次博弈。假如选择的门是多数人选择的，那么很可能由于人多拥挤而丧生，而选择了一个不为人们看好的门，却很可能幸运地逃生。

可见，日常生活中，时时处处都存在博弈问题，学习博弈论甚至是“生死攸关”的。所以，我们一定要学习了解博弈论的策略思维。

博弈论并不是经济学的一个分支，它只是一种方法，其实是数学的一个分支。目前，博弈论已经在政治、经济、外交和社会学领域有了广泛的应用，它为解决不同实体的冲突和合作提供了一个宝贵的方法。

社会是人们互动的大舞台，人与人之间行为的相互影响和相互作用，人与人之间利益的冲突、竞争与合作，这都是博弈论的研究对象，也是我们学习博弈论要解决的问题。博弈论深刻地告诉我们：要懂得每个人都有自己的思想，每个个体都是有理性的，只有充分地了解竞争对手的思想，才能恰到好处地与其互动交往。

博弈论并不是教人们去煞费苦心地琢磨什么“阴谋诡计”，而是试图让人们在这个纷繁的世界上、变幻的社会中学会尽可能地应付裕如。

每个人的现实生活都是一盘棋或多盘棋，我们都处在社会博弈之中。西方人对博弈论的整个理论架构做出了重要贡献，但是这样抽象的理论体系常常令我们看不懂，鉴于此，笔者斗胆尝试一种更接近社会现实的博弈论架构，或者可以称为“社会博弈论”。在笔者尝试的这个理论体系中，重点分析如下社会博弈要素：

规则：个体在社会中的行为往往都遵循一定的规则，比如法律、道德、习惯，甚至还有所谓的暗规则或潜规则，等等，不管怎样，社会生活往往是离不开规则的，所谓“不以规矩，无以成方圆”，通过规则营造出一定的秩序，不管这是一种什么样的秩序。

身份：在社会现实生活中，人与人之间的身份不可能绝对平等，常常会有高下等级之分，这种身份标签往往会影响到博弈中的策略选择，进而影响博弈的结果。不过，我们发现，随着社会的发展，人们的身份标签对博弈中策略选择的影响日益减少，因为事实上，社会日益扁平化，人与人之间日益变得“平等”起来。

人性：没有必要费尽口舌地讨论人性到底是善还是恶，有一点可以肯定的是，人们都关注自己的利益，包括物质利益和精神利益，趋利避害就是最大的人性。而人性有时显得很富于理性，有时又显得富有感性，所以把人简单看成是“理性的动物”未免有失偏颇，不够全面。

信息：在现实社会中，信息对我们来说尤为关键！我们的很多得与失常常与对信息的掌握程度有密切关系，有时由于信息的不全面，我们蒙受了损失，有时由于信息的全面，我们又得以掌握了主动权。所以，我们总是努力地通过各种渠道设法获取各种对我们有用的信息，信息影响决策，这是我们都承认的铁的事实。

效用：经济学最讲效用，也就是投入与产出的比率，或者说成本与收益的比率。我们在社会博弈中，在选择策略时都在不断地进行着各种算计，看看采取这样或那样的策略，我们是否“划得来”。吃亏、赔本的买卖谁愿意做呢？

行动：以上我们在社会博弈中考虑了那么多因素，总该采取行动了吧？但是，到底怎么样采取行动呢？是先发制人好，还是后发制人好？这要考虑具体的情况，不同的社会博弈类型决定了我们行动的次序与方式有所不同，要具体情况具体分析。

平衡：有些社会博弈是属于一锤子买卖，一次游戏结束就永远结束，我们是不太计较以后的影响的。但是，更多的社会博弈是动态的、持续的博弈，追求平衡与双赢对于以后的发展更有利，否则总是损人利己，把别人当成傻瓜蛋，对方也不会再愿意“玩”下去的。

前面介绍的“囚徒困境”是经典的博弈论模型，为了分析问题的方便，并未考虑到更多的社会因素，所以未必符合社会实际。在现实社会中，如果那两个叫汤姆、杰瑞的囚徒具有不同的身份、地位，比如汤姆是老大，而杰瑞是汤姆的小弟，杰瑞对汤姆总是无比“效忠”的，总是愿意承担所有责任，或者汤姆作为老大对小弟总是非常照顾，总是愿意包揽所有责任，那么他们在策略选择上就会与上面很不相同，最后博弈的结果可能就是“双赢”。

所以笔者主张研习博弈论要灵活变通，不要把西方人构造的理论框架生搬硬套到我们的真实生活中。但同时，也不要把博弈论庸俗化，博弈论决不是阴谋诡计，决不是损人不利己的学问。

第一章 规则——正义与非正义

很庸俗地说，我们的社会有白、灰、黑三道，白道奉行的是明规则，灰道中大行暗规则或潜规则，而黑道则推崇暴力法则、一切武力说了算。

我们的社会是法治社会，良好的法律制度、道德风俗等是社会博弈中最正常的规则，而灰道中人则往往不顾法律制度的约束，另循暗规则或潜规则捞取不正当利益，至于黑道则干脆什么规则都不讲，一切以暴力解决问题。

白灰黑三道：规则有正有邪

社会博弈中的规则众多，但只有良好的法律制度、道德风俗等才是符合正义的规则，是保障我们在社会博弈中获得公平待遇的规则，当然也是保证社会博弈结果公正的规则。而有些社会博弈的规则却不是正义的，甚至是邪恶的，在这样的规则支配下的博弈是不好玩的游戏，好人难以胜出，坏人却容易得逞。我们都是常常选择对自己有利的游戏规则，但社会博弈不是一个人的游戏，因此坏规则最终得以被淘汰，而好规则得以保留和发展。

从前，有一个国王，他手下有两个大臣，一个好，一个坏。坏大臣诡计多端、奸诈无比，为了独自掌权，总想把好大臣害死。

有一天，坏大臣在国王面前讲了好大臣很多坏话。国王昏庸无能、偏听偏信，决定第二天用抓阄的办法来处理好大臣。

抓阄的具体办法是：命令好大臣从盒子里任意抓一个阄，而盒里只有两个阄，一个写“生”，一个写“死”，抓到“生”就活，抓到“死”则死。

可是，当天夜里，坏大臣逼迫着做阄的人把两个阄都写成“死”字。这样，好大臣无论抓到哪个阄都得死。

好大臣受人尊敬。坏大臣走了以后，做阄的人就偷偷地给好大臣送了信，告诉他上述情况，请好大臣自己想办法。

好大臣足智多谋。第二天，当国王命令好大臣抓阄的时候，他抓起一个阄来，马上把它吞了下去。在场的人都十分惊讶。

原来，国王只知道盒子里装的一只是“生”阄，一只是“死”阄。抓阄的那天，好大臣抓起一只阄就吃了下去，吞下去的那只是什么阄呢？国王无法知道，不过他可以通过留下的另一只阄来推断。国王想，既然一只“生”，一只“死”，留下的一只是“死”，吞下去那只一定是“生”了。于是，他当然也只好按事先的命令，让好大臣活下去了。

其实，从博弈论的角度看，在这场生死阄博弈中，游戏的正常规则遭到了无情践踏！坏大臣做了手脚，把明规则变成了暗规则或潜规则，使好大臣丧失了选择策略的机会，如果还是“抓”阄，那么就必死无疑。在这种情况下好大臣也只好变换“玩法”，不是抓阄，而是“吞”阉。

如前文所述，博弈的英文是Game，中文直译为“游戏”。但其实在西方，游戏的含义与我们不尽相同，他们所谓的游戏是严格遵循一定规则的竞技活动，参加游戏者的目的在于赢得胜利。这与汉语中主要指纯粹娱乐的“游戏”不同，但与汉语中“博弈”的含义相当。为了达到公平，游戏要设定良好的规则。有了良好的规则，才可能保证优秀的人在博弈中胜出。

一度闹得沸沸扬扬的“西安宝马彩票案”就是游戏规则被暗中破坏结出的恶果。

西安市当地一位叫刘亮的小伙子在即开型体育彩票现场摸中头奖，奖品为一辆“宝马”轿车和人民币12万元，主办方当场宣布他是获奖者；然而次日前去兑奖时，却被告知获奖彩票疑是假票。如果真用假票领奖，那可要构成诈骗罪，主办方也这样要挟刘亮。

被告知兑奖用的是一张假票，甚至要被当诈骗犯罪嫌疑人抓起来，刘亮实在无法接受，一气之下就爬上了6米高的广告牌。无论下面的人怎么劝说，他也不肯下来，并说谁要是上去，他就往下跳。抓到了大奖本事幸运的喜事，现在却成了不幸的坏事，刘亮气愤得要寻死。

但冷静下来之后，刘亮在主办方没有最终解释的情况下，将一纸诉状递交到西安市新城区人民法院。不久，案件真相大白于天下：彩票发行“承包商”杨永明等人造了假！

这次西安市即开型的彩票销售了1700万元，总共摸出4辆宝马车，其中的3辆早就被杨永明的“托儿”领走了，因此实际上钱都落入了杨永明的口袋里。另外1辆被一个叫黄四清的人用伪造的假彩票先于刘亮领走了，所以刘亮去领奖时被杨永明等人认定为假的。

整个博彩的正常规则遭到了亵渎，众多彩民都被蒙在了鼓里。当然，到了最后，法院运用法律这个以国家强制力保障的社会规则对那些破坏体彩游戏规则的人进行了严惩。

无知之幕：原初状态选择正义

规则对我们的社会博弈太重要了！但良好的规则又不是凭空产生的。对此，古今中外的大家进行了不懈的研究探讨，其中最著名的是约翰·罗尔斯关于正义选择的“无知之幕”假说。

无知之幕（Veil of Ignorance）是假定各方不知道自己在社会中的地位、阶级出身、天生资质、自然能力、理智和力量等情形，也没人知道自己的关于善的观念、合理生活计划和心理特征，各方也不知道这一社会的经济或者政治状况。在这种情况下，我们不是根据自己的地位来观察社会秩序，而是采纳了每一个人在平等的基础上都会采纳的观点。从这个意义上说，我们就是客观地来看我们的社会和我们在社会中的地位：我们同别人一起具有一种共同的观点，而且我们不是根据个人的偏见来做出判断。

假设我们都站在无知之幕后，不知道自己身处何种位置。这样就可以换位思考一下，如果我们出生在极度贫困的环境中，是否能够避免自卑等各种性格上的缺陷呢？如果我们出生在一个养尊处优的环境，是否还会感到自卑呢？人的出生环境不是自己选择的，所以不能因为起点的不平等而歧视其他人。

约翰·罗尔斯（John Rawls，1921~2002）是美国著名哲学家、伦理学家，1943年毕业于普林斯顿大学，曾任哈佛大学哲学系教授。罗尔斯的著作虽然不多，但在西方学术界影响非常大。《正义论》一书是他积近20年的努力思考的一部心血之作，该书出版之前，其中的思想就已经通过罗尔斯所发表的文章产生了强烈的反响，引起了广泛的讨论。

深受契约论影响的罗尔斯认为，社会制度的正义性在于它们是按照社会的正义原则而建立或者组织起来的，后者先于具体的社会制度。既然正义原则不是从具体的社会制度中归纳抽象出来，那么它从何而来呢？罗尔斯以为，真正的正义原则只是经过我们慎思后合理选择的结果，合理选择则意味着需要一个首先确定的社会环境，故而正义原则的产生需要“正义的环境”，罗尔斯称之为“原初状态”。这种原初状态当然不可看作是一种实际的历史状态，也并非文明之初的那种真实的原始状况，它应被理解为一种用来达到某种确定的正义观的纯粹假设的状态。

原初状态在罗尔斯的正义理论中占有举足轻重的地位，这是因为它的设计是用来确保一种公平的程序，以使任何被一致同意的原则都将是正义的，其目的在于用纯粹程序正义的概念作为理论的一个基础。因而原初状态的设计必须反映正义概念的形式约束，即被选择的正义原则必须具有：一般性，即针对所有人而言；普遍性，即对一切人都有效；公开性，即必须为每个人所知道及接受；次序性，即能够调整各种冲突；终极性，即必须是一次性选择而成，具有最高权威。

原初状态有着两方面内容。首先是客观环境：假定每个人能力相近，各方面的差距并不十分悬殊，且是相互制约的。社会资源存在一种中等程度的匮乏。这两者保证了人类合作的可能和必要。其次是主观条件，主要有三个特点：人们处于无知之幕下选择正义原则。但是，在无知之幕下，各方被假定知道所有影响正义原则选择的一般事实。他们并不是无知的原始人，而是理性的现代人。

无知之幕掩盖的是一切人们关于自身的特殊信息，抹去各种特殊或者偶然因素的影响，从而使得人们在选择正义的原则时，不管他处在什么时候，每个人都不得不为所有人选择。这样保证了被选择的正义原则必然具有一般性和普遍性。人们具有相互冷淡的理性，即处于原初状态中的人们只关心自身利益，既无奉献仁爱之心，又无妒嫉攀比之意。人们只追求自身的绝对收益，而不理会别人收益的高低。对理性的人而言，妒嫉攀比之心不但无助增加自己的利益，而且可能会损及自己利益，这种损人不利己的做法不是理性人能够做出的。罗尔斯指出，相互冷淡加上无知之幕的假定显然要比仁爱加知识的假定要容易做得到，而后者是一个相对很高的要求，因而这些原初状态的设计是合理的。

经过一番博弈，人们将按照“极大极小策略”来选择正义原则。所谓极大极小策略是指按照选择对象可能产生的最坏结果排序，选择其中最坏结果优于其他对象的最坏结果的那个对象，即博弈参与者的每一方都假设对方的所有策略的根本目的是使自己最大程度地失利，并据此最优化自己的策略，通过一定的线性运算，竞局双方以概率分布的形式使用某套最优策略，最终达到彼此盈利最大而且相当。其隐含的意义在于，这套最优策略并不依赖于对手在博弈中的操作。用通俗的话说，极大极小策略所体现的基本思想就是“抱最好的希望，做最坏的打算”，即从最坏的可能性出发，寻求最好的结果。

罗尔斯指出极大极小策略并不是普遍适用的，而是要同时满足以下三个条件才具有合理性：第一，不考虑概率计算。无知之幕掩盖所有偶然因素影响，人们没有必要去理会概率问题，所以能够满足这一要求。第二，选择者不愿意冒风险。具有相互冷淡理性的人们只在意确保自己利益的最小值，别无更大的贪婪，加之选择对象的重要性促使人们趋于保守，不愿为追求更大利益而冒险。第三，可供选择方案中存在可能导致无法忍受的过分结果的方案。由于人们在原初状态选择的正义原则是用来处理社会善的分配，不容有所闪失。可选择方案中的确存在可能导致人们无法忍受的后果的方案，比如若选择功利主义原则，则可能会导致为奴隶制度辨护。因此，原初状态的人们选择正义原则时将会遵照“极大极小策略”。

现实社会中，机会公平未必能达到实质的公平，下面这个案例将给您更深刻的启发。

“平权行动”是20世纪60年代随着美国黑人运动、妇女运动兴起的一项政策。由美国总统约翰逊在1965年发起，主张在大学录取学生、公司招收或者晋升雇员、政府招标时，应当照顾少数种族和女性。目的就是扳回历史上对黑人和女性的歧视，把他们在历史上受的委屈折算成现实的利益。

“平权行动”实施之后，黑人和妇女的大学录取率、政府合同中的黑人中标率大大提高。高校录取制度尤其是“平权行动”的热点。有的大学，甚至明确地采取了给黑人、拉美裔申请者“加分”的制度，或者给他们实行百分比定额制。这种揠苗助长的善良愿望，促成了美国的大学里各种族齐头并进的大好局面。最典型的例子是加州大学伯克利分校。到20世纪90年代中期，一个几乎是“纯白”的学校，已经被“平权行动”粉刷得五颜六色：39%的亚裔；32%白人；14%的拉美裔；6%的黑人和1%的印第安人。

然而从20世纪70年代开始，人们开始对“平权行动”私下议论，其主要的矛头就是它矫枉过正，形成了一种“逆向歧视”。

1978年的“巴克案”（Bake Case）打响了反对“平权行动”的第一枪。巴克是一个白人男性，连续两年被一个医学院拒绝录取，与此同时，这个医学院根据16%黑人学生的定额制，录取了一些比巴克各方面条件差的黑人学生。这下巴克可不干了，他觉得自己不就是白些吗？可是白些招谁惹谁了呢？他一气之下上诉到美国最高法院。最高法院裁定对黑人学生实行定额制是违宪的，不过仍然在原则上支持“平权行动”。

随后，私语发展成了议论，议论发展成了呼吁。20世纪90年代中期加州州长彼得·威尔逊呼吁：“不能让集体性权利践踏个人的权利，我们应当鼓励的是个人才干。”于是，他大刀阔斧地开展了废除“平权行动”的运动。1995年6月，公立的加州大学及其9个分校废除了录取学生中的“平权行动”。1996年11月，加州用公投的方式废除了包括教育、就业、政府招标等各方面的“平权行动”。1997年4月，这一公投结果得到了最高法院的认可。受到加州的影响，另外10多个州也开始蠢蠢欲动，要铲除逆向歧视的“平权行动”。

当然，取消“平权行动”的效果是立竿见影的。1998年是加州大学各分校取消“平权行动”的第一年，在这一年里，伯克利大学黑人学生的录取率下降了一大半，从1997年的562个黑人下降到1998年的191个，拉美裔的学生也从1045个下降到434个。

2003年“平权行动”再次成为热点问题。因为这一年最高法院遭遇了一个新的“巴克案”：密歇根大学的“葛瑞兹/格鲁特对伯林杰案”。2003年6月23日，最高法院再次做出了一个八面玲珑的裁决：密歇根大学给每个少数民族申请者加20分的本科生录取政策是违宪的；但同时，它又裁定法学院为了增加学生的“多样性”而照顾少数种族是合法的。这与其1978年对“巴克案”的裁定是一样的：原则上支持“平权行动”，但反对用定量的方式来固定这种“平权行动”。

如果说最高法院1978年的暧昧还是理直气壮的，2003年的暧昧就已经是如履薄冰了。那个加分制违宪的裁定是以6票赞成3票反对做出的，而法学院“平权行动”原则合法的裁定，是以5票赞成4票反对惊险胜出的。彼得·威尔逊的支持者们吆喝了这么些年，终于把“平权行动”的阵脚给吆喝乱了。

到底选择哪一种正义呢？关于“平权行动”争论的核心，正如众多社会问题的核心，是一个“程序正义”和“补偿正义”的矛盾。“程序正义”主张一个中立的程序施用于任何社会群体，而不管结果如何——同一条起跑线，兔子也好，乌龟也好，你就跑去吧。“程序正义”的最大问题，就是对历史、经济和文化的视而不见。一个经历了245年奴隶制、100年法定歧视和仅仅30年政治平等的种族，必须和一个几百年来高歌雄进征服全球的种族放在同一条起跑线上。

补偿性正义则主张根据历史、文化、经济条件有偏向地制定法律和政策，以保证一个相对公平的结果。但补偿性正义面临着一个不可避免的操作性问题：由谁、如何、是否可能计算鉴定一个人的历史、文化和经济遭遇？一个祖上是黑奴的黑人录取时加20分，那一个祖上是华工的亚裔应该加多少分呢？一个祖上四代是贫农的人，和一个祖上两代是贫农的人，分值又有什么不同？一个穷白人和一个富黑人，谁更应该加分？莫非我们还要在每次高考前进行一次阶级成分调查？这种补偿性正义的原则，需要一个巨大的国家机器来整理、裁判历史和现实无限的复杂性，而这种裁判权一旦被权力机器劫持，问题就不仅仅是如何抵达正义，还有这架机器震耳欲聋的轰鸣声了。

因此说，美国最高法院对“平权行动”的暧昧是一种无奈，也不能不说是一种博弈智慧。

其一方面赞同将历史、经济等因素融入政策的考虑当中，否定了纯粹的“程序正义”；另一方面，对如何具体地补偿历史、经济问题，又含糊其辞——因为即使是像爱因斯坦一样的高智商，恐怕也难以解答出历史和现实之间、经济地位和政治资本之间的兑换比率。

分蛋糕游戏：先后次第，程序正义

上面重点谈到了规则所维护的“实体正义”或者叫做“实质正义”，但是仅此而已还不足以形成正义的规则，因为“程序正义”或者叫做“形式正义”也是非常重要的。

有一位母亲，她有两个儿子，一个叫大明，一个叫小明。有一天，母亲买了一块蛋糕回来，蛋糕的形状很不均匀，两个儿子都想要分得比较大的那一块。母亲想，自己分得再均匀，吃到小块的那个肯定也会抱怨说分得不公平。于是聪明的母亲想出了一个办法，两个儿子都可以分蛋糕，但是谁分蛋糕谁就要后拿。这个程序一定下来以后，两个儿子谁都不知道是否应该抢刀子，因为大家都清楚，拿刀子的这个人肯定要尽可能分得均匀，如果不均匀的话，自己肯定吃小块的；但是即使自己真的分到比较小的，他也无法怪任何人，因为蛋糕是自己分的，要怪只能怪自己分得不好。

此时，大家也许会为母亲的聪明而拍手叫好。实际上，母亲在这里是在运用“程序公正”来解决分蛋糕这个“实体公正”的问题。母亲明白，规则是自己定的，对大家都是公平的，分蛋糕的过程是他们自己执行的，即使最后的结果（实体）不公平，他们也不能怪别人，而只能怪自己没有遵守程序规则，没有按照规则办事。

无论在日常生活、在商界还是在国际政坛，有关各方经常需要通过讨价还价或者谈判来解决一个总收益应该怎样分配，这个总收益通常被称为“蛋糕”。于是，我们要考虑如何分“蛋糕”的问题。大多数人基于“社会常识”或者说是善良的心理，预期一场谈判的结果应该是妥协，兼顾各方的利益。如果是两方分一个蛋糕，他们所期望的是50对50的分配方案，因为一半对一半看起来最公平。

实际上，最可能实现一半对一半的公平分配的方案就是让一方把蛋糕切成两份，而让另一方先挑选。在这种制度设置之下，因为如果切得不公平，得益的必定是先挑选的一方，所以，负责切蛋糕的一方就有非常强烈的激励，要把蛋糕切均匀。

不过，实施这个方案还是存在一些阻力的，因为人们容易觉察切蛋糕的一方技术不老到，不小心切得不一样大的可能性很大，从而不切蛋糕的一方得到比较大的一半的可能性很大。按照这样的想象，谁都不愿意做切蛋糕的一方。不过，这种因为切蛋糕的技术不老到而可能被对方占了的便宜，分量相对很小。因此，虽然双方都希望对方去切，而自己先挑，但是真正僵持的时间也不会太长，因为僵持时间的损失很快就会比拥有优先挑选权可能得到的好处大。也就是说，僵持的结果会使得双方都得不偿失。因为“时间就是金钱”，倘若长时间僵持下去，那么准备分割的“蛋糕”就会开始缩水。另外，既然一方切蛋糕的技术可能不那么高超，很难说另一方挑蛋糕的技术就一定非常高超。这样一来，僵持的局面就会逐渐被打破。

在现实生活中，收益缩水的方式比较复杂，不同情况有不同的速度。不过，我们可以用一种非常简单的方法充分说明时间的重要性，这就是设想每等到提出一个新的建议或者反建议，蛋糕都会朝零的方向缩小同样数目，或者设想讨价还价如何分割的是一个冰淇淋蛋糕，孩子们一边争吵怎么分配，蛋糕一边融化。

假设整个过程总共只有一步。桌子上放了一个冰淇淋蛋糕，大明向小明提议应该如何如何进行分配。如果小明同意，那么他们就会按照事先的约定分享这块蛋糕；如果小明不同意，那么蛋糕将会逐渐融化掉，最后谁也得不到一点儿蛋糕。此时，大明处于一个有利的地位：他使小明面临有所收获和一无所获的选择。即使他提出自己独吞整个蛋糕，只是让小明在他吃完之后舔一舔切蛋糕的餐刀，小明也只好答应，否则他什么也得不到。在这样的游戏规则之下，理性人的假设让小明处于非常尴尬的位置。

有时候，一个博弈可以有无穷多个纳什平衡。比如分蛋糕，为方便起见假设蛋糕的总量是1，那么大明小明各要1/2固然是纳什平衡，大明要3/4小明要1/4也是纳什平衡，甚至大明要19/20小明只要1/20也是纳什平衡。现在双方各自提出要求的份额，如果合起来不超过1，双方就得到自己要求的份额；如果双方的要求合起来超过1，两人就都什么也得不到。而最严酷的莫过于大明要1小明只能要0也是纳什平衡，反过来也是一样道理。

倘若有50个人准备用少数服从多数的民主方法来分一个大蛋糕。有一个具说服力的人想多分一点儿，于是他先说服25人来分蛋糕，他们通过表决可取消另外的24人的分蛋糕权。然后他再在余下的25人中说服13人和他一起分蛋糕，又可通过民主的形式将另外12人的分蛋糕权剥夺。这样通过几个回合，最后分蛋糕的人便只有2个人了，其中包括他。这个程序就有问题了，这里的所谓民主就变了味儿。

怎样分蛋糕才公平呢？类似的讨价还价问题在现实社会中不少。讨价还价有两大特征：首先，必须知道谁向谁提出了什么条件；其次，还要知道，假如各方不能达成一个协定，将会导致什么后果。一言以蔽之，就是要了解这个博弈的规则。

讨价还价的过程是一个谈判的过程。不同的谈判按照不同的规则进行。例如，在大多数零售店里，卖方会标出价钱，买方的唯一选择就是要么接受这个价格，要么到别的店里碰运气。这是一个简单的“接受或者拒绝”的规则。而在工资谈判的例子中，工会首先提出一个价码，接着公司决定是不是接受。假如公司不接受，可以提出一个反建议，或者等待工会调整自己要求的价码。双方相继行动的次序，有些时候是由法律或者习俗决定，有些时候这一次序本身也会具有策略意义。

在工会与企业的一些谈判中，假如不能达成工资协定就会引发罢工，那么公司将会失去利润，工人将会失去工作，也是两败俱伤。同样，倘若各国陷入一轮旷日持久的贸易自由化谈判，他们就会在争吵收益分配的时候赔上贸易自由化带来的好处。这些例子的共同启示在于，参与谈判的所有各方应该都愿意尽快达成一项协议。

与分蛋糕博弈类似的还有个分粥博弈，说明利他的同时也在利己，好的制度在博弈中不断完善、成熟起来。

有7个人组成的小团体，每个人的地位都是平等的，每个人又都是自利的，即常算计自己的利益，“自利”在这里是一个中性词。他们试图采取非暴力的方式，通过制定制度来解决每天的吃饭问题，也就是要解决“大锅饭”问题——分食一锅粥，可是没有称量工具或者有刻度的容器。

他们试验了不同的方法，发挥了各自的聪明才智，经过多次反复博弈形成了日益完善的制度。总体上来看，有以下几种分粥的方法：

第一种方法，指定一个人负责分粥事宜。很快大家发现，这个人为自己分的粥最多。于是又换了一个人，结果总是主持分粥的人碗里的粥最多最好。因为“权力导致腐败，绝对权力绝对腐败”①啊。每个人都为了得到分粥的特权而不择手段，大家相互之间尔虞我诈。

第二种方法，大家轮流主持分粥，每人1天。这样等于承认了个人为自己分粥的权利，同时给予了每个人为自己多分粥的机会。虽然看起来平等了，但是每个人在一周中只有1天吃得饱而且有剩余，其余6天都饥饿难挨。大家认为这种办法造成了资源浪费，而且导致大家相互之间加倍报复，矛盾越来越激化。

第三种方法，大家选举一位信得过的人主持分粥。起初，这位品德高尚的人尚能公平分粥，可是不久他就开始为自己和溜须拍马的人多分一些粥。要防止堕落和败坏风气的蔓延，看来还得寻找新方法解决分粥问题。

① 这是英国的阿克顿勋爵在《自由与权力》里的经典论题，但这句名言的另一个可能更为准确的翻译应该是：权力导致腐败，绝对权力绝对导致腐败。这一论述已成为全球政治文化生活的一项共识。

第四种方法，选举一个分粥委员会和一个监督委员会，形成监督和制约。公平基本做到了，但由于监督委员会常提出各种议案，分粥委员会又据理力争，等分粥完毕时，粥早就凉了。可见，倘若制度的效率不高，恐怕大家就要吃凉粥，就要影响当初制定制度时所想达到的那个目的。

第五种方法，每个人轮流值日分粥，但是分粥的那个人要最后一个领粥。令人惊奇的是，在这项制度下，7只碗里的粥每次都是一样多，就像用科学仪器量过一样。因为每个主持分粥的人都认识到，如果7只碗里的粥不相同，那么他确定无疑将享用那份最少的。

上面的最后一种方法，正是利用了人的利己性达到利他性，从而实现公平分粥的目标。就这样，经过反复博弈，良好的制度得以形成，可以说是清晰而且精妙，简洁而且高效。而形成良好的制度，是化解人的利己性与利他性的矛盾的重要途径。因为，在一定程度上，通过制度可以排除人的利己性的干扰，甚至有时可以利用人的利己性实现利他性，从而使社会良性发展，从而形成博弈平衡的和谐社会。

当然，以制度来实现利己利他绝对的平衡是不可能的，但制度至少应该有效地抑制利己利他绝对的不平衡。而良好的制度是大家在博弈中形成的，大家在共同博弈中形成的规矩，大家当然应该积极遵守，也就是经过博弈形成的良好制度更能增强大家遵守制度的自觉性。

笔者曾经发表了《制度公正与博弈平衡：一种关于法律制度的博弈论分析》[①]一文，表达了类似上面的观点：从博弈论的角度看，公正是社会多元利益关系多次复杂博弈的相对平衡，法律制度的形成与实施实际上就是对这种博弈平衡的确认与保障，同时也只有法律的制定与实施体现社会主体的利益博弈的相对平衡才能形成公正和良好的法律制度。

阿罗悖论：规则形成的民主难题

民主是个好名词，但是抽象的民主往往迷惑人的头脑。民主绝非易事，实际上，实现真正的民主需要解决有很多难题，并非我们想象的那么简单和容易，民主的实现往往是社会各种力量博弈的平衡状态。我们有的规则设计的初衷是为了民主公正，但实践中却成了民主的悖论。所谓悖论就是似是而非，似非而是，自相矛盾，由肯定它真，就推出它假，由肯定它假，就推出它真的一类命题。

在现实的社会博弈中，有时候人们会陷入由于选择太多而无所适从的局面。例如，女孩选择恋爱对象问题，小张、小王、小李的条件都不错，但有各有自己的特点，小张颇为风趣幽默，小王比较成熟稳重，小李很是浪漫柔情。那么，面对这样的选择，女孩怎么决定呢？能不能给这三种特点排坐次呢？或许，女孩可能觉得风趣不如成熟可靠，成熟没有浪漫有情调，浪漫又不如风趣那样让你开心。因此，有句谚语说：一个女人需要三个丈夫。这还只是个人选择问题，倘若有很多人在这些特点中做出选择，比如女孩的父母、姨妈、兄弟姐妹都很关心她的终身大事，因而都纷纷来发表个人看法，那恐怕想要得出一个大家都满意的结论就不大可能了。当然了，由于恋爱说到底是自己的事情，这件事最终可以由女孩自己做主。但是，如果换成其他情形，比如全家商量要去九寨沟、海南岛、北戴河三个地方旅游，又应该怎样做出决断啊？如果换成一个团体乃至一个国家，情况又会是什么样子啊？

对于社会的选择问题，美国斯坦福大学教授肯尼思·阿罗（Kenneth J. Arrow）由这一类难题中，得出了著名的不可能定理。通常认为，在已知社会所有成员的个人偏好的次序的条件下，通过一定的程序，把各种个人偏好归纳成为单一的社会偏好次序，就能确定社会稀

---

① 拙文见《理论与改革》，2004年第一期。

缺资源的最优配置。但是，根据阿罗的研究表明，在任何情况下，试图依据个人偏好次序得出社会偏好次序，而不违背以下五条原则是不可能的：第一，社会福利函数必须体现公众的一致偏好；第二，社会福利函数不能对个人偏好的变化做出相反的反应；第三，社会福利函数必须只体现那些能够实现的偏好；第四，社会福利函数不受习惯和国家法规的强制；第五，社会福利函数不是一个独裁者的创造物。

阿罗认为，在非独裁的情况下，任何一个体系，如果要人们对三个或者三个以上的选择做出一项集体抉择，不存在任何加总社会个体成员偏好的方法。所谓加总社会偏好，即找到一个社会偏好函数，它必须同时满足以下几个最基本的要求：传递性、全体一致性、不相关选择的相互独立性、非独裁性。传递性的要求是，假如人们在甲和乙之间选择甲，在乙和丙之间选择乙，那么人们在甲和丙之间必然选择甲；全体一致性的要求是，假如在甲和乙之间一致倾向于选择甲，那么人们就会选择甲而不选择乙；不相关选择之间的相互独立性的要求是，人们在甲和乙之间作的选择并不取决于是不是存在另外一个选项丙；非独裁性的要求是，没有任何人可以每次都得逞，因而不存在独裁的力量。

自从1951年阿罗令人信服地论证出了这个结论，即任何可以想象得到的民主选举制度都可能产生出不民主结果，这一论证使数学家和经济学家感到震惊。阿罗的这种令人不安的论证立即引起了全世界学术界的广泛评论。例如，1952年，后来在经济科学方面获诺贝尔奖的保罗·萨缪尔森这样写道："这证明了历史记录下的探索完全民主的伟大思想也是探索一种妄想、一种逻辑上的自相矛盾。现在全世界的学者们——数学的、政治的、哲学的和经济学的——都在试图从阿罗的毁灭性发现中挽救出一些东西，对数学领域来说，这一发现就是1931年库尔特·哥德尔的数学逻辑的不可能证明一致性定理。"

阿罗的论证被称为"不可能定理"，它证明了完全民主事实上在现实社会的博弈中是不可能出现的。这个论证帮助阿罗获得了1972年度的诺贝尔经济学奖。阿罗的"毁灭性发现"是博弈论早期的最惊人成果之一，其产生的影响十分深远。

如果把社会问题中的诸多矛盾浓缩在一个模型里，就会看到西方的民主与特定的社会条件格格不入。其实，在权力不对称的社会里，民主的进步只能是改良性质的而非突变性质的。请看下面这个故事：

在孤力无援的汪洋大海上，一只船上有两个人：一人持刀，另一人徒手。持刀者想去西方，那里有他的财富和梦想，徒手者想去东方，那里有他的贤妻和家园。船须由持刀者和徒手者分工合作才能航行。那么，在这种情形中双方解决问题的方法可能有多种。大家期望的应该是一种是最理性的民主协商的方法。

在这里，对徒手者来说，有三个不同收益的策略选择：不合作而死，收益－10000元；完全顺从，失去贤妻和家园，收益－5000元；提出一定合理的条件，把航线的选择权交给持刀者，收益－3000元。可见，无论持刀者做出什么策略选择，徒手者都会坚持最后一种策略，因为这是其最优的选择。对持刀者来说，也有三个不同收益的策略选择：不合作而死，收益－10000元；持刀威胁，让对手完全顺从，由于这样有面临对方不合作的风险，收益为0；持刀威胁，但满足对方合理要求，收益5000元。

可见，无论徒手者如何选择策略，持刀者的最优选择是最后一种方案。那么，这个博弈的纳什平衡为持刀者持刀威胁但满足对方合理要求，徒手者提出一定合理的条件并把航线的选择权交给持刀者。这个方案正是大家都能够接受的博弈平衡。

这个案例说明，在力量对比悬殊的情况下，完全的独裁或者民主协商都未必是理性的选择，因为各自的利益没有最大化。在这里，完全的独裁的情形就是持刀者持刀威胁以使对手完全顺从，徒手者完全顺从并失去贤妻和家园，但有时徒手者也可能有"恐怖袭击"一样的行动，因为他简直就是"流氓无产者"了，还怕什么呢？那么，结果就是双方的利益都没有最大化。

至于民主的方案，在这个案例中根本不存在，因为这是一个阿罗悖论，民主在这里就会造成问题久拖不决的情形。而徒手者的民主要求可能的结果是挨一顿毒打，最后被迫俯首称臣，完全听从持刀者的命令。

但从这个博弈的动态发展来看，随着徒手者的日益强大，其选择最后一种策略所获得的收益也会逐步增加，也就是说，把民主权利转让给独裁一方的收益会逐步提高，最终达到弥补其民主权利丧失带来的损失。

阿罗不可能定理强调的是，社会没有一种真正客观的反映群体社会偏好的方法。通过一次性投票来决定谁当选，即对候选人或者候选方案进行一次性表决，这应该是合理的。但是，这很有可能让选民最不喜欢的人或者方案当选。例如，有赵、钱、孙、李4个人，假定有26%的人“最喜欢”赵，各有25%的人“最喜欢”钱和孙，有24%的人“最喜欢”李。现在进行一次性投票，赵当选。而很有可能的情况是“最喜欢”钱、孙、李的那些人“最不喜欢”赵，即：“最不喜欢”赵的人有74%。在这种规则下，最多人“最不喜欢”的人却当选了。恐怕这样的规则不够合理。

如果有一种确定了的规则，并且候选人的竞选纲领在选民心里得到确定的定位，即每个选民针对不同的候选人确定了其偏好程度，那么结果是确定的。而为什么不同的候选人同意同样的规则呢？因为，每个候选人总会尽量以其竞选纲领及个人魅力赢得选民的偏好。这里有一个真理：假如你的竞选纲领及个人魅力赢得了所有的选民，即对所有选民进行偏好排序你都是在最前面的，那么在任何选举规则下你都会被选中。同样，如果你永远排在最后面，那么无论什么规则，你都不会被选中。这一点可以用数学证明。

同时，候选人接纳某种民主的选举规则而参与竞选，是因为他无法预先知道每个选民的偏好。民主的选举是人们以此来揭示选民的心理排序情形的方法。阿罗不可能性定理正说明了人的有限理性的悖论。另外，阿罗不可能定理说的是，社会的选择方法不可能既是有效率的，又是民主的。因为循环投票本身就是无效率的，这就再次揭示了民主和效率的矛盾。

惩恶规则：巧妙的机制设计

其实再正义的规则也往往存在一些漏洞，弥补漏洞还需要人的道德素质。不过，我们在设计规则时，应当尽量巧妙一些，尽量避免让坏人钻规则的空子，这就不能不说说非常了不起的机制设计理论。我们先看一则关于机制设计理论的经典故事——所罗门王巧断争子案和包拯巧断争子案。

所罗门是公元前900多年以色列的君主，被人赞誉为“智慧之王”。传说中他机智果断，聪明过人，他处理的不少案例至今仍然脍炙人口、传诵不衰。

有一天，所罗门王端坐在金殿的宝座之上，两名女人上殿告状，她们为了争夺一个男孩而吵闹不休。

具体案情是这样的：一名年轻女子和另一稍微年老的女子一起待产。年轻女子先生下了一个男婴，三天以后稍老的女子也产下一名男婴。当晚，年老的女子却不慎把她自己的儿子压死了。于是，年老女子趁夜深人静，把两个孩子调了包。第二天早上，年轻女子醒来给孩子喂奶，发现怀中之子已死去多时，但镇定下来发现，怀中的死婴不是自己亲生的孩子，自己的孩子被年老的女子抱在怀中。而年老女子却拒绝承认这一事实，她辩解说，存活的孩子一定是自己的，死去的孩子是年轻女子的。

这件案子非常棘手，没有人证、物证来支持双方的主张，何况在那个时候也不可能有亲子鉴定这样的科学方法，孰是孰非？真是令人难以判断。所罗门听完双方陈述，一时也束手无策。他想了很久，突然说：“拿剑来！”用剑断案？

所罗门王说：“把活婴剖开，一半给年轻女子，一半给年老女子。我既然不能判断孩子究竟是谁的，就一人一半吧！公平合理。”

年轻女子顿时吓得面如土色，声嘶力竭哀求道：“大王啊！把孩子给她吧！我是说谎者，不要剖开孩子。”年老女子却无动于衷，见所罗门主意已定，便不情愿地说：“好吧！既不要给我，也不要给她，分开好了。”

于是真相大白，因为没有任何一个生母会忍心伤害孩子，即使把孩子让给别人，也不愿伤害孩子的性命。所罗门王当下做出了传诵千古的判决：他裁决婴孩属于年轻女子，她是孩子真正的生母。

在这个故事中，尽管所罗门王不知道两位妇人中谁是婴儿的母亲，但他知道婴儿真正的母亲是宁可失去孩子也绝对不会让孩子被劈成两半的。所罗门王恰是利用这一点，一下子识别出谁是婴儿的真正的母亲。

这种判案方式并不只是西方的智慧，其实在中国古代也有这样一个类似的传说，它的主人公是鼎鼎大名的包拯。

包拯同样遇到两名哭哭啼啼的女子，要青天大老爷为民做主，明辨是非。两人争夺的孩子尚未晓事。包拯眉头一皱，计上心头。他假装为难样子，提出了一个貌似荒唐的方法：两名女子一人一头，各执小孩一只手，拼命往怀里拽，谁把孩子拽到自己一边，谁就获得孩子。好端端的孩子被拉得咧嘴大哭，为娘的顿时不忍了，泪如雨下松开了手，孩子被拽过去了。结果很明显，真正的母亲得到了自己的孩子，正义得到了伸张，是非得到了明辨。

比较两个案例，裁判者面临的似乎是一个在当时条件下根本无法得到真相的谜团。从现代诉讼法看来，两个案件没有任何证据，自诉人没有，被告人也没有，打官司打的就是证据，提出诉讼要求的一方承担举证的责任，如果不能举证，那么将面临败诉。

如果这样的话，故事的结局将恰恰相反：骨肉不能团圆，正义得不到伸张，是非得不到明辨。但是，两个聪慧的断案者并未拘泥于直观的证据，而是看到了另一种不易被人察觉的证据：为母者，必爱其子，也必不忍心其受痛受戮，所以谁有这种表现，谁就是孩子真正的生母。这种证据就是人之常情、世俗经验。

从博弈论角度来看，所罗门王和包拯的断案方法被称为“机制设计”，也就是设计出一套博弈的规则，然后让不同类型的人做出不同的策略选择。虽然每个人的类型可能是隐藏的，别人轻易观察不出来，但是他们所做出的不同选择却是可以表现出来的，能够观察得到的。而观察者则可以通过观察不同人的选择，反过来推断出他们的真实类型，从而看清“庐山真面目”。

奖善规则：制度的激励作用

制度有时是引发人积极做事的放在前面的“胡萝卜”，激励人们去追逐。好的制度在设计时，还应当想到对人们所做善行有所褒奖，以发挥制度良好的激励作用。

山上有座小庙，庙里有个小和尚。他每天挑水、念经、敲木鱼，给观音菩萨案桌上的净水瓶添水，夜里不让老鼠来偷东西，生活过得安稳自在。不久，来了个瘦和尚。他一到庙里，就把半缸水喝光了。小和尚叫他去挑水，瘦和尚心想一个人去挑水太吃亏了，便要小和尚和他一起去抬水，两个人只能抬一只水桶，而且水桶必须放在扁担的中央，两人才心安理得。这样总算还有水喝。后来，又来了个胖和尚。他也想喝水，但缸里没水。小和尚和瘦和尚叫他自己去挑，胖和尚挑来一担水，立刻独自喝光了。从此谁也不挑水，三个和尚就没水喝了。大家各念各的经，各敲各的木鱼，观音菩萨面前的净水瓶也没人添水，花草枯萎了。夜里老鼠出来偷东西，谁也不管。结果老鼠猖獗，打翻烛台，燃起大火。三个和尚这才一起奋力救火，大火扑灭了，他们也觉醒了。从此三个和尚齐心协力，水自然就更多了。

“一个和尚挑水喝，两个和尚抬水喝，三个和尚没水喝。”这是为什么呢？

美国马里兰大学的门瑟·奥尔森（Mancur Olson）教授认为，由于搭便车行为的存在，理性、自利的个人一般不会为争取集体利益作贡献。集体行动的实现其实非常不容易。当集体人数较少时，集体行动比较容易产生。但是，随着集体人数的增大，产生集体行动就越来越困难。因为在人数众多的大集体内，要通过协商解决如何分担集体行动的成本是非常不容易的。而且人数越多，人均收益就相应减少，搭便车的动机便越强烈，搭便车的行为也越难被发现。

“一个和尚挑水喝，两个和尚抬水喝，三个和尚没水喝”讲的就是此种道理。“两个和尚抬水喝”是集体行动成功的例子，而“三个和尚没水喝”则体现了集体行动的失败。从“二”发展到“三”，却由成功转为失败，而发生这一变化的关键原因在于集体人数的增加。

奥尔森教授发现集体行动在两种特定条件下比较容易产生：一是集体成员的“不对称”，二是“选择性激励”的存在。“不对称”是集体成员收益的不对称，个别成员从集体行动中得到的收益比其他成员越大，他在集体行动中作贡献的积极性就越大。比如，三个和尚中有一个喝水特别多，其他两个喝水很少，那么能喝水的和尚挑水给大家喝的可能性就很大。

“选择性激励”分为正向激励和反向激励两种。正向激励通过“搭卖私人物品”的方法刺激集体成员为负担集体行动的成本作贡献。比如，假设三个和尚中的那个小和尚由于处于青春期，或许就不介意天天下山挑水，因为趁机可以“偷窥”河对面洗衣服的美貌村姑，这是人之本性，无可厚非。反向激励是惩罚搭便车者的措施，最常见的是禁止搭便车者享受集体行动的成果。比如，很多国家的工会都将劳资谈判的范围限制在工会会员范围内，这使得非会员无法享受工会争取到的加薪或者其他优惠待遇。

或许，对三个和尚通过一定的制度激励，比如每挑一担水付给二两银子，多挑多得，年终从寺庙香火收入中支付。那么，三个和尚就有可能争先恐后下山挑水，甚至为争夺水桶经常发生争执。那么，过去是三个和尚没水喝，现在就成了三个和尚抢挑水。这样一来，原本应该安心念经的和尚现在也不安心念经了，这又有可能招来烧香拜佛的虔诚信徒的不满。看来，和尚绝对不是那么好当的，有必要学学博弈论了。

好的制度激励人们去做事，但是在社会博弈中也并非总是如此，毕竟我们的社会太复杂了。这里有一则颇有趣味的寓言故事，对我们理解制度激励的悖论或许有些帮助。

猎手带着一条猎犬去大森林猎取野兔。猎犬把兔子赶出了窝，一直追赶它，但追了很久仍没有捉到。

附近的一只牧羊犬看到这种情景，讥笑猎犬说：“瞧你们两个！小的反而跑得快得多啊！”

猎犬回答说：“你不知道我们两个跑的目的是完全不同的！我仅仅为了一顿饭而跑，他却是为了性命而跑呀！”

猎手听到这些话后想：猎犬说的对啊，那我要想得到更多的猎物，得想个好法子。

于是，猎手又买来几条猎犬，凡是能够在打猎中捉到兔子的，就可以得到几根骨头，捉不到的就没有饭吃。这一招果然有用，猎犬们纷纷去努力追兔子，因为谁都不愿意看着别人有骨头吃，自己没的吃。就这样过了一段时间，问题又出现了。大兔子非常难捉到，小兔子好捉。但捉到大兔子得到的骨头和捉到小兔子得到的骨头差不多。猎犬们善于观察，发现了这个窍门，专门去捉小兔子。

猎手经过思考后，决定不再仅仅根据猎犬是否捉到兔子来分配骨头，而是采用每过一段时间，就统计一次猎犬捉到兔子的总重量的方法。按照所得猎物的重量来评价猎犬，决定其在一段时间内的待遇。

于是猎犬们捉到兔子的数量和重量都增加了。

猎手很开心。但是过了一段时间，猎手发现，猎犬们捉兔子的数量又少了，而且越有经验的猎犬，捉兔子的数量下降得就越利害。于是猎手去问猎犬。

猎犬说："我们把最好的时间都奉献给了您，主人，但是我们随着时间的推移会变老，当我们捉不到兔子的时候，您还会给我们骨头吃吗？"

猎手做了论功行赏的决定。分析与汇总了所有猎犬捉到兔子的数量与重量，规定如果捉到的兔子超过了一定的数量与重量后，即使捉不到兔子，每顿饭也可以得到一定数量的骨头。猎犬们都很高兴，大家都努力去达到猎手规定的数量与重量。一段时间过后，终于有一些猎犬达到了猎手规定的数量与重量。

这时，其中有一只猎犬说："我们这么努力，只得到几根骨头，而我们捉的猎物远远超过了这几根骨头，我们为什么不能给自己捉兔子呢？"

于是，有些猎犬离开了猎手，自己捉兔子去了。

猎手意识到猎犬正在流失，并且那些流失的猎犬像野犬一般和自己的猎犬抢兔子。情况变得越来越糟，猎手不得已引诱了一条野犬，问他到底野犬比猎犬强在哪里。

野犬说："猎犬吃的是骨头，但吐出来的是肉啊！"接着又说："也不是所有的野犬都顿顿有肉吃，大部分最后骨头都没的舔！不然也不至于被你诱惑。"

于是猎手进行了改革，使得每条猎犬除基本骨头外，可获得其所猎兔肉总量的一定比例，而且随着服务时间加长，贡献变大，该比例还可递增。就这样，猎犬们与猎手一起努力，把野犬们逼得叫苦连天，纷纷强烈要求重归猎犬队伍。

日子一天一天地过去，冬天到了，兔子越来越少，猎手们的收成也一天不如一天。而那些服务时间长的老猎犬们老得不能捉到兔子，但仍然在无忧无虑地享受着那些他们自以为是应得的大份食物。终于有一天猎手再也不能忍受，把他们扫地出门，因为猎手更需要身强力壮的猎犬。

被扫地出门的老猎犬们得了一笔不菲的赔偿金，于是他们成立了猎神股份有限公司。他们采用连锁加盟的方式招募野犬，向野犬们传授猎兔的技巧，他们从猎得的兔子中抽取一部分作为管理费。当赔偿金几乎全部用于广告后，他们终于有了足够多的野犬加盟。公司开始收益。一年后，他们收购了猎手的家当。

猎神公司承诺给加盟的野犬得到公司的若干股份。这实在是太有诱惑力了。这些自认为是怀才不遇的野犬们都以为找到了知音：终于做公司的主人了，不用再忍受猎手们呼来唤去的不快，不用再为捉到足够多的兔子而累死累活，也不用眼巴巴地乞求猎手多给两根骨头而扮得楚楚可怜。这一切对这些野犬来说，比多吃两根骨头更加受用。于是野犬们拖家带口地加入了猎神公司，一些在猎手门下的年轻猎犬也开始蠢蠢欲动，甚至很多自以为聪明实际愚蠢的猎手也想加入。不少同类型的公司像雨后春笋般地成立了。

猎手凭借出售公司的钱走上了老猎犬走过的路，最后千辛万苦要与猎神公司谈判的时候，老猎犬出人意料地顺利答应了猎手，把猎神公司卖给了猎手。老猎犬们从此不再经营公司，转而开始写自传《猎犬的一生》，又写《猎犬成功秘经》、《穷猎犬，富猎犬》，收版权费，没有风险，利润更高……

看来，制度的激励也要与时俱进，因为博弈参与者的需求是不断发展变化的。倘若还用保守的眼光看待已经发生变化的新情况，按照原来的老套路对待新问题，那么，制度激励的效用就会逐步降低。因而，不断调整激励的策略是比较好的用人之道、竞争之法。

威胁与承诺：防恶同时奖善

威胁是对不肯与你合作的对手进行惩罚的一种回应规则，包括强迫性的威胁和阻吓性的威胁。强迫性的威胁在于促使某人采取行动，比如恐怖分子劫持一架客机，其确立的回应规则是假如他的要求不能得到满足，全体乘客都将死于非命。阻吓性的威胁在于阻止某人采取某种行动，比如当年美国威胁前苏联，如果前苏联出兵攻击任何一个北约国家，它就会以武力回敬。两种威胁都面临同质的博弈结局，即如果不得不实施威胁，博弈双方都将付出重大代价。

承诺是对愿意与你合作的人提供回报的方式，包括强迫性的承诺和阻吓性的承诺。强迫性承诺的目的是促使某人采取对自己有利的行动，比如诉讼中让被告摇身一变成为公诉方的证人。阻吓性承诺在于阻止某人采取对自己不利的行动，比如黑帮分子承诺好好照顾证人，只要他答应保守黑帮秘密。两种承诺也面临同质的结局，即一旦采取或者不采取行动，总会出现说话不算数的动机。

腐败问题一直是困扰我们社会发展进步的一大毒瘤，解决腐败问题的思路很多，但首要的是制度建设，新加坡打击腐败行为的制度值得研究。

新加坡是世界上廉洁程度很高的国家，这既得益于新国的高薪养廉制度，同时也得益于其对贪污贿赂等职务犯罪行为的严厉惩处。

为了高薪养廉，20世纪七八十年代，新加坡政府曾连续4次给公务员加薪20%。1989年以后，新加坡已成为世界上公务员工资最高的国家之一。例如，新加坡政府部长、常任秘书等级别的公务员工资，是参考该国银行家、会计师、工程师、律师、跨国企业负责人和本土制造业负责人等6种专业职务的薪水制定的。政府每年还通过咨询机构调查私营企业的工资水平，以保证公务员与私营企业职员的工资相差不大。

2000年，新加坡部长级公务员月薪为4.84万新元（1新元约合人民币5元），加上其他奖金，年收入超过100万新元；局长级月薪为2万新元左右；普通公务员的年收入也在八九万新元左右。

另一方面，新加坡对贪污受贿等职务犯罪行为的惩处，更是疏而不漏、雷厉风行，具有强大的威慑力。

1986年，新加坡国家发展部原部长郑章远的一个老朋友承认，曾于1981年和1982年分别向郑行贿40万元，帮助发展商取得土地。案发后，郑章远以为凭借与李光耀的私交，李会压下此案。但是，李光耀不徇私情，郑最后畏罪自杀。郑留给李光耀的信中称，自己是“用自杀来表达对新加坡法律的尊重”。

新加坡商业事务局原局长格林奈，在任职期间曾因政绩显著被评为“杰出公务员”。1991年，他以购买新汽车为由向银行申请贷款，银行付款后他却没有购买汽车而是改作他用。他的行为被发现后，法院以“欺骗银行的行为”判处其监禁一天，进而他被政府开除公职。最为严厉的惩处是，他50余万元新币的公积金和30万元新币的退休金也因此被取消。

新加坡贸易发展局原局长杨胜德，在1994年初，因在任期间介入古董买卖，开立不实发票，赚取中间差价，被新加坡法庭判决犯有22项贪污罪。他被判必须在半年之内偿还过去5年所贪污的钱，并且要坐牢4年。

在新加坡，有的被告人所犯的罪行虽然很轻，但依然会受到严厉的惩处。在新国，任何行贿、受贿都最高可判5年监禁或者至少10万新元的罚款，或者两罪并罚。一旦被查出有问题，公务员就不仅要受到经济惩罚或者刑事惩处，而且丢尽脸面，以后将很难在社会上找到相应的工作，特别是退休金及公积金将同时被没收，这对一个公务员来说实在是得不偿失的。

新加坡惩处职务犯罪的措施中，值得一提的是公积金制度，这是新加坡政府以严养廉的强大后盾，对贪污犯罪分子具有巨大的威慑力。因为，新加坡的公务员退休后没有专门的养老金或者退休工资，而是领取在职期间积存的公积金。公务员每月积存的公积金相当于工资的40%，其中，18%由个人承担，其余的22%则由单位补贴。职务越高，工龄越长，公积金就越优厚。但是，一旦发生贪亏受贿行为，在刑事惩处的同时，公积金将被全部没收，这个人也就“破产”了。

新加坡的高薪养廉之所以能够成功有效地抑制官场腐败，就在于采用高薪养廉与严厉惩处两手策略，那些追名逐利的公务员在现有制度框架下保证获得很大的利益，而贪污受贿则是得不偿失的劣势战略，故一般人不愿意冒险选择后者。而且，新加坡在执行高薪养廉的同时，对贪污受贿的打击力度很大，几乎难有“漏网之鱼”，这样的威胁在某种程度上比较可信，所以公务员也不敢冒那么大的风险去进行职务犯罪。可见，新加坡的廉政制度给公务员很好的行为预期，博弈中的威胁与承诺并存，所以这种制度能够行之有效。

第二章 身份——平等与不平等

如果说社会是人人平等的，那么这仅仅是一种理想化的假设。尽管随着市场经济、信息网络的不断发展，我们的社会日益呈现扁平化的趋势，甚至有人惊呼“世界是平的”，但是真实的社会状况并非如此，人们之间虽然没有了以往的束缚身份的标签，但是人与人仍然不可能绝对平等，不平等才是常态。理想的博弈模型是设定人与人地位平等，而本书提出的社会博弈更强调社会中人与人实际的不平等。需要指出的是，身份高下不能简单从社会地位来看待，同样的博弈参与者在不同的社会博弈关系中，身份关系并非总是固定的，即身居高位者也有矮人之处，所以无论什么人都不要不可一世。

君臣博弈：权力天平上的对决

皇帝与权臣的身份与地位表面上是不平等的，但在对国家强制力量的支配上，在国家权力的天平上，权臣对皇帝的威胁也是相当大的，所以在历史上，权臣往往都成了皇帝的“眼中钉”，君臣博弈的惨烈程度往往令人咋舌。

从秦始皇到清末帝宣统，中国历史上共有335位帝王，如果不包括南北朝时期的五胡十六国和五代时期的十国君主，那么中国正统王朝的帝王有235位。“一朝天子一朝臣”，中国历史上的权臣为数不少，但对皇权构成实际威胁的当可以计数。

“君臣一日百战”，中国历史上君权与相权较力，外戚或者宦官专权，使得朝堂与皇宫成了权术和阴谋的博弈场，其惨烈程度往往令人震惊。

“狡兔死，走狗烹；飞鸟尽，良弓藏”是在中国历史上周而复始地上演着的悲剧。这是一个历史怪圈，无论如何挣扎，终究不能走出这个循环，仿佛齐天大圣跳不出如来佛的手掌心一样。每朝每代都发生了此类事情，这不应该认为是某个皇帝个人素质问题，而是家天下的政治体制使然。

其实，运用法律术语，皇帝与权臣的关系可以看作一种委托代理关系。皇帝作为国家的所有者，占据着国家的产权。但是皇帝不可能直接治理国家，必须委托一个或者数个代理人来帮助他管理国家。因此，在这样一个委托代理关系下，皇帝给功臣权臣们高官厚禄，并要求他们努力为国家效命。

对于任何一个皇帝来讲，确保江山稳固比什么都重要。因此，如何防止功臣们造反就顺理成章地成为皇帝们绞尽脑汁来解决的问题。解决如何防止功臣们造反的问题的关键在于识别到底谁会造反，但这是一个信息不对称的格局：大臣们知道自己造不造反，皇帝却不知道谁是奸臣，谁是忠臣。

宋太宗有一段名言，大意是国家要么有外患，要么有内忧。外患是有形的，而内忧则无法察觉。一个奸邪无状的自白道出了皇帝们的无奈：他必须想出方法鉴别出谁是奸臣，谁是忠臣。功臣们必须发出一个信号或者皇帝必须用一个信号来确定一个分离条件，来使忠臣、奸臣可以分离而不混同。

从博弈论角度看，每类人的成本和收益是不同的，因而可以根据相应信号制定出分离条件，使该信号能让不同类型的人根据成本与收益的比较而原形毕露。但是，对于造反之类的事情来说，当皇帝的收益是无比高的，以至于任何成本都相形见绌。只要有些风险偏好，又有可能造反成功，难保有人不起歹心。面对近乎有无限收益的皇帝宝座来说，不可能根据成本－收益情况确定出一个分离条件，皇帝们只能简单地根据某个信号直接判断。

那么，用什么信号能让皇帝识别出奸臣来呢？封建统治者首先想出的就是加强惩罚威胁力度，诸如灭九族、凌迟等处罚手段，这样有风险规避行为的人会选择不造反。不过当皇帝的收益是无比的高，那些野心家在有机会时总是敢于冒险。而对于功臣特别是那些开国功臣来说，本来就敢于冒风险，其对皇权的威胁更大。这样看来，事后惩罚的威胁对敢于冒险的功臣们来说不会有太大的震慑作用。

在中国历史上，交出兵权应该说抬高了造反的门槛，使皇帝们使用能造反和不能造反信号进行甄别时，恐怕只能区分出一小部分威望极高如韩信、李世民之类的功臣，大部分功臣在没有兵权之后确实丧失了发动政变的能力，这也就保住了自己的性命。汉朝时，刘邦杀的就是韩信、彭越、英布等曾经独当一面的功臣，还囚禁过独自镇守过后方的萧何，而周勃等战将就逃过了清洗，因为刘邦很明白没有独当一面能力者是不容易形成自己的势力集团的。实际上，只要是家天下的统治模式，屠杀功臣就是一个走不出的死结。

在现代民主制度下，一方面通过各种制度限制私人势力的发展，另一方面通过领导人的选举，使将军们可以合法竞选最高领导人，也就是造反合法化才能走出这死结。在选举制度下，通过参选这个信号，有野心和没野心的将军们倒是可以分离出来。

中国历史上的235位帝王中，在位期间被杀害的有45人。如果包括下台以后（各朝末主）被杀以及史书隐讳而普遍被史家认为死于篡弑的皇帝，就有60多人。别以为皇帝权力无边，其实做皇帝是一种“危险职业”。

帝王本是操纵全国生杀大权的唯一人，是一切权力的中枢。儒家规定：“君要臣死，臣不得不死。”但是，皇帝怎么会被大臣所杀害呢？

其实，核心问题就是一个权力的博弈。如果皇权附着于皇帝身上，他就是一个真真实实的皇帝；如果皇权游离于一旁，或者权力之柄操之于他人之手，双方发生你死我活的冲突，结果不是弄权者被杀就是皇帝陨命。

发生在两汉的皇帝与外戚之间的冲突，如东汉章帝与宦官郑众等诛外戚窦宪、安帝与宦官江京等谋划杀了外戚邓氏家族、桓帝联合宦官单超等灭了外戚梁氏之势，各自夺回了本属于皇帝的权力。然而西汉平帝与外戚王莽冲突，被王莽用毒酒结束了性命，东汉质帝由于年幼缺乏策略，与掌权的外戚梁冀敌视，被梁冀毒死。

外戚较之大臣更容易干政，而权臣才是皇帝在朝中真正的政敌。权臣的权力大到能够废立皇帝的时候，皇帝已经不是他的对手了。曹魏的第四位皇帝曹髦见威权掌于司马昭之手，不胜其忿，召大臣王沉、王经、王业等人说：“司马昭之心，路人皆知也！吾不能坐受废辱，今日当与卿自出讨之！”王经以为应讲策略，而王沉、王业却奔走向司马昭告密。曹髦拔剑升辇，率殿中宿卫苍头官僮鼓噪而出。追随司马昭的大臣贾充毫不迟疑地率中护军，在南阙下迎战皇帝的小队人马。司马昭的亲信成济问贾充：“事情紧急，怎么办？”贾充说：“司马公养着你们，就是为了今天，还问什么！”于是，成济一马当先，抽戈刺向皇帝。20岁的曹髦死于车下。皇帝死后，司马昭以大逆不道之罪杀了成济，然而按照史家书史的原则，杀害皇帝的正是司马昭。同年，被权臣孙琳废为会稽王的吴国皇帝孙亮突然死去，年仅18岁。

权臣废掉皇帝之后，能与废帝共在一个苍天之下，安然无事？为了防止时有可能发生的不测，权臣定会或者明或者暗地将废帝除命。例如东汉董卓废少帝刘辩之后，又派人给他送去一壶毒酒；南朝宋少帝刘义符被权臣徐羡之等人废为营阳王，1个月后死于徐羡之派来的特使之手；南齐15岁的萧昭文只作了3个月的傀儡皇帝，被废后仍免不了一死。北魏后期权臣尔朱兆连续废杀了两个皇帝，继尔朱氏掌权的高欢紧接着又废杀了两个皇帝，北魏的最后一位皇帝被权臣宇文泰弑杀。北周的5位皇帝中，有两位被权臣宇文护所杀。

权臣之所以能爬到一人之下万人之上的地位，凭借的是智谋和勇力，这种本领远胜于昏狂无知的少年皇帝。欲图篡位的权臣经常使用的伎俩是，先废杀在位的成年皇帝，然后拥立幼主，再图禅位。例如唐代就落入这样一种结局：同样以军事起家的朱全忠杀了38岁的唐昭宗，另立13岁的昭宗之子李柷为帝，3年后李柷禅位于朱全忠，不久后，朱全忠又将李柷杀死，斩草除根。

明朝开国皇帝朱元璋可谓雄才大略，但为了保朱家天下世代相传，他诛杀功臣宿旧，手段相当残忍。

朱元璋放火烧毁了庆功楼，他认为该死的功臣宿旧都被弄死了，但还剩下了个“帝师”刘伯温——博通经史，善识人才，尽心辅助朱元樟得天下的大功臣。

刘伯温是当时的围棋棋圣，棋艺十分了得。朱元璋心想：我就不信赢不了他刘伯温！

朱元璋在魁星楼上摆好了棋局，刘伯温奉诏上楼。刘伯温正要向朱元璋施大礼，朱元璋马上阻拦，说：“你是功臣，大礼就免了罢。”叫他平身，并赐了座。

二人面对面坐定。朱元璋的脸布作八卦阵，刘伯温的脸仿佛平静的清潭。

朱元璋说：“这楼，从此刻起就改叫定局楼了！”

刘伯温摆出一副疑惑不解的样子。

朱元璋说：“今天请你来，是想与你下盘棋，赌注是大明江山。这盘棋你赢了，大明江山就归属于你。”

刘伯温默不作声，脸色很平静。

朱元璋执黑，先落一子。刘伯温执白，随便落下。黑白子如同两路兵马，厮杀拼斗，伤亡互见，难解难分。朱元璋不时观察刘伯温的表情，刘伯温却一直在专注着棋局。

半晌，朱元璋投下关键一子，自觉成局已定，心就有些清爽，眼也发了亮。他抬起头，直了直腰，感觉浑身轻松，于是端起了茶杯品茗。

但刘伯温却直挺挺地坐着，凝视着棋局。朱元璋等得不耐烦，就放下茶杯，扫了一眼刘伯温，又扫了一眼棋局。但这一看不要紧，朱元璋额头立刻冒出冷汗：刚才投下的最得意的一子，竟然落入了刘伯温的埋伏。黑棋貌似咄咄逼人，其实是危机四伏。那口“气”原来是“假眼”，只要白子往中间一点儿，黑子便断了“气”。

朱元璋希望刘伯温看不出那步棋，又觉得他不会看不出那步棋。

棋圣并非浪得虚名，刘伯温那具僵直的身躯终于活动了，只见他伸手从罐里取出了一枚白子。朱元璋觉得刘伯温的手简直就是在捏着他的肉，紧张不安。

但是，刘伯温捏着棋子的手悬着不动。日影在悄悄地移动，时光在缓缓地流淌。

朱元璋的面孔似铜铸铁浇，有口长长的气在胸中憋着，一直未吐。

朱元璋忽然取过玉玺往案上一墩，说：“刘爱卿，棋，你该怎么下就怎么下。这玉玺我早就给你预备好了。”

刘伯温脸上现出了一丝笑纹，他手一松，白子便落入了瓷罐，然后缓缓站起身，从容地下楼而去。

朱元璋呆立在定局接上，眼见刘伯温的身影消失在山野之中，只有望着江山长啸不已。

朱元璋与刘伯温下棋是一场小博弈，但棋局之外更有一场大博弈。棋局之内的博弈双方的地位是平等的，权利是平等的，双方只要遵守对弈的规则就没有问题，只以各自的落子论输赢。这种博弈的情形不妨称为“扁平博弈”，即主体地位平等的博弈。但棋局之外的博弈，双方的地位却并非平等，一方拥有强大的权力，另一方则处于弱势地位，无法对抗强大的权力，双方都具有不同的身份标签，这将在很大程度上影响各自的决策。这种博弈的情形不妨叫做“结构博弈”，即主体地位不平等的博弈。

定居楼这番君臣斗智可以说是一场生死博弈。朱元璋为了试探刘伯温，用下棋来赌江山。朱元璋希望击败或者除掉刘伯温，刘伯温试图保全名声和性命。刘伯温最后的一颗棋子具有决定意义：他可以正确落下这颗棋子，击败朱元璋，因为他有这个权利，但恐怕项上人头难以保住；慑于君权的淫威，也可以故意留下败招，但棋圣的名声就会毁于一旦。高明的刘伯温先拿起那颗致命的棋子，但最终却投入了瓷罐。朱元璋本来已经输了棋，刘伯温给了他这么大的面子，双方心照不宣，朱元璋也就只好让刘伯温回归山野去了。

莫须有：嫁祸于人的伎俩

一提到“莫须有”，我们就想起秦桧害岳飞时无中生有捏造的罪名。其实，“欲加之罪，何患无辞”，“莫须有”往往是权力斗争中嫁祸对手的一个常用伎俩。

宋与金对峙时期，金国在占领了大片北方土地后，仍不断南侵。为了“精忠报国”，年轻的岳飞积极参加抗金斗争，且很快成为一名能干的军事人才，并组建了“岳家军”。岳飞的军队“饿死不掳掠，冻死不拆屋”，军纪十分严明，深得百姓爱戴。

在岳飞等抗金将领的顽强斗争下，宋军从金军手中收复了大片失地。1140年秋，岳飞率军队在中原大败金军，并计划将金军赶回旧地。就在他踌躇满志之时，昏庸的皇帝却连发十二道金牌，召他立即班师回朝。他和将士们收复失地的志向不得不半途而废。

其实，这是丞相秦桧暗中使坏。当时宋朝内部分为主战、求和两派，求和派秦桧手握实权，也是最富有的官僚。他为了保存自己的财产与官职，一直主张尽快与金廷求和。而求和的先决条件是除掉主战派代表岳飞，于是秦桧绞尽脑汁，想出了恶毒之计。

秦桧首先诬陷岳飞手下的将领张宪谋反，接着又诬陷岳飞之子岳云给张宪写过谋反信，构成同谋。以这些无中生有的罪名，岳云与张宪就不明不白地被关进了监牢。尔后，秦桧又借口质问岳飞几个问题，令他前往临安（今杭州）。结果，岳飞一到临安，就被捕入狱。

为达到处死岳飞的目的，秦桧宣称岳飞、岳云和张宪共同策划谋反。对此，抗金名将韩世忠愤愤不平，质问秦桧：“岳飞抗金，何罪之有？岳飞谋反，证据何在？”秦桧支支吾吾，费了半天劲，作出了一个臭名昭著的回答：“飞子云与张宪书虽不明，其事体莫须有。”“莫须有”就是“大概有”的意思。

在秦桧的授意之下，岳飞等三人很快就被判处谋反罪。1142年除夕，在临安风波亭，岳飞被杀害，当时仅39岁。而秦桧也因“莫须有”永远被钉在历史的耻辱柱上。

还有一个故事，说的是在前苏联，有一位乐队指挥乘坐火车前往下一个演出目的地。当他正在火车上翻看当天晚上要指挥演奏的乐谱时，两名克格勃（国家安全委员会，1954年3月13日至1991年11月6日期间前苏联的情报机构）军官看见他读的不是普通的文字，错误的把乐谱当成了某种密码，于是立即就把他作为间谍逮捕了。乐队指挥争辩说，那只是柴可夫斯基的小提琴协奏曲，但克格勃军官不予理会。

在乐队指挥被关进牢房的第二天，审问者走了进来，说：“我看你最好还是老实交代了吧。因为我们已经抓住你的朋友柴可夫斯基了，他现在正在向我们交代问题呢。”

这里的“柴可夫斯基”实际上是一个与乐队指挥博弈的虚拟参与者。设想克格勃真的逮捕了一位叫“柴可夫斯基”的人，那么由于莫须有的指控，乐队指挥与他就存在着策略选择，这就将原本毫不相干的人变成一条绳子上相互依存的两只蚂蚱。

克格勃将乐队指挥和“柴可夫斯基”进行隔离审讯。假如他们都否认克格勃指控的罪名，那么将分别被判处3年徒刑。假如乐队指挥昧着良心承认罪名，而“柴可夫斯基”却仍然否认罪名，则乐队指挥可以在1年之后获得自由，而“柴可夫斯基”将会由于拒不认罪而遭到严厉惩罚，会被判处有期徒刑15年。同样，假如乐队指挥拒不认罪，而“柴可夫斯基”认罪招供，两人的结局恰好相反。假如两个人同时认罪，那么，他们都将被判处这一罪名的标准刑罚：有期徒刑10年。

乐队指挥知道“柴可夫斯基”要么招供，要么拒不认罪。倘若“柴可夫斯基”招供，乐队指挥如果拒不认罪或者招供，与之对应，他会被判处15年或者10年徒刑，相比之下，对他来说招供的下场显然要好一些。假如“柴可夫斯基”拒不认罪，乐队指挥同样拒不认罪或者招供，与之对应，他会被判处3年或者1年有期徒刑，相比之下，对他来说招供的下场仍然要好一些。这样一分析，乐队指挥觉得招供显然是最佳做法。

而在另一个单人牢房里，“柴可夫斯基”也在做同样的盘算，得出同样的结论。当然了，结果是两个人同时招供。之后，当他们在古拉格群岛流放地见面，说出各自的经历后，比较一番，就会发现，他们其实吃亏了。因为，假如他们两人都拒不认罪，他们两人的刑期都会大大缩短，早日重获自由。

或许有人会说，假如两个人在接受审问之前有机会见面好好谈清楚，那该有多好，因为那样的话，他们一定会同意拒不认罪。不过，接下来他们很快就会意识到，无论如何，那样一个协定也不见得管用。一旦他们被分开，审问开始，每个人内心深处那种企图通过出卖别人而换取一个更好判决的想法就会变得非常强烈。这么一来，他们还是逃脱不了最终在古拉格相遇的命运，大概还会在那里好好盘算，看看谁欠谁更多。

李尔王难题：选择接班人的困局

“告诉我，我的女儿们——在我还没有把我的政权、领土和国事的重任全部放弃以前，告诉我，你们中间哪一个人最爱我？我要看看谁最有孝心，最有贤德，我就给他最大的恩惠。”这是莎士比亚戏剧名篇《李尔王》中的一段台词，李尔王面对“接班人”的选择问题困惑不已。

李尔王是传说中古不列颠的国王，专横而爱听谄媚的话。年老时，他决定将国家交给后人治理。他的大女儿高纳里尔和二女儿里根阴险毒辣，三女儿考狄利娅温存善良。高纳里尔和里根用动听的语言，骗取了父王的信任，掌握了全部国土和一切大权。而考狄利娅因为不愿对父王说动听的话，没有分到一片土地。可是，法兰西国王却深深爱上了她那纯洁的心灵，娶她做了王后。自从李尔王将权力交出之后，他的大女儿和二女儿百般虐待他。就在他们阴谋杀害父王时，考狄利娅得到消息率领军队前来营救，但因寡不敌众，考狄利娅被捕，并惨遭杀害，李尔王也悲愤死去。高纳里尔和里根等人的倒行逆施，激起了众人的反抗，她们也受到了应有的惩罚。最后，正直的奥本尼公爵继承了英国王位。

在封建皇朝，在皇帝和皇储之间，存在着权力的博弈。皇帝和皇储是亲生骨肉，也会为了权力生死相搏。虎毒尚且不食子，帝王家庭内，却会上演父杀子，子弑父，或者兄弟相残的宫廷惨剧。皇帝立皇储、设太子是为了日后皇位得以稳定传承，但皇储的存在本身就是对君王权力的威胁，因而他们自身也常常处在危险当中。这种危险状况有时会演变成危机，甚至发生大的皇宫动乱。在中国历史上，为争权夺利而骨肉相残之事屡见不鲜，李世民的“玄武门之变”就是其中的代表之一。后人赞赏李世民建立盛唐及后来“贞观之治”的大功劳，但同时必须如实指出其杀兄、屠弟、逼父的篡权行为。这里运用博弈论对“玄武门之变”进行分析。

李世民不但有勇有谋，而且手下有一批人才。在秦王府中，文的有房玄龄、杜如晦等，号称十八学士；武的有尉迟敬德、秦叔宝、程咬金等著名勇将。太子李建成自己知道威信比不上李世民，心里非常妒忌，就和弟弟齐王李元吉联合，一起排挤李世民。

李建成、李元吉知道唐高祖宠爱一些妃子，就经常在这些宠妃面前拍马送礼，讨她们的欢喜。李世民就没有这样做。李世民平定东都之后，有的妃子私下向李世民索取隋宫里的珍宝，还为她们的亲戚谋官做，都被李世民拒绝了。于是，宠妃们常常在高祖面前说太子的好话，讲秦王的短处。高祖听信宠妃的话，跟李世民渐渐疏远起来。

李世民多次立功，李建成和李元吉更加忌恨，千方百计想除掉李世民。

有一次，李建成请李世民到东宫去喝酒。李世民喝了几盅，忽然感到肚子痛。别人把他扶回家里，他一阵疼痛，竟呕出血来。李世民心里明白，一定是李建成在酒里下了毒，赶快请医服药，总算慢慢好了。

李建成、李元吉想害李世民，但是又怕世民手下勇将多，真的动起手来，占不到便宜，就想先把这些勇将收买过来。

建成私下派人送了一封信给秦王手下的勇将尉迟敬德，表示要跟尉迟敬德交个朋友，还给尉迟敬德送去一车金银。

尉迟敬德跟李建成的使者说："我是秦王的部下。如果私下跟太子来往，对秦王三心二意，我就成了个贪利忘义的小人。这样的人对太子又有什么用呢。"说着，他把一车金银原封不动地退了。

李建成受到尉迟敬德的拒绝，气得要命。当天夜里，李元吉派了个刺客到尉迟敬德家去行刺。尉迟敬德早就料到李建成他们不会放过他。一到晚上，故意把大门打开。刺客溜进院子，隔着窗户偷看，只见尉迟敬德斜靠在床上，身边放着长矛。刺客本来知道他的名气，见他早有防备，没敢动手，偷偷地溜回去了。

李建成、李元吉一计不成，又生一计。那时候，突厥进犯中原，李建成向唐高祖建议，让元吉代替李世民带兵北征。唐高祖任命李元吉做主帅后，李元吉又请求把尉迟敬德、秦叔宝、程咬金三员大将和秦王府的精兵都划归自己指挥。他们打算把这些将士调开以后，就可以放手杀害李世民。

有人把这个秘密计划报告了李世民，这个信息对李世民与李建成的博弈至关重要。李世民感到形势紧急，连忙找他舅子长孙无忌和尉迟敬德商量。两人都劝李世民先发制人。李世民说："兄弟互相残杀，总不是件体面的事。还是等他们动了手，我们再来对付他们。"

尉迟敬德、长孙无忌都着急起来，说如果李世民再不动手，他们也不愿留在秦王府白白等死。李世民看他的部下非常坚决，就下了决心。

玄武门博弈		李世民	
		出击	等待
李建成	出击	−1，−1	2，−2
	等待	**−2，2**	0，0

从博弈论角度来分析，面对李建成、李元吉的咄咄逼人之势，李世民要么主动出击，要么观望等待，甚至坐以待毙。如果李建成、李元吉先主动出击，李世民也选择主动出击的策略，那么双方获得的收益均为 -1，结果可能就是两败俱伤；如果李建成、李元吉主动出击，而李世民却被动等待，则李建成、李元吉将获得的收益为 2，李世民的收益为 -2，他将遭受灭顶之灾；如果李建成、李元吉还没有真正出击谋害李世民，李世民就主动出击，那么"先下手者为强"，李世民将获得的收益为 2，他将赢得这场宫廷斗争的胜利。

于是，李世民决定主动出击。当天夜里，李世民进宫向唐高祖告了一状，诉说太子跟李元吉怎么谋害他。唐高祖答应等明天一早，叫兄弟三人一起进宫，由他亲自查问。

第二天早上，李世民叫长孙无忌和尉迟敬德带了一支精兵，埋伏在皇宫北面的玄武门，只等李建成、李元吉进宫。

不久，李建成、李元吉骑着马朝玄武门来了，他们到了玄武门边，觉得周围的气氛有点反常，心里犯了疑。两人拨转马头，准备回去。

李世民从玄武门里骑着马赶了出来，高喊说："殿下，别走！"

李元吉转过身来，拿起身边的弓箭，就想射杀李世民，但是心里一慌张，连弓弦都拉不开来。李世民眼明手快，射出一支箭，把李建成先射死了；紧接着，尉迟敬德带了 70 名骑兵一起冲了出来，尉迟敬德一箭，把李元吉也射下马来。

东宫和齐王府的将士听到玄武门出了事，全部出动，猛攻秦王府的兵士。李世民一面指挥将士抵抗，一面派尉迟敬德进宫。

唐高祖正在皇宫里等着三人去朝见，尉迟敬德手拿长矛气吁吁地冲进宫来，说："太子和齐王发动叛乱，秦王已经把他们杀了。秦王怕惊动陛下，特地派我来保驾。"

高祖这才知道外面出了事，吓得不知道该怎么办才好。

宰相萧瑀等说："建成、元吉本来没有什么功劳，两人妒忌秦王，施用奸计。现在秦王既然已经把他们消灭，这是好事。陛下把国事交给秦王，就没事了。"

事已至此，高祖要反对也没用了，只好听左右大臣的话，宣布李建成、李元吉罪状，命令各府将士一律归秦王指挥。过了两个月，唐高祖让位给秦王，自己做太上皇。李世民即位，就是唐太宗。

身价考量：得到与放弃博弈

在一个偏僻的乡村，一位记者看见一个放牛娃，问："你放牛为了什么？"

"娶媳妇。"放牛娃想都不想就做出了回答。

"娶了媳妇又为了什么？"记者追问。

"生娃子。"放牛娃虽然有些羞涩，但也很快回答出来。

"生了娃子又为了什么？"记者继续追问下去。

"放牛。"放牛娃略加思索，但也同样很快作答。

……

一位中学生在电视上看到了这一幕，马上联想到自己：

读书为了什么？上大学。

上了大学为了什么？找个好工作。

找到好工作为了什么？为了娶个好媳妇。

娶个好媳妇为了什么？生孩子。

生了孩子为了什么？为了读书。

……

这位中学生感到自己的处境与放牛娃的处境简直是殊途同归，读书又有什么用啊？放牛娃活得没意义，难道自己就活得有意义吗？这样一想，人生都没有什么意义了啊。于是他就自杀了。

放牛娃甘于在社会博弈中平凡地轮回，而中学生则认为这样活着没有意义。其实，要想使自己活得有意义，生存是第一位的，生存是最现实的利益，生存不下来谈什么发展啊？生存问题解决了，才会逐渐过上有质量的生活。而我们的现实社会，人与人因为身份的不同，境遇也是非常不同，生存的状态也很不相同，有时甚至是天壤之别，但无论如何，每个人都有自己的身价。

在现实社会中，每个人博弈的本钱不同，但每个人都有自己的价钱。在社会博弈之中，每个人的身价仍然是要考量的重要因素。

在英国作家威廉·萨克雷的名作《名利场》中，女主角贝姬曾经这样表白自己："如果我一年有5000英镑的收入，我想我也会是一个好女人。"赫胥雷弗教授在他的《价格理论与应用》中就贝姬的上述表白出了一道思考题：如果这个表白本身是真实的，即贝姬每年有5000英镑收入的话，在旁人看来她就真变成一个好女人，那么人们至少还可以有两种解释：其一，贝姬是想做好女人的，但是她太穷，所以做不了好女人。如果贝姬每年有5000英镑的收入，她就会恢复好的本性。其二，贝姬本来并不愿意做一个好女人，就像不想辛勤劳动一样，但是如果有人每年给她5000英镑作为补偿，为了这些钱，看在这些钱的分上，她也就勉为其难，愿意做一个好女人。那么，怎样才能知道这两种可能中哪一种符合实际呢？怎样才能知道贝姬的本性究竟是"好"的还是"坏"的呢？为了不干扰你的思路，可以先撇开道德判断。例如，不妨把“做好女人”理解为某种行为举止规范或者必须遵守的限制。避免谈论好恶，有助于得出比较客观的结果。

成本就是为了得到某种东西而必须放弃的东西。由此，贝姬为何做出这样的选择就很容易得到答案了。5000英镑就是她为“做好女人”开出的价钱，如果5000英镑是一笔小钱，说明她认为“做好女人”的成本不高，换句话说，就是她喜欢做个好女人，只要能维持生活就可以；如果5000英镑是一笔大钱，说明她认为“做好女人”的成本即必须放弃的某种东西是很高的，非用一大笔钱补偿不可。

那么5000英镑是不是很多钱呢？那是100多年前的事情，英镑比现在要值钱得多，而在稍晚的作品《福尔摩斯》中说一个女人每年有60镑的薪水就可以过得下去。如果用这个标准来衡量，那么贝姬开的价钱是不能算低的。

在现实的社会博弈中，每个人都有自己的成本。在与对手的博弈中，有时要显示自己决不妥协的立场以增大对手的成本。不过，这里倒不是有意暗示说，这样一个策略无论成功或者失败，其本身都是可取的。其实，对于整个社会来说，一般是希望避免这样一种意味着巨大浪费的破坏行动的出现。我们的目的在于解释这些策略的本质，以便更好地运用或者避免它们。

在博弈中，要想使一个策略行动可信，就必须采取其他附加行动，使扭转这一行动变得代价高昂甚至完全没有可能。可信度要求对这个策略行动做出一个承诺。比如，在战争中的一方威胁要饿死他的敌人，烧毁田野的行动就使他的威胁变得非常可信。而在其他情况下，可信度往往就是一个威胁程度大小的问题。

策略行动包含两个要素：计划好的行动路线以及使这一路线显得可信的承诺。一个无条件的行动可以使这个参与者获得策略上的优势，抢占先机，率先出招。即使博弈参与者并没有真的先行动，但也可以通过对一个回应规则提出一个承诺，获得相似的策略优势。虽然参与者是跟在别人后面行动，但这个回应规则必须在别人开始行动之前就付诸实施。例如，父母对孩子说：“除非你已经做完了作业，否则不可以出去玩。”这实际上就是在确立一个回应规则。毫无疑问，这个规则必须在这个孩子跑出去之前就进行明确宣布。

威胁与承诺的共同点在于回应规则使博弈参与者不会在没有回应规则的前提下采取行动。由于别人对参与者以后的行动的预期毫无变化，这个规则也就产生不了什么影响。不过，说明什么事情会在没有规则的情况下发生，仍然具有一种公示的作用，这些说明称为警告与保证。

在做出一个承诺时，不应让自己的承诺超过必要的范围。假如这个承诺成功地影响了对方的行为，博弈参与者就要准备实践诺言。而这件事做起来应该是代价越小越好，所以也就意味着承诺时只要达到必要的最低限度就行了。适度原则其实同样适用于威胁，即不应让自己的威胁超过必要的范围，这样做的理由相当微妙。例如，美国为什么不会威胁日本说，倘若日本不同意进口更多的美国大米、牛肉和柑橘，美国就要对其动武呢？虽然动武的想法有可能博得美国一些农场主和政治家的欢心，但同时却存在几个充分的理由说明不能这样做。没有人会相信这样一个威胁，因此这个威胁不会奏效。哪怕这个威胁真的管用，日本也不愚蠢，必然会重新揣摩美国究竟是不是自己的盟友。如果日本不肯进口更多柑橘，美国说到做到，当真实施了自己的威胁，那么其他国家就会谴责美国选择了一个很不恰当的惩罚方式，日本更会变得怒不可遏。不过，如果美国不实施自己的威胁，又会让自己日后的信誉大打折扣。总之，不管是否实施自己的威胁，美国都将遭受失败。在这里，这个威胁由于引入了一个本来毫不相干的因素即武力而使原来的问题变得混乱。

可见，威胁很大但却不适当，对方就难以置信，而自己又不能说到做到，更不要说进一步确立自己的信誉了。能奏效的最小而又最恰当的威胁应该成为美国的首要选择，也就一定要使惩罚与应该承担的责任相适应。倘若美国希望刺激日本多买柑橘，就应该选择一个更具有互惠互利性质的威胁，使惩罚与不肯多买柑橘的做法更加匹配。比如，美国可以威胁说要削减日本汽车或者电器的进口配额。实际上，这种威胁美国在1853年曾经使用过一次。美国海军上将佩里的庞大战舰编队成功地慑服日本幕府时代的将军，使后者同意向美国商界开放日本市场。如今，日本把美国要求开放日本市场而施加的过分压力称为“黑色舰队”。

一物降一物：非对称性的逻辑

蚂蚁可以钻进大象的鼻子，强者不可以盛气凌人，强者并非处处都强大，也有其弱点，弱者利用强者的弱点进行打击，同样令强者不堪其扰，因此即使是强者也要对弱者给予必要的尊重。

记得小时候玩过一种动物棋，是用小卡片做的，棋子的角色分象、狮、虎、豹、狼、狗、猫、鼠等八种。游戏规则是：象吃狮、狮吃虎、虎吃豹、豹吃狼、狼吃狗、狗吃猫、猫吃鼠、鼠吃象。这个游戏规则体现了“一物降一物”的朴素竞局思想。

在这里，为了便于分析，构造一个有三个参与者的博弈模型。

设有棒、虎、鸡三方，棒能够打虎，虎能够吃鸡，而鸡则能够啄棒，棒、虎、鸡都有若干条命。三方之中，任何两方的博弈都是零和博弈（一方所得为另一方所失，其相加之和为零），也就是一方的幸福是建立在另一方的痛苦之上的。

比如，棒和虎之间的博弈：棒有两种选择，要么打虎，要么不打虎；虎则没有选择，因为虎的选择是吃鸡或者不吃鸡，而在棒和虎的零和博弈中，虎是无可奈何的。在这种情形下，没有纳什平衡，即双方不存在共同的最优策略选择，这里只有棒的最优选择即打虎，因为打虎可以给棒带来收益。

同样道理，对虎与鸡、鸡与棒的博弈关系中，也存在着类似的关系。这样一来，棒就会毫不留情地选择打虎，虎就会毫不犹豫地选择吃鸡，鸡也会不假思索地选择啄棒。把这三个零和博弈连起来的话，棒、虎、鸡都会有一个最佳选择，那就是干掉自己能够干掉的对象。结果，三方陷入了社会博弈的困局而难以自拔。最终只能是棒、虎、鸡都被干掉。

不在沉默中爆发，就在沉默中灭亡。终于有一天，不愿忍受日复一日被干掉的鸡在虎口之下大叫一声：“且慢！虎大人，请您听我一句话，常言道‘冤冤相报何时了，冤家宜解不宜结’，我们何不和好呢？棒先生，你说说是不是这个道理啊？”

鸡是棒的克星，棒怎么能不听鸡的意见呢，当然点头连连称是。虎一听棒要求和好，自己当然很高兴，因为从此可以免除棒喝之痛了。

于是，在猴年马月午时子分，棒、虎、鸡三方签署了一项和平共处协议。这份协议保证三方各自的生命权、生存权，比起生命受威胁，随时可能被打死的情况，显然是占优势的选择。从而，棒、虎、鸡成了好朋友，一起享受起了安逸自得的日子。

然而，在这个三人组合里，每一方都是自利的，每一方都会为自己的最大利益而考虑。虽然三方都存活下来了，但是还没有获得自己的最佳收益。

在一个月黑风高的夜晚，可怜的鸡刚刚沐浴更衣完毕，竟被虎一个饿虎扑食，失去了一条小命。

获得猎物的虎正要把鸡拖到隐蔽地方去美餐一顿，忽然发现有双阴冷的眼睛正在盯着自己。于是，虎大喝一声：“你是谁？要干什么？”

“我是棒啊。”话音未落，棒大摇大摆地走了过来。

“你到底想干什么啊？”虎不耐烦地问。

“把鸡脑袋分给我吧！”棒口气很强硬。

“要是我不分给你呢？”虎试探着问。

“假如你不留下鸡头，就要留下你的虎头！”棒咆哮起来。

虎被棒的恐吓震住了，因为棒是自己的克星啊。别无他法，虎只好强作笑颜，把鸡脑袋分给了棒。从此，每当虎偷偷吃鸡的时候，都不得不给棒分一部分。再后来，这种偷偷摸摸的行为变成了公开的屠杀。此时的博弈关系由三方博弈演变成了双方博弈，即棒虎联盟对付鸡。由于有虎为棒撑腰，鸡已经丧失了对棒的伤害权。棒虎联盟除了保障自己的生命与生存外，还获得了额外的鸡肉，各自的收益比三方遵守和平协议时要多得多。

棒虎联盟是一种合作博弈，在联盟中的棒和虎，都有合作或者不合作的选择。其中，棒因为拥有对虎的伤害权，因此在整个联盟中是主导者，而虎是参与者。干活卖力的是虎，而不费吹灰之力却收益最大的是棒。

但是，作为兽中之王，虎焉能长期低声下气地忍受棒的宰割？他竟然计划与鸡结盟，但他的最终目的是彻底摆脱棒的要挟，独自吃鸡。

于是，在一个阳光灿烂的日子里，虎正要杀鸡并做一碗香浓可口的鸡汤给棒送去。突然，虎听到棒的一声棒喝："住手！"

还没等虎反应过来，棒就一个箭步冲了上去，当头一棒把虎打翻在地。

在旁边的鸡早已吓得呆若木鸡，不知所措。只见棒将虎皮剥了下来，走到鸡的面前，殷情地披在鸡在身上，轻轻地说："天气冷了，您别着凉了。"

而此时，虎倒在血泊之中，从此确实彻底摆脱了棒的束缚，但他再也吃不到鸡了。

在这种情况下，形成了棒鸡联盟与虎的博弈。虎没有博弈资本，只能任人宰割。在棒鸡联盟中，鸡是主导者，棒是参与者。棒是干活卖力的一方，而鸡生命不再受到虎的威胁且能分到棒打虎中的战利品，其收益最大。

虎明白了必须找一个帮手的道理，于是试图进行游说。他壮着虎胆，找到了鸡。

此时，鸡正躲在鸡窝里酣睡，见到虎，只是淡淡地说："我已经吃饱了，您还是回去吧，好好休息养身体，假如休息不好虎肉会发酸的。"

虎早已将生死置之度外，直截了当地说："鸡先生，我想同你合作结成联盟对付棒！"

"天啊！跟您合作，那我还能吃什么啊？吃棒，怎么能咽得下口啊？何况您又不是吃素的，何必跟棒过不去呢？不行啊！"

"鸡大人果然英明啊！虎浑身上下都是宝，虎皮可做袄，虎肉可以吃，虎鞭虎骨是良药，谁会轻易放弃呢？"棒不知道何时从地缝里冒了出来，冷嘲热讽说了一番。

虎难为情地说："棒大人，久违了，您还记得当时鸡汤的浓浓香味吗？"

棒哈哈大笑说："当然记得，虎先生当时的手艺的确堪称一流耶。"

虎说："只要棒大人您有这个心意，我就是上刀山下火海也要为棒大人效力。"

棒笑着说："此一时，彼一时。现在我还不想啊，等我想的时候，自然就会找你的。"

虎说："宁作鸡头，不作凤尾。棒大人乃棒中精英，您日后必定不会屈于鸡下。"

而此时此刻，站在一旁的鸡居然还沉得住气，根本不理会虎对棒的暗示，因为他认为虎对棒的劝说都是徒劳的。

为什么鸡不与虎联盟，也不担心棒重新与虎联盟呢？

原来，在棒、虎、鸡的博弈中，博弈困境已经由于合作联盟的出现被彻底打破了。而鸡虎联盟的整体收益最小，一根普通的棒，根本值不了几个钱。其次是棒虎联盟，总体收益是一只鸡。但棒鸡联盟的收益则是虎，其收益最大。在棒鸡联盟中，鸡作为整体利益的分配者，只要保持分给棒的利益大于一只鸡，那么棒鸡联盟就会长久保持下去。

赤壁博弈：弱者联合，巧胜强者

"赤壁之战"的故事想必大家都总体上有所了解，这里简单叙述一下，以便运用博弈论进行解读。

东汉末年，军阀混战，天下大乱。曹操基本统一北方后，于建安十三年（公元208年）七月，亲率10万大军南征荆州。企图先灭刘表，再顺长江东进，击败孙权，以统一天下。八月，荆州牧刘表病亡，次子刘琮请降。荆州水军数以千计的蒙冲、斗舰，悉归曹操所有，曹操实力大增，依附刘表屯兵樊城（今属湖北省）的刘备，闻讯后率部南撤。九月，曹操进占新野（今属河南省），并率精骑追击南逃的刘备，在当阳长坂坡追及并击溃刘备军。刘备退至夏口（今属武汉市）。曹操继续南下，占领江陵后，乘胜向江东进军。曹操的作战部署大体为：以赵俨为章陵（郡治在今湖北枣阳东南）太守兼都监护军，监领虎威将军于禁、平狄将军张郃、平虏将军朱灵、破虏将军李典、荡寇将军张辽、奋威将军冯楷等7军，统一指挥他们在汉水、淮水之间的行动；荆州（州治在今湖北襄樊市）方面，曹操在江陵、襄阳、樊城等要地留兵驻守，亲统主力沿汉水、长江东进。曹操企图先歼灭刘备于樊口，然后顺江而下，打败盘踞在东吴的孙权。

面对严峻的时局，在诸葛亮的谋划下，刘备决定联吴抗曹。十月，退至夏口后，派诸葛亮赴柴桑（今江西九江西南）会见孙权，共谋抗曹大计。当时东吴部分谋臣慑于曹军号称80万的声势，主张议和，孙权在和战之间犹豫不决。诸葛亮与鲁肃、周瑜等对当前的形势作了精辟的分析：指出刘备虽在长坂战败，但仍有一定实力，现在收拢的部队和关羽的水军精兵尚有万余人，刘琦的部队也不下万人，如果与东吴的军队联合作战，实力相当可观。曹军号称80万，实际上只有10多万，加上后方不稳，远征疲惫，不服水土，不习水战，只要善于利用曹军的这些弱点，联合抗曹，定能取胜。

在曹操、孙权、刘备三方的博弈中，曹操实力最强，刘备实力最弱，孙权介于曹刘之间。两个较弱的博弈参与者如何才能战胜最强者？博弈论告诉我们：联合是好的“利己策略”。在这里，如果孙刘不联合，互相对立、拆台，那么将可能被曹操各个击破、双双战败。经过全面的实力对比分析，孙权坚定了孙刘联合抗曹的决心。于是，孙权命周瑜、程普为左右都督，鲁肃为赞军校尉，率领3万精锐水师，与刘备军会合约5万，进驻夏口。

当年冬天，曹操凭恃军威，骄纵轻敌，拒绝谋臣谏议，亲统大军水陆并进，直逼江南。孙刘联军自夏口溯江而上，与曹军相遇于赤壁。曹军以步骑为主，面临大江，立刻失去优势，新编及新附荆州水军，战斗力较弱，又遭瘟疫流行，以致初战不利，退至长江北乌林（今湖北洪湖境内），与孙刘联军夹江对峙。为减轻江上风急浪颠，曹操下令用铁链和木板连接战船，犹如城堡，使步骑兵可在上驰骋，以利攻战。周瑜鉴于敌众己寡，意欲谋攻，以求速战，遂采纳黄盖提出的火攻计谋。针对曹军连环战船，黄盖派人给曹操送伪降书，并与曹操事先约定投降时间。后来发生的事情也就是“草船借箭”、“火烧战船”了，曹操败北。

赤壁大战后，孙权继续与刘备联盟，以抗拒曹操。刘备乘势取得武陵、长沙、桂阳、零陵等四郡，自任荆州牧，作为西取益州（治今成都市）的基地，三足鼎立之势形成。

孙刘联军在赤壁之战中，之所以能以少胜多，以弱胜强，可以用博弈论来分析：

首先，不为强敌所吓倒，不为表面现象所迷惑。通过冷静的分析，既看到曹操10万大军压境，气势凶猛，又看到曹操后方不稳，部队远来疲惫，不服水土，不习水战；既看到刘备新败，兵力不足，又看到有利的战场条件和拥有善于水战的5万水军，从而具备了取胜的基础。可谓知彼知己，从博弈论上看，属于“信息对称”。

其次，联合抗曹，打击主要敌人。孙权和刘备虽有矛盾，却也存在博弈关系。大敌当前，如果不联合起来，势必都失败；而联合起来，就相对地改变了力量对比，为战胜曹军创造了条件。通过联合，孙刘避免了“囚徒困境”的“双输”局面，而是获得了“双赢”结局。

再次，积极迎战，先发制人。采取这一方针，是符合当时情势的。曹操轻取荆州，发展过快，兵力不集中，占领区不巩固，正可乘其立足不稳而击之。而且乘战略要地樊口尚在刘备手中，曹军尚未达成水陆分进合击之际，迫曹军于江上水战，挫败其水军，可以使其难以顺江东下。另外，曹操恃胜而骄，先给以迎头痛击，使曹军上下震惊，混乱被动。博弈论非常强调时间的重要性，这是影响博弈平衡的重要因素之一。在博弈中，先发可以带来优势，后发也可以带来优势，在什么时候先发或者后发，需要博弈参与者适时做出恰当选择。

最后，扬长避短，以长击短，出其不意，攻其不备。选择自己擅长水战的优势策略，对远来疲惫，不善水战而又麻痹轻敌的曹军，采用火攻袭击，然后乘敌混乱，迅速投入主力，实施有力的突击，一鼓作气，击溃曹军，从而赢得战争的胜利。

三方对决：弱者的海阔天空

有三个仇家，分别叫做张三、李四和王五，他们决定来一场三方对决。三个人各自站在相互等距的三个点上，形成一个三角形。总共有两个回合：第一回合，每人得到一次射击机会，射击次序分别为张三、李四和王五；第一回合过后，幸存者得到第二次射击机会，射击次序还是张三、李四和王五。

对于每一个参与对决的人，最佳结果都是成为唯一的幸存者；次佳结果则是成为两个幸存者之一；排在第三位的结果，是无人死亡；最差的结果当然是自己被对方打死。

张三的枪法很糟糕，命中率是30%；李四的水平高一点儿，命中率达到80%；王五是神枪手，百发百中。那么，张三在第一回合的最优策略应该是什么呢？在这个问题里，谁会有最大的概率幸存下来呢？

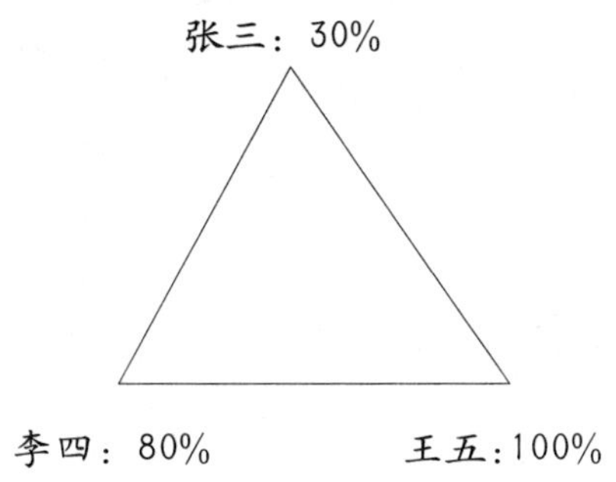

虽然倒后推理是解决这个问题的一个稳妥途径，但我们可以运用一下向前展望的论证，向前跳一步。这里从依次讨论张三的每一个选择开始，假如张三打中李四，将会发生什么事情呢？假如张三打中王五，又将会是怎样呢？

假如张三向李四开枪并打中对方，他等于签下了自己的死亡保证书，因为接下来轮到王五，而他百发百中。王五不可能放弃向张三开枪的机会，因为开枪将使他得到自己的最佳结果。张三向李四开枪似乎不是一个很吸引人的策略。

假如张三向王五开枪并打中对方，接下来轮到李四。李四会向张三开枪。于是，假如张三打中王五，他的幸存概率仍不足20%，这与李四失手的概率相等。

到此时为止，上述选择没有一个显得很有吸引力。实际上，张三的最佳策略是向空中开枪!如果是这样，李四就会向王五开枪，假如他没打中，王五可以向李四开枪，并把他打死。于是进入第二轮，又轮到张三开枪了。由于只剩下一个对手，他至少有30%的概率保住性命，因为这是他打中剩下这个对手的概率。

可见，弱者可能通过放弃自己的第一个成功机会取得更好的结果。我们在美国每4年一次的总统竞选活动中都会看到同样的例子。只要存在数目庞大的竞争对手，实力顶尖者通常都会被中等实力者的反复攻击搞得狼狈不堪，败下阵来。等到其他人彼此争斗并且退出竞选的时候再登场亮相，形势反而对自己更加有利。

因此，某人的幸存机会不仅取决于其自身的本事，还要看其威胁到的人。一个没有威胁到任何人的弱者，可能由于较强的对手相互残杀而幸存下来。王五虽然是最厉害的神枪手，他的幸存概率却最低，只有14%，这说明最强者的生存概率居然如此之低。对于李四来说，他有56%的取胜机会。而张三的最佳策略使他能以30%的命中率来换取41.2%的幸存概率。

结果是命中率最差的张三的存活概率最大，实力居中的李四的存活概率最小，其关键在于决斗者相互间的认知结构。理性主导下的行为服从于主体对目标和手段的认知，因而在由不同主体使用不同战略构成的斗争中，力量的最终效果会被多主体的认知结构所扭曲。在这种扭曲作用下，所谓实力越强越安全的常识往往是一种错觉。该案例提供的首要教益是：对力量的评估应当放在所处的结构中进行。

而在王五与李四双方形同鹬蚌之势的时候，张三却坐收渔翁之利。张三的特点在于他有起码的实力而成为独立的玩家，但与任何一方相比，在第三方眼里显得比较无害。英国战略思想家利德尔·哈特说："既然像羊一样被投入狼群，就需要像蛇一样聪明，并像鸽子一样无害。"可见，无害这一点比聪明更要紧。其实，所谓聪明不过是掌握完整信息并具备充分理性，但在性命攸关的事情上，谁都要绞尽脑汁仔细算计。而微妙的命运恰恰是踩着每个人的理性悄然而至的。但比较无害这种特征在不同博弈参与者的比较中容易实现，张三的聪明之处就是用恰当的表现方式和利用这种比较无害的特征。而与张三相反，李四的悲剧在于他在强者眼里是较大的威胁，可在实力上却又不够真正强大，并不能战胜真正的强者。

在古今中外的政治舞台上，有不少"三方对决"这样的博弈案例。例如，强势领袖为取得长期垄断地位，不断栽培第三或者第四号人物，以此打击和取代第二号领导人。而一旦老三或者老四成为二号人物，就会变成领袖的新对手，无论是表忠心还是拉山头都没法逃脱早已安排好的命运。真正厉害的角色是那些紧跟领袖、谦和谨慎、自始至终都安于第三或者第四位置上的人，往往只有这样的人能够得以善终甚至有所作为。

海盗分金：怯懦者笑到最后

强者有强者的生存之道，而弱者也有弱者的生存之道。争强好胜、争先恐后是人行为的常态，但有时候怯懦者却能够笑到最后。

有10名海盗抢得了窖藏的100块金子，并打算瓜分这些战利品。这是一些讲民主的海盗，也就是遵循少数服从多数原则，他们按照习惯的方式进行分配：最厉害的一名海盗提出分配方案，然后所有的海盗包括提出方案者本人就此方案进行表决；如果半数以上（含半数）的海盗赞同这一方案，那么这一方案就获得通过并按照这一方案进行战利品的分配；否则，提出方案的海盗将被扔进海里，然后剩余海盗中最厉害的海盗又重复上述过程……

当然，所有的海盗都不想看到他们朝夕相处的同伙被扔进大海，但是如果让他们进行投票选择的话，他们还是会尽可能投能使自己得一笔现金那一类方案的票，同时他们也不愿意自己被扔进大海。所有的海盗都是有理性的，而且知道其他的海盗也是有理性的。另外，没有两名海盗是同等厉害的，因为这些海盗按照完全由上到下的等级排好了座次，并且每个人都清楚自己和其他所有人的等级。这些金块不能再分，也不允许几名海盗共有金块，因为任何海盗都不相信其同伙会遵守关于共享金块的安排，因为这是一伙每个人都只为自己利益打算的海盗。那么，最厉害的一名海盗应该提出什么样的分配方案才能使自己获得最多的金子呢？

考虑到分析的便利，这里按照这些海盗能力的差异给他们编上序号。最怯懦的海盗为1号海盗，次怯懦的海盗为2号海盗，依此类推，最厉害的海盗就会是最大的编号10了，而方案的提出就将倒过来从大至小地进行。

分析此类策略游戏可以运用倒推法，即从结尾出发倒推回去。游戏结束时，比较容易知道哪种决策有利而哪种决策不利。确定了这一点后，就可以运用在倒数第二次决策上，依此类推。如果从游戏的开头出发进行分析，那么或许走不了多远就会进行不下去。因为所有的战略决策都是要确定："如果我这样做，那么下一个人会怎样做？"因此，在某个海盗以下的海盗所做的决定对此海盗来说是很重要的，而在此海盗之前的海盗所做的决定并不重要，因为你反正对这些决定也已经无能为力。

因此，分析的出发点应该是游戏进行到只剩两名海盗即1号和2号的时候。这时最厉害的海盗是2号，而他的最佳分配方案一目了然：100块金子全归他一人所有，1号海盗什么也得不到。由于他自己肯定为这个方案投赞成票，这样就占了总数的一半，因此该方案获得通过。

现在加上3号海盗。1号海盗知道，如果3号的方案被否决，那么最后将只剩2个海盗，而1号将肯定一无所获，另外，3号也明白1号了解这一形势。因此，只要3号的分配方案，给1号一点儿甜头使他不至于空手而归，那么不论3号提出什么样的分配方案，1号都将投赞成票。因此3号需要分出尽可能少的一点儿金子来收买1号海盗，这样就有了下面的分配方案：3号海盗分得99块金子，2号海盗一无所获，1号海盗得1块金子。

4号海盗的策略也差不多。他需要有半数以上的支持票，因此同3号一样也需要再找一人做同谋。他可以给同谋的最低贿赂是1块金子，在这里，他可以用这块金子来收买2号海盗。因为如果4号被否决而3号得以通过，则2号将一文不名。因此，4号的分配方案就是：99块金子归自己，3号1块也得不到，2号得1块金子，1号也是1块也得不到。

5号海盗的策略略有不同。他需要收买另两名海盗，因此至少得用两块金子来贿赂，才能使自己的方案得到采纳。他的分配方案应该是：98块金子归自己，1块金子给3号，1块金子给1号。

这一分析过程可以按照上述思路继续进行下去。每个分配方案都是唯一确定的，它可以让提出这个方案的海盗获得尽可能多的金子，同时又保证该方案肯定能获得通过。照这一模式进行下去，10号海盗提出的方案将是96块金子归自己所有，其他编号为偶数的海盗各得1块金子，而编号为奇数的海盗则什么也得不到。这样，10名海盗的分配难题得以解决。

如果把这一问题扩大到有500名海盗的情形，即500名海盗瓜分100块金子。显然，类似的规律依然成立，至少是在一定范围内成立。事实上，前面所述的规律直到第200号海盗都成立。200号海盗的方案将是：从1到199号的所有奇数号的海盗都将一无所获，而从2到198号的所有偶数号海盗将各得1块金子，剩下的1块金子归200号海盗自己所有。

这样看来，上述论证方法到200号之后就不再适用了，因为201号拿不出更多的金子来收买其他海盗。但是即使分不到金子，201号至少还希望自己不会被扔进海里，因此他可以这样分配：给1到199号的所有奇数号海盗每人1块金子，自己则1块也不要。202号海盗同样别无选择，只能1块金子都不要了，他必须把这100块金子全部用来收买100名海盗，而且这100名海盗还必须是那些按照201号方案将一无所获的人。

由于这样的海盗有101名，因此202号的方案将不再是唯一的，其贿赂方案有101种。203号海盗必须获得102张赞成票，但他显然没有足够的金子去收买101名同伙。因此，无论提出什么样的分配方案，他都注定会被扔进大海。不过，尽管203号注定死路一条，但并不是说他在游戏进程中不起任何作用。

相反，204号海盗知道，203号为了能保住性命，就必须避免由他自己来提出分配方案这样一种局面，因此不管204号海盗提出什么样的方案，203号都一定会投赞成票。这样204号海盗总算可以拣到一条命：他可以得到他自己的1票、203号的1票以及另外100名被收买的海盗的赞成票，刚好达到保命所需的一半票数。获得金子的海盗，必定属于根据202号方案肯定会一无所获的那101名海盗的行列。

205号海盗的命运又将怎样呢？他恐怕没有那么走运。他不能指望203号和204号支持他的方案，因为如果他们投票反对205号方案，就可以看到205号被扔进海里，而他们自己的性命却仍然能够保全。这样，无论205号海盗提出什么方案都活不了命。

206号海盗的命运也是这样，他肯定可以得到205号的支持，但这不足以救他一命。同样，207号海盗需要104张赞成票，除了他收买的100张赞成票以及他自己的1张赞成票之外，他还需3张赞成票才能免于一死。他可以获得205号和206号的支持，但还差1张票却是无论如何也弄不到了，因此207号海盗的命运也是被扔进大海里。

可是，208号海盗却又时来运转了。他需要104张赞成票，而205、206、207号都会支持他，加上他自己一票及收买的100票，他得以过关保命。获得他贿赂的必定属于那些根据204号方案肯定将一无所获的人，候选人包括2到200号中所有偶数号的海盗以及201、203、204号。

现在，出现了一条新的并在此之后会持续有效的规律：那些能过关的分配方案全都是把金子用来收买100名同伙而自己一点儿都得不到，他们相隔的距离越来越远，而在他们之间的海盗则无论提什么样的方案都会被扔进大海，因此为了保命，他们必会投票支持比他们厉害的海盗提出的任何分配方案。得以避免葬身鱼腹的海盗包括201、202、204、208、216、232、264、328、456号，也就是其号码等于200加上2的某一整数次乘方的海盗。

那么，哪些海盗是获得贿赂的人呢？分配贿赂的方法不是唯一的，其中一种方法是让201号海盗把贿赂分给1到199号的所有奇数编号的海盗，让202号分给2到200号的所有偶数编号的海盗，然后是让204号贿赂奇数编号的海盗，208号贿赂偶数编号的海盗，依此类推，也就是轮流贿赂奇数编号和偶数编号的海盗。

到最后，结果就是当500名海盗运用最优策略来分金子时，头44名海盗必死无疑，而456号海盗则给从1到199号中所有奇数编号的海盗每人分1块金子，这样问题就解决了。由于这些海盗所实行的那种民主制度的规束，造成了他们当中最厉害的一批海盗葬身大海；那些没有分到一点儿金子的海盗却也会觉得自己比较幸运，因为虽然没有分到抢来的金子，但总可以保全性命；只有最怯懦的200名海盗有可能分得一份战利品，而他们之中又只有一半的人能真正得到一块金子。

母爱博弈：会哭的孩子有奶吃

母子身份地位不平等，母亲是监护人，儿子是被监护人，很多事情母亲有最终决定权，但是儿子哭了，母亲也只好想方设法去哄他。

母亲与儿子约定，每天玩游戏的时间不超过三刻钟。刚开始执行时，彼此都能信守承诺。可过了几天之后，儿子却请求延长游戏时间。母亲见儿子已经完成了作业，迟疑了一下，还是勉强同意了，但同时强调下不为例。

然而，没想到，第二天儿子又要求增加游戏时间。母亲由于急于外出办事情，便稀里糊涂地匆忙肯定地答应了一下。

结果不到一周时间，母子就彼此放弃了原来的约定与承诺，儿子在博弈中取得了“胜利”。看来，儿子的“胜利”在于吃准了母亲的溺爱之情。也就是这种溺爱，使得原先约定好的规则灰飞烟灭、抛于脑后。这种非理性博弈实际上是一种失范的博弈，它可能缘于对某一特定事物的溺爱之情。

博弈本来是现实社会活动中的理性行为，每个参与者都希望通过理性的行为，实现功能或者利益的最优化或者最大化。可是，当一些参与者企图超越责任和约束，以非法的、非秩序的和非道德的形式谋取不正当利益时，就可能产生非理性博弈的情况。

孩子时常向自己的父母讨价还价，调离多年的员工可能要求回原单位，有些地方政府常想通过各种手段获取中央资金，投资人和存款人在遭遇风险和损失时要找主管部门，企业和银行有时会合谋套取银行的贷款，金融机构会不计成本和风险地进行盲目扩张，凡此种种，反映了非理性博弈在现实社会中随处可以出现。四两拨千斤，以小博大，以弱博强，以非规范行为博取合法利益，这是常见的体制问题导致的社会问题。这些情况通常不是发生在两个相同质的博弈主体之间，而往往在地位不平等的不同质的主体之间进行。那些看上去处于弱势地位的博弈参与者，可能恪守"会哭的孩子有奶吃"这样的信条，通过讨价还价得到所期待的东西，而损失和风险则会得到相应的补偿。

经常坐飞机的人士估计对在飞机上要关闭手机已经习以为常了。其实这不仅是对自身安全的一种保障，也是对其他乘客人身安全的一种尊重。但坐过飞机的人往往都会看到这样的情形：当飞机尚未停稳之际，不少人就开始迫不及待地打开自己的手机，全然不顾在飞机上不能开机的规定。当一些人看到违规者没有因此受到相应处罚便效仿起来。这是乘客与飞机管理者之间的非理性博弈。尽管大家不晓得飞机停稳前打开手机到底有多大影响，也不清楚这样的规则为何缺乏约束力，但至少说明：当一种规定不合理或者缺乏强大约束力，甚至形同虚设的时候，非理性博弈就在所难免。可见，规则的弹性过大或者缺乏执行效力也会导致非理性博弈的出现。

如果失信和违约行为得不到应有惩戒却获得相应庇护甚至补偿，非理性博弈的情况就会蔓延开来。

可见，要建立现代信用社会，理性的重要程度是不言而喻的。每个社会博弈的参与者都应该致力于创造一个诚信和理性的氛围，在这样的氛围中，每个博弈参与者都应该按照一定的游戏规则行事，做到明理诚信、遵纪守法、公平竞争，并约束各种利己的心理和行为。只有这样，每个博弈参与者才能够获得稳定的预期，整个社会才能够和谐并可持续发展。

鹰鸽博弈：强势与弱势的演进

一般认为物竞天择、适者生存、弱肉强食是大自然的法则，而鹰鸽博弈反映的是一种博弈中的进化或者演进中的平衡问题，而鹰鸽博弈行为是动物界和人类社会中普遍存在的经典博弈现象——强与弱的地位并非一成不变，而是不断演进。

鹰鸽博弈研究的是同一物种、种群内部竞争与冲突的策略和平衡问题。鹰鸽博弈描述了两种动物为争夺某一食物而争斗的情形，每只动物都能选择在两种搏斗策略之一，即鹰策略或者鸽策略。鹰策略和鸽策略分别代表攻击型策略与和平型策略。鹰搏斗起来总是凶悍霸道，全力以赴，孤注一掷的，除非身负重伤，否则绝不退却；而鸽只是以风度高雅的惯常方式进行威胁恫吓，从不伤害其他动物，往往委曲求全。如果鹰同鸽搏斗，鸽迅即逃跑，因此鸽不会受伤；如果是鹰同鹰进行搏斗，就会一直打到其中一只受重伤或者死亡才罢休；如果是鸽同鸽相遇，那就谁也不会受伤，直到其中一只鸽做出让步为止。假设各自事先都不知道对手是鹰还是鸽，只有在进行搏斗时才能弄清楚，而且也记不起过去同谁搏斗过，以前的经验没有借鉴意义。

鹰鸽博弈		乙方	
		鹰	鸽
甲方	鹰	两败俱伤	**甲进攻，乙逃跑**
	鸽	**甲逃跑，乙进攻**	相安无事

对每只动物来说，最好的结局就是对方选择鸽策略而自己选择鹰策略，最坏的结局就是双方都选择鹰策略。设博弈参与者得分标准为赢一场得5个单位的收益，输一场得-5个

单位的收益，重伤者得 -10 个单位的收益，使竞赛拖长浪费时间者得 -1 个单位的收益。这个规则使得鹰鸽博弈在重复进行中，平均收益较高的个体就会有较高的概率得以长期生存繁衍下去。

按照常理讲，在鹰和鸽之间的每次战斗中，鹰当然永远会取胜，但是我们最想要知道的是，究竟是鹰策略还是鸽策略属于物种进化或者演进意义上的稳定的策略类型。鹰鸽演进博弈的稳定演进策略共有三种：一种是鹰的世界，即霍布斯的原始丛林；一种是鸽的天堂，即各种乌托邦；还有一种是鹰鸽共生演进的策略，这要求混合采取强硬或者合作的策略。

在现实的社会博弈中，人们往往是排他性地占有某种利益，围绕人们利害关系的对立，可以形成鹰鸽博弈的模式。不同的人、不同的团体、不同的派别，由于政治地位、经济利益、文化观念、生活环境、个人性格等因素的不同，对同一事物有着不同甚至对立的看法，往往会采取不同的立场与策略，从而可以区分为鹰派与鸽派，分别代表强硬与温和的策略选择。

对于国际政治博弈而言，鹰派一般在国运昌盛、实力膨胀之际，容易骄横自负、仗势欺人、不可一世，而在危机四伏、局势恶化时，可能急躁难安、心生极端、铤而走险。鹰派比较迷信实力，尤其迷信武力，认为只要有了强大的力量，就可以纵横天下，畅行无阻，倘若有谁不服就以武力震慑而使其畏惧，再不行就干脆出兵攻打，干掉对手。强硬政策可能会取得立竿见影的效果，但由于手法粗糙、步骤急切，往往会留下很多麻烦。

很多时候，对于同一个问题或者事件，鹰派与鸽派的态度截然不同。例如，对美国“9.11 事件”，鸽派立足美国自身做出反思，主张从美国自身来寻找消除恐怖主义的途径，在国际关系中奉行多边合作；但是，鹰派却与此大相径庭，变得更加强硬，更加咄咄逼人，坚持主张以先发制人战略消灭对美国构成威胁的力量。

相比较来说，鹰派注重实力，鸽派注重道义；鹰派注重利益，鸽派注重信义；鹰派注重眼前，鸽派注重长远；鹰派注重战术，鸽派注重战略；鹰派倾向于求快，鸽派倾向于求稳。但是，鹰派与鸽派到底何者更好一些，恐怕难以一概而论。此一时、彼一时，此一处、彼一处，不同的条件、不同的目标等不同的因素使得鹰派、鸽派各有其存在的根据和发展的空间，应该具体情况具体对待。

当然，鹰鸽两种策略各有利弊得失，鹰策略强硬有力但失之激进，鸽策略温和稳健却有些消极。因此，调和两者而取“中庸之道”往往会成为较好的策略选择。需要指出的是，中庸之道并不是左右之间的一条绝对中间线，并不是折中路线，而是伸屈自如、刚柔相济、不走极端的社会博弈策略。

第三章

人性——理智与非理智

理智也可以说成理性，二者基本同义。在现实社会中，往往合乎常规的，我们就说是理性的，否则往往就被认为是非理性的。

人是自利的，都在追求利益的最大化，从这个意义上讲，人是理性的，其所有行为都是为了实现追求利益最大化这个目的。这也就是说，人不但知道自己的利益所在，而且知道该如何去追求。

应当说，在大多数情况下，人都是很理性的，人的行为都是在理性支配下做出的。但有些时候，人也会有非理性的一些做法，比如由于感情的冲动，做出不合常规的事情来。所以，我们不仅要理解人的理性的一面，也要明白人的非理性的另一面，只有这样才算弄清了完整的人性。

本书大部分内容都是在讲人的理性行为，本章则重点介绍一下个人理性与集体理性背离造成非理性结局的情形，以及纯粹的个人的非理性行为。

麦琪困境：个人理性背离集体理性

纳什平衡的深刻性，在于其揭示出一个冷冰冰的道理：即使在一个毫不利己专门利人的社会也无法避免个体理性与集体理性的矛盾。有时候，理性的人做出的理智的事情，得出的竟然是非理性的结果。此时，纳什平衡也显得颇为“无私”。

欧·亨利（O.Henry，1862~1910）的小说《麦琪的礼物》讲述了一个非常感人的浪漫爱情故事。新婚不久的吉姆与德拉穷困潦倒，除了德拉的美丽金发和吉姆的祖传金表，他们没有值得自豪的东西。但两人彼此相爱至深，关心对方胜过自己。

在圣诞前夕，这对相亲相爱的夫妻都想送对方一件礼物，给对方一个惊喜，虽然他们很穷，但他们却拥有两件值得炫耀的宝贝：丈夫祖传的金表和妻子如瀑的长发。

妻子看中了一条白金的表链，它是如此的完美，用来配合丈夫的那块金表真是再合适也没有了，但它的价格却远远超出了她所可以支付的限度，最后迫于无奈，她只好卖掉了她那美丽的长发，用卖头发换来的钱，替丈夫买了那根华贵的表链。当她带着表链回到家里的时候，她害怕丈夫因为她没有了美丽的长发而不喜欢她，就在她将自己的短发刚刚做成卷发的时候，她的丈夫回来了。

刚一进门，吉姆就呆呆地看着德拉，不是惊奇、也不是愤怒或者恼火，而是一种很错愕的神情，好像不明白究竟发生了什么事情。他问：“你的头发怎么不见了呢？”然后用一种近乎白痴的神情四下张望，好像在找那些美丽的头发到什么地方去了，他的这些行为把他那像做错了事的孩子一样忐忑不安的妻子吓住了。但当他最后明白了那美丽的长发变成了华贵的表链的时候，他忙笑着安慰可怜的妻子，他对她的爱情像他们结婚的那一天一样没有丝毫的改变，他只是有些不知所措，因为他为妻子准备了一件圣诞礼物：一套极其华美的发卡。

看到这件礼物的时候，可爱的女主人公德拉忍不住流泪，在那华美的发卡上，是丈夫一片真挚的爱！接着，她想起了自己的礼物，忙把那条美丽的表链取了出来，兴致勃勃地要替丈夫换上，但她那可爱的丈夫却微笑着在餐桌边坐了下来，告诉她："这两件礼物都实在太好了，我看我们暂时都用不上它们了，我是卖掉了金表才有钱替你买这套发卡。"

在这儿，我已经笨拙地给你们介绍了住公寓套间的两个傻孩子不足为奇的平淡故事，他们极不明智地为了对方而牺牲了他们家最最宝贵的东西。不过，让我们对现今的聪明人说最后一句话，在一切馈赠礼品的人当中，那两个人是最聪明的。在一切馈赠又接收礼品的人当中，像他们两个这样的人也是最聪明的。无论在任何地方，他们都是最聪明的人。

谁也不会计算吉姆与德拉之间的爱情，因为他们彼此都愿意甚至迫切希望为对方做出任何牺牲，换取一件真正配得起对方的圣诞礼物。德拉愿意卖掉自己的长发，给吉姆买一条表链，配他从祖先那儿继承下来的怀表，而吉姆则愿意卖掉这块怀表，买一把发卡，配德拉的那头漂亮的长发。如果他们真的特别了解对方，他们就应该意识到为了给对方买一份礼物，两人都有可能卖掉自己的心爱之物，结果就会是一个戏剧性的错误。那么，德拉就想好后留下自己的长发等待吉姆的礼物不是会更好吗？可是，如果吉姆也不想卖掉自己的怀表，那就又会变成另外一种错误：两个人都能克制自己，结果谁也不送礼物，谁也得不到礼物。

麦琪困境		吉姆	
		卖怀表买发梳	不卖怀表
德拉	不卖长发	1，2	0，0
	卖长发买表链	0，0	2，1

吉姆与德拉的利益在很大程度上是一致的，但各自的策略还是会相互影响。对于任何一方，两种错误都会产生不好的结果。设定这个不好的结果收益为0，而在一个送礼物而另一个收礼物的两种结果中，假设各方均认为献出2个单位收益胜过接受1个单位收益。那么，德拉保住自己的头发而吉姆卖掉他的怀表是一种可能的平衡，即各方的策略都是对另一方策略的最佳回应。不过，德拉卖掉她的长发而吉姆留下自己的怀表也是一个可能的平衡。那么，会不会存在一种彼此了解的共识使得他们能够在两种平衡中做出选择呢？当然不会，因为"出人意料"是礼物的一个重要特点，更是小说的精彩感人之处，所以吉姆与德拉是不会提前进行商量达成和议的。

结果，吉姆卖掉了金表，给德拉买了漂亮的发卡；德拉剪掉心爱的金发并换成钱，为吉姆买了表链和表袋。到了交换礼物时，发现自己花了惨重代价换回的礼物，却成了无用之物。与"囚徒困境"中的囚徒截然相反，"麦琪困境"的主角都是无私的人，即把他人的利益放在首位的人。

吉姆与德拉的策略包括：自己付出，对方不付出，对方受益；双方都不付出，双方利益不受损；双方都付出，双方利益受损；对方付出，自己不付出，对方受损。但其结果却与"囚徒困境"相同：单个人的最优选择却没有导致全局最佳的结果，或者最符合个体理性的行为却不符合集体理性。

美好的爱情故事固然感人，但从上面的博弈分析可见：无私的社会很难说就一定更美好，我们应该避免陷入集体非理性的困境。但与其强调改造个人动机，还不如建立一套协调个体选择的制度安排更能有效地避免"麦琪困境"。

蜈蚣博弈：直觉与理性的背离

倒推法是分析完全信息下的动态博弈的有用工具，倒推法符合我们的直觉。但是，通过下面的蜈蚣博弈的悖论，您将会看到倒推法存在严重的漏洞。

蜈蚣博弈是这样一个博弈：两个参与者寒山、拾德轮流进行策略选择，可供选择的策略有“合作”和“不合作”两种。假定寒山先选，然后是拾德，接着是寒山，如此交替进行。寒山、拾德之间的博弈次数为有限次，比如100次。设这个博弈各自的收益情况如下：

合作　　合作　　合作　　　　合作　　合作
寒山——→拾德——→寒山——→……寒山——→拾德——→(100,100)
|　　　|　　　|　　　　　|　　　|
不合作　不合作　不合作　　　不合作　不合作
↓　　　↓　　　↓　　　　　↓　　　↓
(1,1)　(0,3)　(2,2)　　　(99,99)　(98,101)

这个博弈很像一条长了很多脚的蜈蚣，因而被称为蜈蚣博弈。那么，寒山、拾德是如何进行策略选择的？这个博弈的特殊之处在于当寒山决策时，他考虑博弈的最后一步即第100步；拾德在“合作”和“不合作”之间做出选择时，因“合作”给拾德带来100的收益，而“不合作”带来101的收益，根据理性人的假定，拾德会选择“不合作”。但是，要经过第99步才到第100步，在99步，寒山考虑到拾德在100步时会选择“不合作”，这个时候寒山的收益是98，小于拾德合作时的100，那么在第99步时，他的最优策略是“不合作”，因为“不合作”的收益99大于“合作”的收益98……如此推论下去，最后的结论是：在第一步寒山将选择“不合作”，此时各自的收益为1，远远小于大家都采取“合作”策略时的收益：寒山为100，拾德为100 － 99。

运用倒推法得出的结果颇为令人费解。从逻辑推理看，倒推法是严密的，可是结论却是与直觉相违背。因为直觉告诉我们，刚开始就采取不合作的策略获取的收益只能为1，而采取合作性策略有可能获取的收益为100。诚然，寒山刚开始采取合作性策略的收益有可能为0，但1或者0与100相比实在是太小了。直觉告诉我们采取合作策略是好的，但从逻辑的角度看，一开始寒山应取不合作的策略。那么，这到底是倒推法错了，还是人类的直觉错了呢？

其实，这就是蜈蚣博弈的悖论。对于蜈蚣悖论，不少博弈论研究专家都在寻求对其进行解答。在西方有研究博弈论的专家做过实验。实验发现，不会出现一开始选择“不合作”策略而双方获得收益1的情况。双方会自动选择合作性策略，从而走向合作。这种做法违反倒推法，但实际上双方这样做，要好于一开始寒山就采取不合作的策略。

从逆推归纳法的适用范围来看,应当避免在较长阶段的动态博弈中使用逆推归纳法。在博弈阶段和路径数量是有限的情况下,逆推归纳法成立的概率比较高。许多问题的症结在于较多阶段的动态博弈中逆推归纳法的适用性。博弈的阶段数不同,参与者的策略选择会有很大的差异。以象棋博弈为例说明这个问题。象棋博弈是一种完全信息的动态博弈,而且博弈阶段和路径数量是有限的,但由于象棋博弈的路径数量很大、分支选择很多,即使用最先进的电子计算机也无法在短时间内找出每步的最优决策,因此象棋比赛中不可能有人一开始就用逆推归纳法下棋。但是实践表明,下棋人往往在象棋博弈的局部阶段,即在有限步数、有限选择的范围内局部地使用逆推归纳法，因此才有“下一步看三步”之说。

倒推法似乎是不正确的。但是，我们会发现，即使双方开始能走向合作，即双方均采取合作策略，这种合作也不会坚持到最后一步。理性的人出于自身利益的考虑，肯定在某一步采取不合作策略。倒推法肯定在某一步要起作用。只要倒推法在起作用，合作就不能进行下去。在现实社会中，与蜈蚣悖论对应的情形是参与者不会在开始时确定他的策略为“不合作”，但他难以确定在何处采取“不合作”策略。蜈蚣博弈的悖论反映了单个参与者博弈的困难，个体难以在“利己”和“利他”之间找到一个合理的策略。蜈蚣博弈悖论是单个决策者的决策悖论，反映了个体理性是存在局限的。

在蜈蚣博弈中，参与者合作的次数越多,参与者收益越大,但是面临的风险也越高。因为对方有可能为了眼前利益，非理性地突然终止合作而使自己损失惨重。在收益与风险的选择上，不同的人有不同的偏好。在现实的博弈中，还面临信息不对称的问题。在现实的企业竞争中，有时企业注重商业信息的收集与分析、注重对对方企业资信的调查，对博弈对手何时会终止合作有比较准确的预期与判断。

一般情况下，彼此熟知的企业容易合作；而在“遭遇战”中相遇的企业往往难以合作。显然，在不同的信息环境下，逆推归纳法有效性是不同的。即使在逆推归纳法有效的情况下，我们也只能说逆推归纳法成立的概率比较高。因为在现实的博弈中，不仅参与者的理性通常是有限的，而且还受到信息不对称、道德情感、法制、宗教文化等因素的制约，甚至有时会犯错误。

逆推归纳法与传统的归纳法是有区别的，传统的归纳属于静态归纳；而逆推归纳则是一种博弈互动中的动态归纳。逆推归纳法的逻辑推理严密，是演绎性的，结论是必然的。它要求各参与者对博弈的结构，包括次序、规则和得益情况等都非常清楚，模糊或者互相不信任都会使这种方法的运用失去基础，这就使得博弈设定的精确性的问题更加突出。逆推归纳法只能分析明确设定的博弈问题，要求各个参与者了解博弈结构，同时相互知道对方了解博弈结构，也就是说逆推归纳法适用于完全信息的动态博弈。

蝴蝶效应：非线性的博弈智慧

在社会博弈中，人们是在互动的行为下进行策略选择，每个人的决策与对手的决策是相互依赖的。因此，倘若把对手看作是不会反应的弱智者，那就往往会在博弈中犯错误。

有个由100人组成的群体，每人在每个周末都要决定是去酒吧活动还是留在家里。设定每个参与者面临的信息只是以前去酒吧的人数，因此他们只能根据以前的历史数据归纳出此次行动的策略，没有其他的信息可以参考，他们之间更没有信息交流。酒吧的容量是有限的，比如说空间是有限的或者说座位是有限的，如果去的人多了，去酒吧的人会感到不舒服，这个时候还不如留在家中。

设定酒吧的容量是60人，如果某个参与者预测去酒吧的人数超过60人，他将决定不去酒吧，否则就去酒吧消遣。但是，如果许多人预测去的人超过60人，而决定不去，那么酒吧的人数会很少，这个时候做出的这些预测就错了；相反地，如果有很大一部分人预测去的人少于60人，因而他们去了酒吧，那么去的人就会很多，超过了60人，这个时候他们的预测也错了。因而一个做出正确预测的人应该是能够知道其他人如何做出预测的人，可是在这个问题中每个人预测时面临的信息来源都是一样的，即过去的历史，同时每个人无法知道别人怎样做出预测，因此所谓正确的预测近乎不存在。

酒吧问题是一个典型的动态博弈问题，其由美国学者阿瑟在1994年提出。阿瑟教授通过真实的人群以及计算机模拟两种实验得到了两个迥然不同的结果。

在对真实人群的实验中，实验对象的预测呈有规律的波浪状形态，实验的数据片断如下:

周别	N	N+1	N+2	N+3	N+4	N+5	N+6	N+7
人数	44	76	23	77	45	66	78	22

从上述数据看，虽然不同的博弈者采取了不同的策略，但是其中一个共同点是：这些预测都是用归纳法进行的。我们完全可以把这个实验的结果看做是现实中大多数“理性”人做出的选择。在这个实验中，更多的博弈者是根据其他人上一次做出的选择而做出“其本人这一次”的预测。然而，这个预测已经被实验证明在多数情况下是不正确的。

从这种意义上来看，这种预测是一个非线性的过程，对于下次去酒吧的人数，人们无法做出肯定的预测，这是一种混沌现象。所谓这样一个非线性的过程是说，系统未来的情形对初始值高度敏感，这就是所谓的“蝴蝶效应”。美国科学家洛伦兹的“蝴蝶理论”告诉我们，一只亚马逊热带雨林中的蝴蝶翅膀，可以导致其身边的空气系统发生变化，并引起微弱气流的产生，而微弱气流的产生又会引起它四周空气或其他系统产生相应的变化，由此引起连锁反应，最终导致两周后可能在美国德克萨斯引起一场龙卷风。

通过计算机的模拟实验得出了另一个结果：最初去酒吧的人数没有一个固定的规律，但是经过一段时间以后，这个系统去与不去的人数之比接近于60∶40，尽管每个人不会固定地属于去或者不去的人群，但这个系统的这个比例是不变的。如果把计算机模拟实验当做是更为全面的、客观的情形来看，这个实验的结果说明的是更为一般的规律。

实际上，混沌系统的行为是难以预测的。对于酒吧问题，由于人们根据以往的历史来预测以后去酒吧的人数，我们假定这个过程是这么进行的，过去的人数历史就很重要，然而过去的历史可以说是随机的，未来就不可能得到一个确定的值。

酒吧问题所反映的是这样一个社会现象，人们在很多行动中，要猜测别人的行动，但是却没有足够的关于他人的信息，因而只有通过分析过去的历史来预测未来。通常，人们根据过去的经验进行归纳而得出策略，这种做法固然可行，因为人们还没有其他更好的办法预见未来，在实际生活中人们确实往往凭借历史经验做事。

人们常说，计划没有变化快，也就是说未来不容易准确预测。实际上，归纳的方法在人们的认识中没有绝对合理性，运用归纳的方法对人们的行动进行预测更缺乏合理性。如果预测的办法没有合理的基础，那么就要在预测中建立一个合理的学习机制，也就是说，错误的预测不要紧，但要想办法改进这个预测，以便下一次能做出更好的预测。

1美元拍卖：理性失控，越陷越深

为什么有的人陷入赌博的恶习不能自拔？下面要谈的“1美元拍卖游戏”揭示了个中原委。

一张1美元钞票，竟然能够拍卖出66美元，谁会相信呢？但事实却不止一次出现了。而且，这张1美元钞票，既不具有由于错版而导致的意外收藏价值，又不具有特殊的历史纪念意义。

这里讲述的是由著名博弈论专家、耶鲁大学教授马丁·舒比克（M.Shubik）设计的经典“1美元拍卖”案例。

在某个大型场合，一位拍卖人拿出一张1美元钞票，请大家给这张钞票开价，每次叫价的增幅以5美分为单位，出价最高者得到这张1美元钞票，但出价最高和次高者都要向拍卖人支付和出价数目相同的费用。

这样别开生面的美元拍卖引起了大家浓厚的兴趣。“10美分”，人群中有人出价。“15美分”，“20美分”，“30美分”……叫价之声此起彼伏。当叫价喊出“50美分”时，节奏逐渐慢了下来，只有几个人继续叫价。

最后，全场只剩下彼得和马可还在叫价。“95美分”，彼得叫出了最新出价。“100美分”，马可立刻做出回应。拍卖人看了看彼得，只见彼得毫不犹豫地喊出了“105美分”。这时，马可咬咬牙，叫出了“205美分”，然后默默地盯着彼得，眼神里流露出希望彼得退出的神情。彼得迟疑半晌，无可奈何地退出了竞价。

拍卖的结果是马可以205美分获得那张百美分大钞，净损失105美分；彼得付出了105美分，但什么也没得到。拍卖人从马可和彼得那里得到支付总和310美分，除去1美元作为成本，净赚210美分。

值得思考和分析的是，在这番博弈当中，当马可叫出100美分时，为什么彼得还要叫出105美分呢？这是因为如果彼得不叫出105美分，那么钞票归马可，彼得什么都得不到却要付出95美分的代价，而叫出105美分如果能获得百美分钞票则净损失只有5美分。那么，马可为什么又叫出了205美分，而不是叫出110美分呢？这是因为马可已经明白滑入了陷阱，被迫决定付出一个沉重代价来结束这场拍卖，从而避免更大的损失。为什么叫出205美分可以终止拍卖呢？这是因为，在这个价格上，如果彼得继续喊价，则至少需要喊210美分，即便彼得以210美分获得那1美元钞票，也相当于净亏损110美分；而彼得如果不继续喊价而退出，则他虽然得不到1美元，却只需要付出105美分。

因此，理性的彼得将不会继续叫价，从而马可通过一个沉重的代价即净损失105美分来结束拍卖以避免更大的损失。但是，为什么在彼得喊出95美分时，马可不退出呢？这是因为此时马可仍然存在侥幸心理，希望自己喊出100美分时令彼得退出，这样自己的亏损就是0美分而不是90美分。但是，彼得这时也无法停下来，因为他停下来就会亏损95美分，不如叫出105美分获得1美元，这样就只会亏损5美分。

结果，两人都可能持续抬高价格，希望通过抬高价格迫使对手退出，从而减少自己的损失。但是，他们很快就发现越是抬高价格就越是让双方付出沉重代价，而最终必须要由获胜的一方付出一个沉重代价来结束这场博弈。在这里，马可还算比较明智，他发现自己越陷越深，就果断地在205美分的价格上停止了继续竞价。

实际上，在这场拍卖中，最好的策略就是不参加。因为一旦参加就意味着必然付出成本了，这时人们就越想通过击退对手来减少自己的损失甚至获得好处。但是，其实对方也会这样想，于是价格就持续抬高而难以控制。这如同一个沼泽陷阱，滑落其中越是挣扎就陷得越深，结果是不能自拔、不能自已。

在1美元拍卖的多次实验中，研究者发现：最初人们的出价也许只是觉得有趣，但是随着价格的攀升，人们逐渐意识到掉入了一个陷阱，但已经难以全身而退；这时候就试图通过继续加价来迫使对手退出，但每个人都这么想，结果价格不断攀升；最后，当价格非常高时，竞争者变得焦虑不安，并且深深后悔觉得自己很荒唐，但是已经难以自拔。这种心理正是人类在很多现实状态下心理的一个折射。例如，有的人只是觉得想尝试一点儿趣味而参加赌博，结果不幸输了一些钱，于是又继续加注希望在下一局赢回来，但结果是越赌越输，越输就越想从赌博中捞回，进入恶性循环状态，直至最后输得精光。

1美元拍卖在哈佛大学、耶鲁大学等高校进行了多次实验，最终的报价在20美元到66美元之间。以远远大于1美元的代价去竞买1美元似乎不是明智之举，但如果说这些名校的学生是傻瓜，恐怕也不具有说服力。

现实生活中有很多“1美元拍卖”的事例。或许现在就有不少人正在为“1美元拍卖”在认真地报价，为的可能就是博取区区“1美元”的胜利。学生为了获得硕士、博士的入学资格，历经多次名落孙山而得到的准入资格，可能为此耗费了大量的时间与金钱；一些人为了追逐区区名利，往往花费数倍代价而乐此不疲，而其实现了孜孜以求的目标时，却失去了更为重要的机会。

在冷战期间，美苏为争夺霸权拼命发展武器，无论是原子弹、氢弹等核武器的研制，还是如隐形战斗机这样的常规武器的研制，双方均不甘落后。美苏之间的武器竞赛就相当于拍卖中轮番出价，双方均不断出更高的价，假如一方没有出最高的价钱，退了下来，即没有继续竞赛下去，那么意味着它在军备上的投入没有效果，而对方将赢得整个局面。但假如继续竞赛下去，一旦支撑不住，损失也就越大。

在现实社会的博弈中，人们一般过于强调持之以恒的重要，而从另一个角度来看，见好就收、适当时间放弃可能更需要勇气，当然这种见好就收、适当时间放弃应该是积极的灵活的放弃，而不是消极的放弃。

协和谬误：完美也许不完美

很多人都喜欢追求所谓的完美，但很多时候追求到的“完美”实际上并不完美。

协和飞机是由英国和法国联合研制的一种超音速客机。它的最大飞行速度可达2.04马赫(1马赫=1126千米/小时)，巡航高度18000米。协和飞机于1969年研制成功，并于1976年1月21日投入商业飞行。英国航空公司和法国航空公司使用协和飞机运营跨越大西洋的航线。协和飞机一共建造了20架。

协和飞机是有史以来唯一能够以超音速巡行的民用客机，自从2003年除役后，现在世界上已经没有任何超音客机了，现在一般平民百姓想乘坐超音速飞机只得去报考空军，别无他法。协和飞机被设计成像法国幻象战机一样的三角翼，三角翼的特点为失速临界点高，飞行速度可以更快，且能有效降低超高速抖动时的问题。协和飞机4具引擎更配备了一般在战斗机上才看得到的后燃器，更让其如虎添翼。这架飞机还有个令人津津乐道的特点就是它会“变形”，其一是因为在2马赫的飞行速度时，空气摩擦使其机体产生高热，因热胀冷缩效应，协和飞机在飞行时最常会“变长”约24厘米。其二是其可变式机鼻，在飞行时直直挺挺的，如一根针，以利高速切开空气，可是在起降时，机鼻可以往下调5至12度以利打开飞行员的视野。事实上由于现在多有先进计算机导航仪器辅助，飞行员也不一定非得看得到跑道才能起降，这么做只是求个安心，不过庞大的机鼻角度调整设备却白白地浪费了飞机的宝贵空间并增加了重量。

由于自从1969年首航以来，从未发生任何事故，协和飞机是全球最安全的客机的名声不胫而走。协和飞机票价高昂，一张伦敦至纽约的来回票要价逾9000美元，搭乘协和飞机往返欧美大陆成为许许多多人自幼以来的梦想。飞机从伦敦到纽约的航程只需要不到3.5小时，且因为伦敦、纽约时差4小时，因此搭乘协和飞机的旅客最喜欢说：“我还没出发就已经到了。”

但2000年7月25日，协和班机AF4590再进行起飞时辗过了跑道上另一架美国大陆航空的DC-10脱落的小铁条，造成爆胎，而轮胎破片以超过音速的高速击穿机翼和其中的油箱。之后引发失火，导致飞机于起飞数分钟后即爆炸，毁于机场附近的住宅区。这是协和飞机服役期间唯一的一次的失事。也是有史以来第一架超音速喷射机失事，这场悲剧造成了113人丧命。

这次失事促使飞机制造商重新改造机体设计，并修补了诸多缺失。甚至利用防弹衣原料来保护油箱，以避免油箱以后遭到高速异物的穿刺。但尽管如此，由于整个失事过程都被民众用家用录像器材拍摄下来，造成社会大众心理上的严重震撼，不论这家飞机以往声望有多高，但仅仅一次的失事就让协和飞机从此一蹶不振……虽然协和飞机在2001年11月重新启航，但载客量一直都严重不足。因为对航空公司亏损严重，协和飞机终于在2003年除役。到2003年4月，尚有12架进行商业飞行。2003年10月24日，协和飞机执行了最后一次航班，全部退役。

协和飞机停飞的原因是多方面的，这其中有一直未能妥善解决的噪音、环保问题，还有那场空难所引发的关于安全的疑问，但最重要的是，协和先进的技术始终未能得到市场的充分认可和欢迎。当年协和公司破产，人们已多少料到协和飞机最终的结果。在特别强调技术的企业界，协和的停飞适时地提醒人们，先进的技术未必就能赢得市场。

从技术上看，协和飞机无疑是极其先进的。波音、空客飞机的速度约为音速的80%，而协和这种超音速飞机，速度则达到音速的2倍。当年法英共同研制成功协和客机，他们曾骄傲地将其比作一只“完美的大鸟”。看着协和又尖又长的机头，我们不难想象其高速飞入高空的英姿。

但协和自进入市场起就一直在惨淡经营。研制协和飞机投入巨大，这要求协和必须获得足够多的客户才能维持生产商的运营。协和飞机自身的运营也极其昂贵，这使得航空公司无法提供相对便宜的机票。协和飞机成了为极少数人服务的豪华客机。客源的缺少、得不到市场的广泛认同，航空公司赚不到钱、难以弥补运营成本，最终导致了协和公司的破产和协和飞机的停飞。

看来，再先进的技术，假如不进入市场只能是摆设。因此，我们一直强调科技成果的转化。而今，协和飞机又提醒我们：并不是说高新技术转化为生产力以后，就一定有市场。技术固然重要，但并不能替代市场。技术的领先只是为进入市场创造了条件，至于市场是否认可还有许多技术以外的因素，比如成本、价格等等。对于飞机而言，制造商必须考虑，他的飞机是不是能为客户引来更多的旅客、提供足够的利润。否则，先进的技术只能是一个易碎的美丽童话。波音、空客近年来一直在绞尽脑汁为降低飞机座位成本而竞争，也正是出于这方面的考虑。

博弈研究者把发展协和客机过程中这种骑虎难下的博弈局面称为“协和谬误”。而终结协和客机的运营无疑是一个明智的选择，因为这符合市场经济的发展和竞争的规律。

人质危机：徘徊于非理性之崖

劫持人质的愚蠢行为是极其非理性的行为，其结果必然是自取灭亡。

列宁说，有时真理再前进一步就是谬误。其实，有时理性再前进一步就是非理性的深渊。人质危机中的劫匪就是尚有一些理性，而在非理性悬崖边徘徊的处于困境中的人。

2001年的5月，正是首都北京申办奥运的关键时期，此时首都社会的稳定程度和治安秩序的好坏已经成为世界关注的焦点。然而，在2001年5月13日凌晨，在人来人往的北京西客站，一歹徒手持炸弹和尖刀，在候车室劫持了一名女售货员，情况万分危急。

特警着便衣迅速赶到现场。只见一名穿着邋遢的中年男子右手持一把一尺多长的单刃尖刀，把女售货员挟在怀内，那把雪亮的尖刀正架在人质的脖子上，左手握着一个用易拉罐制成的爆炸装置。该男子不允许任何人靠近，他要求见记者和自己原单位的领导，还扬言要见公安部长和中央领导人，并要求在现场召开新闻发布会，否则就杀人引爆炸药。

为了防止该男子做出极端行为，确保人质的安全，警方与该男子进行了对话。在交谈中了解到，这名男子曾经服过役，因对转业后分配安置不满意，妻子又在当地被黑恶势力迫害，上访多年没有得到解决，于是想用这个方法把事情闹大，以达到引起有关部门重视的目的。

为进一步缓和劫匪的情绪，警方通知一名记者到现场与劫匪交谈。劫匪威胁着说：“如果不满足我的要求，我就要杀死这个女的，引爆炸弹与你们同归于尽……”而被劫持的女售货员则由于惊吓而脸色苍白。

与此同时，在出站口外，警方的各项工作都在有条不紊地进行当中。为防止劫匪引爆炸药，民警们一方面做好了现场排爆的准备，另一方面研究如何制服劫匪。第一方案就是安排狙击手将其击毙。但是，半个小时过去了，击毙劫匪的命令始终没有下达。原因是狙击手虽然有百分之百的把握击毙劫匪，但考虑到人质与劫匪距离太近，如果击毙劫匪，势必给人质造成很大的精神刺激，于是警方决定继续与劫匪谈判。劫匪说，他在北京认识一个人，这个人的妻子被劫匪尊称为“嫂子”。

过了一段时间，嫂子终于赶到了现场。警方希望通过嫂子的劝说，使劫匪的情绪平静下来，并尽最大的可能劝说其放下匕首。劫匪的口气虽然有所缓和，但是他始终不肯释放人质，并且他只允许记者留在大厅内。在记者的反复劝说下，劫匪拿出了一首自己写的诗，要记者念给在场的人听。其实就在这时，人质有一个绝好的逃脱机会。但是由于长时间的被挟持，人质已经没有了抵抗逃脱的意识。而且民警发现劫匪不仅手里有刀，而且怀里还藏有一把匕首。在这种情况下，安全救出人质，只能让民警设法靠近劫匪并寻找机会将其制服。

被警方围困的绑架现场的人质解救是一个比较复杂的博弈。“人质困境”有两个以上的参与者，即警方、劫匪和人质，有时还有人质的厉害关系人如亲友等人，但由于人质被劫匪控制，很难做出任何行动，所以“人质困境”的主要参与者是警方与劫匪。

警方的策略有谈判、武力以及两者的结合等。劫匪的策略有投降并释放人质、自杀、抵抗或者与人质同归于尽。不同的博弈策略会有相应的博弈结局。就解救人质的结果来说，不外乎三种情况，即安然无恙、伤残或者死亡。通常认为，安全救出人质，有效制服劫匪，警方没有付出伤亡代价，处置过程中没有伤及群众，没有造成重大的财产损失，没有造成消极的社会影响，这才能说人质解救成功。如果策略周密适当，人质解救可以成功；但倘若策略不周或者失当，人质解救就可能失败。

被警察围困的绑架劫持现场，多数劫匪都是不完全信息博弈者，不能全面掌握博弈所需的相关信息，不知自己该采取何种策略比较合适，更不能准确预知每种策略将带来的结局。

博弈论假定参与者都是理性的，并且都想谋求自己的最大收益。理性的劫匪无法追求理想结果时，会选择其他理性结果，如投降和无条件释放人质。非理性的劫匪设想可通过人质达到理想目的，或者在被围困时至少可以全身撤退；一旦发现无法达到这样的目的，就可能采取非理性的策略，即同归于尽、自杀、杀害人质等极端行为。同时，劫匪也缺乏必要的法律适用的信息，因而会陷入认识错误。如把绑架行为想象为绑架罪之外的其他犯罪、认为绑架罪是较轻的犯罪、认为绑架罪无一例外地都适用死刑、对投降并无条件释放人质的法律性质认识不清等。面对劫匪缺乏的决定其理性选择的信息，警方应该向其充分披露，因为警方需要的是一个合格的理性对手，不然事态的进展就难以预测。但对于此外的一些涉及警方策略选择的信息则要予以封锁。

实际上，劫匪的基本理性就是把人质作为护身符，其本意并不是索取人质的生命，而是挟持人质获取其他利益。所以，劫匪以伤害人质威胁他人，但又不敢轻易伤害人质，因为人质一旦死亡，自己也就失去了护身符。在被围困的绑架劫持现场，劫匪身份已经公开，但谋取的利益却还没有获得，而且自己还没有脱身，因此这时人质一般是安全的。

警方和人质本人都希望人质安全，于是，在“人质困境”的对峙中出现了纳什平衡：劫匪希望自身安全，如果警察不进攻，他不会贸然伤害人质；如果劫匪不伤害人质，警方也不会贸然采取行动。这个纳什平衡的持续为应对劫匪的博弈困境提供了时间保证。

谈判可以最大限度地保障人质的安全，因而在需要谈判时实施武力营救就是对劫匪理性行为的非理性反应，恐怕纳什平衡会在瞬间被打破，这对保护人质的安全是非常不利的，因而不可取。对于警方来说，只有当劫匪明确表示或者以行动表明放弃谈判的不得已情况下，才能武力解决，而这时的武力是警方理性策略的一个部分。

再回到上面的案例。7个小时过去了，谈判没有明显进展，西客站的人群越来越多。观察到劫匪没有投降的可能，警方决定采取果断行动，指挥部下令：中止与歹徒的谈判，所有人员撤离中心现场，并对中心现场进行拦隔封控，让歹徒的视线中没有任何人出现，造成对方不被重视得氛围。

9时45分，劫匪终于沉不住气了，面对突然陷入寂静的谈判现场，他感到有些不知所措，很想知道外面发生了什么。于是，他挟持着人质走出大厅向出口移动，他慢慢地走出了一出口，眼神出现了一丝游移，并下意识地向右侧观察。机会终于来了！“抓！”特警组长果断下达了行动命令。上午9点50分，犯罪嫌疑人劫匪被制服，人质被安全解救。警方缴获匕首两把，自制爆破装置一个。10点整，解救行动全面结束。

在某些人质危机中，劫匪可能是穷凶极恶的亡命之徒，非理性大于理性，在这种情况下，解救方果断采取武力能够避免更大的损失。

最后通牒：出人意料的非理性

“最后通牒”的意思是一方向另一方提出的不容商量的或者没有任何先决条件的建议，一般用于处于敌对状态中的军事策略当中。但是，在人们日常的策略竞争行为中，最后通牒作为一种竞争策略与手段也起着重要作用，它既代表谈判或者讨价还价过程的最后状态，也代表谈判或者讨价还价过程本身。上述的竞争策略及其相应状态称为“最后通牒博弈”。

假设有100元钱要在两个互不认识的人之间分配，其中一个人是提议者“哼哼”，另一个人是响应者“唧唧”。这两个人要分配这100元必须遵循一个规则：提议者哼哼首先可以向响应者唧唧提出一个分配方案，响应者唧唧可以接受或者拒绝这个分配方案。如果唧唧接受这个方案，那么哼哼和唧唧双方就按哼哼所提议的分配方案来分配这100元钱；如果唧唧拒绝了这个提议，那么双方就什么都不会获得。此时，这个博弈过程也就到此结束了。在这个博弈中，博弈参与者双方不但完全知道要分配的金钱数额，而且也知道对方的效用情况及博弈的后果，因此这是一个有两个人参加的具有完全信息条件下的一次性动态博弈。

现在来看一下这个博弈的平衡情况。假设这两个人都是理性人，即两人都是以追求自身利益最大化为目标来进行最优决策的。在博弈第一阶段，首先由哼哼提出分配方案，此时，他知道唧唧是理性的行为人。哼哼会提出如下一个方案：哼哼从100元钱中分配给唧唧1分钱，而将其余99.99元留给自己，即该方案的分配比例为99.99 : 0.01。到了博弈的第二阶段，唧唧面临“同意”和“不同意”的两种选择：如果唧唧同意这个分配方案，唧唧所得为1分钱；如果唧唧不同意这个分配方案，那么他将一无所获，而且博弈到此为止。显然，作为理性人的唧唧将会把选择同意作为自己的占优策略。这样，在博弈结束时，理性的唧唧只能得到1分钱，而哼哼得到了自己所希望得到的最大份额99.99元，这里哼哼正是根据唧唧的理性的选择而使自己利益最大。

根据传统的博弈论，上述最后通牒博弈会存在着多重纳什平衡解，即（99.99，0.01），（99.98，0.02），（99.97，0.03），（0.01，99.99）等。但是，根据理性人的假设，从追求自身最大利益的角度出发，提议者会尽可能地最大化自己的份额，而响应者不应该拒绝任何大于0的出价，因为有总是比没有要好。所以仅从理性最大化的角度看，平衡解是提议者分配给对方的份额为0，响应者无论接受还是拒绝，其所得均相同。但是这种最大化的动机在实际的经济活动中是否能够实现呢？

20年来，不少实验经济学家对最后通牒博弈及其平衡情况进行了一系列的实验，并得出了不少有趣而又出人意料的结果。第一个最后通牒博弈实验是由三位德国学者在1982年进行的，他们的实验结果显示博弈论学家对最后通牒博弈并没有得出一个有说服力的解释，而且也不能对现实世界中的人们的行为提出满意的预测。从实验中观察到在大多数情况下提议者给响应者的分配比例不到70%，而通常20%的分配比例的提议会遭到拒绝。

1991年，一些学者等人在美国、以色列、日本和南斯拉夫等国也进行了最后通牒博弈的实验。在实验中，他们要求提议者哼哼提出的分配方案必须以1元为单位。为了能让参与者发挥学习的效果，他们重复进行该实验，同时也进行严密的控制，以免其成为参与者依赖过去的经验而选择行动的一种重复性实验。最后的实验结果是，所有国家的参与者几乎都是各取一半。具体情况是在美国和南斯拉夫各取50%，而在日本和以色列则是首先提议的参与者分取60%，后者分取40%。

后来，许多学者在不同的地方以不同的金额做了很多实验。结果清楚显示：参与者的行为并不会因为性别、年龄、教育程度或者计算能力的不同而有明显差异，而且令人惊讶的是，奖金多寡对结果也没多大影响。例如，在印度尼西亚所做的实验中，参与者可以分享的金额是他们平均月收入的3倍，但当他们觉得对方提议给的钱实在太少时，仍忿忿不平地拒绝了。

还有学者雄心勃勃地在横跨四大洲的15个小型社会中，对最后通牒博弈做了跨文化的研究。研究结果表明，文化背景不同的人在最后通牒博弈中的表现果然有明显差异。在亚马逊的马奇圭噶部落，实验对象提议分给对方的钱平均只有26%，远低于西方文明社会的45%。相反的，巴布亚新几内亚阿乌部落的居民则愿意拿出一半以上的奖金给对方。某些部落中，送礼是很重要的文化传统，而且接受了别人的馈赠之后，相对的人也必须感恩图报。阿乌人就是这样，他们对太过慷慨或者太过吝啬的馈赠，通常都会拒绝。尽管存在文化差异，实验结果仍然和理性分析所预测的自利行为相去甚远。

现实中人的理性的计算能力往往用在不符合实际情况的高效用问题上，而在低效用问题上，理性往往失去作用。“最后通牒博弈”及其实验结果是一次对新古典经济学绝对化了的基本假设即理性人假设的重大挑战。通过实验表明，人的经济行为并非都那么“自利”和“理性”，而是与人的心理的或者精神的东西密切相关，比如公平主义、利他主义等，这些心理或者精神的东西，又与人所处的环境、个人经历和经验积累等因素密切相关，人们从事经济活动或者决策可能是出于“理性”，也可能不是。

就最后通牒博弈及其实验来说，人们进行实验的目的本来是要通过实验来验证在互动博弈条件下人们在理性动机的驱使下实现利益最大化的可能性问题，可是，实验却发现了人们并不总是按照追求自身利益最大化的这样一个“理性逻辑”来行事的，而是有着丰富多样化的决策选择。这一结论在某种程度上是对于新古典经济学关于“理性人”绝对化的理论预设的反证，说明了人类行为动机的多元化以及人性的复杂性。

冒险游戏：成功概率有多大

有人说，没有冒险的成功和没有成功的冒险都是没有价值的。虽然本书已经对有关社会博弈的策略以及有关问题做了很多分析，但实际生活中的策略选择仍然十分复杂。在现实社会中，人们往往面对的是很多不确定的情境。比如，对于某个结果，人们知道它可能会发生，也可能不发生。因此，在策略选择时就既要评价可能的结果的功利，又要对这种可能的程度到底有多大进行仔细考察分析，并不得不对实际将发生什么进行冒险。比如，您今天出门带上一把伞，其价值要依赖于今天下雨的可能程度到底有多大，您是否要对您的家庭财产上保险不仅取决于您的财产有多少，也取决于它是否安全，有多大可能性会遇到抢劫而损失。

人们在对功利和机遇两个因素进行综合考察，以决定是否进行冒险及如何冒险时，往往会表现出某些特点。例如，现在有一组选择：保证能得到1元，但有1/10的机会得到10元；保证能得到10元，但有1/10的机会得到100元；保证能得到100元，但有1/10的机会得到1000元；保证能得到1000元，但有1/10的机会得到10000元；保证能得到100万元，但有1/10的机会得到1000万元……此时，您会选择前者还是后者呢？

对于这一组选择的两种可能，人们往往存在个人偏好。对于第一种选择，有的人认为是值得冒险的，也就是宁愿只有1/10的机会去得10元，也不愿只拿上1元就罢休。同样地，有的人也会对100元冒险，而不愿只是拿到10元就停手。有的人大概也会对1000元冒险，而不愿稳当地拿到100元。如此下去，恐怕有的人一直都倾向于冒险，表现出对较多金钱的热爱与追求。

但是，在社会博弈中，当策略选择进行到一定时候，参与者的偏好很可能会颠倒，不会再对很多的金钱去冒险，而宁愿稳妥地得到虽相对较少却也仍然说得过去的一笔钱。除非对冒险的刺激赋予极高的功利，否则谁也不会不愿意稳妥地拿到100万元，而甘愿去冒只有1/10的可能拿1000万元的风险。

在进行策略选择时，人们对较小的数额似乎觉得冒险的意义或者随机取胜的可能性较大，于是甘愿冒险。可是，随着数额即功利价值的增大，人们对冒险变得越来越谨慎，仿佛侥幸取胜的可能性在变小。实际上，在这一系列策略选择中，冒险取胜的概率是一样的，即都是1/10。只不过由于功利变大，其对人的重要性也在增大，因而产生对机遇判断的一种错觉。

每个人转变其选择的偏好即从冒险改为稳妥地获取有把握的东西的转折点是不同的，因为这往往依赖于人现有的财富和经济价值观。那些越是富有的人，越是敢于冒险下大赌注，因为无论是小输还是小赢，对他来说都是没有什么意思的事情。可是，对于街头的乞丐，对于极端贫困的人来说，他可能甚至宁愿选择有把握拿到的1元，而未必愿意为把握不大的10元去冒险。因此，某个特定对象的价值既与其功利、出现的概率的大小有关，还与评价者本人的特点、与他的经济状况和价值观有关。看来，通过了解某个人在上述几种选择中的哪一个转换其偏好，可以大致了解其经济状况和价值观念。

因此，博弈参与者在进行决策时，就应当在个人实力、功利、机遇等方面上进行细致思考，倘若有遗漏或者不慎，恐怕就难免做出错误的策略选择。所以，一旦要冒险做事的时候，应该要三思而后行。有冒险而成功的将领，没有无备而胜利的军队，在没有达到目的之前，应该尽量保存好自己的实力，尽量不被眼前的事物所纠缠，因为这是冒险成功的重要因素。

琼斯是一位英雄，一位了不起的冒险家，但却不是懂得博弈论的人。在与对手较量的最后阶段，琼斯、他的父亲和一名纳粹分子纳泽斯全都聚集在安放圣餐杯的地方。眼看纳粹分子纳泽斯只差一步就要得到圣餐杯，琼斯父子却无论如何都不愿意助纣为虐。于是，纳粹分子纳泽斯向琼斯父亲射了一枪。只有具备起死回生力量的圣餐杯才能救琼斯父亲的生命。在这种情况下，琼斯只好引他们走向圣餐杯。

琼斯设法寻找圣餐杯，他发现它被放置正在几百只其他酒杯之中。如果酒杯拿对了，饮后就能得到永生，如果拿错了，就会立即死亡。纳粹头子纳泽斯迫不及待地拿起一个华丽的黄金杯，喝下里面的圣水，却突然倒地而死，因为他选错了。而琼斯经过考虑，当然是冒着风险地选出了一个木头杯，那是一个木匠用的杯子。他一边大叫“只有一个办法可以证实”，一边将杯里的水倒出一点在圣水器上，自己先喝了下去，希望自己选中的就是生命之杯。当琼斯发现自己没有搞错，立即把杯子送到他父亲那里，圣水果然治愈了致命的枪伤。

对琼斯的这种勇气应当加以赞扬，但其实琼斯的最优策略应当是先让他父亲饮酒，没有必要自己先尝试饮酒。如果琼斯确实选对了杯子，那么他的父亲就会得救；如果他选错了杯子，那他父亲就会丧命，但至少可以保全琼斯。在将杯子递给他父亲之前，自己测试一下其实毫无意义，因为，如果琼斯选错了杯子，那就没有第二次机会了，琼斯将死于致命之水，而他父亲也会死于致命枪伤。

可见，有时候冒险也要想想是否值得，不能没有任何意义地去鲁莽行事。至于故事中的伦理道德因素则另当别论。

绝路博弈：破釜沉舟的豪赌

清代小说家蒲松龄，青年时屡试不第，后幡然醒悟，将其“有志者，事竟成，破釜沉舟，百二秦关终属楚；苦心人，天不负，卧薪尝胆，三千越甲可吞吴”的对联刻在铜镇尺上，激励自己，经过数十载的艰苦努力，终于完成了不朽的文学名著《聊斋志异》。

“置之死地而后生”出自《孙子·九地》：“投之亡地而后存，陷之死地然后生。”原指作战把军队布置在无法退却、只有战死的境地，兵士就会奋勇前进，杀敌取胜。后来比喻事先断绝退路，就能下决心，取得成功。

秦朝末年，由于秦王朝的残酷统治，各地农民纷纷起义反抗。公元前208年，刘邦和项羽两支队伍会合，共同推举楚怀王的孙子做楚王，军威大震。这时，原来被秦国灭亡的魏、赵、燕、韩等国家，也乘机起义，并与楚国结成反秦联盟。秦二世胡亥慌忙派出人马到各地去镇压。

秦将章邯率领20万大军，进攻赵国，把赵王围困在巨鹿。赵国急忙向楚国求救。楚王于是派遣宋义做主帅，项羽为次将，带兵去援救赵国。可是宋义并不急于赶去救赵，他打算先让秦赵双方打得两败俱伤，然后出击，从中获胜，以保存实力。宋义带着人马缓缓行进，到了安阳地方，还停下来休息了46天。项羽心急如焚，多次劝说宋义赶到巨鹿迎击秦军，但遭到宋义的拒绝。他在一气之下，把宋义杀了，夺取了兵权。他派英布与蒲将军带领2万兵马，渡过滔滔的漳水，直奔巨鹿，与秦军交锋，仅获小胜。在赵国的一再请求支援之下，项羽率领全军渡过了漳水，准备和秦军决一死战。

项羽看见秦军人马众多，士气正盛，要打败强大的秦军，就必定要想出一个好的战法才行。于是，他命令士兵们把渡船统统凿穿，沉下水底；又把行军煮饭的锅也都打得粉碎，每人带着三天的干粮。在这样的情况下，退路没有了，粮食也不多了，不战胜敌人，就只有死路一条。楚军的将士们激昂振奋，互相勉励，人人都抱着进则生、退则死的决心，拼命向前。

两军相遇勇者胜。秦军虽然人马众多，也抵档不住抱着必死决心的楚军。经过几次激烈的血战，秦军终于崩溃了。项羽就是这样用“破釜沉舟”的办法来激发士气，战胜了强大的敌人。破釜沉舟说明在战争中，让自己这方面的选择少一些，可以激励士兵奋勇杀敌。人们用“破釜沉舟”比喻有进无退的坚定决心。在成就一番事业时，就应该懂得不论是学习或者工作都犹如逆水行舟，不进则退，只有不断进取，坚定不移地向目标冲刺，才能取得最后的成功。

破釜沉舟相当于一种承诺行动，它使自己和对方都明白决一死战是自己的最优策略。通常，人们说“选择越多越好”，但在社会博弈的策略选择中却不是如此。承诺的意义在于给自己少留后路，而这可能是一件好事。使博弈参与者的选择余地减少，可以剔除掉事先的某些选择；借此也迫使对手重新考虑本方的策略，从而使作出承诺的一方得到利益。当然，事先做出的承诺必须是可置信的，倘若是不可置信的，那么承诺将丧失意义。

关于博弈中的威胁策略，这里说说父母干预儿女的婚姻的事情，也就是儿女与父母之间进行的博弈。女儿可以选择嫁给张三或者不嫁给张三，父母则威胁女儿要是嫁给张三就不给嫁妆，并断绝父女关系，另外一种可能当然是不断绝父女关系。女儿则说如果断绝父女关系就要跳楼，另一种选择是不跳楼。父母则说如果你跳楼了，我们也不会感到痛苦。双方都是希望对方沿着有利于自己的博弈路径进行策略选择，父母是想通过断绝父女关系来迫使女儿不嫁给张三，女儿则是想通过跳楼来迫使父母在自己嫁给张三后不断绝父女关系。在这些所说的话没有实现之前，都属于空头威胁。空头威胁有可能改变对手的策略选择，也可能对对手的策略选择毫无影响。

人际博弈：进退自如的处世哲学

交往中的心理博弈

俗话说：“知人知面难知心，画龙画虎难画骨。”人心叵测，每个人的心理都是很难揣测的，尤其是在关系复杂的社会网中，每个人都有自己的为人处世的方法，都有他自己的心理表征。面对每一件事，都要经过一番心理斗争，而社会的种种现象正是发生矛盾的双方心理博弈的结果。那么，在人际交往的心理博弈中我们该如何选择呢？我们先看下面这个有趣的博弈游戏。

假设每一个学生都拥有一家属于自己的企业，现在企业陷入困境，他们只有在下面两个方案中任选其一以维持企业生存。方案A：生产高质量的商品来帮助维持现在较高的价格；方案B：生产伪劣商品以通过别人的所失来换取自己的所得。每个学生将根据自己的意愿进行选择，选择方案A的学生总数，将把自己的收入分给每个学生。

事实上，这是一个事先设计好的博弈，目的是确保每个选择B的学生总比选择A的学生多得50美分，这个设定当然是有现实意义的，因为生产伪劣商品成本比生产高质量商品的成本低。不过，选择B的人越多，他们的总收益也就会越少，因为这个假设也是有道理的：伪劣商品过多，会造成市场的混乱，他们的企业也就会跟着受到影响，信誉跟着降低。

现在，假设全班27名学生都打算选择A，那么他们各自得到的将是1.08美元。假设有一个人打算偷偷地改变决定——选择B，那么，选择A的学生就少了一名变为26名，将各得

1.04美元，比原来的少了4美分，但那个改变自己主意的学生就会得到1.54美元，而比原来要多出46美分。

诚然，不管最初选择A的学生人数有多少，结果都是一样的，很显然，选择B是一个优势策略。每个改选B的学生都将会多得46美分，而同时会使除自己以外的同学分别少得4美分，结果全班的收入会少58美分。等到全班学生一致选择B时，即尽可能使自己的收益达到最大时，他们将各得50美分。反过来讲，如果他们联合起来，协同进行行动，不惜将个人的收益减至最小化，那么，他们将各得1.08美元。

但博弈的结果却十分糟糕，在演练这个博弈的过程中，由起初不允许集体讨论，到后来允许讨论，以便达成“合谋”，但在这个过程中愿意合作而选择A的学生从3人到14人不等。在最后的一次带有协议的博弈里，选择A的学生人数为4人，全体学生的总收益是15.82美元，比全班学生成功合作可以得到的收益少了13.34美元。一个学生嘟囔道：“我这辈子再也不会相信任何人了。”

而事实上，在这个博弈游戏里，无论如何选择，都不会有最优的情况出现，类似于囚徒困境，即使达成合谋，由于人的心理太过复杂，结果也不是预期的样子。所以，在这样复杂的心理博弈中，我们不能苛求要获得一个最好的结果，因为人心各异，最好结果根本就不存在。那在人际交往中遇到类似于上述游戏的博弈情况时该如何选择呢？保证一点——不要太贪婪，只要有利益就可以，不要妄求有太多的利益或要获得比别人更多的利益。

理性与非理性的较量

博弈是经济学概念，而经济学的建立是以理性经济人的假设为基础的。假如说每个人都是理性的，那么，当两人发生利益冲突时，是理性，还是非理性，就要看双方在博弈的时候，理性所起的作用有多大。作为个体人都是感性的，但分析事物时都是理性的，而当我们按理性思维去操作时，又难免流于感性。感性和理性往往同在。所以我们要根据理性和感性谁起的作用更大，来选择自己用什么策略。

其实，在一定条件下，尤其是策略的选择，有时，根据需要，非理性的选择也是博弈论中经常运用的重要抉择。

再比如，很久以前，在北美地区活跃着几支以狩猎为生的印第安人部落，经过长时间的生存拼搏之后，令人匪夷所思的是：在狩猎之前，请巫师作法，在仪式上焚烧鹿骨，然后根据鹿骨上的纹路确定出击方向的印第安人部落，成为唯一的幸存者；而事先根据过去成功经验，选择最可能获取猎物方向出击的其他部落，最终都销声匿迹了。

也许有人会感到不可思议，“科学预测”怎么能败给“巫师作法”呢？其实不然，仔细品味故事的来龙去脉，我们就会发现，问题的关键并不在于科学与迷信之间，根本原因在于，几个部落的竞争战略有所不同。

依据经验进行预测并确定前进方向的部落，或许暂时能够获得足够的食物，但是，不久的将来，他们的路就会越走越窄。可以想象，随着时间的推移，那些“理性”的部落之间，势必产生相同的推测与判断，瞄准同一目标的部落越来越多，他们之间的竞争不断加剧，而他们每天的狩猎方向经过“科学分析”之后，变得日趋一致，而在原始的状态下，猎物不会迅速增多，最后，这些部落只好在同样的狩猎区域，你争我夺、你拦我抢，弄得鱼死网破，同“输”而归。显然在这场理性与非理性的较量中，非理性成了最后的胜者。

其实，现实生活中的企业界又何尝不是如此，某个领域的市场需求热了，十个、数十个甚至上百个企业因为对目标市场的共同期盼，纷纷杀将而来，结果呢？市场有效需求并没有因为他们的频频光顾而迅速放大，僧多粥少，就会有人挨饿，直至撤退和消亡。这样的例子不胜枚举，近几年来，市场上就相继上演了彩电业界、VCD业界、手机业界、PC业界、笔记本电脑业界最为残酷的竞争……

而按照巫师作法，焚烧鹿骨狩猎的那个印第安人部落，虽然在战术上出现了很明显的错误，明显有些盲从和随意，但是，基于他们当时的条件，从更宏观的角度来判断，我们不难发现，他们的核心因素——竞争战略，却要优于竞争对手，因为他们在发现新市场或者说在创造新需求。这样一来，无形之中，他们就避开了与其他部落之间在战术层面的相互厮杀，从而赢得了生存空间。

人类社会已迈入21世纪，信息化战争正在以咄咄逼人之势扑面而来。不可回避的是，随着时间的推移，竞争将变得异常激烈，世界各国企业之间相互模仿的速度会骤然加快，这必将导致一场印第安人部落生存式的“狩猎游戏”。

是“战友”，还是“对手”

唐朝的时候，那位开创了“开元盛世”的唐玄宗手下有位丞相叫李林甫，此人若论才艺倒也不错，能书善画，但在盛唐人才济济、名家辈出的时代，也就算不上个杰出人物。正是因为如此，为了保住自己的权势和地位，这人就想尽方法忌才害人。唐玄宗让他主持开科取士，他一个不录取，然后向皇帝贺喜，理由是“野无遗贤”，意思是朝廷外没有人才了，有才干的都在为圣上效力了。就是这四个字，让杜甫这位“诗圣”在长安“困顿十年”。为了打击对手李适，他先向李适鼓吹华山多金，开采出来，利国利民，让李适向唐玄宗献计献策，等唐玄宗心动征求自己意见的时候，他又以一副先知先觉的神态出现，说华山多金，自己早就知道，但华山涉及到皇家风水，开采对皇室江山不利，让唐玄宗大加感动，更加信任这个小人。就是靠着这一套两面三刀的本领，他一屁股在丞相的宝座上待了19年，居然“风雨不动安如山”。由于他和人接触时，外貌上总是露出一副和蔼可亲的样子，嘴里尽说些动听的“善意”话。但实际上，他的性格非常阴险狡猾，常常暗中害人。因此人们形容他“口有蜜，腹有剑”，宋朝司马光在编《资治通鉴》时评价李林甫是个口蜜腹剑之人。后来老百姓就把他通俗化为“明是一盘火，暗是一把刀”，“嘴里叫哥哥，手里掏家伙”，更加形象贴切。

事实上，李林甫这些招，就是中国人在长期的人际交往过程中把厚黑学用到极致的表现。中国人在长期的内外斗争中，在人际关系上，既有“仁、义、礼、智、信”，有“君子坦荡荡”的一面，但在“君子喻于义，小人喻于利”的信条下，人与人之间也充满了人际的诡谲、黑暗的一面。这实际上是两种不同人性的博弈。正是这种错综复杂的人际博弈，使人生的道路充满攀爬的艰辛和竞争的陷阱。很多类似李林甫的人物常常在表面上哼哈随和、异常亲切，骨子里却渗透着尔虞我诈，勾心斗角，“明是一盘火，暗是一把刀”、“嘴里叫哥哥，手里掏家伙”的手段屡见不鲜。所以，不少当初满腔热忱跻身官场、沙场、职场的人，欲壮志凌云，大干一番时，不是在正面“战场”上败下阵来，而是在人际关系上经过一番“厮杀”之后，像个落汤鸡一样，败下阵来，甚至有的人连一招都没接，就被暗箭所伤，这就是人际关系战场博弈的复杂性和残酷性。

其实，人际关系的博弈中，像李林甫这种人还不是算最厉害的，因为至少在他活着的时候，在他与他人交往的时候，他的“战友”也好，他的“对手”也好，对他口蜜腹剑的两面性已经有所认识，自然就会产生警惕心理，做好防范的准备。也就是说，在与李林甫这种人博弈的时候，可能大家都是理性的，只有那些初出茅庐的“雏儿”才会被他这种“嘴里叫哥哥，手里掏家伙”的假面孔所迷惑，用自己的满腔热忱去结交这位丞相，从而形成一场非理性与理性的博弈。在中国人际场上，最可怕的就是那种“嘴里叫哥哥，手里掏家伙”而能够让人毫不察觉的群体，这种人能够取得他人的绝对信任，甚至成为一个群体的领军人物，用他的“满腔热诚”引导对他绝对信任的群体走向绝路，这种人以《水浒传》中的宋江最为典型。

《水浒传》中的108条好汉，有一批是真正的无产者，例如李逵、燕青、阮氏三兄弟等数人；另一类是像林冲、武松、鲁智深一样，出生社会下层，依靠自己的本领在封建统治集团内部谋取了一官半职，但最后又因为统治阶级内部的相互倾轧而被迫逼上梁山，这两类群体都对统治者死心了。但是，在整个群体中，还有一部分始终抱着为封建统治者服务，希望通过所谓的“正途”，受到统治者青睐，从而封妻荫子、流芳后世的群体，这个群体中最典型的代表就是宋江。宋江出身小地主，家里有点钱财，又在统治集团内部谋取了一个职务，能够及时获得各种消息，接济三山五岳的好汉，因此获得了“及时雨”的美名，“宋江哥哥”成为各路英雄内心崇拜的“偶像”。这位“宋江哥哥”与所有的弟兄都是“兄弟长，兄弟短”

的，叫得亲热，简直让人掏心窝。但这位“宋江哥哥”在任何时候都没有想着真正落草为寇；他从内心上从来没有接纳那种“大碗喝酒，大块吃肉”的“草寇”生活；他从内心鄙夷那帮出生低贱、胸无大志的“兄弟”。即使是落草，即使是成为“贼”，甚至坐上了梁山的第一把交椅，他内心想的是如何受到朝廷招安，如何让“兄弟”们接受他自己“招安”的想法。但无论什么时候，他始终把“兄弟”，把“义”字挂在嘴上，“兄弟”成为“宋哥哥”笼络弟兄们的最好手段。最后，他软硬兼施，让兄弟们接受了朝廷“招安”，用“兄弟”的义气驱使众多好汉为朝廷效力；用“兄弟”的血染红了他的乌纱帽；用“兄弟”二字把朝廷的心腹大患清除得干干净净。而那帮自始至终对他终生不渝的可怜的“兄弟”们，到死也没有明白，这位称兄道弟的“宋江哥哥”从内心就没有把他们当做自己人看待，而正是这位“宋江哥哥”把他们都送上了不归路。可以说，宋江是一位人际关系厚黑学学得最好的高手，他在“梁山好汉”这个群体中，“以一当百”，赢得了与兄弟博弈的胜利，他是“嘴里叫哥哥”喊得最凶，“手里掏家伙”掏得最狠的一位博弈高手。这也是中国两面三刀、口蜜腹剑的博弈典型代表。

如果从情感的角度来说，宋江是理性的，“效忠朝廷”是他始终的信念，即使是成为“贼寇”，他内心的信念也是如何接受朝廷招安，如何效忠朝廷，所以说宋江始终是理性主义者；而其他梁山弟兄被“兄弟”，被“义”熏得丧失了理性，不辨真假，不辨虚实，只要喊“兄弟”就真的当“兄弟”，而且是“赴汤蹈火，在所不辞”，他们是非理性的，所以非理性的诸位兄弟碰见了理性的宋江哥哥，只有缴械投降，丧命沙场了。

从梁山好汉的“待遇”我们可以看出，在人与人的交往中，保持理性思考是非常重要的，特别是在经济迅速发展，道德相对弱化的当代，人与人的交往频率大大提高，交往周期相对缩短，要在短时期内迅速判断一个人是否值得自己付出，与他保持一种合作性博弈，保持理性是非常重要的，否则，重则丧命，轻则丧失财物，得不偿失。这样的事例，在我们现实生活中不计其数。

和自己的贪婪博弈

我们经常说：欲望是无底深渊。是的，穷其一生，我们都在和自己的欲望进行博弈。权钱交易的根源也是人类自身的贪婪，正是因为贪婪，很多本应有大好前途的人葬送自己的一生。我们要和自己的贪婪作斗争，因为战胜了自己，也就战胜了一切。人类最大的敌人就是自己的贪婪，不管你是做生意还是做官，总是得陇望蜀，得到的东西总是不珍惜，而得不到的却总是念念不忘。

一个乞丐在大街上垂头丧气地往前走着。他衣衫褴褛、面黄肌瘦，看起来很久没有吃过一顿饱饭了。他不停地抱怨：“为什么上帝就不照顾我呢？为什么唯独我就这么穷呢？”

上帝听到了他的抱怨，出现在他面前，怜惜地问乞丐：“那你告诉我吧，你最想得到什么？”乞丐看到上帝真的现身了，喜出望外，张口就说：“我要金子!”上帝说：“好吧，脱下你的衣来接吧!不过要注意，只有被衣服包住的才是金子，如果掉在地上，就会变为垃圾，所以不能装得太多。”乞丐听后连连点头，迫不及待地脱下了衣服。

不一会儿，金子从天而降。乞丐忙不迭地用他的破衣服去接金子。上帝告诫乞丐：“金子太多会撑破你的衣服。”乞丐不听劝告，仍兴奋地大喊：“没关系，再来点，再来点。”正喊着，只听“哗啦”一声，他那破旧的衣服裂开了一条大口子，所有的金子在落地的一瞬间变成了破砖头、碎瓦片和小石块。

上帝叹了口气消失了。乞丐又变得一无所有，只好披上那件比先前更破、更烂的衣服，继续着他的乞讨生涯。

所谓无欲则刚，在生活中有些人就像那个贪婪的乞丐，抵不住“贪”字，灵智为之蒙蔽，刚正之气由此消除。

在商品社会，许多人经不住贪私之诱，以身试法，大半生清白可鉴，却晚节不保，而贪得无厌的结果便是一无所有。要避免这一点却是非常困难的，因为人毕竟是有私心的动物。

一股细细的山泉，沿着窄窄的石缝，“叮咚叮咚”地往下流淌，多年后，在岩石上冲出了

3个小坑，而且还被泉水带来的金砂填满了。

有一天，一位砍柴的老汉来喝山泉水，偶然发现了清冽泉水中闪闪的金砂。惊喜之下，他小心翼翼地捧走了金砂。

从此老汉不再受苦受穷，不再翻山越岭砍柴。过个十天半月的，他就来取一次砂，没过多久，日子富裕起来。

人们很奇怪，不知老汉从哪里发了财。

老汉的儿子跟踪窥视，发现了秘密。他认真看了看窄窄的石缝，细细的山泉，还有浅浅的小坑，埋怨爹不该将这事瞒着，不然早发大财了。儿子向爹建议，拓宽石缝，扩大山泉，不是能冲来更多的金砂吗？

爹想了想，自己真是聪明一世，糊涂一时，怎么就没有想到这一点？

说干就干，父子俩便把窄窄的石缝拓宽了，山泉比原来大了好几倍，又凿大凿深石坑。

父子俩累得半死，却异常高兴。

父子俩天天跑来看，却天天失望而归，金砂不但没有增多，反而从此消失得无影无踪，父子俩百思不得其解。

因为贪婪，父子俩连原来的小金坑都没有了，因为水流大，金砂就不会沉下来了。我们在生活中，在与贪婪博弈的时候，选择的策略就应是无欲则刚。处处克制自己的贪婪，不管外在的诱惑有多么大，仍岿然不动，即使错过时机也不后悔，因为我们对事物的信息掌握得很少，在不了解信息的情况下，我们尽量不要想获得。就像金砂一样，虽然表面看来是因为水流冲下来的，但这是一条假信息，迷惑了这对父子。在不确定一个事物的情况下，只靠想当然和表面现象是不行的。世间的信息瞬息万变，我们又如何全面掌握呢？我们只能防止贪欲给自己带来危险，不妄求，不妄取。

用自己的优势交换生存

对于博弈论，我们已经有了一个大概的了解。其实，它就是人与人之间采取合作还是非合作的方式，无论选择哪种方式，其目的只有一个——趋利避害。

现代社会讲究的是一切都要公平。但事实上，一切都公平吗？在市场经济条件的制约下，不同的商品，其价值相差悬殊，其价值与使用价值也存在着不一致，而这不一致必然是通过“等价交换”的规律来实现不等价的交换，或者说形式上的等价交换只是实质上的不等价交换。在出现这种矛盾而特殊的不等价交换规律中，弱者的选择是：要么在这种局势下想尽办法让自己的损失降到最小，要么就此灭亡。当然，出于人的本能，其博弈的结果，往往是前者，那么，从中我们可以看出，是合作还是“背叛”其选择不是固定的，不过尽可能减少损失，让自己得利，则是不变的处世原则。

前不久曾有一篇题为《头只有灯泡大小的残疾人竟被当猿人进行商演》的文章。文中讲道：“大丰镇一俱乐部大门正中挂着‘世纪怪星西部大型巡回演唱会’的广告。其上说该团‘重金特邀21世纪独一无二的原始猿人，身高仅1.1米……’此人的头确实小得出奇，和幼儿的头差不多大。演员们称他为‘小头’。”“四川华西医院的专家称，从‘小头’的身体状况来看，说明他患有侏儒症，头部偏小可能是患有头部畸形或脑组织发育不全造成的。”在很多人看来，让这个残疾小矮人以这样的方式演出，实在有失人道，于是人们大呼仁爱主义、人道主义，大力谴责商家的残忍。

其实，在这个事例中，很多人并没有从生存的角度为这位侏儒症患者考虑！以他这样的身体状况，拿什么养活自己？在这个事例中，如果我们用博弈论来分析，这个侏儒者面临的选择有以下几种：选择种田，他没有体力；选择行商，却没人理解他；选择打工，现在健康的无业青年都找不到工作，何况他！选择靠父母肯定是不行的，他只能选择发挥自己的优势，俗话说，物以稀为贵，把自己当商品来卖。所以，在这场生存与世俗的博弈中，他只有选择发挥自己的优势，才有生存的机会。

其实，从博弈论来说，无论古代还是现代，矛盾都是存在着的，面对现实，弱者的选择是尽量减少自己的损失，做出最有利于自己的选择。

在三国鼎立的局面结束之后，西晋司马氏统一了中国。可是西晋的政权并不稳固，在经过连年的战乱后，地方割据力量的残余势力依然存在，司马氏皇室子弟之间的权力斗争也十分激烈，其中颇有势力的是东海王司马越。几十年后，司马越终于联合其他藩王，发动了内战，以争夺皇帝的宝座，史称“八王之乱”。可是，因为藩王们的内讧和北方的匈奴和羯胡的趁机侵略，中国北方陷入了战争的浩劫之中。

最终北方被匈奴和羯胡占据，司马越也战死了。

当时，西晋司马氏的皇族在战争中死伤过半，幸存的皇族纷纷准备渡过长江逃避战乱。其中，琅琊王司马睿势单力薄，在渡江之前只想着如何避难自保，并没有考虑渡江之后的计划。可是他作为皇族的幸存者，对社会还是具有一定的政治号召力，于是，王氏家族的精英人物——王导和王敦便准备扶持他做渡江之后的皇帝。王氏家族在当时晋朝的影响力是不容忽视的。

王氏兄弟见国家危难，本想在政治上有所作为，但是苦于自己既不是司马氏皇族，又不是手握重兵的大将，所以有心无力。这次见到了落难的皇族司马睿，王氏弟兄便想借助他的皇族身份，复兴大业。

王氏兄弟和司马睿接洽之后，说出了他们想要辅佐司马睿做皇帝并恢复西晋基业的想法。司马睿自然是大喜过望，甚至有点感动，与王氏兄弟一拍即合，开始了司马氏和王氏的亲密合作。

渡江之后，王氏兄弟马上按照承诺提高司马睿的声势。三月初三这一天，按照当地的风俗，百姓和官员都要到江边去祈福消灾。这一天，王导让司马睿坐上华丽的轿子到江边去，前面有仪仗队鸣锣开道，王导、王敦和从北方来的大官、名士，一个个骑着高头大马跟在后面，排成一支十分威武的队伍。这一天马司睿的声望大涨。

人们从门缝里偷偷张望，他们一看王导、王敦这些有声望的人对司马睿这样尊敬，大吃一惊，怕自己怠慢了司马睿，一个接一个地出来排在路旁，拜见司马睿。

这样一来，司马睿在江南士族地主中的威望提高了。王导接着就劝司马睿说：“顾荣、贺循是这一带的名士。只要把这两人拉过来，就不怕别人不跟着我们走。”司马睿派王导上门请顾荣、贺循出来做官，两个人都高兴地来拜见司马睿。司马睿殷勤地接见了他们，封他们做官。从此，江南大族纷纷拥护司马睿，司马睿在建康就站稳了脚跟。

北方发生大乱以后，北方的士族、地主纷纷逃到江南来避难。王导又给司马睿出谋划策劝说他多吸纳优秀人才。

经过这样的一番经营，王氏兄弟最终联合各大家族，推举琅琊王司马睿做皇帝，是为晋元帝，从此建立了偏安东南百余年的东晋王朝。晋元帝登基的那天，还发生了一个戏剧性的故事：王导和文武官员都进宫来朝见。晋元帝见到王导，从御座上站了起来，把王导拉住，要他一起坐在御座上接受百官朝拜。这个意外的举动，使王导大为吃惊。因为在封建社会，这是绝对不允许的。王导忙不迭地推辞，他说：“这怎么行？如果太阳跟普通的生物在一起，生物还怎么能得到阳光的照耀呢？”王导的这一番吹捧，使晋元帝十分高兴，晋元帝也不再勉强。王氏家族从此便更受重用。

从此，虽然是东晋皇帝司马氏做名义上的天子，但是掌握实权的是拥立他的王氏兄弟，司马睿对王氏兄弟极为尊敬，甚至上朝时宰相王导没有入座自己都不敢坐在龙椅上。

历史上把司马睿与王氏兄弟的这一对政治组合称为“王与马，共天下”，也就是司马氏和王氏共同主宰朝政的意思。但是人们只看到司马睿对王家兄弟的尊敬和畏惧，却并没有看出这种情况出现的原因——王家兄弟拥有政治上的实力和社会上的地位，司马睿虽然是皇帝，但各个方面都无法与王家相比。王家与司马睿之间虽然名为君臣，但实际上司马睿处于明显的劣势，是这场博弈的弱者，如果司马睿对王家兄弟稍有不敬，则可能被推翻，从而皇位不保。所以在博弈中，双方都需要借助对方，利用自己的优势换取更好的生存条件。

第四章

信息——对称与不对称

依据博弈参与者对博弈局面的了解不同程度，可以把博弈分为完全信息博弈和不完全信息博弈。如果在博弈进行过程中，每个参与者都可以得知其他各方都进行了哪些操作，目前处于什么状态，则称为完全信息博弈。例如下棋，双方对盘面上的局势一目了然，竞局过程的信息是完全对称和透明的，这是典型的完全信息博弈。

有一些博弈在进行过程中各方并不完全了解其他各方的选择，其他各方的状态对他是不对称不透明的，例如各种牌类，从桥牌到麻将，各方都不知道别人手里是什么牌，这就是不完全信息博弈。

掩耳盗铃：忽悠付出的代价

“忽悠”通常含有贬义，忽悠者是想使人上当受骗，而被忽悠者往往当局者迷，蒙在鼓里。“忽悠”说到底是个社会博弈中的信息传递问题。

有位古董商发现有个人用珍贵的茶碟做猫食碗，于是假装对这只猫相当喜爱，要从主人手里买下。猫主人不卖，为此古董商出了大价钱。成交之后，古董商装作不在意地说：“这个碟子它已经用惯了，就一块儿送给我吧。”猫主人不干了：“你知道用这个碟子，我已经卖出多少只猫了？”

古董商掌握了“碟子是古董”这个信息，他以为猫主人不知道，这种“信息不对称”对他有利；可是他万万没想到，猫主人不但知道，而且利用了他“认为对方不知道”的错误大赚了一笔。这才是真正的“信息不对称”！

信息是博弈参与者有关博弈的知识，特别是有关策略的选择、其他参与者的特征和行动的知识。完全信息指一个博弈的参与者对其他参与者的行动选择有准确的理解，这对正确决策具有重要影响。

现实社会中有很多不完全信息博弈，比如军事对抗，敌对双方都尽量隐蔽自己的意图，秘密地调动部队，以期给对手以突如其来的致命打击。而指挥人员必须在敌方情况不明了的情况下制定作战计划，这样的决策过程就是一种不完全信息博弈。

信息不对称造成的劣势，几乎是每个人都要面临的困境。谁都不是全知全觉，那么怎么办？首先，为了避免这样的困境，在博弈中，参与者应该在行动之前，尽可能掌握有关信息，建立一定的“信息库”。虽然我们并不一定知道未来将会面对什么样的情况，但是博弈参与者掌握的信息越多，正确决策的可能性也就越大，决策的成功率也就越高。

这个故事属于不完全信息静态博弈，其博弈平衡被称为“贝叶斯纳什平衡”①。

博弈中的信息也是不断变化的，博弈的参与者要及时更新信息，淘汰过时的信息。

从前，有一个卖草帽的人，每一天他都很努力卖帽子，有一天他卖得很累，刚好旁边有一棵大树，他就把帽子放在树下，坐在树下打起盹来。等他醒来时，发现身旁的帽子都不见了。抬头一看，树上有很多猴子，每个猴子的头上都有一顶草帽，他很惊慌，因为如果帽子不见了，他无法养家活口。

突然，他想到猴子很爱模仿别人，于是就试着举左手，果然猴子也跟他举手，他拍拍手，猴子也拍手，于是，他赶紧把头上的帽子拿下来丢在地上，猴子也将帽子纷纷丢在地上，卖帽子的高高兴兴捡起帽子回家去了。回家之后，他将今天发生这件奇特的事告诉他的儿子和孙子。

若干年后，卖草帽的孙子也继承了家业。有一天，在他卖草帽的途中，也跟爷爷一样在大树下睡着，帽子被猴子拿走，孙子想到爷爷曾经告诉他的方法。于是，举左手，猴子也举左手，拍拍手，猴子也跟着拍拍手。

果然，爷爷说的话很有用，最后，他脱下帽子丢在地上。可是，奇怪了，猴子竟然没有跟着他做，还瞪着眼看他，不久，猴王出现了，把他丢在地上的帽子捡起来，还很用力地打了孙子一巴掌，说：“骗谁啊！你以为只有你有爷爷吗？”言外之意，我爷爷早告诉我了，你这个骗子会玩什么把戏。

从这个猴子拿草帽的寓言可以看到不断获得最新信息的重要性。《孙子·谋攻篇》讲：知己知彼，百战不殆；不知彼而知己，一胜一负；不知彼，不知己，每战必殆。意思是说，在军事纷争中，既了解敌人，又了解自己，百战都不会失败；不了解敌人而只了解自己，胜败的可能性各半；既不了解敌人，又不了解自己，那只有每战必败的份儿了。

其实，“知己知彼”强调的就是博弈中的信息对称，这是决策制胜的前提；而“不知彼而知己”或者“不知彼，不知己”都属于信息不对称，在此基础上的决策恐怕难以取得胜利。“知己知彼，百战不殆”不仅为古今中外诸多军事家所推崇，而且作为一种决策制胜方略，一种现实的人生智慧，同样适用于社会生活的各个领域。“知己知彼”，尽量实现博弈双反的信息对策就应该放开耳目，多渠道获取动态信息，而不能僵化保守，像刻舟求剑那样静态思维。

中国著名成语典故“黔驴技穷”反映了不完全信息动态博弈的“精炼贝叶斯平衡”②。

过去贵州没有驴。有个多事的人用船运来了一头驴，运来后却没有什么用处，就把驴放到山脚下。一只老虎看见了驴，以为这个躯体高大的家伙一定很神奇，就躲在树林里偷偷观察着，后来又悄悄走出来，小心翼翼地接近驴，不知道驴子的底细。

有一天，驴叫了一声，大虎大吃一惊，远远躲开，以为驴要咬自己了，非常恐惧。然而，老虎反复观察以后，觉得驴并没有什么特殊本领，而且越来越熟悉驴的叫声了。

老虎开始走到驴的前后，转来转去，还不敢上去攻击驴。以后，老虎慢慢逼近驴，越来越放肆，或者碰它一下，或者靠它一下，不断冒犯它。驴非常恼怒，就用蹄子去踢老虎。老虎心里盘算着：“你的本事也不过如此罢了！”老虎非常高兴，于是腾空扑去，大吼一声，咬断了驴的喉管，啃完了驴的肉，走掉了。

在这个博弈过程中，贵州的老虎由于从来没有见过驴子，所以不知道驴子到底有多大本领。于是，老虎采取的方法是不断接近驴子进行试探。通过试探，修正自己对驴子的看法，

---

①贝叶斯纳什平衡（Bayesian—Nash Equilibrium）是不完全信息静态博弈平衡的概念。贝叶斯是中世纪一位叫托马斯·贝叶斯的牧师，概率统计学家，创立了贝叶斯概率论，还试图通过自己的数学推理来验证上帝之存在。在不完全信息静态博弈中，参与者的行动同时发生，没有先后顺序，因此，没有任何参与者能够有机会观察其他参与者的选择。在给定其他参与者的策略条件下，每个参与者的最优策略依赖于自己的类型。如果每个参与者虽然不知道其他参与者实际选择什么策略，但是，只要知道其他参与者有关类型的概率分布，他就能够正确地预测其他参与者的选择与其各自的有关类型之间的关系。因此，该参与者选择的依据就是在给定自己的类型，以及其他参与者的类型与策略选择之间关系的条件下，使得自己的期望收益最大化。

②精炼贝叶斯平衡（Perfect Bayesian Equilibrium）是不完全信息动态博弈平衡的概念。它表示在博弈中参与者的行动有先有后，后行者可观察并预测到先行者可能采取的几种行动，但并不知道先行者选择某种行动的内在原因是什么；而先行者也知道后行者可能要采取的几种对应行为，却也不清楚其行动的具体原因。因此，先行者想给后行者一种信息，并促使后行者采取的行动对自己是最有利的；而后行者却想从先行者行动中去伪寻真，找到其行动的真正原因，从而采取最有利于自己的行动。

从而根据试探的结果选择自己的策略。最初，老虎见驴子没有做出什么反应，觉得驴子本领不大；接下来老虎看见驴子大叫，又认为驴子的本领很大；然而，进一步试探的结果，老虎却发现驴子的最大本领只会踢几下而已，于是心中窃喜；最后，通过不断试探，老虎得到关于驴子的准确信息，确定驴子根本没有什么本领，纯粹“纸老虎”，自己才是真老虎。于是，老虎就选择了冲上去把驴子吃掉的策略。因为这显然是老虎的最优策略，这个博弈实现了“精炼贝叶斯平衡”。

空城计：玩的就是信息不对称

空城计是一个经典的信息不对称博弈案例。

诸葛亮误用马谡，致使街亭失守。司马懿引大军15万蜂拥而来。当时诸葛亮身边别无大将，只有一班文官，五千军士，已分一半先运粮草去了，只剩2500名军士在城中。众官听得这个消息，尽皆失色。诸葛亮登城望之，果然尘土冲天，魏兵分两路杀来。诸葛亮传令众将旌旗尽皆藏匿，诸军各收城铺。打开城门，每一门用20名军士，扮作百姓，洒扫街道。而诸葛亮乃披鹤氅，戴纶巾，引两小童携琴一张，于城上敌楼前凭栏而坐，焚香操琴。司马懿自飞马上远远望之，见诸葛亮焚香操琴，笑容可掬。司马懿顿然怀疑其中有诈，立即叫后军作前军，前军作后军，急速退去。

司马懿之子司马昭问：“莫非诸葛亮无军，故作此态，父亲何故便退兵？”司马懿说：“亮平生谨慎，不曾弄险。今大开城门，必有埋伏。我兵若进，中其计也。”诸葛亮见魏军退去，抚掌而笑，众官无不骇然。诸葛亮说：“司马懿料吾生平谨慎，必不弄险；见如此模样，疑有伏兵，因此退去。吾非行险，盖因不得已而用之。我兵只有两千五百名，若弃城而去，必为之所擒。”

在这里，司马懿不知道自己和对方在不同行动策略下的支付，而诸葛亮是知道的，他们对博弈结构的了解是不对称的，诸葛亮拥有比司马懿更多的信息，这种信息的不对称完全是诸葛亮制造出来的。可见，“空城计”是一个信息不对称的博弈。

在这里，诸葛亮可以选择的策略是“弃城”或者“守城”。无论是“弃城”还是“守城”，只要司马懿明确知道自己的支付，那么诸葛亮都要遭到失败。诸葛亮唯一的办法就是不让司马懿知道他自己的策略选择。他的空城计是降低司马懿进攻的可能收益，使得司马懿认为后退的策略要比进攻的策略好。

在信息不充分的情况下，博弈参与者不是使自己的支付或者效用最大，而是使自己的期望支付（或者效用）最大。比如：在“有50%的可能获得100元”与“有10%的可能获得200元”两者之间进行选择，理性的人通常会选前者。因为前者的期望所得为：50% × 100=50元，而后者为：10% × 200元=20元。

在诸葛亮与司马懿的博弈中，诸葛亮了解双方的策略选择与实力对比，他制造空城假象的目的就是让司马懿感到进攻有较大的失败的可能。如果我们用概率论的术语来说，诸葛亮的做法是加大司马懿对进攻失败的主观概率。此时，在司马懿看来，进攻失败的可能性比较大，而退兵的期望效用大于进攻的期望效用。也就是说，司马懿认为进攻的期望效用低于退兵的效用。在力量对比悬殊的情况下，诸葛亮唯有通过这个办法，才能让司马懿退兵。

司马懿想，诸葛亮一生谨慎，不做险事，只有设定埋伏才可能如此镇定自若，焚香操琴。此时，司马懿觉得退却比进攻更合理，或者说期望效用更大。于是后军变前军，前军变后军，后退而去。结果是诸葛亮得以逃脱。

也有另一种关于“空城计”的博弈论解读认为：并非司马懿不敢攻城，而是司马懿并不想过早地除掉诸葛亮。因为司马懿一直受曹真等人的排挤，而且曾经被贬为平民。只因为诸葛亮伐魏无人可挡，最后曹魏又不得不请司马懿出山。可以这样说，正是因为诸葛亮的存在，才使得曹魏对司马懿有所依赖。司马懿自己可能也很清楚，在自己未能掌握军国大权的时期，一旦诸葛亮倒下，也就是他自己被逐出朝廷甚至被迫害的日子。因此，司马懿在空城计前面退却了。后来司马懿不断扩充军权，大权独揽，而那是为了自己和家族不致在诸葛亮死后被曹魏挟制和迫害。

用博弈论的眼光来看，《三国演义》可谓一部记载着许多精彩博弈案例的博弈论教材。尽管罗贯中不可能用"博弈"这样的词汇，但《三国演义》可以用一个字来概括，那就是"计"，如同我们现在讲的"策略"。用计，即运用策略战胜对方。用计策算计敌方，本方不仅要选择恰当的计策，而且要算准对方用什么计策，这其实就是博弈的过程。

历史上的三国，非常生动地表达了博弈对局中的策略互动和相互依存。在那个时代，不仅在国家战略上体现出高度策略互动，即使在一次小小的战役，都是充满了智慧。空城计早已是广为传诵、尽人皆知的经典故事，尽管对这个故事的真实性尚有争议，但其中的博弈对局却令人称绝。

不过，也要注意空城计通常只能用一次，用两次恐怕就不灵验了。

从前，有个三国迷。一天，村子里来了个戏班子，唱的是《空城计》。三国迷实在想看，可是家里没人看门咋办呢？失盗不是要吃大亏吗？他在堂屋里来回踱着，猛的，他一拍大腿："真是聪明一世，糊涂一时，放着诸葛亮的计策为何不用啊！"于是，他敞开大门，把灯笼高挑在大门口，书案上也是明灯烛火的。然后把袖子一甩，就去看戏了。原来，他用的也是"空城计"啊！

三国迷看完戏回来，把家里的东西一清点，线没少一条，针也没短一根；他赞不绝口他说："诸葛亮实在是神人啊！"自此，对诸葛亮更加佩服，敬若神明。

不久，村里又唱戏。这回三国迷又点起蜡烛灯笼，敞开大门，跑去看戏，他又用上"空城计"了。

但是，他这次看完回来一看，不禁放声大哭，原来连家里的大门都被小偷卸掉了。他气得大骂诸葛亮，在书上见到诸葛亮的名字，先是一墨杠，然后就挖掉，好好一本《三国演义》被他挖得千疮百孔。

有一天，三国迷又在骂诸葛亮，还在书上挖诸葛亮的名字，偏巧让一个讲三国的说书人看见了，就问他为什么这样做。三国迷把家里被盗的事原原本本一说，那说书人捧着肚子大笑道："诸葛亮哪里是大蠢货，大蠢货正是你自己啊。"

三国迷疑惑不解，问道："您这是啥意思啊？"

说书人笑着回答："您仔细看看，诸葛亮什么时候用过两回空城计啊！"

三国迷听了，不知道怎么回答，愣愣的站在那里……

其实，空城计玩的是信息不对称，这种博弈策略用一回，对方可能看不出破绽，用两回恐怕信息不对称就会被打破，博弈的本方就会遭受失败。

迷雾弹：麻痹对手的策略

孙膑是战国时期的著名军事家，与庞涓同师鬼谷子，但在才智方面超过庞涓。鬼谷子因孙膑单纯质朴，对他厚待一层，偷偷地将孙膑先人孙武所著兵书《十三篇》传授给他。

庞涓当了魏国大将，孙膑到他那里去做事，他才知道孙膑在老师那里另有所得，更加嫉恨孙膑。他在魏惠王面前诬告孙膑里通外国，并请魏惠王对孙膑施以膑刑。孙膑的两块膝盖骨被剔去，无法逃跑。而后庞涓把孙膑关在一个秘密的地方，表面上大献殷勤，以好吃好喝的饭菜供养。孙膑不知就里，还对庞涓感激涕零。

庞涓乘机索要《孙子兵法》这本书。孙膑因无抄录手本，只依稀记得一些。庞涓就弄来木简，让他抄录。准备在完成之后，断绝食物，把他饿死。但是，庞涓派来侍候孙膑的童仆偷偷把庞涓的阴谋诡计告诉了孙膑，孙膑才恍然大悟。

孙膑是一个有着远大抱负的军事谋略家，他立即想出了一条脱身之计。当天晚上，孙膑就伪装成得了疯病的样子，一会儿嚎啕大哭，一会儿嘻皮笑脸，做出各种傻相，或者唾沫横流，或者颠三倒四，又把抄好的书简翻出来烧掉。

庞涓怀疑他装疯卖傻，派人把他扔进粪坑里，弄得满身污秽。孙膑为了自己的远大志向，在粪坑里爬行，显出毫不在意的样子。庞涓又让人献上酒食，欺骗他说："吃吧，相国不知道。"

孙膑怒目而视，骂不绝口，说："你们想毒死我吗?"随手把食物倒在地上。庞涓让人拿来土块或者污物，孙膑反而当成好东西抓来吃。庞涓由此相信孙膑确实是精神失常了，疑心稍有解除。

此时，墨翟的弟子禽滑厘把他在魏国所见的孙膑的情况全部告诉了齐国相国邹忌，邹忌又转告了齐威王。齐威王命令辩士淳于髡到魏国去见魏惠王，暗中找到孙膑，秘密地把孙膑接回齐国。

嫉妒是一种不服、不悦、自惭、怨恨的复杂心理，是一种消极的心理品质，是一把杀人害己的"软刀子"。原本是同学，仅因为孙膑的才能和知名度远在自己之上，于是嫉妒之心使庞涓燃起了阴谋之火，虚构罪名诬陷孙膑。结果，孙膑被刑之以剜骨刺字，致残终身。

孙膑在身陷囹圄之时，冷静沉着，故意装得愚蠢疯傻，向庞涓放出"迷雾弹"，使其博弈对手看不出他的内心策略谋划，因而尽管忍受了巨大的耻辱与折磨，但得以骗过庞涓，保住了性命。而在马陵之战中，孙膑以卓越的军事才能，设计除掉了死对手庞涓，洗刷了耻辱。

马陵之战是战国时期，齐国军队在马陵（今河南省范县西南）歼灭魏军的著名伏击战。

周显王二十六年（公元前343年），魏国发兵攻韩国，韩国向齐国求救。齐应允救援，以促韩竭力抗魏。但鉴于战事初起，魏、韩双方实力未损，过早出兵对齐不利，直到韩军五战俱败，情况危急，魏军也十分疲惫，齐国才发兵相救。

周显王二十七年，齐威王以田忌为主将，田婴为副将，孙膑为军师，运用"围魏救赵"战法，率军直趋魏都大梁（今河南开封市），诱使魏军回救，以解韩围。

魏军果然撤回大梁，并以太子申为上将军，庞涓为将，率兵10万东出外黄（今河南兰考东南），迎击齐军。孙膑认为，魏军悍勇，不可贸然决战，只可利用魏军向来轻视齐军和庞涓求胜心切的弱点，"因其势而利导之"，乃避战示弱，退兵减灶，引诱魏军追击。

太子申本有退军之意，庞涓不听，率军紧追。见齐军逐日减灶，以为齐军士气低落，逃亡严重，即丢下步兵，以轻车锐骑兼程追击。齐军退至树木茂密、道狭地险的马陵。孙膑计算行程，判断魏军将于日落后追至，即引军埋伏。经长途追击而疲惫不堪的魏军，于孙膑预计时间进入设伏地域。齐军万弩俱发，魏军大败，庞涓愤愧自杀。齐军乘胜进攻，俘太子申，全歼魏军。

孙膑利用庞涓的弱点，制造假象，诱其就范，始终居于主动地位。此战是中国战争史上设伏歼敌的著名战例。

汉光武帝刘秀小时候，在家表现得很勤快，做事踏实而不喜欢虚夸，显得颇为憨厚、平和。他虽想出人头地，但从来不露声色。为此，他的哥哥刘縯自比刘邦，把刘秀比做刘邦的二哥刘喜，认为他目光短浅，胸无大志，非常瞧不起他，并经常以此嘲笑刘秀。刘秀去长安读书，当他读到《论语》中"小不忍则乱大谋"一句时，立即手舞足蹈地说："说得太好了，太好了，真是精辟啊!"从此，他便以这句至理名言规范自己的言行。

刘縯、刘秀兄弟二人发动青陵起义，结果皇帝却被刘玄当上，致使刘縯心中不快。刘玄也清楚刘縯性情蛮横，又野心勃勃，再加上以他为首的青陵兵在与王莽的军队作战中，节节胜利，战功卓著，这一切对自己的皇帝宝座是个巨大的威胁。因此，他总想找个借口除掉刘縯这个心腹之患。

刘稷是刘縯的部将，听说刘玄当了皇帝，心中也十分不满，便大发牢骚说：“今起兵图谋大事，全是刘縯的功劳，他刘玄算个什么东西，有什么资格配称皇帝？”刘玄听后，想收买刘稷，封他为抗威将军，刘稷拒不接受。刘玄要杀刘稷，遭到刘縯反对。刘玄一怒之下，便将刘縯、刘稷一起杀掉；随后，为了斩草除根，又伺机将刘秀杀掉。

刘玄为找借口，便派人去对刘秀宣布诏书说：“太常偏将军刘秀英勇善战，特封为破虏大将军，武信侯。”还没等刘秀谢恩，接着又宣布说：“大司徒刘縯，一向图谋不轨，常有抗帝之意，所以把他杀了。”这是来试探刘秀的反应，如果刘秀稍有恨意，便会将其就地正法。但刘秀是何其聪明的人啊，对刘玄的这点儿用意怎么能看不明白呢？

刘秀深知小不忍则乱大谋，听完诏书后，极力克制住内心的杀兄之恨，慌忙磕头谢恩说：“陛下赏罚甚明。我建功微小，不值一提，皇上如此嘉奖，秀实在受之有愧。兄刘縯素有反意。我也常劝他野心过大必自毙，但他就是不听，发展到今天刑及其身，实在是罪有应得。”

刘秀说这番话时表现得相当真诚，不但报信宣诏之人深信不疑，就连他的部下也都信以为真，无不为刘秀的大义灭亲之举感动得流下了眼泪。笃信小不忍则乱大谋的刘秀等宣旨人走后，回到帐内，关紧房门后，便捶胸大哭，恨得咬牙切齿地说：“杀兄之仇不报，就不配做人!”可是在次日，他又立即跑到刘玄住处，言必称陛下，口必言皇恩浩荡，绝不提昆阳大捷之功。既表现得非常恭谨，又表现得粗犷大度，平时谈吐不透半点哀痛之意，也不为刘縯服丧，饮食谈笑和平常一样。

刘秀“以小忍成大谋”的表演，终于使刘玄解除了猜忌，改变了对他的看法，以为刘秀真的忠于他。3个月后，刘秀以破虏大将军行大司马事的身份被派往河北，从此刘秀便摆脱了刘玄的监视和控制，迅速招兵买马，网罗人才，扩充实力。他在到任后不到1年的时间里，便发展到10多万人，有了一大批既能征善战，又对其忠心耿耿的战将，这使得他很快具备了同刘玄抗衡的实力，于是就开始公开与刘玄分道扬镳。

刘縯易于喜怒，专横跋扈，锋芒外露，成了刘玄的刀下之鬼。刘秀性格内向，事不外露，城府深沉，容忍一时而不乱大谋。当刘縯被杀的消息传来时，刘秀为避免过早与刘玄发生正面冲突，极力克制自己，立即从出征的战场赶来当面向刘玄谢罪；他对自己所立战功只字不提，而且深深引以自责，也不为其兄服丧，饮食言笑如同平常，毫无失去兄长的痛苦表示。这番成功的韬光养晦表演，终于使刘秀转危为安、逢凶化吉，不但没有受到牵连，反而加官晋爵，为他以后建立东汉王朝保存了实力，最终成就了东汉王朝的一统大业。

在社会博弈中，小事情不肯忍耐，就很有可能乱了整个策略行动计划。为了一定的政治目的，在力量对比不利于自己的情况下，或者喜怒不形于色，爱憎深藏不露；或者制造假象，其实都是向对手发出虚假信号，麻痹对手，进而对其策略选择造成影响并可能由于误判而有利于自己。这种用表面上的臣服和亲近来掩饰内心的憎恶仇恨的手法，在中国古代的政治斗争中层出不穷。

情报大战：竭力获取对方信息

在国际舞台上，国与国之间的外交行为实际上是一种博弈行为。各国为了实现自己的利益，其策略选择要使自己的目的最大化，但是任何国家在决定自己的策略时要充分考虑对方的行为，间谍的重要目的在于弄清对方变动的信息，因为信息在国际舞台的博弈中相当重要。

各国均有派往他国的间谍，间谍的信息可供本国的决策者做出利己的决策。而为了自己在决策中的胜利，反间谍是一国安全的主要内容。因此间谍与反间谍是国与国之间永久的话题。

那么，他国间谍的存在对自己本国的战略全是坏事情吗？其实未必。为什么这样说？获取情报是间谍的任务，而足够的情报是战争胜利的保证，因此间谍的存在是胜利的条件。但是一场战争只能有一方胜利，如果了解到对方足够的情况而知道自己肯定会输的话，该国还会决定参与战争吗？此时战争还能打得起来吗？

战争胜败大体上取决于实力、信息、战略与人心。如果其中一方各方面均优于另外一方，并且弱的一方知道的话，理性的弱者是不会参与战争的，此时战争便打不起来。间谍就具有传递这个信息的作用。

如果双方之间要进行战争，足够理性的双方应当知道谁会胜利，谁会失败。这是唯一确定的。因此很多情况下，国与国之间的战争往往是由于不完全了解局势造成的。如果不考虑战争的所谓正义与非正义，其实有足够理性的双方之间是不可能发生战争的。

通常来说，战争是两败俱伤的，尤其是双方力量对比差不多的时候。战争往往是双方没有足够的信息造成的。当然现实中很难做到信息充分，因而战争也不可能未打之前就能定胜负。弱者可以胜强者，以弱胜强的例子太多了。

应该说，具有足够理性和具有足够知识与信息的人能预知战争的结果。但现实中的人或者因为没有足够的知识和信息，或者不具有足够的算计能力，而往往不能做到这一点。战争的结果不能预知，这也是战争的魅力所在。

通常来说，获取对方的信息而不让对方知道己方的情况是合理的。然而这不是绝对的。倘若一方要将虚假信息传递出去，对方间谍的存在是最好的。另一方面，倘若弱小的一方因不了解对方的情况而开战，则对双方都是不利的。强国有时不愿意发生战争，会通过媒体表达自己的态度，然而弱小的一方会以为对方是因弱而害怕，更加大了开战的决心。这时，强国最好的办法是将自己的情况让对方的间谍知道。当弱势方知道对方的真实情况时，一场对谁都不利的战争就难以避免。

其实，早在2000多年前，中国著名的《孙子兵法》中就强调了间谍的作用，他在第十三篇《用间篇》中讨论了间谍的种类与作用：

先知者不可取于鬼神，不可象于事，不可验于度，必取于人，知敌情者也。故三军之事，莫亲于间，赏莫厚于间，事莫密于间。

大意是：军队的各种事务中，最亲信的是间谍，赏赐最多的是间谍，行动最机密的还是间谍。由此可见，信息在战争博弈中的作用，信息是决定胜负的重要因素。

孙子认为，了解敌情不能求神问鬼，不能类推，不能臆测，只能从知道敌情的人那里获得。孙子提出五间，即乡间：利用敌方的本地人做间谍；内间：用敌方的官吏做间谍；反间：迫使敌方的间谍为我所用；死间：散布假情报并通过我方的间谍告诉敌方；生间：让我方的间谍回来报告情报。在五间之中，最关键的当属反间。

维克瑞拍卖：信号传递的秘密

话说有位武林豪杰在交通要道边开了一个酒馆，生意相当兴隆，这引起另一位武林高手的垂涎。这位武林高手决定打败那位豪杰然后霸占酒馆。两强相遇，武林豪杰和武林高手相互之间不知对方底细，于是来一番比试。本来，他们俩可以通过打斗来解决问题，但打斗一场双方都会有所损伤，不如通过其他方式比较武功高低。豪杰拿来5块砖，一掌将其击碎，高手也不示弱，照样击碎5块砖。于是，豪杰又拿来10块砖，同样是一掌击个粉碎，高手见之，心中没底，于是明白自己武功较豪杰还差一截。于是，这位武林高手甘拜下风，放弃了原来的计划，弃剑离开。

这个故事情节在博弈论中被称为“信号传递博弈”。豪杰身怀绝技、天下无敌。但其他人不一定会相信他是武林第一高手，除非亲自与之交手并败于他。交战虽然可以决出高下，但对双方都会有损失，打个头破血流对谁都不是好事。当然，豪杰可以对外宣布他的武功非凡，其他人不是他的对手，但即使豪杰没有什么本事，也可以如此对外宣布。因此，仅凭口头宣布是难以令人信服的。

武林豪杰用过人的武功劈碎10块砖，这是别人难以做到的，这就向别人发出了一个信号：我的武功高强，你们不可匹敌。这样一来，不用打斗就决出高下，避免了打斗带来的更大损失。

现实经济生活中，我们发现有很多垄断厂商并未如人们所料想的那样给商品定出一个很高的价格，而是以较低的价格长期销售某种产品。例如，发达国家的私营铁路、航空、海运码头等的价格都远低于按照其垄断定价方法定出的价格。这是为什么？

为什么一些垄断厂商长期在低价格水平上经营呢？运用“信号传递博弈”的原理可以理解这个问题。如果这个垄断厂商是一个低生产成本的厂商，当其他较高生产成本厂商也进入这个厂商所经营的行业与之进行竞争时，原来的那个垄断厂商可以通过降价将进入者赶出这个行业，从而继续维持垄断经营。

由于垄断厂商有更低的生产成本，因此，它能够将产品价格降到比进入厂商的生产成本还要低的水平上，这就造成进入者或者高价格经营顾客流失，或者迫使它们同样也降价，直到价格低于成本，两种情形进入者都会亏损，最后不得不退出行业。但是，这种行为尽管能够击退进入者，但由于一段时间的降价经营可能对垄断者带来较大损失。垄断者为了避免这种损失，可以向外宣布它是低成本的，别的厂商休想进来与它竞争。但仅凭口头宣布人家是不会相信的，因为即使垄断者不是低成本的厂商，它也可以这样宣布。

有一种方法就是，正如故事中的情节那样，垄断者向外发送一个信号，向外界传递它真是低成本的信息。它可以长期在一个较低价格水平上经营。如果它的价格足够低，高成本厂商不敢模仿，行内厂商会据此判定它确是低成本的。

1996年诺贝尔经济学奖授给了英国剑桥大学政治经济学教授詹姆斯·莫里斯（James A. Mirrlees）和美国哥伦比亚大学加拿大籍荣誉教授威廉·维克瑞（William Vickrey），以表彰他们在信息不对称问题研究方面所做出的巨大贡献。

在信息不对称情况下参与者之间如何就某种交易制定合同以及参与者的经济行为如何规范的问题叫做契约理论，即机制设计理论。交易双方都有一些自己知道而对方不知道的私人信息，这些信息会影响到交易双方参与者的利益。例如，买卖双方进行交易时，卖方知道产品的质量、生产成本和最低售价，但不知道买方愿意支付的价格，而买者则正好相反。

信息不对称会影响到市场机制的正常运行，导致市场变得不同于理想状态下的竞争市场。因为在信息不对称的情况下，信息占优的一方可能在交易过程中策略性地使用私人信息为自己谋利，从而出现“逆向选择”和“道德风险”。例如，在二手车交易市场，一旦出现逆向选择，质量差的商品将会把质量好的商品驱逐出市场，而市场的最终交易量将低于供求双方想要成交的数量。再如，在保险市场，在有道德风险的情况下，投保人购买保险后可能放松警惕或者取消预防措施，结果导致事故发生概率的上升，保险公司提供的保险将低于人们所需要的保险，即保险市场的实际交易量低于或者偏离完全竞争市场的平衡量。

通过某种信号传递机制来消除由于信息不对称而导致的市场选择失灵，这是信息经济学所要解决的核心问题。莫里斯与另一位经济学家斯彭思等人认为，可以依据一定的信号将不同能力的人区别开。例如，在劳动力市场上，当一个企业的雇主在雇佣工人的时候，雇主并不了解工人的真实工作能力，但雇主可以通过求职人员的学历这一信号来了解其工作能力。

维克瑞的主要研究领域集中在累进所得税对个人激励作用，以及不对称信息条件下的拍卖问题。他认为，在税收制度设计过程中，政府并不能确切地知道每个人的真实能力，而税收制度反过来又会直接影响个人工作的努力程度。所以，必须考虑信息对激励的影响，从而找到一种既顾及平等又不影响效率的税收制度。在拍卖问题的研究中，维克瑞创立了“二级密封价格拍卖法”，即“维克瑞拍卖法”。在这种拍卖中，通过不公开招标，将物品拍卖给出价最高的投标者，却让他只按照次于他的投标价格的价格来支付，即只支付第二拍卖价格，这样就会诱使个人吐露出愿意支付的真实价格，这种拍卖法现已被广泛用于许多商品的销售。

例如，有一件古董需要拍卖，有许多人参加竞争性拍卖。这件古董在每个买主心中有一个价值评价。但是，卖主不知道买主的评价，买主也不会老实将其对古董的评价告诉卖主。不同买主之间也不知道其他人的价值评价。

如果采用“英式拍卖法”，买主们轮流出价，直到开出最高价的买主拿走古董并支付所开出的最高价格。按这种拍卖方法，古董并不能按买主心中的最高评价价值卖出。比如如果买主中的最高评价为100万元，第二高评价为90万元，那么评价最高的买主开出91万元即可将古董买走，而不必支付100万元。而且，由于这是公开竞价，很可能出现围标问题，即买主们合谋压价。

另一种方法是“一级密封价格拍卖法”。买主每人将其开出的价格写入一个信封，密封后交给卖主。卖主拆开所有信封，将古董卖给信封中出价最高的买主，并要求支付最高的价格。这种方法可避免围标，但不能将古董按买主中最高的评价价值卖出。因为买主提出的价格一般会低于他心中对商品的真实评价。如果该买主认为古董值100万元，他不会写出价格为100万元，因为当他开出比100万更低一些的价格时，就有可能赢得古董但净赚一个价值与价格的差额。比如当他开出90万元时，有可能成交并净赚10万元。相反，当他开出100万元时，虽然成交却无赚头。因此，大家都不会老老实实报出心中的价值。

而“二级密封价格拍卖法”即维克瑞拍卖法则不仅可以避免围标，而且可以诱使买主们比较实在地开出心中的真实评价。维克瑞拍卖法要求每个买主写入信封一个出价，密封后交给卖主，卖主拆开信封后宣布将古董卖给出价最高的人，但只需支付开出的第二高的价格。例如，出价最高的为100万元，第二高的为90万元，古董就卖给开出100万元的人，但他只需支付给卖主90万元。对每个买主来说，他不知道其他买主的评价，但给定其他买主的评价，他一旦获胜，支付的第二高的价格是固定的，不会随他开出的价格而变；但他开出的价格愈高，获胜的可能就愈大。另一方面，他也不能开出比他的价值评价更高的价格。因为一旦存在别的人开出的价格也高于其价值评价，当他获胜的时候，就必须以高出他的价值评价的价格购买古董，对他来说是得不偿失的。因此，在这种情况下，每个人都会老老实实地按心中的评价开出价格。如果所有人的评价是一样的，古董就以真实的最高价值卖出。维克瑞拍卖法可以诱使买主说出真话。20世纪70年代美国联邦政府运用维克瑞招标法进行公共工程招标，结果为联邦政府节省了大笔开支。

广告大战：信号传递的价值

在电视广告中，有的商品广告既无商品的价格信息又无售货地点信息，而是只有明星的表演，这究竟是什么用意呢？

人们通常认为商业广告的功能是向消费者提供必要的购货信息，比如传递商品的价格、质量功能、出售地点等一些信息。人们还认为有些广告可能是为了引导消费，特别是新产品出现时，消费者还不熟悉它，商业广告中通过一些电影明星使用新产品的图象，利用公众的“追星”心理打造市场。这种关于新产品市场引导的广告在国外的电视广告中特别常见，通常是一位当红明星在电视上用新产品表演一番，既没有价格，也没有关于售货地点的介绍，除了显示一下商标之外，完全没有对产品的性能进行说明。实际上，对于这类广告，可以用博弈论的“信号传递”原理进行解释。

假设有一家五湖公司开发出一种很有市场潜力的饮料，该产品饮后对人的健康确实有好处。但同时，另一家生产假冒伪劣产品的四海公司也准备向市场推出一种伪劣饮料产品。两个企业都会向公众宣布其产品是何等上乘的。可是，公众是理性的，不会单凭商业宣传就会相信它们。不过，如果产品真的好，随着时间的推移，消费者能够识别出来。

因此，生产好饮料的的五湖公司对自己的市场有信心，它相信随着时间的推移，四海公司生产的伪劣产品终究会被消费者识破，顾客会跑到自己这里来，从而自己的市场会不断扩大，销售收入及利润会不断增长，而四海公司开始可以蒙骗一部分消费者，但时间一长，产品的问题会暴露出来，市场会不断缩小，收入及未来利润都不会有五湖公司的大。

这样一来，五湖公司的未来预期收入远大于四海公司。因此，五湖公司就可以请一位当红明星打广告。由于是当红明星，他们打广告有很高的市场价格，使四海公司不敢模仿。例如，假定五湖公司的预期收入为3000万元，四海公司的预期收入为1000万元。当红明星打广告的市场价格为2000万元，那么，五湖公司可以请明星打广告但四海公司就请不起。

消费者也明白这个道理，从而会在一开始就识别出不能请当红明星打广告的四海公司是生产伪劣产品的。这样，四海公司一开始就没有市场。当五湖公司请了当红明星打广告时，四海公司发现这位明星的市场价格太高，自己难以模仿五湖公司，开始就会放弃生产伪劣产品的计划。因此，五湖公司通过请当红明星打广告而清除掉了潜在的市场模仿者，它向公众传递自己是生产好产品的信号，这种信号的价值在于表明其所请来的当红明星有着较高的出场价格，而不在乎明星在广告节目中说了什么，表演了什么，当然更不在乎广告节目是否介绍产品价格等信息了。五湖公司请当红明星打广告就向公众传递了它是生产好产品的企业这样一个信号。

还有一类现象值得思考，即许多实力雄厚的公司还要向银行借很多钱。例如，在国外，一些资金实力雄厚的公司通常也会向银行贷款。更加令人感到奇怪的是，一些好的公司，一方面自己借钱给别的公司，另一方面又向银行借钱。

运用“信号传递”原理可以对这种现象进行分析。对于一家公司来说，负债增加会增大公司破产的可能性；但是，对于实力雄厚的公司，在同样负债比例下，其破产可能性要小一些。每个公司都会向社会吹嘘自己是好的公司，实力雄厚，但公众不会仅凭口头宣传就相信的。于是，真正好的公司通过向银行借钱来增大自己破产的可能性，令其他实际上不好的公司难以模仿。这种负债比例的增加要做到恰到好处，它既可令其他实力稍弱的公司难以模仿，又使自己能够承受。

这样一来，公众就能识别出谁是好的公司，从而竞相购买好的公司的股票，导致公司股票价格上涨，结果这家负债公司会因其股价上涨而获资本增值，破产的可能性反而下降了。当然，公司通过增加负债来向投资者传递公司信息的代价可能太高，因而有时公司特别愿意向投资者直接披露内部信息，只要这种信息足以使投资者相信其真实性，就会为公司减少信息传递的成本了。

舱位博弈：信息甄别的机制

前面章节讲述了“所罗门断争子案”的故事。尽管所罗门王不知道两位妇人中谁是婴儿的母亲，但他知道婴儿真正的母亲是宁愿失去孩子也不会让孩子被劈成两半的。所罗门王正是利用这一点，一下就识别出谁是婴儿的真正的母亲了。所罗门王的这种方法在博弈论中被称为“机制设计”，即设计一套博弈的规则，令不同类型的人做出不同的选择，尽管每个人的类型可能是隐藏的，别人观察不到，但他们所做出的不同选择却是可以观察到的。观察者可以通过观察不同人的选择而反过来推演出他们的真实类型。

无论是买票乘飞机、火车还是轮船，不同的人所愿意支付的价格实际上是不一样的。有的人收入高一些，或者对花钱看得比较松一些，就可以支付较高的价格，相反，收入低的人或者对花钱看得比较紧一些的人，就只愿支付较低的价格。但是，如果你问他们愿意支付什么样的价格，他们都必定说愿支付较低的价格，因为既使有钱人有也会在同样服务下以低价购买划算一些。

飞机或者轮船公司为了将这些在经济学中被称为具有不同支付意愿的人区分开来，让能支付较高价格的人支付较高价格，就设计了一种“信息甄别”的机制，这种机制就是设立头等舱、二等舱、三等舱，等等。

当飞机或者轮船的舱位条件和价格完全一样时，不同支付意愿的人都会以最低价格买票，不会有人愿支付比别人更多的钱去买相同的舱位的票。于是，航空公司或者轮船公司将舱位分成头等舱、二等舱，等等，价格稍有不同，当然服务也不同，就将不同支付意愿的顾客区分开了。

头等舱比其他较低等级舱位的价格高许多并不主要是因为它的服务要比其他舱位的服务好许多，而是因为那些坐头等舱的人的支付能力比其他舱位的旅客的支付能力要强许多，说白了，就是坐头等舱的人比坐其他舱位的人更有钱或者更能花钱而已！但是，如果航空公司或者轮船公司不对舱位作如此区分，即使是有钱人也不会愿意坐同样的舱位而支付比别人支付的更高的价格。

这里，支付能力是旅客的类型，坐何种等级的舱位是他们的选择。支付能力无法观察，但买什么舱位的票却能够观察，航空或者轮船公司因此而识别出可以支付更高价格的顾客而赚取更多利润。

例如，有两位旅客阿飞和阿翔乘坐飞机。阿飞的最高支付能力为1000元，阿翔的最高支付能力为1500元。经济舱的服务成本为800元，头等舱的服务成本为1200元。

经济舱带给阿飞和阿翔的消费满足感为1000元，头等舱带给阿飞和阿翔的效用为1800元。如果没有头等舱，航空公司最多把票价定到1000元，利润为2×(1000−800)=400元。

因为票价一旦高于1000元，阿飞和阿翔就不会买票了。但当设立了头等舱之后，航空公司将经济舱票价定为1000元，将头等舱票价定为1500元。在这个时候，阿飞以1000元买经济舱。

阿翔如果买经济舱，则其净效用即消费者剩余为1000−1000=0，但当阿翔买头等舱票时的消费者剩余为1800−1500=300元，因此阿翔会买头等舱。阿飞的支付能力只有1000元，因此阿飞只有买经济舱。这时，航空公司的利润增大为(1000−800)+(1500−1200)=500元，大于400元。可见，通过机制设计增大了公司利润。

类似的做法还有，酒店的星级分类、冰棍的不同品种与价格、影剧院的不同座位价格表等等，其实都是实现信息甄别的机制设计。商家的精明由此可见一斑。

开发商博弈：看穿对手的策略

安居、乐业两个房地产开发商都想开发一定规模的房地产，但是市场对房地产的需求只能满足一个房地产的开发量，而且每个房地产商必须一次性开发这一定规模的房地产才能获利。在这种情况下，无论是对开发商安居公司还是开发商乐业公司，都不存在一种策略优于另一种策略，也不存在严格劣势策略：如果安居公司选择开发，则乐业公司的最优策略是不开发；如果安居公司选择不开发，则乐业公司的最优策略是开发；同样，如果乐业公司选择开发，则安居公司的最优策略是不开发；如果乐业公司选择不开发，则安居公司的最优策略是开发。

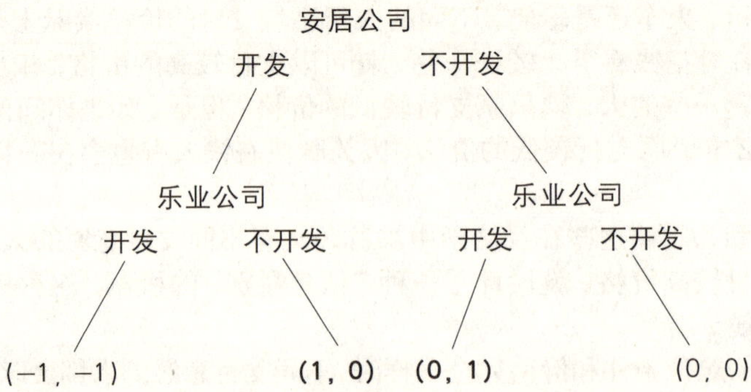

参与者的行动有先后顺序，这就是动态博弈。在动态博弈中，后行动者在自己行动前就可以观察到先行动者的行为，进而在此基础上选择相应的策略。由于先行动者拥有后行动者可能选择策略的完全信息，因而先行动者在选择自己的策略时，可以预先考虑自己的选择对后行动者选择的影响，进而采取相应的对策。

如果两个房地产开发商都开发，那么由于重复投资，各自的收益为-1；如果只有一个房地产商开发，那么其收益为1。因此这个博弈有两个纳什平衡，即（安居公司开发，乐业公司不开发）和（安居公司不开发，乐业公司开发），现在无法确定是安居公司选择开发，乐业公司选择不开发，还是相反的情况。

设定房地产开发商安居公司是先行动者。在行动之前，开发商安居公司对对手开发商乐业公司的策略进行了预测。在行动开始之前的开发商安居公司看来，如果不计得失，可供开发商乐业公司选择的策略有四种：第一种策略，无论安居公司是否选择开发，乐业公司都选择开发；第二种策略，如果安居公司选择开发，那么乐业公司也选择开发，而如果安居公司选择不开发，那么乐业公司也选择不开发；第三种策略，如果安居公司选择开发，那么乐业公司就选择不开发，而如果若安居公司选择不开发，那么乐业公司就选择开发；第四种策略，无论安居公司是否选择开发，乐业公司都选择不开发。

可见，在安居公司先行动的情况下，乐业公司可供选择的策略中，第一种策略只包括了上述两个纳什平衡中的后一种平衡，即（安居公司不开发，乐业公司开发），而没有包括前一种纳什平衡，即（安居公司开发，乐业公司不开发）；第二种策略上述两种纳什平衡都没有包括；第四种策略只包括了上述两种纳什平衡中的前一种平衡，即（安居公司开发，乐业公司不开发），而未包括后一种纳什平衡，即（安居公司不开发，乐业公司开发）；只有第三种策略既包括了上述两种纳什平衡中的前一种平衡，又包括了后一种平衡。即如果乐业公司选择第三种策略，那么，无论安居公司做出什么选择，乐业公司的回应都能达到纳什平衡。相反，在给定乐业公司会选择第三种策略来回应安居公司的选择的前提下，开发是安居公司的占优选择。这样看来，安居公司一定会选择开发。

上述对房地产开发博弈的分析，就是子博弈精炼纳什平衡求解的过程，策略（安居公司开发，乐业公司不开发）就是上述子博弈精炼纳什平衡解。“子博弈”是指它本身可以作为一个独立的博弈进行分析，它是原静态博弈的一部分，而且任何博弈本身可被称为自身的一个子博弈。例如，上述房地产开发博弈中就有多个子博弈。

子博弈精炼纳什平衡是泽尔腾在1965年首先提出的，其目的是将那些不可置信威胁策略的纳什平衡从平衡中剔除，从而给出动态博弈一个合理的平衡解。只有当某一策略组合在每一个子博弈包括原博弈上都构成一个纳什平衡，这一策略组合才是子博弈精炼纳什平衡解。显然，如果整个博弈是唯一的子博弈，纳什平衡与子博弈精炼纳什平衡是完全相同的。

子博弈精炼纳什平衡有一个特征，即参与者在前一个阶段的行动选择决定了随后的子博弈的结构。因此，同样结构的子博弈只出现一次。在房地产开发博弈中，安居公司选择开发后的子博弈安居公司不同于安居公司选择不开发后的子博弈乐业公司，当安居公司选择开发后，子博弈乐业公司就被排除了。这样的动态博弈称为“序贯博弈”。

动态博弈中另一个类型是“重复博弈”，即同样结构的博弈重复许多次，其中的每次博弈称为“阶段博弈”。下面通过产品定价博弈来了解重复博弈的一些问题。

时代、财富两家杂志都有两种定价策略选择，即定高价与定低价。如果两个参与者都定低价，则每个参与者的收益均为20；如果两人都定高价，则每人的收益均为30；如果其中某一参与者定低价，而另一参与者定高价，那么定低价的参与者占有更多的市场份额，从而获得40的收益，定高价的参与者由于失去一部分市场份额而只获得10个单位的收益。显然，在这个一次性完全信息静态博弈中，两个参与者均有占优策略，占优策略平衡为时代、财富双方都定低价。

如果时代、财富之间的定价博弈是多次进行的，那么问题就不会这么简单。这里分析一下博弈重复次数为无限的情况。如果时代、财富双方都选择合作，都保持定高价，则双方在每个阶段的收益均为30，记为（30，30，30，…）；如果时代、财富中有一方比如时代采取投机行为，在实际定价中选择不与对方合作，在第一阶段就通过选择定价策略使得选择高价策略的对手财富受损，则受损的一方财富一定会在第二阶段及其以后的定价中也选择低价策略，加以报复，这样一来，首先选择不合作的一方时代在各阶段的收益为（40，20，20，…），显然其总收益远远小于合作、维持高价情况下的总收益。因为首先选择不合作的一方即时代，只是在第一阶段获得了“额外”收益，但在以后各阶段的收益将因为对手即财富的报复性选择而减少，而且重复若干次之后，先选择不合作的一方即时代将得不偿失。

在这里，财富选择的策略称为“冷酷策略”，即重复博弈中的任何参与者的一次性不合作将引起其他参与者的永远不合作，从而导致所有参与者的收益减少。因此，所有参与者具有维持合作的积极性。下面再来讨论博弈重复次数为有限时的情况。

重复次数有限博弈与重复次数无限博弈之间的唯一区别，是所有参与者都可以明确无误地了解重复的次数，即可以准确地预测到最后一个阶段博弈。而在最后阶段的博弈中，任何一个参与者选择不合作，不会导致其他参与者的报复。因此，所有参与者都会在最后阶段的博弈中选择自己的占优策略，那就是不合作。

既然所有参与者都会在最后阶段选择不合作，那么在倒数第二阶段博弈中任何参与者也就没有必要担心由于自己选择不合作，导致其他参与者在最后阶段博弈中的报复。因此所有参与者在倒数第二阶段博弈中，也都会选择不合作。即在倒数第二阶段博弈中，所有参与者都会选择占优策略。依此类推，可见在阶段性博弈存在唯一的纳什平衡时，其纳什平衡解就是重复次数有限博弈的唯一子博弈精炼纳什平衡解。

求职竞争：信息不对称的猫腻

求职找工作乃安生立命的大事，但在劳动市场上，求职者与招聘者常常存在信息不对称，这在求职博弈中往往影响到博弈的结果。

信息不对称与错失良机

说到求职中的博弈，笔者感触良多。

2003年12月10日，笔者从北京赶到广州，应聘某重点大学的教学科研工作，参加面试和试讲。当时笔者虽然只是中国人民大学法学院的硕士研究生（后来攻读了法学博士学位），但科研能力较强，已经发表多篇论文，并出版一部法学著作。试讲效果还好，他们评价笔者“很有科研潜质”，所以就通过了院系一级的考查，且让我提交证书、论文原件。同时，按接收程序上报到了学校人事处。当时所在院系的负责人说，一般人事处会100%批准，请耐心等待。

笔者仿佛吃了安心丸，推掉了12月15日的一次重要面试，返回北京“耐心等待”起来。这期间，也多次询问所谓最终结果，但他们还是让笔者等待。但快到3月底，笔者觉得实在不对劲，于是彻底问出个说法，原来进入下学期，应聘的博士研究生很多，硕士研究生即使通过面试和试讲，也一概没有批准录用。笔者非常恼火，既然这样，为什么不早通知说没有录用？为什么隐瞒这样的信息？这样做，从法律上讲，是缔约过失责任，缔约双方在正式缔约前有及时告知的义务啊！要么当时在面试和试讲时彻底淘汰不想录用的，要么及时批准录用。人事工作做成这个样子，使人感到悲哀。

笔者的经历是典型的求职博弈中的信息不对称问题。正是因为严重的信息不对称，使得笔者耽误了求职的最佳时机，转过神来发现很多好的单位已经招聘完毕，最后只能暂时委曲在一个毫无名气的高校。这件事对笔者的心灵造成严重创伤，以至于后来提起这所高校就神经过敏地痛斥一番。

雇主与求职者的信息博弈

2001年度诺贝尔经济学奖得主、美国经济学家迈克尔·斯宾塞（MichaelSpence）以研究劳动市场上的信息不对称问题著称。根据斯宾塞的理论，劳动市场是一个信息不对称市场。这就是说，劳动市场上招聘者和求职者之间信息是不对称的。求职者的信息包括招聘者很容易获得的公开信息，例如年龄、学历、毕业学校、所学专业等等，也包括实际能力、个人性格与爱好、勤奋程度等招聘者不易获得的私人信息。招聘者总想找到最好的雇员，但他们拥有的信息比求职者少。同样，用人的招聘者也有一些私人信息是求职者所不了解的。求职者想找到好的工作，但他们拥有的信息也比招聘者少。招聘者的信息少无法雇到好员工，求职者信息少找不到好工作。这就是双方信息不对称引起的就业困难。

在实际运用中，往往是求职者提供的是详细的个人资料，而招聘单位却对自己的具体情况却透露得很少。求职若渴的应聘个人因信息不全而难以做出自己的选择，这种情况有悖于双向选择的劳动市场设计本意。

那么，在信息不对称的劳动市场的求职博弈中，采取什么策略更有利于成功呢？例如，孙悟空能力非常强，他要去公司企业谋职，那么他要怎么去做呢？其实，不管自己能力多强，面对不对称的求职竞争博弈，求职者要努力向招聘者发出自己的信号，让招聘者通过这些信号相信自己是值得雇用的好员工。

于是，孙悟空进行了充分的信息准备，前去面试。不过，在求职的过程中，孙悟空有可能头脑发热，而破坏了面试的效果，所以他保持冷静。这类面试与职位面试有所不同，求职者的任务不是用自己的证书来打动对方，而是多倾听，以便尽可能多地获取公司企业的信息。在安排信息面试前，孙悟空早就考虑好了即将见面的面试者可能提问的问题，例如对某一行业或者公司的看法，对商业创意的反应，等等。而且还列出了自己想问的问题的清单，确定自己想了解些什么，这无疑有助于自己对这些问题进行了解，笼统的问题和具体问题都要有，例如，是什么趋势在影响这个行业呢？面试的时候，要让对方用亲身事例来说明其观点。

在求职过程中，应聘者的诚实度很重要，因为精诚所至，金石为开。有一位外科护士参加一次腹部手术的手术队面试，负责清点所用的医疗器具和材料，手术就要结束时，这位护士对外科医生说：“你只取出了11个棉球，而刚才我们用了12个，我们得找出余下的一个。”医生说：“我已经把棉球取出来了，现在我们来把切口缝合。”但那位新护士仍然反对：“医生，你不能那样做，请为病人着想。”医生微笑着把脚提起来，让护士看地上那第十二个棉球，对她说：“你是个好护士，如果你确信自已没错，要坚持到底。”

孙悟空乃石头变的，从来不乱说瞎话骗人。他非常清楚，如果一个人靠简历中对自己虚假不实的吹嘘来传递信息，最终只会让自己失去工作机会。因此，传递的信息一定要真实。不要把招聘者想象得太傻，那些招人的人力资源部总监都是久经人才市场的老将，炼就了一副火眼金睛，虚假的信息，一旦被他们看穿，下面就没戏唱了。所以，宁可找不到工作，也不能用虚假的信息骗人，因为欺骗只能是一时之功。抱着这个信念，最终会有一份适于自己的工作。

当然，传递信息不仅有简历和面试，还有应聘者的每一个细节，得体的打扮与举止，与招聘者的约会要守时，甚至说话的声音大小，看人的眼神等，都是很重要的，因为细节影响成败。求职者与招聘者交往的整个过程都在传递信息。有的人就是因不拘小节而失去了机会。一定要注意传递信息的技巧。当然，不能刻意去追求什么，过于做作就会显得虚假。经过多少年的修炼，孙悟空的举止已经相当稳重得体，气质也堪称非凡。

有时候，别出心裁的与众不同做法也会有特殊的效果。现在学生也学会了“包装”自己的方法。例如，去考各种证书（英语四、六级、剑桥商务英语、注册会计师、驾驶证等）来向招聘者显示自己的能力，编写并印刷精美详尽的个人资料，当然是只讲过五关斩六将，不讲走麦城。用斯宾塞的理论说，“包装”自己就是向招聘者“发信号”，传递自己的信息。这些方法有用吗？如果人人都有各种证，人人都把自己说得像鲜花那么美，或者谁都把自己整容为倾城倾国的美女，这些信号就失效了。

因此，如何通过有效的信号使招聘者了解并信任自己就是一门学问。在求职竞争中，要使自己脱颖而出受到招聘者的青睐，关键也要打出自己的特色牌，亮出自己的核心竞争力。也就是说，求职者不能拿那些人人都有的东西去吸引招聘者，而要让招聘者知道自己的特长。这就要根据职业要求向招聘者传递自己适于这种工作的特点。例如，去应聘销售主管，就要在面试中显示出自己的亲和力与出色的口才，在简历中讲清楚自己成功推销活动的案例。这就是说，求职者向招聘者传递的信息要有特色，而不能一般化，这是推销自己的关键。

一般来说，一份封面设计别出心裁的求职材料，和千篇一律的白纸黑字的材料相比，肯定会特别地引人注目；介绍自己情况的文字，如果能分清主次，针对用人单位的求才实际，重点突出自己的特长，肯定比洋洋洒洒、面面俱到、眉毛胡子一把抓的更能抓住招聘者的心；不俗的仪态、气质，也会在人群中引人注目，为了做到与众不同，就应在以上几个环节多动脑筋，恰当地表现自己外在的和内在的特点和优势。

不知己不知彼，或者知己不知彼，每战必殆；知己知彼，百战不殆。说了这么多，其实在那天，孙悟空与招聘者都是很讲效率的，20分钟即面试结束，孙悟空顺利通过面试，对方准备录用他了，那就让他去做个好员工吧。

群体博弈：公共知识，悲剧结局

有一个偏僻的山村，居住着100对夫妇。在这里，女人掌权，女人对一切事务说了算，颇似“母系氏族”社会。

这个山村约定俗成了一个“习惯法”：倘若女人发现自己的丈夫对自己不忠的话，就会毫不犹豫地将他杀死，而且就在当天立即执行。当然了，女人必须拿出自己的丈夫对自己不忠的确切的证据来。这样就出现了一种情况，即当有个女人发现有个男人对妻子不忠，她却不会将情况告诉那个不忠男人的妻子。可是，她会告诉其他人的妻子，并且女人们会相互传递这个信息。结果，到了最后，一个男人不忠于妻子，除了其妻子不知道实情外，其他女人都心知肚明了。

但实际上，山村里的100对夫妇的男人都不忠于妻子，可因为女人们不会将自己知道的实际情况告诉不忠男人的妻子，所以每个女人都不知道自己的男人不忠于自己。因此，这个山村的秩序一直比较稳定，没有发生一起妻子处决丈夫的事情。

不过，山村里有位德高望重的孤寡老太太。每位村民都向她汇报山村里的情况，这使得她对山村里的情况了如指掌。当然，她知道山村里每个男人都不忠于自己的女人，而其他女人却都不知道她所知道的。

然而，有一天，老太太对山村的100个妻子说了一句听起来很平常的话："在你们的丈夫当中，至少有一个是对妻子不忠的。"当时在场的女人们彼此面面相觑，都默不作声。接着，山村里发生了这样一个事情：前99天，风平浪静，相安无事；可是到了第100天，山村里发生了一场惨烈的大屠杀，100个妻子都杀死了她们的丈夫。

妻子们的策略选择是：如果她的丈夫不忠的话，她就杀死他；如果没有证据证明她的丈夫不忠的话，她便相信他，不杀死他。

在老太太作了宣布之后的第一天，如果山村里只有一个男人是不忠的话，这个男人的妻子在老太太宣布之后就应该知道事实。因为，她会作这样一番推理：如果其他男人不忠的话，她应当事先知道，既然不知道并且至少有一个男人不忠，那么这个不忠的男人肯定就是她的丈夫。因此，山村里如果只有一个男人不忠的话，老太太宣布之后，当天这个男人就会被杀死。

倘若山村里有两个男人不忠，那么，这两个男人的妻子第一天都不会怀疑到自己的丈夫，因为她知道另外一个女人的丈夫对妻子不忠。但是，当第一天过去之后，她没有发现那个不忠诚的男人被杀死，那么她会想，肯定有两个男人是不忠的，否则她知道的那个不忠的男人会被他的妻子当天杀死的。既然有两个男人不忠，但这两个不忠的男人的妻子想，她只知道一个，那么另一个不忠的男人肯定是她的丈夫！

实际上，这个山村里的100个男人都不忠于妻子，这样的话，妻子们的推理将继续到99天，也就是说，前99天每个女人都没怀疑到自己的丈夫，而当第100天的时候，每个女人都确定地推断出自己的丈夫不忠于自己。因此，山村里便发生了一场大屠杀悲剧：所有的男人都被他们的妻子杀死了。

在这个故事里，老太太宣布"至少有一个（男人）是对妻子不忠的"这样一个事实时，每个妻子其实都晓得这个事实，老太太对这个事实的宣布似乎并没有增加这些妻子的知识，即关于山村里男人不忠行为的知识。但是，老太太的宣布使得这个群体里的妻子的知识结构发生了变化，本来"至少有一个（男人）是对妻子不忠的"对每个妻子都是知识，却不是公共知识，而老太太的宣布使得这个事实立即成为公共知识。

何谓公共知识呢？公共知识指的是在博弈中，每个局中人不仅知道某个知识，而且知道其他人知道这个知识，其他人也知道其他人知道这个知识……这其实是一个无穷延伸的知道过程。博弈所依据的信息往往属于公共知识。

在上述故事里，老太太未宣布之前，对山村里的女人来说，"至少有一个（男人）是对妻子不忠的"不是一个公共知识。假定共有3个女人香草、腊梅、丁香，那么在老太太尚未宣布之前，香草想：由于自己不知道自己的丈夫不忠，其他两个女人腊梅、丁香也同样不知道，那么香草想腊梅不知道丁香是否知道"至少有一个（男人）是对妻子不忠的"。可是，当老太太说了"至少有一个（男人）是对妻子不忠的"之后，"至少有一个（男人）是对妻子不忠的"就成为香草、腊梅、丁香的公共知识。而在这个有100对夫妇的山村里，老太太的宣布使得"至少有一个（男人）是对妻子不忠的"成了公共知识。于是，推理与行动便开始了，妻子们博弈了99天，最后都按照村里的"习惯法"对自己的丈夫下了手。

公共知识对博弈参与者的策略选择具有重要影响，比如我们每天做出的很多决定，其实都是根据"常识"这样的公共知识做出的。有远见的商人在开发新的消费市场前，都喜欢大肆宣传某种所谓时尚新颖的消费理念，其目的就在于使这种新的消费理念成为一种公众常识，而这种公共知识一旦形成，商人其实就开始大把大把地收钱了。

灾疫恐慌：为信息不实买单

在社会博弈中，信息的重要性是显而易见的。信息是一切决策的基础，小到个人消费，大到国际关系，信息都是绝对不可缺少的资源，人们经常不惜为获取信息付出代价。信息也是建立和发挥影响的工具，无论自觉还是不自觉，人们都在通过信息的输出影响他人。从信息系统的角度看，人的所有决策都涉及信息的输入、处理和输出。时间不同，地点不同，信息的作用也不同，在环境变化比较迅速或者不确定程度比较高的情况下，对信息的需求也比较强烈，因为人们急于获取尽可能真实完整的信息以把握环境，进而摆脱恐慌，并做出正确的策略选择。

2003年春季，SARS的突如其来使得人们对相关信息的需求急剧高涨。但关于SARS的信息不断散播，开始了一个涉及民众、官方、媒体和专家的信息博弈。在SARS时期的信息博弈中，民众、官方、媒体和专家的信息行为是相互影响又是相互依赖的，民众的决策取决于官方、媒体和专家的决策，官方的决策也取决于民众、媒体和专家的决策，如此等等。民众、官方、媒体和专家构成了SARS时期信息博弈的参与者，这里只讨论其中最重要的两个参与者即民众与官方的信息博弈情况，限于对信息策略选择进行分析，即输入什么信息、怎样处理信息和输出什么信息。

要说明的是，这个博弈是发生在SARS时期的博弈，克服恐慌心理、采取正确行动是这一时期博弈双方决策的主要动机；同时，这又是发生在信息时代的博弈，无论官方或者民众，获取、处理和发布信息的渠道和方式都是多元、快捷和有效的；而且，这还是不完全信息博弈，而且信息是不对称的，从总体上，官方掌握的信息大大超过民众；而从博弈的演进来看，这又属于是动态博弈，官方和民众已经并正在进行一系列博弈。

作为博弈参与者的官方与民众都有一些策略可供选择，选择的原则当然是怎样使自己的利益最大化。官方的策略有：发布信息、不发布信息，如果选择发布信息的策略，又可以在发布真实信息和发布不实信息之间进行策略选择。民众的策略有：接受官方信息、不接受官方信息，如果接受官方信息，又可以在相信官方信息和不信官方信息之间选择策略。

官民信息博弈		民众	
		相信官方信息	不信官方信息
官方	发布真实信息	**1，2**	1，−1
	发布不实信息	−1，1	**−2，−1**

民众的策略选择很容易理解，当判断官方信息为真的时候，“相信官方信息”是最优策略，因为真实的官方信息可以避免民众额外的信息搜寻成本；否则，当判断官方信息为假的时候，“不信官方信息”就是最优策略，因为虽然这样会迫使民众付出额外的信息获取成本，但这是为了获取真实信息的不得已措施。官方的策略选择同样有其合理性，当官方考虑到发布真实信息可能引发民众恐慌，进而损及官方自身或者社会利益的时候，官方可能采取“发布不实信息”的策略，当民众缺乏其他信息渠道，因而无法鉴别官方信息真伪的时候，官方尤其会采取这种策略。官方和民众的信息决策是互动的和相互依赖的，当官方“发布真实信息”而且民众信任官方时，民众会“相信官方信息”，否则就不会相信；当民众选择“不信官方信息”时，官方就会调整其信息发布策略，通过避免“发布不实信息”来逐渐获得民众的信任与支持。

民众与官方在信息源的占有上存在很大的差异，这使得民众对官方信息比较依赖，这也构成了官方权力的一个重要基础。当整个社会信息工具不发达的时候，获取信息特别是大范围信息的代价非常高，民众除了“相信官方信息”以外很难有其他选择。然而，即使在这种情况下，“不信官方信息”的情况依然存在，尽管民众几乎不可能从总体上确认官方信息是否真实，但是民众个体的经验却完全可以证实官方信息的虚假，从而使得这一民众个体不再那么相信官方信息。随着这种情况不断增多、不断扩散，民众对官方的信任程度也随之不断降低。如今，信息技术的发展和信息时代的到来正在使这种问题加速，虽然民众对官方信息的证实依然比较困难，但对官方信息的证伪变得却越来越便利，因为借助各种现代信息传播手段与工具，民众的个体经验可以广泛而迅速地传播开来，不真实的官方信息可以被快速证伪，官方“发布不实信息”的策略越来越难以发挥影响。

在信息时代，官方“发布不实信息”很快就会导致民众“不信官方信息”，从而迫使官方“发布真实信息”，最终使得官方和民众在“发布真实信息”和“相信官方信息”上达到博弈平衡，进而“发布真实信息”和“相信官方信息”分别成为官方和民众的占优策略，这种情况下的平衡是该博弈的纳什平衡。从一方面看，如果官方“发布真实信息”，民众必然选择“相信官方信息”，因为这与“不信官方信息”从而自己寻找获取信息相比，明显是一个收益相同而成本更低的选择，即属于理性的策略；从另一方面看，如果民众“相信官方信息”，官方却选择“发布不实信息”，那么这种不真实的信息将被迅速证伪，甚至严重损害官方自身利益，可见，“发布真实信息”是官方的理性选择。需要指出的是，这里的分析是建立在民众信息渠道畅通的基础前提下的，而这些渠道既包括民众自身的现代通信工具，更包括日益发展的大众传媒。

换个角度来看，如果社会缺乏其他的信息提供者而使得官方成为事实上的社会信息的垄断者，那么，官方就能够在“发布真实信息”和“发布不实信息”之间进行选择，具体的选择或者取决于官方的利益判断，即两种决策中哪一种对官方有利，或者取决于官方的道德判断。正如竞争能够增进社会福利一样，信息提供者的增加和官方信息垄断的打破同样能够增进社会福利。事实上，每一个民众个体都是信息的提供者，只是由于信息技术和大众媒体的发展，这些信息提供者的作用范围和速度才得以充分发挥，从而真正成为可以证伪官方不真实信息、促使官方“发布真实信息”的力量。

SARS时期生动展现了官方在信息发布策略上的演进，即从最初的反应缓慢到后来的及时快捷，从最初的信息不真实到后来的信息真实，这既是官方作风和行为方式的变革，也体现了信息时代官方在信息发布上的理性选择。实践表明，2003年4月下旬以后官方实行的信息透明化策略是比较成功的，既逐渐平息了民众的恐慌心理，也阻止了各种流言蜚语，使民众的行为逐渐趋于理性，进而很快恢复了民众对官方的信任，并实现了官方和民众之间的良性互动合作与协调。

2005年夏季，中国四川出现了猪链球菌病例，地方政府的信息不畅导致了疫情一定程度的扩散，但上级政府采取了果断措施，政府的信息透明度比以前有很大提高，这使得猪链球菌病疫情逐步得到了控制。而此后不久，辽宁沈阳又突发皮肤炭疽疫情，由于信息发布及时，有关部门采取的相应对策得当，疫情很快就被控制住了。可见，在流行病爆发时，及时正确发布信息具有重大意义，有利于避免疫情泛滥成灾。

华容道博弈：信息的否定之否定

在《三国演义》中，曹操在赤壁大战中一败涂地，率残兵败将向许都方向逃窜。诸葛亮命关羽率兵在途中阻截曹军。当时，第一批拦截大军是赵云率领的，第二批拦截大军是张飞带队的，第三批才是关羽率部伏击。由于曹军兵多将广，前二批伏击军不能逮住曹操，只是抢劫一些军械马匹之类。

等到曹军冲过赵云、张飞两道关后，进入关羽的伏击地带。可是当时关羽与曹操相遇的地方有两条道，一条是华容道，除此外还有另一条道。诸葛亮令关羽伏兵于华容道，并且要求关羽在华容道上点燃树枝冒出烟雾引曹操到来。当时关羽不解，问诸葛亮：“如果在伏兵之处点火，岂不令曹兵看见而改走另一条道逃脱了吗？”诸葛亮叫关羽不要再问，只要如此照办就可以了。

当曹操冲破赵云、张飞的阻截后，来到华容道前，看见华容道上静悄悄的，但有烟火萦绕。曹操大笑道：“诸葛亮以为我会上他的当，故意叫人在华容道上点火让我走另一条道，而他却伏兵于这条道上好逮住我呢，我偏不上他的当！”于是，曹操命令军队径直向华容道上而去，结果与关羽大军撞个正着。

但是，曹操为什么进了诸葛亮的圈套呢？这是因为诸葛亮知道曹操是聪明人，而聪明人见华容道上有烟火会认为华容道上有伏兵，于是会避开华容道而走另一条路。如果诸葛亮令关羽在另一条路等着，曹操就被逮住了。可是，曹操不仅聪明，而且还聪明过人，面对战争博弈中可能的威胁，他也知道诸葛亮的如此盘算来诱他上钩，他偏不上当，算定点火的华容道上无人，诸葛亮的队伍在另一条道上呢，于是选择走华容道。

可是按照《三国演义》作者罗贯中的逻辑，诸葛亮总是比曹操计高一筹。按照博弈论的术语来说，就是诸葛亮的理性程度要比曹操高上一阶。诸葛亮也知道曹操知道自己的算计，于是让关羽就在点火的华容道上等待着曹操。估计“华容道”这个故事是罗贯中的杜撰，因为在《三国志》中并没有相应的记载。在这里，罗贯中假设了曹操在智力上比诸葛亮差一些，因而才会有华容道上被关羽抓住，要不是关羽旧情难忘，恐怕曹操就死无葬身之地了，那三国演义也就讲不下去了。

然而，如果不假定曹操比诸葛亮要弱智一些，而是相反假定曹操与诸葛亮一样聪明，那么，曹操就会知道关羽在华容道上等着他。这个时候，曹操就会避开华容道而走另外一条路。可是，事情还没有完结，因为如果诸葛亮知道曹操明白自己的圈套，那么诸葛亮也会变换策略，如此循环往复，结果是曹操与诸葛亮进行混合策略博弈，曹操随机地以1/2的概率选择走华容道或者另外一条路，诸葛亮也以1/2的概率令关羽守华容道或者另外一条路。

那么，或许《三国演义》中的这一段应该修改一下：……只见诸葛亮抛出一枚硬币，决定关羽是守华容道呢还是另外一条路；而曹操也抛起一枚硬币，决定是走华容道还是走另外一条路。这样平均起来计算，曹操有1/2的概率逃脱，而关羽也只有1/2的概率抓住曹操。倘若关羽在华容道上抓住了曹操，那不过是偶然事件而已，并不是因为诸葛亮比曹操计高一筹。

第五章

效用——付出与收益

“天下熙熙，皆为利来；天下攘攘，皆为利往。”这句话没有说错，理智的人所做的一切事情，几乎都是与利益有关。当然了，利益的含义很广，不仅包括物质利益，还包括精神利益；不仅包括个人利益，还包括群体利益；不仅包括当前利益，还包括长远利益。人们在社会博弈中，在做策略选择时，无不考虑付出与收益的比率，也就是都要考虑效用或效益问题，恐怕没有人愿意去做费力不讨好的事情。

猜硬币游戏：理性人的平局

猜硬币游戏的规则非常简单：两个人猜硬币的正反面赌输赢，其中一个人用手盖住一枚硬币，另一个人猜是正面朝上还是反面朝上，猜对就赢取1元钱，猜错则输掉1元钱。

在这个游戏中，要赢对方就要设法猜出对方将要出什么，而不被对方猜出自己将要出什么。具体说来，猜币方如果预先知道盖币方将出什么，那么他就可以猜对；同理，如果盖币方预先猜出猜币方将猜什么，他可以出相反的面赢对方，所以谁能猜中对方谁就可以赢。反过来，如果不想让对方赢，就要想办法不要让对方猜中自己将出什么。因此，在这个博弈中有攻守两套策略：猜对方要出什么是攻，避免被对方猜出来是守。

博弈的竞局可以分为三类：其一，存在某种策略使一方肯定赢；其二，存在某种策略使得某一方可以肯定不输；其三，既不存在使一方肯定胜的策略，也不存在使一方肯定不输的策略。

在博弈反复多次进行时，参与者要想猜出对方将要出什么就要尽量捕捉到对方选择的规律性，如果存在这种规律，就可以利用规律猜出对方；从不让对方猜中的角度考虑，就必须避免自己的选择存在规律，否则一旦自己的选择带有某种规律被对方发现，那么对方就可以根据这种规律判断出你的选择，从而采取相应对策赢取游戏的胜利。

从防守的角度看，这个博弈可以有简单的方法让对方猜不出自己的策略选择，也就是随机选择出正面和反面，同时正反两面出现的概率应该相同。因为，如果盖硬币方虽然是随机选择出正面和反面，可是如果总体上出正面多于出反面，那么猜的一方还是有机可乘。也就是说，只要猜的一方也以正面多于反面的概率出，这样时间长了，次数多了，就会赢多输少。相应地，猜币方猜测硬币的正反面也是同样的道理。可见，猜硬币游戏属于上述博弈竞局的第二类，也就是存在不输的方法。

如果博弈的参与者有任何一方采取了上述策略，其严密的防守让对方将得不到任何好处。无论对方采取什么策略，多次重复博弈的结果只能是近乎平局。但是，采取随机策略的代价是在不输的同时也完全放弃了赢的机会，即使对方以很明显的规律出，结果仍然是平局，一方虽然没有留下任何漏洞被对方利用，但同时也失去了从对方的漏洞中得到好处的机会。因此，由博弈规则所决定的猜硬币游戏存在一个特征，即博弈双方都可以单方面地采取行动把竞局结果固定在平局，对方再怎么努力也是没有用的。可见，这个博弈的平衡点就是当双方都以相等的概率随机出正反面的时候，得到一个平局的结果。

猜硬币游戏		猜硬币方	
		正面	反面
盖硬币方	正面	**-1,1**	1,-1
	反面	1,-1	**-1,1**

但是，如果一方离开了平衡策略，以一定规律或者不相等的概率出硬币，那么另一方就会发现这种规律，并利用规律赢得游戏。但其实对方觉察到一方的规律是需要时间的，况且即使在觉察到规律后，他仍然不能利用这个规律，比如在前10次中已经观察到对方出币的正反比例是6∶4，但并不能保证下面他仍然会以同样的比例继续出下去，因为不能排除对方其实是在以相同的概率随机出正反面，6∶4只是一段时间内的统计偏差，同样也不能排除对方是在故意露出破绽诱使人上钩受骗。当一方发现这个规律调整自己的出币比例时，对方已经反其道而行之了。问题的关键不在于能否从以前的出币中发现规律，而在于即使发现了规律也无法利用，因为没有任何硬道理约束对方必须怎样去出币。因而，按这样分析，对方的行为完全是不可预测的，就算已经有上千次检验证实对方确实有喜欢出正面的倾向，但仍然没有理由说对方会永远这样出下去，谁晓得对方会不会下一次起就调整策略呢？

双方都采取这种保守策略，那么博弈将永远维持在平局状态，必需有一方首先走出困局，按某种规律出币，诱使对方也走出困局，这时才能开始一场真正的斗智。其实先走出困局的一方只是打破了平衡，并没有什么损失，博弈仍然是平衡的。这时的局面是一方攻一方守，攻的一方其实是表面上的防守方，因为是他在努力发现对方出币的规律，而设规律的一方则在诱使对方走出困局来捕捉自己的规律，在捕捉自己规律的同时他的出币就也将有某种规律出现。

如果双方都是理性的人，而且也知道对方也是理性人，因而诱敌的一方明白，自己一旦呈现出某种规律就立刻被进攻方发现，进攻方也知道自己一旦走出堡垒也会被对方发现，则结果必然是诱敌方的规律一旦呈现就不再成立，因为如果继续下去则进攻的一方就会利用这一规律，反之，攻的一方发现对方呈现了规律也不能总是去利用，因为如果你发现规律就立刻利用规律，则对方也可利用你了。最终结果还是随机出币，虽然这时双方在主观上已经不是把自己当成抽签机器了，但记录其结果和随机出币应该是没有什么差别的，最多不是纯随机，而是几种模式随机切换，这种有结构的随机已经足以形成平衡局面了。

但是，如果博弈双方不都是理性人，比如是一个聪明人和一个弱智人，弱智人的出币中就可能存在某种偏好，聪明人就可以利用这一点赢得游戏。即使弱智人的出币中开始没有规律，聪明人也可以故意按规律出币诱使其上当，开始因其反应比较迟钝，但多出几次也能让其发现所谓规律。而弱智人一旦发现规律就可能习惯地按规律去出硬币，却意识不到自己已经陷于危险境地，此时聪明就可以赢得比赛。

但实际上，所谓聪明人的做法也是存在巨大风险的，并不理性。倘若所谓的弱智人是个看似愚痴实则很聪明的人，那么就可以将计就计了，等骗人者相信对方已经进入自己的圈套而要利用他时，他反过来利用骗人者的规律，自以为聪明的人反倒成了傻子。关键在于聪明人为了赢对方而自愿地强化自己出币中的规律，相当于自愿地降低自己的智力来迁就弱智人，因此，从出币的规律来看，他表现得像弱智人一样愚蠢并可能被人愚弄。这其实就是聪明人和理性人之间的差别，理性人相信对方也是理性人，因而其表现也是理性人的表现，聪明人确信对方是弱智人，因而自己的表现也是弱智的行为。

现实社会中的规律是一场愚弄与反愚弄的游戏中的规律，规律越明显成功机会就越多，规律的好坏决定于现实社会中愚蠢的一群人有多愚蠢，聪明人利用别人的规律赢得胜利，愚蠢人按照规律做事被别人利用。现实生活中，人们总是希望别人更笨一些，以便留给自己更多的机会，但要利用别人的错误必然意味着自己同时也要犯错误，或许利用别人错误的人正在表现得更笨。

石头、剪子、布：混合策略游戏

小朋友们经常玩的游戏“石头、剪子、布”其实也是一种博弈。但是，这个博弈有一种有趣的特征，即给定一方的任何选择，另一方都有制胜对方的战略，所以，给定一方任何一个战略，对方都有制胜这个战略的战略，因而这个战略不是最优的。任何“纯战略”都不是最优的，纯战略是“石头、剪子、布”中的任何一个。

但是，玩这个游戏总是以对方不易猜出的随机方式出招。实际上，可以通过数学证明，当双方都以每个战略按1/3的概率出招时，最终将达成一种双方都不愿改变这种概率分布的局面。这被称为“混合战略纳什平衡”，而这种以随机方式选择纯战略的博弈被称为“混合战略博弈”。

在现实社会中，我们发现偷税漏税的很多是中小企业，大企业会老老实实地交税。为什么呢？原来，税务部门不会对所有企业的交税情况每一次都去检查，因为这样做的成本太高，得不偿失。因此，税务部门总是随机地对企业的交税情况进行检查。企业也是随机地在交税与偷漏税之间进行选择。税收部门与企业间进行的是混合战略博弈。因为如果企业总是交税，税务部门就最好不检查；但给定不检查，企业就会偷漏税。所以，税务部门只有在随机地检查与不检查，企业随机地在偷漏税与交税之间选择，才会达成平衡。

大企业一旦偷税就数目巨大，因此税务部门在随机检查时放在大企业上的可能性就大一些；而给定税务部门检查大企业的可能性较大，大企业偷漏税的行为就较少，否则就容易被逮个正着。因此，偷漏税较多的常是一些中小企业，大企业纳税的积极性较高。

春秋战国时期，齐威王常与大将田忌赛马。规则是：每次赛3局，每一局齐威王与田忌各出一匹马比赛奔跑速度。每一局中的胜者赢败方1000斤铜。田忌有上、中、下3匹马，而齐威王也有上、中、下3匹马。每次比赛，第一局田忌出上马，齐威王也出上马；第二局田忌出中马，齐威王也出中马；第三局，田忌出下马，齐威王也出下马。齐威王的上马比田忌的上马好，齐威王的中马也比田忌的中马好，齐威王的下马还是比田忌的下马好。于是，每次比赛的结果都是田忌连输3局。

田忌的谋士孙膑了解了田忌的困境后，就打听到这样一个消息：尽管齐威王的上、中、下3匹马都要比田忌的对应上、中、下3匹马好，但碰巧的是田忌的上马可胜齐威王的中马，田忌的中马可胜齐威王的下马。于是，孙膑为田忌献计：下一次比赛中第一局时田忌出下马对齐威王的上马输一局，第二局田忌出上马对齐威王的中马，第三局田忌出中马对齐威王的下马，这样可连赢两局，最后净胜1000斤铜。田忌依计而行，果真赢回1000斤铜。

这个故事曾经被很多人当做博弈论的例子来演绎，但实际上这个故事与博弈论无关。博弈论会假定所有参与者都是理性的，不能假定一些参与者聪明而另一些参与者却是傻子。当田忌出下马时，齐威王最好的选择是出下马而不是上马。孙膑的计谋中假定齐威王是傻子，当田忌出下、上、中马时，他仍然按上、中、下马出，当然要输了。事实上，当田忌出下马时，齐威王应出下马，但齐威王出下马时，田忌不应出下马而是出中马，但此时齐威王又应出中马而不是下马了……这样，博弈不会有纯战略的平衡。

两人只能玩混合战略博弈，齐威王分别以1/6随机的概率选择出上、中、下马的任一排列，田忌也如此。由于齐威王存在绝对优势，他平均看来仍然会赢田忌1000斤铜。

选夫博弈：策略综合的算计

“爱情三十六就像一场游戏，我要自己掌握遥控器……”，这是一首叫做《爱情三十六计》的流行歌曲的歌词。爱情作为恋爱双方的一种互动行为，也存在一些博弈问题。

当我们在问题解决中遇到多种可能的选择时，必须要对其进行比较。进行这一比较的理论基础是策略选择过程的优化。策略选择过程优化的核心是在所有策略选择方案中，选取能够取得最大收益的方案。但对于最大限度地取得收益并最大限度地减小损失，不同的人对同一问题的收益的评估有所不同。例如，某公司每加班1小时补给10元钱的加班费，这样的待遇对穷困的人来说是可以接受的，但对于富有的人来说，10元钱的收入与1小时的工作相比较，就感觉很不相称。所以，一个更为基本的问题是要考察人们在策略选择情境下如何评估价值和代价，也就是要了解不同人怎样看待一个特定对象的功利。

“女王选夫”的故事反映了爱情博弈中策略选择的复杂性与优化措施。

从前，在一个叫做肯塔巴巴拉的遥远地方，这里女人掌控着大权。女王麦佳是个非常奢侈的人，虽然她已经拥有了多位丈夫，但心血来潮还要再新选一位。于是，她派人找来国内两个最出色能干的媒人，让每人分别物色一位候选者。而且，要对两位候选者在各种能力和品质方面进行测验，并按从－5到5的等级尺度给予评分。最后将他们各方面的评分加起来，如果谁的总分高，那么谁就入选。两个媒人很快就各自物色了一位候选者回来：一位叫沙尔，一位叫马力克。然后，对两位候选者的情况进行打分。

评价项目	候选者得分		单项上的优劣比较
	沙尔	马力克	
军事才能	2	1	前者优于后者
体格健美	2	2	前者等于后者
性的能力	5	−1	前者优于后者
谈话技能	−2	4	后者优于前者
智力水平	−4	3	后者优于前者
个性气质	4	3	前者优于后者
门第声望	3	1	前者优于后者
总分	**10**	**13**	

假设对两个候选者的打分是公平的，评分的标准也是一致的，而且7个方面具有同等的重要性，那么，女王究竟应该选谁呢？表中的分数已经反映出某位候选者在某方面的水准，而且把单项分数加起来求出总和，沙尔得10分，马力克得13分，这就得出了一个总的印象。看来，马力克入选当女王的新夫是顺理成章的事情。但是，这种评估总体印象的方法，即对单项评估简单相加的方法并没有充分利用所获得的信息。如果全方位来分析，就会发现在所有七个评估项目中，沙尔在四项上占优势，有一项与马力克势均力敌，仅两项劣于马克力。可见，如果选择在较多方面占优势的候选者，那么应当入选的就是沙尔而不是马力克了。

对于同样的候选者、同样的信息，由于选择策略的方法不同，选择的结果也就存在差异。那么，究竟哪种方法更好一些呢？这的确是个比较难回答的问题，因为这其实并没有固定的答案。有时评估总体印象是比较好些，但通过对单一方面进行评估再进行总评也许更精确些。不过，这样做起来却比较困难,因为明确给出分数其实是比较困难的事情。因此，有时全方位比较优劣是易于实现的可行之法，也就是说，对单一方面不用打分而是直接比较优劣，这样就容易做到。

当然，并不是说我们必须在这两种方法之间做出选择，毕竟他们各有不足之处。有时这样的方法比较刻板，而被评估者本身的特征比数字所能反映的更丰富多彩。尽管上述策略似乎有助于我们做出合理的完整的决策,但实际上不少微妙的地方却被忽视。或许，女王会这样想：看来这两个候选者都不错，而且各有千秋，为什么不让我和他们各自单独相处一天，以便直接地考察他们，再做出判断啊？这种直接体验的方法可算得上是第三种选择，或许在举棋不定时，这种方法也许称得上是上策。但直接体验其实也可能是最差的方法，因为在直接体验中，个别印象往往有举足轻重的作用，因而结果往往是一个复杂的涉及多方面因素的选择只因某一偶然细节的影响而出现错误判断。比如，某一位候选者由于身体不适而临场发挥失常，那么结果就会不同。

策略选择的方法看来有多种，也各有其利弊，因此在实际的选择时应该认真考虑具体情境以及决策的目的而采取相应的方法。当所涉及的因素颇多，可能的策略也有多种而且会导致不同的结果时，就不但要对有关因素进行评估，也要对策略本身进行评估，以使选择的最优化得以实现。

在女王选夫的过程中，为了衡量两位候选者的实力，为候选者的各项素质分别进行打分，而且打分相当公平，那么到底还能不能选出最好的一位呢？沙尔的总分比马力克的高，似乎选他是正确的；可是马力克也有优势，在七项素质中，他有四项超过了沙尔，有一项打成平手，只有两项落后，就综合实力来看，他更为合适。

那么，到底谁更合适啊？其实，问题的核心应该是哪种策略更合适。一种办法就是女王亲自体验一下，根据自己的感觉决定。但是这个办法也有风险，有些人就是中看不中用，刚一接触使人如沐春风，但时间久了就可能觉得面目可憎。还有一个办法就是看女王究竟最看重哪方面的素质，如果女王只希望那个丈夫生龙活虎，那么恐怕智慧之类就不再重要。

看来，比较合理的方法可能是将各种策略综合起来，比如先画定一个及格线，在这个及格线上选择某种素质最突出者；或者选择总分高，同时某种素质也不太差者。这样结果虽然不一定最好，但应该比较不错。可见，在博弈中，策略选择的核心并不在于结果的最优，而是策略选择过程的最优化。

股海运筹：不完全信息的算计

股市是典型的不完全信息博弈，其有两方面的不确定因素：

一方面，股市外部环境状态的不确定因素。诸如商品市场的状况、上市公司经营管理状况、市场监管部门的监管政策、国家的经济政策等，这些因素是一种博弈外部的力量，强有力地影响着博弈的发展。不论是庄家或者是散户对这些因素的影响，都只能是消化和利用，而基本没有能力扭转。广大股民对国家将要出台什么新的政策，公司的经营状况将会发生什么变化等情况一般是很难预测的。每个股民的个人生活中的一些问题也在影响着股市操作，并可能影响到股票走势。例如，有的人因为家中有事情急需一笔钱，迫不得已卖掉股票；有的人由于情场失意，为了报复，意气用事收购了情敌的公司，结果造成了股价暴涨的局面；还有某位操盘手为庆祝自己女儿的生日，竟然把股票打成涨停板的无厘头事情。

另一方面，股市内部的不确定因素。每个股民之间对操作状态缺乏信息，也就是对博弈状态缺乏信息。而通过行情报价，股民只能看到股价的涨涨跌跌信息，却不能知晓这股价涨跌背后到底是谁在推动，众多股民的行为都隐在背后，可见，股市博弈内部的信息很不对称。股市由众多的投资人构成，实在没有办法知道每个人都在怎样操作。况且，即便获取了某些信息也不能直接指导操作，因为没有办法直接计算这么多人投资人的策略行动对股市的影响，只能用统计的方法进行归纳分析，可统计方法本身存在随机误差，这种股市内部的不确定性是难以避免。

在不完全信息博弈中，如果各方在信息占有上是不对称的，则占有较多信息的一方在竞局中是占优的，因为他在分析计算时可以更明确。这就好比有人用魔术扑克和人打牌，他可以有办法看出对方手中有什么牌，自然是稳操胜券了。

在不完全信息博弈中最重要的是掌握信息，如果在掌握信息方面处于不利的地位，那么从总体上已经落败了，在分析水平相同的条件下，必输无疑；即便是分析水平较高，也不一定能赢。因此，占有信息是不完全信息博弈的第一大事，谁在信息方面落后了，那么谁就先输了一招。

完全信息博弈，由于博弈方能正确地了解博弈进行的当前状态，因此剩下的问题只是怎样通过计算找出最佳对策的问题；博弈状态不完全信息博弈在分析计算时多了一个层次，第一步参与者必须首先对博弈的当前状态进行判断，在此基础上才能进一步计算自己和对手的各种对策组合，寻找自己的最佳对策。这就好比下棋时必须先看清棋盘才能开始分析计算，而不完全信息博弈中，看清棋盘本身就是一件复杂的工作，有专门的技巧，要花时间和精力。

因此，不完全信息博弈的第一个问题是怎样对博弈的态势进行正确的判断，这包括两个方面。第一，怎样获取更多的信息，第二，怎样利用这些信息判断博弈态势。

信息的搜集与分析是相互关联的两个方面，搜集信息是基础，如果没有必要的信息就不能进行正确的判断；但有了信息并不等于能做出正确判断，因为信息对不会分析处理它的人来说除了带来干扰外没有其他任何意义。从获取信息到正确理解信息的意义还有相当遥远的距离，要想从纷繁的信息中提取出正确的信息，对局面做出正确的判断，需要有正确的分析处理方法，没有一定的分析能力而一味地追求搜集更多的隐秘信息是没有意义的。因此，掌握正确的分析判断方法是首先应该做到的，分析判断方法相当于工具，没有工具，原料再多也不会形成产品，只能造成积压和浪费。

另外，即使对有能力对信息做出正确分析，人们也不一定有精力一一进行分析，股市的复杂性超出了每个人分析处理能力的极限，面对汹涌而来的市场信息，每个人都难免感到分析能力的不足。信息对没有精力处理它的人来说也是没有意义的，因此，用必要的工具分担人的一部分工作，帮助人进行信息处理，也是大量搜集信息的前提条件。人工分析信息相当于原始的手工作业，而采用计算机辅助分析相当于自动化生产，面对大量有待分析的信息，靠手工作业是处理不过来的，分析工具的使用对投资人来说是处理大量信息，把握股市脉搏的前提。

只有看清棋盘才能开始计算各种策略组合的利弊，决定对自己有利的一招。因此，分析信息了解情况和决策计算是两个不同的过程。了解情况又是决策计算的基础，如果对博弈进程缺乏足够的了解，则深入的决策计算将无法进行，只能做非常粗略的估计，算的很深很远没有意义。因此，在不完全信息博弈中，首要矛盾往往不是决策计算问题，而是怎样了解当前各方状态的问题。了解了各方的状态才谈得上进一步分析各种可能的策略组合，决定最佳的一招。

那么，怎样了解各博弈方的状态呢？除了直接偷看刺探等手段外，依据正常渠道的信息分析其他各方状态的基本思路有：直接进行计算；依据各方行动分析推断；进行试探和发出信号。依据过去博弈进行的情况直接计算，可以得到一些现在各方状态的信息。比如，在打扑克牌时，如果记得过去都出过什么牌，就可以知道现在每门花色每个牌点还各有哪几张牌，由此可以知道自己手中的牌力，决定该如何做；再如知道某人上一轮已经没有某一门牌了，则也可帮助决定现在该打哪张牌。这种计算是在利用游戏规则所提供的计算依据，结论是必然性的。依据某人的操作可以从另一个角度推断他的状态。比如在打麻将时，某人打出一张六万，则可以据此推断，他手中没有另一张六万，也不会有四万和五万，或者五万和七万，或者七万和八万，因为那样他就得破牌了。麻将高手都是很善于从牌面上推断这类信息的，麻将牌艺的高低也主要体现在这种分析水平上。这类分析所得的结论虽不是必然的，但也很有价值。

最能体现不完全信息博弈特点的是博弈中的试探和发信号现象。这在完全信息博弈中是不存在的。在不完全信息的情况下，博弈方常常处于一种无从决策的状态，因为对方可能处于任何状态，使得自己无法计算出哪一招是最好的。在军事上，有时在正式进攻之前，常常要做试探性的进攻，借以侦察敌方阵地的对手情况，为正式进攻做准备。在牌类游戏中，有时也有为了试探别家牌力而打牌的情况。

在多方博弈中，为了沟通信息，博弈方之间可能形成一些信号，这类操作从直接的得益计算角度是不能理解的，只有了解了信号的规则才能看懂。比如，在桥牌中的叫牌，本来这是决定打牌的目标位和由谁来打的一步，但实际上叫牌更重要的作用在于沟通信息，桥牌中的叫牌体系就是利用叫牌交流信息的方法。

狼性社会：人与人争斗中的算计

我们没有必要为“人性善”还是“人性恶”争得面红耳赤，其实，无论人性善恶，趋利避害都是人的本性。

17世纪中叶，在英国资产阶级革命初期，出现了一位惊世骇俗的大师级人物，就是托马斯·霍布斯（ThomasHobbes，1588 ~1679）。他出生于一个贫困的牧师家庭，早年母亲病死，父亲犯罪离家出走，他们兄妹四人由其伯父抚养，后来靠社会救济得以读书。霍布斯天资聪颖，15岁就进入牛津大学学习，毕业后留校任教。

霍布斯认为，趋利避害是人的本性。在自然状态下，每个人都希望自己的欲望得到满足，但人在体力、智力、生理、教育和经验上是有差别的，因此每个人的欲望不可能一样，不过这差别不会大到个别人得到充分满足，而另一些人得不到基本的生活条件。即使体力最差的人，假如他们联合起来也能杀死体力最强的人。这也就是说人是自然平等的，不仅在求得欲望满足上平等，而且都有能力使得欲望得以满足，差别只是体力和智力上的。

霍布斯从人的能力平等出发，推出人们达到目的希望的平等，人们的目的是“自我保存”。这种“自我保存”有时表现为实现自己的欢乐目的而彼此力图征服或者摧毁对手。这就导致了人与人之间为了自己的利益而互相争斗，如同狼与狼的关系。这种情况下，人与人相互是仇敌，经常处于战争状态，也就是一种囚徒困境的状态。

在自然状态下，竞争、猜疑和追求荣誉造成了人与人的争斗，人类的情况非常可怜，没有农业、航海业和商业，没有文学艺术，人的生活孤独、贫困、卑污、残忍而短寿。

为了走出人类这种蒙昧野蛮的囚徒困境，人们逐渐地汇聚起来，订立社会契约，建立国家（霍布斯把国家比作“利维坦”，Leviathan，传说中的一种铜头铁臂、力大无穷的巨大海兽），运用国家权力结束人与人之间的战争状态，从而维护每个人的利益。

我们可以用博弈论来分析人类“自然状态”下的情况。

假设有蒙昧人与野蛮人两个博弈参与者，每个人的策略是战争与和平，和平状态下各自的收益为2。在不同的策略组合中，蒙昧人与野蛮人的收益自然不同。假如蒙昧人进攻野蛮人，而野蛮人保持和平，那么，蒙昧人不仅保持了自己的利益而且占有了野蛮人的部分利益，其收益为2+2=4；同样，假如野蛮人进攻蒙昧人，而蒙昧人保持和平，那么蒙昧人的利益被野蛮人占去了，此时蒙昧人的收益为0；假如每个人都不战争而保持和平，则每个人保持了自己的利益，各自为2；假如两者进行战争，那么，每个人或者要花时间和精力来保护自己的利益不被对手抢去，或者由于战争使得两方都受到损失，这时双方的总收益均下降，而两个人的实力是相当的，这时各自的利益变成了1。

自然状态博弈		野蛮人	
		战争	和平
蒙昧人	战争	1，1	4，0
	和平	0，4	**2，2**

可见，这个博弈有两个纳什平衡点（战争，战争）与（和平，和平），在“自然状态”下，人们陷入了囚徒困境而不能自拔，武力争斗成了生存之道，因此战争成为此时每个人的占优策略。但这并不是能使每个人都获得满意收益的策略，于是人们逐渐走向合作，缔结社会契约，建立政府，运用公共权力对战争行为进行惩罚，这样人与人之间都会选择和平的占优策略，不仅避免了损失，而且收益对每个人都有利。

时下，有些人对所谓狼的精神赞扬有加，但从博弈论角度看，其思考层次并不高，甚至是很狭隘、很自私的一种观念，还没有跳出人类“自然状态”下盲目争斗的困局。

试想，假如人人都成了狼，那谁又是羊呢？其实，每个人面对自己的利益都不含糊，谁也不会甘愿受宰割，弱者也可以联合起来进行反抗。人人皆狼无非又成了霍布斯所谓的“战争状态”，这只能是一种新的囚徒困境，到头来社会不和谐，世界不安宁。笔者认为，在现代社会，我们更应该懂得博弈策略，走出囚徒困境，运用智慧生存，创造和谐可持续发展的人类文明。

看客博弈：算来算去算自己

有人养了一大笼猴子，并宰猴待客。当客人光临时，他就会穿着白大褂领着客人挑选猴子。笼子里的猴子们摸出了规律，知道白大褂一出现，便会有一个同伴将一去不复返，于是猴子们非常紧张，都拼命地往后躲。当客人选中一只猴子时，其他猴子就使劲把它往外推，被推出去的猴子，明显感觉自己死到临头，因此完全不做任何反抗，一动不动地任人宰割。其余的猴子在一旁幸灾乐祸地眼看着这只猴子被杀掉。这样一幕场景不断重复上演，最终猴子全部被宰杀净尽了。

其实，假如这群猴子群起而攻之，就很有可能会逃掉。但是，每只猴子并不知道其他的猴子是否会和它一起反抗，它怕自己的反抗会引起主人的注意而被主人选中宰杀掉。这样，这群猴子在反抗与躲闪的策略选择中，都选择了躲闪，抓到谁算谁倒霉，都在苟且偷生，陷入了囚徒困境。猴子们都成了“看客”，殊不知今日的“看客”有可能就是明日的被宰者。这也正是旁观者的悲哀。

但猴子终归是猴子，我们人类做得又怎么样呢？其实，我们应该反躬自省。

在美国波士顿树立的“二战”犹太人蒙难纪念碑上，德国神父马丁留下了一段发人深省的铭文，其表达的要旨恰似上面的“待宰猴悲剧”：

起初他们追杀共产主义者，我不是共产主义者，我不说话；

接着他们追杀犹太人，我不是犹太人，我不说话；

后来他们追杀工会成员，我不是工会成员，我不说话；

此后他们追杀天主教徒，我是新教教徒，我不说话；

最后他们奔我而来，再也没有人站起来为我说话了。

袖手旁观与多管闲事

光天化日之下，朗朗乾坤之中，小贼在公共场所明目张胆地行窃时，旁观者都看到了，却都不敢吭声。没有被偷的人想，反正被偷的人不是自己，何必多管闲事，又不会得到什么好处，反而可能受到伤害；而不多管闲事虽然没有收益，但也不受损失，那何必要多管闲事啊？很多人都存在这种心理，结果，小贼们更加肆无忌惮，在公共场所行窃屡屡得逞。

小贼们通常团伙作案，在偷东西时会发出这样的“信号”：倘若谁多管闲事，就对谁大打出手！旁观者想，小贼的威胁是可信的：因为假如个别旁观者多管闲事，而小贼不大打出手该旁观者的话，就会有更多的旁观者抓小贼，小贼将有可能被抓，那么，小贼必然对多管闲事的旁观者大打出手。旁观者的策略及可能的支付为：多管闲事，有可能被痛打致伤；不多管闲事，无所得也无所失。

对于旁观者而言，小贼的威胁是可信的，所以旁观者的最优策略是“不多管闲事”；而对于小贼来说，旁观者“不多管闲事”下的“不大打出手”策略是最优的选择。结果，经过这番博弈，小贼偷东西时旁观者不多管闲事，小贼不大打出手。

如此的群体不积极作为的结果会使社会风气恶化，偷窃行为猖獗而难以杜绝。对每个人来说，即使这一次被偷的不是你，但下次你被偷的概率增加了，谁也不知道什么时候轮到自己。长此以往，大家的处境越来越差。

看来，要使旁观者采取“多管闲事”策略，而非“不多管闲事”策略，应该加大采取“多管闲事”策略的收益，而减少“不多管闲事”的收益。当“多管闲事”策略下的收益大于“不多管闲事”策略下的收益时，旁观者就会采取“多管闲事”的策略。

从一定意义上说，加强社会良好道德风尚宣传，培养人们的道德情感可以解决上述囚徒困境问题。因为，增强人的道德观念其实就是加大“多管闲事”策略的收益，也就是当多管闲事之时，虽然有可能受伤，可道德荣誉感会使旁观者的心理感到满足，获得精神上的收益；而在小贼行窃时，旁观者假如不多管闲事，其道德感将使他为自己的行为感到羞愧。

那么，这样以来，博弈的过程就变化了：当小贼偷东西时，尽管旁观者认为小贼的威胁是可信的，但是假如旁观者是道德感强的人，那么博弈结局是旁观者多管闲事，小贼大打出手，从而小贼有可能被抓住。

从整个社会来看，假如每个人都有高尚的道德感，凡是偷窃者就会成为过街老鼠，整个社会将走出偷窃之风猖獗的困境。

看来，道德是消除集体消极不作为悲剧的好方剂。当然，道德的人并非不理性的人，理性的人是计算的人，是对得与失进行充分计算后采取行动的人。

非合作的博弈结局常常是可悲的。当然，我们知道道德是由群体实施的对非道德行为进行非强制性惩罚的规范，而法律则是对违法行为实施惩戒的核心规范。当道德规范不足以调整某些社会关系时，法律必然会派上用场。对那些勇于“多管闲事”的人，法律理应激励和褒奖。

见义不为与见义勇为

鲁迅先生在《药》里描绘了“看客”的丑态：领颈都伸得很长，仿佛许多鸭，被无形的手捏住了似的，向上提着。鲁迅先生将看客行为视为中国人的一大劣根性，并且因为受不了看着自己同胞被无辜杀害而欢呼的看客们的举动，毅然弃医从文。在鲁迅先生的笔下，始终贯穿着一个疗救看客的主题。然而，时至今日鲁迅先生的宿愿还没有真正得以实现，有些人依然出于狭隘的自我保全意识，见义却不为，甚至充当麻木的看客。

据《大河报》报道，2005 年 4 月 27 日夜，在河南宝丰县建筑公司附近，有一名歹徒将一名23岁的女青年摁倒在地，实施强奸，女青年大声呼救，但令人痛心的是，闻声而来的10多个人竟然没有一人出手制止。直到从此路过的林先生打电话报警，民警赶到现场后，暴行才被制止。

当时唯一打电话报警的林先生，非常气愤地说：“当时有十几名男女在围观，但竟无人出面制止，真不知道这些人的良心哪儿去了！”

看客常常同勇士联系在一起。面对歹徒正在行凶，旁观者面临重大博弈：当勇士见义勇为，做看客见义消极不为。这是一个类似“活着还是死去”的两难命题。勇士流血甚至牺牲的悲痛现实让我们也不能完全责备看客的冷漠，因为至少看客的生命也是需要保全的。而在没有一个完善的保障机制和公力救济制度之下，鲁莽的勇士和无谓的牺牲也是不合时宜的。

麻木的看客之所以麻木，是因为他们缺乏应有的社会责任感和道德良知，缺乏浩然正气的无畏精神。看客现象折射出了目前社会道德的缺失，也折射出人们精神道德领域的匮乏，更折射出对见义勇为者缺乏激励与奖励机制。

但是，现在见义勇为者没有良好的社会保障机制，很多英雄没有得到社会的应有关爱，甚至因为壮举而使自身陷入困难处境。有的英雄在用自己的鲜血和生命，换来了社会的安宁和他人的幸福，可最后却使自己落到“流血又流泪”的尴尬处境。见义勇为确实需要很大的勇气，因为它带来的后果是不可预知的。现实社会中英雄见义勇为而家破人亡的事情屡见不鲜。如果路见不平，拔刀相助，身负重伤后，却债台高筑，被人遗忘，这种情况下期待人们“道德高尚”，拿出足够勇气去见义勇为是很难实现的。

作为一个“理性人”，面对邪恶，会很自然地进行“道德”与“物质利益”的博弈。一方面，道德感驱使他见义勇为；另一方面他自然又会想：我会不会因此身体受残？一旦受残谁负责我的医药费？我的家人怎么办？这些都是很现实也很合理的想法。事实上，看客不能将道德的冲动转化为实际行动，原因也就是这些。给看客见义勇为的胆子，最好的方法应该就是为他们打消后顾之忧，替他们承担因见义勇为而带来的各种损失。

从法理学的角度讲，见义勇为者可以请求受益人给予补偿，但这里就会面临一个问题，那就是受益人的支付能力。让有钱人补偿救自己的见义勇为者可能相对容易，但对于经济贫困者就很难做到。那么，在这个时候，政府就应该担负起相应的责任，为见义勇为者承担做好事后的各种风险，给英雄以合理的物质补偿和精神褒奖。那些很想见义勇为的人，在消除了各种疑虑之后，面对危险也很可能“路见不平一声吼，该出手时就出手”。

拯救别人与拯救自己

有一天深夜，一位先生沿着一条昏暗的小路回家。经过一片丛林，他突然听到有人挣扎的喘息声，慌乱停下脚步，仔细地听。发现是两个人在扭打，间或夹杂着衣服撕裂声。他立刻明白：一个女人被袭击了！

他想，到底我该不该介入这个事件当中呢？

他一面担心着自己的安危，一面诅咒着为什么今天晚上要选这条小路回家。假如自己也成为另一个牺牲者怎么办啊？是不是该跑到附近的电话亭打电话给警察就算了呢？

那个决定的过程好像永无止境，但实际上花不了几秒钟，而且听的出来那个女孩的呼吸挣扎声越来越微弱了。他决定一定要有所行动。于是冒着生命的危险，立刻冲到丛林后面，将歹徒从那个女人身边拉开。随后他和歹徒扭打成一团，倒在地上滚来滚去。

最后，歹徒终于放弃，跳起来逃跑了。他气吁吁地爬起身来，那个蹲踞在黑暗之中的女孩仍然在啜泣和不停的发抖。

他跟女人保持了一段距离，慢慢地说：“好了，那个人已经走了，你现在安全了。”

一段很长的沉默，她开口了，带着不可思议的惊讶：“爸爸！是我啊！”

在这个故事当中，男主角冒着生命危险去援助一个受侵袭的不知名的弱女子，结果他救回的是他自己的女儿！

这个故事对那些见义不为的人具有深刻的教育意义。其实，拯救别人也是在拯救我们自己，助人为乐自己也快乐。在面对生死博弈之时，应该勇于挺身而出，有所作为。

过度开发与公共资源悲剧

发菜产于中国甘肃、陕西、青海、宁夏等干旱地区，是一种藻类植物，因其风干后外观酷似头发而得此名。发菜是极好的野生固沙植物，其本身并无多高的营养价值，但因为其名与“发财”谐音而身价陡增，常被作为送礼或者酒宴上的佳品。迫于生存压力或者受利益驱使，许多人违法采集发菜，结果给西部地区很脆弱的生态环境造成毁灭性破坏。

长期以来，特别是最近几年，由于受利益的驱动，每年都有许多人涌向西部地区滥挖滥采发菜，这加剧了草场的退化和沙化，破坏了生态环境。据了解，采1千克发菜，需要将5亩至10亩的草原用密集的钢丝铁耙搂一遍，而被铁耙搂过的土地恢复植被则需要两三年的时间。根据有关统计，1994年至1999年，内蒙古地区因搂发菜被破坏的草原面积达1.95亿亩，其中6000多万亩已经全部沙化。从1990年至1998年间，每年涌入内蒙古阿拉善左旗的采搂发菜人员就接近10万人次，破坏草原达3000万亩。

吃发菜就像吃掉草原的“头发”那样，甚至把草原吃成“地中海”或者“秃头”。事实上，西北草原荒漠化已对中国北方的城市造成极大的威胁，北方一些城市的“沙尘暴”已经非常严重；假如再继续恶化，中国北部将有大片土地不适宜居住，令人口压力更集中在东南沿海，这对整个中国的发展，对下一代中国人的生活环境都是有害无益的。应该看到，生态环境恶化的影响不仅是一时一地的，而是全球性及久远的。

早在2000年，国务院就下发了禁止采集和销售发菜的通知，内蒙古、宁夏、甘肃等地也都发出相应通告，公开的发菜市场已取缔。但由于利益的驱动，零星的地下发菜“黑市”依然存在，这就使得采搂发菜现象一直没有得到根本的遏制。

荒漠化造成严重的环境退化，使干旱、沙尘暴等自然灾害频繁发生；荒漠化造成土地生产力的严重衰退，制约了经济发展，加剧了地区贫困；荒漠化的加速扩展对非荒漠化地区构成了潜在威胁。目前，已有110多个国家、40%以上的陆地表面、10亿以上的人受到荒漠化的影响，每年遭受的损失达420亿美元。荒漠化不仅造成贫困，而且使一些人口被迫离开已荒漠化的故土，造成巨大的移民浪潮。联合国环境规划署指出，照此下去，地球将被卷入一场浩劫性的社会和经济灾难之中。

俗话说：靠山吃山，靠水吃水。但在一些地方，不是积极配置、合理利用资源，而是对资源实行掠夺式攫取，变成了“靠山卖山，靠水卖水”，这无异于饮鸩止渴。

湖北省宜恩县沙道镇野溪村的大片原始次森林被一纸合同卖给了长沙市泓原有限公司。协议书中明确规定：项目实施期内，木材采伐总量为30000立方米，分10年采伐完毕，1997年至2007年每年采伐3000立方米。这样一来，森林便遭到了灭顶之灾，大片的原始次森林被砍伐殆尽，个别地方几乎被剃成了“光头”。即使国家一级保护植物珙桐也在斧锯之下香消玉殒。村民的确在砍树中赚到了一些钱，比过去富裕不少，但宝贵的森林资源却难以再生。

有些贫困地区的人们急功近利，对资源进行掠夺性采伐。尽管获得了暂时的富裕，但是这样竭泽而渔的做法，很难使富裕持续长久。安徽省大别山区的金寨县，是国家级贫困县。近年来，花菇、灵芝等食用菌栽培发展迅速，成为当地农民脱贫的支柱产业。可是，农民的脱贫却是以资源的掠夺性采伐为代价的。1999年，该县共种灵芝2400万棒，消耗木材2.4万立方米，有群众说，照这样下去，用不了两年，山上的树木就被砍光了。

为了眼前的利益，有些地区上了不少破坏性很强的项目，政府收到了税收，但破坏的却是资源。在某些地区，小化工厂、小造纸厂虽经多次整治，仍然有漏网之鱼，它们规模不大，但破坏性极强。这些小工厂日复一日地向下游排放废水，不仅造成下游大面积土地不能耕种，就连附近农民的饮用水也不同程度地遭到了污染。尽管国家三申五令要求关闭这些污染企业，尽管群众多次上访要求关闭这些企业，但是个别的当地政府却为这些污染企业撑起保护伞，其原因就是这些企业效益好，能创收。他们眼睛看到的是金钱，却看不到严重的污染问题或者视而不见。

掠夺性地利用资源，以达到暂时的富裕目标，这是一种只顾眼前蝇头小利，不顾长远大计的行为，后果非常严重。掠夺性地利用资源，必然给生态环境带来极大的破坏，近年来气候的反常、自然灾害的增多，与生态环境的恶化有着密切的关系。这是大自然对人类的报复，是敲响保持生态平衡的警钟。根据可持续发展战略，我们对自然资源应该实行有计划的、合理的配置和开发，形成一个长远的规划。

倘若无节制地开发，肆意攫取资源，虽然眼下兜里有钱了，日子也过得富裕了，但过了10年或者20年后，这些可利用资源就会被我们消耗殆尽。现在过度进行开发实际上就是将明天的钱拿到今天来用，是一种人为的“透支”。宝贵的自然资源是大自然的恩赐，但这恩赐决不是给我们这一代人的，是给我们和我们的子孙后代的，在开发利用资源时，不仅要考虑到眼前利益，更要考虑到长远利益，更要为子孙后代着想一下。

无限制的个人选择是社会灾难

加利福尼亚生物学家加勒特·哈丁（GarrettHarding）在颇具影响的一篇文章《公共资源悲剧》中提出：不加限制的个人选择可能给社会带来灾难。

在18世纪以前，英国苏格兰地区有大量的草地，其产权没有界定，属公共资源，大家都可以自由地在那里放牧。草地属于“可再生资源”，假如限制放牧的数量，没有被牛羊吃掉的剩余草皮还会重新长出大面积草场，但假如不限制放牧规模，过多的牛羊将草吃得一光二净，则今后不会再有新草生长出来，草场就会消失。

由于草地的产权没有界定，政府也没有对放牧做出规模限制，每家牧民都会如此盘算：假如其他牧民不约束自己的放牧规模，让自己的牛羊过多地到草地上吃草，那么，我自己一家约束自己的放牧规模对保护草场的贡献是微乎其微的，不会使草场免于破坏；相反，我也加入过度放牧的行列，至少在草场消失之前还会获得一部分短期的收益。

假如其他牧民约束放牧规模，单独一家人过度放牧不会破坏的牧场，从而获得了高额的收益。因此，任何一位牧民的结论都会是：无论其他牧民是否过度放牧，我选择“约束自己的放牧规模”都是劣势战略，从而被剔除。大家最终都会选择过度放牧，结果导致草地消失，生态破坏。

在人类历史上，由于对土地开垦的不当以及一些错误的发展决策所带来的荒漠化灾难不胜枚举。20世纪30年代，在美国、加拿大发生的黑风暴就是其中很有代表性的荒漠化灾难。1934年5月12日，在美国与加拿大的西部发生了震惊世界的特大沙尘暴。这次沙尘暴东西长2400千米，南北宽400千米，几乎横扫美国2/3的领土，从西海岸到东北海岸，刮起了约3亿吨表土。风暴所经之处，大量农田、水井、道路被淹没，小溪河流干涸，16万农民逃离西部地区。这一年美国农业损失惨重，仅冬小麦一项就减产51亿千克。

美国发生如此严重的黑风暴事件主要原因是美国对本是半干旱气候条件下的草原植被的破坏，他们将大面积不宜作为农田的天然草原开垦为农田，种植小麦。由于没有很好的地面覆盖，为沙尘暴形成提供了条件，在一定气候条件下，造成了灾害。黑风暴范围之广，造成的损失之大，影响之远，是历史上罕见的。黑风暴过后，美国不得不专门制定了“农业复兴计划”，并在农业部下设土壤保护局等来处理后事。

美国政府曾经拨付了大量的资金补贴砍伐森林，而且这种政策实施了很长时间，招致舆论界的严厉批评；在西部开发初期，由于缺乏规划和指导，农民大量涌入，曾经对生态环境造成灾难性的破坏。前苏联政府实施了大量补贴重工业发展的政策，不仅导致经济的畸形发展，而且造成了严重的环境污染。从1954年开始，为了实施其雄心勃勃的开发中亚地区的规划，在土库曼卡拉库姆沙漠中修建卡拉库姆运河，全长1400千米，计划每年可从阿姆河调水到西部灌溉350万公顷的荒漠草场和100万公顷的新农垦区，并改善700万公顷草场的供水条件，使运河沿线地区成为土库曼斯坦一个以棉花为主的农业基地。但这样大规模地开发规划，不做科学论证和环境影响研究就动工了。结果，由于从阿姆河引水过多，并过量开采地下水，使阿姆河下游的水位急剧下降，湖面发生明显变化，咸海比原来的海岸线后退了10~20千米。咸海水面缩小以后，周围地区的地下水位也随之降低。水源减少的结果，使咸海周围地区形成干枯地带，在风力作用下，形成严重的黑风暴，荒漠化迅速发展；与此同时，由于湖水干涸，湖底盐碱裸露，“白风暴”（含有盐的风暴）接踵而来，导致了空前的生态灾难，这项宏伟计划不得不以失败而告终。

某些国际援助行动计划也产生过相类似的情况。例如，20世纪60年代非洲撒哈拉地区持续干旱，食物严重短缺，饿殍遍野。由联合国组织实施了解决人畜饮水的防沙治沙国际行动计划。在近20年的时间内，国际组织共资助6.25亿美元，钻出大量深水井。以这些水井为中心，建立固定的生活区，由游牧转为定居。虽然牲畜数量增加了，但畜产品产量降低了，绿色植被丧失了。结果，开发利用不到5年的时间，导致以水井为中心的沙化圈，生态环境急剧恶化了。因此，国际组织于1987年中止了该计划。

哈丁认为，公共资源的悲剧有许多解决办法。我们可以将之卖掉，使之成为私有财产；可以作为公共财产保留，但准许私人进入，这种准许可以按多种方式来进行。这些意见均合理，也均有可反驳之处，但是我们必须选择，否则我们就等于认同了公共地的毁灭，我们只能在国家公园里回忆它们。像公共草地、人口过度增长、武器竞赛这样的困境是没有技术的解决途径的，所谓技术解决途径，是指仅在自然科学中的技术的变化，而很少要求或者不要求人类价值或者道德观念的转变。

笔者认为对公共资源悲剧的防止不外乎两种策略：一方面，从制度上建立中心化的权力机构，无论这种权力机构是公共的还是私人的——私人对公共地的拥有即处置便是在使用权力；另一方面，发挥道德的约束作用，道德约束与非中心化的奖惩联系在一起。在实际中也许可以避免这种悲剧。当悲剧尚未发生时，假如建立起来一套价值观或者一个中心化的权力机构，这种权力机构可以通过牧牛成本控制数量或者采取其他办法控制数量。

解决公共资源过度利用的主要出路在于政府制订相应的规章制度加强管理。例如，中国政府规定海洋捕鱼中，每年有一段时间的“休渔期”，这时禁止捕鱼，让小鱼苗安安静静地生长，大鱼好好地产卵，并对渔网的网眼大小做出规定，禁用过小网眼的渔网打鱼，保护幼鱼的生存。再如，在三峡库区，为了保护库区水体环境，坚决果断地关闭了许多泛滥成灾的小造纸厂等不符合环保要求的企业。

可见，现实社会中，自利条件下的非合作博弈，悲剧往往难免。纳什平衡对亚当·斯密的“看不见的手”的原理提出了严重挑战。亚当·斯密认为：每一个人都从利己的目的出发，而最终全社会达到利他的效果。而纳什平衡却证明：从利己的目的出发，结果却是损人不利己，他反映了个人理性和集体理性的矛盾。人们应该意识到这些，走出囚徒困境，尽量避免上述人类悲剧的发生。

修路博弈：大家的事情专人管

每个人都在专心自己的事情，谋取自己的利益，但是大家的事情即公共事务由谁管呢？

农村某地有一个只有两户人家的小居民点，这两家分别复姓东门与西门。由于道路情况不好，与外界的交通比较困难，非常需要有一条好路从居住地通往公路。设修一条路的成本为4，每个农家从修好的好路上获得的好处为3。假如两户居民共同出钱联合修路，并平均分摊修路成本，则每户居民获得的好处为（3 × 2 − 4）/2=1；当只有一户人家单独出钱修路时，修路的居民获得的收益为3 − 4= − 1，结果亏损了，而不出钱却仍然可以使用修好的路的另一户人家获得收益3 − 0=3。因为路是大家的，按照法律规定，相邻居住的人家应该互相提供通行的便利，绝对不允许像占路为王的地痞流氓那样：“此路是我开，此树是我栽，若要从此过，留下买路财！”

修路博弈		西门	
		修	不修
东门	修	**1，1**	−1，3
	不修	3，−1	**0，0**

对东门和西门两家居民来说，“修路”都是劣势战略，因而他们都不会出钱修路。这就应了英国历史学家、政治家麦考莱（ThomasMacaulay）的一句话：大家的事情反而无人管。而另一位英国学者沃尔顿（Walton，J.K.）也说：人人都管的事情实际上没有人管。

公共品和私人品的性质很不一样。私人品是私有私用，除了像他穿得整齐你看着也舒坦那样非常间接的效应以外，别人很难沾什么光。公共品则不一样，不管由谁提供出来，大家都可以享用。典型的如路灯，只要有人装了，路人都将得到好处，哪怕是没有丝毫贡献的人。那么，大家的事情由谁来管呢？其实，这就是政府的主要职能之一。

在修路博弈中，为了解决这条好路的建设问题，需要政府强制性地分别向每家征税2个单位，然后投入4个单位资金修好这条路，这样就对大家都有好处，同时，可以使两户居民的生活水平都得到改善。这也就是为什么大多数公路、桥梁等公共设施都是由政府出资修建的原因，而私人一般没有积极性出资修建公共设施。相同的道理，教育国防、社会保障、环境卫生等都由政府承担资金投入，当然了，“羊毛出在羊身上”，税收是必不可少的，因此大家都要承担纳税的义务。

博弈中所牵涉的参与者都是“理性人”。理性人是自利的，但是并不刻意害人。城市小区里面的不少居民在邻居关系上，类似于这种理性人的关系，这是城市化进程的一个副产品，逐渐形成了一个“陌生人”社会，人们每天“向左走，向右走”，却时常形同陌路。倘若没有小区物业管理方面的制度安排，那么虽然每家都装修得很漂亮，可是楼道却杂乱无章且灯光阴暗，路灯坏了却往往长久没有人修理，这和修道路一样，大家都认为袖手旁观成了“严格优势策略平衡”的博弈平衡。这就是公共品供给的囚徒困境：假如大家都只从自己得益多少出发考虑问题，大家都只打自己的小算盘，结果就谁也不作为，陷入博弈困局，排除了合作共赢的前景。

因此，公共品问题一定要有人协调和管理，“大家的事情”要有专人进行协调管理。就一个国家来说，最重要的公共品是国防、教育、基础设施和其他政府部门。政府责无旁贷，要用好来自纳税人的钱，把文化教育、社会保障、基础设施和国防公安等事情做好。

价格大战：难有赢家的游戏

竞争对手互相算计，竞相采取打压对方、提升自己的策略，有时候可能也会陷入一种两败俱伤的境地。

中国彩电市场曾经频频爆发价格战。彩电价格“跳水”幅度之大，令人瞠目结舌。出售同类产品的商家之间原本可以通过共同将价格维持在高位而获利，但实际上却是相互杀价，结果都赚不到钱或者获利减少。

有些时候，当一些商家共谋将价格抬高，消费者其实并不用着急，因为商家联合维持高价的垄断行为一般不会持久，可以等待垄断的自身崩溃，价格自然就会掉下来。

例如，2000年中国几家生产彩电的大厂商合谋将彩电价格维持高位，他们搞了一个“彩电厂家价格自律联盟”，并在深圳举行了由多家彩电厂商首脑参加的“彩电厂商自律联盟高峰会议”。当时，国家有关部门还未出台相关的反垄断法律，对于这种在发达国家明显属于违法行为的所谓“自律联盟”，国家在法律上暂时还是无能为力的。寡头厂商在光天化日之下进行价格合谋，并且还通过媒体大肆炒作，这在市场经济发达国家是绝对不会允许的。

尽管政府当时无力制止这种事情，但消费者也不必担心彩电价格会上涨。这是因为，“彩电厂商自律联盟”不过是一种“囚徒困境”而已，把国内彩电厂商短期束缚住了，彩电价格不会上涨。果然，在高峰会议之后不到两周时间，国内彩电价格不是上涨而是一路下跌。其实，厂商们都有这样一种心态：无论其他厂商是否降价，我自己降价都有利于扩大自己的市场份额。这也就是每个厂商都自认为的优势策略。

不同成本和得到的市场需求不同的厂商可能无法对“正确”的串通价格达成共识。厂商甲可能认为正确的价格为10000元，但厂商乙则可能认为正确的价格是9000元。当乙定9000元时，厂商甲可能会将它看成是一种削价竞争的企图，并可能将自己的价格降到8000元，从此爆发价格战。有时，颇具实力的新竞争对手的进入，为了迅速获得一部分市场份额，往往也会进行攻击性竞争而导致价格战。

厂商价格大战的结局也是一个“纳什平衡”，而且价格战的结果是谁都没钱赚。因为博弈双方的利润正好是零。竞争的结果是稳定的，即是一个“纳什平衡”。这个结果可能对消费者是有利的，但对厂商而言却是灾难，因为价格战对厂商而言意味着自杀。

而正当国内彩电沉湎于价格战之时，我们却发现，洋品牌彩电的反应一般是不予理睬。索尼、东芝的纯平电视登陆中国之时，价格都在万元以上；等国内彩电企业几个月后跟进纯平电视时，已赚得盆满钵溢的洋彩电迅速放水，将价格压到5000至6000元；等国内企业一哄而上的时候，洋彩电已整体战略性撤出，转而推出背投、等离子和壁挂式高清晰度彩电，利用新的技术优势开辟新的市场。

洋彩电没有采取盲目靠价格进行市场竞争的恶性循环，而是依靠技术的力量，这种策略避免了与国内彩电厂商遭遇囚徒困境似的尴尬。事实如何呢？比如在广州，33英寸以上高清晰度超大屏幕彩电市场一度成为索尼、东芝、松下等洋品牌的天下，这一块市场恰恰是利润最高的，也是市场销量增长最快的；而国内品牌实际上只在25英寸以下市场占有绝对优势。

国产品牌彩电不提高技术含量，不加快产品更新换代，就只能在价格战的怪圈里痛苦轮回。不过，"只打技术战，不打价格战"，已逐步成为彩电业的共识，技术创新也成为当前各彩电厂家提得最多的一个名词。但随着技术水平的提高，国内品牌彩电又开始了新一轮价格战。比如，2005年初，北京高端彩电价格"地震"，液晶电视最高降幅达40%，液晶电视最低卖到2998元。不过这次降价主要原因是彩电销售巨擘大中、国美、苏宁等的价格竞争，说到底是为了争夺市场份额。

下面是《北京娱乐信报》记者吴琳琳于2005年1月12日的报道：

液晶电视本周最高降幅将达到40%。昨天，记者从北京国美获悉，本周在新开业的国美世纪金源店，液晶电视平均将降20%左右，最高降幅达到40%。随后记者致电北京苏宁和北京大中，他们表示，相应产品也会大幅度调低价格。

昨天，国美北京分公司经理王辉文告诉记者，国美世纪金源店本周正式开业，为了聚集人气，将液晶电视作为主推产品，其基本降幅为20%左右，其中一款产品最高降幅达40%，但限量供应。涉及品牌包括长虹、康佳、创维、海信、TCL、松下、飞利浦等。

苏宁相关人士也表示，苏宁本周将掀起彩电高端市场价格地震，涉及目前市面上主流品牌的主流机型，降幅达20%左右。

相对国美和苏宁"前所未有"的降幅，大中彩电事业部负责人告诉记者，本周液晶电视肯定会有促销，但具体降幅还没出来。

彩电企业争相降价，对消费者究竟是好事还是坏事呢？假如优秀的品质有保证，那么降价对消费者自然有利，但假如以压低成本来换取利润空间，那么最终受害的只有消费者了。这样一来，消费者购买国产品牌彩电的行为与国产品牌彩电厂商也是在进行博弈，消费者可以买国内品牌的，也可以买国外品牌的，国内厂商则有降价和不降价的策略。达到二者的博弈平衡才能形成良好的彩电市场环境。

两个企业联合起来垄断或者几乎垄断了某种商品的市场，这是"双寡头经济"。但双寡头的合作是相对的，他们之间的竞争更为激烈。

美国可口可乐公司和百事可乐公司之间的价格角逐就是一种双寡头博弈。两家企业争斗的目的当然是增加自己企业的利润。按照常识，要增加利润，只要提高商品的价格，东西卖得贵些，赚钱自然增加。假如一家企业垄断了整个市场，提高价格当然会增加你的利润。但是，假如存在两家相互竞争的企业，消费者可以在两家之间选择。这时候，提价的结果不仅不能增加利润，反而可能会使自己企业的利润下降。在这里，关键的因素在于市场份额的大小。假如你提价，对手没有提价，你的东西贵了，消费者就不买你的东西而买你的对手的东西。如此一来，你的市场份额下降很多，利润也就急剧下降。对手的价格没有提高，生意比原来好得多，利润就大幅度上升。但是，假如两家企业都采取比较高的价格，消费者没有别的选择，再贵也只好买，两家企业的利润都会上升。

假设两家企业都采取比较低的价格，可以各得利润30亿美元；都采取比较高的价格，各得利润50亿美元；而假如一家采取较高的价格而另一家采取较低的价格，那么价格高的企业利润为10亿美元，价格低的企业因为产品多销，利润将上升到60亿美元。究竟是采取较高的价格好还是采以较低的价格好，两家企业都面临着重大决策。每家企业都以对手为敌手，只关心自己的利益。在价格博弈中，只要以对手为敌手，那么不管对手的决策怎样，自己总是采取低价策略会占便宜，这就促使双方都采取低价策略。

在中国的彩电价格大战中，虽然不是两个对手之间的博弈，但由于在众多对手当中，每一方的市场份额都很大，每个参与者的行为后果，受对手行为的影响都很大，因此，其情景与两个对手之间的博弈大致相仿。假如清楚这种前景，双方合作起来，都实行比较高的价格，那么双方都可以因为避免价格大战而获得较高的利润。有人把这样一种合作的做法，叫做“双赢对局”。在上述企业价格大战的博弈之中，假如双方联手都不降价，双方将都是双赢对局的赢家。可惜正如上面揭示的，这些联盟是处于利益驱动的囚徒困境，双赢也就成泡影。五花八门的价格联盟总是非常短命，道理就在这里。

为数不少的商战对策竟局，都像价格大战那样，可以归结为“囚徒困境“的困局。博弈双方是走向“双赢”还是“双输”，这的确是个问题。

信誉效应：降低交往成本之道

一个社会的信任度越大，博弈成本就越小。在低信任度的国家中，做成大企业很困难。有人认为小企业是很好的，但要成为一个发达的国家，一定既要有好的小企业，又要有大企业。一般来说，信任度低的地方，合作成本很大。比如说，我们的学位含金量低，一些企业在聘用的时候，还能相信吗？如果学位含金量低的话，聘用单位就要花很多时间去审查履历，还要试用，这样对双方来讲，成本都很大。因此，在现实的社会博弈中，人们应该把合作扩大。

设有两个参与者即精诚公司与金石公司，各自所采取的策略有提价与降价。精诚公司与金石公司都想得到6个单位的收益。如果不合作的话，根据子博弈精炼纳什平衡的思想，结果只能得到（1，1）的收益组合，即甲、乙都只能得到1个单位的收益，与6相差甚远，为了能得到更高的收益，两个企业开始寻求合作，协定好都采用提价策略，这样两方各得5个单位的收益，即两方在博弈中实现了双赢，如果双方都遵守诚信的话，这种双赢就会随着重复博弈的进行持续下去。

但是，如果博弈的过程中有一次精诚公司违背了诚信，选择了降价策略，那么甲就获得了6个单位的收益，而金石公司的收益为0。那么在下一次博弈中，由于信息不对称金石公司会根据先验来判断推测精诚公司还有可能会出降价策略，而且也可以推断出精诚公司可能预测到这一次金石公司会采取降低策略，于是双方都会采取降价策略，收益组合回到了（1，1），一种双赢局而被打破了。

由此看来，诚信一旦被破坏，双赢局面就会打破，由于在下一次博弈中参与者便会对对手作先验性的判断，在以后的博弈中就不可能再出现双赢，从而影响了博弈中参与者的收益。在现实中更多的是几个合作人的博弈，其原理与二个合作博弈也是类似的，比如，为了避免打价格战的恶性竞争，同行业企业的老总们聚到一起来谈判，签订一些价格协定。如果大家守诚信，不把价格降到成本以下或者协定价格以下，就可能避免恶性竞争。

在现代市场经济下，诚信确实对经济效绩有着非常重要的影响。根据权威部门的调查，在中国的市场上签订的合同中，违约率达五成。中国的市场诚信度与发达国家相比还有很大的差距。其实，最重要的原因是中国的诚信制度体系没有建立起来。

信任当然很重要，市场经济不能没有信任，离开了它，社会很难运转。信任是在重复博弈中，当事人谋求长期利益最大化的手段。在某种制度下，若博弈会重复发生，则人们会更倾向于相互信任。

设有阿诚、阿信两个参与者，阿诚借钱给阿信，阿信向阿诚还钱。阿诚一开始有两种选择，即信任阿信或者不信任阿信；阿信也有两种选择，即守信用或者不守信用。如果博弈只进行一次，对阿信而言，一旦借到钱最佳选择是不还。阿诚当然知道阿信会这样做，因而阿诚的最佳选择就是不信任。那么，结果是阿诚不信任阿信，阿信不守信用。这样的结果糟糕透了。如果双方互相信任的话，那么各自都有很好的收益，现在却是什么都没有，这是低效率的平衡。如果人与人之间都这样进行一次性博弈，那么，全社会的信任恐怕就难以建立。

那么，如何建立信任呢？接着上面的博弈案例说，假定博弈有足够的概率进行下去，即能够进行多次。设想阿诚选择这样一种策略：我先信任你，只要你没有欺骗我，我将永远相信你；但一旦你欺骗了我，我将不再信任你。这时阿信有两种选择，如果守信用，得到的利益是长远的；如果不守信用，得到利益只能是一次性的。显然，前者的收益要大于后者的收益，也就是说守信用是自己的利益所在。“阿诚信任阿信，阿信守信用”是一个纳什平衡，这个平衡的出现是因为阿信谋求长远利益而牺牲眼前的利益。也就是说，一个人积极地考虑自己的长远利益时，就会建立起一定的信誉。

第六章

行动——先与后，进与退

在社会博弈中，参与者行动的顺序对于博弈竞局的结果有非常重要的影响。有关静态和动态博弈的区分就是基于行动的顺序做出的。同样的行动集合，行动的顺序不同，每个参与者的最优决策就不同，博弈的结果也不同。尤其在不完全信息博弈中，后行动者往往要依赖观察先行动者的行动来获取信息。先发可以制人，后发也可以制人。但先动可能有优势也可能产生劣势，后动可能有劣势也可能产生优势。至于是“先下手为强”还是“后来者居上”，这要针对具体情况做出策略选择。

常言道：进一步冤家路窄，退一步海阔天空。但在现实的社会博弈中，面对复杂的竞局，面对多种策略选择，博弈的局中人有时会感到进也不是，退也不是；局中人是选择进一步还是选择退一步的策略，就要适时而变，灵活应对。

进门博弈：向左向右应思虑

有道一次只能进一个人的比较狭窄的门，两个胖子即胖墩儿和胖妞儿要进去，一共有 4 种选择：两个人都抢着进门，一定会撞上，都得－1；胖墩儿先进，胖妞儿后进，胖墩儿占便宜得到 2，胖妞儿得 1；胖妞儿先进，胖墩儿后进，胖妞儿得 2，胖墩儿得 1；两人都谦让，愿意后进，耽误了时间，也得－1。你应该先走还是后走，依赖于你认为他应该后走还是先走。他先走的话，你最好后走，因为还可以得 1，如果他后走，你最好先走，因为可以得 2。这样，就有两个纳什平衡：胖墩儿先进胖妞儿后进或者胖妞儿先进胖墩儿后进。

胖子进门博弈		胖妞儿	
		先进	后进
胖墩儿	先进	−1，−1	**2，1**
	后进	**1，2**	−1，−1

纳什平衡即是将所有参与者的最优选择组合在一起，在给定别人的选择不变的情况下，没有任何一个人有积极性来提出新的选择。好比大家坐在这里，如果都不动，那你的最优选择是你现在坐的位置。纳什平衡有一个重要标志就是预期的自我实现。如果大家认为某种结果会出现，它就真的会出现，就是说多数人的选择意愿会预期约定出现的结果。

在两个胖子进门的问题上，每个人都希望自己先进的纳什平衡出现，这时如果有一个人有办法可以抢先行动，另一个人只好让步，这就是承诺。承诺的一个特征是筛选出事后对你来说是最好的行动。这个博弈可以化成一个动态过程，胖墩儿如果抢先一步，胖妞儿选择后进是最优的，那么这样得到的纳什平衡就是：胖墩儿先进，胖妞儿后进。

在类似两个胖子进门博弈的纳什平衡中面临着预期的问题，也就是说如果履行了承诺，那么预想的结果是否出现的问题。比如，一位男士和一位女士走到门前，谁先进，谁后进呢？按照国际惯例应该女士优先，男士主动请女士先走是有教养的表现。所以男士胖墩儿会主动让女士胖妞儿先进门，因为他预期的结果会出现。

如何协调人们的预期呢？答案是必须制定一套行之有效的社会规范。那么，社会规范是如何协调人们的预期，从而帮助人们选择最优的行为，实现博弈平衡呢？这里看一个简单的博弈模型。在公路上，无论是步行、骑车还是开车，相对而来的两个人都会面临选择：靠左行还是靠右行？如果两个人都靠左行或者都靠右行，则可以错开，两个人都能得到正的效应，假定为1；但如果一个靠左行另一个靠右行，就会撞在一起，则双方都得到负的效应，假定为－1。可见，给定别人靠左行，每个人的最优选择都是靠左行，一个理性的人不会看到对面来人靠左行，你反而靠右行；同样给定别人靠右行，每个人的最优选择都是靠右行。因此，这个博弈有两个纳什平衡：一个平衡是都靠左行，另一个平衡是都靠右行。

如果博弈只有一个纳什平衡的话，达成一致预期相对容易一些。但如果一个博弈有两个平衡，达成一个一致的预期就比较困难。此时，纳什平衡是否会实际上出现，依赖于参与者是否能就一个特定的纳什平衡的出现达成一致预期。如果不同的参与者预期不同的纳什平衡会出现，实际出现的将不会是任何一个纳什平衡，而是非纳什平衡。

在诸如交通问题这样的协调博弈中，如何协调人们达到一致预期，这是每个人的利益所在，也是整个社会的利益所在。社会规范就是这种协调预期的规则，帮助人们在多个纳什平衡中筛选一个特定的纳什平衡。立法机关制定法律是最重要的社会规范，其协调社会预期的功能比较强大。

就协调预期来说，社会规范只要其所规定的行为是一个纳什平衡，就会得到人们的自觉遵守，也不存在优劣之分。在中国，交通法律规定靠右行，而英国的法律则规定靠左行。靠左和靠右本身并无优劣之分，而只是需要规则来协调大家的预期，进而筛选出一个纳什平衡。

智猪博弈：多劳不多得，少劳不少得

智猪博弈是一个非常有趣的博弈模型。

设猪圈里有两头猪，一头大猪，一头小猪，猪圈的一端有一个猪食槽，另一端安装了一个按钮，控制猪食的供应。按一下按钮，将有8个单位的猪食进入猪食槽，供两头猪食用。两头猪面临选择的策略有两个：自己去按按钮或者等待另一头猪去按按钮。如果某一头猪做出自己去按按钮的选择，它必须付出如下代价：它需要支付相当于两个单位的成本；由于猪食槽远离按纽，它将比另一头猪后到猪食槽，从而减少吃食的数量。如果小猪按按钮，大猪先到，大猪将吃到7个单位的猪食，小猪只能吃到1个单位的猪食；如果大猪按按钮，小猪先到，大猪和小猪各吃到4个单位的猪食；如果两头猪同时按按钮，同时到，大猪吃到5个单位的猪食，小猪吃到3个单位的猪食；如果两头猪都选择等待，那么两头猪就都无法吃到猪食。

智猪博弈的收益矩阵如下表所示。表中的数字表示不同选择下每头猪所能吃到的猪食数量减去按按钮的成本之后的净收益水平。

智猪博弈		小猪	
		按按钮	等待
大猪	按按钮	3，1	**2，4**
	等待	7，−1	0，0

在这个博弈中，不论大猪选择什么策略，小猪的占优策略均为等待。而对大猪来说，它的选择就不会这么简单，其最优策略必须依赖于小猪的选择。如果小猪选择等待，大猪的最优策略是按按钮，此时，大猪能得到个2单位的净收益，即吃到4个单位猪食减去2个单位的按按钮成本，否则，大猪的净收益就为0；如果小猪选择按按钮，大猪的最优策略显然是等待，这时大猪的净收益为7个单位。也就是说，在这个博弈中，只有小猪有占优策略，而大猪没有占优策略。

这个博弈的纳什平衡是大猪选择按按钮的策略，而小猪选择等待的策略。此时，大猪和小猪的净收益水平分别为2个单位和4个单位。这是一个“多劳不多得，少劳不少得”的平衡。

上面找出智猪博弈的平衡过程实际上是按照“重复剔除严格劣势策略”的思路进行的。按照这一思路，首先要找出某个参与者的严格劣势策略，将其剔除，重新构造一个不包括已剔除策略的新博弈；然后，继续剔除这个新的博弈中某一参与者的严格劣势策略；重复进行这一过程，直到剩下唯一的参与者策略组合为止。剩下的这个唯一的参与者策略组合，就是这个博弈的平衡，称为“重复剔除的占有策略平衡”。在博弈中，所谓“严格劣势策略”是指不论其他参与者采取什么策略，某一参与者可能采取的策略中，对自己严格不利的策略。

在这里，无论大猪选择什么策略，小猪选择按按钮，对小猪是一个严格劣势策略，首先加以剔除。在剔除小猪按按钮这一选择后的新博弈中，小猪只有等待一个选择，而大猪则有两个可供选择的策略。在大猪这两个可供选择的策略中，选择等待对大猪是一个严格劣势策略，于是再剔除新博弈中大猪的严格劣势策略等待。剩下的新博弈中只有小猪等待、大猪按按钮这一个可供选择的策略，就是智猪博弈的最后平衡，从而达到重复剔除的占优策略平衡。

智猪博弈仿佛颇为滑稽可笑，但在现实生活中，其实有不少“智猪博弈”的例子。

在股票市场上，大户是“大猪”，他们要进行技术分析，收集信息、预测股价走势。大量散户就是“小猪”，他们不会花成本去进行技术分析，而是跟着大户的投资战略进行股票买卖，这就是所谓“散户跟大户”的现象。

在股份公司中，大股东才有投票权。这是因为在股份公司中，大股东是大猪，他们要收集信息监督经理，因而拥有决定经理任免的投票权，而小股东是小猪，不会直接花精力去监督经理，因而没有投票权。在股份公司中，股东都承担着监督经理的职能，但是，大小股东从监督中获得的收益大小不一样。在监督成本相同的情况下，大股东从监督中获得的收益明显大于小股东。因此，小股东往往不会像大股东那样去监督经理人员，而大股东也明确无误地知道小股东会选择不监督，因为这是小股东的占优策略，大股东明知道小股东要搭大股东的便车，但是大股东却别无选择。大股东选择监督经理的责任、独自承担监督成本是在小股东占优选择的前提下必须选择的最优策略。这样就类似于智猪博弈那样，从每股的净收益即每股收益减去每股分担的监督成本来看，小股东要大于大股东。

在一些公共事业领域，有些大公司经常投资办公益事业。例如，美国的大湖地区有许多灯塔，这些灯塔都是大航运公司花钱建造的。大航运公司因为船舶多，航班频密，迫切需要建造灯塔。但是小航运公司在这方面的积极性就比较低。结果大公司花钱建造灯塔，公司从设置灯塔所获得的效益超过了灯塔的花费，这项投资对于大公司是值得的。小公司因此就可以“搭便车”受益。

在技术创新市场上，中小企业往往不会花钱去开发新产品。这是因为大企业是“大猪”，它们投入大量资金进行技术创新，开发新产品，而中小企业则是“小猪”，自然不愿意进行大规模的技术创新，而喜欢等待大企业的新产品形成新的市场后，再生产模仿大企业的新产品的产品去销售，也借光占有一定的市场份额。

在广告宣传中，一般只有大企业才会花巨额金钱进行铺天盖地的广告“轰炸”。这是因为大企业是“大猪”，中小企业是“小猪”。大企业投入大量资金为产品打广告，中小企业等待大企业的广告为产品打开销路，并逐步形成市场后，也生产类似产品进行销售，从而也能够赚取一定的利润。

搭便车：跟在牛人后面走

其实，智猪博弈可以扩展到生活中的各个方面。例如，在公司里的人际矛盾冲突中，有一些人会成为不得罪人却沾光的“小猪”，而又另一些人充当了费力不讨好的“大猪”，得罪了同事，而另外有的同事却在下面“没事儿偷着乐”呢，这就是一种搭便车行为。在公司里，经常出现能干的“大猪”拼命加班，而效率低下的“小猪”跟着混却也能拿到加班费。

较长时间在一起工作的同事，对彼此的做事规则都一清二楚。“大猪”知道“小猪”一直是过着不劳而获的生活，而“小猪”也知道“大猪”总是碍面子或者很有责任心。结果就是总会有一些“大猪”坐不住而主动去完成工作任务。而“小猪”则在一旁逍遥自在，反正工作任务完成之后，报酬一分也不少地拿。要解决这种“智猪博弈”的困境问题，关键要做到因事设岗，因事用人，避免人浮于事，冗员过多。

在有些企业里，为集体利益做事的人最终所得总少于那些搭便车的幕后者。为集体利益而做出行动的人突出表现在争取加薪或者增加福利。无论是国有企业、民营企业，还是外企，内部总会存在各种各样的小团体，每一个团体都代表了一部分人的利益，因此不可避免地会产生冲突。这时，每个团体都会推选出各自的代言人。不少时候被推选为代言人的总是那些胸无城府，但又总是给人以积极形象的人。而团体活动的最大受益者即那些“小猪”们则永远躲在幕后，一旦活动成功了，他们就可以毫发未伤的得到相应好处；即使活动失败了，他们也可以发表一通“与我无关、我是受害者”之类的说辞。而“枪打出头鸟”，那些勇于出头露面的“大猪”成了永远的“替罪羔羊”。要解决这类问题，关键是加强决策的透明度和民主参与能力，让每一位员工都有合适的途径表达自己的意见与建议；同时，要培养员工的团队意识，尽量减少单位小团体对企业大组织的不良影响。

再如，在公共浴室洗澡，第一批冲进了浴室的人，发现水管里的冷水还没有放尽。此时，如果谁先去踩踏板，谁就会被溅一身冷水；可是，如果没有人先去踩踏板，那么大家都洗不成澡；但如果有一些人先去踩踏板，那么另一些人就可以不受冷水淋湿而借光洗热水澡了。于是，全浴室的人像“智猪”那样博弈起来了。

博弈的结果是：大家都不去先踩踏板，而是看着一个“大猪”在那里傻乎乎地淋着冷水。一个淋浴器的放水速度实在太慢了，冰凉的水没完没了地溅在身上，那个人冻得龇牙咧嘴，他环顾四周才诧异地发现，别人都瑟瑟地站在那里旁观，还不时地抬头看着那喷涌的水流。他这才明白原来他们是在等他一个人把冷水排净呢。不过，他要感谢后来走进浴室的另一位“大猪”帮他放冷水，减轻了他的苦难，也使那些“小猪”们洗上了热水澡。

又如，某大学法学院公开招聘两名教授：一位教民商法学，一位教经济法学。在经过层层选拔之后，最终有甲、乙两位教授获得了机会。接下来面对的是一个让所有人想不通，但现实得无法再现实的博弈决策过程。民商法学教授的工资是每月6000元人民币，而经济法学教授的工资是每月5000元人民币。这种差异并不是说两个专业哪个更热门，而是这所大学的法学院准备重点发展民商法学专业。甲、乙两位教授具有相同的学历背景即民商法学博士，且都有经济法学的教学经验，不过，甲的经济法学教学经验比乙多些。

按常理来说，知识就是金钱，知识越多，工资应该越高，甲理所当然地会获得民商法学教授职位。但其实现实并不都是这样。在甲与乙的职位竞争博弈中，乙非常了解行情，而且晓得到目前为止，不大可能再出现新的竞争者。因此，在与招聘负责人交谈时，乙极力否认自己具有经济法学的教学经验，甚至声称如果让他去讲授经济法学将会误人子弟，要是那样的话，自己宁愿意不要这份工作。

可是，甲为了证明自己的能力全面，竟然一开始就表明自己无论是民商法学还是经济法学都很擅长，甚至于特别强调自己的经济法学教学经验。招聘工作已经处于收尾阶段，学校不可能重新组织招聘，而两位教授也都不大可能随便丢掉已经到手的好工作。那么，最终的结果是乙获得了民商法学的教授职位，而甲只好退而求其次，教授经济法学。可见，有时“样样通不如一样通”，在向外界展示自己知识的时候，隐而不露在有些时候或许能获得最大的收益。

给猫系铃铛：第一行动力问题

在一个大屋子里，有一群老鼠整天忙着觅食，往鼠窝里搬东西。这个屋子的主人养了一只厉害的大猫，大猫整天在屋里转，吓得老鼠们不敢出窝，结果饿得要命。于是，老鼠们召开紧急会议商量如何对付这只大猫。老鼠们各抒己见，争执不下。这时，有一只老鼠出了个主意，它说：“在大猫的脖子上系一个铃铛，它走到哪里，铃声就响到哪里，大家就知道猫来了，就有时间赶快躲藏起来了。”老鼠们都觉得这个主意不错。不过，有一只比较聪明的老鼠说：“这个想法好是好，但是谁去给猫系上铃铛呢？”

当然，老鼠给猫系铃铛纯属奢谈，但如果真的有只老鼠敢为猫系上铃铛，那它也算是为拯救鼠辈们而奋不顾身了，也算是“鼠胆英雄”了。可是，谁会愿意冒着赔掉自己小命的风险，第一个行动给猫系上铃铛呢？

其实，面对这种困局，只要大多数人能够同时采取行动，就比较容易取得成功。不过，统一行动少不了沟通与合作，但偏偏沟通与合作在这个时候变得颇为困难，而博弈对手有时可能还会采取相应的措施，阻挠这种沟通与合作的实现。

为了群体利益需要同时采取行动，而一旦人们不得不单独行动，问题就出来了，谁该第一个采取行动呢？担负如此重任的领头者意味着将要付出比较大的代价，甚至有可能付出自己的生命，而他获得的回报则可能是死后的光荣或者受人感激。诚然，有人在想到责任或者荣誉时会感到热血沸腾，激情澎湃，于是挺身而出，第一个出马，但大多数人还是认为这样做的支付超出了自己的收益。

在一个大型的出租车队里，汽车经常是由调度员派给司机的。车队里既有新车，也有年久失修的旧车。调度员可以利用他的调度权从每位司机那里收取一点好处费。如果谁拒绝送好处费，那么就会得到一部旧车，而那些愿意合作的司机就会高兴地开走新车。这样一来，大家人人都被迫送上好处费，调度员就可以大发其财。可是，在司机群体中，有些司机就算不送好处费给调度员也能得到一部新车。如果司机们能够联合起来，或许就可以结束这种被迫行贿的日子，那大家怎么才能组织起来采取行动呢？问题的关键不是调度员能从送好处费者那里得到多少好处，而是他可以严厉惩罚那些不肯送好处费的人。

谁第一个采取行动？这类问题经常摆在一些群体面前。在本书前文内容中我们探讨了“看客心态”，并进行了一定博弈分析，这里接着那里说下去。

据《北京晚报》报道，2003年底，在该报与公交分局合办的“我为反扒支一招”活动中，“短信报警”这一建议荣获一等奖。看来，“短信报警”对摆脱旁观者困境有启发意义。

关于旁观者冷酷无情的报道屡见报端，对于旁观者的指责甚至是谩骂也充斥于各大网站。旁观者甚至成了“无情”的代名词。笔者以为，通常来说，绝大部分旁观群众面对不公事情的时候都不会觉得坦然而若无其事。

面对犯罪现场，旁观者与犯罪分子展开了一番博弈，大家可能正在面面相觑，谁第一个出手“拔刀相助”呢？旁观者直接面对诸如扒手、抢劫、斗殴等违法行为时，面临着心理困境。旁观者之所以对身边发生的违法事件视若无睹，主要还是因为报警可能遭到歹徒的报复。从心理学角度来看，旁观群体在面对这种问题的时候，沟通和协作会很困难。第一个站出来说话的人付出的代价可能最大，因此，道德责任这只“看不见的手”的调节效果也大打折扣。而如果在匿名状态下，情况则会大为改变。因此，旁观者的不作为不是社会道德沦丧的证据，不能代表正义在邪恶面前低了头。如同上面给猫系铃铛的那些老鼠，它们如果要去系那个铃铛，就必须考虑到现实的诸多危险因素。

由于旁观者的不作为是考虑到可能遭到的报复超过回报，那么相应的制度设计就应该从减轻报警者可能遭到的报复和提高报警的回报两方面着手。短信报警能在很大程度上帮助旁观者摆脱这样的困境。而且，随着手机的普及，短信作为一种新兴传播方式得到了飞速的发展。这正是短信报警可行的前提。可以说，短信报警的最大优点就是隐秘性，这使得见义勇为者能够在不动声色、不惊动他人的情况下进行报警，能在很大程度上避免报警者与犯罪分子的直接冲突。而且，短信报警的匿名特征也使得报警者没有太多的后顾之忧，因此也降低了对报警遭到报复的预期。当然，短信报警的技术特点使得这种报警方式具有高效快捷的特点。

报警者对于报警回报的期望主要是基于获取道德上的优越感、良知上的满足。但是对他们进行表彰或者鼓励亦不可或缺，降低报复预期和提高回报两方面均不可偏废。公民基于道德和责任的行为，不能掺进成本利润核算的杂质，不能崇尚“重赏之下必有勇夫”的观念。因此，在奖励不高的情况下，降低公众对报警可能遭到报复的预期显得颇为重要。当然，要完善这一决策还需做很多配套工作。比如，警方要确保接到报警信息后迅速反应，如果报警之后没人理会，恐怕就会给公众一个消极的信号。

可见，短信报警不失为一个切实可行并且行之有效的打击现行犯罪的做法，值得大力推广和完善。因为这是有利于打破旁观者心理困境的一种好的策略选择。

赢者通吃：领先后的模仿策略

在一次美洲杯帆船比赛决赛中，美国队的丹尼斯·康纳的“自由女神号”在前4轮比赛结束之后，在这项共有7轮比赛的重要赛事中，以3胜1负的成绩暂时领先。这是7轮4胜的比赛，丹尼斯·康纳只要再胜1轮即可大获全胜。在那天上午，第五轮比赛即将开始，媒体报道：“整箱整箱的香槟被送到‘自由女神号’的甲板上。而在他们的观礼船上，船员们的妻子全都穿着印有美国国旗红、白、蓝三色的小背心和短裤，迫不及待地要在她们的丈夫夺取美国人失落了132年之久的奖杯之后参加合影。”

比赛刚一开始，由于“澳大利亚二号”抢在发令枪响之前起步，不得不回头撤到起点线后面再次起步，这使得“自由女神号”在这一轮一开始就获得了37秒的优势。此时，落后的澳大利亚队的船长约翰·伯特兰德决定拼上一把，于是“澳大利亚二号”转到赛道左边，希望风向发生变化，从而帮助其赶上去。但丹尼斯·康纳则决定将“自由女神号”留在赛道右边。出乎意料的是，约翰·伯特兰德这次大胆押宝押中了，风向果然按照澳大利亚人的心愿偏转了5度，使得“澳大利亚二号”以1分47秒的优势赢得这轮比赛。

这轮比赛结束后，人们纷纷批评丹尼斯·康纳，认为他策略完全失当，没能跟随澳大利亚队调整航向。后来又赛两轮，“澳大利亚二号”反超，最终以4：3赢得了决赛桂冠。

从这场帆船比赛给双方的输赢，我们明白为什么在一些大的赛事里，那些富有经验的船长，在成绩遥遥领先时，通常都会照搬落后者的策略，即一旦成绩尾随的船只改变航向，那么成绩领先的船只也会照做不误。实际上，即便成绩尾随的船只采用一种显然相当低劣的策略的时候，成绩领先的船只最好也照样加以模仿。帆船比赛与在舞厅里跳舞不同，在这里，成绩接近是没有用的，只有最后胜出才算数。在成绩领先的情况下，维持领先地位的最可靠的办法其实就是看见别人怎样做，也跟着怎样做，也就是采取“模仿策略”。

倘若双方的技术实力旗鼓相当，帆船比赛的输赢在很大程度上其实就是赌风向。在这场比赛中，当以3：1的场数领先的美国人又以37秒领先时候，他们就获得了后动优势：澳大利亚人押什么风向，他们就跟随押什么风向。这样可以确保万无一失，因为如果澳大利亚人押中了，他们也会跟着押中，尽管可能因为决策晚一点儿而输掉几秒，却很难把37秒输光；同样地，如果澳大利亚人押错了，那么大家就都错，那37秒的优势依然存在。

巴里·奈尔伯夫参加了一次舞会，其中有个节目是轮盘赌游戏。每个参加者都得到相当于20美元的筹码，玩到舞会结束的时候，收获最大的一位将免费获得下一年度舞会的两张入场券。到了准备最后一轮轮盘赌的时候，纯粹是出于令人愉快的运气，巴里手里已经有了相当于700美元的筹码，遥遥领先，而第二位是一位拥有300美元筹码的英国女子。其他参加者所获无几，实际上已经被淘汰出局。

就在最后一次下注之前，那个女子向巴里提出分享下一年舞会的入场券，但是巴里拒绝了。他占有那么大的优势，怎么可能满足于得到“一半”的奖赏呢？

轮盘赌的基本规则是，轮盘赌的输赢取决于轮盘停止转动的时候小球落在什么地方。典型情况是，轮盘上刻有从0到36的37个格子。如果小球落在0处，那么就算庄家赢了。

玩轮盘赌最可靠的玩法就是赌小球落在偶数还是奇数格子，分别用黑色和红色表示。这种玩法的赔率是一赔一，比如一美元赌注变成两美元，取胜的机会是18/37，接近1/2。在已经以300：700落后的情况下，如果这样赌偶数和奇数，即便那名英国女子把全部筹码压上，也不可能翻本。因此，她被迫选择一种风险更大的玩法。她把全部筹码压在小球落在3的倍数上。这种玩法的赔率是二赔一，也就是说，假如她赢了，她的300美元就会变成900美元，但取胜的机会只有12/37，不到1/3。现在，那位女子把她的筹码摆上桌面，表示她已经下注，不能反悔。这时候，巴里应该怎么办？

此时，巴里应该模仿那位女子的做法，也把300美元筹码压在小球落在3的倍数上。这样做可以确保他领先对方400美元，最终赢得那两张入场券。实际上，此时他们将同赢或者同输。假如他们都输，巴里将以400：0取胜；假如他们都赢，巴里将以1300：900取胜。如果巴里认识到自己已经获得的后动优势，坚守追随策略，那位女子根本就没有戏。即使她选择不赌这最后一轮，她也还是要认输，因为巴里会模仿她，一样退出这一轮，最终照样取胜。

事实上，那位女子的唯一希望在于巴里先行。假如巴里先在黑色下注200美元，她应该怎么做?她应该把她的300美元压在红色。把她的筹码压在黑色对她没有半点好处，因为只有巴里取胜，她才能取胜，而她将是亚军，只有600美元，排在巴里的900美元后面。自己取胜而巴里失败就是她唯一的反败为胜的希望所在，这就意味着她必须反巴里之道而行之，在红色上下注。

可见，如果巴里先下注，那位女子就可以选择一个具有取胜机会的赌注。相反，如果巴里让那位女子先下注，他自己就总是可以选择一个确保胜利的策略。其实何止是已经领先的轮盘赌呢，在许多博弈游戏里，抢占先机、率先出手并不总是好事。因为这么做会暴露你的意图，其他参与者可以利用这一点占你的便宜。“后发制人”可能使你处于更有利的策略地位。

巴里后悔自己没有采取稳操胜券的策略。他说，当时已经是凌晨3点，何况他已经喝了太多香槟，再也没有办法保持头脑清醒了。结果，他把200美元压在偶数上，心里嘀咕他输掉冠军宝座的唯一可能性就是这一轮他输并且她赢，而这种可能性的发生概率只有1/5，所以形势对他非常有利。

在喝得很多之时，人的理性可能出现问题。一方面，也许因为经济学已经玩得很有心得，向往“无招胜有招”的境界，巴里竟然会漠视已经取得的后动优势；另一方面，不愧为博弈论的高才生，他居然还知道输给对手的概率只有1/5。当然，1/5概率的事情有时也会发生，巴里的功败垂成就是其中的一个例子。

要加以说明的是，上述以“模仿策略”实施的后动优势的适用范围限于所谓“赢者通吃”的比赛。倘若不是“赢者通吃”的游戏，而是积分比赛的游戏，情况就大不相同了，策略当然也就另有一套。

性别之战：先下手者为强

有时候，在社会博弈中，参与者先行动更有优势。这就是性别之战（BattleoftheSexes），也有人翻译为“情侣博弈”。

假设罗密欧和朱丽叶是一对恩爱夫妻，由于平时不在同一个城市工作，周末两个人才可以聚在一起。在这个周六晚上，他们各自有一个计划：呆在家里看电视与到影剧院看歌剧表演。

周六晚上，电视里转播一场拳王争霸赛，刘易斯、霍普金斯等著名选手都将参加。罗密欧喜欢健身，大型拳击赛事他从来都不错过。也正好是这个周六的晚上，国外一个著名歌剧团来到这座城市演出柴可夫斯基的歌剧《天鹅湖》。朱丽叶喜欢钢琴、歌剧这样的高雅艺术，对柴可夫斯基的歌剧更是相当崇拜，她岂肯放过歌剧《天鹅湖》啊？那么，一个在自己家里看电视转播的拳击赛，一个去剧院看歌剧舞演出，不就好了吗？可是，问题在于，他们是一对亲密的小夫妻，分开度过难得的周六，这恐怕是他们最不乐意的事情。这样一来，他们真是面临了一场博弈。

在这里，分析一下罗密欧和朱丽叶各自的满足程度：如果罗密欧看拳击，让朱丽叶一个人去看歌剧，双方的满意度都为 0；两个人一起去看拳击，罗密欧的满意度为 2，朱丽叶的满意度为 1；两个人一起去看歌剧，罗密欧的满意程度为 1，朱丽叶的满意程度为 2；应该不会有朱丽叶独自看拳击而罗密欧独自去看歌剧的可能，但这里还是把这写出来，设想双方的满意程度都是 −1。

性别之战		朱丽叶	
		拳击	歌剧
罗密欧	拳击	**2，1**	0，0
	歌剧	−1，−1	**1，2**

在性别之战中，双方都没遇到囚徒困境中那样的最佳策略，但是，他们总会做出一个较好的选择，因他们是亲密的小夫妻。这里就遇到博弈中最重要的概念纳什平衡，它指明了“性别之战”等一大类策略优势不那么明显的博弈的结局。策略优势不明显，指的是双方都没有“不论对方采取什么策略，我采取这个策略总比采取任何别的策略更好”的严格优势策略。

其实，这里只需留意一种双方“相对优势策略”的组合。在性别之战中，双方都去看拳击，或者双方都去看歌剧，就是我们所说的相对优势策略的组合，一旦处于这样的位置，双方都不想单独一方改变策略，因为单独改变没有好处。比如说两人一起看拳击，罗密欧得 2，朱丽叶得 1。如果罗密欧改变主意单独去看拳击，变成双方都得 0，没有好处；如果朱丽叶改变主意单独去看歌剧，也变成双方都是 0，也没有好处，因此，两人一起去看拳击是稳定的结局。同样，两人去看歌剧也是稳定的结局。

这种稳定的结局就是纳什平衡，在性别之战博弈中，双方都去看拳击或者双方都去看歌剧是博弈的两个纳什平衡。形象地说，纳什平衡实际上就是一种僵局：给定别人不改变策略的情况下，没有人有兴趣单独改变策略，而且，这种单独改变不会结他们带来好处。

常言道：先下手为强。再回到性别之战，前面说了，罗密欧是个拳击迷，朱丽叶最喜欢歌剧，但是分开各自度过难得的周六，才是他们最不乐意的事情，那么，他们怎样安排周六的节目呢？我们知道性别之战有两个纳什平衡：或者一起看拳击比赛，或者一起看歌剧。但是，就单次性别之战博弈而言，最后结局究竟落实到哪一个纳什平衡，这是博弈论本身尚且没有解决的问题。

性别之战博弈可以用来描述友好企业或者有互补的企业之间的关系。在这种情况下，企业双方偶尔也像真正的情侣那样互相谦让一下也有好处。但是，在许多情况下，结果会体现先动优势，虽然双方都会得好处，但是，先行动的一方得益多一些。

比如，两人还没有商量，朱丽叶就打电话告诉罗密欧："亲爱的，我已经买好了票，周六我们一起去看歌剧吧！"他们是小夫妻，既然朱丽叶已经事先开口了，那么罗密欧还怎么会驳她的面子呢？如果你觉得没经过商量就先买了票有些过份，那么，可以把情况改为朱丽叶打电话给罗密欧，建议一起去看歌剧，得到罗密欧同意之后再去买票。但是，我们可以想像，罗密欧接到朱丽叶的电话，同样也不会驳朱丽叶的面子。很多事例表明，在有多个纳什平衡的情况下，往往是先动手的一方会占据一些优势。当然，现实生活中也有很多后动优势的案例，这方面本章有不少的介绍。

求爱博弈：见行动识品格

求爱博弈属于不完全信息博弈，无论是男追女还是女追男，信息的不完全或者不对称是显而易见的，用博弈论的话说是对另一方的了解不够确切，"画龙画虎难画骨，知人知面不知心"，风险客观存在。最常见的男追女，一位男子向女子求爱，在这种情况下女子最苦恼的是不知道男子是品格高尚者还是品格低下者，虽然自己可以从各种渠道了解该男子，但女子所遇到的仍然是不确定性条件下的选择问题，因为女子不但不知道男子的品格类型，而且还不晓得不同类型的概率，但她对自己所属的类型是清楚的，这是她的私人信息。同样道理，女追男也是这样。

假设祝英台与梁山伯、马文才原来并不认识，梁山伯、马文才分别向祝英台求爱，祝英台是选择接受还是拒绝，依赖于她对求爱者品格的判断，即如果祝英台能够准确地知道求爱者品格高尚，她自然会选择接受，否则她就不会接受。但在这里，祝英台由于此前与梁山伯、马文才并不认识，所以可能并不确切地了解求爱者的品格。在这个时候，祝英台的决策显然取决于她在多大程度上相信求爱者是一个品格高尚或者品格低下的人。

设不论求爱者的品格到底如何，只要他向祝英台求爱，祝英台接受，他的收益就为2。而祝英台的收益依赖于求爱者的类型，即接受一个品格高尚者梁山伯的求爱，她的收益为2，而接受一个品格低下者马文才的求爱，她的收益为-2，这就会造成悲剧。不管是梁山伯还是马文才向祝英台求爱，如果遭到祝英台的拒绝，那么由于丢面子的缘故，其收益都是-1。

那么，面对是否接受求爱者的问题，祝英台应该怎么办呢？现在设祝英台认为求爱者品格高尚的概率为X。求爱者也晓得这个X是多少，那么求爱者向祝英台求爱时，她接受时的期望效用为 $100X+(-100)(1-X)$，祝英台不接受时的期望效用为0。当 $X>1/2$ 时，祝英台接受才是占优策略。如果X确实大于1/2，这个博弈的贝叶斯纳什平衡就是：求爱者求爱，祝英台接受。而如果 $X<1/2$，这个博弈的贝叶斯纳什平衡就是：求爱者不求爱，祝英台不接受。为什么在后一种情况下，求爱者选择不求爱呢？这是因为他知道如果他求爱就会被祝英台拒绝，这种丢人现眼的事情谁愿意去做啊？

通过上面的分析，可以知道求爱博弈中的静态平衡，将不确定性条件下的问题转化为在风险条件下的问题，这一方不清楚另一方的类型是什么，另一方也不清楚这一方的类型是什么，但可以知道不同类型的分布概率。这种转换称之为海萨尼转换。通过海萨尼转换，不完全信息博弈变成了完全但不完美博弈，即只知分布概率，不知具体类型。并且海萨尼提出了贝叶斯纳什平衡，在此平衡下参与者的目标是：在给定自己的类型，以及其他参与者的类型与策略关系选择的条件下，使自己的期望效用最大化。

现在看看动态博弈的情形。在动态博弈中，行动有先有后，后行动者通过观察先行动者的行为来获得有关先行动者的信息，从而修正有关自己对先动者的判断。在这种情况下，某一参与者既不知道其他参与者的真实类型，也不知道其他参与者所属类型的概率，只是对这一概率分布有自己的主观判断，也就是有自己的信念。

求爱博弈开始后，祝英台将根据她所观察到的求爱者即梁山伯与马文才的行为来修正自己的信念，并根据这种不断变化的信念，做出自己的策略选择。对应于不完全信息动态博弈的是精炼贝叶斯平衡，这个概念是完全信息动态博弈的子博弈精炼纳什平衡与不完全信息动态博弈的贝叶斯平衡的结合。

祝英台所用的分析方法是贝叶斯法则，这是概率统计中应用所观察到的现象对有关概率分布的主观判断进行修正的标准方法。下面运用贝叶斯法则对求爱博弈问题进行量化分析。

假设马文才向祝英台求爱，祝英台尚不知晓马文才的品格到底如何，但祝英台知道：如果马文才是品格高尚者，那么当自己采取行动集合A时，马文才反应的集合B的概率为20%；如果马文才是品格低下者，那么当自己采取行动集合A时，马文才反应的集合B的概率为100%。这些行动集合确实存在于现实生活之中，不过在这里无法具体展开说明，而这些概率是一种根据生活经验的主观判断，不过也是很有现实意义的。

现在博弈开始，马文才特别注重“首因效应”，也就是总能给人良好的第一印象，祝英台根据已经掌握的信息初步估计马文才是品格高尚者的概率为70%，因此祝英台估计自己采取A时，马文才采取B的概率为：70% × 20% + 30% × 100%=44%。这个44%是祝英台给定马文才所属类型的先验概率下，马文才可能采取B的概率。

当马文才确实采取B时，运用贝叶斯法则，根据马文才采取B的这一行为，祝英台推算出马文才是品格高尚者的概率变为：70% × 20%/44%=32%。根据这个新概率，祝英台推算出自己采取A时马文才采取B的概率为：32% × 20%+68% × 100%=74.4%。

如果祝英台再一次采取A，马文才又采取了B，那么祝英台认为马文才是品格高尚者的概率变为：32% × 20%/74.4%=8.6%。这样一来，马文才一次又一次的采取B，祝英台对马文才的判断也逐步发生了变化，越来越倾向于认为马文才是个品格低下者，马文才就这样通过自己的行为表现把自己给卖了，祝英台就这样看清了马文才虚伪的真面目。

可见，在不完全信息动态博弈中，参与者的行为具有传递信息的作用。而传递信息的行为是需要成本的，如果这种行为没有成本，那么任何人都可以进行模仿，这种行为也就失去了传递信息的作用。

猫鼠博弈：以逸待劳的智慧

明朝万历年间，皇宫中出现了一只硕鼠，像猫一样大，危害非常剧烈。宫廷为了除掉这只大老鼠，派人到民间各处寻找最好的猫来制服它，可是每次将最好的猫捉来放到皇宫里，都被大老鼠吃掉了。皇宫上下，真是一点儿办法也没有。

就在这时，外国使臣贡献了一只猫，叫“狮猫”。人们抱着它丢进那有大老鼠的屋子里，把门窗都关上，于是躲在外面偷偷地观看。只见狮猫蹲在屋子里的地上一动也不动。过了好久，那只恶老鼠探出洞口，先是犹豫不决、要出不出的样子，过了一会儿，才慢慢地从洞里爬了出来。它一发现狮猫，便大怒，恶狠狠地向猫扑过去。狮猫迅速地避开了它，跳到桌子上和茶几上，大老鼠也跟着跳到桌子上和茶几上。狮猫再次避开它，跳到地上。就这样反反复复、跳上跳下总有百余次。大家在外面看着都以为这只狮猫胆小害怕。

过了不多久，人们看见老鼠仿佛是喘息不已。这时只见狮猫飞快地从案几上跳下来，迅速地伸出两只利爪，狠狠揪住老鼠头顶上的毛，接着一口咬住了老鼠的脑袋。那只大老鼠拼命挣扎，狮猫狠狠逮住它下放。就这样狮猫同老鼠扭成一团，狮猫一阵“呜呜”地叫着，老鼠不停地发出凄厉的“啾啾”声。过了一会儿，大家急忙打开门一看，原来老鼠的脑袋早已被狮猫嚼碎了。

这时人们才明白，狮猫避开老鼠，并不是胆怯害怕，而是要消耗老鼠的体力，等待老鼠疲惫的时候再向老鼠扑过去。那老鼠奔过来它就避开，老鼠跑开了它又去挑逗。狮猫就是用这种智谋逮住老鼠的。

在你死我活的战争博弈中，进攻者锐气方刚，处于优势主动地位，但容易疲备，难以持久，优势主动中隐藏着劣势被动的因素；防守者准备强敌来攻，处于劣势被动地位，但只要能不断地消耗疲惫敌方，减杀敌方的锐气，就能从被动中争取主动，变劣势为优势。这就像一天一夜 24 小时，白天长了，夜晚就自然短；夜晚长了，白天自然就短。

在敌我双方总的力量不变时，敌方由优变劣，由主动变被动，我方就会由劣变为优，由被动变为主动。迫使敌方处于困难的局面，并不一定采取直接进攻的策略，刚柔相互转化，可以采取积极防御措施，逐渐地消耗、疲惫敌方，使其由强变弱，我方就会变被动为主动，直至取得最终胜利。

《孙子 · 军争篇》说：故三军可夺气，将军可夺心。是故朝气锐，昼气惰，暮气归。故善用兵者，避其锐气，击其惰归，此治气者也。以治待乱，以静待哗，此治心者也。以近待远，以佚（同逸）待劳，以饱待饥，此治力者也。又《孙子 · 虚实篇》说：凡先处战地而待敌者佚（同逸），后处战地而趋战者劳。故善战者，致人而不致于人。意思是说，凡是先到战场等待敌方的，就从容、主动，后到达战场的只能仓促应战，一定会疲劳、被动。因此，善于指挥作战的人，总是调动敌方，而决不会被敌方调动。

战国末期，秦国少年将军李信率 20 万军队攻打楚国，开始时，秦军连克数城，锐不可挡。不久，李信中了楚将项燕伏兵之计，丢盔弃甲，狼狈而逃，秦军损失数万。后来，秦王又起用已经告老还乡的王翦。王翦率领 50 万军队，陈兵于楚国边境。

楚军立即发重兵抗敌。老将王翦毫无进攻之意，只是专心修筑城池，摆出一派坚壁固守的姿态。两军对垒，战争一触即发。楚军急于击退秦军，相持年余。王翦在军中鼓励将士养精蓄锐，吃饱喝足，休养生息。秦军将士人人身强力壮，精力充沛，平时操练，技艺精进，王翦心中相当高兴。

一年之后，楚军绷紧的弦早已松懈，将士已无斗志，认为秦军的确防守自保，于是决定东撤。王翦见时机已到，下令追击正在撤退的楚军。秦军将士人人如猛虎下山，只杀得楚军溃不成军。秦军乘胜追击，势不可挡，公元前 223 年，秦灭楚。

从博弈论角度开看，当敌方处于困难局面，不一定只用进攻之法。关键在于掌握主动权，待机而动，以不变应万变，以静对动，积极调动敌方，创造战机，不让敌方调动自己，而要努力牵着敌方的鼻子走。所以，不可把以逸待劳的“待”字理解为消极被动的等待。

退避三舍：以后发优势制人

晋文公（姬重耳，公元前 697 年 ~ 公元前 628 年），春秋时期著名的政治家、晋国国君，与齐桓公齐名，为春秋五霸之一。

晋文公即位以后，整顿内政，励精图治，发展生产，把晋国治理得日渐强大。他也想能像齐桓公那样，做个中原的霸主。

正在此时，周朝的天子周襄王派人来讨救兵。周襄王有个异母兄弟叫太叔带，联合了一些大臣，向狄国借兵，夺了王位。周襄王带着几十个随从逃到郑国。他发出命令，要求各国诸侯护送他回洛邑去。列国诸侯有派人去慰问天子的，也有送食物去的，可就是没有人愿意发兵打狄人。

有人对周襄王说：“现在诸侯当中，只有秦、晋两国有力量打退狄人，别人恐怕不中用。”周襄王才打发使者去请晋文公护送他回朝。晋文公立即发兵往东打过去，把狄人打败，又杀了太叔带和他那一帮人，护送天子回到京城。

两年后，又有宋襄公的儿子宋成公来讨救兵，说楚国派大将成得臣率领楚、陈、蔡、郑、许五国兵马攻打宋国。大臣们都说："楚国一直欺负中原诸侯，主公要扶助有困难的国家，建立霸业，这正是时机啊。"晋文公已经看出，想要当上中原霸主，晋国与楚国面临着一场不是你死就是我活的竞争博弈。于是他扩充队伍，建立了3个军，浩浩荡荡去救宋国。

公元前632年，晋军打下了归附楚国的两个小国即曹国和卫国，俘虏了两国国君。楚成王本来不想同晋文公交战，听到晋国出兵，马上派人下命令叫成得臣退兵。但成得臣以为宋国迟早可以拿下来，不肯半途而废。他派部将去对楚成王说："我虽然不敢说一定打胜仗，也要拼一个死活。"

楚成王感到非常不痛快，于是只派了少量兵力归成得臣指挥。成得臣先派人通知晋军，要他们释放卫、曹两国国君。晋文公却暗地里通知这两国国君，答应恢复他们的君位，但是要他们先同楚国断交。曹、卫两国果真按晋文公的意思去做了。

成得臣本来是想救这两个国家，没想到他们反而先来同楚国绝交。这气得他捶胸顿足，破口大骂："这分明是重耳这个老贼逼他们做的！"他立即下令，催动全军赶到晋军驻扎的地方去。

楚军刚一进军，晋文公马上命令晋军往后撤退。晋军中有些将士疑惑不解地问："我们的统帅是国君，对方带兵的是臣子，哪有国君退让臣子的道理啊？"

狐偃解释说："打仗先要凭理，理直气则壮。当初楚王曾经帮助过主公，主公在楚王面前答应说，倘若两国交战，晋国情愿退避三舍。今天后撤，就是为了兑现这个诺言。如果我们对楚国失信，那么我们就理亏了。我们退了兵，如果他们还不罢休，步步进逼，那就是他们输了理，我们再跟他们交手也不迟晚。"结果，晋军一口气后撤了90里，到了城濮（今山东鄄城西南），才停下来，布好了阵势。

楚国有些将军见晋军后撤，想停止进攻。但成得臣却不答应，一步紧跟一步地追到城濮，与晋军对峙。成得臣还派人向晋文公下战书，措词相当傲慢。晋文公也派人回答说："贵国的恩惠，我们从来都不敢忘记，所以退让到这里。现在既然你们不肯谅解，那就只好在战场上比个高下！"

战斗开始了。但双方刚一交手，晋国的将军用两面大旗，指挥军队向后败退。他们还在战车后面拖着伐下的树枝，战车后退时，地下扬起一阵阵的尘土，显出非常慌乱的样子。

成得臣一向骄傲自大，从来不把晋人放在眼里。他不顾一切地直追上去，结果正中了晋军的埋伏。晋军的中军精锐，猛冲过来，把成得臣的军队拦腰切断。原来假装败退的晋军又回过头来，前后夹击，把楚军杀得落花流水。

这时，晋文公吩咐将士们只要把楚军赶跑就可以了，不要再追杀下去。成得臣带了败兵残将败退，自己觉得无法向楚成王交代，自尽而亡。晋军占领了楚国营地。把楚军遗弃下来的粮食吃了3天，然后凯旋而归。

晋国打败楚国的消息传到周都洛邑，周襄王和大臣都认为晋文公立了大功。周襄王还亲自到践土（今河南原阳西南）慰劳晋军。晋文公趁此机会，在践土给天子造了一座新宫，还约了各国诸侯开个大会，订立盟约。这样，晋文公就当上了中原的霸主。

这就是历史上著名的城濮之战，"退避三舍"这个成语由此而来。在晋、楚这番战争博弈中，晋文公主动让步，让楚国先进军，表面上看起来是在做出让步，其实，通过这种策略，一方面可以使晋军在战术上更为稳定，而不会由于渡河引起阵形乱了套，同时，通过这种让步，表明晋国在道义上做到仁至义尽，使得楚国不再有攻击晋国的借口。这种以退为进，后发制人的策略使晋国不仅赢得了战争的胜利，而且道义上也为人所服膺，也就成全了晋文公的霸业。

入云龙公孙胜：淡泊明志识进退

在现实社会中，面对一次次人生的博弈与抉择，聪明人能够通晓世事，独善其身，淡泊明志，进退自如，荣辱不惊，泰然处之。

公孙胜，河北蓟州人，水泊梁山第三号人物。公孙胜是一位绝顶聪明之人，他是梁山的创始人之一，为梁山作过很多贡献。

在智取生辰纲时，公孙胜知道大名府府尹梁中书要给太师蔡京送十万生辰纲，他自己没有力量来劫持，于是想到了山东省郓城县境内东溪村的保正托塔天王晁盖，向其报告，却让赤发鬼刘唐占了先，要不是吴用说出了七星结义之说，公孙胜基本也不会留下。其实，这似乎不是吴用说出来的，却像是公孙胜告诉吴用的。

而等到生辰纲败露之后，捕快何涛血洗石碣村之时，又是公孙胜运用法术使其退兵，并且与阮氏三雄活捉了何涛，这并不是公孙胜的法术多么得高明，而是他与诸葛亮一样运用天文气象使对方退兵。

林冲火并王伦之事，这并不单是吴用的主意，也许是公孙胜与吴用一起想出来的，然后由吴用来出面找林冲，并运用激将法激怒林冲。公孙胜自己没有对权力的占有欲。

在三打祝家庄之后，梁山泊的一些头领纷纷回家探亲，并且将家眷带回了山上，公孙胜也随之下山，回辽东去探望他的老师，并决定在那里修行终生。在其修行期间，梁山的英雄们都差不多把他忘了，直到为了救柴进攻打高唐州，遇到了高俅的侄子高廉运用法术打败了梁山英雄之时，宋江与吴用才想到了公孙胜，让戴宗与李逵远赴辽东将公孙胜请回，并且在途中收了弟子混世魔王樊瑞，到高唐一举将高廉打败。这一场并不是法术在做怪，而是偌大的水泊梁山没有人会奇门遁甲，才使公孙胜得以露脸。

水泊梁山排座次之后，公孙胜位居吴用之后成为副军师，有职无权，竟然还不如神机军师朱武，可是公孙胜毫无怨言，与徒儿樊瑞潜心研究天文地理，奇门遁甲，终于在攻打方腊之时不辞而别，远走天涯。因此，公孙胜躲过了一次大劫难。

倘若梁山在晁盖去世之后，宋江能够主动让贤，让卢俊义与公孙胜做正副头领，再加上林冲的军事才能，梁山泊也不会垮得那样迅速。可是，公孙胜没有这样做，因为他知道梁山泊不会长久下去，因此他不想这样做，这就是他的明智之举。

在政治的博弈中，在权力的角逐中，公孙胜选择了“退一步”，因此获得了自我保全。

世上有两种人，一种是刺猬型的，另一种是狐狸型的。刺猬遇事只有竖起刺这一招，而狐狸却可随机应变。其实，人生进退的道理何尝不是如此呢？刺猬只是一味进，或者一味退，最终走极端。而狐狸却依实际情况采取不同措施。当然，进与退，应该看具体情况而抉择。

只是进，是走不通的。人生道路何其坎坷。有高耸入云，寒不可御的雪山；也有深不见底，让人望而却步的深渊。面对这些阻碍，您将如何行动呢？“勇敢”地攀上雪峰吗？历史上多少骄子死在“高寒”之处。“无畏”地跳下深渊吗？那只能葬身鱼腹，永远无法达到幸福的彼岸。这时候，我们只能退，迂回前进，才能最终到达成功的远方。只有退当然也是万万不行的。逆水行舟，不进则退。人生是一个奋斗的过程，我们有理想在远方闪耀，有希望在彼岸召唤。我们当然要向着它们前行。一味地退，我们只能站在原点，像一个懦夫在别人成功的欢笑声中碌碌无为。

《易经》中“乾，元亨利贞”、“天行健，君子以自强不息”等是积极进取的人生态度的生动表达，这反映了中国传统文化中“自强不息”的进取精神。曾子说：“士不可以不弘毅，任重而道远。”“士”是一种社会制度：每十个青年中，推选一人出来为公家服务的，这就成为士，因此“士”字是十字下面加一横。那些被选为士的人，要接受教育学习，出来后做官，于是成为仕。从孔子以后，士变成了读书人或者知识分子的通称。士不仅是有文化的人，而且是承担天下与社会责任的人。

在曾国藩的一生学问中，有四个醒目的大字：克己止学。曾国藩说："人生之善止，可防危境出现，不因功名而贪欲，不因感极而求妄。"他还说，"富贵常蹈危机"，"盛时须作衰时想"，这是极富人生大智慧的止学经验，意味着由富而贫、由盛而衰是人人都要刻在心里的人生大道理。

当退则退是聪明之举，因为这样可以克服盲目和冲动，可以克制失控和失手。曾国藩能够功高名就，又不惹人显眼而顺利一生，关键就在于他时时以一个"止"字为行动之本，从反面考虑问题，绝不"越雷池一步"。表面更无张狂样，该收住立即收住，把自己停止在一个安全的区域中，从而获得最大的人生保险。

关羽败走麦城：浪花淘尽英雄泪

滚滚长江东逝水，浪花淘尽英雄。是非成败转头空，青山依旧在，几度夕阳红。白发渔樵江渚上，惯看秋月春风。一壶浊酒喜相逢，古今多少事，都付笑谈中。

这是《三国演义》卷首词，词牌的名称是《西江月》。

谈到三国演义，不能不说说关羽。对于关羽败走麦城，有人认为当时蜀国与魏、吴结怨很深，而荆州位于魏和吴夹击之中，必然失守，诸葛亮应该认识到这一点，但还是让关羽留守荆州，因此关羽之死诸葛亮应负相当一部分责任。其实，从博弈论的角度论证关羽之死，责任不在诸葛亮，而在于关羽自己在博弈中的策略选择存在问题。

荆州处在魏和吴的夹击之中，时刻处在不稳定中，所以才有刘备不远千里去攻取西川，争取一个稳固的根据地。可见，守卫荆州确实是一件难事，但并不是说肯定就会失守。

魏、吴单独和关羽交锋。魏、吴的实力单独和关羽的军队相比，处于下风或者至少势均力敌，这一点从后来关羽和曹操的交战中明显可以看出来。任何一方和关羽力拼必然损兵折将，另一方则可趁虚而入，不仅能够取得荆州大部分地区，还避免了和关羽正面交锋的损失。假设此时单独作战收益为−2，因为单独作战，另一方会偷袭，从而自己得不到荆州，故收益为−2；趁另一方作战，本方不战而偷袭则会有收益2。

如果双方都对关羽作战，那么关羽将首尾不能兼顾，关羽必定兵败。当然，此时魏、吴也会有一定的损失，因为双方取胜之后为争夺共同胜利的果实荆州，也会再起战事。因此，此时的收益必定不如本方不战而偷袭所得的收益，设此时双方的收益各为1。双方都不对关羽力拼，则偷袭不会成功，魏吴的收益均为0。

可以推断出来，如果双方都力拼对魏和吴来说是最好的结果（1，1），可是双方都会认识到：假如对方力拼，自己的偷袭所得将是2，更坏的结果莫过于自己力拼，对方偷袭，自己将遭受损失。因此最明智的结果是自己不力拼而偷袭。因此，这个博弈的纳什平衡是（0，0），即双方都会等待对方力拼，结果偷袭都不会成功。

魏吴博弈		吴	
		力拼	偷袭
魏	力拼	1，1	−2，2
	偷袭	2，−2	0，0

假如双方都是"理性人"，那么结果会是（0，0），关羽不会死。但不幸的是曹操充当了一次"傻子"，与关羽力拼，结果弄得"水淹七军"，而且荆州九郡全部落入孙权手里。而诸葛亮实在不愧为谋略高手，在那时他就对博弈论的精神深刻领悟，而且能够运用自如，做到"运筹帷幄之中，决胜千里之外"。因此，诸葛亮才嘱咐关羽千万不要对一方穷追猛打，否则会两面受敌，只守不攻方为上上之策。

因此只要关羽听从诸葛亮的建议，短期内荆州不会失守，等巴蜀稳定下来，魏、吴更会有所忌惮，不敢强攻荆州，那时荆州就会相对稳固起来。因此，荆州完全可以守卫成功。

这里不得不提刘备，此人对别人疑心很大。守卫荆州最合适的人选莫过于赵云，但无奈赵云非刘备的嫡系，刘备最信任的还是自己的结拜兄弟关羽和张飞，适才派关平来荆州，暗示诸葛亮要关羽留守荆州。诸葛亮很熟悉关羽的个性，即自傲、容易意气用事，派他守荆州不会听从自己的建议，有可能会出问题，奈何这是刘备的意思，诸葛亮没有办法，在临走前只好千叮咛万嘱咐关羽不要冲动，可是最终关羽还是没听诸葛亮的话，死攻樊城，结果使得陆逊偷袭成功，致使自己败走麦城，一命呜呼。

这样看来，关羽的死并不是诸葛亮的错，而是关羽自己不会用博弈论造成的。如果他明白其中厉害，不主动进攻，或者见好就收，即水淹七军后马上收手，可能不会令陆逊有机可乘，更不会败走麦城。当然，关羽乃赳赳武夫，策略思维能力恐怕逊色得多。

关羽之死，刘备也应当负一部分责任，因为他信不过诸葛亮的人选赵云，而把并不适合的人选关羽往刀口送。这种用人上的失当，也直接导致了以后张飞和刘备自己的死。

第七章

平衡——共输与共赢

我们常常感叹：这年头，谁比谁傻啊！一个比一个精明着呢！

切记，博弈论不是教人玩弄阴谋伎俩，因为人只要智商达标，其实谁也不比谁傻，所以应该把博弈对手视为和自己有同样思考力的人，进而通过策略选择实现博弈平衡。倘若经常煞费苦心伤害别人，那么其实自己同时也一样在受着伤害，这种累积就会使自己的人生减分直至被淘汰出局。

社会博弈理论是教人去学好、做好事的学问，绝对不是教唆人去学坏、做坏事。本章作为全书的收尾部分，重在强调现实生存中的双赢或共赢博弈意识。

博弈中的利弊得失：零和与非零和的博弈规则

在博弈中，一方得利必然来自另一方的损失，这叫零和博弈。这种博弈不利于人们的合作和长期相处。而在博弈中双方都受到损失的博弈叫负和博弈，这种博弈更是极不明智的。最好的博弈结果应该是双赢的局面，称之为“正和博弈”。负和博弈与正和博弈都叫非零和博弈。在博弈中，我们力求避免负和结果与零和结果，而要达到共赢的结果。

有赢有输的零和博弈

零和游戏，就是零和博弈，是博弈论的一个基本概念，意思是双方博弈，一方得益必然意味着另一方吃亏，一方得益多少，另一方就吃亏多少。之所以称为“零和”，是因为将胜负双方的“得”与“失”相加，总数为零。

零和博弈属于非合作博弈。在零和博弈中，双方是没有合作机会的。各博弈方决策时都以自己的最大利益为目标，结果是既无法实现集体的最大利益，也无法实现个体的最大利益。零和博弈是利益对抗程度最高的博弈，甚至可以说是你死我活的博弈。

在社会生活的各个方面都能发现与“零和游戏”类似的局面，胜利者的光荣后面往往隐藏着失败者的辛酸和苦涩。从个人到国家，从政治到经济，到处都有“零和游戏”的影子。

一群年轻人在一家火锅城为朋友过生日，其中有一个年轻人拿着自己已吃过了的蛋饺要求更换，由于火锅城有规定，吃过的东西是不能换的，所以遭到拒绝，双方因此发生冲突，打了起来。

最后，火锅城因为人多势众的优势打败了那几个青年人，可以说博弈的结果是火锅城的一方赢了，而实质上，他们真的赢了吗？从长远来看，他们并没有赢。这就是人际博弈中的“零和博弈”，这种赢方的所得与输方的所失相同，两者相加正负相抵，和数刚好为零，也就是说，他们的胜利是建立在失败方的辛酸和苦涩上的，那么，他们也将为此付出代价。还以此为例，虽然火锅城一方的人赢了，但从实际出发，不是从单一的因素出发，而是要从复杂的全面的实际出发，去具体分析每一个事实，不难发现，火锅城的生意也会因此造成影响，传出去就会变成“这家店的服务真是太差劲了，店员竟敢打顾客，以后再也不来这里了”，“听说没有，这家店的人把顾客打得可不轻啊，以后还是少来这里了”，“什么店，竟打人，做得肯定不怎么样”，等等。

其实，邻里之间也存在博弈，而博弈的结果，往往让人难以接受，因为它也是一种一方吃掉另一方的零和博弈。

在一个家属院里住着四五家人，由于平时太忙，邻里之间就如同陌生人一样，各家都关着门过着平静的生活。但不久前，这个家属院热闹了，原因是，有一家的大人为家里的女儿买了一把小提琴，由于小女孩没有学过提琴，但又喜欢每天去拉，而且拉得难听极了，更要命的是小女孩还总挑人们午休的时候拉，弄得整个家属院的人都有意见。于是矛盾便产生了，有性格直率的人直接找上门去提意见，结果闹了个不欢而散，小女孩依然我行我素。大家私下里议论纷纷，有年轻人发狠说，干脆一家买一个铜锣，到午休的时候一齐敲，看谁厉害。结果，几家人一合计，还真那样做了。结果合计的几家人，终于让那个小女孩不再拉提琴了。尔后的几天，小女孩见了邻居，更是如同见了仇敌一样。小女孩一直认为，是这些人使她不能再拉小提琴的。邻里关系更是糟糕极了。

可以说，这个典型的一方吃掉另一方的零和博弈是完全可以避免的。对于这件事，其实双方都有好几种选择。对于小女孩这一家来说：其一，他们可以让女儿去培训班参加培训；其二，在被邻居告知后，完全可以改变女儿拉提琴的时间；其三，也就是在被邻居告知后，不去理会。而其邻居也有如下选择：其一，建议这家的家长，让小女孩学习一些有关音乐方面的知识；其二，建议他们让小女孩不要午间休息拉琴；其三，以其人之道，还治其人之身。

看其结果，双方的选择很令人遗憾，因为他们选择了最糟糕的方案。很多事实证明，在很多时候，参与者在人际博弈的过程中，往往都是在不知不觉做出最不理智的选择，而这些选择都是由于人们的为己之利所得出的结果，要么是零和博弈，要么是负和博弈，总之都是非合作性的对抗博弈。

两败俱伤的“负和博弈”

负和博弈是博弈局中人都得不到好处，彼此受到损害的博弈。可以说，负和博弈是当事人最不明智的选择。我们由下面一则故事引出负和博弈的概念。

在很久以前，北方有一个木匠，技艺高超，擅长以木头做成各式人物，所做女郎，容貌艳丽，穿戴时尚，活动自如，并能斟茶递酒，招呼客人与真人无异，非常神奇。唯一不足之处就是不能说话。

当时，在南方有一位画师，画技非常了得，所画人物，栩栩如生。有一次，画师来到北方，木匠久闻此画家大名，意欲宴请他，于是备好酒菜，请画师来家做客，又让自己所做的木女郎斟酒端菜，招呼十分周到。画师见此女郎秀丽娇俏，心生爱恋。木匠看在眼里，故作不知。

在酒酣饭饱之后，天色已经很晚了，于是，木匠便要回去自己的卧室，临走时，他故意将女郎留下，并对画师说：“留下女郎听你使唤，与你做伴吧！”客人听了非常高兴。等主人走后，画师见女郎伫立灯下，一脸娇羞，越发可人，便叫她过来，但是女郎不吭声，没有动静，画师看她害羞，便上前用手拉她，这才发觉女郎是木头人，顿自觉惭愧，心念口言说：“我真是个傻瓜，被这木匠愚弄了！”画师越想越生气，并想办法报复，于是他在门口的墙上，画了一幅自己的像，穿着完全与自己的一模一样，并画了一条绳在颈上，像是上吊死去的样子，又画了一只苍蝇，叮在画中人的嘴上。画好像后，他便躲在床底下睡觉去了。

等到第二天早上，主人见画师久久没有出来，看见画师门户紧闭，叩门又没有人，于是，透过门窗缝隙向内望去，赫然看到画师上吊了。惊恐万分的木匠，马上撞开门户，用刀去割绳子，但等割的时候，才发现原来只是一幅画而已，这木匠很是恼火，一气之下，打了画师。

可以说这是一个典型的人际负和博弈，本应皆大欢喜的事情，却以两败俱伤的尴尬局面为结局。我们不妨从头分析一下整个事件的原委：由于画师不知女郎是木头所做，见其秀丽，便心生爱恋，而如果此时木匠能告诉他事实，画师就不会去动女郎；即使木匠故意作弄画师，如果画师在知道真相后，不去报复木匠，那么也不会引起木匠的惊慌。不管怎么说，此两人的做法都是不可取的，这样的结果只能使他们因为两败俱伤而不再交往。换句话说，如果他们彼此欣赏，而不是彼此戏弄，那么这场争斗也就不会发生了。结果，你一刀，我一剑，本是非常好的两个大师级人物，采用戏弄的手法互相炫耀本领而伤了彼此的和气。

事实上，由于人类所过的是群体生活，人只要生活在这个社会里，就离不开与他人的交往，而这就形成了一种特定的关系——人际关系。其实，它也是一种利益关系，因为人要追求物质和精神两方面的满足，也因此，在追逐的时候，就会产生相互间的矛盾和冲突，而冲突的结果就是一种博弈关系。“负和博弈”就是其中的一种。

从总体上来看，所谓的负和博弈，就是指双方冲突和斗争的结果，是所得小于所失，就是我们通常所说的其结果的总和为负数，也是一种两败俱伤的博弈，结果双方都有不同程度的损失。

比如在生活中，兄弟姐妹之间相互争东西，就很容易形成这种两败俱伤的负和博弈。一对双胞胎姐妹，妈妈给她们两人买了两个玩具，一个是金发碧眼、穿着民族服装的捷克娃娃，一个是会自动跑的玩具越野车。看到那个捷克娃娃，姐妹俩人同时都喜欢上了，而都讨厌那个越野车玩具，她们一致认为，越野车这类玩具是男孩子玩的，所以，她们两个人都想独自占有那个可爱的娃娃，于是矛盾便出现了。姐姐想要这个娃娃，妹妹偏不让，妹妹也想独占，姐姐偏不同意，于是，干脆把玩具扔掉，谁都别想要。

姐妹俩互不让步，最后，干脆扔掉玩具，谁都别想得到，这样造成的后果是：其中一方的心理不能得到满足，另一方的感情也有疙瘩。可以说，双方都受到损失，双方的愿望都没有实现，剩下的也只能是姐妹关系的不和或冷战，从而对姐妹间的感情造成不良的影响。

由此我们不难看出，交际中的“负和博弈”使双方交锋的结果是都没有所得，或者所得到的小于所失去的，其结果还是两败俱伤。双方受挫交际中的“负和博弈”，只能加大双方的矛盾和抵触，使双方失和。如果交际中发生“负和博弈”，那么，一般情况下人们都会因为两败俱伤而不再交往或反目成仇。

有这样两个人，一个人很有钱，却不善于交际，而另一个人缺少资金，但在人际关系方面很善于疏通，是个交际神通。有一天，这两个人碰到了一起，并聊得相当投机，有一种相见恨晚的感觉。于是，两人决定合伙做生意。有钱的人出资金，善于交际的人疏通关系。经过两人的共同努力，他们的生意很是红火，事业也越做越大。此时，那个善于交际的人起了歹心，想自己独吞生意。于是，他便向那个出资金的人提出，还了合伙时的那些资金，这份生意算他一个人的了。当然，那个出资的人肯定不会愿意，因此，双方开始了长时间的僵持，矛盾也越来越尖锐，最后，这件事也只有让法院来解决。不过，那个交际神通在两人开始做生意的时候，便已经给对方下了套，在登记注册时，他只注册了他一个人的名字，虽然那个出资金的人是原告，但却因为那个善于交际的人早就下好了套，使得出资人最终输了官司，眼睁睁地让那个善于交际的人独吞了生意而无能为力。那个不善于交际的人一怒之下把有神通的人的货物全烧了，结果两个人谁也没捞到好处。

这个事例就是典型的“负和博弈”，因此，对于人际关系，我们一定要本着为人利就是为己利的态度，不能见利忘义。

斗鸡博弈：狭路相遇的困局

“呆若木鸡”这一成语与斗鸡有关，现在比喻人呆木不灵、失去知觉的样子，也形容人因为恐惧或者惊讶而发愣的样子。但实际上，“呆若木鸡”的本来意思却与此相悖。请看下面的典故——

纪渻子是春秋时训练斗鸡的行家，由于他的名声太响亮了，于是斗鸡爱好者周宣王把他找来训练斗鸡。

10天后，周宣王催问道："训练成了吗？"

纪渻子说："还不行，它一看见别的鸡，或者听到别的鸡叫，就跃跃欲试。"

又过了10天，周宣王问训练好了没有。

纪渻子说："还不行，心神还相当活跃，火气还没有消退。"

再过了10天，周宣王又问："怎么样啦？难道还没有训练好吗？"

纪渻子说："现在差不多了，骄气没有了，心神也安定了，虽然别的鸡叫，它也好像没有听到似的，毫无所应，不论遇见什么突然的情况它都不动、不惊，看起来真像木鸡一样。这样的斗鸡，才算训练到家了，别的斗鸡一看见它，准会转身就逃，斗也不敢斗。"

周宣王于是去看斗鸡的情况，果然是"呆若木鸡"，不为外面光亮声音所动，可是它的精神凝聚在内，别的鸡都不敢和它应战，看见它就走开了。呆若木鸡本来比喻精神内敛，修养到家。有人从中领悟出人生的大道理，认为人的处世如不断绝竞争之心，则容易树敌，造成彼此仇视，如果消除竞争的心理，则自然战胜竞争的对手。

不过，言归正传，这里要说的是博弈论的经典模型：斗鸡博弈。

有一天，一只红公鸡与一只黑公鸡"遭遇"到一起，每只公鸡均有两个行动可供选择：要么前进攻击，要么后退离开。假如一方退下来，而对方没有退下来，对方获得胜利，这只公鸡则很丢面子；假如对方也退下来，双方则打个平手；假如自己没退下来，而对方退下来，自己则胜利，对方则失败；假如两只公鸡都前进，那么则两败俱伤。因此，对每只公鸡来说，最好的结果是，对方退下来，而自己却不退。

斗鸡博弈		黑公鸡	
		前进	后退
红公鸡	前进	−2，−2	−1，1
	后退	1，−1	−1，−1

在斗鸡博弈中，如果两只斗鸡都选择"前进"，结果就是两败俱伤，那么两只斗鸡均获得 −2 的收益；如果一方"前进"，另外一方"后退"，前进的斗鸡获得1的收益，也就是赢得了面子，而后退的斗鸡则获得 −1 的收益，也就是输掉了面子，但没有两者都"前进"受到的损失大；如果两只斗鸡都主动"后退"，那么双方就都输掉了面子，获得 −1 的收益。

这个博弈有两个纳什平衡：红公鸡前进，黑公鸡后退；黑公鸡前进，红公鸡后退。可是，关键问题是哪方前进，哪方退却。在一个博弈中，如果有唯一的纳什平衡点，那么这个博弈是可预测的，即这个纳什平衡点就是事先知道的唯一的博弈结果。可是假如一个博弈中有两个或者两个以上的纳什平衡点，则任何人无法预测出一个结果来。因此，我们无法预测斗鸡博弈的结果，即不能知道谁进谁退，谁输谁赢。

斗鸡博弈可以解释僵局情况下一方的妥协。面对僵局，对峙下去可能损失更为惨重，主动退让妥协，虽然也有损失，但总比问题激化的结局要好些。所谓"好汉不吃眼前亏"，有时"但能容忍且容忍"未必不可取。

"古巴导弹危机"中的美苏博弈

其实，在斗鸡场上，斗鸡一般是没有什么理性的，他们也不会真正了解对手的实力，作为职业斗鸡，他们往往选择"前进"的策略，直到啄得两败俱伤。但是，在人类社会中，面对斗鸡博弈的情形，有理性的人是选择"前进"还是"后退"的策略则与实力有一定关系。

20世纪60年代初，美苏两个超级大国之间发生了"古巴导弹危机"事件，当时的情形颇像一场超级"斗鸡博弈"。

"二战"结束后，世界上出现了相互对峙的两个超级大国：美国和苏联。以这两个超级大国为两个核心，加上各自的盟友，形成了两大敌对阵营。

1961年美国与古巴断交，对古巴实行全面禁运。古巴领导人卡斯特罗于是在1962年7月派遣弟弟劳尔·卡斯特罗率领的代表团前往苏联请求帮助。苏联领导人赫鲁晓夫认为：美国人不会容忍卡斯特罗政权的存在。倘如果苏联不采取决定性步骤保卫古巴，那么将会引起其他拉丁美洲国家抛弃苏联，这将大大降低苏联在全球的地位。因此，决定把古巴作为伸向西方深处的“桥头堡”。

赫鲁晓夫的打算是：在古巴秘密部署核导弹，并且力争在美国发现之前做完这项工作。这样一来，即使美国发现并采取措施摧毁它们也不怕，因为只要有1/10导弹留下来，就能给美国以致命的打击。

苏联政府批准了赫鲁晓夫的计划，赫鲁晓夫在7月3日和8日参加了与劳尔·卡斯特罗的会谈，并达成了秘密协议。苏联决定在古巴部署中程导弹，提供伊尔28喷气轰炸机，于7月开始实施。苏联把运往古巴的货物改由苏联船只运送，将几十枚导弹和几十架飞机拆开装到集装箱里运往古巴。同时，3500名军事技术人员也陆续乘船前往。每一枚导弹都携带一个威力比在广岛的原子弹大20倍甚至30倍的核弹头。直到9月2日，苏联才公开宣布，根据苏、古两国达成的协议，苏联将向古巴供应武器，配备技术专家。而此时，苏联的武器和专家的运输计划已基本完成，部署工作已近尾声。

把装有核弹头的导弹安放在美国的眼皮底下，赫鲁晓夫颇为得意。毕竟在美国门口埋了一颗地雷，这将世界的视角从东半球转到了西半球。可是，他却没有料到，由此引起了一场轩然大波，战争的危机同样也威胁到了苏联。其实，赫鲁晓夫也为自己出了一道两难问题。

曾经使美国丢尽脸面的U-2飞机为肯尼迪争回了一口气。在此之前的1960年5月5日，苏联与古巴建交前两天，赫鲁晓夫曾宣布了一个引人注目的消息：5月1日，一架美国飞机在飞越苏联领空时被击落了。美国发表声明称，这架飞机在土耳其做高空气象研究，因缺油失去联系误入苏联边界。7日，赫鲁晓夫兴致勃勃地说，他的第一次讲话故意隐瞒了事实。他有证据确定U-2飞机从事间谍活动，在苏联领空进行摄影侦察。飞机残骸已经找到，并将在莫斯科展出。驾驶员鲍尔斯还活着，将被送交法庭审判。这令美国无法自圆其说。

但获悉在古巴那里发现了萨姆导弹设施的情报后，中情局长麦科恩认为这个险非冒不可，他下令立即对古巴西部的岛屿进行拍照。两名空军上校起飞，前往古巴西部。事先告诉他们地面可能会有炮火，可是萨姆导弹的射手要么离开了岗位，要么睡着了，他们一路平安无事。回来后，他们获得的新证据令人不寒而栗。从这些照片上已可看到导弹在一周之内，已有16个或许32个发射场可供发射。根据美国情报委员会估计，苏联用这些武器可以向美国本土一次集中发射40枚弹头。而且，当时在古巴的武器大约相当于苏联全部洲际导弹发射能力的一半。对照片的分析表明，这些导弹正对准着一批特定的美国城市。一旦发射起来，几分钟之内就会有800万美国人一命呜呼。

美国人急了！五角大楼马上拟定了有针对性的策略计划，并向佛罗里达和接近古巴的美军基地集结军队。

1962年10月16日中午11时、下午6时，肯尼迪在白宫两次召开秘密会议，讨论对古巴的行动计划。五角大楼的“鹰派”提出了两种强硬措施：一是美国武装部队直接攻击古巴，即先派飞机对古巴进行空袭，摧毁其防御设施、仓库和机场；然后派海军陆战队登陆，一举将苏联的导弹、技术人员和卡斯特罗政权消灭；二是动用500架飞机对古巴进行地毯式的轰炸，主要目标是导弹发射场。

10月22日，肯尼迪发表了演说，并警告赫鲁晓夫：“从古巴发射的任何导弹都将被认为是苏联向美国的袭击，必将招致美国对苏联的全面报复。企图闯越封锁线的任何船只，都将被美国海军击沉。”出乎意料的是，在肯尼迪发出进攻威胁的同时，五角大楼向他报告说，苏联人和古巴人莫名其妙地把他们的飞机一字摆开停放在机场上，像20年前在珍珠港的美国飞机一样等着被击毁。肯尼迪开玩笑地命令泰勒将军派U-2飞机对佛罗里达各美国空军基地进行高空摄影，并说：“如果我们也那样做，那倒很有趣啊！”结果，美国的飞机果然也是那样，大惊失色的空军部迅速让这些飞机疏散开来。

在莫斯科，足有13个小时没有任何反应，然后，美国驻苏大使收到一份照会，指责美国的“海盗行为”，并承认设在古巴的导弹意在用于军事目的。这份照会被理解为苏联还在举棋不定，赫鲁晓夫措手不及，看来正在拖延时间，以便考虑对策。

核战争已是迫在眉睫，战争的阴云正在密布。但不久事情似乎出现了转机，26日，赫鲁晓夫给肯尼迪一封秘密信件，提出愿在联合国监督下从古巴撤出进攻性武器，并表示不再向古巴运送这种武器，交换条件是美国撤销对古巴的封锁，并保证不再入侵古巴。

27日，肯尼迪复信赫鲁晓夫并发表白宫声明，要求苏联在联合国监督下从古巴撤出导弹，美国保证不入侵古巴。28日，赫鲁晓夫回函，表示已下令撤除在古巴的核武器，并同意让联合国代表到古巴核实。

11月8日至11日，苏联从古巴运走了42枚导弹，并在公海上接受美国“船靠船的观察”。20日，肯尼迪宣布赫鲁晓夫答应将在30天内撤走在古巴的全部“伊尔-28型”轰炸机，同时宣布美国取消对古巴的海上封锁。12月6日，美国国防部宣布苏联轰炸机撤出古巴。至此，古巴导弹危机结束。

在古巴导弹危机中，面对美国的反应，苏联面临着两种策略选择：将导弹撤回本国与坚持部署在古巴。而对于美国，也则面临着两种策略选择：挑起战争与容忍苏联的挑衅行为。那么，这两只“大斗鸡”各自到底要做什么样的考量与决策呢？

双方固然都清楚：一旦发生战争，结果必然是两败俱伤；而任何一方退却下来，如果对方不退却，在世界人民面前，自己则可能很丢面子。但经过一段时间的僵持，实力相对差一点儿的苏联决定把导弹从古巴撤了下来，成了退却的丢面子的“大斗鸡”。美国坚持了自己的决策，做了不撤退的“大斗鸡”。当然，为了给苏联一些面子，同时也为了避免苏联坚持不退而发生美苏战争，美国还是从土耳其撤离了一些导弹，作为一种象征性的表示。

在这场苏联与美国的大型斗鸡博弈中，苏联采取退下来的策略，虽然丢了面子，可是要比发生战争好很多；美国没有退却，但也进行了适当让步，这样既保全了面子，又没有发生大战，给对方一个台阶下来没什么大不了的。这样一来，僵局化解了，一触即发的战争得以避免，苏联与美国也都维护了自己的利益。

胆量博弈：争先恐后的僵局

斗鸡博弈还有另一种类似的模型，即“胆小鬼博弈”或者“胆量博弈”。在这个博弈中，两个人驶车高速相向而行，每个人都让车的左轮压着高速公路的分道线，双方都急于证明自己是条好汉，谁先躲闪就算输。

如果两个人都不向右转，他们都会在碰撞中死亡。博弈双方都会用一些计谋使人产生自己决心要撞车的印象。他们可以神气活现，口出狂言，假装喝醉了酒，或者装出自己没有躲闪可能的样子。他们还可以把方向盘扔到车窗外或者拆除制动器，以此使对方相信自己除了一直向前冲以外别无选择。此时，这个博弈是负和博弈，即参加双方都遭受最大损失。

如果其中一个人保持方向不变，而另外一个人转向，那么前者就赢得了尊重，而后者就会在朋友中丢尽颜面，他就是“胆小鬼”。所以，如果一个人转向而另一个人坚持原来的路线，这个博弈就成为了一个零和博弈。

如果两者都向右转，那么两者都会在朋友中间丢脸，但是因为“胆小鬼”的名声是由两个人共同承担的，他们两人之间也就没有什么差别了，毕竟他们的生命都保住了。

那么，如何避免这种胆小鬼博弈的僵局呢？唯一的办法就是制定相应的规则，大家按规则办事。

在中国的一些城市的中心道路上禁止汽车鸣喇叭，这是政府管理部门控制城市噪声污染的重要举措；同时，从博弈论角度分析，一些城市中心道路上禁止汽车鸣喇叭还有防止交通拥堵的考虑。这里说说“交通博弈”。

例如，假设有两位机动车司机，分别是“祥子”与“刘四爷”，刘四爷年纪大，开车缓慢，祥子的车走在刘四爷后面，希望能超过去。在城市中心道路上，禁止鸣喇叭，则祥子面对众多的车辆，出于安全考虑，只好缓行而无法超车跑到刘四爷前面。可是当汽车司机可以鸣喇叭时，就可能为汽车超速抢行提供条件。当刘四爷缓行时，祥子抢行就会占便宜，获得收益9，而刘四爷则被抛在后面，收益仅为1。可是，当大家都超车抢行时，城市交通就会拥挤不堪，塞车不断，反而都难以顺利通行，这里祥子与刘四爷获得的收益都很低（2，2）。

交通博弈		刘四爷	
		缓行	抢行
祥子	缓行	8，8	1，9
	抢行	9，1	2，2

在这个“交通博弈”中，倘若刘四爷礼让，祥子也礼让，那么大家都顺畅，都可以得8；祥子抢行占了便宜可以得9，站在自己的利益上，抢行为好；如果刘四爷抢行，祥子也抢行，结果大家都堵住了，各自都只能得2；祥子要是礼让就会更糟，寸步难行，只能得1，因此为了自己的利益，也只好抢行。可见，礼让是劣势策略，抢行是优势策略。消除劣势策略，可以知道博弈的结局是大家都抢行，大家都只得2。这样一来，交通博弈就处在大家都争抢，大家都吃亏的“双输对局”上。

这个博弈当中，“缓行”在允许鸣喇叭时是一个劣势战略，但当禁止鸣喇叭时，司机为了避免造成交通事故，只得缓行，大家都减小车速换来的是交通的通畅，这不失为防止堵车的一剂良方。

中国一些城市的噪音污染非常严重。除了工地和装修以外，城市噪音的主要来源是机动车的马达和喇叭。马达噪音由几十万辆机动车的先天质量决定，成本太高，一下子要治理确实不容易。但喇叭鸣叫却可以先治理，因为其实施成本不是很大，也就是说这一举措的可行性比较好。

汽车有喇叭，可是在一般情况下禁鸣，这也算是一项中国特色的规则。而在一些发达国家，除了路考驾驶执照的时候按照考官的指令按响过喇叭以说明车况良好以外，却没有多少其他鸣笛的纪录。在那些发达国家是可以鸣喇叭的，但大多数人却极少鸣笛。这主要是因为行人、车辆都很守规矩，没有鸣笛的必要。其次，无缘无故按响喇叭，就像开会或者听课时晃腿一样，被认为是缺乏教养的行为。因此，在这样的氛围中，也就很少会出现乱鸣笛的情形。

可是，在中国的不少城市，行人和车辆原来都不是很遵守规则。有时候，这与没有相应规则或者规则不明确有关。例如，行人怎样走过不设交通灯的斑马线，原本就没有明确的规则约束。因此，随之而来的就是人们交通礼让意识的缺乏。谁礼让谁吃亏的现实，使得交通博弈陷入了囚徒困境的尴尬难局。

由于中国的绝大多数司机是职业司机，因此要求司机礼让行人来解决城市交通的困境是比较合理的切入点，这也就是禁止汽车鸣喇叭，实际上是要求汽车礼让行人。可是禁止鸣喇叭最后是否能够同时达到交通改善的结果，是否能够真正把交通博弈引导到遵守规则相互礼让从而大家受益的双赢对局，这要看行人和自行车是否能够做出回应。实际情况是行人和自行车没有这个自觉性，往往不理会人行道的红灯，硬是挤过马路，让汽车无所适从。其实，当汽车被规则约束住时，汽车已经别无他途。在汽车与行人的博弈中，在（汽车礼让，行人抢行）的策略组合中，行人或者自行车获得的收益比较多，而汽车的收益却很少，这成为新规则下的纳什平衡。

要解决行人或者自行车不能自觉回应的问题，应该制定相应的惩罚条款，让不遵守交通规则的行人或者自行车的收益下降，并相应提高遵守交通规则的汽车的收益，这样更能激励双方相互礼让遵守交通规则，从而出现了双方收益都增加的新的纳什平衡，也就实现了相互礼让、交通顺畅的目标。以人均道路面积来说，中国香港恐怕比不上内地，可是香港的交通规则非常清晰明确，管理也非常到位，因此香港的交通通畅程度比内地要高很多。

禁止鸣喇叭的初衷在于降低城市噪音水平，禁止鸣喇叭可以说是走出上面所说的双输局面的第一步。可是必须有第二步跟上来，即规范行人和自行车。否则，长期受气的汽车一旦无法忍耐，将同行人、自行车抢在一起。可见，相应规则的制定对博弈的平衡有很大影响。

骑虎难下：进退皆忧的两难境地

从前，有一个青年要到一个村庄去办事，途中要经过一座大山。临行前，家人嘱咐他：遇到野兽也不必惊慌，爬到树上，野兽便奈何不了你了。

年轻人牢记在心，一个人上路了。

他小心翼翼地走了很长时间，并没有发现有野兽出现，看来家人的担心是多余的了。他放下心来，脚步也轻松了几分。正在这时，他突然看到一只猛虎飞奔而来，于是连忙爬到树上。

老虎围着树干咆哮不已，拼命往上跳。年轻人本想抱树干，但却因为惊慌过度，一不小心从树上跌了下来，刚好跌在猛虎背上。他只得抱住虎身不放，而老虎也受了惊吓，立即拔腿狂奔。

另外一个路人不知事情的缘由，看到这一场景，十分羡慕，赞叹不已："这个人骑着老虎多威风啊!简直就像神仙一般快活。"

骑在虎背上的年轻人真是苦不堪言："你看我威风快活，却不知我是骑虎难下，心里惶恐万分，怕得要死呢!"

"骑虎难下"比喻处于进退两难的尴尬境地。骑在老虎身上，看起来威风凛凛，其实是苦不堪言。局中人面对的是两难的选择：从老虎身上跳下，必然立马被老虎吃掉；骑在老虎身上，这又什么时候是尽头啊？长此下去，饿也饿死了。

《晋书·温峤传》记载了一段"骑虎难下"博弈的故事。

晋成帝司马衍时，叛将苏峻和祖约率军攻入都城，挟持晋成帝，专擅朝政。江州刺史温峤组织了以征西将军陶侃为盟主的联军征讨叛军。由于叛军势大，而联军将少粮缺，初战接连失利。陶侃见军心浮动，心中焦急，就对温峤说："现在军中大将奇缺，粮食也所剩无几，假如再不能添将增粮，我只能下令撤军，待条件具备再起兵吧!"

温峤耐心地劝说："现在皇上蒙难，国家处在危急关头，我们仗义讨伐逆贼，乃正义之师。苏峻、祖约之辈欺世盗名，有勇无谋，目前叛军势猛，我军又遇许多困难，但这是暂时的，只要联军上下团结一致，定可以寡敌众，现正是我们杀敌报国的时候，现在我们就像骑在猛兽背上，中途怎么能下来，只有勇猛向前，才有出路!"

陶侃听了温峤的劝告后，激励众将士，齐心协力，克服重重困难，结果一举平定了叛乱。在这里，联军面对骑虎难下博弈的困局，采取了勇猛前进、誓不退却的策略，狭路相遇勇者胜，终于赢得了胜利。

不过，现实社会经常碰到的一类博弈就是：行动者进也不是，退也不是。

"冷战"时期的美国和苏联是世界上的两个超级大国，二者相互对峙。在战争与和平问题上，每一方都有两种策略选择：一个是扩军，如发展战略核武器，实施"星球大战"计划等；另一个是彻底裁军，直至不设军备。假如双方都扩军，则假设各花费2000亿美元用于军费；彻底裁军，则军费为零。

在国际竞争舞台上，假如美国裁军不设防，可是苏联扩军，苏联就可以任意欺侮和损害美国。这样，美国会受到很大损失，甚至丧失主权。这种情况下美国的收益是负无穷大。

在这种情况下，有人可能认为欺侮人的一方的收益是正无穷大，其实不是这样。可以试想，砍伐一片森林所造成的损失，难道可以用所得到的木材的价值来补偿吗？更不必说占领甚至炸毁对方一座城市，你所得到的远远低于对方的损失。被欺侮一方的损失，并不会等量地转化为欺侮人的一方的利益，这往往是对抗的规律。因此，在一方扩军欺侮别人、另一方裁军任人欺侮的情况下，假定欺侮人的一方只掠夺到一个有限数额的财富，比方说10000亿美元。这10000亿美元的掠夺成本是2000亿美元，没有这2000亿美元的军费来进行武装，就难以征服对方。这样一来，在上述数据假设之下，掠夺者的纯收益应该是8000亿美元。

假如双方都裁军，各方在这种实际上没有对峙的军事对峙中的收益都为零；假如双方都扩军，那么在这场真正的均势的军事对峙中，各方的收益都等于-2000亿美元，因为双方都花了巨额军费；假如一方扩军而另一方裁军不设防，扩军的一方收益为8000亿美元，不设防的一方收益为负无穷大。综合起来进行策略分析，双方都扩军是美苏争霸博弈唯一的纳什平衡。

当时的军备竞赛形势，的确是如此情形，令人感到悲哀。于是，有人发出感叹：人类奈何如此愚蠢，为什么不和平共处免去巨额的军费开支呢？这本来是对双方都比较有利的策略选择啊！

但是，难就难在美苏都骑上了老虎下不来了。不管对方是扩军还是裁军，站在自己利益的立场，扩军总是比裁军有利。

在冷战期间，美苏为争夺霸权拼命发展武器，无论是原子弹、氢弹等核武器的研制，还是如隐形战斗机这样的常规武器的研制，双方均不甘落后。20世纪80年代，里根在位时准备启动“星球大战”计划，这一举动意味着两个超级大国的武器竞赛将进一步升级。

1991年苏联的解体在一定程度上是军备竞赛的结果。苏联将整个力量放在军备竞赛上，而民用建设却无法跟上，国力下降，最终退下阵来。里根的“星球大战”计划其目的就是要拖垮苏联。

因此，一旦进入骑虎难下的博弈，及早退出是明智之举，然而当局者往往做不到，这就是所谓当局者迷。这种骑虎难下的博弈经常出现在国家之间，也出现在企业或者组织之间，当然个人之间也经常发生。

五猴博弈：社会阶层的演变

实验人员把五只猴子关在一个笼子里，笼子上头吊有一串香蕉。旁边另外装了一个监视器，假如监测到有猴子要去拿香蕉，马上就会有自动装置将冰水喷向笼子，这五只猴子马上会被冰水淋湿。

首先有只猴子想去拿香蕉，冰水马上喷出来。猴子都淋湿了，经过每只猴子的一再尝试了，发现都是如此。于是猴子们达到一个共识：不要去拿香蕉！因为有冰水会喷出来！

接着，实验人员偷偷地把喷水的装置撤走，再把其中的一只猴子换掉，换一只新猴子关到笼子里。这只新来的猴子看到香蕉，当然想伸手去拿来吃，结果莫名其妙地被其他四只旧猴子狠狠打了一顿。因为其他四只猴子认为新猴子会害他们被水淋到，因此制止这只新猴子去拿香蕉。这只新猴子尝试了几次，结果被打得满头是包，还是没有拿到香蕉，而这五只猴子也就没有被水喷到。当然，这只新来的猴子对于为什么被揍也就一直无法知道答案。

后来，实验人员再用一只新猴子换掉另外一只旧猴子关到笼子里，这只刚来的猴子看到香蕉，当然马上也要去拿，结果也是被其他四只猴子痛打了一顿。尤其是前面莫名其妙被围殴得很惨的那只猴子打得特别用力，这有点儿像老兵欺负新兵。被关进来的猴子虽然不甘心又试了几次，但总是被打得很惨，也就只好作罢。

最后，实验人员慢慢地一只一只地将所有的旧猴子都换成新猴子了。大家还是都不敢去拿那根香蕉，但是他们都不知道为什么，只知道去动香蕉的后果会招来一顿狠揍。

从博弈论的角度来看，这群顽猴最初经过观察发现去拿香蕉将损害所有猴子的利益，也就是都会被淋湿，因此他们形成了一条默认的规则：谁也不去动香蕉！因为这样做，虽然吃不到香蕉，但不会被淋湿，相对来说，对每个猴子都有好处。新进来的猴子不晓得这样的“游戏规则”，因此遭受群殴之痛。猴子们陷入了一种囚徒困境状态，没有猴子敢去打破僵局拿香蕉。

实验人员继续他们的实验，不过这一次他们改变了喷水装置，一旦侦测到有猴子要去拿香蕉，马上就会有水喷向拿香蕉的猴子，而不是全体。

然后实验人员又把其中的一只猴子释放，换进去一只新猴子。不同以往的是这只新猴子特别地孔武有力。当然，新猴子看到香蕉，也马上想要去拿。像以前所发生的情形，其他四只猴子也想痛打新猴子一顿。不过，他们错误的估计了新猴子的实力，因此结果是反被新猴子收拾了一顿。

于是新猴子拿到了香蕉，当然也被淋了个透湿，一边打着喷嚏一边吃着香蕉，享受了美味但也美中不足。而其他没有香蕉吃的猴子却也比较快乐，毕竟没有被水淋到嘛。

后来，新猴子发现只有拿香蕉的那个才会被淋到，于是就让最弱小的猴子替他去拿。当然，那只弱小的猴子不想被新猴子打，只好每天拿香蕉然后被水淋湿。

而其他三只猴子越发地快乐起来，觉得自己比上不足，比下有余。于是五只猴子有了三个阶层：吃香蕉阶层、拿香蕉阶层和旁观者阶层。

这样一来，囚徒困境被打破了，但游戏规则也因为强者的出现而发生了变化。

五只猴子形成三个阶层后，相安无事地生活了许久。可惜那只弱小的猴子由于长期的“水下作业”，不可避免的导致了肺部功能衰竭。有一天，他在例行的拿香蕉作业中跌倒了，再也没有爬起来。

这时，实验人员又送进了一只与老新猴子一样孔武有力的新猴子。

当然他还是对屋顶的香蕉很有兴趣。不幸的是，他最终以微弱的劣势被以老新猴子为首的群猴痛打一顿。

第二天，又到了拿香蕉的时候，老新猴子很是无所谓，反正他还要吃香蕉，反正他不会被水淋到。而真正恐慌的是原来其他三只猴子。他们想：新新猴子是那么的健壮，他们这些媳妇恐怕是难以熬成婆了。

他们将面临一个艰难的抉择，谁该去步原来弱小猴子的后尘呢？三只猴子展开了激烈的争论，讨论谁最应该做下一个拿香蕉者。

新新猴子听到他们的争论，感觉奇怪，当然也比较好奇，就问：什么是“拿香蕉阶层”？

那三只猴子解释说：所谓“拿香蕉阶层”就是猴子界最勇敢者，应具备一不怕苦二不怕死的大无畏精神才能得此殊荣。

新新猴子闻听不禁有些欣然神往，跃跃欲试。当然他最终实现了这个崇高的理想，做了唯一的勇敢的拿香蕉者。

再后来，原来那三只猴子陆续被换出局，换来的猴子个个孔武有力。他们继续大大出手，不过目标逐渐不再是香蕉，而是那个唯一的拿香蕉阶层。

在这番博弈中，猴子们追求的利益发生了变化，由物质的逐渐变成了精神的。当然，随着势均力敌局面的再次出现，新的囚徒困境又形成了。猴子终究是猴子，自然本性调整着他们的行为，调整着他们的生活。而我们人类，在更多时候应该避免囚徒困境，运用智慧走出社会博弈困局，从而促进社会的和谐共赢、全面发展。

耍小聪明：急功近利无远谋

大海刚从美国留学回来，当朋友们问他："你在那边生活得怎么样啊？"他回答："在美国谋生容易得很，美国人很傻的，占他们的便宜是天底下最最容易的事情。"接下来他得意扬扬地讲述美国佬"傻"的具体表现。例如，美国信用卡公司规定：开户、销户都是免费的，更换磨损的卡片要缴5美元手续费。中国人的对策是：碰上更换卡片时，先销户再开户，于是节省了更换卡片的费用。这样简单的对策，美国人居然从不运用，更换旧卡时老老实实地付5美元。再如，美国一些商店规定：买一件商品按原价，再买第二件就按优惠价。中国人的对策是先买第一件再买第二件，各开一张收据，过后把其中一件以原价退掉，于是达到买一件而享受优惠价的目的。又如，美国从事公务的人员对"红包"视同洪水猛兽，如果某人为了办事儿而送给对方"红包"，事情不但办不成，对方还会告这个人"行贿"，即使送"红包"时没有任何第三人在场，对方仍然要予以"揭发"，因为人家就没有这种不地道的暗规则或潜规则。

那么，按照大海先生的说法，美国人是够傻的，可美国人真的傻吗？现代科学发明绝大多数都是美国人的杰作，他们只是不愿把心思放在急功近利的小聪明上，而只着眼于大智慧。中国人有太多的小聪明，可占世界1/4的中国人在近现代发明了什么？我实在想不出来，且不说那些尖端的科学发明，单是我们日常生活用品，从电灯、电话到电脑、电视机，没有一样是自诩为聪明的中国人发明的，却全都是美国人发明的。笔者认为，美国人不仅不傻，而且很有大智慧，很懂得策略博弈。美国之所以能够成为当今世界最强国，我们却落后了很多，在大智慧与小聪明之间应该深刻思考。

中国人的小聪明是层出不穷的，但小聪明和大智慧并不总是成正比的，在绝大多数情况下甚至成反比。一个人如果把心思过多地用在小聪明上，他必定没有精力去开发和培植他的大智慧。聪明和智慧是两个不同的概念，智慧有益无害，聪明益害参半，把握得不好的小聪明就遗害无穷了。

中国人有太多的小聪明，但都把小聪明用于追逐眼皮底下的急功近利上面了，却看不到长远的根本利益，更难以看到整个国家民族的共同利益。结局往往是最看重功利的人反而和最根本的大利益擦肩而过，这或许就是自诩为聪明的人为什么总是落后于人的病根吧。

在20世纪80年代后期，某个县办企业分来了一位重点大学毕业的高才生，这对这家县办企业来说应该是一件幸事，因为这家县办企业的技术层和管理层人员的最高学历只是中专或者高中。那么，按理说大学生应该成为众人都羡慕的人物，但是结局却相反，半年不到这名大学毕业生就成了孤家寡人了，不但领导时时处处刁难他，而且技术层和管理层的中层干部也纷纷在背地里说他的难听话。

对于领导的刁难，大学毕业生能够容忍，因为自己或许有恃才傲物的毛病，可能对上司没有保持应有的恭敬；但是中层的同行跟他过不去就很难理解了。实际上，归根结底是中层干部的小聪明在作怪，因为如果大学生毕业生有机会展露自己的才能，虽然工厂能够从中得到好处，但是中层干部的无能就会凸现出来。

看来，"说你行，你就行，不行也行；说不行，就不行，行也不行"，就这样，大学生毕业生被孤立起来，最终被迫离开了那家县办企业，而去另一家民办企业担任技术主管。后来，在激烈的市场竞争中，那家县办企业被大学生任主管的民办企业击败而破产，而那些耍小聪明的中层干部都下岗失业了。

小聪明最大的危害是不顾大局，为了追逐个人的眼前利益不惜牺牲全体的利益，最终把自己的未来也断送掉。在现实的社会博弈中，这方面的例子举不胜举。历史上那些祸国殃民的政客官僚，独揽大权之时只知道一心为自己谋取私利，却置国家和民族的根本利益于不顾，最终把国家弄得衰败，而自己也紧跟着走上覆亡之路。

21世纪的中华民族最需要的是大智慧，而不是小聪明，愿我们在社会博弈中的小聪明适可而止。

乞讨艺术：犯傻也许有好处

常言道：要三年饭，给个官都不当。乞讨或许是一种了不起的“职业”，其中蕴含着社会博弈大道理。我们看看下面这位“犯傻”乞讨者的讨钱艺术。

威廉·亨利·哈里森（1773~1841）是美国第九届总统。他在第二次对英战争中有过显著功绩，1811年率军在蒂普卡努河畔战胜印第安人并因此一举成名，成为美国人眼中的英雄，“蒂普卡努”竟然成为他的绰号。1840年美国总统大选时，哈里森的支持者举着“蒂普卡努英雄”的大幅画像和大标语，正是凭借“拓荒英雄”这一形象，哈里森顺利击败对手——时任总统的布伦而入主白宫。

哈里森出生在美国乡村的一个小镇上。他小时候很文静很怕羞，曾被众人视为“憨人”，邻居经常喜欢捉弄他。

有一次，邻居把一枚5分硬币和一枚10分硬币扔在他的面前，让他任意挑选其中一枚，捡哪个哪个就归他。结果没想到的是，哈里森每次都拿那个5分的硬币。于是大家都觉得哈里森是个笨蛋，纷纷嘲笑他。

许多人都为了亲眼验证关于哈里森的“犯傻”行为的传闻，专门来找他并让他在5分硬币与10分硬币之间进行选择。他依然只选择5分硬币，于是来找他的人愈来愈多。

后来一位外地人经过此地，听到哈里森之事，也感到很奇怪，于是也如法泡制地测验他，结果仍旧和大家所说的一样。

外地人疑惑不解地问哈里森：“难道你真的不知道10分硬币要比5分硬币更值钱吗？”

哈里森笑着说：“当然知道了，不过如果我捡那个10分硬币的话，恐怕以后人们就再也没有兴趣扔钱给我了。”

外地人拍了拍哈里森的肩膀，笑着说：“小朋友，其实你一点儿也不傻，你非常聪明啊！”

小镇上的人听到外地人的话都感到一头雾水。事后终于明白，如果小哈里森第一次就取走10分硬币，那么就不会有人用同样的方法去测试他了，这样一来，他就损失了每次有5分硬币的收入。原来，哈里森是放弃了眼前的小利益，以留下日后长远的利益。

从社会博弈的角度看，哈里森的故事是一个动态博弈。哈里森有两次决策机会，一次在其他人决策之前，另一次在其他人决策之后。运用逆向归纳法，哈里森在第二次决策时会选择不犯傻，其他人选择正常给哈里森施舍，可能多于5分硬币，也可能少于5分硬币；给定这些结果，哈里森在开始会选择不犯傻。

但是，如果哈里森开始犯傻，当其他人认为哈里森是傻子时，其他人会以为当他给哈里森多于5分硬币后，哈里森会选择只收5分硬币，退还多余的钱，而这正是其他人所愿意看到的结果。于是，当哈里森开始犯傻后，造成其他人对哈里森的类型的误解，以为哈里森是傻子。这就是哈里森通过犯傻骗过其他人使自己获利。

在社会博弈中，不能目光短浅，贪图一时之得，有时候“犯傻”也许是有好处的。其实，理性与非理性的区分，往往要看人们关注的目标，或者说，是短期利益与长期利益的不同。这是目光长远的最佳例子。这个男孩选择拿5分的硬币，从短期效果看是“非理性”，但他明白这样可以长期拿下去；选10分的硬币，只能有眼前的利益，实际上并不是好办法。

意大利的比萨斜塔每年吸引着数以百万计的各国游客，带来源源不断的旅游收入。其实比萨斜塔的造型并没有什么特别之处，只是它以摇摇欲坠的倾斜身姿，得到各国游客的青睐，以致在世界成千上万的塔中脱颖而出。

美国有一家商店，明明是家电商店，门口却挂着家具商店的招牌，店外广告上说的内容也是说家具质量如何完美，售后服务如何周到。不少行人发现以后，都出于好奇心，走进店内，告诉店主招牌和广告都搞错了，随后便在店里逛上一圈。可是，由于被琳琅满目的商品所吸引，往往也要买上几样东西。当有人感到惊奇地问老板时，老板笑着说："自从我的招牌弄错以后，商店里的顾客反而比以前多了，营业额也比以前增长了3倍。"

无独有偶，巴黎有一家商店橱窗里的广告总是错误百出，令人啼笑皆非。当有人善意地向老板指出错误时，老板却微笑着回答："我是故意这样做的，目的就是让人们以为我是个糊涂虫，因而愿意到我店里来买东西。广告的语法错误使我的营业额扩大了3倍。"

看来，有时候"犯傻"出错也容易抓住人们的反常心理。正常的东西人们也许一晃而过，而明显的差错却能招来人们的议论纷纷，从而引起轰动效应。不过，"犯傻"出错也要错得巧妙，错得恰当，错得有艺术，可不能真的"贻笑大方"。

唐宪宗的第十三个儿子李忱幼时显得相当呆痴弱智，而且极为沉默寡言，如同哑巴一般。因此，宫中的人都将他看成傻子。唐文宗、唐武宗都是他侄子辈的人，可一点儿也不尊敬他，还经常拿他开心，以诱使他开口说话来逗乐子。

然而，当唐武宗病危之际，专权的宦官们觉得像李忱这样呆傻的人物，便于他们控制，于是就立他为皇太叔，接着又把他推上了皇位，即唐宣宗。可是李忱一登基，召见百官、裁决政务，侃侃而谈，而且评判得失，全然合理，令所有的人都大吃一惊。李忱在位14年，约束亲属，礼待大臣睦如兄弟；明察慎断，刑法无私；从谏如流，俭约律己，人们称之为"小太宗"，是唐朝后期一个难得的中兴之君。

可见，"犯傻"未必真弱智，问题在于针对谁。像李忱这样的皇族成员，身处嫌疑之地，明显地扬才露己，不可避免地会遭到皇帝的猜忌，结果是十分危险的。李忱的犯傻，实在是一种出于不得已的自我保护。

猎鹿博弈：寻求帕累托优势

从前，有一个山村里有两位猎人：分别叫做百步与穿杨。每位猎人只有两个战略，每位猎人必须决定是打野兔还是打牡鹿，每位猎人能单独地打到一只野兔，但只有在对方也打牡鹿时才能打到牡鹿，分享半只牡鹿比打一只野兔好。

在这一博弈中，每个参与者选择的战略是好还是坏取决于对方怎么选择。如果猎人百步确信猎人穿杨将打牡鹿，那么猎人百步也将决定打牡鹿；如果猎人穿杨将要打野兔，那么猎人百步也将决定打野兔。猎人的兴趣不冲突，每位猎人都希望打牡鹿，但只有在对方打牡鹿时才行，但没有谁能确信对方会打牡鹿。打牡鹿只有在每位猎人都确信对方将打牡鹿时才发生。

牡鹿狩猎		穿杨	
		牡鹿	野兔
百步	牡鹿	**10,10**	0,8
	野兔	8,0	**8,8**

比较（10，10）和（8，8）两个纳什平衡，明显的事实是，两人一起去猎牡鹿的赢利比各自去打野兔的赢利要大得多。也就是说，百步和穿杨一起去猎牡鹿得（10，10）的纳什平衡，比两人各自去打野兔得（8，8）的纳什平衡，具有帕累托优势。猎人博弈的结局，最大可能是具有帕累托优势的那个纳什平衡：百步和穿杨一起去猎牡鹿得（10，10）。比起（8，8）来，（10，10）不仅是总额的改善，而且每一个人都得到很大改善。这就是（10，10）对于（8，8）具有帕累托优势的意思。关键是每一个人都得到改善。

帕累托（VilfredoPareto，1848~1923），意大利经济学家，因提出帕累托效率和帕累托优势而著名。帕累托效率准则是：经济的效率体现于配置社会资源以改善人们的境况，主要看资源是否已经被充分利用。如果资源已经被充分利用，要想再改善我就必须损害你或者别的什么人，要想再改善你就必须损害另外某个人，也就是说，要想再改善任何人都必须损害别的人，这时候就说一个经济已经实现了帕累托效率。相反，如果还可以在不损害别人的情况下改善任何人，就认为经济资源尚未充分利用，就不能说已经达到帕累托效率。

与帕累托优势不同的是帕累托劣势。1975年美国经济学家阿瑟·奥肯在《平等与效率》演讲稿中讲述了著名的"漏桶实验"：

当1美元从很富有的人的桶里拿到很穷的人的桶里时，对于倡导公平的人来说会毫不迟疑地投下赞成票；设想财富再分配的木桶上有一条漏缝，那么根据"木桶效应"，实际上富人的所交税金只有一部分交到了穷人手里，人们平等地进行财富再分配缴纳的高昂学费却是损失经济效率。另外，还有一个极端做法，就是把富人家的冰激凌搬到穷人家，"交易成本"除了运费之外，还有相当厚度的冰激凌在路上消融掉。

政府行使的经济职能之一就是要对收入进行再分配。政府专干给财富木桶捅个漏缝和搬冰激凌到穷人家的好事，它时刻防止出现帕累托劣势，因此行使它的另一职能就是矫正市场；出现帕累托劣势之后，它必须料理后事，强行要将财富公平地再分配一次，手段也只是制造漏缝和搬冰激凌。简单说，帕累托劣势是损人利已。寻找它不是为了暴富，找到了才会防微杜渐。

帕累托改善是各方的境况都不受损害的改善。牡鹿狩猎博弈的情况是假设双方平均分配猎物，也就是说，两个猎人的能力和贡献差不多，但现实社会的实际情况未必一定这样。

如果一个猎人能力强、贡献大，他就会要求得到较大的一份，但有一点是确定的，那就是能力较差的猎人的所得，至少要多于他独自打猎的收益，否则他就没有合作的动机。如果合作的结果是百步的所得多了，但穿杨的所得却少了，这相对于分别猎兔就没有帕累托优势，穿杨就受到了损害，这就不能说境况得到了帕累托改善。虽然总体收益改善了很多，百步的收益也改善了很多，但是穿杨没有改善反而恶化。因此站在穿杨的立场，没有原来自己单独狩猎的收益好，满意程度也就降低了。如果合作的结果是这样，那么，穿杨一定不愿意合作了。可见，帕累托改善是一种各方都认同的改善，而不是要求任何一方做出牺牲的改善。

双赢博弈：我助他人，他人助我

一位牧师问上帝天堂与地狱的差别何在，上帝把他带到了一个房间。只见房间中央摆放着一锅热腾腾的肉汤，一大群人正围着锅坐着，但个个都愁眉不展。原来，他们虽然每个人手里都拿着一把汤匙，但是汤匙的柄太长，他们无法把汤喂到自己的嘴里。面对眼前摆放着的美食，他们只能眼巴巴地看着发呆，却仍然要饿着肚子，难怪一个个神情沮丧、愁眉苦脸呢。

上帝又把牧师带到另外一个房间。房间里面中央位置仍然摆着同样的一锅热气腾腾的肉汤，一大群人正围着锅坐在一起。他们手中仍然拿着长柄汤匙，但是每个人面部的表情却幸福而满足，他们不时地欢笑、唱歌，显得非常快乐的样子。

牧师对此迷惑不解，于是问上帝："同样的食物，同样的条件，第一个房间里的人都在挨饿，处境颇为悲惨，而第二个房间里人们却丰衣足食，过得非常快乐，为什么差别如此之大呢？"上帝微笑着说："难道你没有发现，第二个房间里的人都在相互喂对方吗？"

原来，第一间房里的人只想着怎样来喂自己，但长柄汤匙使他们无法做到这一点，而第二个房间里的人却彼此合作，他们用长柄汤匙舀上汤互相喂对方，于是大家都喝上了汤——这就是天堂与地狱的差别啊！

还有一则寓言，也说明合作的重要意义。

农田的旁边有三丛灌木，每丛灌木中都居住着一群蜜蜂。农夫觉得，这些矮矮的灌木没有多大的用处，心想，还不如砍掉了当柴烧。当农夫动手砍第一丛灌木时候，住在里面的蜜蜂苦苦地哀求他："善良的主人，您就是把灌木砍掉了也没有多少柴火啊！看在我们每天为您的农田传播花粉的情分上，求求您放过我们的家吧。"农夫看看这些无用的灌木，摇了摇头："没有你们，别的蜜蜂也会传播花粉。"很快，农夫就毁掉了第一群蜜蜂的小家。

没过几天，农夫又来砍第二丛灌木。这时候冲出来一大群蜜蜂，对农夫嗡嗡大叫："残暴的地主,你要敢毁坏我们的家园，我们绝对不会善罢甘休！"农夫的脸上被蛰了好几下，他一怒之下，一把火把整丛灌木烧得干干净净。

当农夫把目标定在第三丛灌木的时候，蜂窝里的蜂王飞了出来，对农夫柔声说到："睿智的投资者啊，请您看看这丛灌木给您带来的好处吧！您看这丛黄杨树的木质细腻，成材以后准能卖个好价钱！您再看看我们的蜂窝，每年我们都能生产出很多蜂蜜，还有最有营养价值的蜂王浆，这可都能给您带来很多经济效益呢！"听了蜂王的介绍，农夫忍不住吞了一口口水。他心甘情愿地放下斧头，与蜂王合作，做起了经营蜂蜜的生意。

面对强大的对手，三群蜜蜂做出了三种选择：恳求、对抗、与对手共赢，而只有第三群蜜蜂达到了最终的目的。

现实社会的竞争往往是利益之争，如果把这种竞争看作是"零和博弈"，对手得益就意味着自己受损，那么结果往往是两败俱伤。为了生存，博弈主体必须学会与对手共赢，把社会竞争变成是一场双方得益的"正和博弈"。与对手共赢，就是以较小的代价换取更大的利益，这种策略类似于棋局中的弃卒保车，它应该成为社会竞争中的重要策略。

在全球化竞争的时代，共生共赢是企业的重要生存策略。海尔集团的创业历程就是中国经济逐步与全球经济融合的一个缩影，20多年前，海尔抓住中国改革开放的机遇，通过与德国利勃海尔的技术合作，走上了创名牌之路。海尔创名牌的战略，目标是创出一个有美誉度的世界名牌。

海尔的观点是"国门之内无名牌"，主动走出去，按照"先难后易"的战略，率先开拓欧美发达国家市场，与高手下棋，提高自身的国际竞争力。目前，海尔已在全球建立本土化的设计、制造、营销网络，拥有22个海外制造中心，18个设计中心以及13个贸易公司。海尔的营业额也从创业时的91．5万美元发展到2003年的97亿美元，是创业初期的1万多倍，与世界500强一步之遥。2004年，海尔入选世界品牌实验室评选的"世界最具影响力的100个品牌"，成为中国唯一的世界级品牌。

海尔经营的目标是追求用户满意度的最大化，通过为用户创造价值，而实现本身价值的回报。中国没有加入WTO之前，特别在计划经济时代，企业是保护性的盈利；改革开放初期，随着市场需求的扩大，企业是机遇性的盈利；加入WTO之后，在全球性的微利时代，既要有世界级规模，又要有利润。这就要求企业与用户之间实现共赢，与用户共赢是成功的根本。

例如，笔形手机是"海尔独创，全球共享"的成功个案。海尔笔形手机继直板和翻盖式手机之后，开创了一种时尚的外形和通讯、电子教鞭、录音三笔合一的功能，满足了用户多样化的需求，在全球用户共享创新价值的同时，海尔创造了一个独享的市场。

"现场一个帐篷内用现金或者信用卡付款，另一个帐篷提货，然后用免费小推车将货物运走，同时现场还有近千人在排队等候购买来自中国海尔的空调，最终7小时销售了7000台，这不能不说是一个奇迹。"这一抢购场面是2005年7月1日发生在美国纽约著名的梅西百货广场。这样的场面是海尔美国公司和美国著名的T连锁店共同策划合作的。海尔利用T连锁的本土优势，在售前的宣传、销售的地点、销售的时间、售中的服务均做了精心策划，因此造成了比较大的轰动效应。

市场的一体化首先体现为流通的全球化，海尔现在面对的是全球化的大客户，全球化的大客户拥有全球化的资源，著名的沃尔玛连锁店曾经创造两个小时在全球连锁店里销售100多万台微波炉的记录。企业只有把自身的资源和客户的资源结合在一起，才能创造全球化时代的销售业绩。

海尔成功的奥秘就是帮客户成功，帮用户赚钱。海尔自从1998年开始实施以市场链为纽带的业务流程再造，把传统企业的直线职能式的金字塔结构推倒，变成扁平化、信息化、网络的市场链结构。过去，企业是为库存生产和销售；而现在，海尔是为定单生产和销售。

在全球化时代，与对手共赢既是全球化的趋势，也是全球化带来的结果。在全球一体化时代，企业面临着两个一体化，一是国内国外市场的一体化，另一个是国内外竞争对手的一体化。在互联网时代，没有任何一个企业可以消灭或者打倒所有竞争对手，也没有任何一个企业可以满足所有市场上消费者的需求，因此大家必须联合起来，通过资源互补、市场互补实现效果互补。

海尔成功进入欧盟、美国等发达国家的市场后，日本的市场就成为海尔在全球布局的最后一个重要目标。在美国，海尔通过当地建厂实现本土化；在欧洲，海尔通过兼并实现本土化；在日本，海尔通过三洋的网络在日本销售海尔产品，一方面在日本市场建立海尔品牌，另一方面通过向日本的产品出口，提高海尔产品水平和管理水平，而三洋通过海尔的销售网络在中国销售三洋的产品，建立三洋在中国的新形象，双方实现了市场互换、资源共享，在共存共赢中发展。

过去，海尔在海外投资建立了13个工厂，但2003年后海尔改变了策略，利用逐渐培育起来的品牌优势，获得定单，交给当地的国际工厂进行制造，这种工厂现在已经有9个，海尔称之为国际合作工厂，海尔通过这种方式不仅降低了成本，而且提高了市场响应速度。当地的工厂通过这种方式满足了开工的需要，从而大家实现了共赢。

合作进化论：一报还一报博弈

现实社会充满竞争，同时也需要很多合作；合作是为了更好地提升竞争力，而竞争的过程中也离不开必要的合作；合作可以把蛋糕做得越来越大，竞争是为了在原来越大的蛋糕中获得更多份额。

根据美国知名学者罗博特·艾克斯罗德（RobertAxelrod）在1996年的合作进化论模型，人们在博弈中，最先被社会淘汰的是无条件助人者和无条件坑人者，最后被淘汰的是惯用欺诈态度者。而获得可持续进化机会的只剩下一种人，那就是一还一报的平等合作者。因此人们再次发现社会走向仍然是“我为人人，人人为我”。

社会实践中有很多合作的问题。比如国家之间的关税报复，对他国产品提高关税有利于保护本国的经济，但是国家之间互提关税，产品价格就提高了，丧失了竞争力，损害了国际贸易的互补优势。在博弈中，由于双方各自追求自己利益的最大化，导致了群体利益的损害。

假设有小桃和小李两个博弈参与者，可供他们选择的策略没有什么差异，即都可以选择合作或者选择不合作的策略。如果小桃和小李都选择合作，那么两人各得3个单位的收益；如果一方选合作，另一方选择不合作，则选择合作的一无所获，选择不合作的得5个单位的收益；如果小桃和小李都选择不合作，那么双方各得1个单位的收益。很明显，对群体来说最好的结果是双方都选择合作，从而各得3个单位的收益，共得6个单位的收益；如果一方选择合作，另一方选择不合作，那么总体得5个单位的收益；如果两人都选择不合作，那么总体得2个单位的收益。

博弈论描述了个体理性与群体理性的冲突，即每个人在追求个体利益最大化时，就使群体利益受损。对于小桃来说，当对方选择合作，他选择不合作得5个单位的收益，选择合作只得3个单位的收益；当对方选择不合作，他选择不合作得1个单位的收益，选择合作什么也得不到。因此，无论对方选择合作或者不合作，对小桃来说，选择不合作双方的收益都最多，这就是小桃单方面的优势策略。而当两个优势策略相遇，即小桃和小李都选择不合作时，结果是各得1个单位的收益。这个结果在博弈的策略选择中并不是最好的，其困境在于每个人采取各自的优势策略时，得出的结果虽然是稳定的，但却不是帕累托最优，而这个结果体现了个体理性与群体理性的矛盾冲突。

倘若博弈进行多次，只要参与者知道博弈次数，他们在最后一次肯定采取互相背叛的策略。既然如此，前面的每一次也就没有合作的必要，因此，在次数已知的多次博弈中，参与者没有一次会合作。如果博弈在多人之间进行，而且次数未知，参与者就会意识到，当持续地采取合作并达成默契时，参与者就能持续地各得3个单位的收益，但如果持续地不合作的话，每个人就永远得1个单位的收益。这样一来，合作的动机就开始出现了。

在多次对局的情况下，未来的收益应比现在的收益多一个折现率，折现率越大，表示未来的收益越重要。在多人对策持续进行下去，而且折现率比较大，即未来充分重要时，最优的策略是与别人采取的策略有关的。假设某人的策略是：第一次合作，以后只要对方不合作一次，他就永不合作。对这种参与者，当然合作下去是上策。假如有的人不管对方采取什么策略，他总是合作，那么总是对他采取不合作的策略得分最多。对于总是不合作的博弈参与者，就只能采取不合作的策略。

爱克斯罗德为了进行关于合作的研究，特意组织了一场电脑竞赛。这个竞赛的思路比较简单，就是让任何想参加这个电脑竞赛的人都扮演囚徒困境案例中一个囚犯，他们把自己的策略编入电脑程序，然后这些程序会被成双成对地融入不同的组合。分好组后，参与者就开始玩囚徒困境的游戏，他们每个人都要在合作与背叛之间做出选择。艾克斯罗德邀请不少人来参加这个游戏。他要求每个参赛者把追求得分最多的策略写成电脑程序，然后用单循环赛的方式将参赛程序两个一对进行博弈，以找出什么样的策略的得分最高，而什么时候结束游戏是未知的。

这次游戏有14个程序参加，再加上艾克斯罗德自己的一个随机程序即以50%的概率选取合作或者不合作，运转了300次。结果得分最高的程序是加拿大学者罗伯布写的“一报还一报”(TitforTat)。这个程序的特点是，第一次对局采用合作的策略，以后每一步都跟随对方上一步的策略，你上一次合作，我这一次就合作，你上一次不合作，我这一次就不合作。艾克斯罗德还发现，得分排在前面的程序有三个特点：第一，从不首先背叛，即“善良的”；第二，对于对方的背叛行为一定要报复，不能总是合作，即“可激怒的”；第三，不能人家一次背叛，你就没完没了地报复，以后人家只要改为合作，你也要合作，即“宽容性”。

为了进一步验证上述结论，爱克斯罗德决定邀请更多的人再做一次游戏，并把第一次的结果公开发表。第二次征集到了62个程序，加上他自己的随机程序，又进行了一次竞赛。结果，得第一名的仍是“一报还一报”。

爱克斯罗德总结这次游戏的结论是：第一，“一报还一报”仍是最优策略；第二，前面提到的三个特点仍然有效，因为63人中的前15名里，只有第8名的程序是“不善良的”，后15名中，只有1个总是合作的，而可激怒性和宽容性也得到了证明。另外，好的策略还必须具有的一个特点是“清晰性”，能让对方在三五步对局内辨识出来，过于复杂的策略不见得好。“一报还一报”具有较高的清晰性，能够让对方很快发现规律，从而不得不采取合作的态度进行博弈。

“一报还一报”的策略在静态的群体中得到了很好的分数，那么，在一个动态的进化的群体中，这种合作者能否产生、发展、生存下去呢？群体是会向合作的方向进化，还是向不合作的方向进化呢？如果大家开始都不合作，能否在进化过程中产生合作？为了回答这些疑问，爱克斯罗德用生态学的原理来分析合作的进化过程。

假设参与者所组成的策略群体是一代一代进化下去的，进化的规则有：第一，试错，即人们在对待周围环境时，起初并不晓得应该怎样去做，于是就试试这个，试试那个，哪个结果好就照哪个去做；第二，遗传，即一个人如果合作性好，他的后代的合作基因就多；第三，学习，即比赛过程就是参与者相互学习的过程，“一报还一报”的策略好，有的人就愿意学。按这样的思路，爱克斯罗德设计了一个实验，假设63个参与者中，谁在第一轮中的得分高，他在第二轮的群体中所占比例就越高，而且与他的得分成正比例。这样一来，群体的结构就会在进化过程中发生改变，由此就能够看出群体是在向何种方向进化。

实验的结果非常有趣：“一报还一报”原来在群体中占1/63，经过1000代的进化，结构稳定下来时，它占了24%。另外，有一些程序在进化过程中消失了。其中有一个值得研究的程序，即原来前15名中唯一的那个“不善良的”程序，它的对策方案是，首先合作，当发现对方一直在合作，它就突然来个不合作，如果对方立刻报复它，它就恢复合作，如果对方仍然合作，它就继续背叛。这个程序一开始发展很快，但等到除了“一报还一报”外的其他程序开始消失时，它就开始下降了。因此，以合作系数来测量，群体是越来越合作的。

进化实验揭示了一个哲理，即一个策略的成功应该以对方的成功为基础。“一报还一报”两个人对策时，得分不可能超过对方，最多打个平手，但它的总分最高。它赖以生存的基础是很牢固的，因为它让对方得到了高分。那个“不善良的”程序就不是如此，在它得到高分时，对方必然得到低分。它的成功是建立在别人失败的基础上的，而失败者总是要被淘汰的，当失败者被淘汰之后，这个好占别人便宜的成功者也要被淘汰。

那么，在一个由极其自利者所组成的不合作者的群体中，“一报还一报”能否生存呢？爱克斯罗德发现，在得分矩阵和未来的折现系数一定的情况下，可以算出，只要群体的5%或者更多成员是“一报还一报”，这些合作者就能生存，而且，只要他们的得分超过群体的总平均分，这个合作的群体就会越来越大，最后蔓延到整个群体。反之，无论不合作者在一个合作者占多数的群体中有多大比例，不合作者都是不可能自下而上的。这就说明，社会向合作进化的棘轮是不可逆转的，群体的合作性越来越大。艾克斯罗德正是以这样一个鼓舞人心的结论，突破了对囚犯困境的研究困境。

在研究中发现，合作的必要条件是：其一，关系要持续，一次性的或者有限次的博弈中，参与者是没有合作动机的；其二，对对方的行为要做出回报，一个永远合作的参与者是不会有人跟他合作的。可见，要提高合作性就应该建立持久的关系，即使是爱情也需要建立婚姻契约以维持双方的合作；要增强识别对方行动的能力，如果不清楚对方是合作还是不合作，就没法回报他了；要维持声誉，说要报复就一定要做到，人家才知道你是不好欺负的，才不敢不与你合作；能够分步完成的对局不要一次完成，以维持长久关系，比如，贸易、谈判都要分步进行，以促使对方采取合作态度；不要嫉妒人家的成功，“一报还一报”正是这样的典范；不要首先背叛，以免担上罪魁祸首的道德压力；不仅对背叛要报复，对合作也要做出回报；不要耍小聪明，占人家便宜。

艾克斯罗德认为友谊不是合作的必要条件，即使是敌人，只要满足了关系持续，互相回报的条件，也有可能合作。比如，第一次世界大战期间，德英两军在战壕战中遇上了3个月的雨季，双方在这3个月中达成了默契，互相不攻击对方的粮车给养，到大反攻时再你死我活地打。这说明友谊并不是合作的前提，预见性也不是合作的前提。爱克斯罗德举出生物界低等动物、植物之间合作的例子来说明这一点。但是，当有预见性的人类了解了合作的规律之后，合作进化的过程就会加快。这时，预见性是有用的，学习也是有用的。

人不犯我，我不犯人；人若犯我，我必犯人；人若益我，我亦益人。在社会博弈中，人们策略的竞争的结果，往往是“善良”的“以合作为主”的策略大获全胜，“邪恶”的“以占便宜为主”的策略则成绩不佳。人生博弈的最佳规则就是“善良”加“一报还一报”。这个规则必定成功的原因在于它综合了善良性、报复性、宽容性，它的善良性防止它陷入不必要的麻烦，它的报复性使对方试着背叛一次以后就不敢再背叛，它的宽容性有助于重新恢复合作，它的清晰性使它容易被对方理解，从而能够形成长期的合作、多方的共赢。

可见，良好的博弈策略往往总是以合作开局，但从此以后就采取以其人之道还治其人之身的策略，即实行“胡萝卜加大棒”的原则。这种人应具备善意、宽容、强硬、简明的特征，这种人往往是消解社会博弈困境的赢家。

其实，艾克斯罗德的一些结论在我们的国学中可以比较容易地找到对应的表达，比如“投桃报李”、“人不犯我，我不犯人”、“以眼还眼，以牙还牙”就体现了这种思想。但这些策略并不是最优的，因为“一报还一报”在充满了随机性的现实社会生活里是有缺陷的。而孔子在几千年前就说出了“以德报德，以直报怨”这样精彩的修正策略，“直”就是公正，以公正来回报对方的背叛，这是一种修正了的“一报还一报”，修正的是报复的程度，本来会让你损失5个单位的收益，现在只让你损失3个单位的收益，从而有利于结束没完没了的报复，进而形成人类文明。

附录一

全本厚黑学

李宗吾　著

第一章 厚黑原理

阻碍世界进化，固然由于人有私心，但是世界能够进化，也全靠人有私心，由渔猎而游牧，而耕稼，而工商，造成种种文明，也全靠人有私心，在暗中鼓荡。我们对于“私”字，应当把它当如磁电一般，详细研究它的性质，因而利用之，不能光用铲除的法子。假使物理学家，因为电气能杀人，朝朝日日，只研究除去电气的法子，我们哪得有电话电灯来使用？私字的不可去，等于地心吸力的不可去，我们只好承认其私，使人人各遂其私，你不妨害我的私，我不妨害你的私，这可说是私到极点，也即是公到极点。

自序一

1912年，我在成都《公论日报》上发表一文，题目叫《厚黑学》，说：“古今成功的英雄，没有一个不是面厚心黑的人。”这本是一种游戏文字，不料自此以后，厚黑学三字，遂传播四川，成了一个普通名词。我自己也莫名其妙，心想：这等说法，能受一般人欢迎，一定与心理学有关系。继续研究下去，才知厚黑学是渊源于性恶说，在学理上是有根据的。但私心终有所怀疑。遍寻中外心理学诸书读之，均不足解开我的怀疑，乃将古今人说法尽行扫去，另用物理学的规律来研究心理学，觉得人心的变化，处处是跟着力学规律走的。从古人事迹上、今日政治上、日用琐事上、自己心坎上、理化数学上、中国古书上、西洋学说上，四面八方，印证起来，处处可通，就创一臆说：“心理按照力学规律而变化。”1920年，写一文章叫《心理与力学》，藏在箱子中，不敢发表，1937年方刊入拙著《宗吾臆谈》内。兹特重加整理，扩大为一单行本。

我这《心理与力学》一书，开始于1920年，今为1938年，历时18年，而此书渊源于厚黑学。我研究厚黑学，始于满清末年，可说此书之成，经过30年之久。记得唐朝贾岛做了两句诗：“独行潭底影，数息树边身。”自己批道：“二句三年得，一吟双泪流。”我今日发表此书，真有他那种感想。

我的思想，好比一株树。厚黑学是思想的出发点，等于树根；因厚黑学而生出一条臆说：“心理依力学规律而变化。”等于树身；其他所写《社会问题之商榷》、《考试制度之商榷》、《中国学术的趋势》，与最近所写的《制宪与抗日》等书，都是以“心理依力学规律而变化”这条臆说为根据，等于树上生出的枝叶花果。故我所写的文字，虽种种不同，其实是一以贯之。

去年遇川大教授——福建的江超西先生，是专门研究物理的，并且喜欢研究易学，是博通中外的学者。我把稿子全部拿给他看，把所有疑点提出请教。承蒙一一指示，认为我这种说法讲得通，并赐序一篇，我是非常感激。但我终不敢自信，请读者不客气地赐教。

我研究这个问题，已经闹得目迷五色，文中种种说法，对与不对，自己无从知道。我重在解释心中疑团；读者指驳越严，我越是感激，绝不敢答辩一字。诸君赐教的文字，可在任何报章杂志上发表，发表后，请惠赠一份，交成都《华西日报》转交，以便改正。

1938年1月13日，于成都

自序二

我发表此书后，得到不少批评，使我获益匪浅，很是感谢。除全部赞成和全部否认者外，有认为大致不差，某某点尚应该改者，我已遵照修改。有些地方，虽经指示，而我认为尚应商酌的，则暂仍其旧，请读者再加指正。所有赐教文字，请交重庆《国民公报》转交，以便再加修改。

读者常常反驳我说："人的心理，变化不测，哪里会有规律？"我说：物理也是变化不测，何以又有规律？现在的科学家，研究物理，可谓极精了。我们试取一瓷杯，置于地上，手执一铁锤，请问：此锤击下去，此杯当成多少块？每块形状如何？恐怕聚世界科学家研究之，无一人能预知，所可知的，铁锤击下，此杯必破裂罢了。为什么呢？杯子内部分子的构造，无从推测，我们不能因此就说，物理变化，无有规律；人藏其心，不可测度，与瓷杯之分子相同，所以心理变化，如珠走盘，横斜曲直，不可得知，所可知者，必不出此盘而已；人持弓箭，朝东射，朝西射，我们不能预知，但一射出来，其箭必依抛物线进行，这就是力的规律。我所谓心理变化有规律可循，也就是这个意思。

我说"心理依力学规律而变化"，原是一种臆说，不能说是公例。公例者，无一例外之谓也。当初牛顿发明万有引力，定出三例，许多人都不承认，后来逐渐证明，逐渐承认，最后宇宙各种现象，都皆合牛顿规律，惟天王星不合，有此例外，仍不能成为公例。直到1846年，有某天文家，将天王星符合牛顿规律这部分提出，将其不合规律的部分加以研究，断定天王星之外，另有一个行星，其形状如何，位置如何，加入此星的引力，天王星就符合规律了。此说一发表出来，众天文家，依其说以搜求之，立即把海王星寻出，果然丝毫不差错，牛顿的学说，就成为公例。心理的变化，较物理更复杂，更奇妙。我的说法，不为一般人所承认者，因为例外的事太多。我不认为我的臆说有错，而认为人心中的海王星太多。我们也只能握着大原则，以搜求各人心中的海王星。

有人说：你想把人事与物理沟通为一，从前许多人都做过这种工作，无奈这条路走不通。我说：苏伊士运河，从前许多人都说凿不通，终于凿通；巴拿马运河，许多人都说凿不通，也终于凿通。我认为自然界以同一原则生人生物，物理上的规律，必可适用于人事，不过我个人学识不够，不能把他沟通为一罢了。学术是世界公物，应当全世界研究，不是一个人的力量所能胜任。尚望读者诸君共同研究，如我这种方式走不通，希望读者也原谅我的愚蠢，尽管教导我！

物理纷繁极了，牛顿寻出规律，纷繁的物理，清楚地有了规律，而科学因此大进步；世界纷乱极了，我们在人事上如能寻出规律，则世界学说，可归一致，人世的纠纷，可以免除，而文明自必大进步。这是作者希望诸君共同研究的。

1942年10月8日，于成都

恐惧与怜悯

——孟子、荀子的人性观

孟子的性善说，荀子的性恶说，是我国学术史上，未曾解除的悬案，两说对峙了两千多年，相持不下。孟子说：人性皆善，主张仁义化民。宋儒承袭其说，开出理学一派，创出不少迂谬的议论；荀子生在孟子之后，反对他的学说，说人性恶，主张用“礼”制裁它；他的学生韩非，认为“礼”的制裁力弱，不如法律的制裁力强，于是变而为刑名之学，其弊流于刻薄寡恩。于是儒法两家，互相排斥，学说上、政治上生出许多冲突。究竟孟荀两说，孰得孰失？我们非把他彻底研究清楚不可。

孟子说：“孩提之童，无不知爱其亲也，及其长也，无不知敬其兄也。”这个说法，是有破绽的。我们任喊一个当母亲的，把她亲生孩子抱出来，当众试验。母亲抱着他吃饭，他就伸手来拖母亲的碗，如不提防，就会落地打烂。请问这种现象，是否爱亲？母亲手中拿一糕饼，他见了，就伸手来拖，如不给他，放在自己口中，他立刻会伸手从母亲口中取出，放在他的口中。又请问这种现象，是否爱亲？小孩在母亲怀中，吃乳吃糕饼，哥哥走近前，他就用手推他打他。请问这种现象，是否敬兄？五洲万国的小孩，无一不如此。事实上已经有这种现象，孟子的性善说，难道不是显然露出破绽？所有基于性善说发出的议论，订出的法令制度，就有了不少流弊。

但是孟子所说“孩提爱亲，少长敬兄”，究竟从什么地方生出来？我们要解释这个问题，只好用研究物理学的法子去研究。

大凡人的天性，以“我”为本位，我与母亲相对，小儿只知有“我”，所以从母亲口中将糕饼取出，放在自己口中。母亲是哺乳我的人，哥哥是分我食物的人，把母亲与哥哥比较，觉得母亲与我更接近，所以小儿就爱母亲。稍微长大后，与邻人相遇，把哥哥与邻人比较，觉得哥哥与我更接近，自然就爱哥哥。

由此推论，走到别的乡，就爱邻人；走到别的省，就爱本省的人；走到外国，就爱本国的人。我们细加研究，就知道孟子说的爱亲敬兄，都是从为“我”之心流露出来的。

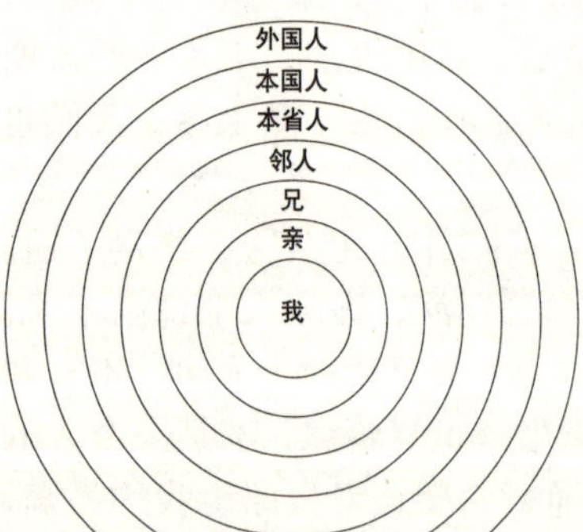

图一　孟子的性善图

可见孟子所说爱双亲敬兄长，内部藏了一个“我”字，不过没有说出来；假若补个“我”字进去，绘图一看就自然明白了。如图一，第一圈是我，第二圈是亲，第三圈是兄，第四圈是邻人，第五圈是本省人，第六圈是本国人，第七圈是外国人。这个图，就是人心的现象。这个现象，很像物理学上讲的磁场一样，所以牛顿所创造的公理，可运用于心理学。

但上图是否正确，还需加以考验。假如暮春三月，我们邀约二三友人，出外游玩，看见山明水秀，心中非常愉快，走到山水粗俗的地方，心中就不免烦闷，这是什么缘故呢？因为山水是物，“我”也是物，物我本是一体，所以物的样子好，心中就愉快，物的样子不好，心中就不愉快;又走到一地方，见地上有许多碎石头，碎石之上，落花飘零，我心中对于落花不胜悲伤，而对于碎石头就不怎么注意。这是什么缘故呢？因为石头是无生命的物体，花与我同样是有生命的物体，所以常常有人作落花诗、落花赋，而不作碎石歌、碎石行。古今诗词中，吟咏落花的诗中写得空前绝后的，没有一首不是连同人生来描写的。

假如落花的上面横卧一条即将死去的狗，发出哀鸣婉转的呜咽声，令人震耳惊心，立刻就把悲感落花的心绪打断。这是什么缘故呢？因为花是植物，狗与我同是动物，所以不知不觉，对于狗特别表示同情；又假如路途中看到一条凶恶的猛狗拦着一个人狂咬，那个人拿着木棍乱打，面对着人与狗相争的情况，我们只有帮人的忙，绝对不会帮狗的忙。这是什么缘故呢？因为狗是犬类，我与那人同是人类，所以不知不觉，对于人更表示同情感。

我与友人分手回家，刚走进家门，便有人跑来报告：你先前那个友人，走在街上，同一个人在打架，正打得难分难解。我听了立即奔往营救，本来同是人与人打架，因为友谊的关系，所以我只能营救友人。我把友人拉到我的书房，询问他打架的原因，正在倾耳细听，忽然房子倒下来，我抢先急忙逃出门外，回头再喊友人说："你还不跑出来吗？"请问一见房子倒下，为什么不喊友人跑，必定等待自己跑出门了，才回头喊友人呢？这就是人的天性以"我"为本位的明证。

我们把上述事实再绘如图二：第一圈是我，第二圈是友，第三圈是他人，第四圈是狗，第五圈是花，第六圈是石。这中间的规律是：距离我越远，爱的情感越减少，爱的情感和距离成反比。此图与前图是一样的。此图所设的境界与前图完全不相同，但得出的结果还是一样，足以证明天然的道理实在是如此。现在再总括地说：大凡有两个物体同时呈现于我的面前，我心里一时来不及安排，自然会以"我"为本位，看距离我的关系的远近，决定爱的情感的厚薄，这正和地心吸引力没有区别。

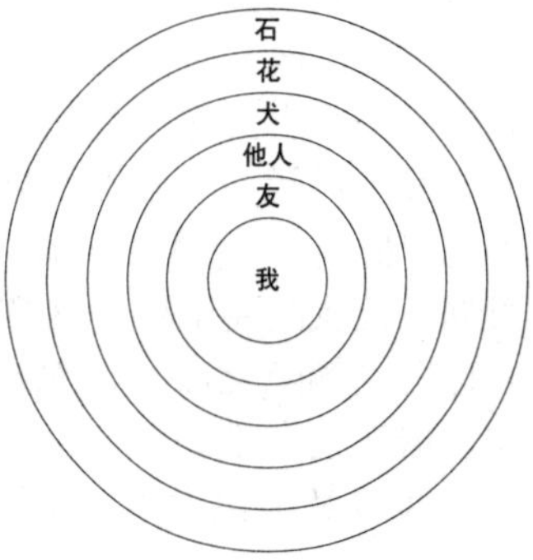

图二　荀子的性恶图

力有离心、向心两种，图一层层向外发展，是离心力现象；图二层层向内收缩，是向心力现象。孟子站在图一里面，向外看去，见得凡人的天性，都是孩提爱亲，稍长爱兄，再进则爱邻人，爱本省人，爱本国人，层层放大；如果再放大，还可放至爱人类、爱物类为止，因此断定人的性善。所以说："老吾老，以及人之老，幼吾幼，以及人之幼。"又说："举斯心，加诸彼。"总是叫人把这种固有的性善扩而充之。孟子喜言诗，诗是宣导人的意志的，凡人只要习于诗，自然把这种善性发挥出来，这就是孟子立说的本旨，所以图一可看为孟子的性善图。

荀子站在图二外面，向内看去，见得凡人的天性，都是看见花就忘了石，看见犬就忘了花，看见人就忘了犬，看见朋友，就忘了他人，层层缩小，及至房子倒下来，赤裸裸的只有一个"我"，连最好的朋友都忘掉了，因此断定人的性恶。所以说："妻子具而孝衰于亲，嗜欲得而信衰于友，爵禄盈而忠衰于君。"又说："拘木必将待檃栝蒸矫然后直，钝金必将待砻厉然后利。"总是叫人把这种固有的恶性抑制下去。荀子喜言礼，礼是规范人的行为的。凡人只要习于礼，这种恶性自然不会发展出来。这就是荀子立说的本旨。故图二可看为荀子性恶图。

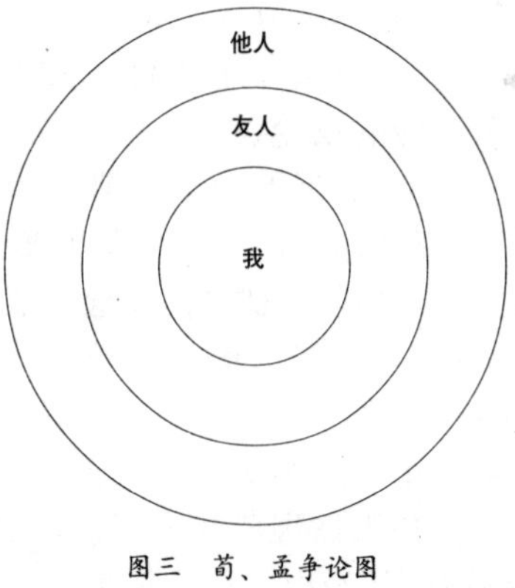

图三　荀、孟争论图

一、二两图，本是一样，但从孟子、荀子眼中看来，就成了性善、性恶，极端相反的两种说法，难道不是很奇怪的事吗？并且有时候，同是一事，孟子看来是善，荀子看来是恶，那就更奇怪了。例如我听见我的朋友同一个人打架，我总愿我的朋友打胜，请问这种心理是善是恶？

假如我们去问孟子，孟子一定说道：这明明是性善的表现，怎么这样说呢？友人与他人打架，与你毫无关系，而你希望他打胜，此乃爱友之心，不知不觉，从天性中自然流出，古圣贤明胞物与，无非基于一念之爱而已。所以你这种爱友之心，务须把他扩充起来。

假如我们去问荀子，荀子一定说道：这明明是性恶的表现，怎么这样说呢？你的朋友是人，他人也是人，你不救他人而救友人，此乃自私之心，不知不觉，从天性中自然流出。威廉第二，造成第一次世界大战；德意日造成第二次世界大战，无非起于一念之私而已。所以你这种自私之心，务须把它抑制下去。

上面所举，同是一事，而有极端相反的两种说法，两种说法，都是颠扑不灭，这是什么道理呢？我们要解释这个问题，只需绘图一看，就自然明白了。如图三：第一圈是我，第二圈是友人，第三圈是他人，请问友人这个圈，是大是小？孟子在里面画一个“我”字之小圈，与之比较，就说他是大圈。荀子在外面画一个“人”字之大圈，与之比较，就说他是小圈。若问二人的理由，孟子说：友人这个圈，乃是把画“我”字小圈的两脚规张开来画成的，怎么不是大圈？顺着这种趋势，必会越张越大，所以应该扩充之，使他再画大点。荀子说：友人这个圈，乃是把“人”字大圈的两脚规收拢来画成的，怎么不是小圈？顺着这种趋势，必定越收越小，所以应该制止它，不使它再画小。孟荀之争，就是这样。

营救友人一事，孟子提个“我”字，与“友”字相对，说是性善的表现；荀子提个“人”字，与“友”字相对，说是性恶的表现。我们绘图观之，“友”字这个圈，只能说他是个圈，不能说他是大圈，也不能说他是小圈。所以营救友人一事，只能说是人类天性中一种自然现象，不能说他是善，也不能说他是恶。孟子说性善，荀子说性恶，乃是一种诡辩，二人生当战国，染得有点策士诡辩气习，我辈不可不知。

荀子以后，主张性恶者很少。孟子的性善说，在我国很占势力，我们可把他的学说再加研究。他说：“今人乍见孺子将入于井，皆有怵惕恻隐之心。”这个说法，也是性善说的重要根据。但我们要请问：这章书，上文明明是怵惕恻隐四字，何以下文只说“无恻隐之心，非人也”、“恻隐之心，仁之端也”。凭空把“怵惕”二字摘来丢了，是何道理？性善说之有破绽，就在这个地方。

怵惕是惊惧之意，譬如我们共坐谈心的时候，忽见前面有一人，提一把白亮亮的刀，追杀一人，我们一齐吃惊，各人心中都要跳几下，这就是怵惕。因为人人都有怕死的天性，看见刀，仿佛是杀我一般，所以心中会跳，所以会怵惕。我略一审视，晓得不是杀我，是杀别人，登时就把怕死的念头放大，化我身为被追之人，对于他起一种同情心，想救护他，这就是恻隐。由此知道：恻隐是怵惕的放大形。孺子是我身的放大形，没有怵惕，就不会有恻隐，可以说：恻隐二字，仍是发源于“我”字。

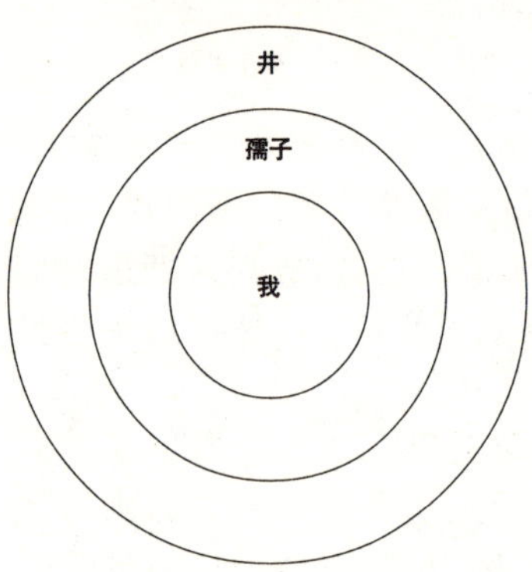

图四　孺子入井图

见孺子将入井的时候，共有三物：一是我，二是孺子，三是井，绘之为图四，第一圈是我，第二圈是孺子，第三圈是井。我与孺子，同是人类，井是无生物。见孺子将入井，突有一“死”的现象呈于我们面前，所以会怵惕，登时对于孺子表同情，生出恻隐心，想去救护他。所以孟子说：“恻隐之心，仁之端也。”我们须知：怵惕是自己畏死，恻隐是怜悯他人的死，所以恻隐可称之为仁，怵惕不能称之为仁，所以孟子把怵惕二字摘下来丢了。但有一个问题，假如“我”与孺子同时将入井，请问此心作何状态？不消说，这刹那间，只有怵惕而无恻隐，只能顾及“我”的死，不能顾及孺子。不是不爱孺子，是变生仓促，顾不及。一定“我”身离开了危险，神志略定，恻隐心才能发出。可惜孟子当日，未把这一层提出来研究，留下破绽，才生出宋儒理学一派，创出许多迂谬的议论。

孟子所说的爱亲敬兄，所说的怵惕恻隐，内部都藏有一个“我”字，但他总是从第二圈说起，对于第一圈的我，则略而不言。杨子为“我”，算是把第一圈明白揭出了，但他却专在第一圈上用功，第二以下各圈，置之不管；墨子摩顶放踵，是抛弃了第一圈的我，他主张爱无差等，是不分大圈小圈，统画一极大之圈了事。杨子有了小圈，就不管大圈；墨子有了大圈，就不管小圈。他们两家，都不知道：天然现象是大圈小圈，层层包裹的。孟荀二人，把层层包裹的现象看见了，但孟子说是层层放大，荀子说是层层缩小，就不免流于一偏了。我们取杨子的“我”字，作为中心点，在外面加一个差等之爱，就与天然现象相合了。

我们综合孟荀的学说而断之曰：孟子所说“孩提之童，无不知爱其亲也，及其长也，无不知敬其兄也”一类话，没有错，但不能说是性善，只能说是人性中的天然现象；荀子说“妻子具而孝衰于亲，嗜欲得而信衰于友”一类话，也没有错，但不能说是性恶，也只能说是人性中的天然现象。但学者服从谁呢？我说：我们知道，人的天性，能够孩提爱亲，稍长敬兄，就把这种心理扩充了，适用孟子“老吾老，以及人之老，幼吾幼，以及人之幼”的说法。我们又知道：人的天性，能够减少对父母的孝，减少了对朋友的诚信，就把这种心理纠正过来，适用荀子“拘木必将待檃栝蒸矫然后直，钝金必将待砻厉然后利”的说法。

孟荀的争论，只是性善、性恶名词上的争论，实际他二人所说的道理，都不错，都可以在实际中看到。我以为我们无须问人性是善是恶，只须创一公例：“心理依力学规律而变化。”把牛顿的吸力说，爱因斯坦的相对论，应用到心理学上。心理物理，打成一片而研究之，岂不简便而明确吗？何苦将性善、性恶这类的名词，没完没了地争论不休。

天理与私欲

——论宋儒对人性的扭曲

战国是我国学术最活跃的时代，其时游说之风最盛，往往立谈而取卿相之荣，其游说各国之君，颇似后世人主临轩策士，不过是口试，不是笔试罢了。一般策士，习于揣摩之术，先用一番工夫，把事理研究透彻了，出而游说，总是把真理蒙着半面，只说半面，成为偏激之论，愈偏激则愈新奇，愈足以耸人听闻。苏秦说和六国，讲出一个道理，风靡天下；张仪解散六国，反过来讲出一个道理，也是风靡天下。孟荀生当其时，染有此种气习。本来人性是无善无恶，也即是“可以为善，可以为恶”。孟子从整个人性中截半面以立论，曰性善，其说新奇可喜，于是在学术界独树一帜；荀子出来，把孟子遗下的那半面，揭出来说性恶，又成一种新奇之说，在学术界，又树一帜。从此性善说和性恶说，遂成为对峙的二说。宋儒笃信孟子的说法，根本上就误了。然而孟子尚不甚误，宋儒则大误，宋儒言性，完全与孟子违反。

请问：宋儒的学说乃是以孟子所说(一)“孩提之童，无不知爱其亲”，(二)“乍见孺子将入于井，皆有怵惕恻隐之心”，两个根据为出发点，何至会与孟子的说法完全违反？现说明如下：

小孩与母亲发生联系，共有三个场所：(一)一个小孩、一个母亲、一个外人，同在一处，小孩对于母亲，特别亲爱，这个时候，可以说小孩爱母亲。(二)一个小孩、一个母亲，同在一处，小孩对于母亲依恋不舍，这个时候，可以说小孩爱母亲。(三)一个小孩、一个母亲，同在一处，发生了利害冲突，例如有一块糕饼，母亲吃了，小孩就没得吃，母亲把它放在口中，小孩就伸手取来，放在自己口中。这个时候，断不能说小孩爱母亲。孟子言性善，舍去第三种不说，单说前两种，讲得头头是道。荀子言性恶，舍去前两种不说，单说第三种，也讲得头头是道。所以他二人的学说，本身上是不发生冲突的。宋儒把前两种和第三种一块讲，又不能将之贯通为一，于是他们的学说，本身上就发生冲突了。

宋儒笃信孟子孩提爱亲之说，忽然发现了小孩会抢母亲口中糕饼，而世间小孩，无一不是如此，也不能不说是人之天性，求其故而不得，遂创一名词叫做“气质之性”。假如有人问道：小孩何以会爱亲？说道“义理之性”也。问：既爱亲矣，何以会抢母亲口中糕饼？说道“气质之性”也。好好一个人性，无端把他剖而为二，因此全部宋学，就荆棘丛生，迂谬百出了。朱子出来，注孟子书上“天生蒸民”一节，简直明明白白说道：“程子之说，与孟子不同，以事理考之，程子更严密。”他们自家就这样说，难道不是显然违反孟子吗？

孟子知道：一般人有怕死的天性，见孺子将入井，就会发生恐惧心，跟着就会把恐惧心扩大，而生恻隐心，因教人把此心再扩大，推至于四海，这是孟子立说的本旨。恐惧是自己怕死，不能说是仁，恻隐是怜悯他人的死，方能说是仁，所以下文摘去恐惧二字，只说“恻隐之心，仁之端也”。在孟子本没有错，不过文字简略，少说了一句“恻隐是从恐惧扩大出来的”。不料宋儒读书不求甚解，见了“恻隐之心，仁之端也”一句，以为人的天性一发出来，就是恻隐，忘却上面还有恐惧二字，把凡人有怕死的天性一笔抹杀。我们试读宋儒全部作品，所谓语录也，文集也，集注也，只是发挥恻隐二字，对于恐惧二字置之不理，这是他们最大的失误。

但是宋儒毕竟是好学深思的人，心想：小孩会夺母亲口中糕饼，究竟是什么道理呢？一旦读《礼记》上的《乐记》，见有“人生而静，天之性也，感于物而动，性之欲也”等语，恍然大悟道：糕饼就是物，从母亲口中夺出是感于物而动。于是创出“去物欲”之说，叫人切不可为外物所诱惑。

宋儒又继续研究下去，研究我与孺子同时将入井，发出来的第一念头，只是赤裸裸一个自己怕死之心，并无所谓恻隐。于是诧异道：明明看见孺子将入井，为什么恻隐之心不出来，反发出一个自己畏死之念？要说此念是物欲，此时并没有外物来引诱，完全从内心发出，这是什么道理？继而又醒悟道：怕死之念，是从为我二字出来的，抢母亲口中糕饼，也是从为我二字出来的，我就是人，遂用人欲二字代替物欲二字。告其门弟子说：人之天性，一发出来，就是恻隐，尧舜和孔孟诸人，满腔子是恻隐，无时无地不然。我辈有时候与孺子同时将入井，发出来的第一念，是怕死之心，不是恻隐之心，此气质之性为之也，人欲掩盖它了，你们需用一番“去人欲，存天理”的工夫，才可以成为孔孟，成为尧舜。天理是什么？是恻隐之心，就是所谓仁也。这种说法，即是程朱全部学说的主旨。

于是，程子门下的第一个高足弟子谢上蔡，就照着程门教条做去，每日在高石阶上跑来跑去，练习不动心，以为我不怕死，人欲去尽，天理自然流行，就成为满腔子是恻隐了。像他们这样的“去人欲，存天理”，明明是“去恐惧，存恻隐”。试想：恻隐是恐惧的放大形，孺子是我身的放大形，恐惧既无，恻隐何有？我身既无，孺子何有？我既不怕死，就叫我自己入井，也是无妨。见孺子入井，哪里会有恻隐？

程子的门人，专做“去人欲”的工作，即是专做“去恐惧”的工作。门人中有个叫吕原明的，乘轿渡河坠水，跟从的人溺死，他安坐轿中，漠然不动，他是去了恐惧的人，所以见从者溺死，不生恻隐心。程子这派学说传至南宋，朱子的好友张南轩之父张魏公，符离之战，丧师十数万，终夜鼾声如雷，南轩还夸其父心学很精。张魏公也是去了恐惧的人，所以死人如麻，不生恻隐心。

孟子说：“同室之人斗者救之，虽被发缨冠而救之可也。”吕原明的随从、张魏公的兵士，岂非同室之人？他们这种举动，岂不是有违孟子家法？

大凡去了恐惧的人，必流于残忍。杀人不眨眼的恶贼，往往身临刑场，谈笑自若，是其明证。程子是去了恐惧的人，所以发出“妇人饿死事小，失节事大”的议论。所以戴东原曰：宋儒以理杀人。

有人问道：恐惧心不除去，遇着大患临头，我只有个怕死之心，怎能干救国救民的大事呢？我说：这却不然，在孟子是有办法的，他的方法，只是培养仁义二字，平日专用培养仁义的工夫，见之真，守之笃，一旦身临大事，义之所在，自然会奋不顾身的做去。所以说：“生，亦我所欲也；义，亦我所欲也，二者不可得兼，舍生而取义者也。”孟子平日培养仁义，把这种至大至刚的浩气养得完完全全的，并不像宋儒去人欲，平日身蹈危阶，把那种怕死之念去得干干净净的。孟子不动心，宋儒也不动心。孟子的不动心，是从积极的培养仁义得来；宋儒的不动心，是从消极的去欲得来，所走途径，完全相反。

孟子的学说以“我”字为出发点，所讲的爱亲敬兄和恐惧恻隐，内部都藏有一个“我”字。他说：“老吾老，以及人之老，幼吾幼，以及人之幼。”又说：“人人亲其亲长其长，而天下平。”吾是“我”，其也是“我”，处处不脱“我”字，孟子因为重视“我”字，才有“民为贵君为轻”的说法，才有“君之视臣如草芥，则臣视君如寇仇”的说法。程子倡“去人欲”的学说，专作剥削“我”字的工作，所以有“妇人饿死事小，失节事大”的说法。

孟子说：“贼仁者谓之贼，贼义者谓之残，残贼之人谓之一夫。闻诛一夫纣矣，未闻弑君也。”这是孟子业已判决了的定案。韩愈说：“臣罪当诛兮，天王圣明。”程子极力称赏此语，公然推翻孟子定案，难道不是孟门叛徒？他们还要自称继承孟子道统，真百思不解。

孔门学说，“己欲立而立人，己欲达而达人”，利己利人，合为一事。杨子为“我”，专讲利己，墨子兼爱，专讲利人。这都是把一整个道理，蒙着半面，只说半面。学术界公例：“学说愈偏则愈新奇，愈受人欢迎。”孟子说：“天下之言，不归杨，则归墨。”孔子死后，不到百年，他讲学的地方，全被杨墨夺去，孟子奋臂而起，力辟杨墨，发挥孔子推己及人的学说。在我们看来，杨子为“我”，只知自利；墨子兼爱，专门利人，墨子的价值，似乎在杨子之上。等到孟子说“逃墨必归于杨，逃杨必归于儒”，反把杨子放在墨子之上，认为离儒家更近，于此可见孟子之重视“我”字。

杨子拔一毛而有利天下不做也，极端尊重“我”字，但杨子同时尊重他人的“我”。其言曰：“智之所贵，存我为贵，力之所贱，侵物为贱。”不许他人拔我一毛，同时我也不拔他人一毛，其说最精，所以孟子认为高出墨子之上。但由杨子的学说，只能做到利己而无损于人，与孔门“仁”字不合。仁从二人，是人与“我”中间的工作。杨子学说，失去人我的关联，所以被孟子所驳斥。

墨子摩顶放踵以利天下，其要点是损己利人，与孔门“义”字不合。义字从羊从我（编者注：指繁体字“義”），故义字之中有个我字在；羊者祥也，美善二字皆从羊。由“我”择其最美最善者行之，是之谓“义”。事在外，选择的人是“我”，故曰义内也。墨子兼爱，知有人不知有“我”，所以孟子极端排斥之。但墨子的损“我”，是牺牲“我”一人，以救济普天下之人，知有众人的“我”，不知自己的我，这是菩萨心肠。其说只能行于少数圣贤，不能行之于人人，与孔门中庸之道，人己两利的宗旨有异，自孟子观之，其说反在杨子之下。为什么呢？因其失去图一、图二的中心点。孟子说：“天之生物也，使之一本。”一本是什么？是中心点。

墨子的损“我”，是“我”自愿损之，非他人所能够干预的；墨子善守，公输盘九攻之，墨子九御之，我不想自损，他人固无如我何也。墨子摩顶放踵，与“腓无胈，胫无毛”的大禹有什么区别？与“栖栖不已，席不暇暖”的孔子有什么区别？孟子极力贬斥他的原因，无非学术上门户之见而已。但墨子摩顶放踵，所损者外形也，宋儒去人欲，则损及内心矣，其说岂不更出墨子下？孔门之学，推己及人，宋儒也推己及人，无如其所推而及之者，则为我甘饿死以殉夫，于是希望天下的妇人，皆饿死以殉夫，我甘诛死以殉君，遂欲天下之臣子，皆诛死以殉君，仁不如墨子，义不如杨子。孟子已斥杨墨为禽兽矣，使见宋儒，未知作何评语？

综而言之：孟子言性善，宋儒也言性善，实则宋儒的学说，完全与孟子违反，其区分之点在于：“孟子之学说，不损伤‘我’字，宋儒之学说，损伤‘我’字。”

再者，宋儒还有去私欲的说法，究竟“私”是个什么东西？去“私”是怎么一回事？也非把他研究清楚不可。私字的意义，许氏《说文》，是引韩非的话来解释的。韩非原文：“仓颉作书，自环者谓之私，背私谓之公。”环即是圈子，私字古文作厶，篆文作厶，画一个圈。公字从八从厶，八是把一个东西破为两块的意思，故八者背也。“背私谓之公”，就是说：把圈子打破了，才称之为公。假使我们只知有我，不顾妻子，环自身画一个圈，妻子必说我徇私，我于是把我字这个圈撤去，环妻子画一圈；但弟兄在圈之外，又要说我徇私，于是把妻子这个圈撤去，环弟兄画一个圈；但邻人在圈之外，又要说我徇私，于是把弟兄这个圈撤去，环邻人画一个圈；但国人在圈之外，又要说我徇私，于是把邻人这个圈撤去，环国人画一个圈；但他国人在圈之外，又要说我徇私，这只好把本国人这个圈子撤了，环人类画一个大圈，才可谓之公。但还不能谓之公，假使世界上动、植、矿物都会说话，禽兽一定说：你们人类为什么要宰杀我们？未免太自私了。草木问禽兽道：你为什么要吃我们？你也未免自私。泥土沙石问草木道：你为什么要在我们身上吸收养料？你草木未免自私。并且泥土沙石可以问地心道：你为什么把我们向你中心牵引？你未免自私。太阳又可问地球道：我牵引你，你为什么不拢来，时时想向外逃走，并且还暗暗地牵引我？你地球也未免自私。再反过来说，假令太阳怕地球说它徇私，他不牵引地球，地球早不知飞往何处去了。地心怕泥土沙石说它徇私，也不牵引了，这泥土沙石，立即灰飞而散，地球就立

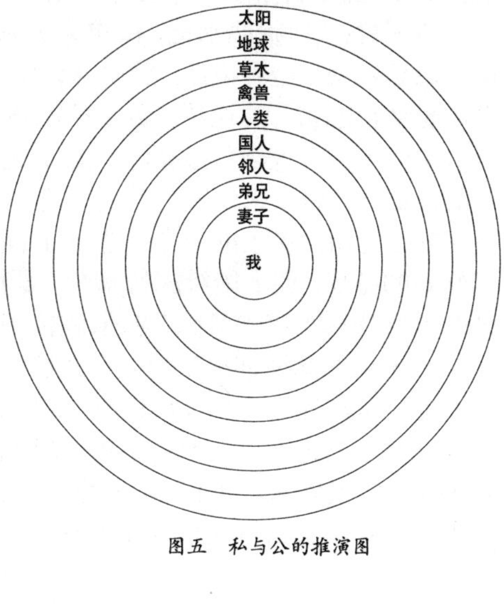

图五　私与公的推演图

即消灭了。

我们这样的推想，就知道：遍世界寻不出一个“公”字，通常所谓“公”，是画了范围的，范围内人谓之“公”，范围外人仍谓之“私”。又可知道：人心之私，通于万有引力，“私”字之除不去，等于万有引力之除不去，如果除去了，就会无人类，无世界。宋儒去“私”之说，如何行得通？

请问“私”字既是除不去，而“私”字留着，又未免害人，应当如何处治？回答说：这是有办法的。人心的私，既是通于万有引力，我们用处治万有引力的法子，处治人心的“私”就是了。本章第五图，与第一、二两图，大圈小圈，层层包裹，完全是地心吸力现象，秩序井然。我们应当效法它，把人世一切事安排得秩序井然，像天空中众星球相维相系一般，而人世就相安无事了。

人类相争相夺，出于人心的“私”；人类相亲相爱，也出于人心的私。阻碍世界进化，固然由于人有私心，但是世界能够进化，也全靠人有私心。由渔猎而游牧，而耕稼，而工商，造成种种文明，也全靠人有私心，在暗中鼓荡。我们对于“私”字，应当把它当如磁电一般，详细研究它的性质，因而利用之，不能光用铲除的法子。假使物理学家，因为电气能杀人，朝朝日日，只研究除去电气的法子，我们哪得有电话、电灯来使用？“私”字的不可去，等于地心吸力的不可去，我们只好承认其“私”，使人人各遂其“私”，你不妨害我的“私”，我不妨害你的“私”，这可说是“私”到极点，也即是“公”到极点。有人问：人性是善是恶？回答说：请问地心吸力是善是恶？请问电气是善是恶？你把这个问题答复了再说。

孟子全部学说，就是确定“我”字为中心点，扩而充之，层层放大，亲亲而仁民，仁民而爱物。他不主张除去利己之“私”，只主张“我”与人一同实现它的“私”：“我”有好货之“私”，则使居者有积仓，行者有裹粮；“我”有好色之“私”，则使内无怨女，外无旷夫。宋儒的学说，恰与相反，不但想除去一己之私，而且想除去众人之私，无如人心这私，通于万有引力，欲去之而终于不可去，而天下从此纷纷矣。

读孟子之书，蔼然如春风之生物；读宋儒之书，凛然如秋霜之杀物。故曰：宋儒学说，完全与孟子违反。

善恶之间：告子的人性论

人性本来是无善无恶，也就是可以为善，可以为恶。告子的说法，任从哪方面考察，都是符合人性的。他说：“性犹湍水也。”湍水的变化，就是力的变化。我们说：“心理依力学规律而变化。”告子在两千多年以前，早用“性犹湍水也”五字把它包括尽了。

告子说：“性犹湍水也，决诸东方则东流，决诸西方则西流。”意思是说：导之以善则善，诱之以恶则恶。这种说法，就是《大学》上“尧舜倡导仁义，人民就仁义，而桀纣推行暴政，人民也变得恶劣”的说法。孟子的驳论，是一种诡辩，宋儒不体会孟子的错误，极力贬斥告子。请问上引《大学》数语，与告子之说有何区别？《孟子》书上，有“人民的本质是喜欢好的品德”之语，宋儒极口称道，作为他们学说的根据，但是《大学》在尧舜桀纣几句话之下，却续之曰：皇上的命令，违反了百姓的喜好，百姓就不听从。请问，民之天性，如果只喜好好的品德，那么桀纣施行暴政，是反其所好，人民应该不从了，今既从之，岂不成了“人民的本质是喜欢坏的品德”？宋儒极力批判告子，而对于《大学》却不予驳正，怎能服人？

孟子全部学说都很精粹，唯独性善二字，理论上不圆满。宋儒的伟大处，在把中国学术与印度学术沟通为一，以释氏之法研究心，以孔氏之法研究社会，入世出世，打成一片，为学术上开一新纪元，是千古不磨之功绩(其详具见拙著《中国学术之趋势》一文)。宋儒能建此种功绩，当然发现了真理，告子所说，是颠扑不破的真理，何以极力贬低呢？其病根在误信孟子。宋儒怎么会误信孟子？那是由韩愈造成的。

韩愈说：尧把它传给舜，舜把它传给禹，禹把它传给汤，汤把它传给文武周公，文武周公传给孔子，孔子传给孟子，孟子死后就传不下去了。这本来是无稽之谈。这是由于唐时佛教大行，有衣钵真传之说，我们看《五灯会元》一书，就知韩愈所处之世，正是此说盛行时代，他是反抗佛教之人，因创此“想当然耳”的说法，好像是说：我们儒家，也有一种衣钵真传。不料宋儒信以为真，创出道统五说，自己想上承孟子。告子、荀子之说，与孟子不同，故痛诋之。曾子是得了孔子衣钵之人，传给子思，转授孟子。所以《大学》上的话，虽与告子相同，也不驳正。

韩昌黎作文，喜欢独造。程颐说：“轲之死不得其传，似此言语，非是蹈袭前人，又非凿空撰得，必有所见。”既曰“非是蹈袭前人”，是为无稽之谈。既曰“必有所见”，是为“想当然耳”。韩昌黎的话，连程颐都寻不出来源，宋儒道统之说，根本上发生动摇，所以创出的学说，有不少破绽。

程颐立意要寻“孔子传给孟子”那个东西，初读儒书，茫无所得，求之于佛老几十年，仍无所得，返而求之于六经，忽然得之。请问程颐所得，究竟是什么东西？我们须知：“人心之构成，与地球之构成相似：地心有引力，能把泥土沙石，有形有体之物，吸收来成为一个地球；人心也有引力，能把耳闻目睹，无形无体之物，吸收来成为一个心。”程颐出入儒释道三教之中，不知不觉，把这三种元素吸收胸中，融会贯通，另成一种新理，是为三教的结晶体，是最可宝贵的东西。程颐不知自己创获了至宝，反而拿起来归功于孔子，在六经上寻出些词句，加以新解，借以发表自己所获的新理，这是宋学全部的真相。宋儒最大功绩在这里，其荆棘丛生也在这里。

孟子谈性善，还举出许多证据，如“孩提爱亲”、“孺子入井”、“不忍衅钟”等等。宋儒则不另寻证据，只在四书五经上寻出些词句来研究，满纸“天理人欲”、“人心道心”、“义理之性”“气质之性”等名词，闹得人目迷五色，不知所云。我们读《宋元学案》、《明儒学案》诸书，应当用披沙拣金的办法，把他这类名词扫荡了，单看他内容的实质，然后他们的伟大处才看得出来，谬误处也才看得出来。

孟子的性善说和荀子的性恶说，合而为一，就合乎宇宙真理了。二说相合，就是告子性无善无不善之说。

人问：孟子的学说怎能与荀子相合？我说：孟子说“人少则慕父母，知好色则慕少艾，有妻子则慕妻子”；荀子说“妻子具而孝衰于亲”，二人之说，难道不是一样？孟子说“大孝终身慕父母，五十而慕者，予于大舜见之矣”。据孟子所说，满了五十岁的人，还爱慕父母，他眼睛只看见大舜一人。请问：人性的真相，究竟是怎样？难道孟荀之说，不能相合？由此可知：孟荀的争论点，只在善与恶的两个形容词上，至于对人性的观察，二人并无不同。

根据宋儒的解释，孩提爱亲，是性之正；少壮好色，是形气之私，此等说法，未免流于穿凿。孩提爱亲，并不是爱亲也，爱她乳哺我罢了。孩子生下地，就交乳母抚养，就只爱乳母，不爱生母，是其明证。爱乳母与喜欢少女，喜欢妻子，心理原是一贯，无非是为“我”而已。

为“我”是人类天然现象，不能说他是善，也不能说他是恶，告子性无善无不善之说，最为合理。

告子说“食、色，性也”。孩提爱亲者，食也；喜欢少女、喜欢妻子，色也。食、色为人类生存所必需，求生存是人类的天性。所以告子又说“生存就是性”。

告子观察人生，既是这样，则对于人性的处置，又是怎样呢？告子比喻说“性犹湍水也，决诸东方则东流，决诸西方则西流”。又说：人性如同柳木，仁义如同柳木做的杯子，说人性就是仁义，如同说柳木就是柳木做的杯子一样错误。告子这种说法，是很对的。

人性无善无恶，也就是可以为善，可以为恶。譬如深潭之水，平时水波不兴，看不出何种作用，从东方决一口，可以灌田亩，利行舟。从西方决一口，可以淹禾稼，漂房舍，我们从东方决口好了；又譬如一块木头，可制为棍棒以打人，也可制为碗盏以装食物，我们制为碗盏好了。这种说法，真可以说合孟荀而为一了。

宋儒称人心为人欲，大概指饮食男女而言，称道心为天理，大概指爱亲敬兄而言。朱子

《中庸章句》序说：人都有形体，所以就是圣人也不能没有人心，无异于说：当小孩的时候，就是孔子也会抢母亲口中糕饼；我与孺子同时将入井，就是孔子也是只有恐惧而无恻隐。假如不是这样，小孩生下地就不会吸母亲身上之乳，长大后，看见井就会跳下去，世界上还有人类吗？道理本是对的，无奈已侵入荀子范围去了。并且“人生而静”数语，据后儒考证，是文子引老子之语，河间献王把他采入《乐记》的。《文子》一书，有人说是伪书，但也是老氏学派中人所著，可见宋儒天理人欲之说，不但侵入告子荀子范围，简直是发挥老子的学说。然而宋儒错了吗？我说不但没有错，反而是宋儒最大的功绩。假使他们立意要将孔孟的学说与老荀告诸人融合为一，反而看不出宇宙真理，正因为极力反对老荀告诸人，而实质上恰好与诸人融合为一，才足以证明老荀告诸人的学说不错，才足证明宇宙真理确实如此。

朱子《中庸章句》序又说“一定要仁道心成为人的主宰，人心才会听命于道心”。主是对仆而言，道心为主，人心为仆；道心是圣贤之心，人心是好货好色之心；听命是仆人职供奔走，只有主人的话是听也。仔细分析朱子之语，等于说：我想为圣为贤，人心就把货与色藏起；我想吃饭，抑或想及“男女屋室，人之大伦”，人心就把货与色献出来。然而未免迂曲难通。总之，宇宙真理，人性真相，宋儒是看清楚了的，只因要想继承孟子道统，不得不拥护性善说。一方面要顾真理，一方面要顾孟子，以致触处荆棘，愈解释，愈迂曲难通。我辈厚爱宋儒，把他表面上这些渣滓扫去了，里面的精义，自然出现。

告子说：“食色性也，仁内也，非外也，义外也，非内也。”下文孟子只驳他义外二字，于食色二字，没有一句说到，可见“食色性也”之说，孟子是承认了的。他对齐宣王说道：“王如好货，与民同之，于王何有？”并不叫他把好货好色之私除去，只叫他推己及人，使人人遂其好货好色的私念。后儒就不这样，王阳明《传习录》说：“无事时，将好货好色好名等私，逐一追究搜寻出来，定要拔去病根，永不复起，方始为快。常如猫之捕鼠，一眼看着，一耳听着，才有一念萌动，即与克去，斩钉截铁，不可姑容，与他方便，不可窝藏，不可放他出路，方能扫除廓清。”这种说法，仿佛是：见了火会烧房子，就叫人以后看见一星之火，立即扑灭，断绝火种，方始为快，从孟子学说看，未免大相径庭了。

《传习录》又载：一友问：“欲于静坐时，将好色好货等根逐一搜寻出来，扫除廓清，恐怕是剜肉做疮吧？”先生正色说：“这是我医人的方子，真是去得人病根。更有大本事人，过了十余年，也还用得着，你如不用，且放起，不要作坏我的方法。”这个朋友很惶恐。不一会儿王阳明说：这大约不是你的过失，一定是我的弟子知道意思的人说的，误导你了。在座的人都很吃惊。我们试想：王阳明是极有涵养的人，平日讲学，任如何问难，总是勤勤恳恳地讲说，何以门人这一问，他就动气，始终未把道理说出？又何以承认说这话的人，是稍知意思者呢？这就很值得研究了。

恐惧与恻隐，同是一物；天理与人欲，也同是一物，犹如烧房子的是火，煮饭的也是火，宋明诸儒，不明此理，把天理人欲看为截然不同的二物。阳明能把知行二者合而为一，能把明德亲民二者合而为一，能把格物致知诚意正心修身五者看作一事，独不能把天理人欲二者看作一物，这是他学说的缺点，门人这一问，正击中他的要害，所以就生起气来了。

究竟“剜肉做疮”四字，怎样讲呢？肉比喻天理，疮比喻人欲，剜肉做疮是说误天理为人欲，去人欲即伤及天理也。门人的意思，就是说：我们如果见了一星之火，就把他扑灭，自然不会有烧房子的事，请问拿什么东西来煮饭呢？换言之，把好货之心连根去尽，人就不会吃饭，岂不饿死吗？把好色之心连根去尽，就不会有男女居室之事，人类岂不灭绝吗？这个问法，何等厉害！所以阳明无话可答，只好愤然作色。这是由于阳明沿袭宋儒的说法，极力排斥告子，对“生之谓性”和“食色性也”二语，缺乏体会的缘故。

阳明研究孟荀两家学说，也不彻底。《传习录》载阳明的话说：孟子从源头上说来，荀子从流弊上说来。我们试拿孟子所说“怵惕恻隐”四字来研究，由怵惕而生出恻隐，怵惕是“为我”之念，恻隐是“为人”之念，“为我”扩大，则为“为人”。怵惕是源，恻隐是流。荀子学说，从“为我”二字发出；孟子学说，从“为人”二字发出。荀子所说，是否流弊，姑且不深论，怵惕之上，是否尚有源头，我们也不必深考，只有孟子所说恻隐二字，实在不是源头。阳明说出这类话，也是由于读孟子书，忘却恻隐上面还有怵惕二字的缘故。

《传习录》是阳明早年讲学的语录，到了晚年，他的说法，又不同了。《龙溪语录》载，钱绪山说“无善无恶心之体，有善有恶意之动，知善知恶是良知，为善去恶是格物”四语，是师门定本。王龙溪说“若悟得心是无善无恶之心，意即是无善无恶之意，知即是无善无恶之知，物即是无善无恶之物。”当时阳明出征广西，晚坐天泉桥上，二人于是问他。阳明说：“汝中(龙溪字)所见，我久欲发，恐人信不及，徒增躐等之弊，故含蓄到今，此是传心秘藏，颜子问道所不敢言。今既说破，亦是天机该发泄时，岂容复秘！”阳明到洪都，门人三百余人来请教，阳明说：“吾有向上一机，久未敢发，以待诸君之自悟，近被王汝中拈出，亦是天机该发泄时。”第二年广西平定，阳明归来，死在途中。龙溪所说，即是将天理人欲打成一片，阳明直到晚年，才揭示出来。因此知道：门人提出剜肉做疮之问，阳明正色斥之，并非说他错了，乃是恐他走入歧途。

钱德洪很像五祖门下的神秀，王龙溪很像慧能。德洪所说，就是神秀“时时勤拂拭”的意思，就是渐修。龙溪所说，就是慧能“本来无一物”的意思，就是顿悟。阳明说：“汝中须用德洪工夫，德洪须透汝中本旨，二子之见，止可相取，不可相病。”这是顿悟渐修的意思。《龙溪语录》所讲的道理，和《六祖坛经》无异。这是因为心性之说，只有佛氏讲得最精，故王门弟子，多归佛氏，程门高弟，如谢上蔡、杨龟山诸人，后来也归入佛氏。佛家言性，也说无善无恶，与告子之说相同。宇宙真理，只要研究得彻底，彼此虽不相同，而结果是相同的。阳明虽信奉孟子性善说，终于倡出“无善无恶心之体”的话，仍走入告子途径。儒家为维护门户起见，常说“无善无恶，是为至善”。这又流于诡辩了，然则我们何尝不可说：“无善无恶，是为至恶”呢？

有人责问我道：告子说“性无善无不善”，阳明说“无善无恶心之体”，一个言人之性，一个言心之体，为什么混为一谈？我说道：性就是心之体，有阳明之言可证。阳明说“心统性情，性心体也，情心用也，夫体用一源也。知体之所以为用，则知用之所以为体矣”。性就是心之体，这是阳明自己加的解释，所以我说：阳明的说法，就是告子的说法。

我国谈论人性的人很多，以告子无善无不善的学说最为合理。以医病喻之，“生之谓性”和“食色性也”二语，是病源，杞柳湍水二喻，是治疗之方。孟荀杨墨申韩诸人，俱是实行疗病的医生，有喜用热药的，有喜用凉药的，有喜用温补的，药方虽不同，用得合适，都能起死回生。我们平日把病源研究清楚，各种治疗技术都学会，看病情如何变，施以何种治疗就是了。

治国的人，首先用仁义化之，这就是使用孟子的方法，把一般人可以为善那种天性诱导出来。善心生则恶心消，犹如治水的人，疏导下游，自然不会有横溢的祸患。但人的天性，又可以为恶，万一感化之而无效，敢于破坏一切，就用申韩之法严绳之，这就等于治水者之筑堤防。治水者疏导与堤防二者并用，故治国者仁义与法律二者并用。孟子言性善，是劝人为善；荀子言性恶，是劝人去恶。为善去恶，原是一贯的事，我们融和在一块看就可以了。

持性善说的人，主张仁义化民；持性恶说的人，主张用法律约束人民。孟子本是主张仁义化民的，但他又说道：只有善不能统治人民，只有法律也不完备。则又是仁义与法律二者并用，可见他是研究得很彻底的，不过在讲学方面，想独树一帜，特标性善二字以表示特别罢了。我们读孟子书，如果除去性善二字，再除去骂杨墨为禽兽等语和告子论性数章，其全部学说，都很精。

世界学术，分三大支，一中国，二印度，三西洋。最初印度学术，传入中国，与固有学术发生冲突，相推相荡，经过了一千多年，程明道出来，把他打通为一，以释氏的说法研究心，以孔子的方法研究社会，另成一种新学说，即所谓宋学。这是学术上一种大发明。不过这种学说，刚一成立，而流弊跟着发生，因为程颢死后，他的学说，分为两派，一派为程(颐)朱，一派为陆王。程颢早死，程颐享高寿，宋学中许多不近人情的议论，大概属于程颐这一派。

中国是尊崇孔子的国家，朱子发现了一个道理，不敢说是自己发现的，只好就《大学》“格物致知”四字解释一番，说我这种说法，是为孔门真传。王阳明发现了一个道理，也不敢说是自己发现的，就将《大学》“格物致知”四字加一番新解释，说道：朱子解释错了，我的说法，才是孔门真传。所以我们研究宋明诸儒的学说，最好的办法，是把他们所用名词及一切术语扫荡了，单看他的内容。如果拿浅俗的话来说，宋明诸儒的意思，都是说：凡人要想为圣为贤，必须先将心地弄好，必须每一动念，就自己考察，善念就存着，恶念就克服掉，久而久之，心中所存者，就纯是善念了。关于这一层，宋明诸儒的说法，都是同样的。但是念头之起，是善是恶，自己怎能判别呢？在程朱这一派人说道：你平居无事的时候，每遇一事，就细细研究，把道理融会贯通了，以后任一事来，你都可以分别是非善恶了。陆王这一派说道：不需那么麻烦，你平居无事的时候，把自家的心打扫得干干净净，如明镜一般，无纤毫渣滓，以后任一事来，自然可以分别是非善恶。这就是两派相争之点。在我们想来，一面把自家心地打扫得干干净净，一面把外面的事研究得清清楚楚，岂不是合程朱陆王而一之？然而两派务必各执一词，各不相下。此正如孟荀性善性恶之争，于整个道理中，各截半面以立论，就成为对峙的两派，这就是门户之见。

孙中山先生曾说：马克思的信奉者，进一步研究，发明了“生存为历史重心”的说法，而告子在两千多年以前，已有“生之谓性”一语，这是值得研究的。达尔文生存竞争之说，符合告子所说“生之谓性”。达尔文学说，本没有错，错在因生存竞争而倡导弱肉强食，成了无界域之竞争，已经达到生存点了，还竞争不已，导致欧洲列强，掠夺弱小民族生存的资料，以供其无厌之欲壑。尼采则由达尔文的学说更推进一步，倡导超人主义，爱别人是奴隶道德，剿灭弱者是强者天职，因而产生德皇维廉第二，造成第一次世界大战；产出墨索里尼、希特勒和日本军阀，又造成第二次世界大战。推原祸始，实由达尔文对于人性欠了研究的缘故。假使达尔文多说一句话：“竞争以达到生存点为止。”何至于这种流弊？

中国的哲学家不这样，告子“食色性也”的说法，孟荀都是承认了的，荀子主张限制，不用说了。孟子对于食字，只说到不饥不寒，养生丧死无憾为止，对于色字，只说到无怨女、无旷夫为止，达到生存点，就截然止步，随即提倡礼义，因之有“衣食足而礼义兴”的说法，这是中国一贯的主张，绝没有西洋学说的流弊。

想要世界文明，不能在西洋现行学说中寻找，当在我国固有学说中寻找。我国改革经济政治与一切制度，绝对不能师法欧美各国。

就拿宪法一端而论，美国宪法，算是制得顶好的了，但根本上就有问题。美国制宪之初，有说人性是善的，主张地方分权，有说人性不能完全是善，主张中央集权，两派争执，经过许久，最终后一派战胜，定为中央集权(详见孙中山先生民权主义)。这是政争上的战胜，不是学理上的战胜，怎能足为我国师法？据我的研究，人性乃是无善无恶的，应当把地方分权与中央集权融合为一，制出来的宪法，从地方看之，就是地方分权，从中央看之，就是中央集权，等于浑然的整个人性，自孟子看之，则为性善；自荀子看之，则为性恶。

古今中外，讨论人性的，聚讼纷纭，莫衷一是，只有告子“性无善无不善”的说法，证以印度佛氏之说，是合理的。他说“生之谓性”，从达尔文生存竞争之说看是合理的，从马克思信奉者“生存为历史重心”之说看，也是合理的。至于他说“食色性也”，现在的人，正疯狂地向这二字奔去，更证明他的观察没有错。我们说“心理依力学规律而变化”，而告子说“性犹湍水也”。水的变化，就是力的变化，我们这条臆说，也逃不出他的范围。性善性恶的争执，是我国两千多年未曾解决的悬案，我们可下一断言说：告子的说法是合理的。

人事兴衰成败的轨道

我们已经说过“心理按照力学规律而变化”，力的变化，可用数学来说明，所以心理的变化，也可用数学来说明。力的变化，可绘出图来，寻求它的轨道。一部二十五史，是人类心理留下的影像，我们取历史上的事，按照力学规律，把它绘出图来，就知人事纷纷扰扰，都有一定的轨道。作图的方法，例如心中念及某事，就把那作为一个物体。心中念及它，就是心中发出一根力线，与之联结。心中喜欢它，就是想把它引之使近，如不喜欢，就是想把它推之使远，从这相推相引之中，就可把轨道寻出来。

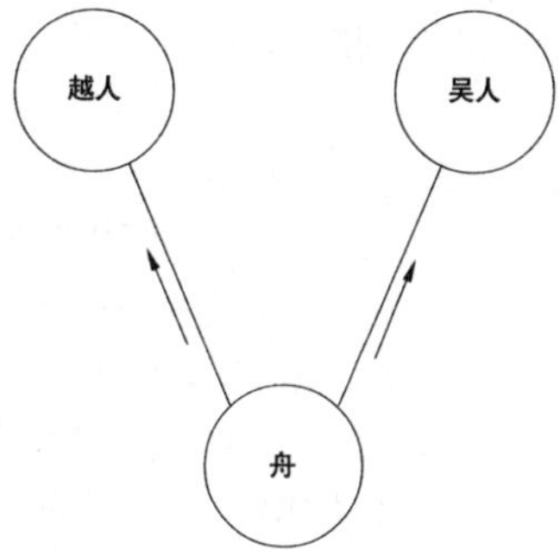

图六　吴人和越人共同渡河

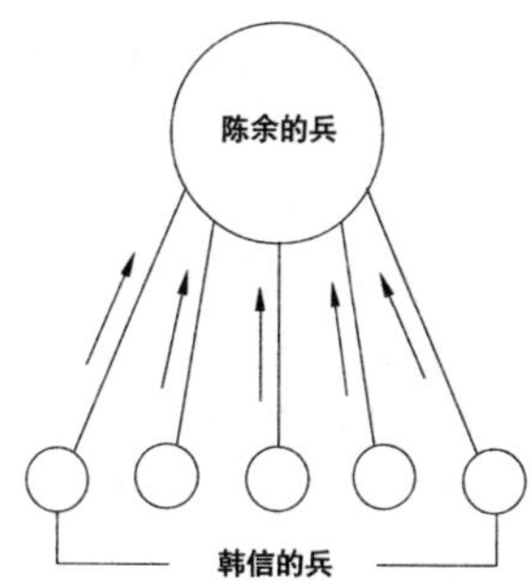

图七　韩信背水一战

孔子说：吴人和越人关系恶劣，但当他们同坐一条小船过河，遇到风浪时，他们共同想法求生，关系处理得好像一个人的左右手。这是因为小船将要沉没下去，吴人和越人都想把小船拖出来，成了方向相同的合力线。所以平时的仇人，都会变成患难相救的好友。凡是历史上的事，都可以本着这种方法，把它绘图研究(如图六)。

韩信的背水布阵，置之死地而后生，是因为汉兵被陈余的兵所压迫，前面是大河，是死路，只有转身来，把陈余的兵推开，才有一条生路。人人都这样想，就成了方向相同的合力线。所以乌合之众可以团结为一个整体，它的合力线的方向与韩信相同，韩信就坐收成功了(如图七)。

图八　陈余和张耳由刎颈之交变成仇敌

张耳和陈余称为刎颈之交，可以算是最好的朋友。后来张耳被秦兵围困，向陈余求救，陈余害怕秦国，不肯援救，二人因此结下深仇。这时张耳将秦兵向陈余方面推去，陈余又将秦兵向张耳方面推来，力线方面相反，所以最好的朋友会变成仇敌。结果，张耳帮助韩信把陈余杀死在水上(如图八)。

秦朝末年，天下百姓忍受不了秦王朝的苛政。陈胜振臂一呼，山东的英雄豪杰群起响应，陈胜并没有从中联络，他们为什么会一齐响应呢？这是因为众人受到秦王朝的压迫久了，人人心中都想把他打倒，利害相同，心理相同，成为方向相同的合力线，不用去联合，自然就会联合(如图九)。

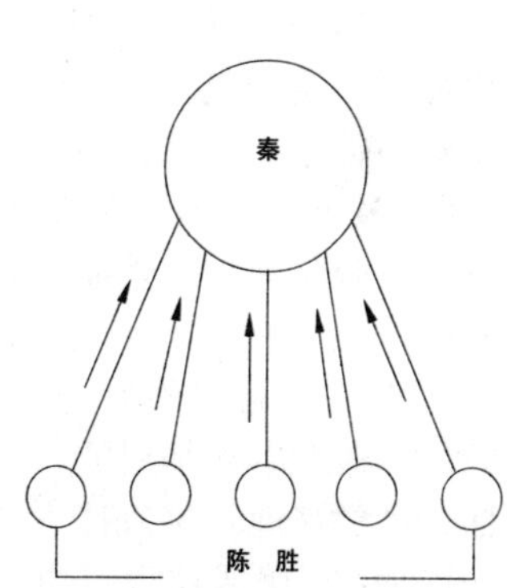

图九　陈胜起义豪杰响应

刘邦、项羽刚起事的时候，大家的志向都是消灭秦王朝，目的相同，成为合力线，所以异姓的人可以结为兄弟。后来把秦王朝消灭了，目的物已除掉。显现出了一座江山，刘邦想把它抢过来，项羽也想把它抢过来。力线相反，异姓兄弟就血战起来了。

再从刘邦与韩、彭等人的关系看。当项羽称霸的时候，刘邦心想：只要把项羽杀掉了，我就好了！韩信、彭越也想：只要把项羽杀死了，我就好了。他们思想相同，自然成了合力线，所以垓下会师，立刻把项羽消灭了。项羽被消灭后，他们君臣便没有合力的必要了，彼此的心思就趋向到权力上去。但权力这个东西，你多占了，我就要少占，我多占了，你就要少占，力线是冲突的，所以汉高祖就杀起功臣来了。

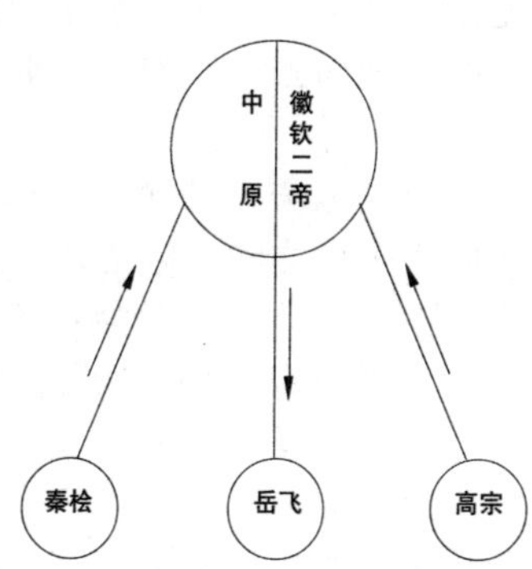

图十　岳飞与秦桧等的冲突

唐太宗取代隋朝，明太祖取代元朝，在起事的初期，与汉朝一样，事成之后，唐朝就是兄弟相互残杀，明朝就是功臣整族的被杀死，都与汉朝没有什么两样。

大凡天下平定之后，君臣的力线就产生冲突，国君不消灭臣子，臣子就会消灭国君，看两个力的大小，决定彼此的存亡。

李嗣源辅佐唐庄宗消灭梁王和契丹，庄宗的力量控制不住他，他就把庄宗的天下夺去了。赵匡胤辅佐周世宗，攻破后汉和后唐，小皇帝的力量控制不住他，他也把周的天下夺去了。这是刘邦不杀韩信、彭越等人的反面例子。

汉光武帝平定天下之后，邓禹、耿弇等人，把兵权交出，闭门读书，这是看清了光武的路线，自己先行让开。宋太祖杯酒释兵权，这就是把自己要走的路线明白说出，叫他们自行走开。追究这个实质，汉光武帝和宋太祖的心理与汉高祖是一样的。我们不能说汉高祖性情残忍，也不能说汉光武和宋太祖度量宽宏，只能说是一种力学公理。

岳飞想把中原沦陷地区解放过来，秦桧想把中原之地推给北方少数民族；岳飞想把被扣押的宋徽宗、宋钦宗解救回南宋，宋高宗想把徽、钦二帝推给北方少数民族。这样一来，高宗与秦桧，成了方向相同的合力线，它的方向与岳飞的力线相反，岳飞一人的力量敌不过高宗、秦桧的合力，所以"莫须有"三字狱的祸害便酿成了，岳飞不得不死(如图十)。

历史上凡是阻碍路线的人，没有不遭祸害的。

刘备杀张裕，诸葛亮为张求情，刘备说：芳草和兰草长在门口，把门堵住了，不得不清除！芳草和兰草有什么罪？罪就在生长得不是地方；宋太祖讨伐南唐李煜，徐弦请求暂缓用兵，太祖说"卧榻之侧，岂容他人酣睡"。酣睡有什么罪？罪在睡得不是地方。古代还有一件奇事：狂人的后代华士、昆弟二人，对上不向周天子称臣，对下不同诸侯结交来往，自己在原野上耕种，吃从它上面长出来的东西；自己在原野上凿了口井，喝从它里面拎上来的水，这明明是空谷幽兰，明明是酣睡在自家榻上，似乎可以免掉祸害了，但周太公来到营丘后，首先就把他们杀了。这是什么道理呢？因为太公在那个时候，正想用官爵俸禄驱使豪杰，偏偏有两个不肯接受官爵俸禄的人横空拦阻在前面。这仍然是阻碍了路线，如何容得他们？

太公是圣人，华士兄弟二人是高级士人，高级士人阻碍了路线，圣人也容他不过，这可以说是普通公理了。

逢蒙杀死后羿，是先生阻碍了学生的路；吴起杀死妻子，是妻子阻碍了丈夫的路；汉高祖分杯羹，是父亲阻碍了儿子的路；乐羊子吃羹(儿子的肉做的)，是儿子阻碍了父亲的路；周公杀管叔鲜、蔡叔度，唐太宗杀李建成、李元吉，是哥哥阻碍了弟弟的路。可见路线冲突了，即使是父子兄弟夫妇，都要起杀机的。

王猛明白这个道理，所以他见了桓温，马上到苻秦那儿做官。殷浩不那么做就遭到失败；范蠡明白这个道理，所以，他在消灭了吴国后，立即买了条船去泛游五湖，文种不那么做，就被杀掉了。此外，例如韩非在秦国被囚禁、被杀，伍子胥自刎而死，嵇康被杀，阮籍差点掉脑袋。我们试着把韩非等人的事实言论研究一番，又把陷害韩非的李斯，杀害子胥的夫差，以及宽容阮籍，诛杀嵇康的司马氏各人心中的注意点找出来，考察他们路线的经过，就知道有的冲突、有的不冲突，这里面确实有一定的不转移的公理。

王安石说:自然界的灾变运行不必害怕;人们的流言蜚语不要理睬;祖宗的现成法规不值得效仿。道理本来是对的，但他在当时，因为这三句话受到很重的诽谤。我们今天读了这三句话，也觉得他是盛气凌人，心中有些不舒服。假使我们生在当时，未必不与他发生冲突。陈宏谋说：正确或错误可由自己来判断，毁谤或赞誉只好听任别人，面对得失，自己处之泰然。这三句话的意思本来与王安石的一样，但我们读了，就觉得这个人和蔼可亲。这是什么道理呢？因为王安石仿佛是横空阻碍在路上，凡是有"天变"、"舆论"、"祖宗"，从路上经过，都被他拒绝而去。陈宏谋是把"自己"、"别人"、"泰然"等字列为三根平行线，彼此不互相冲突。我们听了王安石的话，不知不觉，置身到"人们的流言蜚语不要理睬"的那个"人"字中；听了陈宏谋的话，不知不觉，置身到"毁谤或赞誉只好听任别人"的那个"人"字中。我们心中的力线，也是喜欢人家谦让，不喜欢人家阻拦，所以不知不觉，对于王陈二人的感情就不同了。如果领会到这个道理，那么待人接物，必定会有很大好处。

力学中有一种偶力，也值得研究。宋朝王安石维新，排斥旧党；司马光守旧，排斥新党，两党主张相反，其力又复相等。从力学角度看：两力线平行，强度相等，方向相反，是为偶力作用。磨子的旋转不已，就是这种力的表现。宋从神宗以来，新旧两党，迭掌政权，相争至数十年之久，宋室政局就如磨子一般，旋转不已，致令金人侵入，酿成南渡之祸。辛亥革命以后，各党各派，抗不相下，其力又不足相胜，成为偶力作用，政局也如磨子般旋转，日本也就乘之而入。

人世间的一切事变，都是人与人接触后产生的。可以把“人”与“我”假设为数学上的二元，一个Y，一个X，依解析几何，可得到五种线：

一、直线。

二、圆。

三、抛物线。

四、椭圆。

五、双曲线。

人事千变万化，总不外人与人互相接触，所以无论如何也逃不出这五种轨道。前面所举历史上的例子，都是属于“二直线”，由“我”为中心所绘的三个圆圈图，就是属于“圆”，此外还有抛物线、椭圆、双曲线三种。兹说明如下：

什么是抛物线呢？我们向外抛出一块石头，这是一种离心力。地心吸力吸引这块石头，这是一种向心力。石头的离心力冲不破地心吸引力，终于落下来。这块石头所走的路线，就是抛物线。弱小民族对于列强所走的路线，就是抛物线。例如印度人民想独立，这是对于英国产生出的一种离心力。而英国用强力把他压服下去，印度冲不破英国的势力范围，这等于抛出的石头冲不破地心的吸引力，终于落下来一样。

作为地球环绕太阳运行的状态，这种路线，叫做椭圆，是离心力和向心力二者结合而成的。从数学上说，由一点到两定点的距离，它们的和恒等，这一点的轨道名叫椭圆。所谓它们的和恒等，也就是它们的值恒等。例如买卖之间，顾客交出金钱，店主交出货物，二者的值相等，就可看作是一个事物。这是顾客抛一个物体，绕过店主，回到它的本位；在店主方面看，也是抛出一个物体，绕过顾客，回到它的本位，成为一个椭圆形，买卖二家就心满意足了。顾客手中的金钱，不必一定向某商店购买，这是离心力；但某商店的货物，足以引动顾客，又具有引力。店主有货物，不一定卖给顾客，这是离心力，但某顾客怀中的金钱足以引动店主，又具有引力。由引力离心力的结合，顾客出金钱，店主出货物，各人满足了自己的欲望，交易就成功了。这就是椭圆状态。又如自由结婚，某女不必嫁某男，而某男的爱情，足以吸引她，某男不必定娶某女，而某女之爱情，足以吸引他，引力、离心力保持平衡，也是椭圆状态。

地球绕日，引力和离心力，两相平衡，成为椭圆状态，所以宇宙万古如新。社会上一切组织，必须取法这种状态，才能永久无弊。我国（编者注：“我国”指1949年中华人民共和国成立前之旧中国）婚姻旧制，由父母主持，一与之齐，终身不改，缺乏了离力，所以男女两方，就时常感觉痛苦。外国资本家专横，工人不入工厂做工，就会饿死，离不开工厂，缺乏了离力，所以要社会革命。至若有离心力而无引力，更是不可，上古男女杂交，子女知有母而不知有父，这是缺乏了引力。我国（编者注：“我国”指1949年中华人民共和国成立前之旧中国）各种团体，有如散沙，也是缺乏了引力，所以政治家创一制度，不可不把离心向心二力配置均平。

由一点到两定点的距离，其差恒等，这种轨迹，名曰双曲线，其形状，有点像两张弓反背相向一般。凡两种学说，成两种方式，背道而驰，可称为走入双曲线轨道。例如性善说和性恶说，二者恰相反对，双方都持之有故，言之成理，越讲得精微，相差越远，犹如双曲线越引越长，相离越远一样，究其实，无非性善性恶之差，是谓其差恒等；又如入世间法，和出世间法，二者是背道而驰的；利己主义，和利人主义，二者也是背道而驰的，凡此种种，都属于双曲线。椭圆绘出图来，有两个心，以曲线绘出图来，也有两个心，椭圆的图，是两心相向，双曲线图，是两心相背，所以我与人走入椭圆轨道，彼此相需相成，若走入双曲线轨道，心理上就无处不背道而驰。

我们把各种力线详加考察，就知我与人相安无事的路线有四：(1)不相交的线。我与人目的物不同，路线不同，各人向着目的物进行，彼此不生关系。平行线，是永远不相交，有时虽然不平行，而尚未接触，也不生关系。(2)合力线。我与人利害相同，向着同一的目的进行，如前面所说吴越人同舟共济是也。(3)圆形。宇宙事事物物，天然是排得极有秩序的。凡事都有一定范围，我与人有一定的界限，倘能各守界线，你不侵我的范围，我不侵你的范围，彼此自然相安。(4)椭圆形。前面所说自由贸易、自由结婚等是也。凡属权利义务等等的事，皆属于此种。

四线中，第一、第三两条线的结果，是利己而无损于人，或利人而无损于己。第二、第四两种线的结果，是人己两利。我们每遇一事，当熟察人己力线的经过，如走此四线，人与我绝不会生冲突。

我们把上述四种线求出，就可评判各家学说和各种政令之得失。我国古人所谓“万物并育而不相害，道并行而不相悖”者，符合第一种线；有所谓“通力合作”者，符合第二种线；有所谓君君臣臣，父父子子者，符合第三线；有所谓“通功易事”者，符合第四种线。西人说：人人自由，以他人之自由为界限，符合第三种线，都是对的。尼采的超人主义，其病在损人，托尔斯泰的无抵抗主义，其病在损己，从四种看，都不符合，所以都不可行。

二直线、圆、抛物线、椭圆、双曲线，这五种线，是人与人相遇的路线，而五线是变动不居的，只要心理一变，其线即变。例如：吴的孙权，蜀的刘备，各以荆州为目的物，孙权把荆州向东拖，刘备把荆州向西拖，力线相反，故郎舅决裂，夫妇生离，关羽被杀，七百里的连营被烧，吴蜀两国，俨然成不共戴天的仇敌。后来诸葛亮提出魏为目的物，约定共同伐魏，就成了方向相同的合力线，两国感情，立即融洽，合作到底，后来司马昭伐蜀，吴还起兵相救，听说刘禅降了，方才罢兵。这就是心理改变，力线即改变的明证。

我国（编者注：“我国”指1949年中华人民共和国成立前之旧中国）从前闭关自守，不与外国相通，是不相交的二直线，五口通商之后，受帝国主义的压迫，欲脱离其势力范围而不能，是走的抛物线，一旦起而抗战，与帝国主义成一反对形势，彼此背道而驰，就成为两心相背的双曲线。我们联合被侵略者，向之进攻，即成为合力线。帝国主义，经过一番重惩之后，幡然悔悟，工业国和农业国，通功易事，以其所有，易其所无，就成为两心相向之椭圆状态。所以这几种线的轨道，是随时可以改易的，只看各人心理如何罢了。

性善说、性恶说，二者背道而驰，是双曲线状态，倘若知道人生是浑然一体，无所谓善，无所谓恶，就成为浑然的圆形了。入世法和出世法，背道而驰；利己主义和利人主义，背道而驰，这都是双曲线。倘能把他融会贯通，入世出世，原是一理，利己利人，原是一事，则又成为圆形了。

我们做一切事，以及国家（编者注：“国家”指1949年中华人民共和国成立前的旧中国）制定法令制度，定要把路线看看清楚，又要把引力、离心力二者支配均平，才不至发生窒碍。我们详考世人的行事和现行的法令制度，从力学规律去看，许多地方都不符合，无怪乎纷纷扰扰，大乱不止。

孟子说“规矩，方圆之至也，圣人，人伦之至也”。第一句是对的，第二句就不对。我们执规来画圆，执矩来画方，聚五洲万国的人来观察，不能说不圆，不能说不方。但圣人就不那样，孔子、释迦……都是所谓圣人，诸圣人定下规矩，各不相同，用这些圣人的规矩，衡量另一些信徒，立生冲突，原因在哪里？大概圣人的规矩是尺、斗、秤，不是画圆的规，画方的矩。各位圣人的尺斗秤，长短大小轻重，各不相同，只在本铺适用。而今世界大通，天涯比邻，一市之中，有了几种尺斗秤，这是世界文化冲突的原因。所以法令制度，如果根据圣人的学说制定出来，当然不能通行世界。力学规律，为五洲万国所公认，本章所述五种线，是从力学规律出来的，是规矩，不是尺斗秤，按照它制定法令制度，一定通行五洲万国。

心理按照力学规律而变化

宇宙之内，由于离心、向心两种力量互相作用，才生出万有不齐的事事物物，表面上看去，似乎参差错乱，其实有一定不移的轨道。人与物，造物是用一种大力同样鼓铸之，所以人事与物理相通。离心力与向心力，二者互相为变，所以世上有许多事，我们用人力强之使合，他反转相离，有时想让他们分离，他又自行结合了。

疯狂的人，想逃走的心，与禁锢的力成正比例，越禁锢得严，越是想逃走，有时不禁锢他，他反不想逃走了。父兄约束子弟，要明白这个道理，官吏约束百姓，也要明白这个道理。

秦政苛刻暴虐，群盗蜂起，汉文景皇帝宽大，民风反转浑朴起来，其间确有规律可循，并非无因而至。我们手搓泥丸，是增加向心力，越搓越紧，若是紧到极点，就是向心力到了极点，再用大力搓之，泥丸立即破裂，呈一种离心现象。水遇冷则收缩，是向心现象，越冷越收缩，到了4℃，再加冷也呈离心现象，越冷越膨胀，可知离心向心，本是同一种力量的变化。比方我们拿一根针向纸刺去，愈前进距纸愈近，这是向心现象，刺破了纸，仍前进不止，愈前进距纸愈远，变为离心现象，这根针进行的方向，并未改变，却会生出两种现象。因为凡物都有极限，水以4℃为极限，纸以纸面为极限，过了极限，就会生反对的现象。父兄约束子弟，官吏约束百姓，必须察知极限点在什么地方。

万物有引力，万物有离力，引力胜过离力，则其物生存，离力胜过引力，则其物毁灭。目前存在之物，都是引力胜过离力的，故有万有引力之说，其离力胜过引力之物，早已消灭，没有人看见，所以万有离力一层，没有人注意。

地球是现存之物，所以把地面外的东西向内部牵引；心是现存之物，所以把六尘缘影向内部牵引；小儿是求生存之物，所以看见外面的东西，就取来放入自己口中；人类是求生存之物，看见有利己之事，就牵引到自己身上去。天然的现象，无一不向内部牵引，地球、心、小儿、人类将来本是要由万有离力作用，消归乌有的，但是未到消灭的时候，他那向内部牵引的力量，无论如何，是不能除去的，宋儒去私的说法，怎能办得到？

人心的私欲，既不能除去，我们只好承认它的私，把人类画为一大圈，使之各遂其私，人人能够生存，世界才能太平。

我们人类，当同心协力，把圈外的禽兽草木地球当做敌人，搜取它的宝物，与人类平分，这才是公到极点，也可以说是私到极点。如果不那样，只向人类夺取财货，世界是永远得不到太平的。

心理变化，好似水的变化，水可以成为云雨，成为霜露，成为冰雪，成为江湖，成为河海，时而浪静波恬，时而奔腾澎湃，变化无方，几于不可思议，而科学家用力学规律观察，无不一一有轨道可循。

人的心理，不外相斥、相吸两种作用，自己觉得有利的事，就引之使近，自己觉得有害的事，就推之使远。人类因为有这种心理，所以能够相亲相爱，生出种种福利；又因为有这种心理，所以会相争相夺，生出种种惨祸。主持政教的人，当用治水的法，疏凿与堤防二者并用。方法得当，那么行船舟，灌田亩，其利无穷。方法不当，那么漂房舍，杀人畜，其害也无穷。宋儒不明此理，强分义理之性，气质之性，创出天理人欲种种说法，无异于说，行船舟，灌田亩之水，其源出于天，出于理，漂房舍杀人畜之水，出于人，出于气。

我不知道一部《宋元明清四朝学案》中，天、人、理、气等字，究竟是什么东西，只好说它迂曲难通。

我们仔细研究自己的心灵，种种变化，都是依着力学规律走的，狂喜的时候，力线向外发展，恐惧的时候，力线向内收缩。遇意外事变，想向东，东方有阻，想向西，西方有碍，力线转折不定，心中就呈慌乱之状。对于某种学说，如果承认它，自必引而受之，如果否认它，自必推而去之。遇一种学说，好像有理，又好像无理，接受不可，拒绝不能，就呈狐疑态度。

我们研究事理，依直线进行之例，一直前进，推至甲处，理不可通，就折向乙处。又不可通，就折向丙处，人心的曲折，与流水的迂回相似。水本是以直线进行的，虽是迂回百折，仍不外力学规律。我们的心，也是如此。此外尚有种种现象。细研究，终不外推之引之两种作用。有时潜心静坐，万缘寂灭，无推引者，亦无被推引者，如万顷深潭，水波不兴，就呈一种恬静空明的状态。这时的心，虽不显何作用，其实千百种作用，都蕴藏在内。人的心理，与电磁原理相似，一作用起来，其变态就不可思议。我们明白电磁原理，人的心理，就可了然了。

水虽是按直线进行，但把它放在容器中，它就随容器变化形状，器方就方，器圆就圆，人的心理，也是如此。人有各种嗜欲，其所以不任意发露，实在是由于有一种拘束力，把他制住。各人所受拘束力不同，有的受法律的拘束，有的受情义的拘束，有的受金钱的拘束，有的受父兄师长朋友的拘束，有的受因果报应及圣贤学说的拘束，种种不同，只要把他心中的拘束力除去，他的嗜欲，立即呈露，如贮水的容器，有了罅漏，就向外流出一般。

贪财好色的人，身临巨祸，旁人看得清清楚楚，而本人却茫然不知。因为他的思想感情，按照直线进行公例，直线在目的物上，两旁的事物，全不能见。譬如寒士想做官，做了官还嫌小，要做大官。做了大官，还是向前不止；袁世凯做了大总统，还想做皇帝；秦皇汉武，做了皇帝，在中国称尊，还嫌不足，要起兵征伐四夷，四夷平服了，又想做神仙。这就是人类嗜欲按照直线进行的明证。

基督教旨在救人，以博爱为主旨，其教条是：有人打我的左脸，就拿右脸献上。但新旧教之争，酿成血战惨祸，处置异教徒，有焚烧酷刑，竟与教旨明显违背，请问这是什么道理？法国革命，以自由平等博爱相号召，乃竟杀人如麻，稍有反对的，或形迹可疑的，就加诛戮，与所标主旨全然违反，这又是什么道理？

我们要解释这个理由，只好求之力学规律。耶稣、卢梭的信徒，只知追求他心中的目的物，热情刚烈，犹如火车开足了马力向前奔走一般，途中人畜无不被其碾毙。

凡事都有变例，如本书一、二两图，是指常例而言，是指静的现象而言，是指没有增加外力而言，如果从变例来看，那就有帮助外人攻击其兄的，就有爱花，爱石，爱山水，而忘其身命的。俗话说："忠臣不事二君，烈女不嫁二夫。"心中加了一个忠字、烈字，往往自甘杀身而不悔。又说"慷慨赴死易，从容就义难"。慷慨是动的现象，从容是静的现象。抗日战争，我国许多无名战士，身怀炸弹，见日本坦克车来，就奔卧道上，己身与敌人同尽，他们既不为利，也不为名，而有此等举动，是什么原因？孟子曰："所欲有甚于生者，所恶有甚于死者。"因在我之外，另有一物，为他的视线所关注。耶稣、卢梭信徒，求达目的，忘却信条，我国（编者注：指1949年新中国成立前之旧中国）志士，求达目的，忘却己身，此其间确有一定的轨道。所以老子说"民不畏死，奈何以死惧之"。目的可以随时转变，其表现出来者，遂有形形色色的不同，然而终离不开力学规律。我们认识到这个道理，才可以处理事变，才可以教育民众。

人的思想感情，本是按照直线进行，但表现出来，却有许多弯弯曲曲、奇奇怪怪的状态。其原因是人群众多，力线交互错综，相推相引，又加以境地时时变迁，各人立足点不同，观察点不同，所以明明是直线，却转变成曲线。例如：我们取一块直线板，放在黑板上，用白墨顺着直线板画一线，这条线当然是直线，假使画直线之时，黑板任意移动，结果所画的线，就成为曲线了。我们如把爱因斯坦的相对论运用到人事上，就可把这个道理解释明白。

人人有一颗心，就是人人有一条力线，各力线都向外发展，导致处处冲突，何以平常时，冲突的事不多见？因为力线有种种不同：有力与力不相交的，这个人做甲事，那个人做乙事，各不相涉。有力与力相消的，例如有人起心，想害某人，但又想他的本事也大，我怕敌他不过，因而中止。有力与力相合的，例如抬轿的人，举步快慢，自然一致。有力与力相需的，例如卖布的和缝衣匠，有布无人缝，有人缝无布卖，都是不行，相需为用，自然彼此相安。又有大力制止了小力的，例如小孩玩得正高兴的时候，父母命他做某事，他心中虽是不愿，仍不能不做，是父母之力把他的反对力制服了。又如交情深厚的朋友，小有违忤，能够容忍，因为彼此间的凝聚力很大，小小冲突之力，不能表现。诸如此类，我们仔细考察，就知人与人相接，力线交互错综，如网一般，有许多线，不但不冲突，反而相需相成，人类能够维系，以生存于世界，就是这个原因。

通常的人，彼此的力相等，个个独立。本事大的人，他的力大，能够把他前后左右几个人吸引来成一个团体，成为团体以后，由合力作用，其力更大，又向外面吸引，越吸引越大，其势力就遍于天下。东汉党人，明季党人，就是这种现象。如果同时有一人，力量也大，不受他的吸引，并且把自己前后左右几个人吸引成一团体，也是越吸引势力越大，就成为对峙的两党。宋朝王安石派的新党，司马光派的旧党，也是这种现象，现在（编者注：指1949年新中国成立前之国民党统治期）各党的对峙，也是这种现象。两党相遇，其力线的轨道，与两人相遇一样。凡当首领的人，关键在于把内部冲突之力取消，一致对外，如果不那样，他那团体，就会自行解散。有些团体，越受外界压迫，越是坚固，有些一受压迫，就立即解体，其原因就在那当首领的人，能否统一内部力线，不在于外力之大小。

有人说：群众心理，与个人心理不同，个人独居的时候，常有明了的意识，正当的情感，一遇群众动作，身入其中，此种意识情感，就完全消失，随众人的动作而动作。往往有平日温良谦让的人，一入群众之中，忽变而为犷厉嚣张，横竖不讲道理的暴徒；又有平日柔懦卑鄙的人，一入群众之中，忽变而为热心公义，牺牲生命的志士。法国人黎朋著《群众心理》一书，历举事实，认为群众心理，不能用个人心理解释，其实不这样，我们如果应用力学的规律，就可把这个道理说明。

人人有一颗心，就是人人有一个力，一人的力，不敌众人之力，群众动作，身入其中，我一己的力，被众人的大力相推相荡，不知不觉，随同动作，以众人的意识为意识，众人的情感为情感，自己的脑筋，就完全失去自主的能力了。因为这个道理，所以当主帅的人，才能驱千千万万的平民效命疆场，当首领的人，才能指挥许多党徒作杀人放火的暴行。

个人独居的时候，以自己的脑筋为脑筋，群众动作，是以首领的脑筋为脑筋。当首领的人，只要意志坚强，就可指挥如意。史称“李光弼入军，号令一施，旌旗变色”，俗话说“强将手下无弱兵”，就是这个道理。

水的变化，按照力学规律而变化，我们心理的变化，也是按照力学规律而变化。每每会议场中，平静无事，忽有一人登台演说，慷慨激昂，群情立即奋发，酿成重大事变，这个会议场中的众人，犹如深潭的水一般，堤岸一崩，水就汹涌而出，漂房舍，杀人畜，势所不免。所以我们应付暴行的方法，要取治水的方法，其法有三：(1)如果是堰塘里的水，就登高以避之，等他流干了，自然无事；(2)如果是有来源的水，就设法截堵，免其横流；(3)或疏通下游，使之向下流去。水的动作，就是力的动作，我们取治水的方法，应付群众，断不会错。

两种力平衡，才能稳定，万事万物以平衡为归，水不平衡则流，物不平衡则鸣，资本家之对于劳工，帝国主义之对于弱小民族，不平等太厉害，可断定他终归失败。处顺利之境，心要想着危机，处忧危之境，又要有一种豪迈之气，使发散收缩二力保持平衡，才不失败。

发达而在上的人，态度要谦逊，穷困而在下的人，志气要高亢，不这样就不平衡。如果在上又高亢，我们一定说他骄傲，在下又谦逊，我们一定说他卑贱。

这是由于我们的心，是一种力结成的，力以平衡为归宿，所以我们的心中，藏得有一个平字，为衡量万事万物的标准，不过自己习惯而不察觉罢了。心中的力，与宇宙的力，是相通的，所以我的一颗心，可以衡量万物，王阳明的学说，就是从这个地方生出的。

世界进化的三个阶段

人世一切事变，是从人类行为生出来的。人类行为，是从心理生出来的。而人的心理，按照力学规律而变化，所以世界进化，逃不出力学规律。

世界进化，就是一种力在一个区域内动作，经过长时间作用所成的现象。其间共有三物，一曰力，二曰空间，三曰时间。我们可认为是数学上的三元，其中最显著的，是摆线式与螺旋式。古人说“天道循环无端，无往不复”，今人说“人类历史，永无重复”，我们把两说合并起来，就成为摆线式或螺旋式。

凡人无论思想方面或行为方面，都是依着力学规律，以直线进行，但他的结果，所表现出来的，乃是曲线，不是直线，这是什么道理呢？因为向前进行之际，受有他力牵引，而两力又相等，就成为圆形。古人说“循环无端”。环即圈子，就是说：宇宙一切事物的演进，始终是循着一个圈子，旋转不已。这个说法，可举例来说明：假如我们在地球上面，无论东西南北，任取一直线向前进行，无丝毫偏斜，结果仍回到原来的地点。因为我们站在地面，是被地心力吸着的，开步向前走，是摆脱地心吸力，而以离心力向前进行，然而仍被地心力吸着。由离心力向心力两相结合，其路线就成为圆形，而回到原来的地点，任走若干遍，都是这样，这就叫“循环无端”。然而世界的进化，却不是圆周形，而是摆线形或螺旋线形。

什么是摆线呢？我们拿一个铜元，在桌上滚起来，其圆周所成的线，就是摆线。铜元能滚的原因，是由于力，滚过的地方，成为空间，不断地滚，形成时间。铜元旋转不已，周而复始，叫做“循环无端”。其路线，一起一伏，对直前进，是谓“永无重复”。宇宙事物的演进，往往有这种现象，如日往月来，寒往暑来，周流不息，是为“循环无端”，然而日月递更，寒暑代运，积累起来就是若干万万年，虽然循环不已，实际是前进不已，这算是摆线式的进化。

有人说：“人的意志为物质所支配。”又有人说：“物质为人的意志所支配。”但不知道：物质与意志，是互相支配的。欧洲机器发明以后，工业大兴，人民的生活情形，随之而变，固然是物质支配了人的意志，但机器是人类发明的，发明家费尽脑力，机器才能出现，工业才能发达，这又是人的意志支配了物质。这类说法，与“英雄造时势”“时势造英雄”的争论，性质是一样的。有了物理数学等科学，才能产生牛顿；有了牛顿，物理数学等科学，又生大变化。有了咸丰、同治的时势，才造出曾国藩、左宗棠；有了曾国藩、左宗棠诸人，又造出一个时势，犹如鸡生蛋，蛋生鸡一般，看起来是辗转相生，其实是前进不已。后来的蛋，不是之前蛋，后来的鸡，不是之前鸡，物质支配人的意志，人的意志，又支配物质，时势造英雄，英雄又造时势，而世界就日益进化了。鸡与蛋和心与物，都是一物体的两方面，鸡之外无蛋，蛋之外无鸡，心之外无物，物之外无心，二者之进化，都等于一个铜元在桌上滚起走，有点像摆线式的进化。

我们细加研究，就知日往月来，寒往暑来，和鸡生蛋，蛋生鸡这类现象，是纯粹的摆线式进化，因为日月、寒暑、鸡与蛋，状态始终如一，等于一个铜元的状态始终如一，其画出的线，一起一伏，也始终如一。只有英雄造出的时势，比造英雄的时势，更为进步，物质与意志，辗转支配，也是后者较前者为进步。其现象则为历时愈久，社会文明愈进步，而政治家和科学家的智能，也愈进步，其形式与摆线式微异，而成为螺旋线的进化。

什么是螺旋线呢？我们手拿一块直角三角板，以长边为轴，旋转一周，所成体积，就是圆锥体。假如用圆锥体的钻子去钻木头，这钻子所走的路线，就是螺旋线，竖的方面越深，横的方面越宽，世界就是以这种状态而进化的。我们拿一截竹子，用一根针在竹上横起画一圈，此针本是以直线进行，然而始终是在这个圈上旋转不已，这就叫“循环无端”。假设这根针进行之际，有人暗中把竹子轻轻拖起走，则这根针画出的线，绝不能与经过的路线重合，是之谓“永无重复”。针的进行是力，画出的圈是空间，其拖起走，则属于时间，但世界进化，不是在竹子上画，乃是在笋子里画圈，乃是从尖笋画起走，有人持笋尖拖之，其线越画越长，圈子越画越大，因为笋子就是圆锥形。

大禹会诸侯于涂山，执玉帛者万国，成汤时三千国，周武王时一千八百国，春秋时二百四十国，战国时，只有七国，到了秦始皇时，天下就统一了。那现象是：历时越久，国的数目越少，其面积越大，这即是竖的方面越深，横的方面越宽，是为螺旋式进化。竖的方面是时间；横的方面是空间。

宇宙事事物物的演变，都是离心力和向心力互相作用生出来的，有一力以直线进行，同时又有一相反的力牵制它，遂不得不作回旋状态，而又前进不已，就成为摆线状态或螺旋线状态，日月迭更，寒暑代运，鸡与蛋辗转相生，是未参有人类意志的，只是循着自然的轨道运行，故依摆线式进化，始终如一。机器与时势，是参有人类意志，而人类天性，是力求进步，故依螺旋式进化，历时越久，路线越扩大。人类是日求进步的，社会是日益文明的，社会文明，又依螺旋式前进，而无有终止，其现象也像日月迭更，寒暑代运，依摆线式前进，而无有终止。

人事千变万化，都是由离心、向心二力生出来的，离心是力的向外发展，向心是力的向内收敛，发展到极点，则收敛，收敛到极点又能发展。这就是古人所说，盈虚消长，循环无端。以虚为起点，由此而发展就是长，发展到极点就是盈，到了极点即收敛就是消，收敛到极点则变为虚，由虚而又为长，为盈，为消，为虚，是之谓"循环无端"。所以宇宙间事事物物，都是正负二力，互为消长，这是古人治国，所以有一张一弛的说法。嬴秦苛虐，汉初则治之以黄老；刘璋暗弱，孔明则治之以申韩，都是顺应此种趋势的。

我们综合古今事变看，大约可分三个时期。以婚姻制度言之，上古时男女杂交，生出的子女，知有母而不知有父，这个时候的婚制，离心力胜过向心力，是为第一时期。后来制定婚制，子女婚姻，由父母主持，一与之齐，终身不改，向心力胜过离心力，是为第二时期。现在已入第三时期了，某女不必定嫁某男，而某男的爱情，足以吸引他，某男不必要娶某女，而某女的爱情，足以吸引他。离心、向心二力，保持平衡，就成第三时期的自由婚制。此种婚制，本带得有点回旋状态，许多青年，看不清此种趋势，以为应该回复到上古那种杂交状态，就未免大错了。

人民的自由，也可分三个时期。上古人民，穴居野外，纯是一盘散沙，是为第一时期。后来受君主的压制，言论思想，极不自由，是为第二时期。经过一番革命，政府干涉的力量与人民自由的力量保持平衡，是为第三时期。自力学方面说，第一时期，离心力胜过向心力，第二时期，向心力胜过离心力，第三时期，向心离心二力，保持平衡。第三时期中，参得有第一时期的自由，带得有点回旋状态。卢梭生在第二时期之末，看见这种回旋趋势，误以为应当回复第一时期，所以他的学说，完全取第一时期的制度以立论，以返于原始自然为第一要义。他说：自然之物皆善，一入人类之手，乃变而为恶。他的学说，有一半合真理，一半不合真理。因其有一半合真理，所以当时备受一般人的欢迎。因其有一半不合真理，所以法国革命实行他的学说，酿成非常的骚乱，结果不得不由政府加以干涉，终于导致政府的干涉与人民的自由保持平衡，法国方能安定。

民主主义流行久了，法西斯主义的独裁，因而出现，这都是正负二力互为消长的表现。自墨索里尼倡出法西斯主义后，希特勒和日本军阀，相继仿效，因而造成世界第二次大战。其独裁制度，已超过时势的需要，可以断言：此种独裁制，不久必将倒毙，另有一种制度取代它。

人类分配货财的方法，也分三个时期。上古时人民浑浑噩噩，好像初生小儿，不知欺诈，不知储蓄，只有公共的货财，并无个人的私财，这是有公而无私，是第一时期。再进化，人类知识进步，自私自利之心，日益发达，把公共的货财据为个人私有，这是有私而无公，是第二时期。再进化，人类知识更进步，公私界限，有明了认识，把公有的货财归之社会，私有的货财归之个人，公与私并行不悖，是第三时期。我们现在（编者注：指旧中国）所处的时代，是第二时期之末，第三时期之始。关于经济方面，应该把公私界限划分清楚，公者归之公，私者归之私，社会才能相安无事。

中国从前，自诩为圣明文物之邦，以为周公的制度和孔孟的学说好到极点，鄙视西欧，不值一提，这是第一时期。从甲午、庚子两个战争而后，突然失掉自信力，以为西洋的制度和学说，无一不好到极点，鄙视中国，不值一提，这是第二时期。至今则入第三时期了，既不高视西洋，也不鄙视中国，总是平心考察，是者是之，非者非之，这是折衷于第一时期和第二时期之间。

我国初与欧人接触，庞然自大，以为高出外国之上。自从两次战败，遂低首降心，屈处列强之下。到了第三时期，我国与列强立于平等线上，这也是折衷于第一时期和第二时期之间。

总之，世界进化，都是正负二力互为消长，处在某一时期，各种现象，都是一致，犹如天寒则处处皆寒，天热则处处皆热。现在（编者注：指旧中国）帝国主义盛行，同时资本主义也盛行，而工商界也就有汽车大王、煤油大王、钢铁大王、银行大王等等出现，民族间就有自夸大和民族是最优秀民族，日耳曼民族是最优秀民族，凡此种种都是第二时期残余之说。跟着就入第三时期，帝国主义消灭，资本主义消灭，工商界某某大王，和某某最优秀民族，这类名词也消灭，这是必然的趋势。

所以，主持国家大计的人，必须看清世界趋势，顺应潮流，如其不然，就会受天然的淘汰。

人性与电磁

科学上有许多定理，最初都是一种假设，根据这种假设，从各方面试验，都是符合的，这假设就成为定理了。比如地球这个东西，自开辟以来就有的，经过了若干万万年，人民生息其上，视为固然，但对于地球的构成，不求甚解。距今（编者注：指国民党统治时期）二三百年前，出了一个牛顿，发现万有引力，说：地心有引力，把泥土沙石吸成一团，成为一个地球。究竟地心有无引力，无人看见，牛顿这个说法，本是假定的。不过根据他的说法，任如何试验，都是符合的，于是他的假说，就成了定理。从此一般人都知道：凡是有形有体的东西，都要受引力的吸引。到爱因斯坦出来，发明相对论，把牛顿的学说扩大，说："太空中的星球发出的光线，经过其他星球，也要受其吸引，由于天空中众星球互相吸引之故，于是以直线进行的光线，就变成弯弯曲曲的形状。"这也是一种假说，但经过实地测验，证明不错，也成了定理。从此一般人又知道：有形无体的光线，也要受引力的吸引。我们研究心理学，不妨把爱因斯坦的学说再扩大，说：我们的心中，也有一种引力，能把耳闻目睹，无形无体的物吸引来成为一个心，心的构成，与地球的构成相似。我们这样的设想，那牛顿三定律和爱因斯坦的相对论，就可适用到心理学方面，而人事上一切变化，就可按照力学规律去考察了。

通常所称的"心"，是由于一种力，经过五官出去，把外边的事物牵引进来，集合而成的。例如有一物在我面前，我注目看它，就是一种力从眼睛透出去，与那个物体联结。我将眼睛一闭，能够回忆那物的形状，就是此力把那物体拖进来绾住了。由于这种方式，把耳闻目睹，与身所经历的事项，一一拖进来，集合为一团，就成为一个心，所以心的构成，与地球的构成，完全相似。

一般人都说：自己有一个心。佛家出来，极力驳斥此说，说：人没有心，通常所谓心，是假的，乃是六尘的影子。《圆觉经》说："一切众生，无始以来，种种颠倒，妄认四大，为自身相，六尘缘影，为自心相。"我们试想：假使心中没有引力，那六尘影子的经过，好像雁过长空，影落湖心一般，雁一去，影即不留了。而我们见雁的经过，能记忆雁的影像的原因，就是心中有一种引力，能把雁影绾住的缘故。

佛家说："六尘影子，落在八识田中，成为种子，永不能去。"这正如谷子豆子落在田土中，成为种子一般。我们知道：谷子豆子，落在田土中，是由于地心有引力，就知道六尘影子落在八识田中，是由于人心有引力。因为有引力绾住，所以谷子豆子落在田土中，永不能离去，六尘影子，落在八识田中，也永不能去。

我们如把心中所有的知识，一一考察其来源，就知道无一不从外面进来，其经过路线，不外眼耳鼻舌身，虽说人能发明新理，但仍靠外面收来的知识作基础。比如修房子的，必须购买外面的砖瓦木料，才能建筑新房子一样。我们如把心中各种知识的来源，一一清出来，从眼睛进来的，仍令从眼睛退出去，从耳朵进来的，仍令从耳朵退出去，其他一一从来路退出去，此心即空无所有了。人的心，如果能够空无所有，对于外物无贪恋，无嗔恨，有如湖心雁影，过而不留，这就是佛家所说，还我本来面目。

地球的构成，源于引力，意识的构成，源于种子。试由引力再进一步，推究到天地未有以前，由种子再进一步，推究到父母未生以前，那就只有所谓寂兮寥兮的状况，而二者就会归于一了。由寂兮寥兮生出此力，而后有地球，而后有物。由寂兮寥兮生出种子，而后有意识，而后有人。我们这样的研究，觉得心的构成，与地球的构成相似，而物理的规律，就可适用于人事了。

我们把物质加以分析，就得到原子，把原子加以分析，就得电子。电子是一种力，这是科学家业已证明了的。人是物中之一，我们的身体，是电子集合而成。身与心本是一物，所以我们的心理，不能逃脱磁电学的规律，不能逃脱力学的规律。

心的现象，与磁电的现象，是很相似的。人有七情，大的区别，只有好恶两种，心所好的东西，就引之使近，心所恶的东西，就推之使远，这种现象，岂不与磁电相似吗？

人的心，分知、情、意三种，意是知与情合并而成，其元素只有知、情二者。磁电同性相推，异性相引，其相推相引，有似我们的情，其能够判别同性异性，更是显然有知，足见磁电这个东西，具有知、情，与人的心理相同。

阳电所需要的是阴电，忽然来了一个阳电，要分他的阴电，他当然要把他推开；阴电所需要的是阳电，忽然来了一个阴电，要分他的阳电，他当然也要把他推开。这就像小孩吃乳吃糕饼的时候，见哥哥来了，用手推他打他一般，所以成了同性相推的现象。至于磁电异性相引，犹如人类男女相爱，更是不用说了。由此知磁电现象，与心理现象，完全相同。

佛说："真佛法身，映物现形。"宛如磁电感应现象。又说："性灵本融，周遍法界。"好像磁电中和现象。又说："不生不灭，不增不减。"简直是物理学所说"能量不灭"。因此之故，我们用力学规律去考察人生，想来不会错。

物质不灭，能量不灭，是科学上的定律。我们身体的物质，是从地球的物质转变而来，身死埋到地里，物质退还地球。物质不灭的说法，算是讲得通。但是人的性灵，是一种能力，请问此种能力，生从何处来？死往何处去？我们要答复这个问题。可以创一臆说，曰："人的性灵从地球的磁电转变而来。"我们一死，身体化为地球的泥土，同时性灵化为地球的磁电，如此则性灵生有自来，死有所去，能量不灭之说，就讲得通了。世言成仙成佛者，或许是用一种修养力，能将磁电凝聚不散耳。俗话说："冤魂不散。"当是一种嗔恨心，将磁电凝住，等到冤仇已报，嗔恨心消失，磁电无从凝聚，其鬼即归消灭。

有了"性灵由磁电转变而来"这条臆说，那么灵魂存灭的问题，就可以答复了。我们一死，身上的物质，退还地球，性灵化为磁电，那灵魂就算消灭。然而身体虽死，物质尚存，磁电尚存，也可称之灵魂尚存。这是庄子所说"天地与我并生，万物与我为一"。

禅家最重"了了常知"四字，我们在平静中，心里明明白白，等到事物纷呈，这明明白白的心，化为乌有。学力深的，事物纷呈，这心仍明明白白，叫做"动静如一"。然而白昼虽明明白白，晚间梦寐中，就又昏迷。学力更深的，梦寐中也明明白白，叫做"寤寐如一"。学力极深的，死了也明明白白，叫做"死生如一"。到了死后明明白白，则谓之灵魂永存可也。

《楞严经》说："如来从胸，涌出宝光，其光昱昱，有千百色，十方微尘，普佛世界，一时周遍。"这宝光，大概就是电光。阿难对佛说："我见如来，三十二相，胜妙殊绝，形体映彻，犹如琉璃。尝自思惟，此相非是欲爱所生，何以故？欲气粗浊，腥臊交遘，脓血杂乱，不能发生胜净妙明，紫金光聚。"释迦牟尼修养功夫深，已将血肉之躯变而为磁电凝聚体，故能发出宝光，遍达十方世界。佛家有天眼通、天耳通之说，今天无线电发明，已可证明其说不谬。释迦牟尼本身就是一无线电台，将来电学进步，必能证明释迦所说，一一不虚，而"性灵由磁电转变而来"的臆说，或者也可证明其不虚。

老子论道，经常以水作比喻，佛氏说法，也常以水作比喻，我们不妨以空气作比喻。所谓不生不灭、不垢不净、不增不减，无古今、无边际、无内外，种种现象，空气是具备了的。倘若再进一步，以中和磁电为喻，更为确切。若更进一步，假定"人的性灵，由磁电转变而来"，用以读老佛的书，觉得处处迎刃而解。

我们自以为高出万物，这不过是人类自己夸大的话，实则人与物，同是从地球生出来的，身体的元素，无一不是地球物质。自地球的角度看，人与物并无区别，仿佛父母生二子，长子叫做人，次子叫物，不过长子聪明，次子患瘫病而又哑聋罢了。我们试验理化，温度变更，或掺入一种物品，形状和性质都要改变。我们遇到天气大变，心中变烦躁，这是温度的关系；饮了酒，性情也会改变，这是参入一种药品，起了化学作用。从此等处考察，人与物有什么区别？

人身的物质，和地球的物质，都是电子构成的，我们有灵魂，地球也有灵魂，磁电是地球的灵魂，通常所说地心吸力就是磁电吸力的表现。地球的物质化为植物，同时地球的磁电就变为植物的生机。我们吃植物，物质变为身体的毛发骨肉，同时磁电就变为我们的性灵。

由泥土沙石变而为植物，变而为毛发骨肉，愈变愈高等。同时由地球的磁电变而为植物的生机，变而为我们的性灵，也是愈变愈高等。虽经屡变，而本来的性质仍在，所以身体的元素，与地球的元素相同，心理的感应，与磁场的感应相同。身体的毛发骨肉，与地球的泥土沙石不同，我们的性灵，也与地球的磁电不同，为什么呢？在地球为死物，在身体则为活物。所以用力学规律以考察人事，我们当活用之，而不能死用之。

老子说："有物混成，先天地生，寂兮寥兮，独立而不改，周行而不殆，可以为天下母。吾不知其名，字之曰道，强为之名曰大。"老子所谓道，就是释氏所谓真如。释氏说，山河大地，日月星辰，内身外器，都是由真如不守自性，变现出来的，其说和老子相同。真如是空无所有的意思(实则非空非不空)。忽然真如不守自性，而变现为中和磁电，由是而变现为气体，回旋太空中，几经转变，而地球产生了。由此而生植物，生动物，生人类。佛氏所谓阿赖耶识的状态，与中和磁电的状态绝对像。二者都是冲漠无朕，万象森然，也即是寂然不动，感而遂通。我们可以说：真如变现出来，在物是中和磁电，在人是阿赖耶识，犹如同一物质，在地球是泥土沙石，在人则是毛发骨肉。今人常说人的性灵，与磁电迥不相同，犹如无科学知识的人，见毛发骨肉，即认泥土沙石，迥不相同也。中和磁电，是真如最初变现出来的东西，真如见不到，我们读佛老的书，姑且以中和磁电，作为道和真如的形态，觉得处处可通。

老子写书，开端就说："道可道，非常道。"释迦说法四十九年，结果自认未说一字，归之于不可道，不可说而已。苏子由说："夫道不可言，可言皆其似者也，达者因似以识真，而昧者执似以陷于伪。"道和真如，都是不可思议的，阿赖耶识，与中和磁电，是可思议的。借可思议的，以说明不可思议的，就是所谓言其似。

老子说："道生一，一生二，二生三，三生万物。"我们可解释为：道是空无所有，一是中和磁电，中和磁电发动出来，就有相推相引两作用，所谓二。由这两种作用，生出第三种作用，由是而辗转相生，千千万万之事物出现了。老子说："抱一以为天下式。"又说："天下有始，以为天下母，既得其母，以知其子，既知其子，复守其母。"所谓母，都是指中和磁电，在人就是阿赖耶识。所以说："恍兮惚兮，窈兮冥兮。"又说："渊兮似万物之宗。"老子专守阿赖耶识，故写出的书，可以贯通周秦诸子，可以贯通赵宋诸儒，可以贯通易经，贯通佛学，又为后世神仙方士所依托。据严复评论，又可以贯通西洋学说(其说具见拙著《中国学术的趋势》)。《道德经》一书无所不包的原因，正因阿赖耶识的无所不有。佛氏则打破此说，而为大圆镜智，以"空无所有"为立足点。这是由于佛氏立教，重在出世，故以"空无所有"为立足点。老子立教，重在将入世出世打成一片，所以以阿赖耶识为立足点。由阿赖耶识而向内追寻，则可到大圆镜智，而空诸所有。由阿赖耶识而向外工作，则可诚意、正心、修身、齐家、治国、平天下。这是二氏立足点所以不同的原因。

我们假定"人的性灵，由磁电转变而来"，那么，佛氏告诉波斯匿王及阿难等人的话，与宋儒所谓"如鱼在水，外面水便是肚里水，鳜鱼肚里水，与鲤鱼肚里水，只是一样"，明儒所谓"盖天地皆心也"等等说法，都可以理解。《中庸》说："喜怒哀乐皆不发，谓之中。"六祖说："不思善，不思恶，正与么时，那个是明上座本来面目。"广成子说："至道之精，窈窈冥冥，至道之极，昏昏默默。"庄子说："心不忧乐，德之至也，一而不变，静之至也。"都是阿赖耶识现象，也就是磁电中和现象，中和磁电，发动出来，出现相吸相反的作用，而纷纷纭纭的事物发生了。所以我们要研究人世事变，当首先创造一臆说曰："性灵由磁电转变而来。"研究磁电，离不得力学，我们再造一臆说曰："心理依力学规律而变化。"有这两个臆说，纷纷纭纭的事物，就有轨道可循，而世界分歧的学说，可汇归为一，中、西、印三方学说，也可汇归为一。

佛氏说：山河大地及人世一切事物，都是幻相。牛顿造出三定律，所以研究物理的幻相；我们造出两个臆说，所以研究人事的幻相。本章所说种种，乃是说明造此臆说的理由。以下，就依据这两个臆说，说明人世事变，不再涉及本体。佛说本体，我们议论现象，鸿沟为界。作者对于佛学及科学，根本是外行，所有种种说法，都是想当然耳，心中有了这种想法就把他写出来，自知纯出臆断，以佛学科学律之，当然很多不合，我不过姑妄言之，读者也可以姑妄听之。

人性与兽性

——对达尔文学说的八点修正

我同友人谈到达尔文，友人规劝我说："李宗吾，你讲你的厚黑学好了，切不可涉及科学范围。达尔文是生物学专家，他的种源论，是积数十年的实验，把昆虫草木，飞禽走兽，一一考察遍了，证明不错了，才发表出来，是有科学根据的。你不是科学家，最好不涉及他，免闹笑话。"我说道："达尔文可称科学家，难道我李宗吾不可称科学家吗？二者相较，我的学力，还在达尔文之上，什么原因呢？他的种源论，是说明禽兽社会情形，我的厚黑学，是说明人类社会情形，他研究禽兽，只是从旁视察，自身并未变成禽兽，与之同处，对禽兽社会情形，未免隔膜，我不但居然变成人，而且与人同处了数十年，难道我的学力，不远在达尔文之上？达尔文在禽兽社会中，寻出一种原则，如果用之于禽兽社会，我们尽可不管，而今公然用到人类社会来了。我们当然可以批驳他，人类社会中，寻得出达尔文这类科学家，禽兽社会中，寻不出达尔文这类科学家，足证两种社会截然不同，故达尔文的学说，不适用于人类社会。"

今人动辄提科学家三字，恐吓我们普通人，殊不知科学家聪明起来，比普通人聪明百倍，糊涂起来，也比普通人糊涂百倍。牛顿可称独一无二的科学家，他养有大小二猫，有一天他让匠人在门上开大小二洞，以便大猫出入大洞，小猫出入小洞。任何人都知道：只开一个大洞，大小二猫都可出入，而牛顿不醒悟，这不是比普通人糊涂百倍吗？牛顿说：地心有吸力，我们固然该信从，难道他说"大猫出入大洞，小猫出入小洞"，我们也相信吗？所以我们对于科学家的学说，不能不慎重选择，谨防他学说里面藏牛顿的猫洞。

因为科学家有时比普通人糊涂百倍，所以专门家的学说，往往不通。例如亚当·斯密难道不是经济家？而他的学说就不通。我们的话，不足为证，难道专家的批评，都不可信吗？……唉呀，诸君算了吧，举世纷纷扰扰，闹个不休都是达尔文、斯密……诸位科学家的恩赐啊！

达尔文讲竞争，一开口，就是豺狼、虎豹，鄙人讲厚黑，一开口，就是曹操、刘备、孙权。曹刘诸人，是千古人杰。他且不论，单是我采用的标本，已比达尔文采用的标本高得多了。所以基于达尔文的学说造出的世界，是虎狼世界；基于鄙人的学说造出的世界，是极文明的世界。达尔文可称科学家，鄙人当然可称科学家，不过达尔文是生物的科学家，鄙人是厚黑的科学家罢了。

达尔文研究生物学数十年，把全世界的昆虫草木，飞禽走兽，都研究完了，唯独他实验室中有个高等动物，未曾研究，所以他的学说，就留下破绽。请问什么高等动物？答曰：就是达尔文本身，他把人类社会忽略了，把自己心理和行为忽略了，所以创出的学说，不能不有破绽。

达尔文实验室中，有个高等动物，他既没有研究，我们不妨替他研究。达尔文一生下地，我们就用采集动物标本的法子，把他连儿带母活捉到中国来，用中国的白米饭把他喂大，我们用达尔文研究动物的法子，从旁视察，一直到他老死，就可发现他的学说是自相矛盾的。

达尔文一生下地，就拖着母亲之乳来吃，把母亲的膏血吸入腹中，如不给他吃，他就大哭不止，哭着要吃，这可说是生存竞争，从这个地方视察，达尔文的学说没有错；长大点能吃东西了，母亲手中拿一糕饼，他见了伸手来要，母亲不给他，放在自己口中，留半截在外，他立即伸手，把糕饼从母亲口中取出来，放在他的口中。母亲抱着他吃饭，他就伸手来拖母亲的碗，如不提防，就会坠地打烂，这种现象，也是生存竞争，达尔文的学说也没有错；若是再大点，自己能端碗吃饭了，他一上桌，就递一个空碗，请母亲给他盛饭，吃了又请母亲盛，母亲面前，现放着满满一碗饭，他再不去抢了，竞争的现象，忽然减少，难道不是很奇怪的事吗？再大点，他自己会往碗中盛饭，再不要母亲与他盛，有时碗中饭不够，他没吃饱，守着母亲哭，母亲把自己的饭分半碗给他吃，他才好了，母亲不分给他，他断不能去抢。更大点，饭不够吃，母亲把自己碗中的饭分与他吃。到了此时，竞争的现象，一点没有，岂不奇怪吗？这是小孩下地时，只看见母亲身上的乳，大点即看见母亲碗中之饭，再大点即看见甑中之饭，更大点即看见街上之食物；不只这些，达尔文长大成人，学问弄好了，当大学教授了，有穷亲友向他告贷，他就慨然给予，后来金钱充裕，还拿钱来做慈善事业，或谋种种公益，这种现象，与竞争完全相反，岂非奇之又奇？于是我们可以定出一条原则："同是一个人，知识越进步，眼光越远大，竞争就越减少。"达尔文著书立说，只把当小孩时抢食母亲之乳，抢夺母亲口中糕饼这类事告诉众人，不把他当教授时施舍金钱、周济家人，做慈善事业这类事告诉众人，这是达尔文学说应该修正的第一条。

达尔文当小孩时抢夺食物，有一定的规律，就是："饿了就抢，饱了就不抢。"不但不抢，并且让他吃，他都不吃。但有一个例外，见了好吃的东西，母亲叫他不要多吃，他不肯听，结果多吃了不消化，得下一场大病。由此知道食物以饱为限，过饱就有弊害。我们可以定出第二条原则："竞争以适合生存需要为准，超过需要以上，就有弊害。"达尔文只说当小孩时，会抢夺食物，因而长得很肥胖，并不说因为食物多了，反得下病，于是达尔文的竞争，成了无界域的竞争，欧人崇信他的说法，而世界于是纷纷大乱，这是达尔文学说之应该修正的第二点。

达尔文说："万物都是互相竞争，异类则所需食物不同，竞争还不激烈，惟有同类之越相近者，竞争越激烈。虎与牛竞争，不如虎与虎竞争之激烈，狼与羊竞争，不如狼与狼竞争之激烈，欧洲人与他洲土人竞争，不如欧洲各国互相竞争之激烈。"他这个说法，证以第一次欧洲大战，诚然不错，但是达尔文创出这种学说，他自己就把他破坏了。达尔文的本传上说："1858年，他的好友荷理士，从南美洲寄来一篇论文，请他代为发表，达尔文读这篇论文，恰与自己10年来苦力思索得出的结果完全相合，自己非常失望。落在别人，为争名誉起见一定起嫉妒心，或者会湮没他的稿子，但达尔文不这样，直把这篇论文交与黎埃儿和富伽二人发表。二人知道达尔文平日也有这样的研究，力劝他把平日研究所得写成论文，于1858年7月1日，与荷理士论文同时发表，于是全国（编者注：指英国）学者，尽都耸动。"传记上是这样说，在替他作传的人，本是极力赞扬他，实际上是攻击他，无异于说：他的学说，根本不能成立。何以故呢？他与荷理士同是欧洲人，较之他洲人更相近，同是英国人，较之其他欧洲人更相近，他二人是相好的朋友，较之其他英人更相近，并且同是研究生物学的人，较之其他朋友更相近，荷理士的著作，宣布出来，足以夺去达尔文的名声，对他最有妨害，达尔文不压抑他，反替他宣布，岂不成了同类中越相近越不竞争吗？达尔文是英国人，对于同类，能够这样退让，何以欧战中，那些英国人，竞争那么激烈？我们可以定出第三条原则："同是一国的人，道德低下者，对于同类，越近越竞争，道德高尚者，对于同类，越近越退让。"达尔文不把自己让德可风的事指示众人，偏把他本国侵夺同洲同种的事指示众人，这是达尔文学说应该修正的第三点。

达尔文说：竞争愈激烈，则最适者出焉。这个说法，又是靠不住的。第一次欧战（编者注：指第一次世界大战）之激烈，为有史以来所未有，请问达尔文：此次大战结果，哪一国足以称得上最适二字？究其实战败者和战胜者，无一非创痛巨深。他这个说法，难道不是毫无征验？而再看达尔文不和荷理士竞争，反享千古大名，足当最适二字，他这个公例，又是他自己破坏了。他的论文，与荷理士同时发表后，他又继续研究，于1859年发布《种源论》，从此名震全球。荷理士之名，几于无人知道，这是由于达尔文返而自奋，较荷理士用力更深之故。我们可以定出第四条原则。"竞争的途径有二：进而攻人的，处处冲突，常遭失败；返而自奋的，不生冲突，常占优胜。"达尔文不把自己战胜荷理士的秘诀教导众人，偏把英国掠夺印度的方法夸示天下，这是达尔文学说应修正的第四点。

有人问：我不与人竞争，别人要用强权竞争的策略，向我进攻，我将怎么办？答曰：这是有办法的。我们可以定出第五条原则："凡事以人己两利为主，二者不可得兼，那就应当利人而无损于己，或者利己而无损于人。"有了这条原则，人与我双方兼顾，有人来侵夺，我抱定"不损己"三字做法，他能攻，我能守，他又其奈我何？这是达尔文学说应修正的第五点。

达尔文说：人类进化，是由于彼此相争。我们从各方面考察，觉得人类进化，是由于彼此相让。因为人类进化，是由于合力，彼此能够相让，这样每根力线，才能向前直进，世界才能进化。比如，我要赶路，在路上飞步而走，见有人对面撞来，我应当侧身让过，方不耽误行程。照达尔文的说法，见人对面撞来，就应该把他推翻在地，沿途有人撞来，沿途推翻，遇着行人挤做一圈，我就从中间打出一条路，向前而走。请问世间赶路的人，有这种办法吗？我们如果要讲"适者生存"，必须懂得这种相让的道理，才是适者，才能生存。由达尔文的眼光看来，生物界充满了相争的现象，由我们的眼光看来，生物界充满了相让的现象。试入森林一看，就看见各树都是枝枝相让，叶叶相让，所有树枝树叶，都向空处发展，秩序井然。树木是无知之物，都能彼此相让，可见相让乃是生物界的天性，因为不相让，就不能发展，凡属生物都这样。我们可以定出第六条原则："生物界相让者其常，相争者其变。"达尔文把变例认为常例，似乎不对。事实上，遇着两相冲突的时候，我们就该取法树枝树叶，向空处发展。王猛见了桓温，就改而到前秦做官，恽寿平见了王石谷的山水，而改习花卉，都是所谓向空处发展。大宇宙之中，空处甚多，也就是生存的方法甚多，人与人无须相互争夺，这是达尔文学说之应修正的第六点。

按照达尔文的说法，凡是强有力的，都该生存，我们从事实上看来，反是强有力者先消灭。洪荒之世，遍地是虎豹，它的力比人更大，似乎人类战它不过了，为什么虎豹反而面临绝迹？第一次世界大战以前，德皇势力最大，似乎称雄世界，为什么反会失败？袁世凯在中国势力最大，似乎成功，为什么反会失败？有了这些事实，所以达尔文的学说，就发生疑点。我们细加推究，就知虎豹之被消灭，是由于全人类都想打它；德皇之失败，是由于全世界都想打他；袁世凯之失败，是由于全中国都想打他。思想相同，就成为方向相同之合力线，虎豹、德皇、袁世凯，都是被合力打败的。我们可以定出第七条原则："进化由于合力。"符合合力的就生存，违反合力的就消灭，懂得合力的就优胜，违反合力的就劣败。像这样的观察，则那些用强权欺凌人的，反在天然淘汰之列。这是达尔文学说之应修正的第七点。

达尔文的误点，可再用比喻来说明。假如我们向人说道："生物进化，犹如小儿身体一天一天的长大。"有人问："小儿如何会长大？"我们答道："只要他不死，能够生存，自然会长大。"问："如何才能生存？"答："只要有饭吃，就能够生存。"问："如何才有饭吃？"我们还未回答，达尔文从旁答道：你看见别人有饭，就去抢，自然就有饭吃，越吃得多，身体越长得快。诸君试看：达尔文的答案，有没有错？我们这样的研究，就知达尔文说生物进化没有错，说进化由于生存没有错，说生存由于食物也没有错，只有最末一句，说食物由于竞争就错了。我们只把他最末一句修正一下，就对了。问："怎样修正？"就是通常所说的"有饭大家吃。"平情而论，达尔文教人竞争，没有限度，固然有流弊，我们教人相让，没有限度，也有流弊。问：怎样才能没有流弊？我们可以定出第八条原则："对人相让，以让至不妨害我之生存为止，对人竞争，以争至我能够生存即止。"这是达尔文学说应修正的第八点。

总而言之，人类由禽兽进化而来，达尔文以禽兽社会的公例施之于人类，则是把人类返回到禽兽，这自然违背进化之说，又何况禽兽相处，也未必完全是相互竞争。

他的学说，可分两部分看。他说"生物进化"，这部分是指出事实。他说"生存竞争，弱肉强食"，这部分是解释进化的理由，事实没有错，理由错了。一般人因为事实不错，遂误以为理由也不错，殊不知：进化的原因多端，相争能进化，相让能进化，不争不让，返而致力于内部，也能进化。又争又让，改而向空处发展，也能进化。其或具备他种条件，如克鲁泡特金所谓互助，我们所谓合力，也未尝不能进化。达尔文置诸种原因于不顾，单以竞争为进化的唯一原因，观察未免疏略。于是我说：达尔文发明“生物进化”，等于牛顿发明“地心吸力”，是学术界千古功臣，但是他说“生存竞争”，因而倡言“弱肉强食”，流弊无穷，我们不得不加以修正。

原始人与现代人

——对克鲁泡特金学说的修正

克鲁泡特金的缺点，和达尔文相同，达尔文是以禽兽社会的状况，来套人类社会，所以他的学说有流弊。克鲁泡特金，因为要指驳达尔文的错误，特别在中国东北、西伯利亚一带，考察各种动物和原始人类状况，发明互助说，以反驳达尔文的互竞说。他能注意到人类，算是比达尔文更进步了。然而原始人的社会与文明人的社会，毕竟不同，况且克鲁泡特金考察原始人，也是从旁观察，并未曾与之共同居处若干年，而我们则置身文明人社会中，与之共同居处若干年，所以我们能发现克鲁泡特金的误点，而指出他的流弊。

原始人类，没有组织，成为无政府状态，克鲁泡特金的互助说，从原始社会得来，所以他提倡无政府主义。所以克鲁泡特金的学说，也可分两部分看，他主张互助不错，因互助而主张无政府主义就错了。

生物的进化，好比小儿一天一天的长大，由昆虫，而禽兽，而野蛮人，而文明人，好比我们，由婴孩，而少年，而壮年。达尔文研究生物，以动物为主，正如小孩抢夺母亲口中饭物时代，所以倡导互竞说。克鲁泡特金所研究的，以原始时代人类为主，较动物更进化了，是小孩更大了点，不抢母亲口中食物，只请母亲给他盛饭，所以倡导互助说。至于长大成人，独立生活的现象，他二人都未看见。

一个国家的进化，也好比小孩一天一天地长大。我国春秋战国时代，弱肉强食，正是小孩抢夺食物时代。后来进化了，汉朝放弃珠崖（编者注：贾捐之建议放弃），是母亲分饭给他吃，他都不要。再进化，到了明初，郑和下南洋，各国纷纷入贡，希望得到中国的赏赐，这是穷亲友来告贷，慨然给予。再进化，到了明季和清朝，把蛮夷之地改土归流，每年还要倒贴若干金钱，等于做慈善事业，把贫人子弟收来，给以衣食，延师训读一般。我国进化程度，历历如绘。

西洋开化，比我国晚了两千多年，其进化才到我国春秋战国时代，故其弱肉强食，与我国春秋战国很相似，而达尔文的互竞说，于是应运而生。要防小孩抢夺食物，不得不用专制手段，故墨索里尼统治意大利，希特勒统治德意志，与商鞅统治秦相像，而都收同样的效果，因其为同一时期的产物。秦始皇统一六国了，仍然厉行专制，二世而亡，这是世界更进化了，等于身体长大了，再穿小孩衣服，不得不破裂；文景之世，政尚宽大，号称郅治，这是儿子长大了，父母不加干涉，他能独立成为好人。后来历代常有变乱，这是儿子长大成人，父母过于放纵，于是日流于非的缘故。但因其日流于非，就想以待婴孩之法，待长大成人之儿子，则又不可。所以如今的治国者，如模仿墨索里尼和希特勒，正好是师法商鞅，返我国于春秋战国时代，是谓违反进化，是谓开倒车。

今人常说，我国没有三人以上的团体，很抱悲观，这未免误解。没有三人以上的团体，正是人人能独立的表现，此时如用达尔文互竞主义以治国，则是把人民当做怀中小儿，常常防他抢母亲口中食物，这是不可的。如用克鲁泡特金的互助主义以治国，则是把人民当做才能吃饭的小儿，须母亲给他盛饭，这也是不可能的。现在既然已经长大成人了，没有三人以上的团体，人人能独立了，故此时（编者注：指国民党统治期）治国者，当采用合力主义。譬如射箭，悬出一个箭垛，支支箭向同一个箭垛射去，这叫做合力。我国没有三人以上的团体，当采用这种方式，悬出一定的目的，四万万五千万根力线，根根独立，直向目的物射去，你不妨害我的路线，我也不求助于你，彼此不相冲突，不相倚赖，这种办法，才适合我国（编者注：指国民党统治期）现情。不这样，崇信达尔文的互竞说，势必压制他人，使他人之力线郁而不伸，而冲突之事以起；崇信克鲁泡特金互助说，势必借助他人，养成依赖性，而自己不能独立，与我国（编者注：指国民党统治期）现情都不符合。

达尔文说，互竞为人类天性。而他自己不与荷理士竞争，这条公例，算是他自己破坏了。克鲁泡特金说，互助为人类天性。这条公例也是克鲁泡特金自己破坏了的。请问：人类天性既是互助，为什么克鲁泡特金要讲无政府主义，想推翻现政府，而不与政府讲互助？为什么政府要处罚他，推之下狱，而不与克鲁泡特金讲互助？有了这种事实，所以克鲁泡特金的学说，也不能不加以修正。

古人说："不识庐山真面目，只缘身在此山中。"所以考察事物，不置身局外，不能得其真相。我辈是人类，站在人类社会之中，去考察人类，想得到真理，不是不可能。达尔文用的方法，是因人是动物之一，先把动物社会考察清楚了，把它的原则适用于人类社会，论理本是对的，但动物社会与人类社会毕竟不同，所以创出的学说，不能没有流弊。克鲁泡特金则更进步，从人类社会加以考察，他以为我辈处在现今的社会，不能见庐山真面，就考察原始人类社会，置身旁观地位，寻出一种原则，以适用于现今的社会，论理也是对的，但野蛮人的社会与文明人的社会毕竟不同，所以创出的学说，也有流弊。

婴儿在母胎，成形之初，其脑髓像鱼蛙之脑，再一二月则像禽鸟的脑，再一二月则像兔犬的脑，再一二月则像猿猴的脑，最后才成为人类的脑，而小儿的脑筋皱纹少，大人则皱纹多，野蛮人的脑筋皱纹少，文明人则皱纹多。小儿下地之初，脑筋与禽兽相去不远，故其抢夺食物，与禽兽相似，稍大点，脑筋的简单类于原始时代的人，故其天真烂漫，也与原始人类相似。然而禽兽的脑筋，与人类不同，所以达尔文的学说，不适于人类；原始人类的脑筋，与文明人不同，所以克鲁泡特金的学说，不适用于文明社会。

禽兽进化为人类，所以人类有兽性，然既名之曰人，则兽性之外，还有一部分人性，达尔文只看见兽性这一部分，未免把人性这一部分忽略了。原始人进化为文明人，所以文明人还带有原始人的状态，既然成为文明人，则原始状态之外，还有一部分文明状态，克鲁泡特金只看见原始状态这一部分，未免把文明状态这一部分忽略了。禽兽有竞争，无礼让，人类是有礼让的，达尔文所忽略的，是在这一点。原始人类，浑浑噩噩，无有组织，成为无政府状态，文明人则有组织，有政府，克鲁泡特金所忽略的是在这一点。

我们生在文明社会中，要考察人类心理真相，有两个方法：一是一部二十五史，是人类心理留下的影像，我们熟察历史事迹，就可发现人类心理真相，这是本书前面业已说明了的。二是凡物体，每一分子的性质，与全物体的性质是相同的，社会是积人而成的，人身是社会的一分子，我们把身体的组织法运用到社会上，一定成为一个很好的社会。

治国采用互竞主义有流弊，采用互助主义，也有流弊，必须采用合力主义。人身的组织，就是合力主义。身体由许多细胞构成，每一细胞都有知觉，等于国中的人民，大脑等于中央政府，全身神经，都可直达于脑，等于4.5亿人，每人的力线，都可直达中央，成为合力的政府。目不与耳竞争，口不与鼻竞争，手不与足竞争，双方之间非常协调，所以达尔文的互竞主义是用不着；目不需耳的帮助而能视，口不需鼻的帮助而能言，手不需足的帮助而能执持，个个独立，自由表现其能力，克鲁泡特金的互助主义，也用不着。目尽其视的能力，耳尽其听的能力，口鼻手足，也各尽各的能力，把各种能力，集合起来，就成为一个健全的身体，是谓合力主义。我国古人有曰："以天下为一家，以中国为一人。"已经发现了这个原则。

国家有中央政府，有地方政府，人身也这样。我们的脚被蚊子咬了，"脚政府"报告"脑政府"，立派右手来，把蚊子打死。万一右手被蚊子咬，自己无法办理，报告"脑政府"，立派左手来，把蚊子打死；有时睡着了，"脑政府"失其作用，额上被蚊子咬，请"脊髓政府"代行职务，"电知""手政府"把蚊子打死，"脑政府"还不知道；耳鼻被寒气所侵，温度降低，各处本着救灾恤邻之道，输送血液来救济，于是耳鼻就呈红色。万一天气太寒冷，输送了许多血液，寒气仍进逼不已，各身体部位的"地方政府"协商道："我们再输送血液去，仍无济于事，只好各守防地，把输送到耳的血液，与他截留了。”于是耳鼻就呈青白色。

我说到此处，一定有人起而质问道：“你说的救灾恤邻之道，正是克鲁泡特金的互助主义，他的学说，何尝会错？”我说道：他讲的互助不错，错在无政府主义，必须有了政府，才能谈互助，无政府是不能互助的。举例来说：清朝时，我们四川对于云贵各省有协饷，这可说是互助了，满清政府一倒，协饷即停止，这就是无政府就不能互助的明证。并且满清政府一倒，川滇黔就互相战争起来。由此知：在无政府之下，只能发生互竞的现象，断不会发生互助的现象。

人身有“中央政府”，有“省区市区各种政府”。脑中记忆的事，都由各“政府”转报而来，各“政府”乃有档案可查。施催眠术的人，是蒙蔽了“中央政府”，在“省县市区政府”调阅旧卷，所以人在催眠中，能将平素所做的事说出，而醒来时又全不知道。疯人胡言乱语，这是“脑政府”生病，“中央政府”失去了作用，“省县市区政府”，乱发号令。所以疯人说的话，都是他平日的事，不过没有得到“中央政府”统一指挥，所以话不连贯；夜间做梦，是“中央政府”休职，各处“政府”的人，跳上“中央”舞台来了，人一醒，“中央政府”复职，他们立即躲藏。有时“中央政府”也能察觉，所以梦中的事，也能略记一二。我们可以说：疯狂和做梦，都是无政府主义。

从古以来每当亡国之时，许多人说要死节，及到临头，忽然战栗退缩。因为想死节，是出于理智，从脑中发出，是“中央政府”发的命令；战栗退缩，是肌肉收缩，是“全国人民”不愿意。文天祥一流人，从容就死，是平日厉行“军国民教育”，“人民”与“中央政府”，业已行动一致了。许多人平日讲不好色，等到美色当前，又情不自禁，因为不好色是“脑政府”的主张，情不自禁，是身体其他部分的主张。我们走路，心中想朝某方向走，最初一二步注意，以后就无需注意，自然会向前走去，这是“中央政府”发布号令后，“人民”依着命令做去。如果步步注意，等于地方上事事要劳中央政府，那就不胜其烦了。我们每日有许多无意识的动作，都是这个原因。古人做诗，无意中得佳句，疑有神助。大醉后写出的字，比醒时更好，这是由于“中央政府”平日把“人民”训练好了，遇有事来，不需“中央”指挥，“人民”自动作出的事，比“中央”指挥办理还要好些。心理学书上，有所谓“下意识”者，都是指除“中央政府”以外其他“政府”而言。

理智从脑而出，能辨别事理，情欲从五官百骸而出，是盲目的，所以目好色，耳好声，身体肌肤好愉快，往往与脑的主张相违反。古代哲学家，如希腊的柏拉图等，和中国的程朱等，都是崇奉理智，抑制情欲。例如程子说：“妇人饿死事小，失节事大。”又把韩昌黎“臣罪当诛，天王圣明”二语，极力称赞，只要脑中自认为是真理，就可把五官百骸置于死地，与暴君的专制是一样。所以这种学说昌明时代，也就是君权极盛时代。后来君主打倒了，民主主义出现，同时学说上也盛行情欲主义，纵肆耳目之欲，任意盲动，无所谓理智，等于政治上的暴民专制。

我们读历史，看出一种通例：君主时代，政府压制人民，同时哲学家就崇理智而抑情欲；民主时代，人民敌视政府，同时哲学家就重情欲而轻理智。

据上面的研究，可知身体的组织，与国家的组织是很相同的，我们反观自身，知道脑与五官百骸是很协调的，就知道：我们创设一种学说，必使理智与情欲相协调，不能凭着脑的空想，以虐苦五官百骸，也不能放纵五官百骸，而不受理智的裁判。建设一个国家，必使政府与人民协调，不能凭着“脑政府”的威力压制“人民”；而当人民的，也不能对政府取敌视行为。我们身体的组织，每一神经都可直达于脑，所以脑是神经的总汇处，与五官百骸，不言协调而自然协调。因此每一人民的力线，必使之可以直达中央，中央为全国力线的总汇处，政府与人民，不用协调而自然协调。能这样的办理，就是合力主义，才可以救达尔文和克鲁泡特金两说的弊端，而与天然之理相符合。

第二章

厚黑学

厚黑学这种学问，法子很简单，用起来却很神妙，小用小效，大用大效。刘邦、司马懿把它学完了，就统一天下；曹操、刘备各人掌握了一半，也能称孤道寡，割据争雄；韩信、范增也是各人掌握了一半，不幸生不逢时，偏偏和厚黑兼备的刘邦同时生在一个时代，以致都归于失败。但是，他们在活着的时候，凭借他们在厚黑上的一得之长，博取王侯将相，煊赫一时，身死之后，史传中也占了一席之地，后人谈到他们的事迹，大家都津津乐道，可见厚黑学还是不辜负人。

序一

廖绪初

我的朋友独尊先生，发明《厚黑学》，恢诡谲怪，好像无边无涯，但从中外古今的历史来考察，从当今的大人先生的事迹来验证，没有一个能在厚黑学的范畴之外，这部书确实是宇宙最好的文章啊！世上想学习这门学问却得不到门路的人相当多。我特地劝宗吾先生把《厚黑学》刊登在报上，以满足后来的学者。以后再将这些文章整理、扩充，发行单行本，普度众生，同登彼岸。请问独尊先生，意下如何？

1912 年 3 月

序二

唐倜风

孔子说过：如果有人劝我，我就听从他。过去汉武帝要杀他的奶妈，东方朔骂得他想去死;齐景公想杀了给他养马的人，晏子抓着他的手数落他。这两个人都听了劝告，不再干杀人的恶行了。宗吾这本书，也很有东方朔和晏子的意思，语言最诙谐，意味最沉痛，不仅是把千古的大奸大诈聚于一堂，而且一一给他们定罪，所谓诛灭已死的奸邪不就是这样吗？我们熟读《厚黑学》，就知道又厚又黑的人到处都有，再应付世事的时候，就不会被厚黑之辈愚弄了。那些作恶的人，知道别人了解了他的秘密，也会惶恐地反省自己，不敢再大胆地使用厚黑之术了。如果这样，人与人之间，就不得不诚心相待了。那么，宗吾这本书有益于世道人心，不是很明白的道理吗？厚黑学已经发布很多年了，这个名词很多人知道。但如果对一个人说：你本来是常常学习厚黑学的人，那没有不变脸发怒的，这本书收效如何，就不必再争辩了。

1917 年

自序

厚黑学，是我在满清末年发明的，分三卷，上卷《厚黑学》，中卷《厚黑经》，下卷《厚黑传习录》。1912 年 3 月，在成都《公论日报》，每天登载，读者哗然。中卷仅登载一半，我接受友人的劝告，便中止了。同时我还做有一篇《我对于圣人之怀疑》的文章，更不敢发表了。后来底稿已不知抛往何处。1927 年，刊登《宗吾臆谈》专栏，才把两篇文章的大意写出来，刊登到这个栏目中去。1934 年，北平的朋友从臆谈中将《厚黑学》三卷抽出来，作为单行本发行。1936 年，在成都再版，立刻售完。后因索取观阅的人实在太多，又重印。在 1917 年时，成都《国民公报》社将上卷发行过一本小册子，唐倜风和中江谢绶青作有序跋。

我平生读书，最喜欢怀疑。我心中既有这种疑点，继续研究下去，到现在已 30 多年，得出一种同一的结果，最近著一书曰《心理与力学》(即《厚黑原理》)，算是这种疑点的答案。凡事有破坏才有建设，《厚黑学》与《我对于圣人之怀疑》，是所谓的破坏；《心理与力学》，是所谓的建设。《我对于圣人之怀疑》与《厚黑学》是同一时期的文字，特附载于后，可以看出我思想的过程。

世界是进化的，厚黑学可分三个时期：上古时人民浑浑噩噩，无所谓厚，无所谓黑，纯粹是天真烂漫的。孔子学说，提倡道德，梦想恢复唐尧虞舜的时代，打算让民风返回到太古时候，这是第一时期。后来人民知识水平渐渐升高，机变百出，黑如曹操、厚如刘备这样的家伙，就应运而生。这个时候，即使是孔子、孟子再生，也必定失败，这是第二时期。如今（编者注：指国民党统治期）则已进入第三时期了，像曹操那样黑，像刘备那样厚的人，到处都是，他们技术的精妙即使曹刘见到了，也会大吃一惊。结果，失败的多，成功的少，侥幸而成功的，有的不等转身又仍然归于失败，这是什么缘故呢？都因为当今已是第三时期，曹刘又成为过去的人物了，这个时期的人，必须参考借用孔孟的道德，似乎回复到第一时期了，其实似乎回复又没有真正回复，而是一种螺旋式的进化。换句话说，必须用孔孟的心态，行曹刘的技术，才能与第三时期相吻合。现今即使孔孟再生，也必将归于失败，是因为他们没有曹刘的技术；即使曹刘再生，也必将归于失败，因为他们没有孔孟的心态。我们这些人现在所处的时代（编者注：指国民党统治期），是第二时期的末期，第三时期的开始，施行厚黑之术而侥幸成功的，是第二时期残余的人，即使成功但仍然归于失败的，是被第三时期自然淘汰了。

尧舜是第一时期的人物，孔孟的书，是第一时期的学说。曹刘是第二时期的人物，鄙人所著的《厚黑学》，是第二时期的学说。我最近所著《心理与力学》，是第三时期的学说，希望有第三时期人物出现。所以读我的《厚黑学》的人，不可不读《心理与力学》。

物以少见为珍贵。最初民风浑朴，不厚不黑，忽有一人又黑又厚，众人必然被他所制服，他也就因而独自占尽优势。大家见了，急忙互相效仿，都是又黑又厚，你不能制服我，我不能制服你。独有一人，不厚不黑，那么这人必定被人所信仰，而独自占尽优势。比如商场：最初的商人，尽都是货真价实，忽然有一个卖假货的掺杂其间，这人必定大赚一笔钱。大家见了，争着互相效仿，全市都是假货，独有一家货真价实，那么购者云集，这个人又该大赚一笔钱。所以商场情形也可分为三个时期：第一时期的货物内容真实，表面不好看；第二时期表面好看，内容不真实；第三时期，则表面好看，内容又真实。我的《厚黑学》，是第二时期的产物，读我《厚黑学》的人，果真照此书行事，遭了失败，我是不负责的。只怪他自己晚生若干年，商场情形早已经改变了。问："如何才不失败？"答："请读《心理与力学》。"

1938年2月12日，于成都

厚黑学

我自从读书识字以来，就想做英雄豪杰，从《四书五经》里面去寻求方法，但茫然无所得，从诸子百家和那《二十四史》中去寻求方法，仍然无所得。我以为古代成为英雄豪杰的人一定有不传世的秘诀。不过我这个人生性愚昧鲁莽，找不出这个方法罢了。但我还是废寝忘食地到处探寻。像这样过了好些年，一次偶然想起三国时几个人物，不觉恍然大悟说：得到它了，得到它了，古代成为英雄豪杰的人，不过脸厚心黑罢了。

三国的英雄，第一个要数曹操。他的特长，全在心黑：他杀死吕伯奢、杀死孔融、杀死杨修、杀死董承、伏完，又杀死皇后皇子，什么都不畏惧。他还明目张胆地说:宁可我辜负天下人，也不可让天下人辜负我。（编者注：为《三国演义》作者杜撰，非正史。）心黑真是达到极点了。曹操有了这样的本事，当然称为一世之雄了。

其次要数刘备。他的特长，全在于脸皮厚：他依附曹操，依附吕布，依附刘表，依附孙权，依附袁绍，东窜西跑，寄人篱下，一点也不感到羞耻。而且生平善哭，写《三国演义》的人，更把他写得惟妙惟肖，遇到不能解决的事情，对人痛哭一场，立即转败为胜。所以俗话说：刘备的江山是哭出来的。这也是一个有本事的英雄，他和曹操可称得上是双绝。当着他们煮酒论英雄的时候，一个心肝最黑，一个脸皮最厚，会晤于一堂，你奈何我不得，我奈何你不得。再看看袁绍那些人，真是鄙贱不值一提。所以曹操说：天下英雄，只有你与我罢了。

另外还有一个孙权。他和刘备结成同盟，并且是郎舅之亲，但忽然夺取荆州，把关羽杀了，心黑得同曹操一样。但没有心黑到底，紧跟着就向蜀国求和，这黑的程度就比曹操稍微差一点。他与曹操并列称雄，不相上下，却又忽然在曹丕驾下甘心称臣，脸皮的厚简直同刘备一样。但没有脸厚到底，紧跟着就与曹魏断绝交往，这厚的程度也比刘备稍微差一点。他虽然心黑不如曹操，脸厚不如刘备，却也是二者兼备，也不能不算是一个英雄。他们三个人，把各人的本事施展开来，你不能征服我，我不能征服你，那时候的天下，就不能不一分为三。

后来，曹操、刘备、孙权相继死了，司马氏父子趁此时机崛起，司马懿算是受了曹刘诸位的熏陶，集中厚黑学的经验于一身，他能欺侮人家寡妇孤儿，心与曹操一样黑;他能够接受诸葛亮送女人衣服来嘲笑他不应战的侮辱，脸皮的厚已大大超过刘备。我读史书见到司马懿甘愿接受女人衣服受到侮辱而不轻易应战的故事，不禁拍案大叫："天下一定归司马氏了！"所以历史到了这个时候，天下就不得不统一。这就叫做："事所必至，理有固然。"

诸葛亮，是天下奇才，但遇着司马懿还是没有办法，他下了"鞠躬尽瘁，死而后已"的决心，却终于不能取得中原尺寸之地，最后竟然吐血而死，可见辅佐君王的奇才，也不是厚黑名家的对手。

我对这几个人物的事，反复研究，就把这个千古不传的秘诀发现出来。一部《二十四史》，可以用一句话来贯穿它："厚黑而已。"下面再举汉朝的事情来证明一下。

项羽是"力拔山兮气盖世"的大英雄。他率领的军队声势浩大，叱咤风云，横扫万马千军，却为什么自刎身死，被天下人耻笑？他失败的原因，用韩信的话说是"妇人之仁，匹夫之勇"。妇人的仁慈，是在心里有所不忍，它的病根在于心不黑；匹夫的勇猛，是受不得一点气，它的病根在于脸皮不厚。鸿门之宴，项羽和刘邦同坐一席，项庄已经把剑取出来了，只要在刘邦的脖子上一划，那"太高皇帝"的招牌立刻可以挂出。他偏偏徘徊犹豫，不忍心下手，竟然被刘邦逃走。垓下被围兵败，如果渡过乌江，卷土重来，还不知谁胜谁负。他偏偏说：我带领江东弟子八千人渡江来到西边，眼下无一人生还，即使江东父老兄弟可怜我，原谅我，我有什么脸见他们。就算是他们不说我什么，我难道不感到惭愧吗？这些话真是大错特错！他一会儿说“无脸见人”，一会儿又说“有愧于心”，其实对于大人物来说，究竟有什么脸皮可说？究竟有什么良心可讲？他对这些完全不加以考察，反而说：这是上天要灭亡我，不是打败仗的罪过。恐怕上天也不愿意担当这个罪责吧！

我们再将刘邦的本事研究一下。史书记载：项羽问刘邦说：天下数年来纷纷扰扰不得安宁，只是因为有我们两个人罢了，我希望同你决一雌雄。刘邦笑着道歉说：我宁愿斗智不愿斗力。请问这笑着道歉两个词从何生出？刘邦会见郦生时，让两个婢女替他洗脚，郦生责备他以傲慢的态度会见年长之人，他立刻停止洗脚起身道歉。请问这起身道歉两个词又从何生出？还有自己的父亲，身在刀下，他要分一杯羹；亲生儿女，孝惠鲁元，当楚兵追来时，他为逃命能推他们下车；后来又杀韩信，杀彭越，“飞鸟尽，良弓藏；狡兔死，走狗烹”。请问刘邦的心是什么状态，那“妇人之仁，匹夫之勇”的项羽连做梦都想不到吧？太史公（编者注：官名，指司马迁）写《史记》，只说刘邦是高高的鼻子，真龙天子的面相，说项羽是双瞳仁，独独对他们二人的脸皮厚薄，心的黑白，没有一字提及，未免有愧于良史的称号。

刘邦的脸，刘邦的心，比较别人特别不同，可称得上是天纵的圣人。他对“黑”这一字，真是运用得“心安理得，随心所欲而不超越规矩”；至于“厚”字方面，还加了点学历，他的业师就是三杰中的张良，张良的业师是圯上老人，他们的衣钵真传是清清楚楚可以考据的。圯上受书一事，老人的种种作用，无非教张良脸皮厚罢了。这个道理，苏东坡的《留侯论》说得很明白。张良是有灵性的人，一经指点便顿时彻悟，所以老人期望他能当帝王的老师。这种无上的妙法，绝不是愚钝的人所能了解的。所以《史记》上说，张良在别人前面游说，那些人都不理解，只有沛公能很好地对待他，张良感叹道：沛公大概是得到天机的人啊！可见这种学问，全在于天资禀赋，高明的老师固然难得，聪慧的徒弟也不容易寻找。韩信请求封他为齐王，当时刘邦不同意几乎误事，全靠他的业师张良在一旁暗示指点，就像现在学校中教师改正学生作业一般。以刘邦的天资有时还有错误，这种学问的精深就可以想见了。

刘邦天资已经很高，学历又深，把流俗的君臣、父子、兄弟、夫妇、朋友这五种人伦关系一一打破，又把礼义廉耻扫除干净，所以能够荡平群雄，统一海内。一直经过了四百几十年，他那又厚又黑的残余之气方才消灭，汉朝的系统于是乎才断绝了。

楚汉（编者注：楚汉争雄的时代）的时候有一个人，脸皮最厚，心却不黑，最终归于失败。这个人是谁？就是人人知道的韩信。裤裆下的侮辱他能够忍受，脸厚的程度不在刘邦之下。无奈对于“黑”字，缺乏点研究。他当齐王时，果真能听蒯通的话当然贵不可言，但他偏偏怀念着刘邦解衣推食的恩惠，冒冒昧昧地说：穿了人家衣服的，就应替别人分忧解难；吃了人家食物的，就应替别人拼命办事。后来在长乐宫被斩首处死，灾祸殃及九族。这真是咎由自取，他还讥诮项羽是妇人之仁，可见心不黑做事还是要失败的。这个大原则他本来也是知道的，但他自己也在这里失败，这也怪韩信不得。

同时又有一个人，心最黑，脸皮却不厚，也归于失败。此人也是人人知道的，姓范名增。刘邦攻破咸阳，囚禁子婴，还军灞上，秋毫不犯，范增千方百计，总想把他置于死地，心之黑，也同刘邦相仿佛。无奈脸皮不厚，受不得气，刘邦用陈平的计策，离间楚霸王项羽和范增之间的关系，范增大怒请求离去，告老还乡走到彭城，后背长疮而死。大凡做大事的人，哪有动不动生气的道理？范增不离开，项羽不会灭亡，他若能坚持忍耐一下，刘邦的破绽很多，随时都可以攻进去。他愤怒地离开，把自己的老命，把项羽的江山，一齐送掉，因小事不能忍耐而坏了大事，苏东坡还称他是人杰，未免过誉。

据上面的研究，厚黑学这种学问，法子很简单，用起来却很神妙，小用小效，大用大效。刘邦、司马懿把它学完了，就统一天下；曹操、刘备各人掌握了一半，也能称孤道寡，割据争雄；韩信、范增也是各人掌握了一半，不幸生不逢时，偏偏和厚黑兼备的刘邦同时生在一个时代，以致都归于失败。但是他们在活着的时候，凭借他们在厚黑上的一得之长，博取王侯将相，煊赫一时，身死之后，史传中也占了一席之地，后人谈到他们的事迹，大家都津津乐道，可见厚黑学还是不辜负人。

上天生人，给我们一张脸，而“厚”就在其中。给我们一颗心，而“黑”就在其中。从表面上看去，广不过几寸，大不满一捧，好像完全没有什么奇异。但假若精密地考察，就知道它的“厚”是无限的，它的“黑”是无比的。凡人世间的功名富贵、宫室妻妾、衣服车马，无一不是从这区区之地出来，造物生人的奇妙，真是不可思议。愚钝的芸芸众生，身上有最好的宝物，却抛弃它而不用，可说是天下最愚蠢的人。

厚黑学共分三步功夫，第一步是“厚如城墙，黑如煤炭”。起初的脸皮像一张纸，由分到寸，由尺到丈，就厚如城墙了。最初心的颜色作乳白状，由乳色到炭色再到青蓝色，再进一步就黑如煤炭了。到了这个境界只能算初步的功夫，因为城墙虽厚，用大炮轰，还是有攻破的可能；煤炭虽黑，但颜色令人讨厌，众人都不愿挨近它，所以只算是初步的功夫。

第二步是“厚而硬，黑而亮”。在厚学方面深有造诣的人，任你如何攻打，他一点不动，刘备就是这类人，连曹操都拿他没办法。在黑学方面深有造诣的人，如褪掉漆的招牌一样，越是黑，买主越多，曹操就是这类人，他是著名的黑心人，然而中原地区的名流们倾心归服，真可谓“心肝漆黑，招牌透亮”。能够到第二步，固然同第一步有天渊之别，但还是露出了迹象，有形有色，所以曹操的本事，我们一眼就看出来了。

第三步是“厚而无形，黑而无色”。厚到极点，黑到极点，天上地下都认为不厚不黑，这个境界很不容易达到，只好在古代的大圣大贤中去寻找了。有人问：“这种学问，哪有这样精深？”我说：“儒家的中庸，要讲到‘没有声音没有气味’才能终止；学习佛教的人，要学到‘菩提无树，明镜非台’，才算正果。何况厚黑学是千古不传的大秘密，当然要做到‘无形无色’，才算是止境。”

总之，由尧舜禹三代一直到今天（编者注：指国民党统治期），王侯将相，豪杰圣贤，数也数不完，假若他们之中有办成大事的，没有一个不是出自于厚黑学的。书籍都在，历史事实是掩盖不住的，读者如果能根据我指示的途径，自己去搜寻，自然左右逢源，头头是道。

厚黑经

李宗吾说：“不薄就称它为厚，不白就称它为黑。所谓厚就是天下的厚脸皮，所谓黑就是天下的黑心肝。”本篇是古人传授的心法，我恐怕经历的年代久了而发生误差，所以把它写成书，来传授给世人。这本书开始是阐述厚黑，中间敷演为天下万事万物，最后又归结到厚黑。把这个学说推广开去就能覆盖整个世界，把它收拢回来就能蕴涵在个人的脸面和心胸之中。它的意味无穷无尽，都是实实在在的学问。善于读书的人，玩赏它，思索它，必定会有收获心得，那么终身运用这一学说，也定会受用不尽。

主宰人们命运的叫做厚黑，遵循服从厚黑的叫做得法，学习修炼厚黑的叫做有教养。厚黑二字，是人们一时一刻也离不开的，能够离开的就不是厚黑了。所以有道德有学问的人最担心自己的所作所为脸皮不厚，最害怕自己的所作所为心肝不黑，脸皮薄最危险，心肝白更可怕。所以君子人必定是脸厚心黑的。喜怒哀乐的表情都不表现出来就叫做厚，一旦发泄出来而无所顾忌就叫做黑！脸厚是天下的根本，心黑是天下的大道理。到达厚黑顶点的人，不仅天下的人们害怕他，甚至连鬼神都要对他畏惧几分。

在厚黑经这一章中，我把古人没有公开的秘密叙述出来写成书，首先阐述厚黑的本源出于天意而不能更改，它实际上人人具备而不可离开。其次阐述了培养厚黑的必要，最后点明达到厚黑极致的功夫。大凡想学厚黑的到了这一地步，反过来向自身求索体会，除去所谓的仁义道德的诱惑，让自身本来就具备的厚黑充实自己，这就是本篇厚黑经的要点。以下各章节引用我说的话，来透彻阐发本章的意义。

宗吾说：厚黑这门学问，既容易又困难。说它容易，一般愚蠢的男女，也可以明白它，但到厚黑的极致时，即使曹操、刘备也有不了解的地方；说它容易，就是普通男女，也可以实行它，但到厚黑的极致时，即使曹操、刘备也有做不到的地方。厚黑的博大精深，曹操、刘备实行起来尚且有遗憾之处，更何况普通百姓呢？

宗吾说：人们都说你心黑，把你驱赶到煤炭之中，却不能与黑煤同一颜色；人们都说你脸皮厚，遇到炮弹却不能不被轰破。

宗吾说：厚黑的原理，来源于本身，从普通人身上得到证实，用它考察帝王将相的所作所为而不会发生偏差，用它鉴别万事万物而不会有错误，用它辨别鬼神而不会有疑问。用这门学问，千百年来有人可以封侯；用这门学问，聪明的人可以终身不迷惑。

宗吾说：君子培养根本，根本树立起来了，处世之道就随之而产生，这厚黑不正是做人的根本吗？

宗吾说：一块行走的三人之中，必定有可以当我的老师的人。选择那厚黑的人去跟随学习，对那不厚不黑的地方就要改正它。

宗吾说：脸厚心黑是天生的，世人又能对我怎么样？

宗吾说：刘邦我见不到他的面了，但见到曹操那还是可以的；曹操我见不到他的面了，但见到刘备、孙权那还是可以的。

宗吾说：有十户人家的地方，其中必定有像我一样知道厚黑的人，只是不像我那样坦率罢了。

宗吾说：你如果不能经常在厚黑方面有所长进，那么你的鲁莽就由此产生，你的挫折也会由此产生。

宗吾说：如果具有项羽那样高超的才能，再使他脸厚心黑，那么刘邦算什么呢？

宗吾说：播种那美好的五谷，如果不能成熟，那还不如野草稗子；那厚黑也在于老练成熟罢了。

宗吾说：道学先生是厚黑的敌人，他们平素讲究忠诚老实，行为好像廉洁，人们都喜欢他们，他们也自以为是，但不能进入曹刘的档次，所以说，道学家之流是厚黑的敌人。

宗吾说：不要对有些人不厚黑感到不可理解。即使天下有最容易生长的生物，曝晒它一天，再冷冻它十天，那么这个生物就不可能生长出来。我看现在人们之中讲厚黑的人的确不太多，但我一旦退让，那么道学先生就来到了！我和道学先生相比究竟如何呢？今天厚黑作为一门学问，是大道理！如果不专心致志地学，那是不可能学到手的。我是发明厚黑学的人，假若让我教二人学习厚黑学，其中一人学起来专心致志，只听我所教诲的话，而另一人尽管也听我所说的，但却又一心以为将有道学先生会到来，想追求所谓圣贤的美名，那么，后者尽管与前者同样在我面前学厚黑，但后者定然不如前者！是因为后者天资素质不如前者吗？我说：不是。

宗吾说：假如有件失败了的事放在这里，君子就必定会通过自我反省而达到成功。学习厚黑也是如此，面对不厚的情况，也能通过自我反省而达到厚的境地；而对不黑的情况，通过自我反省也能达到黑的境地。君子说：那些反对我的人，正是不知自我反省的狂人罢了！这种人与禽兽又有什么不同呢？如此看来，用厚黑去杀禽兽，又有什么难处呢？

宗吾说：厚黑之道，真是既高深又完美，要掌握它看上去好像登天一样，但实际上也并不是不可企及的。这就如同行远路必定要从近处出发，攀登高山必定要从低处开始一样。掌握和实行厚黑也要从对待自己的妻子和子女开始，换句话说，也就是如果不厚黑，连自己的妻子儿女也不能对付。

我写作厚黑经，用意在使初学的人便于诵读，以免遗忘。

不过有些道理太深奥了，我就在经文的前后加以说明。

宗吾说，以前我曾说：不是说厚吗，磨而不薄；不是说黑吗，洗而不明。后来我改为：不是说厚吗，越磨越厚；不是说黑吗，越洗越黑。有人问我："世界上哪有这种东西？"我说："手和脚上的茧疤就是越磨越厚，沾了泥土尘埃的煤炭就是越洗越黑。"人的脸皮本来很薄，慢慢地磨炼，就渐渐地加厚；人的心生来是黑的，遇着讲因果的人，讲理学的人，拿些仁义道德蒙在上面，才不会黑，假如把这些洗去了，黑的本性自然会出现。

宗吾说：厚黑并不是从外面传送到自身，而是人本身固有的。人们天生就具有厚黑，老百姓的本性最喜爱的也是厚黑。这可以用试验证明：随便找一个当母亲的，让她抱着亲生儿子吃饭，小孩见了母亲手中的碗就伸手去拖，如不提防，就会被他打烂；母亲手中拿着糕饼放在自己的口中，他就会伸手从母亲口中把糕饼取出放在他自己的口中。又如小孩坐在母亲的怀抱中吃奶，或者吃饼的时候，哥哥走到面前，他就要伸手推他打他。这些事都是不学而会，不虑而知的，也就是良知良能了。把这种良知良能扩充出去，就可以建立惊天动地的事业。唐太宗杀他哥哥李建成，杀他的弟弟李元吉，又把建成与元吉的儿子全部杀死，把元吉的妻子纳入后宫，又逼着父亲把天下让给他。他这种举动，是把当小孩时，抢母亲口中糕饼，和推哥哥打哥哥的那种良知良能扩充出来的。普通人，有了这种良知良能，不知道扩充，只有唐太宗把它扩充了，所以他就成为千古的英雄。所以宗吾说：口对于美味，人们都有共同的嗜好；耳朵对于声音，人们都有共同的感觉，眼睛对于美色，人们都有共同的美感，至于脸和心，独独就没有共同的感觉吗？其实，脸和心所共同感觉的就叫厚，就叫黑。所谓英雄，仅仅只是扩充了人们脸与心的共同感觉罢了。

厚黑这个道理，很明白地摆在面前，不论什么人都可见到，不过刚刚一见到，就被那佛教讲因果感应，劝人积阴德的文章，或道学先生的学说，压服下去了。所以宗吾说：牛山上的树木本来是美好的，遭到刀斧的砍伐后，却不能说它没有生长繁殖的能力，接着又在上面放牧牛羊，因此牛山就像现在这样的光秃秃的了。同样的道理，既然有人类存在，难道会没有厚与黑吗？但之所以厚黑遭到摧残，也就好比树木遭到刀斧的砍伐，天天受到砍伐，那么厚黑就不能够存在，所以想成为英雄也就很困难了！人们见到不能成为英雄，便以为不曾有厚黑，这难道不是人之常情吗？所以如果有了良好的食粮，那么厚黑就会一天天生长起来，如果失去了营养，那么厚黑就会一天天消失光了。

宗吾说：小孩见母亲口中有糕饼，都知道抢夺它，人们这种抢母亲口中糕饼的心，是够用的了，如果在运用的基础上再去扩充它，那就足以成为英雄，成为豪杰，这种情况可以称它为：所谓的大人物，就是没有失去赤子之心的人。如果不去扩充它来保养身体，就可称他是自暴自弃。

有一种天资很高的人，他自己明白这个道理，就实实在在地身体力行，隐秘而不告诉别人。又有一种资质鲁钝的人，已经走入这个途径，自己还不知道。所以宗吾说：实行它而不明白，习惯它而不察觉，终身在使用厚黑，然而不了解厚黑的人多得很。

世间有许多学说经常误人，只有厚黑学绝不会误人。就是走到了山穷水尽当乞丐的时候，讨口饭，也比别人多讨点。所以宗吾说：大自皇帝，小到讨饭的花子，都是以厚黑为根本。

厚黑学博大精深，有志于这种学问的人，必须专心致志，学过一年，才能应用，学过三年，才能大有成就。所以宗吾说：学厚黑的人，一个月满了就会有收获，三年后就会有成就。

厚黑传习录

有人问我说："你发明厚黑学，为什么你做事经常失败？为什么你的学生本领还比你大，你经常吃他们的亏？"

我说："你这话错了。凡是发明家，都不可登峰造极。儒教是孔子发明的，孔子登峰造极了，颜、曾、思、孟，学问又低一层，后来周、程、朱、张的，更低一层，愈趋愈下，其原因就是教主的本领太大了。凡是东方的学问都是这样。道教中的老子，佛教中的释迦牟尼，都是这种现象。只有西洋的科学就不是这样，发明的时候很粗浅，越研究越精深。发明蒸汽的人只领会到汽冲壶盖的道理，发明电气的人只领会到死蛙运动的道理，后人继续研究下去造出种种的机械，有种种的用途，这是发明蒸汽、电气的人所万万没有预料到的。可见西洋科学是后人胜过前人，学生胜过先生。我的厚黑学等于西洋的科学，我只能讲点汽冲壶盖、死蛙运动，中间许多道理，还望后人研究。我的本领当然比学生小，遇着他们，当然失败，将来他们传授学生出来，他们自己，又被学生打败，一辈胜过一辈，厚黑学自然就昌明光大了！”

又有人问道：“你把厚黑学讲得这样神妙，为什么不见你做出一些轰轰烈烈的事？”

我说道：“我试问，你们的孔夫子，究竟做出了多少轰轰烈烈的事？他讲了治理国政、统治大国的道理，但究竟在这方面实行了几件？曾子撰写了一部《大学》，专讲治国平天下，请问他治的国在哪里？平的天下在哪里？子思撰写了一部《中庸》，说了些上下关系和谐使老百姓安居乐业的话，请问他这种局面实际在哪里？你不去质问他们，反而来质问我，明师难遇，至道难闻，这种无比精深微妙的法子，百千万劫难才能遭遇一次，你听了还要怀疑，那么未免自误了。”

1912年，我发布厚黑学的时候，遇着一位姓罗的朋友新从某县做了县长回来，历数他在任内如何如何的整顿，言下很高兴。又说：因某事失误把官丢掉了，案子至今尚未了结，又非常懊丧。接着谈到厚黑学，我原原本本地告诉他，他听得津津有味。我乘他正听得入神之际，突然站起来，把桌子一拍，厉声说道：“罗某！你生平做事，有成有败，究竟你成功的原因在什么地方？失败的原因在什么地方？究竟离开这厚黑二字没有？快回答！快回答！不许迟疑！”

他听了我这话，如雷贯耳，呆了半晌，才叹口气说道：“真真是没有离开这二字。”这位姓罗的朋友，终于顿悟了。

我发布厚黑学，用的别号是“独尊”二字，取“天上地下，唯我独尊”之意，给朋友写信也用别号，后来我又写作“蜀酋”。有人问：“蜀酋二字作何解释？”

我答道：“我发布厚黑学，有人说我疯了，离经叛道，非关在疯人院不可。我说，那么，我就成为蜀中之罪酋了。因此起名为蜀酋。”

我发布厚黑学以后，许多人尽力奉行，把四川造成一个厚黑国。有人对我说：“国中首领，非你莫属。”我说：“那么，我就成为蜀中的酋长了。”因此我又名为蜀酋。再说，我讲授厚黑学，得我真传的弟子，本应该授给他衣钵，但是我的生活是沿门讨饭，这个钵要留来自用的，只把我的狗皮褂子脱给他穿，所以独字去犬字成为蜀字（编者注：独的繁体字为獨）。我的高足弟子很多，好弟子的足高，那么先生的足短，弟子的足高一丈，那么先生的足短一寸，所以尊字截去了寸字，成为酋字，有这些原因我只好称为蜀酋了。

我把厚黑学发表出来，一般人读了，说道：“你这门学问，博大精深，我们读了此书就好像读了《大学》、《中庸》一般，茫茫然无下手之处，请为我们这些愚钝的老百姓，说说通俗的方法，传授点实用的法子，我们才好照着做。”

我问道：“你们想做什么？”答道：“我想弄个官做做，并且还要做得轰轰烈烈，一般人都认为是大政治家。”我于是传授给他“求官六字真言”、“做官六字真言”和“办事二妙法”。

求官六字真言

求官六字真言：“空、贡、冲、捧、恐、送。”这六字都是仄声，其意义如下：

一、空

空就是空闲的意思，分两种：一指事务而言，求官的人一定要把一切事放下，不做工不经商，不务农不做生意，书也不读，学也不教，一心一意，专门求官。二指时间而言，求官的人要有耐心，不能着急，今日不生效，明日再来，今年不生效，明年再来。

二、贡

这贡字是借用的，四川俗语，其意义等于钻营的钻字，“钻进钻出”可以说“贡进贡出”。

求官要钻营，这是众人知道的，但是定义很不容易下，有人说：“贡字的定义是有孔必钻。”我说：“这错了！只说对一半，有孔才钻，无孔的拿他怎么办？”我下的定义是：“有孔必钻，无孔也要钻。有孔的要扩而大之，无孔的，取出钻子，新开一孔。”

三、冲

普通人所谓的“吹牛”，四川话是“冲帽壳子”，冲的功夫有两种：一是口头上，二是文字上。口头上又分普通场所及上司的面前两种，文字上又分报章杂志及说贴条陈两种。

四、捧

捧就是捧场的捧字，戏台上魏忠贤出来了，那华歆的举动便是绝好的模范。

五、恐

这是恐吓的意思，是及物动词。这个字的道理很精深，我不妨多说几句。官这种东西，该是何等宝贵，能轻易给人吗？有人把捧字做到十二万分，还不能生效，这就是缺少恐字的工夫。凡是当权的那些大人物，都有软处，只要找到他的要害，轻轻点一下，他就会大吃一惊，立刻把官儿送来。学者须知，恐字与捧字，是互相结合着用的。善恐者，捧之中有恐，旁观的人看他在上司面前说的话，句句是阿谀逢迎，其实在暗地击中要害，上司听了，汗流浃背。善捧者，恐之中有捧，旁观的人看他傲骨棱棱，句句话责备上司，其实听的人满心欢喜，骨节都酥软了。这就是所谓的“心领神会，在于各人”、“高明的木匠能教人按规矩做，却不能告诉你技巧”。这就要求求官的人细心体会，最要紧的是用恐字的时候，要有分寸，如果用过度了，大官们恼羞成怒，作起对来，岂不就与求官的宗旨大相违背？这又何苦呢？不到无可奈何的时候，恐字不能轻易使用。

六、送

送就是送东西，分大小两种：大送，把银元钞票一包包的拿去送；小送，如春茶、火腿及请上餐馆之类。所送的人分两种，一是掌握用人大权的人。二是虽未掌握用人大权但能助我一臂之力的人。

这六字做到了，包管字字生奇效。那些大人物，单独坐着考虑问题时，自言自语：某人想做官，已经说了许久(这是空字的效用)，他和我有某种关系(这是贡字的作用)，某人很有点才智(这是冲字的效用)，对我很好(这是捧字的效用)，但此人有点歪才，如不安置，未必不捣乱(这是恐字的效用)。想到这里，回头看看桌上黑压压地，或者白亮亮地堆了一大堆(这是送字的效用)，也就无话可说，挂出牌来：某项官职由某人去担任。

求官到此，可谓功行圆满了。于是走马上任，实行做官六字真言。

做官六字真言

做官六字真言：“空、恭、绷、凶、聋、弄。”这六个字都是平声，其意如下：

一、空

空就是空洞的意思，一是文字上，凡是批呈词，出文告，都是空空洞洞的，其中奥妙，我难细说，请到军政各机关，把墙壁上的文字读完，就可以恍然大悟；二是办事上，随便办什么事情都是活摇活动，东倒也可，西歪也可，有时办得雷厉风行，其实暗中藏有退路，如果见势头不好，就从那条路抽身走了，绝不会把自己牵连进去。

二、恭

恭就是卑躬折节，胁肩谄笑之类，分直接、间接两种，直接是对上司而言，间接是指对上司的亲戚、朋友、差役及姨太太等类而言。

三、绷

绷就是俗语所说的绷劲，是恭字的反义字，对下属及老百姓而言分两种：一种是仪表上，赫赫然大人物，凛然不可侵犯；二是言谈上，俨然腹有经纶，卓卓大才。恭字对饭甑子(四川俗语，意为工作)所在地而言，不一定是在上；绷字对非饭甑子所在地而言，不必一定是下属和老百姓。有时甑子之权不在上司，则对上司也不妨绷，有时甑子之权掌握在下属或老百姓手里，又当改而为恭。这个道理原本是活泼泼的，运用之妙，在于心领神会，灵活掌握。

四、凶

只要能达到我的目的，他人卖儿卖妇都不必顾忌。但有一层应当注意，凶字上面一定要蒙上一层仁义道德。

五、聋

聋就是耳聋："笑骂由他笑骂，好官我自为之。"但"聋"字中包含有瞎子的意义，文字上的谩骂，闭着眼睛不看。

六、弄

弄就是弄钱的弄，四川俗语读作平声。千里来龙，此处结穴，前面的11个字，都是为了这个字而设的。弄字与求官的送字是对照的，有了送就有弄。这个弄字，最要注意，是要能够在公事上通得过才成功，有时通不过，就自己垫点腰包里的钱也不妨；如果通得过，管他多少都不用客气了。

以上12字，我不过粗举大纲，许多的精要都没有发挥，有志于做官的人，可按着门径，自己去研究。

办事二妙法

一、锯箭法

有人中了箭，请外科医生治疗，医生将箭杆锯了，就开口要谢礼，问他为什么不把箭头拔出？他说，那是内科的事，你去找内科好了。这是一段相传的故事。

现在(编者注：指国民党统治期)各级机关和那些会办大事的人都是用这种方法。例如批呈词："根据呈文所反映的某某事情，实属很不合法，特命令该县负责人，查明严办。""很不合法"，这四个字是锯箭杆，"该县负责人"是内科。或者"转呈上司转办"，那"上司"就是内科。又如有人求我办一件事情，我说："这个事情我很赞成，但是，还要同某人商量。""很赞成"三个字是锯箭杆，"某人"是内科。又或者说："我先把某部分办好了，其余的以后办。""先办"是锯箭杆，"以后"是内科。此外有只锯箭杆，并不命令别人去找内科的，也有的连箭杆都不锯，命令别人直接去找内科的，种种不同，要仔细考虑，自己体会。

二、补锅法

做饭的锅漏了，请补锅匠来补，补锅匠一面用铁片刮锅底的煤烟，一面对主人说："请点个火来我要吸烟。"他乘着主人转身的时候，用铁锤在锅上轻轻地敲几下，那裂痕就增长了许多，等到主人转来，就指给他看，说道："你这锅裂痕很长。上面的油腻住了，看不见，我把锅烟刮开了，就现出来了，非多补几个钉子不可。"主人埋头一看，很惊异地说："不错！不错！今天不遇到你，这口锅恐怕不能用了。"等到补好，主人与锅匠，皆大欢喜而散。

郑庄公纵容共叔段(庄公的亲弟弟)，使他多做不义的事情，才举兵征讨，这就是补锅法了。历史上这类事情是很多的。有人说："中国变法，有许多地方是把好肉割了下来医病。"这就是变法的那些大人物们，用的补锅法。在清朝官场，大概是用锯箭法；1911年辛亥革命以来，是锯箭、补锅二法互用。

上述二妙法，是办事的公例，无论古今中外，合乎这个公例的就成功，违反这个公例的就失败。管仲是中国古代的大政治家，他办事就是用这两种方法。狄人讨伐卫国，齐国按兵不动，等到狄人把卫国消灭了，才出来做"兴灭国、继绝世"的仗义举动，这是补锅法；召陵之战，不责备楚国冒用周天子的尊号，只责备他不向周天子进贡茅草，这是锯箭法。那个时候，楚国的实力，远远超过齐国，管仲敢于劝齐桓公出兵讨伐楚国，可说是把"锅"敲烂了来补。等到楚国露出反抗的态度，他立即"锯箭"了事。召陵一战，以补锅法开始，以锯箭法结束。管仲把"锅"敲烂了后能把它补起，所以称为天下奇才。

明朝末年的武臣们，把李自成围住了，故意放他出来。本来打算用的是补锅法，后来制他不住，竟然到了国破君亡的地步。把"锅"敲烂了补不起，所以被称为"误国庸臣"。岳飞想恢复中原，迎回二帝，他刚刚才起了取箭头的想法，就遭杀身之祸。明英宗被也先捉去，于谦把他弄回来，算是把箭头取出了，但仍然遭杀身之祸，这是为什么呢？这是违反了公例的缘故。

晋朝王导为宰相，有一个叛贼，他不去讨伐。陶侃责备他，他复信说："我是在韬光养晦，来等待您。"陶侃看了这封信笑着说："他无非是遵养时贼罢了。"也就是留着箭头专等内科。一些名士们在江苏新亭一面作诗一面流泪，王导便神情严肃地说："大家应当齐心努力为王室效劳，收复中原大地，为什么要像囚犯一样的面对面哭泣？"他义形于色，很像手拿铁锤，要去补锅的样子，其实只说两句漂亮话就算完事；表面看上去是怀念二帝陷在北边，其实二帝永世不返，那箭头永未取出，王导这种举动，略略有点像管仲，所以历史上称他为"江左夷吾"。读者如果能照我说的方法去实行，包管他成为管子以后的第一个大政治家。

结论

我把厚黑学讲完了，说了一大堆的话，在这收头结大瓜的时候，不妨告诉读者一个秘诀：凡是行使厚黑的时候，表面上，一定要糊一层仁义道德，不能把它赤裸裸地表现出来。王莽的失败，就由于露出了厚黑的缘故。如果终身不露，恐怕至今孔庙中，还会写一个"先儒王莽之位"，大吃其冷猪肉。

韩非《说难》篇有句话说：暗地里运用他的思想方法，但表面上要打倒他。凡是我的学生，一定要懂得这个法子。就如我这本《厚黑学》，你们应当秘藏枕中，不可放在桌上。假如有人问你："认得李宗吾吗？"你就装出最庄严的面孔说道："这个人坏极了，他是讲厚黑的，我不认识他。"口里虽然这样说，但心中则恭恭敬敬的，供一个"大成至圣先师李宗吾之位"。果能这样做，包管你做出许多惊天动地的事业，为人所钦佩，死后还要入孔庙吃冷猪肉。

还有一点，我前面说："厚黑上面，要糊一层仁义道德。"这是指遇着道学先生而言的，假如遇着个讲性学的朋友，你也同他讲仁义道德，岂不是自讨没趣？这个时候，则应当糊上"恋爱神圣"四字。总之，面子上应当糊什么东西，是学习者根据具体情况，顺应时尚去掌握它，而里子的厚黑二字是万变不离其宗的，有志于学习厚黑学的人，应细细体会！

跋

谢绥青

我的朋友李宗吾的《厚黑学》发表后，评论者有的认为讽刺、抨击了落后的习俗，可以引导人们做善人；有的认为击破了人脑中的混沌状态，可以诱导人们作恶。

我却要说，厚黑学本身无所谓善，也无所谓恶，就像一把尖利的刀刃，用来诛杀盗贼就是善，用来屠杀良民就是恶，善与恶，与刀刃有什么关系？

用厚黑学做善事就成为善人，用厚黑学作恶事就成为恶人，这与厚黑学没有关系。

读者想来必定不会把我的话当做谬论。

1917 年

第三章

厚黑丛话

张良替老人捡起鞋，跪着替老人把鞋穿到脚上，这就是把忍用于自己。“蛲关鸿沟”背弃盟约，置人于死地，这就是把忍用于别人。由此看来厚和黑来自同一源泉，二者可以互相转变。假如有人在你面前胁肩谄笑，事事讨好，你必须谨防他转变成为黑心肝，你有朝一日忽然失势，首先向井里扔石头的就是这类人。又假如有人在你前面肆意侮辱，表现得极不近情理，你也不需怨恨，你有朝一日忽然得志，他自然会变成为厚脸皮，在你面前事事讨好。历史上这类事很多，诸位自己去考证。

自序一

1927年，我将历年作品汇刊一册，名叫《宗吾臆谈》，内容包括：(1) 厚黑学；(2) 我对于圣人之怀疑；(3) 心理与力学；(4) 考试制之商榷；(5) 解决社会问题之我见。1928年，我把“解决社会问题之我见”扩大为一单行本，题曰《社会问题之商榷》，其第6章说：“我讨论这个问题，自有我的根据，并未依傍孙中山，但所得结果，中山已先我而言之，真理所在，我也不敢强自立异。于是把我研究所得，作为阐发孙中山学说的资料”云云。此书流传到南京，石青阳和刘公潜见到了，曾电致四川省政府（编者注：指国民党统治期之四川政府）刘自乾主席，叫我入京（南京）研究党（编者注：指国民党）义，我因事未去。本年我到重庆，伍心言对我说：“你著的《社会问题之商榷》，曾揭登南京《民生报》，许多人说你对于孙中山学说，有独到之见。你可再整理一下，发表出来，大家讨论。”我于是把原作再加整理，名曰《改革中国之我见》。

《社会问题之商榷》，理论多而办法少，我认为现在所需要的，是办法，不是理论。就将原书大加删除，注重办法。原书偏于经济方面，就再加入政治和外交。基于经济的组织，生出政治的组织，基于经济政治的方式，生出外交的方式。换言之，就是由民生而民权，而民族，三者联为一贯，三民主义就成为整个的东西了。书成，拿到省党部（编者注：指国民党统治期之四川省党部），请胡素民、颜伯通二君批评。二君道：“此书精神上，对于三民主义完全吻合，但办法上，有许多地方，孙中山未曾这样说，如果发表出来，恐浅见者流生出误会，你可以不必发表。”我于是把原稿收藏起。我是发明厚黑学的人，还是回头转来讲我的厚黑学，因此才写《厚黑丛话》。

我生平揭的标识旗帜，是“思想独立”四字。因为思想独立，就觉得一部《二十四史》和《四书五经》与《宋元明清学案》，无处不是破绽。《厚黑学》一文，是揭穿一部《二十四史》的黑幕；《我对于圣人之怀疑》一文，是揭穿一部《宋元明清学案》的黑幕。马克思的思想，是建筑在唯物史观上。我的思想，可说是建筑在厚黑史观上。

我的思想，既然以厚黑史观为基础，那么对于人性不能不这样的观察，对于人性既然这样观察，那么改革经济、政治、外交等等，不能不有这样的办法。现在（编者注：指国民党统治期）研究三民主义的，是置身三民主义之中，一字一句研究。我是把中国的《四书五经》、《二十四史》和《宋元明清学案》，和外国的亚当·斯密、达尔文、卢梭、克鲁泡特金、孟德斯鸠等等，一齐扫荡了，另辟蹊径，独立研究，结果与三民主义精神相合，成了殊途同归，由此可以证明孙中山学说是符合真理的。

孙中山曾经说："主义不能变更，政策可因时势而变更。"主义就是精神，政策就是办法，我们只求精神上与三民主义相合，至于办法上，大家可提些出来，公开讨论。办法生于理论，我的理论，以厚黑史观为基础，故从厚黑学讲起来。

此次所写《厚黑丛话》，是把我旧日作品和新近的感想糅合写之。我最近还做有一本《中国学术的趋势》曾拿给友人舒君实、官梦兰二君看，二君都说可以发表，我也把它拆散写入，将所有作品冶为一炉，以见思想之一贯。中间许多说法，已越出厚黑学范围，而仍名之为《厚黑丛话》，因为种种说法，都是从厚黑学生出来，犹如树上的枝叶花果，是从树干生出来，题以厚黑二字，示不忘本。

我这《厚黑丛话》，从1935年8月1日起，逐日在成都《华西日报》发表，每日写一两段，每两个月合刊一册，请读者赐教。旧著《宗吾臆谈》和《社会问题之商榷》，我送有两本在成都图书馆，读者可便中取阅。有不合处，一经指出，即当遵照修改。

1935年10月18日，于成都

自序二

我从1935年8月1日起，在成都《华西日报》写《厚黑丛话》。每日写一二段，最初是想把平日一切作品，拆散来，连同新感想，融合写之。写至1936年4月底为止，历时九月，印了三小册，觉得心中想写的文字，还没有写出好多。长此写去，读者未免讨厌，因变更计划，凡新旧作品，已经成了一个系统的，各印专册。

我以为，改革社会，等于修房子，应当先把图样绘出，然后才按照修造，如果财力不足，可先修一部分，陆续有款，陆续添修，最终就成为一个很完整的房子了。如果没有全部计划，随便修几间来住，随后人多了，又随便添修几间，再多添几间，结果杂乱无章。不改修，则人在里面，拥挤不通。想改修，则须全行拆掉，筹款另建，那就有种种困难了。东西各国，旧日经济的组织，漫无计划，就是犯了这种弊病。

大凡主持国家大计的人，眼光必须看到数百年后，断不能为区区目前计。斯密著《原富》，缺乏这种眼光，造成资本主义，种下社会革命的矛盾；达尔文缺乏这种眼光，倡导优胜劣败的学说，以强权为公理，把全世界造成一个虎狼社会；孟德斯鸠缺乏这种眼光，倡三权分立学说，互相牵制，因而激成反动，产出墨索里尼、希特勒等专制魔王，为扰乱世界和平的罪魁，这是很可痛心的。

我辈改革社会，当悬出最远大的目标，使人知道前途无有止境，奋力做去，社会才能日益进化。并且有了公共的目标，大家向之而趋，步骤一致，社会才不至纷乱。

《礼记》上有《礼运》一篇，本是儒家的书，又有人说是道家的思想，书中提出大同的说法，至今两千多年，并未实现。当日著书的人，明知道不容易实现，而必须这样说的原因，就是悬出最远大的目标，使数千年后的人，向之而趋。也就是绘出一个房子的样式，使后人依照这个样式修造，经过若干年，这个完整的房子，终于出现。著《礼运》的人，虽然提出这种目标，而实际上，则从小康下手，一步一步地做去。至于释迦牟尼所说的境界，更非历尽苦难不能到，然而有了这种目标，学佛的人，明知今生不能达到，仍不能不苦苦修习。

东方儒释道三个教主，眼光之远大，岂是西洋斯密一类学者，所能梦见。有了西洋这类目光短浅的学者，才会酿成第一次世界大战，直接间接死了数千万人。大战过后，仍不能解决，跟着又要第二次大战，如不及早另寻途径，可判断跟着又要第三次大战、第四次大战。

墨索里尼、希特勒和日本少壮军人，真是瞎子牵瞎子，一齐跳下悬崖。

我国（编者注：指中华人民共和国成立前之旧中国）自辛亥革命，至今已25年，政治和经济，一切机构，完全打破，等于旧房子，全行拆掉，成了一片平地。我们应当斟酌国情，另寻一条路来走。如果盲目地模仿西洋，未免大错特错。

房子是众人公共住的，我们要想改修，当多绘些样式，经众人细细研究，认为某种样式好，才着手修去。不能凭着一己的意见，把众人公住的房子，随便拆来乱修。我心中有了这种想法，就不揣冒昧，先绘个样式出来，请读者严加指驳，将不合适的地方指出。同时就说：“这个办法，应当如何修改”，另绘一个样式，我们大家斟酌。

1936年6月12日，于成都

自序三

1936年，我在成都写的《厚黑丛话》中有一段说：

“去年吴稚晖在重庆时，新闻记者、友人毛畅熙，约我一同去会见他。我说：我何必去会他，他虽然读遍中外奇书，独独没有读过《厚黑学》。他自称是大观园中的刘姥姥，这次由重庆到成都，登峨眉，游嘉定，大观园中的风景和人物，算是看遍了，独独对于大观园外面，有一个最清白的石狮子，他却没有看见。欢迎吴先生的大会，我也去过，他的演说，我也听过。石狮子看见刘姥姥在大观园进进出出，刘姥姥独不知道有石狮子。我不去会见他，特地给他留点憾事。”

后来毛畅熙拿《厚黑学》一册、《厚黑丛话》三册，寄赠给吴稚晖老先生。稚老还复信给我并不认为我忤逆。毛君把稚老的信登在报纸上赠给我。

鄙人的意思是：西洋镜一经拆穿，就像牛渚燃犀一样，百怪毕现，遭受厚黑而牺牲的人一定少了，而实行厚黑的人，将没有便宜可占。读者认为怎么样呢？

1939年3月，于成都

厚黑学发明史

有人问道：“你这厚黑丛话，你说内容包括厚黑史观、厚黑哲理、厚黑学之应用、厚黑学辩证法及厚黑学发明史几部分，你不把它分类写出，那么研究这门学问的人，岂不要目迷五色，纷乱无章吗？岂不是故意使他们多费些精神吗？”我说：“要想研究这门学问的人，当然要专心研究，中国的十三经和二十四史，泛泛读去，难道不是目迷五色，纷乱无章吗？而真正的学者，就从这纷乱无章之中，寻找出头绪来。如果害怕用心，就不要操心这门学问。我只揭示出原则和大纲，有志于厚黑的人，第一步加以阐发，第二步加以编纂，使它成为教科书，这个厚黑道就可以大行于天下了。所以，分门别类，挨一挨二地讲，那是及门弟子和私淑弟子的任务，不是我的任务。”

我心中有种种见解，不知究竟对与不对，特地写出来，请读者指点驳正，指点驳正愈严，我愈是欢迎。我重在解释我心中的疑团，并不是想独创异说。诸位有指点驳正的文字，如在报上发表，我总是细细地研究，认为指点驳正得对的，自己修改它，认为不对，我也不回辩。免得发展成为打“笔墨官司”，有失研究学问的态度。

我是主张思想独立的人，我的心坎上，决不受任何人的压制，同时我也尊重他人思想的独立，所以驳诘我的文字，不能回辩。

我提倡的厚黑史观和厚黑哲理，倘若被人推翻，我就把这厚黑教主让他充当，拜在他门下称弟子，什么缘故？服从真理的缘故。

宇宙真理，明明地摆在我们面前，我们自己可以直接去研究，无须请人替我们研究。古今的哲学家，乃是我和真理的介绍人，他们所介绍的，这中间是否有错误，不可得知，应该离开了他们的说法，直接去研究一番。有个朋友，读了我所写的文字，说道：“这些问题，东西洋哲学家讨论的很多，未见你引用，并且学术上的专用名词你也少用，可见你平时对于这些学说少有研究。”我听了这些话，反而把我所做的文章翻出来，凡引有哲学家的名字及学术上的专用名词尽量删去。如果名词不够用，就自己造一个来用，直抒胸臆，完全不要依傍。偶尔引用古今人士的学说，那也是用我的头秤，去衡量他的学说，不是以他的头秤来衡量我的学说。换句话说，是我去审判古今哲学家，不是古今哲学家审判我。

中国从前的读书人，开口就是诗云书云、孔子曰、孟子曰。戊戌政变以后，一开口就是达尔文曰、卢梭曰；后来又添些杜威曰、罗素曰，纯粹是以他人的思想为思想。究竟宇宙真理是怎样，自己也不伸头去窥视一下，未免过于懒惰了！

假如驳斥我的人，引用了一句孔子曰，就是以孔子为审判官，以《四书五经》为新刑律，让李宗吾来候审。引了一句达尔文诸人曰，就是以达尔文诸人为审判官，以他们的作品为新的刑法条律，叫李宗吾来案候审。像这样的审判，我是绝对不到案的。有人问：“要谁才能审判你呢？”我说：“你就可以审判我，以你自家的心为审判官，以眼前的事实为新的刑法条律。”例如说道：“李宗吾，据你这样说，为什么我昨天看见一个人做的事不是这样？今天看见一只狗，也不是这样？可见你说的道理不确实。”如果能够这样地判断，我不论是输到何种地步，都要给你竖立一个铁面无私的德政碑。

牛顿和爱因斯坦学说，任人怀疑，任人攻击，未曾勉强别人信服，结果反而没有哪一个不是他的信徒。注解《太上感应篇》的人说道：“有人如不相信此书，必将受到种种的恶报。”关圣帝君的《觉世真经》说道：“不信吾教，请试吾力。”这是由于这两部书所包含的道理，经不得研究，无可奈何才采用威吓的途径。我在厚黑界的位置，等于科学界的牛顿和爱因斯坦，假如不许人怀疑，不许人攻击，那就等于说：我发明的厚黑学，等于太上老君的《感应篇》和关圣帝君的《觉世真经》。岂不是我自己诋毁自己吗？

有人说：假如人人思想独立，各人创建一种学说，思想界不成为纷乱状态吗？我说，这不会的，世间的真理，只有一个，如果有两种或数种学说，互相违反，你也不必抑制一种，只管叫他彻底研究下去，自然会把真理发现出来。真理所在，任何人都不能反对的。例如吃饭穿衣的事，人人独立地研究，得的结果，都是饿了要吃，冷了要穿，同归一致。凡是所谓的冲突，都是互相抑制生出来的。假如各种学说，个个独立，就像林中的树木，根根独立，有什么冲突？树木生长在森林里，是否被采用，那是由木匠师傅决定的，我把我的说法，宣布出来，是否被采用，那是由众人来决定的，我哪有闲心同别人打“笔墨官司”？如果务必要勉强天下的人完全顺从自己的学说，那可真是自寻烦恼，那冲突也于是乎兴起了。程伊川、苏东坡，他们的见解没有达到这个境地，以致朱陆分派，一部《宋元学案》、《明儒学案》形成打不完的笔墨官司。而我却不是这样，读者要学厚黑学，我自然不会舍不得教授，如果他们学了后反对我，那是甘心情愿地自己误自己，我也就只好自己叹口气算了。

拙著《宗吾臆谈》，流传到北平，去年有人把厚黑学抽出来翻印，向我的侄儿征求意见，并说道：“你的伯父是八股出身，而今凡事都谈欧化，他老人家那套笔墨实在不合时宜。等我们给他改过来，意思不变更他的，只改为新式笔法就是了。”我听说后，立即发了封航空信说道：“孔子亲手写的《春秋》，旁人可以改动一个字吗？他只知道我的笔墨像八股，却不知我那部《厚黑学》，思想的途径，内容的安排，完全是八股的方式。只是对八股没有考究的人看不出来。宋朝整个一代讲理学，出了文天祥、陆秀夫等人来收拾残局，一般人都说他们可为理学生色。明清两代以八股为标准取用人士，出了一个厚黑教主来收拾残局，也可替八股生色。我的厚黑哲理，完全从八股中生出来，可算是真正的国粹。我还希望保存国粹的先生，由厚黑学而向上追溯八股，仅仅笔墨上带有八股气味，你们都容不过吗？要翻印，就照原文一字不改，否则不必翻印。”哪知后来书印出来，还是给我改了些。特此声明，北平出版的《厚黑学》是赝本，以免贻误后来学习的人们。

大凡有一种专门学问，就有一种专门文体。所以《论语》的文体与《春秋》不同。《老子》的文体与《论语》不同。佛经的文体与《老子》又不同。在心里成为思想，在纸上成为文章，专门学问的发明者，他的思想与众人不同，所以他的文字也与别人不同。厚黑学是专门学问，当然另有一种文体。闻者说道：“李宗吾不要自夸！你那种文字，任何人都写得出来。”我说：“不错！不错！这是由于我的厚黑学任何人都做得出来的缘故。”

我写文章，定下三个必要条件：“见得到，写得出，看得懂。”只求能得到这三个必要条件就够了。我执笔时，只把我胸中的意见写出，我不知文法，更不知有文言、白话之分，之字吗字，乎字吗字，任其随意使用。1927年出版的《宗吾臆谈》，1929年出版的《社会问题之商榷》都是这样。有人问我：“是什么文体？”我说：“是厚黑式的文体。”近年（编者注：指20世纪30年代）许多名人的文章，都带点厚黑式，看来中国大概将要兴旺起来了吧！

有人说：“我替你把《厚黑学》译为西洋文，你可把曹操、刘备这些典故改为西洋典故，外国人才看得懂。”我说：“我的厚黑学，绝不能译为西洋文，也不能改为西洋典故。西洋人要学这门学问，非来读一下中国书，研究一下中国历史不可。等于我国要学西洋科学，非学英文、德文不可。”

北平赝本《厚黑学》，有几处把我的八股式的笔调改为了欧化式笔调，倒也无关紧要，只是有两点，把原文精神改丢了，不得不声明：

一、我发明厚黑学，是把古今中外的事逐一印证过，觉得道理不错了，才就人人所知的曹操、刘备、孙权几个人举出来作为例子。又追溯上去，再举刘邦、项羽为例，意在使读者举一反三。根据三国和楚汉两代的原则，以贯通一部《二十四史》。原文有段话：“楚汉之际，有一个人脸厚但心不黑，最后终于失败，这个人就是韩信……楚汉之际，有一个人心黑但脸不厚，最后也归于失败，这个人就是范增……”这些原是楚汉人物，现在指点评论尚且更觉亲切。北平赝本，把这几句删去，直说韩信因不黑而失败，范增因不厚而失败。大家细想：一部《二十四史》中的人物，因不厚不黑而失败的人还少吗？我何至于单举韩、范两人。北平赝本未免把我的本意失掉了。

二、《厚黑学传习录》中，求官六字真言，先总写一笔说：“空、贡、冲、捧、恐、送。”注明这六个字都是仄声。做官六字真言，总写一笔说：“空、恭、绷、凶、聋、弄。”注明这六个字都是平声，以下逐字加以分析注解。每六字都是叠韵，念起来音韵铿锵，原本想让官宦场中的人早晚拿着念诵，用来代替佛书上“唵、嘛、呢、叭、咪、吽”六个字，也就是所谓“南无阿弥陀佛”六个字。倘若能虔诚地拿着念诵，立刻可以到极乐世界。不比念诵经咒成佛，还须要等到来世才能成佛。这原本是我的一种救世苦心，但北平赝本把总写之笔删去了，直接从逐字分析注解说起，那么读者只知道埋头下工夫，不能把六字作为咒语或佛号来虔诚地念诵，收效必定微小，这就是北平赝本不能不负这个责任的原因。

厚黑学，共分三步工夫。

第一步：“厚如城墙，黑如煤炭。”人的面皮，最初薄如纸一般，我们把纸叠起来，由分而寸，而尺，而丈，就厚如城墙了。人“心”最初作乳白状，由乳色而灰色，而青蓝色，再进就黑如煤炭了。到了这个境界，只能算初步。何以故呢？城墙虽厚，轰炸得破，即使城墙之外再筑几十层城墙，仍还轰炸得破，仍为初步。煤炭虽黑，但颜色讨厌，众人不敢挨近他，即使煤炭之上再灌以几坍缸墨水，众人仍不敢挨近他，仍为初步。

第二步：“厚而硬，黑而亮。”深于“厚”学的人，任你如何攻打，丝毫不能动。刘备就是这样的人，虽以曹操之绝世奸雄，都把他莫奈何，真可谓硬之极了。深于“黑学”的人，如退光漆招牌，越是黑，买主越是多，曹操就是这类人。他是著名的“黑心肝”，然而天下豪杰，奔集其门，真可谓"黑"得透亮了。人能造到第二步，较之第一步，自然有天渊之别。但还着了迹象，有形有色，所以曹刘的本事，我们一着眼就看得出来。

第三步："厚而无形，黑而无色。"至厚至黑，天下后世皆以为不厚不黑，此种人只好于古之大圣大贤中求之。

有人问：你讲厚黑学，何必讲得这样精深？我说：这门学问，本来有这样精深。儒家的中庸，要讲到"无声无臭"才能终止。学佛的人要到"菩提无树，明镜非台"，才能正果。何况厚黑学是千古不传之秘，当然要到"无形无色"才算止境。

这三步工夫，也可以说是上中下三乘。第一步是下乘，第二步是中乘，第三步是上乘。我随缘说法，时而说下乘，时而说中乘、上乘，时而三乘会通在一起来说，听的人往往觉得我的话互相矛盾，其实始终是一贯的，只要知道我的厚黑道分上、中、下三乘，自然就不矛盾了。我讲厚黑学虽然是五花八门，东拉西扯，但字字句句没有离开根源，就像树上千枝万叶，千花百果，都是从一棵树上生出来的，枝叶花果之外，还有树的生命存在。《金刚经》说：假若用颜色来见我，假若用声音来求我，那是人在推行邪道，不能见到如来佛。诸位如果要学厚黑学，必须在佛门中探究领会有了心得，再来听讲。

我在1912年发表厚黑学，勤勤恳恳，谈得非常详细，但领悟的人还是很少。后来我阅读《五灯会元》和《论语》、《孟子》等书，见到禅宗教人以说破为大戒，又读到：孔子说过"教给某人东方这个概念，他却不能由此推知西南北三个方向，便不再教他了"；孟子说过"教导别人正如射手一样，张满了弓，却不发箭，作出跃跃欲试的样子"。读过这些话才知道神学和孔孟的学说盛行，实在不是没有原因的。我自己后悔从前教授的方法有错误，所以1927年出版的《宗吾臆谈》，厚黑学仅仅简略地登载大意。不料写出来的文章愈简约，厚黑学就愈是惹人注目。啊！再没有比这更深的微妙法了，百千万年难得遭遇到一次。释迦牟尼说法用了49年，厚黑学是"对内做圣人，对外要行王道"的学说，我说了24年，打算再说26年，凑足50年，比释迦牟尼多说一年。

有人劝我说："你的怪话少说些，外面许多人指责你，你也应该爱惜名誉。"我说道，我有一句自己警戒自己的话："我爱名誉，我更爱真理。"话说得说不得，我在内心作判断，没有下笔之前反复谨慎地思考过。一旦已经写到纸上发表出来，听任旁人攻击，我不回答辩解。但攻击者说的话，我仍然细细体会，如果能令我心服，就自动地加以修正。

中国幅员广大，南北气候不同，物产不同，因此人民的习俗也就不同。于是文化学术也有南北之分。例如：北有孔孟、南有老庄，两派截然不同；曲分南曲北曲；字分南方之帖、北方之碑；拳术分南北两派；禅宗分南宗慧能、北宗神秀。凡此等等，都是这样。

厚黑学是一种大学问，当然也要分南北两派。门人问厚黑怎样分南北？宗吾说：拼死拼活而不顾一切，是北方厚黑的特点，以卖国军人（编者注：指指中华人民共和国成立前之旧中国的各路军阀及其爪牙）占多数；革命（编者注：指辛亥革命）以后不遵循原定的轨道，是南方厚黑的特点，以投机分子占多数。

有人问：究竟是学南派好还是学北派好？我说：你怎么这样糊涂？当讲南派时就讲南派；当讲北派时就讲北派。口头上是南派而实际上是北派，是可以的，口头上是北派而实际上是南派，也是可以的。纯粹是观察时机，见机而行，哪里能把南北之间的成见横亘在胸中？民国（编者注：指1911年辛亥革命至1949年新中国成立之间的中国政权）以来的人物，有由南向北的，有由北向南的，又再由南向北，由北向南，来回往返已不知多少次，你还在岔路口徘徊，向别人问是南派好？还是北派好？我实在不知该怎么回答你。

世间许多学问我不讲，偏偏要讲厚黑学，许多人都很诧异，我可以把原因说明。我本来是孔子信徒，小的时候，父亲给我起的名，我嫌它不好。再说《礼记》上记载孔子说：儒生有今天这样的美誉，是古人做出了典范，今世我们做了，后世就会作为典范。就自己改名叫世楷，字宗儒，表示作孔子信徒的意思。

光绪癸卯年（公元1903年）冬天，四川省高等学堂开学，我从自流井赴成都，与友人雷皆同路，每天步行一百里，途中无事，纵谈时事，并想些经书史书上的问题来讨论。雷皆有他的感想，就改字叫铁崖。我觉得儒教不能满足我的心意，心想与其宗孔子，不如宗我自己，因此改字宗吾。这宗吾二字，是我思想独立的旗帜，今年是乙亥（公元1935年）年，至今不觉已整整的32年了，自从改字宗吾后，读一切经史书籍，觉得破绽百出，这是发明厚黑的起点。

等到了高等学堂，第一次上讲堂，日本教师池永先生演说道："掌握学问全靠自己，不能靠教师。教育二字，在英文中是Education，照字义是'引出'的意思。世间一切学问，都是我头脑中本来就有的，教师不过'引导它使它出来'罢了。并不是拿一种学问来，按入学生的脑筋内。如果学问是教师给学生的，那就是等于这桶水倒进那桶水，只有愈倒愈少的，学生只有不如先生的。而学生每每有胜过先生的，就是由于学问是各人头脑中固有的缘故。头脑如一个袋子，中间贮藏着许多东西，教师把袋子口打开，学生自己伸手去拿就是了。"

他这种演说，恰好与宗吾二字暗暗相吻合，给我印象很深，觉得这种演说，比朱熹所说的"学习要讲效果"的话精深得多。后来我学英文，把字根一查，果然不错。池永先生这个演说，对我发明厚黑学有很大的影响。我近来读报纸，看见日本二字，就刺眼，凡是日本人的名字，都觉得讨厌，只有池永先生，我始终是敬佩的，他那种和蔼可亲的样子至今还经常出现在我的脑海中。

我在学堂时，把教师口授的写在一个副本上，书面上大书"固囊"这二字，许多同学不理解，问我：是什么意义？我说：并没有什么意义，是随便写的。这固囊二字我自己不说明，恐怕后来的考古学家考它个100年，也考证不出来。"所谓固囊，头脑是一个囊(袋子)，副本上所写的，都是头脑中固有的东西。"题这固囊二字，姑且当做座右铭。

池永先生教理化数学，开始就讲水素和酸素，我就用"引而出之"的法子，在头脑中搜索，走路吃饭睡觉都在想，看还可以不可以引出点新鲜的东西。以后凡是遇到池永先生所讲的，我都这样做。哪知这样真是等于王阳明的研究竹子，看了许久许久，丝毫没有收获。于是泄气了，想退回原路，长叹一声说道："今生已过得差不多了，来生再结缘。"

我从前被八股文束缚久了，一听见废科举，兴学堂，欢喜极了，把家中所有的《四书五经》与那些诗文集等，一把火烧了。等到在学堂内住了许久，便感到大失所望。有一次星期天，在成都学道街买了一部《庄子》。雷民心见了很感诧异地说："你买这些东西来作什么？"我说："雷民心，科学这门东西，你我今生还有希望吗？它是茫茫大海，就是自己心中想出许多道理，也得不到器械来试验，还不是等于空想罢了。在学堂中，充其量不过在书本上得点人云亦云的知识，有什么益处？只好等儿子孙子再来研究，你我今生算了。因此我打算仍然在中国古书中寻找一条路来走。"他听了这话，也同声叹息。

我在高等学堂的时候，许多同乡同学的朋友，都加入同盟会。有个朋友名叫张列五曾对我说："将来我们起事，一定要派你带一支部队。"我听了非常高兴，心想自古以来当英雄豪杰，一定有个秘诀，因此把历史上的事汇集拢来，用归纳法搜求其中的秘诀。经过很长时间，茫茫然没有什么收获。

宣统二年(公元1910年)，我当富顺中学堂的校长，有一天晚上睡在校长室里，偶然想到曹操、刘备、孙权几个人，禁不住捶着床爬起来说："想出来了！想出来了！古代的所谓英雄豪杰，不外是脸皮厚心肝黑罢了！"这样一通百通，评论起来头头是道，一部《二十四史》，都可以用厚黑来贯穿它。那一天晚上，我整夜睡不着心中非常愉快，简直像王阳明在龙场驿大彻大悟，发明"格物致知"的道理的模样。

我把厚黑学发明了，自己还不知道这个道理对与不对。我的同乡同学中，讲到办事的才能，以王简恒为第一，雷民心曾经叫他是"大办事家"。正好遇到王简恒进富顺城来，我把发明厚黑的道理说给他听，请他批评。他听罢说道："李宗吾，你说的道理一点不错。但我要忠告你，这些话，切不可拿到口头说，更不可写成文字，你尽管照你发明的道理埋头做去，包你干许多事，成为一个伟大人物。你如果在口头或文字上发表了，不但终身一事无成，反有种种不利。"我不听好朋友的话，竟然自作主张地把它发表了，结果不出简恒所料。诸位！诸位！一面读《厚黑学》，一面必须切记王简恒所说的劝诫的话。

我从前意气很豪爽，自从发明了厚黑学，就心灰意冷，再不想当英雄豪杰了。跟着我又发明求官六字真言，做官六字真言及办事二妙法。这些都是1912年的文字。反正后来许多朋友，见我这副颓废的样子，与从前大不一样，很感诧异，我自己也莫名其妙。假使我不讲厚黑学，埋头做去，我的世界或许不像现在这个样子，不知是厚黑学误我，还是我误厚黑学。

《厚黑学》一书，有些人读了，感慨兴叹，因此少出了许多英雄豪杰。有些人读了，感奋兴起，因此又多出了许多英雄豪杰。我发明厚黑学，究竟是功是罪？只好交给阎王殿阎王去裁判。

我发明厚黑学的时候，想到王简恒的话，迟疑了许久。后来想到朱竹坨所说："宁可不吃你的猪腿，风怀这首诗，断然不能删去。"我也奋然说道："英雄豪杰可以不当，这篇文字不能不发表。"就毅然决然提笔写出，而我的英雄豪杰的希望，从此就断送了。读者只知道厚黑学适用，哪里知道我是牺牲一个英雄豪杰调换来的，其代价不为不大。

其实朱竹坨删去风怀那首诗，也未必能吃到猪腿，我把厚黑学秘藏起来作为独得的宝物，也未必能成为英雄豪杰。从哪里可以证明这点呢？就拿王简恒来说，他对于我的学说算是完全领会了，凭他那样的才干，应该有所成就了，谁知却不是这样。辛亥革命时，他到成都，张列五委任他当某县的知事，他不干，回到自流井。1914年讨袁之后，熊扬在重庆独立，富顺县响应，自流井推选王简恒做行政长官。事败，富顺廖秋华、郭集成、刁广孚被捕到泸州，廖被杀头，郭刁两人用尽家产，得免一死。王简恒东躲西藏，昼伏夜行，受了雨淋，得病，拖到第二年死去，身后非常萧条。凭简恒的才干和他对我的学说的领会，还是这样应得的结果，所以读我厚黑学的人，切不可以自命为得了发明人的指点就要自满。

1912年，我到成都，住童子街《公论日报》社内，与廖绪初、谢绶青、杨仔耘等人同住一起，他们一再怂恿我把《厚黑学》写出来。绪初还说道："如果写出来我给你做篇序言。"我想："绪初是讲究程朱理学的人，一向循规蹈矩，朋友们称呼他是'廖大圣人'。他都说可以发表，当然可以发表。"我就一天天写去。我用的别号，是"独尊"二字，取"天上地下，唯我独尊"的意思。绪初用淡然的别号作了一篇序文。哪知《厚黑学》一发表出来，读者哗然。说也奇怪，我与绪初都是用别号，他用的是廖大圣人的称呼，同以前一样，我就博得了李厚黑的徽号。

绪初办事，很有毅力，完全不计较毁谤和赞誉。1919年，他当省长公署（编者注：国民党统治期所设）教育科科长，当时校长和县教育局局长的任命之权，掌握在省署教育科手里。杨省长（编者注：杨庶堪，孙中山所任命，下同）对于绪初很是信赖，绪初呈报的任免报告，没有不原样批准;有时省长下张条子任免某人，绪初认为不恰当的，将原条退还，杨省长也不认为这是忤逆自己，反而更加信任他。更令人奇怪的是，当时我任副科长，凡是得了好处的人都称颂说："这是廖大圣人给的好事。"如果有被丢掉饭碗的、被记过的、要求未得到满足的、呈报上来的预算被核减的，往往对别人说道："这是李厚黑干的。"成了个"好事就归廖绪初，坏事就归李宗吾"。绪初虽然现在已去世，但旧日教育科的诸位同事，如侯克明、黄治畋、杜小威等人尚在，请他们当着天说，究竟这些事是不是我干的？究竟绪初办事能不能受旁边人支配？

我今天说这些话，并不是把责任推卸给死去的朋友，而是举出我经历过的事实，证明简恒的话的确天经地义："厚黑学三字，千万不可以拿在口中讲。"我深爱读者诸君，所以斗胆地拿出诚意来告诉大家。

难道绪初把得罪人的事向我推卸吗？当然不是这样，有人向他说到我，绪初立刻说道："某某事是我干的，某人怪李宗吾，你可叫某人来，我当面对他说，与宗吾无关。"无奈绪初愈是解释，众人愈是说绪初是圣人，李宗吾干的事，他还要代他受过，不是圣人又是什么？李宗吾能使绪初这样做，不是极大的厚黑又是什么？雷民心说:"厚黑学做得说不得。"真是绝世的名言啊！后来我也挣得个圣人的徽号，不过是在圣人之上加上厚黑二字罢了。

圣人也罢，厚黑也罢，其实只不过是一个事物的两个方面罢了。庄子说："圣人不死，大盗不止。"圣人与大盗的真相，庄子是看清楚了的。

盗跖的门徒问他："我们盗也有'道'吗？"盗跖回答说："当然有道。做大盗的人，能预先猜想出房间里的财产在哪里，叫做‘圣’；偷东西的时候，一马当先，叫做‘勇’；偷完以后，最后才出来，叫做‘义’；判断情况，能不能下手，叫做‘智’；把偷来的东西，分得很公平，叫做‘仁’。如果不具备这五种道德，而想成为一个大盗，天下没有！”

圣勇义智仁五种品质，本来是圣人所做的，盗跖能用尽它们，就成为大盗。反过来说，厚黑二字本来是大奸大诈的人所做的，一般人很好地利用它，就可彻底的成为大圣大贤的人。举例来说，胡林翼曾说：“只要对公家有利，哪怕是顽钝无耻的事，我都要干。”又说：“办事要包揽把持。”所谓顽钝无耻也好，所谓包揽把持也好，难道不正是厚黑家所用的技术吗？林翼能很好地利用它，就成为名臣了。

王简恒和廖绪初，都是我很佩服的人。绪初举办旅省叙属中学堂和担当省议会（编者注：国民党统治期所设）议员，只知道办公二字，什么气都受得，有点像胡林翼的顽钝无耻；简恒办事，独行独断，有点像胡林翼的包揽把持。

有一天我当着他们二人面说道：“绪初得到了厚字诀窍，简恒得到了黑字诀窍，可以称得上是‘厚黑党’的勇健之人。”我又一件件地将上述事情数落出来证明这句话。他们二人欣然说道：“照这样说来，我们二人可说是各得圣人的一部分。”我说道：“百年后有人给我建厚黑庙，你们二人都是有配享希望的。”

1912年，我在成都《公论日报》内写厚黑学，有天绪初到我房间中，见桌上写有一段文字：“楚汉之时，有一个人脸厚而心不黑，最终归于失败，这个人就是韩信。钻人裤裆这样的侮辱，韩信能忍受下来，脸面的厚可说是到了极点了。等到做了齐王，如果听从蒯通的劝说，也是贵不可言。无奈韩信怎么也不忘刘邦解衣推食的私情，贸然说，穿别人的衣服，就得替人分忧，吃别人的东西，就得冒死给人家办事。终于导致被刘邦杀头，还祸及三族，那不是咎由自取吗！楚汉的时候，有一个人，黑而不厚，也终归失败，那是范增……”

绪初把我的稿子读了一遍，又反复读了韩信这一段，一句话不说，长叹一声而去。我心想：这就奇怪了，韩信厚有余而黑不足，范增黑有余而厚不足，我原是二者双举，他怎么唯独注意韩信这一段？我仔细一想，才知道绪初正是厚有余而黑不足的人。他是盛德夫子，叫他忍气，是做得来，叫他做狠心的事，他做不来。患寒病的人，喝热水很舒服，患热病的人，喝凉水很舒服。绪初缺乏的，就是一个黑字。韩信这一段，是他对症良药，所以他不知不觉地很受感触。

中江谢绶青，光绪三十三年（公元1907年）在四川高等学堂和我同班毕业。那时王简恒任富顺中学校长，聘绶青和我当老师。光绪三十四年（公元1908年）下学期，绪初当富顺中学的视学，主张下一年续聘我，那时薪水以两计，他向简恒说：“宗吾是本县人，应减一百两，绶青是外县人，薪水仍旧。”他是知道我绝不会反对他，所以才这样做。

我经常对人讲，绪初这个人万万不可相交，和他相交，银钱上就要吃亏，我是前车之鉴。有一件事更可笑，那时县立高小校长姜选臣因事辞职，县长（编者注：国民党统治期所任命）王琰备文请简恒兼任。有一天简恒笑着向我说：“我最近穷得要当衣服了，高小校长的薪水，我很想支来用。照理说这不成问题，怕的是廖圣人酸溜溜地说:这笔钱似乎可以不支吧！你叫我这个脸放在何处？只好仍当衣服算了。”我曾经对人说：这虽然是偶尔的谈笑，但绪初的令人敬畏，简恒的勇于克己，却可见一斑。

后来，我发明了《厚黑学》，才知道简恒这个谈话是厚黑学上最重要的公案。我曾经和雷民心说，朋友们当中，天分偏向于厚字的人很多，其中以绪初为第一。够得上讲黑字的人只有简恒一人。

近日常常有人说：“你叫我脸皮厚，我还做得出来，叫我黑，我实在做不出来，该应我做事不能成功。”我说：“就怕你厚得不彻底，只要彻底了，没有前进而不成功的。你看绪初的厚，居然能把简恒的黑打败，世间天分偏向于厚字的人，千万不可自暴自弃。”

相传凡人的颈子上都有一条刀路，刽子手杀人，顺着刀路砍去，一刀就将脑壳砍下。所以刽子手无事时，同别人对坐闲谈，他就要留心看你颈子上的刀路。我发明厚黑学的当初，遇事研究，把我往来的朋友作为实验品，用刽子手看刀路的方法，很发现一些重要学理。滔滔天下，没有不是在厚黑中的人。

诸位在同朋友们交往的时候，根据我说的法子去研究，包管生发出无限的趣味，比读《四书五经》、《二十四史》受益更多。老子说：统治国家的秘密，不可以轻易地将其中的奥妙传示给别人。我已经老了，不想再有什么大的造化了。否则，这些法子，我是不能传授人的。

我遇到一人在我名下行使厚黑学，叨叨絮絮，说个不休。我睁着眼睛看着他，一言不发。他忽然脸一红，扑一声笑道："实在不瞒先生，当学生的实在没法子，只有在老师名下，行使点厚黑学。"我说道："可以！可以！我成全你就是了！"俗语说："内行不发货。"奸商最会欺骗人，独独在同行面前不敢卖假货。我苦口婆心，劝人研究厚黑学，意在使大家都变成内行。假如有人要使点厚黑学，硬是先说明了再来干，施者受者，大家心里安顺。

我把厚黑学发明过后，凡人情冷暖，与那一切恩怨，我都坦然地处置它们。有人对我说："某人对你不起，他如何如何。"我说："我这个朋友，他当然这样做，如果他不这样做，我的厚黑学还讲得过去吗？我所发明的是人类大原则，我这个朋友，当然不能逃出这个原则。"

1911年10月，张列五在重庆独立，任蜀军政府都督，成渝合并任四川副都督，又改任民政厅长。他设了一个审计院，打算任命绪初当院长，绪初再三推辞，最后让尹仲锡当院长，绪初当副院长，我当第3科科长。当时民国刚成立，我认为事事革新，应该有一个新学说出现，就把我发明的厚黑学发表出来。等我当了科长，一般人都说："厚黑学果然实用，你看李宗吾公然做起科长来了。"相好的朋友劝我不必再登，我就停止不登。于是众人又说道："你看李宗吾，一做了科长，厚黑学就不登了。"我气不过，向众人说道："你们只羡慕我做官，须知奔走官场，是有秘诀的。"我就发明了求官六字真言、做官六字真言，每次遇着相好的朋友，就尽心指示传授。无奈那些朋友，天资太迟钝，拿来运用不灵，一个个官运都不亨通，反是旁观察听的和间接听到的，倒还很出些人才。

在审计院时，绪初的寝室与我的相连。有一天下午，听见绪初在房内拍桌大骂，声震屋瓦。我走出房门来看，只见某人仓皇奔出，绪初一边追一边骂那人："你这狗东西！混账！……"直追到大门才停下来。(此人在绪初办旅省叙属中学时，曾当教职员。)绪初转来，看是我，随我进入房中坐下，气愤地说道："某人，真正岂有此理！"我问什么事，绪初道："他起初向我说，某人可当知事，请我向列五介绍。我很客气地答应了他。他说：'事情如果成功了，愿送先生四百两银子。'我在桌上拍了一巴掌说道：'胡说，这些话都可拿来向我说吗？'他站起来就走，说道：'算了！算了！不说算了。'我气他不过，追出去骂了一顿。"我说："你不替他说就是了，何必为此生这么大的气。"绪初说道："这种人，你不伤他的脸，将来不定还要干些什么事，我非对列五说不可，免得用这种人出去害人。"

这虽属寻常小事，在厚黑学上，却含有很深的哲理。我批评绪初："厚有余而黑不足，叫他忍气是做得来，叫他做狠心的事做不来。"为什么这种事忍不得气？他对待某君，未免太狠，竟然不自禁地侵入黑字范围，这是什么道理呢？我反复研究，就发现一条公理。公理是什么呢？厚黑二者，是一个物体的两个方面，凡黑到极点的，没有不厚的。厚到极点的，没有不黑的。举例来说，曹操的心是最黑的，而陈琳作了篇声讨他的檄文，他居然能宽容陈琳，这不能不说是脸厚。刘备的脸是最厚的，刘璋竭诚对待他，他却忽然率兵消灭了刘璋，这也不能不说是心黑。我们这些人中讲到厚字，既然都推举绪初为第一厚，所以他也逃不出这个公理。

古人说："所谓道是一以贯之的。"厚黑二者，根本上是互相贯通的。厚字翻过来，就是黑；黑字翻过来，就是厚。

从前有个权臣，得罪国君后出逃，随从人员说道："某人是您的好朋友，他平日对你十分要好，为什么不去投靠他？"他回答道："这个人对我的确很好。我喜欢音乐，他就把鸣琴送给我；我喜欢玉，他就把玉环送给我。他平日既然能拿出心爱之物讨好于我，今天必定会把我拿去讨好别人。我如果去见他，他必定捆住我拿去献给国君。"果然这个人从后面追来，把随从的人捉了几个去请赏。这就是厚脸皮变为黑心肝的明证。有人问："世间有黑心肝变为厚脸皮的没有？"我答道："有！《聊斋志异》马介甫那一段，所说的那位太太，她就是由黑心肝一变而成为厚脸皮的。”

绪初辱骂某君一事，询问其他人，都说没有听见过，除我一个外，没有人知道这件事。后来同他相处10多年，也没有听他重提。我曾经说：“绪初辱骂某君，这体现了他为人刚正。尽管在暗室中，也不做利己的亏心事，并且事后闭口不提，不大肆声张别人的恶行，这又体现了他的美德。”但这种评论，是站在儒家立场来说。假若从厚黑学上研究，又可得出一条公理：“有黑字专长的人，黑是他常有的品质，厚是他暂时的品质。有厚字专长的人，厚是他常有的品质，黑是他暂时的品质。”绪初是有厚字专长的人，他以黑字对付某君，是暂时的现象。事过之后，又回复到厚字的常轨。所以事情过后10多年，放在心里而不说。我估摸他做了这种狠心的事，一定在心里感到不安，所以后来见到面，不便向他重提此事。他办叙属学校时，业师王某，来校当学生，因某事违犯校规，绪初悬挂牌子把他斥退。后来我曾提到此事，他说：“这件事我很痛心。”这都是做了狠心的事，要恢复到常轨的明证。因此知道他辱骂某君一定会在心里感到歉疚，所以不便向他重提。

绪初已经去世十几年，生平品行，美好而无疵点。凡是他的朋友和学生，至今谈到他，没有人不钦佩的。去年我写了一篇《廖张轶事》，叙述绪初、列五二人的事迹，曾刊登在《华西日报》。绪初是国民党的忠实信徒，即使是不同党的人，只能说他党派成见太深，但对于他的私人品德，仍称赞不已。我那篇《廖张轶事》，曾列举那些事，将来我这厚黑丛话写完了，没得说的时候，再把它们写出来，充塞篇幅。一般人称呼绪初为廖大圣人，我看他，得力全在一个厚字。我曾说：“用厚黑学来图谋公利，越厚黑人格越高尚。”绪初人格的高尚，是我们这些朋友公认的，他的朋友和学生活着的还很多，可以证明我的话不错，当然也就证明我定的公理不错。

世间的事，有理解困难实践容易的，有理解容易实践困难的。只有厚黑学最特别，理解也困难，实践也困难。这厚黑学的玄妙，等于修仙悟道的口诀，古来原是秘密传授，黄石老人，因张良有仙骨，半夜三更传授，张良听后顿时领悟，老人期待他有朝一日当皇帝的军师。无奈这门学问太精深了，所以《史记》上说：“张良对别人讲兵法，那些人都不能领会，只有刘邦能很好地对待他，张良感叹地说：沛公大概是天意昭示可以传授的人啊。”

可见这门学问，不但高明的老师难遇，就是遇着了，也难以领悟。苏东坡说：“项羽百战百胜，但轻易地使用他的锐气。刘邦能忍耐，养精蓄锐来等待项羽的锐气衰败下来，这是张良教他这样做的。”嫡系继承，明明白白，可考可证。我打算写一部《厚黑学师承记》，说明授受之间的关系，使人知道这门学问，要黄石公这类人，才能传授，要张良、刘邦这类人，才能领悟。我近来提倡厚黑救国的说法，许多人说我不通，这也不怪他们要这样说，这就是所谓的理解困难。

刘邦为了分一杯羹，能够推孝惠鲁元下车，他心肝的黑不得了吧？只是到了韩信要求封为代齐王时，他忍不得气，差一点破口大骂，若不是张良从旁眼色指点，几乎误了大事。勾践到吴国，自己做臣，妻子做妾，他脸皮的厚，还了得吧？沼吴之战，夫差痛哭求情，勾践心中不忍心里想答应他的请求。全亏谋臣范蠡坚决不同意，才把夫差置于死地。像刘邦、勾践这类人，事到临头，还须要军师临场指挥督阵，才能成功，这就是所谓的实践困难。

苏东坡的《留侯论》，全篇是以一个厚字立论。他的文章中有篇论及沼吴之战的文章，完全赞同范蠡的办法。他的这篇文字，是以一个黑字立论。诸位试着拿这两篇文字细细研读，当知鄙人不错。人称东坡为坡仙，他是天上神仙下凡，才能揭示出这种绝妙的真言。诸位今天听我讲说，可说是有神仙缘分吧。唉！民族外患（编者注：指中国当时面临帝国主义侵略）紧迫万分，来日大难即将临头，我难道就是黄石老人吗？愿诸位以张良自命。

原载成都《华西日报》1935年9月1日～9月30日

厚黑史观

作者于清朝末年发明厚黑学，大意是说一部《二十四史》中的英雄豪杰，其成功秘诀不外脸厚心黑四字，引历史事实为证。1912年，首先刊登在成都《公论日报》。这本是写来开玩笑的，不料从此以后，厚黑学三字竟洋溢于四川，成为一普通名词，我也莫名其妙，每当遇着不相识的朋友，旁人替我介绍，必定说道："这就是发明厚黑学的李某。"几乎李宗吾三个字，和厚黑学三字，合而为一。等于释迦牟尼与佛教合而为一，孔子与儒教合而为一。

有一次，在宴会席上，某君指着我向众人说道："此君姓李名宗吾，是厚黑学的先进分子。"我赶紧声明道："你这话错了，我是厚黑学祖师，你们才是厚黑学的先进分子。我的位置等于佛教中的释迦牟尼，儒教中的孔子，当然称为祖师，你们亲列门墙，等于释迦牟尼门下的十二圆觉，孔子门下的四科十哲，对于其他普通人，当然称为先进分子。"

厚黑学，是千古不传之秘，我把它发明出来，可以说这功劳不在大禹之下。每到一处，就有人请我讲厚黑学，我身怀绝妙的学问，不忍心独自一人专有，只好勤勤恳恳地讲授，随即用笔记下来，起名叫《厚黑丛话》。

有人反驳我说：脸厚心黑的人，从古到今难道还少吗？这本是极普通的事，你凭什么盗窃发明家之名？我说：所谓发明家，等于煤矿工程师勘探出煤矿铁矿，并不是煤矿工程师拿出一些煤铁镶嵌入地中，根本是地底下原来就有煤和铁，工程师们把上面的土石除去，煤铁就自然出现，这就是人们所说的发明了。厚黑本是人所固有的，只因被《四书五经》、《宋儒语录》和《感应篇》、《阴骘》、《觉世真经》等等蒙蔽了，我把它们一扫而空，使厚与黑赤裸裸地显现出来，这就是所谓的发明。

牛顿发明万有引力，这种引力也不是牛顿带来的。自开天辟地以来，地心就有引力，经过了百千万亿年都无人知道，直到牛顿出世，才把它发现出来。厚黑这门学问，从古到今人人都能够做到，不过一般人们往往实际做了，却没有用文字把它写下来，还有的人习惯这样做，却往往并不察觉。直到李宗吾出世，才把它发明出来，牛顿可以称为万有引力的发明家，李宗吾当然可以称为厚黑学的发明家。

有人向我说道：我国连年内乱不止，正由于彼此施行厚黑学，才闹得这样糟。现在(编者注：指我国20世纪30年代)强邻压迫，亡国迫在眉睫，你怎么还在提倡厚黑学？我说：正因为迫在眉睫，更应该提倡厚黑学，能把这门学问研究好了，国内纷乱的状况才能平息，才能对外。厚黑学是办事上的技术，等于打人的拳术。大家知道：凡是拳术家都要闭门练习几年，然后才敢出来与人交手。从辛亥革命至今（编者注：指1935年），全国一片混乱，那是我的弟子们实地练习，他们师兄师弟，互相切磋。到现在（编者注：指1935年）24年，算是练习好了，开门出来，与人交手，真可以说："用这种方法去制服敌人，什么敌人不能摧垮？用这种方法去建功立业，什么样的大事业不能成就？"我从这种认识出发，特提出一句口号说："厚黑救国。"请问在今天这样的时候，要想抵抗列强，除了厚黑学还有什么法子？这就是厚黑丛话不得不发表的原因。

抵抗列强要有力量，国人精研厚黑学，能力算是有了的。例如射箭，箭是射得很好，从前是关着门，父子兄弟你射我，我射你，而今以列强为箭垛子，支支箭向同一垛子射去，我所说的厚黑救国，就是如此。

厚黑救国，古代有人这样做，越王勾践就是例子。会稽一仗失败后，勾践亲自请求做吴王的臣子，妻子进入吴宫当妾，这是厚字的诀窍。后来勾践带兵攻破吴国，吴王夫差派人痛哭求情，甘愿自己当臣子，妻子当妾，但勾践毫不松手，非把夫差置于死地不可。这是黑字的诀窍。由此可知:厚黑救国，其程序是先用厚，再用黑，勾践的往事很可供我们的参考。

项羽是拔山盖世的英雄，他失败的原因，韩信说了"匹夫之勇，妇人之仁"，两句话就断定了。匹夫之勇是受不得气，它的病根在不厚。妇人之仁，是心里有所不忍，它的病根在不黑。所以我讲厚黑学，纯粹也以不厚不黑作为最大的警戒。但所谓不厚不黑，也不是说完全不厚黑，如果把厚黑用反了，应当厚却黑，应当黑却厚，那也是断然要失败的。拿明朝来说，不自量力，对居于中国东北地区的少数民族轻率作战，这就是匹夫之勇。对李自成不知道他们难以驯服，一意主张用平和的手段安抚，是妇人之仁。由此可知，明朝亡国，它的病根是把厚黑二字用反了。有志救国的人，不可不精心研究。

明朝外患愈急迫，内部党争愈激烈。崇祯皇帝已经在煤山上吊死了，福王在南京就位，那些所谓的志士们还在闹党争。福王被清朝活捉去了，那些辅佐唐王、桂王、鲁王的志士们还在闹党争。我国近来却不是这样，外患越急迫，内部党争越消灭，许多兵戎相见的人，而今欢聚一堂。明朝的党人忍不得气，现在的党人忍得气，所走的途径又与明朝相反。我希望有志救国的人，把我发明的“厚黑史观”下一番工夫仔细研究。

昨天我回到寓所，见客厅中坐着一个相熟的朋友，一见面就说道:“你怎么又在报上讲厚黑学？现在人心险诈，大乱不止，正应该提倡讲道德。你发出这些怪议论，岂不是把人心越弄越坏吗？”我说:“你也太过虑了。”于是把我的全部思想原原本本说给他听，直谈到二更（21～23时）时分，他高高兴兴地离开，说：“像这样说来，你简直是孔子信徒，厚黑学简直是救济世道人心的妙药。从今以后，我在你这个厚黑教主的名下当一个信徒就是了。”

梁启超曾说：“假如我不幸而死，是学界的一种损失。”不料他50岁就死了，学术界的损失真是不少。古来的学者，如程明道、陆象山是54岁死的。韩昌黎、周濂溪、王阳明都是57岁死的。鄙人在厚黑界的地位自信不在梁程陆韩周王之下。讲到年龄，已经有韩周王三人的高寿，要喊梁程陆为老弟。我所忧虑的是万一我一命呜呼，那么曹操、刘备诸位圣人互相流传下来的法宝，就要从我这里断绝，那么厚黑学界受的损失，还可以计算吗？所以我急急忙忙地写文字——我哪里是偏爱讲厚黑啊，我实在是不得已啊！

马克思发明了唯物史观，我发明了厚黑史观。用厚黑史观去读《二十四史》，那么成败兴衰，了如指掌，用厚黑史观去考察社会，那就像牛渚燃犀，百怪毕现。

我们用厚黑史观攻击达尔文强权竞争的说法，使迷信武力的人失去理论上的立场。我希望读者耐心地读下去，不可先存在一个主观看法，说:“厚黑学是诱惑人心的东西。”更不可先存在一个成见，说：“达尔文是西洋圣人，李宗吾是中国坏人，从古到今，绝对没有中国人的说法会胜过西洋人的。”如果你心中这样想，就请你每天读华西副刊的时候，看见“厚黑丛话”一栏，就闭目不看，免得把你引诱坏了。

有天我去会一个朋友。他是讲宋学的先生，一见我，就说我不该讲厚黑学。我因为他是个迂腐的书生，不与他深辩，婉言表示歉意。哪知他越说越高兴，简直带出训斥的口吻来了。我气他不过，说道：你自称是孔子的信徒，据我看来，只能算是孔子的奴隶，够不上称为孔子的信徒。为什么这样说呢？你们讲宋学的人，供奉的是“天地君亲师之位”，你既然尊孔子为师，那么师徒像父子，也可说像君臣。古人说“侍奉父母要经常劝谏”，又说“侍奉国君要随时指出他的缺点而无所隐瞒”，你为什么不以侍奉国君父母之礼去侍奉孔子？明知孔子的学说有许多地方对于现在不适用，不敢去修正它，这真是献媚讨好的小人的所作所为，不是孔子的家奴又是什么？古今能够称得上孔子信徒的仅有孟子一人罢了。孔子说“我打仗能攻克对方”，孟子就说“喜欢打仗的人应判处最严厉的刑罚”。依孟子的说法，孔子是该判处枪毙的。孟子说：“孔子的学生们没有谈到齐桓公的事情。”又把管仲说得极其不堪，说：“管仲的功绩是那样的卑小。”而《论语》上明明记载孔子说：齐桓公作风正派，不搞诡诈，不耍手段。又说：齐桓公多次主持诸侯间的盟会，停止了战争，都是管仲的力量，管仲多么的仁义啊！又说：管仲辅佐桓公，称霸诸侯，使天下一切得到匡正，人民到今天还受到他的好处。假如没有管仲，我们都会沦为披着头发、穿着左开襟的衣服的人。孟子的那些话，难道不是显然与孔子冲突吗？孔子修订《春秋》，尊奉周天子为王，称周王为“天王”。孟子游说诸侯，有一次说：只要有纵横各一百里的小国就可以行仁政而称王于天下。又有一次说：大国需要5年，小国需要7年，就一定可以在天下施行仁政。说这些话不知他把周王放在什么地位，难道不是孔子学说的叛徒？但是孟子自己宣称：我的愿望就是学习孔子。孟子对于孔子，是脱离奴性的，所以可称他为孔子的信徒。汉朝和宋朝的那些儒生们都是孔子的家奴。

至于你嘛，满口程朱理学，对于宋代的儒生，明明知道他们的错误不敢有所纠正，反而还要婉转地为之庇护，真是家奴的家奴，称为“孔子的家奴”尚且是过誉了。说到这里，彼此不欢而散。读者须知：世间主人好说话，家奴不好说话，家奴的家奴更不好说话，中国（编者注指旧中国）动乱不停，就正是孔子的家奴搞成这样的，也是达尔文的家奴搞成这样的，与主人又有何相干！

我不知有孔子学说，更不知达尔文学说，我只知有厚黑学罢了。问厚黑学有什么用？答曰：用来抵抗列强。我敢以厚黑教主的资格，向4亿人宣布：“勾践是什么人？我是什么人？凡是我的同志，快快的厚黑起来！什么样的人是同志？心思才力用于抵抗列强的就是同志；谁是异党？心思才力用于倾轧陷害本国人民的，就是异党。”从前张献忠祭梓潼文昌帝君说：“你姓张，咱老子也姓张，咱与你联宗吧。”我想，孔子在天如有灵，见到我的宣言，一定会说：“我‘对内都是华夏人，共同对付外族的夷人狄人’，你讲‘对内都是中国人，共同对付外部的列强’，咱与你联合罢。”

梁启超说：“读《春秋》应当像读《楚辞》，表面的文词是说美人香草，它的本义其实是指君王的仁义；表面的文辞是说齐桓公、晋文公，它的本义其实是指远古帝王的制度。”唉呀！了解这层意思的人就可以读厚黑学了！厚黑学的文辞是说曹操、刘备，它的本义其实是指学习10年向吴王昭雪的勾践，和经过8年血战的华盛顿。学习并效法曹操、刘备，学习的是厚黑学的技术，至于曹操、刘备的目的是什么不必深问。它的本义，我恨不得让梁启超从九泉之下活转过来，能一一与他讨论讨论。

我写作厚黑学，纯粹用的是春秋笔法，对那些好的或坏的不怕用同一个词语，反正根据事实客观地直接书写出来，好坏就自然显现出来。同样是一个厚黑，用它来图谋自己个人的私利，是极端卑劣的行为，用它去谋划大众的公利，是至高无上的道德。所以不懂春秋笔法的人，不可以读厚黑学。

1917年，成都《国民公报》社把厚黑学印成单行本，宜宾唐倜风作序，中江谢绶青作跋。绶青的跋文中说：“厚黑学像尖利的刀子，用它去诛杀叛逆就是善，用它去屠杀良民就是恶。善与恶，同刀子有什么相干？所以用厚黑去做善事，就是善人，用厚黑去做恶事，就是恶人。”绶青这种说法，是很对的，与前面所说的春秋笔法同是一个意思。

庄子说：防冻疮药能够使手不龟裂，效果是一样的，有的人靠它受到封赏，有的人却不能免于漂洗棉絮。(庄子《逍遥游》中的寓言，说宋国有个世世代代漂洗棉絮的人，善于做预防手上生冻疮的药，另一个人将此药的处方买去游说吴王，吴王让这个人统率军队在冬天与越人打水仗，由于士兵都擦了防冻药，手不龟裂，所以大败越人，受到封地之赏。)啊，像庄子这样的人，才可以同他谈厚黑！古代的几次禅让都是同一回事，舜与禹这样做就成为圣人，曹丞相和刘裕这样做就成为叛逆的臣子。宗吾说：舜与禹的事情，如果用厚黑的标准来衡量，到底是对的还是不对的？我对此都感到迷惑不解。倜风批阅《庄子》可以做到手不释卷，但对于厚黑学，还只做到非常接近却没有通晓，可惜啊！倜风晚年跟随佛学大师欧阳竟无讲授唯识学，回到成都后在贫病交加的境遇中去世。夏斧私写了副挽联道：“有钱买书，无钱买米。”假使倜风只买《厚黑学》一部，而拿剩余的钱买米，那么即使到现在一定还活着，然而倜风始终没有醒悟。厚黑救国的人中，损失了一员健将，可悲啊！可悲啊！

我宣传厚黑学，有两种意思：

一是倜风所说：“把千古的大奸大诈聚集于一堂，来一一议定他们的罪状。”1912年发布的《厚黑传习录》中所说：求官六字真言、做官六字真言和办事二妙法等等，都属于甲种。

二是绶青所说：“用厚黑来做善事。”这次所讲的厚黑救国等语就是属于乙种。

读者诸君对于我的学问，如果精研有得，以后如有人对你行使厚黑学，你一入眼就明白。可以直接告诉他：“你是李宗吾的甲班学生，我与你同班毕业，你那些把戏，少拿出来耍些。”于是同学与同学开诚相见，而天下从此就太平了，这就是厚黑学的功劳。有人说，老子说过：治理国家的秘诀，不可以随便让人知道。你把厚黑学公开讲说，万一国内的汉奸把他翻译成英法德俄日等外国文，传播到世界上，列强得到这种秘诀，用科学方法整理出来，再反过来加害于我们，这等于把我国发明的火药加以改良再反过来轰我们一样，如何得了？我说，就是怕他们不翻译，越翻译得多越好。

宋朝用司马光为宰相，辽国人听到这件事，告诫他们守边的将吏说：宋朝任命司马光当宰相，不要再惹事。列强听见了中国出了个厚黑教主，还不闻风丧胆吗？孔子说：说话讲信用，行为很忠诚。这样，即使是野蛮之邦也可以施行仁政。我国（编者注：指1911～1949年间的旧中国政权。）对外政策，历来建筑在一个诚字上。现在可以明明白白告诉他："我国现在遍设厚黑学校，校中供奉的是'大成至圣先师越王勾践之神位'。厚黑教主开了一个函授学校，每天在报上发讲稿，定下了10年向吴王报仇雪恨的计划。这10年中，你要求什么条件，我国就答应什么条件，等到10年后算账就是了。"我们口中如何说，实际上就如此做，决不欺哄他。但要警告翻译的汉奸先生，译厚黑学时一定要附译一段，说："勾践最初对于吴王，自己当臣子，妻子做妾，后来吴王请求照样的自己当臣子，妻子做妾，但勾践不允许，非把吴王置于死地，加了几倍的利钱。这是我们先师遗传下来的教条，请列强在头钱之外多预备点利钱就是了。"

从前王德用驻守边境，契丹遣派人员来侦探。将士们请求准许逮捕他，王德用说："用不着。"第二天有意举行盛大阅兵仪式，简直把军中实情全部拿给他看。契丹侦探回去报告，契丹马上派人来商议和谈。假如外国人知道我国（编者注：指1911～1949年间的国民党政权。）朝野上下，一致研究厚黑学，自己估量不是敌手，因而收敛他们的野心，10年后不开杀戒，这样，厚黑学造福于人类难道有超过它的吗？这就是汉奸先生翻译的功劳。那些高谈仁义的人，哪里能了解其中的道理。经传上说：大火熊熊，老百姓望见火就害怕，所以很少有人死在火中；水性柔弱，老百姓都喜欢在里面嬉戏，所以有很多人淹死在水中。厚黑先生，其实就是如来佛的化身汇集聚成的。

友人雷民心，发明了一种最精粹的学说，他说道："世间的事分两种，一种是做得说不得，一种是说得做不得。例如夫妇居室里的事，尽管做，如拿到大庭广众下说，就成为笑话，这是做得说不得。又如两个朋友，拿不庄重的话互相开玩笑，或者骂人的妈和姊妹，听到的人并不怎么以此为怪，如果认真地把这话加以实现，就大以为怪了，这是说得做不得。"民心这种学说，凡是政治界学术界的人，不可以不当做座右铭，厚黑学是做得说不得，读者不可不知。

做得说不得这句话，是《论语》说的"老百姓，可以使他们照着我们的道路走去，不可以使他们知道那是为什么"的注脚，说得做不得这句话，是《孟子·井田章》和《周礼》两书的注脚。假使王莽、王安石聘请雷民心去当高等顾问，决不会把天下的事闹得那么坏。

1911年10月18日成都兵变，全城秩序非常的乱。杨莘友出来任巡警总监，捉到扰乱治安的人，就地正法，出的告示模仿张献忠七杀碑的笔调，连写斩斩斩，深得一般人的欢迎。全城男女老幼提到杨总监的名字便歌颂不已。后来秩序稍微安定，他发表了一篇《杨维（莘友名）之宣言》说："今后实行开明专制。"于是百姓议论纷纷，报纸上指责他，省议会（编者注：指旧中国所设）也批评举报他，说："现今是共和时代，哪能再用专制手段。"完全不知杨莘友从前的手段纯粹是蛮横的专制，后来改为推行开明的专制，对莘友来说是进化了。只因为把专制二字明白说出，所以遭到大众的批评，民心说："天下事有做得说不得的。"莘友的事是一个很好的例证。看看莘友的事，孔子所说"老百姓，可以使他们照着我们的道路走去，不可以使他们知道那是为什么"的话就算得到了注解。

我定有一条公理："用厚黑学去谋求自己的私利，是极其卑劣的行为；用厚黑学去谋划大众的公利，是至高无上的道德。"杨莘友实行野蛮专制时，他的心是黑的，人们反而歌颂不止，为什么呢，就是他谋划公利的缘故。

厚黑救国这句话，做也做得，说也说得，不过学识太劣等的人，不能对他说罢了，我这次把厚黑学公开讲演，就是想把他变成"做得说得"的科学。

胡林翼曾说："只要有利于国家，就是顽钝无耻的事我都干。"相传胡林翼做湖北巡抚时，官文是总督。有天总督夫人生日，藩台去拜寿，手本已经拿上去了，才知道是如夫人(妾的别称)生日，立即又将手本索回，折身转去。其他各位官员也随之而离去。不久胡林翼来了，有人将此情况告诉他，他听后伸出大拇指说道："好藩台！好藩台！"说完，取出了手本递上去，自己红顶花翎去拜寿。众官员听说巡抚都来了，又纷纷转来。第二天官文的如夫人来巡抚衙门道谢，胡林翼请他的母亲很好地接待她，她就拜在胡母膝下为义女，认林翼为干哥哥。此后胡林翼军事上有应该同总督会商的事，就请干妹妹从中疏通。官文稍有迟疑，他的如夫人便在耳旁鼓吹道："你的本事哪一点比得上我们胡大哥，你依着他的话做就是了。"因此林翼办事非常顺手。官文和胡林翼结为知己，与清朝由衰弱到复兴的关系很大。胡林翼做此事，他的脸皮可说是厚了，大家不仅不说他卑鄙，反引为美谈，这是什么缘故？心在国家的缘故。

严世藩是明朝的大奸臣，这是众人知道的。后来皇上把他拿下，丢在狱中，众臣合在一起打算写一个奏折，写下他历年的罪状，如杀杨椒山、沈炼之类，把稿子拿给宰相徐阶看。徐阶看了说道："你们是想杀他还是想放他？"众人说："当然想杀他。"徐阶说"这奏折一上去，皇上立即把他放出来，什么缘故呢？严世藩杀这些人，都是巧妙地迎合皇上的意思，使皇上自动的要杀他，这个折子奏上去，皇上就会说：'杀这些人明明是我的意思，怎么诬到严世藩身上？'岂不立刻把他放出来吗？"众人请教如何办，徐阶说："皇上最恨倭寇，说他私通倭寇就是了。"徐阶关着门把奏折改了递上去。严世藩在狱中探听得众人奏折内容，对亲信们说道："你们不必担忧，不几天我就出来了。"后来奏折发下，说他私通倭寇，他大惊道："完了！完了！"果然把他杀了。严世藩罪大恶极，本来该杀，但独独没有私通倭寇，可以说并不是死在他真正的罪责上。徐阶设下这个毒计，他的心不能算不黑，然而后来人们都称赞他有智谋，不说他的阴毒，这是什么缘故？替国家除了害的缘故。

李次青是曾国藩的得意门生，曾国藩兵败靖港、祁门等处，次青和他患难与共。后来次青兵败失地，曾国藩想学孔明挥泪斩马谡，叫幕僚写奏折严办他。众人不肯写，叫李鸿章写。鸿章说道："老师要办次青，门生情愿以被赶走的处分来替他求情。"曾国藩说："你要离开，很可以，奏折我自己写就是了！"第二天曾国藩叫人给李鸿章送去四百两银子，"请李大人搬铺"。李鸿章在幕府中有多年的功劳，仅为此事就被赶出。曾国藩的奏折上去，李次青受重大处分。李鸿章出来后，无所事事，只得托人在曾国藩面前疏通，仍旧回到曾的幕府。曾国藩在此等地方手段狠辣，逃不脱一个黑字，然而李次青仍然是感恩知遇，曾国藩死时，李次青写诗哭吊，非常恳挚。李鸿章晚年封爵拜相，谈到曾国藩，感激钦佩不已。这是什么缘故？因为他没有一丝一毫的私心的缘故。

上述胡、徐、曾三件事，如果目的是牟取私利，难道不是很卑鄙的行为吗？如果转移用到牟取公利，就成为最高尚的道德。像这样的观察，就可以把大人物的秘诀找出来，也可以说是把救国的策略找出来。现今天下大乱，一般人都说将来收拾大局一定是曾国藩、胡林翼一流人，但是要学曾胡，从何下手？难道把曾胡全集字字读句句学吗？这也不必，有个最简单的法子：把全副精神集中在抵抗列强上面，目不旁视，耳不旁听，抱定厚黑两字放手做去，得到的效果包管与曾胡一般无二。如果嫌厚黑二字不好听，你在表面上换两个好听的字眼就是。切切不要学杨莘友把专制二字说明。你如有胆量，就学胡林翼赤裸裸地说道："我是顽钝无耻。"列强把你无可奈何！这就是我们所说的厚黑救国。

我把世界外交史研究了多年，竟然把列强对外的秘诀发现出来。其方式不外两种：一种叫劫贼式，一种叫娼妓式。时而横不讲理，用武力掠夺，等于劫贼的明火抢劫，这就是所谓劫贼式的外交；时而甜言蜜语，说些奉承话来讨你的欢心，等于娼妓讨好客人。缔结的盟约，全不生效，等于娼妓的海誓山盟，这就是所谓的娼妓式的外交。

人们问：列强凭什么立国？答案是：凭厚黑立国。娼妓的脸皮最厚，劫贼的心最黑，大概军阀的举动是劫贼式，外交官的言论是娼妓式。劫贼式之后，继以娼妓式，娼妓式之后，继以劫贼式，二者循环互用，而我国就吃亏不小了。娼妓的脸皮是厚的，毁弃盟誓，则厚之中有黑。劫贼的心是黑的，不怕唾骂，则黑之中有厚。日本一面用武力掠夺我国土地，一面高谈中日亲善，娼妓与劫贼融合为一，这就是所谓"大和魂"。

人们问：我国应当用什么救国？答案是：用厚黑救国。日本以厚字攻来，我们以黑字对付它，日本以黑字攻来，我们用厚字对付它。娼妓穿着艳服送上门来，我们开门接纳她，但一切费用丝毫不出。如果服侍得不周到，把衣服剥了，赶她出门，这就是用黑字破她的厚。如果日本蛮横不讲理，用武力压迫，我们就用张良的法子对付他。张良在圯上受书，老人种种作用，无非教他脸皮厚罢了。苏东坡说：汉高祖百战百胜而能忍耐下来，是张良教他的。我们用刘邦对付项羽的方法对付日本，这就是用厚字攻破他的黑。厚黑与救国融合为一，这就是所谓中国魂。

《史记》记载，项羽对刘邦说：天下纷纷扰扰多年，仅仅因为我们两人罢了，我希望与你决一死战来分胜败。汉王（指刘邦）笑着道歉说："我宁可斗智不斗力。"这笑着道歉几个字，不是厚又是什么？后来鸿沟划定了，楚汉讲和了，项羽把作为人质的汉王的父亲妻子送还，率兵东归，汉王忽然撕毁盟约，派大兵跟随其后，把项羽逼死在乌江边，这不是黑又是什么？我国现在对于列强，正适用笑着道歉几个字，如与他们斗武力，就违反了刘邦的策略。俗话说：安不忘危。厚黑经说：厚不忘黑。问：怎能厚而不忘黑？答说：这有越王勾践的先例在，也有刘邦的先例在。

我在1912年，就把厚黑学发表出来，苦口婆心，谆谆讲说，无奈没有一人研究这种学问，把一个国家闹成这样。今年石青阳死了，重庆开追悼会，正值外交紧急，我挽联云："哲人其萎乎，呜呼青阳，吾将安仰；斯道已穷矣，吁嗟黑厚，予欲无言。"袁随园拜谒岳王墓诗云："岁岁君臣拜诏书，南朝可谓有人无，看烧石勒求和币，司马家儿是丈夫。"唉呀！厚黑学！我想说却说不出来！往者不可谏，来者犹可追。凡我同志，快快的厚黑起来，一致对外。

作者住在四川自流井。我曾经说我们自流井的人，目光不出峡子口；四川的人，目光不出夔门口；中国的人，目光不出吴淞口（编者注：新中国成立后已改观。）。阿比西尼亚（编者注：现称埃塞俄比亚），是非洲弹丸大一个国家，阿国的皇帝敢于对意大利作战，对法西斯怪杰墨索里尼作战，其人格较之华盛顿，有过之无不及，真古今第一流人杰哉！将来战争结果，无论阿国或胜或败，抑或败而至于亡国，均是世界史上最光荣的事。我们应当把阿皇的谈话，当如清朝皇帝颁发的"圣谕广训"，楷书一通，每晨起来，恭读一遍，这就算目光看出吴淞口去了。

有人问我道：你的厚黑学，怎么我拿去实行，处处失败？我问：我写的《厚黑丛话》，你看过没有？答：没有，我只听见别人说：做事离不了脸皮厚，心肝黑，我就照这话去实行。我说：你的胆子真大，听见厚黑学三个字，就拿去实行，仅仅失败，尚且能保全生命回来，还算你的造化。我写厚黑学，是用厚黑二字把一部《二十四史》，用一条线索贯穿它，这线索就是《厚黑史观》。我写《心理与力学》，定出一条公理："心理变化，遵循力学公例而行，这就是厚黑哲理，用厚黑哲理为基础来改良政治经济外交和学制等等，这就是厚黑哲理的应用。"你连这些书的边边都未看见，就去实行，真算胆大。

厚黑学这门学问，等于学拳术，要学就得学精，否则不如不学，安分守己，还免得挨打。假若仅仅学得一两手，甚至拳师们的门也没拜过，一两手都没学到，远远望见有人在学拳术，自己就出手伸脚的打人，哪能不被别人痛打？你想：项羽坑杀降兵20万，他的心可说是黑了，而我的书上，还说他对黑字欠研究，该他失败。吕后与人私通，刘邦仍装不知道。后人写诗道："果然公大度，容得辟阳侯。"脸皮厚到这样，而对于厚字还欠缺研究。韩信求封齐王时，若不是张良从旁边指点，刘邦几乎失败。厚黑学有这样的精深，仅仅听见这个名词就去实行，我可以说越厚黑越失败。

有人问：要如何才不失败？我说你必须先把厚黑史观、厚黑哲理，与那厚黑哲理的应用，彻底了解后，出去应付事情，才可以免于失败。兵法说："要先立于不败之地。"又说："从前会打仗的人，先要造成不会被敌人战胜的条件，来等待可以战胜敌人的机会。"厚黑学也是像这样的。

孙子说："作战总是用'正'兵挡敌，用'奇'兵取胜，作战的形式不过'奇'和'正'，可是'奇'和'正'的变化就无穷无尽。"处世之道不外是厚黑，厚黑的变化也不可穷尽。用兵是奇中有正，正中有奇，奇和正互相补充，如此循环没有终结。处世是厚中有黑，黑中有厚，厚和黑互相促进，如此循环没有终结。《厚黑学》与《孙子》十三篇，看上去两回事实际上一回事，实际上一回事看上去两回事。不了解用兵之道而用兵，必将招致兵败国亡。不懂厚黑哲理而去实行厚黑，必将招致家破身亡。听者问：你这门学问太精深了，还有简单法子没有？我答道：有。我定有两条公理，你照着实行，不需研究厚黑史观和厚黑哲理也就可以成为英雄成为圣贤。当然，如果想得到厚黑博士的头衔，还是非把我所有的作品穷年累月的研究不可。

就人格来说，我们可以定下一条公理："用厚黑来谋求一己的私利，越厚黑，人格越卑污；用厚黑去谋求众人的公利，越厚黑，人格越高尚。"什么缘故呢？人都是以自我为本位的，为"我"之心来源于人的天性。如果你用厚黑去牟取一己的私利，势必妨碍他人的私利，这样越厚黑那么妨碍别人就越多，以个人与千万人为敌，哪能不失败；既然人人都是以私利为重，我用厚黑去牟取公利，也就是替千万人牟取私利，替他们行使厚黑，当然得到千万人的赞助，当然能够成功。我是众人中的一分子，众人得利，我当然也得利，不说私利而私利自然而然地在其中了。

例如曾国藩、胡林翼二人，用厚黑去牟取国家的公利，他们心中没有存在丝毫的私利，后来成功了，享受大名，得到厚赏，难道私人所得的利还小吗？所以用厚黑去牟取国家的利益，成功了当然能得到重报，失败也能享受大名。可惜目光短浅如豆的人看不见这一点。

从道德方面说，掠夺他人的私利占为我有，这是盗窃行为，所以越厚黑人格越卑污。用厚黑牟取众人的公利，那就是牺牲"我"的脸，牺牲"我"的心去救济世人。看见别人挨饿，就像自己挨饿；看见别人淹在水里，就像自己淹在水里，这是所谓"我不进地狱，谁进地狱"，这样越厚黑，人格越高尚。

有人问：世间很多人用厚黑去牟取私利，居然成功，是什么道理？我说这就是所谓的"世无英雄，遂使竖子成名"。与他相敌对的人，不外两种：一种是牟取公利而不懂厚黑技术的人，一种是牟取私利而厚黑技术不如他的人，所以他能取胜。万一遇着一个牟取公利的人，厚黑的技术与他相仿，那么必败无疑。古人说："千夫所指，无疾而死。"因为他妨害了千万人的私利，这千万人中只要有一个见到他的破绽，就会乘机打他。

例如《史记》中项羽对刘邦说：天下纷纷扰扰多年，仅仅因为有我们两人存在罢了。其实当时的百姓，个个都希望他们两人中死去一人，所以项羽迷失方向，向田父问路，田父骗他说向左，结果往左边走，陷进了大片沼泽中，最后被汉兵追上不得不自杀而死。如果项羽率领的是将百姓从水深火热中解救出来的部队，那么田父保护项羽都来不及，哪里会去骗他呢？我们提倡厚黑救国，这是用厚黑去保卫四万万五千万人的私利，当然得到四万万人的赞助，当然会成功。

以前有人说："文章报国。"文章不是我所了解的，我所了解的，只是厚黑罢了。从今以后，请允许我用厚黑报国。《厚黑学》说："不是厚黑的道理，我就不敢在别人面前说什么，所以众人没有比得上我爱国的。"叫我不讲厚黑，等于叫孔孟不讲仁义。试问：能不能这样做？我自问：自己对世道人心有所功劳，就在于发明了厚黑学，怀抱这绝佳的学说而不向世人公布，这是怀藏宝贝而使国家受到损害，难道不是太不仁义了吗？

李宗吾说：鄙人乃厚黑学的圣人，那老天爷不想使中国复兴便罢，如想使中国复兴，当今的世界上，除了我还能是谁？我有什么理由不讲厚黑学呢？

古人有诗说："锄禾日当午，汗滴禾下土。谁知盘中餐，粒粒皆辛苦。"众人都说饭好吃，哪个知道种田人的艰难，众人都说厚黑适用，哪个知道发明人的艰难，我那部《厚黑学》，可说字字皆辛苦。

我这门学问，将来一定要成为专科，或许还要设专门大学来研究。我打算把发明的经过，以及同我一起研究过厚黑的人写出来，后人如果仿照《宋元学案》、《明儒学案》，做一部厚黑学案，才寻找得出材料。或者给我建一个厚黑庙，可以有配享人物。

老朋友黄敬临，在成都街上遇着我说道："多年不见了，听说你要建厚黑庙，我是10多年以前就拜了门的，请把我写一段上去，将来也好配享。"我说："不必再写，你看《论语》上的林放，见了孔子，只问了'礼之本'三个字，直到如今，还高坐孔庙中吃冷猪肉。你既然有志于厚黑，仅此一席谈话，已经足够配享还有多的。"敬临又说："我今年已经62岁了，因为钦佩你的学问，不惜拜在门下。"我说："难道我的岁数比你小，就够不上给你当先生吗？我把你收为门徒，就是你莫大的幸运，将来在你自己撰写的年谱上，写一笔'我的老师李宗吾先生'，也就比'前清诰封某某大夫'光荣多了。"

往年同县罗伯康，在致我的信中说道："许多人说你讲厚黑学，我逢人辩白，说你不厚不黑。"我回信说："我发明厚黑学，私淑弟子遍天下，都尊称我为'厚黑先生'，给我写信作为信中上款对我的称呼，我写回信把它作为下款的署名，自己觉得这个称呼同文成公、文正公之类作比较光荣得多。纵观千古历史，我常常以'厚黑先生'的称号感到自豪。不料您竟逢人便说我不厚不黑，我是在哪里得罪了您，而使您竟用这办法来报复我？唉呀！伯康啊，我们相好也有好多年了，你为什么竟然像原壤一样，希望你留心你尊贵的小腿，免得受到孔仲尼的拐杖的敲打。"(原壤是孔子的老朋友，据说是一位立意反对孔子的人，孔子曾骂过他，并用拐杖敲过他的小腿)近来有许多人劝我不必讲厚黑学，唉呀！滔滔天下，倾向于原壤的人太多了啊！

从前发表的《厚黑学传习录》是记载我与众人的谈话，这次的丛话，是把传习录加以扩大。我从前的各种文字，许多人都没有看到过，现在把它们全部拆散开来，与现在的新感想混合在一起写出来。这次的丛话，是随笔体裁，内容包含五种：(1)厚黑史观；(2)厚黑哲理；(3)厚黑学之应用；(4)厚黑学辩证法；(5)厚黑学发明史。我只随意写去，不过没有分类罢了。

有人问：既然如此，你为什么不分类写，何必这样杂乱无章地写？我说，著书的体裁分两种：一种是教科书体，一种是语录体。凡是某一种专门学问发生，最初是语录体，例如孔子的《论语》，释迦牟尼的佛经、六祖的坛经、宋代明代那些儒生的语录，都是学生们根据他们老师口中所说的用笔记下来。老子的《道德经》，可以说是自己写的语录，后人研究他们的学问，才整理出来，分成门类，成为教科书的方式，厚黑学是新发明的专门学问，当然用语录体写出。

宋代儒生自称"满腔是恻隐"，而我则是"满腔是厚黑"。要我讲，不知从何讲起，只要随着机缘说法，想什么，就说什么，口中如何说，笔下就如何写。或谈古事、或谈时局、或谈学术、或追述生平琐事，高兴时就写，不高兴就不写。或长长的写一篇，或短短的写几句，或概括地说，或具体地说，总是随着那兴趣去写，不受任何约束，才能把我的整个思想写出来。

我们用厚黑史观去看社会，社会就成为透明体，既把社会真相看出，就可想出改良社会的办法。我对于经济、政治、外交和大学制度等等，都有一种主张，而这种主张都是以我所说的厚黑哲理为基础。我这个丛话可说是相当拉杂，仿佛是一个大山，满山的昆虫鸟兽、草木土石等等，是极不规则的。也只因为它们不规则，才会是天然的状态。如果把它们整理得井然有序，极有规则，就成为公园的形式，好固然是好，然而掺进了人工，就不再是这座山的本来面目。我把我胸中的见解好好歹歹和盘托出，就像使山的全部表现出来，让有志于厚黑之道的人加以整理，不足的地方补充它，多余的地方删削它，错误的地方改正它，开辟成公园也好，在山上采取木头石头另建一个房子也好，或者捉几个雀子、采集些花草拿回家中赏玩也好，如果能大规模地开采矿物就更好。再不然，在山上挖点药去医病，拣点牛粪狗粪去肥田也未尝不好。

我发明厚黑学，就好像瓦特发明蒸汽机，后人拿去纺纱织布也好，行驶轮船火车也好，开办任何工业都好。我讲的厚黑哲理没有什么地方不可施行，学问深的可见到深，学问浅的可见到浅。只要能学得我学问的一种，加以引申，就可以独自成为一派。孔教分成许多派，佛教分成许多派，将来我这厚黑教，也要分成许多派。

写文字全是兴趣，兴趣来了，正如兔子跃起，鹞鹰冲下，稍微一放松就消失了。我写文字的时候引用某事，或某种学说，而桌上正好没有这方面的书可查阅，就效法苏东坡"想当然耳"的办法，依稀恍惚的写去，免得打断兴趣。写这类文章与讲究考据不同，是心中有一种见解，凭空无从说起，只好借点事物来说，引用某事某说，好像使用工具一样，把别人的偶尔借来用用，要是没有典故可用，就杜撰一个来用也没有什么不可以。

庄子的寓言是他胸中有一种见解，特意借鲲鹏、野马、渔父、盗跖来写它，只要求将脑中所藏的见解表达出来。至于鲲鹏、野马是否真有此物，渔父、盗跖是否有此人，都不是需要加以细问的。脑中的见解是主要的，鲲鹏、野马、渔父、盗跖都是一种寄托。孟子说：解说诗的人，不要拘泥于文字而误解词句，也不要拘泥于词句而误解原意。用自己切身的体会去推测作者的本意，这就对了。

读《诗经》应当这样，读《庄子》应当这样，读《厚黑学》也应当这样。

从前有人说："文王、周公，共同演绎了《易》，在象辞和爻辞，选取了象，这也是偶然接触到卦象，假如他们在一天内将《易》演算出来，它们的变化少些，那么象辞的变化也少了。"这阐述的真是通达的道理！战国策士，如苏秦那些人，平日里把人情世故揣摸得相当纯熟，他们游说国君时，随便引一个故事，或说一个比喻，机趣横生，头头是道，他们的途径与《庄子》的寓言，《周易》的选取象辞没有两样。宋代儒生起初读儒学，接着在佛学和老庄学说中进进出出，精心研究，有所收获，自己的思想已经形成了一个系统，然后注解孔子的书，来阐明他们胸中的道理，于是孔子的那些书都成为宋代儒生的鲲鹏、野马、渔父、盗跖。而清代的考据家，就根据训诂本，字字讥讽他们，当然这些考据家解释的字义是对的，但宋代儒生所说的道理也未尝不对。九方皋相马在牝牡骊黄之外，了解这种道理后，才可以读朱熹的《四书集注》，不像毛西河那些人不能醒悟，还要喋喋不休。唉呀！厚黑界中，九方皋这样的人太少了，而毛西河那样的人太多了。

研究宋学的人，离不开宋代儒生的语录。不过语录出自学生所记，有许多靠不住，前人已说过这种情况。明朝王阳明的学说号称极盛，但王阳明亲手写的书不多，想学习王氏的学说，只有学习《传习录》和他的学生龙溪诸子所记下来的那些书，但天泉证道的一席话，成为王氏学说的极大争论的焦点。我曾说，"四有四无"的说法，假使王阳明能够亲手写出来，岂不少去了许多纠葛？《大学》中，"格物致知"四个字，作为解释的有几十种说法。假使曾子当时记录孔子的话，在这四个字的下面加一二句解释，不但这几十种说法不会有，而且朱学王学的争执也无从而起。

我在重庆有个姓王的朋友，对我说道："先生你谈话很有妙趣，我改天邀几个朋友来谈谈，把你的话用笔记下来。"我听了，很是害怕，这样一来，岂不成了宋代、明代那些儒生的语录吗？万一我的门下出了一个曾子，模仿《大学》那种笔法，简简单单地写出来，将来厚黑学案中，岂不又要发生许多争执吗？于是我赶紧仿照我家"聃大公"(即老子)的办法，亲手写语录，起名叫《厚黑丛话》，谢绝私人谈话，以表示大道无私的意思。将来如果有人说"我亲耳听到厚黑教主如何说"，你们万不可听信。经我这样的声明，绝不会再有天泉证道这样的疑案了。我每谈一个道理，总是反反复复地解释，宁肯重复，也不简略，后人再不会像"格物致知"四字生出许多奇异的解释。

我对于厚黑学可以说是费尽心力了啊！唉呀！我的厚黑学的衣钵，传给谁呢？

原载成都《华西日报》1935年8月1～3日

厚黑哲理

有人读《厚黑学》，读到"那些想学厚黑学的人在这种情况下，反过来向自身寻求并且有收获，去掉外界仁义的引诱，而扩充自身本来就具有的厚黑"，发生疑问说道："李宗吾，你这话恐怕说错了。孟子说：'这仁义礼智，不是由外人给予我的，是我本来就具有的。'可见仁义是人本来具有的，你怎么把厚黑说成是人本来具有的，把仁义说成是外界的引诱？"

我说："我倒没有错，只怕孟子错了。"孟子说：人在孩童的时候，没有不知道爱他们的亲人的;等到他们成年了，没有不知道敬重兄长的。他这个话，究竟对不对，我们要实地试验。就叫孟子的夫人，把他亲生小孩抱出来，由我当着孟子试验。母亲抱着小孩吃饭，小孩伸手来拖，如果不提防，碗就会落地打破。请问孟子，这种现象，是不是爱亲人？母亲手中拿一块糕饼，小孩伸出手来要，母亲不给他，放在自己口中，小孩就会伸手，从母亲口中取出，放在他口中，请问孟子，这种现象是不是爱亲的表现？小孩在母亲怀中，吃奶、吃糕饼，哥哥走近前他就要用手推他打他。请问孟子，这种现象是不是尊敬兄长？只要全世界寻找得到一个小孩，没有这种现象，我的厚黑学，立即不讲。既然是全世界的小孩无一不是这样，可见厚黑是人天性中固有的东西，我的厚黑学，当然能成立。

孟子说：人不经过学习就可以会的，那是最好的本领，不经过动脑筋就知道的，那是最好的知识。小孩见母亲口中有糕饼，就伸手去夺，在母亲怀中吃奶吃糕饼，哥哥近前，就推他打他，这都是不经过学习就会的，不经过动脑筋就能知道的，依孟子所下的定义，都应该成为良知良能。孟子教人把良知良能扩大、充实，现在（编者注：指国民党统治期。）许多官吏刮取人民的金钱，就是把小孩时夺取母亲口中糕饼的那种良知良能扩充出来。许多志士，对于忠实的同志，排挤倾轧，各种手段都使尽了，就是把小孩吃奶吃糕饼时，推哥哥、打哥哥的那种良知良能扩充出来。孟子说：大人物，就是没有失掉赤子之心的人。现在的伟人，小孩那种心理丝毫没有失掉，可见中国闹到这么糟，完全是孟子的信徒干的，不是我的信徒干的。

我1912年发表《厚黑学》，指定曹操、刘备、孙权、刘邦几个人是模范人物。到现在已经24年了，并没有一个人学得到。如果有一个人像刘备，那过去的四川，何至于成为魔窟一样？有一个人像孙权，过去的广西广东，何至于会有裂痕？有一个像曹操，伪满敢于独立吗？有一个人像刘邦，中国会四分五裂吗？我曾经说：刘邦我不能见到了，见到曹操也可以了。曹操我见不到了，见到刘备、孙权也可以。所以说中国闹得这么糟，不是我的信徒干的。

汉高祖分杯羹，是把小孩夺母亲口中糕饼的那种良知良能扩充出来了。唐太宗杀建成、元吉，是把小孩吃奶吃糕饼时，推哥哥、打哥哥的那种良知良能扩充出来了。这就是厚黑经说的“扩充他本身具有的厚黑”。

从前有人咏叹汉高祖说：“砧板上的肉，饭碗中的羹，黄袍加身看重，亲身父亲性命轻。羹嫂，羹颉侯，一饭之仇报不休……”君不见汉家开基400年，君臣父子兄弟夫妇朋友之间乃如此，汉高祖把通常所谓三伦，与那礼义廉耻，扫荡得干干净净，这就是厚黑经中所说的“去掉那外界的仁义的诱惑”。

有人问我道，孟子曰：“恻隐之心，人皆有之。”据你这样说，岂不是应该改为“恻隐之心，人皆无之”吗？我说：“这个道理，不能这样讲。孟子说，今人乍见孺子将入于井，皆有怵惕恻隐之心。明明提出怵惕恻隐四字。下文忽言：‘无恻隐之心非人也。恻隐之心，仁之端也。’凭空把怵惕二字摘来丢了，请问是何道理？再者孟子所说‘乍见孺子将入于井’，这是孺子对于井发生了生死存亡的关系，我是立在旁观地位。假令我与孺子同时将入井，请问孟子，此心作何状态？此时发出来的第一念，究竟是怵惕？是恻隐？不消说，这刹那间只有怵惕而无恻隐，只能顾我之死，无暇顾及孺子之死。不是不爱孺子，事变仓促，顾不上啊。一定要我心安定，始能顾及孺子，恻隐心乃能出现。我们这样的研究，就可把人性真相看出。怵惕是为我的念头，恻隐是为人的念头。孟子曰：‘恻隐之心，仁之端也。’李宗吾曰：‘怵惕之心，厚黑之端也。’孟子讲仁义，以恻隐为出发点。我讲厚黑，以怵惕为出发点。先有怵惕，后有恻隐，孟子的学说是第二义，我的学说才是第一义。”

成都某县，有个姓曾的人，平日讲程朱之学，品端学粹，道貌岸然，人呼为曾大圣人，年已七八十岁，当县中高小学校校长。我查学到校，问：“老先生近日还看书否？”答：“现正纂集宋儒语录。”我问，孟子说：“今人乍见孺子将入于井，皆有怵惕恻隐。”何以下文只说：“无恻隐之心非人也。”“恻隐之心，仁之端也。”把怵惕二字置之不论，其意安在？他听了沉吟思索。我问：“见孺子将入于井，发出来的第一个念头，究竟是怵惕？是恻隐？”他信口答道：“是恻隐。”我听了默然不语，他也默然不语。

我本来想说：第一念即是恻隐，何以孟子不言“恻隐怵惕”而言“怵惕恻隐”？因为他是老先生，不便深问，只问道：“宋儒之书，我读得很少，只见他们极力发挥恻隐二字，未知对于怵惕二字，也会加以发挥否？”他说：“没有。”我不便往下再问，就谈别的事去了。

《孟子》书上，孩提爱亲那章，孺子将入井那章，是性善说最根本的证据。宋儒的学说，就是从这两个证据推阐出来的。我对于这两个证据，根本怀疑，所以每谈厚黑学，就把宋儒任意抨击。但我生平最喜欢怀疑，不但怀疑古今人的说法，并且自己的也常常怀疑。我讲厚黑学，虽能自圆其说，而孟子的说法也不能说他没有理由。究竟人性的真相是怎样？孟子所说：孩提知爱和恻隐之心，又从何处生出来呢？我于是又继续研究下去。

中国谈论人性者五家：孟子说人性善，荀子说人性恶，告子说人性无善无恶，扬雄说人性善恶混杂，韩昌黎说人性有三品。这五种，同时并存，竟未能折衷一是。

现在（编者注：指国民党统治期。）的政治家，连人性都未研究清楚，等于医生连药性都未研究清楚。医生不了解药性断不能治病；政治家不了解人性，怎能治国？现在天下之乱，实由政治家措施失当所致。其措施之所以失当者，实由对于人性欠了精密的观察。

中国学者，对于人性欠精密的观察，西洋学者，观察人性更欠精密。现在的青年，只知宋儒所说"妇人饿死事小，失节事大"这个道理讲不通……这都是对于人性欠了研究，才有这类不通的学说。学说既不通，基于这类学说生出来的措施，遂无一可通，世界哪能不大乱？

从前我在报章杂志上，常见有人说："中国的礼教，是吃人的东西。"殊不知西洋学说，更是吃人的东西。阿比西尼亚（编者注：现称埃塞俄比亚）被墨索里尼摧残蹂躏，是受达尔文学说之赐，将来算总账，还不知要牺牲多少人的生命。我们要想维持世界和平，非把这类学说一律肃清不可。要肃清这类学说，非把人性彻底研究清楚不可。我们把人性研究清楚了，政治上的设施，国际上的举动，才能适合人类通性，世界和平才能维持。

我主张把人性研究清楚，常常同友人谈及。友人说："近来西洋出了许多心理学的书，你虽不懂外国文，也无妨买些译本来看。"我说："你这个话太奇了！我说个笑话你听。"从前有个管教育的官视察某校，对校长说："你这个学校，光线不足。"校长道："我已派人到上海购买去了。"人人有一个心，自己就可直接研究，本身就是一副仪器标本，随时随地都可以试验，朝夕与我往来的人，就是我的试验品，你叫我看外国人著的心理学书，岂不等于到上海买光线吗？听者无话可说。

我1912年著的《厚黑学》，原是一种游戏文字，不料发表出来，竟受一般人的欢迎，厚黑学三字，在四川几乎成一普通名词。我以为此种说法能受人欢迎，必定于人性上有关系，因继续研究。到1921年，我想出一种说法似乎可以把人性问题解决了，因著《心理与力学》一文，载入《宗吾臆谈》内。我这种说法，未必合真理，但为研究学术起见，也不妨提出来讨论。

西洋人研究物理学研究得很透彻，得出来的结论，五洲万国都同意，独于心理学却未研究透彻，所以得出来的结论，受到攻击。这是什么道理呢？因为研究物理，乃是以人研究物，置身局外，冷眼旁观，把真相看得很清楚，毫无成见，故所下判断最为正确。至于研究心理学，则研究者是人，被研究者也是人，不知不觉就参入成见，下的判断就不公平。并且我是众人中之一人，古人云："不识庐山真面目，只缘身在此山中。"即使此心放得至公至平，仍得不到真相。因此我主张：研究心理学，应当另辟一个途径来研究。科学家研究物理学之时，毫无成见，等他研究完毕了，我们才起而言曰："人为万物之一，物理与人事息息相通，物理上的公例也适用于人事。"据物理的公理，以判断人事，而人就没有什么秘密了。声光磁电的公理，五洲万国都同意。人的情感，有类磁电，研究磁电，离不开力学公理，我们就可以用力学公理来考察人的心理。

1921年，我在家一年，专干这种工作，用力学上的公理去研究心理学，觉得许多问题都涣然冰释。因创一公理曰："心理的变化，按照力学公理而行。"从古人事迹上，现今政治上，日用琐事上，自己心坎上，理化数学上，中国古书上，西洋学说上，四面八方印证起来，似觉处处可通。有了这条公理，不但关于人事上一切学说有了纲领，有条不紊，就是改革经济政治等等，也有一定的轨道可循，而我心中的疑团，就算打破，人性问题就算解决了。但我要声明：所谓疑者，是我心中自疑，不是说人人都这样疑。所谓解决者，是我自认为解决，不是说这个问题果然被我解决。此乃我自述经过，聊备一说而已。

本来心理学是很博大精深的，我是个讲厚黑学的，怎能谈这门学问？我说"心理变化，按照力学公理而行"，等于说"水之波动，按照力学公理而行"。据科学家眼光看来，水的性质和现象，可供研究的东西很多，波动不过是现象中的一小部分。所以我谈心理，只谈很小很小一部分，其余的我不知道，就不敢妄谈。

我的厚黑学，本来与王阳明的致良知有对等的价值，为什么王阳明受一般人的推崇，我受一般人的非议？因为从古至今，社会上有一种公共的黑幕，这种黑幕，只许彼此心心相知，不许揭穿了，揭穿了就要受到社会的制裁，这也是一种公理。

我向别人讲厚黑学，只消连讲两三个钟头，听的人大都津津有味，说道："我平时也这样想，不过没有拿出来讲。"请问：心中既然是这样想，为什么不拿出来讲呢？这是暗中受了这种公理支配的缘故，我赤裸裸的揭穿出来，是违反了公理，当然社会不许可。

社会上为什么会生出这种公理呢？俗语有这样两句："逢人短命，遇货添钱。"诸位想来都知道，假如你遇着一个人，你问他多大年龄了？他答："今年五十岁了。"你说："看你先生的面貌，只像三十岁的人，最多不过四十岁罢了。"他听了一定喜欢，这就是所谓的"逢人短命"。又如走到朋友家中，看见一张桌子，问他花多少钱买的，他答道："花了四元。"你说："这张桌子，一般价值八元，再买得好，也要六元，你真是会买。"他听了一定也很喜欢。这就是所谓的"遇货添钱"。人们的习性既是这样，所以自然而然地就生出这种公理。主张性善说者，无异于说："世间尽是好人，你是好人，我也是好人。"说这话的人，怎么不受欢迎？主张性恶者，等于说："世间尽是坏人，你是坏人，我也是坏人。"说这话的人，怎么不受排斥？荀子本来是入了孔庙的，后来因为他说性恶，把他从孔庙请了出来，打脱了冷猪肉，就是受了这种公理的制裁，于是乎程朱理学派的人端坐在孔庙中，大吃那冷猪肉。

《孟子》书上有"八面玲珑，四方讨好"一句话，可说是孟子给宋明那些儒生定的罪案，也就是孟子自己给自己定的罪案。为什么呢？性恶说是劝诫世人的，性善说是讨好世人的，持性善说的人说："你是好人，我也是好人！"这是小老婆们讨好的话。持性恶说的人说："你是坏人，我也是坏人！"这是志士们劝诫的话。眼下小老婆多而志士少，劝诫的话被所有的世人厌恶，不想听，荀子的请出孔庙也是应该的啊！唉呀！李厚黑，你真是儒家道德观念的罪人啦。

近人蒋维乔著《中国近一百年哲学史》说，荀子在周朝末年，提倡性恶说，后代儒生非议他的人有很多，绝对没有一个人偏袒他。经历了1900多年，俞曲园独自一人毅然决然地赞同荀子的观点。我国主张性恶说的人，古今只有荀子和俞曲园二人。俞曲园是经学大师，一般人只研究他的经学，他著的性说上下两篇，似乎存在又似乎消亡，可以说中国谈性恶的书，除了荀子以外，几乎没有了。劝诫的话被所有的世人厌恶，不想听，所以敢于直说的人，绝无仅有。

滔滔天下，都是讳疾忌医的人，所以敢于说性恶的人，不是天下特别勇敢的人做不到，非舍得牺牲不可。荀子牺牲了孔庙中的冷猪肉不吃，才敢于说性恶；李宗吾牺牲英雄豪杰不当，才敢于讲厚黑学，将来建厚黑庙时，一定要在后面，给荀子修一个启圣殿，使他老人家借着厚黑教主的余荫，每年春秋两次祭祀，也吃吃冷猪肉。

常常有人向我说道："你的说法未免太偏激。"我说："的确如此，正是因为它偏激，才医得好病。芒硝大黄，姜桂附片，它们的药性最偏激，名医起死回生所用的都有这类药。药里面最不偏激的，莫过于泡甘草，请问世间的大病，被泡甘草医治好了的有几个？自从孟子以后，性善说充塞于天下，把全社会养成一种不痒不痛的大肿病，非得痛痛地打几针、烧艾蒿不可。医治寒病用热药，医治热病用寒药。所以听我讲厚黑学的人，常常说道：'你的讲论很痛快。'因为害了麻木不仁的病，对他施加针灸，才觉得痛，经过针灸治疗后，整个身体感到舒畅，才觉得痛快。"

有人读了《厚黑丛话》，说道："你何必说这些鬼话？"我说："我逢着人说人话，逢着鬼说鬼话，请问当今之世，不说鬼话，说什么？我这部《厚黑丛话》，人见到它就是人话，鬼见到它就是鬼话。"

我不知道这一生中，与孔子有什么冤孽。他讲他的仁义，偏偏遇着一个讲厚黑的我，我讲我的厚黑偏偏遇着一个讲仁义的他，我们两人各自的学说极端相反，永世是冲突的。我想："冤家宜解不宜结。"我和孔子讲和好了。我想了个折衷调和的法子，提出两句口号："厚黑为里，仁义为表。"换句话说，就是枕头上放一部《厚黑学》，案头上放一部《四书五经》；心头上供一个"大成至圣先师李宗吾之神位"，壁间上供一个"大成至圣先师孔子之神位"。从此以后，我的信徒就是孔子信徒，孔子的信徒就是我的信徒。我们两家学说，永世不会冲突了。几百年后，有人出来做一篇《仲尼宗吾合传》，一定说道："仁近于厚，义近于黑，宗吾引入新标准，判断事情，仁义的毛病，最终演变成麻木不仁，还是宗吾的见解深远些。"

讳疾忌医，是病人通例，因而就成了医学界的公理。荀子向病人略略扎了一针，药铺给他关了。李宗吾出来，大讲厚黑学，要别人把衣服脱了，赤条条的施用手术刀和针剂，这是自从荀子以后两千多年，都没有这种医法，这就是李厚黑之所以又叫做李疯子的原因。

昨天有位友人来访，见我桌上堆些《宋元学案》、《明儒学要述》一类的书，诧异地说道："你怎么看这类书？"我说我怎么不看这类书？相传某国有一口井，汲取井中水喝了的人立刻便发狂，全国的人都喝这口井的水，全国的人都发了狂，只有一个人，独自开凿了另外一口井，喝这口井里的水，只有他没有发狂，但全国的人都说他得了狂病，抓他来针灸，施加种种治疗，此人忍受不了这个痛苦，只得同大家一样喝那令人发狂的井中的水，于是全国的人都欢欣鼓舞地说道："我们国家从此没有一个狂人了。"我怕有人替我医治疯病，对我打针灸，只好在桌上堆满宋明那些儒生的书，自己治疗。

人性是完整而不可分割的，仿佛是一个大城市，王阳明从东门攻入，我从西门攻入，攻进去之后，看见城中的真相，彼此都是一样。人性按告子所说的，没有善也没有什么不善，这话最是千真万确，王阳明提倡致良知的学说，是主张性善的，而他教人，提出"无所谓善恶是心的本体，有所谓善恶是思想活动"。请问这种说法，与告子所说的有什么不同？我1912年发表《厚黑学》，是性恶说这一面的说法，1920年，我创立一条公理："心理变化遵循力学公理而运行。"这种说法就是告子的说法。告子说："人性就像湍急的水流。"这九个字换句话说就是"心理变化遵循力学公理而运行"。

有人责问道，告子说："性无善无不善。"阳明说："无善无恶心之体。"一个说性，一个说体，怎么能混为一谈？至于你说的"心理变化"，则是就用上说的，更不能牵涉到体上。我说：我的话不足为凭，请看阳明的。阳明说："心统性情，心，体也；情，心用也，夫体用一源也，知体之所以为用，则知用之所以为体矣。"心体就是性，这是阳明自己下的定义。我说："阳明的说法，就是告子的说法。"难道我冤诬了阳明吗？

告子说："性犹湍水也。"放到东则东流，放到西方则西流，请问东流西流，是不是就用上说的？请问水的流东流西，能否逃出力学公理？我说"性犹湍水也"五个字，换言之，就是"心理变化，循力学公理而行"。似乎不是穿凿附会。

阳明说："性，心体也；情，心用也。"世上谈心论性的人，因为体不可见，所以只就用上说它，因为性不可见，所以只就情上说它。孟子说："孩提之童，无不知爱其亲也。"又说："今人乍见孺子将入于井，皆有怵惕恻隐之心。"都是就情上说的。也即是就用上说的。由此知：孟子所谓性善者，乃是根据情的善，来断定性的善。试问人与人的感情，是否纯有善而无恶？所以孟子的话，就会发生问题，所以阳明换个说法："有善有恶意之动。"意之动就是用情。阳明的力学，比孟子更深，故其说较孟子更圆满。

王阳明从性善说悟入，我从性恶说悟入，同到无善无恶而止。我同人讲厚黑学，等于用手指月，人能循着手看去，就可以看见天上的月亮，人能循着厚黑学研究下去，就可以窥见人性的真相。常有人执著厚黑二字，同我刺刺不休，等于在我手上寻月亮，真可谓天下第一笨人。我的厚黑学，拿与此等人读，真是罪过。

原载成都《华西日报》1935年10月

厚黑学辩证法

恐惧与恻隐，都是一样的东西，天理和人欲也是一样的东西，好像煮饭的是火，烧房子的也是火。宋明的儒生，不明白这个道理，把天理和人欲看成截然不同的两种东西，制造出消灭人欲的说法，它的弊害恰恰在于伤害了天理。王阳明的《传习录》说："没有事的时候，把好色、好货、好名等私心，挨个追究搜寻出来，一定要拔去病根，永不再生，这才痛快。经常像猫抓老鼠，一眼看到，一耳听到，刚有一念萌发，立即克制下去，斩钉截铁，决不姑息纵容，或给他方便。不能窝藏，不给出路，才是真的用功，才能扫除清理人情中的恶欲。"

王阳明的这个说法仿佛是说，见了火会烧房子，就让人以后看到一星之火，立即扑灭断绝火种，才感到痛快。

孟子和荀子二人，都是在整个人性之中各自截取一半来立论，所以把孟子的性善说，荀子的性恶说合一，理论上就圆满了，二种学说相结合，就成为告子性没有善也没有不善的学说。

有人问："孟子的学说，哪能与荀子学说相结合？"我说，孟子说：人在小的时候，就怀恋父母；懂得喜欢女子时，就想念年轻女子。荀子说：有了妻子后对双亲的孝情就要衰减了。请问二人的说法难道不是一样吗？孟子说："只有最孝顺的人才终身怀恋父母。到了50岁还怀念父母的，我在伟大的舜身上见到了。"据孟子所说，满了50岁的人还爱慕父母，他眼中只看见舜一人，请问人性的真相究竟怎样？难道孟子、荀子的学说不能相结合吗？

性善说与性恶说既然可以合而为一，那么王阳明的致良知与李宗吾的厚黑学也就可以合而为一。有人问：怎么可以合而为一？我说，孟子认为："最孝顺的人终身怀恋父母。"厚黑经说："最好色的人终身思念年轻女子。"孟子说："到了50岁的年纪还怀恋父母的，我在伟大的舜身上见到了。"厚黑经说："到了800岁的年纪还想念年轻而漂亮的女子，我终于在彭祖身上见到了。"眷念亲人是不经过学习就会的，不通过思索便会了解的，好色也是这样。不经过学习就会，不经过动脑筋就知道，用致良知的方法，能把孩提时爱亲人的天性招致出来，做到终身怀恋父母，同时就可以把少壮好色的天性招致出来，做到终身怀恋年轻漂亮的女子。过去有人说：王阳明学说发展到末流时的弊端，竟可以达到让人放荡、偷鸡摸狗的地步，这就是用致良知的方法，把厚黑学招致出来的缘故。

按照宋代儒生的意思，孩提时爱亲人，是性命的正道，少壮时好色，是形气的一种类别。这种说法真是穿凿附会。其小孩爱亲人，并非真是爱亲人，是爱亲人给他喝给他吃，如果孩子一下地，马上交给奶妈抚养，那么他只会爱奶妈不会爱生母，这就是明证。爱奶妈，与想念年轻的女子，想念妻子，它们的心理活动原本是一样的，无非是为"我"罢了。

为"我"是人类天然的现象，不能说他是善，也不能说他是恶，所以告子的性无所谓善与不善的观点最为合理。

告子说："吃东西和爱美色是人的本性。"孩子爱他们的亲人是要吃东西，想念年轻漂亮的女子是爱美色。食物和美色是人类生存而必需的东西，求生存是人类的天性，所以告子又说："生存就是人的本性。"

告子既然这样观察人性，那对于人性的处置又怎样呢？于是告子用比喻说：人性像急流的水，挖开东方向东流，挖开西方就向西流。又说：人性犹如杞柳（编者注：一种柳树），仁义犹如桮棬（编者注：一种木编的容器），把人性说成仁义，就像把杞柳当成杯子一样。

告子的这种主张是很对的，人性无害无恶。比如深潭里的水，平时水波不兴，看不出有什么作用。从东边挖一个口子可以浇田地，或有利于行船；从西边挖一个口子，就可以冲坏房舍，淹死人畜。又比如一块木头，可制成棍棒打人，也可制成碗盏装食物。这个说法，真可以说孟子荀子合一了。

《孟子》书载告子谈论性有五种说法：人性如杞柳，人性如急水，说生存是人性，食色是性，说人性没有善或不善，这五点本是一贯的。

朱子注释食色一节说：告子的辩论常失败，所以经常变化以求胜。从现在看，告子的说法，始终没变，而孟子也终于没能说服他。

朱子注释杞柳一节，认为告子说的仁义，一定要等矫揉(意即改变)以后。这个说法不对。因为朱子注上都子一节就说：气质所具有的，虽有不善，但并不伤害人性的本来是善。人性虽然本来是善，也不能不体察矫揉的作用。这里忽然又提出“矫揉”二字，难道不是改变自己的说法吗？

朱子注“生之谓性”一节说：杞柳湍水的比喻，食色无善或不善的说法，纵横变化，错误很多。殊不知告子谈人性的五点，是一贯而下，并无所谓纵横变化和很多错误。“生之谓性”的生字，做生存二字讲。生存是人类的重心，是世界学者公认的。告子谈人性，以生存为出发点，由此而有“食色性也”的说法，有“性无善或不善”的说法，又用杞柳和急水为比喻，这种说法最合理。宋儒反而认为根本错误，一切说法，离开生存之论，所以才有“妇人饿死事小，失节事大”一类怪话。但朱子能看出“生之谓性”一句是告子学说的根本所在，也不能不说是很特别的见识。

宋儒崇奉儒家，极力排斥释道二家的说法，在《尚书》上找到“人心惟危，道心惟微，惟精惟一，久执厥中”四句话，作为虞廷十六字心传，于是自己称生于1400年以后，得不传之学于遗经。后经清朝阎百诗考证出，这四句出自于伪古文尚书，作伪者是采自荀子，荀子又是引用道经的话。阎氏的说法，在经学界中，算是已定了的铁案。这十六字是宋儒学说的出发点，根本上就杂有道家和荀学的元素，反而想借孔子以排道家，借孟子以排斥荀子，于是到处支离穿凿。朱子曰：“气质所禀，虽有不善，而不害性之本善。性虽本善，而不可以无省察矫揉之功。”又要顾事实，又要回护孟子，真可以说是“纵横变化，错误很多”，看看告子专用生存二字立论，明白简易，何啻天渊之别。

告子不知是什么人，王龙溪说是孔门之徒，我看不错。孔子称赞《易》，说：“天地之大德曰生。”告子以生字谈人性，可说是孔门嫡传。孟子学说，虽与告子少有差异，而处处仍离不开生字。如说：“黎民不饥不寒，然而不王者，未有也。”又说：“内无怨女，外无旷夫，于王何有？”仍以食色二字立论。我认为孟子与告子论性之异同，等于子夏、子张论交往之异同，其大意离不开孔氏家法。孟子与告子的交谊，当如子夏与子张的交谊，平日辨疑析难，互相质证。孟子说：“告子先我不动心。”心地隐微之际说得很明白，交谊之深可想而知。宋儒有道统二字横亘在胸，偏袒孟子，贬斥告子为异端，而其自家之学说，则截去生字立论，叫妇人饿死，以殉其所谓节，叫臣子无罪受死，以殉其所谓忠。孟子有知，当必引告子为同调，而斥程朱为叛徒也。

孟子说：人在幼小的时候，就怀恋父母；懂得喜欢女子便想念年轻漂亮的女子；有了妻子，便迷恋妻子；做了官，便讨好君主。需要就是目的，也就是所谓的目标，目标一旦确定，那就只管向着那目标奔去，别的事物是不去顾及的。目标在功名，那么吴起可以杀他的妻，汉高祖可以分父亲的肉做的羹，乐羊子可以吃儿子的肉做的羹；目标在父母，那么郭巨可以埋儿子，姜诗可以驱逐妻子，伍子胥可鞭打楚平王的尸体；目标在色欲，那么齐襄公可以奸淫自己的妹妹，卫宣公可以娶他的儿媳妇，晋献公可以接纳他父亲的小老婆。

作者认为：人的天性，既然是这样，所以性善性恶的问题，我们无须多加争辩，负有领导全国人民的责任的人，只须确定目标，纠正全国人民的目标就是了。我国（编者注：指国民党统治期）现在的最大忧患，在于列强的压迫，所以当提出以列强为目标，手有指，指列强；目有视，视列强；口有道，道列强；心有思，思列强，使全国人民力量的视线，集中在这一点。于是乎吴起也罢，汉高祖也罢，乐羊子也罢，郭巨也罢，姜诗也罢，伍子胥也罢，齐襄公也罢，卫宣公也罢，晋献公也罢，一一向着目标而奔去，救国的方法，如此而已。全国四万万人，有四万万根力线，根根力线直达列强，根根力线挺然特立。这种方法的含义，可以称它为“合力主义”。而它的要点，则从思想独立开始。

有人问我说：你既然自称厚黑教主，当然无所不通，无所不晓。据你说，你不懂外文，有人劝你看西洋心理学的翻译本，你也不看，像这样的孤陋寡闻，怎够称得上教主？我回答说，我试问：你们的孔夫子不仅西洋翻译本没有读过，连西洋这个名词都没有听过，怎么会称至圣先师？你进文庙去把他的牌位拿来烧了，那么我这厚黑教主的名称立即登报取消。我再问：西洋的古代希腊三位圣人，不仅连他们西洋现代人哲学家康德等人的书一本都没有读过，并且恐怕对现在英法德美等国的文字，一个也认不得，怎么会称西洋圣人？

更有令人奇怪的：释迦牟尼，对中国字、西洋字一个都认不得，对中国人的姓名、西洋人的姓名一个都不知道，他的孤陋寡闻，万倍于我这个厚黑教主，但居然成为五洲万国第一个大圣人，这又是什么道理？唉，你们这些君子算了吧！主张不同我就不替你们打算了，我正在划出厚黑区域，建立厚黑哲学，我行我素，本来就没有空闲工夫与你们这些人争辩不休。

我是八股学校的学生，生平所知道的只有八股罢了。常常有人向我说道："可惜你不懂科学，所以你种种说法，不合科学规律。"我说："我讲八股，你怎么同我讲起科学来了，我正深恨西洋的科学家不懂八股，一切著作完全不合八股义法，我把达尔文的《物种源论》，斯密的《原富》，孟德斯鸠的《法意》，用评八股的方法评论它们，每本书上面，大批二字："不通。"有人问："究竟不通的地方在哪里？你怎么信口空说？"我说："你把我的厚黑丛话读完了，自然会明白。"

天下文章的不通，到八股时可说是发展到极点了，蔑视的人太多了，可以说到无以复加的地步了，而不说西洋科学家的不通，更百倍于中国的八股文。现在（编者注：指1935年）全世界纷纷扰扰，就是几部死不通的文章酝酿出来的。因为达尔文和斯密的文章不通，世界才会有第一次大战，第二次大战；因为孟德斯鸠的文章不通，我国（编者注：指国民党统治期）过去24年才会四分五裂，中央政府（编者注：1949年前的旧中国政府）才会组织不健全。有人问："这部书也不通，那部书也不通，要什么书才通？"我说，只有厚黑学，大通而特通。

真是幸运啊！我只懂八股而不懂科学！如果我懂了科学，恐怕今天（编者注：指1935年）还在政府里天天叫喊：达尔文是圣人，斯密是圣人，孟德斯鸠是圣人，墨索里尼、希特勒没有一个不是圣人，怎么会写《厚黑丛话》呢？如果要想全世界太平，除非以我的厚黑丛话作为新的刑律，把古代的达尔文、斯密、孟德斯鸠，今天的墨索里尼、希特勒，一一处以枪毙，这之后国际上、经济上、政治上才有曙光可言。

中国的八股研究好了，不过变成迂腐不堪的穷骨头，如李宗吾一类的人就是这样。如果把西洋科学家达尔文、斯密等人的学说研究好了，立刻就要尸骨成山，血水成河。等我把关于中国圣人的话说完了，再来怀疑西洋的圣人。

我之所以成为厚黑教主，得力之处全在于不肯读书。西洋翻译本不喜欢读，就是中国书也不认真读。凡是与我相熟的朋友都晓得我的脾气，无论什么书，抓着就看，先把序看了，或只看开头几页，或从末尾倒着看，或随便在中间乱翻来看，或跳几页看，吃透书中大意就算了。如果认为有趣味的几个句子，我就细细地反复咀嚼，于是一而二，二而三，就想到别的地方去了。无论什么高深的哲学书，和最粗浅的戏曲小说，我心目中都是一样看待，都是一样的读法。

我认为世间的书有三类，一是宇宙自然的书，二是我头脑中固有的书，三是古今所著的书。我们这些人当然把第一种和第二种融合起来读，至于第三种，不过借来引起我头脑中蕴藏的道理罢了，或者供我印证罢了。我对第三种书的需求不过如此。中国的书，已足以供我之用并且还有余，哪里还会用疲敝的精神，去读西洋课本呢？

我读书的秘诀，是"跑马观花"四个字，甚至有时跑马而不观花。中国的范围，马儿都跑不完，怎么说到外国？有人问："你读书既然是跑马观花，为什么你这《厚黑丛话》中，有时把书缝缝里的细微事情，说得津津有味？"我说："说了奇怪，这些细微事，目光一接触便觉得刺眼，我在打马飞跑时，看见一朵鲜艳的花，就下马细细赏玩，有时觉得芥子大的花儿，反而比斗大的牡丹更有趣味，所以书缝缝里的细微事，也会跳入厚黑丛话来。"

我是懒人，懒就不肯苦心读书，然而我有我的懒人哲学。古今善用兵者没有超过项羽的。项羽身经70多战，战无不胜，到了乌江，身边只有28骑，还三战三胜。然而他学兵法，不过略知其意就算了。古今政治家，当推诸葛亮为第一，他读书也是只看大概。陶渊明在诗界中可算第一流，他却是一个喜好读书而不求甚解的人。反过来，熟读兵书的没有比得上赵括的，但长平一战，一败涂地。读书最多的人没有多过刘歆的，辅佐王莽，用周礼治天下，闹得天怒人怨。注《昭明文选》的李善，号称书簏（书箱子），而作出的文章就不通。

书这个东西，等于食物一般，食物是用来医治饥饿的，书也是用来医治精神上的饥饿的，食物吃多了不消化，会生病，书读多了不消化，也会作怪。读得越多，人就越蠢。古今所说的书呆子就是这样。王安石读书不消化，新法才行不通；程伊川读书不消化，才有洛蜀之争；朱元晦读书不消化，才有庆元党案，才有朱陆之争。我国（编者注：指1949年新中国成立前之旧中国）闹得这样糟，全被西洋呆子所误。

世界是进化的，从前的读书人是埋头苦读，进化到项羽和诸葛亮，发明了读书略观大意的法子。那所谓略观大意，就是必定能了解大意。进化到了陶渊明，喜欢读书而不求甚解，那么可能大意也未必了解。再进化到厚黑教主，不甚解并且不喜欢读书。将来再进化，必定发展到一本书不去读，一个字不认识，并且也谈不上了解，唉呀！世上没有顿悟，这句话从哪里去印证呢？

我写《厚黑丛话》，遇着典故不够用，就编造一个来用。有人问：何必这样干？我说：自从有宇宙以来，就应该有这种典故，但竟然没有这种典故出现，这是宇宙的罪责，我编制一个，用来补充它的穷乏。有人说：这类典故古书中原来就有，你书读少了，当然就找不出来。我说：这是典故的罪过，并不是我的罪过，典故里面最古老的，没有比得上天上的太阳月亮，夜晚将书摆在面前，睁眼就可以看见，既然是好典故，那么我写《厚黑丛话》时，为什么躲在书堆里，不会跳出来？既然不会跳出来，就是死东西，这种死典故，要它有什么用？

最近，有人对我说：你主张思想独立，讲来讲去，始终逃不出孔子的范围？我说：哪里只是孔子，我发明厚黑学，还没有逃出荀子性恶说的范围，我说过“心理变化遵循力学原理进行”的话，没有逃出告子“人性好像湍急的流水”的范围。我写有一本《中国学术的趋势》，没有逃出我家聃大公的范围。另外还有一位说法49年的先生（编者注：指释迦牟尼），更逃不出他的范围。

宇宙真理，明明摆在我们面前，任何人只要能够细心观察，得出的结果都是相同的。我主张思想独立，揭出宗吾二字作为标记和旗帜，一切道理经过我细心考虑。认为对的就说出来，不管别人是否说过。如果自己已经认为是对的了，因为古人曾经说过，我就另外创立不同的说法，来求得逃出古人的范围。这就是：并非对古人标新立异，而是对我自己标新立异，这是拿我自己背叛我自己，不能说它是宗吾。孔子啦、荀子啦、告子啦、释迦牟尼啦、孟子啦，甚至村言俗语，与那些其他的等等，全部融合在一炉冶炼，没有门户之见，一一用我的心来衡量它们，这就是宗吾。

宗吾就是有主见。我认为是对的就肯定它，我认为是错的就否定它。前日的我认为对，今日的我认为错，那就以今日的我为主。如果回过头去遮掩前日的我，那么今日的我就成为前日的我的奴仆，这就变成奴仆的见解，不是主见，仍然不能称为宗吾。

老子说：“上等士人领会‘道’的意义，能努力实行；中等士人领会‘道’的意义，觉得似有似无；下等士人领会‘道’的意义，哈哈大笑。如果他不嘲笑，那么，‘道’就不值得称为‘道’了。”滔滔天下，都是周程朱张的信徒，都是达尔文的信徒，一听见厚黑学三字，就破口大骂，我因此就接着老子的话来凑合一句：“‘下下士’听说道，就破口大骂它，如果他们不骂，厚黑学也就不成为道了。”

前几天，我同某君谈话，引用了几句孔子的话。某君说：“你是讲厚黑学的，怎么讲起孔子的学说来了？”我说：“从前孔子出游，马吃了农民的禾苗，农民把马捉住，孔子命子贡去说，把话说尽了，农民还是不肯把马退还。子贡回见孔子，孔子命令马车夫去说，车夫去后几句说得农民大喜，立即退还了马。你想：孔门之中，子贡是第一个会说话的。当初齐国讨伐鲁国，孔子命令子贡去游说，子贡去后一席话，便化干戈为玉帛。这样会说话的人，独独对农民无可奈何，其原因是子贡的才智和见识太高，说的话农民听得不入耳，马车夫的才智和见识与农民相等，所以一说就合拍。观世音说：凡是以官员身份来求得超度的，我就显现官员的形象来说法，凡是以印度教的身份来求得超度的，我就显现印度教中天神的形象来说法。你当过厅长，我就显现厅长的形象来说法，你口诵孔子的话，我就显现孔子的形象来说法。一般人都说：今天的人远远不如三代以前的人。这话确实不错，鄙人虽不才，自问可以当孔子的马车夫，而民国时代的厅长，不如孔子时代的农民。”

有一次我同友人某君谈话，旁边有另一人警告他说：“你少同李宗吾谈些！谨防把你写进《厚黑丛话》。”我说：“你们放心，我这《厚黑丛话》中的人物，是准备将来在厚黑庙配享的，你们自问有什么功德可以配享？你们怕我把你们写进《厚黑丛话》，我正怕你们将来混入厚黑庙。”因此我写这段文字，记下这件事而隐去了他们的名字。

我生怕我的厚黑庙中，五花八门的人钻些进来，闹得像孔庙一样。我撰写有《敬临食谱序》一篇，就是表明这个意思，把它找来抄录如下：

我有位62岁的老学生黄敬临，他要求进入厚黑庙配享，我已经允许。读《厚黑丛话》的读者想来还记得，他在成都百花潭的一侧开了一家“姑姑筵”饮食店，准备了极其精美的肴馔，招徕顾客，读者可能光顾过。昨天到他公馆，见他正在凝神静气，用楷书体抄《资治通鉴》。我诧异地问道：“你怎么干这个事？”他说：“我从48岁以后，就决心抄写书，已手抄十三经一遍，补抄《新旧唐书合钞》、《李善注文选》、《相台礼记》和《坡门唱和集》各一遍，现在打算再抄一遍《资治通鉴》，以完成我以前定下的志愿，垂示子孙。”我说：“你这种主意就错了。你从前历任谢洪、巫溪、荥经等县的知事，我旅差路过那里并询问当地的一些人，都赞颂你的政绩，他们以为你一定会在官场努力，干一番惊人的事业。我回来询问后才知道，你已从官场退下来搞厨师工作，自食其力，我听后不禁大加赞扬说：‘真是我的学生啊，特许进入厚黑庙配享。’不料眼下你在干这种事情。须知古今做这一类事情的人车载斗量，有你插足的余地吗？讲授烹饪学是你特别的专长，放弃自己所擅长的而去同别人争胜负，这又是何苦呢？鄙人所擅长的是厚黑学，所以专门讲厚黑学，你所擅长的是庖厨，不如把所抄写的十三经与那《资治通鉴》等等，举一把火烧了它，撰写一部食谱，那倒还是不朽的盛业。”

敬临听了我的话，认为很对，说道：“往年在成都省立第一女子师范学校，充任烹饪老师，曾分‘熏、蒸、烤、烘、爆、酱、炸、卤、煎、糟’十门，教授学生，现在打算就这十门，条分缕析，撰写成一本教科书，但这件事工程浩大，苦于没有大块的时间，怎么办？”我说：“你这又太拘泥了，何必一做就想做完善。我为你打算，每天高兴时，随便写一二段，用随笔体裁写出来，积少成多，有空再把它们分出门类，如果没有空，既然有了底本，以后也有人替你整理，倘若不及早写出来，将来年老疾病缠身，即使想写也力不从心，后悔莫及！”敬临深感我说的话是对的，就着手去写。

敬临的烹饪学，可以称得上是家学渊源。他的祖父由江西到四川来做官，精于饮食，替他儿子聘娶媳妇，不是精于烹饪的女孩子就不聘娶。听说陈家有一位姑娘正待嫁，能制作三百多种咸菜，于是就聘娶了这位姑娘，她就是敬临的母亲。于是把黄陈两家的烹饪融为一炉。清朝末年，敬临在北京做事，慈禧太后赏赐他四品的官衔，在光禄寺供职三年，又把天府之国的川味，融合进南北的风味。敬临对于烹饪，真可以说是集大成者，有此种绝世手艺，自己却不很重视，不把它公布于世人并传留给后代，不也是太可惜了吗？希望敬临好自为之啊！

古代对老百姓有功德的人就可受到后人的祭祀，我曾经笑着说，孔庙中72个门徒，其中除一二十人有言论事迹可记述外，其他大多数人的姓名也在若有若无之间，哪有什么功德？只不过依附孔子的余光，高高地坐在孔庙中吃冷猪肉，这也可说是超越本分冒用孔子的物品。敬临撰写食谱施恩惠于后人，有此种功德，当然可以在庙中永远受人供食祭祀，生前制作美味佳肴让别人吃，死后人们制作各种美味佳肴来祭祀他。这本来是回报他施恩于人的最公平的做法，根本不必依附厚黑教主就可以永垂不朽的。人可宝贵的就在于能自立于世，希望敬临好自为之啊！

孔子平日的饭菜饮食，后人因为他在这方面没有论述，所以至今用冷猪肉祭祀他，腥臭之味令人不敢靠近。以后厚黑庙中，有敬临在，后人不敢不用美味佳肴供奉，我可以傲然地对众人说：我厚黑学门徒中有敬临在此，冷猪肉可以不进入口中了！

特此作序。

1935年12月6日，李宗吾于成都

最近，某君发行一种月刊，要我写一篇文章。我说：我写就写，但有一个条件，我是来讲厚黑学的，三句话不离本行，文章写成后写我的名字，你非刊不可。他很惶恐地婉言谢绝了。我一定替他写不可，他没办法，只好“王顾左右而言他”。

读者只知我会讲厚黑学，殊不知我还会作各种散文。诸位如果想表彰祖先的恩德，有墓志铭之类的文章，请我来写，包管九泉下的祖先们安心，我也绝不会有韩愈写墓志铭专讲好话的嫌疑。至于写祝寿的文章，尤其是拿手好戏，寿星老人读后，必将多活若干年。诸位如果不相信，有谢慧生的寿文为证，寿文说：

谢慧生兄，60大庆，自己撰写征文启事说："朋友们对我有所赠言的话，如能纠正我过去60年的过失，那是我希望接受的，如多是赞颂之辞，那就会令我感到惭愧得不能抬起头来。"慧生与我是同乡，他以前的过失，只有我能纠正，假若他希望延年益寿，我也有妙法。所以特地撰写下面的文章献给他。

1912年二三月，我在成都报上，发表厚黑学。当时张列五任四川副总督，有天见到我说道："你疯了吗？什么厚黑天天在报上登载，成都附近有一位疯子，巡警总督杨莘友、成都府知事但怒刚，其他像庐锡卿、方琢章等，一天到晚跑来同我吵闹，我将要修建一所疯人院，把这些疯子齐关起来。你这个乱说大仙，也非关在疯人院不可。"我说："唉呀！我是救苦救难的大菩萨，你把我认为是疯子，我很替你的饭碗担忧。"后来张列五改任民政厅长，袁世凯调他进京，他把官印交了。第二天他见到我说："昨晚谢慧生说：'细想起来，李宗吾的说法，真是用得着。'"我拍案叫道："奴才！我哪里能忘记！疯子的话，都听得吗？好倒是好，只是饭碗已经丢了。今当临别赠言，我告诉你两句：过去的事已不可劝诫了，将来的事倒可以安排好。"哪知他信仰学说不虔诚，后来在天津反对帝制，被袁世凯捉到北京枪毙。他在京城大牢内坐了几个月，不知在五更梦醒之时，曾想到四川李疯子的学说没有。据说宣布死刑时，列五神色泰然，背着手在一旁站立，作出微笑的样子。同时判死刑的某君喊冤怒骂，列五对他嚷道："某君！不要说了！今日之事，你还在梦中。"大约列五在此时，大梦已醒，知道今日之死，实在是因为违反李疯子的学说才招致的。

同学雷铁崖，留学日本，卖文为生，满肚皮的不合时宜，清朝末年跑到西湖白云寺去做了个和尚。革命（编者注：指辛亥革命）时，任孙总统（编者注：指孙中山）的秘书，不久辞职。作了一首诗说道："一笑飘然去，霜风透骨寒。八年革命党，半月秘书官。稷下竽方滥，邯郸梦已残。西湖山色好，莫让老僧看。"他对时事非常愤懑，在上海，曾对某君说："你回去告诉李宗吾，叫他少讲点厚黑学。"他不久得了疯癫病，整天抱一瓶酒，逢人就乱说，常常独自一人，倒地睡在街当中，人事不省。警察看见把他弄回来，就这样时好时发，到1920年终于死了。我这种学说，正是医治他那种病的妙药，他不仅不照着方子服药，反而痛骂医生，他的死也是应该的。

列五和铁崖，都是慧生兄的好朋友，他们二人反对我的学说，结果落得这个下场。只有慧生知道，疯子的学说用得着，居然活了60岁。倘若循着这条路走去，就是再活60岁也是很可能的。我发明厚黑学20多年，私塾弟子遍天下，尽都轰轰烈烈，做出许多惊天动地的事业，偏偏同我讲学的几个朋友，列五和铁崖除外，例如廖绪初、杨泽博、王简恒、谢绶青、张荔丹等人，对于我的学说，都茫茫然无所收获，先后憔悴忧伤地死去。慧生对于我的学说，似乎有明了的认识了，只是不理解为什么隐居江湖，默默无闻，莫非是对于我的学说没有升堂入室，没有掌握真正的奥秘？不过他仅仅因为对我的学说有那么一点认识，便能享受到如此的高寿，这也足以证明我的学说的伟大，其效用的绝妙，进则可以干出惊天动地的事业，退也可以使人延年益寿。

眼下我们之间远隔数千里，不能登堂拜寿，谨献上此文，为慧生兄庆寿，也兼为我们党（编者注：指"厚黑党"）庆功。想必慧生兄读了此文，一定会掀开胡子大笑，满满地痛饮数杯吧！

1935年1月，弟李宗吾恭敬撰写

后来我在重庆，遇到慧生的侄儿又华，他刚从上海归来，说道："我叔叔见到这篇文章后，非常高兴，说道：'李先生说我还要再活60岁，那个时候，你们都八九十岁了，恐怕还活不赢我。'"子章的骷髅，不过治愈疟疾罢了，陈琳的檄文，不过治愈头痛罢了。我写的学说，简直能延年益寿。诸位试买一本读读，比吃红色药丸，参茸卫生丸，功效何止万倍。

1913年，讨袁失败，我在成都见到一人，长得又瘦又长，问他的姓名，是隆蛎县的黄容九。他问了我的姓名，脸上现出惊愕的神色，说道："你是不是讲厚黑学的那个李某？"我说："是的，你怎么知道？"他说："我在北京听到列五说过。"我想：列五能在北京宣传我的学说，一定研究后有心得，我深深地大致庆幸。

1914年下半年，我在中坝省立第二中学，列五从天津寄给我一封信，一一叙说近况，以及反帝制的情形，并说当局如何与他为难。我读了，大惊失色道："唉呀！列五死期临头了，了解我的厚黑学不去实行，怎么办！怎么办！"不久，说他已被逮捕送到北京。这封信我已裱作手卷，请名人题了序言，把它作为信仰学说不虔诚的人的警戒。

列五是1915年1月7日在天津被捕的，3月4日，在北京枪毙，如今整整的死了21年。我这疯子的徽号，起初是他喊起来的。诸位旁观者清，请评论一下：究竟我是疯子，还是他是疯子？

宋朝米芾，人们称他为"米颠"，一天苏东坡请客，酒喝到酣畅时，米芾站起来："众人都喊我米颠，请子瞻(苏东坡的字)判我究竟是不是颠？"苏东坡笑着说："我赞成众人的看法。"如果我请诸位来评判，我到底是不是疯子？诸位一定会说："我们赞成众人的看法。"果真像这样，我替你们感到危险啊！我并且替民国（编者注：指国民党统治时期）感到危险啊！为什么缘故？答案是：有张列五的先例在，有民国过去24年的历史在。

原载成都《华西日报》1935年11～12月

厚黑学的应用

1935年元旦，《华西报》的元旦增刊上，我做有一篇文字，题目是《元旦预言》。我的预言是"中国必兴，日本必败"八个字，这是我从厚黑史观推论出来的必然结果，不过文中没有提明厚黑学三字罢了。今年《华西报》发表元旦增刊，在这前几天总编辑请我做篇文字，我说，做是必定要做的，但我要是做了，你就非登载不可。题目是"厚黑年"三个字。他听了沉默不语。所以1935年《华西报》元旦增刊，诸位名流都有文章，独独没有厚黑教主的文字，就是这个原因。我认为1936年是中国的厚黑年，也就是说1936年是全世界的厚黑年，诸位如果不相信请详细地考察事实。

从前有人说"大丈夫不能流芳百世，亦当遗臭万年"，我1912年发表厚黑学，至今已是25年，我在四川一省内，遗臭万年的工作，算是做了四百分之一，回顾历史，常常以此自豪。所以1936年，在我个人方面，也可说是厚黑年，是应该开庆祝大会的。我想：我的信徒，将来一定会仿照耶稣纪年的方法，以厚黑纪年，使厚黑学三字与国家共荣耀，每25年开一次庆祝大会，自今以后，再开399次，那就是万年后了。我写到这里，不禁高呼道：厚黑学万岁！

有人听见厚黑学三个字，就骂道："李宗吾是坏人。"我立即回骂他道："你是宋代儒生。"要说坏，李宗吾与宋代儒生同是坏人；要说是好，李宗吾与宋代儒生同是好人。就宋学来说，宋代儒生是圣人，李宗吾是坏人。就厚黑学来说，李宗吾是圣人，宋代儒生是坏人。所以骂我是坏人的，他就是坏人，为什么？因为他是宋代的儒生。

我所最不理解的，是宋代儒生们去私的说法。程伊川身为洛党首领，造成洛派蜀派互相攻击，种下南渡的祸根，我不知他的私字去掉了没有？宋代儒生讲究性善，末流成为洛党，在他们眼中看来，人性都是善良的，我们洛党，都是好人，只有苏东坡，他的本性与一般不同，是一个坏人。王阳明提倡致良知，满街都是圣人，一变而成为东林党，我党（编者注：指东林党）都是好人，只有奋力抗清的熊廷弼是坏人，是应该拿来杀头的。清朝的皇帝批阅熊廷弼生前上疏皇帝的奏章，认为如果他的计划实行了，满洲人就定然不能入关，怜悯他忠贞而被杀害，下诏书寻找到他的后人，加以优惠的抚恤。但当日排挤熊廷弼最卖力、并且想杀他的，不是别人，正是至今被公认为忠臣义士的杨涟和左光斗等。这个道理怎么讲？可悲啊洛党！可悲啊东林党！我不知老天爷当日何苦造下一个党字，拿给程伊川、杨涟、左光斗一伙贤人君子这样支用！奉劝读者诸君，与其研究宋学、研究王学，不如切切实实的，研究厚黑学好了。研究厚黑学，还可做些利国利民的事。

厚黑二字，是从一个私字生出来的，不能说他是好，也不能说他是坏，这就是我那个同学朋友谢绶青跋《厚黑学》所说的："如利刃然，用以诛盗贼则善，用以屠良民则恶，善与恶何关于刃，故而用厚黑以为善则为善人，用厚黑以为恶，则为恶人……"我发明厚黑等于瓦特发明蒸汽，无施不可。利用蒸汽，造成火车，驾驶得法，可以日行千里，驾驶不得法，就会跌下岩去。我提出"厚黑救国"的口号，就是希望司机驾驶火车，向列强冲去，不要向前朝岩下开，也不要在街上横冲直撞，碾死行人。

我国有4亿人，只要能够联成一气，就等于联合了欧洲十几个国家，我们现在（编者注：指1936年）受日本的压迫，与其哭哭啼啼，跪求国联援助，跪求英美诸国援助，不如哭哭啼啼，跪求国人，化解并消除意见，先把日本驱逐了，再说下文。有人问：国内意见怎样才能化解并消除？我说，你把厚黑学广为宣传，使一般人了解厚黑精义及厚黑学使用法，自然就办得到了。

我发明厚黑学，一般人不免拿来用反了，对列强用厚字，摇尾乞怜，无论什么手段都用尽了。对本国人民用黑字，排挤倾轧，无论什么手段都用尽了，以致把中国（编者注：国民党统治下的中国）闹得这样糟。

我主张翻过来用，对本国人民用厚字，事事让步，任何气都能忍受，任何旧账都不算。对列强用黑字，凡是可以破坏帝国主义的，无论什么手段都可用到极点，一点都不让步，一点气都不忍受，一切旧账，非算清不可。但这些并非说空话所能办得到的，那下手的方法，就在调整内部，把4亿根磁力线排顺，根根力线，直射帝国主义者，这就是我说的"厚黑救国"。

有人问我：对外的主张如何？我说：我无所谓主张，日本是入室的狼，俄国是当门的虎，欧美诸强国，是宅左宅右的狮豹，请问诸君，处此环境，室内人当如何主张？

第二次世界大战，迫在眉睫，有主张联英美以抗日本的，有主张联合日本以抗俄国的，又有主张如何如何的，如果以我的厚黑哲学推论，都未免错误。我写的《厚黑丛话》第2卷里面，曾有"厚黑国"这个名词，近来外交紧急，我主张将"厚黑国"从速建立起来，即以厚黑教主兼充"厚黑国"的"国王"，将来还要钦颁"厚黑宪法"。此时东邻日本，有什么"水鸟外交""啄木外交"，我先把我的"厚黑外交"提出来，同我的厚黑弟子讨论一下：

我们学物理化学，可先在讲室中试验。只有国家这个东西，不能在讲室中试验。据我看来，还是可以试验，现在五洲之中，各国林立，那些强国，互相竞争，与我国春秋战国时代是一样的。我们可以说：现在的五洲万国，是春秋战国的放大形，当日的春秋战国，就是我们的试验品。

春秋战国，贤人才士最多，他们研究出来的政策，很可供我们的参考。那个时候，共计发生两大政策，第一是春秋时代，管仲"尊周攘夷"的政策。第二是战国时代，苏秦"联六国以抗强秦"的政策。自从管仲定下"尊周攘夷"的政策，齐国于是崛起为五霸之首；后来晋文公称霸，也沿袭他的政策；就是孔子修春秋，也不外"尊周攘夷"的主张。这个政策，很值得我们研究。战国时，苏秦倡导"联六国以抗强秦"的主张，他的纵约成功，秦人不敢出关长达15年，这政策，更值得研究。我国现在情形，即与春秋战国相似，我主张把管仲、苏秦的两个法子融合为一，定为厚黑国的外交政策。管仲的政策，是完全成功的，苏秦的政策，是始而成功，终而失败。究竟成功之点在哪里？失败之点在哪里？我们可以细细讨论。

春秋时，周天子失了统驭能力，诸侯互相攻伐，外族军队乘机侵入，弱小国家容易受到蹂躏，与现在的情况是一样的。楚国把汉水南面那些姬姓小国消灭了，还要称霸中原，与日本消灭了朝鲜，进而占据东北四省（编者注：当时东北划分为黑、吉、辽、热四省），再进而想并吞中国是一样的。那个时候，一般人正找不到出路，忽然跳出一个大厚黑家，名叫管仲，霹雳一声，竖起"尊重周王，攘除外族"的旗帜，用周天子的名义驱逐外族入侵，保全弱小民族的领土，大受一般人的欢迎。他的办法是纠合诸侯，把弱小民族的力量集中起来，向来犯的外族攻打，讨伐山戎来救燕国，讨伐狄人来救卫国，这是用一种合力政策，把外族各个击破。以那时国际情形而论，楚国是第一强国，齐国虽然是泱泱大国，但经过襄公的荒淫之后，国内大乱，桓公刚就位时，在长勺之战中，连鲁国这种弱国都战不过，那衰弱情形可想而知。召陵之战，竟然把楚国都降伏住了。这完全是由于管仲制定的政策适应当时现实的缘故。我国在世界弱小民族中，弱倒是很弱，但国家并不小，很有点像春秋时期的齐国，天然是盟主资格。当今之世，如果"管厚黑"再生，那么他的政策一定是："拥护中央（编者注：指国民党政府）政策，把全国力量集中起来，然后进一步联合弱小民族，把全世界的力量集中起来，向帝国主义攻打。"基于这种研究，我国在"九一八"事变之后，早就该使用厚黑学，退出国联，另外组织一个"世界弱小民族联盟"，与那个分赃集团的国联，成为一个对抗形势，由我国首先站出来，当一个齐桓公，领导全世界被压迫民族，对帝国主义争斗。

到了战国，国际形势又变了，齐楚燕赵韩魏秦，七雄并立，周天子已经扶不起来，纸老虎成了无用之物，尊周二字说不上了。秦国楚国在春秋时期，是外民族的国家，到了这时，攘除外夷这几个字更不适用。七国之中秦最强，虎视眈眈，有并吞六国的气势。于是第二个大厚黑家苏秦挺身出来，提倡联合六国，来抵抗秦国，就是联合众多的弱国，攻打一个强国，也还是一种合力政策，可说是"管仲厚黑政策的变形"。基于这种研究，我们可以把世界帝国主义合看成为一个强秦，把全世界弱小民族看作六国，理所当然地组织一个"弱小民族联盟"，来与帝国主义周旋。

诸位不要把苏秦的法子小看了，他是经过悬梁刺股的学习工夫，体会许多年才研究出来的。他这种法子含有很深的道理。他读的是太公阴符，阴符是道家的书，古阴符没有流传下来，现行的阴符是伪书。我们既然知道是道家的书，就可以用老子的《道德经》来说明。《老子》一书，包藏很深的厚黑原理，战国时厚黑大家文种和范蠡，汉初厚黑大家张良和陈平等，都是从道家一派出来的。管子的书，《汉书·艺文志》把它列入道家，所以管仲的内政外交，暗中以厚黑二字为根据。鄙人发明厚黑学，进一步研究，创造一条"心理变化遵循力学公理运行"的定理，去攻读老子的书，就觉得处处可以用力学公理来解释，将来我讲"中国学术"时，再来逐一说明。此时谈厚黑外交，谈到苏秦，我只能说，苏大厚黑的政策，与老子学说相合，与力学公理相合。

老子说：天道不就像拉弓瞄准一样吗？高了，就压低些；低了，就升高些，对多余的要减少它，对不足的要补充它。这明明是归结到一个平字。力学公理，两个力平衡才能稳定，水不平就要流动，人不平就要鸣放。苏秦看出了这个道理，游说六国，抱定一个平字去立论，与近年孙中山的学说相似。他游说六国，经常用"宁可做鸡的嘴巴，不愿做牛的肛门"和"称霸东方，建筑帝王宫殿，接受帝王的帽子和腰带，主持春秋的祭祀"一类的话，来激动人们的不平之气。孙中山说，中国人连高丽、安南等亡国的人都不如，位置在"殖民地"之下，当称"次殖民地"。这论调是一样的，无非是激发人们不平罢了。

苏秦对付秦国的法子，是"把六国联合起来，秦国攻打某一国，其他五国便出兵相救"，这种办法与克鲁泡特金的"互助"之说是相合的。秦国虽然强大，但六国联合起来力量就比他大，这与达尔文"强权竞争"之说是相合的。苏秦把他的政策定名为"合纵"，更可寻味。齐楚燕赵韩魏六国，发出6根力线，采取纵的方向，向强大的秦国攻打，这明明是力学上的合力方式。他这个法子，比起管仲的政策，含义更深，所以必须体会许多年，才研究得出来。他一研究出来，自己深信不疑地说道："这的确可以拿去游说当今的国君了。"果然一游说便成功，六国的国君都听他的话。《战国策》说：在那个时候，普天之下，众多的百姓，八面威风的王侯将相，掌握实权的谋臣，都服从苏秦的政策。又说：苏秦游说诸侯国君，堵塞国君手下人的口，天下没有谁能与他相对抗。你想：战国时候，百家争鸣，是学术最发达的时代，而苏厚黑的政策能够风靡天下，没有真理能做得到吗？

管苏两位大厚黑家定下的外交政策，形式虽然不同，骨子里是一样的。都是联合众多的弱国去攻打强国，都是合力政策。然而管仲的政策取得成功，苏秦的政策最终归于失败，合纵的约定终于解散了。这原因在哪里呢？管仲和苏秦用的都是联合军队，凡是联军总要有负责的首领。唐朝九节度相州之战，尽管有郭子仪、李光弼等著名将领，最终归于失败，就是由于没有负责的首领。齐国是联军中的中坚分子，战争责任一肩挑起，其他诸侯国，处于协助的地位。六个诸侯国彼此处于对等的地位，不能互相统辖，缺乏重心，苏秦当"纵约长"，本来应该是六国的重心，无奈他这个人没有事业心，当初只因为受不了"妻子不下机杼，嫂子不做饭"的气，才发愤读书，等到佩戴了六国相印，可以傲视父母妻嫂，就志满意得，不再努力。你想，当首领的人都像这个样子，合纵怎能成功？假若让"管大厚黑"来当六国的"纵约长"，是绝对成功的。

苏秦的政策，确实是从学理上研究出来的，但后人反而鄙视他，这是什么缘故呢？这只怪他早生了两千多年，未能领教李宗吾的学说。他书房里陈列的书有几十箱，中间缺少了一部《厚黑丛话》，不知道"厚黑作为核心，仁义作为外表"的法子。他游说六国，纯粹从利害关系上立论，赤裸裸地把厚黑表现出来，忘记在上面糊一层仁义道德，所以他的学说就成为邪说，没有人去研究，这是很可惜的。我们用厚黑史观的眼光看去，他这个人学识有余，实行不足。他平生的事迹可分两截来看：从悬梁刺股起到当"纵约长"为止，这是一截，是学理上的成功。当了"纵约长"以后又是一截，是实行上的失败，前一截我们应当奉以为师，后一截应当引以为戒。

我们把春秋战国的外交政策研究清楚了，再来研究魏蜀吴三国的外交政策。三国中，魏国最强，吴国蜀国都弱。诸葛亮在隆中同刘备定的大政方针，是东联孙吴，北攻曹魏，联合两个弱国攻打一个强国，仍然是"苏大厚黑"的法子。史书上记载：孔明曾把自己比作管仲、乐毅。我请问读者一下，孔明治蜀国，大体上类似管仲治理齐国，他把自己比作管仲还说得过去，只是他生平政绩，没有一点与乐毅相似，把自己与乐毅相比，这是什么道理？这就很值得研究了。

从《战国策》来考证：燕昭王讨伐齐国，是联合五国的部队，任命乐毅当上将军，他是联军的统帅，与管仲辅佐桓公，统帅诸侯的部队去攻打楚国是一样的。燕王想讨伐齐国，乐毅献计策说：那齐国曾经称霸诸侯，也曾经很快地取得过胜利，兵士们武艺娴熟，习惯于打仗攻击。大王您假若想攻打齐国，那必须拿整个天下的力量去对付他。因此主张联合赵楚魏宋四国一起去攻打齐国。孔明在隆中对先帝说道：曹操已拥有100多万人马，挟天子以令诸侯，这确实不可和他争锋。因此主张：在西边和戎氏这些少数民族结好，在南面就对夷人越人采取抚慰政策，对东边就联合孙权，这样安顿好后再向北讨伐曹魏。这个政策与乐毅完全一样。乐毅曾奉燕昭王的命令，亲身赴赵国同赵国联盟和好，再联合楚魏宋等国的军队，才把齐国打败。孔明奉命入吴游说并联合孙权，共同在赤壁击破曹操，这举动也是一样，这就是孔明把自己比作乐毅的原因。至于管仲纠合众多的弱国，去讨伐最强大的楚国，与孔明政策相同就更不用说了。由此可知孔明联合伐魏的主张，不外是管仲、乐毅留下来的政策。

东汉末年，天子失去统治驾驭天下的能力，群雄并起，与春秋战国相似。孔明隐居南阳时，与那些名士们讨论天下大事。大家认定：曹操势力最强，不联合天下的力量就不能把他消灭，希望有春秋时的管仲和战国时的乐毅这类人出现。于是孔明就自认为有管仲、乐毅的本事，能够联合群雄攻打曹魏。这就是所谓"自比管仲、乐毅"了。不过古代史书很简略，只记载"自比管仲、乐毅"一句，把他和那些名士的议论一概删去了。等到刘先帝三顾草庐时，所有袁绍、袁术、吕布、刘表等，一一被消灭，仅剩一个孙权。所以隆中定的政策，是东联孙吴，北攻曹魏。这种政策是同诸位名士仔细讨论过的，所以孔明终身照这政策去实行。

"联合众多的弱国攻打强国"的政策，是苏秦琢磨多年，研究出来的，是孔明隐居南阳同诸位名士讨论出来的，中间含有绝大的道理。人们称赞孔明是王佐之才，却不知：孔明淡泊宁静，颇接近道家，他生平所读的，是最粗浅的两部厚黑教科书，第一部是《韩非子》，他的治国之术，纯粹是学习申韩，曾经亲笔写下申韩教授后主，申子的书失传了，等我谈厚黑政治时再谈。第二部是《战国策》，他的外交政策，纯粹是学习苏秦。

据《战国策》记载，苏秦游说韩王："我听说有句粗鄙的谚语说，宁可做鸡的嘴巴，不做牛的肛门。眼下大王您同西面的秦国交好而建立臣子一样的事业，这同牛的肛门又有什么不同呢？”韩王愤然变色，振臂握剑，仰天大怒道：“我即使去死，也一定不能侍奉秦国。”《三国志》记载：孔明游说孙权，叫他让部下收拾兵器和铁甲，面对北边向曹操投降称臣，孙权勃然大怒道，我不能拿整个东吴的土地，十万多人马，受别人控制。我们对照看看，孔明的策略，难道不是与苏厚黑一样吗？

“联合弱国，攻打强国”的政策，不是统筹全局，从大处着眼，是看不出来的。这种政策，在蜀国只有孔明一个人能了解，在吴国只有鲁肃一个人能了解。鲁肃主张舍去荆州，以便与刘备联合，他眼光的远大，差不多超过了孔明。蜀国的关羽、东吴的周瑜、吕蒙和陆逊，号称英杰，但都只看见眼前的小的利害关系，对于这种大政策，全然不了解。刘备和孙权，有相当的了解，无奈认识不那么清楚，有时拿不定主意，时而联合，时而破裂，破裂之后又再联合。最了解的人没有比得上曹操，他听见孙权把荆州借给刘备，二人实行联合了，当时他正在写字，听后手中的笔都落到地上了。其实孙权、刘备联合，不过是抄写苏厚黑的旧文章，曹操是千古奸雄，听了都要心惊胆战，这个法子的厉害也就可想而知了。

从上面的研究，可得出一个结论：“当今之世，诸葛亮如果再生，他的政策是退出国联，组织世界弱小民族的联盟，向帝国主义的国家进攻。”

我们提倡“弱小民族联盟”的议论，有些人听到后必定会非常害怕，以为帝国主义这样大，我们组织弱小民族联盟，难道不会触怒列强而立刻招致灭亡？这种疑惑是一般人所具有的。当时六国的国君，也有这样的疑惑。张仪知道六国君主内心胆怯，就乘势恐吓他们，说道：“你们如果这样干，秦国必定会如何如何地攻打你，我劝你还是面向西边侍奉秦国，将来有如何如何的好处。”六国听他的话，就联结在一起去事侍奉秦国，于是一个一个被秦国消灭掉。历史事实俱在，诸位试拿《战国策》仔细读一遍，就可以知道张仪对六国说的话，绝对像现在帝国主义恐吓弱小民族一样。六国相信张仪的话灭亡，那么为弱小民族考虑，何去何从，不言自明。

孔子、孟子谈道德，战国的策士却谈利和害。普通人只知有利害不知有道德，所以孔子、孟子终身没有被君王重用，策士一席游说便能立刻取得封侯拜相的荣耀。苏秦游说六国结成联盟，是从利害关系立论，说得娓娓动听，六国的君主言听计从。张仪瓦解六国的联盟，也是从利害关系立论，说得娓娓动听，六国的君主又是言听计从。请问同样是就利害立论，为什么极端相反的两种游说，都能打动人？它的不同之处是：苏秦说的利害，是就大而远的而言，张仪是就小而近的而言。常人目光短浅，只看到眼前的利害，即使关羽、周瑜、吕蒙和陆逊这样有才智的将领们，尚且不免被眼前小的利害所迷惑，何况是六国昏庸的国君，所以张仪的话，一说就见成效。由以后的事实证明，听从张仪的说法就是亡国，而苏秦的主张是对的。现在（编者注：指1936年）的论者，怕触怒列强，不能组织弱小民族联盟，恰恰走上张仪的道路。愿读者认真考虑！认真考虑！

苏秦与张仪是同学，自认为不如张仪，后来回到家中，悬梁刺股，琢磨多年，加上一番自修的苦功，他的学力于是超过张仪，说出的话确实有道理。孟子对齐宣王说：现在中国，土地方圆千里的国家有9个，齐国全部土地不过其中之一。以九分之一的力量跟其余的九分之八为敌，这和邹国跟楚国为敌有什么分别呢？这种说法同苏秦的合纵主张是一样的腔调。孟子讥讽公孙衍、张仪把顺从作为正确方法的主张是妾妇的学说，独独没有用这话讥讽苏秦。我们仔细加以研究，公孙衍、张仪教六国侍奉秦国，完全像小妾侍奉丈夫，以顺从作为正确方法，像苏秦那样反抗强暴的秦国，正是孟子所讲的“威武不能屈”的那种大丈夫。

孟子的学说，最富于独立性。我们读孟子答滕文公“事齐事楚”之问，答“齐人筑薛”之问，答“事大国则不得免焉”之问，独立精神，洋溢于纸上，假使让孟子生活在今世，绝对不会看列强的脸色行事，绝不会接受丧权辱国的条件。

宇宙真理，只要能够彻底研究，得出的结果，彼此是相同的，所以管仲“尊重周天子攘除外族侵入”的政策，用孔子的《春秋》来衡量是对的。苏秦“联合众多的弱国来抵抗一个强国”的政策，用孟子的学说来衡量也是对的。司马光著《资治通鉴》，也说到合纵是六国之利，证明苏秦的政策是对的。

我讲厚黑学有两句秘诀：“厚黑作为核心，仁义作为外表。”假如让我们明明白白地告诉大家说:“我学习苏秦联合六国的方法，组织弱小民族联盟。”一般人必定会诧异地说：“苏秦是讲厚黑的，是李疯子一流人物，他的话都信得吗？信了立刻会亡国。”我们改口说道：“这是孔子、孟子遗留下来的志愿，这是诸葛亮的政策，这是司马光的主张。”听众必定欣然接受。

大丈夫宁为鸡口，无为牛后，宁为玉碎，不为瓦全。我国是四万万民众的大国，在国联中求一个理事的席位都不能得到，事事都得看列强的脸色，亡国的患害迫在眉睫，与其坐着等待灭亡，不如奋起而去进攻。与其在国联中看列强的脸色，受列强的宰割，不如退出国联成为弱小民族的盟主，与列强作对等的周旋。按春秋战国的观点来看，即使打败了，也是光荣的，更何况绝对不会失败。

晋代李特来到四川，浏览了一遍山川形势，感叹道：“刘禅有如此江山，却投降别人，难道是庸才？”我国有这样的土地人民，却受到小小日本的钳制，千秋万岁之后，读史的人该会怎样议论我们？我哪里是喜欢讲厚黑啊，我是不得已罢了。我国四万万同胞，快快地厚黑起来，一致对外，全世界被压迫民族，快快地厚黑起来，向帝国主义进攻。

孙中山演说集，载有一段故事：日俄战争的时候，俄国把波罗的海的舰队调来，绕过非洲，走入日本对马岛，被日本打得全军覆没。这个消息传出来，孙中山正好从苏伊士河经过，有许多土人，看见孙中山是黄种人，现出很欢喜的样子来问道：“你是不是日本人啊？”孙中山说道：“我是中国人。你们为什么这样的高兴呢？”他们答道：“我们东方民族，总是被西方民族压迫，总是受痛苦，以为没有出头的日子。这次日本打败俄国，就如自己打胜仗一样，这是应该欢喜的，所以我们便这样高兴。”

我们试想：日本打败俄国，与苏伊士河边的土人何关？日本又从没说过要替他们解除痛苦的话。他们这种样子，世界弱小民族心理，也就可以想见了。威尔逊提出“民族自决”的口号，大受欢迎。我们组织弱小民族联盟，于“民族自决”之外，再加以“弱小民族互助”的口号，对内自决，对外互助，当然更受欢迎。且威尔逊不过徒呼口号而已。我们组织弱小民族联盟，有特设的机关来率领，更容易成功。

威尔逊“民族自决”的主张不能成功，是因为本身就是矛盾的。弱小民族，是被压迫者，威尔逊代表美国，美国是列强之一，是站在压迫者方面。威尔逊个人虽有这种主张，无奈美国人的立场不同。我国与弱小民族是站在一个立场，出来提倡民族自决，组织弱小民族联盟，彼此互助，是绝对成功的。

至于和会上威尔逊失败，那是由于威尔逊是教授出身，不脱书生本色，未曾研究过厚黑学。美国参战之初，提出十四条原则，主张民族自决。巴黎和会初开，全世界弱小民族，把威尔逊当如救世主一般，以为他们的痛苦可以在和会上解除了。哪知英国的路易·乔治、法国的克里孟梭，都是精研厚黑学的人，其中克里孟梭，绰号“母大虫”，尤为凶悍，初闻威尔逊鼎鼎大名，见面之后，才知黔驴无技，时时奚落他，甚至说道：“上帝十诫，你提出十四条，比上帝还多了四条，只好拿到天国去行使。”威尔逊只好忍受。后来意大利全权代表下旗归国，日本全权代表也要下旗归国，就把威尔逊吓慌了，俯首帖耳，接受他们的要求，而民族自决四字遂成泡影。

假令我这个厚黑教主是威尔逊，我就装痴卖呆，听凭他们奚落，坐在和会席上，一言不发，直到意大利下旗归国，日本下旗归国，已经出了国门，突然站起来，在席上拍一巴掌说道:“你们要这样干吗？我当初提出十四条原则，主张民族自决，你们认可了，我美国才参战，而今你们这样干，使我失信于美国人民，失信于全世界弱小民族，而今只好率领全世界弱小民族，向你们英法意日四国决一死战，才可见谅于天下后世。你‘母大虫’说我这十四条应拿到天国行使，你看我在一个星期内，用鲜血将这个地球染红，就从这鲜血中现出一个天国，给你‘母大虫’看！”说完，退出和会，应用我的“补锅法”，把“锅”敲破了再说，30分钟内，通电全世界，叫所有弱小民族一致起来，对列强反戈相向，由美国指挥作战。这样一来，请问英法敢开战吗？

当时（编者注：指第一次世界大战中）的事实都明摆着，我们不妨研究一下：德国战斗力并未损失，最感痛苦的，不过是食料被列强封锁，只要救济他的粮食，单是一个德国，已够英法对付。大战之初，英国、法国给殖民地许多权利，弱小民族才抛弃旧日的嫌怨，一致赞助。印度的甘地同他的党徒帮助英国，原想战胜之后可以抬头，哪知和会上列强食言，弱小民族正愤而含血喷天，有了威尔逊这样的主张，还有不立即倒戈的吗？加上美国是生力军，国家又富，英法精疲力竭，如果实行开战，可以断定：一个星期必定可以把英法打得落花流水，这个战火，请问英法敢打吗？如果要我美国不打，除十四条原则条条实行，并须加点利息，格外增加两条，为什么这样讲呢？因为你英法等国平素不讲信义，明明白白承认了的条件都要反悔，所以十四条之外，非要增加两条来作为保障不可。

威尔逊如果真是这样干，难道民族自决主张还不能实现吗？无奈威尔逊一见意大利和日本的使臣下旗归国，就手忙脚乱，用“锯箭法”了事，竟把千载一时的机会失去，可惜啊！可惜啊！不久箭头在里面陆续发作，我国东北四省无端地失去，阿尔及利亚无端受到意大利的摧残，世界第二次大战行将爆发，凡此种种，都因为威尔逊在和会席上少拍了一巴掌的缘故。可见厚黑学不可以不讲啊！

上述的办法，凭威尔逊的学识难道他不懂吗？即使说威尔逊是书呆子，不懂厚黑学，同威尔逊一起到和会的，有那么多专门人才，那么多外交家，一个个都是在厚黑场中来来往往的人，难道这种粗浅的厚黑技术都不懂得，还要等李疯子来吗？他们懂是懂的，只是不肯这样干，其原因就是弱小民族是被压迫者，美国是压迫者之一，根本上有了这种大矛盾，美国怎能这样干呢？

威尔逊提出“民族自决”四个字，与他本国的立场是矛盾的。日本是精研厚黑学的，看穿威尔逊有这个弱点，就在和会上提出“人种平等”的提案，朝着他的弱点攻击，那意思分明是“你会唱高调，等我唱个高调比你更高”。这本是厚黑的妙用，果然把威尔逊制一阵。然而威尔逊毕竟是天生聪明，他并没有读过厚黑学译本，居然懂得厚黑哲理。他明明知道民族自决的主张被本国所不允许，竟然大吹大擂起来，闹得举世震撼，这就是鄙人“办事二妙法”中的“敲锅法”。把锅的裂缝敲得长长的，乘势大出风头。直到意大利和日本全权代表要下旗归国，他就马马虎虎了事，这是办事“二妙法”中的“锯箭法”。威尔逊也就可以明明白白地告诉全世界，说：“民族自决的主张之所以不能得以贯彻，不是我不尽力，无奈环境不允许！无奈英法意日不允许！”这如同外科医生对别人说：“我之所以只锯掉箭杆而不取出箭头，不是我这个外科医生不尽力，而是内科医生袖手旁观，我无可奈何！”唉呀！威尔逊真是厚黑界的圣人！

中国八股先生有句话：“东海有圣人，西海有圣人，这个心是相同的，这个理也是相同的。”鄙人发明“敲锅法”“锯箭法”，这是先知先觉的东方圣人。威尔逊实行“敲锅法”“锯箭法”，在不自觉之中与我不谋而合，虽然不想被称作西方圣人，那是不可能的了。

我当时深深怀疑：威尔逊是个老教书匠出身，是一个书呆子，凭什么懂得“敲锅法”“锯箭法”？后来我多方考察，才得知他背后有一个军师——豪斯上校，是著名的阴谋家，是威尔逊的脑筋。威尔逊当选总统，他出力最多。威尔逊的内阁成员大半是他推荐的，所以美国绝交参战啦，山东问题啦，都是此公的主张。他专门唱后台戏，威尔逊不过是登场的傀儡罢了。威尔逊听信此公的话，等于刘邦听信张良的话。我们既然承认刘邦是厚黑圣人，那么称呼威尔逊是厚黑圣人也并非过誉。

一般人都以为巴黎和会，威尔逊的厚黑学失败了，却不知道威尔逊的失败，就是威尔逊的成功。他是美国第28任总统，试问：从前27位总统，读者诸君记得几个人姓名？我想除了华盛顿、林肯二人居大名以外，第三恐怕要数威尔逊了。不论别人如何评价，他总是历史上有名的人物。要问他从什么地方学到的，无非是善于运用“敲锅法”“锯箭法”罢了。假使他不懂厚黑学，那只不过是从前27位总统中，姓名若有若无，威尔逊三个字哪能显赫地摆在人们眼前，灌输进人们的耳朵里？由此可知：厚黑的功用大得很啊！成功了就可建树千古不朽的盛业，失败了也可以在宇宙中留下大名。读者诸君快快给我拜门，只要把脸皮弄得厚厚的，心弄得黑黑的，跳上国际舞台，包管你名垂宇宙，包管你把帝国主义打得弃甲丢兵而逃。

巴黎和会上集世界厚黑家于一堂，他们彼此勾心斗角，仿佛一群拳术家，在擂台上较量。

我们站在台下，把他们的拳法看得清清楚楚。应当用哪种拳法才能破他，台下的人一目了然，台上的人反漠然不觉。当初威尔逊提出“民族自决”的主张，大受弱小民族欢迎，深为英法意日所不喜，可知“民族自决”四个字可以击中列强的要害。等以后日本提出“人种平等”的提案，威尔逊就哑口无言，而“民族自决案”就无形中打消了。可知“人种平等”四个字可以击中欧美人的要害。我国如果出来提倡“弱小民族联盟”，把威尔逊的“民族自决”提案，和日本人的“人种平等”提案，融合成一炉来冶炼，难道不更足以击中他们的要害吗？

美国和日本，是站在压迫方面的，威尔逊主张的“民族自决”，日本主张的“人种平等”，不过口头拿来说说，并没有实行的决心，就已经闹得举世震惊，列强大骇；我国是站在被压迫方面，循着这个路子做去，口头上这样说，实际上也就这样做，并且猛力地去做，当然会收到很大的效果。

例如打仗，先要侦探一下，才知道敌人某处虚，某处实，已经把虚实明了了，然后才向他的弱点猛攻。陆逊大破“刘先帝”（编者注：指刘备）就是用的这种法子。刘先帝连营七百里，陆逊先攻一营不利，便对众人说道：“他的虚实我已经知道了，自有攻破他的方法了。”于是放火烧，刘先帝也就全军溃败。威尔逊提出“民族自决”的提案，举世震动，算是替弱小民族侦探了一下。日本提出“人种平等”的提案，就把威尔逊挟持着了，算是向列强略微地攻了一下。他们几个厚黑家，把自家的弱点尽情暴露出来，我们就向着这个弱点猛力攻击，当然就可以把他们这些帝国主义一举而摧灭。

“刘先帝”的失败，是由于连营七百里，战线太宽了，陆逊命令军士，每人拿一把火，隔一个营房，烧一个营房，同时行动，刘先帝首尾不能相顾，于是到了全军溃败的地步。列强殖民地太宽，就像“刘先帝”连营七百里一样。我国邀约世界弱小民族同时行动，等于陆逊火烧连营，遍地是火，列强首尾不能相顾，自然溃败。英国人自己夸口说：“凡是太阳照得到的地方，都有英国的国旗。”我们把“国际弱小民族联合会”组织好了，可以说：“凡是太阳照得到的地方，英国人都该挨打了。”“刘先帝”身经百战，骄傲矜持极了，以为陆逊是个少年，不把他放在眼里，不知陆逊能够忍辱负重，是厚黑学界的后起之秀，猛然而起，出其不意，把那位老厚黑刘备打得一败涂地。帝国主义者自信军械精利，不把我们放在眼里，骄傲矜持极了。我国备受欺凌，事事让步，忍辱负重已经到了十二万分，当然应学陆逊，猛然而起，奋力一击。

有人说，弱小民族，极其涣散，不易联合。这也不必忧虑，以历史证之：秦朝末年，天下苦于秦朝的苛政，陈涉（编者注：即陈胜，下同。）振臂一呼，山东豪俊，群起响应，立刻把秦灭了。这是什么道理呢？因为人人积恨秦朝已久，人人都想推倒他，心中发出的力线，成为方向相同的合力线，所以陈涉起事之初，并未派人去联络山东豪俊，而山东豪俊，自然与之行动一致。现在列强压迫弱小民族，苛刻暴虐的情形，比之秦朝，有过之无不及，秦朝亡国的条件，列强是具备了的。我国出来，当一个陈涉，振臂一呼，世界当然闻风响应。

我国（编者注：指国民党统治期之中国）连年内乱，其原因是由于国人的目光注射在国内之某一点，彼此的力线，成了横的方向，当然发生冲突。我们应当师法诸葛武侯，另提目标，使力线成纵的方向，国内冲突，立即消灭。问：“提什么目标？”答曰：提出组织弱小民族联盟之主张，全国人一致去干这种工作。如同射箭，以列强为箭垛，四万万人，有四万万支箭，支支箭向同一个箭垛射去，成了方向相同的合力线，每支箭是不生冲突的。安内也好，攘外也好，就成为二而一、一而二了。奉劝读者诸君，如果有志救国，非研究我的厚黑学不可。

日本的厚黑家，可以反向我说：据你说，吴蜀二国结下不解的深仇，诸葛武侯提出伐魏的说法，以魏为目标，二国立即和好。而今你们中国人仇视日本，我日本提出“中日联合，抵抗苏俄”的主张，以苏俄为目标，岂不与诸葛武侯联吴伐魏的政策一样吗？怎么你这个厚黑教主，还说要攻打日本呢？我说:你这话可以说不通之极！荆州本是孙权借与刘备的，孙权取得荆州，物归原主，吴蜀二国，立于对等地位，故能说联合伐魏的话。日本占据东四省，进窃平津，纯是盗贼行为，世间哪有同盗贼联合的道理？必须恢复了“九一八”以前的状况，荆州归还了孙权，才能说联合对俄的话。日本是入室的恶狼，俄国是卧门的猛虎，欧美列强，是宅左宅右的狮豹，必须把室中之狼驱逐出去了，才能说及门前的虎，才能说及宅左宅右的狮豹。

原载成都《华西日报》1936年1～2月

厚黑学再研究

我是八股学校的学生，中国的八股博大精深，真所谓具有宗庙的壮美，百官的富有。我废寝忘食地学习几十年，只能说是还在学习，不敢说是毕业。我作八股有两个秘诀：一是抄袭古本，二是作翻案文字。先生出了一道题，找一篇类似题目的文章，略略改换几个字，恭恭敬敬地写去，这就是抄袭古本。我主张弱小民族结合联盟，这是抄袭管仲、苏秦和诸葛亮三位的古本。人们说冬瓜做不得甑子(蒸饭用的器物)，我说：冬瓜能够做甑子，并且冬瓜做的甑子比世界上任何甑子还要好些。为什么呢？世界上的甑子只有里面的东西吃得，甑子吃不得，但冬瓜做的甑子，连甑子都可以当饭吃，这种说法，就是所谓翻案文字。我说：厚黑可以救国，等于说冬瓜可以做甑子，所以我的学说是切合实际能当饭吃的。

重复别人的语言，是做文章的一大忌讳，俾斯麦唱了一曲铁血主义的戏，全场喝彩；德国皇帝威廉二世重演一次，一败涂地；日本人接着再演，将来绝对一败涂地。诸君，请拭目观看今后事态的发展。

抄袭古本总要来得高明，诸葛亮治国学习申不害和韩非子，外交学习苏秦，明明他的思想里纵横家、杂家和法家的学派都兼而有之，但后人反说他有儒家的气象；他明明具备的是辅佐称霸、行霸道的才能，但后人反而说他具备的是辅佐称王、行王道的才能，诸葛亮可以算得上是抄袭古本的圣手。

撰写文章的人，经常喜欢写中试的文章，殊不知应当撰写落卷。铁血主义四个字，是俾斯麦的中试文章，我们千万不可撰写；民族自决四个字，是威尔逊的落第之卷；人种平等四个字，是日本的落第之卷，如果亲手恭敬地书写出来，一定会高高中试。“九一八”这类事与其向国联投诉，不如向非洲、澳洲那些落后民族投诉，向朝鲜、印度和缅甸那些亡了国的民众投诉。表面看来，这似乎是做翻案文章，其实是抄袭威尔逊的落第之卷，抄袭日本的落第之卷。

四川省没有修马路以前，我每次走路，见到推车的、抬轿的、挑担的，来来往往如蚂蚁一般，遇到宽坦的地方就安然过去，一到狭窄的马路就彼此大骂，你怪我走得不对，我怪你走得不对。我心中暗暗想道：何尝是走得不对，无非是路窄了的关系。

我国（编者注：国民党统治下的中国）的行政组织，政府集中在上面，无论你有哪种抱负，不掌握政权就施展不出来。于是你说我不对，我说你不对，其实不是不对，政治舞台地位有限，容不了许多人，等于走进窄路一般，无怪乎全国的志士之间吵闹不休。

拿外交来说，我们应当开辟一条极宽的路来走，不能把责任给予当局的几个人。什么是宽路呢？提出组织弱小民族联盟的主张，这个路子就极宽了，舞台就极大了，任你有多少人都容纳得下。在国外的商人、留学生和旅行家，都可以直接向弱小民族发起运动。在国内的，无论在朝在野，无论哪一界，都可以负担起种种工作。四万万人的目标，集中在弱小联盟这一点上，根根力线不互相冲突，这样一来，即使不谈合作，而合作自然地就在其中了。如果有这种宽坦的大路可走，那政治舞台只算一小部分，不需取得政权，那救国的工作也可表现出来。在野党，在朝的政党也就不用吵吵闹闹的了。

民主国家的人民是皇帝，无奈我国四万万人不想当英明的皇帝，大家都以阿斗自居，希望出一个诸葛亮，把日本打倒，把帝国主义打倒，四万万阿斗好坐享其成。我不禁大呼道，陛下错了，阿斗是亡国之君，有阿斗就有黄皓，诸葛亮千载难出一个，并且必须三顾以后才能出山，黄皓遍地都是，不请自来。

我们国家（编者注：国民党统治下的中国）之所以濒临危亡，正是由于全国的民众都以阿斗自居所至。

我只好照抄一句《出师表》里的话：陛下不应该过分地看轻自己。我们何不自己就当一个诸葛亮，自己当一个“刘先帝”。我这个厚黑教主不揣冒昧，自己就当起诸葛亮来。我写的《厚黑丛话》，就是我的“隆中对”。我希望读者诸君，大家都来充当诸葛亮，各人提出一种主张，四万万人就有四万万篇“隆中对”。同时我们又化身为“刘先帝”，成了四万万个刘先帝，把四万万篇“隆中对”加以选择。假使把李厚黑的“弱小民族联盟”选上了，我们四万万个“刘先帝”就亲动圣驾，做联吴伐魏的工作，想出种种法子去把非洲、澳洲那些落后国，与那朝鲜、印度和缅甸的亡国民众联成一气，向世界列强进攻。

想求得我国（编者注：国民党统治下的中国）的独立，必须先求得四万万人的独立，四万万根力线，挺然直立，根根力线，直射列强。在这种情况下，想让国家不独立，那也办不到了。问：四万万根力线怎样才能独立？答：先求思想独立。能独立才能合作，我国四万万人不能合作，是由于四万万人不能独立的缘故，不能独立就成为奴隶，奴隶只能受驱使罢了，有什么独立？有什么合作？

野心家办事，总是包揽把持，把众人看成是奴隶，他所谓的抗日，是率领奴隶来抗日。日本在东亚，包揽把持，把中国人当奴隶，他们所谓抗俄，是带领奴隶抗俄。既然没有独立的能力，哪有抵抗的能力？

所以我们要想抵抗日本，抵抗帝国主义者，就应当培植人民的独立性，不应当加重他们的奴隶性。我写这部《厚黑丛话》，千言万语，不过是教人思想独立罢了。

所以“厚黑国”的外交是独立的外交，厚黑国的政策是合力政策，军商政学各界的厚黑家把平日的本事直接向日本行使。这就是我所说的厚黑救国。

孔子对子夏说：你要去做个君子式的儒者，不要去做小人式的儒者。我教弟子们说：“你要做大厚黑，不要做小厚黑。”请问大小厚黑如何分别？张仪教唆六国互相攻打，这是小厚黑。孙权和刘备互争荆州，这是小厚黑。要管仲和苏秦的法子才算是大厚黑。日本侵占东北四省，占据平津，是小厚黑。欧美列强掠夺殖民地，是小厚黑。鄙人主张动员全世界弱小民族反抗日本和帝国主义，才算大厚黑。孟子说：小国本来就不可跟大国为敌。我们的大厚黑成功，日本和帝国主义的小厚黑当然就失败。

我国只要把组织弱小民族联盟定为外交政策，政府与人民打成一片，全国总动员，一致去做这工作，全国目光一致注视国外，组成了方向相同的合力线，不但内部纷争消灭了，并且抵抗日本和一切帝国主义，也就绰绰有余了。开战也行，不开战也行。可惜诸葛亮已经死了，恨不得把这位名士从地下请出来，与他细细地商榷。

我们一谈到弱小民族联盟，反抗列强，听者一定怀疑道：列强有那样的武力，弱小民族如何敌得过？殊不知战争的方式最多，武力只占很小一部分。以战争的进化说，最初只是戈矛弓矢，后来进化，才有枪弹，这是旧式战争。再进化有飞机炸弹，这是日本在淞沪之役用以取胜的，是墨索里尼在阿比西尼亚（编者注：即埃塞俄比亚）用以取胜的。再进化则为化学战争，有毒瓦斯、毒菌、死光等等，这是第二次世界大战，一般人所凛凛畏惧的。再进化就是经济战争，英国对意制裁，就是用这种战术。人问：经济战争之上，还有战术没有？我答道：还有，再进化则为心理战争。三国时马谡曾说：“用兵之道，攻心为上，攻城为下，心战为上，兵战为下。”这就是心理战争。心理战争的学说我国发明最早。战国时，孟子说：“天时不如地利，地利不如人和。”这是心理战的说法。又说：……那么邻国的人民，敬他像父母一样，率其子弟，攻其父母，自生民以来，未有能济者也，如此则无敌于天下。此心理战争之说也。我们从表面上看去，这种说法，难道不是极其迂腐的怪话吗？而不知道这是战术中最精深的学说，一般人想不到罢了。

现在列强并立的情形，很像春秋战国时代。春秋战国，为我国学术最发达时代，贤人才士最多。一般学者所倡导的学说，都是适应环境生出来的，都是经过苦心研究，想实际地解决时局，并不是徒托空谈，所以他们的学说很可供我们今日作参考。就以兵争一端而论，春秋时战争剧烈，于是孙子的学说应运而生，他手著的十三篇，所谈的是军事上最高深的学理。这是中外军事家所公认的。到了战国时代，竞争更激烈，孙子的学说已经成了普通常识。于是孟子的学说，又应运而生，发明了心理战争的原则，说道：“可使制梃，以挞秦楚之坚甲利兵。”无奈这种理论太高深了，一般人都不了解，以为世间哪有这类的事！哪知孟子死后，未及百年，陈涉（陈胜）揭竿而起，立把强秦推倒，孟子的说法居然实现，难道不是很奇怪的事吗？

现在（编者注：指1936年）全世界兵争不已，有识之士都认为非到世界大同，人民是不能安定的。战国时情形也是这样，所以梁襄王问：“天下恶乎定？”孟子对曰：“定于一。”也就是认为：非统一是不能安定的。但是用何种方法来统一呢？现今的人，总是主张武力统一，而孟子的学说则恰恰相反。梁襄王问：“怎么能统一？”孟子说：“不嗜杀人的人能统一。”主张武力统一的，正是用杀字来统一，孟子的学说，难道不又是极迂腐的怪话吗？后来秦始皇并吞六国，算是用武力把天下统一了，等到汉高祖入关，除掉秦的苛政，约法三章，从“不嗜杀”三字做去，竟把秦的天下夺了。孟子的学说，又居然实现，难道不更奇怪吗？楚项羽坑秦降卒20余万人于新安城南，又屠戮咸阳，烧毁秦国宫室，大火3个月不绝，其手段的残酷，岂不等于淞沪之役，日本用飞机炸弹任意轰炸，岂不等于墨索里尼在阿比西尼亚种种暴行吗？然而项羽武力统一的迷梦，终归失败，败在汉高祖手里。这是什么道理呢？因为高祖的谋臣，是张良、陈平，他二人是精研厚黑学的，懂得心理战争的学理，应用最高等战术，故把项羽杀死。这是历史上的事实，很可供我们的研究。

秦始皇和楚项羽，纯依恃武力，是用一个杀字来统一；汉高祖不嗜杀人，是用一个生字来统一。生与杀二者，极端极反，然而都有统一之可能，这是什么道理呢？因为凡人都怕死，你不服从我，我就杀死你，所以杀字可以统一；凡人都贪生，你如果拥护我，我可以替你谋生路，所以生字也可以统一。孟子说的：“不嗜杀的人能统一。”完全是从利害二字立论，从我的厚黑学看是行得通的，所以他的学说，能够生效。

当举世战云密布的时候，各弱小国的人民，正在走投无路，不知死在什么地方，忽然有一个国家，定出一种大政方针，循着这个方针走去，是唯一的活路，这个国家，岂不等于父母替子弟谋生路吗？难道不受弱小国的人民热烈拥戴吗？孟子说：“邻国之民，仰之若父母，率其子弟，攻其父母，自生民以来，未有能济者也。”就是基于这种原则生出来的。不过我这种说法，道学先生不承认的，他们认为：“孟子的学说，纯是道德化人，若掺有利害二字，未免有损孟子学说的价值。”这种说法，我也不敢深辩，只好同我的及门弟子和私淑弟子研究研究！

秦始皇、楚项羽，用杀字震慑人民，汉高祖用生字感动人民，人的天性，好生而恶死，故秦皇、项羽为人民所厌弃，汉高祖为人民所拥戴。秦项败，而汉唯独成功，都是势所必至，理有固然。由此知道杀字政策，敌不过生字政策。日本及列强，极力扩充军备，用武力镇压殖民地，是走的秦皇、项羽的途径。大战爆发在即，全世界弱小民族，正在走投无路，我们趁此时机，提倡弱小民族联盟，向他们说道：“这是唯一的生路，所谓民族自决，人种平等，就是扫灭帝国主义，唯有走这条路，才能实现，你们如果跟着列强走，将来大战爆发，还不是和第一次大战一样，只有更增加你们的痛苦。”我们倡出这种论调，弱小民族还有不欢迎的吗？我们获得弱小民族的同情，把“弱联会”组织起来，以后的办法就很多很多，外交方面，就进退自如了。

楚汉相争，项羽百战百胜，其力最强，高祖百战百败，其力最弱，而高祖终于把项羽打败，他有句名言：“吾宁斗智不斗力。”这就是楚汉成败的关键。汉高祖是厚黑界的圣人，他的圣训，我们应该细细研究。

日本和欧美列强，极力扩张军备，是为斗力，我们组织世界弱小民族联盟，采用经济战争和心理战争，是为斗智。我们也不是废去武力不用，只是专门研究经济和心理两种战争的方法，辅之以微弱的武力，就足以打倒帝国主义而有余了。

请问：汉高祖斗智，究竟用的什么法子呢？他在彭城大败而回，问群臣有什么策略，张良劝他把关以东之地捐给韩信、彭越、黥布三人，韩信为齐王，彭越为梁王，黥布为九江王。

高祖联合他们，仍是一种联军方式。高祖用主力兵，在荥阳城，与项羽相持，而使韩信、彭越等三人，从他方面进攻，项羽于是陷入重围。鸿沟议和后，项羽引兵东还，高祖追他，项羽还击，高祖大败，乃用张良之计，把睢阳以北之地划归彭越，陈以东之地划归韩信，于是诸侯之师，会于垓下，才把项羽杀死。由此知道：汉高祖所谓斗智者，还不是袭用管厚黑、苏厚黑的故智，起一种联军罢了。

我们从历史上研究，得出一种公例："凡是列国纷争之际，弱国唯一的方法，是纠合众弱国，攻打强国。"任是第一流政治家，如管仲、诸葛武侯诸人，第一流谋臣策士，如张良、陈平诸人，都只有走这一条路，已成了历史上的定例。然而同是用这种法子，其结果则有成有败，其原因在哪里呢？我们可再加研究。

我们在前面，曾举出五个实例：(一)管仲纠合诸侯，以伐狄、伐戎、伐楚，这是成了功的。(二)乐毅合五国之兵以伐齐，这是成了功的。(三)苏秦联合六国以攻秦，结果六国为秦所灭，这是失败了的。(四)汉高祖合诸侯之兵以攻项羽，这是成了功的。(五)诸葛亮倡吴蜀联盟之策，诸葛亮和孙权在时，尚能对抗曹魏，他二人死后，后人没有秉承遗策做去，而吴蜀二国，终为司马氏所灭，这也算是失败了的。我们就这五种实例推求成败的原因，又可得出一种公例："各国联盟，中有一国为主干，其余各国为协助者，就成功；各国立于对等地位，不相统属者，就失败。"齐之称霸，是齐为主干，其他诸侯则为协助；燕之伐齐，燕为主干，其他四国则为协助；汉之灭楚，汉高祖为主干，众诸侯为协助，所以都能成功。六国联盟，六国不能统属；吴蜀联盟，二国也不相统属，所以都被敌人所灭。我国组织弱联会，我国当然是主干，当然成功。

现在（编者注：指1936年）国际的情形，既然与春秋战国相似，我们就应该把春秋时"管厚黑"的方法和战国时"苏厚黑"的方法，融合为一而用之。管仲的政策，是尊周攘夷，先揭出尊周的旗帜，一致拥护周天子，把全国力量集中起来，然后才向外夷攻打，伐狄、伐戎、伐楚，各个击破。苏秦的政策，是合六个弱国，攻打一个强秦。我们可把全世界弱小民族，看作战国时的六国，把英法德美意俄日诸强国，合看为一个强秦，先用管仲的法子，把全国力量集中起来，拥护中央政府（编者注：指1949年以前的国民党政府），以整个的中国与全世界弱小民族联合，组织一个联盟会。等到这种联盟组织成功，就用堂堂之鼓，正正之旗，向列强一致进攻，他们帝国主义，自然崩溃。

有人问：中国内部这样的涣散，全国力量，怎能集中起来？我说：我所谓集中者，是思想集中，全国人的心理，走在一条线上，不必定要有何种形式。例如：我李疯子提出"弱小民族联盟"的主张，有人说这种办法是对的，又有人说不对，大家写些文字，在报章杂志上讨论，结果一致认为不对，则不用说，如一般人认为对，政府也认为对，我们就实行下去。如此，则不说拥护中央政府，自然是拥护中央政策，不说全国力量集中，自然是全国力量集中。所以我们要想统一全国，当先统一全国思想。所谓统一思想者，不是强迫全国人之思想必须走入某一条路，乃是使人人思想独立，从学理上、事势上彻底研究，大家公认为某一条路可以走，才称之为思想统一。

有人责问我道：你会讲厚黑学，联合弱小民族，向列强进攻，难道列强不能讲厚黑学，一齐联合起来，向弱小民族进攻吗？我说：这是不足忧虑的，证以过去的历史，他们这种联合，是不能成功的。

战国时，六国联盟，有人批评说："连鸡不能俱飞。"六国的失败，就是这个原因。如果列强想联合起来，对付弱小民族，恰犯了连鸡不能俱飞的弊病。俗话说："蛇无头而不行。"列强不相统属，寻不出首领，叫做无头之蛇。我们出来组织弱小民族联盟，我国是天然的首领，是谓有头之蛇。列强与列强，利害冲突，矛盾之点太多，步调断不能一致，要联合，是联合不起来的。弱小民族，利害共同，彼此之间，寻不出丝毫冲突之点，一经联合，团体一定很坚固。

上次大战（编者注：指第一次世界大战），列强许殖民地许多权利，战后食言，不但所许利益不能得，反而增加许多痛苦。殖民地含恨在心，如果大战重开，断难得殖民地的赞助，且或乘机独立，这是列强所担心的。日本精研厚黑学，看破此点，所以"九一八"之役，悍然不顾，硬以第二次大战相威胁，列强相顾失色。其中英国殖民地更宽，怕得更厉害，因此国联只好牺牲我国的东北地区，任凭日本为所欲为。德国窥破此点，乘机撕毁和约，英法也无可奈何；墨索里尼窥破此点，以武力压迫阿比西尼亚，英国也无可奈何。其唯一的方法无非是以第二次大战相威胁而已，无非是厚黑学而已。

世界列强，大讲其厚黑学，看这个趋势，第二次世界大战是断不能避免的。

战争结果，无论谁胜谁负，弱小民族总是供他们牺牲的。我们应该应用厚黑哲理，趁大战将发未发之际，赶紧把弱小民族联盟组织好，乘机给列强一种威胁，这个大战，与其由列强造成，弱小民族居于被动地位，毋宁由弱小民族造成，使列强居于被动地位。明明白白告诉列强道："你不接受我们弱小民族的要求，我们就把第二次大战与你们造起来。"请问世界弱小民族，哪个敢谈这个话呢？这恐怕除了我国，再没有第二个。请问我中国怎敢谈这类强硬话呢？那就非联合世界弱小民族为后盾不可。

从前陈涉起事，曾经说过：逃走是死，起事也是死，同是一死，不如起事好了。弱小民族今日所处地位，与陈涉相同，大战所以迟迟未发的原因，由于列强内部尚未准备完好，与其坐受宰割，毋宁先发制人，约集全世界弱小民族死中求生。不然他们准备好了，大战一开，弱小民族就永无翻身之日了。

全世界已划为两大战线，一是压迫者，一是被压迫者。孙中山讲民族主义，已断定第二次世界大战是被压迫者对压迫者作战，是十二万万五千万人对二万万五千万人作战。所以我们应当秉承孙中山遗教，纠集被压迫的十万万四千万人，向帝国主义四万万六千万人作战，才算顺应进化的趋势。现在这伙强盗，互相火并，乃是全世界被压迫民族同时起事的好机会，我们平日练习的厚黑本事，正好拿出来行使，以大厚黑破他的小厚黑。不然，第二次大战仍是列强与列强作战，弱小民族，牵入漩涡，受无谓的牺牲，岂不违反中山遗训吗？岂不违反进化公例吗？

我讲厚黑学，分三步工夫，诸君想还记得。第一步：面皮之厚，厚如城墙；心肝之黑，黑如煤炭。第二步：厚而硬，黑而亮。第三步：厚而无形，黑而无色。日本对于我国，时而用劫贼式，武力侵夺，时而用娼妓式，大谈亲善，狼的狠毒，狐的骚媚，二者都具备。所谓厚如城墙，黑如煤炭，他是做到了的，厚而硬，也是做到了的，惟有黑而亮的工夫，他却毫未梦见。曹操是著名的黑心肝，但招牌透亮，天下豪俊奔集到他门下，他是绝世奸雄，却处处觉得可爱，令人佩服。日本则"心肝与招牌同黑"，成了世界公敌，如蛇蝎一般，任何人看见，都喊"打！打！"所以日本人的厚黑学越讲得好，将来失败越厉害。什么原因？黑而不亮的缘故。他只懂得厚黑学的下乘法，不懂上乘法，他同不懂厚黑学的人交手，自然处处获胜，若遇着名手，当然一败涂地。

我讲厚黑学，不是有"锯箭法"和"敲锅法"吗？我们把弱小民族组织好了，就应用"敲锅法"，手拿"铁锤"，向那些国家说道："信不信，我这一'锤'敲下去，叫你这'锅'立即破裂，再想补也补不起。"口中这样说，但手中的"铁锤"是想敲下来，又不敲下去，这当中有无限的妙用。如果列强不理睬，就略略"敲"一下，使"锅"上的裂痕增长一点，再不理睬，就再"敲"一下。如果日本和其他列强要倒行逆施，宰割弱小民族来满足他们的欲望，我们就一"锤"敲下去，把裂痕增加到无限长，集合全世界被压迫人民，一齐行动起来，十二万万五千万被压迫者，对二万万五千万压迫者作战，那么孙中山先生的主张于是得以实施。但我们首先应组织弱小民族联盟，把"弱联"组织好，然后铁锤在手，操纵自如，在国际上才能平等自由。

敲锅要有艺术，轻不得，重不得：敲轻了锅上裂痕不能增长，是无益的，敲重了裂痕太长，补不起，要想轻重适宜，非精研厚黑学不可。戏剧中有"补缸"一出戏，一锤子下去，把缸子打得粉碎。这种敲法，未免太不高明。我们在国际上如果这样干，真是疯子外交，哪里能够谈厚黑学？

外交上，原本是"锯箭法"和"敲锅法"二者互用，如车的两只轮子，飞鸟的一双翅膀，不可偏废。我国外交的失败，那病根在于专门用"锯箭法"。自从五口通商以来，所有的外交无一不是"锯箭杆"了事。"九一八"以后尤其显著，应该添一个补锅法才合外交方式。我们组织弱小民族联盟就是应用“补锅法”的学理产生出来的。

现在日本人的花样层出不穷，杀得我国（编者注：指国民党统治下的中国）只有招架之功，并无还手之力，并且想招架还不能。我们应该还他一手，竖起“弱小民族联盟”的旗帜。你会讲“大亚细亚主义”，想把中国吞下去，进而侵略亚洲各国，进而窥视全世界，我们就讲“弱小民族联盟”，以中国为主干，联合马来西亚、朝鲜、缅甸、泰国、印度、澳洲和非洲等一切弱小民族。日本把一个大亚细亚主义，大吹大擂，我们也把一个弱小民族联盟，大吹大擂，这才是旗鼓相当，才足以帮助把“补锅法”运用到极点。

1913年，我在某机关任职，后来该机关裁减员工，我向同乡陈建人借50元钱，做回家的打算。他回信说道：“我眼下无钱，好在为数不多，特向某人转借，凑足50元给你送来。”信末附一首诗：“五十块钱不为多，借了一坡又一坡，我今专人送与你，格外再送一首歌。”

我读了，诗兴勃发，不可遏止，立即回复一封信说：“捧读佳作，做回家的打算，令我大发诗兴，奉和一首，按您的原韵去写。只要求表达意思罢了，并不顾及做诗的工夫。您若不信，有诗为证。诗中说道：‘厚黑先生手艺多，哪怕饭碗滚下坡。讨饭就打莲花落，放牛我会唱山歌。’诗写成后。余兴未完，又作一首：‘大风飞扬啊饭碗滚下坡，收拾行李啊回老窝，哪里能找到猛士啊守住砂锅。’我走出东门，来到石桥赶船，望见江水滔滔，诗兴又来了，又作一首诗：‘风萧萧兮江水寒，饭碗一去兮不复还。’”

古今丢了饭碗的人，听到这些歌，一定会同我一起放声痛哭。

近来（编者注：1936年）军政各机关，常常起大风，饭碗一批一批地向坡下滚去。许多朋友向我叹息道：“哪里能找到猛士啊守住砂锅。”我说道：“我的学问现在长进了，砂锅不需要守，也不需要请猛士，只要把你的手杖向对方的砂锅一敲，他的砂锅被打破，你的砂锅于是岿然独存。你如果没有敲破对方砂锅的本事，自己的砂锅也就断然不能保存。”

东北四省及其他地方被日本占去，国人都有“饭碗一去不复还”的感觉，看见日本在华北华南疯狂地侵略，又同声说道：“哪里能找到猛士啊守住砂锅。”这都是我前些年的见解，应当纠正。饭碗与砂锅是一个事物的两个名字。日本人想把我国的“饭碗”打破，把里面的“饭”倒进他的“砂锅”内，国人只知道用双手掩护住“饭碗”，真是干的笨事。我国四万万人，各人拿一根“打狗棒”，向日本的“砂锅”敲去，包管发生奇效。问：“‘打狗棒’怎样敲法？”答：“组织弱小民族联盟。”

我们对于日本应采取攻势，不应该采取守势。对于列强应采取威胁式，不采取乞怜式。我们组织弱小民族联盟，就是对日本采取攻势，对列强采取威胁式。日本侵略我国，列强抱不平，对我国表示同情，难道是怀有好意吗？难道是真的站在公理的立场上吗？日本希望是独占，列强希望是共管，方式虽然不同，但他们都是厚黑却是一样的。为我国（编者注：指国民党统治下的中国。）前途考虑，应该极力联合世界弱小民族，促成世界大战，被压迫者对压迫者作战，全世界弱小民族共同作战，把列强的帝国主义打破，就是把列强的砂锅打破，弱小民族的“砂锅”才能保存。

我是害了两种病的，一曰疯病，二曰八股病。而我之疯病，是从八股病生出来的。八股家遇着长题目，头绪纷繁，或者合几章为一题，其作法，往往取题中一字，或一句，或一章做主，用以贯穿全题。曾国藩是八股的英雄，其论作文的方法说：“万山磅礴，必有主峰，龙衮九章，但挈一领。”这句话，通于治国，适用于厚黑学。我国内政外交，处处棘手，财政军政，纷如乱丝，这就像八股家遇着了合数章书的长题目，头绪纷繁，无从着笔。如果枝枝节节而为之，势必费力不讨好，所以我们解决时局，就该应用八股，寻出问题的中心点，埋头干去，纷乱的时局，自必井然就绪。我们做这篇八股，应该提出抗日二字为中心点，基于抗日的主张，生出内政外交的办法。内政外交的方针既定了，一切措施，都与这个方针适应。我以后所写文字，就本此主张写去，但我从满清末年，就奔走宦场，发明求官六字真言，做官六字真言，八股一道，荒废已久，写出的文字，难免不通，希望八股老同志纠正纠正。

科举时代的规则，作八股必尊朱注，试场中片纸不准夹带，应考的人，只好把朱子的《四书集注》读来背得，所以朱子可称为八股界的老祖宗。而他解决时局的办法，是很合八股义法的。

他生在南宋，第一次见宋孝宗就说道：当今之世，要首先认定：金人是我不共戴天之敌，断绝和议，召还使臣，这层决定了，一切事才有办法。一般怀疑的人，都说根本未固，设备未周，进不能图谋恢复，退不能谋划防御，故不得已而暂时与金人讲和，以便从容准备，殊不知这话大错了。其所以根本不固，设备不周，进不能攻，退不能守的原因，正由于有讲和的缘故。一有讲和之说，则进无决死之心，退有迁延之计，其气先馁，而人心遂涣然离散。故讲和之说不罢，天下事无一可成。为今之计，必须闭门绝和，才可激发忠勇之气，才可言恢复。

这是朱子在隆兴元年对孝宗所说的话。他这篇文字，很合现在的题目，我们可以全部抄用。首先认定日本是仇国，使全国人有了公共的目标，然后才能说“对内团结，对外抵抗”的话。我国一般人，对于抗日，本下了最大决心，不过循着外交常轨，口头不能不说说亲善和调整这类话，不知亲善和调整这类名词，是西洋的八股话，对于中国全不适用，它的弊害，朱子说得很明白。

国人见国势日危，主张保存国粹，主张读经，这算是从根本上治疗了。八股是国粹的结晶体，我的厚黑学，是从八股出来的，算是根本的根本。我希望各校国文先生，把朱子对孝宗说的这段文字选给学生读，培养点中国八股知识，以便打倒西洋八股。

中国的八股有很深的历史，中国的文人包含浸润在里面如鱼得水，所以今天人们的文章，用鼻子闻闻，大都发出八股气味，酸溜酸溜的。章太炎的文章是韩慕庐一类的八股;严复的文章是管韫山一类的八股;康有为的文章是“十八科闱墨”一类的八股；梁启超的文章是“江汉炳灵”一类的八股；鄙人的文章是小社交场中截答题一类的八股。当代文豪们则是《聊斋》上的贾奉雉，得了仙人的指点，高中经魁一类的八股。“诸君莫笑八股酸，八股越酸越革命”，黄兴、蔡松坡是秀才；吴稚晖、于右任是举人；谭延闿、蔡元培是进士翰林！我所知道的同乡同学，几个革命专家，廖绪初是举人，雷铁崖、张列五、谢慧生是秀才。唉呀！真是盛大啊！八股的功用真是大啊！清朝末年，一伙八股先生起来反清革命，我非常希望今天的爱国志士，放一把火把西洋八股烧掉，转过头来研究中国的八股，才好与我们的仇敌日本战斗到底。

唐宋八大家中，我最喜欢三苏，因为苏氏父子都懂得厚黑学。老泉(苏洵的号)的学说出自于申不害和韩非子，申不害的书没有流传下来。老泉的《嘉祐集》中的一切议论，极其类似韩非子，文笔的犀利深刻，也很相似。老泉很擅长谈论兵法，他对于孙子也很有研究。东坡的学说属于战国纵横家之类，熟悉人情世故，明白利害关系，所以无疑是位辩才，嬉笑怒骂皆成文章。他写文章诙谐诡谲，汪洋恣肆，也与《战国策》的文章相似。子由(苏辙的字)对老子有很深的研究，著有《老子解》，明朝李卓吾有这样一句话：注解《老子》的人有很多，但子由的成就最高。子由的文章汪洋淡泊，在八大家中最为平易。对于老庄的著作钻研得深，他们的文章当然就有这样大的成就。

《孙子》、《韩非子》和《战国策》可说是古代厚黑学的三部教科书。《老子》一书包含的厚黑哲理尤其宏大丰富。诸君如果想研究孔子的学说，那么孔子所研习的《诗经》、《书经》、《易经》不可不熟读。万一想研究厚黑学，只读我的作品，不过等于读孔子的《论语》。必须往上读《老子》、《孙子》、《韩非子》和《战国策》诸书，就像儒家的读《诗经》、《书经》和《易经》。把这些书读熟了，再参考着读些《二十四史》和现今东西洋事变，融会贯通，那就有得厚黑博士的希望了。

有人问我：厚黑学三字适宜用哪几个字作对子？我说：用道德经三字来相对。李老子的《道德经》和李疯子的《厚黑学》，不但字面可以相对，实质上原本是相通的。从哪里可以证明呢？有朱子的话可作证，《朱子全书》中说：老子的学说最讲一个忍字。他悠闲时看上去似乎是个虚无、卑微、柔弱的人，但到紧要关头爆发出来，便叫你支持不住，像张良就是这样的人。张良学的都是老子的一套，例如蛲关一战，与秦联合了，但忽然乘秦军松懈袭击他们；鸿沟的约定，与项羽讲和了，但忽然率领部队转过头来杀项羽的军队。这就是从卑微、柔弱中爆发出来的力量，可怕！可怕！他的计策不必多，只消这样的两三处，高祖的帝业就可建成了。

依朱子这样说，老子的一部《道德经》，岂不明明是一部《厚黑学》吗？我在《厚黑丛话》卷二的末尾曾说："苏东坡的《留侯论》，全篇以一个厚字立论。"朱子就直接将张良的黑字揭示出来，并探本求源，说是根源出自于老子，这个论断特别精辟周全。朱子认为"蜣关鸿沟"这些狠心事，是卑微、柔弱的人的爆发处，足以知道厚黑二者，原来是一贯的事。

厚与黑是一个物体的两个方面，脸厚的人可以变成黑心肝的人，黑心肝的人也可变成脸皮厚的人。朱子说："老子的学说最讲一个忍字。"他以一个忍字总起来概括厚黑二者。

把忍用于自己可以说他是脸皮厚，把忍用于别人可以说他心肝黑。把忍用于自己，所以悠闲时他看上去显得虚无、懦弱；把忍用于别人，所以发出来的力量叫你支持不住。

张良替老人捡起鞋子，跪着替老人把鞋穿到脚上，这就是把忍用于自己。"蜣关鸿沟"，背弃盟约，置人于死地，这就是把忍用于别人。由此看来厚和黑来自同一源泉，二者可以互相转变。

我特别告诉读者，假如有人在你面前胁肩谄笑，事事讨好，你必须谨防他转变成为黑心肝，你有朝一日忽然失势，首先向井里扔石头的就是这类人。又假如有人在你前面肆意侮辱，表现得极不近情理，你也不需怨恨，你有朝一日忽然得志，他自然会变成为厚脸皮，在你面前事事讨好。历史上这类事很多，诸位自己去考证。

我发明厚黑学，进一步研究得出一条定理:心理变化遵循力学公理而运行。有了这条定理，厚黑学就有哲学上的根据了。水的变化纯粹是依照力学公理，而发生变化，有时缓慢地流，有东西挡在前面，总是绕过它流过去，总是向低处流，可以说世界卑微柔弱的东西没有比得过水的。有时发狂似的奔流，那排山倒海的气势，任何事物都不能阻挡它，阻挡它就会立刻被摧毁，又可以说世间最凶悍的东西没有比得过水的。老子的学说原本就是从这种学理的基础上产生出来的。他曾经说过:天下的物体没有比水更柔弱的了，但能摧毁坚固的物体的，没有能超过水的。诸君如果能把这个道理融会贯通，就可以知道原来老子的《道德经》和鄙人的《厚黑学》是没有什么差别的。

把忍用于自己就叫做脸皮厚，把忍用于别人就叫做心肝黑，对人来说是这样，对水来说也是这样。缓慢地向前流，绕开物体向前流，这就是把忍用于自己的说法。发怒似的向前奔流，人或别的物体阻挡它，立刻会被它摧毁，这就是把忍用于别人的说法。绕开物体向前流和摧毁人与物体，现象虽然不一样，道理实际上是一样的。人事与物理可以相通，心理与力学可以相通。明白这些道理，然后就可以读李老子的《道德经》，然后就可以读李疯子的《厚黑学》。

老子的学说，纯粹是从水效法来的，《道德经》中谈到水的地方不止一处。例如他说：最善的人像水一样。水善于使万物得到利益而不与它相争，它处于众人厌恶的地方，所以能接近于"道"。又说："江海能够成为百川之王的原因，是它善于处在低下的地位，所以能成为百川之王。水的变化遵循力学公理而运行，老子对水深有感受，所以他的学说用力学公理去衡量，没有不一一吻合的。正因为如此，宇宙万事万物，于是逃不出老子学说的范围，也原本是逃不出厚黑学范围的。

老子说：我的话很容易懂，也很容易照着去实行，但天下没有谁能懂，没有谁能实行。这几句话，简直是他老人家替厚黑学做的赞语。脸厚心黑哪个不知道？哪个不能做？这就是所谓的"很容易懂，很容易实行"。然而厚黑学三个字，书籍中从未见到过，必定要等待李疯子出来才发明，这难道不是"天下的人们都不懂"的明证吗？我国受日本和列强的欺凌，"管厚黑"、"苏厚黑"的法子都在，不敢拿来实行。厚黑圣人勾践和刘邦对付敌人的先例都在，也不一一加以研究，这难道不是"天下的人们都不能实行"的明证吗？

我发明的厚黑学是一种独立的科学，与诸子百家的学说绝不相同，但是从融会贯通的角度来看，又可以说诸子百家的学说无一不与厚黑学相通。我所讲的一切道理，无一不是别人说过，我也没有新发明。我在厚黑界的位置，只好等于你们儒家的孔子。孔子师法尧舜，把他们的观点加以陈述，效法周文王和周武王，述而不作，信而好古，他也没有什么新的发明。

但严格地来说，儒家学说与诸子百家又绝对不相同。我的厚黑学，也是如此。孔子说：了解我的那只是因为有《春秋》啊，责难我，那也是因为《春秋》啊。鄙人也说："了解我的，那只是因为《厚黑学》啊，责难我，那也是因为《厚黑学》啊。"

老子也是一个"述而不作，信而好古"的人，他书中如"建言有之"，如"用兵有言"，如"古所谓"等一类的话，都是明明白白的引用古书。依照朱熹的说法，《老子》一书，确实是一部《厚黑学》。而老子的说法，又是古人遗传下来的。可见我发明的厚黑学，真是贯通古今，可以在鬼神面前受到质问也提不出什么疑点。百年以后圣人出来也不困惑。

根据学者的考证，周秦诸子的学说，没有一个不是渊源于老子。因此周秦诸子，没有一个不带点厚黑学的气味。我国诸子百家的学说，应当以老子为总代表，老子之前，如伊尹，如太公，如管子等人，《汉书·艺文志》都把他们列入道家，所以在老子之前的和在老子之后的，都脱离不了老子的范围。周秦诸子中，最末的一个人是韩非子。与韩非同时代，虽然有《吕览》一书，但此书是吕不韦的食客纂写的，是一部文摘性质的书，找不出作者的姓名，所以周秦诸子应当以韩非为最末一个人。韩非的书中有《解老》、《喻老》两篇，把老子的话一句句的解释，称呼老子为圣人。他的学问是直接继承阐述老子的。所以说："刑家和名家来源于老子的《道德经》。"由此可知，周秦诸子从始到终，都是在研究厚黑学这种原理，不过没有发明厚黑这名词罢了。

韩非的书，对于各家学说都有评价，足以知道他对于各家学说，都一一研究过，然后才独创自成一派的学说。商鞅谈变法，申不害谈权术，韩非就把变法和权术两者合而为一，成为周秦时代法家一派中集大成者。据我看来，他实在是周秦时代集中了厚黑学之大成者，不过那个时候没有厚黑这个名词，一般评论者，只好说他残酷、刻薄少恩罢了。

老子在周秦诸子中，像昆仑山一样，一切山脉都从此生出。韩非就像东海，是许多河流的总汇处。老子谈的是厚黑的法则，韩非谈的是厚黑的运用。其他诸子中的每一个人，就分别是一支支山脉，或一条条河流，对于厚黑哲理都有所发明。

道法两家的学说，原来根本上是相通的。收敛时就成为老子的清静无为，爆发时就成为韩非子的刻薄少恩。其中的关键，许多人都看不出来。

朱熹是好学深思的人，他一人看破这点。他指出张良的令人可怕之处，恰恰正是张良卑微柔弱之处，这真算是一针见血的评语。卑微柔弱，是收敛时的表现形式，也就是我所说的脸厚;令人可怕，是爆发时的表现形式，也就是我所说的心黑。厚与黑，原本就不能分开成为两种东西。

道法两家，原本就是由一个原则贯穿着的。所以司马迁撰写《史记》，把老子、庄子、申不害和韩非子合到一个传记中来写。后代执一孔之见的儒生们，只知道有一个孔子，对于诸子百家的学术源流茫然而不了解。甚至有的儒生说，把李耳(即老子)与韩非子放在同一个传中来写是不伦不类，竭力诋毁辱骂司马迁失实，真是说梦话。司马迁同他父亲司马谈，是道家一派的学者，所撰写的《六家指要》，字字是内行话。他们议论大道理时把老子放在前面，老子是司马迁最崇拜的人。他把老子和韩非子安排在一个传记中来写，难道是没有道理吗？还需要留待后人去替老子打抱不平吗？这些人连老子和韩非子的关系都不了解，哪能谈得上看懂厚黑学，难怪"李厚黑"又被人称作李疯子！

厚黑这个名词，古代没有，但这种道理古今中外人人都见得到。有看见全体的，有看见一部分的，有看得清清楚楚的，有看得依稀恍惚的。因为所见到的形式千差万别，所以拟定的名词也就千差万别。老子见到了，给它起名叫"道德"；孔子见到了，给它起名叫"仁义"；孙子见到了，给它起名叫"庙算"；韩非子见到了，给它起名叫"法术"；达尔文见到了，给它起名叫"竞争"；俾斯麦见到了，给它起名叫"铁血"。其他哲学家，各有自己的见解，各有自己起的名字，真可说是："横看成岭侧成峰，远近高低各不同，不识庐山真面目，只缘身在此山中。"

周秦诸子没有一个不是研究厚黑学的，只有老子的见解最深，所以他说的话最为玄妙。如果不是朱子(即朱熹)这类好学深思的人，就看不出老子的学问。不是张子房(即张良)这类有仙骨又得到仙人指点的人，就不能把老子的学问运用得圆转自如。

周秦诸子，表面上是百鸟争鸣，骨子里是都在研究厚黑哲理。他们各家的学说能不能适用，凭所包含厚黑成分的多少来断定。《老子》和《韩非子》二书，完全是谈厚黑学，所以汉文帝推行老子的学说，国泰民安，成为三代(夏、商、周)以来天下第一的政绩；诸葛亮用申不害、韩非子的法家原理治理国家，他的丞相事业被古今人们所称赞；孙武、吴起、苏秦和张仪对于厚黑哲理都精心研究并各有心得收获，所以孙武、吴起率领的军队，战必胜，攻必取；苏秦、张仪出面游说，天下风靡。

由此可知：凡是一种学说包含有厚黑哲理的，一旦实施，社会上立即发生重大影响，儒家高谈仁义，仁接近于脸厚，义接近于心黑，他们所学到并掌握的厚黑与真正的厚黑相比只不过近似罢了。所以用儒家学说治理国家，不痒不痛，社会上养成一种大肿病。儒家勉强地自我解释说:“推行王道不能期望收到短期的功效。”请问汉文帝在位不过二三十年，诸葛亮治理蜀国也仅20年，都在短期内收到大的功效，这是怎么回事呢？难道汉文帝是用的霸术吗？诸葛亮难道不正是后代儒生称赞为具有辅佐国君推行王道的才能的人吗？这究竟是什么道理？请问儒生们有什么根据？尽管对我来说清楚。厚黑是人的天性中本来就有的东西，周秦诸子没有一个人看不到这一点。我也不能说儒家没有看到，可惜看到的太少。这也是儒家学说“博而寡要，劳而少功”的缘故了；也就是儒家学说“太迂腐，对于解决人情世故起不了作用”的缘故。

老子、申不害和韩非子，是厚黑学的嫡派，孔子、孟子是反对派。我国二千多年来，除了汉文帝、汉景帝、蜀国的诸葛亮和明朝的张江陵以外，都是厚黑学的反对派执政，无怪乎安定的日子少而动乱的日子多。

我最恨的是厚黑学没有发扬光大，以致把好好的一个中国（编者注：指国民党统治下的中国）闹得这样糟。所以奋然而起，大声疾呼，期待唤醒众人。每天在报纸上把厚黑丛话写上一二段，等于开办了一个厚黑学的函授学校。经过我这样的努力，果然生了点效。许多人向我说道：“我把你所说的道理，用亲身经历的事情来验证，果然不错。”又有几个朋友说：“我用你发明的原则去读《资治通鉴》，读了几本，觉得处处都符合。”我听见这类话，知道一些人已经有了厚黑常识，程度渐渐增高，我讲的学理不能不加深点，所以才谈到周秦诸子的学说，以此体现我发明的厚黑学不但用一部《二十四史》来验证处处符合，就是用周秦诸子的学说来验证也没有一处不相合。读者诸君如果有志于这个学说的，请细细研究。

教导学生，要用启发式、自修式，最坏的是注入式。我1912年发表《厚黑学》，只举了曹操、刘备、孙权、刘邦、司马懿几个人为例，其余的让读者自己去搜寻。我的《厚黑经》和《厚黑传习录》，也只简简单单的举出纲要，没有一一详说，恐怕变成注入式，致使读者减低了自修能力。这次我说周秦诸子的学说都包含有厚黑哲理，也只能说个大概，让读者自己去进一步研究。

《诗经》、《书经》、《易经》、《周礼》、《仪礼》等书，是儒家的经典，凡想研究儒学的，这些书不能不熟读。周秦诸子的书，是厚黑学的经典，如果不能全部读，那可以先读《老子》、《韩非》二书。知道了厚黑学的本体和作用，再读诸子的书，自然就头头是道。凡是研究儒家学说的人，开口就是“诗曰、书曰”；鄙人讲厚黑哲理，不时也要说几句“老子曰、韩非曰。”

《四书五经》，虽说是本学说以外的书，但如果能用合乎本学说的正确的眼光去读它们，也能从中寻找到很多厚黑哲理。即使像孟子书上的“孩提爱亲”那一章，“孺子将入井”那章，难道不是儒家学说的基础吗？鄙人就根据这两章的文字，仔细加以研究，给出一、二两图，反而成了厚黑学的哲学基础，这是鄙人研究厚黑学的秘诀。诸君如果有志于这个学说，不妨作这样的研究。

原载成都《华西日报》1936年3～4月

第四章

厚黑杂说

世之衰也，邪说充盈，真理汩没，下焉者，诵习感应篇阴骘文，沉迷不反；上焉者，狃于礼义廉耻之习，碎碎吾道，弥近理而大乱真。若夫不读书不识字者，宜乎至性未漓，可与言道矣，乃所谓善男信女，又幻出城隍阎老牛头马面刀山剑树之属，以慑服之，缚束之，而至道之真，遂隐而不见矣。我有面，我自厚之；我有心，我自黑之，取之裕如，无待于外。钝根众生，身有至实，弃而不用，薄其面而为厚所贼，白其心而为黑所欺，穷蹙终身，一筹未展，此吾所以叹息痛恨上叩穹苍而代诉不平也。虽然，厚黑者，秉彝之良，行之非艰也。愚者行而不著，习而不察；黠者阳假仁义之名，阴行厚黑之实，大道锢蔽，无所遵循，可哀也已。

古文体之厚黑学

初期的厚黑学，并不是像后来流传的本子，没有所谓《厚黑经》及《厚黑传习录》之类，那只是标题为《厚黑学》的短篇而已。文字是用的古文体，这在宗吾的所有著作中，是仅有体裁。今为保留这节《厚黑学》的形式起见，也可以让读者看看这位厚黑教主的古文笔法如何，将全文照录如下：

吾自读书识字以来，见古之享大名膺厚誉者，心窃异之。欲究其致此之由，渺不可得，求之六经群史，茫然也；求之诸子百家，茫然也；以为古人必有不传之秘，特吾人赋性愚鲁，莫之能识耳。穷索冥搜忘寝与食，如是者有年。偶阅《三国志》，而始憬然大悟曰："得之矣，得之矣，古之成大事者，不外面厚心黑而已！"三国英雄，曹操其首也，曹逼天子，杀皇后，粮罄而杀主者，昼寝而杀幸姬，他如吕伯奢、孔融、杨修、董承、伏完等，无不一一屠戮，宁我负人，毋人负我，其心之黑亦云至矣。次于操者为刘备，备依曹操、依吕布、依袁绍、依刘表、依孙权，东窜西走，寄人篱下，恬不知耻，而稗史所记生平善哭之状，尚不计焉，其面之厚亦云至矣。又次则为孙权，权杀关羽，其心黑矣，而旋即媾和，称臣曹丕，其面厚矣，而旋即与绝，则犹有未尽厚黑者在也。总而言之，操之心至黑，备之面至厚，权之面与心不厚不黑，亦厚亦黑。故曹操深于黑学者也；刘备深于厚学者也；孙权与厚黑二者，或出焉，或入焉，黑不如操，而厚亦不如备。此三子，皆英雄也，各出所学，争为雄长，天下于是乎三分。此后，三子相继而殁，司马氏父子乘时崛起，奄有众长，巾帼之遗而能受之，孤儿寡妇而能忍欺之，盖受曹刘诸人孕育陶铸，而集其大成者，三分之天下，虽欲不混一于司马氏不得也。诸葛武侯天下奇才，率师北伐，志决身歼，卒不复汉室，还于旧都，王佐之才，固非厚黑名家之敌哉！

吾于是返而求之群籍，则向所疑者，无不涣然冰释。即以汉初言之，项羽喑哑叱咤，千人昏厥，身死东城，为天下笑，亦由面不厚，心不黑，自速其亡，非有他也。鸿门之宴，从范增计，不过一举手之劳，而太高祖皇帝之称，羽已安坐而享之矣；而乃徘徊不决，俾沛公乘间逸去。垓下之败，亭长舣船以待，羽则曰："籍与江东子弟八千人渡江而西，今无一人还，纵江东父兄怜而王我，我何面目见之？纵彼不言，籍独不愧于心乎？"噫，羽误矣！人心不同，人面亦异，不一审他人所操之术，而曰此天亡我，非战之罪也，岂不谬哉？沛公之黑，由于天纵，推孝惠于车前，分杯羹于俎上，韩彭葅醢，兔狗烹，独断于心，从容中道。至其厚学、则得自张良，良之师曰圯上老人，良进履受书，顿悟妙谛，老人以王者师期之。良为他人言，皆不省，独沛公善之，尽得其传。项王忿与挑战，则笑而谢之；郦生责其倨见长者，则起而延之上坐，韩信乘其困于荥阳，求为假王之镇齐，亦始怒之，而终忍之；自非深造有得，胡能豁达大度若是？至吕后私辟阳侯，佯为不知，尤其显焉者。彼其得天既厚，学养复深，于流俗所传君臣父子兄弟夫妇朋友之伦，廓而清之，翦灭群雄，传祚四百余载，虽曰天命，岂非人事哉？

楚汉之际，有一人焉，厚而不黑，卒归于败者，韩信是也，胯下之辱，信能忍之，其厚学非不优也。后为齐王，果听蒯通之说，其实诚不可言。奈何惓惓于解衣推食之私情，贸然曰：衣人之衣者，怀人之事；食人之食者，死人之事。长乐钟室，身首异处，夷及九族，有以也。楚汉之际，有一人焉，黑而不厚，亦归于败者，范增是也。沛公破咸阳，击子婴，还军灞上，秋毫无犯，增独谓其志不在小。必欲置之死地而后已。既而汉用陈平计，间疏楚君臣，增大怒求去，归未至彭城，疽发背死。夫欲图大事，怒何为者！增不去，项羽不亡，苟能稍缓须臾，除乘刘氏之敝，天下事尚可为；而增竟以小不忍，亡其身，复之其君，人杰固如是乎？

夫厚黑之为学也，其法至简，其效至神，小用小效，大用大效，沛公得其全而光汉，司马得其全而光晋，曹操刘备得其偏，割据称雄，煊赫一世。韩信范增，其学亦不在曹刘下，不幸遇沛公而失败，惜哉！然二子虽不善终，能以一长之畏，显名当世，身死之后，得于史传中列一席地，至今犹津津焉乐道之不衰，则厚黑亦何负于人哉？由三代迄于今，帝王将相，不可胜数，苟其事之有济，何一不出此？书策俱在，事实难诬。学者本吾出以求之，自有豁然贯通之妙矣。

世之衰也，邪说充盈，真理汩没，下焉者，诵习感应篇阴骘文，沉迷不反；上焉者，狃于礼义廉耻之习，碎碎吾道，弥近理而大乱真。若夫不读书不识字者，宜乎至性未漓，可与言道矣，乃所谓善男信女，又幻出城隍阎老牛头马面刀山剑树之属，以慑服之，缚束之，而至道之真，遂隐而不见矣。我有面，我自厚之；我有心，我自黑之，取之裕如，无待于外。钝根众生，身有至实，弃而不用，薄其面而为厚所贼，白其心而为黑所欺，穷蹙终身，一筹未展，此吾所以叹息痛恨上叩穹苍而代诉不平也。虽然，厚黑者，秉彝之良，行之非艰也。愚者行而不著，习而不察；黠者阳假仁义之名，阴行厚黑之实，大道锢蔽，无所遵循，可哀也已。

"有志斯道者，毋忸怛尔色，与厚太忒，毋坦白尔胸怀，与黑违乖。其初也，薄如纸焉，白如乳焉。日进不已，由分而寸而尺而寻丈，乃垒若垣然。由乳色而灰色而青蓝色，乃黯若石炭然。夫此犹其粗焉者耳；善厚者必坚，攻之不破；善黑者有光，悦之者众。然犹有迹象也；神而明者，厚而无形，黑而无色，至厚至黑，而常若不厚不黑，此诚诣之至精也。曹刘诸人，尚不足语此，求诸古之大圣大贤，庶几一或遇之。吾生也晚，幸窥千古之不传之秘，先觉觉后，舍我其谁？亟发其凡，以告来哲。君子之道，引而不发，跃如也。举一反三，贵在自悟。老子曰：上士闻道，勤而行之；中士闻道，若存若亡；下士闻道，大笑之，不笑不足以为道，闻吾言而行者众，则吾道伸；闻吾言而笑者众，则吾道绌。伸乎绌乎？吾亦任之而已。"

他(编者注：指李宗吾）把这篇文章写出来，果然廖绪初就为他作了一序，以后谢绶青也为他写了一跋。当时他未用本名，是用的别号"独尊"二字，盖取"天上地下，唯我独尊"之意。绪初也是用的别号，取名"淡然"。廖的序云：

“吾友独尊先生，发明《厚黑学》，恢诡谲怪，似无端崖；然考之中外古今，验诸当世大人先生，举莫能外，诚宇宙间至文哉！世欲从斯学而不得门径者，当不乏人。特劝先生登诸报端，以饷后学。异日将此理扩而充之，刊为单行本，普度众生，同登彼岸，质之独尊，以为何如？

民国元年三月，淡然。”

谢的跋云：

“独尊先生《厚黑学》出，论者或以为讥评末俗，可以导人为善；或以为击破混沌，可以导人为恶。余则曰：《厚黑学》无所谓善，无所谓恶，如利刃然，用以诛盗贼者则善，用以屠良民则恶，善与恶，何关于刃？用《厚黑学》以为善则为善人，用《厚黑学》以为恶则为恶人，于厚黑无与也。读者当不以余言为谬。

谢绶青跋”

于是《厚黑学》就从此问世了。果然不出王简恒、雷民心诸人所料，《厚黑学》发表出来，读者哗然，他虽是用的笔名，却无人不知《厚黑学》是李宗吾作的。“淡然”二字，大家也晓得是廖绪初的笔名。但廖大圣人的称谓，依然如故；而宗吾则博得了“李厚黑”的徽号。当时，他也曾后悔不听良友的劝告，继而以为此事业已作了，后悔又有什么用呢？倒不如把心中所积蓄的道理痛痛快快地说出来，任凭世人笑骂好了。于是而又采用四句的文句，写了一篇《厚黑经》；袭取宋儒的语录体，写了一篇《厚黑传习录》，在他的《传习录》中，又特别提出“求官六字真言”“做官六字真言”，及“办事二妙法”三项，加以详说，以为古今的“官场现形”绘出一逼真的写照，而自己便索性以“厚黑教主”自命，甘愿一身担当天下人的笑骂，大有耶稣背十字架的精神，笑骂也由他，杀戮也由他。

孔子办学记

孔氏学校，无一不有。其中的材料，纯是取自《论语》。作者系采用八股文中的“截塔题”的手法，任意拉扯，任意附会，字义讹串也不管，时代错误也不管，可谓极尽突梯滑稽之能事。现在且把学校将要倒闭的一段照写下来，以见一斑：

孔子创办学校之初，学科的分配：修身，是颜渊，闵子骞，冉伯牛、仲弓；语言，是宰予、子贡；法制经济，是冉有、子路；国文，是子游、子夏；格致，是曾子；数学，是冉有兼任；体操，是子路兼任；历史音乐，是孔子自任，后来各科教员，死的死，走的走。好在孔子这个校长，是万能校长，教员一缺，就由校长代授。如今除语言一科外，其余各科，尽是孔子兼授，校中只剩“半个教员”。怎么教员会有半个呢？全校教员，只有宰予一人，他每日昼寝，到了上课时间，还要校长到寝室去喊他起来。每课时至多不过讲30分钟，就下课睡觉，故名之曰“半个教员”。

校中学课，既不认真，自然也就松懈下来，学生终日美酒佳肴，猜拳行令，而对校长，感情甚好，“有酒食，先生馔”。随时邀请孔子，孔子也很客气，“有盛馔，必变色而坐”。师徒之间，相忘无形。不时又邀孔子下棋打牌，初时还是学生来约校长，久之，孔子觉得有趣，每日早膳后，就向学生说道：“饱食终日，无所用心，难矣哉！”吃饱了饭，莫得事体干，这个日子，真难过！“不有博弈者乎？”未必你们的箱箧之中，围棋象棋，麻将扑克，都没有吗？“为之”，拿出来玩一下，“犹贤乎已”，总比闲着没有事好些。像这样干下去，校中自然安静无事，不料校外訾议蜂起，甚且还有编些歌谣骂他们的……

此外，他还想写一篇小说，题目是《孔告大战佚闻》，可是并未完成。我所见的，仅是全篇的第一回，材料是取自《论语》及《孟子》，仍是一味胡扯乱道，看不出什么寓意。但据他说，当年的八股文——尤其是八股能手，就是用这种伎俩。那么这篇小说，也可以说是讽刺八股文及惯好附会的文章作者了。《孔告大战佚闻》是这样引起的：

记得清朝末年，重庆《广益丛报》，载有一篇《瞽瞍控舜的呈文》，历舜的数十大罪状，但是证据确凿，有书可考。事隔多年，只约略记得点影子。说舜串通四岳，窃夺帝尧之位，这种大罪，是无待言的。最妙的是说，舜欺我年老，将我的眼珠挖去，嵌入他的眼中，所以我成了瞎子，他成了双目重瞳，大罪一。娥皇女英，是舜的祖姑，有族谱可考，他霸占为妻，大罪二。尧之时，天下共有十二州，故舜典曰：肇十有二州。舜使益掌火，烧灭了三州，故禹贡上只有九州，大罪三……全文妙味横生，可惜记不清楚了。其时某报还做了一篇小说，说唐三藏偕同徒弟孙悟空、猪八戒、沙和尚，往外留学，如何如何。又有人做一篇小说，说孟子往东天取经，途中遇着告子，手执《杞柳》，口吐《湍水》，孟子杀他不过，求救于曾子；曾子手执“慎终锤”，身骑“民德龟”,(曾子曰：慎终追远，民德归厚矣。)也战告子不过，求救于孔子，孔子手执“伤人壶”，身骑“不问马”,(伤人乎，不问马。)也被告子杀得大败。忽然半空中飞来一人，身骑“犹病猪”，大呼道：“我乃姓尧名舜是也！”遂将告子降服。我想：孔子是我国的“大教主”，岂能轻易战败？当必有一番恶战，乃补做这篇《孔告大战佚闻》，特笔录出来，借博一粲。

小说的正文，系从孔子接得曾子的告急文书开始，于是连忙点集3000人马，72员大将，浩浩荡荡，杀奔告子大营而来。告子听得孔家人马来了，立即引兵应战，双方使用的武器车马和披挂穿戴，以及战事上的种种名词，都是截取《论语》、《孟子》的成语，而作谐音的应用。今写出战事紧张的一段来看：

孔子大怒，忙在身旁取出一道灵符，名曰“伤人符”，向空中一展，大呼道：“六丁六甲何在？”只见半空飞来一人，身骑“不问马”大呼道：“我乃厩焚子是也”。(厩焚，子退朝，曰伤人乎，不问马。)只是厩焚子，驱着火龙、火马、火鸦、火鼠，向告子大营，放火烧来。告子见了，连忙口吐湍水，(告子曰：性犹湍水也。)将火扑灭。只见那湍水流出来，滔滔不已，霎时间，“可使过颡”，“可使在山”，将孔家人马，淹困水中。孔子见了，说道：“不要紧，待为师念动避水真言，颜渊，你可领着人马，从水中钻出。”于是孔子口中，念念有词:“呀呀呸！水哉水哉！何取于水也？”颜渊正埋头一钻，被告子看见，大声道：“往哪里走！”用手一指，那水忽然变成铜墙铁壁一般。呼的一声，颜渊跌落在地，抬头一看，那水已有千百丈高，颜渊喟然叹曰：“这水呀！仰之弥高，钻之弥坚，吾其死矣！”孔子到了此时，也无计可施。子路正负伤卧在地下，大声叫道：“我有冯河的本领，无奈身受重伤，无能为力。夫子，你有乘桴浮海的法术，何不拿出来行使呢？”一言把孔子提醒，乃率领众弟子，浮出水面走，又命冉有子贡断后。告子领着人马从后赶来，冉有子贡举起大刀，做着要砍下的姿势，连做两遍；告子见了惶然大恐，乃抱头鼠窜而逃。告子弟兄见了，莫名其妙，围着冉有子贡问道：“我们尼山学道，一十八般武艺，件件学全，从未见这种杀法，你们究竟从何处学来？”二人笑道：“此在兵法中，特诸君不悟耳！兵法不云乎：冉有子贡，侃侃如也。”闲话休提，孔子回到营中，见人马折去大半，十分悲伤……传下将令，叫宰予前来吩咐道：“全营将士，疲困已极，今日应该让我好好休息，明日再行大战。最可虑的，是告子乘夜劫营，你是白天睡了觉的(宰予昼寝)，今即派你巡夜去吧。”孔子吩咐已毕，就低下头“曲肱而枕之”，呼呼睡去……

宗吾谈政治

宗吾谈规划国家大计，目光至少要看到500年以后，断不能为数十年计，或一二百年计。斯密士原著的一书。缺乏此种目光，行之未及百年，即弊害百出，种下社会革命的祸胎，由资本主义的盛行，酿成第一次世界大战，跟着又要第二次大战。假使他的目光，能注意到今日，或许不至倡出那种说法。孔子礼运大国之说，目光注及数千年后，而下手则从小康做起，这即是先把全部房子式样绘出一步一步的建筑，孔子死了二千多年，他理想的世界，尚未出现，其学说的价值，不惟不因之而损，反愈见其伟大。他悬出一种目标，数千年俱走不到，于是数千年以后的人俱有路可走，不像斯密士达尔文诸人的学说，行了数十年，百十年，即无路可走，处处碰壁，非打仗不可，而且打了仗还是不能解决。所以我国（编者注：指国民党统治下的中国）此次制宪，须有远大的计划，即使中间有几部分一时不能实行，但既垂为宪法，定出了目标，大家望着走去，步法才不至混乱，才不至彼此相碰。

先谈政治方面：

他以为要行民主共和制，办法很简单，只消把真正君主专制国的办法，打一个颠倒，就成为真正的民主共和国了。君主专制国，是一个人做皇帝，我们行民主共和制，是四万万五千万人做皇帝，把一个皇帝权，剖成四万万五千万块，合作做一个皇帝，现在就要研究这每块皇帝权如何行使了。

我国从前的皇帝，要想兴革一事，就把他的主张，提交军机处，由军机大臣议决了，就通饬各省，转饬各县，以及各乡村照办，其办法是由上而下的。民主共和国，以乡村议会，为人民的军机处，乡村议员，为人民的军机大臣，人民对于国家想兴革一事，即提交村议会，经村议员议决了，提交区议员，由是而县议会，而省议会，而国会，经国会议决了，即施行，其办法是下而上的，与君主专制国，恰成一反对形式。

君主专制时代，军机大臣的议决案，须奏请皇帝批准，方可施行。民主共和时代，国会的议决案，须经全体人民投票认可，方能施行。小事由国会议决施行；大点的事，由各省议决施行；再大的事，由各县议会议决施行；顶大的事，才由全体人民投票公决，最困难的，是如何能使四万万五千万人，直接投票，直接发表意见，不致为人操纵舞弊，这就须大费研究。

第一要紧的，是整顿户籍。每县分若干区，区之下分若干村，村之下分若干保，每保分若干甲，每甲辖十家。投票不分男女老幼，一人有一投票权，一生下地，即可取得此权的投票权，以家长为代表。例如某甲家有十人，某甲一票，即算十票；某丁家有八人，某丁一票，即算八票，用二联单，记名投票。甲长亲到各家收票、列榜宣示：某甲家十票可决，某丁家八票否决……榜末合计，本甲可决者共若干票，否决者共若干票；投票之家，持存根前往查对无误后，甲长送之保长。保长又列榜宣示：第一甲可决者若干票，否决者若干票；第二甲可决者若干票，否决者若干票。将榜送之区长，由是而县，而省，而中央，层层发榜，最终以多数定。这是就关于全国的大事而言，关于省市县的事，当仿此办理。

我国人民，对于国事，向不过问，要他裁决大政，判定可否，他是茫然不解的，所以必须训政。训政的责任，当为村议员。村议员，一方面为军机大臣，一方面又为太师太傅太保。凡是村议员，其知识当然比农民高，对于国事自能明了。每当裁决大政时，先由村议员公开讲演，使众人了解真相，应投可决票或否决票，由各人自行判断，归家书票，等候甲长来取。人民有议案，直接向村议会提出；有不了解之事，亦可向村议员请问。如此办法，于人民很是便利。

选举大总统（编者注：1911 年辛亥革命后，中国的国家元首。），由四万万五千万人直接投票。投票时，也以家长为代表。每票举三人，如投票人中意，认为可当大总统者只有一人或二人，则票上即只写一人或二人。例如某甲票上写赵一等三人，某甲家有十口，则赵一等即为各得十票；某乙票上写钱二等二人，某乙家有八口，则钱二等即为各得八票。用二联单，记名投票。甲长亲到各家将票收齐后，即列榜宣示：某甲家举赵一等三人，某乙家举钱二等二人……榜末合计，赵一共得若干票，钱二共得若干票……第二甲，孙三得若干票，李四得若干票……合计赵一共得若干票，钱二共得若干票，孙三共得若干票，李四共得若干票。由保而区，而县，而省，而中央，层层发榜，以最多数之一人为大总统，次多数之二人为副总统。大总统任期4年，如中途病故，或经全国人民总投票撤职，即以副总统代理，以凑满4年为止。第一任大总统于某年某月某日就职，以后每满4年，于同月同日，新任大总统必须就职；旧任大总统，得票数如为最多，可以连任。

人民如欲弹劾大总统，即可向村议会（编者注：旧中国时称“议会”，新中国成立后施行各级人民代表大会制度。下同）提出弹劾案。经村议会议决，以全村名义向区议会提出。区议会议决，以全区名议，向县议会提出。由是而省议会，而国会，经国会议决，弹劾案成立，送交大总统，请其自行答辩。然后由国会将弹劾案及答辩书，加具按语，刊印成册，发布全国，由人民裁决。对于大总统，或留任，或免职，仍用总投票办法，层层发榜，取决于多数。省长、县长，以及保长甲长，人民行使选举权罢免权，亦参酌此法办理。

大总统违法，经人民总投票，正式免职后，可收交付审判，处其刑，处枪毙，都是可以的。独是未经正式免职以前，大总统在职权内所发出的命令，任何人都该绝对服从，有敢违反者，大总统得法制裁之。

民主共和国，以取法君主专制国为原则，不过把君主的办法，一一拿在人民的手中去行使罢了。君主时代，知县有司法权，今后仍当以司法权授予县长。县长延请精通法律的人为司法官，司法官对县长负责，县长对人民负责，如审判不公，人民弹劾县长撤换县长就是了。昔日衙门黑暗，是人所尽知的，但现在的司法机关，也易受人蒙蔽。往往事之真相，本地人士，昭然共见；而法庭调查的结果，适得其反。今后当以调查或和解的责任，加之村长和区长。人民有争执事件，先诉诸村长，村长调查明白，即予以调解，如不服，诉诸区长。村长应将调查所得，及调解经过情形，备文送之区长。区长即当再调查，再调解，如不服，诉诸县长。区长又备文送之县长，如仍不服，诉诸省，诉诸中央。村长区长，可依本省习惯法处理；县长以上，则当按国家法律来解决。

民对于任何机关，如有疑点，都可自请往查。假如某甲对于国际贸易局或中央银行，疑其弊，即可向本村议会提议：“该局或该行，有某点可疑，我要亲往彻查。”村议会询明议决，即向区议会提议本村拟派某甲往查某事。区议会议决，即向县议会提出，由是而省议会，而国会。国会开会议决后，即行知该局或该行，听候彻查。某甲查出有弊，即依法提出弹劾案；如无弊，即在中央报纸声明：“我所疑某点，今已查明无弊。”倘不提弹劾案，又不声明无弊，则某甲应受处分。抑或某甲声明无弊，经某乙查出有弊，则某甲应受处分。其他省市县所辖的机关及工厂等，亦均仿此。

现在民主主义和独裁主义，两大潮流，互相冲突，非将两种主义融合为一，冲突是不能免的。中山先生曾说：美国制宪之初，主张地方分权者，认为人性是不善的；主张中央集权者，认为人性不尽是善的。故知民主主义和独裁主义的冲突，仍是性恶性善问题的冲突。但人性是浑然的东西，无善无恶，所以制定宪法，应当将地方分权和中央集权，合而一之。

上述的办法，如能一一做到，则是我国四万万五千万人，有四万万五千万根力线，根根力线，直达中央，成为一个极健全的合力政府。大总统在职内发出的命令，人民当绝对服从，俨然专制国的皇帝一般，是为独裁主义。大总统的去留，操诸人民手中，国家兴革事项，由人民议决，是为民主主义，如此，则两大潮流，即可融合为一了。

现在的政党，无不以夺取政权为目的，第一要争夺的，即是大总统一席，所以应把大总统留在最后来选，先将制定的宪法，拿在一村一区试验。一村一区行得通，一县一省一国即行得通。

施行宪法，当以村为起点，全国实行为终点：以民选村长为起点，民选大总统为终点。这样，可以使热心于宪政的人，回到乡村去，作脚踏实地的工作，这样，民主政治的基础，才能得到真正的稳固。于是，逐渐发展开来，而县，而省，而中央，才不至躐等。

宗吾谈经济

宗吾对于经济的观点是：要改革经济制度，首先应将世间的财物，何者应归公有，何者应归私有，划分清楚，公者归之公，私者归之私，社会上才能相安无事。

第一项，地球生产力：洪荒之世，地球是禽兽公有物，后来人类出来，把禽兽打败了，地球就成为人类的公有物。所以地球这个东西，应该全人类公共享受，根本上不能用金银买卖。资本家买去，招佃收租，固是侵占了公有物；劳动家买去，自行耕种，也是侵占了公有物。何以故呢？假令有人雇工在荒山种树一日，给以大洋2元，他得了报酬，劳力即算消灭。树在山上，听其自然生长，若干年后，出售得价百元或千元。此多得之98元或998元，全是出于地球的生产力。地球既为人类公有物，此多得之98元或998元，即应由全人类平摊。劳动家只能享受劳力相当的代价，而不能享受此项生产力。所以说，资本家买去招佃收租，劳动家买去耕种，同是侵占了公有物。因此之故，全国土地，应一律收归公有，由公家招佃收租，其利归全社会享受，方为合理。

第二项，机器生产力：替人作工一日，得大洋二元；作手工业，每日获利，也不过此数，这算是劳力的报酬。若改用机器，每月可获利百元或千元。此多得之98元或998元，仍出于机器的生产力，不是出于工人的劳力。当初发明机器的人，业将发明权放弃，机器便成为人类的公有物。此98元或998元，即应归全人类平摊。旧日归厂主所有，是侵占了公有物。所以应该收归公有；工人作工，给以相当的代价；由机器生产出的利益，归全社会享受，方为合理。

第三项，脑力和体力：世间之物，只有身体是个人私有的。由身体又发出两种力：一是脑中的思考力，一是手足的运动力。这两种力，即是个人的私有物。社会上想用它，就应出以相当的代价；并且出售与否，各人有完全自主权，不能任意加以侵犯。

基于上面的看法，即可定出一条原则：“地球生产力和机器生产力归社会公有，脑力和体力，归个人私有。”依据这个原则，以改革经济制度，社会与个人自然相安无事。

斯密士主张营业自由，个人的脑力和体力，可以尽量发展，这层是合理的，但他同时主张有资金的人，可购土地以收佃租，可购机器以开工厂，就未免夺公有物以归私了。马克思主张土地和工厂，一律收归公有，这层是合理的；中山先生的民主主义，公者归之公，私者归之私，有斯密士马克思之长。故世界经济学，可分三大派；斯密士为一派，是个人主义；马克思为一派，是社会主义；中山先生则融合个人主义和社会主义，而独成一派。

中山先生也讲公产,中山先生是“共将来”,是“购归公有”，现在可本中山先生遗意，定出一条原则：“金钱可私有，土地和机器不能私有。”于是将私人所有的土地和使用机器的工厂，一律购归公有，就成为“共将来不共现在”了。但是全国的工厂如此之多，土地如此之广，购买之款，从何而出呢？

于此当首先定出一条法令曰：“银行由国家设立，私人不得设立。人民有款者，存之银行。需款者，向银行贷用。其有私相借贷者，法律上不予保护，因借贷而涉讼者，其款没收归公。藏巨款于家而被劫窃者，贼人捕获时，其款亦予以没收。有存款于外国银行者，查明后，取消其国籍，华侨所在地，设立国家银行，存储华侨之款，由国家转向外国银行，私人不得径往储存。”如此，则人民金钱，集中国家银行，即可供一切之应用。至于银行月息多少，则视情况而定。如假定存入为月息一分，贷出为一分半或二分，即无异于以金钱放借者，缴所得税 1/3 或 1/2 与公家。

首都设中央银行，各省设省银行，各县设县银行，县以下设区银行和村银行，银行法既已确定，则应属公有的财物，即可着手收买。

(1)私立银行，一律取消，其股本存入国家银行，给以月息。

(2)使用机器的工厂和轮船、火车、矿山、铁道等，均收归公有，收入成本，存入国家银行；经理及职工等，悉仍其旧，不予变更，所有红息归缴国库，手续是很简单的。

(3)全国土地房屋，一律照价收买。例如，某甲有土地一段，月收租银100元，即定为价值10000元，存入银行，每月给以息银100元。人民需用土地房屋者，向公家承佃。其有土地自耕、房屋自住者，则公共估价，或投票竞佃，以确定其租息，原业主有优先承佃权，如此则全国四万万五千万人，无一人不是佃户，亦即无一人不是地主，是之谓“平均地权”。

(4)国际贸易归公，国内贸易归私。出口货，由人民售之公家，转售外国；入口货，由公家购而售人民，其自由销售，不再课税。外国人在内地设有工厂者，人民不得与之直接交易。如此则关税无形取消，外货以百元购得者，以150元或200元，售之人民，即无异值百抽五十，或值百抽百。至于外货何者该买，何者不该买，国家自有斟酌，出口入口，两相平衡，我国与外国，两得其益。

以上四者办理完毕后，即可按照全国人口，发给生活费，以能维持最低生活为原则。因为人民即将土地、机器、银行和国际贸易的收益，交之国家，国家即应保障人民的生存权。法国革命，是在政治上要求人权；我们改革经济制度，则注重生存权。中山先生把生活程度分为三级：

(1)需要，即生存。

(2)安适。

(3)奢侈。

现在的经济制度，人民一遇不幸，即会冻死饿死，是以“死”字为立足点，进而求生存，进而求安适和奢侈；发给生活费的办法，则是以“生”字为立足点，进而求安适，求奢侈。生存为社会重心，人人能生存，重心才能稳定。

改革社会，如医病，有病的部分，应当治疗，无病的部分，不可妄动刀针。从旧经济制度中，将土地、机器、银行和国际贸易，收归国有，这即是有病的部分加以治疗；其余可仍其旧，私人生活，非有害于社会者，不加干涉，这即是无病的部分不动刀针。如此办法，则个人主义和社会主义，两相调和，则中山先生的民主主义，就可实现了。

中山先生屡次说：“中国，是四万万人的大公司，我们都是这公司的股东。”这种说法，再好没有了——那么，如今全国四万万五千万人，即是四万万五千万股东，以一个人为一股，国中生了一人，即新添一股，死了一人，即取消一股，其股权是很分明的。发给生活费，是各股东按年所分的红息；服务社会者，或劳心，或劳力，给予相当代价，即是股东在公司内服务，于分红息外，各得相当报酬。像这样的组织法，不但是取法工资制，并且是从天然取法来的。说明如下：

1.取法人身分配血液之法

身体上某部分越劳动，血液的灌注越多，弥补消耗之外，还有剩余，因之越劳动的部分越发达，这就是人体奖励劳动的方法；准此，对于国中的劳动者，就应该有从优报酬。吾人身上还有许多无用的部分，例如男子之乳，即是无用的东西，但既已生在身上，也不能不给以血液，不过因其不工作，灌注的血液较少，所以男子之乳，渐渐缩小；准此，对于国中的任何人，一律发给生活费，以维持最低生活为止，不劳动者待以不死就是了。饮食从总口入，便溺从总口出，饮食在腹中如何消化，如何运转，脑筋全不知道；准此，国际贸易，由政府支配，国内贸易，听人民自由经营，不必过问。

2.取法天空分配雨露之法

自然界用日光照耀江海池沼，土地草木，把其中的水蒸气取出来，变为雨露，又向地上平均落下，不惟干枯之地，蒙其泽润，就是江海池地，本不需雨露，也一律散给；最妙的是，把草木所含的水分，蒸发出来，又还给它，一转移间，就蓬蓬勃勃地生长起来了。并且枯枝朽木，也同样散给，不因没有生机，就剥夺了享受雨露之权。落在地上之水，听凭草木之根吸取，无所限制，吸多吸少，纯是草木自身的关系，自然界固然容心于其间，准此，土地工厂银行及国际贸易收入，原是从人民身上取出来的，除公共开支而外，不问贫富老幼，不问劳动与否，一律发给生活费，而国中致富的机会，人人均等，这即是取法雨露的无私。

宪法上如规定土地、工厂、银行及国际贸易，一律收归国有，则征兵制、征工制、所得税、遗产税四者，即应废除。当兵者、作工者，具应给以相当代价，如果征兵征工，即是侵犯了体力的私有权。官吏的服务、店人的经营，都是运用脑力的，如果征收所得税，即是侵犯了脑力的私有权。以劳心劳力所获的金钱，遗诸子孙，这是应该的，如果征收遗产税，也是侵犯了脑力和体力的私有权。

有人虑及遗产税，可以发生资本家，那是不相干的。美国的银行大王、汽车大王、煤油大王、商业大王诸人，除银行大王摩根外，都是赤贫之子；而摩根之致富，并未依赖遗产。他们之所以致富，全靠个人的努力，从事于经营土地、工厂、银行及国家贸易而来。宪法上如把四者定为国家公有，私人不得买卖，这些大王，自然无从产生，这才是根本办法，不应再征收遗产税。

土地、工厂、银行及国际贸易四者，收归公有，大资本家无从生产，是富者削低一级；人有生活费，不至冻馁而死，是贫者升高一级。两级中间，为人民活动的余地。中山先生讲民权主义，不主张平头的平等，而主张立足点平等；因之经济上的组织，以不应主张平头的平等，使全国人贫富相等，而应主张立足点平等，使全国人致富的机会相等，欲务农者，向公家承佃土地，欲作工者，向工厂寻觅工作；为官吏，为教员，为商贾，悉任自由，不加限制。因劳动种类的不同，所得的报酬即不同，或贫或富，纯视各人努力与否为断。如此则可促进人民的向上心，社会才能日益进化。犹如地势高下不平，水便滔滔汩汩，奔趋于海，若平而不流，就成为死水了。

主张考试被打

民国十一年（公元1922年），宗吾同省视学（编者注：旧中国官吏名）游子奉命考查教育，见到南北各省学校办理的成绩，比较上虽不无优秀的差异，但同在现行教育制度束缚之下，是不会有理想发展的。因此他考查归来，即力荐实行考试制，以救其弊。十二年（公元1923年）下学期，成都开“新学制会议”，他便同几位省视学，及会员多人，提出考试案，开会讨论，未蒙通过。会毕，他即单独上一呈文，主张各校学生毕业，应由政府委员考核，即后此10年，教育部才颁令全国的会考制度。他于呈文中列举理由16项，并请在原籍富顺试办，经省署核准，委他为主试委员，于十三年(公元1924年）暑假举行，后来推广于川南各县。十四年年假，叙州府联立中学学生毕业，他复为主试委员，考了几场，一夜学生多人，手持木棒哑铃，把他拖出寝室，痛打一顿。据他说，打时秩序非常之好，全场静静悄悄，学生寂无一语，他也默不作声，学生只是打，他只是挨，学生打够了，临走，骂道：“你这个狗东西，还主不主张严格考试？”他躺在地上，想道：“只要打不死，又来！”学生走后，他请宜宾知事（编者注：旧中国官吏名）来验伤，将伤单粘卷、木棒哑铃，存案备查，次晨，又请该校校长到床前，他便口授电文，呈报上峰，历述经过情形，末云：“自经此次暴动，愈见考试之必要，视学身受重伤，死生莫卜，如或不起，尚望厉行考试，挽此颓风，生平主张，倘获见诸实行，身在九泉，亦当引为大幸！”痛伤稍愈，即宣布继续考试，他裹伤上堂，勒令全体学生，一律就试，不许一人不到，就是打他的学生也无例外，但场规较前更加严厉了，学生也只得规规矩矩地考下来。事后，他作一书，叫做《考试制度之商榷》，说明考试的必要，尤其注重学制的改革，由教育厅印发各县讨论。他常常对人说：“不经这一次痛打，我这本书是作不出的，所以对于该生等，不能不深深地感谢！”

他以为这次的挨打，是十分应该的，因为当时各地的学生，都在运动废除考试，而他偏偏主张严格考试，又不曾宣传详细的理由，哪能不挨打呢？自经这次苦打以后，他才得了一种觉悟，凡事固然重在实行，尤其重在宣传，他之所以被打的原因，是由于一般人对考试制怀疑，所以才生出反对的事来。王安石的新法，本来是对的，当他在鄞县做官的时候，曾经试办过，人人都称便利，但他做了宰相，将他的新法推行天下，就遭了一个大大的失败。要说他没有毅力吗？他是天变不畏，人言不恤的，其担当宇宙的气概，是古今不可多得的人物。要说他的新法不好吗？他死去以后，他的法子几乎完全被人采用，还有许多法子一直行到今日，不过把名称改一下或把办法略略修正一下就是了。然则王安石何以当时会失败呢？这就是他少了一层宣传的手续。当时的名流，如司马光、苏东坡诸人，都不能了解，一齐反对他，彼此各走极端，结果两败俱伤，不但人民吃亏，国家吃亏，反种下来后来亡国的因素，真可说是不幸之至。假如王安石不亟亟实行，先从宣传着手，把他的法子提出来，听人指驳，取消那种执拗态度，容纳诸贤的意见，把那法子酌量修改，诸贤也不泥守祖宗的成法，把那法子悉心研究，经过长时间的辩论，然后折衷一致，大家同心协力做去，岂不是很好的事吗？宗吾心中有了这个见解，所以他把主张考试的意见，就发表了出来。

讽刺国医

黑主的生性，本是朴讷的，幼时不言不语，呆头呆脑，对于同学，也是以谦让为本。所以他的父亲呼他为“迂夫子”，同学之间，就称他为“老好人”。自从他在私塾中，受了建侯老师好开玩笑的影响，他才慢慢诙谐起来。最初，还只是开玩笑的性质，继而于开玩笑中带有讽刺，终则嬉笑怒骂，一发不可遏止了。他这种作风，不但表现在语言文字之中，就是他自己的行动，也往往充满了这种气氛。

他幼年时，本是终日不可离药罐的，除了哮喘症外，四肢也不灵动，有时穿衣服都要人帮忙，登楼不能下楼，大便不能蹲下。每次洗澡，母亲见他骨瘦如柴，就不禁放声大哭起来。当他在炳文书院读书时，同学们都说他活不长久。雷铁崖、雷民心弟兄，就主张活祭他。但他却并不悲观，仍是优游自得。他因为乡间庸医替他治不好病，就想自行研究医书，自行治疗。于是借了些陈修园、徐灵胎、喻嘉言诸人的医书来看，哪知越看越不懂。心想：“我这样用心研究，都弄不清楚；市上的医生，连字都认不得好多，怎样能读过医书？我之不为庸医杀死，真是万幸！”于是废然思返，把医书丢了，自己不再吃药，而身体反慢慢健壮起来。从此以后，得了病，照例不吃药。他的主张，是宁死于病，不死于药。中间只有一次几乎破例：他在高等学堂时，腿上生一疮，好像是疔疮，学堂内种有菊花，他将菊花叶嚼来贴敷。同学陆逵九懂得医学，见他面病容，就叫伸出舌头来看，惊道：“你的舌苔都黑了，还不赶急医治？”说得他毛骨悚然，就请为他开刀，他在校是向不请假的，这时也只得请假调养。在寝室睡了一会，心想：“这哪里会有病？何致舌苔会黑？”于是恍然大悟，寻着陆逵九说道：“我除了腿上生疮以外，自觉毫无病状；我的舌头发黑，是不是因为嚼菊花叶的缘故？”陆逵九叫他伸舌一看，连说：“不错！不错！”二人相视而笑，但并非有心。这是他用行动来讽刺国医的。

自创“无极拳”

四川讲静功的派别很多，如同善社，如刘门，如关龙派，如吴礁子派等等，他都曾拜门称弟子。其中有讲静功的一书，名为《乐育堂语录》，是丰城黄元吉来川讲道时所著，各派讲静功的人都奉为天书，自然他也仔细地拜读过。他初以为讲静功，总比服药好得多，但他试验的结果如何呢？据他说，从未坐过30分钟之久，越想静坐，心里越乱，强自镇静，则如受苦刑。哪一派的方法，他都试验过；哪一派的方法，他都试验无效。这是他用行动来讽刺静功的。

他学国医不成，学静功不成，于是又想练拳术。他先学拳术家的气功，继而又学太极拳。他于二者所得的经验：气功一门，他认为无非装模作样，是违反自然的动作。太极拳一门，动作不甚激烈，似乎较相宜；但他只学习不久就弃去了，因为其中仍有一定的规律，他是不耐拘束的。最后，他自己发明了一种拳术，名之曰“无极拳”。

据说，他是把气功和太极拳融合为一，随意动作，师其意而不泥其迹，略略参加些黄帝内视法、天隐子存想法，并会通庄子所说“真人之息以踵”的道理而成此拳法。他说这种拳法，睡时，坐时，读书作文时，与人谈话时，均可以行之。他说将来如把这种拳术传出来，不但为厚黑教主，并可称为无极祖师。及至我们会面时，我问他无极拳的详情，他笑着说：“既名无极拳，还有什么说的呢？无非是恍兮惚兮，玄之又玄而已。”他这段学拳的历史，不知是讽刺自己的无恒呢，还是讽刺堂堂的国术呢？

第五章 厚黑随笔

鄙人发明厚黑学，是千古不传之秘，而今而后，当努力宣传，死而后已。鄙人对于社会，既有这种空前的贡献，社会人士，即当予以褒扬。我的及门弟子和私淑弟子当兹教主六旬圣诞，应该作些诗文，歌颂功德。自鄙人目光看来，“举世非之”与“举之誉之”，有同等的价值。除弟子而外，如有志同道合的遽伯玉，或有走入异端的原壤，甚或有反对党，如楚狂、沮溺、荷蒉、微生亩诸人，都可尽量作些文字，无论为歌颂，为笑骂，鄙人都一一敬谨拜受。将来汇刊一册，题曰：“厚黑教主生荣录”。

序

《厚黑随笔》，又名《迂老随笔》，作为单行本于1946年由晨钟书局出版。文中交代了李宗吾文字风格和笔法的渊源以及他发明厚黑学的经过。李宗吾以“六经注我”的方式，从老子、孔子、韩非子等先秦诸子的思想中挖掘厚黑学说的来源，以中国历史上著名人物如刘邦、项羽、诸葛亮等的言行来解释验证他的论断，创见频出，启人心智。这些独特的看法都来自于李宗吾“思想独立”的一贯主张，他也希望中国人都能够思想独立。他这样道出提倡厚黑学的真意：“一部厚黑学说，千言万语，无非教人‘思想独立’而已。思想能够独立，行为才能够独立。夫然后，学术方面，才不为古人之奴。政治方面，才不为豪杰之奴。不独立即为奴隶，并无中立余地。”他认为只有中国人都思想独立了，才能不受帝国主义的压迫，国家才能强大。他因此痛切地呼吁：诸君！诸君！努力！努力！李宗吾痛恨民国政治的黑暗，讽刺官场的流弊和腐败，希望中国尽快走出大乱不止的局面，忧国忧民之心令人动容。这篇文字还回忆了他的朋友、辛亥革命后被杀害的烈士张列五，他不为官位利禄所诱惑，慷慨赴死的精神和从容的态度感人至深。李宗吾佩服他的人格之高，忧国之切，感叹说：“列五真是把死之一字，当如儿戏。凡人到了生死关头，才见真实本事。”

一

去年（民国二十八年）国历三月三日，我满六十，在成都《新新新闻》上，发表一文，曰：“厚黑教主六旬晋一征文启”，下署曰：“李宗吾”，读者无不大笑，今年（二十九年）三月三日，在自流井，接得张君默生，由重庆来函，叫我写一篇“自传”，惹动了我的高兴，又提笔写文，然而写“自传”我却不敢。

二十七年八月九日，重庆“新蜀夜报”有云：“近月来，本报发表李宗吾先生的作品‘孔告大战’，和‘孔子办学记’，实已轰动了一般社会，因此‘李宗吾先生，究为何许人？’乃成了本报读者，纷纷函询的问题……”友人读了，向我说道：“既是读者纷纷函询，你何妨仿当今学者的办法，写一篇《自传》。”我说：这个，我何敢呢？必定要是学者，才能写自传，我是个八股学校修业生，也公然写起自传来了，万一被国中学者驱出，岂非自讨没趣？

我之不写自传者，固然是不敢高攀，同时也是不屑俯就。以整个学术界言之，我是八股学校修业生，不敢滥竽学者之林；若在厚黑界言之，我是厚黑教主、厚黑圣人，其位敢与儒教的孔子，道教的老子相等。你们的孔子，没有写自传，吾家聃大公，也莫有写自传。我如果妄自菲薄，写起自传来了，舍去教主不当，降而与学者同列，岂不为孔老窃笑？

张君与我，素不相识，来信云："读其书，即愿识其人，先生可否于颐养之余，写一详细的自传，以示范于后学。"盛意殷殷，本不敢却，然而因为要"示范于后学"，我反转不敢写了。我的祖父，种小菜卖，我的父亲，挑牛草卖，我小时曾干过牵牛喂水这类生活，如果照实写出，乡间牧牛儿见了，一齐工作起来，岂不成了遍地是教主，我这位教主，还值钱吗？并且我是八股先生出身，倘被"后学"知道了，舍去洋八股不研究，转而研究中国八股，岂不更是笑话？所以我提起笔，不敢往下写。

我之成为教主者，受师友之影响者少，受我父之影响者多。读者以为我父是饱学先生吗？则又不然。我父读的书，很少很少，我从有知识起，至二十五岁我父死止，常见他有暇即看书，六十九岁，临死起病之日，还在看书，然而所看之书，终身只得三本，有时还涉猎一本，其他之书，绝未看一本，我得了新异的书，与他送去，他也不看。我生平从未见他老人家写过一个字，大约是写不起字的人。然而我的奇怪思想，是发源于我父，我读书的方式，也取法我父，我今日已成厚黑教主了，回想起来，这其间很值得研究，说起来话长，只好不说了，抑或得便时再说。

我的祖若父，兄若弟，俱务农，我则随时手中拿着一本书，我父呼我为"迂夫子"，在私塾中，一般同学呼我为"老好人"。一日，我父上街，有人谈及我的绰号，回家对我母言之，拍掌大笑。我当日对这两种名称，深恶痛绝，而今才知"迂夫子"和"老好人"，是最好的称呼，无奈一般人不这样喊了，于是自作一联曰：

皇考锡嘉名曰迂夫子；

良友赠徽号为老好人。

与朋友写信，自称"迂老"，生以为号，死以为谥，故此次所写文字，题曰：《迂老随笔》。

前年同乡华相如之侄熟之，郑云沛之子北星，来成都云："父叔辈曾言：昔年在私塾中，我们呼李宗吾为老好人。"我于是请一桌客，请两君当众声明，见得我的话，是信而有征的。今我在自流井，华熟之请春酒，其叔相如在座，我当众请相如证明。跟着郑北星又请，其父云沛在座，我又当众请云沛证明。我在座上高谈阔论，云沛诧异道："你先年沉默寡言，怎么现在这么多说法？"孔子曰："我非生而知之者，好古敏以求之者也。"我这个厚黑教主，也非生而知之的，是加了点学力的。有志斯道者，尚其勉之。

二

绰号之最佳者，第一是"圣人"，第二是"老好人"，第三是"迂夫子"，第四是"疯子"。我的朋友廖绪初，人呼为大圣人，杨泽溥为老好人，我则四种名称俱有，不过圣人之上，冠有"厚黑"二字罢了。有人呼我为"李厚黑"，尤为干脆，自觉李厚黑三字，较之王文成、曾文正、彭刚直等等名字，光荣多了。

有人问我道：你是个厚黑先生，怎敢妄窃迂夫子和老好人之名？我说道：我发明了厚黑秘诀，不敢自私，公开讲说，此其所以为迂也，此其所以为老好也。厚黑经曰："十室之邑，必有厚黑如宗吾者焉，不如宗吾之明说也。"

老子曰："夫礼者，忠信之薄，而乱之首也。"他主张绝圣弃智，绝仁弃义，是个破坏礼教的急先锋，而孔子乃从之问礼，真是怪事！我们读礼记"曾子问"一篇，据孔子所述，老子又是一个拘谨守礼的人，更是怪事！这算是我国学术史上的重要公案。百年后，有人编纂厚黑学案，查出了厚黑教主，是迂夫子，是老好人，恐怕又会成重要公案。

诸葛孔明，隐居南阳，人称卧龙，后来出师伐魏，司马懿畏之如虎，一辈子龙争虎斗，我不知他真实本领安在，后见史书上载：桓温伐蜀，诸葛武侯小史尤存，时年170岁，温问之曰：诸葛公有何过人处？史对曰：亦未有过人处。温便有自矜之色。史良久曰：但自诸葛公以后，便未见妥当如公者。温乃惭服。孔明《出师表》曰："先帝知臣谨慎，故临崩寄臣以大事。"由此知：龙争虎斗之立足点，无非是"妥当"而已，"谨慎"而已。我这个厚黑教主，亦未有过人处，无非是"迂"而已，"老好"而已。

我是八股学校出身，哪里会有过人处，不过会做"截搭题"，"枯窘题"罢了。我写的"孔告大战"和"孔子办学记"，是做截搭题的手笔，诸君或许也见过。我生于光绪己卯年正月十三日，去年满六十，我自己做一篇征文启，切着正月十三日立论，此文正月十二日用不着，十四用不着，其他各月生，更用不着，必定要光绪己卯年才用得着。而且正月十三日，非产生一个教主不可。这是鄙人做枯窘题的手笔。诸君要我写自传，我特出题考一下，只要诸君能够这样的替我作一篇征文启，我即遵命详详细细的写一篇自传。如其不然，我只把那篇文字写出来就是了，自传是不能写的。

鄙人受过八股的严格教育，每读古人书，即见其罅漏百出。孔子的文章，以八股义法绳之，都有点欠通。例如：孔子曰："君子有三戒，少之时，血气未定，戒之在色……及其老也，血气既衰，戒之在得。"老年人血气衰了，不可亏损，应该说："及其老也，戒之在色。"今之青年，刮钱的方法，远为老宦场所不及，举凡旧日贪官污吏所不敢为者，他都敢于为之，应该说："少之时，戒之在得。"像这样修改一下，文章就通了。

孟子本是八股界的泰斗，如果今日复生，进场考试，包管他终身不第，何以故？文章不通故。他作的文章，"王之臣，有托其妻子于其友，而之楚游者，比其反也，则冻馁其妻子。"这位朋友，若非迂夫子，定是老好人，如果落在今日，远游归来，寻觅他的妻子一定是偕同受托者，进餐馆，入戏园，鲜衣美食，绝不会冻馁的，能够冻馁其妻子，还算是"古道存焉"的好朋友，所以说：孟子的文章欠通。

周秦诸子，如老子、孔子、庄子、孟子等，外国学者，如斯密士、马克斯、达尔文、克鲁泡特金等，他们所说的道理，或是或非，姑且不论，但是任你如何质问，他都有答复，答复的话，始终一贯，自己不会冲突，是之谓：一家之言。我这个厚黑教主，也有这种本事，我可上讲堂，写黑板，大讲厚黑，任随学生质问，我都有圆满的答复，如果答复不出，我立即宣布，我这个厚黑教主不当。并且说：你是厚黑教主的老师，叫我的学生，来与你拜门。

孔门的书，如《论语》、《孝经》、《诗》、《书》、《易》、《礼》、《春秋》等，看是五花八门，仔细读之，实是一贯。鄙人除"厚黑学"外，还写了许多文字，看是五花八门，仔细读来，也是一贯。道家者流，出于史官，儒家者流，出于司徒之官，厚黑学则出于八股之官。

三

有某君者，同我辩论了许久，理屈词穷，说道："我遇着你，硬把你没法。"我说道：你当然把我没法，从前颜渊遇着孔子，喟然叹曰："仰之弥高，钻之弥坚，瞻之在前，忽焉在后，虽欲从之，末由也已。"也是把孔子没法。你之聪明才智，不过如颜渊罢了，当然把我没法。某君听了大笑。我说道：厚黑经曰："上士闻道，勤而行之，中士闻道，若存若亡，下士闻道，则大笑，下下士闻道，则大骂。"你不大骂而大笑，我把你提升上来，官封下士之职。

一般人都说：要复兴中国，非保存国粹不可，这诚然不错，我所不解者，八股是中国之国粹，为甚舍去中国八股不研究，反朝朝日日研究西洋八股？如此而欲复兴中国，岂非北辙南辕？一般人又说：现在这个时局，非有曾国藩、胡林翼这类人出来，不能收拾，这话也不错；独不思曾胡二人，都是八股秀才出身，而今全国人不知八股为何物，曾胡二人，从何出现？此鄙人所以慨然兴叹，毅然以提倡八股为己任，无奈旧日八股老同志，凋零殆尽，后生小子，全不知八股义法，鄙人特拟作两篇：（一）孔告大战，（二）孔子办学记，据重庆《新蜀夜报》说："实已轰动了一般社会"，这都是一般人喜爱国粹之表现。厚黑学者，八股之结晶体也，故鄙人特意与诸君谈谈厚黑学，谈谈八股。

满清末年，洋八股传入中国，清廷明令废书院，兴学堂，我高兴极了，把家中所藏经史文集，与夫其他等等，用箩筐装起，在山上挖一大坑，用火烧之。那些东西，有些是自己批点过的，有些是手自抄写，而苦心揣摹的，更有些是自己心血呕成的，临烧时，未免依依有情，坐在土坑边，一面翻开读，一面丢在火内，一连烧了几次，而今才知洋八股是这么一回事，深悔当日不该烧，所以我虽毅然以提倡八股为己任，实则根底很浅薄，只好自称八股学校修业生，不敢言毕业。

幼年时，老师在《江汉炳灵集》上，选了一篇"后生可畏"全章的八股与我读，至今还仿仿佛佛记得几句，"某也……而我也樵牧以外无交游，乡里之中夸学问。"又云："有官阶而无建白，后人读史，尚无暇记宰相之名，所以一卷可传，夭札亦神明之寿，百年空过，衣冠等枯骨之余。"这话真是不错，一部廿四史中，宰相真是多极了，试问读者，能记得若干个？当日我读这几句文章，往往凄然泣下，自亦不知何为而然，所以发愤而著厚黑学一卷，在四川一隅一内，夸夸学问。八铭塾钞上，张玉书八股有云："不受朝廷不甚爱惜之官，亦不受乡党无足重轻之誉。"所以许多人骂"李宗吾是坏人"，我也不管。

《江汉炳灵集》，是张文襄督两湖时，把科岁考秀才们作的八股，命樊樊山选集而成。往年在成都，尹仲锡对我说他：在陕西做府官时，曾问樊樊山，"听说江汉炳灵的文章，全是你做的？"樊曰："非也，我不过修改而已，但改得很多，所改约四分之三。"这是八股界的掌故，附记于此。

鄙人写文字，纯用八股义法，幼年老师教我作八股，我有两秘诀，"宽题走窄路，窄题走宽路。"例如：厚黑教主六十征文，这个题目，可以任意发挥，是谓宽题，而鄙人则把一般人应说的话，扫去不说，专从己卯年正月十三日著笔，是谓"宽题走窄路"。己卯年正月十三，是枯窘小题，而文则上下古今写去，是谓"窄题走宽路"。现在八股老同志，尚不乏人，请看此篇文字，合八股义法否？如果科举复兴，进场考试，还能取得一名秀才否？兹把原文，录之如下：

鄙人今年（二十八年）已满60岁了，即使在此刻寿终正寝，抑或为日本飞机炸死，祭文上也要写享年六十有一上寿了。生期那一天，并无一人知道，过后我遍告众人，闻者都说与我补祝，我说：这也无须。他们又说：教主六旬圣诞是普天同庆的事，我们应该发出启事，征求诗文，歌颂功德。我说：这更无劳费心，许多做官的人，德政碑是自己定的，万民伞是自己送的，甚至生祠也是自己修的。这个征文启事，无劳亲友费心，等我自己干好了。

四

大凡征求寿文，例应补叙本人道德文章功业，最要者，尤在写出其人之特点，其他俱可从略。鄙人以一介匹夫，崛起而为厚黑教主，于儒、释、道三教之外，特创一教，这可算真正的特点，然其事为众人所共知，其学已家喻户晓，并且许多人都已身体力行，这种特点，也无须赘述。兹所欲说者，不过表明鄙人所负责任之重大，此后不可不深自勉励而已。

鄙人生于光绪五年己卯正月十三日，次日始立春，算命先生所谓：己卯生人，戊寅算命。所以己卯生的人，是我的老庚。光绪己卯年，是西历一千八百七十九年，爱因斯坦，生于是年三月十四日，比我要小点，算位庚弟，他的相对论，震动全球，而鄙人的厚黑学，仅仅充满四川，我对于这位庚弟，未免有愧。此后只有把我发明的学问，努力宣传，才不虚生此世。

正月十三日，历书上载明，是杨公忌日，诸事不宜，孔子生于八月二十七日，也是杨公忌日，所以鄙人一生际遇，与孔子相同，官运之不亨通一也，其被称为教主一也，天生鄙人，冥冥中以孔子相待，我何敢妄自菲薄。

杨公忌日的算法，是以正月十三日为起点，以后每月退二日，二月十一，三月初九……到了八月，忽然发生变例，以二十七日为起点，又每月退二日，九月二十五，十月二十三……到了正月又忽然发生变例，以十三日为起点，诸君试翻历书一看，即知鄙言不谬。大凡教主都是应运而生，孔子生日，既为八月二十七日，所以鄙人生日，非正月十三日不可。这是杨公在千年前，早已注定了的。

孔子生日，定为阴历八月二十七日，考据家颇有异词，民国以来，改为阳历八月二十七日，一般更莫名其妙。千秋万岁后，我的信徒，饮水思源，当然与我建个厚黑庙，每年圣诞致祭，要查看阴阳历对照表，未免麻烦，好在本年（二十八年）阴历正月十三日，是阳历三月三日，兹由本教主钦定阳历三月三日，为厚黑教主圣诞，将来每年阴历重九日登高，阳历重三日，入厚黑庙致祭，岂不很好？

四川自汉朝文翁兴学而后，文化比诸齐鲁，历晋唐以迄有明，蜀学之盛，足与江浙诸省相埒。明季献贼蹦蜀，杀戮之惨，亘古未有，秀杰之士，起而习武，蔚为风气，有清一代，名将辈出，公侯伯子男，五等封爵，无一不有。嘉道时，全国提镇，川籍占十之七八，于是四川武功特盛，而文学则蹶焉不振。60年前，张文襄建立尊经书院，延聘湘潭王壬秋先生，来川讲学，及门弟子，井研廖季平，富顺宋芸子，名满全国，其他著作等身者，指不胜屈，朴学大兴，文风复盛。考《湘绮楼日记》己卯年正月十二日，王先生接受尊经书院聘书，次日鄙人即诞生，明日即立春，万象咸新，这其间，实见造物运用之妙。

帝王之兴也，必先有为之驱除者，教主之兴也，亦必先有为之驱除者，四时之序，成功者去，孔教之兴，已二千余年，例应退休，皇天上帝，乃眷西顾，择定四川为新教主诞生之所，使东鲁圣人，西蜀圣人，遥遥对峙，无如川人尚武，已成风气，特先遣王壬秋入川，为之驱除，此所以王先生一受聘书，而鄙人即嵩生岳降也。

民国元年，共和肇造，为政治上开一新纪元，同时鄙人的厚黑学登成都报纸，为学术上开一新纪元。故民国元年，亦可称厚黑元年，今为民国二十八年，也即是厚黑纪元二十八年。所以四川之造化，可分三个时期，蚕从鱼凫，开国茫然，无庸深论，秦代通蜀而后，由汉司马相如，以及明杨慎，川人以文学见长，是为第一时期，此则文翁之功也。有清一代，川人以武功见长，是为第二时期，此则张献忠之功也。民国以来，川人以厚黑学见长，是为第三时期，此则鄙人之功也。

民元而后，我的及门弟子，和私淑弟子，努力工作，把四川造成一个厚黑国，于是国中高瞻远瞩之士，大声疾呼曰："四川是民族复兴根据地。"你想：要想复兴民族，舍了这种学问，还有什么法子？所以鄙人于所著《厚黑丛话》内喊出"厚黑救国"的口号，举出越王勾践为模范人物。其初也，勾践入吴，身为臣，妻为妾，是之谓厚。其继也，沼吴之役，夫差请照样的身为臣，妻为妾，勾践不许，必置之死地而后已，是之谓黑。天下兴亡，匹夫有责，余岂好讲厚黑哉？余不得已也。

五

鄙人发明厚黑学，是千古不传之秘，而今而后，当努力宣传，死而后已。鄙人对于社会，既有这种空前的贡献，社会人士，即当予以褒扬。我的及门弟子和私淑弟子当兹教主六旬圣诞，应该作些诗文，歌颂功德。自鄙人目光看来，"举世非之"与"举之誉之"，有同等的价值。除弟子而外，如有志同道合的遽伯玉，或有走入异端的原壤，甚或有反对党，如楚狂、沮溺、荷蒉、微生亩诸人，都可尽量作些文字，无论为歌颂，为笑骂，鄙人都一一敬谨拜受。将来汇刊一册，题曰："厚黑教主生荣录"。你们的孔子，其生也荣，其死也哀，鄙人则只有生荣，并无死哀。千秋万岁，厚黑学炳焉如皎日中天，可谓其生也荣，其死也荣。中华民国万万岁，厚黑学万万岁。

厚黑纪元二十八年，三月十八日，李宗吾谨启。是日也，即我庚弟爱因斯坦六旬晋一之后四日也。

我把征文启发出后，收得诗文很多，佳作如林，惟有个八股老同志，宜宾李小亭，他昔年在自流井东新寺，炳文书院，与我同学，送我一首七古云："玄之又玄玄乃厚，含德之厚厚不测，老子手写厚黑经，世俗强名为道德……"三四两句，真是妙极了，诸君试取鄙人所著《厚黑丛话》合订本一五三页读之，即知此语之妙。诸君如果高兴，不妨作些诗文，与鄙人补祝，交由重庆青木关，温泉寺，张君默生转。

世间的事，真是无奇不有，鄙人发明厚黑学，居然有人与我争发明权，往年友人某君对我说：有一次在宴会席上，谈及李宗吾发明厚黑学，忽有人说道：我当小孩时，已听见厚黑学三字，哪里是李宗吾发明的。某君问之：你今年若干岁了？答曰：30岁。某君曰：李宗吾的厚黑学，民国元年，已在成都报纸披露，今为民国二十七年，你那时当然是小孩子。

往年在重庆，遇着新闻记者游君，说道：我读你的作品，以为是个青年，谁知才是老头子。我说道：怪了！厚黑学，只有你们青年人才讲得，我们老头子就讲不得？我在成都，住在侯克明公馆内，侯君介绍一个姓彭的来会，是江苏人，说道：往年在南京，读上海发行的《论语》，载有《厚黑学》。我同朋友揣想：作者年龄大约不过30岁上下，哪知已这样的年龄。我听了，大为不平，我辈老年人，连讲厚黑学的权利，都被人夺去了，奈何！奈何！

我在《厚黑丛话》中，曾说：我在四川高等学堂，肄业四年，是厚黑孕育时期，记得有天与我同班张列五（名培爵）谢绶青（名敦印）谈天，我说：古今英雄分四等：第一是项羽，成则称王称帝，败则把脑壳交出来，慢说在刘邦驾下称臣，就叫他渡过乌江，卷土重来，也有所不屑，此头等英雄也。第二是李世民，群雄并起之日，凡与他交过战的人，落在他手里，莫得一个活命，哥哥反对我，杀哥哥，弟弟反对我，杀弟弟，父亲袒护哥哥弟弟，就叫他把天下让与我，请他当太上皇。此第二等英雄也。第三是虬髯公，本打算在中原血战几年，夺取帝业；及见了李世民，自知不是敌手，默然心死，不惟阻挠李世民之进行，反把自己的兵法，传授李靖，储积的军款，送与李靖，叫他辅佐世民，平定天下，自己跑到海外扶余国，披荆斩棘，独立称王，此第三等英雄也。第四是钱窦融，自知能力薄弱，也就不与群雄斗争，只是保境安民，修理内政，到了中原有主，纳土归顺，这可说是第四等英雄。

我在学堂内，发明了四等英雄的原则，辛亥革命而后，出了许多伟人，我与他评评等级：许多拥兵自卫的人，一败涂地之后，草间偷活，叫他学项羽，把脑壳交出来，他不干，头等英雄，当然够不上。打了胜仗，第一要务，就是保护敌人的生命财产，甚或跑到敌人家中，去问老伯父、老伯母受惊否？对于李世民，真要愧死，第二等英雄，更够不上。既莫得扫荡群雄，和驾驭群雄的能力，就该学虬髯公海外称尊，抑或学钱窦融，保境安民，他偏要问鼎中原，闹个不休，第三等英雄，第四等英雄，也莫得他的位置。只好与他下八个字的批评：“既不能令，又不受命。”连一个齐景公都够不上，是为不及格之英雄，此民国二十余年，所以纷纷扰扰，大乱不止也。

六

我在学堂内，高谈四等英雄的时候，列五猝然问我道：“你将来当哪等英雄？”我说：“当头等英雄我不肯，当二等英雄，我不能，无已，其第三等英雄，第四等英雄耳。”我还问列五：“你当哪等英雄？”他笑而不答。绶青则抱膝摇头，口中念道“科头箕踞长松下，冷眼看他世上人”。当日情事，宛然在目，后来我的话，是实行了的。我在政治上，是第四等英雄；在学术上，是第三等英雄。反正后，我干的是省立中学校长，和省视学这类事，他们打他们的仗，我办我的学，查我的学。有时甲乙两方，血战不已，两方的学务，都去视察，并且两方都受欢迎，这是走的钱窦融途径，是为第四等英雄。古今中外，许多学问都不讲，独讲厚黑学，这是我披荆斩棘，另开的扶余国，是为第三等英雄。后来绶青纵酒而死，终身过的是“冷眼看世上人”的生活。列五笑而不答，大约是以头等英雄自命。民国四年，在北平殉义，临刑时的态度，比垓下的项羽，远要从容些，真不愧头等英雄。（二人事迹，详见拙著《厚黑丛话》）

列五殉义，是民国四年三月四日，往年经中央议决，抚恤5000元，常年恤金600元，并令四川公葬。同时殉义者，有酉阳邹汗青，资中魏荣权，二人也是高等学堂同学，恤典未之及。高等学堂开同学会，决议请省党部，致函酉阳资中党部，征取二人事迹，为之请恤褒扬，当可准行。列五葬在荣昌，重庆浮图关，系其衣冠墓。

与列五同时枪毙者，共是四人，邹魏之外，还有某君，此君姓名籍贯，姑为隐去，名之曰：某甲，我把事由始末说一下：

列五匿居天津，织袜为业，在袁政府看来，以都督民政长解职下来，一定腰缠百万，还干此等事，一定有何种作用，不知列五是个旧式书生，哪里晓得拿钱，解职下来，两袖清风，许多学生及同乡，寻着他觅事，只好留在厂中，供其食宿，想把袜厂扩张大点，自己又无资本，袁政府侦探李某，托名商人，先认识某甲，进而认识汗青与列五，自称愿出资合伙，往还了许久，一日，约在租界外餐馆，订立合伙契约，临上火车，李某出一卷纸，交与列五道：“这是我拟的章程，你暂且拿着，我去买点纸烟来。”列五也未开看，顺手递与汗青，汗青插入衣袋中，李某久不至，火车开了，一到车站，兵已布满，齐被逮捕，搜出纸卷，才是血光团章程，送交北平审讯，久无口供，侦探对某甲说道："全案中人，业已无救，你能如何如何说，不惟保全生命，且可作官。"某甲遂反口诬陷，而案就定了。

黄肃方曾对我说：他同时也拘在军政执法处，看见有人与某甲送被条等物进去，且优待之，即知事情有变。复审时，汗青因某甲反供，在法庭上与之大闹，列五见同党的人，都这样干，也就默无一语，所以列五始终无口供。向例：执行死刑时，在监外高呼犯人姓名，呼及青汗，汗青在肃方背后一室，高声应道："有"，一跳就出去，气急了，大闹，列五在法庭上，负手旁立，微笑不语，同时把某甲也宣布死刑，某甲大骂："当初许老子的官，而今还要枪毙老子吗？"列五呼其字曰："某甲，不要说了，今日之事，你还在梦中！"列五的襟怀，真是海阔天空，落在别人，纵不唾某甲之面，也要奚落他几句。赴刑场时，汗青车子在列五之后，列五还带点开玩笑的态度，回头说道："汗青！今天的事，有点老火哦！"其他详情，见拙著《厚黑丛话》兹不赘述。

列五真是把死之一字，当如儿戏，凡人到了死生关头，才见真实本事，一部廿四史中，慷慨就死者，何可胜数，嵇生琴，夏侯色，独传千古者，无非态度从容耳。张飞怒斩严颜，严神色不变曰："斫头便斫头，何为怒耶！"威猛如飞，为之气折，可称神勇。列五较颜，有过之，无不及。其致廖绪初信有云："不肖秉性虽蠢，略识庄生安时处顺，哀乐不入之道……深信大地自有史以来，皆作如是观，因此之故，任外界形形色色，纠错相纷而素志固犹迥然也。"他平日有这样的修养，临死才有那样的从容，然而列五之出身，则是一个八股秀才，岂非奇事！临死神色夷然的神勇，乃出诸庄生一派学说，更是奇事！我希望读者诸君，于研究洋八股之余，不妨研究一下中国八股。

七

列五致友人信，及家书共数十通，昨经其女钟芸，印出赠人，其真迹拟将来影印出来，悬诸纪念堂。诸君读之，其人格之高，忧国之切，可以毕见。文笔之佳，犹余事耳。然而致死之根，即可于书中见之，我与他四个字的批评，"不学无述"。学者，厚黑学也。吾写曰："如有列五之才之美，使厚且黑，某某伟人不足观也已。"向仙乔曾对我说："某年川省名流，在某处宴请党国名人，席罢，大家谓：'列五之言论丰采，不在诸名人之下，乃竟中道摧折。'为之叹息不已。"死者长已矣，甚望读者诸君，快快研究鄙人的学说，毋为亲厚者所痛悼。

10年前，有某军人著一《薄白学》，在成都报纸发表，满口道德话，对于我的学说，大加攻击。并且说道："李宗吾，赶急把你的厚黑学收回。"我置之不理，许多人劝我著文驳之，我说："这又何必呢？世间的学问，各人讲各人的，信不信，听凭众人，譬如：粮食果木的种子，我说我的好，你说你的好，彼此无须争执，只是拿在土中种之，将来看哪个的收获好就是了。"闻者道："你不答辩，可见你的学说，被他打倒，我如今不奉你为师，去与某君拜门，学薄白学。"我说："你去拜门，是很可以的，但是我要忠告你几句，厚黑经曰：'厚黑之人，能得千乘之国，苟不厚黑，箪食豆羹不可得。'将来你讨口饿饭，不要怪我。"后来这位薄白学发表家的脑壳，截下来，挂在成都少城公园纪念碑上示众，此事成都人一般都还记得。从这场公案看来，读者诸君，可以恍悟了。

古人云："为善最乐"，殊不知为恶也最乐。你看梁山上那些同志，大碗吃肉，小碗吃酒，何等快乐。世间最苦的，莫过于不善不恶的庸人。然庸人能自甘于庸，安分守己，过他庸人之生活，则苦之中亦未尝无乐。惟庸人不甘于庸，妄为为善，妄欲为恶，此真天下之大苦也。鄙人深悟此理，所以安分守己，谈谈厚黑学，过我庸人之生活，方寸中尽有至乐焉。

世间最乐的事，莫过于行吾心之所安，张列五押赴刑场枪毙，薄白学发明家，枭首示众，二人反对厚黑学一也（列五反对厚黑学，见拙著《厚黑丛话》），其不得寿终正寝一也。然而列五之心则最乐，某发明家则最苦。何也？列五行其心之所安，乌得不乐，某发明家，断非心之所安，乌得不苦。

世间的事真怪，孔门的学说，最注重的是君臣父子之伦，孔子的裔孙孔融，对于父母问题，略略怀疑，曹操便把他杀了。嵇康非薄汤武，司马昭也把他杀了。孔子学说，所以万古不磨者，曹操司马昭这类人的功劳，真是不小。这位薄白学发明家，可算孔门的信徒，为名教中的功臣，理应请入文庙配享。至于列五，将来我的门徒，与我立厚黑庙，只好请他进来配享。

大凡一种新学说出现，必要受一番大打击，你们的孔子，当他学说出现之时，就受了沮溺，丈人，楚狂，荷蒉，微生亩诸人，冷嘲热骂，遇着匡人桓，几乎性命不保，惟其然也，才挣到万世师表的位置。程氏学说出现之时，也是闻者哗然，痛诋之，严禁之，伊川死了，门人连丧都不敢吊，惟其然也，才挣得孔门嫡派的招牌。耶稣最不幸，身死十字架，然而耶教则风靡世界。鄙人发明厚黑学，只听得有人大骂："李宗吾是坏人，"尚未把我绑赴刑场。像这样下去，我这一教，将来的位置，不过与程氏相等罢了，再不然，与孔子相等罢了，欲求如耶教之风靡世界，恐怕遥遥无期，呜呼！吾道其终穷矣！

鄙人讲厚黑学，有一条公例："做得说不得"。某名士得了翰林，到处打秋风，友人写信规之，覆曰："天生空子，以养豪杰。"此信披露出来，闻者大哗，因而少收了若干银子，这即是违反公例之故。然而某名士之言，固绝世名言也。昔人云："一将功成万骨枯。"一将者，豪杰也，万骨者空子也。非独成功为然也，"长平一坑四十万"，赵括之名，因以千古，则赵括亦豪杰也，彼40万人，真空子也。当山寨大王，必有许多摇旗呐喊的喽。高坐山寨者，豪杰也，摇旗呐喊者，空子也。鄙人不当豪杰，也不当空子，在整个世界中，特开一厚黑界，独自一人，称教主，称圣人，不在别人驾下当喽，也不要别人与我当喽。

八

杨朱之言曰："智之所贵，存我为贵。"此不当喽之说也。又曰："力之所贱，侵物为贼"，此不当山寨大王之说也。鄙人写《厚黑丛话》，曾说：老子一部《道德经》，纯是厚黑哲理。杨朱是老子的弟子，所以倡出来的学说，能与鄙人暗合，孟子曰："杨氏为我，是无君也。"你想：全世界，寻不出一个喽，哪里还有山寨大王出现？所以道家一派学说，为儒家所深斥，而鄙人的厚黑学，就成为世界上最精粹之学说了。

鄙人改字宗吾而后，朝朝日日，用以自警者，"思想独立"而已。一部厚黑学说，千言万语，无非教人"思想独立"而已。思想能够独立，行为才能够独立。夫然后，学术方面，才不为古人之奴，政治方面，才不为豪杰之奴，不独立即为奴隶，并无中立余地。我国一般人，思想不能独立，以致眼前摆着的大道理，看不见，说不出。行为不能独立，以致拥有四万万民众，还受帝国主义之侵凌。读者诸君，负有指挥群众之责，鄙人谨百拜稽首，以"思想独立"四字奉赠。

刘后主降于邓艾，晋李特入蜀，周览山川形势，叹曰："刘禅有如此江山，而降于人，可谓庸才。"刘琮降于曹操，操曰："生子当如孙仲谋，刘景升诸子豚犬耳。"读者诸君，努力！努力！如其不然，你我的子孙，翻着历史一看，必喟然叹曰："中国有如此江山，而受制于强邻，我的曾祖父，可谓庸才。"抑或曰："有祖当如孙仲谋，吾祖豚犬耳。"诸君！诸君！努力！努力！

从前阿柴有子廿人，临终命各持一箭来，取一箭命折之立断，命以十九箭合折之，则不能断。论之曰："分则易折，合则难摧。"这是历史上有名的故事。但须善于体会，廿箭合作一束，固然不能折断，请问廿箭合作一束，能不能射死敌人？箭之功用，全在射人，今怕他折断，把他捆作一起，岂不失了射人的功用，又何贵乎有箭？今当抗战建国期中，许多志士，奔走呼号，大都奉阿柴的学说，为天经地义，专干捆箭的工作，把射箭的工作忘却了。

我辈主持国家大计，应当如射箭一般，悬出一个箭垛，四万万五千万枝箭，向同一之箭垛射去。然而今日不能也，其病根有三：（一）专干捆箭的工作，忘却射箭的工作，致使许多志士的能力，郁而不伸。（二）各持一箭，任意乱射，不知箭垛安在。（三）见人手持一箭，即惶大哧道："你这枝箭，怕不是射敌人的，一定是射我的，快快入下，等我一人射好了。"以上三者，就是我国失败的大病根。知道病根所在，就有治疗之方法了。（一）指出箭垛，（二）教他射箭之法，（三）大着胆子，不要怕别人射我，然后别人一定是射敌人，决不会射我。我们须知：所谓师法古人者，在师其意，不师其迹。善学柳下惠者，莫如鲁男子，我们能实行上述三法，即可谓之善学阿柴。所以我力劝诸君，快快的研究我的厚黑学。

韩非子是懂得厚黑学的人，其言曰：“上君尽人之智，中君尽人之力，下君尽己之能。”所谓尽人之智，尽人之力者，即是枝枝箭的能力，都表现出来。至于尽己之能的下君，即是说：“你众人不必射，等我一人来射。”汉高祖是厚黑名家，能使张良陈平诸人尽其智，黥布彭越诸人尽其力，上君中君，一身兼之，故能统一天下。项羽有一范增而不能用，叹曰：百战百胜，无非尽己之能罢了，遇着汉高祖，只好乌江自刎。

战国策，是古代厚黑学教科书，郭隗谓燕昭王曰：“帝者与师处，王者与友处，霸者与臣处，亡国与役处……凭几据杖，眄视指使，则斯役之人至，恣睢奋击，籍叱咄，则徒隶之人至。”现在是民国时代，无所谓君，即无所谓臣。有志用世者，只能于师也，友也，斯役也，徒隶也，四者之中，择一位置。操用人之柄者，亦只能于四者之中，择一以位置之。师与友挺然独立者也，斯役与徒隶，无挺然独立的能力，不得不因人俯仰，供人指挥者也。大凡大功业之告成，斯役与徒隶，亦是不可少之人，然使前后左右，都是这类人布满了，无所谓师与友，那就应了郭隗之言，只好亡国了。

九

周秦诸子，彻始彻终，是研究厚黑学理，不过莫有发明厚黑这个名词罢了。老子一书，阐明厚黑原理者也（其说具见《厚黑丛话》），孙吴管商诸人，厚黑学之实行家也。刘先主临终，嘱后主读六韬商君书，谓其益人神智，可见他对于厚黑学，是有研究的。所以他三顾茅庐。绝不敢使出“眄视使人”一类态度，如果不懂厚黑学，怎能纡尊降礼，把一个“不求闻达”的孔明罗致出来。

诸葛孔明，是法家一派，手写申韩以教后主，也是精研厚黑学的人，所以当了丞相，能够俯纳群言，集众思，广忠益，这即是使枝枝箭的能力，都表现出来，故出师北伐，司马懿不得不畏之如虎。

鄙人是八股学校修业生，记得壬寅年四川补行乡试，出的题，有“集众思广忠益论”，方鹤齐拟墨有云：“相无才天下之才皆其才，相无智天下之智皆其智。”鄙人当日读了这两句，低徊往复，讽诵不已，只觉得他说得好，亦不知好处安在。而今始知我胸中孕育有厚黑学理，故不知不觉，深与契合。方鹤齐这两句话，即是四万万五千万枝箭的能力，一齐表现出来的说法，是深合申韩学理的。申子之书不传，我且把韩非之书引两段出来，证明方鹤齐的说法，与法家学说相结合。见得诸葛武侯，学有本原，其称为三代下一人，良非无因。

韩非云：“有智而不以虑，使万物知其处，有贤而不以行，观臣下之所因，有勇而不以怒，使群臣尽其武。是故去智而有明，去贤而有功，去勇而有强。”这种说法，岂不是“相无才天下之才皆其才，相无智天下之智皆其智”的说法吗？

韩非又云：“郑子产晨出，过东匠之门，闻妇人之哭，抚其御之手而听之。遣吏执而问之，则手绞其夫者也。异日，其御问曰：‘夫子何以知之？’子产曰：‘其声惧。凡人于其亲爱也，始病而尤，临死而惧，已死而哀，今哭已死，不哀而且惧，是以知其有奸也。’子产之智，不亦多事乎？奸必待耳目之所及而后知之，则郑国之得奸者寡矣……故宋人语曰：一雀过羿，羿必得之，则羿诬矣。以天下为之罗，则雀不失矣。夫知奸亦有大术，不失其一而已矣，不修其理，而以己之胸察，为之弓矢，则子产诬矣。”韩非这篇议论，也即是“相无才天下之才皆其才，相无智天下之智皆其智”的说法。韩非能够以天下为大罗，雀不失一，我国今日，如有韩非这类人，出而执政，一定能使四万万五千万枝箭的能力，一齐表现出来。所以我甚望读者诸君，把鄙人的厚黑学，细细研究一番，然后去读韩非诸人之书，自然头头是道，包管你成为诸葛武侯第二。

世间的道理，只要研究得彻底，彼此所见，都是一样。儒家与法家表面看去，似乎彼此是不同的，其实不然，四书五经，是儒门经典，秦誓曰：“若有一介臣，断断兮无他技，其心休休焉，其如有容焉，人之有技，若己有之，人之彦圣，其心好之，不啻若其自口出。”这种说法，也即是“相无才天下之才皆其才，相无智天上之智皆其智”的说法。与韩非的主张，有何差别？我们试把韩非之书，细读一遍，又把诸葛武侯本传，细读一遍，即知孔明乃法家一派之醇乎其醇者也。他自比管乐，手写申韩，生平宗仰，已可概见。治蜀严而无赦，更与儒家主旨不类，然而今之孔庙中，则大书曰："先儒诸葛亮之位"，此其故可深长思矣。

大凡当首领的人，如果自矜其能，把自己的才智表现出来，即会把众人的才智压抑下去，就会成为独夫。殷纣王材力过人，手格猛兽，智足以拒谏，言足以饰非，矜人臣以能，谓天下皆出已下，卒至身死国灭，首悬太白之旗。故韩非警告人主曰："去智而有明，去贤而有功，去勇而有强。"又曰："矜而好能，下之所欺。"这些道理，西洋科学家如达尔文这类人懂不得，要我辈八股家才懂得。于何征之呢？四川壬寅乡墨有曰："相无才天下之才皆其才，相无智天下之智皆其智"，厚黑学者，八股之结晶体也，诸君不懂八股，请读鄙人的厚黑学。

十

孔明手写申韩，对于厚黑学，有深切的研究，你看他高卧隆中，自比管乐，是何等自负？谓徐元直等曰："卿等三人，仕进可至刺史郡守。"三人问其所至，笑而不言，这种态度，真是目无余子。然而一当了丞相，立即谦虚起来，下教曰："初交州平，屡闻过失，后交元直，勤见启诲。"又自称："资性鄙暗，不能悉纳。"以视南阳隐居时代，先后如出两人，这是什么道理呢？因为在野的名流，与在朝的政治家，地位不同，态度也就不同。当名士无妨吹吹牛，无妨目空一切，一执了政，这种态度，就断乎来不得。王安石不懂这个道理，拿书生的态度去做宰相，所以终归失败。王安石的政策，本是对的，他说："天变不足畏，人言不足恤，祖宗不足法"，道理也很精确，只是态度来得太严厉了，执拗不近人情，把海内公认的贤人君子，如司马光、欧阳修、程明道一类人，都压抑下去了，就不得不归于失败。诸君有志用世，请把王安石和诸葛武侯的态度，下细研究一下。

政治家带不得名士气，带不得书生气。王夷甫，殷深源，名士也，不幸而执政，身败名裂。程伊川，朱元晦，书生也，幸而未执政，至今尚高坐孔庙吃猪肉。程朱连苏东坡这类人，都容不过，岂可在政界中来往？鄙人非名士，也非书生，是一个八股学校修业生，故于人无所不容。薄白学发明家，是反对我的，我还称他为名教功臣，请他入文庙。张列五首先呼我为疯子，也是反对厚黑学的，我将来建厚黑庙，还许他进来配享。一般人只知佛门广大，殊不知厚黑之门，更为广大。君子曰："李宗吾之称教主也，宜哉！"

宇宙事事物物，以平为归，物不平则鸣，人不平则争，人类本是平等的，君相地位，已经比众人高了，如果态度再加高亢，是为高而又高，不平孰甚？故须谦恭下士，才能跻于平，才不失败。匹夫的地位，已经比王侯低了，如果再卑以自处，是为低而又低，不平益甚。田子方对魏侯曰："贫贱骄人"，颜对齐王曰："生王之头，不若死士之垄。"必须有这种态度，才能调剂之以归于平。故我们说田颜二人有气节，称之誉之，万一君相有了这种态度，我们就名之曰骄盈，訾之议之。这是什么道理呢？此由吾人胸中，藏有一个平字，为衡量万物之准，自然而然，会发出这种感想。刘先帝三顾茅芦，诸葛亮以匹夫而对帝室之胄，故态度至为高亢。及当了丞相，对僚属下教令，就不得不谦虚。始终是循着平字公例而行。鄙人著《心理与力学》一书，已揭出此旨，此处算是引的例证。

政治界有帝王，学术界有圣贤，其情形是相类的。战国策曰："帝者与师处，王者与友处。"在学术界，则圣贤也是与师处，与友处。他是以古人为友，以今人为师。于何征之呢？孟子曰："以友天下之善士为未足，又尚论古之人……是尚友也。"这即是以古人为友之明证。孔子曰："三人行，必有我师焉，择其善者而从之，其不善者而改之。"这即是以今人为师之明证。古人有千千万万，今人有千千万万，你们的孔夫子，孟夫子，师与友，有这样的多，所以就成为千古有一无二的人物。

孟子与友人处，成为贤人，孔子与师处，成为圣人。鄙人是厚黑界的圣人，故民国元年，所著厚黑经有曰："三人行，必有我师焉，择其厚黑者而从之，其不厚黑者而改之。"这即是鄙人以今人为师之明证。我历观当代名人，及朝夕往来的朋辈，常常喜欢赞叹曰："吾师乎！吾师乎！"鄙人用了这种困知勉行的工夫，遂崛起而为厚黑圣人。东鲁有圣人，西蜀有圣人，此心同，此理同也。

常常有人向我说道："某人钦慕你的厚黑学，想来见你一下，请我介绍。"我说：你转告他，不必见我，我传授他一个简便法子，每遇着严严道貌的先生，高谈理学的时候，抑或有人向你握手出肺肝相示，指天日涕泣的时候，你就闭目默念："南无李宗吾先生"三遍，睁眼一看，就俨然李教主在面前说法一般。诸君能够这样用功，将来操得的学问，一定与鄙人相等，或许还胜过鄙人，何以故？因为同以今人为师故，我与诸君，是同门学友故。

十一

鄙人是懂教授法的，我教授学生，绝不教他如何厚黑，只把他天性中具备的良知良能，诱导出来，他自然晓得厚，晓得黑，犹如矿师一般，只把矿之所在，指示出来，叫他自己去挖就是了。所以师不必贤于弟子，弟子也不必不如师。昔者子夏问于孔子曰："颜回之为人奚若？"曰："回之信贤于丘。"曰："子贡之为人奚若？"曰："赐之敏贤于丘。"曰："子路之为人奚若？"曰："由之勇贤于丘。"曰："子张之为人奚若？"曰："师之庄贤于丘。"子夏曰："然则四子何为事先生？"子曰："回能信而不能反，赐能敏而不能讷，由能勇而不能怯，师能庄而不能同，此其所以事吾也。"鄙人也与孔子一样，讲到才智，实是远不如诸君，然而诸君非与我拜门称弟子不可。孔子曰："求也退，故进之，由也兼人，故退之。"诸君虽具有厚黑的良知良能，但不经鄙人指点，难免不进退失据。韩非曰：'不贤而为贤者师，不智而为智者正。'诸君必须奉我为师，才能纠正诸君的错误，以管仲之才智，犹师老马，鄙人其诸君之老马乎。

我们当教主的人，不重在显示自己的本事，重在把学生固有的本事，汲引出来。古来当人主的人，也是如此，不重在显示自己的本事，重在使臣下的本事，表现出来，汉高祖曰："运筹策帷幄之中，决胜于千里之外，吾不如子房。镇国家，抚百姓，给馈饷，不绝粮道，吾不如萧何。连百万之众，战必胜，攻必取，吾不如韩信。此三人皆人杰也，吾能用之，此吾所以取天下也。"诸君看他这番议论，即知政治界的帝王，与学术界的教主，其本事是一样的。故鄙人称刘邦为厚黑学界天纵之圣。

石勒说："若遇汉高祖当北面事之，与韩彭比肩，若遇光武，当并驱中原，未知鹿死谁手。"隐然说：光武还不如他。何以他不敢与高祖对敌，要北面归顺呢？石勒的智勇，虽是横绝一世，但遇着高祖，高祖就会说："要斗智，我喊张良、陈平来，要斗力，我喊黥布、彭越来，讲筹款，我喊萧何来，讲用兵，我喊韩信来。"你想：石勒一人，如何敌得过，只好北面归顺了。

我国辛亥而后，谋如良平，勇如黥彭，筹款如萧何、用兵如韩信，可以说多得很，独缺乏一个汉高祖，所以纷纷扰扰，闹个不休。豁达大度，知人善任，汉高祖所以成功也；矜人臣以能，谓天下皆出己下，殷纣王所以亡国也。诸君如想担当国家大事，当于此等处，留心思之！留心思之！

汉高祖的本事，真是了不得，与他同时起事的，只有萧何、曹参、樊哙几个人，所有韩信、陈平，黥布、彭越等，都是项羽方面的人，张良也是韩王的人，项羽把韩王杀了，才重到刘邦方面，替韩王复仇，可以说：刘邦的开国元勋，都是项羽驱遣许多过来的。刘邦也不组织什么死党，只把敌人方面的人，弄过来，就成为自己的死人，把患难相依的死党，变成冤冤不解的仇人，这是什么道理？请读者有以觉而语我！一般人都说：我国不知团结内部，应该仿效墨索里尼和希特勒的那种团结方法。殊不知：越是仿效得像，内部越是分崩离析。譬之箍桶，墨索里尼和希特勒，一箍就紧。中国的桶，一箍就破裂，越箍得紧，破裂越凶。这又是什么道理呢？这全是民族性的关系，要说明这个道理，非三言两语，说得清楚，等随后再详说。刘邦是厚黑界人物，墨索里尼和希特勒，也是厚黑界人物。我国民族性，适用刘邦这种厚黑，不适用墨索里尼和希特勒那种厚黑。厚黑经曰："汝为大厚黑，毋为小厚黑。"刘邦大厚黑也，墨索里尼、希特勒小厚黑也。墨索里尼和希特勒的箍桶法，与阿柴的捆箭法，是同一手笔，愿读者细细研究之。

崇祯皇帝，如果做州县官，倒是个好官，不幸做了皇帝，十七年宵旰忧勤，落得自缢而死。做皇帝另是一套本事，州县官的本事，全用不着。做皇帝要深通厚黑学。老子一部道德经，纯是阐明厚黑原理，故后人说老子讲的是南面之术。崇祯不懂厚黑学，就南面做起皇帝来，越是苦干硬干，天下越是大乱。袁崇焕磔死西市，卢象升陷死沙场，而孔有德、祖大寿、尚可喜、洪承畴诸人，遂一齐跑到满洲，去当开国元勋，剩下一个孙承宗，不诛死，不当开国元勋，结果自缢而死。于是中国沦于异族者三百年。平情定谳，崇祯殃民误国，死不蔽辜，不能因其煤山自缢，而遂予以恕辞也。史乘具在，事实具在，假令袁崇焕、孙承宗诸人，能竟其用，满洲能侵入中国吗？中国会受这种空前蹂躏吗？鄙人著厚黑经所为曰："刘邦吾不得而见之矣，得见曹操斯可矣；曹操吾不得而见之矣，得见孙权刘备斯可矣。"请问：有了曹操刘备这类人，他手下有袁崇焕孙承宗这类人，会诛死缢死吗？有孔有德祖大寿这类人，会跑到敌人方面出死力吗？我奉劝读者诸君，少读洋八股，多读鄙人的厚黑学。

十二

凡想干大事的人，不必读什么书，只要懂得厚黑学就行了。刘邦是不读书的人，因为深通厚黑学，把项羽方面的人，弄过来，就成自己的死党，连项羽的叔父，都跑来当一个小小的功狗，真算得大本事。崇祯临朝，常常叹息无人可用，而满洲皇帝，只在明朝方面，得到几个降将，就把明朝的天下取了。本事之大，较之刘邦，有过之，无不及。最可怪者：洪承畴这类人，平日饱读诗书，高谈忠孝，身负天下重望，忽焉死心塌地，归顺满清，身统大兵，诛锄故主，孔圣人的学说，不知何处去了？洪承畴干这类事不足奇，满洲皇帝，能使洪承畴这样干，真乃大奇。难道满洲皇帝，读有若干书，研究有什么学理？无非天纵聪明，深通厚黑学而已。这种天纵聪明，人人都有，不过从前为理学家的学说所误，近今为洋八股所误。诸君倘能俯听鄙言，把这两种蒙蔽物扫荡了，厚黑的本体，自然出现，以此制敌，何敌不摧，以此图功，何功不克，区区日本，何足道哉！洪承畴、孔有德诸人的能力，在明朝发展不出来，在满洲能够尽量发展，此等处，最耐寻思。中国有了四万万五千万人，为什么能力发展不出来，会受外国这样的欺凌？我有个比方：诸君是学过物理学的人，凡是铁条，都有磁力，通常的铁条，发不出磁力，是由内部分子凌乱，南极北极相消之故。只要拿磁石一块，在铁条上引导一下，南北极分子排顺，立即发出磁力来。我国四万万五千万人，对外本有极大的力量，只因内部分子凌乱，彼此冲突，能力相消，才会受外国这样的欺凌。问：内部分子，如何才能排顺？答：只要研究厚黑学。鄙人曾经说过："汝为大厚黑，毋为小厚黑。"四万万五千万枝箭，同齐向外国射去，此大厚黑也，在四万万五千万人中，寻人来射，此小厚黑也。只要懂得大厚黑，内部分子，自然排顺。

世间的裁缝木匠，都要拜人为师，学习三年，才能替人缝衣服，做器具。我想：在政界做事，总比当裁缝木匠，要难得多，乃今日的人，黄脚黄手，跳上政治舞台，当首领的不研究首领术，当知事的，不研究知事术，等于未投师学习，即替人缝衣服，做器具，此所以辛亥而后，我国政治，闹得一塌糊涂也。他们在政治上的措施，绝像我辈八股先生进场，在洋八股上，东抄写点，西抄写点，凑集成一种规章，勒令全国实行，行之不通，则大骂道："这种办法，东洋行得通，西洋行得通，独于中国行不通，人民程度，真是太低了。"这种说法，等于说："此种衣服，东家的孩子穿得，西家的孩子穿得，独于你家孩子穿不得，这是你家的孩子，身体长得不合式，怪不得我缝衣的人。"我国四万万五千万人，自清末变法以来，即托命此种人之手，天乎！冤哉！天乎！冤哉！然则救之之道奈何？曰：只有研究厚黑学。

周秦诸子，彻始彻终，是研究厚黑学，诸君有志斯学，单读鄙人所著之书，只等于读孔子之论语，还不够，必须遍读周秦诸子，等于儒者之遍读六经。如以为周秦诸子太多了，不能遍读，只读老子和韩非子二书，也可窥见全豹。老子言厚黑之体，韩非言厚黑之用。老子在周秦诸子中，犹如昆仑一般，万山从此发脉，周秦时代学术，可说无一不渊源于老子。韩非则如东海一般，为万川汇流处。他是周秦诸子最末一人，春秋战国，百家争鸣，韩非于各派学说，俱研究过了，然后特著一书，可说是集周秦时代政治学说之大成，也即是集厚黑学之大成。刑名出于道德，道家法家，原是一贯。故史迁以老庄申韩，同列一传。

当首领的人，要有首领术。韩非曰："执术而御之，身座庙堂之上，有处女子之色，无害于治；无术而御之，身虽瘁疲，犹未有益。"崇祯皇帝，不懂首领术，越是苦干硬干，天下越是大乱。当皇帝的本事，全在驾驭人才。崇祯皇帝，没有驾驭法，许多奇才异能之士，发展不出来，虽有良马，无所展足。满洲皇帝，有驾驭法，劣马见了道子，也会跑，所以孔有德等有一般降将，能当开国元勋。洪承畴诸人，平日高谈忠孝，不得不反戈相向，诛锄故主。

十三

韩非举得有个例证："阳虎议曰：'主贤明则悉心以事之，不肖则饰诈而试之。'逐于鲁，疑于齐，走而之赵，赵简主迎而相之，左右曰：'虎善窃人国政，何故相也？'简主曰：'阳虎务取之，我务守之'，执术而御之，阳虎不敢为非，善事简主，几至于霸。"从这场公案看来，当首领的人，也不必摹仿墨索里尼和希特勒，组织什么秘密党，只要懂得首领术，任何人，都可指挥如意。如其不然，就是自己亲手造成的学生，都会反戈相向。所以当首领的人，如果说："某人是坏人，用他出来，一定会捣我的乱。"这种人的本事，未免太小，懂不得厚黑学，够不上当首领，以视赵简主，真是相隔霄壤。一般人都说三国时人才很盛，何以三国时人才会很盛呢？这是由于曹操刘备孙权三人，都善于用人之故，何以三人都善于用人呢？这是由于三人都是厚黑界先知先觉之故。

许邵批评曹操："治世之能臣，乱世之奸雄。"操听了大喜。东汉之末，明明是乱世，明明说曹操是奸雄，何以操听了，会大喜呢？因为曹操是千古奸雄，正是阳虎一流人物，许邵这两句话，即是阳虎所说的："主贤明则悉心以事之，不肖则饰诈而试之。"直不管从曹操心坎中流出，所以操听了大喜。

曹操懂得："主贤明则悉心以事之，不肖则饰诈而试之"，所以他执了政，崇奖弛之士，下令再三，至于求负污辱之名，见笑之行，不仁不孝，而有治国用兵之术者，真是得了赵简主的秘诀。建安十五年春，下令曰："今天下得无有被褐怀之玉，而钓渭滨者乎？得无有盗嫂受金，而未遇无知者乎？二三子其佐我明扬仄陋，唯才是举，吾得而用之。"好人也用，坏人也用，执术而御之，各种人之能力，俱发展出来，操之称雄一世也宜哉。

一般人都说："中国闹得这样糟，是由于坏人太多了。"说这话的人，就是不懂厚黑学。中国地方如此之广，用人如此之多，哪里去寻许多好人来用？只要懂得厚黑学，执术而御之，坏人都会变成好人，韩非曰："必恃自直之箭，百世无矢，恃自圆之木，千世无输矣。自直之箭，自圆之木，百世无有一，然而世皆乘车射禽者，括之道用也。虽不待括而有自直之箭，自圆之木，良工弗贵也，何则？乘者非一人，射者非一发也。"韩非所说括之道，即是首领术。他说道："贞信之士，数不盈十，而境内之官，以百数，必任贞信之士，则人不足官。"这真是通达治体之言。韩非所处，是战国时代，国小地狭，故曰："官以百数"，今之中国，官以千万数，哪里去寻许多贞信之士？且首领一人，何能鉴别千万官之贤否？所以必须研究厚黑学，懂得首领术，只要善于驾驭，坏人都会变成好人，如果不善驾驭，奸人也会变坏人。一部廿五史，例证很多，诸君自去搜寻，我只提出原则就是了。至于首领术，韩非书中，有具体的说明，有志用世者，断断不可不熟读此书，兹不详引。

厚黑学，极似佛门的禅学，在古代不立语言文字，以心传心，全在自悟，到了黄石老人，传授张子房，子房传授汉高祖，才略见授受痕迹。子房屡被老人怒斥，绝似禅门棒喝法。老人半夜三更传授，绝似五祖传授六祖衣钵。禅宗到了六祖，著一部坛经，公开讲说，其学遂风行一世。厚黑学到了鄙人，著一部厚黑经，公开讲说，吾道之风行天下，不卜可知。故黄石老人者，厚黑学中之达摩也，鄙人不过等于六祖罢了。一般人推我为教主，实在不敢当。

张良面皮之厚，是天生的，黑字是加了学力的。良初遇老人，即跪而进履，其厚业已无以复加，老人犹恐其未醇也，屡次怒斥以验之，知其可以深造了，才进之以黑，授以太公兵法，据史迁齐世家所说：太公兵法全是阴谋奇计，尽厚学精髓也。厚黑学是度功秘诀，为人主都断不可少。张良经老人指点，别有会心，故老人以"王者师"期之。

汉高祖的资质，恰与张良相反，心子之黑，是天生的，厚字是加了学力的。史称："良以太公兵法，为他人言，皆不省，独沛公善之，良曰：'沛公殆天授也。'"这即是厚字天生的明证。韩信求封齐王，汉高不能忍耐，全靠张良从旁纠正，这即是厚字加了学力的明证。我把厚黑哲理，随时在报章杂志上发表，等于开办函授学校，无奈诲者谆谆，听者藐藐，这也怪不得诸君，是由于这门学问太精深了，必须刘邦这种天授的聪明，才能领悟。我也不能说诸君鲁钝，只怪鄙人教授不得其法。战国策士，于立谈之顷，即取卿相之荣，无论何种道理，一说出来，任是如何愚鲁之主，都能领悟。这是什么道理呢？因为当时的策士，如苏秦这类人，都是闭门研究，下过一番苦功，把一切事理，弄得清清楚楚，然后出而游说，看人主之意如何，他就用何种方式，人主之心，万变不同，他们的方式，也万变不同，但有一个秘诀："理论尽管讲得深，言辞却极浅显。"也不引用隐僻的书籍，只就当时列国事实，言下指点，甚至引用一个笑话，或闾里琐事，如"邻妇乞火"，"慈母投抒"之类，听着顿然了悟。所以鄙人讲厚黑学，也用这种方式，把原则寻出了，遍考诸子百家，一部廿四史，与夫近今中外事实，一一都通得过了，然后就人人所知的三国时几个人物，和楚汉事迹，随意指点，使读者言下顿悟。但我所谈三国人物，纯取材于陈寿《三国志》，其演义上捏造的事实，概屏弃不录。我指示学者应读的书也只有老子和韩非子两种，不敢繁征博引，致读者望洋兴叹，此乃鄙人觉世牖民的苦心，读者谅之。

十四

友人江子愚，咏李特读台诗云："英雄割据谈何易，李特当年尚读书。"刘先帝读的是什么书？我们看他临终后劝后主那篇文字，即可知道。孙权读的是什么书？看他告诉吕蒙那席话，即可知道。独于史称曹操手不舍书，孙权称操老而好学，究竟曹操读些什么书，我们不得而知。但他曾注孙子，孙子是太公兵法一类书，专言阴谋奇计，故厚黑学为曹操特长。观他所下的令，寻觅不仁不孝之人，而有治国用兵之术者，绝似韩非子之主张，可知他对于韩非子是有研究的。建安十五年令文中，"被褐怀玉"四字，出诸老子，可知他曾研究老子。"钓于渭滨"四字，指太公而言，太公是后世阴谋之祖。"盗嫂受金"四字，指史记上之陈平而言，陈平是著名的阴谋家。老子言厚黑之体，太公，孙子，韩非和史记，言厚黑之用，曹操研究这类书，体用具备，所以成为三国时第一个英雄。

陆放翁游诸葛武侯读书台诗，末四句云："出师一表千载无，远比管乐尽有余，世上俗儒宁办此，高堂当日读何书？"诸葛武侯干的事，非俗儒所能干，当然他读的书，也非俗儒所能读。放翁既发出这个问题，我可代他答覆道：武侯所读的，是古代几部厚黑学教科书。他自比管乐，当然读过管子和战国策。他手写申韩以教后主，当然研究过法家之书。他说的"淡泊明志，宁静致远"，语出《淮南子》，带有点黄老气味。凡此诸书，皆程朱大儒之所谓异端邪说也。孔明读了这些书，乃成了一个王佐之才，真是怪事，宋儒所推崇者，是周公孔子的书，王莽读了一肚皮，篡夺汉室，做了十八年天子，刘歆读了一肚皮，辅佐王莽，当国师，我们可把放翁的诗，改了道："世上俗儒曾悟否！莽歆当日读何书？"

鄙人发明厚黑学，是民国前二年，我当富顺中学堂监督（其时校长名曰监督）。一夜卧在监督室内，忽然想到曹操刘备几个人，不禁捶床而起曰："得之矣！得之矣！古所谓英雄豪杰者，不过面厚心黑而已。"于是上下古今想去，一部廿四史，都可一以贯之，是夕终夜不寐，心中愉快情形，大有王阳明在龙场驿大彻大悟光景。从此逢人讲说，民国元年，才登之成都公论日报，今为民国二十九年，则是鄙人宣传厚黑学已31年了。释迦说法49年，鄙人说法仅31年，厚黑学较佛学更为高深，打算再说法19年，共成50年，比释迦多一年，然而鄙人今年，已六十有二矣，即使活到你们孔夫子的年龄73岁，此后也只有11年了。孔子曰："假我数年，五十以学易，可以无大过矣。"鄙人则曰："假我数年，五十以说法，可以无愧释迦矣。"袁子才与程国园书云："衰年心事，类替人持钱之客，腊残岁暮，汲汲愿景，终日辜榷簿称，为交代后人计甚殷，岂不知假我数年，未必不再有进境，然未知主人留客否也。"此数语直道尽鄙人心事。我频年在外，去岁由成都回到自流井家中，有类孔子自衙反鲁，自己也想休息，惟念世间的教主，无一个不是强聒不舍，死而后已，鄙人年方六十有二，何敢倦勤，因此奋笔写去，做一日和尚，撞一日钟，每闻空袭警报，不啻暮鼓晨钟，发我深省。警钟当当不已我的笔则泊泊不休。我这"迂老随笔"，算是对于后人办的交代，等于释迦将入涅经。一旦半空中飞来一个炸弹，四肢百骸，飞灰而散，岂不快哉！岂不与耶苏之上十字架，同一光荣哉！

教主二字，我本来不敢当，不过一般人既这样称呼，我也只好应之，盖不如此则道不尊，信箸必不众。我自家估计，我之地位，不过等于唐朝的白居易罢了，我的厚黑学，只等于他的长恨歌。旧唐书载居易致元稹书云："闻有军使高霞寓者，欲聘娼妓，妓大夸曰：'我诵得白学士长恨歌，岂同他妓哉。'由是增价。"某君对我言：一日在成都牛市口茶馆内，见有二人，因卖猪吵闹，一人拍案曰："你要讲厚黑学吗？我是李教主的信徒，亲自读过他的书，你倒不行。"这是我与白居易相同的地方。寄元稹书又云："过汉南日，遇主人集众娱宾，他宾诸妓，见仆来，指而相顾曰：'此秦中吟，长恨歌主耳。'"往年四川省督两署某某诸君，在成都花会场中，共同宴客，坐了几餐桌，我一到，有一人呼曰："厚黑先生来了"，众人都站起来看，这也是我与白居易相同的地方。寄元稹又云："自长安抵江西，三四千里，凡乡校佛寺，逆旅行舟之中，每有题仆诗者，士庶僧徒孀妇处女之口，每有咏仆诗者。"有唐君者，对我言："前在南京，即闻人谈厚黑学，入川在轮船上，复闻人言及，在万县偶购报阅之，亦有谈厚黑学者，成渝两地，朋辈聚谈，复时时闻厚黑学三字。"鄙人曾闻某教习言："我改国文，曾见学生用厚黑学字样。"又有学生对我说：校中历史教员，每每说："这位古人的厚黑学，真讲得好。"或说："可惜他不讲厚黑学。"又峨眉山九老洞和尚"释圣哲"，曾寄信来，问我要厚黑学，我的孙子"长翊"，游青城山，见天师洞道人"易心莹"，也在看我的书。许多男女学生，见着我即请我讲厚黑学。这些地方，我都与白居易相同。寄元稹又云："仆关东一男子耳，除读书阅文外，其他懵然无知，乃至书画奕博，可以接群居之欢者，一无通晓，即其愚拙可知矣，中朝无缌麻之亲，达官无半面之旧，策蹇步于利足之途，张空拳于战文之场，十年之间，名落众耳。"这点我也与居易相同。元稹为居易集序曰："予当于平水市中，见村校诸童，竞习歌咏，召而问之，皆对曰：'先生教我乐天微之诗'，固亦不知予为微之也。"往年我在重庆长亭，独坐啜茗，至暮，步月而归，前有二人，一人曰："我生平失败，就由于不讲李宗吾的厚黑学，叫我厚，我还做得来，叫我黑我实在做不出来。"我急越几步，与之擦身而过，望二人一眼，二人也望我一眼，彼此不相识，这更是我与白居易相同的地方。

十五

我不惟这些地方，与白居易相同，还更有相同的。寄元稹又云："古人云：'名当公器，不可多取'。仆是何者，窃时之名已多，既窃时名，又欲窃时之富贵，使己为造物者，肯兼与之乎？今之屯常，理固然也。"鄙人发明"求官六字真言"，"做官六子真言"，得我余绪者，无不腾达而去，而自己则不惟知事局长，不曾做得一任，就连区长区员，都未委充一次，读居易之书，恍悟彼苍之位置我者，别有所在，此《迂老随笔》所以不得不写，而他人呼我为教主，所以不得不应也。

白居易又云："有可以救济人病，裨补时阙，辄咏歌之，欹稍稍进闻，以复吾生平之志，岂图志未就而谤己成，众口藉藉，以为非宜，权豪近贵者，相目而变色矣，执政柄者扼腕矣，握军要者切齿矣，号为沽誉，号为诋讦，号为谤讪，乃至骨肉妻孥，皆以我为非也，其不我非者，举世不过三两人。"这恰是鄙人著书立说，所收的效果。

居易又云："夫贵耳贱目，荣古陋今，人之大情也，仆不能远征古旧，如近世韦苏州歌行……五言诗……今之秉笔者，谁能及之，然当苏州在时，人亦未甚爱重，必待身后，人始贵之。今仆之诗，人所爱者，悉不过杂律诗，与长恨歌已下耳，时之所重，仆之所轻，至于讽谕者……闲适者……宜人之不爱也。"鄙人作品，已刊行者凡七种：（一）厚黑学，（二）厚黑丛话，（三）考试制度的商榷，（四）社会问题的商榷，（五）中国学术的趋势，（六）心理与力学，（七）制宪与抗日，庄生曰："天下不可与庄语"，前两种不过开开玩笑，后五种盖认真讨论学理者，乃啧啧众口者，独在厚黑学，其认真讨论学理者，倒不为人重视，鄙人亦曰："时之所重，仆之所轻。"凡此种种，都与白居易相同，所以就厚黑学言之，我有点像白居易。

扬雄死，人谓桓谭曰："子尝称扬雄书，岂能传于后世乎？"谭曰："必传愿君与谭不及见也。凡人贱近而贵远，亲见杨子云禄位容貌，不能动人，故轻其书。"扬雄在我国学术史上，占有重要位置，而在当日，很为人轻视，其轻视的原因，已为桓谭揭出，桓谭所说的："贱近贵远"，与居易所说的："荣古陋今"，都是一般人的通性，此不独对于著作家为然，即对于功业家也是如此。许多勋业赫赫的人，自其朝夕左右人观之，了无异人处，西人谓：“童仆眼中无英雄。”所以校人笑子产曰：“孰谓子产智”，诸葛武侯小史，亦谓：“诸葛公未有过人处。”我所知道的，几个革命家，行事卓卓可传，然而也犯了“禄位容貌，不能动人”之病，我曾在《厚黑丛话》中，把他们的行事写了些，后又写了一篇《四川叙属旅省中校革命始末记》，在成都报纸发表，以备修四川革命史者之采择，然所写者，注重已死之人，而于生存者，则从略，这也是怪不得我，他自己不死，我又其奈之何？

有人向我说道：“某人訾议你，他把你全部作品读完，说你太自负了，目空一切，任何人说的都不对，惟有你的厚黑学才对。又说你：写了许多文字，根本上只得一个道理，翻来覆去尽说。”我说：某君太过誉了，释迦佛开口即说：“天上地下，惟我独尊。”这是何等自负，释迦为人，慈祥到了极点，而痛斥外道，毫不客气，自鄙人视之，凡非厚黑学者，皆外道也，岂能同他谦虚？佛氏的主旨，只消几十个字，或几个字，一个字，即可括尽，而三藏十二部，讲之不尽，四十九年，说之不完，某君明明以教主推我，我何敢当。

大凡讲学，都要标一二字为主旨，老子讲无为，孔子讲仁义，杨子为我，墨子兼爱，程朱主诚敬，王阳明致良知，终身讲学，不离主旨，所以成为一家之言。譬如：起兵者，必须揭出一个旗帜，此军与彼军，才不相混，此鄙人所以提出厚黑二字为讲学之出发点也。

有人说道：“你种种说法，我早已见到，许多道理，业经有人说过，怎能说是你发明的？”我说道：军营之组织，士兵与军官之训练，此军与彼军何异，然而旗帜一张，即显然有别。李光弼入郭子仪军，号令一施，旌旗变色，郭家军即变成李家军了。四书五经，诸子百家，与夫二十四史，一经鄙人解释，无一非厚黑学教科书，犹之建屋，砖瓦木石无一非购自外面，一经建成此屋与彼屋，即迥然不同。姑举一例为证：孟子言性善，他举出的实证，（一）“孩提之童，无不知爱亲也，及其长也，无不知敬其兄也。”（二）“今人乍见孺子，皆有怵惕恻隐之心。”这算是孟子全部学说之立足点。鄙人讲厚黑学，也不别寻实证，即将孟子所举二事，逐一推勘，于是孟子学说的立足点，即变成鄙人学说之立足点，性善说的实证，即变成厚黑学的实证了。诸君试取拙著《心理与力学》，连同孟子本书，及程朱学说，合并读之，究竟哪个讲得通些？

十六

我近日写了一篇《中国民族之特性》，友人读了，问我道：“你揭出厚黑二字，任何人的说法，你都斥为异端邪说，何以此篇文字，盛称孔老杨墨，岂非自相矛盾？”鄙人闻之，喟然叹曰：嗟乎！此李宗吾之所以成为教主也。他说：“一切众生，皆有佛性”，又曰：“若胎生，若卵生，若湿生，若化生……我皆令入无余涅而灭度之。”请问：九十六外道，岂非众生？岂非胎卵湿化之一？释迦登台说法，痛斥外道，岂不自相矛盾？你去把释迦问明白了，再来同我讲。自佛氏眼光看之，胎卵湿化，皆涅中人，自鄙人眼光看之，孔老杨墨，皆吾道中人，人但知佛门广大，不知厚黑之门，更为广大。

鄙人虚生60年，无益于世，所堪自慰者，自仓颉造字以来，传下一个厚字，一个黑字，一个学字，三字各个独立，我把他合成一个名词，这就是鄙人在学术界莫大之贡献。我当谓：发明家者，发明名词之谓也，革命者，革名词之谓也。清末以来，革命党抛却千千万万头颅，课其实效，不过把皇帝革成大总统，总督巡抚，革成督军省长，其他种种名词，改变一下，革命即算成功，实质则依然如故，发明家亦然，牛顿发明万有引力，古今艳称，然万有引力之为物，开辟以来即有之，牛顿未出以前，物理上一切一切，何当不合牛顿规律，牛顿功劳，不过创出万有引力这个名词罢了，并不是地心莫得吸力，牛顿强把吸力接进去的。面厚心黑，为人类固有之良知良能（玩拙著《心理与力学》甲乙丙诸图自知），并非世人不厚不黑，鄙人强以厚黑灌注之，所以我之功绩，也不过发明厚黑这个名词罢了。牛顿得科学家之头衔，鄙人得教主之头衔，革命家得伟人之头衔，其内容如是如是。

革命是革名词，这种真理，民国元年，鄙人即发现了。辛亥革命，十月十八日，成都兵变，我即回家，其时自贡地方无主，设一个议事会，一切官吏，都由议事会选充，计有条教号令，由议事会颁发，处决囚犯，宣布死刑，朗声读曰：“奉议事会文曰……”成了个“议事会皇帝”。我家住自流井汇柴口附近，由汇柴口下去，有一个川主庙，每年正月，贴出木刻告白云：“奉宪设立牛痘局不取分文”，壬子年贴出木刻告白改为：“奉议事会设立牛痘局……”又从前历书封面，刊有“钦天监钦遵御制数理精蕴制造时宪书”等字，壬子自流井历书则刊为“钦天监钦遵民国数理精蕴……”数理精蕴者，清朝康熙皇帝御制之书也，民国会有数理精蕴，岂非奇谈？鄙人于是恍然大悟曰：革命者，革名词之谓也。只须把木刻上的宪字挖下嵌入议事会三字，把御制二字挖下，嵌入民国二字，就成为民主共和国了。

更有一件奇事：辛亥之役，发难于保路同志会，其渠魁曰周鸿钧，来在自流井，自称都督。我有个朋友吴某，周委他为民政长，他即设立机关，悬出一牌曰：“奉都督周，委充自贡民政长遵于某日几钟就职。”后来滇军入川，将周鸿钧捉住，听说民政长是本地人，即发交审讯，于是这位吴先生，将就职之牌取下，把上面那张字撕去，另贴一纸曰：“奉滇军支队长黄，发下周贼鸿钧一名，定于本日午后二钟审讯。”我闻之，不胜惊异：后来细细观察，无论川省也，全国也，种种改革，无非把木牌上面那张字撕去，另写一纸贴上罢了。我那位姓吴的朋友，真可谓先知先觉之发明家！

大凡言改革，只能改革表面，不能改革实质，政治舞台上的人，不可不深究此理，法国革命之初，新旧两党相争，混乱到了极点，拿破仑出来，两党帖然归服，这是什么道理呢？他采的方式，表面上是新党之主张，实质上仍不变，于是新党居其名，旧党得其实，他就乘间取得皇帝的地位了。他的方法，也像我那位朋友吴先生的方法，把木牌取下，另贴上一张纸，里面仍是先前的木牌。昔人谓：“世间哪得有古文，无非换字法，减字法而已。”譬如有人请你做寿序或墓志，你就信笔写出一篇文字，然后把文中俚俗字，换写为典雅字，再将闲冗长字尽量删去，就成了一篇简雅的古文。鄙人亦谓：世间哪得有革命，无非挖字法，嵌字法而已，川主庙奉宪设立牛痘局，只须把宪字挖下，嵌上议事会三字，御制数理精蕴，只须把御制二字挖下，嵌上民国二字，君主时代的东西，就一一变成民国的东西了。

十七

挖字法，嵌字法者，革命秘诀也。鄙人这种秘决，应用著作上，得的结果，甚为良好。鄙人著厚黑学，后附厚黑经，著怕老婆的哲学，后附怕经，颇为一般人传诵，怕经曰：“五刑之属三千，而罪莫大于不怕。”这是把孝字挖下，嵌上怕字。又曰：“妻子有过，下气怡色柔声以谏。谏若不人，起敬起畏。三谏不听，则号泣而随之。妻子怒不悦，面挞之流血，不敢疾怒，起敬起畏。”这是把父母二字挖下，嵌上妻子二字。近来许多人向我索厚黑学，业已售罄，无以应命，姑把厚黑经摘录两三段如下：李宗吾曰：“不薄之谓厚，不白之谓黑。厚者天下之厚脸皮，黑者天下之黑心子。此篇乃古人传授心法，宗吾恐其久而差也，故笔之于书，以授世人。其书始言厚黑，终散为万事，未复合为厚黑，放之则弥六合，卷之则退藏于面与心。其味无穷，皆实学也。善读者，玩索而有得之，则终身用之，有不能尽者乎。”

“天命之谓厚黑，率厚黑之谓道，修厚黑之谓教。厚黑也者，不可须臾离也，可离非厚黑也。是故君子戒慎乎其所不厚，恐惧乎其所不黑。莫险乎薄，莫危乎白，是以君子必厚黑也，喜怒哀乐皆不发谓之厚，发而无顾忌谓之黑。厚也者天下之大本也，黑也者天下之达道也，致厚黑，天地畏焉，鬼神惧焉。”

“右经一章，宗吾述古人不传之秘以立言，首明厚黑之原本出于天而不可易，其实厚黑备于已而不可离。次言存养厚黑之要，终言厚黑功化之极。盖欲学者于此，反求诸身而自得之，以去夫外诱之仁义，而充其本然之厚黑，所谓一篇之体要是也。以下各章，杂引宗吾之言，以终此章之义。”

以上云云，皆挖字法，嵌字法也，怕经十二章，和厚黑经全部，都是如此，鄙人的文字，是革命式的文字。

革命是革名词，不革实质，已经成了一种公例。如果不懂这种例，革起实质来，立即要出乱子。试举例言之：川省雷波，马边，两处夷人，呼知事为统领，见着即下跪。民国有某知事者，对夷人说道：“而今是共和时代了，你们站起来不必下跪。”从此夷人无所谓畏惧，就反叛起来，只好用兵弹压，恢复元年下跪之制。命夷人呼知事为县长，此革名词也，夷人不生何种问题；命夷人不下跪，此革实质也，所以要出乱子。

世间许多事，都是名词变，实质不变。即如我李宗吾是个八股先生，此实质也，假如满时，有人举发说：李宗吾是革命党，上峰委员查办，查办员覆称："查得李宗吾品行端方，学术纯正，断不会革命。"到了民国，又有人举发，说：李宗吾反革命，上峰委员查办，查办员称："查得李宗吾品行端方，学术纯正，断不会反革命。"品行端方，学术纯正，实质全莫有变，在满清时不革命，在民国就会革命，岂非奇事？世上又有一种人，品行实在不端方，学术实在不纯正，在满清时，则为忠君爱国之正人君子，在民国则为三民主义之忠实信徒，岂不更奇？究其实无非表面之名词变，里面之实质不变罢了。读者诸君，只要悟得此理，包管你终身受用不尽。例如：你当了官史，有人冒犯了你，你捉他来，痛捶一顿，这本是专制时代的野蛮办法，而你口中却说道："而今是民主时代了，你这种扰乱秩序的人，君主时代容得过，民主时代，断断容不过。"这无非把君主二字挖下，嵌入民主二字罢了；闻者必称赞你深谙法治，有民主时代的精神，所以鄙人谆谆忠告改革家曰："你们只可改革名词，断断不可改革实质。"世间的积弊，要想骤然改革，真是不易，王壬秋日记（光绪八年壬午）有云："寒食自五代而罢，宋犹取火，元则全废矣。元以后，凡言寒食，无言禁火者，独江苏尚作寒食，亦不禁火也。俗方禁火，虽有曹公石勒之力，不能止之，其后自罢，亦莫能复之，民欲大抵如此。道家治民，在无生事，条教号令，徒诒笑而长奸，饱治者莫能知此。"壬秋此言，确有至理，后之执政者，坐在办公室内，发一文告，欲将社会上风俗习惯，一举而改革之，卒之纠葛百出，流弊发生，盖势有必至，理有固然也。然则风俗习惯，卒无法改革乎？曰有法。其法奈何？曰：请读曾国藩"原才"那篇文字。

十八

王壬秋说："条教号令，徒贻笑而长奸。"真是不错，政界情形，我不熟悉，且把学界上我所亲历者言之：民国三年，我任省立第二中校校长，五年调充省视学，出来查学，走至某县，劝学所视学(即后来之教育局局长)，把各项表册，与我送来，中有全县初小校授课时间表，每周某钟授某学科，全县一律。我到乡间一查，全不是这一回事，不惟未授这类学课，连教科书一本俱无，完全是旧式私塾，我询问视学，据称："这些表册，历来是翻出旧卷照填的，省视学收着表册就走，不意你先生认真要查。"我呈报省署，据实揭出，并云："上以表册求，下以表册应，国家兴学，结果如斯，真可为太息痛哭者。"我说这话，真是少所见多所怪，后来视察所及，有外面悬一学校牌，里面有校具，无学生，问之邻人，则云半年前已无学生了，有连校具俱无，里面满堆杂草的，也就太息不得许多，痛哭不得许多了。惟有查到某县，全县小学，办得整齐划一，学生试卷，一律缴存劝学所。鄙人曾研究韩非之书，曾做循名核实的工作，就把学生试卷，携带到各校，按照试卷上考生姓名，喊他站起来，以试卷上的问题，向之发问，他茫不能答，命他写在黑板上，也不能写。我问道："你既不能答，何以在试卷上曾如此写？"他说道："这是先生写在黑板上，叫我们照填的。"我回头问教习，"为何要这样干？"他说："县视学有了这种规定，我只好这样干。"足征王壬秋所说"一条教号令，徒贻笑而长奸"。真是不错。但这是廿几年以前的事情，而今想是没得了。

我再把先年的事说一件：世间办学堂，只有办一堂，办两堂，而某县初级小学堂，则有半堂之名称，询其原因，则由满清属行新政，以办学堂之多少，为知事之考成，某知事奉到上峰令文，即呈报我办了一百堂，大得上峰嘉奖，得了个卓异，升官而去。后任知事，询知前任升官原因，又呈报我添办了一百堂，又得了个卓异，升官而去。第三任知事又报添办了一百堂，又得了卓异，升官而去。该县是四川最贫瘠之县，民间的食物，以红苕为主，我到县住县立高小校，校内优待我，特别煮稀饭与我吃，校长邹某，对我说：全县俱高山，产红苕，水田很少，般不熟，饿不死人，红苕无收成，立要饿死人。以如是贫瘠之县，骤办小学三百堂，哪得不邀上峰嘉赏。县中规定：某处出钱六十串为一堂，力不足者出十五串为半堂，其所谓三百堂者，许多皆是有其名无其堂，此真所谓条教号令，徒贻笑而长奸者。我据实呈报上去，不料省署将现任知事视学，各记大过一次，知事何某，具呈抗辩，并云："李省视学，天性刻薄，在省立第二中校任内，侵吞学款，扣发薪金，教职员无不含恨。"省署批云：

"该知事有监督学务之实，县中学务，窮败如斯，仅记大过一次，已属从宽，尚敢哓哓抗辩，实为不明大体，惟称李省视学在省立第二中校任内，侵吞学款，无论虚实均应彻究，着于文到三日内，将李省视学，侵吞实据，具报来署，以凭核办，但不得以得诸传闻为辞。"该知事至今尚未呈覆，鄙人侵吞学款之噩案也就无形打消了。我就当省视学多年，凡呈控我的，出通咨攻击我的，第一罪案，就是讲厚黑学；甚至我的大儿子当校长，当教育局长，攻击他的，也说他的父亲讲厚黑学，家学渊源。而该知事，独别出花样，说我侵吞学款，故备记之。

从光绪维新以来，无一非贻笑而长奸，其所谓新政者，盖表册式之新政也。我查学到灌县。知事李某，阆中人也，我同他谈及表册式之新政，他说道："你的话不错，我每奉到上峰表式，叫我填写，把我为难极了，真可谓'临表涕泣，不知所云'。"他又说："当知事也不难，衙门中须聘一位老夫子，专门对付上峰，上峰令文一到，就关着门照他指标的办法，详详细细的撰一公文，说我已经如何如何的办，实际上随便敷衍一下，一定大得上峰嘉赏。满清末年，办统计，我替某知事帮忙，关着门造出统计册若干本，我想核阅的人，不过将头几本抽来看一下，再将最末几本抽来看一下，有时或在中间抽来看，我于这三处用心填写，任他如何钩稽，决无错误，其余命缮写的人任意填写，呈报上去大得上峰嘉赏，把我的办法，通令他省仿办。"李知事这席谈话，真把"条教号令，贻笑长奸"的现象刻画尽致了。"条教号令，贻笑长奸"之罪过，要归诸知事局长校长，则又冤枉了，满清末年，学堂中，有所谓式一览表者，我宣统二年，当富顺中学堂监督，暑假时，照式填送到学所，就回自井家中休息，忽接到学所文职员廖秋华来信，叫我迅速入城，我不知何事，奔赴县城，秋华对我说："你这一览表，完全要不得，须另行填写，籍贯一项，至多只能支银八两，你支了四十余两，其他……你须一一改填。"我说："实际上是支此数，如你所说，岂非作伪？"廖说："你不管，只须这样填就是了。杂费多支了，移入他项，去岁劝学所填报上去，提学使司以为不合规定，呈报到部，一定被驳，一一改了，临时雇许多人，代为填写，将所改者，发交各县，叫以后照样填写。"此真所谓"贻笑而长奸"者，呜呼噫嘻，是谁之过欤！

十九

民国七年，我由省视学调充省长公署教育科副科长，兼第二科主任科员，专管中小学事项。科员胡先生，核阅表册，异常认真，凡不合者，改了发下另填，例如：学生入校迟了，他就批道："应填写某月某日入校，所缺学课，于假期中补足。"你想：假期中谁能补课，明知其不能补，而必如此批者，所以敷面子也。因为入校日期，不合规定，呈报到部，必被驳，不能毕业，故不得不这样办。省立各校，呈报决算表，照章须粘呈收据，实际上除教职员是亲自签名盖章外，其他收据，俱是由庶务员刊刻许多商号及私人姓名图章，盖印粘报。我当副科长，见各科员，看表册很认真，我说："你们干的，全是笨事，我在外面，已经实际考察，何当是这一回事，诸君之工作，等于洗煤炭。煤炭之为物，沾些灰尘泥垢，还是能够燃烧，诸君偏要跳下河，洗得漂漂亮亮来烧，劳则劳矣，未免太冤枉了。"

洗煤炭者，小职员之工作也，上级长官则不然，他坐在办公室内，凭他脑中幻想，发出一种文告，不问民间办得到，办不到，勒令实行，违者严行惩处，课其终效，恰是王壬秋所言："贻笑而长奸。"此等办法，无以名之，名之曰："医驼背"，患驼背者，请医生医之，医生命他卧在碾盘中，以碾子碾之，驼背果然伸了，而人则死矣。故清末变法以来，我国新政，可两言蔽之："上级长官是医驼背，下级职员是洗煤炭"，诸君思之，然乎否乎？医驼背者，洗煤炭者，汇而为一，则为表册式之新政。

有某县长者，厚黑学之忠实信徒也，民国初年，即任县长，直到现在，还是卓著循声，他对我说道："当局征工修路，我呈报道：'人民服役，当然不要工钱'，而口食则不可不给，拟向绅粮筹垫，以后设法偿还。经上峰允许，我们把县中绅粮捉来，勒令出款，表面是征工修路，我办的是雇工修路，款项则由我从绅粮勒出来的，我在电话上把团保叫来说道：'当局限我公路若干日完成？我限你等于某日完成。'各团保说：'某日何能完成？请县长指示办法。'我说道：'胡说！上峰没有办法给我，我能有办法给你吗？届期不能完成，上峰砍我之头，我先砍汝等之头。'我把电话打了，朝日在衙门内打麻将，命听差的，不时在电话上，把团保叫来，说道：‘我是县长，你们的公路，修得如何，谨防砍你之头。’”此君如果当上级长官，一定是医驼背的好手。

王壬秋曰：“道家治民，在无生事。”闻者必谓：方今竞争剧烈，这种办法用不着。是大不然，请问今之时局，与我国春秋战国何异？春秋时第一个大政治家，一是管仲，管仲之书，汉书艺文志，列入道家。战国策士，以苏秦为第一，而苏秦所揣摹者，是太公阴符，太公之书，汉书艺文志，也列入道家。太史公曰：“道家以虚无为本，以因循为用，无成势，无常形，故能究万物之情，不为物先，不为物后，故能为万物主。”道家之作用，何尝如俗人所说。呜呼休矣！诸君研究洋八股之余，何妨研究一下中国八股。管仲学术，出于道家，而其措施，如官山煮海，作内政，寄军令，九合诸侯，一匡天下，何一非惊人事业，盖道家所谓无为者，乃顺自然之趋势而为之，而我无容心于其间之谓也，非一切事放下不干之谓也。王弼注老子，最能发明此旨。道家出于史官，从历史上寻出人事变化之轨道，顺而行之，并不造端生事，故管仲手段，得力在一个“因”字，官山煮海者，因民之利而利之也，九合诸侯，一匡天下，因时势所趋，顺而行之者也。故史称管仲“下令如流水之原，俗之所欲，因而予之，俗之所否，因而去之，其为政也，善因祸而为福，转败而为功”。呜呼！此其意惟书呆子王壬秋一类人能知之，业洋八股者不知也。

难者曰：“管仲官山煮海，作内政，寄军令，岂无条教号令乎？”应之曰：管仲之条教号令，盖顺民心而为之者也，民有所欲，亦有所否，而无如民有此心，不能自遂，且人数众多，散漫而无所统一，彼管仲者，高居民上，综合众人之意，制为条教号令，布而行之，此所以下令如流水之原，举国皆乐而趋之者也。旁观者，但见其事业惊天动地，而不知其未尝造端生事，此即老子所谓：“圣人无常心，以百姓为心”者也。太史公曰：“桓公实怒少姬，南袭蔡，管仲因而伐楚，责包茅不入贡于周室。桓公北伐山戎，而管仲因而令燕修召公之政。于柯之会，桓公欲背曹沫之约，管仲因而信之，诸侯由是归齐。”连下三个因字，具见手段，我本想就此三事，推论管仲之妙用，但恐词费，阅者讨厌。诸君中有好事者，不妨把三事之原委，熟考之而深思之。然则治国之道，究当如何？我可作一结语曰：本道家不生事之宗旨，熟察民心所欲者，所否者，制为条教号令，再用法家循名核实之法以考察之，黄老申韩，合而为一，夫然后上级长官，不会闹医驼背之笑话，下级职员，不会闹洗煤炭之笑话。王壬秋复生，谅以鄙言为然。

嬴秦苛虐，民不聊生，汉初则治之以黄老；刘璋暗弱，刑政废弛，孔明则治之以申韩。俱是收了大效的。我国鼎革以来，嬴秦之病，是害得有的，刘璋之病，也是害得有的。我主张：黄老申韩，同时并用，以申韩之术，治骄兵悍将，以黄老之术，治老百姓，而正人心，厚风俗，孔孟之术，更不可少。此三者原可并行不悖，乃辛亥而后，执政者以黄老之术待骄兵悍将，以申韩之术待老百姓，至于孔孟之书，更不知其为何物，此国家之所以纷纷扰扰大乱不止也。

第六章

我对于圣人的怀疑

后人见到圣人做了不道德的事，就千方百计替他开脱，到了证据确凿无法开脱的时候，就说书上的事迹出于后人的附会。这个先例是孟子开的，子贡说："商纣王的恶，不像现在传说的这么厉害。所以君子憎恨处在下流的地位，一处在下流的地位，天下的什么坏名声都会集中在他身上了。"我也说："尧舜禹汤文武周公的好，不像现在传说的这样尽善尽美，所以君子喜欢处在上流的地位，一处在上流的地位，天下的所有好名声都会集中在他身上。"假若把下流二字改作失败，把上流二字改为成功，更会令人觉得确切。

自序

我原来是孔子的信徒，小的时候父亲给我命的名，我嫌他不好，见《礼记》上孔子说："儒有今人与居，古人与稽，今世行之，后世以为楷"，就自己改名世楷，字宗儒，表示信从儒教之意。光绪癸卯年（公元1903年），我从富顺到成都读书，与友人雷皆同路，每天步行百里，途中无事，纵谈时局，并寻些经史，彼此讨论。他对于时事，非常愤慨，心想铁肩担宇宙，就改字铁崖。我觉得儒家学说，有许多缺点，心想与其宗孔子，不如宗自己，因改字宗吾。从此之后，我的思想，也就改变，每读古人的书，就有点怀疑，对于孔子，虽未宣布独立，却是宗吾二字，是我思想独立的旗帜，20多年前，已经树立了。

我见《二十四史》上一切是非都是颠倒错乱的，曾做了一本《厚黑学》，说古来成功的人，不过面厚心黑罢了，1912年，曾在成都报纸上发表。我对于尧、舜、禹、汤、文、武、周公、孔子十分怀疑，做了一篇《我对于圣人的怀疑》。这篇文字，我从前未曾发表。

我做了这两种文字之后，心中把一部《二十四史》，一部《宋元明清学案》扫除干净，另用物理学的规律来研究心理学，觉得人心的变化，处处是跟着力学轨道走的，从古人事迹上、现今政治上、日用琐事上、自己心坎上、理化数学上、中国古书上、西洋学说上，四面八方，印证起来，似觉处处可通。我于是创设了一条臆说：心理的变化，循力学规律而行。这是我一人的谨慎之见，是否合理，不得而知，特著《心理与力学》一篇，请读者赐教。

我从癸卯年（公元1903年），发下一个疑问道：孔孟的道理，已经不对，真正的道理，究竟在什么地方？这个疑团，积累在心中，迟至24年后，才勉强寻出一个答案，真可谓笨极了。我重在解释这个疑问，很希望读者指示迷途，我绝对不敢自以为是，指驳越严，我越是感激。如果我说错了，他人说得有理，我就抛弃我的主张，改从他人之说，也未尝不可。

我从前做的《厚黑学》及《我对于圣人的怀疑》，两种文字的底稿，早已不知抛往何处去了，我把大意写出来，附在后面，表明我思想的过程。凡事有破坏，才有建设，这两篇文字，算是一种破坏，目的在使我自己的思想独立。所以文中多偏激之论。我们重在寻求真理，无须同已死的古人争闹不休，况且我们每研究一个道理，全靠古人供给许多材料，我们对于古人，只有感谢的，更不该吹毛求疵。这两篇文字的缺点，我自己也知道，诸君不加以指正也使得。

1927年1月15日，于成都

我对于圣人的怀疑

我先前对于圣人，很是怀疑，细加研究，觉得圣人里面有种种黑幕，曾做了一篇《圣人的黑幕》。1912年本想与《厚黑学》同时发表，因为《厚黑学》还未登载完，已经众议哗然，说我破坏道德，煽惑人心，这篇文字，更不敢发表了，只好藉以解放自己的思想。现在国内学者，已经把圣人攻击得体无完肤，中国的圣人，已是日暮途穷。我幼年曾受过他们的教育，本不该乘圣人之危，坠井下石，但是我要表明我的思想的过程，不妨把我当日怀疑之点，略说一下。

世间顶怪的东西要算圣人。三代（编者注：夏、商、周）以上产生最多，层见叠出，同时可以产生出许多圣人！三代以下就绝了种，并没有产生一个。秦汉以后，争先恐后学习圣人的，不知有几千百万，结果没有一个成为圣人，最高的不过到了贤人地位就终止了。请问圣人这个东西，究竟学不学得到？如果说学得到，秦汉以后那么多人学，至少也该再出一个圣人。如果说学不到，我们又何苦每天早晚读他的书，拼命地学？

三代以上有圣人，三代以下没有圣人，这是从古以来最大的怪事。

我们通常所说的圣人，是尧、舜、禹、汤、文（周文王）、武（周文王）、周公、孔子。我们把他们分析一下，只有孔子一人是平民，其余的圣人尽是开国之君，并且是后代学派的始祖，他的破绽就显现出来了。

原来周秦诸子，各人拿着自己创制的一种学说，自认为找到真理了，自信如果这种学说一实行，立刻就可以救国救民。无奈自己地位轻微，说出的话分量太轻，无人相信追随。他们心想，人类的通性都是敬畏并崇拜权势的，凡是有权势的人说的话，人人都肯听从。世间权势最大的，没有比得上国君的，尤其是开国之君。再加上那个时候的书，是竹简做的，能读书的人不多，所以新创立一种学说的人，都说道：我这种主张是从书上看到的，是某个开国之君遗传下来的。于是道家依托于黄帝，墨家依托于大禹，提倡耕地的依托于神农氏，撰写药草书的也依托于神农氏，撰写医学书的和撰写兵书的都依托于黄帝。此外百家杂技与那各种发明，没有不依托于开国之君的。孔子生长在这些人当中，当然也不能违背这个公理。他所依托的人更多，除了尧舜禹汤文武以外，还把鲁国开国的周公加进去了，所以说孔子是集大成之人。周秦诸子个个都是这个办法，拿些美言德行给古代帝王加上去，古代帝王坐享大名，没有一个不成为后世学派的鼻祖。

周秦诸子，各人把各人的学说发布出来，聚集门徒讲授，各人的门徒都说我们的先生是个圣人，原来圣人二字在古代并不高贵。依庄子《天下篇》所说，圣人之上还有天人、神人和至人的名称，圣人排列在第四等，圣字的意义，不过是“听到声音便可以了解内情，没有什么事情不通晓”罢了。本来是聪明通达的人都可以称他为圣人，就好像古代的朕字一样，人人都称得，后来把朕字收归皇帝专用，不许凡人冒称，朕字圣字才高贵起来。

周秦诸子的门徒尊称自己的先生是圣人，也没有超越本分。孔子的门徒说孔子是圣人，孟子的门徒说孟子是圣人，老子庄子杨子墨子这些人，当然也有人喊他们是圣人。到了汉武帝的时候，表彰六经，罢黜百家，从周秦诸子中把孔子挑选出来，只承认他一个是圣人，其他诸子的圣人名号一齐削掉，孔子就成为皇帝御赐的圣人了。孔子既然成为圣人，他所尊崇的尧舜禹汤文武周公当然也成为圣人。所以中国的圣人，只有孔子一个是平民，其余的都是开国之君。

周秦诸子的学说，要依托古代的国君，也是不得已才这样做的。这可举例证明：南北朝时有个张士简，把他的文章拿给虞讷看，虞讷痛加训斥，随后张士简把文章改动了一下，托名是沈约(南朝梁朝大臣、文学家、史学家)写的，再拿给虞讷看，他就读一句，称赞一句；清朝陈修园撰写了一本《医学三字经》，他开始托名是叶天士写的，等到这本书流行了，才改写自己的名字，这有修园的自序文章可以证明。从上列两件事看来，假使周秦诸子不依托开国之君，恐怕他们的学说早已消灭，哪能流传到今天？周秦诸子的志向在于救世，用了这种办法，他们的学说才能推行，后人受到的益处不少。我们对于他们是应该感谢的，但是为研究真理起见，他们的内幕是不能不揭穿的。

孔子之后，平民之中也出了一个圣人，此人就是人人知道的关羽。凡人死了事业也就完毕，只有关羽死了之后还干了许多事业，竟然替自己挣得个圣人的名号。还著有《桃园经》、《觉世真经》等书流传于世。孔子以前，那些圣人的事业与典籍恐怕也与关羽差不多。

现在的穷乡僻壤地区，偶然有一人享受到小小富贵，讲因果的就说他阴功积得多，讲风水的就说他坟地葬得好，看相的、看命的就说他的面貌生辰八字与别人不同。我想古时的人心与现在差不多，可能也有讲因果的，人看见那些开基立国的帝王，一是说他品行如何好，二是说他道德如何好，这些说法流传下来，就成为周秦诸子著书的材料了。再说，凡是人都有成见，心中有了成见，眼中所见的东西就改变形象，带绿色眼镜的人见到所有的事物都变成绿色，带黄色眼镜的人见到所有的事物都变成黄色。周秦诸子创立了一种学说，用自己的眼光去观察古人，古人自然会改变形象，变成恰好与他的学说相符合的事物。

我们权且把圣人中的大禹提出来研究一下。他为治水长期泡在泥水中，腿上的汗毛都掉光了，他替受水灾的老百姓担忧，整天价在太阳下晒得黝黑，的确是个磨炼自己、为老百姓服务的兼爱家。《韩非子》中说："大禹召集西方诸侯在会稽聚会，防风氏(某部落首领)来晚了，大禹把他斩了。"大禹又成了执法如山的大法家。孔子说：禹，我对他没有批评了。他自己吃得很坏，却把祭品办得极丰盛；穿得很坏，却把祭服做得极华美；住得很坏，却把力量完全用于兴修水利。这段话中大禹又像是个小心谨慎的儒者，又带点惶惶不安的气象。读魏晋以后写禅让的文章，大禹的行径，又和曹丕、刘裕等人差不多了。宋儒说大禹得了危微精一的心传，他又成了分析义理极透彻的理学家。杂书上说大禹娶涂山氏的女儿为妻，这个女子是狐狸精，他又好像是《聊斋》里的公子书生；又传说大禹替妻子制造搽脸的扑粉，他又好像是替妻子画眉毛的张敞；又传说大禹治水时把神怪都驱逐走了，又有点像《西游记》里的孙行者、《封神榜》里的姜子牙。

根据宗吾的眼光看来，他开始不顾父亲被舜杀死而去侍奉舜，后来又夺走舜的天下，最终把舜逼死在苍梧的野外，简直是厚黑学中的重要人物。他这个人光怪陆离，真是莫名其妙。其余的圣人，他们的神妙也与大禹差不多，我们略加思索，圣人的内幕也就很清楚了。因为圣人是后人的幻想结成的人物，各人的幻想不同，所以圣人的形状也有种种不同。

我做了一本《厚黑学》，现在逆推到秦汉是相符合的，又逆推到春秋战国也是相符合的。可见从春秋一直到今天，一般人的心理是相同的。再追溯到尧舜禹汤文武周公，就觉得他们的心理神妙莫测，尽都是些天理流行、玄妙难言的东西，这对厚黑学是不适用的。大家都说夏商周三代以下人心不古，仿佛三代以上的人心与三代以下的人心截然两样，这岂不是很奇怪吗？其实并不奇怪，假如汉文帝、汉景帝的时候，也采用汉武帝的办法，把百家罢黜了，单单留下老子一人，说他是圣人，那么老子推崇的皇帝当然也是圣人。于是乎平民之中只有老子一人是圣人，开国之君也只有黄帝一人是圣人。老子的心幽微奥妙，深远而通达，深邃不测，黄帝的心也是幽微奥妙，深远而通达，深邃得难以认识。黄帝统治时，由于政治宽大，人民就淳厚，黄帝以后人心就不古了。尧夺哥哥的天下，舜夺妇翁的天下，禹夺仇人的天下，成汤、文、武是臣子背叛国君，周公以弟弟的身份杀死哥哥，我那本《厚黑学》一直可以逆推到尧舜为止。三代以上的人心、三代以下的人心就融合成一片了。无奈再追溯上去，黄帝时代的人心与尧舜以后的人心还是要成为两截的。

假如老子果然像孔子那样的际遇，成了皇帝御赐的圣人，我想孟子那个亚圣的名号一定会被庄子夺去。我们读的四子书一定是《老子》、《庄子》、《列子》和《关尹子》，所读的经书一定会是《灵枢素问》。孔孟的书和管仲、商鞅、申不害、韩非的书一齐成为异端邪说，不过遇到好奇的人，偶尔翻来看看。《大学》、《中庸》在《礼记》内，与有关帝王制度、节气月令等文章并列，人心险恶等十几个字，也混在考察古代社会的文章中，也就没有什么精微奥妙了。后代讲道学的人，一定向《道德经》中深而又微妙的牝(雌性)牡(雄性)中，埋头钻研，一定又会造出些天玄人玄，理牝欲牝等名词讨论。依我想，圣人的真相不过如此。

儒家的学说以仁义为立足点，定下一条公理："推行仁义就昌盛，不推行仁义就灭亡。"古往今来，成功失败，能合乎这个公理的就引来做证据，不合乎这个公理的就放在一边不谈。

举个例子来说，太史公（司马迁）《殷本记》说："西伯(周文王)被纣王放回后暗地里锤炼品德，多为百姓做好事。"《周本记》说:"西伯暗地里做好事。"连用两个暗字，这作用就可以想见了。《齐世家》更直截了当地说："西伯从羑里逃回后，与姜子牙暗中密谋施德于百姓，打算推翻商纣王的统治，商定了打仗方面的一些奇计。"可见周文王推行仁义，明明是一种权术，哪里是真心实意为百姓？儒家看见文王成功了，就把他推崇尊敬得不得了。徐偃王推行仁义，使36个小诸侯国来朝拜，荆文王厌恶他侵害了自己的利益，率领军队消灭了他。这是推行仁义失败了的，儒家就绝口不提。儒家的论调完全与乡下讲因果报应的一样，看见别人富贵，就说他积累有阴德，看见别人触电死了，就说他不孝顺父母。只是从本心来说，儒家当然是劝人为善，其实真正的道理并不是那样。

古代的圣人，真是怪极了。虞、芮二小国的国君为解决领土纠纷去找周文王评理、裁决，他们一踏上圣人(周文王)的土地，受到好的风气的教化，立刻都彻底悔改，洗心革面，都不要那块土地了。圣人感化人，有如此的神妙，我不理解管叔鲜、蔡叔度(周文王的儿子、周武王的弟弟)的父亲是圣人，母亲是圣人，哥哥弟弟是圣人，四面八方被圣人围住了，为什么中间却会产生鸱？(管叔鲜和蔡叔度在文王死后谋反，周公奉成王的命令率军平定叛乱，杀死了管叔鲜，流放了蔡叔度。意为在圣人的教化之下仍出了坏人。)

李自成是个流贼，他进了北京，找到崇祯皇帝夫妇的尸体，放在宫殿的门板上抬回，用柳木棺材装殓，停放在东华门，让人们祭奠。周武王是圣人，他走到商纣王死的地方，射他三箭，取黄金装饰的斧子将头砍下来，悬挂在太白旗上，他与周文王爷儿俩还在商纣王名下做过臣子，做出这种举动，他的品行，连流贼都不如，公然也成了精心一意的圣人，真是妙极了！假使没有陈圆圆的那场公案，吴三桂投降了，李自成岂不成了"太祖高皇帝"吗？他自然地会成为圣人，他那《闯太祖本纪》里所记载的高尚行为，恐怕比周本纪还要高上几倍。

周太王(即周文王祖父)最早从事推翻商纣的事业，王季、文王继续做这件事。(王季是周太王的儿子、周文王的父亲。)孔子称赞太王、王季、文王、武王的政绩，这其实与司马炎称赞司马懿、司马师和司马昭的政绩没有什么不同的，唯一不同的是，一个生在孔子之前，得了个世世圣人的美名，一个生在孔子之后，就得了个世世叛逆之臣的恶名。

后人见到圣人做了不道德的事，就千方百计替他开脱，到了证据确凿无法开脱的时候，就说书上的事迹出于后人的附会。这个先例是孟子开的。

他说"凭着大仁义去讨伐那不仁义的国家，绝对不会有流血的事"，就断定楚成王血流得可以漂浮起洗衣棒的那句话是假的。我们从《尚书·在诰篇》中的殷民三叛，多方大浩那些文字看来，镇压殷代民众的叛乱和讨伐殷(商)纣王时，血流得可以漂浮起洗衣棒不假，只怕"凭着大仁义去讨伐不讲仁义的国家"这句话有点假。

子贡说："商纣王的恶，不像现在传说的这么厉害。所以君子憎恨处在下流的地位，一处在下流的地位，天下的什么坏名声都会集中在他身上了。"

我也说："尧舜禹汤文武周公的好，不像现在传说的这样尽善尽美，所以君子喜欢处在上流的地位，一处在上流的地位，天下的所有好名声都会集中在他身上。"假若把下流二字改作失败，把上流二字改为成功，更会令人觉得确切。

古人神道设教，祭祀的时候，让一个人充当神像，指着他对众人说："这就是所要祭祀的神。"众人就朝着他磕头礼拜。同时又以圣道设教，对众人说："我的学说是圣人遗传下来的。"有人问："哪个是圣人？"他就顺手指着尧舜禹汤文武周公说道："这就是圣人。"众人也就把他当做神像一样，朝着他磕头礼拜。后来进化了，人民醒悟了，祭祀的时候就把神像撤销，只有圣人的迷梦数千年未醒，尧舜禹汤文武周公竟受了数千年的崇拜。

讲因果的人，说有个阎王，问阎王在哪里？他说："在地下"；讲耶稣教的人，说有个上帝，问上帝在何处？他说在天上；讲理学的人说有许多圣人，问圣人在哪里？他说："在古代。"这三种怪物都只可在意念中想像，不能亲眼看到，不能得到证实。正因为他得不到证实，他的道理就越是玄妙，信从的人就越多。

对于创造这些理论的人来说，本是劝人为善，他的主观想法倒是值得嘉奖，不过事实不真实确切，就会产生出流弊。因果的弊病，后来演变成拳匪、圣人的弊病，使真理不能出现。

汉武帝把孔子尊奉为圣人以后，天下的言论都调整到孔子一人的门下，谁也不敢违背。孔融对于父亲问题略略讨论了一下，曹操就把他杀了；嵇康瞧不起汤武，司马昭把他杀了。儒教能够推行，完全是曹操、司马昭一些人维持的力量。后来开科举考试取用士人，读书人要是不读儒家的书，就没有进身的路径。一个死去多年的孔子，他会左手拿着官爵，右手拿着钢刀，哪能不成为万世师表？《宋元明清学案》中人，都是孔圣人马蹄脚下的人物，他们的心坎上，受了圣人的摧残蹂躏，他们的议论怎会不支离破碎、穿凿附会？怎会不迂腐曲折、深奥难通？

中国的圣人，是专横极了。他没有说过的话，后人就不敢说，如果说出来，众人就说他是异端邪说，就要攻击他。

朱熹发明了一种学说，不敢说是自己发明的，只好说是孔门的格物致知，加一番解释，说他的学说是孔子嫡传，这样之后才有人信从。王阳明发明了一种学说，也只好把格物致知加一番解释，然后来附和自己的学说，说朱熹讲错了，他的学说才是孔子嫡传。本来朱王二人的学说都可以独树一帜，没有必要依附孔子。无奈处于孔子的势力范围之内，不依附孔子，他们的学说万万不能推行。他们二人费尽心力去依附，当时的人还说是伪学，遭受重大的攻击。圣人专横到了这种地步，人们怎么能把真理研究传播出来？

韩非子说过一个笑话，楚国郢地有个人给燕国的相国写信，写的时候天黑了。他便喊："举蜡烛来。"一边喊一边就不经意地在信上也顺手写上"举烛"二字。信送到燕相国手中，他想了许久，说道："举烛是崇尚光明的意思，崇尚光明是任用贤人的意思。"于是他根据这个想法去劝谏燕王，燕王采用他的话，国家治理得安定富强。虽然治理国家是收了效，但这并非是原信的本意。所以韩非子说："古代帝王有'郢地的信'，后代人们多有'燕相的说法'。"究竟格物致知四个字是怎样解释，恐怕只有亲手撰写《大学》的人才明白。朱王二人中，至少有一人免不脱"郢地的书信、燕相的说法"的批评。哪里只是格物致知四个字，恐怕《十三经注疏》、《皇清经解》、《宋元明清学案》里面许多妙论，也逃不脱"郢书燕说"的批评。

学术上的黑幕，与政治上的黑幕，是一样的，圣人与君王是一胎双生的，处处狼狈相依。圣人不仰仗君王的威力，圣人就不会那么尊崇；君王不仰仗圣人的学说，君王也没有那么猖獗。于是君王把他的名号分给圣人，圣人就称起王来了。圣人把他的名号分给君王，君王就称起圣来了。君王钳制人民的行动，圣人钳制人民的思想。

君王任意下一道命令，人民都要遵从，如果有人违背，就算是大逆不道，为法律所不容。圣人任意发一种议论，学者都要信从，如果有人批驳了，就算是非议圣人，目无法纪，为舆论所不容。

中国的人民，受了数千年君王的摧残压迫，民意不能出现，无怪乎政治紊乱。中国的学者，受了数千年圣人的摧残压迫，思想不能独立，无怪乎学术消沉。因为学说有差错，政治才会黑暗，所以君王的命该革，圣人的命尤其该革。

我不敢说孔子的人格不高，也不敢说孔子的学术不好，我只说除了孔子，也还有人格，也还有学说。孔子并没有压制我们，也没有禁止我们另外创造不同的学说。无奈后来的人偏要抬出孔子，压倒一切，使学者的思想不敢超出孔子的范围之外。学者心坎上被孔子盘踞久了，理应把他推开，思想才能独立，宇宙真理才研究得出来。前几年，有人把孔子推开了，同时杜威、罗素等人就闯进来，盘踞学者心坎上，天下的言论又热衷于杜威、罗素等人，杜威、罗素这些人成为一个变形的孔子，执行圣人的任务。有人违反他们的学说，又算是大逆不道，就要被报纸杂志骂个不休。如果杜威、罗素等人去了，又会有人出来执行圣人的任务，他的学说也是不允许别人违反的。

依我想：学术是天下的公物，应该让人们批评，如果自己说错了，改从他人的学说，对于自己也没有什么伤害，何必采取“军阀”态度，禁止人们批评？

凡事以公平为根本。君主对于人民不平等，所以政治上产生纠葛；圣人对于学者不平等，所以学术上产生纠葛。我主张把孔子降下来，与周秦时代的那些诸子百家并列。我与读者诸君一齐参加进去，与他们平坐一排，把杜威、罗素等人欢迎进来，分庭抗礼地发表意见，大家互相磋商，不许孔子、杜威、罗素等人高踞我们之上，我们也不高踞孔子、杜威、罗素之上，人人思想独立，才能把真理研究得出来。

我对于圣人既然已怀疑，所以每每读圣人的书，没有不怀疑的，于是定下三条读书要诀，作为自己攻读的步骤。特附录在下面：

第一步，以古为敌。读古人的书，就把这个人看作是我的劲敌，有了他，就没有我，非与他血战一番不可，到处寻找他的缝隙，一有缝隙就乘便攻入；又在主观意念上代替古人设法抗拒，这样越战越激烈，越攻越深入。一定要这样，读书才能看到真正的道理。

第二步，以古为友。我假若读书有见地，就提出一种主张与古人的主张对抗，把古人当成良友，相互切磋。如果自己的主张错了，不妨改从古人；如果古人的主张错了，就依着我的主张向前研究。

第三步，以古为徒。著书的古人，学识肤浅的很多，如果我自信学力在那些古人之上，就不妨把他们的书拿出来评阅，只当像是评阅学生作文一样，说得对的，给他加几个密圈，说得不对的，给他划几根红杠子。世间俗语村言含有妙趣的，尚且不少，何况古人的书，自然有许多好的道理存在其中。批评越多，知识水平自然越高，这是普通所说的教学相长了。如果遇到一个古人，知识与我相等，我就把他请出来，当做老朋友相待，如朱晦庵和蔡元定一样。如果遇有知识在我之上的，我又把他认为劲敌，找他的缝隙，看能不能攻得进去。

我虽然定了三步功夫，其实并没有做到，自己很觉得抱愧。我现在正做第一步功夫，想进到第二步，还没有达到，至于第三步，自己估量终身没有达到的那一天。就像走路，虽然把路径找出来了，无奈路太长了。脚力有限，只好努力前进，走一截，算一截。

第七章

中国学术的趋势

我们研究学理，当力求其深，深则洞见本源，任他事变纷乘，我都可以对付，不致错误。至于实践方面，当力求其浅，浅则愚夫愚妇能知能行，才实行得起来。西人崇奉斯密而国富，崇奉达尔文的学说而国强，但世界大战之机，即伏于其中。德皇威廉第二，崇奉尼采的学说，所以大战之前德国最为昌盛，但失败也很快。现在希特勒、墨索里尼和日本军阀，正沿着威廉覆辙走去，终必收同一之结果，所以知斯密等三人的学说，收效极大，其弊害也极大。

自序

我生平喜欢研究心理学。于1920年，作一文曰：《心理与力学》。创出一条臆说："心理依力学规律而变化。"有了这条臆说，觉得经济、政治、外交，与人世一切事变，都有一定轨道，于是陆陆续续，写了些文字，曾经先后发表。

后来我又研究诸子百家的学说，觉得学术上的演变，也有轨道可循。我们如果知道，从前的学术是如何演变，就可推测将来的学术，当向何种途径走去，因成一文曰：《中国学术的趋势》。自觉此种观察，恐怕不确，存在箧中，久未发表。去年在重庆，曾将原稿交《济川公报》登载，现在把它印为单行本，让读者指正。

我说："心理依力学规律而变化。"听到的人曾经驳我道："我的思想、行动自由，哪里有什么规律？"殊不知我们受了规律的支配，自己还不觉得。譬如书房里，有一鸟笼，鸟在笼中，跳来跳去，自以为活动自由了，而我们在旁观之，任他如何跳，终不出笼子的范围。假使把笼打破，鸟在此室中，更是活动自由了，殊不知仍有一个书房，把他范围着。汉唐以后的儒者，任他如何说，终不出孔子的范围。周秦诸子和东西洋哲学家，可说是打破了孔子范围，而他们的思想，仍有轨道可循，既有轨道可循，就是有规律。

自开天辟地以来，人类在地球上，行行走走，自以为自由极了。300年前，出了一个牛顿，发明地心引力，才知道：任你如何走，终要受地心引力的支配，这是业已成了定论的。人类的思想，自以为自由极了，我们试把牛顿的学说，扩大之，把他应用到心理学上，就知道：任你思想如何自由，终有轨道可循，人世上，一切事变，无不有力学规律，运行于其间，不过一般人，习而不察，等于牛顿以前的人，不知有地心引力一样。

我写文字，有一种习惯：心中有一种感想，就写一段，零零碎碎，积了许多段，才把它补缀起来，成了一篇文字。这次所发表的，是把许多小段，就其意义相连贯的，放在一处，再视其内容，冠以篇名。因此成了四篇文字：(一)老子与程明道；(二)宋学与蜀学；(三)宋儒的道统；(四)中西文化的融合。总题之曰：《中国学术的趋势》。

写文字是发表心中感想，心中如何想，就应当如何写，如果立出题目，来做文字，等于入场应试，心中受了题之拘束，所有感想，不能尽情写出，又因题义未尽，不得不勉强凑补，于是写出来的，乃是题中之文，不是心中之文。我发表这本书，本想出以随笔体裁，许多朋友说不对，才标出大题目，小题目。我觉得做题目，比做文章更难，文章是我心中所有，题目是我心中所无，此书虽名《中国学术的趋势》，而内容却非常的简陋，对于题义，发挥不到十分之一，这是很抱歉的。

我写文字，只求把心中感想表达出来，就算完事。许多应当参考的书，也未参考，许多议论，自知是一偏之见，仍把它写出来。是心中有了这种疑团，特发表出来请读者赐教。如蒙指驳，自当敬谨受教，不敢答辩，指驳越严，我越是感谢。

1936年7月2日，于成都

老子与各学派的关系

一、中国学术分三大时期

我国学术最发达有两个时期，第一是周秦诸子，第二是赵宋诸儒。这两个时期的学术，都有创造性。汉、魏、晋、南北朝、隋唐五代，是承袭周秦时代的学术而加以研究，元明是承袭赵宋时代的学术而加以研究，清朝是承袭汉宋时代的学术而加以研究，都缺乏创造性。周秦是中国学术独立发达时期，赵宋是中国学术和印度学术融合时期。周秦诸子，一般人都认孔子为代表，殊不知孔子不足为代表，要老子才足以代表。赵宋诸儒，一般人都认朱子为代表，殊不知朱子不足为代表，要程明道才足以代表。

《老子》一书，当分两部分看，他说致虚守静、归根复命一类话，是“出世法”，庄、列、关尹诸人，是走的这条路。他说：“以正治国，以奇用兵”一类话，是“世间法”。孔子以仁治国，墨子以爱治国，申韩以法治国等等，皆是以正治国。孙、吴、司马穰苴，是以奇用兵，这都是走的“世间法”这条路。《老子》一书，是把“世间法”和“出世法”，一以贯之，两无偏重。所以，提出老子，可以总括周秦学术的全体。

汉明帝时，印度佛教传入中国，历魏、晋、南北朝、隋、唐五代，愈传愈盛，与中国固有的学术成为两大门派，相推相荡，到了程明道出来，把二者融合为一，是为宋明的理学，名为儒家，实是中国和印度两方学术融合而成的新学说。程明道的学说出来后，跟着就分为两大派：一大派是程伊川和朱子，一派是陆象山和王阳明。所以，宋学要以程明道为代表，朱子不足以代表。

从周秦至今，可分为三个时期。周秦诸子，为中国学术独立发达时期，赵宋诸儒，为中国学术和印度学术融合时期，现在（编者注：指1936年）已经入第三时期了。世界大通，天涯比邻，中国、印度、西洋三方学说，相推相荡，依天然的趋势看去，这三者又该融合为一。故第三时期，为中西印三方学术融合时期。学术的进化，其轨道历历可循，知道从前中印两方学术融合，是以某种方式，就知将来中西印三方学术融合，当出以某种方式，我们用鸟瞰法，升在空中，如看河流入海，就可把学术上的大趋势看出来。

二、《老子》一书是周秦学派的总纲

宇宙真理，是浑然的一个东西，最初是蒙蒙昧昧的，像一个绝大的荒山，无人开采，后来偶有人在山上拾得点珍宝归来，人人惊异，大家都去开采，有得金的，有得银的，有得铜铁锡的。虽是所得不同，总是各有所得。周秦诸子，都是上山开采的人，这伙人中，所得的东西，要以老子为最多。

老子是道家，道家出于史官，我国有史以来，零零碎碎的，留下许多学说，直到老子出来，才把它整理成一个系统。他生于春秋时代，事变纷繁，他年纪又高，眼见的事又多。身为周朝的柱下史，是"国立图书馆馆长"，读的书又多。他自隐无名，不问外事，经过了长时间的研究，所以能把宇宙真理发现出来。

老子把古今事变融会贯通，寻出了它变化的规律，定名曰道。道者路也。就是说，宇宙万事万物，非走这条路不可，把这种规律，笔之于书，即名之曰：《道德经》。德者有得于心也，根据以往的事变，就可以推测将来的事变，所以说："掌握了以往的规律，能驾驭今天的现实。"

他见到了真理的全体，讲出来的道理，颠扑不破，后人要研究，只好按着他的道理，分头去研究。他在周秦诸子中，真是开山之祖。诸子取他学说中的一部分，引而申之，扩而大之，就独成一派。

在老子之前的，如黄帝、如太公、如鬻子、管子等，《汉书·艺文志》均列入道家，算是老子的前驱。周秦诸子中最末的一人，是韩非，韩非之书有《解老》、《喻老》两篇，把老子的话，一句一句的解释，呼老子为圣人，可见韩非之学也出于老子。到了吕不韦的门客，所辑的《吕氏春秋》，也是推尊黄老。所以周秦时代的学说，彻始彻终，可用老子贯通之。老子的学说是总纲，诸子是细目，是从总纲中，提出一部分，详详细细的研究，只能说研究得精细，却不能出老子的范围。

至于老子年代问题，有人说：孔子问礼的那个老子，是春秋时人，著《道德经》的老子是战国时人，是两人，不是一人。这层不必深问，我们只说：《道德经》一书，可以总括周秦学术之全体。其书出现于周秦诸子之前，是诸子渊源于老子，出现于周秦诸子中间，或在其后。我们可说：《道德经》可以贯通诸子，而集周秦学术之大成，无论他生在春秋时，生在战国时，甚或生在秦时，周秦学术之总代表是一样的。

关于老子姓名问题，有种种说法，甚至有说老子姓老的。我想不必这样讲，古人的名字，有点像字学中的反切法，用两个字，切出一个字，举出其人的两个特点，即知其为某人，名字之上，不必一定冠以姓，如祝蛇是名之上冠以官；行人子羽，是字之上冠以官；东里子产，是字之上冠以地；叔梁纥，是名之上冠以字；司马迁是史官，故称史迁，曾受腐刑，又称腐迁。他如髯参军、短主簿，是官职之上，冠以形貌。只要举出两个特点，即可确定其为某人。大约老子耳朵有异状，故姓李名耳；他是自隐无名的人，埋头研究学问，世人得见他时，年已老矣，人人惊其学问之高深，因其须发皓然，又是一个大耳朵，因呼之为老聃。聃是生前的绰号，不是死后的谥号，他不是生来就白头发，乃是世人得见他时，业已是白发了。一般学者，闻老子之名，都来请教。孔子也去问礼。各人取其学说之一部分，发挥光大之，就成为一家之言，发表出来，尽是新奇之说，人人都去研究。老子自隐无名，其出处存亡，世人也就不怎么注意了。犹如四川廖平和康有为说一席话，康有为按照他的说法，跟着写出《孔子改制考》、《新学伪经考》，震惊一世，而廖平的书尚未出来，其人也不怎么为世人注意。老子年龄，大约比孔子大二三十岁，孔子是七十几岁死的，老子修神养身，享年最高，或许活到200多岁，著道德经时，已入了战国时代，这也是可能的事。

三、无为思想的实践意义

老子的"无为"，许多人都误解了。《老子》一书，是有为，不是无为。

他以为：要想有为，当从无为下手，所以说"无为则无不为"。他的书，大概每句中，上半句是无为，下半句是有为。例如"慈故能勇，俭故能广，不敢为天下先，故能成器长"。要想勇，当从慈做起。要想广，当从俭做起。要想成大器，当从不敢为天下先做起。慈与俭，不敢为天下先，是无为；能勇，能广，能成大器，就是有为。老子洞明盈虚消长之理，阴阳动静，互相为用，凡事当从相反方面下手，如作文欲抑先扬，欲扬先抑；写字欲左先右，欲右先左一般。老子说："我无为而民自化，我好静而民自正，我无事而民自富，我无欲而民自朴。"我无为、我好静、我无事、我无欲，是无为，能使民化民正，能使民富民朴，是有为。"弱胜强，柔胜刚"，弱柔是无为，胜强胜刚，是有为。老子书中，这类话很多，都是"无为则无不为”的实证。

老子所说的无为，是顺其自然，我不加主观愿望的意思。当为的就为，当不为的就不为，如果当为的不为，这是有心和自然反抗，这叫做有为，算不得无为。

王弼注《老子》，就是这种见解。他注《老子》二十七章说道：“须自然而行，不造不始。”注二十九章说道：“万物以自然为性，故可固而不可为也，可通而不可执也，物有常性而造为之，故必败也，物有往来而执之，故必失矣。”可算得了老子的真谛。老子说：“辅万物之自然而不敢为。”就是《阴符经》所说：“圣人知自然之不可违，因而制之。”也就是《易经》所说：“裁成天地之体，辅相天地之宜。”

曹参作宰相，每天喝酒，什么事也不干，只可称之为“不辅万物之自然”“不裁成天地之道，不辅相天地之宜”“知自然之不可违，因而制之”。黄老之道，难道是这样吗？老子说：“合抱之木，生于毫末，九层之台，起于累土，千里之行，始于足下。”老子把宇宙事事物物的来龙去路，看得清清楚楚的，事未发动，或才发动，就把他弄好了。犹如船上掌舵的人，把水路看得十分清楚，只须轻轻地把舵一搬，那船便平平稳稳的下去了，这叫做无为。就是所谓“善用兵者无赫赫之功”，怎么是曹参那种办法呢？

汉朝文景帝行黄老之术，只是得点皮毛，在“为之于未有，治之于未乱”等工作方面，未免缺乏，所以不无流弊。但政治的修明，已成为三代下第一，黄老之道的伟大，也可以想见了。

四、“失道而后德，失德而后仁，失仁而后义，失义而后礼”的意义

老子说：“失道而后德，失德而后仁，失仁而后义，失义而后礼。”失字作流字解。道流而为德，德流而为仁，仁流而为义，义流而为礼，道德仁义礼五者，是连贯而下的。

天地化生万物，有一定规律，如道路一般，是之谓道。我们懂得这个规律，而有得于心，就是德，本着天地生物之道，施之于人就是仁。仁是浑然的，必须制裁它，使它合宜，归结为义。但所谓合宜，只是空空洞洞的几句话，把合宜之事，制为法式，就是饰文，就是礼。万一遇着不守礼的人，怎么办呢？于是威之以刑。万一有悖礼之人，刑罚也不怕，又将奈何？于是动用武力。我们可续两句曰：“失礼而后刑，失刑而后兵。”礼流而为刑，刑流而为兵。由道德以至于兵，原是一贯罢了。

老子洞明万事万物变化的轨道，有得于心，故老子谈论道德。孔子见老子后，明白此理，就用以研究人，故孔子谈论仁。孟子继孔子之后，故谈论仁必带一义字。荀子继孟子之后，注重礼学。韩非学于荀卿，知礼字不足以范围人，故专讲刑名。这都是时会所趋，不得不然。世人见道德流为刑名，就归咎于老子，说申韩之刻薄寡恩，来源于老子。殊不知中间还有道德流为仁义一层，由仁义才流为刑名的。谈论仁义的无罪，谈论道德的有罪，我真要为老子叫屈。

孔子说：“志于道，据于德，依于仁，游于艺。”都是顺着次序说的。韩昌黎说：“博爱之谓仁，行而宜之之谓义，由是而之焉之谓道，存乎己无待于外之谓德。”把道德放在仁义之下，就算弄颠倒了。

老子说：“夫礼者，忠信之薄而乱之首也。”这句话很受世人的痛骂，这也是误解老子。道流而为德，德流而为仁，仁流而为义，义流而为礼，礼流而为刑，刑流而为兵。这是天然的趋势，等于人由小孩而少年，而壮，而老，而死一般。老子说：“失道而后德，失德而后仁，失仁而后义，失义而后礼。”等于说：“失孩而后少，失少而后壮，失壮而后老。”他看见由道德流而为礼，知道继续下去，就是为刑为兵，所以警告人说：“夫礼者，忠信之薄而乱之首也。”等于说：“夫老者少壮之终而死之始也。”这本是自然的现象，说这些话的人，有何罪过？

要救死只有“复归于婴儿”。要救乱只有“复归于无为”。我们身体发育最快，要算婴儿时代。婴儿无知无欲，随时都是半睡眠状态，现在的修养家，叫人静坐，却用种种方法，无非叫人达到无知无欲，成一种半睡眠状态罢了。婴儿的半睡眠状态，是天然的，修养家的半睡眠状态，是人工做成的，只要此心常如婴儿之未孩，也就可以长生久存了。我们知道复归

于婴儿可以救死，就知道复归于无为可以救乱。

国家到了非用礼不可的时候，跟着就有不讲礼的人，非用刑不可。跟着就有刑罚也不畏惧的人，非用兵不可。所以到了用礼的时候，混乱的苗头已经出现了，所以说："乱之首。"但怎么办呢？老子说："化而欲作，吾将镇之以无名之朴。"乱机虽动，用无为二字，就可把他镇压下去。老子用的方法是："我无为而民自化，我好静而民自正，我无事而民自富，我无欲而民自朴。"他这个话不是空谈，是有事实可以证明的。

春秋战国，天下大乱，到了秦朝，人心险诈，盗贼纵横，和现在（编者注：指公元1936年）的时局是一样的。始皇二世，用严刑峻罚，乱得更厉害。到了汉初，刘邦的谋臣张良、陈平，是讲黄老的人，曹参辅佐惠帝用黄老，文景帝也用黄老，而民风忽然浑朴，俨然三代遗风，这就是实行"镇之以无名之朴"，人民就居然自化自正，自富自朴了。足知老子所说"复古于无为"是治乱的妙法。"复归于婴儿"，可以常壮不老;"复归于无为"，可以常治不乱。

由道流而为德，为仁，为义，为礼，为刑，为兵。道是本源，兵是末流。老子多次谈兵，他连兵都不废，何至于会废礼？他说："以道佐人主者，可以兵强天下。"又说："夫慈以战则胜。"慈就是仁，他用兵之际，顾及道字仁字，就是顾及本源之意。

用兵顾及仁字，才不至穷兵黩武，用刑顾及仁字，才能哀矜勿喜，行礼顾及仁字，才有深情行乎其间，不至徒事虚文，行仁义顾及道德，才能达到熙熙攘攘的盛世，不是相掬以湿，相濡以沫。我们读《老子》一书，当作如是解。老子用兵之际，都顾及本源，即知他无处不顾及本源。

老子说："兵者不祥之器，非君子之器，不得已而用之，恬淡为主。"他对于兵是这种主张，即知他对于礼的主张，是说："礼者，忠信之薄而乱之首，不得已而用之，道德为主。"老子明知"兵之后必有凶年"，到了不得已之时，还是要用兵，即知他明知礼之后，必有兵刑，到了不得已之时，还是要用礼。所以我说，老子不废礼。只是因为他不废礼，才知道用礼来守护。以礼知名于世，所以孔子才去问礼。老子知道兵之弊，故善言兵，知道礼之弊，故善言礼。

用刑用兵，只要以道佐之，以慈行之，民风也可复归于朴。庄子说："假道于仁，托宿于义，以游于逍遥之虚……逍遥无为也。"由此知用刑用兵，也是假道于刑，托宿于兵，以达到无为的境界。我们知道这个意思，就知老子说"失义而后礼"，说"礼仁忠信之薄"，与孔子所说"礼云礼云，玉帛云乎哉"同是一意。

五、绝圣弃智、绝仁弃义的本意

老子说："绝圣弃智，民利百倍，绝仁弃义，民复孝慈，绝巧弃利，盗贼无有。"又说："天地不仁，以万物为刍狗，圣人不仁，以百姓为刍狗。"又说："大道废，有仁义，智慧出，有大伪。"等语很受世人的非议，这也未免误解。

老子是叫人把自己的意思除去，到了无知无欲的境界，才能窥见宇宙自然之理。一切事，当顺自然之理而行之，如果不绝圣弃智，本着个人的意见做去，得出来的结果，往往违反自然之理。宋儒就害了此病，并且害得很深。例如"妇人饿死事小，失节事大"一类话，就是害的这个病。洛蜀分党也是害的这个病。他们的所谓理，完全是他们个人的意见。戴东原说："宋以来儒者，以己之见，硬作为圣贤立言之意……其于天下之事也，也即所谓理，强断行之。"又说："其所谓理者，同于酷吏所谓法，酷吏以法杀人，后儒以理杀人。"东原此语，可谓一针见血，假使宋儒能像老子绝圣弃智，必不会有这种弊病。

凡人只要能够洞明自然之理，一切事顺天而动，如四时的运行，百物的诞生，不言仁义而仁义自在其中。《庄子》一书，全是发挥此理。苏子由解《老子》说道："大道之隆也，仁义行于其中，而民不知，大道废而后仁义见矣。世不知道之足以赡足万物也，而以智慧加之，于是民始以伪报之矣。六亲方和，孰非孝慈，国家方治，孰非忠臣，尧非不孝而独称舜，无瞽瞍也。伊尹周公非不忠也，而独称龙逢比干，无桀纣也。涸泽之鱼，相掬以湿，相濡以沫，不如相忘于江湖。"

子由这种解释，深得老子本旨。韩昌黎说老子看小了仁义，读了子由这段文字，仁义怎能说小。暴秦时代，李斯、赵高挟智术以统治天下，叛者四起，就是“智慧出有大伪”的实证。汉初行黄老之术，民风浑朴，几于三代（夏、商、周），就是“绝巧弃利，盗贼无有”的实证。

老子绝圣弃智，此心浑浑穆穆，与造化相通，此等造诣极高。孔子心知之，也曾身体力行之，但只能在心里理解，而不能说出来，只可自己去做，而不能要求于人。孔子不谈性与天道，不是不想说，实在是不能说，就是谈了别人也未必了解。孔子说：“天何言哉，四时行焉，百物生焉，天何言哉？”此等处可见孔、老学术，原是一贯。两次说“天何言哉”，反复赞叹，与老子所说“吾不知其谁之子，象帝之先”“恍兮惚兮，其中有物”等言绝对像。苏子由说：“夫道不可言，可言皆其似者也，达者因似以识真，而昧者执似以陷于伪。”子由懂得这个道理，所以明朝李卓吾称赞地说：“解老子者众矣，而子由最高。”

要窥见造化流行的奥妙，非此心与宇宙融合不可，一般人自然做不到。我们既然做不到，而做出的事，如果违反了造化流行之理，又是要不得的，这拿来怎样办呢？于是孔门传下一个最简单最适用的法子，这个法子，就是孔子所说的良知良能。孔门教人，每发一念，就用自己的良心裁判一下，良心以为对的就是善，认为不对的就是恶。恶的念头，立即除去，善的念头，就把他存留下，这就是大学上的诚意工夫。这种念头，与宇宙自然之理是相合的，为什么呢？人是宇宙一分子，我们最初发出之念，并未参有我的私意私见，可说是直接从宇宙本体发出来的。我把这个念头加以考察，就与亲自见到宇宙本体没什么两样。把这种念头推行出来的，就可修身齐家治国平天下。这个法子，岂不简单极了吗？有了这个法子，我们所做的事，求与自然之理相合，就不困难了。困难的是，什么是善念，什么是恶念，不容易分别，于是孔门又传下了一个最简单的法子，叫人闲居无事的时候，把眼前所见的事，仔细研究一下，什么是善，什么是恶，把他分别清楚，随着我心每动一念，我自己才能分别善恶，这就是格物致知了。孔门正心诚意，格物致知，本是非常简单，愚夫愚妇，都做得到，不料宋明诸儒，把他解释得玄之又玄。朱子无端补入格致一章，并且说：“至于用力之久，而一旦豁然贯通焉，则众物之表里精粗无不到，而吾心之全体大用无不明矣。”真是禅门的顿悟，岂不与中庸所说“愚夫愚妇，与知与能”相悖吗？我们把正心诚意，改作良心裁判四字，或改作问心无愧四字，就任何人都可做到了。

六、盈虚消长循环的轨道

老子的学说，是本着盈虚消长立论的，由虚而长，而盈，而消，循环不已，宇宙万事万物，都不出这个轨道。从天道来说，春夏秋冬，是按着这个轨道走的，从人事来说，国家之兴衰成败，和通常所谓“贫贱生勤俭，勤俭生富贵，富贵生骄奢，骄奢生淫佚，淫佚又生贫贱”，都是按着这个轨道走的。老子之学，纯是自处于虚，以盈为大戒，虚是收缩到了极点，盈是发展到了极点。人能以虚字为立足点，不动则已，一动则只有发展的，这就是长了。如果到了盈字地位，那么消字即随之而来，这是一定不移之理。他书中所谓“弱胜强，柔胜刚”“高以下为基”“功成身退天之道”“强梁者不得其死”“飘风不终朝，骤雨不终日”“多藏必厚亡”“高者抑之，下者举之”“将欲歙之，必固张之，将欲弱之，必固强之，将欲废之，必固兴之，将欲夺之，必固与之”种种说法，都是本着这个原则立论。这个原则，人世上一切事都适用，等于瓦特发明蒸汽，各种工业都适用。

七、老子的兵法

老子把盈虚消长的原理，用到军事上，就成了绝妙兵法。试把他言兵的话，汇齐来研究，就知他的妙用了。他说：“以道佐人主者，不以兵强天下，其事好还……善者果而已。”又说：“夫兵者不祥之器，不得已而用之。”又说：“以奇用兵。”又说：“慈故能勇……夫慈以战则胜，以守则固，天将与之，以慈卫之。”又说：“善为士者不武，善战者不怒，善胜敌者不争。”又说：“用兵有言，不敢为主而为客，不敢进寸而退尺，祸莫大于轻敌，轻敌几丧吾宝，故抗兵相加，哀者胜矣。”又说：“勇于敢则杀，勇于不敢则活。”又说:“坚强者死之徒，柔弱者生之徒，是以兵强则不胜。”

可知老子用兵，是出于自卫，出于不得已，以慈为主。慈有两种含义：一是恐怕我的人民被敌人所杀；二是恐怕敌人的人民被我所杀，所以我不敢为造事之主。如果敌人实在要来攻我，我才起而战之，即所谓“不敢为主而为客”。虽是起而应之，却不敢轻于开战，“轻敌几丧吾宝”，这个宝字，就是“我有三宝”的宝字，慈为三宝之一，轻于开战，即是不慈，就算失去一宝了。我虽然不开战，而敌人必来攻，我怎么办？老子的法子就是守。所以说：“以守则固。”万一敌人猛攻，实在守不住了，又怎么办？老子就向后退，宁可退一尺，不可进一寸，万一退到无可退的地方，敌人还要进攻，如再不开战，坐视我的军士，束手待毙，这可谓不慈之极了。到了此刻，是不得已了，也就不得不战了，从前步步退让，极力收敛，收敛到了极点，爆发出来，等于炸弹爆裂。这个时候，我的军士，处处是死路，只有向敌人冲杀，才是生路，人人悲愤，其锋不可挡，所以说“哀者胜矣”。敌人的军士，遇着这种拼命死战的人，向前冲是必死的路，向后转是生路，有了这种情形，我军当然胜，所以说“以战则胜”。敌人的兵，恃强已极，“坚强者死之徒”，他当然败。这真是极妙兵法，所以说：“以奇用兵。”韩信背水阵，即是应用这个原理。

孙子把老子所说的原理，推演出来，成书十三篇，就成为千古言兵之祖。孙子说：“卑而骄之。”又说：“少则逃之，不若则避之。”又说：“不可胜者守也。”又说：“善守者藏于九地之下。”又说：“投之无所往，死且不北。”又说：“兵士甚陷则不惧，无所往则固，深入则拘，不得已则斗。”又说：“投之无所往，剧之勇也。”又说：“帅与之期，如登高而去其梯，帅与之深入诸侯之地，而发其机，若驱群羊，驱而往，驱而来，莫知所之，聚三军之众，投之于险，此将军之事也。”又说：“死地吾将示之以不活。”又说：“投之亡地然后存，陷之死地然后生。”又说：“始如处女，敌人开户，后如脱兔，敌不及拒。”

凡此种种，我们拿来与老子所说的对照参观，其方法完全是相同的，都是初时收敛，后来爆发。孙子说：“将军之事静以幽。”静字是老子书所常用，幽字是老子书上玄字杳字冥字，合并而成的，足知孙子之学，渊源于老子。所不同的：老子用兵，以慈为主，出于自卫，出于不得已，被敌人逼迫，不得不战，战则必胜；孙子则出于权谋，故意把兵士陷之死地，以激战胜之功，把老子“以奇用兵”的奇字，发挥尽致。凡是一种学说，发生出来的支派，都有这种现象，即是把最初之说，引而申之，扩而大之，惟其如此，所以独成一派。

老子的清静无为，连兵事上都用得着，世间何事用不着？因为老子窥见了宇宙的真理，所以他的学说，无施不可。

八、《史记》老、庄、申、韩同传的原因

韩非《主道》篇说：“虚静以待令。”又说：“明君无为于上。”这虚静无为四字，是老子根本学说，韩非明明白白提出，足见他渊源所自。

其书说：“若水之流，若船之浮，守自然之道，行无穷之令。”又说：“不逆天理，不伤情性，不吹毛而求小疵，不洗垢而察难知，不引绳之外，不推绳之内，不急法之外，不缓法之内，守成理，因自然，祸福生于道德，而不出于爱恶。”可见他制定的法律，总是本于自然之理，从天理人情中斟酌而出，并不强人以所难。

他说：“明主设立可以得到的奖励，只要能够努力，人人都可获得，所定的刑罚，只要能够注意，人人都可避免。”又说：“明君之行赏也，暧乎如时雨，百姓利其泽。其行罚也，畏乎若雷霆，神圣不能解也，诚有功则虽疏贱必赏，诚有过则虽嬖而必诛。”事事顺法律而行，无一毫私见。他用法的结果是：“因道全法，君子乐而大奸止，淡然闲静，因天命，持大体，上下交顺，以道为舍。”还是归于无为而止。

老子讲虚静，讲无为；韩非也是讲虚静，讲无为。黄老之术，发展出来，就是申韩。申韩之术，收敛起来，就是黄老。二者原是一贯。司马迁把老庄申韩同列一传，就是这个道理。后人不知此理，反骂司马迁，以为韩非与李耳同传，不伦不类。试想司马迁父子，都是深通黄老的人，他论大道则先谈黄老，难道对于老氏学派，还会谈外行话吗？不过韩非之学，虽是渊源于老子，也是引而申之，扩而大之，独成一派。老子说：“我无为而民自化。”韩非说：“明君无为于上，群臣竦惧乎下。”同是无为二字，在老子口中，何等平淡，一出韩非之口，

而凛然可畏，惟其如此，所以才独立成派。

庄子与韩非，同是崇奉老子，一出世，一入世，途径绝对相反，而都是根据于无为。庄子事事放任，还可以说是无为，韩非事事干涉，怎么可说是无为呢？庄子是顺应自然做去，毫不参加自己的意见，所以说是无为。韩非是顺应自然，制出一个法律，我即依着法律实行，丝毫不出入，也是不参加自己的意见，故韩非之学说归于无为。因为他执行法律时，没有丝毫通融，不像儒家有议亲议贵这类办法，所以得了刻薄寡恩之名了。

韩非说："故设柙非所以备鼠也，所以使怯弱能服虎也。"可见他立法是从大局着眼，并不苛细。汉高祖用讲黄老的张良为谋臣，入关之初，"除秦苛法，约法三章，杀人者死，伤人及盗抵罪"。"苛法"是捕鼠之物，把他除去，自是黄老举动；"杀人者死，伤人及盗抵罪"，是设柙服虎，用的是申韩手段。我们从此等地方考察，黄老与申韩，有何冲突？

九、老子与其他诸子

道流而为德，德流而为仁，仁流而为义，义流而为礼，礼流而为刑，刑流而为兵。道德居首，兵刑居末。孙子言兵，韩非言刑，而其源者出于老子。我们如果知道：兵、刑与道德相通，即知诸子之学无不与老子相通了。

老子三宝，一曰慈，二曰俭，三曰不敢为天下先。

孔子温良恭俭让，俭字与老子同，让即老子之不敢为天下先，孔子曾经言仁就是老子之慈，足见儒家与老子相通。墨子的兼爱就是老子的慈，墨子的节用就是老子的俭。老子说："用兵有言，不敢为主而为客，不敢进寸而退尺。"又说："以守则固。"墨子非攻而善守，足见其与老子相通。

战国的纵横家，首推苏秦，他读的书，是《阴符》，揣摩数年，然后才出而游说，古阴符不传，它是道家之书，大约与老子相似。老子说："天之道其犹张弓乎，高者抑之，下者举之。"老子此语，是以一个平字立论。苏秦游说六国，每用"宁为鸡首，无为牛后"一类话，激动人不平之气，暗中藏得有"天道张弓"的原理，与自然之理相合。所以苏秦的说法，能够披靡一世。老子所说"欲取姑予"等语，为后世阴谋家所效法。其他如杨、朱、庄、列、关、尹诸人，直接承继老子之学，更不用说。周秦诸子之学，即使不尽出于老子，也可说老子之学，与诸子不相抵触，既不抵触，也就可以相通。后世讲神仙、讲符等等，都托始于老子，更足知老子与百家相通。

汉朝的汲黯，性情刚直，其统治人民应该用严刑峻法了，却用黄老之术，专尚清静。诸葛武侯，淡泊宁静，极像道家，但治蜀却用申韩。这都是由于黄老与申韩，根本上共通的缘故。孔孟主张仁义治国，申韩主张法律治国，看似截然不同的两种，其实是一贯的。诸葛武侯说："法行则知恩。"这句话真是好极了，足补《四书五经》所未及。要施恩先必从法做起，行法即是施恩，法律就是仁义。

子产治理郑很严酷，国人要想杀他，说道："谁杀了子产，我就赞扬他。"后来感他的恩，又生怕他死了，说道："子产死了，谁来继承他呢？"难道子产改变了政策吗？他临死前还说为政要用猛，可见猛的宗旨，至死不变，而所收的效果，却是惠字。《论衡》说："子谓子产……其养民也惠。"又讲："或问子产，子曰：'惠人也。'"猛的效果是惠，此中关键，只有诸葛武侯懂得，所以他治蜀崇尚严格，与子产收同一之效果。

一般人说申韩刻薄寡恩，其实最慈惠的人，没有比得上申韩。申子的书失传了，试取韩非子与诸葛武侯本传，对照读之，当知鄙人说的不谬。

韩非的学说，出于荀子，是主张性恶的。荀子以为人性恶，当用礼去裁制他。韩非以为礼的裁制力弱，法律的裁制力强，故变而论刑名。由此可知：黄、老、申、韩、孟、荀，原是一贯。害何种病，服何种药。害了暴秦那种病，故汉初用黄老之术医治；害了刘璋那种病，故孔明用申韩医治。儒者见秦尚刑名，至于亡国，以为申韩之学，万不可行，此乃不知通变之论。商鞅变法，秦于是盛强，终于到始皇，统一中国，可见刑名之学，生了大效。继续用下去，犹之病到垂危，有良医开一剂芒硝大黄，服之立愈，病已好了，医生去了，把芒硝大黄作为常服之药，怎能不病？怎能不死？这和芒硝大黄有什么关系？这和医生有什么关系？

十、孔子不谈性与天道的原因

《礼记》上，孔子多次说："我从老子那里听说……"可见他的学问，渊源于老子。最大限度，只能与老子对抗，断不能驾老子而上之。

《史记》记载：孔子适周，问礼于老子，去，谓弟子曰："鸟吾知其能飞，鱼吾知其能游，兽吾知其能走，走者可以为网，游者可以为纶，飞者可以为矰，至于龙，吾不能知，其乘风云而上天，吾今日见老子，其犹龙耶。"

这种惊讶佩服的情形，很像虬髯客见了李世民，默然心死一样。《虬髯客传》记载：道士对虬髯客说："这个世界不是你的世界，到别的地方去吧。"虬髯客也就离开中国，到海外扶余，另觅生活。孔子一见老子，正是这种情形。

老子说："失道而后德，失德而后仁，失仁而后义，失义而后礼。"道德已被老子讲得透透彻彻，没有孔子说的，孔子只好从仁字讲起了。老子学说，虽包含有治世法，但是略而不详，他专言道德，于仁义礼三者，不加深论。孔子窥破这个意图，就终身致力于仁义礼，把治国平天下的方法，条分缕析地列出来。

于是老子谈道德，孔子谈仁义礼，结果孔子与老子，成了对等地位。孔子是北方人，带得有点强横的性质，虽是佩服老子，却不愿居他之下。这就像清朝恽寿平，善于画山水，见了王岩谷的山水，自认为不能超出其上，再画得好，也是第二手，就改习花卉，后来竟得齐名。孔子对于老子，也是这样。他二人一谈道德，一谈仁义礼，可以说是分工的工作。

《论语》载，子贡说：先生的文章能够见到，但听不到先生谈性和天道的话。孔子为什么不谈性与天道呢？因为性与天道，老子已经说尽，没有孔子说的了。什么缘故呢？言性言天道，离不得自然二字，老子提出自然二字，业已探骊得珠，孔子再说，也不能别有新理，所以就不说了。老子说："致虚极，守静笃。"请问致的是什么？守的是什么？这明明是言心言性，一部宋《元明学案》，虚字静字，满纸都是，说来说去，终不出"致虚守静"的范围，不过比较说得详细罢了。

老子书中谈天道的地方很多，如说：

"天长地久，天地所以长且久者，以其不自生，故能长生。""飘风不终朝，骤雨不终日。孰为此者天地，天地尚不能长久，而况于人乎。""天网恢恢，疏而不失。""天之道其犹张弓乎，高者抑之，下者举之，有余者损之，不足者补之。"老子这一类话，就把天地化生万物，天人感应，天道福善祸淫，种种道理，都包括在内，从天长地久，说到天地不能长久。就叫孔子再谈天道，也不能超出这个范围，所以只好不说了。老子所说："有物混成，先天地生。"孔子也是见到了的，他称赞《周易》，称这个东西叫太极，曾极力发挥，只是道理太玄虚，对门人则浑而不言，所以《大学》教人，才从诚意做起。

性与天道，离了自然二字，都是不能讲的，为什么呢？一般人说宋儒是得了孔子真传的，朱子是集宋学大成的。朱子毕生精力，用在四书集注上。试拿集注来研究"性与天道，不可得而闻也"这一章，朱子注说："性者人所受之天理，天道者天理自然之本体，其实一理也。"这不是明明白白的提出自然二字吗？《中庸》的"天命之谓性，率性之谓道"，朱注："率循也，道犹路也，人物各循其性之自然，则其日用事物之间，莫不各有当行之路，是则所谓道也。"难道不是又提出自然二字吗？

孟子说："天下人谈论人性，只要找到根本原因就可以了。那根本原因在可以顺应自然为本。我们厌恶卖弄智慧，因为它容易穿凿附会。如果聪明人像大禹治水那样疏导洪水，那就不必讨厌智慧了。禹的治水，是顺应自然。如果聪明人也按自然规律办事，就是最大的智慧。天那么高，星辰也很远，但如果找到运行的规律，就是1000年以后的冬至日，也可以坐着算出来。"

朱子注说："利用就是顺应自然，根本原因也是自然，把水弄到山上就不是自然的原因了……大禹治水是按自然之势疏导的……程子说，孟子的这一章专门谈论智慧。我认为事物的道理无非是自然，顺应而遵循自然，就是大智慧。"

朱子的注五次提到自然二字，可见性与天道，离开了自然二字是讲不清楚的。老子既然已经把这个说尽了，孔子就不再说了。

十一、儒、释、道三教异同之点

春秋战国时，列国并争，同时学术界，也有百家争鸣。自秦以后，天下统一，于是学说按照君主的旨意，也归于统一。秦时崇奉法家的学说，此外的学说，都被排斥。汉初改而信奉黄老。到了汉武帝表章六经，罢黜百家。从此以后，专尊奉孔子的学说。而老子的学说，势力也很大。孔老二教，在中国成为两大河流。随后佛教传入中国，越传越盛，成了三大河流，同在一个区域内，相推相荡，经过了很长的时间，天然有合并的趋势，于是宋儒的学说，应运而生。

我们要谈宋儒的学说，须先把三教异同，研究一下。三教异同古人说的很多，不用我们再说，但我们可补充一下：三教均以返回本源为要旨。孟子说："天下的本源在国，国的本源在家，家的本源在身。"但返回到身体，还不能终止。孟子又说："小孩子没有不爱父母亲的，长大了，没有不知道尊敬哥哥的。"可知儒家返回本源，以返到孩提为止。《老子》一书，多次谈到婴儿，请问孟子谈的孩提，与老子谈的婴儿相同还是不同？答曰：不同。为什么呢？孟子所说的孩提能爱亲敬兄，大约是二三岁或一岁半岁。老子曰："如婴儿之未孩。"说文：孩，小儿笑也。婴儿还未能笑，当然是指才生下地的而言。老子又说："骨弱筋柔而握固。"初生小孩，手是握得很紧的。可见老子所说的婴儿，确指才生下地的而言。孟子所说的孩提知爱知敬，是有知识的。老子说："常使民无知无欲。"是没有知识的。可知老子返回根本更进一步，以返至才下地的婴儿为止。

但老子所说的虽是无知无欲，还是有心；所以说，"圣人当无心，以百姓心为心。"释迦牟尼则连心都没了，以证入涅槃，无人无我为止，禅宗常教人"看父母未生前面目"，竟是透过娘胎，较老子的婴儿，更进一步。

他们三家都是在一条线上，我们可作图表示，儒家由庚返至丁，再由丁返至丙。老子由丁返至乙。佛家由丁返至甲。我们可呼此线为"返本线"（见下图）。由此可看出三家的异同。要说他们不同，他三家都沿着返本线向后面走，这是相同的。要说他们相同，则儒家返至丙点而止，老子返至乙点而止，释迦牟尼直返至甲点方止，又可说是不同。所以三教同与不同都说得过去，总看如何看法。

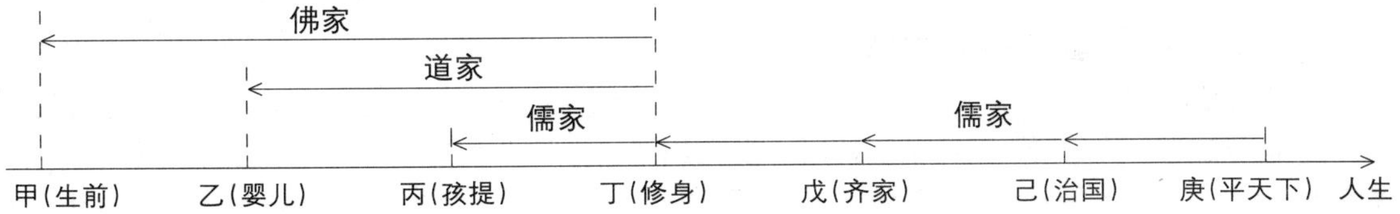

返本线

《大学》说："欲修其身者先正其心，欲正其心者先诚其意。"从身字追进两层，直至意字，从诚意做起。但是有意就有我，老子以为有了我即有人，人我对立，就生出许多纷纷扰扰的事，闹个不休。有我就是有身体，所以说："我所以有大祸患，是因为有身体。"倘若没有身体，则人与我浑而为一，就成了与人无争，与世无争，再不会有纷纷扰扰的事。所以说："等到没有身体了，还有什么祸患呢？"庄子书上种种讥笑孔子的话，以及老子对孔子说的"去子之骄气与多欲，态色与淫志"等语，都是根据这个原理。试问如老子所说，是个什么境界呢？这就是所说"恍恍惚惚，深远莫测了"，也就是"婴儿没变成小孩"的状态，自佛学言之，此等境界是为第八识，释迦牟尼更进一步，打破此识，而为大圆镜智，再进而连大圆镜智也打破，即是心经所说"无智亦无碍"了。

据上面所说，似乎佛家的境界，非老子所能到，老子的境界，非孔子所能到。但又不然，佛家说妙说常，老子说："恢复本性叫常。"又说："玄之又玄，众妙之门。"佛氏的妙常境界，老子何尝不能到呢？孔子毋意毋必，又说："无可无不可。"佛氏所谓法执我执，孔子何尝没有破呢？

但三教虽同在一根线上，终是个个独立。他们立教的宗旨，各有不同。佛氏要想出世，故须追寻到父母未生前，连心字都打破，方能出世。说是要出世，所以世间的礼乐刑政等等，也就不详加研究了。孔门要想治世，是在人事上工作，人事的发生，以意念为起点，而意念最纯粹的，莫如孩提之童，所以从孩提之童研究起，以诚意为下手工夫，由此而正心修身，以至齐家治国平天下。他的宗旨，既是想治世，所以关于涅灭度的学理，也就不加深究了。老子重在窥探自然造化的本源，所以绝圣弃智，无知无欲，于至虚至静之中，领会那寂然不动，虚而逍遥之妙，故而像初生的婴儿。向后走是出世法，向前走是世间法。他说道："多说只会穷困，不如保持中庸。"这个中字，即指乙点而言，是介于入世出世之中。佛家三藏十二部，孔子诗书易礼春秋，可算说得很多了。老子却不愿意多说，只简简单单5000多字，扼着乙点立论，含有"引而不发，跃跃欲试"的意思。他的意思，只重在把入世出世，打通为一，揭出原理，等人自去研究，不愿多说，所以讲"出世法"没有释家那么精，讲"世间法"没有孔子那么详。

综而言之，释家专言"出世法"，孔子专言"世间法"，老子则把"出世法"和"世间法"，打通为一，这就是他三人立教不同的地方。

老子说：让心灵达到空寂的状态，守住这份安静。万物一齐生长，我由此观察到了循环往复的规律。万物茂盛，最终都回归到起点。回到起点叫"静"，"静"就是复归本性。他是用致虚守静的工夫，步步向内收敛，到了归根复命，跟着又步步向外发展。所以他说："修德于自身，道德就纯真。修德于家，道德就光大。修德于乡，道德就伸长。修德于国，道德就广大。修德于天下，道德就会普遍。"孔子之学，得之于老子。其步骤是一样的。《大学》说："古之欲明明德于天下者，先治其国。欲治其国者，先齐其家。欲齐其家者，先修其身。欲修其身者，先正其心。欲正其心者，先诚其意。"这是步步向内收敛。"意诚而后心正，心正而后身修，身修而后家齐，家齐而后国治，国治而后天下平。"又是步步向外发展。老子归根复命的工作，与佛家相同。从"修之于身"，以至"修之于天下"，与孔子相同，所以老子之学，可贯通儒释两家。

北方人喜吃面，南方人喜吃饭，孔子开店卖面，释迦牟尼开店卖饭，老子店中，面和饭都有。我们喜欢吃某种，进某家店子就是了。不能叫人一律吃面，把卖饭的店子封了；也不能叫人一律吃饭，把卖面的店子封了。卖面的未尝不能做饭，卖饭的也未尝不能做面，不过开店的目的，各有不同罢了。儒释道立教，各有各的宗旨，三教之徒，互相攻击，真算多事。

十二、宋学是融合儒释道三家学说而成

最初孔老二教，几经盛衰，互相排斥。所以，太史公（司马迁）说："世人学老子的贬低儒学，儒学也看不起老子。"到了曹魏时，王弼出来，把孔老沟通为一。王弼曾注《易经》和《老子》，《易经》是儒家的书，《老子》是道家的书，他注这两部书，就是做的融合孔老的工作，这是学术上一种大著作，算是一种新学说，大受一般人的欢迎，所以开晋朝清谈一派。

人情是喜新厌旧的，清谈太久，一般人都有点厌烦了。恰好这时佛教陆续传入中国，越传越盛，在学术上另开一新世界，朝野上下，群起欢迎。到了唐朝时，佛经遍天下，寺庙遍天下，天台、华严、净土各宗大行，禅宗有南能北秀，更有新兴的唯识宗，可算是佛学极盛时代。唐朝自称是老子之后，追尊老子为玄元皇帝，道教因此很兴盛。孔子是历代崇奉之教，当然也最盛行。三教相荡，天然有合并的趋势。那个时候的儒者，多半研究佛老之学，可说他们都在做三教合一的工作，却不曾把此融合为一，直到宋儒，才把这种工作完成了。

戴东原说："宋以前孔孟是孔孟，老子是老子，谈老子的自认为很高明，不依附孔孟。宋以后孔孟的书不好解释了，儒家就用老子和佛家来解释。"这本是诋斥宋儒的话，但我们从这个地方，反可看出宋儒的真本事来。最当注意的是"宋以前，孔孟是孔孟，老子是老子"二语，老子、佛家和孔孟，大家认为是截然不同的两派，宋时就把他融合为一，创作力何等伟大。

宋儒尽管自称是孔门嫡派，与佛老无关，实际是融合三教而成，他们学说俱在，何能掩饰。其实能把三教融合为一，这是学术上最大的成功，他们有了这样的建树，尽可自豪，反而放弃了不肯承认，自认孔门嫡派。这其实是为门户二字所误。虽然是这样，我们反把进化的趋势看出来了。儒释道三教，到了宋朝天然该合并，宋儒顺着这个趋势做去，自家还不觉得，犹如河内撑船一般，宋儒极力欲逆流而上，自以为撑到上流了，殊不知反被卷入大海。

假如程朱诸人，立意要做三教合一的工作，还看不出天然的趋势。恰恰因为极力反对三教合一，实际上反而完成了三教合一的工作，这才见天然趋势的伟大。宋儒学说，所以不能磨灭掉，在于完成三教合一的工作；其所以为人诟病的原因，在于里子是三教合一，面子务必说是孔门嫡派，成了表里不一致。我们对于宋儒，只要他的里子，不问他的面子，他们既建树了这样的大功，就应替他表彰。

宋儒融合三教，在实质上，不在字面上。若以字面而论，宋儒口口声声，诋斥佛老，所用的名词，都是出在《四书五经》上，然而实质上却是三教合一。现在说三教合一的人，满纸是儒释道书上的名词，我们却不能承认他把三教融合了。这是什么缘故呢？比如饮食，宋儒把鸡鱼羊肉，米饭菜蔬，吃下肚去，变为血气。看不出鸡鱼羊肉，米饭菜蔬的形状，实质上却是这些东西融合而成。他人是把这些东西吃下去，吐在地上，满地是鸡鱼羊肉米饭菜蔬的细颗，并未融化。我们把融合三教的功劳，归之于宋儒，就是这个道理。世间的道理，根本上是共通的，宋儒好学深思，凡事要研究彻底，本无意搜求共通点，自然把共通点寻出，所以能够把三教融合。

由晋朝历经南北朝隋唐五代，而至于宋，都是三教并行。名公巨卿，大都研究佛老之学，其中以禅宗最兴盛。我们试翻《五灯会元》一看，就知佛学比儒学，还要兴盛些。王安石曾问张文定(方平):孔子去世百年，生孟轲亚圣，以后就后继无人了，为什么呢？文定说：难道没有吗？只有超过孟子以上的人。王安石问是谁，文定说：江南马大师，汾阳无业禅师，雪峰、岩头、丹霞、云门都是。儒门淡泊，收拾不住，都归到释迦牟尼罢了。王安石欣然叹服。佛教越传越盛，几把孔子地盘完全夺去，宋儒生在这个时候，受儒道的熏陶孕育，所以能够创出一种新学说。

周敦颐的学问，得力于佛家的寿涯和尚和道家陈抟的太极图，这是大家知道的。程伊川说："程明道出入于老释者几十年。"《宋史》说："范仲淹命张横渠读《中庸》，读了犹似未足，又求之于老释。这都是'儒门淡泊收拾不住'的缘故。"程明道和张横渠，都是"回到六经然后才得到真传"。试问：他二人初读孔子书，为什么得不到真传，必研究老释多年，然后返回到六经，才把他寻出来？为什么二人都会如此？这明明是初读儒书，接着读佛老书，浸润已久，融会贯通，心中恍若有得，然后才向六经搜求。见所说的话，有与自己心中相合者，就把它提出来组织成一个系统，这就是所谓宋学了。因为天下的真理是一样的，所以二人得着的结果相同。

作者往年著《心理与力学》一文，创一条臆说："心理依力学规律而变化。"曾说："地心有引力，把泥土沙石，有形有状之物，吸引来成为一个地球，人心也有引力，把耳濡目染，无形无体之物，吸引来，成为一个心。"宋儒研究儒释道三教多年，他的心，已经成了儒释道的化合物，自己还不觉得，所以宋学表面上是孔学，里子是儒释道融合而成的东西。从此以后，儒门就不淡泊了，就把人收拾得住，于是宋学风靡天下，历宋元明清以至于今（编者注：指公元1936年），传诵不衰。他们有了这种伟大工作，尽可独立成派，不必依附孔子，但他们以为只有依附孔子，其道理才尊贵，不知依附孔子，反而把宋儒的价值看小了。

十三、宋学含老学成分最多

宋学是融合三教而成，所以处处含有佛老意味。其含有佛学的地方，前人指出很多，不必再加讨论。我们所要讨论的，就是宋学所含老氏成分，特别浓厚。宋儒所做的工夫，不外"人欲净尽，天理流行"八字。天理就是天然之理，也就是自然之理。人欲就是个人的私意。宋儒教人把自己的私意除掉，顺着自然的道理做去，这种说法，与老子有何区别？所不同的，以天字代替自然二字，不过字面不同罢了。

但是他们后来注重理学，忽略了天字，就是忽略了自然二字，而理学就成一管之见，这就是戴东原所以说宋儒以理杀人的原因。

周敦颐著《太极图说》："无极就是太极。"这无极二字，就是引自《道德经》；张横渠的《易说》，开卷诠乾四德，就引老子"迎之不见其首"二语。中间又引老子"谷神，刍狗，三十辐共一毂，高以下为基"等语，更是太明显不过了。

程伊川门人尹焞说："先生(指伊川)平生用意，只在《易传》，探求先生之学，看这个足够了，语录之类，都是学者所记，所见有深浅，所记有工拙，不能没有缺失。”可见易学是程伊川根本学问，伊川常令学者看王弼注《四库提要》，说：“从汉以来，用老庄解释易，始于魏王弼。”伊川教人看这本书，即知：伊川之学根本上参有老学。

朱子号称是集宋学大成的人。《论语》开卷说：“学而时习之。”朱子注曰：“后觉者必效先觉者之所为，乃可以明善而复其初。”戴东原说：“复其初出庄子。”明善复初，是宋儒根本学说，庄子是老氏之徒，这也是参有老学的证明。

《大学》开卷说：“大学之道，在明明德。”朱子注说：“明德者，人之所得乎天，而虚灵不昧，以其众理而应万事者也。”这个说法，即是老子的说法。我们可把这几句话，移注老子。老子说：“谷神不死。”谷者虚也，神者灵也，不死者不昧也，“谷神不死”，就是说：虚灵不昧也。“具众理而应万事”，就是老子“虚而不屈，动而愈出”之意。“虚”则冲漠无朕，“不屈”则万象森然，所以说：“具众理。”“动”则感而遂通，“愈出”则顺应不穷，所以说：“应万事。”这难道不是老子的绝妙注脚？

《中庸》开卷说：“天命之谓性，率性之谓道。”朱注提出自然二字。《论语》说：“夫子之言性与天道，不可得而闻也。”朱注又提出自然二字。《孟子》“天下之言性也”一章，朱注五提自然二字，这是前面已经说了的。

又老子有“致虚极，守静笃”二语，宋儒言心性，满纸是虚静二字，静字还可说《大学》中就有，这虚字明明是从老子得来。

宋学发源于孙明复、胡安定、石守道三人，极盛于周、程、张、朱诸人。程氏弟兄幼年曾受业于周敦颐，其学是从周敦颐传下来的。但程伊川作明道行状时说：“先生生于1400年之后，从遗留下来的经书上得到不传之学。”又说：“先生为学，从十五六岁时听汝南周敦颐论道，于是厌恶科举，慨然树立求道之志。但不得要领，学习各派的学问，出入于老、释几十年，又返回到六经，然后才得到真正的学问。”可见宋学是程明道的独创，在这以前，只算宋学的萌芽，到了明道，才组织成一个系统，成为宋学。

周敦颐不过是启发了他求道的志向罢了。所以我们研究宋学，应当从程明道开始。

明道是宋学之祖，等于老子是周秦诸子之祖。而明道之学，就很像老子。老子说：“圣人没有常心，以百姓之心为自己的心。”明道说：“自然的规律是真心普照万物而无心，圣人的常理，是以真情顺应万物而无情。所以君子之学，不如大公而无私，顺应事物的规律。”这些说法，与老子的学说有什么区别？

二程《遗书》记载，明道说：天地万物的原理，没有单独，都是对立的，都是自然而然，不是有意安排的。明道体悟到的，就是老子说的“有无相生，难易相成，长短相形，高下相倾，声音相和，前后相随”的道理。老子书中，常用雌雄、荣辱、祸福、静躁、轻重、歙张、枉直、生死、多少、刚柔、强弱等字，两两相对，都是说明“无独必有对”的现象。明道提出自然二字，俨然老子的学说。

其他谈自然者不一而足，如《遗书》中，明道说：“天的自然叫做天道。”又说：“一阴一阳叫做道，是自然之道。”都是。所以，近人章太炎说：“明道离佛家远，而离老子更近。”

宋学是明道开创的，明道之学，既近于老子，所以赵宋诸儒，均含老氏意味。宋儒之学，何以会含老氏意味呢？因为释迦牟尼是“出世法”，孔子是“世间法”，老子是“出世法世间法”，一以贯之。宋儒用释氏之法研究心，用孔子之学研究社会，二者都是顺其自然之理而行，把治心治世，打成一片，恰是走入老子的途径。宋儒本没有居心要走入老氏途径，只因宇宙真理，确实是这样，不知不觉，就走入这个途径，由此知：老子之学，不独可以贯通周秦诸子，而且可以贯通宋明诸儒。换言之：老子之学，可以贯通中国全部学说。

伊川说：“回到六经然后得之。”究竟他们在六经中得着些什么呢？他们在《礼记》中搜出《大学》、《中庸》两篇，提出来与《论语》、《孟子》合并研究。在《尚书》中搜出“人心惟危，道心惟微，惟精惟一，允执厥中”十六字。又在《乐记》中搜出“人生而静，天之性也，感于物而动，性之欲也”数语，创出天理人欲等名词，互相研究，这就是所谓“得不传之学于遗经”了。

宋儒搜出这些东西，从学理上说，固然是对的，但一定说这些东西是孔门“不传之学”，就未免靠不住。“人生而静”数语，据后人考证，是文子引老子之语，河间献王把他采入《乐记》的。而文子一书，又有人说是伪书，观其全书，自是道家之书，确非孔门之书。

阎百诗《尚书古文疏证》说：“虞廷十六字，纯粹是袭用荀子，而世人不知道罢了。”

根据以上所述，宋儒在遗经中，搜出来的东西，根本上发生疑问。所以宋儒的学问，绝不是孔孟的真传，乃是孔老孟荀混合而成的，宋儒此种工作，不能说是他们的过失，反是他们的最大功绩，他们极力尊崇孔孟，反对老子和荀子，实质上反替老荀宣传。由此知：老荀所说的是合理的，宋儒所说的也是合理的。我们重在考求真相，经过他们这种工作，就可证明孔老孟荀，可融合为一，宋儒在学术上的功绩，真是不小。

我们这样的研究，就可把学术上的趋势看出来了。趋势是什么？就是各种学说，根本上是共通的，越是互相攻击，越是日趋融合，为什么呢？因为越攻击，越要研究，不知不觉，就把共通之点发现出来了。

宋儒的学说，原是一种革命手段。他们把汉儒的说法，全行推倒，另创一说，是具备了破坏和建设两种手段。他们不敢说是自己特创的新说，仍复托于孔子，名为复古，实是创新。路德的新教，欧洲的文艺复兴，都是走的这种途径。宋儒学说，带有创造性，所以信从者固然多，反对者也不少，凡是新学说出来，都有这类现象。

十四、程明道死后的派别

程明道把三教融合的工作，刚刚做成功，跟着就死了。死后，他的学术，分为两大派。一派是伊川和朱子，一派是陆象山和王阳明。明道死时，年54岁，死了20多年，伊川才死。伊川传述明道的学问，就走入一偏，再传以至朱子。后人说朱子集宋学之大成，其实他未能窥见程明道全体。宋元学者说：“朱子说程明道说话含糊，又太高深，难以理解。所以，朱子之学更得力于程伊川，而对明道的学问，未必完全接受下来。”据此可知:朱子只得到明道的一个方面。陆象山起而阐述明道，与朱子对抗，不但对于朱子不满，且对于伊川也不满。

象山幼年听人朗诵伊川的话，就说道：“程伊川的话，为什么不像孔孟呢？”又说：“二程见周敦颐后，吟风弄月而归，有心心相通的意思。后来明道保存了这些意思，而伊川就没有了。”象山自以为承继明道的，伊川也自以为承继明道的，其实伊川与象山，都是得明道之一偏，不足以穷尽明道之学。伊川之学，得朱子发挥光大，象山之学，得阳明发挥光大，成为对抗的两派。朱子的格物致知，是偏重在外，阳明的格物致知，是偏重在内。明道说：“与其否定外而肯定内，不如内外两忘。”明道内外两忘，即是包括朱陆两派。

朱陆之争，乃是于整个道理之中，各说半面，我们会通来看，就知道两说可以并行不悖。(一)孔子说：“学而不思则罔，思而不学则殆。”朱子重在学，陆子(陆象山）重在思，二者原是不可偏废。(二)孟子说:“博学而详说之，将以反说约也。”朱子承继的是这个说法。孟子又说：“心之官则思，思则得之，不思则不得也，此天所与我者，先立乎其大者，则其小者不能夺也。”陆子承继的是这个说法。二说同出于孟子，原是不冲突的。(三)陆子尊重德性，朱子注重学问，《中庸》说：“尊德性而道问学。”中间著一而字，二者原可联为一贯。(四)从论理学上说：朱子用的归纳法，陆子用的演绎法，二法俱是研究学问所不可少。(五)以自然现象说：朱子万殊归于一本，是向心力现象，陆子一本散之万殊，是离心力现象，二者原是互相为用的。我们这样的观察，把他二人的学说，合而用之就对了。

明道学术，分程(伊川)朱和陆王两派，象山相当于伊川，阳明相当于朱子。有了朱子“万殊归于一本”的格物致知，跟着就有阳明“一本散之万殊”的格物致知，犹如有培根的归纳法，跟着就有笛卡儿的演绎法，培根的思想类似伊川和朱子，笛卡儿的思想，类似陆象山和王阳明。宇宙真理，古今中外是一样的，所以学术上的分派和研究学问的方法，古今中外也是一样的。

十五、学术的分与合

孔子是述而不作的人，祖述尧舜，宪章文武，融合众说，独成一派。老子书上有“谷神不死”及“将欲取之”等语，经后人考证，都是引用古书。他书中所说：“用兵有言”及“建言有之”等语，更是明白援引古说，可见老子也是述而不作的人，他的学说，也是融合众说，独成一派。印度有九十六外道，释迦一一研究过，然后另立一说，这也是融合众说，独成一派。宋儒之学，是融合儒释道而成，也是融合众说，独成一派。这种现象，是学术上由分而合的现象。

大凡一种学说，独立成派之后，本派中跟着就要分派。韩非说："儒分为八，墨分为三。"就是循着这个轨道走的。孔学分为为八派，秦朝之后，孔学灭绝，汉儒研究遗经，成立汉学，跟着又分许多派。老氏之学，也分许多派。佛学在印度，分许多派。传入中国，又分若干派。宋儒所谓佛学是禅宗。禅宗自达摩传至五祖，分南北两派，北方神秀，南方慧能，慧能为六祖，他门下又分五派。明道创出理学一派，跟着就分程(伊川)朱和陆王两派。而伊川门下分许多派。朱子门下分许多派，陆王门下，也分许多派。这种现象，是由合而分的现象。

宇宙真理，是圆陀陀的，一个浑然的东西，人类的知识很短浅，不能立即看到宇宙的全貌，必定要这样分而又合、合而又分的研究，才能把那个圆陀陀的东西，研究得清楚。其方式是每当众说纷纭的时候，就有人融会贯通，使它汇归于一的，这是做的由分而合的工作。既经汇归于一之后，众人又分头研究，这是做的由合而分的工作。

我们现在所处的时代，是西洋学说传入中国，与固有的学说，发生冲突，正是众说纷纭的时代。我们应该把中西两方学说，融会贯通，努力做出分而合的工作。必定要这样，才符合学术上的趋势，等到融会贯通过后，再分头研究，做由合而分的工作。

道统的黑幕

一、道统的来源

宋儒最令人佩服的，是把儒释道三教，从学理上融合为一，其最不令人佩服的，就在于门户之见太深，以致发生许多纠葛。其门户之见，共有两点:(一)孔子说的就对，佛老和周秦诸子说的就不对。(二)同是尊崇孔子的人，程子和朱子说的就对，别人说的就不对。这两点合起来，就产生道统之说。

宋儒所说的道统，究竟是个什么东西呢？我们要讨论这个问题，首先要讨论唐朝的韩愈。韩愈为人很倔强，富于反抗现实的精神。唐初文体，沿袭陈隋旧习，他就提倡三代两汉的古文，唐时佛老之道盛行，他就提倡孔孟之学。他取的方式，与欧洲文艺复兴所取的方式是相同的。二者都是反对现代学术，恢复古代学术，是一种革新运动，所以欧洲文艺复兴，是一种惊人的事业。韩愈在唐时，负泰山北斗之地位，也是一种惊人的事业。

韩愈的学问，传到宋朝，分为两大派：一派是欧阳修、苏东坡、曾巩、王安石的文学，一派是程朱的道学。宋儒所谓道统的道字，就是从韩愈《原道》篇"斯道也，何道也"那个道字生出来的。孟子在从前，只算儒学中的一种，与荀墨相等，韩愈才把他着重表章出来。他读《荀子》说:我开始得到孟子的书，然后才知道孔子的学说重要……我以为孔圣人的徒弟没了，继承圣人的是孟子罢了。后来得到扬雄的书，更加相信孟子，更加尊重孟子，那么扬雄也是圣人的徒弟吧！孟子真是纯粹的儒者。荀子与扬雄都有小的瑕疵。经韩愈这样的推崇，孟子才崭露头角。

宋儒继承韩愈，把孟子更加推崇，而把自己当做孟子的真传，程伊川做程明道的传记说道：周公没了，圣人之道不行，孟轲死了，圣人之学不传。道不行，百世无善治，学不传，千载无真儒……先生生乎一千四百年之后，得不传之学于遗经……盖自孟子之后，一人而已。司马迁以孟子荀卿合传，寥寥数十字，对于孟子的经历没怎么写，朱子纲目就大书特书。宋淳熙时，朱子才将《孟子》、《论语》、《大学》、《中庸》合称为四子书，到元延祐时，才悬为第一。我们自幼读四子书，把孟子看作孔子化身，等到细加考察，才知是程朱诸人，有了道统之见，才把他特别尊崇的。

韩愈是文学中人，立意改革文体，非三代两汉的书不看，他读孔子孟荀的书，初意本是研究文学，因而也略窥见大道，无奈所得不深。他为文主张辞必己出，字法句法，喜欢独造，因而论理论事，也要独造。他说：这个道，是什么呢？不是以前所说的老子和佛家的道。尧把道传给舜，舜传给禹，禹传给汤，汤传给文武周公，文武周公又传给孔子，孔子传给孟子，孟子死后，就失传了。这个说法，不知他何所见而云然。程伊川说：孟子死了，道也失传。像这样的话，不是抄袭前人，也不会是凭空杜撰，一定是韩愈有所发现。这句话的来历，连程伊川都寻不出，不是杜撰又是什么？

宋儒读了韩愈这段文字，把历代传授，当做传国玺一般。尧舜禹直接传授，文、武、周公、孔子、孟轲，则隔数百年，都可传授，心想我们生在一千几百年之后，难道不能得着这个东西吗？于是立志要把这传国玺寻出，经过许久，果然被他寻出来了，在《论语》上寻出“尧日咨尔舜……允执其中……舜亦以命禹。”恰好伪《古文尚书》中有“人心惟危，道心惟微，惟精惟一，允执厥中”十六字。尧传舜，舜传禹，有了实据，他们就认定这就是历代相传的东西，究竟汤文武周公，所谓授受的根据在哪里？又中间相隔数百年，何以能够传授？又孔子以前，何以独传开国之君，平民中并无一人，能得其传？这些问题，他们都不加研究。

宋儒因为韩愈说孟子是得了孔子真传的，就把《孟子》一书，从诸子中提出来，和《论语》相比附。又从《礼记》中，提出《大学》、《中庸》二篇，硬说《大学》是曾子著的，又说《中庸》是子思亲笔写出，交与孟子，于是就成了孔子传之曾子，曾子传之子思，子思传之孟子，一代传一代，与传国玺一般无二，孟子以后，忽然断绝，隔了千几百年，到宋朝，这传国玺又出现，被濂洛关闽诸儒得着，又递相传授，这就是所谓道统了。

道统的统字，就是从“帝王创业垂统”那个统字窃取来，即含有传国玺的意思。那时禅宗风行天下，禅宗本是衣钵相传，一代传一代，由释迦牟尼传至达摩，达摩传入中国，达摩传六祖，六祖以后，虽是不传衣钵，但各派中仍有第若干代名称，某为嫡派，某为旁支。宋儒生当其间，染有此等习气，于是创出道统之名，与之对抗。道统二字，可说是衣钵二字的代名词。

请问：濂洛关闽诸儒距孔孟1000多年，怎么能够传授呢？于是创出“心传”之说。说我与孔孟，心心相传。禅宗有“以心传心”的说法，所以宋人就有“虞廷十六字心传”的说法，这心传二字，也是模仿禅宗来的。

本来禅宗的传授，也就很可疑，所谓西天二十八祖，东土六祖，都是他们自相推定的。其学简易，最合中国人习好，所以，禅宗风行天下。其徒自称“教外别传”，说是不必研究经典可以直契佛祖之心，见人常问“如何是祖师西来意”？宋儒教人“寻孔颜乐处”，其意味也相同。

周敦颐是给二程传授学业的人，张载是二程的亲戚和部属，朱子阐述二程，所谓濂洛关闽，本是几个私人讲学的团体，后来愈传愈盛，于是创出道统之名，私相推定，自夸孔孟真传，其方式与禅宗完全相同。

朱子争这个道统，尤为出力，他注《孟子》，在末后一章，结句说道：“……百年以后，一定会有神会而心得的人。所以在篇中历数各位圣人的由来，而到此结束。是为了明白这个道由哪里传来，而又期待以后的圣人。这意思又是很深的。”提出“统”字、“传”字，又说“神会心得”，就是给宋学中所谓“心传”和“道统”埋下伏笔。最奇的，于“这意义很深”四字之后，突然写出一段文字。说道：宋元丰八年（公元1085年），河南程颢去世，文彦博为其墓题道：明道先生。他的弟弟程颐说，周公去世，圣人之道无人实行。孟子死了，圣人之学失传了。道不实行，100年也没有好的统治，圣人之学失传，就1000年也没有真正的儒。没有好的统治，士人还可以自悟，把好的统治之道传给后人。而没有真正的儒，天下就会茫然不知所往，人欲泛滥而天理灭绝。程颢先生于1400年之后，在遗经中得不传之学，以振兴斯文为己任，驳斥异端，铲掉邪恶，让圣人之道焕然复兴，是孟子后的第一人。

这段文字之后就没有了，不再写一个字，真是没头没尾。意思是程颢就是后来的圣人。朱子做《大学·章句序》说：“河南二程夫子出来，接上了孟子的真传。我虽然不聪明，也有幸成为他们的弟子，而和传下来的道有关了。”

这样，朱子就又把道统一肩担上了。

二、道统的内幕

宋儒苦心孤诣，创出一个道统，生怕被人分去，朱子力排陆象山，就是怕他分去道统。陆象山死了，朱子率门人，往寺中哭他，哭完很久说："可惜死了告子。"硬把陆象山说成告子，自己就变成宋学中的孟子了。

程朱未出以前，扬雄声名很大，他自比孟子。北宋的孙复，号称名儒，他尊扬雄为模范。司马光注《太玄经》说道："我年轻时，听说扬雄的大名，但没见过……于是寻求了很多年，才看到他的书，一开始很玄妙，看不进去，就更精细地研究，屏弃杂事去读，数十遍之后，才稍理解一些梗概。放下书叹息说：'唉呀，扬雄真是大儒啊！孔子死了，知道圣人之道的，除了扬雄还有谁呢？荀子与孟子都不可比，何况其他人呢？看扬雄的书，明白得到了人的极点，精深得到了神的尽头，宏大得包含了宇宙，细微得如同毛发，合天人之道为一体，挖掘出根本给人看，养育万物而又是万物之母，好像大地不可穷尽，好像海水不能枯竭。天下之道虽然有好的，但没有比得上这个的。"

司马光这样说法，简直把扬雄推尊得如《周易》一般，俨然直接孔子之传，道统岂不被扬雄争去吗？孟子且够不上，何况宋儒？宋儒正图谋上接孟子之传，怎能容扬雄得过？恰好班固的《汉书》，说扬雄曾给王莽做官，朱子修纲目时轻轻给他写一笔:"王莽的大夫扬雄死。"从此扬雄成了名教罪人，永不翻身。孟子肩上的道统，无人敢争，濂洛关闽，就直接孟氏之传了。这就像争选举的时候，自料比某人不过，就清查某人的档案，说他侵吞公款，身犯刑事，剥夺他被选权一般。假使没有司马光这一类称赞扬雄的文字，纲目上何至有王莽大夫这种特笔呢？扬雄给王莽做官，作《剧秦美新论》，有人说其事不确，我们也不深辩，即使其事果然有，一部《朱子纲目》中，类似于扬雄、甚于扬雄的人很多，何以没有全用此种写法呢？这都是司马光诸人把扬雄害了的。

从前扬雄曾入孔庙，后来因他曾为王莽服务，就把他请出来；荀子曾入孔庙，因为谈论人性恶，把他请出来；公伯宁曾入孔庙，因为他毁谤子路，也把他请出来。我所不理解的，司马光为什么该入孔庙？扬雄是逆臣，司马光推尊扬雄，就是逆党。公伯宁不过口头毁谤子路罢了。司马光著《疑孟》一书，反对孟子说的话，层层攻讦，对于性善说，公然愤疑，其书流传到今，司马光一身，具备了公伯宁、荀卿、扬雄三人之罪，公然得入孔庙，岂非怪事？推原其故，司马光是二程的好友，宋哲宗即位之初，司马光曾荐明道为宗正寺丞，推荐伊川做崇政殿说书，司马光为宰相，连及二程也做官，所以二程入孔庙，连及司马光也配享。司马光的人品，本是很好，但按照公伯宁、荀卿、扬雄三人之例，他就没有得入孔庙的资格，而今公然入了孔庙，我无以名之，直名之曰："徇私。"

宋儒口口声声，尊崇孔子，排斥异端，请问诸葛亮这个人为什么该入孔庙？诸葛亮自比管仲、乐毅，管乐为曾西所不屑为，孔门羞于称赞五霸，孟子把管仲说得一钱不值，管仲的私淑弟子，怎么该入孔庙？又诸葛亮手写申不害、韩非，以教后主，可见他又是申不害、韩非的私淑弟子，太史公作《史记》，把申韩与老子同传，还有人说申韩够不上与老子并列，老子是宋儒痛诋之人，诸葛亮是申韩私淑弟子，乃竟入孔庙，大书特书"先儒诸葛亮之位"，这个儒字，我不知从何说起？

刘先主临终，命后主读商君书，又不主张实行大赦，他们君臣要研究的，都是法家的学说。我们遍读诸葛亮本传及他的遗集，寻不出孔子二字，寻不出四书上一句话，独与管仲商鞅申韩，发生不少的关系。本传上说他治蜀严，又说他"罪恶没有不被惩罚的"与孔子所说"赦小过"、孟子所说"省刑罚"显然违反，假如修个"申韩合庙"请诸葛亮去配享，写一个"先法家诸葛亮之位"倒还名实相符。

宋儒排斥异端，申韩管商之学，难道不是异端吗？异端的嫡派弟子，高坐孔庙中，难道不是怪事吗？最好是把诸葛亮请出来，遗缺用《史记》上的陈余补授。《史记》称："成安君儒者也，自称义兵，不用诈谋。"这真算是儒者，假使遇着庸懦的敌将，陈余一战而胜，岂不是"仁者无敌"，深合孟子的学说吗？恐怕孔庙中早已供了"先儒陈余之位"，无奈陈余运气不好，遇着韩信是千古名将，兵败身死，儒者也就置之不理了。

诸葛亮明是霸佐之才，偏称之曰王佐之才，明明是法家，却尊之曰先儒，难道不是滑稽之至吗？在儒家称诸葛亮托孤寄命，鞠躬尽瘁，深合儒家之道，所以该入孔庙。须知托孤寄命，鞠躬尽瘁，并不是儒家的专有品。难道只有儒家才出这类人才，法家就不出这类人才吗？这道理怎么说得通？我无以名之，直名之曰“慕势”。只因汉以后，儒家寻不出杰出人才，诸葛亮功盖三分，是三代下第一人，就把他欢迎入孔庙，借以光辉门面，其实何苦乃尔？

林放问“礼之本”，只说得三个字，也入了孔庙。老子是孔子曾经问礼之人，礼记上屡引老子的话，孔子称他为“犹龙”，崇拜到了极点。宋儒却替孔子打抱不平，把老子痛加诋毁，这个道理，又讲得通吗？

两个猪腿，连朱竹坨都不想吃，本来是不值得争夺的，不过我们须知：

一部《二十四史》，实在有许多糊涂账，地方最高尚的，莫如圣庙；人品最高尚的，莫如程朱，但细加考察，就有种种黑幕，其他还有什么可说的？

宋儒有了道统二字，横塞胸中，处处都是荆棘，我不知道道统二字，有何贵重，值得如许争执，幸而他们生在庄子之后，假使庄子看见，恐怕又要发出些鸩鹗腐鼠的妙论。我们读书论古，当有自己的见解，切不可被古人所愚弄。

《四库全书提要》载：宋代刘敞，发明正学在朱程之前，看法很正确，只是潜心学问，淡泊名誉，不与伊川等人刻意交游。所以讲学的人视之为异党，压制而不称颂他。其实，他是那时的真正的儒家。刘敞发明正学，卓然醇儒，未与伊洛诸人周旋，就视为异党。此中黑幕，纪晓岚早已揭穿。司马光赞扬扬雄，骂孟子，因与伊洛诸人周旋，死后得入孔庙，此种黑幕，还没有人揭穿。

三、宋儒的缺点

我平日有种见解，凡人要想成功，第一要量大，才与德尚居其次。以楚汉而论，刘项二人，德字都说不上，项羽之才，胜过刘邦，刘邦之量，大于项羽，韩信、陈平、黥布等，都是项羽方面的人，只因为项羽量小，把这些人容纳不住，才一齐走到刘邦方面来。刘邦豁达大度，把这些人一齐容纳，汉兴楚败，势所必至。秦誓所说“一个臣”，反复赞叹，无非形容一个量字罢了。于此可见量字的重要。宋儒才德俱好，最缺乏的是量字，他们在政治界是这样，在学术界也是这样，君子排君子，故生出洛蜀之争；孔子信徒，排斥孔子信徒，故生出朱陆之争。

邵康节临死前，程伊川前往拜访，康节举两手告诉他说：把眼前的路放宽，窄了没有容身之处，如何让人走？这一窄字，深中伊川的病。《宋元学案》载：二程跟着皇上到太中，在汉洲时住一个寺庙，程颢进门向右，弟子跟着。而程颐进门向左，一个人走，到法堂上见面。程颐自称“这是我赶不上家兄的地方”。因为程颢平易，人都亲近，程颐严格，人不敢近前。

又说：程颢还会说笑话，但程颐更严谨，他坐的时候不管尊卑长幼都很严肃。卑幼不说了，尊长见他，都莫不肃然。连走路都没有一人敢与他同行，这类人在社会上如何走得通？无怪洛蜀分党，东坡戏问他:“何时打破诚敬？”此语固然不免轻薄，但中伊川之病。

《宋元学案》又说：“大程德性宽宏，规模广阔，以光风霁月为怀。小程气质刚方，文理密察，以峭壁孤峰为体，道虽同而道德固自务有殊。”于此可见程颢量大，程颐量小，可惜神宗死，哲宗刚立，程颢就死了。他死之后，程颐与东坡，因语言细故，越闹越大，直闹得洛蜀分党，冤冤难解。假使程颢不死，这种党争，必不会起。

程颐凡事都自以为是，连邵康节的学问，他也不以为然，康节告诉弟子说：“张巡许运，都是忠义之人，两家子弟，相互攻击，遭到韩愈的贬斥。凡是假托程颐，说我的学问是方术的，子孙不要争辩。”康节能这样的预诫后人，故程邵两家，未起争端。

朱子的量，也是非常狭隘，他是程颐的嫡系，以道统自居，凡是信从程颐和他的学说的人，就说他是好人，不信从的，就是坏人。苏东坡和黄山谷本是一流人物，朱子诋毁二苏，独不诋毁山谷，因为二苏是伊川的敌党，所以要骂他。山谷之孙，黄某，字子耕，是朱子的学生，所以就不骂了。

林栗、唐仲友，立身行己，不愧是君子，但朱子与林栗言论一不合，就成仇衅。朱子的门人，甚至要烧林栗的书。朱子的朋友陈亮，在台州嫖妓，要唐仲友为他开脱，仲友斥责他，陈亮到朱子那里说谎，朱子被出卖，误兴大狱。此事本是朱子不对，朱派中人就视唐仲友如仇敌。张浚一败于富平，丧师30万，再败于淮西，丧师7万，三败于符离，丧师17万。他又曾经放逐李纲，引荐秦桧，杀曲端，斥岳飞，误国之罪，昭然共见，但他的儿子张南轩，是朱子讲学的好友，朱子替张浚作传，就备极推崇。

最奇怪的是，朱子与吕东莱，本是最相好的朋友，《近思录》14卷，就是他同朱子撰的。后来因为争论毛诗不合，朱子对于他的著作，就字字讥弹。如说："东莱博学多识则有之矣，简约就未必。"又说："东莱的弊病在于取巧。"又说："伯恭教人看文字也粗。"又说："伯恭聪明，看文理却不仔细，因他先读史多，所以看粗着眼。"又说："伯恭于史分外仔细，于经却不甚理会。"又说："伯恭要无不包罗，只是扑过，都不精。"对于东莱，挑小毛病，不遗余力，朱派的人，随声附和，所以元人修史，把东莱列入儒林传，不入道学传。一般人都称"朱子近思录"，几乎无人知道是和吕东莱同撰的。

朱子与陆象山，同是尊崇孔教的人，因为争辩无极太极，几至肆口谩骂，朱子的胸怀，狭隘到这步田地，所以他对于政治界、学术界，俱酿许多纠纷。门人承袭其说，朱陆之争，历宋元明清，以至于今，还不能解决。

纪晓岚著《四库提要》，将上述黄某、林栗、唐仲友、张浚诸事，一一指出。他评论朱吕之争，说道："当他们投缘的时候，就一起写《近思录》，让吕东莱先知道道统的由来，等到双方有了抵触之后就字字讥弹，体无完肤，不也是负气相攻，情绪激烈吗？"别人非议朱子不算事，《四库提要》，是清朝乾隆钦定的书，清朝功令，四书文非遵朱注不可。康熙五十一年（公元1712年），文庙中把朱子从一般的排列中升上去，与十哲并列，尊崇朱子，可算到了极点。乾隆是康熙之孙，纪晓岚著《四库提要》，敢于说这类话，可见是非公道，是不能磨灭的。

纪晓岚的这些说法，直是揭穿黑幕，进呈乾隆御览后，颁行天下，可算是清朝钦定的程朱罪案。

宋代俞文豹《吹剑外集》说：韩愈、范仲淹、欧阳修、张载、吕东莱等人，无道学之名，而有道学之实，且没有人说闲语。现在程颐和朱子二位先生，言论被世人仿效，行为被世人当做模范，道不能不说很大了，学问不能不说很精辟了，但动不动有人非议是为什么呢？因为人心不同，所见各异，即使圣人也不能约束天下的人完全放弃自己的看法，听从他的主张……但现今程、朱二位先生以道统自任，以严师自居，明白区分出是与非，丝毫不让，与安定、东坡、象山等争论，不胜不罢休。浙东学派固然有缺点，朱子致书潘、吕等人一面严厉驳斥，一面对人说："天下学术之弊，不过两端：永嘉派的提倡事功和江西派的提倡顿悟。如果不极力争辩，道怎么才能明了呢？"程端蒙说："和小市民的争论一样，有一点不赢，也闹到喧腾震天。"俞氏这段议论，公平极了。程朱的学问，本是不错，其所以处处受人攻击，就在他以严师自居，强众人以从己。他说："若不极力争辩，此道何由得明。"不知越争辩，越生反响，此道越是不明。大凡倡一种学说的人，只应将我所见的道理，诚诚恳恳的，公布出来，别人信不信由他，只要我说得有理，别人自然肯信，无须我去争辩，若是所说得不确，任是如何争辩，也是无益的，惜程朱当日，未取此种方式。

程颐、朱子，本是大贤，何至会闹到这样呢？要说明这个道理，就不得不采用戴东原的说法了。东原以为："宋儒所谓理，完全是他们自己的意见。"因为我们人的心，至虚至灵，盛不下些子物事，有了意见，就不虚不灵，恶念固坏事，善念也会坏事，犹如眼目中，不但尘沙容不得，就是金屑也容不得。伊川胸中，有了一个诚敬，诚敬就变成意见，于是放眼一看，就觉得苏东坡种种不合；朱子胸中，有了一个程颐，放眼一看，就觉得陆象山、吕东莱诸人，均种种不合。就像目中着了金屑，天地易色一般。佛家主张破我执法执，不但讲出世法应当如此，就是讲世间法，也应当如此。然后知道老子所说"绝圣弃智"，真是名言。苏东坡问程颐："何时打破诚敬？"虽属恶谑，却是至理。东坡精研佛老之学，故笔谈中，俱含妙谛。程颢是打破了诚敬的，看看"目中有妓女，心中无妓女"这场公案，就可知道。

程颐抱着一个诚敬，去约束苏东坡，闹得洛蜀分党。朱子以道统自命，党同伐异，激成庆元党案，都是因为太执著的流弊。庄子讥孔子昭昭揭日月而行，就是这个道理。庄子并不是叫人不为善，他只是叫人按着自然之道做去，不言善而善自在其中。例如劝人修桥补路，周济贫穷，固然是善，但是按着自然之道做去，物物各得其所，自然无坏桥可修，无滥路可补，无贫穷来周济。回想那些想当善人的，抱着金钱，朝朝出门，寻桥来修，寻路来补，寻贫穷来周济，真是未免多事。

庄子说：泉水干了，鱼都落在陆地上，相濡以沫，还不如在江湖中相互忘记。就是这个道理。程伊川、苏东坡，争着修桥补路，彼此争得打架。朱子想独博善人之名，把修桥补路的事，一手揽尽，不许他人染指，后来激成党案，严禁伪学，即是明令驱逐，不许他修桥，不许他补路。如果他们有庄子这种见解，何至于会闹到这样呢？

宋朝南渡，与洛蜀分党有关，宋朝亡国，与庆元党案有关。小人不足以责备，程朱大贤，不能不负点责任。我看现在（编者注：指公元1936年）的爱国志士，互相攻击，很像洛蜀诸贤，君子攻击君子。各种学说，互相诋斥，很像朱子与陆子互相诋斥。当今政学界诸贤，一齐走入程朱途径去了，怎么办！怎么办！问程朱诸贤，缺点安在？曰："少一个量字。"

我们评论宋儒，可分两部分：他们把儒释道三教，融合为一，成为理学，为学术上开一新纪元，这是做的由分而合的工作，这部分是成功了的。洛蜀分党，酿成政治上的纷争，朱陆分派，酿成学术上的纷争，这是做的由合而分的工作，这部分是失败了的。我们现在所处的时代，正与宋儒所处时代相同，无论政治上、学术上，如做由分而合的工作，绝对成功，如做由合而分的工作，一定徒滋纠纷。问做由分而合的工作，从哪里下手。曰：从量字下手。

中西文化的融合

一、中西文化冲突之点

西方人对社会，对国家，以我字为起点，就是以身字为起点。中国儒家讲治国平天下，从正心诚意做起来，就是以心字为起点。双方都注重把起点培养好。所以西方人一见人闲居无事，就叫他从事运动，把身体培养好。中国儒者，见人闲居无事，就叫他读书穷理，把心地培养好。西方人培养身，中国人培养心，西洋教人，重在"于身有益"四字，中国教人，重在"问心无愧"四字，这就是根本上差异的地方。

亚当·斯密倡导自由竞争，达尔文倡导强权竞争，西洋人群起信从，因为这些学说，是"于身有益"的。中国圣贤，绝无类似的学说，因为倡导这些学说，它的弊端流于损人利己，是"问心有愧"的。我们遍寻《四书五经》，诸子百家，寻不出亚当·斯密和达尔文一类学说，只有《庄子》上的盗跖，所持议论，可称神似。然而这种主张，是中国人深恶痛绝的。《孟子》曰：鸡一叫就起，孜孜于图自己的小利，是盗跖一类人。自由竞争，强权竞争，正所谓孜孜为利，这就是中西文化有差异的地方。

孔门的学说："欲修其身，先正其心，欲正其心，先诚其意。"从身字向内，追进两层，把意字寻出，以诚意为起点，再向外发展。犹如修房子，把地上浮泥除去，寻着石底，才从事建筑。由此而修身，而齐家，而治国平天下，造成的社会，是"以天下为一家，以中国为一人"。人我之间，无所谓冲突，这是中国学说最精粹的地方。

西方人自由竞争等说，以利己为主，以身字为起点，不寻石底，直接从地面建筑起，基础还不稳固，所以国际上，酿成世界大战，死人数千万。大战过后，还不能解决，跟着就是第二次世界大战。经济上造成资本主义。

孔门的正心诚意，我们不必把它太看高深了，把他改为"良心裁判"四字就是了。每做一事，于动念之初，即加以省察，"己所不欲，勿施于人"。孔门的精义，不过如此而已。然而照这样做去，就可达到"以天下为一家"的社会。如果讲"自由竞争"等说法，势必至"己所不欲，也可施之于人”。

中国人把盗跖骂得一文不值，西洋人把类似盗跖的学说，奉为天经地义。中西文化，焉得不冲突？中西文化冲突，其病根在西洋，不在中国，是西洋人把路走错了，中国人的路，并没有走错。我们讲“三教异同”，曾绘有一根“返本线”，我们再把此线一看，就可把中西文化冲突之点看出来。

凡人都是可以为善，可以为恶的。善心长则恶心消，恶心长则善心消，因此儒家主张，从小孩时，就把爱亲敬兄，这份良知良能，搜寻出来，在家庭中培养好。小孩朝夕相处的，是父亲母亲，哥哥弟弟，就叫他爱亲敬兄，把此种心理培养好了，扩充出去，“亲亲而仁民，仁民而爱物”，就造成一个仁爱的世界了。所以说：“孝悌也者，其为仁之本欤。”所以中国的家庭，可说是一个“仁爱培养场”。西洋人从我字，直接到国字，中间缺少了个家字，就是没有“仁爱培养场”。少了由丁至丙一段，缺乏诚意功夫，就是少了“良心裁判”。故西洋学说发挥出来，就成为残酷世界，所以说：中西文化冲突，其病根在西洋，不在中国。

所谓中西文化冲突就是西洋文化自相冲突，并非中国文化与之冲突。何以故呢？第一次世界大战，第二次世界大战，打得九死一生，是自由竞争一类学说酿成的，非中国学说酿成的。这就是西洋文化自我冲突的明证。西人一面提倡自由竞争等学说，一面又痛恨战祸，岂不是自相矛盾吗？所以要想世界太平，非把中国学说，发挥光大之不可。

二、中国学说可救印度西洋之弊

西洋人，看见世界上满地是金银，总是千方百计，想把它拿在手中，造成一个残酷无情的世界。印度人认为这个世界，是污浊到极点，自己的身子，也是污浊到极点，总是千方百计，想把这个世界舍去，把这个身子舍去。只有老子则有一个见解，他说：金玉满堂，也没人守得住。又说：抢夺得多，灭亡得也快。世界上的金银，他是看不起的，当然不做抢夺的事。他说：我所以有祸患，因为有身体，到了没有身体的时候，有什么祸患？也是像印度人，想把身子舍去，但是他舍去身子，并不是脱离世界，乃是把我的身子，与众人融合为一。所以说：圣人无常心，以百姓之心为心。因此也就与人无争，与世无争了。所以他说在陆地上走不躲避猛虎，到军队中不躲避甲兵。老子造成的世界，不是残酷无情的世界，也不是污浊可厌的世界，乃是“如参加宴会，又像春天登高望远那么兴高采烈”的世界。

从返本线来看，西人从丁点起，向前走，直到己点或庚点止，绝不回头。印度人从丁点起，向后走，直到甲点止，也绝不回头。老子从丁点起，向后走，走到乙点，再折转来，向前走，走到庚点为止，是双方兼顾的。老子所说“回到根源，恢复人性”一类话，与印度学说相通。“用平常的方法治国，用出奇的计谋用兵”一类话，与西洋学说相通。虽说他讲出世法，没有印度那样精，讲治世法，没有西人那样详，但由他的学说，就可把西洋学说和印度学说，打通为一。

我所谓：“印度人直走到甲点止，绝不回头。”是指小乘而言，指末流而言，像释迦牟尼立教之初，就说：“不度尽众生，誓不成佛。”原未尝舍去世界也，释迦牟尼本是教人，到了甲点，再回头转来在人世上工作。无奈甲点太高远了，许多人终身走不到。于是终身无回头之日，其弊就流于舍去世界了。老子守着乙点立论，要想出世的，向甲点走，要想入世的，就回头转来，循序渐进，以至庚点为止。孔子意在救世，叫人寻着丙点，即回头转来，做由丁到庚的工作，不必再寻乙甲两点，以免耽误救世工作，这是三圣人立教的根本大旨。

孔子的态度，与老子相同。印度厌弃这个世界，要想离开它。孔子则说：本来富贵，就按富贵的方式生活；本来贫贱，就按贫贱的方式生活；本来很艰难，就按艰难的方式生活；本来是夷狄，就按夷狄的方式生活。这个世界并不觉得可厌。老子把天地万物，融合为一，孔子也把天地万物，融合为一，宇宙是怎么一回事，还他怎么一回事。所谓“老年人让他安乐，青年人让他怀念我，天与地各有自己的位置，万物宁静”，就是这个道理。

曾皙说：暮春三月，春天的衣服已穿上了，五六个成人，六七个小孩，在沂水沐浴，在高台上迎着风舞蹈，歌咏着归来。这几句话，与治国渺不相关，而独深得孔子的嘉许，这是什么缘故呢？因为这几句话，是描写我与宇宙融合的状态，有了这种襟怀，措施出来，当然人与我融合为一。子路可以带领勇敢的军队，冉有可以使人民富足，公西华愿做个小官，只做到人与我相安，未做到人与我相融，所以孔子不甚许可。

宋儒对于孔门这种旨趣，都是识得的，他们的作品，如“绿满窗前草不除”之类，处处可以见得。王阳明“致良知”，即是此心与宇宙融合，心中之理，就是事物之理，遇有事来，只消返回我心，推行出来，自无不合。

所以我们读孔孟老庄及宋明诸儒之书，满腔是生趣，读亚当·斯密、达尔文、尼采诸人的书，满腔是杀机。

印度人向后走，在精神上求安慰；西洋人向前走，在物质上求安慰。印度人向后走，而越走越远，与人世脱离关系，他的国家就被人夺去了；西洋人向前走，路上遇有障碍物，即直冲过去，闹得非大战不可。印度和西洋，两种途径，流弊都很大，只有中国则不然。孟子说：对生和死都不感到遗憾，是王道的开始。又说：做到老百姓不饥不寒，没有不能称王的。对于物质，只求以维持生活而止，并不在物质上求安慰，因为世界上物质有限，要求过度，人与人就生冲突，故转而在精神上求安慰。精神在我身中，人与人是不相冲突的，但是印度人求精神之安慰，要到彼岸，脱离这个世界，中国人求精神上之安慰，不脱离这个世界。

我国学说，折衷于印度西洋之间，将来印度和西洋，不一齐走入我国这条路，世界就不能太平。

孔子说：学习而不断地温习，不感到高兴吗？有朋友从远方来，不是很快乐吗？人家不理我，我也不生气，那不是修养好的君子吗？孟子说：君子有三件高兴事。天下没有了，而父母都在，兄弟俱存，这是第一件；向上不愧对天，向下不愧对人，这是第二件；得到天下的英才而教育他，这是第三件。

中国人寻乐，在精神上，父兄师友间。西洋人寻乐，大概是在物质上，如游公园、进戏场之类。中西文化，本是各走一条路，然而两者可以调和，精神与物质，是不生冲突的。何以言之呢？我们把父兄师友，约去游公园、进戏场，精神上的娱乐和物质上的娱乐就融合为一了。中西文化可以调和，等于约父兄师友游公园、进戏场一般。但是不进公园戏场，父兄师友之乐仍在，就是物质不足供我们要求，而精神上的安慰仍在。我们这样设想，足见中西文化，可以调和。其调和的方式，可括为二语：“精神为主，物质为辅。”今天采用西洋文化的人，偏重物质，就是专讲游公园、进戏场，置父兄师友于不顾，所以中西文化就冲突了。

中西文化，许多地方，极端相反，然而可以调和，现举一例为证：中国的养生家，主张静坐，静坐时，丝毫不许动；西洋的养生家，主张运动，越运动越好，二者极端相反，此可谓中西学说冲突。我们静坐一会，又起来运动，中西两说就融合了。我认为中西文化，可以融合为一，其方式就是这样。

有人说：孔门讲仁爱，西人讲强权，我们行孔子之道，他横不依理，以兵临我，我将奈何？我说：这是不用担心的，孔子讲仁，并不废兵，他主张“足食足兵”。又说：“我战则克。”又说：“仁者必有勇。”哪里是有了仁就废兵？孔子的仁，就是老子的慈，老子三宝，慈居第一，他说：“夫慈以战则胜，以守则固。”假使有了仁慈，就把兵废了，西方人来，把我的人民杀死，这岂不是不仁不慈之极吗？西洋人之兵，是拿来攻击人，专作掠夺他人的工具；孔老之兵，是拿来防御自己，是维持仁慈的工具，以达到你不伤害我，我不伤害你而止，这也是中西差异的地方。

孔老讲仁慈，与佛氏相类，而又不废兵，足以抵御强暴。战争本是残忍的事，孔老能把战争与仁慈融合为一，这种学说，真是精粹极了。所以中国学说，具备有融合西洋学说和印度学说的能力。

西洋的学问，重在分析。中国的学问，重在会通。西人无论何事，都是分科研究；中国古人，一开口即是天地万物，总括全体而言之。就返本线来看，西洋讲个人主义的，只看见线上的丁点(我)，其余各点，均未看见。讲国家主义的，只看见己点(国)，其余各点，也未看见。他们未把这根线看通，所以各种主义互相冲突。孔门的学说，是修身齐家治国平天下，一以贯之。老子说：“修之于身，其德乃真，修之于家，其德乃余，修之于乡，其德乃长，修之于邦，其德乃丰，修之于天下，其德乃普。”孔老都是把这根线看通了，倡出“以天下为一家，以中国为一人”的说法，所谓个人也，国家也，社会也，就毫不觉得冲突。中国人能见其会通，但嫌其浑囵疏阔；西人研究得很精细，而彼此不能贯通。应该就西人所研究者，以中国之方法贯通之，各种主义，就无所谓冲突，中西文化，也就融合了。

印度讲出世法，西洋讲世间法，老子学说，把出世法世间法打通为一，宋明诸儒，都是做的老子的工作，算是研究了两三千年，开辟了康庄大道，我们把这种学说，发挥光大之，就可把中西印三方文化，融合为一。

世界种种冲突，是由思想冲突来的，而思想的冲突，又源于学说的冲突。所谓冲突，都是末流的学说，若就最初言之，则释迦、孔老和希腊三哲，本来无所谓冲突。我想将来一定有人出来，把儒释道三教，希腊三哲，和宋明诸儒学说，西方近代学说，合并研究，融会贯通，创出一种新学说，其工作与程明道融合儒释道三教，成为理学一样。假使这种工作完成，则世界之思想一致，而世界大同，就有希望了。

就返本线来看，孔子向后走，已走到丙点，老子向后走，已经走到乙点，佛学传入中国，不过由乙点再加长一截，走到甲点罢了，所以佛学传入中国，经程明道一番工作，就可使之与孔老二教融合。

孔老二氏，折身向前走，由身而家，而国，而天下，与西人之由个人而国家，而社会，也是同一根线上、同一方向而走，所以中国学说，与西洋学说，有融合的可能。

西洋、印度、中国，是世界三大文化区域。印度文化，首先与中国接触，经宋儒的工作，已经融合了，现在与西洋文化接触，我们应该把宋儒的理学，加以整理，去掉迂腐的地方，取其圆通的地方，拿来与西洋学说融会贯通，世界文化，就融合为一了。

三、中国思想家的精神特色

有人问道：“西洋自由竞争诸说，虽有流弊，但施行起来，也有相当效果，难道我们一概不采用吗？”我说：“我国学术界，有一种很好的精神，只要能够应用此种精神，西洋的学说，就可采用了。”现说明如下：

鲁国有个男子独处，邻居有个寡妇也是独处。有天夜里下雨，寡妇的房子坏了，妇人来求男子帮忙，男子关着门不让她进。妇人说：“先生为何不学柳下惠大夫？”男子说：“柳大夫可以做到坐怀不乱，我做不到。我将用我的不能让你进来的方式去学习柳下惠大夫的能让你进来。”孔子听说这件事后说：“善于学习柳下惠的，没有赶得上鲁国这个男子的。”

这种精神，要算我国学术界特色。孔子学于老子，老子提倡阴柔，有合乎“坤”。孔子赞《周易》，以阳刚为贵，深取于“乾”，我们可说：“善学老子者，莫如孔子。”孟子终身学习孔子，孔子说“性相近”，孟子说“性善”。孔子说：“我战则克。”孟子则说：“善战者服上刑。”孔子说：“齐桓公正而不谲。”又说：“桓公九合诸侯，不以兵车，管仲之力也，如其仁，如其仁。”又说：“微管仲，吾其披发左衽矣。”孟子则大唱反调说：“仲尼之徒，无道桓文之事者。”又说：“管仲曾西之所不为也，而子为我愿之乎。”诸如此类，与孔子之言，显然相互抵触，但这并不妨害孟子是孔门嫡系。我们可说：“善学孔子者，莫如孟子。”韩非学于荀子，荀子讲礼，韩非变而为刑名，我们可说：“善学荀子者，莫如韩非。”韩非的著作，有《解老》、《喻老》两篇，书中言虚静，言“无为”，而所有的措施，都与老子全然相像，我们可说：“善学老子者，莫如韩非。”其他类此者，不胜枚举。九方皋相马的高明之处，在于看到了雌雄与颜色的美丽之外。我国古哲，师法古人，全在雌雄与颜色的美丽之外。

遗貌取神，为我国学术界最大特色。书家画家，无不如此，我们本此精神，去采用西欧文化，就有利无害了。

孟子说：“规矩，方圆之至也；圣人，人伦之至也。”规矩是匠师造房屋的器具，人伦是匠师造出的房屋，古人当日测度地势，计算人口，造出一座房屋，原是适合当时需要的。他并未说：“传之千秋万世，子子孙孙，都要住在这个屋子内。”又未说：“这个房子，永远不许改造修补。”匠师临去之时，把造屋的器具，交给我们，将造屋的方法，传给我们。后来人口多了，房屋不够住，日晒雨淋，房子朽坏，既不改造，又不修补，只是朝朝日日，把数千年以前造屋的匠师痛骂，这个道理，讲得通吗？

中国一切制度，大概是依着孔子的主义制定的，此种制度，原来没有禁止人修改。孔子主张尊重国君，孟子说："君之视臣如草芥，则臣视君如寇仇。"又说："民为贵，社稷次之，君为轻。"又说："闻诛一夫纣矣，未闻弑君也。"孔子说："入公门，鞠躬如也。"孟子说："说大人则藐之，勿视其巍巍然，堂高数仞，榱题数尺，我得志弗为也。"孔子尊重国君的主张，到了孟子，几乎没有了。孔子作春秋，尊崇周天子，称之曰天王。孟子以王道游说各国之君，其言曰："地方百里，而可以王。"那个时候，周天子还在，但孟子视同无物，岂不明显违背孔子的主张吗？他是终身愿学孔子的人，说："自生民以来，未有盛于孔子。"算是崇拜到了极点的。他离孔子，不到百年，就把孔子的主张，修改得这样厉害，孔子至今两三千年，如果后人也像孟子的做法，继续修改，恐怕欧人的德谟克拉西，早已见之于中国了。孟子懂得修屋的法子，手执规矩，把孔子所建的房屋，大加修改，还要自称是孔子的信徒，今人现放着规矩，不知使用，只把孔子痛骂，未免不合情理。

从前印度的佛学，传入我国，我国尽量采用，修改它，发挥它，所有"天台宗""华严宗""净土宗"等，一一中国化，非复印度之旧，故深得一般人欢迎。其中最盛者，首推"禅宗"，而此宗在印度，几等于无。唯有"唯识"一宗，带印度色彩最浓，此宗自唐以来，几至失传，近始有人出而提倡之。我们可以得一结论："印度学说，传至中国，越中国化者越盛行，带印度色彩越浓者，越不行，或至绝迹。"我们今后采用西洋文化，仍然采用印度文化方法，使斯密、达尔文诸人，一一中国化，如用药之有炮炙法，把它有毒那一部分除去，单留有益这一部分。达尔文讲进化不错，错在因竞争而妨害他人；斯密发达个性不错，错在因发达个性而妨害社会，我们去其害存其利就对了。第一步用老子的法子，合乎自然趋势的就采用，不合的就不采用。第二步用孔子的法子，凡事先经过良心裁判，自己的心安了，然后才推行出去。如果能够这样的采用，中西文化，自然融合。

今之采用两法者，有许多事项，按照老子之道，则为违反自然之趋势；按照孔子之道，则自己的心都不得安宁，及至行之不通，处处荆棘，才大叫大嚷:"中西文化冲突，此老子之过也，此孔子之过也。"天何冤哉！

四、圣哲的等级

我国周秦之间，学说纷繁，佛学虽是印度学说，但传入中国已久，业已中国化，就我个人的意见，与他定一个等级，名曰"圣哲等级表"：1 .佛，2.庄子，3.老子，4.孔子，5.告子，6.孟子，7.荀子，8.韩非子，9.杨朱，10.墨子，11.斯宾塞，12.达尔文，13.尼采，14.实行家。

此表以老子为中点，庄子向后走，去佛氏为近，是为出世法；孔子以下，向前走，都是世间法；告子认为性无善无不善，他的湍水之喻，实较孟荀之说为优，古来谈"性"之人虽多，惟有告子之说，任从何方面说，都是对的，故列孟荀之上；凡事当以人己两利为原则，退一步言之，也应当利己而无损于人，或利人而无损与己。扬朱利己而损于人，故列第 9；墨翟利人而有损于已，故列第 10；此表以 10 级为止。近来的人，喜欢斯密、达尔文、尼采诸人的学说，如把这三人列入，则斯、达二氏的学说，其弊流于损人，斯氏当列第 11，达氏当列第 12；尼采倡超人主义，说："剿灭弱者，为强者天职。"说："爱他主义，为奴隶道德。"专作损人利己的工作，其学说为最下，当列第 13。共成 13 级。尼采之下，不能再有了。中国的盗跖和西洋的希特勒、墨索里尼，就其学说言之，应与尼采同列一栏。

我们从第 13 级起，向上看，越上越精深，研究起来，越有趣味。从第一级起，向下看，越下越粗浅，实行起来越适用。王弼把老子、孔子融合为一，晋人清谈，则趋入老庄，尤其偏重庄子，这是由于老子的谈理，比孔子更精深，庄子谈理，比老子更精深的缘故。

程明道把儒释道三教，融合为一，开出"理学"一派，而宋明诸儒，多流入佛氏。这是由于佛氏谈理，比孔老更精深的缘故。

从实施方面言之，印度行佛教而亡国，中国行孔老之教而衰弱，西方人行斯密、达尔文诸人之说而盛强，这就是越粗浅越适用的明证。

我们研究学理，当力求其深，深则洞见本源，任他事变纷呈，我都可以对付，不致错误。至于实践方面，当力求其浅，浅则愚夫愚妇能知能行，才实行得起来。

西人崇奉斯密而国富，崇奉达尔文的学说而国强，但世界大战之机，即伏于其中。德皇威廉第二，崇奉尼采的学说，所以大战之前德国最为昌盛，但失败也很快。现在希特勒、墨索里尼和日本军阀，正沿着威廉覆辙走去，终必收同一之结果，所以知斯密等三人的学说，收效极大，其弊害也极大。

墨子学说，虽不完备，但确是救世良药，其学说可以要求自己，而不可以要求别人，只有少数圣贤才做得到。当今之世，滔滔者皆是损人利己之流，果有少数圣贤，反其道而行之，抱定损己利人的决心，就可以救百姓于水火。墨子之说偏激，惟其偏才能医好大病，现在斯密、达尔文、尼采诸人的学说满天下，墨子之学说，恰是对症良药。

墨子之损己，是出乎自愿，若要强迫他受损，这是不行的。墨子善守，虽以公输盘之善攻，且无如之何！如果实行墨子之道，决不会蹈印度亡国覆辙。我国学说理论的不完备，莫如墨子，然而施行起来，也可救印度学说和西洋学说两方之偏。所以要想世界太平，非西洋和印度人，一齐走入中国这条路不可。

杨朱的学说，也是对症之药。现在的弊病，是少数人争权夺利，大多数人把自己的权利，听凭别人夺去，以致天下大乱。杨朱说："智之所贵，存我为贵，力之所贱，侵物为贱。"守着自己的权利，一丝一毫，不许人侵犯，我也不侵犯人一丝一毫。人人不利天下也不损天下，天下自然太平。孟子说："杨氏为我，是无君也。"君主是从每人身上，掠取少许权利，积而成为最大的权利，才有所谓君主。人人守着自己的权利，丝毫不放，即无所谓君王。犹之人守住包裹里的东西，自然就没有强盗。实行杨朱学说，则那些假借爱国名义，结党营私的人，当然无从立起。各人立在地上，如生铁铸成一般，无侵夺者，也无被侵夺者，天下怎能不太平？不过由于杨朱的学说，失去人我的关联，按照天然之理，并不符合人性。

孟子说："杨朱墨翟之言盈天下，天下之言，不归杨，则归墨。"这个话很值得研究。因为孟子那个时代，人民所受痛苦，与现在一样，所以杨墨的学说，才应运而生。春秋战国，是我国学术最发达时代，杨墨的学说，自学理上言之，本是一偏，无如害了那重病，这类办法，确是良药，所以一般学者，都起来研究，而杨墨之言就满天下了。

孔子的学说，最为圆满，但对于当时，没有抓住要害。所以身死数十年后，他在学术上的地盘，会被杨墨夺去。孟子说："天下之言，不归杨，则归墨。"可见孔子 3000 弟子的门徒，全都变为杨墨之徒，大约孟子的师伯师叔和一切长辈，都是杨墨之徒了，因此孟子才出来，高呼：打倒扬墨，恢复孔教。

孟子的学说，本来较杨墨更为圆满，但对于我们现在(编者注：指1936年）这个时代，不免稍微的带了唱高调的性质，应该先服点"杨墨之药"，才是对症。现在须有人抱定墨子牺牲自己的精神，出来提倡杨墨的学说，叫人人守着自己的权利，丝毫不放，天下才得太平，并且还要先吃点"韩非之药"，才能吃"孔孟之药"，何以故呢？诸葛武侯说："法行则知恩。"

现在这些骄兵悍将，贪官污吏，劣绅土豪，奸商贵族，非痛痛的用韩非的法子，惩治一下，难免不养痈遗患，故我们应当从第 10 级逆行上去。第 11 级以下，暂不必说。

五、老子与西洋民主学说

我国学说，当以老子为总代表，他的学说，与佛氏相通，这是不用说的，而其学说，又与西洋学说相通。兹举严复评老子为证：

严又陵在老子第 3 章说道:"试读布鲁达奇英雄传中，来刻谷土一首，考其所以治斯巴达者，则知道它的作用，与老子相同。所以说：黄老为民主治道也。"

于第十章批曰："夫黄老之道，民主之国所用也……君主之国，未有能用黄老者也，汉之黄老，貌袭而取之耳。"

于三十七章批曰："文明之进，民物熙熙，而文物声名皆大盛，此欲作之且宜防也。老子之意，以为亦镇之以朴而已。此旨与卢梭正同。"

又曰："老子言作用，则称侯王，故知道德经是言治之书，然孟德斯鸠《注意》篇中言：'民主乃用道德，君主则用礼，至于专制乃用刑。'中国没有过民主之制，即使老子也不能为没有见过的东西而思想。于是道德之治，于君主中求之不得，乃游心于黄农以上，意以为太古有之。因为太古时代国君不甚尊崇，人民不甚卑贱，事实上与民主相近也，所以下篇有小国寡民之说。夫甘食美服，安居乐俗，邻国相望，这样的世界，正孟德斯鸠法意篇中，所指为民主中之真相也。世有善读二书者，必将以我为知矣，呜呼，老子者，民主之治之所用也。”

于第四十六章批曰:“老子纯是民主主义，读法儒孟德斯鸠《法意》一书，有以证吾言之不佞也。”

据严氏这种批评，可见老子学说，又可贯通西洋最优秀的民主思想。

现在西洋经济上所实行的，以斯密学说为原则，政治上所采用的，以卢梭学说为原则。斯密在经济上主张自由，卢梭在政治上主张自由。我国的老子，正是主张自由的人，我们提出老子来，就可贯通斯卢二氏之学说。

斯密的自由竞争，一变而为达尔文的强权竞争，再变而为尼采的超人主义，与中国所谓“道德流为刑名”是一样的。西洋有了自由主义，跟着就有法西斯主义，与中国有黄老之放任，跟着就有申韩之专制，也是一样的。

我们知道黄老的道德，与申韩的刑名，原是一贯，即可把各种学说的贯通性和蜕变的痕迹看出来。

我不是说中国有了老子，就可不去研究西洋的学问，我只是提出老子，见得各种学说，可以互相贯通，只要明白这个道理，就可把西洋的学问，尽量地研究。

六、学道应走的途径

西人用仰观俯察的法子，窥见了宇宙自然之理，因而生出理化各科。中国古人，用仰观俯察的法子，窥了宇宙自然之理，因而则定各种制度。同是窥见自然之理，一则用于物理上，一则用于人事上，双方文化，实有沟通的必要。

中国古人，定的制度，许多地方，极无条理，却极有道理。如所谓父慈子孝，兄友弟恭，在上者仁民爱物，在下者亲上事长之类，俨然磁电感应的道理，不说权利义务，而权利义务，自在其中，人与人之间，生趣盎然。西人则在人之间，划出许多界线，所以西洋的伦理，应当灌注以磁电，才可把冷酷的态度改变。中国则未免太浑囵了，应当参酌西洋组织，果能如此，中西文化即融合了。

研究学问，犹如开矿一般，中国人、印度人、西洋人，各开一个洞子，向前开采。印度人的洞子和中国人的洞子，首先打通。现在又与西洋的洞子接触了。宇宙真理是浑然的一个东西，中国人、印度人、西洋人，分途研究，或从人事上研究，或从物理上研究，分出若干派，各派都分了又合，合了又分，照现在的趋势看去，中西印三方学说，应该融会贯通，人事上的学说，与物理上的学说，也应该融会贯通，我辈生当此时，即当顺应潮流，做这种融合工作，融合过后，再分头研究。像这样的分了又合，合了又分，经过若干次，才能把那个浑然的东西，研究得毫发无遗憾，依旧还他一个浑然的。

宇宙真理，只有一个，只要研究得彻底，彼此是不会冲突的，如有互相冲突之说，必有一说不彻底，或二说都不彻底。冲突愈甚，研究愈深，自然就把本源寻出，而二者就融合为一。所以冲突是融合的预兆。譬如数个泥丸放至盘中，不相接触，则永久不生冲突，永久是个个独立，取之挤之捏之，即可合为一个大泥丸。中国、印度、西洋，三方学术，从前是个个独立，不相接触。自佛法西来，与中国固有学术，发生冲突，此所谓挤之捏之也，而程明道之学说，遂应运而生。欧化东渐，与中国固有学术，又发生冲突，这也是所谓挤之捏之也。就天然趋势观之，又必有一种新学说，应运而生，将中西印三方学术，融合为一。

但融合中西印三方学术，当出以何种方式呢？我们看从前融合印度学术的方式，就可决定应走的途径了。佛教是出世法，儒教是入世法，二者是相反的。程明道出来，以释氏之法治人心，孔氏之法治人世，入世出世，打成一片，是走的老子途径。苏子由著一部《老子解》，融合儒释道三教，也是走的老子途径，王阳明在龙场驿大彻大悟，独推陆象山，象山推崇程明道，也是走入老子途径。思想自由如李宗吾，唯独同意苏子由，仍然走入老子途径。又明朝陈白沙，学于吴康齐，找不到门径，乃放弃耳目，离弃心智，久之然后有得，而白沙之学，论者谓其近于老庄。可见凡是扫除陈言，冥心探索的人，得出的结果，无不走入老子途径。

因为老子之学，深得宇宙真理故也。据严复评老子所说，老子之学，又可贯通西洋学说，我们循着老子途径做去，必可将中西印三方学术，融合为一。

老子之学，内圣外王，其修之于内也，则曰："致虚静，万物并用，吾以观其复。"其推之于外也，则曰："修之于身，其德乃真，修之于家，其德乃余，修之于乡，其德乃长，修之于邦，其德乃丰，修之于天下，其德乃普。"孔门诚意、正心、修身、齐家、治国、平天下，一以贯之，与老子之旨正同，这是中国学说之特色也。佛学传入中国，与固有的学术，发生冲突，程明道就用孔门的正心诚意，与佛学的明心见性，打通为一。现在西洋的个人主义、国家主义，传入中国，与固有学术，又生冲突，我们当用孔门的修齐治平，打通为一。

西人把个人、国家、社会，看为互不相容的三个物体，而三种主义，遂互相冲突。孔门则身、家、国、天下，一以贯之，于三者之中，添一个家字，老子更添一乡字，毫不冲突，这是中国主义之所以为大同主义也。

中印学术，早已融合，现在只做融合中西学术之工作就是了。这种工作，一经完成，则世界学说，汇归于一，学术一致，行为即一致，人世的纷争可免。这种责任，应由中国人出来担任，西洋人和印度人，是不能担负的，为什么呢？西印两方人士，对于中国学术，素乏深切的研究，而中国人对于本国学术研究了数千年，对于印度学术，研究了两千年，甲午庚子之役后，中国人尽量地研究西洋学术，已45年，所以融合中西印三方学术思想，以创造世界新的学术思想文化的伟大而神圣的工作，应该由中华民族最优秀的学者、思想家来从事！果能如此，那么请看今后的世界，将是谁族的天下！

第八章

厚黑教主传

我出生在偏僻地方，幼年受的教育，很不完全，做学问不得门径，东撞西撞，空劳心力的地方，很多很多，而精神上颇受我父的影响，所以我的奇怪思想，渊源于师友的少，渊源于我父亲的多。

乐山公生我父一人，父亲名高仁，字静安，先祖去世后，即归家务农，带着我母亲工作，勤苦一如先祖。家渐裕，购置田地，满 40 岁，得病，请余姓医生诊之，余与我家有瓜葛亲，握脉大惊说："李老表，你怎么得下此病？此为劳瘁过度所致，赶急把家务放下，当如死了一般……"

宗吾自述

我从发明厚黑学以来，一般人称我为教主。孟子说：歌咏他的诗，读他的书，不知道那个人是谁，可以吗？所以许多人都让我写一篇"自传"，而我却不敢，为什么呢？传者传也，谓其传之于当世，传之于后世也。传不传，听凭他人，而自己岂能认为可传？你们的孔子，和我家的聃大公，都是千古传人，而自己却述而不作。所以鄙人只写"自述"，而不写"自传"。众人既殷勤地问我，我只得据实详述，或者人不问我，我也要絮絮叨叨，向他陈述，是之谓自述。

张默生君，经常与我通信，至今尚未识面，他叫我写"自传"，情词殷挚，我因写《迂老随笔》，把我的身世夹杂写在其中，已经写了许多，寄交上海《宇宙风》登载。现在变更计划，关于我的身世者，写为《迂老自述》，关于厚黑学哲理，写入《迂老随笔》。我的事迹，已见之《迂老随笔》及《厚黑丛话》的，此处则从略。

我出生在偏僻地方，幼年受的教育，很不完全，做学问不得门径，东撞西撞，空劳心力的地方，很多很多，而精神上颇受我父的影响，所以我的奇怪思想，渊源于师友的少，渊源于我父亲的多。

乐山公生我父一人，父亲名高仁，字静安，先祖去世后，即归家务农，带着我母亲工作，勤苦一如先祖。家渐裕，购置田地，满40岁，得病，请余姓医生诊之，余与我家有瓜葛亲，握脉大惊说："李老表，你怎么得下此病？此为劳瘁过度所致，赶急把家务放下，当如死了一般。安心静养，否则非死不可。"我父亲于是把家务全交我母亲，一事不管。我父生二女，长女未出阁死，次女年十余，专门侍疾，静养三年，病愈，19 岁就死了。

父亲养病时，寻找些《三国演义》、《列国演义》这类书来看，看完后没有书，家有《四书》的讲书，也寻来看。我父亲胞叔温山公学问很好，一日见父亲问到："你在家做些什么？"答说："看《四书》的讲书。"温山公大大夸奖，我父很高兴，益加研究。

我父亲生于道光乙未年（公元 1835 年）八月，光绪乙亥年（公元 1875 年）八月，满四十。我生于己卯年（公元1879年）正月，正是我父闭门读书时所生的，所以我天性好读书。世称：苏老泉（苏洵），27岁，发愤读书。苏老泉出生于宋真宗祥符二年（公元1009年）己酉，仁宗明道二年（公元1032年）乙亥，满二十七岁。苏东坡生于丙子（公元1036年）十二月十九日，苏子由生于己卯年（公元1039年）二月二十二日，他弟兄二人，正是老泉发愤读书时代所生的，苏老泉27岁，发愤读书，生出两位文豪；我父亲40岁，发愤读书，生出一位教主，岂非奇事？我父亲同苏老泉发愤读书，都是乙亥年，我生于己卯，与子由同，事也巧合。东坡才气纵横，文章豪迈，子由则人很沉静，为文淡泊汪洋，喜好黄老之学，所注《老子解》，被认为是古今杰作。大约老泉发愤读书，初时奋发踔厉，以后则入理渐深，渐归沉静，所以东坡、子由二人，禀赋不同。我生于父亲发愤读书的末年，故我性沉静，喜读老子，颇像子由。可惜我生于农家，无名师指点，为学不得门径，因此有愧于子由罢了。

我父亲病愈时，近邻有一产业，想卖给我父，索价很高，我父欲买之而苦其价格太高，故意说无钱买，彼此勾心斗角，邻人声言，想去告我父，说我父当买不买，甚至把我家的出路挖了，我父只有由屋后绕道而行。终于这份产业为我父所买，买时又生种种纠葛。我七弟生于辛巳年（公元1881年）正月廿五日，正是我父同邻人勾心斗角时生的，所以他的为人，精干机警，我家父母死，哥嫂死，丧事都由他一手操办。据此看来，古人所谓胎教，真是不错。

我父所看的书，只有三本：(一)《圣论广训》(此书是乾隆所著，颁行天下，童生进场考试，要默写，名为默写，实则照书誊)，钱塘《朱柏庐治家格言》。这是我父亲养病时，请徐老师誊的，字很工整。(二)《刿心要览》，我查其卷数，是全部中之第三本。中载古人名言，分修身、治家、贻谋、涉世、宽厚、言语、勤俭、风化、息讼九项，我父亲呼之为格言书。(三)杨椒山参严嵩十恶五奸的奏折，后附遗嘱。(是椒山赴义前一晚上，书以训子者，所说都是居家处世之道。)此外还有一本《三字经注解》，但不怎么看。椒山奏折及遗嘱也少有看，所常常不离者，则在前二种，此外绝不看其他之书。我细加研究，才知我父读书，注重实用。《三字经注解》，及椒山奏折，只可供谈助，椒山遗嘱虽好，但说得太具体，一览无余，不如前二种的意味深长。我父常常读之，大约是把它当做座右铭。我父亲光绪癸卯年（公元1903年）正月初九日得病，十五日去世，初九日还在看这二书。

最奇怪的是，我生平从未见我父写过一个字，他读的《圣论广训》及《朱柏庐治家格言》，是徐老师用朱笔圈断句，其他三书，都是白本，我父未圈点一句。所以我生平不但未见我父亲写过一字，就连墨笔画的圈圈，都未见过一个。我们弟兄六人，随时都有人在侧，无论写什么，他都喊儿子动笔，我看他吃饭捏筷子，手指很僵硬，而且有点发颤，大约是提笔写不起字。

我父亲常说："唐翼修著有《人生必读书》。"我考试到叙府，买得这本书，送在他面前，他也不看，还是喊我拿《圣论广训》和格言书来。揣摸他的心理，大约是说只此二书已够用了，其他都是没用的。

我父常常说道："你的书读窜皮了，书是拿来应用的。'书就是世事，世事就是书。'你读书'书还是书，我还是我'。"我受过此种庭训，所以没事时，就把书与世事，两相印证，因而著出《厚黑学》与《心理与力学》等书，读者有说我熟透人情的。其实不然，我等于赵括谈兵，与人发生交涉，无不受其愚弄，依然是"书还是书，我还是我"。

我父又说："书读那么多做什么？每一书中，自己觉得哪一章好，就把它死死记下，其余不合我心的，可以不看。"所以我父终身所读之书，只得三本，而三本中，还有许多地方，绝未过目。常听他慢声念道："人子不知孝父母，独不思父母爱子之心乎？"(《圣论广训》中语)"贫贱生勤俭，勤俭生富贵，富贵生骄奢，骄奢生淫佚，淫佚生贫贱。"(《刿心要览》中语)"应箕应尾，你两个……"(《椒山遗嘱》中语，应箕应尾，是椒山之子)我父常常喊我到跟前，讲给我听，我当了秀才，还是要讲给我听，我听得津津有味。我这次回来，将《刿心要览》，寻出细读，真是句句名言，我生平做事，处处和它违反，以致潦倒终身，后悔莫及。

我读书的方式，纯是取法我父，任何书，我都跑马观花的看去，只将惬心的地方记着。得着新书，把序文看了，前面看几页，就随便乱翻，中间看，后面看。每页也不细看，寻着一二句合我的意，就反复咀嚼，将书抛去，一而二，二而三，推究下去。我以为：世间的道理，我心中所固有，读书不过借以引起心中的道理而已。世间的书读不完，譬如：听说某家馆子菜好，我进去取菜牌子来，点几道菜来吃就是了，岂能按着菜牌子逐一吃完？又好像在成都春熙路、东大街、会府等处游玩，今日见一合意之物，把它买回来，明日见一合意之物，又把它买回来，久之则满室琳琅，样样都合用，岂能把街上店子之物，全行购归？我这种说法，纯是出自我父，因此之故，我看书，入理不深，而脑子里又很空虚。

我在亲友家玩不惯，但只要有几本书，有一架床，我拿着书，卧在床上，不管多久，我都住得惯。其书不论看过的，没看过的，或是曾经熟读的，我都拿在床上翻来覆去地看。我一到别人室内，见桌上有书，就想翻来看。不过怕人讨厌，不好去翻罢了。但是我虽这样喜欢书，而家中储几书柜的书，成都有几书柜的书，许多都没有仔细看过，这是由于我读书是跑马观花，每本打开来，随便看一下就丢了，看了等于没看。

我幼年苦于无书可看，所以喜欢购书，而购得来又不细看，徒呼负负，近年立誓不购书，而性之所近，见了就要买，买来又不看，将来只好把家中的书，及成都的书，搬来作个宗吾图书馆，供众人阅读好了。

亡弟的儿子泽新，对我说："我见着书，心中就糊涂，一进生意场中，心中就开朗。"我的性情，恰恰和他相反，提起家中事务，心中就厌烦。一打开书，心中就开朗。我请客开不起菜单子，而家中小孙儿、小孙女都开得起。赴人宴会归来，问我：吃些什么菜，我无论如何记不全。身上衣服，尺寸长短，至今不知道，告诉我跟着就忘了。上街买东西，分不出好歹，不敢还价，想买书就买得来，而买笔又买不来。

别人读我《厚黑学》，以为我这个人很精明，殊不知我是糊涂到了极点。到而今迂夫子的状态，还没有变化，朋友往来，我得罪了人，还不知道。

音乐一门，我完全不懂，戏曲中，有所谓西皮二黄，我至今弄不清楚，我当省视学（编者注：旧中国官名）的时候，学生唱歌按风琴给我听，我只好闭目微微点头，假充内行；名人字画，我分不出好歹，别人评得津津有味，我不敢开腔，不敢说好，怕人追问好处在哪里。我幼年和古姓姑娘定亲，他的叔叔古威侯，是威远秀才，以善于写字闻名。我家接一位关老师，见着我的字说道："你这笔大挥，将来怎么见你叔丈人？"好在此女未过门就死，我未在古府献丑。后来跟刘建侯先生读书，他一日进我房中，见案上写的卷格小字，堆有寸多高，他取来一看，叹息道："你也可算勤快了，怎么字还是这样？"我听了凄然泣下。阅卷的人常常批："字太劣"或"字宜学"。雷铁崖常说我："你那个手爪印确该拿来宰！"我天性上，有这种大缺点，难道真是古人所谓"予之齿者去其角，傅之翼者两其足"耶？

我从师学作八股，父亲命我拿给他看，他看了说道："你们开腔说，恨不生逢尧舜禹汤之世，那个时候，有什么好？尧有九年之水患，汤有七年之旱灾(二语出《幼学琼林》，是蒙塾中读本)。我们农家，如果几个月不下雨，或几个月不晴，就喊不得了，何况九年七年之久！我才深深庆幸未生尧舜禹汤之世，你们怎么朝朝日日的希望？"我听了很诧异，心想："父亲怎么发怪议论？"总想：他的话也有道理，我把这个疑团，存在胸中，久之久之，忽然想道："我们所谓圣人者是尧舜禹汤文武周公孔子诸人，为什么都是开国之君，只有孔子一人是平民？又为什么三代上有许多圣人，孔子而后，不再出一个圣人？"由此追寻下去，才知道圣人的构成，有种种黑幕。因此著了一篇《我对于圣人的怀疑》，才把疑团打破，可惜那时我父已死，未能向他请问。

我父常说："书就是世事，世事就是书。"我把书与世事，两相印证，何以书上说的："有德者昌，无德者亡。"征诸实事，完全相反。怀疑而得不到解释，就成了发明厚黑学的根苗。

我的思想，分破坏与建设两部分，《我对于圣人的怀疑》及《厚黑学》，是属于破坏的：厚黑学，破坏一部《二十四史》；《我对于圣人之怀疑》，破坏一部《宋元明清学案》。所著《中国学术的趋势》、《考试制之商榷》、《社会问题之商榷》及《制宪与抗日》等书，计包括经济、政治、教育、学术等五项，各书皆以《心理与力学》一书为基础，这是属于建设的。破坏部分的思想，渊源于我父，建设部分的思想，也渊源于我父。

我父一天问我说："孟子说，'今人乍见孺子将入于井，皆有怵惕恻隐之心"。这是孺子入井，我站在旁边，才是这样，假令我与孺子，同时入井，我当如何？"我听了，茫然不能答，他解释说："此时应先救自己，第二步，才来救孺子。"我听了很诧异，心想："我父怎么没有恻隐心，纯是为己之私？这是由于乡下人书读少了，才发出这种议论，如果说出去，岂不为读者所笑？"但当面不敢驳斥他，退后思之，我父的话，也很有道理，苦思不得其解。

1920年，我从成都辞职回家，关门读了一年的书，把这个问题，重新研究，才知孟子之书，上文明明是"怵惕恻隐"四字，下文"无恻隐之心非人也""恻隐之心，仁之端也"，凭空把怵惕二字摘去，这就是一种破绽。盖怵惕者，我怕死也；恻隐者，怕别人之死也。乍见孺子将入井，恍如死临头上，我心不免跳几下，是为怵惕。仔细一看，这是孺子将死，不是我将死，立把我身扩大为孺子，怵惕扩大为恻隐，这乃是人类天性。孟子教人把此心再扩大，以至于四海，立论未尝不对，只是著书时，为行文简洁起见，没有将怵惕二字加以解释，少说了一句："恻隐是从怵惕扩充出来的。"宋儒读书欠理会，忘却恻隐上面还有怵惕二字，创出的学说，就迂谬百出了。我父的议论，是从怵惕二字发出来的，在学理上很有根据，我著《心理与力学》把此种议论载上去，张默生君来信说："怵惕恻隐一释，为千古发明。"殊不知此种议论，是渊源于我父。

我父上街，常同会溪桥罗维桢、谢家坝谢文甫两位老师等在汇柴口茶馆吃茶，他二人都在教私塾，上面尧舜禹汤的问题，和孺子入井的问题，不知是我父发明的，还是同罗谢诸人研究出来的。我父曾经因讲《四书》，挨了两耳光，他却深以为荣，常向我弟兄讲述，我把事实详述于下：

永枋公(我的曾祖父)生五子，长子青山，父子都死了，只有其妻尚在，住糖房湾老屋。次子乐山，就是我祖……第五子韫山。某年青山之妻死，其孙世兴等，邀请族人到家，人到齐，世兴等三弟兄，披麻戴孝，点烛祀神完毕，把棺材打开，大声喊叫："阿婆呀！你要大显威灵呀！"把堂叔学山抓着，横拖倒曳，朝街上走。我父亲不知是何事，跟着追上去，那时年已五十余矣，又值冬天，穿着皮袍子，鸡婆鞋，跑又跑不得，急喊："过路的，与我拦住！"问了才知是学山欠钱不付，无钱办丧，拖往张家沱滚水，否则到自井分县喊冤。我父亲问明所欠钱数，即说："此款由我垫出，丧事办完再说。"世兴等此举，全是韫山公的主张。我父不知，一日同韫山公在汇柴口吃茶，谈及此事，我父说："世兴等对叔祖，敢于这样侮辱，真是逆伦。"韫山公厉声说："怎么是逆伦？学山欠嫂子的钱不付，世兴等开棺大呼'阿婆'，是替死者索账，这是嫂子向他要钱，不是侄孙向他要钱，汤伐桀，武王伐纣，孟子都不认为臣弑君，世兴怎么是逆伦？"我父亲说道："老叔！这章书，不是这样讲的，孟子虽然这样说，但朱子注这章书曾说：'必要有桀纣之暴，又要有汤武之仁，才不算臣弑君，否则是臣弑君。'所谓'有伊尹之志则可，无伊尹之志则篡也'，学山没有桀纣之暴，世兴等没有汤武之仁，怎么不是逆伦？"韫山公是饱学先生，被我父问得哑口无言，站起来，给我父亲两耳光，说道："胡说！"我父亲常对我说："偏偏这章书，我是仔细看过，道理我也细想过，所以老叔公被我问穷了。"

我父曾经说：读过三个人的治家格言，都是主张早起，朱柏庐说："黎明就起。"唐翼修说："早眠早起，勤理家务。"韩魏公说："治家早起，百务自然舒展，纵乐夜归，凡事恐有疏虞。"故我父每日从鸡鸣就起，我自有知识以来，见他无一日不如此，虽大雪也是这样。但那时没有洋火，起来用火链敲火石，将灯点燃，用木炭在火笼中生火烤之，用一小土罐温酒独酌，口含叶烟，坐到天明，将本日工人应作的活路，及自己应办的事详细规划定。父亲曾经说："一年之计在于春，一日之计在寅。"盖实行此语也。

我与父亲同床睡，有时喊我醒，同我讲书，谈人情物理，有时喊我，我装作睡着，也就算了。可知他独坐时，都在研究书理。但他在灯下，从不看书。我母亲引着小兄弟，在隔壁一间屋睡，有时把我母亲喊醒，用广东话，谈家务及族亲的事。此等情景，至今如在目前。

我父亲早起，我见惯了，所以我每日起来颇早。曾国藩把早起二字，说得那么郑重，在我看来，毫不算事，我父说："以身教，不以言教。"真名言哉！

我父亲起居饮食，有一定的规律，每天早晨，命家人在火锅开时，用米汤冲一蛋花调糖吃。人说米锅内煮鸡蛋吃，最益人，我父不能食白蛋，故改而食此。半少午，吃几杯酒，睡一觉，无一日不然，不肯在亲友家宿，必不得已留宿，即在韫山公家留宿，韫山公都要预备。同学曾龙骧娶妻，我祖母姓曾，是亲戚，我父往祝贺留宿，与雷铁崖同一间屋，我父鸡鸣起来，独坐酌酒，把铁崖呼醒谈天。后铁崖向我说道：“你们老太爷，是个疯子，天未明，即闹起。”一般人呼我为疯子，我这疯病，想是我父遗传下来的，后来铁崖留学日本，倒真正疯了(事见拙著《厚黑丛话》)。

我父亲曾经对我说：“凡与人交涉，必须将他如何来，我如何应，四面八方都想过，临到交涉时，任他从哪面来，我都可以应付。”所以我父生平与人交涉，无一次失败，处理家务，事事妥当。工人作工时间，无片刻浪费，这都是得力早起独坐。我父怕工人晚起了，耽搁工作，而每晨叫他们起，又觉得讨厌，他把堂屋门作得很坚实，见窗上出现白色，再开歇房小门一看，天果然亮了，就把堂屋门，砰一声打开，工人就惊醒。

我父见我手中常拿一本书，问我道：“这章书怎么讲？子曰：‘贤哉回也，一箪食，一瓢饮，在陋巷，人不堪其忧，回也不改其乐，贤哉回也。’颜回早晚读书，不理家务，还有箪食瓢饮，如果长此下去，连箪食瓢饮都没有，岂不饿死了？”一连问了几回。后来我把答案想起，他再问。我说道：“这个道理很明了，颜回有他父亲颜路在。颜路极善理财，有什么证据呢？《论语》载：‘颜渊死，颜路请孔子之车，以为之椁。’你想：孔子那么穷，家中只有一个车儿，颜渊是孔子的徒弟，他都忍心要卖他的，叫孔子出门走路，可见颜路平日找钱之法，无微不至。颜回有了这种好父亲，自然可以安心读书，不然像颜回这种迂酸酸的人，叫他经理家务，不但不能积钱，恐怕还会把家务出脱。”我父听了大笑。从此以后，再不叫我讲这章书了。近日颇有人称我为思想家，我闭目回思，在家庭中讨论这些问题，也是渊源之一。

我父购的基业，在离汇柴口数里张家山附近，由张家山前进数里，有位王翰林，名荫槐，字植青，与宋芸子同榜，王翰林得编修，宋芸子得检讨。王的父亲名瑞堂，与我父都是农民，植青的妹妹，嫁与杨姓，与我家边界相连，我往杨家，见植青有一联云：“观书当自出见解，处世要善体人情。”这二句，我常常吟诵，于我思想上很有影响。

我所引以为憾的是：家庭中常常讨论书理，及人情物理，而进了学堂，老师初则只教背读，继则只讲八股，讲诗赋，有些甚至连诗赋都不讲，只讲八股。像我父所说“书即世事，世事即书”一类话，从未说过。“孺子入井”及“尧舜禹汤”这类问题，也从未讨论过。叫我看书，只看《四书备旨》及《四书味根录》这类庸俗不堪的书，再高级的，不过叫我读四史，读古文而已。其他周秦诸子及说文经解等等，提都没提过。迄今思之，幸而未叫我研究说文经解，不然我这厚黑教主，是当不成的。

所谓“塞翁失马，安知非福”。我当日因为八股试帖，不能满我的意，而其他学问，又无人指示门径，早晚只拿些道理，东想西想。我读书既是跑马观花，故任何书所说的道理，都不能约束我，而其书中要紧之点，我却记得，马越跑得快，观的花越多，等于蜂之采花酿蜜，故能贯通众说，而独成一说，而厚黑学三字，于是出现于世。要想当厚黑教主第二者，不妨用这种方法干去。

八股文规律极严密，《四书备旨》及《味根录》等书，虽是庸俗，但却字字推敲，细如茧丝牛毛。我思想上是受过这种训练的。朋辈中推我善做截搭题，凡是两不相关的事，我都可把它联合起来成为一片。故我著书谈理，带得有八股义法。因此我在《迂老随笔》中曾说：“道家者流，出于史官，儒家者流，出于司徒之官，厚黑学，则出于八股之官。”

我在厚黑丛话中曾说：“父亲给我命的名，我嫌他不好。”究竟是何名，我也可说一下。我自觉小时很醇谨，母亲绩麻纺线，我依之左右，母亲叫我出去耍，也不去，说我很像女孩子。而父亲则说我小时(大约指一二岁言)非常的横，毫不依理，见则呼我为“人王”，我父把人王二字，合成一全字，加上派名世字，名为“世全”。算命先生，说我命中少金，父亲加上金旁，成为世铨。我在茂源井读书，请建侯老师，与我改号，他改为秉衡。乙未年，清廷命山东巡抚李秉衡，为四川总督(后未到任)，刘七老师对我说道：“你的号，与总督同名，可把它改了。”七老师也会算命，他说我命中少木，并不少金，我见《礼记》上有“儒有今人与居，古人与稽，今世行之，后世以为楷”之语，就自己命名世楷，字宗儒(后来才改为宗吾)，七老师嫌李世楷三字，都是仄声，改为世权，我不愿意，仍用世楷。

最值得研究的，我父亲说我小时横不依理，我自觉在行为上，处处循规蹈矩，而作起文字来，却是横不依理，任何古圣先贤，我都可任意攻击。

《厚黑学》和《我对于圣人之怀疑》，两篇文字，不说了。我著《考试制度之商榷》，提出一种办法，政府颁行的教育法令，不合我的办法，我把它攻击得体无完肤。我著《社会问题之商榷》，创出一条公例，斯密不合我的公例，我把他攻击得体无完肤。这有点像专制时代的帝王，颁出一条法令，凡遇违反法令者，都拿去斩杀一般。父亲说我小时横不依理，难道有生之初，我就秉此天性吗？一般人呼我为教主，莫非教主之地位，与人王相等吗？释迦一出世，就说："天上地下，唯我独尊。"我难道不是和他相似吗？所以1912年，发表《厚黑学》，署名曰："独尊。"然则教主也，人王也，盖一而二，二而一也。

我的思想系统

1912年，我发表厚黑学，受的影响，真是不小，处处遭人疑忌，以致沦落不偶，一事无成，久之又久，一般人觉得黔驴无技，才与我相忘于无形。但是，常常有人问我，发表此文，动机安在？目的安在？是否愤世嫉俗，有意同社会捣乱，抑或意在改良社会，特将黑幕揭穿。我说："我写此文，最初目的，不过开玩笑罢了。"

清朝末年，我入四川高等学堂学习，与同班友人张列五(名培爵，1915年，在北平殉义，重庆浮屠关，有衣冠墓。)加入同盟会，光绪三十三年（公元1907年）毕业，列五对我说道："将来我们起事，定要派你带一支兵。"我听了很高兴，就用归纳法，把历史上的英雄(彼时尚无伟人的名词)一一考察，寻他成功秘诀，很久也没有收获。宣统二年（公元1910年），我当富顺中学堂监督(彼时中学校长名曰监督)。一夜卧在监督室，偶然想到曹操刘备几个人，恍然大悟，就把厚黑学发明了。每逢朋友聚会动不动讲说之，以供笑乐，友人王简恒说："你说的道理很不错，但是我要忠告你，你照着你的说法，埋头做去，包管你干出轰轰烈烈的事业，但切不可拿在口中讲，更不可形诸笔墨，否则于你种种不利。"雷民心也说："厚黑学，是做得说不得的。"后来我不听良言，竟把它发表了。

辛亥年（公元1911年）武昌起义，重庆响应，列五被举为蜀军政府都督，成都跟着反正，成渝合并，列五到省里，退居副都督，专管民政，我在自流井家中，列五打电报叫我同廖绪初上省里去。那时党人在成都童子街，办一报名叫《公论日报》。我住报社内，社中人，叫我写点文章，我想不出什么文章，众人怂恿我，把厚黑学写出。我开始很迟疑，绪初说："你可以写出，我替你作一序。"绪初是讲程朱学的人，循规蹈矩，简恒民心等人，都呼之为"廖大圣人"。我想，圣人都说写得，当然写得。就写出来开玩笑，哪知所产生影响，果不出简恒民心的所料。

我发表此文，用的笔名，是"独尊"二字，却无人不知厚黑学是我做的。以为我会如何如何，殊不知我发明了厚黑学，这个学说反成了天地鬼神，降临在上，在旁，每想做一事，才一动念，自己想道："像这样做去，旁人岂不说我实行厚黑学吗？"因此凡事不敢放手做，我之不能成为伟人者，根源实在于此，厚黑学，真把我误了。

后来我才悟得：厚黑二字，确是成功秘诀，而为办事上的必要技术。用这种技术，以图谋一己的私利，我们名之曰厚，曰黑，用此种技术，以图谋众人之公利，则厚字就成为忍辱负重的人，都是刚毅果断的人。假令我当日悟得此理，一眼注定众人公利，放手做去，举世非之而不顾，岂不成了轰轰烈烈的伟人？无奈悟得时，年已老矣，机会已过矣，回想生平，追悔莫及，只好著书立说，将此秘诀，传之于人。下面分经济、政治、国际三方面把我的主张写出来。

(一)关于经济方面：我们改革经济制度，首先应将世间的财物，何者应归公有，何者应归私有，划分清楚，公者归之公，私者归之私，社会上才能相安无事。

(二)关于政治方面：我国（编者注：指国民党统治下的中国。）辛亥革命以后，改为民主共和国，意欲取法欧美，这是一种错误。我们要行民主共和制，办法很简单，只消把真正君主专制国的办法，打一个颠倒，就成为真正的民主共和制，是四万万五千万人做皇帝，把一个皇帝权，剖成四万万五千万块，每人各执一块，我们只研究这每块皇帝权如何行使就是了。

现在民主主义和独裁主义，两大潮流，互相冲突，孙中山先生讲“民权主义”，曾说：“美国制宪之初，主张地方分权者，认为人性是善的，主张中央集权者，认为人性不尽是善的。”故知民主主义和独裁主义的冲突，仍是性善性恶问题的冲突。我们已经知道人性是浑然的，无善无恶，所以我们制定宪法，应当将地方分权和中央集权，合而为一，如能一一办到，则是我国四万万五千万人，有四万万五千万根力线，直达中央，成一个极健全的合力政府。大总统在职权内，发出的命令，人民当绝对服从，俨然专制国的皇帝，是为独裁主义；大总统去留之权，操诸人民之手，国家兴革事项，由人民议决，是为民主主义，如此则两大潮流，即合而为一。

中山先生曾说：“政治里头，有两个力量，一个是自由的力量，一个是维持秩序的力量，好似物理学里头，有离心力和向心力一般。”又说：“兄弟所讲的自由专制，这两个力量，是主张双方平衡，不要各走极端，像物体的离心力和向心力，互相保持平衡一样。”中山先生把物理学的原理，运用到政治上，是一种新发明。物理上，离心力、向心力，二者互相为用，所以政治上，也是放任与干涉，二者互相为用。从前欧洲国家，对于工商业，行干涉主义，以致百业凋敝，亚当·斯密著《原富》一书，力持放任主义，欧人实行其说，骤致富强，可惜放任太过，酿成资本家的专横，社会上扰攘不安。我们运用中山先生两力平衡的原理，把土地、工厂、银行和国际贸易，一律收归国有，强制行之，此所谓专制也。私人生活和劳心劳力的营业，一切放任，非有害于社会者，不加干涉，此所谓自由也。两力平衡，自然安定。

黄帝和老子是放任主义，申不害和韩非子是干涉主义，二者都是医国良药，用之得当，立可起死回生。嬴秦苛刻暴虐，民不聊生，汉代承其后，治之以黄老；刘璋暗弱，刑政废弛，孔明承其后，治之以申韩，因病下药，皆生了大效。

我国（编者注：指国民党统治下的中国。）今日，病情复杂，嬴秦之病，是害得有的，刘璋之病是害得有的，又兼之人心险诈，道德沦亡。应当黄老、申韩、孔孟，三者同时并进。以申韩之法，治贪官污吏、悍将骄兵、奸商贵族；以黄老之道，治老百姓，而正人心，厚风俗；孔孟之书，更不可少。果如此，则中国之病，自霍然而愈。

(三)关于国际方面：现在的五洲万国，是我国春秋战国的放大形，古代的春秋战国，是今天五洲万国的缩影。我辈欲推测将来国际上如何演变，应当先研究春秋战国如何演变，果想解决现在国际的纠纷，当先研究春秋战国的纠纷，是如何解决。

我们把国际趋势看清楚了，再检查世界上产生的各种主义，何者与这种趋势适合，何者不适合，兹讨论如下：

世界文化，分三大区，一印度，二西洋，三中国。印度地偏热带，西洋地偏寒带，中国则介居温带，三方气候不同，民族性不同，因而产生之主义，也不同。温带折衷寒热二带之偏，故中国主义，能够折衷西洋主义和印度主义之偏。

寒带天然物少，人不刻苦，不能生活，故时时思征服自然，因而产出侵略主义；热带天然物丰富，生活之需，不虞不足，故放任自然，因而产出不抵抗主义。请问：我国产出的，是何种主义？要答复这个问题，当先研究我国对于自然，是何种态度？易经说：“裁成天地之道，辅相天地之宜。”所谓天地之道、天地之宜，皆自然也。对于自然，不征服之而辅相之，不放任之而制裁之，因而产出的主义，由孔老以至孙中山先生，盖一贯的抵抗而不侵略也。这是由于中国古人，生居温带，仰观俯察，创出学说，适应环境，不知不觉，遂有以折衷西洋印度之偏。其他民族，也有生居温带者，而不能发生同样的主义，则由于其人缺乏仰观俯察的研究性，而以他人的主义为自己的主义也。

中山先生的民族主义，是抵抗而不侵略，尽人皆知，老子言无为，孔子言仁义，当然不侵略，但两家之书，都屡屡言兵。老子说：“抗兵相加，哀者胜矣。”孔子说：“我战则克。”所谓克也，胜也，皆抵抗之谓也。

战国时，杨朱墨翟之言满天下，杨子说：“智之所贵，存我为贵。”这是抵抗的学说。又说："力之所贱，侵物为贱。"这是不侵略的学说；墨子非攻，当然不侵略，同时墨子善守，公输九攻之，墨子九御之，公输之攻已穷，墨子之守有余，则又富于抵抗办法。二人的主张，都是抵抗而不侵略。不过宣传主义时，杨子为我，偏重在抵抗，墨子兼爱，偏重在不侵略罢了。战国纷乱情形，与现在绝似，其时是我国学术最发达时代，一般学者研究，觉得舍了杨朱主张，别无办法，所以"天下之言，不归杨，则归墨"。我们处在现在这个时局，也觉得舍了杨墨主张，别无办法。

孟子说："善战者服上刑。"而孔子则曰："我战则克。"这两说岂不冲突吗？只要知道中国主义，是抵抗而不侵略，自然就不冲突了。孔子曾经说："以不教民战，是谓弃之。"他说"我战则克"，是就抵抗方面言之。孟子把那些"争城以战，杀人盈城，争地以战，杀人盈野"的人，痛恨到极点，他说："善战者服上刑。"是就侵略方面言之。拿现在的话来说，孟子曰："善战者服上刑。"等于说："日本军阀，一律该枪毙。"孔子曰："我战则克。"等于说："抗战必胜。"

中国崇奉儒教，儒教创始者为孔子，发挥光大者为朱子。孔子学术，本与管仲不同，因管仲能尊周攘夷，于是赞扬曰："如其仁，如其仁。"又称赞他说："民到于今受其赐。"推崇备至，为什么？因为其能抵抗也。南宋有金人之祸，隆兴元年（公元1163年），朱子初见孝宗，就说：金人与我，有不共戴天之仇，当立即断绝和议。这些地方，都是儒教精神所在。

中国主义，是一贯的抵抗而不侵略，养成一种民族性，所以中国人任便发出的议论，无不合乎此种主义。

例如：秦皇汉武开边，历史学家群起非之，认为是侵略；汉朝放弃珠崖，论者无不称其符合王道，因为他不侵略；秦桧议和，成为千古罪人，因为他不抵抗；岳飞受万人崇拜，为他能抵抗。

唐人诗云："年年战骨埋荒外，空见葡萄入汉家。"直不啻为墨索里尼之远征阿比西尼亚写照；又云："边庭流血成海水，武皇开边犹未已。"更不啻为希特勒之侵夺四邻写照；至云："凭君莫话封侯事，一将功成万骨枯。"俨然是痛骂日本少壮军人。此都是我国文人痛恨侵略的表现，乃至受人侵略，则又变成力主用武。

南宋有金人之祸，陆放翁《游诸葛武侯读书台》诗云："出师一表千载无，远比管乐盖有余，世上俗儒宁辨比，高堂当日读何书。"直是斥南宋诸儒，只讲理学，不谋恢复。临死示儿诗云："王师北定中原日，家祭无忘告乃翁。"中国诗人，这类作品很多，我们要想考察民族性，要从哲学家、教育家的学说和文人学士的作品上，才考察得出来，至于政治舞台的人，时或发生变更，秦皇汉武的侵略，秦桧的不抵抗，都是变例。

西洋人性刚，印度人性柔，中国古人，将刚柔二字处置得恰好，《易经》一书，以内刚外柔为美德。

老子和光同尘，而曰："天下莫柔弱于水，而攻坚强者，莫之能先。"孔子恂恂如也，而曰："三军可夺帅也，匹夫不可夺志也。"这都是外柔内刚的精神。我国受此种教育数千年，养成一种民族性，故中国人态度温和，谦让有礼，这是外柔的表现。一旦义之所在，奋不顾身，这是内刚之表现。惟其内刚，故卢沟桥事变而后，全国抗战，再接再厉，为世界各国所震惊。我国民族性，既已如此，所以五胡、辽金、蒙古、满清，虽肆其暴力侵入，终而无一不被驱逐，故我国对日抗战，其必胜盖决然无疑者。

西人倡天演竞争的学说，知有己不知有人，是纯粹利己主义，印度教徒，舍身救世，知有人不知有己，是纯粹利人主义；中国主义则不然，己欲立而立人，己欲达而达人，盖人己两利。印度学者，开口就说恒河沙数世界，其目光未免太大，看出世界以外去了，而其国因以灭亡。西洋人又目光太小，讲个人主义，看不见国家和社会，于是乎个人、国家、社会，成为互不相容的三个物体，因而生出种种纠纷。中国则修身齐家治国平天下，一以贯之，个人、国家、社会，成为一个浑然之物体。六合之外，存而不论。这种主张，恰足救西洋和印度之弊。

印度实行其主义，而至于亡国，西洋实行其主义，发生第一次世界大战、第二次世界大战。事实的昭著，既已如此，而今只有返求于中国主义。中国主义是大同主义，我们应将这种主义，在国际上，尽量宣传，使世界各国，一齐走入中国主义，才可以树大同的基础，而谋永久的和平。

第一次世界大战、第二次世界大战，纯是“武力战争”。而我国则发明有一种最高等战术，叫“心理战争”。三国时，马谡说：“用兵之道，攻心为上，攻城为下，心战为上，兵战为下。”这是“心理战争”学说的起点，而其原理，是自战国时已发明了。《孟子》一书，纯是讲“心理战争”。他说：“得道者多助，失道者寡助，寡助之至亲戚畔之，多助之至天下顺之，以天下之所顺，攻亲戚之所畔，故君子有不战，战必胜矣。”如此之语，不一而足。

春秋时，兵争不已，遂产生孙子的“兵战哲学”。战国七雄，运用孙子学说，登峰造极，斗力斗智，二者俱穷，于是又产生孟子的“心战哲学”。可惜呀！当时无人用之，现今的形势，绝像战国七雄时代，我们正该运用“心战”之说。问：如何运用？答：只需把中国主义，发扬出来就是了。暴秦亡国条件，德意日三国，是具备了的，全世界人民和他们本国的人民，同在水深火热之中，中国主义，一发扬出来，一定倾心悦服，就成了“心战”妙用。

我国业已全面抗战，应当于“武力战争”之外，再发动一个“心理战争”。在国际上，成立一个“中国主义研究会”，请世界学者，悉心研究，就算新添了一支生力军，敌人“攻城”，我们“攻心”，全世界倾心此种主义，是对于敌人取大包围，敌人国内的人民，倾心此种主义，是为内部溃变。日本军阀，自然倒毙，希特勒和墨索里尼，也自然倒毙。

凡是一种大战争，必有一定的主义。第一次世界大战，是西洋主义和西洋主义决胜负，第二次世界大战，我们应该把他变成中国主义和西洋主义决胜负。只要中国主义一战胜，世界大同的基础，就算确定了。

19世纪上半世纪，是西洋主义盛行时代，下半世纪以后，是中国主义昌明时代，就进化趋势观之，绝不会有疑问。

现在五洲万国，纷纷大乱，一般人都说：“非世界统一，不能太平。”战国情形，也是如此。战国时梁襄王问孟子：“天下怎能安定？”孟子回答说：“定于一。”就是说：“要统一才能安定。”但统一的方式有二。梁襄王问孟子：“谁能一之？”孟子曰：“不嗜杀人者一之。”这就是“非武力的统一”。主张“武力统一”者，是用一个“杀”字来统一，说道：“你不服从我，我要杀死你。”人人怕死，不得不服从，故“杀”字能统一；主张“非武力的统一”者，是用一个“生”字来统一，说道：“你信从我的主张，你就有生路。”人人贪生，自然信从，故“生”字也能统一。人的天性，喜生而恶杀，主张“杀”字统一者，人人厌弃，主张“生”字统一者，人人欢迎，孟子学说，可惜无人用之。后来嬴秦统一，是用“杀”字统一的，然而不久即亡。今天的德意日三国，正循着亡秦途径走去，我们正好运用“生”字统一，乘其弱点而推陷之，兵战心战，同时并进，德意日三国，不败还等什么呢？

中西主义，极端相反。西洋方面，达尔文的弱肉强食之学理、尼采的超人主义与夫近今的法西斯主义等等，都是建筑在“杀”字上面。中国方面，孔子言仁，老子言慈，杨朱为我，墨翟兼爱等等，都是建筑在“生”字上面。我们读达尔文、尼采诸人之书，满腔是杀机；读孔孟老庄和宋明诸儒之书，满腔是生趣。医生用药，相反才能相胜，方今西洋主义盛行，无处不是杀机，应当用中国主义救疗之，以一个生字，统一世界。

孟子说：“行一不义，杀一不辜，而得天下，皆不为也。”由此知，中国主义，有两个原则：(一)人人争生存，以不妨害他人的生存为限；(二)人人争优胜，以不违背公理为限。我们把此种主义，发扬出来，全世界恍然觉悟，知道舍了中国主义，别无出路，这就是“攻心”之法的一面。

中国主义，沉埋已久，应当聚全国学者，尽量开掘之，整理之，去掉它不符合现情的一面，撷其精华，成为系统，在国际上尽量宣传。从前中山先生革命，一般人以为必大大的流血，只因主义完善，完全得力，遂不血刃而成功，这是心理战胜的先例。

世界纷纷大乱，病根有三：(一)经济方面；(二)政治方面，民主主义和独裁主义互相冲突；(三)国际方面，掠夺者和被掠夺者，互相冲突。

世界纷争之际，必有一个重心，才能稳定，这个重心轮到我国来了。我们于武力战争之外，应当(一)在国际上成立一个“中国主义研究会”为宣传机关。(二)发起“新的国际联盟”为中国主义实行机关，喊出“人类平等”的口号，把世界上被压迫的民族，和被压迫的劳工与平民，一齐唤醒起来，与我们同立在一根战线上，如此，那我国就成为世界重心了。孟子说："制梃可挞秦楚。"纯粹是"心理战争"，我国今日，则"武力战争"与"心理战争"同时并进，无异于用武力推行中国主义，那么战胜敌人也决然无疑，救世界人类于水火，也决然无疑。

管仲九合诸侯，一匡天下，伐狄、伐山戎，是用武力解决，召陵之役，是用政治解决。我们把"新的国际联盟"组织好，德意日三国，如能信从我们的王道主义，则用政治解决。否则师法苏秦故智，率全人类向之攻打，暴秦亡国的条件，德意日三国，是具备了的，不败何待？

世界祸机四伏，想起来不寒而栗。上次大战，一告结束，而战胜国的劳工，反暴动起来，法国首相克利孟梭，绰号"母老虎"，是欧战中最出力的人，巴黎和会，充当主席，为法国增光不少，反遭国人行刺，几乎把78岁的老命送掉。意大利战胜归国的将士，带起徽章，横行都市，专制魔王墨索里尼，乘机出现。美国人民要暴动，威尔逊调兵弹压，方才平息。英国的矿工和铁路工人，船上水手，结成三角同盟，布起阵势，预备随时可同政府决战，害得英国首相路易·乔治，驾着飞机，今日回伦敦弹压，明日赴巴黎开会，一夕数惊，疲于奔命。其原因，则由于大战到了第三年，一般劳工，都觉悟起来，一方面在战场上兵戎相见，一方面举出代表，在中立国交换意见，主张言和，及到战事终了，劳工觉得白白牺牲，所以处处发生暴动。巴黎和会，正在开会，而各国的劳工，也派出代表，在瑞士国之"熊城"开会。巴黎和会，见此情形，才订一个"劳工规约"列入和约，与自己国中的劳工言和。上次大战，情形如此，此次大战，可想而知。上次威尔逊提出"民族自决"的主张，巴黎和会，列强食言，弱小民族的心理，则又不言可知。此种祸根，若不彻底拔除，战争是永无终止的。要拔除此祸根，舍了中国主义，别无他法，除了中国出来，肩此责任，也别无他人。

世界是一天一天进化的，是日向大同方面趋去的。进化所以迟滞，大同久未出现的原因，可用比喻说明：凡铁条皆有磁性，只因内部分子凌乱，南极北极相消，故磁力发不出来。如用磁石在铁条上面，引导一下，南北极排顺，立即发出磁力。现在全世界分子，凌乱极矣，我们用中国主张，引导一下，分子立即排顺，就可加强进化的速度，而大同可早日出现。

地球为万宝之库，我们需要财货，向之劫取，他是绝不抵抗的。第一次世界大战，第二次世界大战，乃是一伙劫贼，在主人门外，你剥我的衣服，我抢你的器械，互相厮杀，并不入主人门内一步，地球有知，当亦大笑不止。请问是谁之罪？曰：罪在充当群盗谋主的达尔文和尼采。

宗吾家世

张默生

大概在南宋年间，广东嘉应州长东县崛起一个姓李的人家，家长李子敏和他的儿子李上达，创家立业，慢慢家道兴旺，子孙繁衍，就成了一个有名的氏族。后来代代相传，传到第10代上，有位名叫李润唐的，在清代雍正三年（公元1725年），携带家眷到四川来，先住在隆昌萧家桥，后来迁往富顺自流井，于是在那里安家落户了。四川自从明末张献忠大屠杀以后，地广人稀，湖广一带的人民都纷纷迁来居住，这个李姓人家的迁居，想来也不外是这个情况。李润唐自从入川以来，家道又慢慢兴旺，子孙繁衍，传到第8代上，出了一颗思想界的彗星，读书穷理，创立异说，那就是以"脸厚心黑"创立学说的李宗吾氏，这人自从民国以来，已成为四川的名人了。

我因为躲避日寇来到四川，得以读到李宗吾的许多著作，由彼此通信，得以互相认识，最后结为好朋友。这样，我才完全了解他的生平为人和言论思想。他并不是像外界所传的虚妄怪诞、有意惊世骇俗的那种人。他的为人，既不脸厚，也不心黑，但他偏偏提倡"厚黑学”，偏偏自称为“厚黑教主”，这种“反话正说”的作风究竟是为什么呢？世人不必笑他骂他，应当先加以深切的自我反省才是。释迦牟尼并不应该进地狱，耶稣并不应该钉十字架，但释迦牟尼说：“我不入地狱，谁入地狱？”耶稣偏说：“凡是不背十字架走路的人，不配做我的门徒。”这又是为什么？我们同样是应该加以反省的。至于李氏的谈教育、谈政治、谈学术思想等，都是一本正经的立论，不过他的思想有些奇僻，往往发前人之未发，言近人之未言。于是一些具有传统观点的学者，就骂他是旁门外道罢了。如今李氏已作古人，再不怕他放言高论了。可是他一生的为人行事，尚且还不完全被世人所了解，生前的言论思想，也有许多是被忽视的。我为纪念这位亡友起见，不惜多花笔墨，作了这篇厚黑教主传记，好让世人借以评定他的功罪。

李宗吾氏，生于光绪五年（公元1879年）正月十三日。“宗吾”二字不是他的原名，这是他后来一再变更才改定的。他的名号几经改变，当他幼年的时候，脾气非常蛮横，毫不讲理，见到的人都称呼他“人王”。他的父亲就把“人王”二字合为“全”字，加上“世”字辈，名为世全。算命先生说他命中少“金”，就加上金旁，成为世铨。后来私塾先生又说他命中少“木”，并不少“金”，他也正嫌父亲为他命的名不好，便自己改名世楷，字宗儒，这是表示信从孔子的意思。到25岁，思想大变，对于儒教颇不满意。心想与其宗法孔子，不如宗法自己，就改名为宗吾。他常说：“这宗吾二字，是我思想独立的旗帜。”以后宗吾这一名字流行，而世楷的名字就几乎无人知道了。

宗吾兄弟七人，姊妹二人。在兄弟中他是排行第六，三哥早死，其余六房均独立成家，他的父亲命名为“六谦堂”。除他一人外，兄弟都务农，只有他的七弟后来开机房，略微具有商业性质。宗吾是相信遗传和胎教的，他说他的喜欢读书，是先天决定的，因为生他的那几年，正是他父亲闭门读书的时候。并且他还引用苏氏父子为证，他说：“世称苏老泉(苏洵)二十七岁才发愤读书。考证老泉生在宋真宗祥符二年（公元1009年）己酉，仁宗第二年乙亥（公元1032年）满二十七岁。苏东坡生于丙子年（公元1036年）十二月十九日，苏子由生于己卯年（公元1039年）二月二十日。他们兄弟二人，正是老泉发愤读书时代生的。历史上27岁才发愤读书的，只有老泉一人，生出二位文豪；40岁才发愤读书的，只有我父亲一人，生出一位教主，岂非奇事。东坡才气纵横，文章豪迈；子由则人甚沉静，好黄老之学，所注《老子解》，推之古今杰作。大约老泉发愤读书，初时奋发踔厉，后则入理渐深，渐为沉静，故东坡子由二人，禀赋不同。我生于我父亲发愤读书的末年，故我性沉静，喜老子，颇类子由；惜我生于农家，为学不得门径，未免有愧子由了。”他说他的奇怪思想，也是禀自他父亲，实则他家一连几代，性格都有点特殊。我们先追溯到他的曾祖说起，来剖视一下他的血统看看。

宗吾的曾祖，名求枋，性格异常严肃，虽是一个开染店的老板，可是道貌岸然，无人不敬畏他。凡族亲子弟，衣冠不整者、酒醉者，如果走到他的店门，立即屏气敛容，不敢经过。但他对人并无疾言厉色，仍是具有一副慈祥温和的态度。生平从未作过亏心事，享寿70岁。临死之前，命家人捧进手巾，自浴其面，帽微不正，手自整理，然后凭几而卒。

宗吾的祖父，名乐山，一生务农，曾种植蔬菜出售。农闲时，贩卖油、蜡烛和草鞋，沿街叫卖。他体格魁伟，性情朴实。上街挑粪，有人和他说话，他必定站着回答，粪担挑在肩上，也不知放下。遇到狡猾的人有意拿他开心，久谈不止，他便左肩换右肩，右肩换左肩，引得满街人捧腹大笑。他在晚饭后便睡，等到家里人就寝时，他已睡醒了，醒后就不再睡。睡熟时，喊也喊不醒，如果喊“强盗来了”，他马上警觉地爬起来。他在晚上睡醒之后，就整理第二天要卖的蔬菜，整理完了，便手拿一根木棍，前往菜园守夜。菜园靠近大路，强盗偷了东西从这里经过的，往往被他夺下，交还失主。所以盗贼非常怕他，常常绕道而行。家中平日是舍不得吃肉的，到了年终，他才割十斤肉，准备腌起来。自己拿刀削肉的边角，削下来的约有半斤，就叫他的妻子拔些萝卜来烧汤。并且一再叮嘱她：萝卜大的留着准备卖，小的要留着等它长大，必须选择一窝双生和破裂没有卖相的才拔来。他的妻子在菜园里找遍了，一棵也找不到，他才忍痛允许拔来用。萝卜汤烧好了，他亲自掌勺，盛到碗内，又倒进锅里，又盛又倒，再倒再盛。他的妻子问道：“你这是做什么呢？”他说：“我想分给家里人和工人都吃点，苦于分不均匀啊！”这件事过了不久，他就生病死去。他的妻子割了一块肉，祭献在灵前，一见到肉就痛哭，自言自语地说“泪比肉多”。又因为痛惜不已，就把他生前所用过的扁担珍藏起来，并且说：“后代子孙如果昌隆发达，就要用红绸子把扁担包裹起来，悬挂在正堂梁上，永远留作纪念！”

据说这条扁担经过他的子孙保留到1920年，后来被盗贼毁了。他的妻子曾氏，是高山寨富家的女儿，出嫁以后，终年陪着丈夫操持劳作，挑水担粪，任劳任怨。有时回娘家探亲，看见猫狗吃剩的食物，她就暗暗地想:我家里怎么会有这样的剩饭剩菜！宗吾小时候，听到他的父母屡次谈到这件事，告诫他们兄弟说：“先人这样穷困，这样辛勤艰苦，吃一餐肉的困难，竟然到了如此地步，做儿孙的千万不可忘记啊！”

宗吾的父亲，名高仁，字静安。他原来在外面学做生意，自从父亲去世后，便在家务农。他与妻子共同操持劳作。终日辛苦劳累的情形，完全如他的父母一样。他常常拿出他父亲遗留的扁担，把它作为警戒，因而家景渐渐富裕，得以购置田产。不幸在40多岁时，积劳成疾，医生警告他说：“赶紧把家务丢了，安心静养，否则非死不可！”他于是把家务完全交付给妻子，自己专心养病。3年之后，病才痊愈。他在养病期间，才得到看书的机会。先找到《三国演义》、《列国演义》等书来看，以后就看起《四书》等书来，他一看再看，于是从中就看出道理来，就是“书即是世事，世事即是书”。

他后来只看三本书，其他各种书完全不看了。哪三本书呢？一是《圣论广训》，这本书是乾隆颁行天下的，后面附录朱柏庐的《治家格言》。二是《刿心要览》，还只是看全书中的一本，其中记载司马光及唐翼修等人的名言，他称它为格言书。三是杨继盛弹劾严嵩十恶五奸的奏折，后面附录遗嘱。此外还有一本《三字经注解》，不常看。就是那三本书中，还只有前两本是手不释卷的。临死前几天，还在阅读，不忍心放下。他常说：“书读那么多干什么！每一本书中，自己觉得哪一章好，就把它死死地记下来，照着去做，其余不合心意的，就不必看了。”

他最爱高声朗读的，在《圣论广训》中有这样两句：“作为儿子的不知道孝顺父母，难道就不想想父母爱子女的心吗？”在《刿心要览》中，有这样几句：“贫贱生勤俭，勤俭生富贵，富贵生骄奢，骄奢生淫佚，淫佚又生贫贱。”

他读的书固然是如此的少，他平生从没有写过一个字。这更令人感到奇怪。当宗吾七八岁时，发生一件急事，他父亲叫他拿笔墨来想要写信，等拿来了他父亲又说不写了。但宗吾偏偏说：“我的奇怪思想是发源于我的父亲，读书的方式也是学习我的父亲。”这事，久后当加以证明。

宗吾的父亲自从大病一场后，就不敢再做笨重的工作，只不过偶尔扯扯甘蔗叶子，或种胡豆时盖盖灰罢了。但一有空就看书，自然是他心爱的那几本书。每当雇来的农工到田里工作时，他便拿着烟杆或火龙(一种烤火炉)，挟着书，坐在田边，时而同农工谈天，时而自己看书。他对于农事特别内行。每天早晨必定到田里巡视一次。他常说：“我睡在家中，农工在田间工作的情形我都知道。”当家里的人从田间回来，他常问：“作工的人到什么地方去了？”家里的人如果没有留心，回答得不确实，他便笑着说：“不要瞎说！”

他一生注重早起，他说曾经读过三个人的《治家格言》，都是主张早起的。朱柏庐说：“黎明即起。”唐翼修说：“早睡早起，勤理家务。”韩魏公说：“治家早起，所有的事务就安排得舒展，如果整晚上肆意地玩乐，早上起不来，那么办事恐怕就会有疏漏。”因此，他虽然不像他父亲那样早起，但鸡一叫就起，没有一天间断，就是隆冬大雪，也是这样。

那时还没有火柴，他每天早晨起来，便用火镰敲打火石，将灯点燃，再用木炭生着火龙，温热了酒，独自喝起来。然后口含叶烟，一直坐到天亮。这时，便将农工应该做的工作及自己应办的事，一一规划妥当了。所以他处理家务，都是有条有理，农工做工，时间也没有片刻的浪费。他怕农工起床晚了，耽误工作，但每天早晨喊他们，又觉得讨厌，于是他把堂屋的门做得很紧，一见窗户上发白，他就把堂屋的门“砰”的一声打开，农工们自然也就惊醒了。

他因为爱早起，喜欢思考，所以生平与别人交涉，没有一次失败过。他常说：“凡是与别人交涉，必须将他为什么来，我该如何对应，四面八方都想到，临到交涉时，不论他从哪方面谈，我都可以应付。”

当他病愈之后，邻近有一处庭院想卖给他，他也很想要，但是嫌索价太高，就故意对卖主说：“价钱太高，我买不起。”可是彼此勾心斗角，牵牵连连，总不肯把事放过。邻人埋怨他当买不买，声言要到官府控告，他也不理。甚至把他家的出路挖了，他就由屋后绕道行走，也不与邻人计较。结果，那庭院还是卖给了他，这时又生出种种纠葛，最终他还是得到了胜利。

宗吾对我说，他的七弟世本，便是他父亲与邻人勾心斗角时生的，果然世本为人处事，精干机警，后来的父母死，哥嫂死，丧事都由他一人包办，办得有条有理。世本还对人说：“我没有事，坐起来就打瞌睡；有事办就精神百倍。这几年幸而家中死了几个人，还算有事可办，不然这日子就真难过！”于是宗吾又根据这来证明他的遗传及胎教说，他说希望科学家研究一下。他的父亲死时，享寿69岁，那时已成小康之家了。

广东人的祖宗观念、乡土观念，以及团结的精神是很强的。李家自从到四川以来，对于原籍的先人坟墓和同族的安全，仍然是深深地纪念着的。所以他们还派人回广东扫墓，并慰问同族的父老子弟。在四川更是设有宗祠。宗祠的成立，据说是外省人来川，常被本地人欺凌，于是他们互相约定：凡是广东迁川姓李的人家，成立一个会，叫做“棒棒会”，有来欺凌的，就一齐同他们拼命。以后有人说“棒棒会”是违法的，才改立宗祠。

广东人来四川的，嫁女娶媳，必定要选择广东人。偶尔破例娶本地女子，入门也必须说广东话。家庭及亲戚往来，更要说广东话，否则说是“卖祖宗”。李家自从润唐到宗吾一辈，算来已有八代了，但他们兄弟姊妹九人，都是和广东人结亲的。有这强烈的民族性格，再加上代代相传的个性血统，假如我们相信遗传学的话，那么产生出一位赋有奇怪思想的李宗吾，这是不足为奇的事。

六十晋一妙文

鄙人今年(1939年)已满60岁了。即使此刻寿终正寝，或者被日本飞机炸死，祭文上也要写享年六十有一上寿了。生期那一天，并无一人知道，过后我遍告众人，闻者都说与我补祝。我说：“这也无须。”他们说：“教主六旬诞颂，是普天同庆的事，我们应该发出启事，征求诗文，歌颂功德。”我说：“这更不必劳累费心，许多做官的人，德政碑是自己立的，万民伞是自己送的，甚至生祠也是自己修的。这个征文启事，不必烦各位亲友，等我自己干好了。”

大凡征求寿文，例应补叙本人道德文章功业，最主要的尤在写出那个人的特点，其他可从略。鄙人以一介匹夫，崛起而为厚黑圣人，于儒释道三教之外特创一教，这可算真正的特点。然而其事为众人所共知，其学已家喻户晓，并且许多人都已身体力行，这种特点，也无须赘述。现在所说的，不过表明鄙人所负责之重大，此后不可不深自勉励而已。

鄙人生于光绪五年己卯（公元1879年）正月十三日，次日始立春，算命先生所谓：“己卯生人，戊寅算命。”所以己卯年生的人，是我的老庚；戊寅年生的人，也是我的老庚。光绪己卯年，是公元1879年，爱因斯坦生于3月14日，比我要小一点，算是我的庚弟，他的相对论震动全球，而鄙人的《厚黑学》仅仅充满四川，我对于庚弟，未免有愧。此后只有把我发明的学问，努力宣传，才能不虚此生。

正月十三日（农历），历书上载明：“是杨公忌日，诸事不宜。”孔子生于八月二十七日（农历），也是杨公忌日，所以鄙人一生际遇，与孔子相同，官运之不亨通，一也；其被称为教主，一也。天生鄙人，冥冥中以孔子相待，我何敢妄自菲薄！

杨公忌日的算法，是以正月十三（农历）为起点，以后每月退二日，如二月十一日，三月九日……到了八月，又忽然发生变例，以二十七日为起点，又每月退二日，如九月二十五日，十月二十三日……到了正月又忽然发生变例，以十三为起点。诸君试翻历史书一看，即知鄙言不谬。大凡教主都是应运而生，孔子生日就是八月二十七日（农历），所以鄙人生日非正月十三日（农历）不可。这是杨公在千年前早已注定了的。

孔子生日定为阴（农）历八月二十七日，考据家颇有异词。改为阳历8月27日，一般人更莫名其妙。千秋万岁后，我的信徒，饮水思源，当然与我建个厚黑庙，每年圣诞致祭，要查看阴阳历对照表，未免麻烦。好在本年(1939年)正月十三日，为厚黑教主圣诞。将来每年阴历重九登高，阳历重三日入厚黑庙致祭，岂不很好。

四川从汉朝文翁兴学以后，文化赶上了齐鲁，历经晋唐到了明朝，蜀学的兴盛，足与江浙诸省相当。明朝张献忠践踏四川，杀戮之惨，亘古未有。秀杰之士，起而习武，蔚为风气。有清一代，名将辈出，公侯伯子男，五等封爵，无一不有。清朝嘉庆道光时，全国提镇，四川人占十之七八。于是四川武功特别兴盛，而文学则一蹶不振。60年前，张文襄建立尊经书院，延聘湘潭王壬秋先生，来川讲学，及门弟子中有井研的廖季平、富顺的宋芸子，名满天下，其他学者，指不胜屈，朴学大兴，文风再度兴盛。考证《湘绮楼日记》，己卯年（公元1879年）正月十二日，王壬秋先生接受尊经书院聘书，次日鄙人诞生，明日即立春，万象更新，这其中实见造物运用之妙。

帝王的崛起，必先有为他扫除通路的，教主的崛起，亦必先有为他扫除通路的。四时变化，成功者都离开了。孔教之兴，已两千余年，皇天上帝，乃向西行，选择四川为新教主诞生之所，使东鲁圣人，西蜀圣人，遥遥相对。无奈川人尚武，已成风气，特先派遣王壬秋入川，为之驱除，这是王先生一受聘书，而鄙人即嵩生岳降的原因。

1912年，共和肇造，为政治上开一新纪元，今为1939年，也即是厚黑纪元二十八年。所以四川的进化，可分为三个时期：蚕从鱼凫，开国茫然，不用多说。秦代通蜀以后，由汉司马相如，以至明阳镇，川人以文学见长，是为第一期，这是文翁的功劳；有清一代，川人以武功见长，是为第二时期，这是张献忠的功劳，民国（编者注：1911～1949年间的旧中国政权。）以来，川人以厚黑学见长，是为第三时期，这是鄙人的功劳。

1912年以后，我的及门弟子和私淑弟子，努力工作，把四川造成一个厚黑国，于是中国高瞻远瞩之士，大声疾呼说：“四川是民族复兴的根据地！”试想，要复兴民族，打倒日本，除了这种学问，还有什么法子？所以鄙人在所著《厚黑丛话》内，喊出“厚黑救国”的口号，举出越王勾践为模范人物。开始的时候，勾践入吴，自己做别人的臣，妻子做人家的妾，是之谓厚。后来，沼吴之役，夫差请照样的为臣为妾，勾践不许，必置之死地而后已，是之谓黑。天下兴亡，匹夫有责，我难道是好讲厚黑吗？我是不得已罢了。

鄙人发明《厚黑学》，是千古不传的秘密，从今而后，当努力宣传，死而后已。鄙人对于社会，既有这种空前的贡献，社会人士，即该予以褒扬。我的及门弟子和私淑弟子，当他们的教主六旬圣诞，应该作些诗文，歌功颂德。自鄙人的目光看来，举世的人骂他和举世的人歌颂他，有同等的价值。除弟子而外，如有志同道合的蘧伯玉，或走入异端的原壤，甚或有反对党，如楚狂沮溺，征生亩诸人，都可尽量地作些文字，无论为歌颂，为笑骂，鄙人都敬谨拜受。将来汇刊一册，题目为《厚黑教主荣录》。

千秋万岁后，厚黑学如皎日中天，可谓其生也荣，其死也荣。厚黑学万岁，万万岁！厚黑纪元二十八年，三月十三日，李宗吾谨启。这一天，就是我庚弟爱因斯坦六十大寿的前一天。

怕老婆的哲学

黑主（李宗吾）生平好写滑稽文字，有时用杂文体，有时用小说体，没有一篇不是嬉笑怒骂，语含讽刺。

有人说：“黑主在世，是天地间一大讽刺。”我也认为是这样。他不仅讽刺世人，有时也讽刺自己。不过当他讽刺自己的时候，更是恶毒的讽刺世人，这是他一贯的伎俩。

例如他提倡厚黑学，明明是借骂世人的，但他偏偏一身独当，自居为厚黑教主，而有《厚黑学》、《厚黑经》、《厚黑传习录》的写作。

如果有人质问他："你为什么骂人呢？"他必然回答道："我怎敢骂人？我是骂我自己。"试问你对他又有什么办法呢？

本篇首先要介绍的是他所著的《怕老婆的哲学》一文，仍是袭取这种故智，他著此文的动机，想是鉴于我国的伦常，日趋乖桀。所谓五伦，几乎是破坏殆尽的，社会上无非这些"好货财和妻子"的东西；但他却不像道学家们的一贯作风，说什么"世风不古，江河日下"的慨叹之词。他竟喊出"怕老婆"的口号，加以提倡，而且著为专论，名之曰哲学，末附"怕经"，以比儒家的"孝经"，这种讽刺，真可说是恶毒极了！

他自己怕不怕老婆，我们不很知道。但他曾极力主张当约些男同志，设立"怕学研究会"，共相研讨，俨然以"怕学"研究的会长自居，这不又是一种现身说法吗？

他那自称怕学的文章，大意是说，大凡一国的建立，必有一定的重心，我国号称礼教之邦，首要的就是五伦。古代的圣人，在五伦中特别提出一个"孝"字，作为百行之本。所以说："事君不忠非孝也，朋友不信非孝也，战阵无勇非孝也。"全国重心，建立在一个"孝"字上，因而产生种种文明，我国雄视东南亚数千年，并不是没有原因的。自从欧风东渐，一般学者，大呼"礼教吃人"，首先打倒的就是"孝"字，全国失去重心，于是谋国就不忠了，朋友就不信了，战阵就无勇了。有了这种现象，国家怎能不衰落，外患怎能不侵凌？因此必须另寻一个字，作为立国的重心，以替代古之"孝"字，这个字仍当在五伦中去寻。

我们知道，五伦中君臣是革了命的，父子是平了等的，兄弟朋友更是早早放弃了的；所幸五伦中尚有夫妇一伦存在，我们应当把一切文化，建立在这个伦上。天下的儿童，无不知爱其亲也，积爱成孝，所以古时的文化，建立在"孝"字上。

世间的丈夫，无不爱少妻也，积爱成怕，所以今后的文化，应当建立在"怕"字上。于是怕老婆的"怕"字，便不得不成为全国的重心了。

他说"怕"学中的先进，应该首推四川。宋朝的陈季常，就是鼎鼎有名的怕界巨擘，河东狮子吼的故事已传为怕界的佳话了。所以苏东坡赞以诗曰："忽闻河东狮子吼，柱杖落地心茫然。"这是形容他当时怕老婆的状态，算是灵魂无主，六神出窍的。但陈季常并非等闲之辈，他是有名的高人逸士。高人逸士，都如此地怕老婆，可见怕老婆一事，应当视为天经地义。东坡又称述他道："环堵萧然，而妻子奴婢，皆有自得之意。"这是证明了陈季常肯在"怕"字上做工夫，所以家庭中才收到这种良好的效果。

时代更早的，还有一位久居四川的"刘先主"（刘备），他对于"怕学"一门，可说是以发明家兼实行家。他新婚之夜，就向孙夫人下跪，后来困在东吴，每遇着不得了的事，就守着老婆痛哭，而且常常下跪，无不逢凶化吉，遇难呈祥。他发明这种技术，真可说是渡尽无边苦海的男子。

凡遇着河东狮吼的人，可把"刘先主"的法宝取出来，包管闺房中顿呈祥和之气，其乐也融融，其乐也泄泄。

他更从史事来证明：东晋而后，南北对峙，历宋齐梁陈，直到隋文帝出来，才把南北统一，而隋文帝就是最怕老婆的人。有一天，独孤皇后发怒了。文帝怕极了，跪在山中，躲了两天，经大臣杨素诸人把皇后劝好了，才敢回来。"怕经"曰："见妻如鼠，见敌如虎。"隋文帝之统一天下，谁说不应该？

隋末天下大乱，唐太宗扫灭群雄，平一海内，他用的谋臣房玄龄也是一位最怕老婆的人。他因为常受夫人的压迫，无计可施，忽然想到：太宗是当今天子，当然可以制服她。于是就向太宗诉苦，太宗说："你喊她来，等我处置她。"哪知房太太几句话就说得太宗哑口无言，便私下对房玄龄说:"你这位太太，我见了都怕她，以后好好的服从她的命令就是了。"太宗见了臣子的老婆都害怕，真不愧为开国明君。

我国历史上，不但要怕老婆的人，才能统一全国，就是偏安一隅，也非有怕老婆的人，不能支持危局。从前东晋偏安，全靠王导、谢安出来支持。而他们两人，都是"怕学"界的先进。王导身为宰相，兼充清谈会的"主席"。有一天手执麈毛，坐在"主席"位上，谈得正起兴时，忽然报道："夫人来了！"他连忙跳上犊车就跑，弄得狼狈不堪。但他在朝廷中的功劳最大，竟获得天子九锡之宠。推根寻底，便得力于怕字诀。

苻坚以百万之师伐晋，谢安围棋别墅，不动声色，把苻坚杀得大败，也是得力于怕字诀。因为大家知道的：谢安的太太，把周公制定的礼改了，拿来约束她的丈夫，谢安在他夫人的名下，受过严格的训练，养成泰山崩于前而色不变的习惯，符坚怎么是他的敌手？

他如此主张怕老婆的重要，自不免启人之疑。所以有人问他道："外患这样严重，如果再提倡'怕学'，养成怕的习惯，敌人一来，以怕老婆的心理怕之，难道不是要亡国吗？"他说："这却不然，从前有位大将，很怕老婆，有一天愤然道：'我怕什么？'传下将令，点集大小三军，令人喊他夫人出来，打算以军法从事。他夫人出来，厉声问:'喊我干什么？'他惶恐伏地道：'请夫人出来阅兵。'"此事经他多方考证，才知道是明朝戚继光的事。但他不觉得奇怪。继光虽然行军极严，他儿子犯了军令，就把他斩首；可是夫人寻他大闹，他自知理屈，不敢声辩，就养成怕老婆的习惯；谁知道一怕反把胆子吓大了，以后日本兵来，他都不怕，所以他敢于出战。凡读过希腊史的人，想都知道斯巴达每逢男子出征，妻就对他说："你不战胜归来，不许见我之面！"一个个奋勇杀敌，斯巴达以一个小国，遂崛起称雄，倘平日没有养成怕老婆的习惯，怎能收如此效果？

他不但由历史上证明了应当怕老婆的至理名言，而且他更从政治舞台上的人物去考察，得出的结论是官级越高的，怕老婆的程度越深，官级和怕的程度，几成为正比例。于是由古今的事实，又归纳出精当的定理，而特著"怕经"若干条，垂范后世。

教主说：怕是天经地义的，人民应该去实行。五刑有三千条罪名，而罪过最大的是不怕。

教主说：怕妻子而放手在外面干坏事的男人不多。人人不做坏事而国家不兴旺是没有的事。君子应务本，树立了本道就出来了，怕老婆不是复兴中国的大本吗？

教主说：只有大人物有怕老婆的心理，一怕老婆国本就稳固了。

教主说：怕学之道的极致是至善，做老婆的极致是严厉，做丈夫的极致是怕。家里有个好老公，是说老婆严厉。妻在家里发令，丈夫在外奔忙，是天经地义。

教主说：伟大啊！做妻子的道理，像天那么高远。只有妻子有办法，浩浩荡荡的样子，叫不出名字，只有顺着妻子去做。

教主说：怕老婆但感觉不到，已经成了习惯了。终生怕老婆，而不知道怕老婆的人很多。

教主说：君子看到老婆发火，就吃饭不香，听音乐也不高兴，坐立不安，毕恭毕敬，但千万不要去碰她。

教主说：老婆有了错误，就低声下气，好言好语地劝告，如果不听，就再恭敬地劝。劝了三次还不听，就跟在她身后哭个没完。老婆一发怒打老公打出了血，也不要抱怨，更应加倍地敬畏。

教主说：做人丈夫的，早晨出门不回，妻子就倚在家门上盼望。晚上出门不回，妻子就倚在大门上盼望。所以，妻子在不远游，要出去就有个规矩。

教主说：君子做事，看上去没有痕迹，听不到声音。到了老婆的房间，恭恭敬敬地，不让坐就不敢坐，不让走就不敢走。妻子悲伤也跟着悲伤，妻子高兴也跟着高兴。

教主说：对国家不忠心不怕，对朋友不诚心不怕，上战场不勇敢不怕。但一举足不敢忘了妻子，一说话也不敢忘了妻子。想做好事，想到给妻子留个好名声，就去做。想做恶事，想到将给妻子蒙羞，就不要去做。

教主说：妻子是丈夫终身的依靠。身体发肤，属于妻子，不敢伤坏，这是怕的开始。立身行事，扬名于世，让妻子也显贵，这是怕的结果。

上面十二章，据他说"为怕学入道之门，其味无穷。为夫者，玩索而有得，则终身用之，有不能尽者矣。"

最后，他对于今后的历史学家，尚有此建议：旧礼教注重"忠孝"二字，新礼教注重"怕"字，我如说某人怕老婆，无异誉之为忠臣孝子，是很光荣的。孝亲者为"孝子"，忠君者为"忠臣"，怕妻者当名"怕夫"。旧日中有"忠臣传"，有"孝子传"，将来民国的史书，一定要立"怕夫传"。

附录二

名人评厚黑学

林语堂眼中的李宗吾

近人有个李宗吾，四川富顺自流井地方人，看穿世态，明察现实，先后发布《厚黑学》、《厚黑经》、《厚黑传习录》，著书立说，其言最为恢诡，其意最为沉痛。千古大奸大诈之徒，为鬼为蜮者，在李宗吾笔下烛破其隐。

世间学说，每每误人，唯有李宗吾铁论《厚黑学》不会误人。知己而又知彼，既知病情，又知药方，西洋镜一经拆穿，则牛渚燃犀，百怪毕现。受厚黑之牺牲者必少，实行厚黑者，无便宜可占，大诈大奸，亦无施其技矣！于是乎人与人之间，只得“赤诚相见”。英雄豪杰，攘夺争霸，机诈巧骗，天下攘攘！亦可休矣！李先生之《厚黑学》，有益于世道人心，岂浅显哉！读过中外古今书籍，而没有读过李宗吾《厚黑学》者，实人生憾事也！此时此境，我论此学，作此文，岂徒然耶？

李氏于1943年冬抗战时期，死于成都。抗战时期，李氏著作，风行西南，人手一册。大家细妙阅读，咸谓意味无穷，全面妙言快语云。

李氏死了。要知李氏发布《厚黑学》，是积极的，并非消极的，不只是嬉笑怒骂而已；对社会人心，实有“建设性”。旨在“烛破奸诈”，引人入正！他在《厚黑学》自序里有言：

“……最初民风浑朴，不厚不黑，忽有一人又厚又黑，众人必为所制，而独占优势。众人看了，争相仿效，大家都是又厚又黑，你不能制我，我不能制你。独有一人，不厚不黑，则此人必为街人所信仰，而独占优胜。譬如商场，最初商人，尽是货真价实，忽有一卖假货者，掺杂其间，此人必大赚其钱。大家争仿效，全市都是假货，独有一家货真价实(认清目标)，则购者云集，始终不衰、不败……

“世乱正殷，‘英雄豪杰’满天下，出卖灵魂，认贼作父，表面糊上一层仁义道德，爱国救民，动人听闻，一究其实，心之黑，脸之厚，较三国时曹操、刘备、孙权，尤有过之。正义沦亡，是非不辨，无法无天以枪杆武器做后盾，大行其厚黑之道。小焉者，只图自己衣食，乃为人工具，为人傀儡，摇旗呐喊，人云亦云，厚颜事人，跟了人家亦步亦趋，帮凶与帮闲，不是黑，便是厚，天下扰攘，国乱民困，厚黑猖獗。”

李宗吾（别署“独尊”、“蜀酉”）厚黑学之发布，已有30多年，厚黑学一名词人多知之，试对人：“汝习厚黑学乎”，其人必勃然大怒，认为……此即李宗吾发布厚黑学之精髓处，收效如何？不言可知！大哉孔子！三代上有圣人，三代下圣人绝了种，怪事也！然则近代之新圣人，其发布厚黑学之李宗吾乎!（拍桌）

柏杨谈李宗吾

天下有很多“奇缘”的事，使人无法解释，柏杨先生之得来《厚黑教主传》，便属其中之一。这本《厚黑教主传》和《厚黑学》，都是绝版书，曾经托许多朋友代觅一读，以便大开茅塞，结果全归失望。不料前天忽然接寒爝先生电话，告曰：“你下午在家等我，我有一本好书可借你。”届时驾至，原来是他以500元代价在书摊购得之《厚黑教主传》也。大喜，留吃晚饭，以示谢意。

这本书之好，在于告诉国人，一个盖世奇才，对日非的世局，其内心的悲愤和痛苦是如何沉重，李宗吾先生一生为人做事，比柏杨先生不知高级多少，直可惊天地而泣鬼神，而他鼓吹“厚黑”，硬揭大人先生和鱼鳖虾蚧的疮疤，其被围剿，自在意中。

在全部《厚黑学》和传记之中，有两点值得大书特书，国人不可不知焉。

一是，他曰：“大凡行使厚黑之时，表面上一定要糊一层道德仁义，不能赤裸裸的表现出来。凡是我的学生，一定要懂得这个法子，假如有人问你：‘认识李宗吾否？’你就放出最庄严的面孔，说道，“这个人坏极了，他是讲厚黑学的，我不认识他……”

二是，有一个道貌岸然之官，闻李宗吾先生提倡厚黑学而义愤填膺，写了一本《薄白学》，在成都报上发表，痛斥李宗吾先生狼心狗肺，贻害苍生，结果，该官因贪污渎职，奸淫扰民，被处死刑，其尊头悬在少成公园，以观其薄白学之风行于世焉。

这两件事，给我们很多启示，现在且介绍一二，此中学问甚大，不可等闲视之也。

在全部厚黑学中，李宗吾先生以谈三国英雄开始，他曰……

以上是李宗吾先生的厚黑学原文，接着他便追溯而上，而举楚汉的事来证明。盖项羽先生不厚不黑，所以失败，刘邦先生既厚且黑，故能成功。刘邦先生的心肠之黑，是与生俱来，可谓“天纵之圣”；至于脸皮之厚，还需加点学力，他的业师，就是三杰中的张良先生，张良先生的业师，是那位圯上的老人，衣钵真传，彰彰可考，圯上受书一事，老人的种种作用，无非是教张先生脸皮厚也，张先生拿来传授刘先生，一指点即明。试问不厚不黑的项羽先生，怎能是他的敌手乎？韩信先生能受胯下之辱，可说是脸皮很厚，无奈他的心肠不黑，偏偏系念着刘邦先生“解衣推食”之恩，下不得毒手。后来长乐宫内，身首异处，夷及三族，都是咎由自取；范增先生千方百计想教项羽杀死刘邦先生，可以说心肠很黑，无奈他脸皮不厚，一受离间，便大怒求去，结果把自己的老命和项羽先生的江山一起送掉，真是活该得很也。

李宗吾先生结论曰：他把这些人的故事，反复研究，才将千古不传的成功秘诀，发现出来，一部《二十四史》，必须持此观点，才读得通。这种学问，原则上很简单，运用起来却很神妙，小用小效，大用大效，故他以“厚黑教主”自居，努力说法，普度众生。

有“学”便有“经”。经，在国人眼光中的地位，尊严万分，李宗吾先生乃奉天承运，发明了《厚黑经》，以阐扬《厚黑学》焉。

除了《厚黑学》、《厚黑经》，李宗吾先生还著有《厚黑传习录》问世。共包括三大项目，一曰“求官六字真言”，二曰“做官六字真言”，三曰“办事二妙法。”他首先严肃地指出发扬厚黑学的必要，并举出几个伟大的例子，然后假托一个想求官做的人向他问业，乃授之以上述的三套法宝。

法宝之一为“求官六字真言”。六字者，“空”“贡”“冲”“捧”“恐”“送”是也。

李宗吾先生曰，只要做到六个字，包管发生奇效。

一介平民，如果想当官的话，自然要靠本闲话所推荐的“求官六字真言”，一番努力之后，把官——无论是市长也好，部长也好，县长也好，委员也好，主任也好，反正是，既把官弄到了手，则必须懂得保官之道，否则一年半载，垮了下来，岂不前功尽弃乎？李宗吾先生有鉴于此，在《厚黑传习录》中，除了发明上述的“求官六字真言”外，还发明了“做官六字真言”。

做官六字真言者，“空”“恭”“绷”“凶”“聋”“弄”是也。

李宗吾先生厚黑传习录三大法宝中的“办事二妙法”，内容更为精彩，非有绝世之姿，恐怕真有点领会不动也。

二妙法者，一为“锯箭法”，一为“补锅法”。

厚黑学发展到传习录，可谓登峰造极。但到抗战中期，李宗吾先生把传习录内容更加扩大为四，一曰厚黑史观，二曰厚黑哲理，三曰厚黑学的应用，四曰厚黑学发明史。其立论的形式是自由自在，想说啥就说啥，口中如何说，笔下如何写，或谈学术，或追述平生琐事，高兴时就写，不高兴就不写，或长长的写一段，或短短写几句，不受任何限制。下笔时候，如引用某事件或某典故，偏偏历史上从没有这种事件或从没有这种典故，那怎么办乎？李宗吾先生率然曰：“我就自己捏造一个。”盖思想家与考据家不同，思想家只是说出他的见解，凭空难以开口，不得不顺手牵羊，以增力量，连孔丘先生都得托古以求改制，何况比孔丘先生更大的思想家李宗吾先生乎？

厚黑教主李宗吾先生除了以上正正经经的“学”“经”“录”，三大著作之外，平生好写梯突文章，或用杂文体，或用小说体，无一篇不嬉笑怒骂。故有人曰：“厚黑教在世，是天地间一大讽刺。”是非常不错的也。盖他不但讽刺世人，亦讽刺自己，不过当他讽刺自己的时候，更也是恶毒的讽刺世人。厚黑一词，明明用以揭世人的底牌，他却一身独当，曾有人质问之曰：“你为啥骂人乎？”他答曰：“我怎敢骂人，我骂我！”于是，正人君子便不得不闭起嘴来也。

除了“学”“经”“录”三大著作之外，他还有《怕老婆的哲学》一文，并附“怕经”，以比儒学的孝经，这种对圣崽们的冒犯，可说是尖锐之极。他自己怕不怕老婆，我们不知道，但他却是极力提倡朋友们应设立“怕学研究会”的，其见识诚高人一筹。

《怕老婆的哲学》内容是说，大凡一国的建立，必有一定的重心，中国号称礼仪之邦，首推五伦，古之圣人，于五伦中特别提出一个“孝”字，以为百行之本，所以曰：“事君不忠非孝也，朋友不信非孝也，战阵无勇非孝也。”全国重心，建立在“孝”上，因而产出种种文明。然而自从欧风东渐，“孝”先垮台，全国失去重心，国家焉得不衰落乎？李宗吾先生曰：“五伦之中，君臣是革了命的，父子是平了权的，兄弟朋友更是早都抛到九霄云外，所幸尚有夫妇一伦存在，我们应当把一切文化，建立在这一伦之上。天下儿童，无不知爱其亲也，积爱成怕，所以今后文化，应当建立在‘怕’上，‘怕’自然成为全国重心也。”

李宗吾先生曰：“怕学中的先进，应首推四川。宋朝的陈季常先生，就是鼎鼎有名的怕界巨擘，河东狮吼的故事，已传为怕界佳话，故苏东坡先生赞之以诗曰：‘忽闻河东狮子吼，柱杖落地心茫然。’陈季常先生并非泛泛之徒，乃是有名的高人逸士，而高人逸士，却是如此的怕老婆，可见怕老婆一事，乃天经地义者矣！”

李宗吾先生曰：“时代更早的，还有一位久居四川的刘备先生，他对怕学一门，可说是发明家而兼实行家，新婚之夜，就向老婆下跪，后来困处东吴，每遇不得了事，就守着老婆痛哭，而且以下跪为家常便饭，无不逢凶化吉，遇难成祥。他发明的这一套办法，真可说是渡尽无边苦海中的男子，凡遇着河东狮吼的人，可把刘先生的法宝取出来，包管顿呈祥和焉。”

李宗吾先生更用史事来证明，东晋而后，南北对峙，历宋齐梁陈，直到隋文帝出来，才把南北统一，而隋文帝就是最怕老婆的人。有一天，独孤皇后大发脾气，杨坚先生便跑到山上躲避，躲了两天，经大臣杨素先生把皇后劝好了之后，才敢回来。怕经曰：“见妻如鼠，见敌如虎。”杨坚先生之统一天下，谁曰不宜耶？

李宗吾先生不但从历史上探讨出怕老婆哲学的基础，而且从当代政治舞台人物身上去考察，获得此结论曰：凡官级越高的，怕老婆的程度也越深，官级和害怕的程度，几乎成为正比。于是，由古今事实，厚黑教主乃归纳出若干定理，名之曰“怕经”，以型后世。

李宗吾先生之能够寿终正寝，而未被绳捆索绑到公堂，岂真是天眷之也与？

李宗吾先生笃于友情，道义千古，他一生不轻易推许人，择友也十分慎重，可是交友之后，却以生死相许。他有两个最知己的朋友焉，一位是革命先驱张列五先生，辛亥光复后，被推为四川第一任都督，后充总统府顾问，被袁世凯先生所杀。李宗吾先生曰，此人赤胆忠心，有作有为，如他在世，四川决不会闹得乌烟瘴气；一位是理学家廖绪初，先任审计院长，后见国事日非，郁郁而死。李宗吾先生曰，此人做事，公正严明，道德之高，每使敌党赞叹不止，如他执政，世间哪有贪污乎？李宗吾先生生平未了的心愿便是没有为他的这两位亡友作一个传。当日本飞机轰炸重庆最猛烈时，他还数次给《厚黑教主传》的作者张默生先生去函，说：“张列五的衣冠冢在浮屠关，此时想必成为焦土！”其慎重择交如此，其敦笃友谊如此，谁能相信“求官六字真言”“做官六字真言”，是出自他手耶？伤心人以冷笑代呜咽，呜呼！

李宗吾先生于1943年9月28日，病逝于自流井本宅(亦即新定的孔子诞辰之日，岂冥冥中自有主者耶？)，五月间他的身体还很好，后来忽得中风不语之症，终于不治。次日，成都各报即用“厚黑教主”的称谓，刊布他逝世的专电，自流井各界人士亦为他开追悼会，备极哀荣。我们且抄几联当时的挽联，作为介绍教主的结束，也作为盖棺的定论。至于他的二子，早已先他去世，但孙儿孙女当时业已长大，教主有灵，对家事可以安心。然而，对于国事，一塌糊涂如故，他能不再狂歌以当痛哭乎？

任瑞如先生挽曰——

“教主归冥府，继续阐扬厚黑，使一般孤魂野鬼，早得升官发财门径；先生辞凡尘，不再讽刺社会，让那些污吏劣绅，做出狼心狗肺事情。”

李坚白先生挽曰——

“寓讽刺于厚黑，仙佛心肠，与千正言先后辉映；致精力乎著述，贤哲品学，拟廿四史今古齐名。”

杨仔耘先生挽曰——

“品圣贤常作翻案，抒思想好作奇谈，孤愤蕴胸中，纵有雌黄成戏谑；算年龄逊我二筹，论学问加我一等，修文归地下，莫将厚黑舞幽冥。”

李符亨先生挽曰——

“定具一片铁石心，问君独尊何在，试看他黑气弥天，至死应遗蜀酋憾；纵有千层桦皮脸，见我无常倏到，也只有厚颜入地，招魂为读怕婆经。”

其婿杨履冰先生挽曰——

“公著述等身，愤薄俗少完人，厚黑一篇，指佞发奸挥铁笔；我惭为半子，念贤郎皆早世，茕孤满目，临丧进泪洒金风。”

南怀瑾回忆李宗吾

李宗吾的厚黑学，听说现在还很畅销，中国，很多人都喜欢看。但是，现在的读者可能不大了解书的历史背景，了解李宗吾的人恐怕就更少了。李宗吾是四川人，自称厚黑教主。所谓厚黑，脸厚皮黑也。我同李宗吾还有一段因缘，在我的印象里，李宗吾一点也不厚黑，可以说还很厚道。

我同李宗吾认识大约在抗战前期，具体日子记不起来了。那时，我在成都。成都是四川的省会，不像香港这样的大城市，生活节奏那么快。在我的印象里，大家都很悠闲。到现在，我对成都还很怀念。

我从浙江辗转来到成都，才二十出头。我们这些外省人被称为下江人或足底人。那时我一心想求仙学道，一心想学得飞剑功夫去打日本人。所以，我经常拜访有名的、有学问的、有武功的人。

那时成都有一个少成公园，里面有茶座、有棋室。泡上一壶茶，坐半天一天都可以，走的时候再付钱。中间有事离开一下，只要把茶杯盖反过来放，茶博士就不会把他收掉。没有钱的不喝茶也可以，茶博士问你喝什么，你说喝玻璃，就会送来一玻璃杯的开水。这种农业社会的风气现在大概不会再有了。

少成公园是成都名人贤士、遗老遗少聚会的地方，经常可以看到穿长袍、着布鞋的，各种各样古怪的人。这些正是我要找的人，所以，我就成了少成公园的常客。在这些人面前，我还是个孩子。我穿一身中山装，又是浙江人，蒋介石的同乡，开始时，他们当中有的人对我有点怀疑，这个家伙可能是“蒋老头子”派来的。慢慢地，他们了解了，我只是想求学问道，也就不怀疑了，好几个人还成了我的忘年交。

有一天，我正在少成公园里同几个前辈朋友喝茶下棋。这时，进来一个人，高高的个子，背稍稍有点驼，戴一顶毡帽，面相很特别，像一个古代人。别人见他进来，都向他点头，或打招呼。我就问梁老先生：“这位是谁？”梁老先生就说：“这个人你都不知道？他就是厚黑教主李宗吾，在四川很有名的。”梁先生就向我讲起李宗吾的故事。我说我很想结识，请先生引荐。梁先生就把我带过去，向李宗吾介绍，这位南某人是足底人，是我的忘年交。我赶紧说：久仰先生大名。其实我是刚刚听到他的名字，这种江湖上的客套总是要的。

于是，厚黑教主请我们一起坐下喝茶聊天。所谓聊天就是听这位厚黑教主在那里议论时事，针砭时弊，讲抗日战争，骂四川的军阀，他骂这些人都不是东西。这是我第一次结识厚黑教主，后来，在少成公园的茶馆里常常能见到他。有一次，厚黑教主对我说：我看你这个人有英雄主义，将来是会有所作为的。不过，我想教你一个办法，可以更快地当上英雄。要想成功、成名，就要骂人，我就是骂人骂出名的。你不用骂别人，你就骂我，骂我李宗吾混蛋该死，你就会成功。不过，你的额头上要贴一张大成至圣先师孔子之位的纸条，你的心里要供奉我厚黑教主李宗吾的牌位。我没有照他这个办法办，所以没有成名。

有一次，我就对他讲，老师，你就不要再讲厚黑学了，不要再骂人了。他说，不是我随便骂人，每个人都是脸厚皮黑，我只不过是把假面具揭下来。我说：听说中央都注意你了，有人要抓你呢。他说：兄弟，这个你就不懂了，爱因斯坦与我同庚，他发明了相对论，现在是世界闻名的科学家，而我在四川、在成都都还没有成大名，我希望他们抓我。我一坐牢，就世界闻名了。

李宗吾后来没有被抓，也没有世界闻名。他曾经对我说：我的运气不好，不像蔡元培、梁启超那样。不过，他的厚黑学流传了半个多世纪，还有那么多的人喜欢读，恐怕是他自己没有预料到的。他那个厚黑教主完全是自封的，他也没有一个教会组织，也没有一个教徒，孤家寡人一个。当年，他的书很多人喜欢读，但许多人不敢和他来往，怕沾上边，我不怕，一直同他来往。

过了一二年，我的一个朋友，在杭州认识的和尚去世了，他死在自流井，就是现在的自贡。我欠他的情，自流井一定要去一趟，我的好朋友钱吉，也是个和尚，陪我去。我们走了8天，从成都到自流井，找到了那个朋友的墓，烧了香，磕了头。从自流井到成都，还要8天，我们身上的盘缠快没有了，正在发愁，我突然想起：厚黑教主李宗吾的老家就在这里，李宗吾是个名人，他家的地址一打听就打听到了。他家的房子挺大，大门洞开。过去农村都是这样，大门从早上打开，一直到晚上才关门，不像现在的香港，门都要关得严严的。我们在门口一喊他，里面迎出来的正是厚黑教主，他一看见我，很高兴，问：你怎么来了，我说我来看一个死人朋友。他误解了，以为我在打趣他，说：我还没有死啊！我赶紧解释。他看我们那个狼狈相，马上安排做饭招待我们。现杀的鸡、从鱼塘捞出来的活鱼、现成的蔬菜，吃了一顿正宗的川菜。酒足饭饱之后，我就开口向他借钱，我说：我是无事不登三宝殿，回成都没有盘缠了，他说：缺多少？我说：10块钱。他站起来就到里屋拿出一包现大洋递给我，我一掂，不止10块，问他多少，他说20块。我说多了，他说拿去吧。我说不知什么时候能还，他说先用了再说。从我借钱这件小事来看，厚黑教主的为人道德，一点儿也不厚黑，甚至是很诚恳、很厚道的。

饭后聊天的时候，他突然提出来叫我不要回成都了，留下来。我说留下来干什么，他说：你不是喜欢武功吗？你就在这里学，这里有一个赵家坳，赵家坳有一个赵四太爷，武功很是了不起。他接着向我介绍赵四太爷的情况，赵四太爷从小就是个瘸子，但是功夫很好，尤其是轻功，他穿一双新的布底鞋，在雪地里走上一里多路的来回，鞋底上不会沾上一点污泥。他教了一个徒弟，功夫也很好，但这个徒弟学了功夫不做好事，而干起采花的勾当，就是夜里翻墙入室，强奸民女。赵四太爷一气之下，把这个徒弟的功夫废了，从此不再授徒传艺。厚黑教主觉得赵四太爷的功夫传不下来，太可惜了，就竭力鼓励我留下来跟他学。我说他都停止收徒了，我怎么能拜他为师，他说你不一样，因为你是浙江人，赵四太爷的功夫就是跟一对浙江来的夫妇学的，我推荐你去，他一定会接受。他说：跟赵四太爷学三年，学一身武功，将来当个侠客也不错。他还提出，这三年的学费由他承担。我看他一片诚意，不好当面拒绝。学武功挺有吸引力，只是三年的时间太长了，我说容我再考虑考虑。当晚，我和钱吉回客栈过夜。第二天一早，李宗吾来到客栈，还是劝我留下来学武功，我最后还是拒绝了，他觉得遗憾，说："可惜，可惜。"我又回到了成都。

不久，我到峨眉闭关三年，同外界断绝了联系，对外面的世事沧桑都不了解。只有从山下挑米回来的小和尚，偶尔带来一点新闻。和尚是方外之人，对抗战不是太关心，所以听不到这些方面的消息。有一天，小和尚回来说：厚黑教主李宗吾去世了，我听了心里很难过，我借他的二十块现大洋也没法还了，我就每天给他念金刚经，超度他。李宗吾造孽太大了，骂了那么多人，有些年轻人读了他的厚黑学，真的照着脸厚心黑去做了，又害了不少人。我只有念金刚经，还他的债，还他的情。

后来听说他死的时候很安详，也算寿终正寝了。

附：南怀瑾先生在他的名著《论语别裁》中也谈到李宗吾，兹引述如下。

以前我有一个老朋友，他比我大几十岁，是我的忘年交，四川人，自称为“厚黑教主”的李宗吾，此人当系大家都知道的。他本人道德非常好，就喜欢故意骂人，我劝他少骂一点，不要提倡厚黑学，我说人性本来就是那么一回事，脸厚心黑，但还用一张幕掩盖起来的，为什么一定要把它揭开来呢？他说：“揭开吗？你搞错了，我是拉开坏的一幕，教人看后面真的。”李宗吾对历史非常怀疑，他说圣人靠不住，为什么专推崇尧、舜、禹、汤、文、武、周公这些成功的人？不成功的就没有圣人吗？所以他有一篇文章叫《对圣人的怀疑》。这位老兄，专写反面文章，问他为什么要这样做？他说：“老弟，你不知道，我和爱因斯坦同年，我那位同年发明了相对论名闻世界了。我呢？当个厚黑教主还没有当好，所以我非要调皮一下不可。”此人很妙，我认识他时，他已60多岁，整天不吃饭，老喝酒，喝酒就饱。精神、道德都很好。

孤傲寂寥李宗吾

寒　爝

我很久就想多知道一些关于“厚黑教主”李宗吾的生平事迹，并且还和朋友谈起过，希望搜求《厚黑学》这部奇书。

近日刘心皇先生在旧书摊寻到了一本张默生写的原版《厚黑教主传》。拿来我看，我曾以珍如瑰宝的心情，连夜读了一遍。对于这位“教主”的身世和思想，总算有了一个概括的了解。

从他的行仪与言论上看，我觉得他是一个具有“独立思想”的人物。他挣脱八股、试帖的藩篱，冲出这道统的桎梏，抖掉秀才的酸气，一心一意，要做一个翱翔天际的“自由人”！

他做过“肥缺”的官，但他一则上任就要求减薪，一则解职时连回家的路费也没有。传记的作者张默生氏说他是“身处廊庙之中，而心在江湖之上”的“隐于朝”者，东方朔就是这类人物。他的嬉笑怒骂的心理，大概与东方朔有些相似吧？

他愤世嫉俗，有海阔天空的理想，也有“可为知者告，难为俗人言”的抱负。所以在一般囿于道统，惑于物欲的社会中，他感到寂寥。由寂寥而孤傲，而佯狂骂世，自称“教主”，且自负为大观园门前的石狮子。

但他一旦遇到了知己，他的态度就变了。他可以托献隐衷，把狂傲变为谦虚。像他给张默生氏的信中说：“足下劝我不讲厚黑学而卒不奉教者，盖私衷贪得无厌，欲于张默生之外，再得一张默生耳。”这种渴求知己的态度是多么诚恳！同时他的寂寥之感，也跃然于字里行间。

他说他独立思想的根源，是受他父亲的影响，甚或相信是由于胎教。事实上他是一个动乱的大变革中，首先脱缰的野马，驰骋狂奔，成为一个时代的前驱！

他参加过推翻满清的革命运动（辛亥革命），是一位同盟会会员。在一度狂热的腾跃之后，驻足回头静看，发现四周都是魑魅魍魉。尤其在军阀割据的四川，更使他感到心寒。所以他发现了“厚黑”的道理，甚至于以“背十字架”与“入地狱”的精神(张默生语)，自承“厚黑教主”，揭开官场的底牌，甘受人辱骂的罪谴。

我们由他的一篇因论文而引起的议论中，可以看出他对民国成立初期的观感。他说：“世间哪里有古文？无非是‘换字法’‘减字法’罢了。譬如有人请你做寿序或墓志，你就信笔写出一篇文字，然后把文中的俚俗字换为典雅字，再把冗长句尽量删短，就成了一篇简雅的古文。

“例如，你当了大官，有人冒犯于你，你就把他捉来痛打一顿。这本是专制时代的野蛮办法，而你口中不妨说道：‘而今是民主时代了，你这种扰乱秩序的人，君主时代容得你过，民主时代断断容不过你！’这无非是把‘君主’二字换下，嵌入‘民主’二字罢了。闻者必称赞你深谙法治，有民主时代的精神……”

这就是他看过四川的混沌局面后所发的议论，因此也可以看出“厚黑学”之所从出了。

他的傲世的态度并不是毫无理性的，譬如他说：“吾爱名誉，吾尤爱真理。话之说得说不得，我内断于心；在未说出未下笔之先，我必审慎考虑；既已说出，即听凭人家攻击，我也不会答辩。但攻击者说的话，我仍会细细体会，如能令我心折，我还是会加以修正的。”

譬如有人指摘他不该“天天说这些鬼话”(指“厚黑学”而言)，他说：“我是逢人说人话，逢鬼说鬼话。请问，当今之世（编者注：指国民党统治期。)，不说鬼话说什么？但我发表的许多文字，又可说是人见之则为人话，鬼见之则为鬼话，亦无不可。”

这就是他的“立言精神”，风骨嶙峋，孤愤蕴胸，成为一个为世俗所轻的怪诞的人物。

他对于思想独立的主张，可以用他《社会问题之商榷》一书中的一段话作为代表，他说：

“至于学术思想，我是绝对主张‘独立自由’的……中国政治界的‘君主’和学术界的‘圣人’，所走的轨道是一样的。春秋战国时，列国纷争不已，后来产生了‘皇帝’，列强就消灭了。同时诸子百家也纷争不已，后来尊孔子为‘圣人’，诸子百家也就消灭了。皇帝任下一道命令，人民都要服从，如不服从，就是大逆不道。圣人任发一种议论，学者都要信从，如不信从也是大逆不道。皇帝在朝廷上盘跨着，圣人在各人心坎上盘跨着。‘皇帝’蹂躏‘民意’，‘圣人’蹂躏‘思想’。中间有点区别的是，皇帝的专横，是皇帝自己做出来的，应由皇帝自己负责。圣人的专横，是后人借孔子招牌做出来的，孔子不能自负其责……大清皇帝倒了之后，把一个大皇帝之权，割为无数小块，分给国中赫赫有权的军人，成为许多‘小皇帝’。至于孔子倒了之后，把一个大圣人之权，割为无数小块，分给国内赫赫有名的学者，成了许多‘小圣人’。军阀蹂躏民意，学阀蹂躏思想。军阀背后，有外国的‘帝国主义’；学阀背后有外国的‘哲学家’。‘小皇帝’之命令，是绝对威严，不许违抗……‘小圣人’之议论，自认为绝对正确，不许人匡补，亦不许反对者有讨论之余地……我尝说：‘君主’之命该革，‘圣人’之命尤其该革；民族独立，思想更该独立。”这可以作为他的中心思想看。

在世俗之中，他确够得上是一只乌鸦，一只猫头鹰，从来不会呢喃婉转地讨人欢心，只是“呀、呀、呀、咕、咕、咕”地叫个不停！

亲访宗吾答客问

张默生

问（张默生。下同）：“先生能否暂将厚黑学收起不讲，专门在文化学术方面多加发挥和著述，以飨国人？”

答（李宗吾。下同）：“这是办不到的！10年以来，已有很多朋友劝我不必再谈厚黑。要知道厚黑是‘说得做不得的’，我们既然不能应用，就不能不讲。不讲，心中反而难受。如果想劝我不讲‘厚黑’，那就无异于劝公孙龙不讲‘白马非马’。这是万万办不到的。我本着‘说得做不得’的信条，尽量发挥厚黑哲理来创建教派树立学说，试问这种无冕之王，唯我独尊，又有谁能比得过我悠游自豪呢？再说古今真理只有一个，仁者见仁，智者见智，孔孟的仁义，老子的道德，释迦牟尼和耶稣的慈悲博爱，以及宗吾的厚黑！都是一个真理，不过说法不同罢了。假若各人有所发明，各人树立一个学说，彼此不互相取代，那就是各有千秋。

这样，比起那些志满意得的人，我觉得万胜一筹，又何必去干别的呢？你多次来信劝我不讲厚黑，怕对我前途有阻碍，我想，当年基督尚且愿意以身殉教，区区之阻，又哪里能够使教主不谈厚黑呢？”

问：“先生满腹经纶，是当代的一个诸葛孔明呢，先生自己认为如何？”

答：“孔明何足道哉！他的名气太高了！单就用兵而论，他还不及刘备，刘备不过是借他来慑服头脑简单的关羽、张飞、赵子龙和黄忠等人罢了，实际上他是被刘备玩弄在股掌之间的。如果不是这样，那讨伐东吴的战役，刘备为什么不让孔明自己当将军呢？而且孔明任用马谡守街亭，实在是个大失策(应当用魏延)，蜀国穷困灭亡，斩马谡的时候，就已出现苗头了。”

问：“先生看，古今以来谁是可取的呢？”

答：“我不是说过想当一个姜太公的话吗？实际上千古可取法的，只有姜太公这个人。太公80高龄，尚且还能辅佐周王攻克商纣，这已是亘古奇迹。这之后苏秦苦读他的兵书，于是用合纵联合了六国，张良运用他的兵法，于是消灭了秦王朝和楚霸王项羽。试问，厚黑学的始祖，舍去姜太公还会有谁呢？鄙人其实是他百代的徒孙，想挖掘出这千古不传的秘诀，来给前人增光，为后人造福。”

问：“先生治学的门径，可以告诉我们吗？”

答：“我平生治学，实在是得力于八股义法的‘截搭题’，那是很合乎辩证法的逻辑的。我的厚黑及一切著作，都是从中推衍出来的。”

问：“先生莫不是说笑话吧！”

答：“不是笑话，我得到的确实是这一套八股法宝。如果不相信，就请以后对于八股义法多下些功夫。”

问：“先生的著作，出版了的，未出版的，一共有多少种？”

答：“已出版的有《厚黑学》、《厚黑丛话》、《宗吾臆谈》、《社会问题之商榷》、《吊打校长之奇案》、《孔告大战》、《怕老婆的哲学》等十几种。现在还在写的和已写成未发表的，还有《中国民族特性之研究》、《政治经济之我见》、《叙属旅省中学革命始末记》、《性灵与磁电》、《迂老随笔》等。谈正经道理的，有《社会问题之商榷》、《考试制度之商榷》、《制宪与抗日》、《中国学术之趋势》、《心理与力学》五本书。其余的正经的作品，因为尚未问世，暂可不谈。其实我已经老了，还著作什么书呢？真可说是自不量力。”

问：“先生以往的资历，及目前的身世境遇如何？”

答：“我早年受教于富顺县著名的八股家卢象先生，后来进入成都高等学堂学习数理，曾加入同盟会。民国以来，充任督署科长、全省官产清理处处长，提升我担当重庆海关监督，我没有去就职，后来在富顺县中学和绵阳省立中学当过校长。后来又担任省督学多年，曾离开四川考察各省教育。北伐以后，到四川省府（编者注：新中国成立前国民党所设。）担任编纂委员，去年才去职归家。我自幼出生在贫穷的家庭，经过一生奋斗的结果，已有点小积蓄，现在有市区住宅一所，水田三处，收租一百石，生活还可以称得上小康。我生有两个儿子，长子很有能力，曾担任富顺县教育局长和自流井中学校长；次子曾在成都工业学校读书。不幸两个儿子都在近几年中先后死去，现有老妻寡媳和3个孙子4个孙女，请有塾师在家中教他们。这便是我的大概情形。”

薄白学

张默生

宗吾大谈他的厚黑方法，自称教主，自然是惊世骇俗，令人感到怪异。于是友人就善意地劝他说:“你的废话少说些吧！外面许多人指责你，你也应该爱惜名誉。”他说:“我爱名誉，我更爱真理。话说得说不得，我在内心会作出判断，在没有下笔之前，我一定审慎考虑。已经说出了，就听任别人攻击，我并不答辩。但攻击者说的话，我仍细细体会，如果能令我心折，我还是加以修正的。”

有时友人不客气地责备他说:“你何必天天说这些鬼话呢？”他说:“我是逢人说人话，逢鬼说鬼话。请问，当今之世，不说鬼话，说什么？但我发表的许多文字，又可说:‘人见到了就是人话，鬼见到了就是鬼话。’这样说也没有什么不可以。”如有人对他说：“某人对你不起，他如何如何。”他便说：“我这个朋友，他当然这样做，如果他不这样做，我的‘厚黑学’还讲得通吗？我所发明的是人类的大原则，我这个朋友，当然不能逃脱出这个原则。”

他这样的嬉笑怒骂，毫不顾忌，自然得罪了社会，尤其得罪了以术道自命的大人先生。据说有一位关心世道的官人，首先出来对他声讨罪行，并著作一本《薄白学》，在成都某报纸连续发表，满口道德话，对于“厚黑学”大肆攻击，并且说:“李宗吾呀！赶快把你的厚黑学收回去吧！”但他读后置之不理，许多人劝他著文辩驳，他便说:“这又何必呢？世间的学问，各人讲各人的，信不信，听凭众人。就好比粮食果木的种子，我说我的好，你说你的好，彼此不需争执，只管把它种在土里，将来看它的收获就是了。”他们说:“你不答辩，可见你的理屈，是你的学说被打倒了。我们如今不再奉你为师，要去给他拜门，学‘薄白学’去。”他说:“你们去向他拜门，是很可以的，但是我要忠告你们几句话，《厚黑经》说:‘脸厚心黑的人可以得到一个大国的统治权，如果脸不厚、心不黑，连一碗大米饭、一匙汤都得不到。’将来你们讨饭吃，不要怪我。”后来那位“薄白学”的发明家，因为有贪污横暴的事实，他的脑壳被人砍下来挂在成都公园的纪念碑上示众若干天，人人反而大为称快，这真是一件怪事了。

如今我们再反观厚黑教主的品行怎样呢？他认为“薄白学”是可以藏在心里去实行的，不必拿在口头上说;厚黑学也是可以藏在心里去实行的，绝不许拿在口头上说。当年王简恒学习厚黑学时说过“做得说不得”的话，宗吾承认是至理名言。但后来宗吾既然把《厚黑学》不仅公然发表了，而且还逢人对人强说不休，于是就又变出了一条公理，那便是，厚黑是“说得做不得”的。所以他自从发表《厚黑学》以来，反而成了天地鬼神，在天空注视，在身旁监察，每想做一件事，刚一动念头，自己就想:“像这样去做别人岂不会说我实行厚黑学吗？”因此凡事不放手去做。你想，重庆海关的监督，是何等的肥缺啊！但他不肯干，即使有人劝，劝也不干。官产竞卖处和官产清理处的经理处长，也不能不说是发财的机会吧！但前者他要求减薪，后者裁撤时，落得没有归家的路费。于是他自己解嘲地说：“我之所以不能成为伟人，根源就在于此。厚黑学呀，厚黑学，你真是把我误了！”